FACHWÖRTERBUCH
Chemische Analytik
Englisch-Deutsch/Deutsch-Englisch

DICTIONARY
Analytical Chemistry
English-German/German-English

DICTIONARY

Analytical Chemistry

English-German
German-English

With about 17,000 entries in each part

Edited by
Technische Universität Dresden

Promoted by
Bundesministerium für Forschung und Technologie

VERLAG ALEXANDRE HATIER BERLIN – PARIS

FACHWÖRTERBUCH

Chemische Analytik

Englisch-Deutsch
Deutsch-Englisch

Mit je etwa 17 000 Wortstellen

Herausgegeben von der
Technischen Universität Dresden

Gefördert vom
Bundesministerium für Forschung und Technologie

VERLAG ALEXANDRE HATIER BERLIN – PARIS

Erarbeitet von den wissenschaftlichen Mitarbeitern der Arbeitsgruppe Fachlexikographie des Instituts für Sprachwissenschaft und Germanistik der TU Dresden

Dipl.-Chem. *Joachim Knepper* (leitender Autor)
Dr. rer. nat. *Beate Bürger*
Dipl.-Ing. *Frank Hering*

Die Deutsche Bibliothek – CIP-Einheitsaufnahme

Knepper, Joachim:
Fachwörterbuch chemische Analytik : englisch-deutsch, deutsch-englisch; mit je etwa 17 000 Wortstellen / [erarb. von den wiss. Mitarb. der Arbeitsgruppe Fachlexikographie des Instituts für Sprachwissenschaft und Germanistik der TU Dresden Joachim Knepper (leitender Autor) ; Beate Bürger ; Frank Hering]. Hrsg. von der Technischen Universität Dresden. – 1. Aufl. – Berlin ; Paris : Hatier, 1995
   Parallelt.: Dictionary analytical chemistry
   ISBN 3-86117-069-8
NE: Bürger, Beate:; Hering, Frank:; Dictionary analytical chemistry; HST

Eingetragene (registrierte) Warenzeichen sowie Gebrauchsmuster und Patente sind in diesem Wörterbuch nicht ausdrücklich gekennzeichnet. Daraus kann nicht geschlossen werden, daß die betreffenden Bezeichnungen frei sind oder frei verwendet werden können.

Das Werk ist urheberrechtlich geschützt. Jede Verwendung außerhalb der Grenzen des Urheberrechtsgesetzes bedarf der vorherigen schriftlichen Zustimmung des Verlages. Dies gilt besonders für Übersetzungen, Vervielfältigungen, auch von Teilen des Werkes, Mikroverfilmungen, Bearbeitungen sonstiger Art sowie für die Einspeicherung in elektronische Systeme.

ISBN 3-86117-069-8

1. Auflage
© Verlag Alexandre Hatier GmbH, Berlin-Paris, 1995
Printed in Germany
Gesamtherstellung: Druckhaus „Thomas Müntzer" GmbH, Bad Langensalza/Thür.
Lektor: *Helga Kautz*

Vorwort

Durch eine starke Differenzierung innerhalb der Chemie entstand aus der analytischen Chemie das relativ eigenständige Fachgebiet der chemischen Analytik. Sie stellt heute eine Grenzdisziplin zwischen Chemie, Physik, Informationswissenschaft und Technik dar. Kaum ein Gebiet in den Naturwissenschaften und in der Technik kommt ohne die mit Hilfe der chemischen Analytik gewonnenen Informationen aus. Vor allem auf methodischem und apparativem Gebiet entwickelt sich das Fachgebiet ständig weiter. Eine herausragende Stellung nehmen dabei die elektrochemischen, chromatographischen und spektroskopischen Methoden ein. Dies wurde bei der Erarbeitung des vorliegenden Fachwörterbuchs entsprechend berücksichtigt. Um dabei die Bedeutungsinhalte der Termini möglichst weitgehend zu klären, wurde moderne deutsch- und englischsprachige Fachliteratur ausgewertet.
Wir möchten nicht versäumen, all denen zu danken, die zur Fertigstellung des Wortschatzes und dem Erscheinen des Wörterbuchs beigetragen haben. Zunächst danken wir den Mitarbeiterinnen der Fachbibliothek Chemie der TU Dresden, die uns engagiert und großzügig bei der Beschaffung moderner Fachliteratur unterstützten, sowie den Herren Dr. rer. nat. Klaus Klostermann und Dr. rer. nat. Wolfgang Schneider von der TU Dresden, die uns bei der Klärung schwieriger Sachverhalte und Begriffe halfen. Unser Dank gilt auch dem Bundesministerium für Forschung und Technologie, das dieses Projekt maßgeblich förderte. Schließlich danken wir dem Verlag Alexandre Hatier für die gute Zusammenarbeit, insbesondere der Lektorin Frau Helga Kautz für die intensive Betreuung bei der Fertigstellung der Druckvorlage.

J. Knepper

Preface

As a result of a large measure of differentiation in the field of chemistry, analytical chemistry has developed to a discipline in its own right, touching on chemistry, physics, information science and engineering. Almost all fields of science and engineering rely on the information gained from analytical chemistry. It is a discipline which keeps growing, and nowhere more so than in the methodologies and apparatus it employs. This is especially true of electrochemical, chromatographic and spectroscopic methods, which were given due consideration during compilation of the present volume. Current German and English-language specialist publications were consulted to pinpoint the precise meanings of the terms contained herein.
We should like to take this opportunity of thanking all those who helped compile the vocabulary and contributed to the dictionary's publication. First of all, we owe a debt of gratitude to the staff of the chemistry library at Dresden Technical University for their commitment and generosity in helping us obtain the latest specialist literature, and to Dr. rer. nat. Klaus Klostermann and Dr. rer. nat. Wolfgang Schneider of Dresden Technical University for their assistance in clarifying particularly complex terms and definitions. Our thanks also go out to the Federal Ministry of Research and Technology, which largely financed the project. Finally, we should like to put on record our appreciation of the fruitful cooperation with Verlag Alexandre Hatier, notably Mrs. Helga Kautz, the publisher's reader who capably managed the volume's preparation for the press.

J. Knepper

Benutzungshinweise • Directions for Use

1. Beispiele für die alphabetische Ordnung • Examples of Alphabetization

Gemäß dem Brauch in englischsprachigen Nachschlagewerken sind die Einträge streng alphabetisch geordnet, also ohne Rücksicht auf etwaige Lücken zwischen den Wörtern.
Bei gleichgeschriebenen Einträgen verschiedener Wortkategorien folgt das Substantiv auf das Adjektiv, das Verb auf das Substantiv.
According to usage in English dictionaries the entries are inserted in strict alphabetical order, i.e. without respect to voids between word components.
With equally spelt entries of different word categories the noun follows the adjective, the verb follows the noun.

filter	absorbieren
filter/to	wieder ~
~ off	absorbierend
filterable	Absorption
filter aid	charakteristische ~
~ flask	~ von Energie
~ fluorometer	Acetatpuffer
filtering	Absorptionsanalyse
~ rate	absorptiv
filter mass	AB-Spinsystem
~-paper electrophoresis	Aceton ...... • mit ~ extrahiert
filtration	abstoßen
~ flask	Abstoßung/Coulombsche
60° filtration funnel	interatomare ~
FIM	Abstoßungskraft
FIMS	AC

2. Bedeutung der Zeichen • Meaning of Signs

/   analyse/to = to analyse
       Energieverteilungskurve/spektrale = spektrale Energieverteilungskurve

( )   black-body radiator (source) = black-body radiator or black-body source
       aktives (verstärkendes) Medium = aktives Medium oder verstärkendes Medium

[ ]   intersystem cross[ing] = intersystem cross or intersystem crossing
       Ionen[aus]tausch = Ionentausch oder Ionenaustausch

( )   Diese Klammern enthalten Erklärungen
       These brackets contain explanations

•   kennzeichnet Wendungen
       marks phrases

Abkürzungen • Abbreviations

Chr	Chromatographie/chromatography
Coul	Coulometrie/coulometry
Dial	Dialyse/dialysis
el Anal	elektrochemische Methoden/electrochemical methods
Elgrav	Elektrogravimetrie/electrogravimetry
Elph	Elektrophorese/electrophoresis
Elres	Elektronenresonanzspektroskopie/electron paramagnetic resonance spectroscopy
Extr	Extraktion/extraction
f	Femininum/feminine noun
Flchr	Flüssigchromatographie/liquid chromatography
Fließ	Durchflußanalyse/continuous-flow analysis
Gaschr	Gaschromatographie/gas chromatography
Grav	gravimetrische Analyse/gravimetric analysis
i.e.S.	im engeren Sinne/in a narrower sense
i.w.S.	im weiteren Sinne/in a broader sense
Ion	Ionenaustausch/ion exchange
Katal	katalytische Methoden/catalytic methods
kern Res	kernmagnetische Resonanzspektroskopie/nuclear magnetic resonance spectroscopy
Kond	Konduktometrie/conductometry
Lab	Labortechnik/laboratory technique
m	Maskulinum/masculine noun
mag Res	magnetische Resonanzspektroskopie/magnetic resonance spectroscopy
Maspek	Massenspektroskopie/mass spectroscopy
Meß	Meßtechnik/measuring technique
n	Neutrum/neuter noun
opt Anal	optische Methoden/optical methods
opt At	optische Atomspektroskopie/atomic spectroscopy
opt Mol	optische Molekülspektroskopie/molecular spectroscopy
or Anal	Analyse organischer Stoffe/organic analysis
pl	Plural/plural
Pol	Polarographie/polarography
Pot	Potentiometrie/potentiometry
Prob	Probenahme, Probenvorbereitung/sampling
Proz	Prozeßanalyse und -kontrolle/process analysis and control
rad Anal	radiometrische Methoden/radiometric methods
Rönt	Röntgenspektroskopie/X-ray spectroscopy
s.	siehe/see
s.a.	siehe auch/see also
Sed	Sedimentation/sedimentation
Spekt	Spektroskopie/spectroscopy
Spur	Mikro- und Spurenanalyse/microanalysis and trace analysis
Stat	Statistik/statistics
Strlg	Analyse durch Wechselwirkung von Strahlung und Teilchen/analysis by interaction between radiation and particles
th Anal	thermische Methoden/thermal methods
UK	Großbritannien/United Kingdom
US	Vereinigte Staaten von Amerika/United States

Vol	volumetrische Analyse/titrimetric analysis
Voltam	voltammetrische Methoden/voltammetric methods
z.B.	zum Beispiel/for example
catal	catalytic methods/katalytische Methoden
chr	chromatography/Chromatographie
cond	conductometry/Konduktometrie
coul	coulometry/Coulometrie
dial	dialysis/Dialyse
e.g.	for example/zum Beispiel
el anal	electrochemical methods/elektrochemische Methoden
el res	electron paramagnetic resonance spectroscopy/Elektronenresonanzspektroskopie
elgrav	electrogravimetry/Elektrogravimetrie
elph	electrophoresis/Elektrophorese
extr	extraction/Extraktion
f	feminine noun/Femininum
flow	continuous-flow analysis/Durchflußanalyse
gas chr	gas chromatography/Gaschromatographie
grav	gravimetric analysis/gravimetrische Analyse
ion	ion exchange/Ionenaustausch
lab	laboratory technique/Labortechnik
liq chr	liquid chromatography/Flüssigchromatographie
m	masculine noun/Maskulinum
mag res	magnetic resonance spectroscopy/magnetische Resonanzspektroskopie
maspec	mass spectroscopy/Massenspektroskopie
meas	measuring technique/Meßtechnik
n	neuter noun/Neutrum
nuc res	nuclear magnetic resonance spectroscopy/kernmagnetische Resonanzspektroskopie
opt anal	optical methods/optische Methoden
opt at	atomic spectroscopy/optische Atomspektroskopie
opt mol	molecular spectroscopy/optische Molekülspektroskopie
or anal	organic analysis/Analyse organischer Stoffe
pl	plural/Plural
pol	polarography/Polarographie
pot	potentiometry/Potentiometrie
proc	process analysis and control/Prozeßanalyse und -kontrolle
rad anal	radiometric methods/radiometrische Methoden
radia	analysis by interaction between radiation and particles/Analyse durch Wechselwirkung von Strahlung und Teilchen
s.	see/siehe
s.a.	see also/siehe auch
samp	sampling/Probenahme, Probenvorbereitung
sed	sedimentation/Sedimentation
spect	spectroscopy/Spektroskopie
stat	statistics/Statistik
th anal	thermal methods/thermische Methoden
trace	microanalysis and trace analysis/Mikro- und Spurenanalyse
UK	United Kingdom/Großbritannien
US	United States/Vereinigte Staaten von Amerika
vol	titrimetric analysis/volumetrische Analyse
voltam	voltammetric methods/voltammetrische Methoden
X-spec	X-ray spectroscopy/Röntgenspektroskopie

Englisch-Deutsch

A

A (atomic weight) relative Atommasse f, *(früher)* Atomgewicht n
AA (activation analysis) *(rad Anal)* Aktivierungsanalyse f, AA
AAS (atomic absorption spectroscopy) Atomabsorptionsspektroskopie f, AAS
Abbe number *(Spekt)* Abbesche Zahl f, v-Wert m, reziproke relative Dispersion f
~ **prism** Abbe-Prisma n
~ **refractometer** [Zeiß-]Abbe-Refraktometer n
~ **spectrometer** Abbe-Spektrometer n
~ **value** s. Abbe number
ABC [spin] system *(kern Res)* ABC-Spinsystem n, ABC-System n
aberration Aberration f, Abweichung f; [optischer] Abbildungsfehler m, Bildfehler m
Abney mounting *(Spekt)* Abney-Aufstellung f
abnormal transference number *(el Anal)* anomale Überführungszahl f
abscissa Abszisse f
absolute absolut, rein, *(oft auch)* wasserfrei
~ **alcohol** absoluter Alkohol m, wasserfreier Ethylalkohol m, Absolutalkohol m
~ **atomic mass** absolute Atommasse f
~ **bias** absoluter systematischer Fehler m
~ **calibration** direkte (absolute, äußere) Kalibrierung f, Kalibrierung f mit äußerem Standard
~ **detector** absoluter Detektor m
~ **detector sensitivity** Absolutempfindlichkeit f des Detektors
~ **error** absoluter Fehler m, Absolutfehler m
~ **frequency** absolute Häufigkeit f; absolute Frequenz f
~ **method** Absolutmethode f, absolute Methode f
~ **retention time** *(Chr)* Bruttoretentionszeit f, Gesamtretentionszeit f, Durchbruchszeit f, Retentionszeit f, Elutionszeit f
~ **retention volume** *(Gaschr)* [korrigiertes] Nettoretentionsvolumen n (druckkorrigiertes reduziertes Retentionsvolumen)
~ **specificity** *(Katal)* absolute Spezifität f
~ **temperature** absolute (thermodynamische) Temperatur f, Kelvin-Temperatur f
~ **value** Absolutwert m, Absolutbetrag m
~ **viscosity** absolute (dynamische) Viskosität f, Viskositätskoeffizient m, Viskositätskonstante f, Konstante f der inneren Reibung
absorb/to absorbieren, *(Flüssigkeiten, Gase auch)* aufsaugen, aufnehmen
absorbability Absorbierbarkeit f, Aufsaugbarkeit f
absorbable absorbierbar, aufsaugbar
absorbance *(Spekt)* Extinktion f, Absorbanz f
~ **maximum** Extinktionsmaximum n
~ **spectrum** Extinktionsspektrum n
~ **unit** Absorptionseinheit f (Extinktion 1)
~ **unit full scale** Extinktion f 1 bei Vollausschlag
absorbancy s. absorbance

absorption

absorbate Absorptiv n, absorbierter (aufgenommener) Stoff m
absorbed dose *(rad Anal)* Energiedosis f
~ **material (substance)** s. absorbate
absorbency 1. Absorptionsvermögen n, Absorptionsfähigkeit f, Aufnahmevermögen n, Aufnahmefähigkeit f; 2. s. absorbance
~ **index** *(Spekt)* Absorptionskoeffizient n, Extinktionskoeffizient m
absorbent s. absorptive
absorbent absorbierender Stoff m, Absorbens n, Absorptionsmittel n
~ **paper** Saugpapier n, Fließpapier n
absorber Absorber m *(für Strahlung)*
absorbing agent s. absorbent
~ **capacity** s. absorbency 1.
~ **region** Absorptionsbereich m, Absorptionsgebiet n
absorptiometer Absorptionsphotometer n, Absorptiometer n
absorptiometric absorptionsphotometrisch, absorptiometrisch
absorptiometry Absorptiometrie f, Absorptionsanalyse f
absorption Absorption f, Absorbieren n, Absorbierung f, *(von Flüssigkeiten, Gasen auch)* Aufnehmen n, Aufnahme f
~ **band** *(Spekt)* Absorptionsbande f
~ **bottle** Waschflasche f, Absorptionsflasche f
~ **bulb** Absorptionsgefäß n
~ **capacity** Absorptionsvermögen n, Absorptionsfähigkeit f, Aufnahmevermögen n, Aufnahmefähigkeit f
~ **cell** *(Spekt)* Absorptionsküvette f, Absorptionszelle f
~ **coefficient** *(Spekt, rad Anal)* Absorptionskoeffizient m, *(Spekt auch)* Extinktionskoeffizient m
~ **continuum** *(Spekt)* Absorptionskontinuum n
~ **curve** Absorptionskurve f
~ **edge** *(Spekt)* Absorptionskante f
~ **factor** *(Spekt)* Absorptionsgrad m, spektraler Reinabsorptionsgrad f
~ **filter** *(Spekt)* Absorptionsfilter n
~ **flask** Absorptionskolben m
~ **force** Absorptionskraft f
~ **frequency** *(Spekt)* Absorptionsfrequenz f
~ **gas pipette** Absorptionspipette f
~ **intensity** Absorptionsintensität f
~ **law** *(Spekt)* Absorptionsgesetz n
~ **line** *(Spekt)* Absorptionslinie f
~ **maximum** Absorptionsmaximum n
~ **measurement** Absorptionsmessung f
~ **mode** *(Spekt)* Absorptions-Mode f
~-**mode component** *(Spekt)* Absorptionsanteil m
~ **mode spectrum** Absorptionsspektrum n
~ **pipette** Absorptionspipette f
~ **profile** *(Spekt)* Absorptionsprofil n
~ **rate** Absorptionsgeschwindigkeit f
~ **signal** *(Spekt)* Absorptionssignal n

absorption

- ~ **solution** Absorptionslösung f
- ~ **spectro[photo]meter** Absorptionsspektrometer n, Absorptionsspektralphotometer n
- ~ **spectroscopy** Absorptionsspektroskopie f
- ~ **spectrum** Absorptionsspektrum n
- ~ **tube** Absorptionsröhrchen n, Absorptionsrohr n
- ~ **unit** *(Spekt)* Absorptionseinheit f *(Extinktion 1)*
- ~ **unit full scale** *(Spekt)* Extinktion f 1 bei Vollausschlag
- ~ **velocity** Absorptionsgeschwindigkeit f
- ~ **vessel** Absorptionsgefäß n
- ~ **volume** Absorptionsvolumen n

absorptive absorptionsfähig, absorbierend, absorptiv, Absorptions..., aufnahmefähig, Aufnahme...

- ~ **force** Absorptionskraft f
- ~ **power** s. absorptivity coefficient

absorptivity 1. *(Spekt)* molarer Extinktionskoeffizient m; 2. s. absorption capacity; 3. s. ~ coefficient

- ~ **coefficient** *(Spekt)* Absorptionskoeffizient n, Extinktionskoeffizient m

AB spin system *(kern Res)* AB-Spinsystem n, AB-System n

abstract/to entziehen
abstraction reaction Abspaltungsreaktion f
AB system s. AB spin system
ac (alternating current) Wechselstrom m
AC (affinity chromatography) Affinitätschromatographie f, AC, AFC, Bioaffinitätschromatographie f
ac amplification Wechselstromverstärkung f

- ~ **arc** *(opt At)* Wechselstrombogen m
- ~ **arc source** *(opt At)* Wechselstrombogen-Anregungsquelle f

accelerate/to beschleunigen *(eine Reaktion)*
accelerating potential (voltage) *(Maspek)* Beschleunigungsspannung f

- ~ **voltage scan** *(Maspek)* V-Scan m, elektrischer Scan m

acceleration factor Zeitraffungsfaktor m
Ac-cellulose Acetylcellulose f
accept/to aufnehmen *(Elektronen, Protonen)*; annehmen *(Farbstoffe)*
acceptable quality level annehmbare Qualitätslage f, Gutgrenze f
acceptance Annahme f, Abnahme f

- ~ **criterion** Annahmekriterium n
- ~ **inspection** Annahmeprüfung f
- ~ **number** Annahmezahl f
- ~ **probability** Annahmewahrscheinlichkeit f
- ~ **procedure** Annahmeverfahren n
- ~ **sampling** Stichprobenentnahme f für Annahmeprüfung, Annahmekontrolle f durch Stichprobennahme
- ~ **sampling plan** Annahme-Probennahmeplan m
- ~ **specification** Spezifikation (Vorgabe) f für Abnahmekriterien
- ~ **test** Abnahmeprüfung f, Eignungsprüfung f

acceptor Akzeptor m

- ~ **atom** Akzeptoratom n
- ~ **stream** *(Fließ)* Akzeptorstrom m

accessible silanol group zugängliche Silanolgruppe f
accidental error Zufallsfehler m, zufälliger Fehler m
accumulate/to [an]sammeln, anhäufen; sich [an]sammeln, sich anhäufen
accumulation Ansammlung f, Anhäufung f
accuracy Richtigkeit f *(Differenz zwischen einem Ergebnis und dem wahren Wert)*; Genauigkeit f

- ~ **in (of) measurement** Meßgenauigkeit f
- ~ **of the mean** Mittelwerttreffgenauigkeit f

accurate fehlerfrei, fehlerlos *(Messung)*
acetalate/to acetalisieren
acetalation Acetalisierung f
acetalize/to acetalisieren
acetamide Acetamid n
acetate Acetat n

- ~ **buffer** Acetatpuffer m

acetic acid Essigsäure f, Ethansäure f

- ~ **anhydride** Essigsäureanhydrid n, Acetanhydrid n, Ethansäureanhydrid n
- ~ **ester** Essig[säureethyl]ester m, Ethylacetat n

acetone Aceton n, 2-Propanon n
~ **-extracted** mit Aceton extrahiert
~ **-soluble** acetonlöslich
acetonitrile Acetonitril n, Methylcyanid n
acetous odour Essiggeruch m
acetylable acetylierbar
acetylacetonate Acetylacetonat n
acetylacetone Acetylaceton n, 2,4-Pentandion n
acetylatable acetylierbar
acetylate/to acetylieren
acetylated paper Acetylpapier n
acetylating agent Acetylierungsmittel n
acetylation Acetylieren n, Acetylierung f

- ~ **agent** Acetylierungsmittel n
- ~ **catalyst** Acetylierungskatalysator m

acetyl cellulose Acetylcellulose f
acetylene black electrode *(Coul)* Acetylenrußelektrode f
acetylenic acetylenisch

- ~ **alcohol** Alkinol n
- ~ **hydrocarbon** Alkin n, Acetylenkohlenwasserstoff m

achiral achiral, nichtchiral
achirality Achiralität f
achromat Achromat m
achromatic achromatisch
achromaticity Achromasie f
achromatic lens Achromat m

- ~ **prism** achromatisches Prisma n

achromatization Achromatisierung f
achromatize/to achromatisieren
acid sauer • **to be** ~ **to** sauer reagieren gegen
acid Säure f

- ~ **amide** Säureamid n

active

~ **anhydride** Säureanhydrid n
~-**base buffer** pH-Puffer m, Puffer m, Pufferlösung f
~-**base dissociation curve** Säure-Base-Dissoziationskurve f
~-**base equilibrium** Säure-Base-Gleichgewicht n
~-**base indicator** Säure-Base-Indikator m, pH-Indikator m, Neutralisationsindikator m
~-**base neutralization [reaction]** s. ~-base reaction
~-**base reaction** Säure-Base-Reaktion f, Neutralisationsreaktion f
~-**base titration** Säure-Base-Titration f, Neutralisationstitration f, Protolysetitration f, Neutralisationsanalyse f
~ **catalysis** Säurekatalyse f, Reaktionsbeschleunigung f durch Säuren
~-**catalyzed** säurekatalysiert, durch Säure katalysiert
~ **chloride** Säurechlorid n
~ **concentration** Säurekonzentration f
~-**containing** säurehaltig, sauer
~ **content** Säuregehalt m
~ **digestion** Säureaufschluß m
~ **dissociation** Säuredissoziation f
~ **dissociation constant** Aciditätskonstante f, Säurekonstante f
~ **dye** saurer Farbstoff m
~ **feed** Säureeinspeisung f
~ **form** Säureform f, saure Form f (eines Indikators); Säureform f, Wasserstofform f, H-Form f, H^+-Form f (eines Ionenaustauschers)
~-**free** säurefrei
~ **gas** saures Gas n, Sauergas n (z. B. CO_2 und H_2S)
~ **hydrolysis** saure Hydrolyse f, Säurehydrolyse f
acidic sauer, säurehaltig; azid (mit Säurecharakter)
~ **character** Säurecharakter m
~ **form** Säureform f, saure Form f (eines Indikators)
~ **gas** saures Gas n, Sauergas n (z. B. CO_2 und H_2S)
~ **rainwater** saures Regenwasser n
~ **salt solution** Hydrogensalzlösung f
~ **solution** saure Lösung f; Säurelösung f
acidification Ansäuern n, Ansäuerung f, Acidifizierung f
acidify/to ansäuern, sauer einstellen
acidimeter Acidimeter n, Säuremesser m
acidimetric acidimetrisch
~ **titration** s. acidimetry
acidimetry Acidimetrie f, acidimetrische Titration f
acid-insoluble säureunlöslich
acidity Acidität f, (quantitativ auch) Säuregrad m
~ **constant** s. acid dissociation constant
acid paste säurehaltige Paste f
~-**proof** säurebeständig, säurefest
~ **resin** Kationenaustausch[er]harz n, Kationenaustauscher m auf Kunstharzbasis

~ **resistance** Säurebeständigkeit f, Säurefestigkeit f, Säureresistenz f
~-**resistant**, ~-**resisting** säurebeständig, säurefest
~ **site** saures Zentrum n, Säurezentrum n
~-**soluble** säurelöslich, in Säure löslich
~ **solution** saure Lösung f
~ **strength** Säurestärke f
acidulant Ansäuerungsmittel n
acidulate/to schwach ansäuern
acidulation schwaches Ansäuern n (zum Konservieren)
acidulent Ansäuerungsmittel n
acid-washed (Chr) säuregewaschen
~ **washing** (Chr) Waschen n mit Säure, Säurewäsche f, Säurewaschen n
ACP, ac polarography Wechselstrompolarographie f
acquire/to erfassen, aufnehmen (Daten); annehmen, erreichen (eine bestimmte Temperatur)
acquisition Erfassung f, Aufnahme f, Akquisition f (von Daten)
acrylamide Acrylamid n
~-**[-based] gel** Polyacrylamidgel n, PAG
acrylate Acrylat n
ACS certified quality Reinheitsgrad von Reagenzien entsprechend den Vorschriften der American Chemical Society
ac spark source (opt At) Funken-Anregungsquelle f
actinide s. actinoid
actinium Ac Actinium n
actinoid Actinoid n, (früher) Actinid n
actinometer Aktinometer n
actinometry Aktinometrie f
activate/to aktivieren
activated carbon s. active carbon
~ **complex** (Katal) aktivierter Komplex m
activation Aktivierung f
~ **analysis** (rad Anal) Aktivierungsanalyse f, AA
~ **cross-section** (rad Anal) Aktivierungsquerschnitt m
~ **energy** Aktivierungsenergie f
~ **enthalpy** Aktivierungsenthalpie f
~ **entropy** Aktivierungsentropie f
~ **overpotential** (Pot) Aktivierungsüberpotential n
~ **overvoltage** (Pot) Aktivierungsüberspannung f
activator Aktivator m
active aktiv, wirksam
~ **adsorbent** aktives Adsorbens n
~ **carbon** Aktivkohle f, A-Kohle f
~ **carbon black** aktiver Ruß m, Aktivruß m
~ **carbon column** (Chr) Aktivkohlesäule f
~ **centre** aktives Zentrum n
~ **charcoal** Aktivkohle f, A-Kohle f
~ **coupling** (kern Res) aktive Kopplung f
~ **hydrogen** aktiver Wassserstoff m
~ **medium** aktives (verstärkendes) Medium n, Lasermedium n
~ **site** aktives Zentrum n
~ **solid** aktiver Feststoff m

activity Aktivität *f*, Wirksamkeit *f (eines Katalysators)*; Aktivität *f (effektive Konzentration von Ionen)*; *(rad Anal)* Aktivität *f*, Umwandlungsrate *f*
~ **coefficient** Aktivitätskoeffizient *m*
~ **concentration** *(rad Anal)* Aktivitätskonzentration *f*
~ **grade** Aktivitätsstufe *f*, Aktivitätsgrad *m (von Adsorptionsmitteln)*
~ **scale** Aktivitätsskala *f*
actual concentration aktuelle (tatsächliche) Konzentration *f*
~ **gas** reales Gas *n*
~ **value** Istwert *m*
acylate/to acylieren
acylating agent Acylierungsmittel *n*
acylation Acylierung *f*
adapter *(Lab)* Übergangsstück *n*, Anpaßstück *n*, Paßstück *n*
ADAS (angular-dependent Auger spectroscopy) winkelaufgelöste Auger-Elektronenspektroskopie *f*
ADC (analogue-to-digital converter), **A/D converter** Analog-Digital-Wandler *m*, A/D-Wandler *m*
add/to 1. [hin]zufügen, [hin]zugeben, zusetzen, beimengen, beimischen; 2. addieren, anlagern *(ein Atom oder eine Atomgruppe an ein Molekül)*
~ **dropwise** tropfenweise zufügen (zusetzen)
~ **while stirring** unter Rühren zufügen (zusetzen)
added reagent zugefügtes (zugesetztes) Reagens *n*
addition Zufügung *f*, Zugabe *f*, Zusatz *m*, Beimengung *f*, Beimischung *f*; Addition *f*, Anlagern *n*, Anlagerung *f (eines Atoms oder einer Atomgruppe an ein Molekül)*
addition method *(Stat)* Additionsmethode *f*
~ **technique** *(Pol)* Additionsverfahren *n*
additive Zusatz *m*, Zusatzstoff *m*, Zusatzmittel *n*
additivity Additivität *f*, Additionsvermögen *n*, Additionsfähigkeit *f*
adduct ion *(Maspek)* Addukt-Ion *n*
ADES (angle-dispersed photoelectron spectroscopy) winkelaufgelöste Photoelektronenspektroskopie *f*
adiabatic calorimeter adiabatisches Kalorimeter *n*
~ **ionization** adiabatische Ionisation *f*
~ **ionization energy** adiabatische Ionisierungsenergie *f*
adipate Adipat *n*
adjacent benachbart, nachbarständig, angrenzend, Nachbar...
~ **atom** Nachbaratom *n*, benachbartes Atom *n*
~ **bond** benachbarte Bindung *f*
~ **nucleus** Nachbarkern *m*
adjust/to 1. einstellen *(auf einen bestimmten Wert)*; 2. auffüllen *(eine Lösung auf ein bestimmtes Volumen)*
adjusted retention time *(Flchr)* reduzierte (effektive) Retentionszeit *f*, Nettoretentionszeit *f*; *(Gaschr)* totzeitkorrigierte (reduzierte) Retentionszeit *f*

~ **retention volume** *(Flchr)* reduziertes Retentionsvolumen *n*, Nettoretentionsvolumen *n*; *(Gaschr)* totzeitkorrigiertes (reduziertes) Retentionsvolumen *n*
adjustment 1. Einstellung *f (auf einen bestimmten Wert)*; 2. Justieren *n*, Justierung *f (von Meßgeräten)*
adjust-zero thermometer Einstellthermometer *n*
admissible error zulässiger Fehler *m*
admittance komplexer Leitwert *m*, Admittanz *f (Hochfrequenztitration)*
admix/to *s.* to add 1.
admixing device Zumischgerät *n*
admixture Beimischung *f*, Beimengung *f*, Zusatz *m*
ADPES (angle-dispersed photoelectron spectroscopy) winkelaufgelöste Photoelektronenspektroskopie *f*
adsorb/to adsorbieren; sich adsorptiv anlagern
adsorbability Adsorbierbarkeit *f*
adsorbable adsorbierbar
~ **organic halogen** adsorbierbare organisch gebundene Halogene *npl*, adsorbierbare organische Halogenverbindungen *fpl*, AOX
~ **organic sulphur** adsorbierbarer organisch gebundener Schwefel *m*, adsorbierbare organische Schwefelverbindungen *fpl*, AOS
adsorbate Adsorbat *n*, adsorbierter (aufgenommener) Stoff *m*
adsorbed moisture adsorbierte Feuchtigkeit *f*
adsorbent Adsorbens *n*, Adsorptionsmittel *n*
~ **activity** chromatographische Aktivität *f (von Adsorptionsmitteln)*
~ **activity function (parameter)** *(Chr)* Aktivitätsfaktor *m*, Aktivitätsmaß *n*
~ **coating** Adsorbensschicht *f*, Adsorptions[mittel]schicht *f*
~ **column** Adsorptionssäule *f*, Trennsäule *f* für Adsorptionschromatographie
~ **layer** *s.* ~ coating
~ **loaded paper** mit Adsorbens imprägniertes Papier *n*
~ **surface** Adsorbensoberfläche *f*
~ **surface area** Adsorbensoberfläche *f (quantitativ)*
adsorption Adsorption *f*
~ **ability (activity)** *s.* ~ capacity
~ **analysis** Adsorptionsanalyse *f*
~ **capacity** Adsorptionsvermögen *n*, Adsorptionsfähigkeit *f*
~ **chromatography** Adsorptionschromatographie *f*
~ **column** Adsorptionssäule *f*, Trennsäule *f* für Adsorptionschromatographie
~ **current** Adsorptionsstrom *m*
~ **curve** Adsorptionskurve *f*
~ **detector** Adsorptionswärme-Detektor *m*
~ **effect** Adsorptionseffekt *m*
~ **energy** Adsorptionsenergie *f*
~ **equilibrium** Adsorptionsgleichgewicht *n*
~ **force** Adsorptionskraft *f*
~ **indicator** Adsorptionsindikator *m*

15

~ **isotherm** Adsorptionsisotherme *f*
~ **layer** Adsorptionsschicht *f (aus adsorbierten Teilchen)*
~ **mechanism** Adsorptionsmechanismus *m*
~ **phenomenon** Adsorptionserscheinung *f*
~ **properties** Adsorptionseigenschaften *fpl*
~ **site** Adsorptionszentrum *n*, Adsorptionsstelle *f*, Adsorptionsplatz *m*
~ **system** Adsorptionssystem *n*
~ **tube** Adsorptionsrohr *n*
~ **wave** *(Pol)* Adsorptionsstufe *f*
adsorptive adsorptiv, adsorptionsfähig, adsorbierend, adsorptionsaktiv, Adsorptions... *(Zusammensetzungen s.a. unter adsorption)*
~ **activity** Adsorptionsaktivität *f*, adsorptive Aktivität *f*
~ **behaviour** Adsorptionsverhalten *n*
~ **layer** *s.* adsorbent coating
AE (auxiliary electrode) Hilfselektrode *f*
AEM 1. (analytical electron microscopy) analytische Elektronenmikroskopie *f*, AEM; 2. (Auger electron microscopy) Auger-Elektronenmikroskopie *f*, AEM
aeolotropic *s.* anisotropic
aerogel Aerogel *n (mit gasförmigem Dispersionsmittel)*
aerosol Aerosol *n*
~ **generation** Aerosolerzeugung *f*
~ **mist** Aerosolnebel *m*
AES 1. (atomic emission spectroscopy) Atomemissionsspektroskopie *f*; 2. (Auger electron spectroscopy) Auger-Elektronenspektroskopie *f*, AES, Auger-Spektroskopie *f*
~ **instrument** AES-Gerät *n*
AFC (automatic frequency control) automatische Frequenzregelung *f*, AFC
affine affin
affinity Affinität *f*
~ **chromatography** Affinitätschromatographie *f*, AC, AFC, Bioaffinitätschromatographie *f*
~ **electrophoresis** Affinitätselektrophorese *f*
~ **ligand** Affinitätsligand *m*
AFID (alkali flame ionization detector) *(Gaschr)* Alkali-Flammenionisationsdetektor *m*, AFID, Alkali[salz]-FID *m*
AFS (atomic fluorescence spectroscopy) Atomfluoreszenzspektroskopie *f*, AFS
after-treat/to nachbehandeln
after-treatment Nachbehandeln *n*, Nachbehandlung *f*
Ag-AgCl electrode Silber-Silberchlorid-Elektrode *f*, Ag-AgCl-Elektrode *f*
agar[-agar] Agar *m*, Agar-Agar *m*, Gelose *f*
~ **bridge** Agarbrücke *f*
~ **gel** Agargel *n*
~ ~ **gel electrophoresis** Agargelelektrophorese *f*
~ **membrane** Agarmembran *f*
agaropectin Agaropektin *n*
agarose Agarose *f*

air

~ **electrophoresis** *s.* ~-gel electrophoresis
~ **gel** Agarosegel *n*
~ ~ **gel electrophoresis** Agarosegelelektrophorese *f*, Agarose-Elektrophorese *f*
~ **ion-exchange gel** Agarosegelaustauscher *m*
agar-potassium chloride bridge Agar-Kaliumchlorid-Brücke *f*
age/to altern *(Niederschläge)*
ageing Altern *n*, Alterung *f (von Niederschlägen)*
~ **process** Alterungsvorgang *m*
agent Agens *n*, [wirksames] Mittel *n*
agglomerate/to agglomerieren, sich zusammenballen
agglomeration Agglomerieren *n*, Agglomeration *f*, Agglomeratbildung *f*
aggregate Aggregat *n (aus Atomen, Molekülen oder größeren Teilchen)*
~ **formation** *s.* aggregation
~ **sample** zusammengesetzte Probe *f*
aggregation Aggregation *f*, Aggregieren *n*, Aggregatbildung *f*
agitate/to rühren, umrühren, durchrühren; bewegen, schütteln *(eine Reaktionslösung)*
agitator Rührwerk *n*, Rührapparat *m*, Rührmaschine *f*, Rühreinrichtung *f*, Rührer *m*
air Luft *f* • **in the absence of** ~ unter Luftabschluß
~ -**acetylene flame** Luft-Acetylen-Flamme *f*
~ -**alkane flame** Luft-Alkan-Flamme *f*
~ **bath** Luftbad *n*
~ **bubble** Luftblase *f*, Luftbläschen *n*
~ -**damped balance** Waage *f* mit Luftdämpfung, luftgedämpfte Waage *f*
~ -**dried** lufttrocken, luftgetrocknet
~ -**dried moisture** Feuchte *f* der lufttrockenen Probe, hygroskopische Feuchte *f*
~ -**dry** lufttrocken, luftgetrocknet
~ **drying** Lufttrocknen *n*, Lufttrocknung *f*
~ **filter** Luftfilter *n*
~ -**free** luftfrei
~ -**gap electrode** Luftspaltelektrode *f*
~ **humidity** Luftfeuchte *f*, Luftfeuchtigkeit *f*
~ -**hydrocarbon flame** Luft-Kohlenwasserstoff-Flamme *f*
~ -**hydrogen flame** Luft-Wasserstoff-Flamme *f*
~ **monitor** Luftüberwachungsgerät *n*, Luftmeßstation *f*
~ **monitoring** Luftüberwachung *f*
~ **oxidation** Luftoxidation *f*, Oxidation *f* durch Luft (Luftsauerstoff)
~ **peak** *(Gaschr)* Luftpeak *m*, Luftbande *f*
~ **permeable** luftdurchlässig
~ **pocket** *s.* ~ void
~ **pollutant** Luftverschmutzungsstoff *m*, Luftverunreinigungsstoff *m*, Luftschadstoff *m*
~ **pollution** Immission *f*, Luftverunreinigung *f*, Luftverschmutzung *f*
~ -**proof** luftdicht, luftundurchlässig
~ -**quality analysis** Luftreinheitanalyse *f*
~ -**quality analyser** Luftreinheitanalysengerät *n*

air 16

~-**quality monitor** Luftreinheitüberwachungsgerät n
~-**saturated** luftgesättigt
~ **segmentation** *(Fließ)* Luftsegmentierung f
~-**segmented** *(Fließ)* luftsegmentiert, mit Luft segmentiert, durch Luftblasen segmentiert
~-**segmented continuous-flow analysis** [luftsegmentierte] Durchflußanalyse f
~-**segmented reactor** *(Flchr)* luftsegmentierter Reaktor m
~-**sensitive** luftempfindlich
~-**tight** luftdicht, luftundurchlässig
~ **void** Lufteinschluß m, Luftpore f
Akabori procedure Methode f nach Akabori *(zur Identifizierung N-terminaler Aminosäuren)*
alcohol Alkohol m, *(i.e.S.)* Ethanol m, Ethylalkohol m
alcoholic alkoholisch, ethanolisch
aldehyde Aldehyd m
aldehydic proton Aldehydproton n
alicyclic alicyclisch
align/to orientieren, ausrichten *(Moleküle, Dipole)*; sich ausrichten, sich orientieren, sich anordnen
alignment Ausrichtung f, Orientierung f, regelmäßig ausgerichtete Anordnung f, Ordnung f *(von Molekülen, Dipolen)*
aliphatic aliphatisch
aliphatic aliphatische Verbindung f, Aliphat m
~ **alcohol** aliphatischer Alkohol m
~ **compound** s. aliphatic
~ **ester** aliphatischer Ester m
~ **ether** aliphatischer Ether m
~ **ketone** aliphatisches Keton n
aliquot aliquot
aliquot/to aliquotieren
aliquot [part, portion] aliquoter Teil (Anteil) m, Aliquote f
alizarin yellow Alizaringelb n
alkalescent schwach alkalisch (basisch)
alkali Alkali n
~ **flame [ionization] detector** *(Gaschr)* Alkali-Flammenionisationsdetektor m, AFID, Alkali[salz]-FID m
~ **fusion** 1. Alkalischmelze f, Schmelzen n mit Alkali; 2. Alkalischmelze f
~ **hydroxide** Alkalihydroxid n, Alkalimetallhydroxid n
~ **metal** Alkalimetall n
~ **metal flame ionization detector** s. ~ flame ionization detector
~ **metal salt** Alkalimetallsalz n, Alkalisalz n
alkalimetric alkalimetrisch
alkalimetric titration s. alkalimetry
alkalimetry Alkalimetrie f, alkalimetrische Titration f
alkaline alkalisch, basisch • **to be ~ to** alkalisch reagieren gegen
~ **earth** Erdkali n
~-**earth metal** Erdalkalimetall n

~ **form** Base[n]form f, basische (alkalische) Form f *(eines Indikators)*
~ **fusion** s. alkali fusion 1.
alkalinity Alkalität f, Basizität f *(einer Lösung)*
alkalinization Alkalisierung f, Alkalisieren n, Alkalischmachen n
alkalinize/to alkalisieren, alkalisch machen
alkali-resistant alkalibeständig, laugenbeständig
~ **salt** Alkalimetallsalz n, Alkalisalz n
~ **silicate** Alkalimetallsilicat n, Alkalisilicat n,
~ **source** *(Gaschr)* Alkalisalzquelle f *(eines thermionischen Detektors)*
alkalizable alkalisierbar
alkalization s. alkalinization
alkaloid Alkaloid n
alkane Alkan n, Paraffin n, Paraffinkohlenwasserstoff m, gesättigter aliphatischer Kohlenwasserstoff m
n-**alkane** geradkettiges (lineares, normales) Alkan n, n-Alkan n
alkine s. alkyne
alkylate/to alkylieren
alkylating agent Alkylierungsmittel n, Alkylans n
~ **reagent** Alkylierungsreagens n
alkylation Alkylierung f
~ **reagent** Alkylierungsreagens n
alkyl group Alkylgruppe f, Alkylrest m
~ **halide** Alkylhalogenid n, Halogenalkan n
~ **residue** s. alkyl group
alkylsilyl group (residue) Alkylsilylgruppe f, Alkylsilylrest m
alkyne Alkin n, Acetylenkohlenwasserstoff m
allowable error zulässiger Fehler m
allowed band erlaubtes Band n
~ **transition** *(Spekt)* erlaubter Übergang m
allow to air-dry/to an der Luft trocknen lassen
~ **to cool** abkühlen lassen
~ **to dry** trocknen lassen
~ **to dry in the air** an der Luft trocknen lassen
~ **to react** reagieren lassen
~ **to run** laufen lassen *(einen Versuch)*
~ **to settle** absitzen lassen *(einen Niederschlag)*
~ **to stand** stehen lassen
~ **to swell** quellen lassen *(ein Gel)*
alpha-cellulose α-Cellulose f, Alphacellulose f
~ **decay** *(rad Anal)* α-Zerfall m, Alphazerfall m
~ **globulin** α-Globulin n, Alphaglobulin n
~ **particle** *(rad Anal)* α-Teilchen n, Alphateilchen n
~-**particle spectrum** s. ~-ray spectrum
~-**ray [energy] spectrum** α-Spektrum n, Alphaspektrum n
~ **spectrometer** α-Spektrometer n, Alphaspektrometer n
alter/to ändern, verändern, wechseln *(Farbe, Gestalt, Ladung)*
alteration Änderung f, Veränderung f, Wechsel m *(von Farbe, Gestalt, Ladung)*
alternating component Wechselanteil m
~ **current** Wechselstrom m

~~-current arc~~ *(opt At)* Wechselstrombogen *m*
~~-current chronopotentiometry~~ Wechselstromchronopotentiometrie *f*
~~-current oscillographic polarography~~ oszillographische Wechselstrompolarographie *f*
~~-current polarography~~ Wechselstrompolarographie *f*
~~-current [power] source~~ Wechselstromquelle *f*
~~-current supply~~ Wechselstromquelle *f*
~ **faradaic current** faradayscher Wechselstrom *m*
~ **magnetic field** magnetisches Wechselfeld *n*
~ **voltage** Wechselspannung *f*
~~-voltage chronopotentiometry~~ Wechselspannungschronopotentiometrie *f*
alternative Alternative *f*
~ **hypothesis** Alternativhypothese *f*
alumina Aluminiumoxid *n*
~ **column** *(Chr)* Aluminiumoxidsäule *f*
~ **content** Aluminiumoxidgehalt *n*
~ **plate** *(Flchr)* Aluminiumoxidplatte *f*, Al₂O₃-Platte *f*
aluminium Al Aluminium *n*
~ **electrode** Aluminiumelektrode *f*
~ **oxide** Aluminiumoxid *n*
~ **oxide layer** Aluminiumoxidschicht *f*
~ **oxide moisture sensor** Aluminium[oxid]feuchtesensor *m*
~ **oxide sensor** Aluminiumoxidsensor *m*
~ **oxide surface** Aluminiumoxidoberfläche *f*
~ **silicate** Aluminiumsilicat *n*
aluminosilicate Alumosilicat *n*
~ **skeleton** Alumosilicatgerüst *n*
aluminum *(US) s.* aluminium
AM (amplitude modulation) Amplitudenmodulation *f*
amalgam Amalgam *n* *(Quecksilberlegierung)*
amalgamate/to amalgamieren
amalgamated brass cathode amalgamierte Messingkatode *f*, Amalgam-Messing-Katode *f*
~ **brass-gauze electrode** amalgamierte Messingdrahtnetzelektrode *f*
~ **metal** Metallamalgam *n*
~ **zinc** amalgamiertes Zink *n*
~ **zinc reductor** Jones-Reduktor *m*, Jones-Reduktionsröhre *f*
amalgam technique *(Spekt)* Amalgamtechnik *f*
amber glass bottle braune Glasflasche *f*
ambient air Umgebungsluft *f*
~ **air analyser** Umgebungsluftanalysengerät *n*
~ **condition** Umgebungsbedingung *f*
~ **pressure** Umgebungsdruck *m*, Atmosphärendruck *m*, atmosphärischer Druck *m*, Luftdruck *m*
~ **temperature** Umgebungstemperatur *f*
americium Am Americium *n*
amide Amid *n*
aminated aminiert *(Latexteilchen)*
amine Amin *n*
amino acid Aminosäure *f*
~ **acid analyser** Aminosäure[n]analysator *m*
~ **acid analysis** Aminosäurenanalyse *f*

~ **acid reagent** Aminosäurereagens *n*
p-**aminobenzenesulphonamide** Sulfanilamid *n*, *p*-Aminobenzolsulfonamid *n*
aminobenzoic acid Aminobenzoesäure *f*
o-**aminobenzoic acid** Anthranilsäure *f*, *o*-Aminobenzoesäure *f*
amino compound Aminoverbindung *f*
2-aminoethanol Ethanolamin *n*, 2-Aminoethanol *n*, Monoethanolamin *n*, Aminoethylalkohol *m*
aminophenol Aminophenol *n*
aminopolycarboxylic acid Aminopolycarbonsäure *f*
aminosulphonic acid Amidosulfonsäure *f*, Amidoschwefelsäure *f*, *(veraltet)* Sulfaminsäure *f*
ammeter Strommesser *m*, Amperemeter *m*
ammonia Ammoniak *n*
ammoniacal ammoniakalisch, ammoniakhaltig
ammonia solution [wäßrige] Ammoniaklösung *f*, Ammoniumhydroxidlösung *f*, NH₃-Lösung *f*
ammonium acetate Ammoniumacetat *n*
~ **cerium(IV) nitrate** Ammoniumcer(IV)-nitrat *n*
~ **cerium(IV) sulphate** Ammoniumcer(IV)-sulfat *n*
~ **group** Ammoniumgruppe *f*, Ammoniumrest *m*
~ **molybdophosphate** Ammonium-12-molybdophosphat *n*, Triammonium-dodecamolybdophosphat *n*
~ **peroxodisulphate (persulphate)** Ammoniumperoxodisulfat *n*, Ammoniumpersulfat *n*
~ **pyrrolidine dithiocarbamate** Ammoniumpyrrolidindithiocarbamat *n*, Ammoniumtetramethylendithiocarbamat *n*
~ **residue** *s.* ~ group
~ **salt** Ammoniumsalz *n*
amorphous nichtkristallin, amorph, gestaltlos
~ **precipitate** amorpher Niederschlag *m*
amount Quantität *f*, Menge *f*
~ **concentration** Stoff[mengen]konzentration *f*, *(früher)* Molarität *f*, Volumenmolarität *f*, Liter-Molarität *f*
~ **of charge** Ladungsmenge *f*
~ **of electricity** Elektrizitätsmenge *f*
~ **of heat** Wärmemenge *f*
~ **of inspection** Prüfumfang *m*
~ **of material** Stoffmenge *f*, Substanzmenge *f*
~ **of reagent** Reagenzmenge *f*
~ **of substance** Stoffmenge *f*, Substanzmenge *f*
~~-of-substance concentration~~ *s.* ~ concentration
AMP (ammonium molybdophosphate) Ammonium-12-molybdophosphat *n*, Triammonium-dodecamolybdophosphat *n*
ampere-second Coulomb *n*, C, Amperesekunde *f*, As *(SI-Einheit der Elektrizitätsmenge)*
amperometric amperometrisch
~ **analysis** amperometrische Analyse *f*
~ **detection** amperometrische Detektion *f*
~ **detector** amperometrischer Detektor *m*
~ **end-point detection** *(Vol)* amperometrische Endpunktbestimmung *f*
~ **indication** *(Vol)* amperometrische Indikation *f*

amperometric 18

- ~ **precipitation titration** amperometrische Fällungstitration *f*
- ~ **process analyser** amperometrisches Prozeßanalysegerät *n*
- ~ **sensor** amperometrischer Sensor *m*
- ~ **titration** amperometrische Titration *f*
- ~ **titration curve** amperometrische Titrationskurve *f*
- ~ **titration with one indicator electrode** amperometrische Titration *f* mit einer polarisierbaren Elektrode
- ~ **titration with one mercury electrode** amperometrische Titration *f* mit einer polarisierbaren Hg-Tropfelektrode, polarographische Titration *f*
- ~ **titration with two indicator electrodes** amperometrische Titration *f* mit zwei Indikatorelektroden (polarisierbaren Elektroden), Polarisationsstromtitration *f*, Dead-stop-Titration *f*, Dead-stop-Methode *f*, Tot-Punkt-Titration *f*, Stillstandstitration *f*, biamperometrische Titration *f*, Depolarometrie *f*
- ~ **titrimetry** amperometrische Titrimetrie *f*

amperometry Amperometrie *f*
- ~ **with two indicator electrodes** Amperometrie *f* mit zwei Meßelektroden (Indikatorelektroden), Biamperometrie *f*

amperostat *(Coul)* Galvanostat *m*

amperostatic analysis galvanostatische Analyse *f*, Analyse *f* bei konstantem Strom
- ~ **coulometry** galvanostatische Coulometrie *f*, coulometrische Titration *f*, Coulometrie *f* bei konstantem Strom, Coulometrie *f* bei konstanter Stromstärke
- ~ **method** *(Coul)* galvanostatische Methode *f*

amphion Zwitterion *n*, Ampho-Ion *n*

amphiprotic *s.* amphoteric
- ~ **solvent** *(Vol)* amphiprot[isch]es Lösungsmittel *n*, amphoteres Lösungsmittel *m*

ampholyte Ampholyt *m*, amphoterer Elektrolyt *m*, amphotere Substanz *f*
- ~ **carrier** *(Elph)* Trägerampholyt *m*

ampholytic ampholytisch

amphoteric amphoter, amphiprot[isch]
- ~ **electrolyte** *s.* ampholyte
- ~ **ion** Zwitterion *n*, Ampho-Ion *n*
- ~ **ion exchanger** amphoterer Ionenaustauscher (Austauscher) *m*

amphoterism Amphoterie *f*

amplification Vergrößerung *f*, Erhöhung *f*, Verstärkung *f* *(einer Wirkung)*

amplifier Verstärker *m*
- ~ **gain** Verstärkungsfaktor *m*, Verstärkung *f* *(eines Verstärkers)*
- ~ **input** Verstärkereingang *m*
- ~ **noise** *(Meß)* Verstärkerrauschen *n*
- ~ **output** Verstärkerausgang *m*

amplify/to verstärken

amplifying medium aktives (verstärkendes) Medium *n*, Lasermedium *n*

amplitude Amplitude *f*
- ~ **change** Amplitudenänderung *f*
- ~ **-modulated** amplitudenmoduliert
- ~ **modulation** Amplitudenmodulation *f*
- ~ **spectra subroutine** Amplitudenspektren-Teilprogramm *n* *(Laborautomation)*
- ~ **spectrum** Amplitudenspektrum *n* *(von Kennlinien)*

AMX [spin] system *(kern Res)* AMX-Spinsystem *n*, AMX-System *n*

analar[-grade], ~-purity analysenrein, zur Analyse, p. a.

analog input/output interface *(US)* analoge Eingabe/Ausgabe-Schnittstelle (I/O-Schnittstelle) *f*
- ~ **interface** Analoginterface *n*, analoge Schnittstelle *f*
- ~ **interface module** analoges Schnittstellenmodul *n*
- ~ **I/O-interface** *s.* analog input/output interface
- ~ **level** Analogstufe *f*
- ~ **meter** Analogmeßgerät *n*, analoges Meßgerät *n*
- ~ **signal** Analogsignal *n*

analogue-to-digital conversion Digitalisierung *f*, Analog-Digital-Umwandlung *f*, A/D-Umwandlung *f*
- ~ **-to-digital converter** Analog-Digital-Wandler *m*, A/D-Wandler *m*

analysable analysierbar

analysand Analysensubstanz *f*, zu analysierende Substanz *f*

analyse/to analysieren
- ~ **electrochemically** elektrochemisch analysieren

analyser Analysator *m*, Analysiergerät *n*, Analysengerät *n*; Analysator *m* *(im Polarimeter)*
- ~ **control scheme** Steuerschema *n* des Analysengeräts
- ~ **flight path** *(Maspek)* Ionenflugbahn *f*, Ionenflugstrecke *f*
- ~ **tube** *(Maspek)* Massenanalysator *m*, Massentrennsystem *n*, Analysator *m*, Trennsystem *n*

analysing solution Analysenlösung *f*, zu analysierende Lösung *f*

analysis 1. Analyse *f*; 2. Gehalt *m* • **by distribution ~** verteilungsanalytisch • **to do (perform, run) an ~** eine Analyse durchführen *(s.a. unter analytical)*
- ~ **apparatus** Analysengerät *n*
- ~ **by boiling** Siedeanalyse *f*
- ~ **by weight** Gravimetrie *f*, gravimetrische Analyse *f*, Masseanalyse *f*
- ~ **condition** Analysenbedingung *f*
- ~ **of a residue** Rückstandsanalyse *f*, Restanalyse *f*
- ~ **of covariance** *(Stat)* Kovarianzanalyse *f*
- ~ **of ground water** Grundwasseranalyse *f*
- ~ **of spectra** Spektrenanalyse *f*
- ~ **of variance** *(Stat)* Varianzanalyse *f*
- ~ **of water** Wasseranalyse *f*, wasseranalytische Untersuchung *f*

~ **solution** Analysenlösung f
~ **subroutine** Analyse-Teilprogramm n
~ **system** Analysensystem n
~ **time** Analysendauer f, Analysenzeit f
analyst Analytiker m, analytisch arbeitender (tätiger) Chemiker m
analyte Analyt m, zu bestimmender Stoff m
~ **absorption** Analytabsorption f
~ **emission** Analytemission f
~-**free** analytfrei
~ **signal** Analytsignal n
~ **solution** Probenlösung f
analytical analytisch, Analysen... (s.a. unter analysis)
~ **accuracy** Richtigkeit f der Analysenergebnisse
~ **approach** Analysengang m, Analysenweg m
~ **balance** Analysenwaage f, analytische Waage f
~ **cartridge** (Fließ) [chemische] Reaktionsstrecke f, Reaktionsteil m
~ **centrifuge** analytische Zentrifuge f
~ **chemist** s. analyst
~ **chemistry** analytische Chemie f, (i.w.S.) [chemische] Analytik f
~ **chromatography** analytische Chromatographie f
~ **column** (Chr) analytische Säule (Trennsäule) f
~ **concentration range** nutzbarer Gehaltsbereich m
~ **curve** Analysenkurve f
~ **cycle** Analysenzyklus m
~ **data** Analysendaten pl, analytische Daten pl
~ **device** Analysengerät n
~ **electrodeposition** Elektrogravimetrie f
~ **electron microscopy** analytische Elektronenmikroskopie f, AEM
~ **error** Analysenfehler m
~ **evaluation function** s. ~ function
~ **examination** analytische Untersuchung f
~ **finding** s. ~ result
~ **function** Analysenfunktion f, Auswertefunktion f
~ **funnel** Analysentrichter m
~ **gap** (opt At) Analysenfunkenstrecke f
~ **gas chromatography** analytische Gaschromatographie f
~ **instruction** Analysenvorschrift f
~ **instrument** Analysengerät n
~ **isotachophoresis** analytische Isotachophorese f
~ **laboratory** analytisches Labor n
~ **line** (Spekt) Analysenlinie f, Hauptlinie f
analytically pure analysenrein, zur Analyse, p. a.
~ **useful** analytisch brauchbar (nutzbar)
analytical mass range nutzbarer Massenbereich m
~ **method** Analysenmethode f, analytische Methode f
~ **noise** (Meß) Rauschen n
~ **operation** Analysenablaufplan m
~ **parameter** Analysenparameter m, Analysenkenngröße f
~ **portion** Testmenge f, Prüfmenge f, Testquantum n

~ **problem** analytisches Problem n
~ **procedure** 1. Analysendurchführung f; 2. s. ~ technique
~ **pyrolysis** analytische Pyrolyse f
~ **radiochemistry** Radioanalytik f
~ **rate** Analysengeschwindigkeit f
~ **reaction** Analysenreaktion f
~ **reagent** analytisches Reagens n
~-**reagent-grade**, ~-**reagent-quality** analysenrein, zur Analyse, p. a.
~-**reagent quality** Analysenreinheit f
~ **report** Analysenprotokoll n
~ **result** Analysenbefund m, Analysenergebnis n, analytisches Ergebnis n
~ **sample** Analysenprobe f
~ **sampling** Probe[n]nahme f, Probenehmen n, Probenentnahme f
~-**scale chromatography** analytische Chromatographie f
~ **scheme** Analysengang m, Analysenweg m
~ **sensitivity** analytische Empfindlichkeit (Sensitivität) f
~ **separation** analytische Trennung f
~ **signal** Analysensignal n, analytisches Signal n
~ **solution** Probelösung f, Prüflösung f, Prüflingslösung f, Untersuchungslösung f, zu prüfende (untersuchende) Lösung f
~ **specificity** analytische Spezifität f
~ **specimen** Analysenprobe f
~ **technique** Analysenmethodik f, Analysenverfahren n, Analysentechnik f
~ **test** analytische Untersuchung f
~ **ultracentrifuge** analytische Ultrazentrifuge f
~ **value** Analysenwert m
~ **weight** Analysengewicht n
analyze/to s. analyse/to
anastigmat (Spekt) Anastigmat m(n)
anastigmatic anastigmatisch
~ **lens** s. anastigmat
ancillary technique Hilfstechnik f
Andrews titration Titration f nach Andrews (mit Kaliumiodat)
anemometer (Gaschr) Anemometer n
angle Winkel m
~-**dispersed** s. ~-resolved
~ **of deflection** Ablenkwinkel n
~ **of diffraction** Beugungswinkel m
~ **of incidence** Einfallswinkel m
~ **of observation** Streuwinkel m, Beobachtungswinkel m
~ **of refraction** Brechungswinkel m
~ **of rotation** Drehwinkel m
~-**resolved** (Spekt) winkelaufgelöst
~-**resolved Auger electron spectroscopy** winkelaufgelöste Auger-Elektronenspektroskopie f
~-**resolved photoelectron spectroscopy** winkelaufgelöste Photoelektronenspektroskopie f
~-**resolved photoemission**, ~-**resolved synchrotron-radiation photoelectron spectroscopy** s. ~-resolved photoelectron spectroscopy

angstrom

angstrom, Ångström Ångström *n (inkohärente, SI-fremde Einheit der Länge;* $1 \text{ Å} = 10^{-1}$ nm)
angular-dependent winkelabhängig
~-**dependent Auger spectroscopy** winkelaufgelöste Auger-Elektronenspektroskopie *f*
~ **dispersion** *(Spekt)* Winkeldispersion *f*
~ **frequency** Kreisfrequenz *f*, Winkelgeschwindigkeit *f*
~ **momentum** Drehimpuls *m*
~ **resolved UV-photoelectron spectroscopy** winkelaufgelöste Photoelektronenspektroskopie *f*
~ **velocity** Kreisfrequenz *f*, Winkelgeschwindigkeit *f*
anharmonic anharmonisch
anharmonicity Anharmonizität *f*
~ **coupling** *(Spekt)* Anharmonizitätskopplung *f*
anhydride Anhydrid *n*
anhydrous wasserfrei
aniline Anilin *n*
anion Anion *n*, negatives (negativ geladenes) Ion *n*
~ **analysis** Anionenanalyse *f*
~ **chromatography** Anionenchromatographie *f*
~ **column** Anionenaustausch[er]säule *f*
~ **exchange** Anionenaustausch *m*
~-**exchange chromatography** Anionenaustauschchromatographie *f*
~-**exchange column** Anionenaustausch[er]säule *f*
~-**exchange liquid** flüssiger Anionenaustauscher *m*
~-**exchange membrane** Anionenaustausch[er]membran *f*
~ **exchanger** Anionen[aus]tauscher *m*, Anionit *m*
~-**exchange resin** Anionenaustausch[er]harz *n*, Anionenaustauscher *m* auf Kunstharzbasis
~-**exchanger membrane** Anionenaustausch[er]membran *f*
~ **group** anionische Gruppe *f*
anionic anionisch, anion[en]aktiv, Anion[en]...
anion-radical Anion[en]radikal *n*, Radikalanion *n*
~ **separation** Anionentrennung *f*
anisole Anisol *n*, Methoxybenzol *n*
anisotopic element *(Maspek)* Reinelement *n*
anisotropic anisotrop
~ **effect** *(kern Res)* Anisotropieeffekt *m*
~ **interaction** *(kern Res)* anisotrope Wechselwirkung *f*
anisotropy Anisotropie *f*
~ **effect** *s.* anisotropic effect
~ **factor** *(opt Anal)* Anisotropiefaktor *m*
annihilation *(rad Anal)* Paarvernichtung *f*, Annihilation *f*, Zerstrahlung *f*
~ **radiation** Vernichtungsstrahlung *f*, Annihilationsstrahlung *f*
anode Anode *f*
~ **compartment** Anodenraum *m*
~ **current** Anodenstrom *m*
~ **potential** Anodenpotential *n*
~ **reaction** Anodenreaktion *f*

~ **space** *s.* ~ compartment
anodic anodisch, Anoden...
anodically polarized electrode anodisch-polarisierte Elektrode *f*
anodic background current anodischer Hintergrundstrom *m*
~ **compartment** *(Elph)* Anodenraum *m*
~ **current** Anodenstrom *m*
~ **current density** Anodenstromdichte *f*
~ **deposition** anodisches Abscheiden *n*
~ **diffusion** anodische Diffusion *f*
~ **diffusion current** anodischer Diffusionsstrom *m*
~ **electrode** Anionenelektrode *f*
~ **electrolyte** Anolyt *m (Elektrolyt im Anodenraum)*
~ **half-peak potential** anodisches Halbpeakpotential *n*
~ **half-wave potential** anodisches Halbstufenpotential *n*
~ **limb** anodischer Zweig *m*
~ **oxidation** anodische Oxidation *f*
~ **oxide film** anodischer Oxidbelag *m*
~ **passivity** anodische (elektrochemische) Passivität *f*
~ **peak** *(Pol)* anodischer Peak *m*
~ **preconcentration** *(Voltam)* anodische Vorkonzentrierung *f*
~ **stripping [analysis]** *s.* ~ stripping voltammetry
~ **stripping chronoamperometry with linear potential sweep** *(Pol)* Chronoamperometrie *f* mit anodischer Auflösung durch linearen Potentialanstieg
~ **stripping controlled potential coulometry** *(Pot)* potentialkontrollierte Coulometrie *f* mit anodischer Auflösung
~ **stripping polarography** Inverspolarographie *f* an der Anode, anodische Inverspolarographie *f*, Inverspolarographie *f* mit kathodischer Anreicherung, Anodic-stripping-Polarographie *f*
~ **stripping voltammetry** Inversvoltammetrie *f* an der Anode, anodische Inversvoltammetrie *f*, Inversvoltammetrie *f* mit kathodischer Anreicherung, Anodic-stripping-Voltammetrie *f*, ASV
~ **stripping voltammogram** Voltammogramm *n* der anodischen Inversvoltammetrie, Anodic-stripping-Voltammogramm *n*
~ **wave** *(Pol)* anodische Welle (Stufe) *f*
anodize/to anodisieren, anodisch oxidieren
anodized electrode Anionenelektrode *f*
anolyte Anolyt *m (Elektrolyt im Anodenraum)*
anomalous Zeeman effect *(Spekt)* anomaler Zeeman-Effekt *m*
antagonism Antagonism *m*
antagonistic antagonistisch
anthranilate Anthranilat *n*
anthranilic acid Anthranilsäure *f*, *o*-Aminobenzoesäure *f*
antibody Antikörper *m*

anti-bonding orbital antibindendes (lockerndes) Orbital n
anticipated value Erwartungswert m
anticircular development (elution) *(Flchr)* antizirkulare Entwicklung f, Antizirkularentwicklung f
antigen Antigen n
~-antibody reaction Antigen-Antikörper-Reaktion f
antimonate Antimonat n
antimony Sb Antimon n
antimony(III) compound Antimon(III)-Verbindung f
antimony chloride Antimonchlorid n
~ electrode Antimonelektrode f
~ oxide electrode Antimonoxidelektrode f
anti-oxidant Antioxidans n, Antioxidationsmittel n
antiparallel antiparallel
antiparticle Antiteilchen n
antiphase *(kern Res)* Antiphase f
~ magnetization Antiphase-Magnetisierung f
~ peak Antiphase-Signal n
antiserum Antiserum n
anti-Stokes line *(opt Mol)* Anti-Stokes-Linie f, anti-Stokessche Linie f
~-Stokes Raman scattering s. ~-Stokes scattering
~-Stokes region Anti-Stokes-Bereich m, anti-Stokesscher Bereich m
~-Stokes scatter[ing] Anti-Stokes-Streuung f, anti-Stokessche Raman-Streuung f
~-Stokes spectrum Anti-Stokes-Spektrum n
antisymmetric antisymmetrisch
~ state *(Spekt)* antisymmetrischer Zustand m
AO (atomic orbital) Atomorbital n, atomares Orbital n, AO
AOAC = Association of Official Analytical Chemists
AOS (adsorbable organic sulphur) adsorbierbarer organisch gebundener Schwefel m, adsorbierbare organische Schwefelverbindungen fpl, AOS
AOX (adsorbable organic halogen) adsorbierbare organisch gebundene Halogene npl, adsorbierbare organische Halogenverbindungen fpl, AOX
APDC (ammonium pyrrolidine dithiocarbamate) Ammoniumpyrrolidindithiocarbamat n, Ammoniumtetramethylendithiocarbamat n
aperture aberration [error] sphärischer Abbildungsfehler m, sphärische Aberration f, Öffnungsfehler m
API (atmospheric pressure ionization) *(Maspek)* Atmosphärendruck-Ionisation f
apiezon [grease] Apiezonfett n
API source *(Maspek)* Atmosphärendruck-Ionenquelle f, API-Ionenquelle f, API-Quelle f
apodization *(Spekt)* Apodisation f
apolar unpolar
apparatus Apparat m; Apparatur f
apparent concentration scheinbare Konzentration f
~ density Korndichte f *(von Schüttgut)*
~ formation constant s. ~ stability constant
~ mobility *(Elph)* Netto[ionen]beweglichkeit f

~ molar mass scheinbare Molmasse f
~ molecular weight scheinbares Molekulargewicht n
~ relative molecular mass scheinbares Molekulargewicht n
~ stability constant scheinbare (konditionelle, effektive) Komplexstabilitätskonstante f
appear/to vorkommen, auftreten, sich finden
appearance Vorkommen n, Auftreten n
~ energy (potential) *(Maspek)* Auftrittsenergie f, Auftrittspotential n, AP
~ potential spectroscopy Auftrittspotentialspektroskopie f, Appearance-potential-Spektroskopie f
~ temperature *(opt At)* Erscheinungstemperatur f
application 1. Anwendung f, Verwendung f, Benutzung f; 2. Auftragen n, Aufgeben n, Aufbringen n *(von Proben)*; 3. Anlegen n *(einer Spannung)*
~ of a pulse *(Pol)* Pulsapplikation f
~ point *(Chr, Elph)* Auftrag[ung]sstelle f
applicator Auftragegerät n *(für Proben)*
applied magnetic field angelegtes Magnetfeld n
~ potential angelegtes Potential n
~ statistics angewandte Statistik f
~ voltage angelegte Spannung f
apply/to 1. anwenden, verwenden, benutzen; 2. auftragen, aufgeben, aufbringen *(Proben)*; 3. anlegen *(eine Spannung)*
~ as a streak *(Chr, Elph)* strichförmig auftragen
appraisal costs Prüfkosten pl
approximate/to annähern, approximieren
approximate method Näherungsverfahren n, Approximationsverfahren n
~ value Näherungswert m
approximation Näherung f, Approximation f
~ method Näherungsverfahren n, Approximationsverfahren n
aprotic aprot[on]isch
~ dipolar solvent dipolares aprotisches Lösungsmittel n
~ solvent aprotisches Lösungsmittel n
APS 1. (ammonium peroxodisulphate) Ammoniumperoxodisulfat n, Ammoniumpersulfat n; 2. (appearance potential spectroscopy) Auftrittspotentialspektroskopie f, Appearance-potential-Spektroskopie f
APT (attached proton test) *(kern Res)* J-moduliertes Spinecho n
AQL (acceptable quality level) annehmbare Qualitätslage f, Gutgrenze f
aqua regia Aqua n regia, Königswasser n, Kö., Kw. *(Gemisch aus Salzsäure und Salpetersäure)*
aqueous wäßrig
~ ammonia [wäßrige] Ammoniaklösung f, Ammoniumhydroxidlösung f, NH_3-Lösung f
~ layer Wasserschicht f
~ phase wäßrige Phase f
~ sample wäßrige Probe f

aqueous

~ **size exclusion chromatography** Gelfiltrationschromatographie *f*, GFC, Gelfiltration *f*, wäßrige Ausschlußchromatographie *f*
~ **solubility** Wasserlöslichkeit *f*, Löslichkeit *f* in Wasser
~ **solution** wäßrige Lösung *f*
~ **solvent** wäßriges Lösungsmittel *n*
ARAES (angle-resolved Auger electron spectroscopy) winkelaufgelöste Auger-Elektronenspektroskopie *f*
arc discharge *(opt At)* Bogenentladung *f*
~ **emission spectrometry** Bogenspektrometrie *f*
~ **excitation** *(opt At)* Bogenanregung *f*
~ **gap** *(opt At)* Bogenstrecke *f*
~ **lamp** *(opt At)* Bogenlampe *f*, Lichtbogenlampe *f*
~ **line** *(opt At)* Bogenlinie *f*
~ **of precipitate** *(Elph)* Präzipitatbogen *m*
~ **plasma** *(opt At)* Bogenplasma *n*
~ **source** *(opt At)* Lichtbogen-Anregungsquelle *f*
area dependence Flächenabhängigkeit *f*
~ **normalization** *(Chr)* Normalisierung *f*, Normalisation *f*, Flächennormalisierung *f*, innere Normalisation (Normierung) *f*, 100%-Methode *f* *(zur Auswertung von Chromatogrammen)*
argentimetry s. argentometry
argentometric argentometrisch
argentometry Argentometrie *f* *(Titration mit Silbersalzlösungen)*
argon Ar Argon *n*
~ **[ionization] detector** *(Gaschr)* Argon-Ionisationsdetektor *m*, Argon-Detektor *m*
~ **[-ion] laser** Argonionen-Laser *m*, Argon-Laser *m*, Ar^+-Laser *m*
~ **plasma** Argonplasma *n*
arithmetic average (mean) arithmetischer Mittelwert *m*, arithmetisches Mittel *n*
ARL (average run length) mittlere Anzahl *f* der Kontrollkarteneintragungen
ARM (atomic resolution microscopy) Mikroskopie *f* mit atomarer Auflösung
arm ratio Lastarmverhältnis *n* *(einer Waage)*
aromatic aromatisch
~ **amine** aromatisches Amin *n*, Arylamin *n*
~ **compounds** s. aromatics
~ **ether** aromatischer Ether *m*
~ **hydrocarbons** s. aromatics
~ **proton** aromatisches Proton *n*
~ **ring** aromatischer Ring *m*, Benzolring *m*
aromatics Aromaten *mpl*, aromatische Verbindungen *fpl*, Arene *npl*, benzoide (aromatische) Kohlenwasserstoffe *mpl*, Benzolkohlenwasserstoffe *mpl*
ARP (angle-resolved photoemission), **ARPES**, **ARPS** (angle-resolved photoelectron spectroscopy) winkelaufgelöste Photoelektronenspektroskopie *f*
arrange/to anordnen
arrangement Anordnung *f*
array detection *(Spekt)* Arraydetektion *f*, Detektion *f* mit Diodenarray

~ **detector** *(Spekt)* Diodenarraydetektor *m*, DAD, Photodioden[array]detektor *m*, PDA-Detektor *m*, Photodioden-Multikanaldetektor *m*, Arraydetektor *m*
Arrhenius equation Arrhenius-Gleichung *f*, Arrheniussche Gleichung *f* *(der Temperaturabhängigkeit der Reaktionsgeschwindigkeit)*
~ **parameter** Arrhenius-Parameter *m*
~ **plot** Arrhenius-Diagramm *n*
arsenate Arsenat *n*, Arsenat(V) *n*
arsenic As Arsen *n*
~ **compound** Arsenverbindung *f*
arsenic(III) compound Arsen(III)-Verbindung *f*, As(III)-Verbindung *f*
~ **oxide** Arsen(III)-oxid *n*
~ **sulphide** Arsen(III)-sulfid *n*, Arsentrisulfid *n*
arsenic trisulphide s. arsenic(III) sulphide
artefact s. artifact
artifact Artefakt *n*
~ **formation** Artefaktbildung *f*
artificial radioactivity induzierte (künstliche) Radioaktivität *f*
ARUPS (angular resolved UV-photoelectron spectroscopy), **ARXPS** (angle-resolved synchrotron-radiation photoelectron spectroscopy) winkelaufgelöste Photoelektronenspektroskopie *f*
asbestos plug Asbestpfropfen *m*
ascending development (elution) *(Flchr)* aufsteigende Entwicklung *f*
~ **method** *(Flchr)* aufsteigende Methode *f* *(der Flachbettchromatographie)*
ascorbate Ascorbat *n*
ash/to veraschen
ash content Aschegehalt *m*
ASN (average sample number) durchschnittliche Stichprobenanzahl *f*, durchschnittlicher Stichprobenumfang *m*
asphyxiant Erstickungsgas *n*
aspirator bottle Saugflasche *f*
assay/to prüfen, untersuchen
assay 1. Versuch *m*; 2. Gehaltsbestimmung *f*
~ **balance** Probierwaage *f* *(Wägebereich 1...5 g)*
~ **value** Gehalt *m*
assess/to bewerten
assessment Bewertung *f*
~ **of odour** Geruchsbewertung *f*
assign/to zuordnen
assignment of signals Signalzuordnung *f*
associate/to sich assoziieren (vereinigen)
association Assoziation *f*
~ **complex** Assoziat *n*
~ **constant** Assoziationskonstante *f*
~ **equilibrium** Assoziationsgleichgewicht *n*
~ **reaction** Assoziationsreaktion *f*
associative combination Assoziationsreaktion *f*
assurance of quality *(Proz)* Qualitätssicherung *f*, Gütesicherung *f*
astatine At Astat *n*
astigmatic *(Spekt)* astigmatisch

astigmatism *(Spekt)* Astigmatismus *m*, Zweischalenfehler *m*
ASV (anodic stripping voltammetry) Inversvoltammetrie (inverse Voltammetrie) *f* an der Anode, anodische Inversvoltammetrie *f*, Inversvoltammetrie *f* mit kathodischer Anreicherung, Anodicstripping-Voltammetrie *f*, ASV
asymmetric[al] asymmetrisch, unsymmetrisch
~ **centre** Asymmetriezentrum *n*
~ **chemical synthesis** *s.* ~ synthesis
~ **molecule** asymmetrisches Molekül *n (ohne Symmetrieelemente)*
~ **optical aberration** Asymmetriefehler *m*, Koma *f*
~ **synthesis** asymmetrische Synthese *f*
asymmetry Asymmetrie *f*, Unsymmetrie *f*
~ **factor** *(Chr)* Asymmetriefaktor *m*
~ **parameter** *(mag Res)* Asymmetrieparameter *m*
~ **potential** Asymmetriepotential *n*
asynchronous merging *(Fließ)* asynchrone Vermischung *f*
A term *(Chr)* A-Term *m*, Term *m* der Wirbeldiffusion (Eddy-Diffusion) *(der van-Deemter-Gleichung)*
atm *s.* atmosphere
atmosphere [physikalische] Atmosphäre *f*, atm, Normalatmosphäre *f (1 atm = 101325 Pa)*
atmospheric moisture Luftfeuchte *f*, Luftfeuchtigkeit *f*
~ **oxidation** Luftoxidation *f*, Oxidation *f* durch Luft[sauerstoff]
~ **pollutant** *s.* air pollutant
~ **pressure** Atmosphärendruck *m*, atmosphärischer Druck *m*, Umgebungsdruck *m*, Luftdruck *m*
~ **pressure ionization** *(Maspek)* Atmosphärendruck-Ionisation *f*
~ **pressure ionization mass spectrometry** API-Massenspektrometrie *f*, API-MS
~ **pressure ionization source** *(Maspek)* Atmosphärendruck-Ionenquelle *f*, API-Ionenquelle *f*, API-Quelle *f*
~ **pressure plasma** Normaldruckplasma *n*
atomic absorption Atomabsorption *f*
~ **absorption detector** *(Flchr)* Atomabsorptionsspektralphotometer-Detektor *m*
~ **absorption spectrometer** Atomabsorptionsspektrometer *n*, Atomabsorptionsspektralphotometer *n*, AA-Spektrometer *n*
~ **absorption spectro[photo]metry** Atomabsorptionsspektrometrie *f*, AAS, Atomabsorptionsspektralphotometrie *f*, Atomabsorptionsspektrophotometrie *f*
~ **absorption spectroscopy** Atomabsorptionsspektroskopie *f*, AAS
~ **configuration** Atomkonfiguration *f*, Atomanordnung *f*
~ **core** Atomrumpf *m*
~ **emission** Atomemission *f*
~ **emission analysis** Atomemissionsspektralanalyse *f*

~ **emission spectrometer** Atomemissionsspektrometer *n*
~ **emission spectrometry** Atomemissionsspektrometrie *f*, AES
~ **emission spectroscopy** Atomemissionsspektroskopie *f*
~ **emission spectrum** Atomemissionsspektrum *n*
~ **fluorescence** Atomfluoreszenz *f*
~ **fluorescence spectroscopy** Atomfluoreszenzspektroskopie *f*, AFS
~ **iodine laser** Iod-Laser *m*
~ **kernel** Atomrumpf *m*
~ **line source** Linienstrahler *m*
~ **mass** Atommasse *f*, atomare Masse *f*
~ **mass unit** atomare Masseneinheit *f*
~ **nucleus** Atomkern *m*, Kern *m*, Nukleus *m*
~ **number** Ordnungszahl *f*, Z, Kernladungszahl *f*, Atomnummer *f*, Protonenzahl *f*
~ **orbital** Atomorbital *n*, atomares Orbital *n*, AO
~ **ratio** Atomverhältnis *n*, Atomzahlverhältnis *n*
~ **resolution microscopy** Mikroskopie *f* mit atomarer Auflösung
~ **spectrometric detection** atomspektrometrische Detektion *f*
~ **spectroscopy** Atomspektroskopie *f*
~ **spectrum** Atomspektrum *n*
~ **vapour** atomarer Dampf *m*
~ **weight** relative Atommasse *f*, *(früher)* Atomgewicht *n*
atomization Atomisieren *n*, Atomisierung *f*
~ **aid** Atomisierungshilfe *f*
atomize/to atomisieren
atomizer Atomisator *m*, Atomisierungseinrichtung *f*
~ **burner** *(opt At)* Zerstäuber-Brenner-Kombination *f*
atomizing temperature Atomisierungstemperatur *f*
atom line *(opt At)* Atomlinie *f*
~ **reservoir** Atomreservoir *n*
ATR *s.* attenuated total reflectance
attached proton *(kern Res)* gebundenes Proton *n*
~ **proton test** J-moduliertes Spinecho *n*
attainment of equilibrium Gleichgewichtseinstellung *f*
attenuate/to schwächen, abschwächen, dämpfen *(Strahlung)*
attenuated total reflectance (reflection) abgeschwächte Totalreflexion *f*, ATR
attenuation Schwächung *f*, Abschwächung *f*, Dämpfung *f (von Strahlung)*
~ **coefficient** *(rad Anal)* Schwächungskoeffizient *m*
~ **length** mittlere Austrittstiefe (Ausdringtiefe) *f (von Elektronen)*
attenuator *(Spekt)* Abgleichsblende *f*, Abgleichvorrichtung *f*
attract/to anziehen
attraction Anziehung *f*, Attraktion *f*
attractive force Anziehungskraft *f*, Attraktionskraft *f*
attribute *(Proz)* Qualitätsmerkmal *n*, qualitatives Merkmal *n*

AU

AU (absorption unit) *(Spekt)* Absorptionseinheit *f (Extinktion 1)*
audio-frequency meter Niederfrequenzmesser *m*, Tonfrequenzmesser *m*
Auer burner *(opt Mol)* Auer-Brenner *m*
AUFS (absorption unit full scale) *(Spekt)* Extinktion *f* 1 bei Vollausschlag
auger [großer] Bohrer *m (für Probennahme)*
Auger effect *(Spekt)* Auger-Effekt *m*
~ **electron** Auger-Elektron *n*
~ **electron emission** Auger-Elektronen-Emission *f*
~ **electron emission spectroscopy** s. ~ electron spectroscopy
~ **electron microscopy** Auger-Elektronenmikroskopie *f*, AEM
~ **electron spectroscopy** Auger-Elektronenspektroskopie *f*, AES, Auger-Spektroskopie *f*
~ **electron spectrum** Auger-Spektrum *n*
~ **emission spectroscopy** s. ~ electron spectroscopy
~ **neutralization** Auger-Neutralisation *f*
~ **process** Auger-Prozeß *m*
~ **spectroscopy** s. ~ electron spectroscopy
~ **transition** Auger-Übergang *m*
~ **yield** Auger-Ausbeute *f*
autocatalysis Autokatalyse *f*
autocatalyst Autokatalysator *m*
autocatalytic autokatalytisch
autoclavability Autoklavierbarkeit *f*
autoclavable autoklavierbar, im Autoklaven behandelbar
autoclave Autoklav *m*, Druckgefäß *n*
autoclave/to im Autoklaven behandeln, autoklavieren
auto-ionization *(Maspek)* Autoionisation *f*, Präionisation *f*, Selbstionisation *f*, Eigenionisation *f*
automate/to automatisieren
automatic analysis automatisierte (automatisch ausgeführte) Analyse *f*
~ **burette** automatische Bürette *f*
~ **calibration** automatische Kalibrierung *f*
~ **corrosion monitoring** *(Proz)* automatische Korrosionsüberwachung *f*
~ **cut-off** selbsttätige Ausschaltung (Abschaltung) *f*
~ **fraction collector** automatischer Fraktionssammler *m*
~ **frequency control** automatische Frequenzregelung *f*, AFC
~ **polarograph** Polarograph *m* mit automatischer Aufzeichnung
~ **potential control** automatische Potentialregelung *f*
~ **potentiometric titration** automatische potentiometrische (elektrometrische) Titration *f*
~ **sampler** s. autosampler
~ **stirrer** automatische Rührvorrichtung *f*
~ **titration** automatische Titration *f*
~ **titrator** s. autotitrator

automation Automatisierung *f*
automotive exhaust Kraftfahrzeugabgas *n*
autoradiograph Autoradiographie *f*
autoradiography Autoradiographie *f*
autosampler automatischer Probengeber *m*, automatisches Probendosiersystem *n*, Autosampler *m*
auto-scan polarograph Auto-scan-Polarograph *m*
autotitrator Titrierautomat *m*, automatisches Titrimeter *n*, selbsttätig arbeitendes Titriergerät *n*
auxiliary complexing agent Hilfskomplexbildner *m*
~ **electrode** Hilfselektrode *f*
~ **gas** *(Gaschr)* Versorgungsgas *n*, Detektorversorgungsgas *n*; Make-up-Gas *n*, Spülgas *n*, Beschleunigungsgas *n*, Schöngas *n*, Schönungsgas *n*, Zusatzgas *n*
~ **reference electrode** Hilfsbezugselektrode *f*
~ **substance** Hilfssubstanz *f*, Hilfsstoff *m*
~ **system** Hilfssystem *n*
auxochrome Auxochrom *n*, auxochrome (farbverstärkende) Gruppe *f*
auxochromic auxochrom
~ **group** s. auxochrome
availability Verfügbarkeit *f*
available capacity Nutzkapazität *f*, nutzbare Kapazität *f (eines Ionenaustauschers)*
~ **chlorine** wirksames (aktives) Chlor *n*
avalanche effect Lawineneffekt *m*, Avalancheeffekt *m*
average Mittelwert *m*, Durchschnitt[swert] *m*
average/to mitteln, [her]ausmitteln
~ **to zero** zu Null mitteln
~ **out** s. average/to
average amount of inspection mittlerer Prüfumfang *m*
~ **analysis** mittlere Zusammensetzung *f*
~ **carrier gas velocity** *(Gaschr)* mittlere [lineare] Trägergasgeschwindigkeit *f*
~ **current** arithmetischer Strommittelwert *m*
~ **degree of polymerization** Mittelwert *m* des Polymerisationsgrades
~ **deviation** *(Stat)* durchschnittliche Abweichung *f*, mittlerer Abweichungsbetrag *m*
~ **life [period]** mittlere Lebensdauer *f*
~ **linear gas velocity** s. ~ carrier gas velocity
~ **linkage** durchschnittliche Verkettung *f (Meßwertverarbeitung)*
~ **molecular weight** mittlere relative Molekülmasse *f*, mittleres Molekulargewicht *n*
~ **particle diameter** mittlerer Teilchendurchmesser *m*
~ **particle size** mittlere Korngröße *f*, Kornmittel *n*
~ **pore diameter** mittlerer Porendurchmesser *m*
~ **quality protection** *(Proz)* Sicherung *f* der durchschnittlichen Qualitätslage
~ **run length** mittlere Anzahl *f* der Kontrollkarteneintragungen
~ **sample** Durchschnittsprobe *f*

~ **sample number** durchschnittliche Stichprobenanzahl f, durchschnittlicher Stichprobenumfang m
~ **sample number curve** Kurve f der durchschnittlichen Stichprobenanzahl
~ **total inspection** durchschnittlicher Gesamtprüfumfang m
~ **t-test** Mittelwert-t-Test m
~ **value** s. average
~ **weight** mittlere Masse f
Avogadro constant (number) Avogadro-Konstante f, Avogadrosche Konstante f (= 6,022045 × 10^{23} mol^{-1})
AW (acid washing) (Chr) Waschen n mit Säure, Säurewäsche f, Säurewaschen n
axial diffusion (Chr) Axialdiffusion f, axiale (longitudinale) Diffusion f, Längsdiffusion f, Longitudinaldiffusion f
~ **dispersion** (Chr) Bandenverbreiterung f, Zonenverbreiterung f, Peakverbreiterung f, Peakaufweitung f, axiale Dispersion f
~ **eddy diffusion** (Chr) Streudiffusion f, Eddy-Diffusion f, Wirbeldiffusion f, Kanaldispersion f
axially symmetric axialsymmetrisch, achsensymmetrisch
axial mixing (Fließ) Longitudinalvermischung f, Axialvermischung f, Längsvermischung f, axiale Rückvermischung f
~ **molecular diffusion** s. axial diffusion
~ **peak** (kern Res) Axialpeak m, Axialsignal n
~ **protons** axiale Protonen npl
~ **ratio** [kristallographisches] Achsenverhältnis n
axis of rotation Drehachse f, Rotationsachse f
~ **of symmetry** Symmetrieachse f
axisymmetric[al] s. axially symmetric
AX spin system (kern Res) AX-System n
A_2X_2 system (kern Res) A_2X_2-System n (ein Spinsystem)
Ayrton[-type] shunt Mehrfachnebenwiderstand m, Ayrton-Widerstand m
azide Azid n
azo dye Azofarbstoff m

B

back-diffusion Rückdiffusion f
~ -**extract/to** strippen
~ -**extracting**, ~ -**extraction** Rückextrahieren n, Rückextraktion f, Strippen n
~ -**flow** Rückfluß m, Rückstrom m
backflush[ing] (Gaschr) Rückspülen n, Rückspülung f (der Säule)
back-formation Rückbildung f
background (Meß) Untergrund m, Hintergrund m
~ **absorption** Untergrundabsorption f
~ **conductance (conductivity)** Hintergrundleitfähigkeit f, Untergrundleitfähigkeit f, Grundleitfähigkeit f

~ **correction** Untergrundkorrektur f
~ **corrector** Untergrundkorrektor m, Untergrundkompensator m
~ **current** Hintergrundstrom m, Grundstrom m
~ **detector noise** Detektorrauschen n
~ **electrolyte solution** elektrolytische Grundlösung f
~ **emission** Untergrundemission f
~ **fluorescence** Untergrundfluoreszenz f
~ **intensity** Untergrundintensität f
~ **line** Untergrundlinie f
~ **mass spectrum** Untergrundmassenspektrum n
~ **measurement** Untergrundmessung f
~ **noise** Untergrundrauschen n
~ **radiation** Untergrundstrahlung f
~ **signal** Untergrundsignal n
~ **spectrum** Untergrundspektrum n
~ **subtraction** Untergrundsubtraktion f
backing material Träger m (Dünnschichtchromatographie)
~ **pump** Vor[vakuum]pumpe f
back octant (opt Anal) hinterer Oktant m
~ **pressure** Gegendruck m, Rückdruck m
~ -**pressure regulator** Gegendruckregler m
~ **reaction** Rückreaktion f
backscatter s. backscattering
backscattered light turbidimeter Rückwärtsstreulicht-Turbidimeter n
~ **Raman spectrum** rückgestreutes Raman-Spektrum n
backscattering Rück[wärts]streuung f
back-titrate/to rücktitrieren, zurücktitrieren
~ -**titrating**, ~ -**titration** Rücktitration f, Rücktitrieren n, Zurücktitrieren n
backward polarization Rückpolarisation f
~ **reaction** Rückreaktion f
~ **scattering** s. backscattering
backwash/to rückspülen, durch Rückspülung waschen
backwashing 1. (Flchr) Rückspülen n, Rückspülung f (der Säule); Waschen n, Scrubbing n (des Extrakts zum Entfernen von Verunreinigungen); 2. s. back-extracting
balance 1. Gleichgewicht n; 2. Waage f
balanced-density slurry Schwebesuspension f
~ -**density slurry method** Schwebesuspensionsverfahren n (zum Packen von Säulen)
balance point Abgleichpunkt m
ball joint stopper Kugelschliffstopfen m
ballotini [glass] beads Ballotini pl
Balmer series (Spekt) Balmer-Serie f
band Bande f, Zone f, Substanzzone f, Substanzbereich m (im Chromatogramm oder Elektropherogramm); Bande f, Spektralbande f
~ **broadening** Bandenverbreiterung f, Zonenverbreiterung f, (Chr auch) Peakverbreiterung f, Peakaufweitung f, axiale Dispersion f
~ **compression factor** (Chr) Bandenkompressionsfaktor m

band 26

- **dispersion** *(Chr)* Peakdispersion *f*, Peakvarianz *f*
- **intensity** Bandenintensität *f*
- **maximum** Peakmaximum *n*
- **~-pass filter** *(Spekt)* Bandpaßfilter *n*, Band-pass-Filter *n*
- **~-pass width** effektive Bandbreite *f (eines Monochromators)*
- **spectrum** Bandenspektrum *n*
- **spread[ing]** *s.* ~ broadening
- **variance** *s.* ~ dispersion

bandwidth Peakbreite *f*; Bandbreite *f (eines Monochromators)*

bar Bar *n*, bar *n (inkohärente Einheit des Druckes; 1 bar = 10^5 Pa)*

- **chart (diagram)** Histogramm *n*, Säulendiagramm *n*
- **graph** *(Maspek)* Strichspektrum *n*

barium Ba Barium *n*
- **chromate** Bariumchromat *n*
- **perchlorate** Bariumperchlorat *n*

barrier layer Sperrschicht *f*
- **~-layer cell** Sperrschichtphotoelement *n*

Bartlett test *(Stat)* Bartlett-Test *m*

base Base *f*
- **electrolyte solution** elektrolytische Grundlösung *f*
- **form** Basenform *f*, Hydroxidform *f*, OH-Form *f*, OH⁻-Form *f (eines Ionenaustauschers)*; Base[n]form *f*, basische (alkalische) Form *f (eines Indikators)*

baseline *(Meß)* Basislinie *f*, Grundlinie *f*
- **correction** Basislinienkorrektur *f*, Korrektur *f* der Basislinie, Nullinienkorrektur *f*
- **drift** Basisliniendrift *f*, Abwandern *n* der Basislinie
- **method** *(Spekt)* Grundlinienverfahren *n*
- **noise** *(Meß)* Basisrauschen *n*
- **peak width** Peakbreite *f*, Basisbreite *f*
- **resolution (separation)** *(Chr)* Basislinientrennung *f*, 6-Sigma-Trennung *f*

base peak *(Maspek)* Basispeak *m*
- **strength** Basenstärke *f*
- **washing** *(Chr)* Waschen *n* mit Alkali, Alkaliwäsche *f*
- **width** Peakbreite *f*, Basisbreite *f*

basic alkalisch, basisch
- **analytical method** analytisches Grundverfahren *n*
- **dye** basischer Farbstoff *m*
- **electrolyte** *(Pol, Elph)* Grundelektrolyt *m*, Leitelektrolyt *m*, LE, Zusatzelektrolyt *m*, indifferenter Elektrolyt *m*, Leitsalz *n*
- **form** Base[n]form *f*, basische (alkalische) Form *f (eines Indikators)*
- **function** *(kern Res)* Basisfunktion *f*

basicity Alkalität *f*, Basizität *f (einer Lösung)*

basic method Grundverfahren *n*
- **process** Grundvorgang *m*; Grundarbeitsgang *m*; Grundverfahren *n*
- **salt** basisches Salz *n*, Hydroxidsalz *n*
- **site** basisches (alkalisches) Zentrum *n*
- **solution** Grundlösung *f*
- **spin function** *(kern Res)* Basisfunktion *f*
- **strength** Basenstärke *f*

batch Charge *f*, Partie *f*, Posten *m*, Füllung *f*, Ladung *f*; Los *n*, Menge *f*, kleine Stückzahl *f*
- **extraction** diskontinuierliche (schubweise) Extraktion *f*
- **inlet [sampling] system** *(Maspek)* Gas-Einlaßsystem *n*
- **operation** diskontinuierliche Arbeitsweise *f*
- **size** Losumfang *m*, Losgröße *f*
- **variation** *(Stat)* Losstreuung *f*

batchwise extraction *s.* batch extraction
- **titration** diskontinuierliche (chargenweise) Titration *f*

bathochromic bathochrom
- **shift** bathochrome (langwellige) Verschiebung *f*, Rotverschiebung *f*, Bathochromie *f*

BB [decoupling] *s.* broad-band decoupling

bead size Korngröße *f (von Ionenaustauschern, Gelen)*

bead up/to zu Tröpfchen zusammenlaufen *(von Flüssigkeitsschichten)*

beaker Becherglas *n*

beam of electrons Elektronenstrahl *m*
- **of light** Lichtstrahl *m*
- **splitter** Strahl[en]teiler *m*, Strahlungsteiler *m*

bearding *(Chr)* Fronting *n*, Leading *n*, Peakleading *n*, Bartbildung *f*

bed of ion-exchange medium Ionenaustauscherbett *n*
- **volume** *(Chr, Ion)* Bettvolumen *n*, Säulenvolumen *n*

Beer-Bouguer law *s.* ~-Lambert [-Bouguer] law
- **~-Lambert[-Bouguer] law** *(Spekt)* Lambert-Beersches Gesetz (Absorptionsgesetz) *n*, Bouguer-Lambert-Beersches Gesetz *n*
- **law** Beersches Gesetz *n (der Lichtabsorption)*

Beilstein test Beilstein-Test *n*, Beilstein-Probe *f (zum Nachweis von Halogenen)*

belt interface *(Maspek)* Transportband-Interface *n*, Moving-belt-Interface *n*, Bandinterface *n*
- **LC/MS system** Bandtransportsystem *n (zur Kopplung von LC und MS)*

bench-scale study Laboruntersuchung *f*

bending vibration *(opt Mol)* Deformationsschwingung *f*, Knickschwingung *f*, Spreizschwingung *f*

benzene Benzol *n*, Benzen *n*

benzoate Benzoat *n*

benzoic acid Benzoesäure *f*

benzoin 1-oxime, α-benzoin oxime Cupron *n*, α-Benzoinoxim *n*

N-benzoyl-N-phenylhydroxylamine N-Benzoyl-N-phenylhydroxylamin *n*

benzyl alcohol Benzylalkohol *m*

berkelium Bk Berkelium *n*

Bernard law *s.* Beer law

Bernoulli distribution *(Stat)* Binomialverteilung f, Bernoullische (Newtonsche) Verteilung f
beryllium Be Beryllium n
beta backscatter *(rad Anal)* β-Rückstreuung f, Betarückstreuung f
~ **-bond cleavage** *(Maspek)* β-Spaltung f
~ **-cellulose** β-Cellulose f, Betacellulose f
~ **decay** *(rad Anal)* β-Zerfall m, Betazerfall m
~ **emitter** *(rad Anal)* β-Strahler m, Betastrahler m
~ **globulin** β-Globulin n, Betaglobulin n
~ **particle** *(rad Anal)* β-Teilchen n, Betateilchen n
~ **ray** *(rad Anal)* β-Strahl m, Betastrahl m
~ **-ray emitter** s. ~ emitter
~ **-ray spectrometer** s. ~ spectrometer
~ **-ray spectrum** β-Spektrum n, Betaspektrum n
~ **spectrometer** β-Spektrometer n, Betaspektrometer n
between-run precision *(Proz)* Präzision f von Serie zu Serie
biacetyl Butan-2,3-dion n, Biacetyl n, Dimethylglyoxal n
biamperometric biamperometrisch
~ **end-point detection** *(Vol)* biamperometrische Endpunktbestimmung f, Dead-stop-Endpunktbestimmung f
~ **titration curve** biamperometrische Titrationskurve f, Dead-stop-Titrationskurve f
bias systematischer Fehler m, systematische Beurteilungsabweichung f
bias/to einseitig wirken, beeinflussen
biased sample Probe f mit systematischer Beurteilungsabweichung
~ **test** Prüfung f mit systematischer Beurteilungsabweichung
bias voltage *(Pol)* Vorspannung f
bidentate zweizähnig, zweizählig *(Ligand)*
bilaterally symmetrical slit *(Spekt)* symmetrischer (bilateraler) Spalt m
bimetallic electrode Bimetallelektrode f
~ **electrode pair** Bimetallelektrodenpaar n
bimodal bimodal *(Kurve)*
bimolecular bimolekular *(Reaktion)*
binary gradient *(Chr)* binärer Gradient m
~ **mixture** Zweistoffgemisch n, Zweikomponentengemisch n, binäres Gemisch n
~ **mobile phase** *(Flchr)* binäres Lösungsmittelgemisch n
~ **solvent [mixture]** binäres Lösungsmittelgemisch n
bind/to sich binden an
binding affinity Bindungsaffinität f
~ **energy** Bindungsenergie f
binomial coefficient *(Stat)* Binomialkoeffizient m
~ **distribution** Binomialverteilung f, Bernoullische (Newtonsche) Verteilung f
~ **series** Binomialreihe f
biochemical biochemisch
biochemical Biochemikalie f, biochemisches (biogenes) Reagens n, Bioreagens n

~ **analysis** biochemische Analyse f
~ **precipitate** biochemischer Niederschlag m
~ **water analysis** biochemische Wasseranalyse f
biochemistry Biochemie f, biologische Chemie f
biocide Biozid n, Pestizid n, Schädlingsbekämpfungsmittel n
biological half-life *(rad Anal)* biologische Halbwertzeit f
~ **matrix** biologische Matrix f
~ **molecule** Biomolekül n
~ **oxygen demand** biologischer Sauerstoffbedarf m, BSB
~ **polymer** s. biopolymer
~ **sample** Bioprobe f, biologische Probe f
~ **sensor** s. biosensor
~ **specimen** s. ~ sample
~ **tissue** biologisches Gewebe n
~ **water analysis** biologische Wasseranalyse f
biomolecule Biomolekül n
biopolymer Biopolymer[es] n, Biomakromolekül n
biosensor Biosensor m, biochemischer Sensor m
biosorption Biosorption f
biospecific biospezifisch
bipotentiometric bipotentiometrisch
birefringence Doppelbrechung f
birefringent doppelbrechend
BIS (bremsstrahlung isochromat spectroscopy) Bremsstrahlungs-Isochromatenspektroskopie f, BIS, charakteristische Isochromatenspektroskopie f, CIS
bismuth Bi Bismut n, *(früher)* Wismut n
~ **amalgam** Bismutamalgam n, Bi-Amalgam n
~ **oxyiodide** Bismutoxidiodid n
~ **/silver electrode** Bismut/Silber-Elektrode f
14-bit converter *(Lab)* 14-bit-Wandler m
bivalent zweiwertig, bivalent, divalent
BIXE (bombardment-induced X-ray emission) durch Beschuß induzierte Röntgenstrahlemission f
black body schwarzer Körper (Strahler) m
~ **-body radiation** schwarze Strahlung f, Hohlraumstrahlung f
~ **-body radiator (source)** s. black body
blacken/to schwarz werden, sich schwarz färben
blackening Schwärzung f
blank analysis Blindanalyse f
~ **cell** Blindküvette f, Leerküvette f
~ **determination** Blindbestimmung f
~ **experiment** Blindversuch m, Nullversuch m, Leerversuch m
~ **reading** s. ~ value
~ **reading method** Leerwertmethode f, Leerwertverfahren n
~ **run** Blindbestimmung f
~ **sample** Leerprobe f, Vergleichsprobe f *(zur Leerwertbestimmung)*
~ **scatter** Blindwertstreuung f
~ **solution** Leerwertlösung f, Blindlösung f
~ **titration** Blindtitration f

blank

~ **value** Blindwert *m*, Leerwert *m*
blaze angle *(Spekt)* Blaze-Winkel *m*
blazed grating *(Spekt)* geblaztes Gitter *n*, Blaze-Gitter *n*
blaze wavelength *(Spekt)* Blaze-Wellenlänge *f*
bleed/to *(Chr)* ausbluten
bleeder electrode Ableitelektrode *f*
bleeding *(Chr)* Säulenbluten *n*, Bluten *n*, Ausbluten *n*
blemish erkennbare Unvollkommenheit *f*, Makel *m*
blemished unit *(Proz)* Einheit *f* mit erkennbarer Unvollkommenheit, nicht makellose Einheit *f*
blended bulk sample Mischprobe *f*
Bloch equations *(kern Res)* Bloch-Gleichungen *f*, Blochsche Gleichungen *fpl*
~-**Siegert effect** *(kern Res)* Bloch-Siegert-Effekt *m*
block/to blockieren *(reaktionsfähige Substituenten)*; verstopfen
blockage Blockierung *f (reaktionsfähiger Substituenten)*
block copolymer Blockcopolymer *n*
block of samples Probenblock *m*, Stichprobenblock *m*
blood-lead determination Blutbleibestimmung *f*
blot/to abtupfen
~ **dry** trockentupfen
blotting 1. *(Elph)* Blotting *n (Übertragung von getrennten Fraktionen auf eine immobilisierende Membran)*; 2. s. ~ paper
~ **paper** Löschpapier *n*
blue dextran Dextranblau *n*
BMV (bulk magnetization vector) Gesamtmagnetisierungsvektor *m*
boat *(Lab)* Schiffchen *n*, Substanzschiffchen *n*, Boot *n*, Substanzboot *n*
BOD (biological oxygen demand) biologischer Sauerstoffbedarf *m*, BSB
body capacitance (capacity) *(Kond)* Körperkapazität *f*
~ **fluid** Körperflüssigkeit *f*
Boersma-type arrangement *(th Anal)* Boersma-Anordnung *f*
Bohr magneton *(Spekt)* Bohrsches Magneton *n*
boiler feed water Kesselspeisewasser *n*, Speisewasser *n* für Dampferzeuger
~ **scale** Kesselstein *m*
~-**water constituent** Kesselwasserinhaltsstoff *m*, Wasserinhaltsstoff *m* des Kesselwassers
boiling point Siedepunkt *m*, Kochpunkt *m*, K.P., Kp., Siedetemperatur *f*
~ **[point] range** Siedebereich *m*
~ **temperature** s. boiling point
bolometer [detector] *(Strlg)* Bolometer *n*, Bolometer-Detektor *m*
Boltzmann constant Boltzmann-Konstante *f* ($k = 1{,}380662 \times 10^{-23}\,J\,K^{-1}$)
~ **distribution** Boltzmann-Verteilung *f*
~ **distribution factor** s. ~ factor

~ **distribution law** Boltzmannsches Energieverteilungsgesetz (Verteilungsgesetz, Gesetz) *n*, Boltzmannscher Energieverteilungssatz *m*, Boltzmann-Theorem *n*
~ **equation** Boltzmann-Gleichung *f*, Boltzmannsche Stoßgleichung *f*
~ **factor** Boltzmann-Faktor *m*, Boltzmannscher Faktor *m*
~ **law of internal energy distribution** s. ~ distribution law
~ **population factor** s. ~ factor
~ **principle** s. ~ distribution law
~ **transport equation** s. ~ equation
bombard/to beschießen, bombardieren
bombardment Beschießen *n*, Beschuß *m*, Bombardierung *f*, Bombardement *n*
~-**induced X-ray emission** durch Beschuß induzierte Röntgenstrahlemission *f*
bond Bindung *f (zwischen Atomen)*
bonded liquid phase s. ~ phase
~ **phase** *(Chr)* gebundene (trägerfixierte) Phase *f*, chemisch gebundene [stationäre] Phase *f*
~-**phase chromatography** Chromatographie *f* an gebundenen Phasen
~ **proton** *(kern Res)* gebundenes Proton *n*
bond formation Bindungsbildung *f*, Ausbildung *f* von Bindungen
bonding electron Bindungselektron *n*
~ **force** Bindungskraft *f*, bindende Kraft *f*
~ **interaction** bindende Wechselwirkung *f*
~ **orbital** bindendes Orbital *n*
bond order Bindungsgrad *m*, Bindungsordnung *f*
~ **strength** Bindungsstärke *f*, Bindungsfestigkeit *f*
borane Boran *n*, Borhydrid *n*
borate Borat *n*
borderline of significance Signifikanzgrenze *f*
boric acid Borsäure *f*, Orthoborsäure *f*
boron B Bor *n*
~ **compound** Borverbindung *f*
~ **hydride** Boran *n*, Borhydrid *n*
~ **trifluoride** Bortrifluorid *n*
borosilicate glass Borosilicatglas *n*
bottom layer *(Extr)* untere Schicht *f*, Bodenschicht *f*
Bouguer-Beer-Lambert law s. ~-Lambert-Beer law
~-**Lambert-Beer law** *(Spekt)* Lambert-Beersches Gesetz (Absorptionsgesetz) *n*, Bouguer-Lambert-Beersches Gesetz *n*
~-**Lambert law [of absorption]** *(Spekt)* Bouguer-Lambertsches Gesetz (Absorptionsgesetz) *n*, Lambertsches Gesetz (Absorptionsgesetz) *n*
~ **law [of absorption]** s. ~-Lambert law
boundary Grenze *f (einer Phase)*
~ **condition** Randbedingung *f*
~ **interface** Grenzfläche *f*, Phasengrenzfläche *f*
~ **layer** Grenzschicht *f*
~ **surface** s. ~ interface
bound enzyme immobilisiertes Enzym *n*

bp, b.p. *s.* boiling point
BPHA *(N-benzoyl-N-phenylhydroxylamine)* N-Benzoyl-N-phenylhydroxylamin *n*
b.pt. *s.* boiling point
bracketing method *(Meß)* Eingabelungsverfahren *n*
Brackett series *(Spekt)* Brackett-Serie *f*
Bragg angle *(Spekt)* Glanzwinkel *m*
~ **equation** *(Rönt)* Braggsche Gleichung (Bedingung) *f*
~ **spectrometer** Braggsches Spektrometer *n*
branched verzweigt *(Molekül)*
~-**chain** verzweigtkettig, mit verzweigter Kette *(Molekül)*
~-**chain hydrocarbon** verzweigter Kohlenwasserstoff *m*
~ **decay** *s.* branching decay
branching decay *(rad Anal)* Verzweigung *f*, verzweigter (dualer) Zerfall *m*
~ **fraction** *(rad Anal)* Verzweigungsanteil *m*
~ **index** Verzweigungsindex *m*
~ **ratio** *(rad Anal)* Verzweigungsverhältnis *n*
brass-gauze electrode Messingdrahtnetzelektrode *f*
break/to [auf]spalten, sprengen, lösen *(Bindungen)*
~ **down** abbauen, zersetzen *(Verbindungen)*
~ **up** brechen, spalten, entmischen *(Emulsionen)*
breakdown Abbau *m*, Zersetzung *f (von Verbindungen)*
~ **product** Abbauprodukt *n*, Zersetzungsprodukt *n*, Zerlegungsprodukt *n*
break-through capacity *(Ion)* Durchbruchskapazität *f*
breathing vibration *(opt Mol)* Atmungsschwingung *f*, Pulsationsschwingung *f*, Breathing-Schwingung *f*
bremsstrahlung Bremsstrahlung *f*, kontinuierliche Röntgenstrahlung *f*, weißes Röntgenlicht *n*
~ **isochromat spectroscopy** Bremsstrahlungs-Isochromatenspektroskopie *f*, BIS, charakteristische Isochromatenspektroskopie *f*, CIS
~ **spectroscopy** Bremsstrahlungs-Spektroskopie *f*, BS
Brewster angle *(opt Mol)* Brewster-Winkel *m*, Polarisationswinkel *m*
bridge arm *(Meß)* Brückenzweig *m*
~ **circuit** Brückenschaltung *f*
bridged loop-gap resonator *(Elres)* Bridged-loop-gap-Resonator *m (ein Probenkopf)*
bridge voltage Brückenspannung *f*
brightness Glanz *m*
bright platinum Glanzplatin *n*
Brillouin zone *(opt Mol)* Brillouin-Zone *f*
bring into solution/to lösen, auflösen, in Lösung bringen
~ **into suspension** suspendieren, aufschlämmen *(Teilchen)*

~ **to a focus** fokussieren
briquetting Verpressen *n*, Verpressung *f (zu Tabletten)*
~ **technique** *(opt At)* Preßtechnik *f*
British Standard Apparatus Gerät nach britischem Standard
~ **thermal unit** veraltete Einheit der Wärmemenge; 1 Btu = 1055,06 J
broad-band decoupling *(kern Res)* Breitbandentkopplung *f*, BB-Entkopplung *f*, BB, Rauschentkopplung *f*, Protonen[-Breitband]entkopplung *f*, ^{1}H-[Breitband-]Entkopplung *f*, ^{1}H-BB-Entkopplung *f*, ^{1}H-Rauschentkopplung *f*
~-**band NMR (nuclear magnetic resonance)** Breitbandkernresonanz *f*
~-**band proton decoupling** *s.* broad-band decoupling
~-**band radiation** Kontinuumstrahlung *f*
~-**band spectrometer** Breitbandspektrometer *n*
~-**band spectrum** Breitbandspektrum *n*
~-**band spin decoupling** *s.* broad-band decoupling
broaden/to verbreitern *(Peaks, Spektrallinien)*; sich verbreitern, breiter werden *(von Peaks, Spektrallinien)*
broadening Verbreiterung *f (von Peaks, Spektrallinien)*
~ **mechanism** *(Spekt)* Verbreiterungsmechanismus *m*
~ **of spectral lines** *(Spekt)* Linienverbreiterung *f*
broad-line nuclear magnetic resonance Breitlinien-Kernresonanz *f*
~-**line spectrometer** Breitlinienspektrometer *n*
~-**line spectroscopy** Breitlinienspektroskopie *f*
~-**molecular-weight standard** *(Flchr)* breit verteiltes Standardpolymer *n*, Standardpolymer *n* breiter Verteilung
~ **peak** breiter Peak *m*
~-**standard calibration** *(Flchr)* Eichung *f* mit breit verteilten Standardpolymeren
Brockmann activity grade *(Chr)* Aktivitätsstufe *f* nach Brockmann [und Schodder], Brockmann-Stufe *f (von Adsorptionsmitteln)*
~ **activity scale** *(Chr)* Aktivitätsskala *f* nach Brockmann *(für Adsorptionsmittel)*
~ **number** *s.* Brockmann activity grade
~[**-Schodder**] **scale** *s.* ~ activity scale
bromate Bromat *n*
bromide Bromid *n*
~ **paper** *(Pol)* Bromsilberpapier *n*, Bromidpapier *n*
brominate/to bromieren
bromine Br Brom *n*
~ **content** Bromgehalt *m*
bromoalkane Bromalkan *n*
bromobenzene Brombenzol *n*
bromo compound Bromverbindung *f*
bromocresol green Bromcresolgrün *n*, 3,3',5,5'-Tetrabrom-m-cresolsulfonphthalein *n*
~ **purple** Bromcresolpurpur *n*

bromophenol 30

bromophenol blue Bromphenolblau n, 3,3',5,5'-Tetrabromphenolsulfonphthalein n
bromopyrogallol red Brompyrogallolrot n
bromothymol blue Bromthymolblau n, 3,3'-Dibromthymolsulfonphthalein n
Brownian motion (movement) Braunsche Bewegung (Molekularbewegung) f
Brunnel mass detector *(Gaschr)* Brunnel-Masse[n]detektor m
BS (bremsstrahlung spectroscopy) Bremsstrahlungs-Spektroskopie f, BS
BSA (N,O-bis(trimethylsilyl)-acetamide) N,O-Bis(trimethylsilyl)-acetamid n, BSA
BSTFA (N,O-bis(trimethylsilyl)-trifluoroacetamide) N,O-Bis(trimethylsilyl)-trifluoracetamid n, BSTFA
B term *(Chr)* B-Term m, Term m der Longitudinalvermischung *(der van-Deemter-Gleichung)*
Btu (British thermal unit) veraltete Einheit der Wärmemenge; 1 Btu = 1055,06 J
bubble flowmeter Seifenfilmmeßgerät n, Seifenblasenfilmmesser m, Seifenlamellenzähler m, Seifenfilmströmungsmesser m
bucking board Zerkleinerungsplatte f
buffer [pH-]Puffer m, Pufferlösung f
buffer/to [ab]puffern
buffer addition Pufferzusatz m
~ **amplifier stage** Pufferverstärkerstufe f *(Hochfrequenztitration)*
~ **capacity** Pufferkapazität f, Pufferwert m, Pufferwirkung f, Pufferungsvermögen n
~ **compartment** *(Elph)* Pufferkammer f
~ **composition** Pufferzusammensetzung f
~ **consumption** Pufferverbrauch m
buffered electrolyte gepufferter Elektrolyt m
buffer flow *(Elph)* Pufferfluß m
~ **index** s. ~ capacity
buffering capacity s. buffer capacity
~ **substance** Puffersubstanz f
buffer reservoir *(Elph)* Pufferreservoir n
~ **salt** Puffersalz n
~ **solution** s. buffer
~ **substance** Puffersubstanz f
~ **system** Puffersystem n
~ **volume** *(Gaschr)* Puffervolumen n
build-up Struktur f, Aufbau m, Bau m, Gefüge n, Konstitution f
bulb pipette Vollpipette f
bulk Masse f, Menge f; Hauptmasse f, Hauptmenge f, Großteil m; Volumen n, Rauminhalt m
~ **concentration** Mengenkonzentration f
~ **density** Schüttdichte f
bulked sample zusammengesetzte Probe f
bulk magnetization Gesamtmagnetisierung f
~ **magnetization vector** Gesamtmagnetisierungsvektor m
~ **material** Schüttgut n
~ **material sampling** Schüttgutprobenahme f
~ **of the solution** Lösungsmenge f; Lösungsvolumen n

~ **physical property detector** s. ~ property detector
~ **property** Bulk-Eigenschaft f
~ **property detector** Bulk-property-Detektor m, Detektor m mit Bulk-Eigenschaften
~ **ratio** Mengenverhältnis n
~ **sample** Mengenprobe f, Massenprobe f; zusammengesetzte Probe f
~ **sampling** Schüttgutprobenahme f
~ **solution** Gesamtlösung f
bulky raumerfüllend, voluminös *(Substituent)*
bunching Meßwertbündelung f; Paketbildung f *(von Elektronen)*
bunghole cock Zapf[loch]hahn m, Zapflochhahnventil n
buoyant density *(Sed)* Schwebedichte f
buret s. burette
burette Bürette f
~ **stopcock (tap)** Bürettenhahn m, Bürettensperrhahn m
~ **tip** Bürettenspitze f
burn/to verbrennen
burner Brenner m
~ **head** Brennerkopf m
~ **slot** Brennerschlitz m
burning velocity Brenngeschwindigkeit f
burn-up *(rad Anal)* Abbrand m, Ausbrand m
butane-air flame Butan-Luft-Flamme f
butane-2,3-dione Butan-2,3-dion n, Biacetyl n, Dimethylglyoxal n
1-butanol 1-Butanol n, Butylalkohol m
butyrate Butyrat n
Büchner filter s. ~ funnel
~ **flask** Saugflasche f
~ **funnel** Büchner-Trichter m, Büchner-Nutsche f, Filternutsche f nach Büchner
bypass/to umgehen; vorbeiführen, herumführen
bypass injector *(Gaschr)* Bypass-Probengeber m, Injektor m mit Bypass
~ **valve** Umgehungsventil n, Umführungsventil n
by-product Nebenprodukt n

C

C (coulomb) Coulomb n, C, Amperesekunde f, As *(SI-Einheit der Elektrizitätsmenge)*
^{13}**C**... s. carbon-13...
CA (collision activation) *(Maspek)* Stoßaktivierung f
cadmium Cd Cadmium n
~ **amalgam** Cadmiumamalgam n, Cd-Amalgam n
~~**-EDTA** Cadmium-Ethylendiamintetraessigsäure f
caesium Cs Caesium n
~ **iodide prism** Caesiumiodidprisma n, CsI-Prisma n
cage effect Käfigeffekt m
calcium Ca Calcium n
~ **carbonate** Calciumcarbonat n

~ **hardness** Kalkhärte f, durch Calcium verursachte Härte f, Calciumhärte f *(des Wassers)*
~ **hydroxide** Calciumhydroxid n
~ **oxalate** Calciumoxalat n
~ **oxide** Calciumoxid n
~ **phosphate** Calciumphosphat n
calcon Eriochromblauschwarz n R, Calcon n
calculated spectrum berechnetes Spektrum n
calculus of probability Wahrscheinlichkeitsrechnung f
calibrant Kalibrierprobe f, Kalibriersubstanz f
calibrate/to kalibrieren, graduieren, mit genauer Einteilung versehen; kalibrieren, einmessen, eichen *(Meßgeräte)*
calibrating solution Kalibrierlösung f
~ **standard** Kalibrierstandard m
calibration Kalibrieren n, Kalibrierung f, Graduieren n, Graduierung f; Kalibrieren n, Kalibrierung f, Einmessen n *(von Meßgeräten)*
~ **curve** Kalibrierkurve f, Arbeitskurve f
~ **-curve-based analysis** auf Kalibrierkurven basierende Analyse f
~ **curve method** Kalibrierkurvenmethode f
~ **function** Kalibrierfunktion f, Bezugsfunktion f
~ **gas mixture** Prüfgasmischung n *(Gasanalyse)*
~ **graph** Kalibrierdiagramm n
~ **line** Kalibriergerade f
~ **method** Kalibrierverfahren n
~ **mixture** Kalibriermischung f
~ **parameter** Kalibrierparameter m
~ **plot** s. ~ curve
~ **sample** Kalibrierprobe f, Kalibriersubstanz f
~ **standard** Kalibrierstandard m
californium Cf Californium n
californium-252 plasma desorption *(Maspek)* ^{252}Cf-Plasmadesorption f
calmagite Calmagit n *(Indikator)*
calomel Kalomel n, Quecksilber(I)-chlorid n
~ **electrode** Kalomelelektrode f
~ **reference electrode** Kalomelbezugselektrode f
caloric kalorisch
calorie Kalorie f *(SI-fremde Einheit der Wärmemenge; 1 cal = 4,1868 J)*
calorific wärmeerzeugend
~ **value** Heizwert m
calorigenic wärmeerzeugend
calorimeter Kalorimeter n
~ **bomb** *(th Anal)* Kalorimeterbombe f, kalorimetrische Bombe f
~ **vessel** Kalorimetergefäß f
calorimetric[al] kalorimetrisch
calorimetric bomb s. calorimeter bomb
~ **liquid** Kalorimeterflüssigkeit f
~ **vessel** Kalorimetergefäß f
calorimetry Kalorimetrie f
~ **experiment** kalorimetrischer Versuch m
CAM (cellulose acetate membrane) *(Elph)* Celluloseacetatmembran f
canonical analysis *(Stat)* kanonische Analyse f

capability of swelling Quellfähigkeit f, Quellvermögen n, Quellbarkeit m
capable of extraction extrahierbar
~ **of ionization** ionisierbar *(z.B. Gase)*
~ **of swelling** quellbar, quellfähig
capacitance Kapazität f, kapazitiver Widerstand m
capacitive current kapazitiver Strom m, Kapazitätsstrom m
capacitively coupled microwave plasma kapazitiv gekoppeltes Mikrowellenplasma n
~ **coupled microwave plasma atomic emission spectrometry** Atomemissionsspektrometrie f mit kapazitiv gekoppeltem Mikrowellenplasma
capacity Tragfähigkeit f, Leistungsfähigkeit f *(einer Waage)*
~ **factor** 1. Kapazitätsfaktor m, Verteilungszahl f *(Dünnschichtchromatographie)*; 2. s. ~ ratio
~ **ratio** *(Chr)* Kapazitätsfaktor m, Massenverteilungsverhältnis n, Retentionskapazität f, Verteilungsverhältnis n, Totgrößenvielfaches n
~ **term** *(Gaschr)* Retardationsterm m
capillary Kapillare f, Kapillarrohr n, Kapillarröhrchen n, Haarröhrchen n
~ **action** Kapillarwirkung f
~ **analysis** Kapillaranalyse f
~ **column** *(Gaschr)* Kapillarsäule f, Trennkapillare f, Golay-Säule f
~ **column [gas] chromatography** s. ~ gas chromatography
~ **column supercritical fluid chromatography** s. ~ supercritical fluid chromatography
~ **column tubing** Rohrmaterial n für Kapillarsäulen
~ **condensation** Kapillarkondensation f
~ **electrophoresis** Kapillarelektrophorese f
~ **force** Kapillarkraft f
~ **gas chromatography** Kapillar-Gaschromatographie f, KGC, Kapillarchromatographie f
~ **glass tube** Glaskapillare f
~ **isotachophoresis** Kapillarisotachophorese f
~ **noise** *(Pol)* Kapillarrauschen n
~ **opening (orifice)** Kapillaröffnung f, Kapillarmündung f
~ **response** *(Pol)* Kapillareffekt m, Kapillarresponse f
~ **rise** Steighöhe f durch Kapillarwirkung
~ **sample inlet** *(Gaschr)* Kapillarsäulen-Einlaßsystem n
~ **separation** *(Gaschr)* Kapillartrennung f
~ **supercritical fluid chromatography** Kapillarchromatographie f mit überkritischen Phasen
~ **tip** Kapillarspitze f
~ **tube** s. capillary
~ **tubing** Kapillarrohre npl, Kapillarmaterial n
~ **with flared orifices** Kapillare f mit gebördelten Öffnungen
~ **zone electrophoresis** Kapillarelektrophorese f
~ **zone electrophoresis/mass spectrometry** Kapillarelektrophorese/Massenspektrometrie f, CZE/MS

capsule

capsule sampling *(Gaschr)* Kapseldosierung *f*
capture Einfang *m*, Einfangen *n*, Anlagerung *f*, Anlagern *n (von Elektronen)*
capture/to einfangen, anlagern *(Elektronen)*
capture cross-section *(rad Anal)* Einfang[s]querschnitt *m*, Absorptionsquerschnitt *m*
carbamide Harnstoff *m*, Carbamid *n*
carbohydrate Kohlenhydrat *n*
carbon-13 ^{13}C Kohlenstoff-13 *m*
~ **atom** ^{13}C-Atom *n*, Kohlenstoff-13-Atom *n*
~ **chemical shift** *(kern Res)* ^{13}C-chemische Verschiebung *f*
~ **labeled compound** *(kern Res)* ^{13}C-markierte Verbindung *f*
~ **labeling** *(kern Res)* ^{13}C-Markierung *f*, Kohlenstoff-13-Markierung *f*
~ **magnetization** *(kern Res)* ^{13}C-Magnetisierung *f*, Kohlenstoff-13-Magnetisierung *f*
~ **NMR spectroscopy** *s.* ~ spectroscopy
~ **nucleus** ^{13}C-Kern *m*, Kohlenstoff-13-Kern *m*
~/**proton coupling constant** *(kern Res)* ^{13}C, ^{1}H-Kopplungskonstante *f*
~ **relaxation** *(kern Res)* ^{13}C-Relaxation *f*, Kohlenstoff-13-Relaxation *f*
~ **resonance** ^{13}C-Resonanz *f*, Kohlenstoff-13-Resonanz *f*
~ **satellite** *(kern Res)* ^{13}C-Satellit *m*, Kohlenstoff-13-Satellit *m*
~ **signal** *(kern Res)* ^{13}C-[NMR-]Signal *n*, ^{13}C-Resonanzsignal *n*, Kohlenstoffsignal *n*
~ **spectroscopy** ^{13}C-[NMR-]Spektroskopie *f*, Kohlenstoff-13-NMR-Spektroskopie *f*
~ **spectrum** ^{13}C-[NMR-]Spektrum *n*, Kohlenstoff-13-NMR-Spektrum *n*, Kohlenstoffspektrum *n*
carbon 1. C Kohlenstoff *m*; 2. Aktivkohle *f*, A-Kohle *f*
~ **adsorption** Adsorption *f* an Aktivkohle
~ **analysis** Kohlenstoffanalyse *f*, C-Analyse *f*
carbonate Carbonat *n*
carbon atom Kohlenstoffatom *n*, C-Atom *n*
~ **black** Ruß *m*, Kohleschwarz *n*, Rußschwarz *n*, Carbon-Black *n*
~-**carbon connectivity** *(kern Res)* Kohlenstoffkonnektivität *f*, C-C-Konnektivität *f*
~ **compound** Kohlenstoffverbindung *f*
~-**containing compound** kohlenstoffhaltige (C-haltige) Verbindung *f*
~ **dioxide** Kohlendioxid *n*
~ **dioxide apparatus** Apparat *m* (Gerät *n*) zur Kohlendioxidbestimmung
~ **dioxide sparger** Kohlendioxidverteilereinrichtung *f*, Kohlendioxidverteiler *m*
~ **disulphide** Kohlen[stoff]disulfid *n*, Schwefelkohlenstoff *m*
~ **electrode** Kohle[nstoff]elektrode *f*
~ **filament atom reservoir** *(opt At)* Kohlefaden-Atomisator *m*
~ **furnace** Graphitrohrofen *m*, Graphitofen *m*
carbonic acid Kohlensäure *f*

carbon molecular sieve *(Gaschr)* Kohlenstoff-Molekularsieb *n*
~ **monoxide** Kohlen[mon]oxid *n*
~ **number** *(Gaschr)* Kohlenstoffzahl *f*, C-Zahl *f*
~ **paste** *(Coul)* Kohlenstoffpaste *f*, Kohlenstoffbrei *m*
~-**proton coupling** *(kern Res)* C,H-Kopplung *f*
~ **resistor** Kohle[schicht]widerstand *m*
~ **sieve** *(Gaschr)* Kohlenstoff-Molekularsieb *n*
~ **signal** *s.* carbon-13 signal
~ **skeleton** Kohlenstoffgerüst *n*
~ **tetrachloride** Kohlenstofftetrachlorid *n*, Tetrachlorkohlenstoff *m*, Tetrachlormethan *n*, Tetra *n*
~ **tube atom reservoir** *(opt At)* Graphitrohratomisator *m*
~ **whisker** Kohlenstoffwhisker *m*, Graphitwhisker *m*
carbonyl [group] Carbonylgruppe *f*
carborane silicone polymer Carboransilikon *n*
carboxy (carboxyl, carboxylic acid) group Carboxygruppe *f*, Carboxylgruppe *f*
carboxymethyl cellulose Carboxymethylcellulose *f*
carcinogen Karzinogen *n*, Kanzerogen *n*, karzinogener (kanzerogener, krebserregender) Stoff *m*
carcinogenic karzinogen, kanzerogen, krebserzeugend, krebserregend, krebsauslösend
carcinogenicity Karzinogenität *f*, Kanzerogenität *f*
carotenoid, carotinoid Carotenoid *n*, Carotinoid *n*
carrier 1. *(Chr)* Trägermaterial *n*, Trägersubstanz *f*, Träger *m (für die stationäre Phase)*; 2. *(rad Anal)* Träger *m (für Radionuklide)*; 3. *s.* ~ solution; 4. *s.* ~ gas
~ **ampholyte** *(Elph)* Trägerampholyt *m*
~ **flow-rate** *s.* ~ gas flow-rate
~-**free** trägerfrei *(Radionuklid)*
~ **frequency** *(mag Res)* Trägerfrequenz *f*
~ **gas** Trägergas *n*, *(Gaschr auch)* [gasförmige] mobile Phase *f*, *(veraltet)* Schleppgas *n*
~ **gas flow** Trägergasstrom *m*, Trägergasfluß *m*
~ **gas flow-rate** Trägergasgeschwindigkeit *f*, Trägergasmengenstrom *f*
~ **gas flow stream** *s.* ~ gas flow
~ **gas impurity** Trägergasverunreinigung *f*
~ **gas inlet** Trägergaseinlaß *m*
~ **gas pressure** Trägergasdruck *m*
~ **gas purity** Trägergasreinheit *f*
~ **gas stream** *s.* ~ gas flow
~ **gas supply** Trägergasversorgung *f*
~ **gas velocity** *s.* ~ gas flow-rate
~ **solution** *(Fließ)* Träger[strom]lösung *f*
~ **stream** *(Fließ)* Trägerstrom *m*, Transportstrom *m*
Carr-Purcell sequence *(mag Res)* Carr-Purcell-Impulsfolge *f*
carry down/to *(Grav)* mitreißen
carry-over Verschleppung *f (von Substanzen)*
CARS [spectroscopy] (coherent anti-Stokes Raman spectroscopy) kohärente Anti-Stokes-Raman-Spektroskopie *f*, CARS

Cartesian coordinates kartesische Koordinaten *fpl*
~ **plot** kartesisches Diagramm *n*
cascade Kaskade *f (z.B. aus Elektronen)*
cast/to *(Elph)* gießen *(Gele)*
catalymetric titration katalytische Titration *f*
catalyse/to katalysieren
catalysed reaction *s.* catalytic reaction
catalysis Katalyse *f*
catalyst Katalysator *m*
catalytic action katalytische (katalysierende) Wirkung *f*, Katalysewirkung *f*, Katalysierwirkung *f*
~ **activity** katalytische Aktivität (Wirksamkeit) *f*
~ **analysis** katalytische Analyse *f*
~ **current** katalytischer Strom *m*
~ **decomposition** katalytische Zersetzung *f*
~ **effect** katalytischer Effekt *m*, katalytische Wirkung *f*, Katalysewirkung *f*
~ **hydrogenation** katalytische Hydrierung *f*
~ **mechanism** katalytischer Mechanismus *m*
~ **method of analysis** katalytische Analysenmethode (Methode) *f*
~ **oxidation** katalytische Oxidation *f*
~ **reaction** katalytische (katalysierte) Reaktion *f*
~ **reduction** katalytische Reduktion *f*
~ **sensor** thermokatalytischer Sensor *m*
~ **wave** *(Pol)* katalytische Welle *f*
catalyze/to *s.* catalyse/to
cataphoresis Kataphorese *f*
catharometer Wärmeleit[fähigkeits]detektor *m*, WLD, Wärmeleitfähigkeits[meß]zelle *f*, Wärmeleitzelle *f*, Katharometer *n*
cathode Kathode *f*, Katode *f*
~ **chamber (compartment)** Kathodenraum *m*
~ **deposition** kathodisches Abscheiden *n*
~ **-follower circuit** *(Pol)* Kathodenfolgerkreis *m*
~ **luminescence** Kathodolumineszenz *f*, KL
~ **material** Kathodenmaterial *n*
~ **potential** Kathodenpotential *n*
~ **potential control** Kathodenpotentialsteuerung *f*
~ **-ray oscillograph** Kathodenstrahloszillograph *m*
~ **-ray polarogram** Single-sweep-Polarogramm *n*, Kathodenstrahlpolarogramm *n*
~ **-ray polarography** Single-sweep-Polarographie *f*, SSP, Kathodenstrahlpolarographie *f*
~ **reaction** Kathodenreaktion *f*
~ **space** Kathodenraum *m*
~ **surface** Kathoden[ober]fläche *f*
cathodic kathodisch, Kathoden...
cathodically polarized electrode kathodisch-polarisierte Elektrode *f*
cathodic current Kathodenstrom *m*, kathodischer Strom *m*
~ **deposition** kathodisches Abscheiden *n*
~ **diffusion** kathodische Diffusion *f*
~ **diffusion current** kathodischer Diffusionsstrom *m*
~ **drift** *(Elph)* Kathodendrift *f*
~ **electrode** Kationenelektrode *f*
~ **half-peak potential** kathodisches Halbpeakpotential *n*
~ **half-wave potential** kathodisches Halbstufenpotential *n*
~ **limb** kathodischer Zweig *m*
~ **peak** *(Pol)* kathodischer Peak *m*
~ **preconcentration** *(Voltam)* kathodische Voranreicherung *f*
~ **reduction** kathodische Reduktion *f*
~ **stripping** *(Voltam)* kathodische Wiederauflösung *f*
~ **stripping voltammetry** Inversvoltammetrie *f* an der Kathode, Cathodic-Stripping-Voltammetrie *f*, CSV, kathodische Inversvoltammetrie *f*, Inversvoltammetrie *f* mit anodischer Anreicherung
~ **transition** *(Pol)* kathodischer Übergang *m*
~ **wave** *(Pol)* kathodische Welle (Stufe) *f*
cathodized electrode Kationenelektrode *f*
catholyte Katholyt *m (Elektrolyt im Kathodenraum)*
cation Kation *n*, positives (positiv geladenes) Ion *n*
~ **analysis** Kationenanalyse *f*
~ **chromatography** Kationenchromatographie *f*
~ **column** *s.* ~-exchange column
~ **exchange** Kationenaustausch *m*
~ **-exchange chromatography** Kationenaustauschchromatographie *f*
~ **-exchange column** Kationenaustausch[er]säule *f*
~ **-exchange membrane** Kationenaustausch[er]membran *f*
~ **exchanger** Kationen[aus]tauscher *m*, Kationit *m*
~ **-exchange resin** Kationenaustausch[er]harz *n*, Kationenaustauscher *m* auf Kunstharzbasis
~ **-exchanger membrane** *s.* ~-exchange membrane
~ **group** kationische Gruppe *f*
cationic kationisch, kation[en]aktiv, Kation[en]...
~ **charge location** kationische Stelle *f*
cationization *(Maspek)* Kationisierung *f*
cation resin *s.* ~-exchange resin
~ **response** Kationenwirkung *f*
~ **-selective** kationenselektiv
~ **-selective electrode** kationenselektive Elektrode *f*
~ **-sensitive** kationenempfindlich, kationensensitiv
~ **-sensitive electrode** *s.* ~-selective electrode
~ **-sensitive glass** *(Pot)* kationensensitives Glas *n*
~ **-sensitive glass membrane** *(Pot)* kationensensitive Glasmembran *f*
~ **separation** Kationentrennung *f*
C atom *s.* carbon atom
Cauchy curve *(Stat)* Cauchy-Kurve *f*
~ **distribution** Cauchy-Verteilung *f*
cause of error Fehlerursache *f*
cavity *(Elres)* Resonator *m*
~ **cell (resonator)** *(Elres)* [Mikrowellen-]Hohlraumresonator *m*, Resonanztopf *m*, Meßresonator *m*
CC 1. (column chromatography) Säulenchromatographie *f (i.w.S.)*, SC; 2. (column chromatography) Säulenchromatographie *f*, SC, einfache (klassische, normale) Säulenchromatographie *f*, Niederdruckflüssigkeitschromatographie *f*; 3. (covalent chromatography) kovalente Chromatographie *f*

CCC 1. (carbon-carbon connectivity) *(kern Res)* Kohlenstoffkonnektivität f, C-C-Konnektivität f; **2.** (countercurrent chromatography) Gegenstrom-Chromatographie f; **3.** (controlled-current coulometry) galvanostatische Coulometrie f, coulometrische Titration f, Coulometrie f bei konstantem Strom (konstanter Stromstärke)
^{13}C-^{13}C coupling constant *(kern Res)* ^{13}C, ^{13}C-Kopplungskonstante f
CCD (chemical composition distribution) Verteilung f der chemischen Zusammensetzung *(von Polymeren)*
C-containing compound kohlenstoffhaltige (C-haltige) Verbindung f
CD (circular dichroism) Zirkulardichroismus m, Circulardichroismus m, CD
~ **spectroscopy** CD-Spektroskopie f
~ **spectrum** CD-Spektrum n
CE 1. (capillary electrophoresis) Kapillarelektrophorese f; **2.** (coating efficiency) *(Gaschr)* Belegungsgüte f; **3.** (charge exchange) Ladungsaustausch m
CED (cohesive energy density) Kohäsionsenergiedichte f, kohäsive Energiedichte f
cell Zelle f
~ **constant** Zellkonstante f, Widerstandskapazität f *(einer Leitfähigkeitszelle)*
~ **current** Zellenstrom m
~ **design** Zellenkonstruktion f
~ **efficiency** Küvetteneffizienz f
~ **error** *(Spekt)* Küvettenfehler m
~ **housing** Zellengehäuse n
~ **pathlength** *(Spekt)* Lichtweg m *(in der Küvette)*
~ **potential** Zellpotential n
~ **reaction** Zellreaktion f
~ **system admittance** Admittanz f des Zellensystems *(Hochfrequenztitration)*
~ **system impedance** Impedanz f des Zellensystems *(Hochfrequenztitration)*
cellulose Cellulose f
~ **acetate** Celluloseacetat n
~ **-acetate electrophoresis** Celluloseacetat-Elektrophorese f
~ **acetate membrane** *(Elph)* Celluloseacetatmembran f
~ **acetate strip** *(Elph)* Celluloseacetatstreifen m
~ **film** Cellulosefilm m
~ **phosphate paper** *(Flchr)* Cellulosephosphatpapier n
~ **powder** Cellulosepulver n
~ **thin layer chromatography** Cellulose-Dünnschichtchromatographie f, Dünnschichtchromatographie f auf Cellulose
~ **TLC plate** Cellulose-Dünnschichtplatte f
α-cellulose α-Cellulose f, Alphacellulose f
β-cellulose β-Cellulose f, Betacellulose f
cell voltage Zellenspannung f
~ **volume** Zell[en]volumen n
~ **wall** Zellwand f

CELS (characteristic energy loss spectroscopy) Elektronenenergieverlust-Spektroskopie f, Energieverlustspektroskopie f
CEMS (conversion-electron Mössbauer spectroscopy) Konversionselektronen-Mößbauer-Spektroskopie f
center-off position Außermittigkeitsstellung f *(des Zeigers eines Meßgerätes)*
centigram Zentigramm n
~ **analysis** Halbmikroanalyse f
centigramme s. centigram
central atom Zentralatom n *(eines Komplexes)*
~ **compartment** *(Dial)* Mittelraum m
~ **moment** *(Stat)* zentrales Moment n, Zentralmoment n
~ **wavelength** Mittenwellenlänge f, spektrale Lage f *(eines Bandpaßfilters)*
centre band *(Spekt)* Hauptbande f
~ **compartment** *(Dial)* Mittelraum m
~ **line** *(kern Res)* Zentrallinie f
~ **of asymmetry** Asymmetriezentrum n
~ **of inversion** s. ~ of symmetry
~ **of rotation** Rotationszentrum n, Rotationsmittelpunkt m
~ **of symmetry** Symmetriezentrum n, Inversionszentrum n
centrifugal force Zentrifugalkraft f, Fliehkraft f
centrifugally accelerated chromatography Zentrifugalchromatographie f
centrifugation Zentrifugieren n, Zentrifugation f
centrifuge Zentrifuge f
centrifuge/to zentrifugieren
centrifuge speed Zentrifugationsgeschwindigkeit f
~ **tube** Zentrifugenglas n
centripetal force Zentripetalkraft f
centroid linkage Schwerpunktverkettung f *(Meßwertverarbeitung)*
centrosymmetric zentrosymmetrisch, zentralsymmetrisch
ceramic crucible Keramiktiegel m
Cerenkov detector *(rad Anal)* Cerenkov-Zähler m
~ **effect** *(rad Anal)* Cerenkov-Effekt m
~ **radiation** *(rad Anal)* Cerenkov-Strahlung f
ceric oxide Cerdioxid n, Cer(IV)-oxid n
cerimetry *(Vol)* Cerimetrie f
cerium Ce Cer n
~ **dioxide (oxide)** Cerdioxid n, Cer(IV)-oxid n
cerium(IV) sulphate Cer(IV)-sulfat n
certification autorisierte Qualitätszertifizierung f
~ **body** Zertifizierungsorgan n
~ **system** Zertifizierungssystem n
cetyltrimethylammonium bromide Cetyltrimethylammoniumbromid n
CFA (continuous-flow analysis) [luftsegmentierte] Durchflußanalyse f
CFAR (carbon filament atom reservoir) *(opt At)* Kohlefaden-Atomisator m
CF method (procedure) Durchflußmethode f, Durchflußtechnik f

CFS (coherent forward scattering) kohärente Vorwärtsstreuung f
CF technique s. CF method
cgs unit CGS-Einheit f *(basierend auf Zentimeter, Gramm und Sekunde; veraltet)*
chabasite, chabazite Chabasit m
chain length Kettenlänge f
~ **reaction** Kettenreaktion f
~ **sampling plan** Kettenstichprobenplan m
~ **scission** Kettenspaltung f
~ **stiffness** Kettensteifheit f
chamber Entwicklungskammer f, Chromatographie[r]kammer f, Trennkammer f
~ **saturation** *(Flchr)* Kammersättigung f, KS
chance cause Zufallsursache f
~ **variation** Zufallsabweichung f, Zufallsschwankung f
change Änderung f, Veränderung f, Wechsel m *(von Farbe, Gestalt, Ladung)*; Umwandlung f, Verwandlung f, Umformung f, Überführung f, Transformation f, Umsetzung f
change/to [ver]ändern, wechseln *(Farbe, Gestalt, Ladung)*; umwandeln, verwandeln, umformen, überführen, transformieren, umsetzen
change in... s.a. change of...
~ **in colour** Farbänderung f, Farbwechsel m
~ **in energy (energy content)** Energieänderung f, Änderung f des Energieinhalts
~ **in intensity** Intensitäts[ver]änderung f
~ **in pH** pH-Änderung f
~ **in resistance** Widerstandsänderung f
~ **in structure** Strukturänderung f
~ **in temperature** Temperaturänderung f
~ **in volume** Volumenänderung f
~ **of...** s.a. change in...
~ **of concentration** Konzentrationsänderung f
~ **of current** Stromänderung f, Stromwechsel m
~ **of entropy** Entropieänderung f
~ **of population** Populationsänderung f
~ **of potential** Potentialänderung f, Potentialwechsel m
~ **of state** Zustandsänderung f, *(i.e.S.)* Aggregatzustandsänderung f
changeover Umschlag m *(eines Indikators)*
channel electron multiplier Kanalvervielfacher m
channel[l]ing *(Chr)* Kanalbildung f
channel multiplier Kanalvervielfacher m
char/to verkohlen, verschwelen
characteristic Kennzeichen n, Merkmal n
~ **absorption** charakteristische Absorption f
~ **concentration** charakteristische Konzentration f
~ **curve** Kennlininie f, Charakteristik f
~ **energy loss spectroscopy** Elektronenenergieverlust-Spektroskopie f, Energieverlustspektroskopie f
~ **frequency** *(Spekt)* charakteristische Frequenz f
~ **group frequency** *(opt Mol)* [charakteristische] Gruppenfrequenz f, Schlüsselfrequenz f
~ **isochromat spectroscopy** Bremsstrahlungs-Isochromatenspektroskopie f, BIS, charakteristische Isochromatenspektroskopie f, CIS
~ **loss spectroscopy** s. ~ energy loss spectroscopy
~ **mass** charakteristische Masse f
~ **radiation** charakteristische Strahlung f
~ **ratio** charakteristisches Verhältnis n
characteristics Verhalten n, Charakteristik f
characteristic value charakteristischer Wert m, Eigenwert m, Kennwert m
~ **X-radiation** charakteristische Röntgenstrahlung f
character transmission rate Zeichenübertragungsrate f
charcoal Aktivkohle f, A-Kohle f
charge 1. Ladung f; 2. Charge f, Partie f, Posten m, Füllung f, Ladung f
charge/to [auf]laden
charge-bearing ladungstragend
~ **carrier** Ladungsträger m
~-**carrying** ladungstragend
charge[d] centre Ladungsschwerpunkt m
charge [density] distribution Ladungs[dichte]verteilung f
charged-particle activation analysis Aktivierungsanalyse f mit Hilfe geladener Teilchen
charge exchange Ladungsaustausch m
~-**exchange ionization** Ionisation f durch Ladungsaustausch
~-**exchange reaction** Ladungsübertragungsreaktion f
~-**inversion reaction** Ladungsumkehrreaktion f
~ **number** Ladungszahl f
~-**permutation reaction** Ladungsvertauschungsreaktion f
~-**step polarography** Ladungsinkrementpolarographie f
~ **transfer** Ladungsübertragung f, Ladungstransfer m
~ **transfer complex** Ladungsübertragungskomplex m, Charge-transfer-Komplex m, CT-Komplex m, Donator-Akzeptor-Komplex m
~-**transfer ionization** s. ~-exchange ionization
~-**transfer reaction** Ladungsübertragungsreaktion f
charging current Ladestrom m
chart Banddiagramm n
~ **recorder** Registrierschreiber m, Streifenschreiber m, Bandschreiber m
~ **speed** Streifengeschwindigkeit f, Papiervorschubgeschwindigkeit f, Papiervorschub m, Vorschubgeschwindigkeit f des Registrierpapiers
CH coupling *(kern Res)* C,H-Kopplung f
~ **coupling constant** C,H-Kopplungskonstante f
check analysis Kontrollanalyse f
chelate Chelat n, Chelatverbindung f, Chelatkomplex m
chelate/to ein Chelat bilden, eine Chelatbindung eingehen, chelatisieren

chelate

chelate complex s. chelate
- **~ effect** Chelateffekt m (Stabilitätsgewinn bei Komplexbildung)
- **~ extraction** Chelatextraktion f, Metallchelatextraktion f
- **~ extraction system** Chelatextraktionssystem n
- **~ formation** Chelatisierung f, Chelatbildung f
- **~-forming** chelatbildend
- **~[-forming] reagent** s. chelating agent
- **~ ring** Chelatring m
- **~ structure** Chelatstruktur f

chelating chelatbildend
- **~ agent** Chelatbildner m, Chelatreagens n
- **~ ion exchanger, ~ ion-exchange resin** chelatbildender Ionenaustauscher m, Chelat[-Ionen]austauscher m, Chelatharz n
- **~ medium** s. ~ agent
- **~ resin** s. ~ ion exchanger

chelation Chelatisierung f, Chelatbildung f
- **~ complex** s. chelate

chelatometric titration Chelatometrie f, chelatometrische Titration f

CHEMFET (chemically sensitive field effect transistor) chemisch sensitiver Feldeffekttransistor m

chemical Chemikalie f
- **~ actinometer** chemisches Aktinometer n
- **~ additive** chemischer Zusatz m
- **~ adsorption** s. chemisorption
- **~ analysis** chemische Analyse f
- **~ analytical procedure** chemisches Analysenverfahren n
- **~ attachment** chemische Fixierung (Bindung) f
- **~ bond** chemische Bindung f
- **~ change** chemische Umwandlung f
- **~ compatibility** chemische Verträglichkeit (Kompatibilität) f
- **~ composition** chemische Zusammensetzung f
- **~ composition distribution** Verteilung f der chemischen Zusammensetzung (von Polymeren)
- **~ derivatization** Derivatisieren n, Derivatisierung f, Derivatbildung f, Überführung f in Derivate
- **~ element** chemisches Element n
- **~ environment** chemische Umgebung f
- **~ equilibrium** chemisches Gleichgewicht n
- **~ equivalence** chemische Äquivalenz f (von Kernen)
- **~ exchange** (kern Res) chemischer Austausch m
- **~ exchange process** (kern Res) Austauschvorgang m
- **~ force** chemische Kraft f
- **~ heterogeneity** Zusammensetzungsheterogenität f, chemische Heterogenität (Uneinheitlichkeit) f, Heterogenität f der Zusammensetzung (von Polymeren)
- **~ inertness** chemische Trägheit (Reaktionsträgheit, Inertie, Indifferenz) f
- **~ information** chemische Information f
- **~ interaction** chemische Wechselwirkung f
- **~ interference** chemisch bedingte Störung f, chemische Interferenz f
- **~ ionization** (Maspek) chemische Ionisation (Ionisierung) f, CI, Chemiionisation f
- **~ ionization mass spectrum** CI-Massenspektrum n
- **~ ionization source** (Maspek) CI-Ionenquelle f, CI-Quelle f
- **~ ionization spectrum** CI-Massenspektrum n
- **~ kinetics** chemische Kinetik f, Reaktionskinetik f
- **~ laboratory** chemisches Laboratorium n, Chemielabor n

chemically bonded chemisch gebunden
- **~ bonded [stationary] phase** (Chr) gebundene (trägerfixierte) Phase f, chemisch gebundene [stationäre] Phase f
- **~ bound** chemisch gebunden
- **~ equivalent** chemisch äquivalent (Kerne)
- **~ induced dynamic electron polarization** (Elres) chemisch induzierte dynamische Elektronen-[spin]polarisation f, CIDEP
- **~ induced dynamic nuclear polarization** (kern Res) chemisch induzierte dynamische Kernpolarisation f, CIDKP
- **~ inert** chemisch träge (inert, indifferent)
- **~ modified paper** (Flchr) [chemisch] modifiziertes Papier n
- **~ pure** chemisch rein
- **~ resistant** chemisch beständig (widerstandsfähig)
- **~ resistant glass** Laborglas n
- **~ sensitive (sensitized) field effect transistor** chemisch sensitiver Feldeffekttransistor m
- **~ stable** s. ~ resistant
- **~ uniform** chemisch einheitlich

chemical method of analysis chemische (klassische) Analysenmethode f
- **~ modification** chemisches Modifizieren n, chemische Modifizierung f
- **~ oscillometry** chemische Oszillometrie f
- **~ oxygen demand** chemischer Sauerstoffbedarf m, CSB, chemischer Sauerstoffverbrauch m, CSV
- **~ passivity** chemische Passivität f
- **~ potential** chemisches Potential n
- **~ process** chemischer Vorgang m
- **~ property** chemische Eigenschaft f
- **~ reaction** chemische Reaktion (Umsetzung) f
- **~ reduction** chemische Reduktion f
- **~ resistance** chemische Beständigkeit (Widerstandsfähigkeit, Resistenz) f, Beständigkeit f gegen chemische Einwirkungen; Chemikalienbeständigkeit f, Chemikalienfestigkeit f, Widerstandsfähigkeit (Resistenz) f gegen Chemikalien
- **~-resistant** chemikalienbeständig, chemikalienfest, chemikalienresistent
- **~ sensor** chemischer Sensor m
- **~ separation** chemische Trennung f
- **~ shift** (kern Res) chemische Verschiebung f, Resonanzverschiebung f

chromatographic

- ~ **shift anisotropy** *(kern Res)* Anisotropie *f* der chemischen Verschiebung
- ~ **shift difference** *(kern Res)* Differenz *f* der chemischen Verschiebungen, Verschiebungsdifferenz *f*
- ~ **shift evolution** *(kern Res)* Evolution (Entwicklung) *f* der chemischen Verschiebung
- ~ **shift reagent** *(kern Res)* Verschiebungsreagenz *n*, Shiftreagenz *n*
- ~ **stability** *s.* ~ resistance
- ~ **structure** chemische Struktur *f*, chemischer Aufbau *m*
- ~ **transformation** chemische Umwandlung *f*
- ~ **treatment** chemische Behandlung *f*
- ~ **water analysis** chemische Wasseranalyse *f*
- ~ **yield** Ausbeute *f (einer Reaktion)*

chemi-ionization *(Maspek)* chemische Ionisation (Ionisierung) *f*, CI, Chemiionisation *f*
chemiluminescence Chemilumineszenz *f*
chemiluminescent chemilumineszierend
- ~ **indicator** Chemilumineszenzindikator *m*

chemisorb/to chemisch adsorbieren, chemisorbieren, chemosorbieren
chemisorption chemische Adsorption *f*, Chemisorption *f*, Chemosorption *f*
chemist-analyst Analytiker *m*, analytisch arbeitender (tätiger) Chemiker *m*
chemistry laboratory chemisches Laboratorium *n*, Chemielabor *n*
chemometric chemometrisch
chemometrics Chemometrik *f*
CH_2 **group** Methylengruppe *f*, CH_2-Gruppe *f*
chimney-stack gas Rauchgas *n*
chiral chiral
- ~ **centre** Chiralitätszentrum *n*, chirales Zentrum *n*

chirality Chiralität *f*, Händigkeit *f*
chiral liquid phase *(Gaschr)* chirale stationäre Phase *f*
- ~ **mobile phase** *(Flchr)* chirale Fluidphase *f*
- ~ **molecule** chirales Molekül *n*
- ~ **phase** *(Chr)* chirale Phase (Trennphase) *f*
- ~ **reagent** chirales Reagens *n*
- ~ **recognition** chirales Erkennen *n*
- ~ **solvating agent** *(mag Res)* chirales Lösungsmittel *n*
- ~ **stationary phase** *(Chr)* chirale stationäre Phase *f*, *(Flchr auch)* chirale Kompaktphase *f*

chiroptical chiroptisch
- ~ **method** chiroptische Methode *f*
- ~ **phenomenon** chiroptisches Phänomen *n*
- ~ **technique** chiroptische Methode *f*

chi-square[d] distribution χ^2-Verteilung *f*, Chi-Quadrat-Verteilung *f*
~-**square[d] test** χ^2-Test *m*, Chi-Quadrat-Test *m*
chloralkane Chloralkan *n*
chlorate Chlorat *n*
chloride[-ion] form Chloridform *f*, Cl-Form *f*, Cl$^-$-Form *f (eines Ionenaustauschers)*
- ~ **of lime** Chlorkalk *m*

chlorinated hydrocarbon Chlorkohlenwasserstoff *m*, chlorierter Kohlenwasserstoff *m*
- ~ **lime** Chlorkalk *m*
- ~ **pesticide** chloriertes Pestizid *n*, Chlorpestizid *n*
- ~ **rubber** Chlorkautschuk *m*

chlorine Cl Chlor *n*
- ~ **analyser** Chloranalysengerät *n*
- ~ **analysis** Chloranalyse *f*
- ~-**containing sample** chlorhaltige Probe *f*
- ~ **content** Chlorgehalt *m*
- ~ **derivative** Chlorderivat *n*
- ~-**iodide reaction** Chlor-Iodid-Reaktion *f*

chloroacetate Chloracetat *n*
chloroaromatics aromatische Chlorkohlenwasserstoffe *mpl*, chlorierte aromatische Kohlenwasserstoffe *mpl*
chlorobenzene Chlorbenzol *n*, Monochlorbenzol *n*
chloro complex Chlorokomplex *m*
- ~ **compound** Chlorverbindung *f*

chloroform Chloroform *n*, Trichlormethan *n*
chlorophenol Chlorphenol *n*
CHN analyser CHN-Analysator *m*, CHN-Analysenautomat *m*, Kohlenstoff-, Wasserstoff- und Stickstoff-Analysator *m*
- ~ **determination** CHN-Bestimmung *f*

cholesteric phase *(Chr)* cholester[in]ische Phase *f*
chopper [device] *(Spekt)* Chopper *m*, Zerhacker *m*
chopping 1. Häckseln *n*, Häckselung *f (einer Analyseprobe)*; 2. Zerhacken *n (eines Lichtstrahls)*
^{13}C-^{1}H **pair** *(kern Res)* C-H-Paar *n*
chromate Chromat *n*
chromathermography Temperaturgradientenchromatographie *f*, Thermo-Gaschromatographie *f*
chromatic aberration chromatischer Abbildungsfehler *m*, chromatische Aberration *f*, Farbfehler *m*
chromatofocusing Chromatofokussierung *f*
chromatogram Chromatogramm *n*
- ~ **sheet** Dünnschichtfolie *f*

chromatograph Chromatograph *m*
chromatograph/to chromatographieren
chromatographer Chromatographierender *m*, Chromatographer *m*
chromatographic chromatographisch
- ~ **activity** chromatographische Aktivität *f (von Adsorptionsmitteln)*
- ~ **air-monitoring system** chromatographisches Luftüberwachungsytem *n*
- ~ **analyser** chromatographisches Analysengerät *n*
- ~ **analysis** chromatographische Analyse *f*
- ~ **band** Bande *f*, Zone *f*, Substanzzone *f*, Substanzbereich *m (im Chromatogramm)*
- ~ **bed** chromatographisches Bett *n*
- ~ **behaviour** chromatographisches Verhalten *n*
- ~ **chamber** Entwicklungskammer *f*, Chromatographie[r]kammer *f*, Trennkammer *f*
- ~ **column** chromatographische Säule *f*
- ~ **conditions** chromatographische Bedingungen *fpl*
- ~ **data** chromatographische Daten *pl*

chromatographic 38

- ~ **development** chromatographische Entwicklung f
- ~ **efficiency** Trennwirksamkeit f, Trennleistung f
- ~ **elution power** Elutions[mittel]stärke f, Elutionskraft f, Solvensstärke f
- ~ **fractionation** chromatographische Fraktionierung f
- ~ **method** chromatographische Methode f
- ~ **paper** Chromatographie[r]papier n, chromatographisches Papier n
- ~ **parameter** chromatographischer Parameter m
- ~ **peak** chromatographischer Peak m
- ~ **plate** s. chromatoplate
- ~ **process** chromatographischer Vorgang m; chromatographisches Verfahren n
- ~ **property** chromatographische Eigenschaft f
- ~ **resolution** Peakauflösung f, [chromatographische] Auflösung f
- ~ **run** chromatographischer Lauf m
- ~ **separation** chromatographische Trennung f
- ~ **system** chromatographisches System n
- ~ **technique** chromatographische Technik f
- ~ **theory** chromatographische Theorie f
- ~ **trace** Chromatogrammkurve f
- ~ **tube** Chromatographierohr n

chromatography Chromatographie f *(Zusammensetzungen s.a. unter chromatographic)*
- ~ **with a liquid ion exchanger** Ionenpaarchromatographie f, IPC, Ionenwechselwirkungschromatographie f, Ionenpaar-Reversed-phase-Chromatographie f, Ionenpaarchromatographie f an Umkehrphasen

chromatoplate Dünnschichtplatte f, DC-Platte f, TLC-Platte f
chromato-polarographic analysis chromatopolarographische Analyse f
~ -**polarography** Chromatopolarographie f
chromic acid mixture Chromschwefelsäure f
chromium Cr Chrom n
chromium(II) chloride Chrom(II)-chlorid n, Chromdichlorid n
- ~ **sulphate** Chrom(II)-sulfat n

chromogenic reagent Anfärbereagens n, Sprühreagens n
chromophore Chromophor m, Farbträger m, chromophore (farbtragende, farbgebende) Gruppe f
chromophoric chromophor, farbtragend, farbgebend
- ~ **group** s. chromophore

chronoamperometric chronoamperometrisch
chronoamperometry Chronoamperometrie f
- ~ **with linear potential sweep** Chronoamperometrie f mit linearem Potential-Sweep

chronocoulometry Chronocoulometrie f
chronopotentiogram chronopotentiometrische Kurve f
chronopotentiometric chronopotentiometrisch
- ~ **constant** chronopotentiometrische Konstante f
- ~ **transition** chronopotentiometrischer Übergang m

chronopotentiometry Chronopotentiometrie f
- ~ **with linear current sweep** Chronopotentiometrie f mit linearem Strom-Sweep
- ~ **with superimposed alternating current** Chronopotentiometrie f mit überlagertem Wechselstrom

chunk sampling Gelegenheitsstichprobenahme f
CH_2 **protons** Methylenprotonen npl
CH_3 **signal** Methylresonanz-Signal n, Methylsignal n
CI (chemical ionization) *(Maspek)* chemische Ionisation (Ionisierung) f, CI, Chemiionisation f
CID 1. (collision-induced decomposition) *(Maspek)* stoßinduzierter Zerfall m; 2. (circular intensity differential) *(opt Anal)* zirkulares (circulares) Intensitätsdifferential n, CID
CIDEP (chemically induced dynamic electron polarization) *(Elres)* chemisch induzierte dynamische Elektronen[spin]polarisation f, CIDEP
CIDNP (chemically induced dynamic nuclear polarization) *(kern Res)* chemisch induzierte dynamische Kernpolarisation f, CIDKP
CIL (computer-integrated laboratory) rechnernetzintegriertes (in ein Rechnernetz integriertes) Labor n
CI mass spectrum CI-Massenspektrum n
- ~ **plasma** *(Maspek)* CI-Plasma n

circuit diagram Schaltplan m, Schaltbild n
- ~ **module** Schaltungseinheit f, Schaltungsmodul n

circuitry Schaltungsanordnung f
circular birefringence zirkulare (circulare) Doppelbrechung f
- ~ **chart recorder** Kreisblattschreiber m
- ~ **chromatogram** Rundfilterchromatogramm n
- ~ **chromatography** Zirkularchromatographie f, Ringchromatographie f
- ~ **current** Kreisstrom m
- ~ **development** s. ~ elution
- ~ **dichroism** Zirkulardichroismus m, Circulardichroismus m, CD
- ~ **elution** *(Flchr)* Zirkularentwicklung f, zirkulare (ringförmige) Entwicklung f
- ~ **intensity differential** *(opt Anal)* zirkulares (circulares) Intensitätsdifferential n, CID

circularly polarized light zirkular (circular) polarisiertes Licht n, cpL
circular polarization zirkulare Polarisation f, Zirkularpolarisation f
- ~ **trajectory** *(Maspek)* Kreisbahn f

circulating charge zirkulierende elektrische Ladung f
circulator *(Elres)* Zirkulator m
CIS (characteristic isochromat spectroscopy) Bremsstrahlungs-Isochromatenspektroskopie f, BIS, charakteristische Isochromatenspektroskopie f, CIS
cis-isomer cis-Isomer n
CI source *(Maspek)* CI-Ionenquelle f, CI-Quelle f
- ~ **spectrum** CI-Massenspektrum n

cis-trans-isomer cis-trans-Isomer n, geometrisches Isomer n
citrate Citrat n

coefficient

~ **buffer** Citratpuffer m
~ **reagent** Citratreagens n
CI type spectrum CI-Massenspektrum n
city water Trinkwasser n
CL (cathode luminescence) Kathodolumineszenz f, KL
CLA (complete lineshape analysis) *(mag Res)* vollständige Linienformanalyse f
clarification Klärung f, Abklärung f *(von Lösungen)*
clarify/to [ab]klären *(Lösungen)*
class Klasse f
~ **boundaries** echte Klassengrenzen *fpl*
~ **designation** Klassenbezeichnung f, Klassenbenennung f
classical liquid column chromatography Säulenchromatographie f, SC, klassische (einfache, normale) Säulenchromatographie f, Niederdruckflüssigkeitschromatographie f
~ **method of analysis** chemische (klassische) Analysenmethode f
class interval Klassenbreite f
~ **limit** Klassengrenze f
~ **of compounds** s. ~ of substances
~ **of crystal symmetry** Kristallklasse f, Symmetrieklasse f, Punkt[symmetrie]gruppe f
~ **of material** Materialklasse f
~ **of substances** Stoffgruppe f, Verbindungsklasse f, Stoffklasse f, Substanzklasse f
~ **parameter** Klassenparameter m, Klassenkennzeichen n
~ **separation** stoffklassenorientierte Trennung f
clean-up Aufreinigung f, Vorreinigung f, Reinigen n, Reinigung f, Clean-up n *(von Proben vor der Analyse)*
~-**up heater** *(Maspek)* Reinigungsheizer m, Clean-up-Heizer m
~-**up step** Reinigungsschritt m
clear/to klar werden *(Lösung)*
cleavage Spalten n, Spaltung f, Aufspalten n, Aufspaltung f *(von Bindungen)*
α-cleavage *(Maspek)* α-Spaltung f
β-cleavage *(Maspek)* β-Spaltung f
cleave/to [auf]spalten, sprengen, lösen *(Bindungen)*
Cl-form Chloridform f, Cl-Form f, Cl⁻-Form f *(eines Ionenaustauschers)*
clinical analyser klinisches Analysengerät n
~ **chemistry** klinische Chemie f
~ **[chemistry] laboratory** klinisches Laboratorium n
clock glass Uhrglas n, Uhrglasschale f
clog/to verstopfen, zusetzen, verlegen; sich verstopfen (zusetzen)
closed-flask combustion *(or Anal)* Kolbenverbrennung f
CLS 1. (characteristic loss spectroscopy) Elektronenenergieverlust-Spektroskopie f, Energieverlustspektroskopie f; 2. (core-level characteristic loss spectroscopy) Ionisationsspektroskopie f, IS

cluster analysis *(Stat)* Clusteranalyse f
clustering Zusammenlagerung f
cluster ion *(Maspek)* Cluster Ion n
~ **point** Häufungspunkt m
~ **sample** Klumpen[stich]probe f
~ **sampling** Klumpenstichprobenverfahren n
CMA (cylindrical mirror analyser) *(Spekt)* Zylinderspiegelanalysator m
CM-cellulose Carboxymethylcellulose f
CMP (capacitively coupled microwave plasma) kapazitiv gekoppeltes Mikrowellenplasma n
CMP-AES (capacitively coupled microwave plasma atomic emission spectrometry) Atomemissionsspektrometrie f mit kapazitiv gekoppeltem Mikrowellenplasma
CNS (cold needle sampling) *(Gaschr)* Technik f mit gekühlter Nadel, Kaltnadel-Injektionsmethode f
CO_2 absorption tube CO_2-Absorptionsröhrchen n, CO_2-Röhrchen n, Kohlendioxid[absorptions]röhrchen n
coagulant Koagulans n, Koagulator m, Koagulationsmittel n, Flockungsmittel n
coagulate/to koagulieren, [aus]flocken, zur Ausflockung bringen *(Kolloide)*; koagulieren, [aus]flocken, sich zusammenballen *(von Kolloiden)*
coagulating agent s. coagulant
coagulation Koagulation f, Flockung f, Ausflockung f *(von Kolloiden)*
~ **value** Koagulationswert m, Flockungswert m *(eines Kolloids)*
coalesce/to koaleszieren, sich vereinigen *(Teilchen)*
coalescence Koaleszenz f, Vereinigung f *(von Teilchen)*
~ **temperature** *(kern Res)* Koaleszenztemperatur f
coarse filter Grobfilter n
~ **filtration** Grobfiltration f
coarsely crystalline grobkristallin
coarse material Grobgut n
~-**porosity** großporig, weitporig
coat/to beschichten, *(Dünnschichtplatten auch)* bestreichen; *(Gaschr)* belegen *(den Träger mit Trennflüssigkeit)*
coating Beschichten n, *(Dünnschichtplatten auch)* Bestreichen n; *(Gaschr)* Belegen n, Belegung f *(des Trägers mit Trennflüssigkeit)*
~ **efficiency** *(Gaschr)* Belegungsgüte f
cobalt Co Cobalt n
COD (chemical oxygen demand) chemischer Sauerstoffbedarf m, CSB, chemischer Sauerstoffverbrauch m, CSV
coefficient Koeffizient m
~ **of correlation** Korrelationskoeffizient m
~ **of mass transfer** Stoffübergangskoeffizient m, Stoffübergangszahl f
~ **of reflection** Reflexionskoeffizient m, Reflexionsgrad m, Reflexionszahl f, Reflexionsvermögen n

coefficient

- **~ of regression** *(Stat)* Regressionskoeffizient *m*
- **~ of variation** *(Stat)* relative Standardabweichung *f*, Relativstandardabweichung *f*, RSD, Variationskoeffizient *m*, Variabilitätskoeffizient *m*
- **~ of viscosity** absolute (dynamische) Viskosität *f*, Viskositätskoeffizient *m*, Viskositätskonstante *f*, Konstante *f* der inneren Reibung

coenzyme *(Katal)* Cosubstrat *n*, Coenzym *n*
cofactor *(Katal)* Cofaktor *m*
coherence Kohärenz *f*
- **~ order** *(mag Res)* Kohärenzordnung *f*, Ordnung *f* der Kohärenz
- **~ transfer** *(kern Res)* Populationstransfer *m*, Polarisationstransfer *m*, Polarisationsübertragung *f*, Magnetisierungstransfer *m*, Kohärenztransfer *m*, Kohärenzübertragung *f*
- **~ transfer pathway** *(kern Res)* [Kohärenz-]Transferweg *m*, Kohärenzweg *m*, Übertragungsweg *m* der Kohärenzordnung

coherent kohärent
- **~ anti-Stokes Raman scattering (spectroscopy)** kohärente Anti-Stokes-Raman-Spektroskopie *f*, CARS
- **~ forward scattering** kohärente Vorwärtsstreuung *f*
- **~ light source** kohärente Lichtquelle *f*
- **~ scattering** kohärente Streuung *f*
- **~ signal** kohärentes Signal *n*
- **~ transfer** *s.* coherence transfer

cohesion force Kohäsionskraft *f*
cohesive energy Kohäsionsenergie *f*
- **~ energy density** Kohäsionsenergiedichte *f*, kohäsive Energiedichte *f*
- **~ force** Kohäsionskraft *f*

coil 1. Spule *f*, Magnetspule *f*; 2. Spirale *f*, Rohrspirale *f*; 3. Knäuel *n* (von Makromolekülen)
- **~ shrinking** *(Flchr)* Knäuelkontraktion *f*
- **~ winding** Spulenwicklung *f*

coincidence circuit *(rad Anal)* Koinzidenzschaltung *f*
co-ion *(Ion)* Koion *n* (mit gleichem Ladungssinn wie Festionen)
cold needle method (sampling) *(Gaschr)* Technik *f* mit gekühlter Nadel, Kaltnadel-Injektionsmethode *f*
- **~ on-column injection** *(Gaschr)* On-column-Injektion *f*
- **~ on-column injector** *(Gaschr)* On-column-Injektor *m*
- **~ plasma ashing** Kaltveraschung *f*
- **~ [solvent] trap** Kühlfalle *f*
- **~ vapour AAS (atomic absorption spectrometry)** Kaltdampf-Atomabsorptionsspektrometrie *f*, Kaltdampf-AAS *f*
- **~ vapour technique** *(opt At)* Kaltdampftechnik *f*, Kaltdampfverfahren *n*

collect/to sammeln, auffangen *(Destillat, Gas oder Ionen)*; sich [an]sammeln, sich anhäufen

collecting electrode Auffangelektrode *f*, Sammlungselektrode *f*, Kollektor *m* *(eines Detektors)*
- **~ lens** Sammellinse *f*
- **collection** Sammeln *n*, Sammlung *f*; Ansammlung *f*, Anhäufung *f*
- **~ electrode** *s.* collecting electrode
- **~ of fractions** Fraktionssammlung *f*
- **~ of samples** Probe[n]nahme *f*, Probenehmen *n*, Probenentnahme *f*
- **~ vessel** Sammelgefäß *n*, Sammelbehälter *m*

collector *(Maspek)* Auffänger *m*; *(Grav)* Kollektor *m*, Sammler *m*
- **~ electrode** *s.* collecting electrode

collide/to zusammenstoßen, kollidieren
collimate/to *(Spekt)* parallel [aus]richten
collimating mirror *s.* collimator mirror
collimation *(Spekt)* Kollimation *f*
collimator *(Spekt)* Kollimator *m*
- **~ mirror** *(Spekt)* Kollimatorspiegel *m*

collision Zusammenstoß *m*, Stoß *m*, Zusammenprall *m*, Kollision *f*
- **~ activation** *s.* collisional activation
collisional activation *(Maspek)* Stoßaktivierung *f*
- **~ excitation** Stoßanregung *f*
collision broadening Stoßverbreiterung *f*, Druckverbreiterung *f* *(von Spektrallinien)*
- **~ cell** *(Maspek)* Stoßzelle *f*, Stoßkammer *f*
- **~ -induced decomposition** *(Maspek)* stoßinduzierter Zerfall *m*
- **~ -induced dissociation** *(Maspek)* stoßinduzierte Dissoziation *f*

collodion membrane Kollodium-Membran *f*
colloid *s.* colloidal
colloid Kolloid *n*
colloidal kolloid[al], kolloiddispers, Kolloid...
- **~ particle** Kolloidteilchen *n*, kolloid[al]es Teilchen *n*
- **~ solution** kolloide Lösung *f*, Kolloidlösung *f*
- **~ state** Kolloidzustand *m*
colloid chemistry Kolloidchemie *f*
colorant Farbstoff *m*, färbender (farbgebender) Stoff *m*
colorimeter Kolorimeter *n*, Tintometer *n*
- **~ tube** Kolorimeterrohr *n*
colorimetric kolorimetrisch
- **~ analysis** kolorimetrische Analyse *f*
- **~ coulometer** kolorimetrisches Coulometer *n*
- **~ detector** *(Fließ)* kolorimetrischer Detektor *m*
- **~ indicator** kolorimetrischer Indikator *m*
colorimetry Kolorimetrie *f*
colour aberration chromatischer Abbildungsfehler *m*, chromatische Aberration *f*, Farbfehler *m*
- **~ change** Farbänderung *f*, Farbwechsel *m*
- **~ -change indicator** Farbindikator *m*
- **~ -change interval** Umschlagsbereich *m*, Umschlagsgebiet *n*, Umschlagsintervall *n* *(eines Indikators)*
- **~ comparison** Farbvergleich *m*
coloured glass filter Farbglasfilter *n*
colour filter Farbfilter *n*

~ **fringe** Farbsaum *m*
colouring material (matter) Farbstoff *m*, färbender (farbgebender) Stoff *m*
colour intensity Farbintensität *f*
colourless farblos
12 colour point recorder 12-Farben-Punktschreiber *m*
Colpitts-Clapp oscillator Colpitts-Clapp-Oszillator *m (Hochfrequenztitration)*
column *(Chr)* Säule *f*, Trennsäule *f*, Kolonne *f*
~ **activity** Säulenaktivität *f*
~ **ageing** Altern *n* (Alterung *f*) der Säule
~ **arrangement** Säulenanordnung *f*
~ **backflushing** 1. Säulenrückspülung *f*, Rückspülen *n* der Säule; 2. mehrdimensionale (mehrstufige) Chromatographie *f*
~ **back pressure** Säulengegendruck *m*
~ **blank** Leersäule *f*
~ **bleed** Säulenbluten *n*, Bluten *n*, Ausbluten *n*
~ **bore** Säulenkaliber *n*, Säuleninnendurchmesser *m*, innerer Säulendurchmesser *m*
~ **bottom** Säulenende *n*
~ **calibration** Säulenkalibrierung *f*
~ **chromatography** 1. Säulenchromatographie *f (i.w.S.)*, SC; 2. Säulenchromatographie *f*, SC, klassische (einfache, normale) Säulenchromatographie *f*, Niederdruckflüssigkeitschromatographie *f*
~ **combination** Säulenkombination *f*
~ **conditioning** Säulenkonditionierung *f*
~ **connection** Säulenanschluß *m*
~ **dead time** Mobilzeit *f*, Totzeit *f*, Leerzeit *f*, Durchflußzeit *f*
~ **dead volume** Mobilvolumen *n*, Totvolumen *n*, Durchflußvolumen *n*, Volumen *n* der fluiden Phase *(in der Säule)*
~ **diameter** Säulendurchmesser *m*
~ **dimensions** Säulendimensionen *fpl*, Säulenabmessungen *fpl*
~ **effectiveness (efficiency)** Trennwirksamkeit *f*, Trennleistung *f*
~ **efficiency term** Effizienzterm *f*
~ **effluent** s. ~ eluant
~ **effluent gas** *(Gaschr)* von der Trennsäule kommendes Gas *n*
~ **electrophoresis** Säulenelektrophorese *f*
~ **eluant** Säuleneluat *n*, Trennsäuleneluat *n*, Säuleneffluat *n*, Säulenabfluß *m*, Säulenausstrom *m*
~ **end** Säulenende *n*
~ **end fitting** Säulen-Endfitting *n*
~ **equilibration** Äquilibrierung *f* der Säule
~ **evaluation** Bewertung *f* der Trennsäule
~ **exit** Säulenausgang *m*, Säulenauslauf *m*
~ **fitting** Säulenfitting *n*
~ **flow resistance** *(Flchr)* Säulenwiderstandsfaktor *m*, Strömungswiderstand *m* der Trennsäule
~ **gas** s. ~ effluent gas
~ **head** Säulenkopf *m*, Säulenanfang *m*
~ **inlet** Säuleneingang *m*

~ **inlet pressure** Säuleneingangsdruck *m*
~ **length** Säulenlänge *f*, Trennsäulenlänge *f*
~ **life** Lebensdauer *f* der Trennsäule
~ **liquid chromatography** s. ~ chromatography 2.
~ **material** Säulenmaterial *n*
~ **of mercury** Quecksilbersäule *f*, Hg-Säule *f*
~ **operation** säulenchromatographische Arbeitsweise *f*
~ **outlet** Säulenausgang *m*, Säulenauslauf *m*
~ **outlet pressure** Säulenausgangsdruck *m*
~ **oven** *(Gaschr)* Säulenofen *m*
~ **overloading** Überladung *f* der Trennsäule
~ **packing** 1. Säulenfüllung *f*, Säulenpackung *f*, Trennsäulenfüllung *f*, Trennsäulenpackung *f*; 2. Säulenpacken *n*, Säulenfüllen *n*, Packen (Füllen) *n* von Säulen
~ **packing material** Säulenfüllmaterial *n*, Füllmaterial *n* für Säulen
~ **parameter** Säulenparameter *m*
~ **performance** Trennwirksamkeit *f*, Trennleistung *f*
~ **permeability** Säulenpermeabilität *f*, Permeabilität *f*
~ **plate count** Trennstufenzahl *f*
~ **pressure drop** Druckabfall *m* entlang (über, an, in) der Säule
~ **sample overload** Überladung *f* der Trennsäule
~ **solvent** *(Flchr)* mobile Phase *f*, flüssige [mobile] Phase *f*, Lösungsmittel *n*, Flüssigphase *f*, Eluent *m*, Elutionsmittel *n*, *(bei Flächenchromatographie auch)* Fließmittel *n*, Laufmittel *n*, Trennmittel *n*
~ **stationary phase bleed** s. ~ bleed
~ **suppression ion chromatography** Ionenchromatographie *f* mit Suppressortechnik (Suppressionstechnik, Suppressor)
~ **switching** Säulenschalten *n*, Säulenschaltung *f*
~ **technology** Säulentechnologie *f*, Trennsäulentechnologie *f*
~ **temperature** Säulentemperatur *f*
~ **temperature programming** Temperaturprogrammierung *f*
~ **terminator** Säulenendstück *n*, Endstück *n*
~ **testing** Prüfen *n* (Prüfung *f*) der Trennsäule
~ **tube inside diameter** Säulenkaliber *n*, Säuleninnendurchmesser *m*, innerer Säulendurchmesser *m*
~ **tubing** Rohrmaterial *n* für Trennsäulen, Säulenrohre *npl*
~ **type** Säulentyp *m*
~ **void volume** Mobilvolumen *n*, Totvolumen *n*, Durchflußvolumen *n*, Volumen *n* der fluiden Phase *(in der Säule)*; *(Gelchromatographie)* Zwischenkornvolumen *n*, Zwischenpartikelvolumen *n*, Interstitial-Volumen *n*, äußeres Volumen *n*, Volumen *n* zwischen den Gelpartikeln, Lösungsmittelvolumen *n* außerhalb der Gelkörner
~ **volume** *(Chr, Ion)* Bettvolumen *n*, Säulenvolumen *n*; *(Chr)* Säulenvolumen *n (der Leersäule)*
~ **wall** Säulenwand *f*
coma Asymmetriefehler *m*, Koma *f*

combination

combination band *(opt Mol)* Kombinationsschwingungsbande *f*
~ **electrode** Kombinationselektrode *f*, kombinierte Elektrode *f*
~ **mode (vibration)** *(opt Mol)* Kombinationsschwingung *f*
combust/to verbrennen
combustibility Brennbarkeit *f*, Verbrennbarkeit *f*
combustible [ver]brennbar
~ **gas** brennbares Gas *n*, Brenngas *n*
combustion Verbrennen *n*, Verbrennung *f*
~ **air** Verbrennungsluft *f*
~ **analysis** Verbrennungsanalyse *f*
~ **barge** rechteckige Glühschale (Verbrennungsschale) *f*
~ **boat** Glühschiffchen *n*
~ **chamber** Verbrennungskammer *f*, Verbrennungsraum *m*
~ **equation** Verbrennungsgleichung *f*
~ **flask** Aufschlußkolben *m (für die Kolbenverbrennung)*
~ **furnace** Verbrennungsofen *m*
~ **gas** Verbrennungsgas *n*
~ **process** Verbrennungsvorgang *m*
~ **product** Verbrennungsprodukt *n*
~ **rate** Verbrennungsgeschwindigkeit *f*
~ **reaction** Verbrennungsreaktion *f*
~ **residue** Verbrennungsrückstand *m*
~ **spoon** Verbrennungslöffel *m*
~ **train** Verbrennungsapparatur *f*
~ **tube** Verbrennungsrohr *n*, Verbrennungsröhre *f*
~ **zone** Verbrennungszone *f*
commercial analysis kommerzielle (technische) Analyse *f*
~ **detector** kommerzieller Detektor *m*
~ **instrument** kommerzielles (im Handel befindliches) Instrument *n*
~ **polarograph** kommerzieller Polarograph *m*
~ **TLC plate** [DC-]Fertigplatte *f*
common ion gemeinsames (gleichartiges) Ion *n*
~-**mode noise** *(Meß)* Gleichtaktrauschen *n*
~-**mode pickup** Gleichtaktmeßfühler *m (eines Interface-Bausteins)*
commute/to kommutieren
compact Helmholtz layer *(el Anal)* kompakte Helmholtz-Schicht *f*
comparative analysis Vergleichsanalyse *f*
~ **voltammetry** Vergleichsvoltammetrie *f*, vergleichende Voltammetrie *f*
comparator *(opt Anal)* Komparator *m*
comparison cell Vergleichsküvette *f*, Referenzküvette *f*
~ **compound** Vergleichsverbindung *f*, Referenzverbindung *f*, Referenzsubstanz *f*
~ **data** Vergleichsdaten *pl*
~ **electrode** Vergleichselektrode *f*
~ **method** Vergleichsverfahren *n*
~ **of series** Reihenvergleich *m*
~ **sample** Vergleichsprobe *f*

~ **series** Vergleichsreihe *f*
~ **solution** Vergleichslösung *f*
~ **spectrum** Vergleichsspektrum *n*
~ **value** Vergleichswert *m*
compatibility Verträglichkeit *f*, Kompatibilität *f*
~ **condition** Kompatibilitätsbedingung *f*
compatible verträglich, kompatibel
compensate/to ausgleichen, kompensieren
compensator Kompensator *m*
compete/to konkurrieren
competing reaction *s.* competitive reaction
competitive inhibition *(Katal)* kompetitive (konkurrierende) Hemmung *f*, Konkurrenzhemmung *f*, Verdrängungshemmung *f*
~ **reaction** Parallelreaktion *f*, Simultanreaktion *f*, Konkurrenzreaktion *f*
complete analysis Vollanalyse *f*
~ **combustion** vollständige Verbrennung *f*
~ **lineshape analysis** *(mag Res)* vollständige Linienformanalyse *f*
~ **linkage** vollständige Verkettung *f (Meßwertverarbeitung)*
completely miscible vollständig mischbar
complete precipitation quantitative (vollständige) Fällung *f*
complex Komplex *m*, komplexe Gruppe *f*
complex/to einen Komplex bilden, komplex (im Komplex) binden; in einen Komplex überführen, komplexieren
complexation Komplexbildung *f*; Komplexierung *f*
~ **analysis** *s.* compleximetric titration
~ **constant** *s.* complex-stability constant
~ **indicator** Metallindikator *m*, metallochromer (metallspezifischer) Indikator *m*
~ **reaction** Komplexbildungsreaktion *f*
~ **titration** *s.* compleximetric titration
complex formation Komplexbildung *f*
~-**formation constant** *s.* complex-stability constant
~-**formation equilibrium** Komplex[bildungs]gleichgewicht *n*
~-**formation reaction** Komplexbildungsreaktion *f*
~-**formation titration** *s.* compleximetric titration
~-**forming** komplexbildend
~-**forming reagent** *s.* complexing agent
~ **Fourier transformation** komplexe Fourier-Transformation *f*
~ **gradient** *(Flchr)* zusammengesetzter Gradient *m*
compleximetric komplexometrisch
~ **titration** komplexometrische Titration *f*, Komplex[bildungs]titration *f*
compleximetry Komplexometrie *f*
complexing agent (reagent) Komplexbildner *m*, komplexbildender Stoff *m*
complex ion komplexes Ion *n*, Komplex-Ion *n*
complexogen *s.* complexing agent
complexometric *s.* compleximetric
complexon[e] Komplexon *n (allgemein für eine Aminopolycarbonsäure, die mit Metallionen Chelatkomplexe bildet)*

complex reaction s. composite reaction
~-stability constant Komplexstabilitätskonstante f, Komplexbildungskonstante f, Stabilitätskonstante f, Beständigkeitskonstante f, Bildungskonstante f
component Bestandteil m; Komponente f (z.B. eine Molekülart in einem System); Teil m, Anteil m, Komponente f
~ **of error** Fehlerkomponente f, Fehleranteil m
~ **peak** Komponentenpeak m
composite current gemischter Strom m
composited sample zusammengesetzte Probe f
composite pulse (kern Res) Composite-Puls m (zusammengesetzt aus mehreren Pulsen)
~ **reaction** zusammengesetzte (komplexe) Reaktion f
~ **sample** zusammengesetzte Probe f
composition Zusammensetzung f
compositional analysis qualitative Analyse f
~ **heterogeneity** Zusammensetzungsheterogenität f, chemische Heterogenität (Uneinheitlichkeit) f, Heterogenität f der Zusammensetzung (von Polymeren)
composition-dependent property zusammensetzungsabhängige Eigenschaft f
compound Verbindung f
~ **substance** zusammengesetzter Stoff m, zusammengesetzte Substanz f
~ **type** Verbindungstyp m
compressibility correction factor (Gaschr) Druckkorrekturfaktor m, Martin-Faktor m
compressible kompressibel, komprimierbar, zusammendrückbar, verdichtbar
Compton effect Compton-Effekt m (Änderung der Frequenz von Photonen bei der Streuung an Elektronen)
~ **electron (recoil electron)** Compton-Elektron n
~ **scattering** Compton-Streuung f
~ **shift** Compton-Verschiebung f
~ **wavelength** Compton-Wellenlänge f
computation of error Fehlerrechnung f
computer analysis Computer-Analyse f
~-**integrated laboratory** rechnernetzintegriertes (in ein Rechnernetz integriertes) Labor n
~ **interface module** Computer-Schnittstellenmodul m
~ **network of laboratories** Laborrechnernetz n
computing integrator rechnender Integrator m
concave gradient (Chr) konkaver Gradient m
~ **grating** (Spekt) Konkavgitter n
~ **mirror** (Spekt) Konkavspiegel m, Hohlspiegel m
concentrate/to einengen, konzentrieren (Proben); [vor]anreichern, vorkonzentrieren (Bestandteile)
concentrated phase polymerreiche (konzentrierte) Phase f, Gelphase f
~ **sulphuric acid** konzentrierte Schwefelsäure f
concentrating zone (Flchr) Konzentrierungszone f

concentration 1. Konzentration f, (manchmal auch) Gehalt m; 2. Einengen n, Konzentrieren n, Konzentrierung f (von Proben); Vorkonzentrierung f, Vorkonzentration f, Voranreicherung f, Anreicherung f (von Bestandteilen)
~ **cell** Konzentrationszelle f
~ **curve** Konzentrationskurve f
~ **dependence** Konzentrationsabhängigkeit f
~-**dependent** konzentrationsabhängig
~**[-dependent] detector** s. ~-sensitive detector
~ **distribution** Konzentrationsverteilung f
~ **distribution ratio** Verteilungsverhältnis n, Extraktionskoeffizient m
~ **effect** Konzentrationseffekt m
~ **fluctuation** Konzentrationsschwankung f
~ **gradient** Konzentrationsgefälle n, Konzentrationsgradient m
~ **independence** Konzentrationsunabhängigkeit f
~-**independent** konzentrationsunabhängig
~ **level** Konzentrationswert m
~ **method** Anreicherungsverfahren n
~ **of solid** Feststoffkonzentration f
~ **of supporting electrolyte** Leitsalzkonzentration f
~ **polarization** Konzentrationspolarisation f
~ **process** Anreicherungsverfahren n; (Pol) Anreicherungsvorgang m
~ **profile** Konzentrationsprofil n
~ **range** Konzentrationsbereich m
~ **ratio** Konzentrationsverhältnis n
~-**sensitive detector** konzentrationsempfindlicher (konzentrationsabhängiger, konzentrationsspezifischer) Detektor m, Konzentrationsdetektor m
~ **step** (Pol) Anreicherungsschritt m
condensate Kondensat n, Niederschlag m
condensation Kondensation f, Kondensierung f, Niederschlagung f
~ **reaction** Kondensationsreaktion f
condense/to kondensieren, niederschlagen (Gase, Dämpfe); [sich] kondensieren, sich niederschlagen
condenser current Kondensatorstrom m
condition Zustand m
condition/to konditionieren
conditional formation (stability) constant scheinbare (konditionelle, effektive) Komplexstabilitätskonstante f
conditioning Konditionieren n, Konditionierung f, (Gaschr auch) [primäre] Alterung f, Altern n (von Säulenfüllungen)
~ **period** (Gaschr) Konditionierungszeit f
condition of null balance Nullabgleichbedingung f
conduct/to leiten (z.B. Wärme, Elektrizität)
~ **a test** einen Versuch durchführen
conductance s. conductivity
~ **method** s. conductometric method
~ **titration** s. conductometric titration
conductimetric s. conductometric
conduction Leitung f (z.B. von Wärme, Elektrizität)
~ **band** Leitungsband n, Leitfähigkeitsband n

conductive

conductive leitfähig
conductivity [elektrische] Leitfähigkeit f, spezifische [elektrische] Leitfähigkeit f, [elektrisches] Leitvermögen n *(eine Materialkenngröße)*; Leitfähigkeit f, Leitvermögen n *(z.B. für Wärme, Elektrizität)*
~ **analysis** Leitfähigkeitsmessung f
~ **analyser** s. ~ meter
~ **bridge** Leitfähigkeitsmeßbrücke f
~ **cell** Leitfähigkeits[meß]zelle f
~ **change** Leitfähigkeitsänderung f
~-**concentration curve** Leitfähigkeits-Konzentrations-Kurve f
~ **curve** Leitfähigkeitskurve f
~ **decrease** Leitfähigkeitsverminderung f
~ **detection** Leitfähigkeitsdetektion f
~ **detector** Leitfähigkeitsdetektor m, konduktometrischer Detektor m
~ **measurement** Leitfähigkeitsmessung f
~ **measuring bridge** Leitfähigkeitsmeßbrücke f
~ **measuring instrument** s. ~ meter
~ **meter** Leitfähigkeitsmesser m, Leitfähigkeitsmeßgerät n
~ **of heat** Wärmeleitfähigkeit f, spezifisches Wärmeleitvermögen m, *(quantitativ auch)* Wärmeleitzahl f
~ **profile** *(Elph)* Leitfähigkeitsprofil n
~ **ratio** Leitfähigkeitskoeffizient m
~ **sensor** Leitfähigkeitssensor m
~-**type moisture meter** Leitfähigkeitshygrometer n, Leitfähigkeitsfeuchtemesser m
conductometer Leitwertmesser m
conductometric konduktometrisch
~ **analysis** konduktometrische Analyse f
~ **detection** Leitfähigkeitsdetektion f
~ **detector** Leitfähigkeitsdetektor m, konduktometrischer Detektor m; *(Gaschr)* elektrolytischer Leitfähigkeitsdetektor m, Hall-Detektor m
~ **end-point detection** *(Vol)* konduktometrische Endpunktbestimmung f
~ **measurement** konduktometrische Messung f
~ **method** konduktometrische Methode f, konduktometrisches Verfahren n, Leitfähigkeitsmethode f
~ **titrant** konduktometrischer Titrant m
~ **titration** konduktometrische Titration f, Leitfähigkeitstitration f
~ **titration curve** konduktometrische Titrationskurve f
~ **titrimetry** konduktometrische Titrimetrie f, Leitfähigkeitstitrimetrie f
conductometry Konduktometrie f
conductor of electricity elektrischer Leiter m, Elektrizitätsleiter m, Stromleiter m
~ **of heat** Wärmeleiter m
confidence *(Stat)* Konfidenz f, Vertrauen n
~ **interval** Vertrauensbereich m, Vertrauensintervall n, Konfidenzbereich m, Konfidenzintervall n
~ **level** Vertrauensniveau n, Vertrauenswert m, Konfidenzniveau n

~ **limit** Vertrauensgrenze f, Konfidenzgrenze f
95% confidence limit Konfidenzgrenze f für eine statistische Sicherheit ε = 0,95
confidence region estimate (estimation) Konfidenz[bereichs]schätzung f, Vertrauensbereichsschätzung f
configuration Konfiguration f
configurational isomer Konfigurationsisomer n
confining liquid Sperrflüssigkeit f
confirmatory test Nachweis m
conformance positive Qualitätsbewertung f einer Leistung
conformation Konformation f, Konstellation f
conformational energy Konformationsenergie f
~ **state (structure)** s. conformation
conformity Übereinstimmung f, Qualitätsforderungserfüllung f
congeal/to fest (starr, hart) werden, erstarren, sich verfestigen
congealing point (temperature) Erstarrungstemperatur f, Erstarrungspunkt m
congelation Erstarrung f, Verfestigung f
Congo red Kongorot n
conical flask Erlenmeyer-Kolben m
coning Kegelbildung f *(von Schüttgut)*
conjugate acid korrespondierende Säure f
~ **base** korrespondierende Base f
conjugated carbonyl konjugierte Carbonylgruppe f
~ **double bond** konjugierte Doppelbindung f
conjugation Konjugation f *(zweier Doppelbindungen)*
connection s. connector
connectivity *(kern Res)* Konnektivität f, Verknüpfung f
connector Verbindungsstück n, Verbindungselement n, Verbindung f, Paßstück n, Fitting n
consecutive development *(Chr)* Stufenentwicklung f *(mit unterschiedlichen mobilen Phasen)*
~ **measurements** aufeinanderfolgende (serielle) Messungen fpl
~ **reaction** Folgereaktion f
conservation Konservieren n, Konservierung f, Haltbarmachung f, Frischhaltung f
conserve/to konservieren, haltbar machen
consistence, consistency Konsistenz f
consistent konsistent
consolidate/to verdichten *(die Säulenfüllung)*
consolidation Verdichtung f *(der Säulenfüllung)*
constancy Beständigkeit f, Konstanz f
~ **of flow** Flußkonstanz f
constant composition elution *(Flchr)* isokratische Elution f
~ **current** Konstantstrom m, konstanter Strom m
~-**current electrolysis** Elektrolyse f bei konstanter Stromstärke
~-**current mode** *(Gaschr)* stromkonstanter Betrieb m *(des Detektors)*
~ **error** konstanter Fehler m
~ **of gravitation** Gravitationskonstante f

~ **of proportionality** Proportionalitätsfaktor *m*
~ **potential** Konstantpotential *n*
~-**potential electrolysis** Konstantpotentialelektrolyse *f*
~-**pressure gas thermometer** Gasthermometer *n* konstanten Drucks
~-**pressure pump** *(Flchr)* druckkonstante Pumpe *f*, Pumpe *f* mit konstantem (gleichbleibendem) Druck, Konstantdruckpumpe *f*
~-**temperature mode** *(Gaschr)* temperaturkonstanter Betrieb *m (des Detektors)*
~ **time device** Zeitgeber *m*
~ **voltage** Konstantspannung *f*
~-**volume gas thermometer** Gasthermometer *n* konstanten Volumens
~-**volume heat capacity** Wärmekapazität *f* bei konstantem Volumen
~-**volume pump** *(Flchr)* flußkonstante Pumpe *f*, Pumpe *f* mit konstanter (gleichbleibender) Fördermenge
~ **weight** Massekonstanz *f*; Gewichtskonstanz *f*
constituent Bestandteil *m*; Teil *m*, Anteil *m*, Komponente *f*
~ **content** Komponentengehalt *n*
constitution Struktur *f*, Aufbau *m*, Bau *m*, Gefüge *n*, Konstitution *f*
constitutional heterogeneity konstitutive Uneinheitlichkeit (Heterogenität) *f (von Polymeren)*
~ **isomer** Konstitutionsisomer[es] *n*
constructive interference konstruktive Interferenz *f*
consume/to verbrauchen
consumer product Endprodukt *n*, Finalprodukt *n*, Enderzeugnis *n*
consumer's risk Abnehmerrisiko *n*
contact angle Kontaktwinkel *m*, Randwinkel *m*, Benetzungswinkel *m*
~ **hyperfine interaction** *(mag Res)* Fermi-Kontakt *m*
~ **noise** *(Meß)* Kontaktrauschen *n*
contain/to enthalten
contaminate/to verunreinigen, verschmutzen, kontaminieren
contamination Verunreinigung *f*, Verschmutzung *f*, Kontamination *f*
~-**free** verunreinigungsfrei
~ **level** Verunreinigungsniveau *n*
content Gehalt *m*
~ **range** Gehaltsbereich *m*
contingency table *(Stat)* Kontingenztafel *f*
continuity equation *(Elph)* Kontinuitätsgleichung *f*
continuous amperometric analysis kontinuierliche amperometrische Analyse *f*
~ **analyser** kontinuierlich arbeitendes Analysengerät *n*
~ **analysis** kontinuierliche (ununterbrochene) Analyse *f*
~ **buffer** *(Elph)* kontinuierlicher Puffer *m*
~ **chromatographic refining** s. ~ chromatography

~ **chromatography** kontinuierliche Chromatographie *f*
~ **coulometric method** kontinuierliches coulometrisches Verfahren *n*
~ **dc arc** *(opt At)* Gleichstromdauerbogen *m*
~ **detector** Durchflußdetektor *m*
~ **development** *(Chr)* Durchlaufentwicklung *f*
~ **distribution function** kontinuierliche Verteilungsfunktion *f*
~ **electrophoresis** kontinuierliche Elektrophorese *f*, Free-flow-Elektrophorese *f*
~ **extraction** kontinuierliche Extraktion *f*
~ **extraction apparatus**, ~ **extractor** kontinuierlich arbeitender Extraktor *m*, Apparat *m* für kontinuierliche Extraktion
~-**flow analysis** [luftsegmentierte] Durchflußanalyse *f*
~-**flow calorimeter** Strömungskalorimeter *n*
~-**flow cell** Durchflußzelle *f*, Durchflußküvette *f*
~-**flow detector** Durchflußdetektor *m*
~-**flow method** Durchflußmethode *f*, Durchflußtechnik *f*
~ **gas chromatography** kontinuierliche Gaschromatographie *f*
~ **gradient** *(Flchr)* kontinuierlicher Gradient *m*
~ **laser** kontinuierlicher Laser *m*
continuously-curved chain wurmartige Kette *f*
continuous mode (operation) kontinuierlicher Betrieb *m*, kontinuierliche Arbeitsweise *f*
~ **potentiometric method** kontinuierliches potentiometrisches Verfahren *n*
~ **process analysis** kontinuierliche Prozeßanalyse *f*
~ **sampling plan** kontinuierlicher Stichprobenplan *m*
~ **spectrum** kontinuierliches Spektrum *n*
~-**wave dye laser** Dauerstrich-Farbstofflaser *m*, CW-Farbstofflaser *m*
~-**wave method** *s.* ~-wave technique
~-**wave NMR experiment** CW-NMR-Experiment *n*
~-**wave NMR spectrometer** CW-Spektrometer *n*
~-**wave NMR spectroscopy** CW-NMR-Spektroskopie *f*
~-**wave spectroscopy** *(mag Res)* CW-Spektroskopie *f*
~-**wave spectrum** *(mag Res)* CW-Spektrum *n*
~-**wave technique** *(mag Res)* Continuous-wave-Technik *f*, CW-Technik *f*, Continuous-wave-Methode *f*, CW-Methode *f*, Dauerstrichbetrieb *m*, variable Frequenzmethode *f*
continuum *(Spekt)* Kontinuum *n*
~ **emission (radiation)** Kontinuumstrahlung *f*
~ **[radiation] source** Kontinuum[s]strahler *m*
~-**source atomic absorption spectrophotometry** Atomabsorptionsspektrophotometrie *f* mit Kontinuumstrahler
contour diagram Kontur[en]diagramm *n*, Umrißdiagramm *n (zweidimensionale NMR-Spektroskopie)*

contour
- **length** Konturlänge f, Gesamtlänge f (eines Makromoleküls)
- **plot** s. contour diagram

contrast factor Gamma n, Gammawert m, Kontrastfaktor m (Fotografie)
control/to steuern, lenken, leiten
control apparatus Steuergerät n
- **chart** Kontrollkarte f
- **circuit** Regelkreis m
- **electronics** Steuerelektronik f
- **element** Regelglied n, Regeleinrichtung f

controlled-current coulometry galvanostatische Coulometrie f, coulometrische Titration f, Coulometrie f bei konstantem Strom, Coulometrie f bei konstanter Stromstärke
--**current coulometry with potentiometric endpoint detection** coulometrische Titration f mit potentiometrischer Endpunktfeststellung
- **dispersion** (Fließ) kontrollierte Dispersion f
- **pore (porosity) glass** (Flchr) poröses Glas n mit enger (reproduzierbarer) Porenverteilung, poröses Glas n mit kontrolliertem Porendurchmesser
--**potential** bei kontrolliertem Potential, potentialkontrolliert
--**potential analysis** Analyse f bei kontrolliertem Potential, potentialkontrollierte Analyse f
--**potential coulometry (coulometric titration)** Coulometrie f bei konstantem Potential, potentialkontrollierte (potentiostatische) Coulometrie f
--**potential electrogravimetry** Elektrogravimetrie f bei kontrolliertem Potential
--**potential electrolysis** Elektrolyse f bei kontrolliertem Potential, potentiostatische Elektrolyse f
--**potential electrolysis step** potentiostatische Anreicherungselektrolyse f
--**potential electroseparation** Elektroseparation f bei kontrolliertem Potential
--**potential polarograph** Polarograph m mit kontrolliertem Potential, potentialkontrollierter Polarograph m

control limit Kontrollgrenze f
- **of pH** pH-Kontrolle f, Kontrolle (Überwachung) f des pH-Wertes
- **room** Meßwarte f, Meßzentrale f
- **sample** Kontrollprobe f
- **signal** (kern Res) Locksignal n, Kontrollsignal n
- **spectrum** Kontrollspektrum n
- **unit** Steuereinheit f
- **valve** Steuerventil n

convection Konvektion f
- **current** Konvektionsstrom m, Konvektionsströmung f
- **diffusion** Konvektionsdiffusion f

convective chronoamperometry konvektive Chronoamperometrie f
- **chronocoulometry** konvektive Chronocoulometrie f
- **mass transfer** konvektive Stoffübertragung f, Stoffübertragung f durch Konvektion

conventional regression (Stat) einfache Regression f
- **true value** (Stat) [konventionell] richtiger Wert m

convergence Konvergenz f
- **frequency** (Spekt) Seriengrenzfrequenz f, Frequenz f der Seriengrenze
- **limit** (Spekt) Seriengrenze f, Konvergenzgrenze f

convergency Konvergenz f
conversion 1. Umrechnung f; 2. Umwandlung f, Verwandlung f, Umformung f, Überführung f, Transformation f, Umsetzung f; 3. Umsatz m (quantitativ); 4. Übergang m (in eine andere Verbindung)
- **electron** (rad Anal) Konversionselektron n
--**electron Mössbauer spectroscopy** Konversionselektronen-Mößbauer-Spektroskopie f
- **factor** Umrechnungsfaktor m
- **velocity** (Katal) Umsatzgeschwindigkeit f

convert/to 1. umrechnen; 2. umwandeln, überführen, umsetzen; sich umwandeln, übergehen (in eine andere Verbindung)
convex gradient (Flchr) konvexer Gradient m
convey/to übertragen, überführen, transferieren, befördern, transportieren, abgeben (Elektronen, Ionen)
convolution Faltung f (von Funktionen)
cool/to [ab]kühlen
- **to room temperature** auf Raumtemperatur abkühlen

cooled cell (Spekt) Kühlküvette f
cooling Kühlen n, Kühlung f, Abkühlen n, Abkühlung f
- **curve** Abkühlungskurve f
- **plate** Kühlplatte f
- **rate** Abkühlungsgeschwindigkeit f
--**rate curve** Abkühlungsgeschwindigkeitskurve f

Coomassie brilliant blue Coomassie-Brillantblau n
coordinate bond (covalent bond) koordinative (dative) Bindung f, dative kovalente Bindung f, Donator-Akzeptor-Bindung f
- **system** Koordinatensystem n

coordination bond s. coordinate bond
- **capacity** Koordinationsfähigkeit f
- **complex** Koordinationskomplex m, koordinierter Komplex m
- **number** Koordinationszahl f, KZ, Zähligkeit f, Liganz f, koordinative Wertigkeit f
- **site** Koordinationsstelle f
- **sphere** Koordinationssphäre f

coordinatively unsaturated koordinativ ungesättigt
copolymer composition Copolymerzusammensetzung f
copper Cu Kupfer n
copper[-based] alloy Kupferlegierung f
- **cathode** Kupferkatode f
copper(II) compound Kupfer(II)-Verbindung f
copper/cupric oxide electrode Kupfer/Kupferoxid-Elektrode f

coulometric

~ **halide** Kupferhalogenid n
copperon Cupferron n, Kupferron n (Ammoniumsalz des N-Nitroso-N-phenylhydroxylamins)
copper oxide Kupferoxid n, Kupfer(II)-oxid n
~-**plated platinum cathode** verkupferte Platinkathode f
~ **tubing** Kupferrohr n
~ **wire** Kupferdraht m
coprecipitate/to (Grav) mitfällen
coprecipitation [induzierte] Mitfällung f, Mitfallen n
core Atomrumpf m
~ **electron** Rumpfelektron n, inneres Elektron n
~ **hole** (Spekt) Loch n eines tieferliegenden Zustands, Lücke f einer inneren Schale
~ **level** (Spekt) Energieniveau n einer inneren Schale, Core-Niveau n
~-**level characteristic loss spectroscopy** Ionisationsspektroskopie f, IS
Cornu mounting (Spekt) Cornu-Aufstellung f (eines Prismas)
~ **prism** Cornu-Prisma n
corona discharge Coronaentladung f
corrected area normalization (Chr) Normalisierung f mit Korrekturverfahren
~ **retention time** (Chr) korrigierte Retentionszeit f
~ **retention volume** (Chr) korrigiertes Retentionsvolumen n
correction Korrektur f
~ **curve** Korrekturkurve f
~ **factor** Korrekturfaktor m, Korrekturkoeffizient m; (Chr) Responsefaktor m, Ansprechfaktor m, [stoffspezifischer] Korrekturfaktor m, Wirkungsfaktor m
~ **method** Korrekturverfahren n
~ **term** Korrekturgröße f, Korrekturglied n
correlate/to korrelieren
correlated spectroscopy s. correlation spectroscopy
~ **variable** statistisch abhängige Variable f
correlation Korrelation f, Wechselbeziehung f
~ **coefficient** Korrelationskoeffizient m
~ **function** Korrelationsfunktion f
~ **length** Korrelationslänge f
~ **spectroscopy** (kern Res) [zweidimensionale] Korrelationsspektroskopie f, COSY
~ **table** Korrelationstabelle f
~ **time** Korrelationszeit f
corrode/to korrodieren; der Korrosion unterliegen, korrodiert werden
corrodibility Korrosionsanfälligkeit f, Korrosionsempfindlichkeit f
corrodible korrosionsanfällig, korrosionsempfindlich
corrosion dial Korrosionsskale f (eines Korrosionsüberwachungsgeräts)
~ **film** dünner Korrosionsbelag m
~ **inhibitor** Korrosionsinhibitor m, Korrosionshemmstoff m, Korrosionshemmer m, Korrosionsverzögerer m

~ **measurement** Korrosionsmessung f
~ **meter** Korrosimeter n
~ **monitor** Korrosionsüberwachungsgerät n
~ **rate** Korrosionsgeschwindigkeit f, Korrosionsrate f
~-**resistant material** korrosionsbeständiger Stoff m
~ **sensor** Korrosions-Meßfühler m
~ **test** Korrosionsversuch m, Korrosionstest m
corrosive korrosiv, korrodierend [wirkend]
cost analysis Kostenanalyse f
~-**benefit analysis** Kosten-Nutzen-Analyse f
~-**benefit calculation** Kosten-Nutzen-Rechnung f
~-**benefit ratio** Kosten-Nutzen-Verhältnis n
~ **component** Kostenanteil m
~-**effective method** kosteneffektive Methode f
~-**efficiency** Wirtschaftlichkeit f
~ **function** Kostenfunktion f
~ **of maintenance (upkeep)** Wartungskosten pl, Unterhaltungskosten pl
~-**optimal** kostenoptimal
~ **plan** Kostenplan m
~ **saving** Kosteneinsparung f
cosubstrate (Katal) Cosubstrat n, Coenzym n
COSY (correlation spectroscopy) (kern Res) [zweidimensionale] Korrelationsspektroskopie f, COSY
~ **experiment** (kern Res) COSY-Experiment n, zweidimensionales homonuklear korreliertes NMR-Experiment n
~ **spectrum** (kern Res) COSY-Spektrum n, zweidimensionales korreliertes NMR-Spektrum n, Korrelationsspektrum n
Cotton effect (opt Anal) Cotton-Effekt m
Cottrell equation (Pol) Cotrell-Gleichung f
coul. s. coulomb
coulomb Coulomb n, C, Amperesekunde f, As (SI-Einheit der Elektrizitätsmenge)
Coulomb attraction elektrostatische (Coulombsche) Anziehung f
~ **force** elektrostatische (Coulombsche) Kraft f
~ **force of attraction** elektrostatische (Coulombsche) Anziehungskraft f
~ **force of repulsion** Coulombsche Abstoßungskraft f
coulombic force s. Coulomb force
~ **interaction** Coulomb-Wechselwirkung f
Coulomb integral Coulomb-Integral n, Coulomb-Glied n
coulombmeter s. coulometer
Coulomb repulsion elektrostatische (Coulombsche) Abstoßung f
coulometer Coulometer n, Voltameter n, Ladungsmengenmesser m
coulometric coulometrisch
~ **analysis** coulometrische Analyse f
~ **cell** coulometrische Zelle f
~ **coulometer** coulometrisches Coulometer n
~ **coulometry** coulometrische Coulometrie f
~ **detector** coulometrischer Detektor m, Coulometer-Detektor m

coulometric

- **~ hygrometer** coulometrischer Luftfeuchtemesser *m*
- **~ method** coulometrische Methode *f*
- **~ process analyser** coulometrisches Prozeßanalysegerät *n*
- **~ reagent generation electrode** coulometrische Generatorelektrode *f*
- **~ titration** galvanostatische Coulometrie *f*, coulometrische Titration *f*, Coulometrie *f* bei konstantem Strom, Coulometrie *f* bei konstanter Stromstärke
- **~ titrator** coulometrischer Titrator *m*

coulometry Coulometrie *f*, Ladungsmengenmessung *f*
- **~ at controlled potential** Coulometrie *f* bei konstantem Potential, potentialkontrollierte (potentiostatische) Coulometrie *f*

Coulson detector (electrolytic conductivity detector) *(Gaschr)* Coulsonscher Leitfähigkeitsdetektor *m*
count *(rad Anal)* [gezählter, registrierter] Impuls *m*; *(rad Anal)* Impulsanzahl *f*
count/to zählen *(z.B. Impulse)*
counterbalance/to ausgleichen, kompensieren
countercurrent Gegenstrom *m*, Gegenfluß *m* • in ~ *s.* countercurrently
- **~ chromatography** Gegenstrom-Chromatographie *f*
- **~ distribution** Gegenstromverteilung *f*
- **~ extraction** Gegenstromextraktion *f*
- **~ flow** Gegenstrom *m*, Gegenfluß *m*

countercurrently im Gegenstrom, nach dem Gegenstromprinzip
counter electrode Gegenelektrode *f*, GE
counterflow *s.* countercurrent
counter-ion Gegenion *n*
- **~ tube** *(rad Anal)* Zählrohr *n*

counting Zählen *n*, Zählung *f* *(z.B. von Impulsen)*
- **~ efficiency** *(rad Anal)* Zählausbeute *f*
- **~ geometry** *(rad Anal)* Zählanordnung *f*
- **~ rate** *(rad Anal)* Impulsrate *f*

couple/to [an]koppeln; [an]kuppeln, kombinieren *(zu einem Azofarbstoff)*
coupled column chromatography mehrdimensionale (mehrstufige) Chromatographie *f*
- **~ columns** *(Flchr)* gekoppelte Säulen *fpl*, Säulenkombination *f*
- **~ nuclei** koppelnde Kerne *mpl*
- **~ protons** *(kern Res)* koppelnde Protonen *npl*
- **~ reaction** gekoppelte Reaktion *f*
- **~ spins** *(mag Res)* koppelnde Spins *mpl*

couplet *(opt Anal)* Couplet *n*
coupling Kuppeln *n*, Kupp[e]lung *f*, Kombinieren *n* *(zu einem Azofarbstoff)*
- **~ constant** *(Spekt)* Kopplungskonstante *f*, Kopplungsparameter *m*
- **~ energy** Wechselwirkungsenergie *f*
- **~ network** *(kern Res)* Kopplungsnetzwerk *n*
- **~ nuclei** koppelnde Kerne *mpl*

course of analysis Analysengang *m*, Analysenweg *m*
- **~ of reaction** Reaktionsverlauf *m*, Reaktionsablauf *m*
- **~ of the titration** Titrationsverlauf *m*

covalent kovalent, homöopolar, unpolar
- **~ chromatography** kovalente Chromatographie *f*

covalently bonded (bound) kovalent (homöopolar, unpolar) gebunden
covariance *(Stat)* Kovarianz *f*
- **~ analysis** Kovarianzanalyse *f*

cover/to bedecken
CP (cross polarization) *(mag Res)* Kreuzpolarisation *f*, Kreuzpolarisierung *f*
CPA (cold plasma ashing) Kaltveraschung *f*
CPAA (charged-particle activation analysis) Aktivierungsanalyse *f* mit Hilfe geladener Teilchen
CPC (controlled-potential coulometry) Coulometrie *f* bei konstantem Potential, potentialkontrollierte (potentiostatische) Coulometrie *f*
CP-MAS (cross polarization-magic angle spinning) *(mag Res)* Kreuzpolarisierung-Rotation *f* um den magischen Winkel
- **~-MAS spectroscopy** CP/MAS-NMR-Spektroskopie *f*
- **~-MAS spectrum** CP/MAS-NMR-Spektrum *n*

CPMG spin-echo sequence *(kern Res)* Mehrfach-Echo-Sequence *f* nach Carr-Purcell-Meiboom-Gill
cracking pattern *(Maspek)* Fragmentierungsmuster *n*
cresol red Cresolrot *n*
criterion of reversibility *(Pol)* Reversibilitätskriterium *n*
critical angle *(opt Mol)* Grenzwinkel *m*
- **~ [condition] chromatography** Chromatographie *f* unter kritischen Bedingungen
- **~ defect** kritische Unvollkommenheit *f*
- **~ defective** Einheit *f* mit kritischer Unvollkommenheit
- **~ micelle concentration** kritische Mizell[bildungs]konzentration *f*
- **~ pressure** kritischer Druck *m*
- **~ temperature** kritische Temperatur *f*
- **~ value** kritischer Wert *m*

cross-correlation subroutine Kreuzkorrelations-Teilprogramm *n* *(Laborautomation)*
- **~ covariance function** *(Stat)* Kreuzcovarianzfunktion *f*, KCVF, Kreuzkovarianzfunktion *f*

crossed electrophoresis (immunoelectrophoresis) Kreuzelektrophorese *f*, Kreuzimmunoelektrophorese *f*
cross-link/to vernetzen
cross-linkage Vernetzung *f*, Vernetzen *n*
- **~-linked dextran** vernetztes Dextran *n*
- **~-linked polyacrylamide** vernetztes Polyacrylamid *n*
- **~-linked polymer** vernetztes Polymer[es] *n*
- **~-linked polystyrene** vernetztes Polystyrol *n*

~~-linking Vernetzen n, Vernetzung f
~~-linking agent Vernetzungsmittel n, Vernetzer m
~~-linking reaction Vernetzungsreaktion f
~~-over concentration Überlappungskonzentration f
~~-over electrophoresis Kreuz[immuno]elektrophorese f
~ peak (kern Res) Kreuzpeak m, Kreuzsignal n, Korrelationspeak m
~ polarization (mag Res) Kreuzpolarisation f, Kreuzpolarisierung f
~ polarization-magic angle spinning (mag Res) Kreuzpolarisierung-Rotation f um den magischen Winkel
~~-polarization method (kern Res) Kreuzpolarisationstechnik f, Kreuzpolarisationsverfahren n
~ relaxation (kern Res) Kreuzrelaxation f
~~-relaxation rate (kern Res) Kreuzrelaxationsrate f
~~-section 1. Querschnitt m; 2. (rad Anal) [mikroskopischer] Wirkungsquerschnitt m
~~-section [ionization] detector (Gaschr) Ionisierungsquerschnittdetektor m, IQD, Cross-section-Detektor m
crown ether Kronenether m
~ glass Kronglas n
~ polyether Kronenether m
crush/to zerstoßen
crushing and grinding Zerkleinern n, Zerkleinerung f
cryogenic fluid Tieftemperaturfluid n
~ operation (Gaschr) Betrieb m bei tiefen Temperaturen
~ trap Kühlfalle f
~ trapping Ausfrieren n, Trappen n
cryometric analysis Kryometrie f
cryoscope Kryoskop n, Gefrierpunktmesser m
cryoscopic kryoskopisch
~ constant kryoskopische Konstante f, molare Gefrierpunktserniedrigung f
~ method Kryoskopie f
cryoscopy Kryoskopie f
cryptand Kryptand m
crystal Kristall m
~ analysis Kristallstrukturanalyse f, Feinstrukturanalyse f
~ angle Kristallwinkel m
~ axis Kristallachse f, kristallographische Achse f
~ class Kristallklasse f, Symmetrieklasse f, Punkt[symmetrie]gruppe f
~~-controlled oscillator quarzgesteuerter Oszillator m, Quarzoszillator m, Kristalloszillator m (Hochfrequenztitration)
~ defect Kristall[bau]fehler m, Gitter[bau]fehler m, Kristallstörung f, Gitterdefekt m
~ detector (Elres) Kristalldetektor m
~ diffraction Beugung f am Kristallgitter
~ diffraction spectrometer Kristall[gitter]spektrometer n
~ dislocation Kristallversetzung f
~ face Kristallfläche f

~ growth Kristallwachstum n
~ growth rate (Grav) Kristallwachstumsgeschwindigkeit f
~ habit Kristallhabitus m
~ lattice Kristallgitter n
crystalline kristallin
~ electrode kristalline Elektrode f
~ powder Kristallpulver n
~ precipitate kristalliner Niederschlag m
~ solid kristalliner Feststoff m
crystallinity Kristallinität f
crystallite Kristallit m
crystallization Kristallisation f
~ temperature Kristallisationstemperatur f
crystallize/to kristallisieren, Kristalle bilden
crystallographic kristallographisch
~ axial ratio [kristallographisches] Achsenverhältnis n
~ axis s. crystal axis
~ system s. crystal system
crystallography Kristallographie f
crystal monochromator (Spekt) Kristallmonochromator m, Einkristallmonochromator m
~ plane Kristallebene f
~ powder Kristallpulver n
~ size Kristallgröße f
~ spectrometer Kristall[gitter]spektrometer n
~ structure Kristallbau m, Kristallstruktur f
~~-structure analysis Kristallstrukturanalyse f, Feinstrukturanalyse f
~~-structure determination Kristallstrukturbestimmung f
~ symmetry Kristallsymmetrie f
~ system Kristallsystem n, kristallographisches System n
~ violet Kristallviolett n
CS (chemical shift) (kern Res) chemische Verschiebung f, Resonanzverschiebung f
CSA 1. (chemical shift anisotropy) (kern Res) Anisotropie f der chemischen Verschiebung; 2. (chiral solvating agent) (mag Res) chirales Lösungsmittel m
CS-AAS (continuum-source atomic absorption spectrophotometry) Atomabsorptionsspektrophotometrie f mit Kontinuumstrahler
CSFC (capillary supercritical fluid chromatography) Kapillarchromatographie f mit überkritischen Phasen, Kapillar-SCF f
CSV (cathodic stripping voltammetry) Inversvoltmetrie f an der Kathode, Cathodic-Stripping-Voltammetrie f, CSV, kathodische Inversvoltammetrie f, Inversvoltammetrie f mit anodischer Anreicherung
CT (coherent transfer) (kern Res) Populationstransfer m, Polarisationstransfer m, Polarisationsübertragung f, Magnetisierungstransfer m, Kohärenztransfer m, Kohärenzübertragung f
C term (Chr) C-Term m, Massenaustauscherterm m, Term m der Strömungsdispersion (der van-Deemter-Gleichung)

CTMB

CTMB (cetyltrimethylammonium bromide) Cetyltrimethylammoniumbromid *n*
cubic crystal system kubisches (reguläres) Kristallsystem *n*
~ **expansion** Volumenausdehnung *f*, kubische Ausdehnung *f*
~ **shrinkage** Volumenschwindung *f*, kubische Schwindung *f*
~ **system** kubisches (reguläres) Kristallsystem *n*
cumulative distribution Summenverteilung *f*
~ **distribution function** integrale (kumulative) Verteilungsfunktion *f*
~ **error** kumulativer Fehler *m*, kumulierende Beurteilungsabweichung *f*
~ **fission yield** *(rad Anal)* kumulative Spaltausbeute *f*
~ **frequency** Summenhäufigkeit *f*
~ **frequency curve** Summenhäufigkeitskurve *f*
~ **frequency diagram** Summenhäufigkeitsdiagramm *n*
~ **frequency distribution** Summenhäufigkeitsverteilung *f*
~ **frequency function** Summenhäufigkeitsfunktion *f*
~ **normal distribution** normale Summenverteilung *f*
~ **probability function** Summenhäufigkeitsfunktion *f*
~ **sample** Sammelprobe *f*
~ **sum technique** *(Stat)* Cu[-]sum-Technik *f*
cupferrate Cupferronat *n*, Kupferronat *n*
cupferron Cupferron *n*, Kupferron *n (Ammoniumsalz des N-Nitroso-N-phenylhydroxylamins)*
cupric oxide Kupferoxid *n*, Kupfer(II)-oxid *n*
cupron Cupron *n*, α-Benzoinoxim *n*
curdy precipitate käsiger Niederschlag *m*
Curie constant Curie-Konstante *f*
~ **point** *s.* ~ **temperature**
~ **point pyrolysis** *(Gaschr)* Curiepunkt-Pyrolyse *f*
~ **point pyrolyzer** *(Gaschr)* Curiepunkt-Pyrolysator *m*
~**[-point] temperature** Curie-Temperatur *f*, Curie-Punkt *m*
curium Cm Curium *n*
current elektrischer Strom *m*
~-**cessation chronopotentiometry** Nullstromchronopotentiometrie *f*
~ **density** Stromdichte *f*
~ **density-potential curve** Stromdichte-Potential-Kurve *f*
~ **drain** Stromentnahme *f*
~-**drop age curve** Strom-Tropfenalter-Kurve *f*, Stromstärke-Zeit-Kurve *f* des Tropfens
~ **efficiency** Stromausbeute *f*
~ **flow** Stromfluß *m*
~ **intensity** Stromstärke *f*
~ **maximum** polarographisches Maximum *n*
~ **measurement** Strommessung *f*
~-**measuring device** Strommesser *m*, Amperemeter *n*
~-**potential curve** Strom-Potential-Kurve *f*, SPK, Strom-Potential-Kennlinie *f*
~-**potential diagram** Strom-Potential-Diagramm *n*
~-**potential-time behaviour** Strom-Potential-Zeit-Verhalten *n*
~ **pulse** Stromimpuls *m*
~ **reversal** Stromrichtungsumkehr *f*, Stromrichtungswechsel *m*
~-**reversal chronopotentiometry** Inversstromchronopotentiometrie *f*
~ **rise** Stromanstieg *m*
~-**scanning polarography** Strom-Abtast-Polarographie *f*
~-**scan voltammetry** stromgeregelte Voltammetrie *f*
~ **sensitivity** Stromempfindlichkeit *f*
~ **source** Stromquelle *f*
~-**step chronopotentiometry** Stromstufenchronopotentiometrie *f*
~ **supply** Stromquelle *f*
~-**time curve** Strom-Zeit-Kurve *f*, i-t-Kurve *f*
~-**time dependence** Strom-Zeit-Abhängigkeit *f*
~-**time integral** Strom-Zeit-Integral *n*
~-**time integrator** Strom-Zeit-Integrierglied *n*
~-**time variation** Strom-Zeit-Änderung *f*
~-**voltage curve** Strom-Spannungs-Kurve *f*, I-U-Kurve *f*, I-U-Kennlinie *f*
curtain electrophoresis kontinuierliche zweidimensionale Trägerelektrophorese *f*
curvature of field Bildfeldwölbung *f*
curved line of precipitation *(Elph)* Präzipitatbogen *m*
curve fitting Kurvenanpassung *f*
cu-sum-technique *(Stat)* Cu[-]sum-Technik *f*
cut/to schneiden
~ **and weigh** *(Chr)* ausschneiden und wiegen *(Peakflächen)*
cutoff filter *(Spekt)* Kantenfilter *n*
cuvet[te] Küvette *f*
CVAAS (cold vapour atomic absorption spectrometry) Kaltdampf-Atomabsorptionsspektrometrie *f*, Kaltdampf-AAS *f*
c.v. curve *s.* current-voltage curve
CW... *s.* continuous-wave ...
cyanate Cyanat *n*
cyanide Cyanid *n*
~ **analysis** Cyanidanalyse *f*
~ **ion** Cyanidion *n*
cyanoethyl methyl silicone Cyanoethylmethylsilicon *n*
cyanomethane Acetonitril *n*, Methylcyanid *n*
cyanopropyl silicone Cyanopropylsilicon *n*
cyano silicone Cyanosilicon *n*, Nitrilsilicon *n*
cyclical voltammetry zyklische Voltammetrie *f*
cyclic chronopotentiometry zyklische Chronopotentiometrie *f*
~ **compound** cyclische (ringförmige) Verbindung *f*, Ringverbindung *f*
~ **conjugated** cyclisch konjugiert

~ **current-reversal chronopotentiometry** zyklische Stromumkehr-Chronopotentiometrie *f*
~ **current-step chronopotentiometry** zyklische Stromstufenchronopotentiometrie *f*
~ **hydrocarbon** cyclischer (ringförmiger) Kohlenwasserstoff *m*, Cyclokohlenwasserstoff *m*, Ringkohlenwasserstoff *m*
~ **triangular polarography** zyklische Dreieckwellenpolarographie *f*
~ **triangular wave** zyklische Dreieckwelle *f*
~ **triangular-wave oscillographic polarography** oszillographische zyklische Dreieckwellenpolarographie *f*
~ **triangular-wave polarography** zyklische Dreieckwellenpolarographie *f*
~ **voltammetry** zyklische Voltammetrie *f*
cycloalkane Cycloalkan *n*, Cycloparaffin *n*, Naphthen *n*
cyclohexane Cyclohexan *n*
cyclohexane-1,2-dione dioxime 1,2-Cyclohexandiondioxim *n*, Nioxim *n*
cycloparaffin *s*. cycloalkane
CYCLOPS sequence *(kern Res)* CYCLOPS-Folge *f*
cyclotron *(rad Anal)* Zyklotron *n*
~ **resonance mass spectrometer** Fourier-Transform-Ionencyclotronresonanzspektrometer *n*, Ionencyclotronresonanz-Massenspektrometer *n*, ICR-Massenspektrometer *n*
cylinder collector *(Maspek)* Faraday-Auffänger *m*, Faraday-Becher *m*
~ **gel** *(Elph)* Rundgel *n*
cylindrical mirror analyser *(Spekt)* Zylinderspiegelanalysator *m*
~ **pore** zylindrische Pore *f*
CZE (capillary zone electrophoresis) Kapillarelektrophorese *f*
CZE/MS (capillary zone electrophoresis/mass spectrometry) Kapillarelektrophorese/Massenspektrometrie *f*, CZE/MS
Czerny-Turner configuration (layout) *s*. ~-Turner mounting
~-**Turner monochromator** *(Spekt)* Czerny-Turner-Monochromator *m*
~-**Turner mounted grating** *(Spekt)* Gitter *n* in Czerny-Turner-Aufstellung
~-**Turner mounting** *(Spekt)* Czerny-Turner-Aufstellung *f*, Czerny-Turner-Monochromatoraufstellung *f*
~-**Turner polychromator** *(Spekt)* Czerny-Turner-Polychromator *m*

D

DAC (digital-to-analog converter), **D/A converter** Digital-Analog-Wandler *m*, D/A-Wandler *m*
DAD (diode array detector) *(Spekt)* Diodenarraydetektor *m*, DAD, Photodiodenarraydetektor *m*, PDA-Detektor *m*, Photodioden[-Multikanal]detektor *m*, Arraydetektor *m*

DADI (direct analysis of daughter ions) Ionenenergie-Spektroskopie *f* zum Nachweis metastabiler Zerfälle
daily mixed (mixing) sample Tagesmischprobe *f*
damp/to dämpfen *(z.B. Schwingungen)*
damped balance Analysenwaage *f* mit Dämpfung
~ **polarogram** gedämpftes Polarogramm *n*
damp[en]ing Dämpfen *n*, Dämpfung *f (z.B. von Schwingungen)*
~ **capacitor** *(Pol)* Dämpfungskondensator *m*
~ **device** Dämpfungseinrichtung *f*
~ **resistor** *(Pol)* Dämpfungswiderstand *m*
Daniell cell *(el Anal)* Daniell-Element *n*, Daniell-Kette *f*
DAPS (disappearance potential spectroscopy) Disappearance-potential-Spektroskopie *f*
dark current Dunkelstrom *m*
dasymeter *(Gaschr)* Gas[dichte]waage *f*
DATA (differential and thermogravimetric analysis) simultane Thermogravimetrie *f* und Differentialthermoanalyse *f*, thermogravimetrische und differentialthermoanalytische Simultananalyse *f*
data Daten *pl*; Meßwerte *mpl*, Meßdaten *pl*
~ **accumulation** Datenakkumulation *f*
~ **acquisition** Datenerfassung *f*
~ **acquisition rate** Datenerfassungsgeschwindigkeit *f*
~ **acquisition software** Datenerfassungssoftware *f*
~ **acquisition system** Datenerfassungssystem *n*
~ **analysis** Datenanalyse *f*
~ **collection** *s*. ~ acquisition
~ **evaluation** Datenauswertung *f*
~ **line** Datenleitung *f*
~ **organization** Datenorganisation *f*
~ **point** Datenpunkt *m*
~ **presentation** Datendarstellung *f*
~ **processing** Datenverarbeitung *f*
~ **rate** Datengeschwindigkeit *f*
~ **reduction** Datenverdichtung *f*; Datenauswertung *f*
~ **size** Datenmenge *f*
~ **structure analysis** Datenstrukturanalyse *f*
~ **throughput** Datendurchsatzmenge *f*
~ **transfer** Datenübertragung *f*
~ **transfer rate** Datenübertragungsgeschwindigkeit *f*
dative bond koordinative Bindung *f*, dative [kovalente] Bindung *f*, Donator-Akzeptor-Bindung *f*
daughter ion *(Maspek)* Tochterion *n*
~ **ion scan** *(Maspek)* Tochter-Scan *m*
~ **product** *(rad Anal)* Tochterprodukt *n*, Tochternuklid *n*, Tochterkern *m*, Tochter *f*
dc (direct current) Gleichstrom *m* *(Zusammensetzungen s. unter direct current)*
DCCC (droplet counter-current chromatography) Tropfen-Gegenstromchromatographie *f*
DCI (direct chemical ionization) *(Maspek)* direkte chemische Ionisation *f*, DCI

2D correlation ...

2D correlation spectroscopy *(kern Res)* [zweidimensionale] Korrelationsspektroskopie f, COSY
~ **correlation spectrum** *(kern Res)* zweidimensionales korreliertes NMR-Spektrum n, Korrelationsspektrum n, COSY-Spektrum n
DCP 1. (direct-current plasma) *(opt At)* Gleichstromplasma n; 2. (direct-current polarography) Gleichstrompolarographie f, DCP, Gleichspannungspolarographie f
DCP-AES (direct-current plasma atomic emission spectrometry) Atomemissionsspektrometrie f mit Gleichstromplasma
2D cross-relaxation spectrum *(kern Res)* NOESY-Spektrum n
DD 1. (dipole-dipole interaction) *(mag Res)* Spin-Spin-Kopplung f, Spin-Spin-Wechselwirkung f, Dipol-[Dipol-]Kopplung f, Dipol-[Dipol-]Wechselwirkung f, dipolare Kopplung (Wechselwirkung) f; 2. (dipolar decoupling) *(mag Res)* dipolare Entkopplung f
DDT (dichlorodiphenyltrichloroethane) Dichlordiphenyltrichlorethan n, DDT n
2-DE (two-dimensional electrophoresis) zweidimensionale Elektrophorese f, Zweidimensional-Elektrophorese f, 2D-Elektrophorese f
deactivate/to desaktivieren *(angeregte Moleküle, Adsorptionsmittel, Oberflächen)*; relaxieren *(von angeregten Molekülen)*
deactivating agent *(Chr)* Desaktivierungsmittel n
deactivation 1. Desaktivierung f *(von angeregten Molekülen)*; 2. s. ~ treatment
~ **treatment** Desaktivierung f, Deaktivierung f *(von Adsorptionsmitteln, Oberflächen, Säulen)*
dead band *(Meß)* Totzone f, Zone f der Unempfindlichkeit (Ansprechunempfindlichkeit)
~ **space volume** *(Chr)* Totvolumen n *(zwischen Probenaufgabe und Säuleneingang und zwischen Säulenausgang und Detektor)*
~-**stop end-point detection** *(Vol)* biamperometrische Endpunktbestimmung f, Dead-stop-Endpunktbestimmung f
~-**stop titration** amperometrische Titration f mit zwei Indikatorelektroden (polarisierbaren Elektroden), Polarisationsstromtitration f, Dead-stop-Titration f, Dead-stop-Methode f, Tot-Punkt-Titration f, Stillstandstitration f, biamperometrische Titration f, Depolarometrie f
~ **time** *(Meß)* Totzeit f; *(Gaschr)* Mobilzeit f, Totzeit f
~ **time correction** Totzeitkorrektur f
~ **volume** 1. *(Chr)* Mobilvolumen n, Totvolumen n, Durchflußvolumen n, Volumen n der fluiden Phase *(in der Säule)*; 2. s. ~ space volume
DEAE-cellulose Diethylaminoethylcellulose f, DEAE-Cellulose f
de-aerate/to [ent]lüften; entgasen
de-aeration Entlüften n, Entlüftung f; Entgasen n, Entgasung f
de-air/to entlüften, lüften

Deans' column switching *(Gaschr)* Deans-Säulenschaltung f
de Broglie relationship de-Broglie-Beziehung f *(der Teilchen- und Welleneigenschaft von Materie)*
Debye force Induktionskraft f, Debye-Kraft f
decade resistance unit dekadisch einstellbarer Widerstandsblock m
decant [off]/to [ab]dekantieren, [vorsichtig] abgießen *(überstehende Flüssigkeit)*
decantation Dekantieren n, Dekantierung f, Dekantation f, [vorsichtiges] Abgießen n, Abdekantieren n *(von überstehender Flüssigkeit)*
decay Abnahme f, Abklingen n, Zerfall m, Abfall m *(eines Meßsignals)*
decay/to abnehmen, geringer werden, schwinden, abklingen *(Meßsignal)*
decay chain [radioaktive] Zerfallsreihe f
~ **constant** *(rad Anal)* Zerfallskonstante f
~ **curve** *(rad Anal)* Zerfallskurve f
~ **of charging current** Ladestromabfall m
~ **scheme** *(rad Anal)* Zerfallsschema n
decelerate/to verlangsamen, verzögern, bremsen
deceleration Verlangsamung f, Bremsen n
decigram Dezigramm n
decline/to s. decrease/to
decompose/to zerlegen, spalten, aufspalten; abbauen, zersetzen *(Verbindungen)*; sich zersetzen, zerfallen *(von Verbindungen)*
decomposition Abbau m, Zersetzung f; Zerlegung f, Spaltung f, Aufspaltung f *(von Verbindungen)*
~ **method** Zersetzungsmethode f
~ **potential** Zersetzungspotential n
~ **product** Abbauprodukt n, Zersetzungsprodukt n, Zerlegungsprodukt n
~ **reaction** Zersetzungsreaktion f; Zerfallsreaktion f
~ **stage** *(th Anal)* Zerfallsstufe f
~ **temperature** Zersetzungstemperatur f
~ **voltage** Zersetzungsspannung f
decouple/to entkoppeln *(Spins)*
decoupled multiplet *(kern Res)* entkoppeltes Multiplett n
decoupler *(kern Res)* Entkoppler m
~ **field** s. decoupling field
~ **frequency** Entkopplerfrequenz f
decoupling *(kern Res)* [Spin-Spin-]Entkopplung f, Spinentkopplung f
~ **experiment** [Spin-]Entkopplungsexperiment n
~ **field** Entkopplungsfeld n, Entkopplerfeld n
~ **frequency** Entkopplerfrequenz f
~ **power** Entkopplerleistung f
~ **sequence** Entkopplungs[puls]sequenz f
decrease/to verringern, vermindern, reduzieren, herabsetzen *(z.B. die Aktivität)*
deduce/to ableiten, herleiten *(eine Formel oder eine Struktur)*
deduction Ableitung f, Herleitung f *(einer Formel oder einer Struktur)*

density

deep-freeze/to tiefgefrieren, durch Kälte konservieren
de-excitation Desaktivierung f *(von angeregten Molekülen)*
de-excite/to desaktiviert werden
defect-free fehlerfrei *(Kristall)*
defective fehlerhaft
~ **unit** *(Proz)* Einheit f mit gebrauchshinderlichen Unvollkommenheiten
defects per hundred units Anzahl f gebrauchshinderlicher Unvollkommenheiten je 100 Einheiten
~ **per unit** Anzahl f gebrauchshinderlicher Unvollkommenheiten je Einheit
deflect/to ablenken, auslenken *(einen Strahl)*; ausschlagen *(von einem Zeiger)*
deflection Ablenken n, Ablenkung f, Auslenken n, Auslenkung f *(eines Strahls)*; Ausschlag m *(eines Zeigers)*
~ **refractometer** Ablenkungsrefraktometer n, Differentialrefraktometer n vom Deflexionstyp
deformability Deformierbarkeit f *(von Ionen)*
deformable deformierbar *(Ion)*
deformation vibration *(opt Mol)* Deformationsschwingung f, Knickschwingung f, Spreizschwingung f
degas/to entgasen
degasification, degassing Entgasen n, Entgasung f
degeneracy Entartung f *(eines Energiezustands)*
degenerate entartet *(Energiezustand)*
degenerate/to entarten *(ein Energiezustand)*
degradation Abbau m, Zersetzung f *(von Verbindungen)*
~ **product** Abbauprodukt n, Zersetzungsprodukt n, Zerlegungsprodukt n
degrade/to abbauen, zersetzen *(Verbindungen)*
degree Grad n
~ **of accuracy** Genauigkeitsgrad m
~ **of activity** Aktivitätsstufe f, Aktivitätsgrad m *(von Adsorptionsmitteln)*
~ **of association** Assoziationsgrad m
~ **of branching** Verzweigungsgrad m *(von Verbindungen)*
~ **of confidence** *(Stat)* Konfidenzgrad m
~ **of cross-linkage (cross-linking)** Vernetzungsgrad m *(von Polymeren)*
~ **of degeneracy** *(Spekt)* Entartungsgrad m
~ **of dissociation** Dissoziationsgrad m
~ **of fineness** Feinheitsgrad m
~ **of freedom** Freiheitsgrad m
~ **of hydrolysis** Hydrolysegrad m
~ **of ionization** Dissoziationsgrad m
~ **of order[ing]** Ordnungsgrad m
~ **of polarization** Polarisationsgrad m
~ **of polymerization** Polymerisationsgrad m
~ **of precision** Präzisionsgrad m
~ **of segregation** Entmischungsgrad m
~ **of separation** 1. Trenngrad m; 2. s. ~ of segregation

~ **of swelling** Quellungsgrad m
~ **of variability** Veränderlichkeitsgrad m, Variabilitätsgrad m
DEGS (diethylene glycol succinate) Polydiethylenglykolsuccinat n
dehydrate/to 1. dehydratisieren *(H und OH aus einer Verbindung als Wasser abspalten)*; 2. entwässern, dehydratisieren *(z.B. Hydrate)*
dehydration 1. Dehydratisierung f, Dehydratation f *(Abspaltung von H und OH aus einer Verbindung als Wasser)*; 2. Entwässerung f, Dehydratisierung f, Dehydratation f *(z.B. von Hydraten)*
dehydrogenate/to dehydrieren, Wasserstoff abspalten
dehydrogenation Dehydrierung f, Wasserstoffabspaltung f
de-ionization Deionisation f, Deionisierung f, Entionisation f, Entionisierung f
de-ionize/to deionisieren, entionisieren
de-ionized water deionisiertes (vollentsalztes, salzfreies) Wasser n
delayed coincidence *(rad Anal)* verzögerte Koinzidenz f
~ **neutron** *(rad Anal)* verzögertes Neutron n
delay time Verzögerungszeit f; Wartezeit f
d electron d-Elektron n
2D electrophoresis zweidimensionale Elektrophorese f, Zweidimensional-Elektrophorese f, 2D-Elektrophorese f
deliquesce/to zerfließen
deliquescence Zerfließlichkeit f
deliquescent zerfließlich, zerfließend
delivery quality Lieferqualität f
~ **time** Auslaufdauer f *(einer Bürette oder Pipette)*
delocalization Delokalisierung f *(von Elektronen)*
delocalize/to delokalisieren *(Elektronen)*
delocalized adsorption delokalisierte Adsorption f
delta value *(kern Res)* δ-Wert m, Delta-Wert m
demask/to demaskieren
demasking Demaskierung f
~ **agent** Demaskierungsmittel n
demodulation polarography Demodulationspolarographie f
demodulator *(Kond)* Demodulator m, Hochfrequenzgleichrichter m
demountable zerlegbar, demontierbar, auseinandernehmbar
denaturation Denaturierung f, Denaturation f *(von biologischen Molekülen)*
denature/to denaturieren *(biologische Moleküle)*
dendrite Dendrit m, Baumkristall m
dense dicht, kompakt
densitometer Densitometer n
densitometric densitometrisch
~ **method** densitometrisches Verfahren n
densitometry Densitometrie f
density Dichte f, volumenbezogene Masse f, Massendichte f *(Masse pro Volumeneinheit)*
~ **balance** Dichtewaage f

density

~ **difference** Dichteunterschied *m*
~ **function** *(Stat)* Dichtefunktion *f*
~ **gradient** Dichtegradient *m*
~ **gradient electrophoresis** Dichtegradientenelektrophorese *f*
~ **gradient technique** *(Sed)* Dichtegradientenmethode *f*
~ **matrix** *(mag Res)* Dichtematrix *f*
~ **measurement** Dichtemessung *f*
~ **of state** *(Spekt)* Zustandsdichte *f*
~ **operator** *(mag Res)* Dichteoperator *m*
~ **programme** *(Chr)* Dichteprogramm *n*
~ **programming** *(Chr)* Dichteprogrammierung *f*
deoxygenate/to desoxydieren
deoxygenation Desoxydation *f*
dephase/to auffächern *(Magnetisierung)*
depolarization Depolarisation *f*
~ **factor (ratio)** *(opt Mol)* Depolarisationsfaktor *m*, Depolarisationsgrad *m*
depolarize/to depolarisieren
depolarizer Depolarisator *m*
~ **concentration** Depolarisatorkonzentration *f*
depolymerization Depolymerisation *f*
depolymerize/to depolymerisieren
depopulate/to entvölkern *(Energiezustände)*
deposit Niederschlag *m*
deposit/to abscheiden *(an einer Elektrode)*
deposition Abscheiden *n*, Abscheidung *f (an einer Elektrode)*
~ **current** *(Pol)* Anreicherungsstrom *m*
~ **period** *(Pol)* Anreicherungszeit *f*
~ **potential** Abscheidungspotential *n*, Vorelektrolysepotential *n*
~ **process** Abscheidungsvorgang *m*
~ **step** Abscheidungsschritt *m*
~ **time** *(Pol)* Anreicherungszeit *f*
~ **voltage** Abscheidungsspannung *f*
deprotonate/to deprotonieren
deprotonation Deprotonierung *f*
DEPT (distortionless enhancement by polarization transfer) *(mag Res)* verzerrungsfreie Verstärkung *f* durch Polarisierungstransfer
depth of penetration Eindringtiefe *f*
~ **resolution** Tiefenauflösung *f*
derivation Ableitung *f*, Herleitung *f (einer Formel oder einer Struktur)*
derivative Derivat *n*
~ **chronopotentiometry** derivative Chronopotentiometrie *f*
~ **dc polarography** Derivativpolarographie *f*
~ **formation** *s.* derivatization
~ **polarogram** Derivativpolarogramm *n*
~ **polarograph** Derivativpolarograph *m*
~ **polarography** Derivativpolarographie *f*
~ **potentiometric titration** derivativ-potentiometrische Titration *f*
~ **pulse polarography** derivative Pulspolarographie *f*, Derivativ-Pulspolarographie *f*
~ **spectroscopy** Derivativspektroskopie *f*, Ableitungsspektroskopie *f*

54

~ **spectrum** Derivativspektrum *n*, Ableitungsspektrum *n*
~ **thermogravimetric analysis** *s.* ~ thermogravimetry
~ **thermogravimetry** Differential-Thermogravimetrie *f*, derivative Thermogravimetrie *f*, DTG
~ **voltammetry** Derivativvoltammetrie *f*
~ **voltammogram** Derivativvoltamgramm *n*
derivatization Derivatisieren *n*, Derivatisierung *f*, Derivatbildung *f*, Überführung *f* in Derivate
~ **reaction** Derivatisierungsreaktion *f*, derivatbildende Reaktion *f*
~ **reagent** Derivatisierungsmittel *n*, Derivatisierungsreagens *n*, derivatbildendes Reagens *n*
derivatize/to derivatisieren, in ein Derivat überführen
derivatizing agent (reagent) *s.* derivatization reagent
derivatographic analysis *s.* derivatography
derivatography simultane Thermogravimetrie *f* und Differentialthermoanalyse *f*, thermogravimetrische und differentialthermoanalytische Simultananalyse *f*
derive/to ableiten, herleiten *(eine Formel oder eine Struktur)*
desalinate/to *s.* desalt/to
desalt/to entsalzen
desalting Entsalzen *n*, Entsalzung *f*
descending development (elution) *(Flchr)* absteigende Entwicklung *f*
~ **method** absteigende Methode *f*, absteigende Technik *f (der Flachbettchromatographie)*
~ **paper chromatography** absteigende Papierchromatographie *f*
~ **technique** *s.* ~ method
descriptive test beschreibende (deskriptive) Prüfung *f*
deshielding *(mag Res)* Entschirmung *f*
desiccant Trockenmittel *n*, Trocknungsmittel *n*
desiccate/to trocknen
desiccation Trocknung *f*
desiccator 1. Exsikkator *m*; 2. *s.* desiccant
designated volume Nennvolumen *n*
desorb/to desorbieren
desorption Desorption *f*
destain/to entfärben
destaining Entfärbung *f*
~ **reagent (solution)** Entfärbelösung *f*
destroy/to zerstören *(eine Verbindung)*
destruction Zerstörung *f*, Destruktion *f (einer Verbindung)*
destructive interference *(Strlg)* destruktive Interferenz *f*
detach/to sich ablösen, abfallen *(Quecksilbertropfen)*
detect/to nachweisen, detektieren, feststellen *(einen Analyten)*
detectability Nachweisbarkeit *f*, Detektierbarkeit *f*
detectable nachweisbar, detektierbar

~ **by odour** geruchlich wahrnehmbar
~ **by taste** geschmacklich wahrnehmbar
~ **limit** s. detection limit
detection Nachweis m, Detektion f, Feststellung f *(eines Analyten)*
~ **agent** Nachweismittel n, Nachweisreagens n
~ **characteristics** detektive Eigenschaften fpl *(eines Stoffs)*
~ **coil** *(kern Res)* Empfängerspule f
~ **device** Nachweisgerät n
~ **limit** [untere] Nachweisgrenze f, Erfassungsgrenze f
~ **mechanism** Detektionsmechanismus m
~ **method** Detektionsmethode f, Detektionsverfahren n, Nachweismethode f, Nachweisverfahren n
~ **of manganese** Mangannachweis m
~ **period** Detektionsphase f, Detektionsperiode f
~ **principle** Detektionsprinzip n
~ **procedure** s. ~ method
~ **reaction** Nachweisreaktion f
~ **sensitivity** Nachweisempfindlichkeit f, Empfindlichkeit f der Detektion
~ **system** Detektionssystem n
~ **technique** s. ~ method
detectivity s. detection limit
detector Detektor m
~ **baseline** Detektorbasislinie f, Detektionsbasislinie f
~ **baseline noise** Detektorrauschen n
~ **block** *(Gaschr)* Detektorblock m
~ **cell** *(Chr)* Detektorzelle f
~ **cell volume** *(Chr)* Detektorzellvolumen n
~ **characteristics** Detektorkenngrößen fpl
~ **current** Detektorstrom m
~ **dead volume** *(Chr)* Detektortotvolumen n
~ **electrode** Detektorelektrode f
~ **geometry** Detektorgeometrie f
~ **noise** Detektorrauschen n
~ **outlet** *(Chr)* Detektorausgang m
~ **output [signal]** s. ~ signal
~ **performance** Detektorempfindlichkeit f; Detektorverhalten n
~ **range** Detektormeßbereich m
~ **response** [Detektor-]Response m
~ **sensitivity** Detektorempfindlichkeit f
~ **signal** Detektor[meß]signal n, Detektionssignal n, Detektoranzeige f; *(Pot)* Empfängersignal
~ **slit** *(Maspek)* Austrittsspalt m, Kollektorspalt m
~ **standing current** Nullstrom m des Detektors
~ **system** Detektorsystem n
~ **tube** Prüfröhrchen n
determinate error systematischer Fehler m, systematische Beurteilungsabweichung f
determination Bestimmung f, Feststellung f, Ermittlung f
~ **limit** Bestimmungsgrenze f
~ **of pH** pH-[Wert-]Bestimmung f, pH-[Wert-] Ermittlung f

~ **of the concentration** Konzentrationsbestimmung f
~ **procedure** Bestimmungsverfahren n
~ **quantity** Bestimmungsportion f
determine/to bestimmen, feststellen, ermitteln
~ **by titration** s. ~ titrimetrically
~ **polarographically** polarographisch bestimmen
~ **simultaneously** gleichzeitig (simultan) bestimmen
~ **spectrophotometrically** spektralphotometrisch (spektrometrisch) bestimmen
~ **titrimetrically** titrimetrisch (durch Titration) bestimmen
de-tuning Verstimmung f *(Hochfrequenztitration)*
deuterate/to deuterieren
deuterated compound deuterierte Verbindung f
~ **dimethyl sulphoxide** deuteriertes Dimethylsulfoxid n
~ **solvent** deuteriertes Lösungsmittel n
deuteration Deuterierung f
deuterium arc background correction Deuteriumuntergrundkompensation f, Untergrundkorrektur f mit einem Kontinuumstrahler
~ **arc (discharge) lamp** s. ~ lamp
~ **exchange** *(kern Res)* H/D-Austausch m
~ **lamp** Deuteriumlampe f
~ **nucleus** *(mag Res)* Deuteriumkern m
~ **quadrupole coupling** *(kern Res)* 2H-Quadrupolkopplung f
~ **resonance** Deuteriumresonanz f, 2H-Resonanz f
~ **signal** *(mag Res)* Deuteriumsignal n
~ **spectroscopy** 2H-NMR-Spektroskopie f, Deuteronen-NMR-Spektroskopie f
develop/to entwickeln *(ein Chromatogramm)*
developer *(Flchr)* [flüssige] mobile Phase f, Lösungsmittel n, flüssige Phase f, Flüssigphase f, Eluent m, Elutionsmittel n, *(bei Flächenchromatographie auch)* Fließmittel n, Laufmittel n, Trennmittel n
developing chamber Entwicklungskammer f, Chromatographie[r]kammer f, Trennkammer f
~ **solvent** s. developer
~ **tank** s. developing chamber
development Entwicklung f *(eines Chromatogramms)*
~ **chamber** s. developing chamber
~ **method** *(Flchr)* Entwicklungsverfahren n, Entwicklungstechnik f
~ **mode** *(Flchr)* Entwicklungsart f
~ **process** *(Flchr)* Entwicklungsvorgang m
~ **solvent** s. developer
~ **tank** s. developing chamber
~ **technique** s. ~ method
~ **time** *(Flchr)* Entwicklungsdauer f
deviate/to abweichen
deviation Abweichung f
~ **square** *(Stat)* Abweichungsquadrat n
Dewar flask *(Lab)* Dewar-Gefäß n *(aus Glas)*

dew point Taupunkt *m*
~-point method Taupunktsmethode *f*, Taupunktsverfahren *n*
2D exchange experiment *(kern Res)* 2D-Austauschexperiment *n*
2D exchange [NMR] spectroscopy 2D-Austausch-NMR-Spektroskopie *f*, [2D-]Austauschspektroskopie *f*
2D experiment zweidimensionales NMR-Experiment *n*, 2D-NMR-Experiment *n*
3D experiment dreidimensionales NMR-Experiment *n*, 3D-NMR-Experiment *n*
dextran gel Dextrangel *n*
dextranhydroxypropylether Dextranhydroxypropylether *m*
2D Fourier transformation 2D-Fourier-Transformation *f*
D-HSGC (dynamic headspace gas chromatography) dynamische Headspace-Gaschromatographie *f*, D-HSGC
diagonal element *(kern Res)* Diagonalelement *n*
diagonalization *(kern Res)* Diagonalisierung *f*
diagonal matrix element *(kern Res)* Diagonalelement *n*
~ peak *(kern Res)* Diagonalpeak *m*, Diagonalsignal *n*
diagram Diagramm *n*
~ line *(Spekt)* Diagrammlinie *f*
diagrammatic representation graphische Darstellung *f*
dialkylacetal Dialkylacetal *n*
dialysate Dialysat *n*
dialyse/to dialysieren
dialyser Dialysator *m*
dialysis Dialyse *f*
~ membrane Dialysemembran *f*
~ unit Dialysator *m*
dialyze/to *s.* dialyse/to
diamagnetic diamagnetisch
~ anisotropy diamagnetische Anisotropie *f*
~ screening (shielding) diamagnetische Abschirmung *f*
~ susceptibility diamagnetische Suszeptibilität *f*
diamagnetism Diamagnetismus *m*
diamine Diamin *n*
diaphragm anode *(Elgrav)* Diaphragmaanode *f*
~ electrode Membranelektrode *f*
diastereo[iso]mer Diastereomer *n*, Diastereomeres
diastereomeric diastereomer
~ association complex diastereomeres Assoziat *n*
~ complex diastereomerer Komplex *m*
~ derivative diastereomeres Derivat *n*
~ pair Diastereomerenpaar *n*
diatomaceous earth Diatomeenerde *f*, Kieselgur *f*
~ support *(Gaschr)* Träger *m* auf Kieselgurbasis
diatomic zweiatomig *(Molekül)*
diatomite Diatomeenerde *f*, Kieselgur *f*

diazo compound Diazoverbindung *f*
diazotization Diazotieren *n*, Diazotierung *f*
diazotize/to diazotieren
dibasic acid zweiwertige (zweibasige, zweiprotonige) Säure *f*
dibromoalkane Dibromalkan *n*
3,3'-dibromothymol sulphonephthalein Bromthymolblau *n*, 3,3'-Dibromthymolsulfonphthalein *n*
dicarboxylic acid Dicarbonsäure *f*
dichloroalkane Dichloralkan *n*
dichlorodiphenyltrichloroethane Dichlordiphenyltrichlorethan *n*, DDT *n*
dichlorofluorescein 2,7-Dichlorfluorescein *n*
dichloromethane Methylenchlorid *n*, Dichlormethan *n*
dichroic dichroitisch, doppelfarbig *(Kristalle)*
dichroism Dichroismus *m*, Doppelfarbigkeit *f (von Kristallen)*
dichromate Dichromat *n*
~-sulphuric acid cleaning mixture Chromschwefelsäure *f*
~ titration Dichromatometrie *f*
dicyanoalkylsilicone Dicyanoalkylsilicon *n*
didymium glass filter *(Spekt)* Didymglasfilter *n*
DIE (direct injection enthalpimetry) Direkt-Injektionsenthalpiemetrie *f*, DIE
dielcometric titration *s.* dielectrometric titration
dielcometry *s.* dielectrometry
dielectric Nichtleiter *m*, Dielektrikum *n*
~ constant [absolute] Dielektrizitätskonstante *f*, DK, Permittivität *f*
~ constant detector *(Chr)* Dielektrizitätskonstanten-Detektor *m*
~ constant measurement *s.* dielectrometry
~ constant meter *s.* dielectrometer
dielectrometer DK-Meter *n*, Dekameter *n*, Dielektrizitätskonstante-Messer *m*
dielectrometric titration dekametrische Titration *f*, DK-Titration *f*, dielektrometrische Titration *f*
dielectrometry Dekametrie *f*, DK-Metrie *f*, Dielektrometrie *f*
diester Diester *m*
diethylaminoethyl cellulose Diethylaminoethylcellulose *f*, DEAE-Cellulose *f*
diethylene glycol succinate Polydiethylenglykolsuccinat *n*
diethyl ether Diethylether *m*, Ether *m*
~ oxalate Oxalsäurediethylester *m*, Diethyloxalat *n*
differ/to sich unterscheiden, differieren
difference Unterschied *m*, Verschiedenheit *f*, Differenz *f*
~ in energy Energieunterschied *m*, Energiedifferenz *f*, Differenz *f* der Energien
~ in frequency Frequenzdifferenz *f*
~ mode *(opt Mol)* Differenzschwingung *f*
~ of current Stromdifferenz *f*, Stromunterschied *m*
~ spectroscopy Differenzspektroskopie *f*, Methode *f* der Differenzspektren

~ **spectrum** Differenzspektrum n
differential absorbance (absorption) *(Spekt)* differenzielle Absorbanz f
~ **amperometry** Differenz-Amperometrie f
~ **and thermogravimetric analysis** simultane Thermogravimetrie f und Differentialthermoanalyse f, thermogravimetrische und differentialthermoanalytische Simultananalyse f
~ **calorimeter** Differentialkalorimeter n, Zwillingskalorimeter n, Differentialenthalpiemeter n, Leistungdifferenzkalorimeter n
~ **calorimetry** Differential-Kalorimetrie f, Differential-Enthalpiemetrie f
~ **capacity** Differentialkapazität f, Differenzkapazität f
~ **chromatogram** Differentialchromatogramm n, differentielles Chromatogramm n
~ **conductivity cell** [elektrolytische] Leitfähigkeitszelle f
~ **conductometric titration** differentielle konduktometrische Titration f, differentielle Leitfähigkeitstitration f
~ **conductometric titrimetry** differentielle konduktometrische Titrimetrie f, differentielle Leitfähigkeitstitrimetrie f
~ **dc polarography** Differentialpolarographie f, Differenzpolarographie f
~ **detector** Differentialdetektor m, differentieller Detektor m
~ **distribution function** differentielle Verteilungsfunktion f
~ **electrolytic potentiometry** elektrolytische Differentialpotentiometrie f
~ **equation** Differentialgleichung f
~ **method** Differentialmethode f
~ **photometer** Differentialphotometer n
~ **photometry** Differentialphotometrie f
~ **polarography** Differentialpolarographie f, Differenzpolarographie f
~ **potentiometric titration** differenzpotentiometrische Titration f
~ **potentiometry** Differenzpotentiometrie f, Differentialpotentiometrie f
~ **pulse anodic stripping voltammetry** differentielle Pulse-Anodic-Stripping-Voltammetrie f, DPASV, anodische Differenzpulsinversvoltammetrie f, differentielle anodische Puls-Inversvoltammetrie f, Differenzpulsinversvoltammetrie f mit katodischer Anreicherung *(Kombination der Differenzpulsvoltammetrie mit der Anodic-Stripping-Voltammetrie)*
~ **pulse cathodic stripping voltammetry** differentielle Pulse-Cathodic-Stripping-Voltammetrie f, DPCSV, kathodische Differenzpulsinversvoltammetrie f, differentielle kathodische Puls-Inversvoltammetrie f, Differenzpulsinversvoltammetrie f mit anodischer Anreicherung *(Kombination der Differenzpulsvoltammetrie mit der Cathodic-Stripping-Voltammetrie)*
~ **pulse polarogram** Differenzpulspolarogramm n, differentielles Pulse-Polarogramm n *(peakförmiges Polarogramm der Differenzpulspolarographie)*
~ **pulse polarograph** Differenzpulspolarograph m
~ **pulse polarography** Differentialpulspolarographie f, DPP, Differenzpulspolarographie f, differentielle Puls-Polarographie f
~ **pulse stripping voltammetry** Differenzpulsinversvoltammetrie f, differentielle Pulsinversvoltammetrie f, DPIV
~ **pulse voltammetry** Differenzpulsvoltammetrie f, DPV, differentielle Pulsvoltammetrie f
~ **reaction rate method** *(Katal)* Geschwindigkeitsdifferenzmethode f
~ **refractometer** Differentialrefraktometer n
~ **scanning calorimeter** Differentialkalorimeter n, Zwillingskalorimeter n, Differentialenthalpiemeter n, Leistungdifferenzkalorimeter n
~ **scanning calorimetry** Differentialscanningkalorimetrie f, DSK, Kalorimetrie f mit Differentialabtastung, dynamische Differenzkalorimetrie f, DDK, Differenz-Leistungs-Scanning-Kalorimetrie f, [registrierende] Leistungsdifferenzkalorimetrie f
~ **signal** Differenzsignal n
~ **spectrophotometer** Differentialspektrophotometer n
~ **thermal analyser** Differentialthermoanalysator m
~ **thermal analysis** Differenzthermoanalyse f, Differentialthermoanalyse f, DTA • **by ~ thermal analysis** differentialthermoanalytisch
~ **thermogravimetric analysis** s. ~ thermogravimetry
~ **thermogravimetry** Differential-Thermogravimetrie f, derivative Thermogravimetrie f, DTG
~ **titration** Differentialtitration f
~ **titration technique** differentielle Titrationstechnik f, differentielles Titrationsverfahren n
~ **titrator** Differentialtitrator m
~ **volatilization** differentielle Verdampfung f
~ **voltammetry** Differenzvoltammetrie f
~ **wiring** differentielle Verdrahtung f *(Echtzeit-Meßdatenerfassung)*
differentiate/to differenzieren, ableiten *(eine Funktion)*
diffract/to beugen
diffraction Beugung f, Diffraktion f
~ **grating** Beugungsgitter n
diffusate Diffusat n
diffuse/to diffundieren, eindringen
~ **into** hineindiffundieren *(in Poren)*
~ **out** herausdiffundieren *(aus Poren)*
~ **through** hindurchdiffundieren
diffuse barrier Diffusionssperre f
diffused junction semiconductor detector *(rad Anal)* Sperrschichtdetektor m
diffuse double layer diffuse Doppelschicht f

diffuse

- ~ **reflectance** diffuse Reflexion *f*
- ~ **reflectance infrared Fourier transform spectroscopy** IR-Spektroskopie *f* mit diffus reflektierter Strahlung
- ~ **reflectance spectroscopy (technique)** diffuse Reflexionsspektroskopie *f*

diffusion Diffusion *f*
diffusional diffusorisch, Diffusions...
- ~ **mass transport** Stofftransport *m* durch Diffusion

diffusion cell *(Gaschr)* Diffusionszelle *f*
- ~ **coefficient** Diffusionskoeffizient *m*, Diffusionskonstante *f*, Diffusionszahl *f*
- ~ **control** Diffusionssteuerung *f*, Diffusionskontrolle *f*
- ~-**controlled** diffusionsgesteuert, diffusionskontrolliert, diffusionsbedingt, diffusionsbestimmt
- ~ **current** Diffusionsstrom *m*
- ~-**current constant** Diffusionsstromkonstante *f*
- ~-**current density** Diffusionsstromdichte *f*
- ~-**current measurement** Diffusionsstrommessung *f*
- ~-**current theory** Diffusionsstromtheorie *f*
- ~ **flame** Diffusionsflamme *f*
- ~ **layer** Diffusionsschicht *f*
- ~-**limited** diffusionsbegrenzt
- ~ **mass transport** Stofftransport *m* durch Diffusion
- ~ **path** Diffusionsweg *m*, Diffusionsstrecke *f*
- ~ **pump** Diffusionspumpe *f*
- ~ **rate** Diffusionsgeschwindigkeit *f*
- ~ **resistance** Diffusionswiderstand *m*
- ~ **unit** *(Fließ)* Diffusionseinheit *f*
- ~ **velocity** Diffusionsgeschwindigkeit *f*

diffusive mass transfer Stoffübertragung *f* durch Diffusion
diffusivity Diffusionskoeffizient *m*, Diffusionskonstante *f*, Diffusionszahl *f*
digest/to aufschließen; altern *(Niederschläge)*
digestion Aufschließen *n*, Aufschluß *m*; Altern *n*, Alterung *f (von Niederschlägen)*
- ~ **by acids** Säureaufschluß *m*
- ~ **period** Aufschlußdauer *f*
- ~ **rack (stand)** Aufschlußgestell *n*

digital computer Digitalrechner *m*
- ~ **conversion** Digitalisierung *f*, Analog-Digital-Umwandlung *f*, A/D-Umwandlung *f*
- ~ **data notation** Digitalschreibweise *f (von Meßdaten)*
- ~ **display** Digitalanzeige *f*
- ~ **electronic integration** digitale Integration *f*
- ~ **electronic integrator** [elektronischer] Digitalintegrator *m*
- ~ **input/output interface** digitale Eingabe/Ausgabe-Schnittstelle *f*, digitale I/O-Schnittstelle *f*
- ~ **integration** digitale Integration *f*
- ~ **interface** Digitalinterface *n*, digitale Schnittstelle *f*
- ~ **I/O interface** *s.* ~ **input/output interface**
- ~ **level** Digitalstufe *f (A/D-Wandler)*
- ~ **meter** Digitalmeßgerät *n*, digitales Meßgerät *n*
- ~ **plotter** Digitalplotter *m*, digitaler Plotter *m*
- ~ **resolution** *(mag Res)* digitale Auflösung *f*
- ~ **signal** Digitalsignal *n*
- ~-**to-analog converter** *s.* digitizer

digitization Digitalisierung *f*, Analog-Digital-Umwandlung *f*, A/D-Umwandlung *f*
digitize/to digitalisieren
digitizer Analog-Digital-Wandler *m*, A/D-Wandler *m*
dihedral angle Diederwinkel *m*
dihydroxyethane Ethylenglycol *n*, Glycol *n*, 1,2-Ethandiol *n*
β-diketone β-Diketon *n*, 1,3-Diketon *n*
dilatometer Dilatometer *n (zur Messung der Wärmeausdehnung)*
dilatometric dilatometrisch
dilatometry Dilatometrie *f*, Messung *f* der Wärmeausdehnung
dilute verdünnt, verd.
dilute/to verdünnen
dilute phase polymerarme (verdünnte) Phase *f*, Solphase *f (Fällungsfraktionierung)*
- ~ **solution** verdünnte Lösung *f*

dilution Verdünnen *n*, Verdünnung *f*
- ~ **analysis** Verdünnungsanalyse *f*
- ~ **effect** *(Vol)* Verdünnungseffekt *m*
- ~ **factor** Verdünnungsfaktor *m*
- ~ **method** Verdünnungsmethode *f*

dimensionless dimensionslos
- ~ **constant** dimensionslose Konstante *f*

dimer Dimer[es] *n*
dimeric dimer
- ~ **ion** *(Maspek)* dimeres Ion *n*

dimerization Dimerisation *f*, Dimerisierung *f*
dimerize/to dimerisieren
dimethyldichlorosilane Dimethyldichlorsilan *n*
5,6-dimethylferroin 5,6-Dimethylferroin *n*
dimethylformamide Dimethylformamid *n*, *N,N*-Dimethylformamid *n*, *N,N*-Dimethylmethanamid *n*
dimethylglyoxal Butan-2,3-dion *n*, Biacetyl *n*, Dimethylglyoxal *n*
dimethylglyoximate Diacetyldioximat *n*
dimethylglyoxime Dimethylglyoxim *n*, Diacetyldioxim *n*
- ~ **complex** Dimethylglyoximkomplex *m*

dimethyl oxalate Oxalsäuredimethylester *m*, Dimethyloxalat *n*
2,9-dimethyl-1,10-phenanthroline 2,9-Dimethyl-1,10-phenanthrolin *n*, Neocuproin *n*
dimethylphenol Xylenol *n*, Dimethylphenol *n*
dimethylpolysiloxane, dimethylsilicone Dimethylpolysiloxan *n*, Dimethylsilicon *n*
dimethyl sulphate Schwefelsäuredimethylester *m*, Dimethylsulfat *n*
- ~ **sulphoxide** Dimethylsulfoxid *n*, DMSO, Methylsulfinylmethan *n*

diminish/to verringern, vermindern, reduzieren, herabsetzen *(z.B. die Aktivität)*

direct

2,4-dinitrophenylhydrazine 2,4-Dinitrophenylhydrazin *n*
dinonyl phthalate Dinonylphthalat *n*
diode Diode *f*
~ **array** *(Spekt)* Photodiodenarray *n*, Diodenarray *n*, Diodenreihe *f*
~ **array detector** *(Spekt)* Diodenarraydetektor *m*, DAD, Photodiodenarraydetektor *m*, PDA-Detektor *m*, Photodioden[-Multikanal]detektor *m*, Arraydetektor *m*
~ **array spectrophotometer** Diodenarray-Spektralphotometer *n*
~ **array UV detector** *s.* ~ array detector
~ **current** Diodenstrom *m*
~ **laser** Diodenlaser *m*, Halbleiter[-Dioden]laser *m*
diol Glykol *n*, Diol *n*, zweiwertiger Alkohol *m*
~ **stationary phase** *(Flchr)* Diolphase *f*
dioxan[e], 1,4-dioxane Dioxan *n*, 1,4-Dioxan *n*
dip/to tauchen, eintauchen
diphenylamine Diphenylamin *n*
diphenylaminesulphonic acid Diphenylaminsulfonsäure *f*
diphenylcarbazide Diphenylcarbazid *n*
diphenyl picrylhydrazyl Diphenylpikrylhydrazyl *n*, DPPH
diphenylthiocarbazone Diphenylthiocarbazon *n*, Dithizon *n*
diphosphate Diphosphat *n*, Pyrophosphat *n*
dipolar broadening *(kern Res)* Dipolverbreiterung *f*
~ **coupling** *s.* ~ spin-spin coupling
~ **cross-relaxation** *(kern Res)* Kreuzrelaxation *f*
~ **decoupling** *(mag Res)* dipolare Entkopplung *f*, DD
~ **interaction** 1. Dipol-Dipol-Wechselwirkung *f*, Dipolwechselwirkung *f*; 2. *s.* ~ spin-spin coupling
~ **ion** Zwitterion *n*, Ampho-Ion *n*
~ **relaxation** *(mag Res)* Dipol-Dipol-Relaxation *f*, dipolare Relaxation *f*
~ **rotational spin echo** *(kern Res)* dipolares Rotations-Spin-Echo *n*
~ **spin-spin coupling** *(mag Res)* Spin-Spin-Kopplung *f*, Spin-Spin-Wechselwirkung *f*, Dipol-[Dipol-]Kopplung *f*, Dipol-[Dipol-]Wechselwirkung *f*, dipolare Kopplung (Wechselwirkung) *f*
dipole Dipol *m*
~-**dipole broadening** *(kern Res)* Dipolverbreiterung *f*
~-**dipole interaction** 1. Dipol-Dipol-Wechselwirkung *f*, Dipolwechselwirkung *f*; 2. *s.* dipolar spin-spin coupling
~-**dipole splitting** *(kern Res)* dipolare Aufspaltung *f*
~-**induced dipole interaction** Dipol-Induktions-Wechselwirkung *f*
~ **interaction** *s.* ~-dipole interaction 1.
~ **moment** Dipolmoment *n*
dipolyphosphate Diphosphat *n*, Pyrophosphat *n*
dipositive zweifach positiv [geladen]

dipper Schöpfer *m*, Schöpfapparat *m*, Schöpfgerät *n*
dipping conductivity cell Leitfähigkeitstauchzelle *f*
diprotic acid zweiwertige (zweibasige, zweiprotonige) Säure *f*
dip tube *(Lab)* Tauchrohr *n*
direct analysis direkte Analyse *f*
~ **analysis of daughter ions** Ionenenergie-Spektroskopie *f* zum Nachweis metastabiler Zerfälle
~ **calibration** direkte (absolute, äußere) Kalibrierung *f*, Kalibrierung *f* mit äußerem Standard
~ **chemical ionization** *(Maspek)* direkte chemische Ionisation *f*, DCI
~ **column injection** *(Gaschr)* Direktinjektion *f*
~ **coulometry** direkte Coulometrie *f*
~ **coupling** direkte Kopplung *f (GC/MS)*
~ **current** Gleichstrom *m*
~-**current amplifier** Gleichstromverstärker *m*
~-**current arc** *(opt At)* Gleichstrombogen *m*
~-**current arc source** *(opt At)* Gleichstrombogen-Anregungsquelle *f*
~-**current conductance** Gleichstromleitvermögen *n*
~-**current conductometry** Gleichstromkonduktometrie *f*
~-**current plasma** *(opt At)* Gleichstromplasma *n*
~-**current plasma atomic emission spectrometry** Atomemissionsspektrometrie *f* mit Gleichstromplasma
~-**current polarogram** Gleichstrompolarogramm *n*
~-**current polarograph** Gleichstrompolarograph *m*
~-**current-polarographic** gleichstrompolarographisch, dc-polarographisch
~-**current polarography** Gleichstrompolarographie *f*, DCP, dc-Polarographie *f*, Gleichspannungspolarographie *f* • **by** ~-**current polarography** gleichstrompolarographisch, dc-polarographisch
~-**current potential** Gleichstrompotential *n*
~-**current power supply,** ~-**current source** Gleichstromquelle *f*, Gleichspannungsquelle *f*
~-**current voltage** Gleichspannung *f*
~-**current wave** Gleichstromwelle *f*
~ **detection** direkte Detektion *f*
~ **electric current** *s.* ~ current
~ **fission yield** *(rad Anal)* unabhängige Spaltausbeute *f*
~-**indicating ammeter** direktanzeigender Strommesser *m*
~ **injection burner** *(opt At)* [Turbulenz-]Direktzerstäuber-Brenner *m*
~ **injection enthalpimetry** Direkt-Injektionsenthalpiemetrie *f*, DIE
~ **injection technique** *(Gaschr)* Direktinjektionstechnik *f*
~ **inlet** *(Maspek)* Direkteinlaß *m*, direkte Probeneinführung (Probeneingabe) *f*
~ **inlet system** *(Maspek)* Direkteinlaßsystem *n*

direct

- ~ **introduction** s. ~ inlet
- ~ **introduction interface** s. direct liquid introduction interface
- ~ **iodometric titration method** direktes iodometrisches Titrationsverfahren n
- **directional distribution** Orientierung f, räumliche Ausrichtung f (von Molekülen)
- ~ **sample** gerichtete Probe f
- **direction focusing** (Maspek) Richtungsfokussierung f
- ~ **of flow** Strömungsrichtung f
- ~ **of migration** Wanderungsrichtung f, Laufrichtung f
- ~ **of rotation** Drehrichtung f
- ~ **of travel** s. ~ of migration
- **direct liquid inlet (introduction)** direkter Flüssigkeitseinlaß m (zur Kopplung von LC und MS)
- ~ **liquid introduction [LC/MS] interface** (Maspek) Direct-liquid-introduction-Interface n, DLI-Interface n
- ~ **measurement** Direktmessung f
- ~ **potential** Gleichspannung f
- ~ **potentiometry** Direktpotentiometrie f
- ~ **potentiostatic coulometry** direkte potentiostatische Coulometrie f
- ~ **probe inlet** s. ~ inlet
- ~ **reaction** Hinreaktion f
- ~-**reading instrument** direktanzeigendes Instrument n, Skaleninstrument n
- ~-**reading potentiometer** direktanzeigender Kompensator m, Kompensator m mit direkter Ablesung
- ~ **titration** direkte Titration f, Direkttitration f
- ~ **titrator** Titrator m für direkte Titration
- ~ **UV detection** (Flchr) direkte UV-Detektion f
- ~ **voltage** Gleichspannung f
- ~ **weighing** einfache (direkte) Wägung f, Proportional[itäts]wägung f, Kompensationswägung f
- **disappearance potential spectroscopy** Disappearance-potential-Spektroskopie f
- **discard/to** verwerfen
- **disc electrode** (Pol) Scheibenelektrode f
- **discharge** elektrische Entladung f
- **discharge/to** entladen
- **discharge polarography** Ladungsinkrementpolarographie f
- ~ **tube** Gasentladungsröhre f, Entladungsröhre f
- **discontinuity** Diskontinuität f
- **discontinuous buffer** (Elph) diskontinuierlicher Puffer m
- ~ **buffer system** (Elph) diskontinuierliches Puffersystem n
- ~ **electrophoresis** diskontinuierliche Elektrophorese f
- ~ **extraction** diskontinuierliche (schubweise) Extraktion f
- ~ **multiple partition** schubweise multiplikative Verteilung f
- ~ **sampling** diskontinuierliche Probenahme f

DISCO procedure (kern Res) DISCO-Prozedur f
- ~ **spectrum** DISCO-Spektrum n
- ~ **technique** DISCO-Prozedur f

discrete distribution function diskontinuierliche (diskrete) Verteilungsfunktion f
discriminant analysis (Stat) Diskriminanzanalyse f
discrimination Unterschied m, Verschiedenheit f, Differenz f; Unterscheidung f; (Chr) Diskriminierung f
discriminator Diskriminator m, Demodulator m für Frequenzmodulation
- ~ **circuit** Diskriminatorschaltkreis m (Hochfrequenztitration)

discriminatory analysis (Stat) Diskriminanzanalyse f
disengagement s. dislodgement
disequilibrium Ungleichgewicht n, Nichtgleichgewicht n
- ~ **condition** Ungleichgewichtszustand m

disintegration constant (rad Anal) Zerfallskonstante f
- ~ **rate** (rad Anal) Aktivität f, Umwandlungsrate f

disintegrator Desintegrator m, Desintegratormühle f
disjoint principal component (Stat) disjunkte Hauptkomponente f
disk electrophoresis Disk-Elektrophorese f
dislodgement Tropfenfallen n, Tropfen[ab]fall m
dismutate/to disproportionieren, dismutieren
dismutation Disproportionierung f, Dismutation f
disodium salt Dinatriumsalz n
disordered system ungeordnetes System n
dispenser Verteiler m, Probengeber m
dispensing bottle Vorratsflasche f
- ~ **burette** Vorratsbürette f
- ~ **spigot** Ablaßhahn m

disperse/to dispergieren (Teilchen in Gas oder Flüssigkeit)
disperse function Dispersionsfunktion f
dispersion (Stat) Streuung f; Dispergieren n, Dispersion f (von Teilchen in Gas oder Flüssigkeit); Dispersion f (von Licht durch Prismen oder Gitter)
- ~ **coefficient** (Fließ) Dispersionskoeffizient m
- ~ **force** Dispersionskraft f, London-Kraft f
- ~ **formula** (Spekt) Dispersionsformel f
- ~ **interaction** Dispersionswechselwirkung f, dispersive Wechselwirkung f
- ~ **medium** dispergierendes Medium n
- ~ **mode** (Spekt) Dispersions-Mode f
- ~-**mode component** (Spekt) Dispersionsanteil m
- ~ **signal** (Spekt) Dispersionssignal n

dispersity Heterogenität f (von Polymeren)
dispersive force Dispersionskraft f, London-Kraft f
- ~ **instrument** (Spekt) dispersives Gerät n
- ~ **interaction** s. dispersion interaction
- ~ **medium** s. dispersion medium
- ~ **spectrometer** dispersives Spektrometer n, Dispersionsspektrometer n

~ **spectrum** Dispersionsspektrum *n*
displace/to verdrängen; verschieben, verlagern
displacement Verdrängung *f*; Verschiebung *f*, Verlagerung *f*, Platzwechsel *m*, Wanderung *f*
~ **chromatography** Verdrängungschromatographie *f*
~ **development** *(Chr)* Verdrängungsentwicklung *f*
~ **electrophoresis** Isotachophorese *f*
~ **method** *(Chr)* Verdrängungstechnik *f*
~ **titration** Verdrängungstitration *f (von Anionen schwacher Säuren mit starken Säuren)*
display value Anzeigewert *m*
disposable device Einmalgebrauchsgerät *n*, Wegwerfgerät *n*
~ **filter** Einmalgebrauchsfilter *n*, Wegwerffilter *n*
disposal crock irdener Abfallkübel *m*
disproportionate/to disproportionieren, dismutieren
disproportionation Disproportionierung *f*, Dismutation *f*
dissociable dissoziabel, dissoziationsfähig
dissociate/to dissoziieren
dissociation Dissoziation *f*
~ **constant** Dissoziationskonstante *f*
~ **energy** Dissoziationsenergie *f*
~ **equilibrium** Dissoziationsgleichgewicht *n*
~ **interference** Dissoziationsstörung *f*
dissociative ionization dissoziative Ionisation *f*
dissolution Auflösung *f*, Inlösunggehen *n*
dissolve/to [auf]lösen, in Lösung bringen; sich [auf]lösen, in Lösung gehen
~ **with difficulty** schwerlöslich sein, sich schwer lösen
dissolved air gelöste Luft *f*
~ **ion** gelöstes Ion *n*
~ **organic carbon** gelöster organischer (organisch gebundener) Kohlenstoff *m*
~ **oxygen** gelöster Sauerstoff *m*
~ **oxygen concentration** Konzentration *f* an gelöstem Sauerstoff, Gelöstsauerstoffkonzentration *f*
~ **oxygen content** Gehalt *m* an gelöstem Sauerstoff, Gelöstsauerstoffgehalt *m*
dissolving power Lösevermögen *n*, Lösefähigkeit *f*, Lösungsvermögen *n*
dissymmetric dissymmetrisch
~ **centre** Dissymmetriezentrum *n*
~ **molecule** dissymmetrisches Molekül *n (nur mit Drehachsen als Symmetrieelemente)*
dissymmetry Dissymmetrie *f*
~ **factor** *(opt Anal)* Anisotropiefaktor *m*
distance between lattice planes Netzebenenabstand *m*
~ **travel** *(Chr, Elph)* Laufstrecke *f*, Wanderungsstrecke *f*, Wanderungsweite *f*, Trennstrecke *f*, Entwicklungsstrecke *f*
~ **vector** *(kern Res)* Abstandsvektor *m*
distil/to destillieren
distillate Destillat *n*
distillation Destillation *f*

~ **analysis** Siedeanalyse *f*
~ **range** Destillationsbereich *m*
distilled water destilliertes Wasser *n*, Aqua *n* destillata
distilling range Destillationsbereich *m*
distinction Unterscheidung *f*
distonic ion *(Maspek)* distonisches Ion *n*
distort/to verzerren, verdrehen
distorted peak verzerrter Peak *m*
~ **polarogram** verzerrtes Polarogramm *n*
distortion Verzerrung *f*, Verdrehung *f*; Verzeichnung *f*, Distorsion *f (Optik)*
~ **factor** Störfaktor *m*
distortionless verzerrungsfrei
~ **enhancement by polarization transfer** *(mag Res)* verzerrungsfreie Verstärkung *f* durch Polarisierungstransfer
distribute/to sich verteilen *(zwischen zwei Phasen)*
distribution Verteilung *f (zwischen zwei Phasen)*; *(Stat)* Verteilung *f*
~ **analysis** Verteilungsanalyse *f*
~ **coefficient** 1. *(Ion)* Gewichtsverteilungskoeffizient *m*, Verteilungskoeffizient *m*; 2. s. ~ constant; 3. ~ ratio
~ **constant** *(Chr)* Verteilungskonstante *f*, Verteilungskoeffizient *m*
~ **curve** Verteilungskurve *f*
~ **equilibrium** Verteilungsgleichgewicht *n*
~-**free** verteilungsfrei
~-**free statistical test** verteilungsfreier statistischer Test *m*
~ **function** Verteilungsfunktion *f*
~ **isotherm** Verteilungsisotherme *f*
~ **of the universe** *(Stat)* Verteilung *f* der Grundgesamtheit
~ **ratio** Verteilungsverhältnis *n*, Distributionsverhältnis *n*; *(Extr)* Verteilungsverhältnis *n*, Extraktionskoeffizient *m*
~ **train** *(Extr)* Verteilungsbatterie *f*
disturbance Störung *f*
disulphide Disulfid *f*
~ **linkage** Disulfid-Bindung *f*
dithionate Dithionat *n*
dithizone Diphenylthiocarbazon *n*, Dithizon *n*
divalence, divalency Zweiwertigkeit *f*, Bivalenz *f*
divalent zweiwertig, bivalent, divalent
diverse ion Fremdion *n*
~ **substance** Fremdstoff *m*, Fremdsubstanz *f*
diverter valve Schaltventil *n*
divide/to teilen
division Teilen *n*, Teilung *f (von Proben)*; Teilstrich *m*, Skalenstrich *m*
2D-J spectrum *(kern Res)* zweidimensionales J-aufgelöstes Spektrum *n*
DLI (direct liquid introduction) direkter Flüssigkeitseinlaß *m (zur Kopplung von LC und MS)*
~ **interface** *(Maspek)* Direct-liquid-introduction-Interface *n*, DLI-Interface *n*

DMCS

DMCS (dimethyldichlorosilane) Dimethyldichlorsilan *n*
DME (dropping mercury electrode) *(Pol)* Quecksilbertropfelektrode *f*, tropfende Quecksilberelektrode *f*, Hg-Tropfelektrode *f*, DME *f*, QTE *f*
DMF (dimethylformamide) Dimethylformamid *n*, N,N-Dimethylformamid *n*, N,N-Dimethylmethanamid *n*
DMSO (dimethyl sulphoxide) Dimethylsulfoxid *n*, DMSO, Methylsulfinylmethan *n*
DMSO-d$_6$ (deuterated dimethyl sulphoxide) deuteriertes Dimethylsulfoxid *n*
2D multiple quantum spectroscopy Multiquanten-NMR-Spektroskopie *f*, Mehrquanten-Spektroskopie *f*, MQ-Spektroskopie *f*
DNMR (dynamic nuclear magnetic resonance) dynamische Kernresonanz *f*
1D-NMR (one-dimensional NMR spectroscopy) *s.* 1D-NMR spectroscopy
2D-NMR experiment zweidimensionales NMR-Experiment *n*, 2D-NMR-Experiment *n*
1D-NMR spectroscopy eindimensionale NMR-Spektroskopie *f*, 1D-NMR-Spektroskopie *f*
2D-NMR spectroscopy zweidimensionale NMR-Spektroskopie *f*, 2D-NMR-Spektroskopie *f*
3D-NMR spectroscopy dreidimensionale NMR-Spektroskopie *f*, 3D-NMR-Spektroskopie *f*
1D-NMR spectrum eindimensionales Spektrum *n*; 1D-[NMR-]Spektrum *n*
2D-NMR spectrum zweidimensionales NMR-Spektrum *n*, 2D-[NMR-]Spektrum *n*
3D-NMR spectrum dreidimensionales Spektrum *n*; 3D-[NMR-]Spektrum *n*
2D-NMR-technique zweidimensionales NMR-Verfahren *n*, 2D-NMR-Methode *f*, 2D-NMR-Technik *f*
DNP 1. (dynamic nuclear polarization) dynamische Kernpolarisation *f*; 2. (dinonyl phthalate) Dinonylphthalat *n*
2,4-DNP (2,4-dinitrophenylhydrazine) 2,4-Dinitrophenylhydrazin *n*
DO (dissolved oxygen) gelöster Sauerstoff *m*
DOC (dissolved organic carbon) gelöster organischer (organisch gebundener) Kohlenstoff *m*
DO measurement Messung *f* des gelösten Sauerstoffs
donate/to abgeben, liefern, spenden *(Elektronen, Protonen)*
donation Abgabe *f (von Elektronen, Protonen)*
Donnan exclusion *(Flchr)* Donnan-Ausschluß *m*
~ **exclusion force** *(Flchr)* Donnan-Ausschlußkraft *f*
~ **membrane** *(Flchr)* Donnan-Membran *f*
~ **membrane potential** *(Flchr)* Donnan-Spannung *f*, Donnan-Potential *n*
donor Donator *m*, Donor *m*
~-**acceptor complex** Ladungsübertragungskomplex *m*, Charge-transfer-Komplex *m*, CT-Komplex *m*, Donator-Akzeptor-Komplex *m*
~-**acceptor interaction** Donator-Akzeptor-Wechselwirkung *f*

~ **atom** Donatoratom *n*
~ **ligand** Ligand *m* mit Donorgruppe
~ **molecule** Donatormolekül *n*
~ **stream** *(Fließ)* Donorstrom *m*
Doppler broadening *(Spekt)* Doppler-Verbreiterung *f*
~ **effect** *(Spekt)* Doppler-Effekt *m*
~ **shift** *(Spekt)* Doppler-Verschiebung *f*
~ **width** *(Spekt)* Doppler-Breite *f*
dose *(rad Anal)* Dosis *f*
DOSS (dual optic simultaneous spectrometry) Doppel-Optik-Simultan-Spektrometrie *f*
dot diagram Punktdiagramm *n*
double-beam filter fluorometer Zweistrahl-Filterfluorimeter *n*
~-**beam instrument** *(Spekt)* Doppelstrahlgerät *n*, Zweistrahlgerät *n*
~-**beam spectrometer** Doppelstrahlspektrometer *n*, Doppelstrahl-Spektrophotometer *n*, Zweistrahlspektrometer *n*, Zweistrahl-Spektrophotometer *n*
~ **bond** Doppelbindung *f*, Zweifachbindung *f*
~-**charged** *s.* doubly charged
~-**degenerate** *s.* doubly degenerate
~ **doublet** *(kern Res)* Doppeldublett *n*
~ **escape peak** *(rad Anal)* Doppel-Escape-Peak *m*
~-**focusing [mass] analyser** *(Maspek)* doppelfokussierender Analysator (Massenanalysator) *m*
~-**focus[ing] mass spectrometer** doppelfokussierendes (doppelt fokussierendes) Massenspektrometer *n*
~ **grating monochromator** *(Spekt)* Doppelgittermonochromator *m*
~ **irradiation** Doppelbestrahlung *f*
~ **layer** Doppelschicht *f*
~-**layer capacitance (capacity)** Doppelschichtkapazität *f*
~-**layer phenomenon** Doppelschichterscheinung *f*
~-**layer structure** Doppelschichtstruktur *f*
~-**layer thickness** Doppelschichtdicke *f*
~ **logarithmic plot** doppelt logarithmisches Diagramm *n*
~ **monochromator** *(Spekt)* Doppelmonochromator *m*
~ **peak** Doppelpeak *m*
~-**pole relay** zweipoliges Relais *n*
~-**pole switch** zweipoliger Schalter *m*
~-**potential-step chronoamperometry** Doppelpotentialstufen-Chronoamperometrie *f*
~-**potential-step chronocoulometry** Doppelpotentialstufen-Chronocoulometrie *f*
~-**quantum coherence** *(kern Res)* Doppel-Quanten-Kohärenz *f*
~-**quantum filter** *(kern Res)* Doppelquantenfilter *m*, DQF
~-**quantum spectroscopy** *(kern Res)* Doppelquantenspektroskopie *f*
~-**quantum spectrum** *(kern Res)* Doppelquantenspektrum *n*

~~-quantum transition *(Elres)* Zweiquanten-Übergang *m*, Doppelquantenübergang *m*
~~-refracting doppelbrechend
~ refraction Doppelbrechung *f*
~ resonance Doppelresonanz *f*
~~-resonance effect *(mag Res)* Doppelresonanzeffekt *m*
~~-resonance experiment *(mag Res)* Doppelresonanz-Experiment *n*
~~-resonance method *(mag Res)* Doppelresonanzmethode *f*, Doppelresonanztechnik *f*, Doppelresonanzverfahren *n*
~~-resonance spectrum Doppelresonanz-Spektrum *n*
~~-resonance technique *s*. ~~-resonance method
~ sampling doppelte Probenahme *f*
~ sampling plan Doppelstichprobenplan *m*
~~-throw switch Umschalter *m*, Wechselschalter *m*
~~-tone polarography Doppeltonpolarographie *f*
~~-wavelength spectroscopy Doppelwellenlängenspektroskopie *f*
doubly charged doppelt (zweifach) geladen *(Ionen)*
~ **degenerate** zweifach (2-fach) entartet *(Energiezustand)*
downfield *(mag Res)* nach tieferen Feldern verschoben
down time Ausfallzeit *f*, Stillstandszeit *f*
downward diffusion *(Pol)* Abwärtsdiffusion *f*
~ **transition** *(Spekt)* Übergang *m* von einem höheren auf ein tieferes Niveau
DP (degree of polymerization) Polymerisationsgrad *m*
2D PAGE (two-dimensional polyacrylamide gel electrophoresis) zweidimensionale Polyacrylamid-Gelelektrophorese *f*, 2D-PAGE
DPASV (differential pulse anodic stripping voltammetry) differentielle Pulse-Anodic-Stripping-Voltammetrie *f*, DPASV, anodische Differenzpulsinversvoltammetrie *f*, differentielle anodische Puls-Inversvoltammetrie *f*, Differenzpulsinversvoltammetrie *f* mit katodischer Anreicherung *(Kombination der Differenzpulsvoltammetrie mit der Anodic-Stripping-Voltammetrie)*
DPCS, DPCSV (differential pulse cathodic stripping voltammetry) differentielle Pulse-Cathodic-Stripping-Voltammetrie *f*, DPCSV, kathodische Differenzpulsinversvoltammetrie *f*, differentielle kathodische Puls-Inversvoltammetrie *f*, Differenzpulsinversvoltammetrie *f* mit anodischer Anreicherung *(Kombination der Differenzpulsvoltammetrie mit der Cathodic-Stripping-Voltammetrie)*
DPP (differential pulse polarography) Differentialpulspolarographie *f*, DPP, Differenzpulspolarographie *f*, differentielle Puls-Polarographie *f*
DPPH (diphenyl picrylhydrazyl) Diphenylpikrylhydrazyl *n*, DPPH
2D pulse sequence *(kern Res)* 2D-Pulssequenz *f*
DPV (differential pulse voltammetry) Differenzpulsvoltammetrie *f*, DPV, differentielle Pulsvoltammetrie *f*

DQC (double-quantum coherence) *(kern Res)* Doppel-Quanten-Kohärenz *f*
DQF (double-quantum filter) *(kern Res)* Doppelquantenfilter *m*, DQF
DR 1. (dynamic range) dynamischer Bereich *m*, Dynamikbereich *m* *(eines Detektors, eines Wandlers)*; 2. (digital resolution) *(mag Res)* digitale Auflösung *f*
draw/to [an]saugen
~ **down** *s*. ~ off
~ **in** [an]saugen
~ **off** abziehen *(Flüssigkeiten)*
~ **samples** Proben [ent]nehmen
~ **samples by hand** Proben von Hand entnehmen
2D relayed correlation spectroscopy *(kern Res)* Relayed-COSY *f* *(unter Verwendung von zwei Kohärenz-Transferschritten)*
DRIFT *s*. DRIFTS
drift Drift *f* *(der Basislinie)*
drift/to driften, abwandern *(Basislinie)*
drift region *(Maspek)* Flugstrecke *f*, Laufstrecke *f*
DRIFTS (diffuse reflectance infrared Fourier transform spectroscopy) IR-Spektroskopie *f* mit diffus reflektierter Strahlung
drift tube *(Maspek)* Flugrohr *n*
~ **velocity** Driftgeschwindigkeit *f*
drip gauge Tropfenmeßgerät *n*
drive off/to austreiben, heraustreiben, vertreiben, verjagen *(flüchtige Bestandteile)*
driving force Triebkraft *f*, treibende Kraft *f*
drop age *(Pol)* Tropfenalter *n*
~ **analysis** Tüpfelanalyse *f*
~ **by drop** tropfenweise
~~-**by-drop approach** *(Pot)* Tropfen-für-Tropfen-Methode *f*, tropfenweise Methode *f*
~ **dislodger** *s*. ~ hammer
~ **fall** Tropfenfallen *n*, Tropfen[ab]fall *m*
~ **growth** *(Pol)* Tropfenwachstum *n*
~ **hammer (knocker)** *(Pol)* Tropfenabschläger *m*, Tropfenabklopfeinrichtung *f*
droplet Tröpfchen *n*, kleiner Tropfen *m*
~ **counter-current chromatography** Tropfen-Gegenstromchromatographie *f*
~ **formation** Tröpfchenbildung *f*
~ **of mercury** Quecksilbertröpfchen *n*, kleiner Quecksilbertropfen *m*
~ **size distribution** Tropfengrößenverteilung *f*
drop life[time] Tropfenlebensdauer *f*, Tropfenleben *n*
~ **mass** Tropfenmasse *f*
dropping cathode *(Pol)* Tropfkathode *f*
~ **electrode** *(Pol)* Tropfelektrode *f*
~ **electrode coulometry** Tropfelektrodencoulometrie *f*
~ **mercury cathode** *(Pol)* Quecksilbertropfkathode *f*
~ **mercury electrode** *(Pol)* Quecksilbertropfelektrode *f*, tropfende Quecksilberelektrode *f*, Hg-Tropfelektrode *f*, DME *f*, QTE *f*

dropping

- **mercury electrode with gravity-controlled drop time** *(Pol)* frei tropfende Quecksilbertropfelektrode *f*
- **mercury indicator electrode** *(Pol)* tropfende Quecksilberindikatorelektrode *f*
- **rate** Tropfgeschwindigkeit *f*

drop rate Tropfgeschwindigkeit *f*
- **surface** Tropfenoberfläche *f*
- **terminator** *s.~* hammer
- **time** *(Pol)* Tropfzeit *f*
- **weight** Tropfengewicht *n*

DRS (diffuse reflectance spectroscopy) diffuse Reflexionsspektroskopie *f*

drug pharmazeutisches Mittel *n*, Pharmazeutikum *n*, Pharmakon *n*, Arzneimittel *n*
- **of abuse** Suchtmittel *n*

drum chart recorder Trommelschreiber *m*
- **plotter** Trommelplotter *m*
- **recorder** Trommelschreiber *m*

dry/to trocknen; trocknen, trocken werden
- **out** austrocknen
- **to constant (steady) weight** bis zur Massekonstanz trocknen

dry ashing trockenes Veraschen *n*, Veraschung *f* auf trockenem Wege
- **assay** trockene Probe *f*, Trockenprobe *f*
- **cell** *(Pol)* Trockenelement *n*
- **front** *s. ~* solvent front

drying Trocknung *f*
- **agent** Trockenmittel *n*, Trocknungsmittel *n*
- **oven** Trockenschrank *m*

dry-packed column *(Chr)* trocken gepackte Trennsäule *f*
- **packing** *(Chr)* Trockenpackung *f*, Trockenfüllung *f*
- **-packing technique** *(Chr)* Trockenpackungstechnik *f*, Trockenfüllmethode *f*, Trockenpackungsmethode *f*, Trockenfüllverfahren *n*
- **sieving** Trockensieben *n*
- **solvent front** *(Flchr)* Laufmittelfront *f*, Lösungsmittelfront *f*, Fließmittelfront *f*, Front *f*
- **weight capacity** *(Ion)* Gewichtskapazität *f (eines Ionenaustauschers bezogen auf 1 g trockenes Harz)*

DSC (differential scanning calorimetry) Differentialscanningkalorimetrie *f*, DSK, Kalorimetrie *f* mit Differentialabtastung, dynamische Differenzkalorimetrie *f*, DDK, Differenz-Leistungs-Scanning-Kalorimetrie *f*, [registrierende] Leistungsdifferenzkalorimetrie *f*

2D separation *(Elph)* zweidimensionale Trennung *f*, 2D-Trennung *f*

2D spectroscopy *s.* 2D-NMR spectroscopy

2D spin echo correlated spectroscopy *(mag Res)* Spin-Echo-korrelierte Spektroskopie *f*, SECSY, zweidimensionale Spin-Echo-Korrelationsspektroskopie *f*

3D structure räumliche (dreidimensionale) Struktur *f*

DTA (differential thermal analysis) Differenzthermoanalyse *f*, Differentialthermoanalyse *f*, DTA

DTG (derivative thermogravimetry) Differential-Thermogravimetrie *f*, derivative Thermogravimetrie *f*, DTG

dual-column ion chromatography Ionenchromatographie *f* mit Suppressortechnik (Suppressionstechnik, Suppressor)
- **-column system** *(Chr)* Doppelsäulensystem *n*
- **-electrode amperometric titration** amperometrische Titration *f* mit Doppelelektrode
- **FID** *s. ~ -* flame detector
- **-flame [photometric] detector** *(Gaschr)* Flammenphotometerdetektor *m* mit Dualflamme
- **-optic simultaneous spectrometry** Doppel-Optik-Simultan-Spektrometrie *f*
- **-wavelength instrument** *(Spekt)* Doppelwellenlängengerät *n*
- **-wavelength spectrophotometer** Doppelwellenlängenspektrometer *n*

Dumas method *(or Anal)* Dumas-Methode *f (zur Bestimmung von Stickstoff)*

duplicate analysis Duplikatanalyse *f*, Doppelanalyse *f*

DW *s.* dwell time

dwell time Verweilzeit *f*, Aufenthaltszeit *f*, Retentionszeit *f*; Abstand *m* zwischen zwei aufeinanderfolgenden Speicherungen

dye Farbstoff *m*

dye/to [an]färben

dye laser Farbstofflaser *m*

dyestuff Farbstoff *m*

dynamic behaviour dynamisches Verhalten *n*
- **coating** *(Gaschr)* dynamische Belegung *f (von Säulen)*
- **differential calorimetry** *s.* differential thermal analysis
- **equilibrium** dynamisches Gleichgewicht *n*, Fließgleichgewicht *n*
- **headspace gas chromatography** dynamische Headspace-Gaschromatographie *f*, D-HSGC
- **ion-exchange chromatography** Ionenpaarchromatographie *f*, IPC, Ionenwechselwirkungschromatographie *f*, Ionenpaar-Reversed-phase-Chromatographie *f*, Ionenpaarchromatographie *f* an Umkehrphasen
- **nuclear magnetic resonance** dynamische Kernresonanz *f*
- **nuclear polarization** dynamische Kernpolarisation *f*
- **[response] range** dynamischer Bereich *m*, Dynamikbereich *m (eines Detektors, eines Wandlers)*
- **thermogravimetric analysis** Thermogravimetrie *f*, TG
- **viscosity** absolute (dynamische) Viskosität *f*, Viskositätskoeffizient *m*, Viskositätskonstante *f*, Konstante *f* der inneren Reibung

dynode Dynode *f*, Prallelektrode *f*

dysprosium Dy Dysprosium *n*

E

E Einstein *n*, E *(1 Mol Photonen)*
EAAS (electrothermal atomic absorption spectrometry) elektrothermische (flammenlose) Atomabsorptionsspektrometrie *f*, ETAAS, Atomabsorptionsspektrometrie *f* mit elektrothermischer Atomisierung
EAES (electron-excited Auger electron spectroscopy) elektronenangeregte Auger-Elektronenspektroskopie *f*
Eagle mounting *(Spekt)* Eagle-Aufstellung *f*
EA-MS (electron attachment mass spectrometry) Elektronenanlagerungs-Massenspektrometrie *f*, EA-MS
early peak *(Chr)* schneller (schnell erscheinender) Peak *m*
earth's gravity Erdanziehung *f*
~ **magnetic field** Erdmagnetfeld *n*
easy-to-use test kit *(Lab)* leicht handhabbares Testkit *n*
Ebert-Fastie mounting *(Spekt)* Ebert-Fastie-Aufstellung *f*
~ **mounting** *(Spekt)* Ebert-Aufstellung *f*
~ **spectrograph** Gitterspektrograph *m* mit Ebert-Aufstellung
ebullioscopic ebullioskopisch
ebullioscopy Ebullioskopie *f*
EC (exclusion chromatography) Ausschlußchromatographie *f*, Größenausschlußchromatographie *f*, Gelchromatographie *f*, Gel-C *f*
ECD (electron-capture detector) *(Gaschr)* Elektroneneinfangdetektor *m*, Elektronenanlagerungsdetektor *m*, EAD *m*, Electron-capture-Detektor *m*, ECD
echelette [reflectance] grating *(Spekt)* Echelette-Gitter *n*
echelle [grating] *(Spekt)* Echelle-Gitter *n*
echelon grating *(Spekt)* Echelongitter *n*, Stufengitter *n*
echo amplitude *(mag Res)* Echoamplitude *f*
~ **-detected EPR spectroscopy** Echo-detektierte ESR-Spektroskopie *f*
~ **-detected EPR spectrum** Echo-detektiertes ESR-Spektrum *n*
~ **intensity** Echointensität *f*
~ **sequence** Spin-Echo-Impulsfolge *f*, Echosequenz *f*
ecm (electrocapillary maximum) *(Pol)* elektrokapillares Maximum *n*
EDCS (energy distribution curve spectroscopy) Energieverteilungsspektroskopie *f*
eddy diffusion *(Chr)* Streudiffusion *f*, Eddy-Diffusion *f*, Wirbeldiffusion *f*, Kanaldispersion *f*
~ **diffusion term** *(Chr)* A-Term *m*, Term *m* der Wirbeldiffusion (Eddy-Diffusion) *(in der van-Deemter-Gleichung)*
edge effect *(Maspek)* Kanteneffekt *m*
~ **filter** Oberflächenfilter *n*

editing *(kern Res)* Editing *n*
EDL (electrodeless discharge lamp) [elektrodenlose] Entladungslampe *f*
EDS (energy distribution spectroscopy) Energieverteilungsspektroskopie *f*
EDTA (ethylenediamine tetraacetic acid) Ethylendiamintetraessigsäure *f*, EDTE, Ethylendinitrilotetraessigsäure *f*, Ethylendinitrilotetraethansäure *f*
~ **method** *(Vol)* Ethylendiamintetraessigsäure-Methode *f*, EDTE-Methode *f*
~ **titration** EDTE-Titration *f*
EDX s. EDXS
EDXRF (energy-dispersive X-ray fluorescence) energiedispersive Röntgenfluoreszenz *f*
EDXS (energy-dispersive X-ray spectroscopy) energiedispersive Röntgenspektroskopie *f*, EDX
EEAES (electron-excited Auger electron spectroscopy) elektronenangeregte Auger-Elektronenspektroskopie *f*
EELS (electron energy loss spectroscopy) Elektronenenergieverlust-Spektroskopie *f*, Energieverlustspektroskopie *f*
effective bandwidth effektive Bandbreite *f (eines Monochromators)*
~ **capacity** Nutzkapazität *f*, nutzbare Kapazität *f (eines Ionenaustauschers)*
~ **dose equivalent** *(rad Anal)* Äquivalentdosis *f*
~ **magnetic field** effektives Magnetfeld (Feld) *n*, Effektivfeld *n*
~ **mobility** *(Elph)* effektive Mobilität *f*
~ **pathlength** effektive Schichtdicke *f (bei innerer Reflexion)*
~ **plate** *(Chr)* effektiver (wirksamer) Boden *m*, effektive (wirksame) Trennstufe *f*
~ **plate height** *(Chr)* effektive (wirksame) Bodenhöhe *f*, effektive (wirksame) Trennstufenhöhe *f*
~ **plate number** *(Chr)* Zahl *f* der effektiven Böden (Trennstufen), effektive (wirksame) Trennstufenzahl *f*
~ **resistance** Wirkwiderstand *m*
~ **thickness** effektive Schichtdicke *f (bei innerer Reflexion)*; *(Gaschr)* effektive Dicke *f (der Trennflüssigkeit)*
efficiency Wirksamkeit *f*, Effizienz *f*; Wirkungsgrad *m*
~ **factor** Wirkungsgrad *m*
~ **of a column** Trennwirksamkeit *f*, Trennleistung *f*
~ **of action** Wirkungsgrad *m*
effloresce / to unter Kristallwasserverlust verwittern
efflorescence Verwitterung *f* unter Kristallwasserverlust
effluent *(Chr)* Eluat *n*, *(Flchr auch)* Ablauf *m*
~ **gas analysis** Emissionsgasthermoanalyse *f*, EGA, EGA-Methode *f*
~ **splitter** *(Chr)* Stromteiler *m*, Strömungsteiler *m*
~ **volume** *(Chr)* Elutionsvolumen *n*
~ **water** Abwasser *n*, Schmutzwasser *n*
effusion separator *(Maspek)* Effusionsseparator *m*

EFG

EFG (electric field gradient) elektrischer Feldgradient *m*
EGA *s.* effluent gas analysis
Ehrlich reagent Ehrlich-Reagens *n*, Ehrlichs Reagens *n* (p-Dimethylaminobenzaldehyd)
EI (electron-impact ionization) *(Maspek)* Elektronen[stoß]ionisation *f*, Elektronenstoßionisierung *f*, EI-Ionisierung *f*, EI
EI... *s.* electron-impact ...
EIA (enzyme immunoassay) Enzym-Immun[o]assay *m*, EIA
EIAES (electron-induced Auger electron spectroscopy) elektronenangeregte Auger-Elektronenspektroskopie *f*
eigenfunction *(Spekt)* Eigenfunktion *f*
eigenstate *(Spekt)* Eigenzustand *m*
eigenvalue *(Spekt)* Eigenwert *m*
~ **equation** Eigenwertgleichung *f*
eigenvector *(Spekt)* Eigenvektor *m*
Einstein Einstein *n*, E *(1 Mol Photonen)*
einsteinium Es Einsteinium *n*
Einstein photochemical equivalence law *(Spekt)* [Stark-]Einsteinsches Äquivalenzgesetz *n*, Quantenäquivalenzgesetz *n*
elastic collision elastischer Stoß *m*
~ **scattering** elastische Streuung *f*
ELCD (electrolytic conductivity detector) *(Gaschr)* elektrolytischer Leitfähigkeitsdetektor *m*, Hall-Detektor *m*
ELDOR (electron double resonance) Elektronendoppelresonanz *f*, ELDOR
electric elektrisch *(Zusammensetzungen s.a. unter electrical)*
electrical elektrisch *(Zusammensetzungen s.a. unter electric)*
~ **conductance** 1. elektrischer Leitwert *m*; 2. *s.* ~ conductivity 2.
~ **conductivity** 1. elektrische Leitfähigkeit *f*, elektrisches Leitvermögen *n*; 2. [elektrische] Leitfähigkeit *f*, spezifische [elektrische] Leitfähigkeit *f*, [elektrisches] Leitvermögen *n* *(eine Materialkenngröße)*
~ **conductivity detection** *(Flchr)* Leitfähigkeitsdetektion *f*
~ **connection** galvanische Verbindung *f*
~ **energy** Elektroenergie *f*, elektrische Energie *f*
~ **equivalent** elektrisches Äquivalent *n*
~ **generation** elektrolytische Erzeugung *f (des Reagens)*
~ **insulator** elektrischer Isolator *m*
~ **laboratory apparatus** elektrisches Laborgerät *n*
~ **laboratory equipment** elektrische Laborausrüstung *f*
electrically charged elektrisch geladen
~ **conductive** elektrisch leitfähig
~ **heated** elektrisch beheizt
~ **neutral** ungeladen, ladungslos, [elektrisch] neutral, elektroneutral
~ **non-conductive** elektrisch nichtleitend

electrical migration elektrische Migration *f*
~ **noise** *(Meß)* elektrisches Rauschen *n*
~ **resistance** elektrischer Widerstand *m*
~ **resistance method** Methode *f* mit elektrischer Widerstandsmessung *(Korrosionsüberwachung)*
~ **resistivity** spezifischer [elektrischer] Widerstand *m*
~ **signal** elektrisches Signal *n*
~ **transformer** elektrischer Umsetzer *m*
electric charge elektrische Ladung *f*
~ **circuit** [elektrischer] Stromkreis *m*
~ **conductivity** *s.* electrical conductivity 1.
~ **conductor** elektrischer Leiter *m*, Elektrizitätsleiter *m*, Stromleiter *m*
~ **current** elektrischer Strom *m*
~ **dipole moment** [elektrisches] Dipolmoment *n*
~ **discharge** elektrische Entladung *f*
~ **discharge getter pump** Ionen[getter]pumpe *f*
~ **double layer** elektrische Doppelschicht *f*, Ladungsdoppelschicht *f*
~ **double refraction** elektrische Doppelbrechung *f*
~ **field** elektrisches Feld *n*
~ **field effect** Stark-Effekt *m*, elektrischer Feldeffekt *m (Aufspaltung von Spektrallinien in einem elektrischen Feld)*
~ **field gradient** elektrischer Feldgradient *m*
~ **field strength** elektrische Feldstärke *f*
electricity Elektrizität *f*
electric polarisation elektrische Polarisation *f*
~ **potential** elektrisches Potential *n*
~ **quadrupole coupling** *(kern Res)* [elektrische] Quadrupolkopplung *f*
~ **quadrupole moment** *(kern Res)* Kernquadrupolmoment *n*, [elektrisches] Quadrupolmoment *n*
~ **sector** *(Maspek)* elektrostatischer Sektor *m*, elektrostatisches (elektrisches) Sektorfeld *n*
~ **vector** elektrischer Vektor *m*
electro-active elektroaktiv, elektrochemisch aktiv
~ -**active species** elektroaktive Spezies *f*
~ -**active substance** elektroaktive Substanz *f*
~ -**activity** Elektroaktivität *f*, elektrochemische Aktivität *f*
electroanalysis Elektroanalyse *f*, elektrochemische Analyse *f*
electroanalytical elektroanalytisch
~ **chemist** elektroanalytisch arbeitender Chemiker *m*
~ **chemistry** elektroanalytische Chemie *f*
~ **method** elektroanalytische Methode *f*
electroblotting *(Elph)* Elektroblotting *n (elektrophoretischer Transfer getrennter Fraktionen auf eine immobilisierte Membran)*
electrocapillary elektrokapillar
~ **curve** *(Pol)* elektrokapillare Kurve *f*, Elektrokapillarkurve *f*
~ **maximum** *(Pol)* elektrokapillares Maximum *n*
electrochemical elektrochemisch
~ **affinity** elektrochemische Affinität (Reaktionsaffinität, Triebkraft) *f*

- **analyser** elektrochemischer Analysator *m*
- **analysis** Elektroanalyse *f*, elektrochemische Analyse *f*
- **cell** galvanische (elektrochemische) Zelle *f*
- **circuit** elektrochemischer Stromkreis *m*
- **constant** elektrochemische Konstante *f*
- **convention** elektrochemische Konvention *f (z.B. für die Elektrodenterminologie)*
- **conversion** elektrochemische Umwandlung *f*
- **data** elektrochemische Daten *pl*
- **detection** elektrochemische Detektion *f*
- **detector** elektrochemischer Detektor *m*, ELCD
- **double layer** elektrochemische Doppelschicht *f*
- **equivalent** elektrochemisches Äquivalent *n*
- **irreversibility** elektrochemische Irreversibilität *f*

electrochemically generated elektrolytisch erzeugt *(Reagens)*

electrochemical masking elektrochemische Maskierung *f*
- **measurement of current efficiency** elektrochemische Stromausbeutemessung *f*
- **measurement system** elektrochemisches Meßsystem *n*
- **method** elektrochemisches Verfahren *n*
- **method of analysis** elektrochemische Analysenmethode *f*
- **potential** elektrochemisches Potential *n*
- **process analysis** elektrochemische Prozeßanalyse *f*
- **process analyser** elektrochemisches Prozeßanalysengerät *n*
- **reaction** elektrochemische Reaktion *f*
- **reversibility** elektrochemische Reversibilität *f*
- **sensor** elektrochemischer Sensor *m*
- **series** elektrochemische Spannungsreihe *f*

electrochemistry Elektrochemie *f*
- **of solids** Festkörperelektrochemie *f*

electrochromatography Elektrophorese *f* auf Trägern, Trägerelektrophorese *f*, Elektropherographie *f*, Elektrochromatographie *f*

electrocrystallization Elektrokristallisation *f*

electrode Elektrode *f*
- **-active material** elektrodenaktives Material *n*
- **area** Elektrodengebiet *n*, Elektrodenbereich *m*
- **buffer** *(Elph)* Elektrodenpuffer *m*

electrodecantation Elektrodekantierung *f*, Elektrodekantation *f*

electrode cap Elektrodenkappe *f*
- **chamber (compartment)** Elektrodenkammer *f*
- **configuration** Elektrodenanordnung *f*
- **gap** Elektrodenabstand *m*
- **housing** Elektrodengehäuse *n*
- **kinetics** Kinetik *f* der Elektrodenprozesse (Elektrodenreaktionen), Elektrodenkinetik *f*

electrodeless elektrodenlos
- **conductivity cell** elektrodenlose Leitfähigkeitszelle *f*
- **conductivity sensor** elektrodenloser Leitfähigkeitssensor *m*

- **discharge lamp (tube)** [elektrodenlose] Entladungslampe *f*

electrode material Elektrodenmaterial *n*
- **pair** Elektrodenpaar *n*
- **poisoning** Elektrodenvergiftung *f*

electrodeposition elektrochemisches (galvanisches) Abscheiden *n*
- **analysis** Elektrogravimetrie *f*

electrode potential Elektrodenpotential *n*
- **-potential variation** Elektrodenpotentialschwankung *f*
- **process** Elektrodenprozeß *m*
- **reaction** Elektrodenreaktion *f*
- **-solution interface** Elektrode-Lösung-Grenzfläche *f*
- **space** Elektrodenkammer *f*
- **surface** Elektrodenoberfläche *f*
- **system** Elektrodensystem *n*
- **vessel** Elektrodengefäß *n*, Elektrodentank *m*
- **voltage** Elektrodenspannung *f*
- **with a mobile carrier** Elektrode *f* mit beweglichen Ladungsträgern

electrodialysis Elektrodialyse *f*
- **cell** Elektrodialysezelle *f*

electrodialytic elektrodialytisch

electro-elution *(Elph)* Elektroelution *f*

electroendosmosis Elektroendosmose *f*

electrofocus[s]ing isoelektrische Fokussierung *f*, IEF *f*, Elektrofokussierung *f*

electro-generated elektrolytisch erzeugt *(Reagens)*
- **-generation** elektrolytische Erzeugung *f (des Reagens)*

electrographic analysis Elektrographie *f*
- **detection** elektrographischer Nachweis *m*
- **print** elektrographischer Abdruck *m*
- **spot-test apparatus** elektrographisches Tüpfelprobengerät (Tüpfelanalysegerät) *n*

electrography Elektrographie *f*

electrogravimetric analysis Elektrogravimetrie *f*
- **coulometer** elektrogravimetrisches Coulometer *n*
- **determination** elektrogravimetrische Bestimmung *f*

electrogravimetry Elektrogravimetrie *f*

electrogravitational separation Elektrodekantierung *f*, Elektrodekantation *f*

electroimmunoassay *(Elph)* Elektroimmun[o]assay *m*

electro-inactive elektroinaktiv

electrokinetic elektrokinetisch
- **effect** elektrokinetischer Effekt *m*
- **parameter** elektrokinetischer Parameter *m*
- **phenomenon** elektrokinetische Erscheinung *f*
- **potential** elektrokinetisches Potential *n*, Zeta-Potential *n*

electrokinetics Elektrokinetik *f*

electroluminescence Elektrolumineszenz *f*

electrolysis Elektrolyse *f*

electrolysis

- **~ cell** s. electrolytic cell
- **~ current** Elektrolyse[n]strom m
- **~ electrode** Elektrolysenelektrode f
- **~ product** Elektrolyseprodukt n
- **~ step** *(Pol)* Vorelektrolyse f, Anreicherungselektrolyse f
- **~ vessel** Elektrolysegefäß n, Elektrolysebehälter m

electrolyte Elektrolyt m
- **~ change** Elektrolytwechsel m
- **~ solution** Elektrolytlösung f

electrolytic analysis Elektrogravimetrie f
- **~ capacitor** Elektrolytkondensator m
- **~ cell** elektrolytische Zelle f, Elektrolyse[n]zelle f, Elektrolysierzelle f
- **~ conductance** s. ~ conductivity
- **~ conduction** elektrolytische Leitung f
- **~ conductivity** elektrolytische Leitfähigkeit f, elektrolytisches Leitvermögen n
- **~ conductivity detector** *(Gaschr)* elektrolytischer Leitfähigkeitsdetektor m, Hall-Detektor m
- **~ conductor** elektrolytischer Leiter m
- **~ current** s. electrolysis current
- **~ decomposition** elektrolytische Zerlegung (Aufspaltung) f
- **~ deposition analysis** Elektrogravimetrie f
- **~ desalting** elektrolytische Entsalzung f
- **~ dissociation** elektrolytische Dissoziation f
- **~ potential** Elektrolysespannung f
- **~ reduction** elektrolytische Reduktion f
- **~ resistance** elektrolytischer Widerstand m, Elektrolytwiderstand m
- **~ sample** elektrolytisches Prüfgut n
- **~ separation** elektrolytische Trennung f
- **~ solution** Elektrolytlösung f

electrolyze/to elektrolysieren, elektrisch zersetzen (zerlegen)
- **~ back into solution** wieder[auf]lösen, wieder in Lösung bringen

electromagnet Elektromagnet m
electromagnetic radiation elektromagnetische Strahlung f
- **~ spectrum** elektromagnetisches Spektrum n
- **~ wave** elektromagnetische Welle f

electromechanical controller elektromechanischer Regler m
- **~ current-time integrator** elektromechanischer Strom-Zeit-Integrator m
- **~ potentiostat** elektromechanisch geregelter Potentiostat m

electrometer Elektrometer n
- **~ circuit** Elektrometerstromkreis m

electrometric elektrometrisch
- **~ determination** elektrometrische Bestimmung f
- **~ end-point sensor** *(Vol)* elektrometrischer Endpunktmeßfühler m
- **~ measurement** elektrometrische Messung f
- **~ titration** elektrometrische Titration (Maßanalyse) f

electromigration elektrophoretische Wanderung f; elektrische Migration f
electromotive force elektromotorische Kraft f, EMK, elektrische Urspannung f
electron Elektron n, Negatron n
π electron π-Elektron n
- **electron acceptor** Elektronenakzeptor m, Elektronenaufnehmer m, Elektronenverbraucher m
- **~ affinity** Elektronenaffinität f
- **~ arrangement** Elektronenkonfiguration f, Elektronenanordnung f
- **~ attachment** Elektronenanlagerung f
- **~ attachment mass spectrometry** Elektronenanlagerungs-Massenspektrometrie f, EA-MS
- **~ beam** Elektronenstrahl m
- **~ bombardment** Elektronenbeschuß m, Elektronenbombardement n
- **~ bombardment ion source** *(Maspek)* Elektronenstoßionenquelle f
- **~ bunch** Elektronenpaket n
- **~ capture** Elektroneneinfang m, E-Einfang m, Kerneinfang m
- **~ -capture coefficient** Elektroneneinfangkoeffizient m, Elektronenanlagerungskoeffizient m
- **~ -capture detector** *(Gaschr)* Elektroneneinfangdetektor m, ECD m, Elektronenanlagerungsdetektor m, EAD m, Electron-capture-Detektor m
- **~ circulation** Elektronenzirkulation f
- **~ cloud** Elektronenwolke f
- **~ conduction** Elektronenleitung f
- **~ conductor** Elektronenleiter m
- **~ configuration** Elektronenkonfiguration f, Elektronenanordnung f
- **~ density** Elektronendichte f, Elektronenkonzentration f
- **~ donor** Elektronendonator m, Elektronenspender m, Elektronengeber m
- **~ donor-acceptor interaction** Donator-Akzeptor-Wechselwirkung f
- **~ double resonance** Elektronendoppelresonanz f, ELDOR

electronegative elektronegativ
electronegativity Elektronegativität f
electron-electron double resonance Elektronendoppelresonanz f, ELDOR
- **~ emission** Elektronenemission f
- **~ energy** Elektronenenergie f
- **~ energy analyser** *(Spekt)* Elektronenenergieanalysator m
- **~ energy level** *(Spekt)* Elektronenzustand m
- **~ energy loss spectroscopy** Elektronenenergieverlust-Spektroskopie f, Energieverlustspektroskopie f

electroneutrality Elektroneutralität f
electron exchanger Elektronenaustauscher m
- **~ excitation** Elektronenanregung f
- **~ -excited Auger electron spectroscopy** elektronenangeregte Auger-Elektronenspektroskopie f

electronically excited elektronisch angeregt

electron

electronic arrangement s. ~ configuration
- **balance** elektronische (elektromechanische) Waage f, Elektrowaage
- **band** Elektronenbande f
- **charge** Elektronenladung f
- **configuration** Elektronenkonfiguration f, Elektronenanordnung f
- **counter** elektronischer Zähler m
- **energy level** Elektronenniveau n
- **excited state** angeregter Elektronenzustand (elektronischer Zustand) m, elektronisch angeregter Zustand m
- **ground state** Elektronengrundzustand m, elektronischer Grundzustand m
- **integration** elektronische Integration f
- **integrator** elektronischer Integrator m
- **lead** Elektronenzuleitung f (für eine Bezugselektrode)
- **lens** Elektronenlinse f
- **level** Elektronenniveau n
- **peak-area integrator** s. ~ integrator
- **potential controller** elektronischer Potentialregler m
- **shielding** (mag Res) Elektronenabschirmung f

electronics malfunction Elektronikausfall m, Funktionsstörung f der Elektronik

electronic spectroscopy Elektronen[anregungs]spektroskopie f (durch Elektronenübergänge)
- **spectrum** Elektronen[anregungs]spektrum n (durch Elektronenübergänge)
- **spin** Elektronenspin m
- **state** (Spekt) Elektronenzustand m
- **structure** Elektronenstruktur f, elektronische Struktur f, Elektronenaufbau m
- **transition** (Spekt) Elektronenübergang m

electron impact (Maspek) Elektronenstoß m
- ~-**impact induced reaction** elektronenstoßinduzierte Reaktion f
- ~-**impact ionization** (Maspek) Elektronen[stoß]-ionisation f, Elektronenstoßionisierung f, EI-Ionisierung f, EI
- ~-**impact ion source** (Maspek) Elektronenstoßionenquelle f
- ~-**impact mass spectrometer** Massenspektrometer m mit Elektronenstoßionenquelle f
- ~-**impact mass spectrum** Elektronenstoßmassenspektrum n, EI-Massenspektrum n
- ~-**impact source** s. ~-impact ion source
- ~-**impact spectroscopy** Elektronenstoßspektroskopie f
- ~-**impact spectrum** Elektronenstoßspektrum n
- ~-**induced** (~-**initiated**) **Auger electron spectroscopy** s. ~-excited Auger electron spectroscopy
- ~ **ionization** s. ~-impact ionization
- ~ **magnetic moment** magnetisches Moment n der Elektronen
- ~ **microprobe** Elektronenstrahl-Mikrosonde f, Elektronen-Mikrosonde f
- ~ **microprobe analysis** Elektronenstrahl-Mikroanalyse f, ESMA
- ~ **microscope** Elektronenmikroskop n
- ~ **microscopy** Elektronenmikroskopie f • **by** ~ **microscopy** elektronenmikroskopisch
- ~-**mobility detector** (Gaschr) Electron-mobility-Detektor m
- ~ **movement** Elektronenbewegung f
- ~ **multiplier** Elektronenvervielfacher m
- ~-**multiplier phototube** Photo[elektronen]vervielfacher m, Photomultiplier m, Sekundärelektronenvervielfacher m, SEV
- ~-**nuclear coupling** s. ~-nuclear interaction
- ~-**nuclear double resonance** Elektron-Kern-Doppelresonanz f, ENDOR
- ~-**nuclear interaction** Elektron-Kern-Wechselwirkung f, Elektronenspin-Kernspin-Wechselwirkung f
- ~ **orbital angular momentum** Bahndrehimpuls m des Elektrons
- ~ **pair acceptor** Elektronenpaarakzeptor m
- ~ **pair donor** Elektronenpaardonator m
- ~ **paramagnetic resonance** s. ~ spin resonance
- ~ **probe** Elektronenstrahl-Mikrosonde f, Elektronen-Mikrosonde f
- ~ **probe [X-ray] microanalysis** Elektronenstrahl-Mikroanalyse f, ESMA
- ~ **ray** Elektronenstrahl m
- ~ **repulsion** Elektronenabstoßung f
- ~ **scattering spectroscopy** Elektronenstreuspektroskopie f
- ~ **spectroscopy** Elektronenspektroskopie f (freier Elektronen)
- ~ **spectroscopy for chemical analysis** röntgenstrahlangeregte Photoelektronenspektroskopie f, Röntgen[strahlen]-Photoelektronenspektroskopie f, XPS, Elektronenspektroskopie f für die chemische Analyse, ESCA, Photoelektronenspektroskopie f innerer Elektronen
- ~ **spectrum** Elektronenspektrum n (freier Elektronen)
- ~ **spin** Elektronenspin m
- ~ **spin angular momentum** Elektronenspin m
- ~ **spin coherence** (mag Res) Elektronenspin-Kohärenz f
- ~ **spin echo** (mag Res) Elektronenspin-Echo n
- ~ **spin echo envelope modulation** (Elres) Elektronenspin-Echo-Enveloppen-Modulation f, ESEEM
- ~ **spin-orbit interaction** (mag Res) Spin-Bahn-Kopplung f, Spin-Bahn-Wechselwirkung f, LS-Kopplung f, Russel-Saunders-Kopplung f
- ~ **spin polarization** Elektronenspinpolarisation f
- ~ **spin resonance** Elektronen[spin]resonanz f, ESR, paramagnetische Resonanz f, EPR (Zusammensetzungen s. unter ESR)
- ~-**stimulated desorption** (Spekt) elektronenstimulierte Desorption f
- ~-**stimulated desorption of ions** elektronenstimulierte Desorption f von Ionen, ESDI, elektronenstimulierte Ionendesorption f, ESID

electron

~ **-stimulated desorption of neutrals** elektronenstimulierte Desorption f von Neutralteilchen, ESDN
~ **structure** Elektronenstruktur f, elektronische Struktur f, Elektronenaufbau m
π **electron system** π-Elektronensystem n, π-System n
electron transfer Elektronenübertragung f, Elektronenübergang m
~ **-transfer couple** Elektronenübertragungspaar n
~ **-transfer current** Elektronendurchtrittsstrom m, Elektronenübergangsstrom m
~ **-transfer mechanism** Elektronenübertragungsmechanismus m
~ **-transfer process** Elektronenübertragungsvorgang m
~ **-transfer rate** Elektronenübertragungsgeschwindigkeit f, Elektronendurchtrittsgeschwindigkeit f, Elektronenübergangsgeschwindigkeit f
~ **-transfer rate constant** Elektronenübertragungsgeschwindigkeitskonstante f, Elektronendurchtrittsgeschwindigkeitskonstante f, Elektronenübergangsgeschwindigkeitskonstante f
~ **transfer reaction** Elektronendurchtrittsreaktion f, Elektronenübergangsreaktion f, Elektronenübertragungsreaktion f
~ **transmission spectroscopy** Elektronentransmissionsspektroskopie f
~ **volt** Elektronenvolt n, eV (SI-fremde Einheit der Energie; 1 eV = 1,602 x 10^{-19} J)
~ **-withdrawing** elektronenziehend (Substituent)
electro-osmosis Elektroosmose f
~ **-osmotic** elektroosmotisch
~ **-osmotic flow (flux)** elektroosmotische Strömung (Flüssigkeitsströmung) f, elektroosmotischer Fluß m
electropherogram Elektropherogramm n, Pherogramm n
electropherography Elektrophorese f auf Trägern, Trägerelektrophorese f, Elektropherographie f, Elektrochromatographie f
electrophile Elektrophil n, elektophiles Agens (Reagenz) n
electrophilic elektrophil, elektronensuchend, elektronenfreundlich, elektronenanziehend, kationoid
~ **agent** s. electrophile
electrophilicity Elektrophilie f
electrophoresis Elektrophorese f
~ **apparatus** Elektrophoreseapparatur f
~ **buffer** (Elph) Elektrodenpuffer m
~ **by Tiselius method** [träger]freie Elektrophorese f, Tiselius-Elektrophorese f
~ **in a fixed (supporting) medium** Elektrophorese f auf Trägern, Trägerelektrophorese f, Elektropherographie f, Elektrochromatographie f
~ **strip** Trägerstreifen m
~ **tank** Elektrophoresekammer f
~ **unit** Elektrophoreseapparatur f
electrophoretic elektrophoretisch
~ **apparatus** Elektrophoreseapparatur f
~ **constant** elektrophoretische Konstante f
~ **effect** elektrophoretischer Effekt m, Debye-Hückel-Effekt m
~ **equipment** Elektrophoreseausrüstung f
~ **fractionation** elektrophoretisches Fraktionieren n, elektrophoretische Fraktionierung f
~ **migration** elektrophoretische Wanderung f
~ **mobility** elektrophoretische Beweglichkeit (Mobilität) f
~ **motion (movement)** elektrophoretische Wanderung f
~ **separation** elektrophoretische Tennung f
electrophoretogram Elektropherogramm n, Pherogramm n
electro-polarizer elektrischer Polarisator m
electroreducible substance elektrisch reduzierbare Substanz f
electroseparation Elektroseparation f
electrosolution technique Elektrographie f
electrostatic analyser (Maspek) elektrostatischer Massenanalysator (Analysator) m
~ **attraction** elektrostatische (Coulombsche) Anziehung f
~ **force** elektrostatische (Coulombsche) Kraft f
~ **force of attraction** elektrostatische (Coulombsche) Anziehungskraft f
~ **interaction** elektrostatische Wechselwirkung f
~ **lens** elektrostatische Linse f
~ **noise** (Meß) elektrostatisches Rauschen n
~ **repulsion** elektrostatische (Coulombsche) Abstoßung f
~ **sector** (Maspek) elektrostatischer Sektor m, elektrostatisches (elektrisches) Sektorfeld n
electrothermal analysis Elektrothermoanalyse f, ETA
~ **atomic absorption spectrometry** elektrothermische Atomabsorptionsspektrometrie f, ETAAS, Atomabsorptionsspektrometrie f mit elektrothermischer Atomisierung, flammenlose Atomabsorptionsspektrometrie f
~ **atomization** (opt At) elektrothermisches Atomisieren n, elektrothermische Atomisierung f
~ **atomization atomic absorption spectrometry** s. ~ atomic absorption spectrometry
~ **atomizer** (opt At) elektrothermischer Atomisator m
~ **evaporation** elektrothermische Verdampfung f
elemental analyser Elementaranalysator m, Elementaranalysegerät n, Elementaranalysenapparat m, Elementaranalysator m
~ **analysis** Elementaranalyse f
~ **charge** s. elementary charge
~ **composition** Elementarzusammensetzung f
~ **concentration** Elementkonzentration f, Elementgehalt m
elementary analysis Elementaranalyse f
~ **charge** [elektrische] Elementarladung f, elektrisches Elementarquantum n, e

~ **electric charge** s. ~ charge
~ **particle** *(rad Anal)* Elementarteilchen *n*
~ **reaction** Elementarreaktion *f*
~ **reaction rate** Geschwindigkeit *f* der Elementarreaktion
~ **substance** Elementarsubstanz *f*, Elementarstoff *m*, elementare Substanz *f*
element-specific elementspezifisch *(Detektor)*
ELES (energy-loss electron spectroscopy) Elektronenenergieverlust-Spektroskopie *f*, Energieverlustspektroskopie *f*
elevated temperature erhöhte Temperatur *f*
eliminate/to eliminieren, beseitigen, entfernen
elimination Eliminierung *f*, Beseitigung *f*, Entfernung *f*
ELISA (enzyme-linked immuno-sorbent assay) heterogener Enzymimmuntest *m*
ellipsometer Ellipsometer *n*
ellipsometric ellipsometrisch
ellipsometry Ellipsometrie *f*, ELL
elliptically polarized elliptisch polarisiert
ellipticity Elliptizität *f*
elongated spot langgezogener Fleck *m*
ELS (energy loss spectroscopy) Elektronenenergieverlust-Spektroskopie *f*, Energieverlustspektroskopie *f*
eluant s. eluent
eluate *(Chr)* Eluat *n*, *(Flchr auch)* Ablauf *m*
~ **fraction** *(Chr)* Eluatfraktion *f*
eluent Eluent *m*, Elutionsmittel *n (mobile Phase in der Elutionschromatographie)*, *(Flchr auch)* flüssige [mobile] Phase *f*, Lösungsmittel *n*, Flüssigphase *f*, *(Flächenchromatographie auch)* Fließmittel *n*, Laufmittel *n*, Trennmittel *n*, *(Gaschr auch)* gasförmige mobile Phase *f*, Trägergas *n*
~ **composition** Eluentenzusammensetzung *f*, Elutionsmittelzusammensetzung *f*
~ **flow** Eluentenfluß *m*
~ **gradient** Elutionsmittelgradient *m*, Lösungsmittelgradient *m*
~ **ion** Eluent-Ion *n*, Eluens-Ion *n*
~ **mixture** Eluentengemisch *n*, Eluentenmischung *f*, Elutionsmittelgemisch *n*, Lösungsmittelgemisch *n*
~ **parameter** Lösungsmittelstärkeparameter *m*, Lösungsmittelstärke *f*
~ **programming** Elutionsmittelprogrammierung *f*, Lösungsmittelprogrammierung *f*
~ **reservoir** Elutionsmittelvorratsgefäß *n*
~ **stream** Eluentenstrom *m*, Elutionsmittelstrom *m*
~ **viscosity** Viskosität *f* des Eluenten
~ **volume** Elutionsvolumen *n*
eluotropic series *(Flchr)* eluotrope Reihe (Serie) *f*, eluotrope Lösungsmittelreihe (Lösungsmittelserie) *f*
elute/to *(Chr)* eluieren
eluting agent s. eluent
~ **buffer solution** *(Flchr)* Elutionspufferlösung *f*, Elutionspuffer *m*

~ **medium** s. eluent
~ **power** s. elution strength
~ **solvent** *(Flchr)* Eluent *m*, Elutionsmittel *n*, flüssige [mobile] Phase *f*, Lösungsmittel *n*, Flüssigphase *f*, *(bei Flächenchromatographie auch)* Fließmittel *n*, Laufmittel *n*, Trennmittel *n*
~ **strength** s. elution strength
elution *(Chr)* Elution *f*
~ **analysis** Elutionsanalyse *f*
~ **band** Elutionsbande *f*, Peak *m*
~ **behaviour** Elutionsverhalten *n*
~ **buffer** Elutionspufferlösung *f*, Elutionspuffer *m*
~ **chamber** Entwicklungskammer *f*, Chromatographie[r]kammer *f*, Trennkammer *f*
~ **chromatogram** Elugramm *n*
~ **chromatography** Elutionschromatographie *f*
~ **curve** Elutionskurve *f*
~ **development** Elutionsentwicklung *f*
~ **method** Elutionsmethode *f*, Elutionstechnik *f*
~ **order** Elutions[reihen]folge *f*, Elutionsreihe *f*, Eluierungsreihenfolge *f*
~ **parameter** Elutionsparameter *m*
~ **power (strength)** Elutions[mittel]stärke *f*, Elutionskraft *f*, Solvensstärke *f*
~ **technique** Elutionsmethode *f*, Elutionstechnik *f*
~ **temperature** Elutionstemperatur *f*
~ **time** Bruttoretentionszeit *f*, Gesamtretentionszeit *f*, Durchbruchszeit *f*, Retentionszeit *f*, Elutionszeit *f*
~ **volume** Elutionsvolumen *n*
EM (electron microscopy) Elektronenmikroskopie *f*
EMA (electron microprobe analysis) Elektronenstrahl-Mikroanalyse *f*, ESMA
emf (electromotive force) elektromotorische Kraft *f*, EMK, elektrische Urspannung *f*
emission Emission *f*, Aussendung *f*, Ausstrahlung *f*, Abstrahlung *f*
~ **band** *(Spekt)* Emissionsbande *f*
~ **dipole** *(Spekt)* Emissionszentrum *n*, strahlender Dipol *m*
~ **interference** *(Spekt)* Emissionsstörung *f*
~ **line** *(Spekt)* Emissionslinie *f*
~ **measurement** Emissionsmessung *f*
~ **monochromator** *(Spekt)* Emissionsmonochromator *m*
~ **of energy** Energieemission *f*
~ **of flue gas** Rauchgasemission *f*
~ **signal** *(Spekt)* Emissionssignal *n*
~ **source** *(Spekt)* Emissionsquelle *f*
~ **spectrometer** Emissionsspektrometer *n*
~ **spectroscopy** Emissionsspektroskopie *f*, ES, Emissionsspektralanalyse *f*
~ **spectrum** Emissionsspektrum *n*
~ **wavelength** *(Spekt)* Emissionswellenlänge *f*
emissivity *(Spekt)* Emissionsvermögen *n*
EMIT (enzyme-multiplied immunoassay technique) homogener Enzymimmuntest *m*
emit/to emittieren, aussenden, ausstrahlen, abstrahlen

EMP

EMP (electron microprobe) Elektronen[strahl]-Mikrosonde f
empirical correction empirische (auf Erfahrung beruhende) Korrektur f
~ **formula** empirische Formel f, Summenformel f, Bruttoformel f
emulsification Emulgieren n, Emulgierung f
emulsify/to emulgieren
emulsion Emulsion f
enantiomer Enantiomer n, optischer Antipode m, Spiegelbildisomer n, optisches Isomer n
enantiomeric enantiomer
~ **composition** Enantiomerenzusammensetzung f
~ **excess** Enantiomerenüberschuß m
~ **mixture** Enantiomerengemisch n
~ **resolution (separation)** Enantiomerentrennung f
enantiomer mixture Enantiomerengemisch n
~ **resolution (separation)** Enantiomerentrennung f
enantiomorph s. enantiomer
enantioselective enantioselektiv
enantioselectivity Enantioselektivität f
enantiospecific enantiospezifisch
enantiospecificity Enantiospezifität f
end cutting Abschneiden n des hinteren Chromatogrammteils
~ **fitting** Endfitting n
~ **group** Endgruppe f
~ **group analysis** Endgruppenbestimmung f, Endgruppenanalyse f
ENDOR (electron nuclear double resonance) Elektron-Kern-Doppelresonanz f, ENDOR
endothermal endotherm, wärmeaufnehmend
~ **reaction** endotherme (wärmeaufnehmende) Reaktion f
endothermic s. endothermal
end-point Endpunkt m
~-**point calculation** Endpunktberechnung f
~-**point detection** (Vol) Endpunktbestimmung f
~-**point detector** Endpunktmeßfühler m
~-**point determination (location)** (Vol) Endpunktbestimmung f
~-**point measurement electrode** Endpunktmeßelektrode f
~-**point method** (Katal) [kinetische] Endpunktmethode f, Endwertmethode f
~-**point reference electrode** Endpunktbezugselektrode f
~-**point sensor** Endpunktmeßfühler m
~ **temperature** Endtemperatur f
~-**to-end distance** Fadenendenabstand m, Endpunktabstand m (eines Makromoleküls)
energetic energiereich, hochenergetisch
energy Energie f
~ **absorption** Energieabsorption f, Absorption f von Energie
~ **absorption coefficient** (rad Anal) Absorptionskoeffizient m

~ **analyser** (Spekt) Energieanalysator m
~ **band** Energieband n
~ **barrier** Energiebarriere f, Energiewall m
~ **change** Energieänderung f, Änderung f des Energieinhalts
~ **density** Energiedichte f
~ **difference** Energieunterschied m, Energiedifferenz f, Differenz f der Energien
~-**dispersion spectrometer** energiedispersives Spektrometer n
~-**dispersive** (Spekt) energiedispersiv
~-**dispersive X-ray fluorescence** energiedispersive Röntgenfluoreszenz f
~-**dispersive X-ray fluorescence analysis** energiedispersive Röntgenfluoreszenzanalyse f
~-**dispersive X-ray spectroscopy** energiedispersive Röntgenspektroskopie f, EDX
~ **distribution** Energieverteilung f
~ **distribution [curve] spectroscopy** Energieverteilungsspektroskopie f
~ **distribution spectrum** Energieverteilungsspektrum n
~ **exchange** Energieaustausch m
~ **flux density** (rad Anal) Flußdichte f, Fluß m
~ **level** s. ~ state
~ **loss** Energieverlust m
~-**loss [electron] spectroscopy** Elektronenenergieverlust-Spektroskopie f, Energieverlustspektroskopie f
~-**loss spectrum** Energieverlustspektrum n
~ **of activation** Aktivierungsenergie f
~ **of interaction** Wechselwirkungsenergie f
~ **of the photon** Photonenenergie f
~ **of transition** Übergangsenergie f
~ **operator** (Spekt) Hamilton-Operator m
~ **resolution** (rad Anal) Energieauflösung f
~-**rich** energiereich, hochenergetisch
~ **separation** (Spekt) Energieabstand m
~ **spectrum** Energiespektrum n
~ **state** Energieniveau n, Energiezustand m, Energieterm m, Term m
~ **threshold** Energieschwelle f
~ **transfer** Energieübertragung f, Energietransfer m
ENFET (enzymatic field effect transistor) enzymatischer Feldeffekttransistor m, Enzym-FET m
enhance/to vergrößern, erhöhen, verstärken (eine Wirkung)
enhancement Vergrößerung f, Erhöhung f, Verstärkung f (einer Wirkung)
~ **factor** (Spekt) Verstärkungsfaktor m
enol (enolic) form (structure) Enolform f
enrich/to anreichern (mit Bestandteilen)
enrichment Anreicherung f (mit Bestandteilen)
~ **factor** Anreicherungsfaktor m, Anreicherungskoeffizient m
~ **stage** Anreicherungsschritt m
enthalpimetric enthalpiemetrisch
~ **analysis** Enthalpiemetrie f, enthalpiemetrische Analyse f

~ **end-point detection** *(Vol)* thermometrische Endpunktbestimmung *f*
enthalpy Enthalpie *f*, Gibbssche Wärmefunktion *f*, H
~ **change** *(th Anal)* Enthalpieänderung *f*
~ **of activation** Aktivierungsenthalpie *f*
~ **of combustion** Verbrennungsenthalpie *f*
~ **of dilution** Verdünnungsenthalpie *f*
~ **of fusion** *(th Anal)* Schmelzenthalpie *f*
~ **of mixing** Mischungsenthalpie *f*
~ **of reaction** *(th Anal)* Reaktionsenthalpie *f*
~ **of solution** Lösungsenthalpie *f*
~ **of vaporation** Verdampfungsenthalpie *f*
~ **value** *(th Anal)* Enthalpiewert *m*
entrain/to *(Grav)* mitreißen
entrainment *(Grav)* Mitreißen *n*
entrance slit *(Spekt)* Eintrittsspalt *m*
entrap/to *(Grav) (mechanisch)* einschließen
entrapment *(Grav) (mechanischer)* Einschluß *m*
entropically controlled entropiegesteuert, entropiebedingt, entropiekontrolliert
entropy change Entropieänderung *f*
~ **of activation** Aktivierungsentropie *f*
envelope Enveloppe *f*, Einhüllende *f*, Hüllkurve *f*
~ **processing subroutine** Teilprogramm *n* zur Hüllkurvenbearbeitung *(Laborautomation)*
environment Umgebung *f*, Milieu *n*; Gitter *n*, Umgebung *f (eines Kerns)*
environmental Umwelt...
~ **analysis** Umweltanalytik *f*
~ **condition** Umgebungsbedingung *f*
~ **matrix** Umweltmatrix *f*
~ **sample** Umweltprobe *f*
~ **test** Prüfung *f* unter festgelegten Umgebungsbedingungen
enzymatic analysis enzymatische Analyse *f*
~ **field effect transistor** enzymatischer Feldeffekttransistor *m*, Enzym-FET *m*
~ **reaction** enzymatische (enzymkatalysierte) Reaktion *f*, Enzymreaktion *f*
~ **reactor** *(Fließ)* Enzymreaktor *m*
~ **sensor** enzymatischer Sensor *m*, Enzymsensor *m*
enzyme Enzym *n*, Ferment *n*
~ **activator** Enzymaktivator *m*
~ **activity** Enzymaktivität *f*, enzymatische Aktivität *f*
~ -**catalysed** enzymkatalysiert
~ -**catalysed reaction** *s.* enzymatic reaction
~ **catalysis** Enzymkatalyse *f*
~ **effectiveness** Enzymwirksamkeit *f*
~ **electrode** *(Pot)* Enzym[substrat]elektrode *f*
~ **immunoassay** Enzym-Immun[o]assay *m*, EIA
~ **inhibitor** Enzyminhibitor *f*
~ **kinetics** Enzymkinetik *f*
~ -**linked immuno-sorbent assay** heterogener Enzymimmuntest *m*
~ -**multiplied immunoassay technique** homogener Enzymimmuntest *m*
~ **reaction** *s.* enzymatic reaction
~ **specificity** Enzymspezifität *f*

~ **substrate** Enzymsubstrat *n*
~ -**substrate complex** Enzym-Substrat-Komplex *m*, ES-Komplex *m*
~ **substrate electrode** *s.* ~ electrode
~ **tag** Enzym-Marker *m*, Enzym-Label *n*, Marker-Enzym *n*, Tracer-Enzym *n*
enzymic activity *s.* enzyme activity
EOS (extractable organic sulphur) extrahierbare organische Schwefelverbindungen *fpl*, EOS
eosin Eosin *n*, Tetrabromfluorescein *n*
EOX extrahierbare organische Halogenverbindungen *fpl*, EOX, extrahierbare organisch gebundene Halogene *npl*
EPA-approved method von der Umweltschutzbehörde zugelassene Methode
~ -**mandated parameter** mit Vollmacht der Umweltschutzbehörde erteilte Kenngröße
epithermal neutron *(rad Anal)* epithermisches Neutron *n*
EPMA (electron probe microanalysis) Elektronenstrahl-Mikroanalyse *f*, ESMA
epoxide Epoxid *n*
EPR (electron paramagnetic resonance) Elektronenspinresonanz *f*, ESR, Elektronenresonanz *f*, paramagnetische Resonanz *f*, EPR *(Zusammensetzungen s. unter ESR)*
EPXMA (electron probe X-ray microanalysis) Elektronenstrahl-Mikroanalyse *f*, ESMA
equation for ideal gases [thermische] Zustandsgleichung *f* idealer Gase, ideale Gasgleichung *f*, ideales Gasgesetz *n*
~ **of motion** Bewegungsgleichung *f*
~ **of state** Zustandsgleichung *f*
equatorial protons equatoriale Protonen *npl*
equilibrate/to äquilibrieren
equilibration Herstellung *f* des Gleichgewichts, Äquilibrierung *f*; Gleichgewichtseinstellung *f*
~ **time** Äquilibrierungszeit *f*
equilibrium Gleichgewicht *n*; Ruhelage *f*
~ **concentration** Gleichgewichtskonzentration *f*
~ **condition** Gleichgewichtsbedingung *f*
~ **constant** Gleichgewichtskonstante *f*; Massenwirkungskonstante *f*
~ **distribution coefficient** *(Ion)* Selektivitätskoeffizient *m*
~ **magnetization** *(mag Res)* Gleichgewichtsmagnetisierung *f*, makroskopische Magnetisierung (Gesamtmagnetisierung) *f*, longitudinale Magnetisierung *f*, M-Z-Magnetisierung *f*
~ **method** *(Sed)* Gleichgewichtsmethode *f*, Zentrifugation *f* im Sedimentationsgleichgewicht
~ **partition** Gleichgewichtsverteilung *f*
~ **potential** Gleichgewichtspotential *n*, Gleichgewichtsgalvanispannung *f*, Nernst-Potential *n*
~ **reaction** Gleichgewichtsreaktion *f*
~ **relationship** Gleichgewichtsbeziehung *f*
~ **state** Gleichgewichtszustand *f*
~ **value** Gleichgewichtswert *m*
equimolar äquimolar

equivalence

equivalence Äquivalenz f, Gleichwertigkeit f
- ~ **factor** Äquivalenzfaktor m
- ~ **point** *(Vol)* Äquivalenzpunkt m, stöchiometrischer Punkt m, theoretischer Endpunkt m
- ~-**point detection** *(Vol)* Äquivalenzpunktbestimmung f
- ~-**point potential** *(Vol)* Äquivalenzpunktpotential n, Umschlagspotential n
- ~ **potential** Äquivalenzpotential n
- ~ **value** Äquivalenzwert m

equivalent Äquivalent n, äquivalente (äquimolekulare) Menge f
- ~ **circuit analysis** Ersatzstromkreisanalyse f
- ~ **conductance** Äquivalentleitfähigkeit f
- ~ **conductance at infinite dilution** Äquivalentleitfähigkeit f bei unendlicher Verdünnung, Grenzleitfähigkeit f
- ~ **entity** Äquivalentteilchen n
- ~ **ion (ionic) conductance** Ionenäquivalentleitfähigkeit f, Äquivalentleitfähigkeit f der Ionen
- ~ **point** s. equivalence point
- ~ **protons** *(kern Res)* äquivalente Protonen npl
- ~ **radius** Äquivalentradius m *(eines Makromoleküls)*
- ~ **relation** *(Stat)* Äquivalentbeziehung f
- ~ **weight** Äquivalentmasse f

erbium Er Erbium n
eriochrome black T Eriochromschwarz n T
- ~ **blue black RC** Eriochromblauschwarz n R, Calcon n

Erlenmeyer flask Erlenmeyer-Kolben m
erroneous interpretation Fehlinterpretation f
error Fehler m
- ~ **coefficient** Fehlerkoeffizient m
- ~ **correction** Fehlerkorrektur f
- ~ **curve** Fehlerkurve f
- ~ **distribution** Fehlerverteilung f
- ~ **estimation** Fehlerabschätzung f
- ~ **first kind** Fehler m erster Art
- ~ **first kind probability** Wahrscheinlichkeit f des Fehlers erster Art
- ~-**free** fehlerfrei, fehlerlos *(Messung)*
- ~ **frequency** Fehlerhäufigkeit f
- ~ **function** Fehlerfunktion f
- ~ **in indication** Anzeigefehler m
- ~ **in measuring** Meßfehler m, wahrer Fehler m
- ~ **in weighing** Wägefehler m, Wägungsfehler m

errorless fehlerfrei, fehlerlos *(Messung)*
error of measurement Meßfehler m, wahrer Fehler m
- ~ **of method** methodischer Fehler m, Verfahrensfehler m
- ~ **of observation (reading)** Ablesefehler m, Beobachtungsfehler m
- ~ **of the first kind** *(Stat)* Fehler m erster Art
- ~ **of the second kind** *(Stat)* Fehler m zweiter Art
- ~ **of the third kind** *(Stat)* Fehler m im Ansatz
- ~ **probability** *(Stat)* Fehlerwahrscheinlichkeit f, Irrtumswahrscheinlichkeit f
- ~ **propagation** Fehlerfortpflanzung f
- ~ **propagation theorem** Fehlerfortpflanzungsgesetz n
- ~ **range** Fehlerbereich m
- ~ **rate** Fehlerrate f, Fehlerquote f
- ~ **recognition** Fehlererkennung f
- ~ **source** Fehlerquelle f
- ~ **statistics** Fehlerstatistik f
- % **error** prozentualer Fehler m

ES (emission spectroscopy) Emissionsspektroskopie f, ES, Emissionsspektralanalyse f
ESCA (electron spectroscopy for chemical analysis) röntgenstrahlangeregte Photoelektronenspektroskopie f, Röntgen[strahlen]-Photoelektronenspektroskopie f, XPS, Elektronenspektroskopie f für die chemische Analyse, ESCA, Photoelektronenspektroskopie f innerer Elektronen
escape depth Austrittstiefe f, Ausdringtiefe f, Emissionstiefe f *(von Elektronen)*
ESD (electron-stimulated desorption) *(Spekt)* elektronenstimulierte Desorption f
ESDI (electron-stimulated desorption of ions) elektronenstimulierte Desorption f von Ionen, ESDI, elektronenstimulierte Ionendesorption f, ESID
ESDN (electron-stimulated desorption of neutrals) elektronenstimulierte Desorption f von Neutralteilchen, ESDN
ESEEM (electron spin echo envelope modulation) *(Elres)* Elektronenspin-Echo-Enveloppen-Modulation f, ESEEM
ESR (electron spin resonance) Elektronenspinresonanz f, ESR, Elektronenresonanz f, paramagnetische Resonanz f, EPR
- ~ **imaging** ESR-Imaging n
- ~ **line** ESR-Linie f
- ~ **signal** ESR-Signal f
- ~ **spectrometer** Elektronenspinresonanzspektrometer n, ESR-Spektrometer n
- ~ **spectroscopy** Elektronenspinresonanzspektroskopie f, ESR-Spektroskopie f, Elektronenresonanzspektroskopie f, paramagnetische Resonanzspektroskopie f, EPR-Spektroskopie f
- ~ **spectrum** Elektronenspinresonanzspektrum n, ESR-Spektrum n, paramagnetisches Resonanzspektrum n, EPR-Spektrum n
- ~ **transition** ESR-Übergang m

ester Ester m
esterification Veresterung f, Verestern n
ester linkage Esterbindung f
estimate Schätzwert m
estimate/to schätzen, abschätzen
estimation Schätzung f, Abschätzung f
ETA (electrothermal analysis) Elektrothermoanalyse f, ETA
ETA-AAS (electrothermal atomization atomic absorption spectrometry) elektrothermische Atomabsorptionsspektrometrie f, ETAAS, Atomabsorptionsspektrometrie f mit elektrothermischer Atomisierung, flammenlose Atomabsorptionsspektrometrie f

ETE (electrothermal evaporation) elektrothermische Verdampfung *f*
1,2-ethanediol Ethylenglycol *n*, Glycol *n*, 1,2-Ethandiol *n*
ethanoic acid Essigsäure *f*, Ethansäure *f*
ethanol Ethanol *m*, Ethylalkohol *m*
ethanolamine Ethanolamin *n*, 2-Aminoethanol *n*, Monoethanolamin *n*, Aminoethylalkohol *m*
ethanolic ethanolisch, alkoholisch
ether Ether *m*, *(i.e.S.)* Diethylether *m*, Ether *m*
~ **extraction** Etherextraktion *f*
~ **linkage** Etherbindung *f*
p-**ethoxychrysoidine** *p*-Ethoxychrysoidin *n*
ethyl acetate Ethylacetat *n*, Essigester *m*, Essigsäureethylester *m*
~ **alcohol** Ethanol *m*, Ethylalkohol *m*
ethylene chloride Ethylenchlorid *n*
ethylenediamine tetraacetic acid Ethylendiamintetraessigsäure *f*, EDTE, Ethylendinitrilotetraessigsäure *f*, Ethylendinitrilotetraethansäure *f*
~ **tetraacetic acid method** *(Vol)* Ethylendiamintetraessigsäure-Methode *f*, EDTE-Methode *f*
ethylenedinitrilotetraacetic acid *s.* ethylendiamine tetraacetic acid
ethylene glycol Ethylenglycol *n*, Glycol *n*, 1,2-Ethandiol *n*
ethyl ether Diethylether *m*, Ether *m*
ETS (electron transmission spectroscopy) Elektronentransmissionsspektroskopie *f*
europium Eu Europium *n*
eutectic mixture eutektische Mischung *f*, eutektisches Gemisch *n*, Eutektikum *n*
~ **point** *(th Anal)* eutektischer Punkt *m*
eV (electron volt) Elektronenvolt *n*, eV *(SI-fremde Einheit der Energie; 1 eV = 1,602 × 10⁻¹⁹ J)*
evacuate/to evakuieren
evacuation Evakuieren *n*, Evakuierung *f*
evaluate/to auswerten; bewerten
~ **statistically** statistisch auswerten
evaluation Auswertung *f*; Bewertung *f*
~ **scheme** Bewertungsschema *n*
~ **test** bewertende Prüfung *f*
evaluative error Auswertungsfehler *m*
evaporate/to verdampfen; verdunsten *(unterhalb des normalen Siedepunktes)*; eindampfen *(Lösungen)*; abdampfen, verdampfen [lassen] *(ein Lösungsmittel)*
~ **to dryness** zur Trockne eindampfen
evaporating basin (dish) Abdampfschale *f*
evaporation Verdampfen *n*, Verdampfung *f*; Verdunsten *n*, Verdunstung *f* *(unterhalb des normalen Siedepunkts)*; Eindampfen *n* *(von Lösungen)*
~ **loss** Verdunstungsverlust *m*
~ **rate of helium** Helium-Abdampfrate *f*
~ **to dryness** Eindampfen *n* zur Trockne
even-alternate hydrocarbon alternierender Kohlenwasserstoff *m*
~ -**electron ion** Ion *n* mit gerader Elektronenanzahl, geradelektronisches Ion *n*

evolution Evolution *f*, Entwicklung *f*
~ **period** *(kern Res)* Evolutionsphase *f*, Entwicklungsphase *f*, Evolutionsperiode *f* *(zweidimensionale NMR-Spektroskopie)*
~ **time** *(kern Res)* Evolutionszeit *f* *(zweidimensionale NMR-Spektroskopie)*
evolve/to sich entwickeln, entstehen
evolved gas analysis Emissionsgasthermoanalyse *f*, EGA, EGA-Methode *f*
EXAFS (extended X-ray absorption fine structure) Feinstruktur *f* der Absorptionsbanden im Röntgenspektrum, EXAFS
examination Untersuchung *f*, Prüfung *f*, Überprüfung *f*
examine/to untersuchen, prüfen, überprüfen
exceedingly sensitive höchst empfindlich
exceeding probability Überschreitungswahrscheinlichkeit *f*
excess Überschuß *m*; Exzeß *m* *(einer verzerrten Häufigkeitsverteilung)*
~ **energy** Überschußenergie *f*, überschüssige Energie *f*
excessive exzessiv
excess noise *(Meß)* Flickerrauschen *n*, Modulationsrauschen *n*, 1/f-Rauschen *n*
~ **population** Besetzungsüberschuß *m*
~ **reagent** überschüssiges Reagens *n*
exchange Austausch *m*
exchange/to austauschen
exchangeability Austauschbarkeit *f*
exchangeable austauschbar
~ **protons** austauschbare Protonen *f*
~ **site** *(Ion)* Austauschplatz *m* *(eines Ionenaustauschers)*
exchange broadening *(kern Res)* Austauschverbreiterung *f*
~ **capacity** Ionen[aus]tauschkapazität *f*, Austausch[er]kapazität *f*, Kapazität *f*
~ **equilibrium** Austauschgleichgewicht *n*
~ **frequency** *(kern Res)* Austauschfrequenz *f*
~ **group** Ankergruppe *f*, austauschaktive (austauschfähige) Gruppe *f*, Austausch[er]gruppe *f*, Ionenaustausch[er]gruppe *f* *(ionisierbare funktionelle Gruppe in einem Ionenaustauscher)*
~ **interaction** Austauschwechselwirkung *f*
~ **isotherm** Austauschisotherme *f*
~ **layer** Austauschschicht *f*
~ **of energy** Energieaustausch *m*
~ **of protons** *(kern Res)* Protonenaustausch *m*
~ **phenomenon** *(kern Res)* Austauschphänomen *n*
~ **process** *(kern Res)* Austauschvorgang *m*
~ **properties** Austauscheigenschaften *fpl*
exchanger Ionen[aus]tauscher *m*, Austauscher *m*
exchange rate Austauschgeschwindigkeit *f*
~ **reaction** Ionenaustauschreaktion *f*, Austauschreaktion *f*; Substitutionsreaktion *f*, Verdrängungsreaktion *f*, Austauschreaktion *f*
~ **resin** Ionenaustausch[er]harz *n*, Austauscherharz *n*, Kunstharz[-Ionen]austauscher *m*

exchanger

exchanger group s. exchange group
exchange site *(Ion)* Austauschplatz *m (eines Ionenaustauschers)*
~ **spectrum** *(kern Res)* Austauschspektrum *n*
~ **unit** s. exchange group
exchanging group s. exchange group
excimer *(opt Mol)* Excimer *n*, angeregtes Dimer *n*
~ **laser** Excimer-Laser *m (mit angeregten Dimeren)*
exciplex *(opt Mol)* Exciplex *m*, angeregter Komplex *m*
~ **laser** Exciplex-Laser *m (mit angeregten Komplexen)*
excitation Anregung *f (von Atomen)*
~ **beam** Anregungsstrahl *m*
~ **conditions** Anregungsbedingungen *fpl*
~ **energy** Anregungsenergie *f*
~ **frequency** Anregungsfrequenz *f*
~ **level** Anregungsniveau *n*
~ **mechanism** Anregungsmechanismus *m*
~ **method** Anregungsmethode *f*
~ **monochromator** Anregungsmonochromator *m*
~ **potential** Anregungsspannung *f*, Anregungspotential *n*
~ **process** Anregungsvorgang *m*
~ **pulse** Anregungs[im]puls *m*
~ **radiation** Anregungsstrahlung *f*
~ **sequence** Anregungssequenz *f*
~ **signal** Anregungssignal *n*
~ **source** Anregungsquelle *f*
~ **spectrum** Anregungsspektrum *n*
~ **wavelength** Anregungswellenlänge *f*
excite/to anregen *(Atome)*
excited dimer s. excimer
~ **electronic state** angeregter Elektronenzustand (elektronischer Zustand) *m*, elektronisch angeregter Zustand *m*
~ **level** Anregungsniveau *n*
~ **species** angeregte Spezies *f*
~ **state** angeregter Zustand *m*, Anregungszustand *m*
exciting frequency Anregungsfrequenz *f*
~ **line** *(opt Mol)* Erregerlinie *f*
~ **radiation** Anregungsstrahlung *f*
~ **wavelength** Anregungswellenlänge *f*
exciton *(Spekt)* Exziton *n*
exclude/to ausschließen *(Moleküle)*
excluded molecule *(Flchr)* [vollkommen] ausgeschlossenes Molekül *n*
~ **volume** ausgeschlossenes Volumen *n*
exclusion Ausschluß *m (von Molekülen)*
~ **chromatography** Ausschlußchromatographie *f*, Größenausschlußchromatographie *f*, Gelchromatographie *f*, Gel-C *f*
~ **limit** *(Flchr)* Ausschlußgrenze *f*
exhaust gas Abgas *n*
exhaustive analysis erschöpfende Analyse *f*
exit aperture Austrittsöffnung *f*
~ **slit** *(Maspek)* Austrittsspalt *m*, Kollektorspalt *m*

exothermal exotherm, wärmeabgebend
~ **reaction** exotherme (wärmeabgebende) Reaktion *f*
exothermic s. exothermal
expand/to sich ausdehnen
expanding-jet interface *(Maspek)* Thermospray-Interface *n*
expansion Ausdehnung *f*
~ **factor** Expansionsfaktor *m*, Aufweitungsfaktor *m (eines Makromoleküls)*
expect/to erwarten
expectancy value Erwartungswert *m*
expectation Erwartung *f*
~ **value** Erwartungswert *m*
expected value Erwartungswert *m*
expel/to [her]austreiben, vertreiben, verjagen *(flüchtige Bestandteile)*
experimental experimentell, experimental, Experimental..., Versuchs...
~ **arrangement** Versuchsanordnung *f*, Versuchsaufbau *m*
~ **conditions** Versuchsbedingungen *fpl*, experimentelle Bedingungen *fpl*
~ **data** Versuchsdaten *pl*
~ **design** Versuchsplan *m*
~ **error** Versuchsfehler *m*
~ **examination** experimentelle Untersuchung *f*
~ **material** Untersuchungsmaterial *n*, zu untersuchendes Material *n*, Probengut *n*
~ **observation** experimentelle Beobachtung *f*
~ **procedure** Versuchsdurchführung *f*
~ **result** Versuchsergebnis *n*, experimentelles Ergebnis *n*
~ **set-up** Versuchsanordnung *f*, Versuchsaufbau *m*
~ **solution** Probelösung *f*, Prüflösung *f*, Prüflingslösung *f*, Untersuchungslösung *f*
~ **spectrum** experimentelles Spektrum *n*
~ **substance** Versuchssubstanz *f*, Probesubstanz *f*, Untersuchungssubstanz *f*
~ **value** experimenteller Wert *m*, Versuchswert *m*
experiment data Versuchsdaten *pl*
exponential exponentiell
~ **distribution** Exponentialverteilung *f*
~ **gradient** *(Flchr)* exponentieller Gradient *m*
exposure Exposition *f* • **by ~ to air** durch Lufteinwirkung
~ **time** Einwirkungsdauer *f*, Expositionsdauer *f*; Belichtungsdauer *f*
EXSY (exchange spectroscopy) 2D-Austausch-NMR-Spektroskopie *f*, [2D-]Austauschspektroskopie *f*
extemporaneous solution unvorbereitete Lösung *f*
extended pathlength gas cell *(Spekt)* Gasküvette *f* mit verlängertem Lichtweg
~ **X-ray absorption fine structure** Feinstruktur *f* der Absorptionsbanden im Röntgenspektrum, EXAFS

extent of reaction Reaktionslaufzahl *f*
external chromatogram äußeres Chromatogramm *n*
~ **circuitry** äußere Schaltungsanordnung *f*
~ **current** Außenstrom *m*
~ **electrical circuit** äußerer elektrischer Stromkreis *m*
~ **generation** Reagenserzeugung *f* außerhalb der Titrierzelle
~ **indicator method** *(Vol)* externe Indikation *f*, Tüpfelmethode *f* *(zur Bestimmung des Endpunkts einer Titration)*
~ **lock** *(kern Res)* externer Lock *m*, externes Locksystem *n*
~ **magnetic field** äußeres Magnetfeld *n*
~ **quality assessment** externe Qualitätssicherung *f*
~ **reference** externe Referenzsubstanz *f*
~ **reference electrode** *(Pol)* von der Analysenlösung getrennte Bezugselektrode *f*
~ **standard** äußerer (externer) Standard *m*
~ **standard calibration** direkte (absolute, äußere) Kalibrierung *f*, Kalibrierung *f* mit äußerem Standard
~ **surface area** äußere Oberfläche *f*
extinction *(Spekt)* Extinktion *f*, Absorbanz *f*
~ **coefficient** Absorptionskoeffizient *n*, Extinktionskoeffizient *m*
extra-column dead volume *(Chr)* Totvolumen *n* *(zwischen Probenaufgabe und Säuleneingang und zwischen Säulenausgang und Detektor)*
~-**column effect** *(Chr)* Außersäuleneffekt *m*, Außerkolonneneffekt *m*
~-**column volume** *s.* extra-column dead volume
extract Extrakt *m* *(Lösungsmittel mit herausgelöstem Stoff)*
extract/to extrahieren *(ein Gemisch oder den Bestandteil eines Gemischs)*
~ **by shaking** ausschütteln
~ **with ether** mit Ether ausschütteln
extractability Extrahierbarkeit *f*
extractable extrahierbar
~ **organic halogens** extrahierbare organische Halogenverbindungen *fpl*, EOX, extrahierbare organisch gebundene Halogene *npl*
~ **organic sulphur** extrahierbare organische Schwefelverbindungen *fpl*, EOS
extractant Extraktionsmittel *n*
extracting agent (liquid, solvent) Extraktionsmittel *n*
extraction Extrahieren *n*, Extraktion *f*
~ **behaviour** Extraktionsverhalten *n*
~ **chamber** Extraktionsraum *m*
~ **chromatography** Ionenpaarchromatographie *f*, IPC, Ionenwechselwirkungschromatographie *f*, Ionenpaar-Reversed-phase-Chromatographie *f*, Ionenpaarchromatographie *f* an Umkehrphasen
~ **coefficient** Verteilungsverhältnis *n*, Extraktionskoeffizient *m*

~ **coil** *(Fließ)* Extraktionsschleife *f*
~ **constant** Extraktionskonstante *f*, Verteilungskonstante *f* *(Gleichgewichtskonstante der Verteilungsreaktion)*
~ **curve** Extraktionskurve *f*
~ **equilibrium** Extraktionsgleichgewicht *n*
~ **fractionation** Lösungsfraktionierung *f*, Lösefraktionierung *f*
~ **indicator** Indikator *m* für Zweiphasentitration
~-**photometric** extraktionsphotometrisch
~ **process** Extraktionsvorgang *m*
~ **reagent (solvent)** Extraktionsmittel *n*
~ **system** Extraktionssystem *n*
~ **thimble** Extraktionshülse *f*
~ **train** Extraktionsbatterie *f*
extraordinary ray *(Spekt)* außerordentlicher (extraordinärer) Strahl *m*
extrapolate/to extrapolieren
extrapolated range *(rad Anal)* extrapolierte Reichweite *f*
extrapolation Extrapolation *f*
extreme [value], extremum Extremwert *m*, Spitzenwert *m*, Extremum *n*
extrinsic property durch Störstellenleitung bedingte Eigenschaft *f*
Eyring equation Eyring-Gleichung *f* *(Kinetik)*

F

F *s.* 1. faraday; 2. Faraday constant
FAAS (flame atomic absorption spectrometry) Flammen-Atomabsorptionsspektrometrie *f*, Flammen-Atomabsorptionsspektralphotometrie *f*, Flammen-AAS *f*, FAAS
FAB (fast atom bombardment) *(Maspek)* Bombardierung *f* (Beschuß *m*) mit schnellen Atomen, Ionisierung *f* durch Atombeschuß
factor analysis Faktor[en]analyse *f*
factorial experiment *(Stat)* Faktorexperiment *n*, faktorieller Versuch *m*, Faktorenversuch *m*
~ **experimentation** *(Stat)* faktorielles Experimentieren *n*, Experimentieren *n* mit Faktoren
fade/to verblassen *(Färbung)*
FAES (flame atomic emission spectrometry) Flammenemissionsspektrometrie *f*, FES, Flammenphotometrie *f*
faintly alkaline schwach alkalisch (basisch)
Fajans method (titration) Titration (Bestimmung) *f* nach Fajans *(von Halogeniden)*
fall region abfallender Teil *m* *(eines Peaks)*
FANES (furnace atomization non-thermal emission spectrometry) nicht-thermische Ofen-Atomemissionsspektrometrie *f*
fan out/to auffächern *(Magnetisierung)*
faradaic admittance *(el Anal)* Faradaysche Admittanz *f*, Faraday-Admittanz *f*
~ **cell reaction** Faradaysche Zellreaktion *f*
~ **component** Faradayscher Stromanteil *m*

faradaic

~ **current** Faradayscher Strom *m*
~ **demodulation current** *(Pol)* Faradayscher Demodulationsstrom *m*
~ **demodulation signal** *(Pol)* Faradaysches Demodulationssignal *n*
~ **impedance** *(Pol)* Faradaysche Impedanz *f*, Faraday-Impedanz *f*
~ **rectification** Faradaysche Gleichrichtung *f*
~ **rectification current** Faradayscher Gleichrichtungsstrom *m*
faraday Faraday *n*, F *(SI-fremde Einheit der Elektrizitätsmenge; 1 F = 96493 Coulomb)*
Faraday cage collector *s.* ~ cup
~ **constant** Faraday-Konstante *f*, F, Faradaysche Konstante *f (F = 96487 C mol^{-1})*
~ **cup [collector]** *(Maspek)* Faraday-Auffänger *m*, Faraday-Becher *m*
~ **effect** Faraday-Effekt *m (Drehung der Polarisationsebene in einem Magnetfeld)*
~ **law** *(el Anal)* Faradaysches Gesetz *n*
faradic impedance *s.* faradaic impedance
far infrared [range, region] fernes Infrarot (Infrarotgebiet) *n*, ferner Infrarotbereich *m*, FIR
~-**infrared spectral region** *s.* far infrared
~-**infrared spectroscopy** IR-Spektroskopie *f* im fernen Infrarot
~-**ultraviolet region** ferner UV-Bereich *m*, ferner ultravioletter Bereich *m*
fast schnell *(Reaktion)*
~ **activation** Aktivierung *f* mit energiereichen Neutronen
~ **analysis** Schnellanalyse *f*
~ **atom bombardment [ionization]** *(Maspek)* Bombardierung *f* (Beschuß *m*) mit schnellen Atomen, Ionisierung *f* durch Atombeschuß
~ **exchange** schneller Austausch (Wechsel) *m*
~-**exchange region** *(kern Res)* Bereich *m* des schnellen Austauschs
~ **Fourier transform** schnelle Fourier-Transformation *f*
~ **Fourier transform analysis** *s.* FFT analysis
~ **neutron** *(rad Anal)* schnelles Neutron *n*
~ **paper** *(Flchr)* schnellaufendes Papier *n*
~ **reaction** schnelle Reaktion *f*
~-**weighing balance** Schnellwaage *f*
fatty acid Fettsäure *f*
~ **acid ester** Fettsäureester *m*
~ **acid methyl ester** Fettsäuremethylester *m*
fault alarm circuit Fehler-Alarmstromkreis *m*
faulty fehlerhaft
FD (field desorption) *(Maspek)* Felddesorption *f*, FD
F-distribution *(Stat)* F-Verteilung *f*
FDMS (field desorption mass spectrometry) Felddesorptions-Massenspektrometrie *f*, FDMS
FDNB (fluorodinitrobenzene) Fluordinitrobenzol *n*
feature value Merkmal[s]wert *m*
feedback Rückkopplung *f*
~ **control** Rückkopplungsregelung *f*

~ **impedance** Rückkopplungsimpedanz *f*
feedforward control Feedforward-Steuerung *f*
FE[E]M (field emission [electron] microscopy) Feldelektronenmikroskopie *f*, FEM
femtogram range Femtogrammbereich *m (10^{-15} bis 10^{-12} g)*
Fermi contact interaction *(mag Res)* Fermi-Kontakt *m*
~ **contact term** *(mag Res)* Fermi-Kontakt-Term *m*
~ **energy** *(Spekt)* Fermi-Energie *f*
~ **level** *(Spekt)* Fermi-Niveau *n*, Fermi-Kante *f*, Fermische Grenzenergie *f*
~ **resonance** *(Spekt)* Fermi-Resonanz *f*
fermium Fm Fermium *n*
ferric ion Eisen(III)-Ion *n*, Fe^{3+}-Ion *n*
ferricyanide Hexacyanoferrat(III) *n*
ferroin Ferroin *n*
ferromagnetic resonance ferromagnetische Resonanz *f*, FMR
ferrous-dichromate titration dichromatometrische Eisen(II)-Titration *f*
~ **ion** Eisen(II)-Ion *n*, Fe^{2+}-Ion *n*
ferrule *(Chr)* Dichtkonus *m*, Schneidring *m*
fertile *(rad Anal)* brütbar, brutfähig, in Spaltstoff umwandelbar
~ **material** Brutstoff *m*, Brutmaterial *n*
FFT (fast Fourier transform) schnelle Fourier-Transformation *f*
~ **analysis** schnelle Fourier-Analyse *f*
~ **subroutine** Teilprogramm *n* zur schnellen Fourier-Transformation
FI (field ionization) *(Maspek)* Feldionisation *f*, Feldionisierung *f*, FI
FIA 1. (flow-injection analysis) Fließinjektionsanalyse *f*, FIA; 2. (fluorescence indicator analysis) Fluoreszenz-Indikator-Analyse *f*, FIA
~ **extraction** *s.* flow-injection extraction
fibre bundle Faserbündel *n*
~-**optic** faseroptisch
~-**optic cable** Lichtleitkabel *n*
~ **optics** Faseroptik *f*, Fiberoptik *f*
fibrous fas[e]rig, faserartig, fibrös
~ **material** Fasermaterial *n*, Faserstoff *m*
~ **structure** Faserstruktur *f*, Fasergefüge *n*
Fick's law[of diffusion] Ficksches Diffusionsgesetz *n* (Gesetz) *n*
~ **second law** zweites Ficksches Gesetz *n (der Diffusion)*
FID 1. (free induction decay) *(mag Res)* freier Induktionsabfall *m*, Abfall *m* der freien Induktion, Abfall *m* der Quermagnetisierung (induzierten Magnetisierung); 2. *s.* FI detector
FI detector (flame ionization detector) *(Gaschr)* Flammenionisationsdetektor *m*, FID
field-assisted evaporation *(Maspek)* Feldverdampfung *f*
~ **axis** *(mag Res)* Feldachse *f*
~ **data** Einsatzdaten *pl*
~ **dependence** Feldabhängigkeit *f*

~-**dependent** feldabhängig
~ **desorption** *(Maspek)* Felddesorption *f*, FD
~ **desorption mass spectrometry** Felddesorptions-Massenspektrometrie *f*, FDMS
~ **desorption microscopy** Felddesorptionsmikroskopie *f*, FDM
~ **direction** Feldrichtung *f*
~ **emission [electron] microscopy** Feldelektronenmikroskopie *f*, FEM
~ **experiment** Feldversuch *m*, Freilandversuch *m*
~-**free region** *(Maspek)* feldfreier Bereich (Raum) *m*
~/**frequency lock (stabilization)** *(kern Res)* Feld-Frequenz-Stabilisierung *f*, Feld-Frequenz-Lock *m*
~ **generator** Felderzeuger *m*, Feldgenerator *m* *(Hochfrequenztitration)*
~ **gradient** Feld[stärke]gradient *m*
~ **homogeneity** Feldhomogenität *f*
~ **independence** Feldunabhängigkeit *f*
~-**independent** feldunabhängig
~ **inhomogeneity** Feldinhomogenität *f*
~ **ionization** *(Maspek)* Feldionisation *f*, Feldionisierung *f*, FI
~ **ionization laser spectroscopy** Feldionisations-Laserspektroskopie *f*, FILS
~ **ionization mass spectrometry** Feldionisations-Massenspektrometrie *f*, FIMS
~ **ionization microscopy** *s.* ~-ion microscopy
~-**ion mass spectrometry** *s.* ~ ionization mass spectrometry
~-**ion microscopy** Feldionenmikroskopie *f*, FIM
~ **line** Feldlinie *f*
~ **modulation** *(mag Res)* Feldmodulation *f*
~ **strength** *(elektrische oder magnetische)* Feldstärke *f*
~-**sweep experiment** *(kern Res)* Feld-sweep-Experiment *n*
~ **test** Feldversuch *m*, Freilandversuch *m*
~ **test kit** Testkit *n* für Freilandversuche
~ **trial** *s.* ~ test
figure Abbildung *f*
~ **axis** *(opt Mol)* Figurenachse *f*, Kreiselachse *f*
filament *(Gaschr)* Hitzdraht *m*, Heizdraht *m*, Heizer *m*
~ **current** Heizstrom *m*
~ **detector** Hitzdrahtdetektor *m*
~ **resistance** Heizerwiderstand *m*
~ **temperature** Heizertemperatur *f*
~-**type pyrolysis** Hitzdraht-Pyrolyse *f*
~-**type pyrolyzer** Hitzdraht-Pyrolysator *m*
filled needle method *(Gaschr)* Injektionsmethode *f* mit gefüllter Nadel
fill gas Füllgas *n*
filling Besetzung *f*, Population *f (eines Energieniveaus)*
~ **gas** Füllgas *n*
film deactivation *(Gaschr)* Polyethylenglykol-Desaktivierung *f*

~ **formation** Filmbildung *f*
~ **registration** Autoradiographie *f*
~ **thickness** Filmdicke *f*
FILS (field ionization laser spectroscopy) Feldionisations-Laserspektroskopie *f*, FILS
filter Filter *n*
filter/to filtrieren *(bei Trennung Flüssigkeit-Feststoff)*; filtern *(Gase)*; [aus]filtern, abfiltern *(Wellenlängen)*; sich filtrieren lassen, filtrierbar sein
~ **aseptically** sterilfiltrieren, durch Filtration keimfrei machen *(Pharmazie, Medizin)*
~ **by suction** [ab]nutschen, absaugen
~ **easily** gut filtrierbar sein, sich gut filtrieren lassen
~ **off** abfiltrieren *(Niederschläge)*
~ **out** [aus]filtern, abfiltern *(Wellenlängen)*
~ **under suction (vacuum)** *s.* ~ by suction
~ **with suction** *s.* ~ by suction
filterability Filtrierbarkeit *f*
filterable filtrierbar
filter aid Filterhilfsmittel *n*, Filtrationshilfe *f*, Filterhilfe *f*, Filterhilfsstoff *m*
~ **area** Filterfläche *f*
~ **assembly** *s.* filtration assembly
~ **cake** Filterkuchen *m*
~-**cake washing** Filterkuchenwäsche *f*
~ **cone** Trichtereinlage *f* zum Filtrieren
~ **crucible** Filtertiegel *m*, Filtriertiegel *m*
~ **disk** Filterscheibe *f*
~ **element** Filterelement *n*
~ **flask** Saugflasche *f*
~ **flow rate** Filtrationsgeschwindigkeit *f*, Filtriergeschwindigkeit *f*
~ **fluorometer** Filterfluorimeter *n*
~ **filtering** Filtration *f*, Filtrieren *n (bei Trennung Flüssigkeit-Feststoff)*; Filterung *f*, Filtern *n (bei Trennung Gas-Feststoff)*; Filterung *f*, Ausfilterung *f*, Abfilterung *f (von Wellenlängen)* *(Zusammensetzungen s.a. unter filter)*
~ **effect** Filterwirkung *f*
~ **funnel** Filtertrichter *m*
~ **pad** Filterschicht *f (aus faserigem Material)*
~ **pressure** Filtrationsdruck *m*
~ **rate** Filtrationsgeschwindigkeit *f*, Filtriergeschwindigkeit *f*
~ **technique** Filtriertechnik *f*
~ **time** Filtrationsdauer *f*, Filtrationszeit *f*
filter mass Filtermasse *f*, Filtriermasse *f*, Filtrierstoff *m*
~ **material (medium)** Filtermedium *n*, Filtermittel *n*, Filtermaterial *n*
~ **paper** Filterpapier *n*, Filtrierpapier *n*
~-**paper chromatography** Papierchromatographie *f*, PC
~-**paper disk** Filterpapierscheibe *f*, Rundfilter *n*
~-**paper electrophoresis** Papierelektrophorese *f*
~-**paper wick** Papierdocht *m*
~ **photometer** Filterphotometer *n*
~ **plate** Filterplatte *f*

filter

- **~ pump** Wasserstrahlpumpe f
- **~ rate** s. filtering rate
- **~ stick** Filterstäbchen n, Filterstab m
- **~ surface [area]** Filterfläche f
- **~ time** s. filtering time
- **~ tube** Filterröhrchen n, Filtrierröhrchen n
- **~ unit** Filtereinheit f
- **filtrable** filtrierbar
- **filtrate** Filtrat n
- **filtrate/to** filtrieren *(bei Trennung Flüssigkeit-Feststoff)*; filtern *(Gase)*; sich filtrieren lassen, filtrierbar sein
- **filtrate jar** Filtrierstutzen m
- **filtration** Filtration f, Filtrieren n *(bei Trennung Flüssigkeit-Feststoff)*; Filterung f, Filtern n *(bei Trennung Gas-Feststoff)*
- **~ accelerator** s. filter aid
- **~ assembly** Filterapparatur f, Filtrieranordnung f
- **~ by gravity** Filtration f unter Wirkung der Schwerkraft
- **~ flask** Saugflasche f
- **60° filtration funnel** Analysentrichter m
- **filtration medium** s. filter material
- **~ pressure** Filtrationsdruck m
- **~ properties** Filtrationseigenschaften fpl
- **~ rate** s. filtering rate
- **~ time** s. filtering time
- **~ under reduced pressure** Filtration f unter vermindertem Druck
- **~ under suction** Filtration f unter vermindertem Druck
- **~ velocity** s. filtering rate
- **FIM** (field ion microscopy) Feldionenmikroskopie f, FIM
- **FIMS** (field ionization mass spectrometry) Feldionisations-Massenspektrometrie f, FIMS
- **final composition** Endzusammensetzung f
- **~ concentration** Endkonzentration f
- **~ content** Restgehalt m
- **~ control element** *(Proz)* Stellglied n
- **~ estimate** Endschätzwert m
- **~ inspection** Endprüfung f
- **~ laboratory sample** Endprobe f
- **~ period** Nachperiode f, Nachversuch m *(einer kalorimetrischen Messung)*
- **~ pressure** Enddruck m
- **~ sample** Endprobe f
- **~ solubility** Endlöslichkeit f
- **~ stage** Endstufe f, Endstadium n
- **~ state** Endzustand m
- **~ step** s. ~ stage
- **~ strength** Endkonzentration f
- **~ temperature** Endtemperatur f
- **~ value** Endwert m
- **find out/to** bestimmen, feststellen, ermitteln
- **fine adjustment** Feineinstellung f *(eines Meßgeräts)*
- **~-grain** feinkörnig
- **finely divided** fein verteilt, in feiner Verteilung
- **fine material** Feingut n
- **~-porosity** engporig
- **fines** Feingut n
- **fine sizes** Feingut n
- **~ splitting** s. ~ structure splitting
- **~ structure** *(Spekt)* Feinstruktur f
- **~ structure splitting** *(Spekt)* Feinstrukturaufspaltung f
- **~ tuning** Feinregulierung f
- **fingering [effect]** *(Flchr)* Ausfingern n
- **fingerprint** Fingerabdruck m, Fingerprint m
- **~ region** Fingerprint-Gebiet n, Fingerprint-Bereich m, Fingerabdruckgebiet n, Fingerabdruckbereich m
- **~ spectrum** Fingerprint-Spektrum n
- **finned septum holder** *(Gaschr)* Septumhalter m mit Kühlrippen
- **F⁻ ion-selective electrode** fluoridselektive (fluoridsensitive, fluoridspezifische) Elektrode f, Fluorid-ISE f
- **FIR** (far infrared), **FIR region** fernes Infrarot[gebiet] n, ferner Infrarotbereich m, FIR
- **first-class electrode** Elektrode f erster Art
- **~ derivative** erste Ableitung f
- **~-order rate constant** Geschwindigkeitskonstante f erster Ordnung
- **~-order reaction** Reaktion f erster Ordnung
- **~-order spektrum** Spektrum n erster Ordnung
- **fissile** *(rad Anal)* spaltbar
- **~ material** Spaltstoff m, Spaltmaterial n
- **fission cross-section** *(rad Anal)* Wirkungsquerschnitt m für die Spaltung
- **~ fragment** *(rad Anal)* Spaltfragment n, Spalt[bruch]stück n
- **~ fragment ionization** *(Maspek)* Plasmadesorption f, PD
- **~ neutron** *(rad Anal)* Spaltneutron n
- **~ product** *(rad Anal)* Spaltprodukt n
- **~ yield** *(rad Anal)* Spalt[produkt]ausbeute f
- **fitting** Verbindungsstück n, Verbindungselement n, Paßstück n, Fitting n
- **fix/to** fixieren
- **fixation** Fixierung f
- **~ pair** *(Spekt)* Fixierungspaar n
- **fixed-angle rotor** *(Sed)* Festwinkelrotor m
- **~ anode** feststehende Anode f
- **~ concentration method** *(Katal)* Methode f der konstanten Konzentration, Methode f der variablen Zeit
- **~ frequency** Festfrequenz f
- **~-frequency laser** Festfrequenzlaser m
- **~ gas** permanentes Gas n, Permanentgas n *(mit sehr tiefer kritischer Temperatur)*
- **~ ion** *(Ion)* Festion n, Ankergruppe f
- **~ laboratory reference frame** *(mag Res)* Laborkoordinatensystem n, festes Laborsystem n, festes (ruhendes) Koordinatensystem n
- **~ mirror** *(opt Mol)* feststehender Spiegel m
- **~-pathlength cell** Festküvette f

~ **time method** *(Katal)* Methode *f* der konstanten Zeit
~-**wavelength detector** Festwellenlängendetektor *m*, Detektor *m* mit fixer Wellenlänge
flame Flamme *f*
~ **arrester** Flammensperre *f (eines Flammenionisations-Analysegeräts)*
~ **atomic absorption spectrometry** Flammen-Atomabsorptionsspektrometrie *f*, Flammen-Atomabsorptionsspektralphotometrie *f*, Flammen-AAS *f*, FAAS
~ **atomic emission spectrometry** *s.* ~ emission spectrometry
~ **atomization** Flammenatomisieren *n*, Flammenatomisierung *f*
~ **detector** *(Gaschr)* Flammendetektor *m*
~ **emission** Flammenemission *f*
~ **emission detector** *s.* ~-photometric detector
~ **emission spectrometry** Flammenemissionsspektrometrie *f*, FES, Flammenphotometrie *f*
~ **gas** Flammengas *n*
~ **ionization detector** *(Gaschr)* Flammenionisationsdetektor *m*, FID
~ **ionization hydrocarbon analyser** Flammenionisations-Kohlenwasserstoffanalysengerät *n*
~ **ionization process analyser** Flammenionisations-Prozeßanalysengerät *n*
~ **jet** Brenndüse *f*
~ **length** Flammenlänge *f*
flameless atomic absorption flammenlose Atomabsorption *f*
~ **atomization** *(opt At)* flammenloses Atomisieren *n*, flammenlose Atomisierung *f*
~ **atomizer** *(opt At)* flammenloser Atomisator *m*
flame photometer Flammenphotometer *n*, Flammenspektralphotometer *n*
~-**photometric** flammenphotometrisch
~-**photometric detector** Flammenphotometerdetektor *m*, FPD, flammenphotometrischer Detektor *m*, Flammenemissionsdetektor *m*
~ **photometry** *s.* ~ emission spectrometry
~ **source** *(Spekt)* Flamme *f (als Strahlungsquelle)*
~ **technique** *(opt At)* Flammentechnik *f*
~ **temperature** Flammentemperatur *f*
~ **tip** Brenndüse *f*
~ **width** Flammenbreite *f*
flammability Entflammbarkeit *f*, Entzündbarkeit *f*, Entzündlichkeit *f*
flammable entflammbar, entzündbar, entzündlich, inflammabel
flash evaporation Flash-Verdampfung *f*
~ **lamp** Blitzlampe *f*
~ **point** Flammpunkt *m*
~-**point analyser (apparatus)** *s.* ~-point tester
~-**point crucible** Flammpunkttiegel *m*
~-**point tester** Flammpunktprüfgerät *n*, Flammpunktbestimmer *m*
~ **vaporization** Flash-Verdampfung *f*
~-**vaporize/to** flash-verdampfen

flask Kolben *m*
~ **combustion** *(or Anal)* Kolbenverbrennung *f*
~ **holder (support)** Kolbenträger *m*
flat-bed chromatography Flachbettchromatographie *f*, Flächen[bett]chromatographie *f*, Schichtchromatographie *f*, Planarchromatographie *f*
~ **bed plotter** Flachbettplotter *m*
~ **electrode** Flachelektrode *f*
~ **filter** Flachfilter *n*
flavour 1. Aroma *n*, Wohlgeschmack *m* und Wohlgeruch *m*; 2. *s.* flavouring
flavouring [material, matter, substance] Aromastoff *m*, Geschmacks- und Geruchsstoff *m*
flexible column *(Gaschr)* flexible Säule *f*
flight path *(Maspek)* Flugstrecke *f*, Laufstrecke *f*
flint glass Flintglas *n*
flip/to *(mag Res)* umklappen, klappen *(in einen Präzessionskegel höherer Energie)*
flip angle *(mag Res)* Impulswinkel *m*, Flipwinkel *m*, Sprungwinkel *m*
floatation Flotieren *n*, Flotation *f*, Schwimmaufbereitung *f*
flocculate/to koagulieren, [aus]flocken, zur Ausflockung bringen *(Kolloide)*; koagulieren, [aus]flocken, sich zusammenballen
flocculation Koagulation *f*, Flockung *f*, Ausflockung *f (von Kolloiden)*
~ **value** Koagulationswert *m*, Flockungswert *m* *(eines Kolloids)*
flocculent flockig
~ **precipitate** flockiger Niederschlag *m*
Flory constant Flory-Konstante *f*
~ **distribution** [Schulz-]Flory-Verteilung *f*, Normalverteilung *f*
~-**Huggins theory** Flory-Huggins-Theorie *f (von Polymerlösungen)*
flotation *s.* floatation
flow Fließen *n*, Fluß *m*, Strömen *n*
flow/to fließen, strömen
flowability Rieselvermögen *n*, Rieselfähigkeit *f (von Schüttgut)*
flowable rieselfähig *(Schüttgut)*
flow birefringence Strömungsdoppelbrechung *f*
~ **cell** Durchflußzelle *f*, Durchflußküvette *f*
~ **constriction device** *(Fließ)* Restriktor *m*
~ **controller** Strömungsregler *m*
~ **diagram** Fließdiagramm *n*, Fließschema *n*, Fließbild *n*
~ **direction** Strömungsrichtung *f*
~ **diverter** *(Chr)* Strömungsteiler *m*, Stromteiler *m*
~ **fluctuation** *(Chr)* Flußschwankung *f*
flowing sample fließendes (strömendes) Prüfgut *n*
flow-injection analysis Fließinjektionsanalyse *f*, FIA
~-**injection extraction** FIA-Extraktion *f*
~-**injection extraction system** FIA-Extraktionssystem *n*
~-**injection system** FIA-System *n*
~-**injection titration** FIA-Titration *f*

flow

~ **measurement** Durchflußmengenmessung f, Mengenstrommessung f
flowmeter Durchfluß[mengen]messer m, Mengenstrommesser m, Strömungsmesser m
flow of sample Probenfluß m
~ **path** (Chr) Strömungsweg m, Fließweg m
~ **profile** (Chr) Strömungsprofil n
~-**programmed chromatography** flußprogrammierte Chromatographie f
~ **programming** (Chr) Flußprogrammierung f, Durchflußprogrammierung f, Strömungsprogrammierung f, Mengenstromprogrammierung f
~ **rate** Strömungsgeschwindigkeit f, Fließgeschwindigkeit f, Flußgeschwindigkeit f; Volumengeschwindigkeit f, Volumenfluß m, Fließrate f, Flußrate f
~ **resistance** Strömungswiderstand m
~ **splitter** Strömungsteiler m, Stromteiler m
~ **splitting** Strömungsteilung f, Stromteilung f
~ **system** Fließsystem n
~-**through cell (cuvette)** Durchflußzelle f, Durchflußküvette f
~-**through detector** Durchflußdetektor m
~-**through sample cell** s. ~-through cell
~ **velocity** Strömungsgeschwindigkeit f, Fließgeschwindigkeit f, Flußgeschwindigkeit f
fluctuating magnetic field fluktuierendes Magnetfeld n
fluctuation Schwankung f, Fluktuation f
~ **in concentration** Konzentrationsschwankung f
~ **in temperature** Temperaturschwankung f, Temperaturvariation f
~ **noise** (Meß) Hintergrundrauschen n, statistisches Rauschen f
flue gas Rauchgas n
~-**gas analysis** Rauchgasanalyse f
fluid column Flüssigkeitssäule f
fluidized-bed dryer Wirbelschichttrockner m
~-**bed drying** Wirbelschichttrocknen n
fluoresce/to fluoreszieren, Fluoreszenz zeigen
fluorescein Fluorescein n, Resorcinphthalein n
fluorescence Fluoreszenz f
~ **analysis** Fluoreszenzanalyse f, fluorimetrische Analyse f
~ **derivative** fluoreszierendes Derivat n
~ **detection** Fluoreszenzdetektion f, fluorimetrische Detektion f
~ **detector** (Flchr) Fluoreszenzdetektor m
~ **emission** Fluoreszenzstrahlung f, Fluoreszenzemission f
~ **emission intensity** Fluoreszenzintensität f
~ **enhancement** Verstärkung f der Fluoreszenz
~ **excitation** Fluoreszenzanregung f
~ **indicator analysis** Fluoreszenz-Indikator-Analyse f, FIA
~ **intensity** Fluoreszenzintensität f
~ **lifetime** Fluoreszenzlebensdauer f
~ **maximum** Fluoreszenzmaximum n
~ **measurement** Fluoreszenzmessung f

~ **quenching** Fluoreszenzlöschung f
~ **quenching agent** Fluoreszenzlöscher m
~ **spectroscopy** Fluoreszenzspektroskopie f
~ **spectrum** Fluoreszenzspektrum n
~ **yield** Fluoreszenzausbeute f
fluorescent fluoreszierend (Zusammensetzungen s.a. unter fluorescence)
~ **dye** Fluoreszenzfarbstoff m
~ **indicator** Fluoreszenzindikator m
~ **light** Fluoreszenzlicht n
~ **radiation** Fluoreszenzstrahlung f, Fluoreszenzemission f
fluorescing fluoreszierend
~ **indicator** Fluoreszenzindikator m
fluoride Fluorid n
fluorimetric s. fluorometric
fluorinated hydrocarbon s. fluorocarbon
fluorine F Fluor n
N-fluoroacyl-imidazole N-Fluoracylimidazol n
fluoroalcohol Fluoralkohol m
fluoroborate Fluoroborat n
fluorocarbon Fluorkohlenwasserstoff m, fluorierter Kohlenwasserstoff f
fluoro compound Fluorverbindung f
fluorodinitrobenzene Fluordinitrobenzol n
fluorography (Elph) Fluorographie f
fluorometer Fluorimeter n
fluorometric fluorimetrisch
~ **analysis** Fluoreszenzanalyse f, fluorimetrische Analyse f
~ **detection** Fluoreszenzdetektion f, fluorimetrische Detektion f
~ **detector** (Flchr) Fluoreszenzdetektor m
fluorometry Fluorimetrie f, Fluorometrie f, Fluoreszenzmessung f
fluorophore Fluorophor m (fluoreszierender Stoff)
fluorophosphate Fluorophosphat n
fluo[ro]silicic acid Fluorokieselsäure f, Hexafluorokieselsäure f
flush/to spülen (z.B. eine Probe auf die Säule)
~ **out** herausspülen
flush combustion (or Anal) Flushverbrennung f, spontane Verbrennung f, Spontanverbrennung f
flushing Spülen n, Spülung f
flush-mounted electrode eingebaute Elektrode f
fluted filter [paper] Faltenfilter n
~ **funnel** Analysentrichter m
flux Fließen n, Fluß m, Strömen n
~ **monitor** (rad Anal) Monitor m
FMR (ferromagnetic resonance) ferromagnetische Resonanz f, FMR
focal distance (length) (Spekt) Brennweite f
~ **plane** Brennebene f
~ **point** s. focus
focus (Spekt) Brennpunkt n, Fokus m
focus/to fokussieren
focusing Fokussierung f
~ **electrode** (Maspek) Fokussierelektrode f
~ **method** (Elph) Fokussiermethode f

fog Schleier *m*, Schleierschwärzung *f*
foil detector *(rad Anal)* Monitorfolie *f*
fold/to falten
folding Faltung *f (von Proteinen)*
folic acid Folsäure *f*, Pteroylglutaminsäure *f*
food analysis Lebensmittelanalytik *f*
foodstuff Lebensmittel *n*, Nahrungsmittel *n*
foot of the wave *(Pol)* Stufenanfang *m*
forbidden band (gap) verbotenes Band *n*, verbotene Zone *f*, Energielücke *f*, Bänderlücke *f*
~ **line** *(Spekt)* verbotene Linie *f*
~ **transition** *(Spekt)* verbotener Übergang *m*
force constant *(opt Mol)* Kraftkonstante *f*
~ **of gravity** Schwerkraft *f*, Gravitationskraft *f*
~ **of repulsion** Abstoßungskraft *f*, abstoßende Kraft *f*
~ **through/to** hindurchpressen, hindurchdrücken
fore-column *(Chr)* Vorsäule *f*
foreign ion Fremdion *n*
~ **matter (substance)** Fremdstoff *m*, Fremdsubstanz *f*
forensic analysis forensische Analytik *f*
fore-pump Vor[vakuum]pumpe *f*
formaldehyde Formaldehyd *n*, Methanal *n*
formal potential *(Pol)* Formalpotential *n*, Realpotential *n*, reales Potential *n*
formamide Formamid *n*, Methanamid *n*
formate Formiat *n*
formation constant Komplexstabilitätskonstante *f*, Komplexbildungskonstante *f*, Stabilitätskonstante *f*, Bildungskonstante *f*
formula weight [relative] Formelmasse *f*
forward reaction Hinreaktion *f*
~ **scattering** Vorwärtsstreuung *f*
~ -**scattering turbidimeter** Vorwärtsstreuungs-Turbidimeter *n*
~ **sweep** *(Pol)* Potentialvorlauf *m*
four-fold degenerate vierfach entartet
Fourier analysis Fourier-Analyse *f*, harmonische Analyse *f*
~ **pair** Fourier-Transform-Paar *n*
~ **spectroscopy** *s*. ~ transform spectroscopy
~ **transform (transformation)** Fourier-Transformation *f*, FT
~ **transform infrared** ... *s*. FT-IR ...
~ **transform instrument** *(Spekt)* Fourier-Transform-Gerät *n*
~ -**transform ion-cyclotron resonance mass spectrometer** Fourier-Transform-Ionencyclotronresonanzspektrometer *n*, Ionencyclotronresonanz-Massenspektrometer *n*, ICR-Massenspektrometer *n*
~ -**transform ion-cyclotron resonance mass spectrometry** Fourier-Transform-Massenspektrometrie *f*, FT-MS, Ionencyclotronresonanz-Massenspektrometrie *f*, ICR-MS
~ **transform mass spectrometry** *s*. ~ -transform ion-cyclotron resonance mass spectrometry

~ **transform method** Fourier-Transform-Methode *f*, FT-Methode *f*, Fourier-Transform-Technik *f*, FT-Technik *f*
~ **transform NMR [spectroscopy]** Fourier-Transform-NMR-Spektroskopie *f*, FT-NMR-Spektroskopie *f*, FTNMR
~ **transform pair** Fourier-Transform-Paar *n*
~ **transform Raman spectrometer** Fourier-Transform-Raman-Spektrometer *n*, FT-Raman-Spektrometer *n*
~ **transform Raman spectroscopy** Fourier-Transform-Raman-Spektroskopie *f*, FT-Raman-Spektroskopie *f*
~ **transform spectrometer** Fourier-Transform-Spektrometer *n*, FT-Spektrometer *n*
~ **transform spectrometry** Fourier-Transform-Spektrometrie *f*, FT-Spektrometrie *f*
~ **transform spectroscopy** Fourier-[Transform-]Spektroskopie *f*, FT-Spektroskopie *f*
four-spin system *(kern Res)* Vierspin-System *n*
FPD (flame photometric detector) Flammenphotometerdetektor *m*, FPD, flammenphotometrischer Detektor *m*, Flammenemissionsdetektor *m*
fractile *(Stat)* Quantil *n*, Fraktil *n*, Häufigkeitsstufe *f*
~ **of a probability distribution** *(Stat)* Quantil *n* einer Wahrscheinlichkeitsverteilung
~ **of order p** *(Stat)* Quantil (Fraktil) *n* der Ordnung p, Quantil *n* p-ter Ordnung, p-Quantil *n*, p-Fraktil *n*
fraction Fraktion *f*
fractional crystallization fraktionierte Kristallisation *f*
~ **distillation** fraktionierte Destillation *f*
~ **elution** *(Chr)* stufenweise (selektive) Elution *f*, Stufenelluierung *f*
~ **order** gebrochene Ordnung *f (einer Reaktion)*
~ **precipitation** fraktionierte (stufenweise) Fällung *f*
fractionate/to fraktionieren
fractionation Fraktionieren *n*, Fraktionierung *f*
~ **range** Fraktionier[ungs]bereich *m (eines Gels)*
fraction collector Fraktionssammler *m*, Fraktionensammler *m*
~ **rate order** *s*. fractional order
fragment Fragment *n*, Bruchstück *n*
fragment/to fragmentieren *(Moleküle)*
fragmentation Fragmentierung *f (von Molekülen)*
~ **ion** *s*. fragment ion
~ **pattern** *(Maspek)* Fragmentierungsmuster *n*
fragment ion *(Maspek)* Fragmention *n*, Bruchstückion *n*
francium Fr Francium *n*
Franck-Condon principle *(Spekt)* Franck-Condon-Prinzip *n*, FC-Prinzip *n*
F-ratio *(Stat)* Varianzquotient *m*
free acid *(Vol)* freie Säure *f*
~ **atom** freies Atom *n*
~ **base** freie Base *f*
~ -**boundary electrophoresis** [träger]freie Elektrophorese *f*, Tiselius-Elektrophorese *f*

free 84

- **energy** [Gibbssche] freie Enthalpie *f*, G; freie Energie *f*, F
- **-energy change** Änderung *f* der freien Enthalpie
- **-flow electrophoresis** kontinuierliche Elektrophorese *f*, Free-flow-Elektrophorese *f*
- **from taste** geschmacklos
- **induction decay** *(mag Res)* freier Induktionsabfall *m*, Abfall *m* der freien Induktion, Abfall *m* der Quermagnetisierung (induzierten Magnetisierung)

freely-draining durchspült *(Makromolekül)*
- **-jointed chain** Phantomkette *f*
- **-rotating chain** Kette *f* mit freier Drehbarkeit

free radical [freies] Radikal *n*
- **-radical crosslinking** Vernetzung *f* über Radikale
- **-radical generator** Radikalbildner *m*, Radikalgenerator *m*
- **-radical reaction** Radikalreaktion *f*, radikalische Reaktion *f*
- **-solution electrophoresis** [träger]freie Elektrophorese *f*, Tiselius-Elektrophorese *f*

freeze/to 1. einfrieren, verzögern, bremsen *(eine Reaktion)*; 2. einfrieren, gefrieren *(Proben zum Konservieren)*

freeze dryer Gefriertrockner *m*
- **-drying** Gefriertrocknung *f*; Lyophilisation *f*, Lyophilisierung *f*
- **drying apparatus** Gefriertrockner *m*

freezing curve Gefrierkurve *f*
- **point** s. ~ temperature
- **-point curve** Gefrierkurve *f*
- **-point depression (lowering)** *(th Anal)* Gefrierpunktserniedrigung *f*, Gefrierpunktsdepression *f*
- **temperature** Gefriertemperatur *f*, Gefrierpunkt *m*

frequency 1. Frequenz *f*, Schwingungszahl *f*, Schwing[ungs]frequenz *f*; 2. Häufigkeit *f*
- **axis** Frequenzachse *f*
- **component** Frequenzkomponente *f*
- **control** Frequenzregelung *f*
- **-controlling element** Frequenzüberwachungsglied *n*
- **curve** Häufigkeitskurve *f*
- **dependence** Frequenzabhängigkeit *f*
- **-dependent** frequenzabhängig
- **diagram** Häufigkeitsdiagramm *n*
- **difference** Frequenzdifferenz *f*
- **dimension** Frequenzdimension *f*
- **-discrimination circuit** Demodulationsschaltkreis *m* für Frequenzmodulation *(Hochfrequenztitration)*
- **displacement** Frequenzverschiebung *f*
- **distribution** Häufigkeitsverteilung *f*
- **domaine** Frequenzdomäne *f*
- **domain spectrum** *(kern Res)* Spektrum *n* in der Frequenzdomäne
- **-doubled** frequenzverdoppelt
- **doubling** Frequenzverdopplung *f*
- **independence** Frequenzunabhängigkeit *f*
- **-independent** frequenzunabhängig
- **measurement** Frequenzmessung *f*
- **meter** Frequenzmesser *m*
- **range (region)** Frequenzbereich *m*, Frequenzgebiet *n*
- **-selective pulse** selektiver Impuls *m*
- **separation** *(mag Res)* digitale Auflösung *f*
- **shift** Frequenzverschiebung *f*
- **spectrum** Frequenzspektrum *n*
- **tripling** Frequenzverdreifachung *f*

freshly prepared frisch bereitet (hergestellt)
fresh water Frischwasser *n*
Fresnel refractometer Fresnel-Refraktometer *n*, Differentialrefraktometer *n* vom Reflexionstyp
Freundlich [adsorption] isotherm Freundlich-Adsorptionsisotherme *f*, Freundlichsche Adsorptionsisotherme (Isotherme) *f*, Freundlich-Isotherme *f*
frictional coefficient Reibungskoeffizient *m*, Reibungsfaktor *m*
- **force** Reibungskraft *f*
- **resistance** Reibungswiderstand *m*

fritted-glass filter crucible Glasfiltertiegel *m*, Glasfrittentiegel *m*
front Vorderseite *f*, Vorderfront *f*, Vorderflanke *f*, Anstiegskante *f (eines Signals)*; *(Flchr)* Laufmittelfront *f*, Lösungsmittelfront *f*, Fließmittelfront *f*, Front *f*
frontal analysis *(Chr)* Frontalanalyse *f*
- **chromatography** Frontalchromatographie *f*
- **electrophoresis** [träger]freie Elektrophorese *f*, Tiselius-Elektrophorese *f*
- **method** *(Chr)* Frontaltechnik *f*, Frontmethode *f*

front cutting Abschneiden *n* des vorderen Chromatogrammteils
fronting *(Chr)* Fronting *n*, Leading *n*, Peakleading *n*, Bartbildung *f*; Fahnenbildung *f (Flachbettchromatographie)*
- **peak** *(Chr)* Peak *m* mit Fronting (Leading)

front octant *(opt Anal)* vorderer Oktant *m*, Frontoktant *m*
f_1 spectrum F_1-Spektrum *n (zweidimensionale NMR-Spektroskopie)*
FT (Fourier transform) Fourier-Transformation *f*, FT
F test *(Stat)* Varianzquotiententest *m*, F-Test *m*
FT-ICR mass spectrometer Fourier-Transform-Ionencyclotronresonanzspektrometer *n*, Ionencyclotronresonanz-Massenspektrometer *n*, ICR-Massenspektrometer *n*
FT-ICR mass spectrometry Fourier-Transform-Massenspektrometrie *f*, FT-MS, Ionencyclotronresonanz-Massenspektrometrie *f*, ICR-MS
FTIR (Fourier transform infrared spectrometry) Fourier-Transform-Infrarot-Spektrometrie *f*, FT-IR-Spektrometrie *f*, FTIR
FT-IR analysis FT-IR-Analyse *f*
FT-IR analysis method FT-IR-Analysemethode *f*, Fourier-Transformations-IR-Analyseverfahren *n*

FT-IR detection FT-IR-Detektion f
FT-IR spectrometer Fourier-Transform-Infrarot-Spektrometer n, FT-Infrarot-Spektrometer n, FT-IR-Spektrometer n
FT-IR spectrometry Fourier-Transform-Infrarot-Spektrometrie f, FT-IR-Spektrometrie f, FTIR
FT-IR spectroscopy Fourier-Transform-IR-Spektroskopie f, FT-IR-Spektroskopie f
FT-IR spectrum FT-IR-Spektrum n
FT method Fourier-Transform-Methode f, FT-Methode f, Fourier-Transform-Technik f, FT-Technik f
FTMS (Fourier transform mass spectrometry) Fourier-Transform-Massenspektrometrie f, FT-MS, Ionencyclotronresonanz-Massenspektrometrie f, ICR-MS
FTNMR, FT-NMR spectroscopy Fourier-Transformations-NMR-Spektroskopie f, Fourier-Transform-NMR-Spektroskopie f, FT-NMR-Spektroskopie f, FTNMR
FT Raman spectrometer Fourier-Transform-Raman-Spektrometer n, FT-Raman-Spektrometer n, FT-Raman-Spektralphotometer n
FT Raman spectroscopy, FTRS Fourier-Transform-Raman-Spektroskopie f, FT-Raman-Spektroskopie f
fuel cycle *(rad Anal)* Brennstoffzyklus m, Brennstoffkreislauf m, Kernbrennstoffzyklus m
~ **element** *(rad Anal)* Brenn[stoff]element n, Spaltstoffelement n
~ **gas** Brenngas n
~-**lean flame** oxidierende (magere) Flamme f
~ **reprocessing** *(rad Anal)* Brennstoffwiederaufarbeitung f
~-**rich flame** reduzierende (fette) Flamme f
fugitive constituent flüchtiger (leichtflüchtiger, gasförmiger) Bestandteil m
full energy peak *(rad Anal)* Summenpeak m
~-**scale** großtechnisch, in großtechnischem Maßstab
~ **scale** Skalenvollausschlag m
~-**scale deflection** Endausschlag m, Vollausschlag m *(eines Meßinstruments)*
~-**scale input voltage** volle Eingangsspannung f
~ **width at half height (maximum)** Halbwert[s]breite f *(eines Signals)*
fully reversible reaction streng reversibel verlaufende Reaktion f
fumarate Fumarat n
fume cupboard Abzugsschrank m, Abzug m
functional group charakteristische (funktionelle) Gruppe f
functionality Funktionalität f
function of time Zeitfunktion f, Funktion f der Zeit
fundamental band Grundschwingungsbande f
~ **frequency** Grundschwingungsfrequenz f
~ **infrared** mittleres Infrarot n, MIR, mittlerer IR-Bereich m, mittlerer infraroter Bereich (Spektralbereich) m

~ **method (process)** Grundverfahren n
~ **vibration** Grundschwingung f
furil-α-dioxime 2,2'-Furildioxim n
furnace Ofen m
~-**atomization non-thermal emission spectrometry** nicht-thermische Ofen-Atomemissionsspektrometrie f
~ **technique** *(opt At)* Ofentechnik f
fused rocket immunoelectrophoresis (method) Fused-rocket-Immunelektrophorese f
~ **silica capillary** Quarzkapillare f
~ **silica [capillary] column** s. ~ silica open tubular column
~ **silica open tubular column** *(Gaschr)* Fused-silica-Kapillarsäule f, Quarzkapillarsäule f, Fused-silica-Säule f, FS-Säule f, FSOT-Säule f, Quarzsäule f
FWHH (full width at half height), **FWHM** (full width at half maximum) Halbwertsbreite f, Halbwertbreite f *(eines Signals)*

G

gadolinium Gd Gadolinium n
gallium Ga Gallium n
~ **arsenide photocathode** GaAs-Photokathode f
~ **cut-off** *(Maspek)* Gallium-Verschluß m
galvanic cell galvanische Zelle (Kette) f, galvanisches Element n
galvanometer Galvanometer n
galvanostatic analysis galvanostatische Analyse f, Analyse f bei konstantem Strom
~ **coulometry** galvanostatische Coulometrie f, coulometrische Titration f, Coulometrie f bei konstantem Strom
gamma Gamma n, Gammawert m, Kontrastfaktor m *(Fotografie)*
~ **globulin** γ-Globulin n, Gammaglobulin n
~ **hydrogen** γ-H-Atom n, H-Atom n in γ-Stellung
~ **quantum** γ-Quant n, Gammaquant n
~ **radiation** γ-Strahlung f, Gammastrahlung f
~ **ray** γ-Strahl m, Gammastrahl m
~-**ray absorption spectroscopy** Mößbauer-Spektroskopie f
~-**ray region** Gebiet n der γ-Strahlung
~-**ray source** γ-Strahler m, Gammastrahler m
~-**ray spectrometer** γ-Spektrometer n, Gammaspektrometer n
~-**ray spectrometry** γ-Spektrometrie f, Gammaspektrometrie f
~-**ray spectroscopy** γ-Spektroskopie f, Gammastrahlenspektroskopie f
~-**ray spectrum** γ-Spektrum n, Gammaspektrum n
~-**resonance nuclear fluorescence spectroscopy** Mößbauer-Spektroskopie f
~ **value** s. gamma
gap width *(opt At)* Funkenstrecke f
gas Gas n

gas

- **absorption** Gasabsorption f, Gasaufnahme f
- **adsorption chromatography** s. ~-solid chromatography
- **amplification** *(rad Anal)* Gasverstärkung f
- ~-**amplifier pump** *(Flchr)* Druckverstärkerpumpe f, Pumpe f mit Druckverstärkung (Druckerhöhung)
- **analyser** Gasanalysengerät n, Gasanalysenapparat m
- **analysis** Gasanalyse f
- **analysis apparatus** s. ~ analyser
- ~-**analytical** gasanalytisch
- **balance** s. ~-density balance
- **blow-down method** *(Extr)* Wegblasen n des organischen Solvens im Gasstrom
- **bubble** Gasblase f, Gasbläschen n
- **burette** Gasbürette f
- **burner** Gasbrenner m
- **calorimeter** Gaskalorimeter n
- **cell** *(Spekt)* Gasküvette f
- **channel** *(Gaschr)* Gaskanal m
- **chromatogram** Gaschromatogramm n
- **chromatograph** Gaschromatograph m
- ~-**chromatographic** gaschromatographisch
- ~-**chromatographic ...** s.a. GC ...
- ~-**chromatographic headspace analysis** Dampfraumanalyse f, Kopfraumanalyse f, Headspace-Analyse f, Gasraumanalyse f
- **chromatography** Gaschromatographie f, GC
- **chromatography analysis** s. GC analysis
- **chromatography-infrared spectroscopy coupling** Gaschromatographie-IR-Spektroskopie-Kopplung f, Kopplung f Gaschromatographie/IR-Spektroskopie, GC-IR-Kopplung f, GC/IR
- **chromatography-mass spectrometry coupling** Gaschromatographie-Massenspektrometrie-Kopplung f, Kopplung f Gaschromatographie/Massenspektrometrie, GC-MS-Kopplung f, GC/MS
- **cleaning (clean-up)** Gasreinigung f
- **component** Gaskomponente f
- **compressibility correction factor** *(Gaschr)* Druckkorrekturfaktor m, Martin-Faktor m
- **constant** [universelle, allgemeine] Gaskonstante f
- **content** Gasgehalt m
- **coulometer** Gascoulometer n
- **cylinder** Druck[gas]flasche f
- **density** Gasdichte f
- ~-**density balance [detector]** *(Gaschr)* Gas[dichte]waage f
- **detection method** Gasnachweismethode f
- **diffusion** Gasdiffusion f
- **diffusion cell** *(Fließ)* Gasdiffusionszelle f
- ~-**dispersion cylinder** Begasungsfilterkerze f
- ~-**displacement pump** *(Flchr)* gasbetriebene Verdrängungspumpe f
- **electrode** Gaselektrode f
- ~-**entry tube** Gaseinleitungsrohr n
- **gaseous** gasförmig, gasartig *(Zusammensetzungen s.a. unter gas)*

- **discharge** Gasentladung f
- **oxidant sensor** Sensor m für gasförmige Oxidationsmittel
- **state** gasförmiger Zustand m
- **gas equation** Gasgleichung f
- **equilibrium** Gasgleichgewicht n
- **extraction** Gasextraktion f
- **GASFET** (gas-sensing field effect transistor) gassensitiver Feldeffekttransistor m
- **gas flow** Gasfluß m
- **flowmeter** Gasdurchflußmeter m, Strömungsmesser m für Gase
- **flow rate (velocity)** Gasgeschwindigkeit f
- **hold-up** s. ~ hold-up volume
- **hold-up time** *(Gaschr)* Mobilzeit f, Totzeit f
- **hold-up volume** *(Chr)* Mobilvolumen n, Totvolumen n, Durchflußvolumen n, Volumen n der fluiden Phase *(in der Säule)*
- **inlet** Gaseinlaßöffnung f; *(Maspek)* Gaseinlaß m, indirekte Probeneinführung (Probeneingabe) f
- **inlet pipe** Gaszuführungsrohr n
- **inlet port** Gaseinlaßöffnung f
- **ion** Gasion n
- **jar** Standzylinder m
- **laser** Gaslaser m
- **law** Gasgesetz n
- ~-**law constant** s. ~ constant
- ~-**liquid chromatography** Gas-flüssig-Chromatographie f, Gas-Verteilungschromatographie f, Gas-Liquidus-Chromatographie f, GLC, Flüssigkeits-Gaschromatographie f, Verteilungs-Gaschromatographie f, Verteilungs-GC f
- ~-**liquid interface (interfacial area)** Grenzfläche (Phasengrenze) f gasförmig-flüssig, Grenzfläche f Gasphase-Flüssigphase
- ~-**liquid partition chromatography** s. ~-liquid chromatography
- ~-**liquid partitioning** Gas-flüssig-Verteilung f
- ~-**liquid phase interface** *(Gaschr)* Grenzfläche f Gasphase-Trennflüssigkeit
- ~-**measuring tube** Gasbürette f
- **membrane** s. ~-permeable membrane
- **meter** Gasmesser m, Gaszähler m
- **mixture** Gasgemisch n
- **mobile phase** *(Gaschr)* Trägergas n, [gasförmige] mobile Phase f
- **monitor** Gasüberwachungsgerät n
- **gasometric method** gasvolumetrische Methode f, volumetrische Arbeitsweise f *(bei der Gasanalyse)*
- **gas outlet** Gasaustritt m, Gasaustrittsöffnung f
- **permeability** Gasdurchlässigkeit f
- ~-**permeable** gasdurchlässig, gaspermeabel
- ~-**permeable membrane** gasdurchlässige (gaspermeable) Membran f
- **permeation** Gasphasenpermeation f
- **phase** gasförmige Phase f, Gasphase f
- ~-**phase interference** Gasphasenstörung f, Gasphaseninterferenz f

~-**phase sample** s. ~ sample
~ **phase stripping technique** *(Gaschr)* Purge-and-trap-Verfahren n
~ **pipette** Gaspipette f
~ **plasma** Plasma n
~ **pressure** Gasdruck m
~ **pressure gauge** Gasdruckmesser m, Gasmanometer n
~ **pressure regulator** Gasdruckregler m
gasproof gasdicht, gasundurchlässig
gas purification Gasreinigung f
~ **reaction** Gasreaktion f
~ **sample** Gasprobe f, gasförmige Probe f
~ **sample inlet** Gasprobeneinlaß m
~ **sample pump** Gasprobenpumpe f
~ **sample valve** s. ~ sampling valve
~ **sampling pipette (tube)** Gassammelröhre f
~ **sampling valve** Gasdosierventil n, Gasdosierhahn m, Gasprobenventil n
~ **segment** *(Fließ)* Gassegment n
~-**segmentation method** *(Fließ)* gassegmentierte Methode f
~-**segmented stream** *(Fließ)* gassegmentierter Strom m
~ **sensing electrode** Gasmeßelektrode f, gassensitive Elektrode f
~-**sensing field-effect transistor** gassensitiver Feldeffekttransistor m
~-**sensing membrane probe** gassensitive Membransonde f
~ **separation** Gastrennung f
~ **separator** Gasseparator m, Gasabscheider m
~-**solid [adsorption] chromatography** Gas-fest-Chromatographie f, Gas-Solidus-Chromatographie f, GSC, Festkörper-Gaschromatographie f, Gas-Adsorptionschromatographie f, Adsorptions-Gaschromatographie f
~-**solid interface (interfacial area)** Grenzfläche (Phasengrenze) f gasförmig-fest, Grenzfläche f Gasphase-feste Phase
~ **stream** Gasstrom m
~ **syringe** s. ~-tight syringe
~ **thermometer** Gasthermometer n
~-**tight** gasdicht, gasundurchlässig
~-**tight syringe** gasdichte Spritze f, Gasinjektionsspritze f
~ **uptake** Gasabsorption f, Gasaufnahme f
~ **valve** s. ~ sampling valve
~ **velocity** Gasgeschwindigkeit f
~ **volume** Gasvolumen n
~ **volume detector** *(Gaschr)* Janak-Detektor m
~ **wash[ing] bottle** Gaswaschflasche f, Waschflasche f
gated decoupling *(kern Res)* Gated Decoupling n *(ein Impuls-Experiment)*
gauge/to eichen *(Gefäße)*
gauging Eichen n, Eichung f *(von Gefäßen)*
Gauss error distribution curve s. Gaussian curve
~ **error integral** Gaußsches Fehlerintegral n
Gaussian *(Stat)* gaußförmig, mit Gauss-Profil

~ **curve** Gaußsche Fehler[verteilungs]kurve f, Gauß-Kurve f, Gaußsche Verteilungskurve (Glockenkurve) f
~ **distribution** Gauß-Verteilung f, Gaußsche Verteilung f, [Gaußsche] Normalverteilung f
~ **error distribution** Gaußsche Fehlerverteilung f
~ **function** Gaußsche Verteilungsfunktion f, Gauß-Verteilungsfunktion f, Gauß-Funktion f
~ **law** Gaußsches Fehlerverteilungsgesetz n
~ **pulse** *(kern Res)* Gauß-Puls m
~-**shaped** s. Gaussian
~-**shaped pulse** s. ~ pulse
gauze electrode Netzelektrode f
GC (gas chromatography) Gaschromatographie f, GC
GC analysis gaschromatographische Analyse f, GC-Analyse f
GC column gaschromatographische Trennsäule (Säule) f, GC-Säule f
GC detector gaschromatographischer Detektor m, GC-Detektor m
GC determination gaschromatographische Bestimmung f, GC-Bestimmung f
GCE (glassy carbon electrode) Glaskohlenstoffelektrode f, Glaskarbonelektrode f
GC-GC (glass capillary gas chromatography) Glaskapillaren-Gaschromatographie f
GC instrument gaschromatographisches Instrument n, GC-Instrument n
GC instrumentation GC-Instrumentation f, GC-Instrumente npl
GC-IR [coupling] Gaschromatographie-IR-Spektroskopie-Kopplung f, Kopplung f Gaschromatographie/IR-Spektroskopie, GC-IR-Kopplung f, GC/IR
GC-IR interface GC-IR-Interface n
GC-MS [coupling] Gaschromatographie-Massenspektrometrie-Kopplung f, Kopplung f Gaschromatographie/Massenspektrometrie, GC-MS-Kopplung f, GC/MS
GC-MS interface GC-MS-Interface n
GC peak gaschromatographischer Peak m, GC-Peak m
GC quantitative analysis quantitative gaschromatographische Analyse f
GC separation gaschromatographische Trennung f, GC-Trennung f
GC technique gaschromatographische Technik f, GC-Technik f
GD (gated decoupling) *(kern Res)* Gated Decoupling n *(ein Impuls-Experiment)*
GDB (gas-density balance) *(Gaschr)* Gas[dichte]waage f
GDMS (glow discharge mass spectrometry) Glimmentladungsmassenspektrometrie f, Glimmlampen-Massenspektrometrie f
GDOES (glow discharge optical emission spectroscopy) optische Emissionsspektroskopie f mit Glimmlampenanregung
Geiger-Müller counter tube *(rad Anal)* Geiger-Müller-Zählrohr n
~-**Müller threshold** Geiger-Schwelle f

gel

gel Gel n
gelatin Gelatine f
gelatinous gelartig, gelatinös, gallertartig
~ **precipitate** gelartiger (gelatinöser, gallertartiger) Niederschlag m
gel bed *(Flchr)* Gelbett n
~ **block** *(Elph)* Gelblock m
~ **buffer** *(Elph)* Gelpuffer m
~ **casting** *(Elph)* Gießen n von Gelen
~ **casting apparatus** Gelgießapparatur f
~ **chromatography** Ausschlußchromatographie f, Größenausschlußchromatographie f, Gelchromatographie f, Gel-C f
~ **column** *(Flchr)* Gelsäule f
~ **electrofocusing** isoelektrische Fokussierung f in Gelen, Gel-IEF f
~ **electrophoresis** Gelelektrophorese f
~-**electrophoretic** gelelektrophoretisch
~ **filtration [chromatography]** Gelfiltrationschromatographie f, GFC, Gelfiltration f, wäßrige Ausschlußchromatographie f
~ **inner volume** *(Flchr)* Poreninnenvolumen n, inneres Volumen n, Gesamtporenvolumen n, Lösungsmittelvolumen n innerhalb der Gelkörner
~ **ion-exchanger** Gel[-Ionen]austauscher m
~ **layer** Gelschicht f
~ **matrix** Gelmatrix f
~ **packing** *(Flchr)* Gelpackung f
~ **particle** Gelteilchen n, Gelkorn n
~ **permeation** 1. *(Flchr)* Gelpermeation f; 2. s. ~-permeation chromatography
~-**permeation chromatogram** GPC-Chromatogramm n
~-**permeation chromatography** Gelpermeationschromatographie f, GPC, Gelpermeation f, Gelchromatographie f *(Ausschlußchromatographie mit nichtwäßriger mobiler Phase)*
~-**permeation [chromatography] column** GPC-Trennsäule f, GPC-Säule f
~-**permeation separation** gelchromatographische (ausschlußchromatographische) Trennung f
~ **phase** polymerreiche (konzentrierte) Phase f, Gelphase f
~ **plate (slab)** Flachgel n, Gelplatte f, flaches Gel n, Plattengel n
~ **structure** Gelstruktur f
~ **thickness** Geldicke f
~ **tube** *(Elph)* Gelröhrchen n
~ **volume** Gelvolumen n
geminal CC (coupling constant) *(kern Res)* geminale Kopplungskonstante f
~ **proton coupling** *(kern Res)* geminale H,H-Kopplung f
general detector Universaldetektor m, universeller (unspezifischer) Detektor m
~ **elution problem** *(Chr)* generelles Elutionsproblem n
~ **gas constant** [universelle, allgemeine] Gaskonstante f

88

generalized Overhauser effect s. general Overhauser effect
general ligand allgemeiner (gruppenspezifischer) Ligand m
~ **Overhauser effect** *(mag Res)* genereller Overhauser-Effekt m, GOE
~-**purpose detector** s. general detector
generate/to erzeugen, generieren *(reaktionsfähige Spezies)*
generating current Generatorstrom m
~ **electrode** Generatorelektrode f
generation Erzeugung f *(von reaktionsfähigen Spezies)*
~ **current** Generatorstrom m
~ **electrode** Generatorelektrode f
~-**recombination noise** *(Meß)* Generations-Rekombinations-Rauschen n
generator cell *(Coul)* Generatorzelle f
geometrical arrangement räumliche (geometrische) Anordnung f
geometric isomer cis-trans-Isomer n, geometrisches Isomer n
~ **mean** *(Stat)* geometrisches Mittel n
geometry factor *(rad Anal)* Geometriefaktor m
germane German m, Germaniumwasserstoff m
germanium Ge Germanium n
getter-ion pump Ionen[getter]pumpe f
GFAAS (graphite furnace atomic absorption spectrometry) Graphitofen-Atomabsorptionsspektrometrie f, Graphit[rohr]ofen-AAS f, Graphitrohr-Atomabsorptionsspektrometrie f, GAAS
g factor *(Spekt)* Landé-Faktor m, [Landéscher] g-Faktor m, [spektroskopischer] Aufspaltungsfaktor m, gyromagnetischer Faktor m
GFC (gel filtration chromatography) Gelfiltrationschromatographie f, GFC, Gelfiltration f, wäßrige Ausschlußchromatographie f
ghost peak Geisterpeak m, Störpeak m, Fremdpeak m
ghosts Geister fpl *(im Spektrum)*
Gibbs free energy [Gibbssche] freie Enthalpie f, thermodynamisches Potential n
~ **free energy of activation** freie Aktivierungsenthalpie f
GIR (grazing incidence reflection) Reflexion f bei streifendem Lichteinfall
glacial acetic acid Eisessig m
Glan prism *(opt Anal)* Glan-Prisma n
~-**Thompson prism** Glan-Thompson-Prisma n
glass bead Glasperle f, Glaskügelchen n
~ **bulb** Glaskolben m
~ **burette** Glasbürette f
~ **capillary** Glaskapillare f
~ **capillary column** *(Gaschr)* Glaskapillarsäule f
~ **capillary gas chromatography** Glaskapillaren-Gaschromatographie f
~ **capillary tube** Glaskapillare f
~ **capillary tubing** Glaskapillaren npl
~-**clear** glasklar

gradient

~ **column** Glassäule f
~ **cuvette** Glasküvette f
~ **diaphragm** *(Coul)* Glasdiaphragma n, Glasmembran f, Glasscheidewand f
~ **dish** Glasschale f
~ **electrode** Glaselektrode f
~-**fibre paper** *(Flchr)* Glasfaserpapier n
~ **filter** 1. *(Spekt)* Glasfilter n; 2. s. ~ frit
~ **filtering crucible** Glasfiltertiegel m, Glasfrittentiegel m
~ **flask** Glaskolben n
~ **frit** Glasfilter n, Glasfritte f
~ **funnel** Glastrichter m
~-**hard** glashart
~-**like** glasähnlich, glasartig, glasig
~-**like state** glasiger (glasartiger) Zustand m, Glaszustand m
~-**lined** mit Glas ausgekleidet
~ **membrane** Glasmembran f
~ **membrane electrode** Glaselektrode f
~ **open tubular column** *(Gaschr)* Glaskapillarsäule f
~ **pH combination electrode** gläserne pH-Kombinationselektrode f
~ **pipe** Glasrohr n, Glasröhre f
~ **powder** Glaspulver n
~ **rod** Glasstab m
~ **sampling tube** Glasprobenahmerohr n
~ **stirrer** Glasrührer m
~ **stopcock** Glashahn m
~ **stopper** Glasstopfen m, Glasstöpsel m
~-**stoppered bottle** Glasstopfenflasche f
~ **tap** Glashahn m
~ **transition temperature** Glasumwandlungstemperatur f, Glasübergangstemperatur f
~ **tube** Glasrohr n, Glasröhre f
~ **vessel** Glasgefäß n
~ **wool** Glaswolle f
~-**wool pad** Glaswollebausch m
~-**wool plug** Glaswollepfropfen m
glassy glasähnlich, glasartig, glasig
~ **carbon** glasartiger Kohlenstoff m, Glaskohlenstoff m
~ **[carbon] electrode** Glaskohlenstoffelektrode f, Glaskarbonelektrode f
~ **state** glasiger (glasartiger) Zustand m, Glaszustand m
GLC (gas-liquid chromatography) Gas-flüssig-Chromatographie f, Gas-Verteilungschromatographie f, Gas-Liquidus-Chromatographie f, GLC, Flüssigkeits-Gaschromatographie f, Verteilungs-Gaschromatographie f, Verteilungs-GC f
α-**globulin** α-Globulin n, Alphaglobulin n
glove box *(rad Anal)* Handschuhkasten m
glow discharge Glimmentladung f
~ **discharge lamp** Glimmlampe f
~ **discharge mass spectrometry** Glimmentladungsmassenspektrometrie f, Glimmlampen-Massenspektrometrie f

~ **discharge optical emission spectroscopy** optische Emissionsspektroskopie f mit Glimmlampenanregung
gluconate Gluconat n
glucose residue Glucoserest m
glucuronide Glucuronid n
Glueckauf equation *(Chr)* Glueckaufsche Gleichung f, Gleichung f nach Glueckauf *(zur Beschreibung der Trennkraft einer Säule)*
glyceride Glycerid n
glycol Glykol n, Diol n, zweiwertiger Alkohol m, *(i.e.S.)* Ethylenglykol n, Glykol n, 1,2-Ethandiol n
glycolate Glycolat n
glycosidic bond (linkage) glykosidische Bindung (Verknüpfung) f, Glykosidbindung f
glycuronide Glucuronid n
GOE (general Overhauser effect) *(mag Res)* genereller Overhauser-Effekt m, GOE
go into solution/to sich [auf]lösen, in Lösung gehen
Golay column *(Gaschr)* Kapillarsäule f, Trennkapillare f, Golay-Säule f
~ **detector** *(opt Mol)* Golay-Detektor m, Golay-Zelle f
~ **equation** *(Flchr)* Golay-Gleichung f, Golay-Beziehung f
gold Au Gold n
~ **amalgam** Goldamalgam n
~ **cathode** Goldkathode f
~ **electrode** Goldelektrode f
~-**mercury electrode** Gold-Quecksilber-Elektrode f
goniometer Goniometer n, Winkelmesser m
GPC (gel-permeation chromatography) Gelpermeationschromatographie f, GPC, Gelpermeation f, Gelchromatographie f *(Ausschlußchromatographie mit nichtwäßriger mobiler Phase)*
graded potential control abgestufte (gestaffelte) Potentialregelung f
grade of activity Aktivitätsstufe f, Aktivitätsgrad m *(von Adsorptionsmitteln)*
gradient calibration *(Fließ)* Gradientenkalibrierung f
~ **composition** *(Flchr)* Gradient[en]zusammensetzung f
~ **development** *(Chr)* Gradientenentwicklung f
~ **device** s. ~ former
~ **dilution** *(Fließ)* Gradientenverdünnung f
~ **elution** *(Chr)* Gradient[en]elution f
~ **field** *(kern Res)* Gradientenfeld n
~ **formation** *(Flchr)* Gradientenformung f, Gradienterzeugung f, Gradientenherstellung f
~ **former** *(Flchr)* Gradientenformer m, Gradientenzeuger m, Gradientengerät n
~ **gel** *(Elph)* Gradientengel n
~ **gel electrophoresis** Gradientengel-Elektrophorese f, Porengradientengel-Elektrophorese f
~ **gel slab** *(Elph)* Gradienten-Flachgel n
~ **generation** s. ~ formation

gradient 90

- ~ **layer** *(Flchr)* Gradient[en]schicht f
- ~ **mixer** *(Flchr)* Gradient[en]mischer m
- ~ **mixing** *(Flchr)* Gradient[en]mischung f
- ~ **mixture** *(Flchr)* Gradient[en]mischung f
- ~ **PAGE** *(Elph)* Gradient-PAGE f, PORO-PAGE
- ~ **production** s. ~ formation
- ~ **profile** Gradientenprofil n
- ~ **program** *(Flchr)* Gradientenprogramm n
- ~ **scanning** *(Fließ)* Gradientenscanning n
- ~ **SDS-PAGE** SDS-Gradientengelelektrophorese f, SDS-Porengradientengel-Elektrophorese f, Porengradienten-SDS-PAGE f
- ~ **shape** *(Flchr)* Gradientform f
- ~ **slope** *(Flchr)* Gradientanstieg m, Steigung f des Gradienten
- ~ **steepness** *(Flchr)* Steilheit f des Gradienten
- ~ **system** *(Flchr)* Gradientensystem n
- ~ **technique** Gradient[en]technik f, Gradient[en]methode f
- ~ **type** *(Flchr)* Gradiententyp m

graduate/to kalibrieren, graduieren, mit genauer Einteilung versehen
graduated flask Meßkolben m, Maßkolben m, Meßflasche f
graduation [mark] Teilstrich m, Skalenstrich m
grain density Korndichte f *(von Schüttgut)*
- ~ **shape** Kornform f, Korngestalt f, Partikelform f, Partikelgestalt f
- ~ **size** Körnung f, mittlere Korngröße f
- ~ **size distribution** Teilchengrößenverteilung f, Partikelgrößenverteilung f, Korngrößenverteilung f
- ~ **surface** Kornoberfläche f

gram Gramm n
- ~ **equivalent** Val n, Grammval n, Grammäquivalent n
- ~ **molecular weight** s. ~ molecule
- ~ **molecule** Grammolekül n, Grammol n, Mol n
- ~ **range** Grammbereich m *(1 bis 10 g)*

gramme s. gram
granular körnig
- ~ **active carbon (charcoal)** s. granulated active carbon

granularity körnige Struktur f, Körnigkeit f
granulated active carbon gekörnte Aktivkohle f, Kornkohle f
- ~ **zinc** gekörntes Zink n

granule Granalie f, Körnchen n, Korn n
- ~ **density** Korndichte f *(von Schüttgut)*
- ~ **size** Körnung f, mittlere Korngröße f

graph Diagramm n
graphical graphisch
- ~ **method** graphisches Verfahren n
- ~ **potentiometric titration** graphische potentiometrische Titration f

graphite Graphit m
- ~ **electrode** Graphitelektrode f
- ~ **furnace** Graphit[rohr]ofen m
- ~ **furnace atomic absorption spectrometry** Graphitofen-Atomabsorptionsspektrometrie f, Graphit[rohr]ofen-AAS f, Graphitrohr-Atomabsorptionsspektrometrie f, GAAS
- ~ **furnace technique** *(opt At)* Graphitrohr[ofen]technik f
- ~ -**platinum electrode** Graphit-Platin-Elektrode f
- ~ **rod** Graphitstab m
- ~ **tube** Graphitrohr n
- ~ **tube atom cell** *(opt At)* Graphitrohrküvette f
- ~ **tube furnace** Graphit[rohr]ofen m

graphitization *(Gaschr)* Graphitieren n, Graphitierung f, Beschichten n mit Graphit
graphitize/to *(Gaschr)* graphitieren
graphitized carbon [black] *(Gaschr)* graphitierter Ruß m
graph paper Diagrammpapier n, Koordinatenpapier n
grating *(Spekt)* Gitter n
- ~ **constant** Gitterkonstante f
- ~ -**dispersive spectrometer** Gitterspektrometer n
- ~ **groove** Gitter[strich]furche f
- ~ **instrument** Gittergerät n
- ~ **monochromator** Gittermonochromator m
- ~ **mounting** Gitteraufstellung f
- ~ **spectrograph** Gitterspektrograph m
- ~ **spectrometer** Gitterspektrometer n
- ~ **spectrum** Gitterspektrum n

gravimetric analysis s. gravimetry
- ~ **determination** gravimetrische Bestimmung f
- ~ **factor** gravimetrischer (analytischer, stöchiometrischer) Faktor m, Stöchiometriefaktor m

gravimetry Gravimetrie f, gravimetrische Analyse f, Masseanalyse f
gravitational force s. gravity
gravity Schwerkraft f, Gravitationskraft f
- ~ -**fed** schwerkraftgespeist
- ~ **feed** Schwerkraftspeisung f, Fließspeisung f
- ~ -**flow liquid chromatography** Normaldrucksäulenchromatographie f

Gray *(rad Anal)* Gray n, Gy *(Einheit der Energiedosis; 1 Gy = 1 Jkg^{-1})*
grazing incidence reflection Reflexion f bei streifendem Lichteinfall
grease/to [ein]fetten
grid bias voltage Gittervorspannung f
- ~ **circuit** Gitterkreis m
- ~ -**to-earth potential** Potential n zwischen Gitter und Masse

Grignard reaction s. ~ synthesis
- ~ **reagent** Grignard-Reagens n, Grignardsches Reagens n
- ~ **synthesis** Grignard-Synthese f, Grignard-Reaktion f *(zur Darstellung metallorganischer Verbindungen)*

grind/to zerkleinern, [zer]mahlen, vermahlen
Grob splitless injector *(Gaschr)* Einlaßsystem n ohne Gasstromteiler
- ~ **test** *(Gaschr)* Grob-Test m, Test m nach Grob *(zur Bewertung der Säulenqualität)*

~ **test mixture** *(Gaschr)* Grob-Testgemisch *n*, Testgemisch *n* nach Grob
groove Furche *f (eines Beugungsgitters)*
~ **separation** Furchenabstand *m*
~ **shape** Furchenform *f*
gross reaction Bruttoreaktion *f*, Gesamtreaktion *f*
~ **sample** Bruttoprobe *f*
~ **weight** Bruttomasse *f*
ground electronic state Elektronengrundzustand *m*, elektronischer Grundzustand *m*
~-**glass joint** Schliffverbindung *f*
~-**glass stopper** Schliffstopfen *m*
~ **level** s. ~ state
~ **loop noise component** *(Meß)* Erdschleifenrauschkomponente *f*
~ **potential** Erdpotential *n*
~ **rotational state** *(Spekt)* Rotationsgrundzustand *m*
~ **state (term)** Grundzustand *m*, Grundniveau *n*, Normalzustand *m*, Grundterm *m (eines Atoms)*
~ **vibrational state** *(Spekt)* Schwingungsgrundzustand *m*
group analysis Gruppenanalyse *f*
~ **frequency** *(opt Mol)* [charakteristische] Gruppenfrequenz *f*, Schlüsselfrequenz *f*
grouping *(Stat)* Klasseneinteilung *f*, Klassenaufteilung *f*
group separation Gruppentrennung *f*, Trennung *f* in Gruppen
~ **specificity** Gruppenspezifität *f*
~ **theory** Gruppentheorie *f*
~ **vibration** Gruppenschwingung *f*
grow/to wachsen *(von Kristallen)*
growth Wachsen *n*, Wachstum *n (von Kristallen)*
~ **rate** Wachstumsgeschwindigkeit *f*
GSC (gas-solid chromatography) Gas-fest-Chromatographie *f*, Gas-Solidus-Chromatographie *f*, GSC, Festkörper-Gaschromatographie *f*, Gas-Adsorptionschromatographie *f*, Adsorptions-Gaschromatographie *f*
guard column *(Chr)* Vorsäule *f*
Guinier plot Guinier-Diagramm *n (Lichtstreuung)*
gum phase *(Gaschr)* gummiartige Phase *f*
G-value *(rad Anal)* G-Wert *m*
Gy s. Gray
gyromagnetic factor *(Spekt)* Landé-Faktor *m*, [Landéscher] g-Faktor *m*, [spektroskopischer] Aufspaltungsfaktor *m*, gyromagnetischer Faktor *m*
~ **ratio** gyromagnetisches (magnetogyrisches) Verhältnis *n*

H

h (horizontally polarized) horizontal polarisiert
haemoglobin Hämoglobin *n*
HAES (helium-excited Auger electron spectroscopy) heliumangeregte Auger-Elektronenspektroskopie *f*
hafnium Hf Hafnium *n*

HAHA condition (match) *(kern Res)* Hartmann-Hahn-Bedingung *f*
Hahn spin-echo experiment *(mag Res)* Spin-Echo-Experiment *n* [nach Hahn]
half-cell *(el Anal)* Halbzelle *f*, Halbelement *n*
~-**cell [electrode] potential** Halbzellenpotential *n*
~-**cell reaction** s. ~-reaction
~-**height peak width** Peakbreite *f* in halber Höhe
~-**intensity breadth (width)** Halbwert[s]breite *f*, Halbhöhenbreite *f (eines Signals)*
~-**life** *(Katal)* Halbwertszeit *f*
~-**peak potential** *(Pol)* Halbpeakpotential *n*
~-**reaction** Teilreaktion *f*, Halbreaktion *f*
~-**thickness** *(rad Anal)* Halbwertsdicke *f*
~-**value layer (thickness)** s. ~-thickness
~ **wave** Halbwelle *f*
~-**wave plate** *(opt Anal)* Halbwellenlängenplättchen *n*, λ/2-Plättchen *n*
~-**wave point** *(Pot)* Halbstufenpunkt *m*
~-**wave potential** *(Pol)* Halbstufenpotential *n*, HSP, Halbwellenpotential *n*
~-**width** s. ~-intensity breadth
halide Halogenid *n*
~ **ion** Halogenid-Ion *n*
~ **ion-selective electrode** halogenidselektive Elektrode *f*
Hall electrolytic conductivity detector *(Gaschr)* elektrolytischer Leitfähigkeitsdetektor *m*, Hall-Detektor *m*
halocarbon [compound] Halogenkohlenwasserstoff *m*, halogenierter Kohlenwasserstoff *m*
halogen Halogen *n*
halogenated compound s. halogen compound
~ **hydrocarbon** s. halocarbon
halogen compound halogenierte Verbindung *f*, Halogenverbindung *f*
~ **determination** Halogenbestimmung *f*
~ **[filament] lamp** Halogen[glüh]lampe *f*
~ **salt** Halogensalz *n*
Hamiltonian s. ~ operator
~ **matrix** *(kern Res)* Hamilton-Matrix *f*
~ **operator** *(Spekt)* Hamilton-Operator *m*
Hammett equation Hammett-Gleichung *f (Kinetik)*
hand atomizer *(Flchr)* Sprüher *m*
handedness Chiralität *f*, Händigkeit *f*
handling of samples Probenhandhabung *f*
handshake line Handshake-Leitung *f*, Handshaking-Leitung *f*, Leitung *f* für den Quittungsbetrieb
~ **pin** Handshake-Kontaktstift *m*, Handshaking-Kontaktstift *m*, Kontaktstift *m* für Quittungsbetrieb
~ **procedure** Handshake-Anweisungsblock *m*, Handshaking-Prozedur *f*, Programmodul *m* für Quittungsbetrieb
~ **protocol** Handshake-Protokoll *f*, Handshaking-Protokoll *n*, Protokoll *n* eines Computer-Quittungsbetriebs
~ **signal** Handshake-Signal *n*, Handshaking-Signal *n*, Quittungsbetriebsignal *n*

handshaking

handshaking ... *s.* handshake ...
hand shovel Handschaufel *f*
~ **stirring** Rühren *n* per Hand
hanging drop electrode *(Pol)* Elektrode *f* mit hängendem Tropfen
~ - **drop voltammetry** Inversvoltammetrie *f*, inverse Voltammetrie *f*, Stripping-Voltammetrie *f*, Voltammetrie *f* mit hängender Tropfelektrode, elektrochemische Stripping-Analyse *f*, ESA
~ **mercury drop electrode** *(Pol)* hängende Quecksilbertropfenelektrode *f*, HQTE, Quecksilbertropfenelektrode *f* mit hängendem Tropfen, HMDE, Elektrode *f* mit hängendem stationären Quecksilbertropfen
hard hart *(feste Stoffe; Wasser)*; hart, durchdringend *(Strahlung)*
~ **acid** harte Säure *f*
~ **base** harte Base *f*
~ **glass tube** Hartglasrohr *n*
hardness Härte *f (fester Stoffe; von Wasser)*; Härte *f*, Stärke *f (von Strahlung)*
~ **analysis** Härtebestimmung *f (von Wasser)*
~ **in (of) water** Wasserhärte *f*
~ **specification** Härte-Prüfungsvorschrift *f (für Wasser)*
hard press cake *(Prob)* hartgepreßter Kuchen *m*, harter Preßkuchen *m*
~ **pulse** *(kern Res)* harter Puls *m*
~ **X-rays** harte (kurzwellige) Röntgenstrahlen *mpl*
harmonic vibration harmonische Schwingung *f*
~ **wave ac polarography** Oberwellenpolarographie *f*
Hartley oscillator Hartley-Oszillator *m (Hochfrequenztitration)*
Hartmann-Hahn condition (match) *(kern Res)* Hartmann-Hahn-Bedingung *f*
hazard analysis Gefährlichkeitsanalyse *f*
H-bonding Wasserstoffbrückenbindung *f*, H-Brückenbindung *f*, Bindung *f* über Wasserstoffbrücken, Wasserstoffbrückenbildung *f*, Ausbildung *f* von Wasserstoffbrücken
^{1}**H-**^{13}**C [chemical shift] correlation** *(kern Res)* Protonen-Kohlenstoff-Verschiebungskorrelation *f*
^{1}**H-**^{13}**C coupling** *(kern Res)* ^{13}C,^{1}H-[Spin-Spin-]Kopplung *f*
^{1}**H-**^{13}**C coupling constant** *(kern Res)* ^{13}C,^{1}H-Kopplungskonstante *f*
H-cell *(Flchr)* H-Zelle *f (eines UV-Detektors)*
^{1}**H chemical shift** *(kern Res)* Protonenverschiebung *f*, ^{1}H-chemische Verschiebung *f*
HCL (hollow-cathode lamp) Hohlkathodenlampe *f*, HCL
^{1}**H couplings** *(kern Res)* H,H-Kopplung *f*, Protonenkopplung *f*
^{1}**H-**^{13}**C spin-spin coupling** *s.* ^{1}H-^{13}C coupling
HDC (hydrodynamic chromatography) Partikelgrößen-Verteilungschromatographie *f*
^{1}**H decoupled** ^{13}**C spectrum** *(kern Res)* ^{1}H-[Breitband-]entkoppeltes ^{13}C-Spektrum *n*, ^{1}H-[BB-]entkoppeltes ^{13}C-NMR-Spektrum *n*, protonenentkoppeltes ^{13}C-Spektrum *n*

^{1}**H decoupling** *(kern Res)* Breitbandentkopplung *f*, BB-Entkopplung *f*, BB, Rauschentkopplung *f*, Protonen[-Breitband]entkopplung *f*, ^{1}H-[Breitband-]Entkopplung *f*, ^{1}H-BB-Entkopplung *f*, ^{1}H-Rauschentkopplung *f*
headspace *(Gaschr)* Dampfraum *m*, Headspace *m*
~ **analyser** *(Gaschr)* Dampfraumanalysator *m*
~ **analysis (gas analysis)** Dampfraumanalyse *f*, Kopfraumanalyse *f*, Headspace-Analyse *f*, Gasraumanalyse *f*
~ **gas chromatography (GC)** Headspace-Gaschromatographie *f*, Headspace-GC *f*
~ **GC analysis** *s.* ~ analysis
~ **sample** *(Gaschr)* Headspace-Probe *f*
~ **sampler** *(Gaschr)* Headspace-Probengeber *m*
heartcutting *(Chr)* Herausschneiden *n* von Peaks, Schneiden *n* von Fraktionen, relative Anreicherung *f*
heat/to erwärmen, erhitzen
~ **to boiling** zum Sieden (Kochen) bringen
heat absorption Wärmeaufnahme *f*
~ **capacity** Wärmekapazität *f*
~ **capacity ratio** *(th Anal)* Poissonscher Koeffizient *m*
~ **conduction** Wärmeleitung *f*
heated filament *(Gaschr)* Hitzdraht *m*, Heizdraht *m*, Heizer *m*
~ **metal block** *(Gaschr)* Heizblock *m*
~ **wire** *s.* heated filament
heater element Heizelement *n*, Heizkörper *m*
heat evolution Wärmeentwicklung *f*
~ **flow** Wärmestrom *m*
~ - **generating** wärmeerzeugend
~ **generation** Wärmeentwicklung *f*
heating block *(Gaschr)* Heizblock *m*
~ **curve** Erhitzungskurve *f*
~ **element** Heizelement *n*, Heizkörper *m*
~ **rate** Heizrate *f*
~ **rate** Aufheizgeschwindigkeit *f*, Erhitzungsgeschwindigkeit *f*
~ **tape** Heizband *n*
heat of adsorption Adsorptionswärme *f*
~ **of combustion** Verbrennungswärme *f*
~ **of reaction** Reaktionswärme *f*
~ - **stable** wärmebeständig, hitzebeständig
~ **transfer capability** Wärmeübertragungsvermögen *n*
heavier-than-water liquid-liquid extractor Perforator *m* für spezifisch schwere Extraktionsmittel
~ - **than-water solvent** *(Extr)* spezifisch schweres Lösungsmittel *n*
heavily-contaminated solution stark verunreinigte (verschmutzte) Lösung *f*
~ **loaded column** *(Chr)* schwer beladene Säule *f*
heavy-duty glass electrode *(Pot)* Hochleistungsglaselektrode *f*
~ **isotope** schweres Isotop *n*
~ **metal** Schwermetall *n*
~ **metal ion** Schwermetallion *n*

^1H-^1H coupling

~ **metals determination** Schwermetallbestimmung f
~ **water** *(rad Anal)* schweres Wasser n
HECD (Hall electrolytic conductivity detector) *(Gaschr)* elektrolytischer Leitfähigkeitsdetektor m, Hall-Detektor m
HEED (high-energy electron diffraction) Hochenergie-Elektronenbeugung f, Beugung f schneller (energiereicher) Elektronen
HEELS (high-resolution electron energy loss spectroscopy) hochauflösende Elektronenenergieverlust-Spektroskopie f
HEEP s. height equivalent to one effective plate
height equivalent to one effective plate *(Chr)* effektive (wirksame) Bodenhöhe f, effektive (wirksame) Trennstufenhöhe f
~ **equivalent to one theoretical plate** *(Chr)* Höhenäquivalent n (Höhe f) eines theoretischen Bodens, theoretische Bodenhöhe (Trennstufenhöhe) f, HETP-Wert m
~ **of the wave** Wellenhöhe f
HEIS (high-energy ion scattering) Hochenergie-Ionenstreuung f
Heisenberg spin exchange *(mag Res)* Heisenberg-Spinaustausch m
helical potentiometer Wendelpotentiometer n
helium He Helium n
~ **detector** s. ~ ionization detector
~-**excited Auger electron spectroscopy** heliumangeregte Auger-Elektronenspektroskopie f
~ **ionization detector** *(Chr)* Helium[ionisations]-detektor m, HID
~-**neon laser** Helium-Neon-Laser m, He-Ne-Laser m
~ **plasma** Heliumplasma n, He-Plasma n
Helmholtz coils *(mag Res)* Helmholtz-Spulen fpl
~ **double layer** *(Pol)* Helmholtzsche Doppelschicht f
~ **layer** *(Pol)* Helmholtz-Schicht f, Helmholtzsche Schicht f
~ **pair** s. Helmholtz coils
~ **plane** s. ~ layer
hemicylinder Halbzylinder m
hemoglobin Hämoglobin n
Hempel gas burette Hempelsche Gasbürette f
~ **gas pipette** Hempelsche Gaspipette f
He-Ne laser s. helium-neon laser
herbicide Herbizid n, pflanzentötendes Mittel n, Unkrautbekämpfungsmittel n
hermetically sealed hermetisch abgeschlossen (verschlossen)
Hersch cell *(Coul)* Hersch-Zelle f
heterodyne system Überlagerungssystem n *(Hochfrequenztitration)*
heterogeneity Heterogenität f, Uneinheitlichkeit f, Ungleichartigkeit f
heterogeneous heterogen, ungleichartig [zusammengesetzt]
~ **catalysis** heterogene Katalyse f, Heterogenkatalyse f

~ **ion-exchange membrane** heterogene Ionenaustauschmembran f
~ **material** heterogenes Gut n
~ **membrane electrode** *(Pot)* Elektrode f mit heterogener Membran
~ **nucleation** *(Grav)* heterogene Keimbildung f
~ **products** ungleichartige Produkte npl
heterolock *(kern Res)* Heterolock m
heterolytic cleavage heterolytische Bindungsspaltung f, Heterolyse f
heteronuclear heteronuklear
~ **chemical shift correlation** s. ~ shift correlation
~ **correlation experiment** *(kern Res)* heteronukleares Korrelationsexperiment (NMR-Experiment) n
~ **decoupling** s. ~ spin-decoupling
~ **double resonance** heteronukleare Doppelresonanz f
~ **J-resolved spectroscopy** heteronukleare 2D-J-Spektroskopie f *(zweidimensionale NMR-Spektroskopie)*
~ **Overhauser effect** *(kern Res)* heteronuklearer Kern-Overhauser-Effekt m
~ **shift correlation** *(kern Res)* heteronukleare Verschiebungskorrelation f
~ **spin-decoupling** *(kern Res)* heteronukleare [Spin-Spin-]Entkopplung f
~ **spin system** *(kern Res)* heteronukleares Spinsystem n
heteronucleus Heterokern m
heteropoly acid Heteropolysäure f
HETP [value] s. height equivalent to one theoretical plate
hexacyanoferrate(III) Hexacyanoferrat(III) n
hexadentate sechszähnig, sechszählig *(Ligand)*
hexafluoroacetylacetone Hexafluoracetylaceton n, HFA
hexagonal [crystal] system hexagonales Kristallsystem n
hexamethyldisilazane Hexamethyldisilazan n, HMDS
2,6,10,15,19,23-hexamethyltetracosane Squalan n, 2,6,10,15,19,23-Hexamethyltetracosan n
hexane, n-hexane Hexan n, n-Hexan n
Heyrovsky-Shikata instrument *(Pol)* Heyrovsky-Shikata-Instrument n
HFC (hyperfine coupling) s. HFI
HFI (hyperfine interaction) *(Spekt)* Hyperfeinwechselwirkung f, Hyperfein[struktur]kopplung f
HFID (hydrogen flame ionization detector) *(Gaschr)* Flammenionisationsdetektor m, FID
H flow cell s. H-cell
H-form, H⁺-form Säureform f, Wasserstofform f, H-Form f, H⁺-Form f *(eines Ionenaustauschers)*
HGAAS (hydride generation atomic absorption spectrometry) Hydrid-Atomabsorptionsspektrometrie f
^1H-^1H coupling (interaction) *(kern Res)* H,H-Kopplung f, Protonenkopplung f

HHPN

HHPN (hydraulic high-pressure nebulization) hydraulische Hochdruckzerstäubung *f*
HIC (hydrophobic interaction chromatography) hydrophobe Interaktionschromatographie *f*, HIC, hydrophobe Chromatographie *f*, Hydrophobie-Chromatographie *f*, Solvophobie-Chromatographie *f*
HID (helium ionization detector) *(Chr)* Helium[ionisations]detektor *m*, HID
hierarchical classification hierarchische Klassifikation *f*
~ **clustering scheme** *(Stat)* hierarchische Clusteranordnung *f*
~ **sub-division** hierarchische Unterteilung *f*
hierarchic classification *s.* hierarchical classification
hierarchy test Rangordnungsprüfung *f*
high-boiling hochsiedend, schwersiedend
~-**concentration** hochkonzentriert
~-**efficiency column** *(Chr)* Hochleistungssäule *f*, Hochleistungstrennsäule *f*
~-**efficiency open tubular column** *(Gaschr)* Hochleistungskapillarsäule *f*
~-**energy** energiereich, hochenergetisch
~-**energy electron** energiereiches (hochenergetisches, schnelles) Elektron *n*
~-**energy electron diffraction** Hochenergie-Elektronenbeugung *f*, Beugung *f* schneller (energiereicher) Elektronen
~-**energy ion scattering** Hochenergie-Ionenstreuung *f*
higher harmonic *(Pol)* höhere Harmonische *f*, Harmonische *f* höherer Ordnung, harmonische Oberschwingung (Oberwelle) *f*
~-**harmonic alternating-current polarographic technique** polarographische Oberwellenwechselstromtechnik *f*
~-**harmonic alternating-current polarography** Oberwellenwechselstrompolarographie *f*, OWP
~-**order spectrum** Spektrum *n* höherer Ordnung
highest[-energy] occupied molecular orbital höchstes (energiereichstes) besetztes Molekülorbital *n*, HOMO
high-field NMR spectrometer Hochfeldspektrometer *n*
~-**field shift** *(kern Res)* Hochfeldverschiebung *f*, Hochfeld-Shift *m*
~-**field spectrometer** Hochfeldspektrometer *n*
~-**frequency** hochfrequent
~-**frequency alternating voltage** Hochfrequenzspannung *f*, hochfrequente Spannung *f*
~-**frequency clock** Hochfrequenztaktgeber *m*
~-**frequency conductance** Hochfrequenzleitfähigkeit *f*
~-**frequency conductometric titration** *s.* ~-frequency titration
~-**frequency conductometry** Hochfrequenzkonduktometrie *f*, Oszillometrie *f*
~-**frequency end-point detection** *(Vol)* oszillometrische Endpunktbestimmung *f*, Hochfrequenz-Endpunktbestimmung *f*
~-**frequency field** Hochfrequenzfeld *n*, Radiofrequenzfeld *n*
~-**frequency generator** Hochfrequenzgenerator *m*, HF-Generator *m*
~-**frequency induction furnace** Hochfrequenz-Induktionsofen *m*
~-**frequency mass spectrometer** Hochfrequenzmassenspektrometer *n*
~-**frequency noise** *(Meß)* Hochfrequenzrauschen *n*
~-**frequency oscillometry** Hochfrequenzoszillometrie *f*
~-**frequency pulse** Hochfrequenz[im]puls *m*, HF-Impuls *m*, Radiofrequenzpuls *m*
~-**frequency titration** Hochfrequenztitration *f*, oszillometrische (hochfrequenzkonduktometrische) Titration *f*
~-**frequency titrator (titrimeter)** Hochfrequenztitrimeter *m*, HF-Titrimeter *n*, Hochfrequenztitrator *m*
~-**frequency transmitter** *(kern Res)* Hochfrequenzsender *m*
~-**gain amplifier** Hochleistungsverstärker *m*
~-**impedance amplifier** hochohmiger Verstärker *m*
~-**input impedance** hohe Eingangsimpedanz *f*
~-**input impedance instrument** Meßinstrument *n* mit hoher Eingangsimpedanz, Meßinstrument *n* mit hochohmigem Eingang
~-**intensity** intensitätsstark
highly alkaline stark alkalisch (basisch)
~ **branched** stark verzweigt
~ **explosive** hochexplosiv
~ **ordered** hochgeordnet
~ **poisonous** *s.* ~ toxic
~ **polar** stark polar
~ **porous** hochporös
~ **pure** hochrein
~ **toxic** hochgiftig, hochtoxisch, stark giftig
high-molecular-weight mit hohem Molekulargewicht, mit hoher relativer Molekülmasse
~-**pass filter** *(kern Res)* High-Pass-Filter *n*
~-**performance affinity chromatography** Hochleistungs-[Flüssigkeits-]Affinitätschromatographie *f*
~-**performance ion chromatography** *s.* ~-performance ion-exchange chromatography
~-**performance ion chromatography exclusion** Ionenausschlußchromatographie *f*
~-**performance ion-exchange chromatography** Hochleistungs-Ionenaustauschchromatographie *f*
~-**performance liquid affinity chromatography** Hochleistungs-[Flüssigkeits-]Affinitätschromatographie *f*
~-**performance liquid chromatography** *s.*
  ~-pressure liquid chromatography

~-**performance packing** Hochleistungssäulenfüllung f, Hochleistungssäulenpackung f
~-**performance precipitation chromatography** Hochleistungs-Fällungschromatographie f
~-**performance size-exclusion chromatography** Hochleistungs-Ausschlußchromatographie f
~-**performance thin-layer chromatographic plate** Hochleistungs-Dünnschichtplatte f
~-**performance thin-layer chromatography** Hochleistungs-Dünnschichtchromatographie f, Hochleistungs-DC f, HPDC
~-**power laser** Hochleistungslaser m
~-**power short-duration pulse** (kern Res) harter Puls m
~ **pressure** Hochdruck m
~-**pressure cylinder** Druckgasflasche f, Druckflasche f
~-**pressure discharge lamp** Hochdruckentladungslampe f
~-**pressure gradient former** (Flchr) Hochdruck-Gradientenformer m
~-**pressure gradient mixer** (Flchr) Hochdruck-Gradientenmischer m
~-**pressure liquid chromatograph** Hochdruckflüssigkeitschromatograph m
~-**pressure liquid chromatography** Hochdruck-Flüssig[keits]chromatographie f, Hochleistungs-Flüssig[keits]chromatographie f, HPLC, schnelle Flüssig[keits]chromatographie f
~-**pressure mercury arc lamp** Quecksilber-Hochdrucklampe f
~-**pressure planar liquid chromatography** Hochdruck-Planar-Flüssigkeitschromatographie f
~-**pressure pump** (Flchr) Hochdruckpumpe f
~-**resistance galvanometer** hochohmiges Galvanometer n
~-**resistance glass** (Pot) hochohmiges Glas n
~-**resistance glass body** hochohmiger Glaskörper m (einer Glaselektrode)
~-**resolution** hochauflösend
~ **resolution** Hochauflösung f
~-**resolution carbon-13 NMR spectroscopy** hochauflösende ^{13}C-NMR-Spektroskopie f
~-**resolution chromatography** hochauflösende Chromatographie f
~-**resolution electron energy loss spectroscopy** hochauflösende Elektronenenergieverlust-Spektroskopie f
~-**resolution gas chromatography** hochauflösende Gaschromatographie f, Hochauflösungs-Gaschromatographie f
~-**resolution liquid chromatography** s. ~-pressure liquid chromatography
~-**resolution mass spectrometer** hochauflösendes Massenspektrometer n
~-**resolution mass spectrometry** hochauflösende Massenspektrometrie f, Hochauflösungs-Massenspektrometrie f

~-**resolution mass spectrum** hochaufgelöstes Massenspektrum n
~-**resolution NMR spectrometer** hochauflösendes NMR-Spektrometer n
~-**resolution NMR spectroscopy** hochauflösende NMR-Spektroskopie (Kernresonanz-Spektroskopie) f
~-**resolution NMR spectrum** hochaufgelöstes NMR-Spektrum (Kernresonanz-Spektrum) n
~-**resolution nuclear magnetic resonance spectrum** s. ~-resolution NMR spectrum
~-**resolution spectrometer** hochauflösendes Spektrometer n
~-**resolution spectroscopy** hochauflösende Spektroskopie f
~-**resolution spectrum** hochaufgelöstes Spektrum n, Hochauflösungsspektrum n
~-**resolution two-dimensional electrophoresis** hochauflösende 2D-Elektrophorese (zweidimensionale Elektrophorese) f, 2DE, 2D
~-**resolved spectrum** s. ~-resolution spectrum
~-**sensitivity detector** Detektor m mit hoher Empfindlichkeit, hochempfindlicher Detektor m
~-**speed agitator** Schnellrührer m
~-**speed HPLC** (liquid chromatography) s. ~-pressure liquid chromatography
~-**speed titration** Hochgeschwindigkeitstitration f
~-**temperature analysis** (Gaschr) Hochtemperaturanalyse f
~-**temperature furnace** Hochtemperaturofen m
~-**temperature reactor** Hochtemperaturreaktor m
~-**temperature silylation** Hochtemperatursilylierung f
~-**temperature solid electrolyte** Hochtemperaturfestelektrolyt m
~-**temperature treatment** Hochtemperaturbehandlung f
~-**vacuum system** Hochvakuumsystem n
~-**voltage electrophoresis** Hochspannungselektrophorese f
~-**voltage scan** (Maspek) V-Scan m, elektrischer Scan m
~-**voltage spark** (opt At) Hochspannungsfunken m
~-**voltage zone electrophoresis** Hochspannungselektrophorese f
hindrance to free (internal) rotation Behinderung f der inneren Rotation, Hinderung (Aufhebung) f der freien Drehbarkeit
H^+ **ion** Wasserstoffion n, H^+-Ion n
hippurate Hippurat n
histogram Histogramm n, Säulendiagramm n
h light horizontal polarisiertes Licht n
HMDE (hanging mercury drop electrode) (Pol) hängende Quecksilbertropfenelektrode f, HQTE, Quecksilbertropfenelektrode f mit hängendem Tropfen, HMDE, Elektrode f mit stationären Quecksilbertropfen
HMDS (hexamethyldisilazane) Hexamethyldisilazan n, HMDS

HMO

HMO theory Hückelsche Molekül-Orbital-Theorie f, Hückel-MO-Theorie f, HMO-Theorie f
^{1}H multiplet *(kern Res)* Protonenmultiplett n
HNOE (heteronuclear Overhauser effect) *(kern Res)* heteronuklearer Kern-Overhauser-Effekt m
H nucleus Proton n, Wasserstoffkern m, ^{1}H-Kern m
hold-back carrier *(rad Anal)* Rückhalteträger m
~ **-up time** Verweilzeit f, Aufenthaltszeit f, Retentionszeit f; *(Chr)* Mobilzeit f, Totzeit f, Leerzeit f, Durchflußzeit f
~ **-up volume** *(Lab)* Betriebsvolumen n; *(Chr)* Mobilvolumen n, Totvolumen n, Durchflußvolumen n, Volumen n der fluiden Phase *(in der Säule)*
hollow cathode Hohlkathode f
~ **-cathode discharge** Hohlkathodenentladung f
~ **-cathode [discharge] lamp** Hohlkathodenlampe f, HCL
~ **cylindrical cathode** Hohlkathode f
~ **-fibre [ion-exchange, membrane] suppressor** *(Flchr)* Hohlfasermembransuppressor m
holmium Ho Holmium n
holographic [diffraction] grating holographisches Gitter n
HOMO (highest occupied molecular orbital) höchstes (energiereichstes) besetztes Molekülorbital n, HOMO
homogeneity Einheitlichkeit f, Gleichartigkeit f, Homogenität f
~ **spoiling pulse** s. homospoil pulse
homogeneous einheitlich, gleichartig [zusammengesetzt], homogen
~ **catalysis** homogene Katalyse f, Homogenkatalyse f
~ **ion-exchange membrane** homogene Ionenaustauschmembran f
~ **liquid** homogene Flüssigkeit f
~ **magnetic field** homogenes Magnetfeld n
~ **material** homogenes Gut n
~ **membrane electrode** *(Pot)* homogene Membranelektrode f
~ **nucleation** *(Grav)* homogene (spontane) Keimbildung f
~ **precipitation** Fällung f aus homogenen Lösungen (Systemen)
~ **products** gleichartige Produkte npl
homogenization Homogenisieren n, Homogenisierung f, Vergleichmäßigen n, Vergleichmäßigung f *(von Einzelproben)*
homogenize/to homogenisieren, gleichmäßig durcharbeiten
homogenizer *(Extr)* Homogenisator m, Homogenisierungsapparat m, Homogenisiermaschine f
homolog s. homologue
homologous homolog
~ **lines (pair)** *(opt At)* homologes Linienpaar n
~ **series** homologe Reihe f
homologue Homolog n, homologe Verbindung f

homolytic cleavage homolytische Bindungsspaltung f, Homolyse f
homonuclear coupling *(kern Res)* homonukleare Kopplung f
~ **decoupling** *(kern Res)* homonukleare Entkopplung f, Homoentkopplung f
~ **double resonance** homonukleare Doppelresonanz f
~ **shift correlation** *(kern Res)* homonukleare Verschiebungskorrelation f
~ **spin-decoupling** s. ~ decoupling
homospoil pulse *(kern Res)* Homospoil-Puls m, HS-Puls m, HS
horizontal development s. ~ elution
~ **electrophoresis** horizontale Elektrophorese f, Horizontalelektrophorese f
~ **electrophoresis apparatus** horizontale Elektrophoreseapparatur f
~ **elution** *(Flchr)* horizontale Entwicklung f, Horizontalentwicklung f
horizontally polarized horizontal polarisiert
~ **polarized light** horizontal polarisiertes Licht n
horizontal radial chromatography radial-horizontale Chromatographie f
hose cock Quetschhahn m, Quetschklemme f, Schlauchklemme f
hot-air sterilizer Heißluftsterilisator m, Heißluftsterilisierschrank m
~ **cell** *(rad Anal)* heiße Zelle f
~ **filament** Glühfaden m
~ **needle method (technique)** *(Gaschr)* Heißnadel-Injektionsmethode f, Heißnadeltechnik f
~ **plate** Heizplatte f
~ **wire** *(Gaschr)* Hitzdraht m, Heizdraht m, Heizer m
~ **-wire detector** *(Gaschr)* Hitzdrahtdetektor m
~ **-wire sensor** Hitzdrahtsensor m
HPAC (high-performance affinity chromatography) Hochleistungs-[Flüssigkeits-]Affinitätschromatographie f
HPICE (high-performance ion chromatography exclusion) Ionenausschlußchromatographie f
HPLAC (high-performance liquid affinity chromatography) s. HPAC
HPLC (high-performance liquid chromatography, high-pressure liquid chromatography) Hochdruck-Flüssig[keits]chromatographie f, Hochleistungs-Flüssig[keits]chromatographie f, HPLC, schnelle Flüssig[keits]chromatographie f
HPLC column HPLC-Säule f
HPLC detector HPLC-Detektor m
HPLC filter HPLC-Filter n
HPLC moving belt interface *(Maspek)* Transportband-Interface n, Moving-belt-Interface n, Bandinterface n
HPLC sample HPLC-Probe f
HPLC separation HPLC-Trennung f
HPPLC (high-pressure planar liquid chromatography) Hochdruck-Planar-Flüssigkeitschromatographie f

HPTLC (high-performance thin-layer chromatography) Hochleistungs-Dünnschichtchromatographie f, Hochleistungs-DC f, HPDC
HPTLC plate HPTLC-Platte f
H radical Wasserstoffradikal n, H-Radikal n
HRE (hyper Raman effect) *(opt Mol)* Hyper-Raman-Effekt m, HRE
HREELS (high-resolution electron energy loss spectroscopy) hochauflösende Elektronenenergieverlust-Spektroskopie f
^{1}H relaxation *(kern Res)* Relaxation f der Protonen
^{2}H resonance Deuteriumresonanz f, ^{2}H-Resonanz f
HRGC (high-resolution gas chromatography) hochauflösende Gaschromatographie f, Hochauflösungs-Gaschromatographie f
HS (homospoil pulse) *(kern Res)* Homospoil-Puls m, HS-Puls m, HS
HSGC (headspace gas chromatography) Headspace-Gaschromatographie f, Headspace-GC f
HSGC analysis Dampfraumanalyse f, Kopfraumanalyse f, Headspace-Analyse f, Gasraumanalyse f
^{2}H signal *(mag Res)* Deuteriumsignal n
^{1}H signal ^{1}H-NMR-Signal n, H-Signal n, Protonensignal n
HSLC (high-speed liquid chromatography) Hochdruck-Flüssig[keits]chromatographie f, Hochleistungs-Flüssig[keits]chromatographie f, HPLC, schnelle Flüssig[keits]chromatographie f
HSP (homogeneity spoiling pulse) s. HS
^{1}H spectroscopy ^{1}H-NMR-Spektroskopie f, ^{1}H-Kernresonanzspektroskopie f, ^{1}H-Spektroskopie f, Protonenresonanzspektroskopie f, Protonen-NMR-Spektroskopie f
^{1}H spectrum Protonenresonanzspektrum n, ^{1}H-NMR-Spektrum n
8 h time-weighted average zeitbezogener 8-Stunden-Mittelwert m
^{1}H transition Protonenübergang m, ^{1}H-Übergang m
Huggins coefficient Huggins-Konstante f *(in der Huggins-Gleichung)*
~ **constant** *(Flchr)* Flory-Huggins-Wechselwirkungsparameter m, [Hugginsscher] Wechselwirkungsparameter m, Huggins-Konstante f
~ **equation** Huggins-Gleichung f
human serum Humanserum n
humidity Feuchte f, Feuchtigkeit f
Hund's rule Hundsche Regel f *(der Energie von Atomzuständen)*
Hückel molecular-orbital calculations Hückel-MO-Rechnungen fpl, Hückel-Rechnung f
~ **molecular-orbital theory** Hückelsche Molekülorbital-Theorie f, Hückel-MO-Theorie f, HMO-Theorie f
HVE (high-voltage electrophoresis) Hochspannungselektrophorese f
HV spark *(opt At)* Hochspannungsfunken m

hybrid T (tee) *(Elres)* hybrider Ring m, magisches T n, T-förmige Brücke f
hydrated water Hydratwasser n
hydration Hydratation f, Hydratisierung f, Wasseranlagerung f
~ **energy** Hydratationsenergie f
~ **envelope** s. ~ sheath
~ **sheath (shell)** Hydrathülle f, Hydratationssphäre f
hydraulic high-pressure nebulization hydraulische Hochdruckzerstäubung f
hydrazine Hydrazin n
hydride abstraction *(Maspek)* Hydridabstraktion f
~ **addition** *(Maspek)* Hydridanlagerung f
~ **generation** Hydridentwicklung f
~ **generation atomic absorption spectrometry** Hydrid-Atomabsorptionsspektrometrie f
~ **generation method** *(opt At)* Hydridtechnik f, Hydrid-AAS-Technik f
hydrocarbon Kohlenwasserstoff m
~ - **detecting device** Kohlenwasserstoffnachweisgerät n
~ **separation** Kohlenwasserstofftrennung f
hydrochloric acid Chlorwasserstoffsäure f, Salzsäure f
hydrodynamically equivalent sphere hydrodynamisch äquivalente Kugel f
hydrodynamic chromatography Partikelgrößen-Verteilungschromatographie f
~ **injection** *(Fließ)* hydrodynamische Injektion f
~ **voltammetry** hydrodynamische Voltammetrie f
~ **volume** hydrodynamisches Volumen n
hydrogel Hydrogel n
hydrogen H Wasserstoff m
~ - **air diffusion flame** s. ~ diffusion flame
~ **analysis** Wasserstoffanalyse f, H-Analyse f
hydrogenate/to hydrieren
hydrogenation Hydrieren n, Hydrierung f
hydrogen atom Wasserstoffatom n, H-Atom n
~ **bond** Wasserstoff[brücken]bindung f, Wasserstoffbrücke f, H-Bindung f
~ - **bonded** über Wasserstoff verbunden, durch eine Wasserstoffbrücke verbunden
~ **bonding** Wasserstoffbrückenbindung f, H-Brückenbindung f, Bindung f über Wasserstoffbrücken, Wasserstoffbrückenbildung f, Ausbildung f von Wasserstoffbrücken
~ **bond[ing] interaction** Wasserstoffbrückenwechselwirkung f
~ **coupling constant** *(kern Res)* H,H-Kopplungskonstante f
~ **diffusion flame** *(Gaschr)* Wasserstoffdiffusionsflamme f, H_2-Diffusionsflamme f
~ **discharge lamp** Wasserstofflampe f
~ **electrode** Wasserstoffelektrode f
~ **evolution** Wasserstoffentwicklung f, Wasserstoffabscheidung f
~ **flame** Wasserstoffflamme f
~ **flame ionization detector** *(Gaschr)* Flammenionisationsdetektor m, FID

hydrogen 98

- **fluoride** Fluorwasserstoff *m*, Hydrogenfluorid *n*
- **form** Säureform *f*, Wasserstofform *f*, H-Form *f*, H^+-Form *f (eines Ionenaustauschers)*
- **fuel** Wasserstoff als Kraftstoff, Treibstoff oder Brenngas
- **gas electrode** Wasserstoffelektrode *f*
- **halide** Halogenwasserstoff *m*
- **ion** Wasserstoffion *n*, H^+-Ion *n*
- -**ion activity** Wasserstoffionenaktivität *f*
- -**ion concentration** Wasserstoffionenkonzentration *f*
- -**ion form** s. ~ form
- **ion-selective electrode** ionenselektive Wasserstoffelektrode *f (starre Matrixelektrode)*
- -**like** wasserstoffähnlich
- **molecule** Wasserstoffmolekül *n*
- **nucleus** Proton *n*, Wasserstoffkern *m*, ^{1}H-Kern *m*
- **overvoltage** *(Pol)* Wasserstoffüberspannung *f*
- **peroxide** Wasserstoffperoxid *n*
- **radical** Wasserstoffradikal *n*, H-Radikal *n*
- **sulphide** Schwefelwasserstoff *m*, Wasserstoffsulfid *n*, Monosulfan *n*
- **sulphide monitor** Schwefelwasserstoffüberwachungsgerät *n*

hydrolysability Hydrolysierbarkeit *f*
hydrolysable hydrolysierbar
- **cation** hydrolysierbares Kation *n*

hydrolysate Hydrolysat *n*
hydrolyse/to hydrolysieren
hydrolysis Hydrolyse *f (einer kovalenten Bindung)*; Protolyse *f*, protolytische Reaktion *f*, Hydrolyse *f (eines Salzes)*
- **constant** Hydrolysekonstante *f*
- **rate** Hydrolysengeschwindigkeit *f*

hydrolytically stable hydrolytisch stabil, hydrolysefest, hydrolysestabil
hydrolytic precipitation hydrolytische Fällung *f*
- **stability** Hydrolysebeständigkeit *f*, Hydrolysestabilität *f*, hydrolytische Stabilität *f*

hydrolyze/to s. hydrolyse/to
hydronium ion Hydroniumion *n*
hydrophilic hydrophil, wasseranziehend
- **adsorbent** hydrophiles Adsorbens *n*
- **gel** hydrophiles Gel *n*
- **grouping** hydrophile Gruppe *f*

hydrophilicity Hydrophilie *f*
hydrophobic hydrophob, wasserabstoßend, wasserabweisend
- **chromatography** s. ~ interaction chromatography
- **gel** hydrophobes Gel *n*
- **interaction** hydrophobe Wechselwirkung *f*
- **interaction chromatography** hydrophobe Interaktionschromatographie *f*, HIC, hydrophobe Chromatographie *f*, Hydrophobie-Chromatographie *f*, Solvophobie-Chromatographie *f*

hydrophobicity Hydrophobie *f*
hydrostatic head (pressure) hydrostatischer Druck *m*
hydrothermal treatment *(Chr)* hydrothermische Behandlung *f*

hydrous wasserhaltig
hydroxide Hydroxid *n*
- **form** Basenform *f*, Hydroxidform *f*, OH-Form *f*, OH^--Form *f (eines Ionenaustauschers)*
- **ion** Hydroxidion *n*
- -**ion form** s. ~ form

hydroxonium ion Hydroxoniumion *n*, Oxoniumion *n*
hydroxy acid Hydroxycarbonsäure *f*
hydroxyl form s. hydroxide form
- **group** Hydroxylgruppe *f*, Hydroxy-Gruppe *f*, OH-Gruppe *f*
- **radical** [freies] Hydroxylradikal *n*
- **resonance** Hydroxy[-Protonen]resonanz *f*

8-hydroxyquinoline Oxin *n*, 8-Hydroxychinolin *n*
hygrometer Hygrometer *n*, Luftfeuchtemesser *m*
hygroscopic[al] hygroskopisch, hygr., wasseraufnehmend, wasserabsorbierend, wasseranziehend
hygroscopic moisture s. ~ water
- **oscillating quartz crystal** hygroskopischer Schwingquarzkristall *m*
- **water** hygroskopisches (hygroskopisch gebundenes) Wasser *n*

hyperchromic effect hyperchromer Effekt *m*
hyperfine coupling (interaction) *(Spekt)* Hyperfeinwechselwirkung *f*, Hyperfein[struktur]kopplung *f*
- **line** Hyperfeinstrukturlinie *f*
- **splitting** Hyperfeinaufspaltung *f*, Hyperfeinstrukturaufspaltung *f*
- **splitting multiplet** Hyperfeinstruktur-Multiplett *n*
- **tensor** Hyperfeintensor *m*

hyper Raman effect *(opt Mol)* Hyper-Raman-Effekt *m*, HRE
hypersensitive überempfindlich, hypersensibel
hypersensitivity Überempfindlichkeit *f*, Hypersensibilität *f*
hypersensitize/to übersensibilisieren
hypochlorite Hypochlorit *n*
hypochromic effect hypochromer Effekt *m*
hypodermic syringe Injektionsspritze *f*, Kolbenspritze *f*
hypophosphite Hypophosphit *n*
hypothesis Hypothese *f*
- H_0 *(Stat)* Nullhypothese *f*

hypsochromic shift hypsochrome (kurzwellige) Verschiebung *f*, Blauverschiebung *f*, Hypsochromie *f*
hysteresis *(el Anal)* Hysterese *f*, Hysteresis *f*

I

IAES (ion-excited Auger electron spectroscopy) ionenangeregte (ioneninduzierte) Auger-Elektronenspektroskopie *f*
IBSCA (ion beam spectrochemical analysis) Ionenstrahl-Spektralanalyse *f*
IC 1. (ion chromatography) Ionenchromatographie *f*, IC; 2. (internal conversion) *(Spekt)* innere Konversion (Umwandlung) *f*

ICAP (inductively coupled argon plasma) induktiv gekoppeltes Argonplasma n
ICAP-AES (inductively coupled argon plasma atomic emission spectrometry) Atomemissionsspektrometrie f mit induktiv gekoppeltem Argonplasma
ICE (ion chromatography exclusion) Ionenausschlußchromatographie f
ICISS (impact collision ion scattering spectroscopy) Rückstoß-Ionenstreuungs-Spektroskopie f
ICLAS (intracavity laser absorption spectroscopy) Intracavity-Laser-Absorptionsspektroskopie f, ICLAS, Intracavity-Spektroskopie f, Spektroskopie f innerhalb des Laserresonators
ICP (inductively coupled plasma) induktiv gekoppeltes Plasma (Hochfrequenzplasma) n
ICP-AES (inductively-coupled plasma atomic emission spectrometry) Atomemissionsspektrometrie f mit induktiv gekoppeltem Plasma
ICP detection (Flchr) IC-Plasma-Detektion f
ICP-FTS (inductively coupled plasma Fourier transform spectrometry) Fourier-Transform-Spektrometrie f mit induktiv gekoppeltem Plasma
ICP-MS (inductively coupled plasma mass spectrometry) Plasmaemissions-Massenspektrometrie f, ICP-Massenspektrometrie f, ICP-MS
ICP-OES (inductively coupled plasma optical emission spectroscopy) optische Emissionsspektroskopie f mit induktiv gekoppeltem Plasma
ICR (ion-cyclotron resonance) Ionencyclotronresonanz f, ICR
ICR spectrometer Fourier-Transform-Ionencyclotronresonanzspektrometer n, Ionencyclotronresonanz-Massenspektrometer n, ICR-Massenspektrometer n
ICTA = International Confederation for Thermal Analysis
ID (inner diameter) Innendurchmesser m, innerer Durchmesser m
ideal condition Idealbedingung f
~ **distribution** Idealverteilung f
~ **gas** ideales Gas n
~ **gas equation (law)** [thermische] Zustandsgleichung f idealer Gase, ideale Gasgleichung f, ideales Gasgesetz n
identification Identifizierung f, Identifikation f; Nachweis m, Detektion f, Feststellung f (eines Analyten)
~ **limit** [untere] Nachweisgrenze f, Erfassungsgrenze f
~ **test** Identitätsprüfung f
identify/to identifizieren; nachweisen, detektieren, feststellen (einen Analyten)
identity Identität f
IDMS (isotope dilution mass spectrometry) Isotopenverdünnungs-Massenspektrometrie f
IEAES (ion-excited Auger electron spectroscopy) ionenangeregte (ioneninduzierte) Auger-Elektronenspektroskopie f

IEC (ion-exchange chromatography) Ionen[aus]-tauschchromatographie f
IE chromatography Ionenausschlußchromatographie f
I/E curve Strom-Spannungs-Kurve f, I-U-Kurve f, I-U-Kennlinie f
IEE (induced electron emission) induzierte Elektronenemission f, IEE
IEEE-488 bus IEEE-488-Bus m, IEEE-488-Sammelleitung f (Meßwertverarbeitung)
IEEE-488 standard interface IEEE-488-Standardschnittstelle f (Meßwertverarbeitung)
IEF (isoelectric focusing) isoelektrische Fokussierung f, IEF f, Elektrofokussierung f
I effect Induktionseffekt m, induktiver Effekt m, I-Effekt m
IE-HPLC (high-performance ion-exchange chromatography) Hochleistungs-Ionenaustauschchromatographie f, Ionenaustausch-HPLC f
IEPC (ion-exclusion partition chromatography) Ionenausschlußchromatographie f
IESS (inelastic electron scattering spectroscopy) Elektronenenergieverlust-Spektroskopie f, Energieverlustspektroskopie f
IF (isoelectric focusing) isoelektrische Fokussierung f, IEF f, Elektrofokussierung f
ignitability Entflammbarkeit f, Entzündbarkeit f, Entzündlichkeit f
ignitable entflammbar, entzündbar, entzündlich, inflammabel
ignite/to [en]tzünden; glühen
~ **to constant weight** bis zur Massekonstanz glühen
ignitible s. ignitable
ignition Zünden n, Zündung f, Entzünden n, Entzündung f; Glühen n
ignitor coil (Gaschr) Zündspirale f
IIAES (ion-induced Auger electron spectroscopy) ionenangeregte (ioneninduzierte) Auger-Elektronenspektroskopie f
IIR (ion-interaction reagent) (Flchr) Paarungsreagens n, Ionenpaar-Reagens n
IIXS (ion-induced X-ray spectroscopy) ioneninduzierte Röntgenspektroskopie f
IKES (ion kinetic energy spectroscopy) Ionenenergie-Spektroskopie f zur Analyse metastabiler Zerfälle
Ilkovic equation (Pol) Ilkovic-Gleichung f
ill-defined schlecht (mangelhaft) definiert (Verbindung)
illuminate/to beleuchten
ILS (ionization loss spectroscopy) Ionisationsspektroskopie f, IS
IMA (ion probe microanalysis) Ionenstrahl-Mikroanalyse f, IMA, ISMA
image intensifier (Spekt) Bildverstärker m
imaging NMR-Tomographie f, Kernspintomographie f, NMR-Zeugmatographie f, magnetische Resonanztomographie f, MR-Tomographie f

imaging

~ **optics** Abbildungsoptik f
~ **photoelectron spectroscopy** bildgebende Photoelektronenspektroskopie f
imbalance Ungleichgewicht n, Nichtgleichgewicht n
IMFP (inelastic mean free path) mittlere Austrittstiefe (Ausdringtiefe) f (von Elektronen)
imidazo [4,5-d]-pyrimidine Purin n, Imidazo[4,5-d]-pyrimidin n
imine Imin n, Iminoverbindung f
immiscibility Nichtmischbarkeit f, Unmischbarkeit f
immiscible nicht mischbar
immobile phase (Chr) stationäre (unbewegliche, ruhende) Phase f
immobiline (Elph) Immobiline n (Acrylamidderivat mit puffernder Gruppe)
immobilization Immobilisierung f
immobilize/to immobilisieren
immobilized enzyme reactor (Fließ) immobilisierter Enzymreaktor m, IMER
~ **phase** s. ~ stationary phase
~ **pH gradient** (Elph) immobilisierter pH-Gradient m, IPG
~ **stationary phase** (Gaschr) immobilisierte [stationäre] Phase f
immunochemical immunchemisch
~ **precipitation** Immunpräzipitation f
immunodiffusion Immun[o]diffusion f
immunoelectrophoresis Immun[o]elektrophorese f
immunoelectrophoretic immunelektrophoretisch
immunofixation Immunofixierung f, Immunofixation f
immunoglobulin Immunglobulin n
immunological method immunologische (immunchemische, serologische) Methode f
immunoprecipitation Immunpräzipitation f
IMPA (ion microprobe analysis) Ionenstrahl-Mikroanalyse f, IMA, ISMA
impact Zusammenstoß m, Stoß m, Zusammenprall m, Kollision f
~ **collision ion scattering spectroscopy** Rückstoß-Ionenstreuungs-Spektroskopie f
impedance Impedanz f, komplexer Widerstand m
impedimeter Konduktanzmesser m, Wirkleitwertmesser m (Hochfrequenztitration)
impedimetric cell s. ~ titration cell
~ **titrant** oszillometrischer Titrant m, Hochfrequenztitrant m, Titrant m für die Hochfrequenztitration
~ **titration** Hochfrequenztitration f, oszillometrische (hochfrequenzkonduktometrische) Titration f
~ **titration cell** oszillometrische Zelle f, Hochfrequenztitrationszelle f, Zelle f für die Hochfrequenztitration
~ **titrimetry** Hochfrequenztitrimetrie f, Hochfrequenzvolumetrie f, oszillometrische Titrimetrie (Volumetrie) f

impedimetry s. impedimetric titration
~ **cell** s. impedimetric titration cell
impedometer Impedanzmesser m, Scheinwiderstandsmesser m
impenetrable s. impermeable
imperfect fehlerhaft
~ **crystal** gestörter Kristall m, Realkristall m
~ **gas** reales Gas n
imperfection Unvollkommenheit f, Unvollständigkeit f; Störung f, Fehler m (in einem Kristall)
impermeable undurchlässig, undurchdringlich, impermeabel
~ **to gas** gasdicht, gasundurchlässig
impervious s. impermeable
impinge/to aufprallen, auftreffen
impingement Aufprall m; Zusammenstoß m, Stoß m, Zusammenprall m, Kollision f
impinger Impinger m (spezielle Waschflasche)
impossible to titrate nicht titrierbar, untitrierbar
impregnated paper (Flchr) imprägniertes Papier n
impregnating agent Imprägniermittel n, Imprägnierungsmittel n
impressed current aufgezwungener (eingeprägter) Strom m (potentiometrische Titration)
~ **voltage** aufgedrückte (eingeprägte) Spannung f
improvement in sensitivity Empfindlichkeitssteigerung f, Empfindlichkeitsverbesserung f
impure verunreinigt, unrein, nicht rein
impurity Verunreinigung f, Fremdbestandteil m, Fremdstoff m
IMS (isotope mass spectrometer) Isotopen-Massenspektrometer n, IMS
inactivate/to desaktivieren, unwirksam machen (Katalysatoren)
inactivation Desaktivierung f, Unwirksammachen n (von Katalysatoren)
inactive inert, inaktiv, reaktionsträge, reaktionslos (Zusammensetzungen s. unter inert)
INADEQUATE (incredible natural abundance double quantum transfer experiment) (kern Res) Doppel-Quanten-Transfer-Experiment n mit natürlicher ^{13}C-Häufigkeit, INADEQUATE-Experiment n
~ **pulse sequence** (kern Res) INADEQUATE-Impulsfolge f
~ **spectrum** (kern Res) INADEQUATE-Spektrum n
incandescent lamp Glühlampe f
12 inch disintegrator (Prob) 12-Zoll-Desintegratormühle f
$^1/_4$ **inch mesh** $^1/_4$-Zoll-Masche f (eines Siebes)
$^1/_2$ **inch mesh** $^1/_2$-Zoll-Masche f (eines Siebes)
incident beam einfallender Strahl m
~ **light** einfallendes (eingestrahltes) Licht n
~ **light beam** einfallender Lichtstrahl m
~ **radiation** einfallende (eingestrahlte) Strahlung f
~ **ray** einfallender Strahl m
include/to einbauen
inclusion Einbau m
incoherent inkohärent (Strahlung)

inductively

~ **coherence (magnetization) transfer** *(kern Res)* inkohärenter Magnetisierungstransfer *m*
incompatibility Unverträglichkeit *f*, Inkompatibilität *f*
incompatible unverträglich, inkompatibel
incomplete combustion unvollständige Verbrennung *f*
increase Ansteigen *n*, Anstieg *m*
increase/to vergrößern, erhöhen, verstärken *(eine Wirkung)*; sich erhöhen, steigen, ansteigen
increase in intensity Intensitätsgewinn *m*
~ **in pressure** Druckanstieg *m*, Druckerhöhung *f*
~ **in temperature** Temperaturanstieg *m*, Temperaturerhöhung *f*
~ **of current** Stromanstieg *m*
~ **of temperature** *s.* ~ in temperature
incredible natural abundance double quantum transfer experiment *(kern Res)* Doppel-Quanten-Transfer-Experiment *n* mit natürlicher ^{13}C-Häufigkeit, INADEQUATE-Experiment *n*
increment Inkrement *n*; Elementarprobe *f*, Einzelprobe *f*
increment/to inkrementieren
incremental charge polarography Ladungsinkrementpolarographie *f*
~ **gradient elution** *(Flchr)* schrittweise Gradientelution *f*
incubate/to einlegen *(in eine Lösung)*
independent of pH pH-[Wert-]unabhängig
~ **variable** unabhängige Variable (Veränderliche) *f*
indeterminate error Zufallsfehler *m*, zufälliger Fehler *m*
index of refraction Brech[ungs]zahl *f*, Brechungsindex *m*, Refraktionsindex *m*, RI, Brechungsquotient *m*, Brechungsverhältnis *n*, Brechungsexponent *m*
~ **of refraction measuring** Brechzahlmessung *f*
~ **scale** *(Meß)* Indexskale *f*, Kennziffernskale *f*
indicate/to anzeigen
indicating circuit Anzeigeschaltung *f*
~ **current** Anzeigestrom *m*
~ **electrode** *s.* indicator electrode
~ **instrument** Anzeigeinstrument *n*, Anzeigegerät *n*
~ **method** Indikatormethode *f*, Anzeigeverfahren *n*
~ **system** Anzeigesystem *n*, Indikatorsystem *n*
indication Skalenwert *m*, Wert *m*, Anzeige *f*, Stand *m*
~ **method** *s.* indicating method
~ **sensitivity** Anzeigeempfindlichkeit *f*
indicator *(Vol)* [visueller] Indikator *m*
~ **blank** Indikatorblindwert *m*
~ **change** Indikatorumschlag *m*
~ **circuit** Anzeigeschaltung *f*
~ **colour** Indikatorfarbe *f*
~ **dye** Indikatorfarbstoff *m*
~ **electrode** Indikatorelektrode *f*, Meßelektrode *f*
~ **error** *(Vol)* Indikatorfehler *m*
~ **paper** Indikatorpapier *n*, Reagenzpapier *n*, Prüfpapier *n*

~ **potential** Anzeigepotential *n*, Indikatorpotential *n*
~ **range** Umschlagsbereich *m*, Umschlagsgebiet *n*, Umschlagsintervall *n* *(eines Indikators)*
~ **signal** Indikatorsignal *n*
~ **test paper** *s.* ~ paper
indifferent electrolyte *(Pol, Elph)* Grundelektrolyt *m*, Leitelektrolyt *m*, LE, Zusatzelektrolyt *m*, indifferenter Elektrolyt *m*, Leitsalz *n*
~ **gas** *s.* inert gas
~ **salt** *s.* indifferent electrolyte
indirect analysis indirekte Analyse *f*
~ **coulometry** indirekte Coulometrie *f*
~ **detection** indirekte Detektion *f*
~ **iodometric titration** indirektes iodometrisches Titrationsverfahren *n*
~ **measurement** indirekte Messung *f*
~ **potentiostatic coulometry** indirekte potentiostatische Coulometrie *f*
~ **titration** indirekte Titration *f*
~ **UV detection** *(Flchr)* indirekte UV-Detektion *f*
indium In Indium *n*
individual peak Einzelpeak *m*
INDOR *(kern Res)* internuclear double resonance) internukleare Doppelresonanz *f*, INDOR
induce/to induzieren
induced dipole induzierter Dipol *m*
~ **dipole moment** induziertes Dipolmoment *n*
~ **electron emission** induzierte Elektronenemission *f*, IEE
~ **magnetic moment** induziertes magnetisches Moment *n*
~ **magnetization** induzierte Magnetisierung *f*
~ **oxidation** induzierte Oxidation *f*
~ **polarization** Verschiebungspolarisation *f*
~ **radioactivity** induzierte (künstliche) Radioaktivität *f*
~ **reaction** induzierte Reaktion *f*
~ **shift** *(kern Res)* induzierte Verschiebung *f*
~ **transition** induzierter Übergang *m*
induce oxidation/to die Oxidation anregen (auslösen)
inductance Induktivität *f*
induction effect Induktionseffekt *m*, induktiver Effekt *m*, I-Effekt *m*
~ **force** Induktionskraft *f*, Debye-Kraft *f*
~ **interaction** Induktionswechselwirkung *f*
~ **period** Induktionsperiode *f*, Anlaufperiode *f*, Startperiode *f* *(einer Reaktion)*
inductive coupling induktive Kopplung *f*
~ **effect** *s.* induction effect
inductively coupled argon plasma induktiv gekoppeltes Argonplasma *n*
~ **coupled argon plasma atomic emission spectrometry** Atomemissionsspektrometrie *f* mit induktiv gekoppeltem Argonplasma
~ **coupled mass spectrometer** Plasmaemissions-Massenspektrometer *n*, ICP-Massenspektrometer *n*

inductively

- ~ **coupled plasma** induktiv gekoppeltes Plasma (Hochfrequenzplasma) *n*
- ~ **coupled plasma atomic emission spectrometry** Atomemissionsspektrometrie *f* mit induktiv gekoppeltem Plasma
- ~ **coupled plasma Fourier transform spectrometry** Fourier-Transform-Spektrometrie *f* mit induktiv gekoppeltem Plasma
- ~ **coupled plasma mass spectrometry** Plasmaemissions-Massenspektrometrie *f*, ICP-Massenspektrometrie *f*, ICP-MS
- ~ **coupled plasma optical emission spectroscopy** optische Emissionsspektroskopie *f* mit induktiv gekoppeltem Plasma

inductor *(Katal)* Induktor *m*
industrial analytical instrument Industrieanalysengerät *n*
- ~ **chemical** Industriechemikalie *f*
- ~ **chemist** industrieller (technischer) Chemiker *m*, Industriechemiker *m*, Werkchemiker *m*
- ~ **gas** technisches Gas *n*
- ~ **water** Betriebswasser *n*, Brauchwasser *n*, Nutzwasser *n*

inelastic collision unelastischer Stoß *m*
- ~ **electron scattering spectroscopy** Elektronenenergieverlust-Spektroskopie *f*, Energieverlustspektroskopie *f*
- ~ **mean free path** mittlere Austrittstiefe (Ausdringtiefe) *f (von Elektronen)*
- ~ **neutron scattering** unelastische Neutronenstreuung *f*
- ~ **scattering** unelastische Streuung *f*
- ~ **tunnelling spectroscopy** inelastische Tunnelspektroskopie *f*, ITS

INEPT (insensitive nuclei enhanced by polarization transfer) *(kern Res)* Polarisationstransfer *m* mit unselektiven Impulsen, INEPT
- ~ **experiment** *(kern Res)* INEPT-Experiment *n*

inequivalent nichtäquivalent *(Kerne)*
- ~ **protons** *(kern Res)* nichtäquivalente Protonen *fpl*

inert inert, inaktiv, reaktionsträge, reaktionslos
- ~ **atmospere** inerte (indifferente) Atmosphäre *f*
- ~ **electrode** reaktionsträge (inerte) Elektrode *f*
- ~ **gas** Inertgas *n*, inertes (inaktives, indifferentes) Gas *n*, [reaktions]träges Gas *n*
- ~ **gas atmosphere** Inertgasatmosphäre *f*, inerte (indifferente) Gasatmosphäre *f*
- ~ **matrix** *(el Anal)* inerte Matrix *f*
- ~ **metal electrode** inerte Metallelektrode *f*

inertness Inertie *f*, Trägheit *f*, Reaktionsträgheit *f*, Inaktivität *f*
inert peak *(Gaschr)* Inertpeak *m*
- ~ **support** inerter Träger *m*, inertes Trägermaterial *n*

infinite diameter effect *(Flchr)* Effekt *m* des unendlichen Säulendurchmessers
- ~ **dilution** unendliche Verdünnung *f*
- ~ **dilution partition coefficient** Verteilungskonstante *f* bei unendlicher Verdünnung, thermodynamische Verteilungskonstante *f*

102

- ~ **universe** unendliche Grundgesamtheit *f*

inflammability Entflammbarkeit *f*, Entzündbarkeit *f*, Entzündlichkeit *f*
inflammable entflammbar, entzündbar, entzündlich, inflammabel
- ~ **liquid** entflammbare Flüssigkeit *f*

influent Zulauf *m*
information content Informationsgehalt *m*
- ~ **quantity** Informationsmenge *f*
- ~ **signal** Informationssignal *n*

infrared infrarot, Infrarot..., IR...
- ~ **absorption** Infrarotabsorption *f*
- ~ **absorption spectroscopy** Infrarot-Absorptionsspektroskopie *f*, IR-Absorptionsspektroskopie *f*
- ~ **absorption spectrum** Infrarot-Absorptionsspektrum *n*, IR-Absorptionsspektrum *n*
- ~-**active** infrarot-aktiv, IR-aktiv
- ~ **analysis** Infrarotanalyse *f*
- ~ **analyser** Infrarotanalysengerät *n*
- ~ **band** Infrarotbande *f*, IR-Bande *f*
- ~ **beam** Infrarotstrahl *m*, IR-Strahl *m*
- ~ **detector** Infrarotdetektor *m*, IR-Detektor *m*
- ~ **emission spectroscopy** Infrarot-Emissionsspektroskopie *f*
- ~ **heater (heat source)** Infrarotheizer *m*
- ~ **instrument** Infrarotgerät *n*, IR-Gerät *n*
- ~ **lamp** Infrarotlampe *f*
- ~ **laser** Infrarotlaser *m*, IR-Laser *m*
- ~ **light** Infrarotlicht *n*
- ~ **microscope** Infrarotmikroskop *n*, IR-Mikroskop *n*
- ~ **microscopy** Infrarotmikroskopie *f*, IR-Mikroskopie *f*
- ~ **photometer** Infrarotphotometer *n*
- ~ **prism** Prisma *n* für den infraroten Bereich
- ~ **process analyzer** Infrarot-Prozeßanalysengerät *n*
- ~ **radiation** Infrarotstrahlung *f*, IR-Strahlung *f*, Ultrarotstrahlung *f*
- ~ **radiation source** Infrarotstrahlungsquelle *f*, IR-Strahlungsquelle *f*, IR-Quelle *f*
- ~ **range** *s.* ~ **region**
- ~ **reflection absorbance spectroscopy** Infrarot-Reflexions-Absorptions-Spektroskopie *f*, IRRAS
- ~ **region** Infrarotgebiet *n*, Infrarotbereich *m*, infraroter Bereich (Spektralbereich) *m*, IR-Spektralbereich *m*
- ~ **source** *s.* ~ **radiation source**
- ~ **spectral region** *s.* ~ **region**
- ~ **spectro[photo]meter** Infrarotspektrometer *n*, IR-Spektro[photo]meter *n*, Infrarotspektralphotometer *n*, IR-Spektralphotometer *n*
- ~ **spectrophotometry** IR-Spektrometrie *f*
- ~ **spectroscopist** Infrarotspektroskopiker *m*
- ~ **spectroscopy** Infrarotspektroskopie *f*, IR-Spektroskopie *f*, IRS
- ~ **spectrum** Infrarotspektrum *n*, IR-Spektrum *n*
- ~ **transmission** Infrarotdurchlässigkeit *f*
- ~-**transmissive** infrarotdurchlässig

inorganic

~ **transmittance** Infrarotdurchlässigkeit f
~-**transmitting** infrarotdurchlässig
~-**transmitting window** infrarotdurchlässiges Fenster n
~-**transparent** infrarotdurchlässig
~ **window** infrarotdurchlässiges Fenster n
ingredient Bestandteil m
inherent viscosity inhärente Viskosität f, logarithmische Viskositätszahl f
inhibit/to inhibieren, hemmen
inhibition Inhibition f, Hemmung f
inhibitor Inhibitor m, Hemmstoff m, negativer Katalysator m
inhomogeneity Inhomogenität f, innere Uneinheitlichkeit f
inhomogeneous inhomogen, innerlich uneinheitlich
inhomogeneously broadened (Spekt) inhomogen verbreitert
inhomogeneous magnetic field inhomogenes Magnetfeld n
initial band Anfangsbande f
~ **concentration** Anfangskonzentration f, Ausgangskonzentration f
~ **conductance** Anfangsleitwert m
~ **current** Anfangsstrom m
~ **current intensity** Anfangsstromstärke f
~ **peak** Anfangsbande f
~ **potential** Anfangspotential n
~ **rate** Anfangsgeschwindigkeit f
~ **rate method** (Katal) Methode f der Anfangsgeschwindigkeit
~ **reaction rate** Anfangsgeschwindigkeit f der Reaktion
~ **solution** Ausgangslösung f
~ **stage** Anfangsstufe f, Anfangsstadium n
~ **state** Anfangszustand m, Ausgangszustand m
~ **temperature** Starttemperatur f
~ **value** Anfangswert m
~ **velocity** Anfangsgeschwindigkeit f
initiate/to initiieren, auslösen, einleiten (eine Reaktion)
initiation Initiierung f, Auslösung f, Einleitung f (einer Reaktion)
inject/to (Chr) injizieren, einspritzen
injection (Chr) Injektion f, Einspritzung f
~ **block** Einspritzblock m, Injektorblock m, Injektionsblock m
~ **by hypodermic syringe** Injizieren n mit Injektionsspritze, Spritzendosierung f, Dosierung (Probenaufgabe) f mit Injektionsspritze
~ **device** Einspritzvorrichtung f
~ **error** Einspritzfehler m
~ **method** Injektionsmethode f
~ **point** Einspritzstelle f, Eingabestelle f
~ **port** s. ~ block
~ **position** Injektionsposition f
~ **splitter assembly** Split-Injektor m
~ **system** Injektionssystem n, Einspritzsystem n
~ **technique** Injektionstechnik f, Einspritztechnik f
~ **temperature** Einlaßtemperatur f
~ **valve** Injektionsventil n, Einspritzventil n
~ **volume** Injektionsvolumen n
injector (Chr) Injektor m
~ **block** s. injection block
~ **insert** Injektoreinsatz m
~ **port** s. injection block
~ **splitter** Split-Injektor m
inject position Injektionsposition f
ink-jet recorder Tintenstrahlschreiber m
inlet Einlaß m
~ **pressure** (Chr) Eingangsdruck m
~ **splitter** (Gaschr) Probenteiler m, Gasstromteiler m, Strömungsteiler m, Stromteiler m, Splitter m
~ **system** Probeneinlaßsystem n, Einlaßsystem n, (Chr auch) Probenaufgabeteil n, Probenaufgabesystem n
in-line adaptive analyser in die Rohrleitung eingepaßtes Analysengerät n
~-**line blender (mixer)** In-line-Mischer m, Mischer m in der Pumpleitung
inner bremsstrahlung (rad Anal) innere Bremsstrahlung f
~ **complex** Innerkomplex m, Neutralchelat n
~ **diameter** Innendurchmesser m, innerer Durchmesser m
~ **Helmholtz layer** (Pol) innere Helmholtz-Schicht f
~-**shell electron** Rumpfelektron n, inneres Elektron n
~-**shell photoelectron spectroscopy** röntgenstrahlangeregte Photoelektronenspektroskopie f, Röntgen[strahlen]-Photoelektronenspektroskopie f, XPS, Elektronenspektroskopie f für die chemische Analyse, ESCA, Photoelektronenspektroskopie f innerer Elektronen
~-**sphere complex** Innensphärenkomplex m, Inner-sphere-Komplex m
~ **surface** Innenoberfläche f
~ **volume** (Flchr) Poreninnenvolumen n, inneres Volumen n, Gesamtporenvolumen n, Lösungsmittelvolumen n innerhalb der Gelkörner
~ **wall** Innenwand f
inorganic acid anorganische Säure f
~ **analysis** anorganische Analyse f, Analyse f anorganischer Stoffe
~ **chemist** Anorganiker m
~ **chemistry** anorganische Chemie f
~ **compound** anorganische Verbindung f
~ **depolarizer** anorganischer Depolarisator m
~ **ion** anorganisches Ion n
~ **ion exchanger** anorganischer Ionenaustauscher (Austauscher) m
~ **polarography** Polarographie f anorganischer Stoffe
~ **polymer** anorganisches Polymer n
~ **precipitant** anorganisches Fällungsreagens (Fällungsmittel) n

in-phase

in-phase magnetization *(kern Res)* In-Phase-Magnetisierung *f*
~-process inspection Zwischenprüfung *f*
input channel Eingabekanal *m*
~ **impedance** Eingangsimpedanz *f*
~ **signal** Eingangssignal *n*, Eingabesignal *n*
~ **terminal** Eingangsklemme *f*
~ **voltage** Eingangsspannung *f*
INS 1. (inelastic neutron scattering) unelastische Neutronenstreuung *f*; 2. (ion neutralization spectroscopy) Ionenneutralisationsspektroskopie *f*, INS
insensitive unempfindlich
insensitiveness Unempfindlichkeit *f*
insensitive nuclei enhanced (enhancement) by polarization transfer *(kern Res)* Polarisationstransfer *m* mit unselektiven Impulsen, INEPT
~ **nucleus** unempfindlicher Kern *m*
~ **to anions** anionenunempfindlich
~ **to light** lichtunempfindlich
insensitivity Unempfindlichkeit *f*
inside diameter Innendurchmesser *m*, innerer Durchmesser *m*
~ **wall** Innenwand *f*
in situ coating *(Chr)* In-situ-Beladung *f (des Trägers in der Säule)*
~ **situ silanization** *(Chr)* In-situ-Silanisierung *f*
insolubility Unlöslichkeit *f*, Nichtlöslichkeit *f*
insolubilize/to unlöslich machen
insoluble unlöslich, unl., unlö, nicht löslich, nl
inspect/to prüfen, nachprüfen, überprüfen
inspection Prüfung *f*, Nachprüfung *f*, Überprüfung *f*
~ **by attributes (variables)** Prüfung *f* anhand eines Quantitätsmerkmals
~ **certificate** Prüfprotokoll *n*
~ **condition** Prüfbedingung *f*
~ **diagram** Prüfdiagramm *n*
~ **level** Prüfniveau *n*, Prüfstufe *f*
~ **lot** Prüflos *n*
~ **of material** Werkstoffprüfung *f*
~ **record (sheet)** Prüfprotokoll *n*
~ **specification** Prüfvorschrift *f*
~ **test** Abnahmeprüfung *f*, Eignungsprüfung *f*
100% inspection 100%-Prüfung *f*
instantaneous diffusion current Momentanwert *m* des Diffusionsstroms
~ **value** Momentanwert *m*, Augenblickswert *m*
instant of drop fall *(Pol)* Tropfenfallmoment *m*
instrument Gerät *n*
instrumental instrumentell, apparativ
~ **activation analysis** instrumentelle Aktivierungsanalyse *f*
~ **analysis** Instrumentenanalyse *f*, Instrumentalanalyse *f*, instrumentelle Analyse *f*
~ **analysis (analytical) method** instrumentelle Analysenmethode *f*
~ **dead time** *(Meß)* Totzeit *f*
~ **error** Instrumentenfehler *m*
~ **indication** Instrumentanzeige *f*
~ **method** Instrumentenmethode *f*
~ **method of analysis** instrumentelle Analysenmethode *f*
~ **parameter** Geräteparameter *m*
~ **set-up** instrumenteller Aufbau *m*, instrumentelle Anordnung *f*
instrument analysis s. instrumental analysis
~ **indication** Instrumentanzeige *f*
~ **interface** Geräteinterface *n*, Geräteschnittstelle *f*
~ **laboratory** Meßlaboratorium *n*, Meßlabor *n*
~ **parameter** Geräteparameter *m*
~ **response time** Ansprechzeit *f*, Einstellzeit *f*, Anstiegszeit *f*, Ansprechdauer *f*
~ **settings** Geräteeinstellung *f*
~ **signal** Meßsignal *n*, gemessenes Signal *n*
insulator Isolator *m*
integral chromatogram Integralchromatogramm *n*, integrales Chromatogramm *n*, Stufenchromatogramm *n*
~ **detector** Integraldetektor *m*, integraler Detektor *m*
~ **distribution function** integrale (kumulative) Verteilungsfunktion *f*
~ **intensity** integrale Intensität *f*, Integralintensität *f*
integrate/to integrieren
integrated absorbance *(Spekt)* zeitintegrierte Extinktion *f*
~ **intensity** s. integral intensity
~ **signal** integriertes Signal *n*, Integralsignal *n*
~ **value** Integralwert *m*
integrating converter *(Lab)* integrierender Konverter *m*
~ **detector** s. integral detector
integration Integration *f*
~ **constant** Integrationskonstante *f*
integrator Integrator *m*
~ **circuit** Integratorschaltkreis *m*, Integrationsschaltung *f*, Integrierschaltung *f*
intensely coloured stark (intensiv) gefärbt
intensity Intensität *f*, Stärke *f*
~ **change** Intensitäts[ver]änderung *f*
~ **distribution** Intensitätsverteilung *f*
~ **gain** Intensitätsgewinn *m*
~ **loss** Intensitätsabfall *m*
~ **of absorption** Absorptionsintensität *f*
~ **ratio** Intensitätsverhältnis *n*
~ **reference** Intensitätsstandard *m*
~ **variation** Intensitätsschwankung *f*
interact/to wechselwirken, in Wechselwirkung stehen; in Wechselwirkung treten
interacting nuclei koppelnde Kerne *mpl*
interaction Wechselwirkung *f*
~ **energy** Wechselwirkungsenergie *f*
interactive energy Wechselwirkungsenergie *f*
~ **solid** aktiver Feststoff *m*
interatomic interatomar
~ **repulsion** interatomare Abstoßung *f*
intercept Achsenabschnitt *m*, Abschnitt *m*

interchange of energy Energieaustausch *m*
~ **of spins** *(kern Res)* Spin-Spin-Austausch *m*
interelectrode capacitance Zwischenelektrodenkapazität *f*
interface 1. Grenzfläche *f*, Phasengrenzfläche *f*; 2. Interface *n*, Schnittstelle *f*
~ **configuration** Schnittstellenkonfiguration *f*
~ **converter** Schnittstellenwandler *m*
interfacial adsorption Adsorption *f* an den Phasengrenzen
~ **tension** Grenzflächenspannung *f*
interferant *s.* interferent
interfere/to stören *(bei der Analyse)*
interference 1. Interferenz *f (von Wellen)*; Störung *f*, Interferenz *f (durch Fremdstoffe)*; 2. Störstoff *m*, Störsubstanz *f*
~ **effect** Störeffekt *m*
~ **filter** Interferenzfilter *n*
~ **method** *(el Anal)* Interferenzmethode *f*, Interferenzverfahren *n*
~ **pattern** *(Spekt)* Interferenzerscheinung *f*, Interferenz *f*
interferent Störstoff *m*, Störsubstanz *f*
interfering component Störkomponente *f*
~ **element** Störelement *n*
~ **ion** störendes Ion *n*, Störion *n*
~ **metal** Störmetall *n*
~ **reaction** Störreaktion *f*
~ **solute** Störsubstanz *f (in Lösung)*
~ **substance** *s.* interferent
interferogram *(Spekt)* Interferogramm *n*
interferometer *(Spekt)* Interferometer *n*
interior wall Innenwand *f*
inter-laboratory evaluation (investigation) Ringuntersuchung *f (in mehreren Laboratorien)*
~-**laboratory reproducibility** Reproduzierbarkeit *f* von Labor zu Labor
~-**laboratory test** Ringversuch *m (zur Bestätigung von Testverfahren und Ergebnissen)*
~-**laboratory testing** Ringprüfung *f (in mehreren Laboratorien)*
~-**laboratory test result** Ringversuchsergebnis *n (von Versuchen in mehreren Laboratorien)*
intermediate intermediär, Zwischen...
intermediate *s.* 1. ~ compound; 2. ~ product
~ **compound** Zwischenverbindung *f*, Intermediärverbindung *f*, intermediäre Verbindung *f*
~ **concentration** mittlere (intermediäre) Konzentration *f*
~ **level** Zwischenproduktanteil *m*
~ **neutron** *(rad Anal)* mittelschnelles Neutron *n*
~ **product** Zwischenprodukt *n*, Zwischenstoff *m*
~ **solution** Zwischenlösung *f (einer ionenselektiven Elektrode)*
~ **stage** Zwischenstufe *f*, Zwischenstadium *n*
~ **state** Zwischenzustand *m*
~ **trapping** *(Gaschr)* intermediäres Trapping *n*
intermittent pumping *(Fließ)* intermittierendes Pumpen *n*

intermix/to vermischen, durchmischen; sich vermischen
intermixture Durchmischen *n*, Durchmischung *f*
intermolecular intermolekular, zwischenmolekular
~ **coupling** *s.* ~ interaction
~ **exchange** intermolekularer Austausch *m*
~ **force** zwischenmolekulare (intermolekulare) Kraft *f*
~ **hydrogen bond** intermolekulare Wasserstoffbrücke *f*
~ **hydrogen bonding** intermolekulare Wasserstoffbrückenbindung *f*
~ **interaction** intermolekulare (zwischenmolekulare) Wechselwirkung *f*
~ **relaxation** *(Spekt)* intermolekulare Relaxation *f*
internal chromatogram inneres Chromatogramm *n*
~ **conversion** *(Spekt)* innere Konversion (Umwandlung) *f*
~ **conversion coefficient** *(rad Anal)* Konversionskoeffizient *m*
~ **diameter** Innendurchmesser *m*, innerer Durchmesser *m*
~ **dynamics** innere Dynamik *f*
~ **electrode** Innenelektrode *f*
~ **electrodeposition** inneres elektrochemisches Abscheiden *n*
~ **electrolysis** Kurzschlußelektrolyse *f*, innere Elektrolyse *f (ohne äußere Spannung)*
~ **electrolysis system** inneres Elektrolysesystem *n*
~ **electrolyte** innerer Elektrolyt *m*
~ **generation** *(Coul)* Reagenserzeugung *f* innerhalb der Titrierzelle
~ **lock** *(kern Res)* interner Lock *m*, internes Locksystem *n*
~ **oxidation-reduction indicator** Redoxindikator *m*
~ **pore volume** *(Flchr)* Poreninnenvolumen *n*, inneres Volumen *n*, Gesamtporenvolumen *m*, Lösungsmittelvolumen *n* innerhalb der Gelkörner
~ **quality control** *(Proz)* interne Qualitätssicherung *f*
~ **reference** innere Referenzsubstanz *f*
~ **reference electrode** *(Pol)* nicht von der Analysenlösung getrennte Bezugselektrode *f*
~ **reference standard** *s.* ~ standard
~ **reflectance crystal (element)** *s.* ~ reflection element
~ **reflectance spectroscopy** *s.* ~ reflection spectroscopy
~ **reflection element** *(opt Mol)* Reflexionselement *n*
~ **reflection spectroscopy** innere Reflexionsspektroskopie *f*, IRS
~ **reflection spectrum** inneres Reflexionsspektrum *n*
~ **rotation** innere Rotation *f*
~ **standard** innerer (interner) Standard *m*

internal

~ **standardization technique** *s.* ~ standard method
~ **standard method (technique)** Methode *f* des inneren Standards
~ **surface area** innere Oberfläche *f*, Innenoberfläche *f (quantitativ)*
~ **vibration** *(Spekt)* innere Schwingung *f*
~ **volume** 1. Innenvolumen *n*; 2. *s.* ~ pore volume
~ **wall** Innenwand *f*
International Standard Method Internationale Standardmethode *f*
~ **Union of Pure and Applied Chemistry** Internationale Union *f* für Reine und Angewandte Chemie, IUPAC
international unit *(Katal)* internationale Einheit *f*, I.E., U
internuclear distance Kernabstand *m*, Abstand *m* der Kerne
~ **double resonance** internukleare Doppelresonanz *f*, INDOR
interparticle porosity *(Chr)* Zwischenkornporosität *f*
~ **volume** *s.* interstitial volume 2.
interpolate/to *(Stat)* interpolieren
interpolation *(Stat)* Interpolation *f*, Interpolieren *n*
interpretation of data Datenauswertung *f*
interquartile range *(Stat)* Quartilabstand *m*, Bereich *m* des Quartils
interstice Hohlraum *m*
interstitial flow velocity lineare Strömungsgeschwindigkeit (Fließgeschwindigkeit) *f*
~ **liquid (particle) volume** *s.* ~ volume 2.
~ **velocity** *s.* interstitial flow velocity
~ **void volume** *s.* ~ volume 2.
~ **volume** 1. *(Chr)* Mobilvolumen *n*, Totvolumen *n*, Durchflußvolumen *n*, Volumen *n* der fluiden Phase *(in der Säule)*; 2. Zwischenkornvolumen *n*, Zwischenpartikelvolumen *n*, Interstitial-Volumen *n*, äußeres Volumen *n*, Volumen *n* zwischen den Gelpartikeln, Lösungsmittelvolumen *n* außerhalb der Gelkörner *(Gelchromatographie)*
intersystem cross[ing] *(Spekt)* Interkombination *f*, Intersystem-Crossing *n*, Zwischensystemübergang *m*, strahlungsloser Singulett-Triplett-Übergang *m*
interval estimation *(Stat)* Intervallschätzung *f*
~ **of measurement** Meßintervall *n*
interwined, interwound ineinandergewunden, verdrillt *(Makromolekülketten)*
intracavity laser absorption spectroscopy Intracavity-Laser-Absorptionsspektroskopie *f*, ICLAS, Intracavity-Spektroskopie *f*, Spektroskopie *f* innerhalb des Laserresonators
intramolecular intramolekular, innermolekular
~ **coupling** intramolekulare Wechselwirkung *f*
~ **hydrogen bond** intramolekulare Wasserstoffbrücke *f*
~ **hydrogen bonding** intramolekulare Wasserstoffbrückenbindung *f*

106

~ **relaxation** *(Spekt)* intramolekulare Relaxation *f*
intraparticle porosity Kornporosität *f*
~ **[void] volume** *(Flchr)* Porenvolumen *n*
intrastitial volume *(Flchr)* Porenvolumen *n*
intrinsic angular dispersion *(Spekt)* Winkeldispersion *f*
~ **angular momentum** Spin *m*, Eigendrehimpuls *m*, innerer Drehimpuls *m*, Spindrehimpuls *m*
~ **lifetime** *(Spekt)* intrinsische Lebensdauer *f*
~ **property** durch Eigenleitung bedingte Eigenschaft *f*
~ **viscosity** Staudinger-Index *m*, Grenzviskosität[szahl] *f*
introduce/to einbringen
introduction Einbringen *n*
inventory cost Inventarkosten *pl*, Lagerbestandskosten *pl*
inverse Fourier transformation inverse Fourier-Transformation *f*
~ **photoelectron (photoemission) spectroscopy** inverse Photoelektronenspektroskopie *f*, IPS
~ **Raman spectroscopy** inverse Raman-Spektroskopie *f*, IRS
~ **Zeeman effect** *(Spekt)* inverser Zeeman-Effekt *m*
inversion Inversion *f*, Invertierung *f*, Umkehr[ung] *f*
~-**recovery experiment** *(kern Res)* Inversion-recovery-Experiment *n (Bestimmung von Spin-Gitter-Relaxationszeiten)*
invert/to invertieren
investigate/to untersuchen, erforschen, ermitteln
investigation Untersuchung *f*, Erforschung *f*, Ermittlung *f*
~ **of structure** Strukturuntersuchung *f*
investigator Untersucher *m*
in vivo spectroscopy in-vivo-Spektroskopie *f*
involatile nichtflüchtig
iodate Iodat *n*
iodide Iodid *n*
~ **addition** Iodidzusatz *m*
~ **reagent** Iodidreagens *n*
~ **solution** Iodidlösung *f*
iodimetric method *s.* iodimetry
~ **titration** iodimetrische Titration *f*
iodimetry direktes iodometrisches Titrationsverfahren *n (Titration mit Iod)*
iodine content Iodgehalt *m*
~ **electrode** Iodelektrode *f (Fällungstitration)*
~ **laser** Iod-Laser *m*
~ **pentoxide** Iodpentoxid *n*, Iod(V)-oxid *n*
~ **solution** Iodlösung *f*
~ **vapour** Ioddampf *m*
1-iodobutane 1-Iodbutan *n*
iodo compound Iodverbindung *f*
iodomethane Methyliodid *n*, Iodmethan *n*
iodometric determination iodometrische Bestimmung *f*
~ **method** *s.* iodometry

~ **titration** iodometrische Titration f
~ **titration method** s. iodometry
iodometry Iodometrie f, iodometrisches Titrationsverfahren n *(Titration mit oder von Iod)*, *(i.e.s.)* indirektes iodometrisches Titrationsverfahren n *(Titration von Iod)*
ion Ion n
~ **abundance** Ionenhäufigkeit f
~-**active group** s. ~-exchange group
~ **activity** Ionenaktivität f
~ **analysis** Ionenanalyse f
~ **association** Ionenassoziation f
~-**association complex** Ionenassoziat n
~ **atmosphere** Ionenwolke f, Ionenatmosphäre f
~ **beam** Ionenstrahl m
~ **beam spectrochemical analysis** Ionenstrahl-Spektralanalyse f
~ **bombardment** Ionenbeschuß m, Ionenbombardement n
~ **chamber** Ionisationskammer f, Ionisierungskammer f, Ionisierungsraum m
~ **chromatogram** Ionenchromatogramm n
~ **chromatograph** Ionenchromatograph m
~-**chromatographic** ionenchromatographisch
~ **chromatography** Ionenchromatographie f, IC
~ **chromatography exclusion [mode]** Ionenausschlußchromatographie f
~ **collector** *(Maspek)* Auffänger m
~ **concentration** Ionenkonzentration f
~ **current** Ionenstrom m, Ionisationsstrom m
~-**cyclotron resonance** Ionencyclotronresonanz f, ICR
~-**cyclotron resonance mass spectrometer** Fourier-Transform-Ionencyclotronresonanzspektrometer n, Ionencyclotronresonanz-Massenspektrometer n, ICR-Massenspektrometer n
~-**dipole interaction** Ion-Dipol-Wechselwirkung f
~ **dissociation chamber** *(Maspek)* Stoßzelle f, Stoßkammer f
~ **electrode** *(Pot)* Ionenelektrode f
~ **exchange** Ionen[aus]tausch m, IA
~-**exchange bed** Ionenaustauscherbett n
~-**exchange capacity** Ionen[aus]tauschkapazität f, Austausch[er]kapazität f
~-**exchange chromatographic** ionenaustauschchromatographisch
~-**exchange chromatography** Ionen[aus]tauschchromatographie f
~-**exchange column** Ionenaustauschersäule f
~-**exchange dextran** Dextrangelaustauscher m
~-**exchange equilibrium** Ionenaustauschgleichgewicht n
~-**exchange gel** Gel-Ionenaustauscher m, Gelaustauscher m
~-**exchange group** Ankergruppe f, austauschaktive (ionenaustauschende) Gruppe f, funktionelle (aktive, austauschfähige) Gruppe f, Austausch[er]gruppe f, Ionenaustausch[er]gruppe f *(in einem Ionenaustauscher)*

~-**exchange hollow fibre membrane suppressor** *(Flchr)* Hohlfasermembransuppressor m
~-**exchange HPLC** Hochleistungs-Ionenaustauschchromatographie f, Ionenaustausch-HPLC f
~-**exchange isotherm** Austauschisotherme f
~-**exchange material (medium)** Ionenaustausch[er]material n
~-**exchange membrane** Ionenaustausch[er]membran f
~-**exchange paper** Ionenaustauschpapier f
~-**exchange process** Ionenaustauschvorgang m
~ **exchanger** Ionen[aus]tauscher m
~-**exchange reaction** Ionenaustauschreaktion f
~-**exchange resin** Ionenaustausch[er]harz n, Kunstharz[-Ionen]austauscher m
~-**exchanger membrane** Ionenaustausch[er]membran f
~-**exchange separation** Ionenaustauschtrennung f
~-**exchange sheet** Ionenaustauscherfolie f
~-**exchanging capacity** s. ~-exchange capacity
~-**excited Auger electron spectroscopy** ionenangeregte (ioneninduzierte) Auger-Elektronenspektroskopie f
~ **exclusion** Ionenausschluß m, Ionenexklusion f
~-**exclusion chromatography** Ionenausschlußchromatographie f
~-**exclusion effect** *(Flchr)* Ionenausschlußeffekt m
~-**exclusion partition chromatography** Ionenausschlußchromatographie f
~ **flight path** *(Maspek)* Ionenflugbahn f, Ionenflugstrecke f
~ **gauge** Ionisationsvakuummeter n
~ **generation** Ionenerzeugung f
~ **hydrate** Ionenhydrat n
~ **hydration** Ionenhydratation f
ionic ionisch, Ionen...
~ **activity** Ionenaktivität f
~ **association** Ionenassoziation f
~ **atmosphere** Ionenwolke f, Ionenatmosphäre f
~ **charge** Ionenladung f
~ **compound** Ionenverbindung f, heteropolare Verbindung f
~ **concentration** Ionenkonzentration f
~ **conductance (conductivity)** [spezifische] Ionenleitfähigkeit f
~ **conductor** Ionenleiter m, Leiter m zweiter Ordnung
~ **contaminant** ionische Verunreinigung f
~ **equivalent** Ionenäquivalent n
~ **equivalent conductance** Ionenäquivalentleitfähigkeit f
~ **form** Ionenform f
~ **hydration** Ionenhydratation f
~ **interaction** s. ion interaction
~ **lattice** Ionengitter n
~ **migration** Ionenwanderung f
~ **mobility** Ionenbeweglichkeit f

ionic

- ~ **molecule** Ionenmolekül n
- ~ **potential** Ionenpotential n
- ~ **radius** Ionenradius m
- ~ **reaction** Ionenreaktion f, ionische Reaktion f
- ~ **solution** Elektrolytlösung f
- ~ **species** Ionenart f, Ionensorte f, Ionengattung f, ionische Spezies f
- ~ **strength** Ionenstärke f
- ~-**strength adjustment** Ionenstärkeeinstellung f
- ~-**strength adjustment buffer** Pufferlösung f zur Ionenstärkeeinstellung
- ~ **strength gradient** (Flchr) Ionenstärkegradient m
- ~ **substance** Ionenverbindung f, heteropolare Verbindung f
- ~ **trajectory** (Maspek) Ionenflugbahn f, Ionenflugstrecke f
- ~ **transport number** Ionentransportzahl f
- ~ **velocity** Ionengeschwindigkeit f

ion-induced Auger electron spectroscopy s.
- ~-**excited Auger electron spectroscopy**
- ~-**induced X-ray spectroscopy** ioneninduzierte Röntgenspektroskopie f
- ~-**initiated Auger electron spectroscopy** s.
- ~-**excited Auger electron spectroscopy**
- ~ **interaction** ionische Wechselwirkung f, Ionenwechselwirkung f
- ~-**interaction chromatography** s. ~-pair chromatography
- ~-**interaction reagent** (Flchr) Paarungsreagens n, Ionenpaar-Reagens n

ionizable ionisierbar; dissoziabel, dissoziationsfähig

ionization Ionisation f, Ionisierung f; elektrolytische Dissoziation f (in Lösungen)
- ~ **area** (Maspek) Ionisierungsregion f
- ~ **buffer** Ionisationspuffer m
- ~ **chamber** Ionisationskammer f, Ionisierungskammer f, Ionisierungsraum m
- ~ **constant** Dissoziationskonstante f
- ~ **cross-section** Ionisierungsquerschnitt m
- ~ **cross-section detector** (Gaschr) Ionisierungsquerschnittdetektor m, IQD, Cross-section-Detektor m
- ~ **current** Ionenstrom m, Ionisationsstrom m
- ~ **detector** (Gaschr) Ionisationsdetektor m
- ~ **efficiency** Ionenausbeute f
- ~ **efficiency curve** Ionenausbeutekurve f
- ~ **energy** Ionisierungsenergie f
- ~ **gauge** Ionisationsvakuummeter n
- ~ **interference** Ionisationsstörung f
- ~ **loss spectroscopy** s. ~ spectroscopy
- ~ **method** Ionisierungsmethode f
- ~ **potential** Ionisierungspotential n
- ~ **region** (Maspek) Ionisierungsregion f
- ~ **source** s. ion source
- ~ **spectroscopy** Ionisationsspektroskopie f, IS
- ~ **vacuum gauge** Ionisationsvakuummeter n
- ~ **yield** Ionenausbeute f

ionize/to ionisieren; dissoziieren

ionizing radiation ionisierende Strahlung f
- ~ **reagent gas** (Maspek) Reaktantgas n (für die chemische Ionisation)
- ~ **source** s. ion source
- ~ **voltage** Ionisierungsspannung f

ion kinetic energy spectroscopy Ionenenergie-Spektroskopie f zur Analyse metastabiler Zerfälle
- ~ **kinetic energy spectrum** Ionenenergiespektrum n
- ~ **line** (opt At) Ionenlinie f, Funkenlinie f
- ~ **measurement** Ionenmessung f
- ~ **microprobe analysis** Ionenstrahl-Mikroanalyse f, IMA, ISMA
- ~ **migration** Ionenwanderung f
- ~ **mobility** Ionenbeweglichkeit f
- ~-**moderated partition chromatography** Ionenausschlußchromatographie f
- ~ **molecule** Ionenmolekül n
- ~-**molecule reaction** (Maspek) Ionen-Molekül-Reaktion f, Ion/Molekül-Reaktion f
- ~ **neutralization spectroscopy** Ionenneutralisationsspektroskopie f, INS
- ~-**neutral species reaction** (Maspek) Ionen-Neutralteilchen-Reaktion f

ionogenic ionogen
- ~ [**functional**] **group** s. ion-exchange group

ionography, ionophoresis Ionophorese f

ion-optic ionenoptisch
- ~ **pair** Ionenpaar n
- ~-**pair chromatography** Ionenpaarchromatographie f, IPC, Ionenwechselwirkungschromatographie f, Ionenpaar-Reversed-phase-Chromatographie f, Ionenpaarchromatographie f an Umkehrphasen
- ~-**pair extraction** Ionenpaarextraktion f
- ~-**pair extraction chromatography** s. ~-pair chromatography
- ~-**pair formation** Ionenpaarbildung f
- ~-**pairing** Ionenpaarbildung f
- ~-**pairing reagent** (Flchr) Ionenpaarreagens n, Paarungsreagens n
- ~-**pair liquid-liquid extraction** Ionenpaarextraktion f
- ~-**pair partition** Ionenpaarverteilung f
- ~-**pair partition chromatography** s. ~-pair chromatography
- ~-**pair reagent** s. ~-pairing reagent
- ~ **probe microanalysis** Ionenstrahl-Mikroanalyse f, IMA, ISMA
- ~ **recombination** Ionenrekombination f, Ionen-Ionen-Rekombination f
- ~ **retardation** (Flchr) Ionenverzögerung f, Ionenretardierung f
- ~ **scattering spectroscopy** Ionenstreuungs-Spektroskopie f, ISS, Ionenrückstreuspektroskopie f
- ~-**selective electrode** ionenselektive (ionensensitive, ionenspezifische) Elektrode f
- ~-**selective membrane** ionenselektive Membran f
- ~-**selective membrane electrode** ionenselektive Membranelektrode f

~-**selective microelectrode** ionenselektive (ionensensitive) Mikroelektrode f
~-**sensing membrane** ionensensitive Membran f (einer Elektrode)
~-**sensitive electrode** s. ~-selective electrode
~-**sensitive field-effect transistor** ionensensitiver (ionenselektiver) Feldeffekttransistor m, ISFET
~ **separation** Ionentrennung f
~ **source** *(Maspek)* Ionenquelle f, Ionisationsquelle f
~ **source pressure** *(Maspek)* Quellendruck m, Ionenquellendruck m
~-**specific electrode** s. ~-selective electrode
~ **suppression** *(Flchr)* Ionenunterdrückung f, Ionensuppression f
~ **suppression chromatography** Ionenunterdrückungschromatographie f
~ **trap mass spectrometer** Ion-Trap-Massenspektrometer n, IT-Massenspektrometer n
i.p. (in plane) in der Ebene *(Schwingung)*
IPC (ion-pair chromatography) Ionenpaarchromatographie f, IPC, Ionenwechselwirkungschromatographie f, Ionenpaar-Reversed-phase-Chromatographie f, Ionenpaarchromatographie f an Umkehrphasen
IPES (inverse photoelectron spectroscopy) inverse Photoelektronenspektroskopie f, IPS
IPG (immobilized pH gradient) *(Elph)* immobilisierter pH-Gradient m, IPG
IPMA (ion probe microanalysis) Ionenstrahl-Mikroanalyse f, IMA, ISMA
IPS (inverse photoelectron spectroscopy) inverse Photoelektronenspektroskopie f, IPS
IR ... s.a. infrared ...
IRD (infrared detector) Infrarotdetektor m, IR-Detektor m
IRE (internal reflection element) *(opt Mol)* Reflexionselement n
IRES (infrared emission spectroscopy) Infrarot-Emissionsspektroskopie f
iridium Ir Iridium n
iris diaphragm Irisblende f
~ **opening** Irisöffnung f
IRMS (isotope ratio mass spectrometry) Isotopenverhältnis-Massenspektrometrie f
iron Fe Eisen n
~ **alloy** Eisenlegierung f
~-**based alloy** Eisenlegierung f
~ **chips** Eisenspäne mpl
~ **mortar** *(Lab)* Eisenmörser m
~ **spectrum** Eisenspektrum n
iron(II) compound Eisen(II)-verbindung f
~ **ion** Eisen(II)-Ion n, Fe^{2+}-Ion n
iron(III) ammonium sulphate Ammoniumeisen(III)-sulfat n
~ **ion** Eisen(III)-Ion n, Fe^{3+}-Ion n
irradiance Strahlungsflußdichte f
irradiate/to bestrahlen
irradiation Bestrahlung f
~ **coil** *(mag Res)* Senderspule f, Sendespule f
~ **frequency** eingestrahlte Frequenz f

IRRAS (infrared reflection absorbance spectroscopy) Infrarot-Reflexions-Absorptions-Spektroskopie f, IRRAS
irregular packing *(Flchr)* Packung f mit irregulären Trägern
~ **particle** irreguläres (unregelmäßig geformtes) Teilchen n
irreproducible nichtreproduzierbar, unreproduzierbar
irreversibility Irreversibilität f, Nichtumkehrbarkeit f
irreversible irreversibel, nicht umkehrbar
~ **adsorption** irreversible Adsorption f
~ **couple** *(Pol)* irreversibles Paar n
~ **[dyestuff] indicator** *(Vol)* irreversibler Indikator m
~ **oxidation indicator** s. ~ indicator
~ **process** irreversibler (nicht umkehrbarer) Vorgang m
IRS 1. (internal reflection spectroscopy) innere Reflexionsspektroskopie f, IRS; 2. (infrared spectroscopy) Infrarotspektroskopie f, IR-Spektroskopie f, IRS
IS 1. (internal standard) innerer (interner) Standard m; 2. (ionization spectroscopy) Ionisationsspektroskopie f, IS
isatin Isatin n, Indolin-2,3-dion n
ISC 1. (intersystem crossing) *(Spekt)* Interkombination f, Intersystem-Crossing n, Zwischensystemübergang m, strahlungsloser Singulett-Triplett-Übergang m; 2. (ion suppression chromatography) Ionenunterdrückungschromatographie f
ISE (ion-selective electrode) ionenselektive (ionensensitive, ionenspezifische) Elektrode f
ISFET (ion-sensitive field-effect transistor) ionensensitiver (ionenselektiver) Feldeffekttransistor m, ISFET
I.S.M. (International Standard Method) Internationale Standardmethode f
I.S.M. sampler der Internationalen Standardmethode entsprechendes Probenahmegerät n
isobaric *(Maspek)* isobar *(Ion)*
~ **fragment** *(Maspek)* isobares Fragment-Ion n
isobestic point *(Spekt)* isobestischer Punkt m
isobutane Isobutan n, 2-Methylpropan n
isobutanol Isobutanol n, Isobutylalkohol m, 2-Methyl-1-propanol n
isobutyl alcohol s. isobutanol
isochoric heat capacity Wärmekapazität f bei konstantem Volumen
isochromat spectroscopy Isochromatenspektroskopie f, IS
isocratic *(Flchr)* isokrat[isch]
~ **conditions** isokrate Bedingungen fpl
~ **elution** isokratische Elution f
~ **operation** isokratische Arbeitsweise f
isoelectric focusing isoelektrische Fokussierung f, IEF f, Elektrofokussierung f
~ **point** isoelektrischer Punkt m
iso-eluotropic mixture *(Flchr)* äquieluotropes Gemisch n

isolate/to isolieren, abtrennen *(Bestandteile)*
isolated electrode *(Pot)* isolierte Elektrode f
isolation Isolierung f, Abtrennung f *(von Bestandteilen)*
~ **valve** Trennventil n, Absperrventil n
isolator *(Elres)* Dämpfungsglied n
isomer Isomer[e] n
isomeric isomer
~ **state** *(rad Anal)* isomerer Zustand m *(eines Kerns)*
~ **transition** *(rad Anal)* isomere Umwandlung f
isomerization Isomerisierung f, Isomerisation f, Umlagerung f
isometric map *(Chr)* isometrische Aufzeichnung f
isomorphism Isomorphie f
isomorphous isomorph
isooctane Isooctan n, *i*-Octan n, 2,2,4-Trimethylpentan n
isopotential point *(el Anal)* Punkt m gleichen Potentials, Äquipotentialpunkt m
isopropanol 2-Propanol n, Isopropanol n
isopropyl alcohol s. isopropanol
isopycnic isopyknisch
isorefractive isorefraktiv
isotachopherogram Isotachopherogramm n
isotachophoresis Isotachophorese f
isotachophoretic isotachophoretisch
isothermal isotherm
~ **atomization** isothermes Atomisieren n, isotherme Atomisierung f
~ **calorimeter** isothermes Kalorimeter n
~ **gas chromatography** isotherme Gaschromatographie f
~ -**isobaric chromatography** isotherm-isobare Chromatographie f
~ -**isobaric operation** isotherm-isobare Arbeitsweise f
~ **operation** isotherme Arbeitsweise f
~ **separation** isotherme Trennung f
isotones *(rad Anal)* isotone Nuklide npl, Isotone npl
isotope Isotop n
~ **dilution** *(rad Anal)* Isotopenverdünnung f
~ **dilution analysis** *(rad Anal)* Isotopenverdünnungsanalyse f
~ **dilution mass spectrometry** Isotopenverdünnungs-Massenspektrometrie f
~ **exchange** *(rad Anal)* Isotopenaustausch m
~ **mass spectrometer** Isotopen-Massenspektrometer n, IMS
~ **ratio mass spectrometry** Isotopenverhältnis-Massenspektrometrie f
~ **separation** *(rad Anal)* Isotopentrennung f
isotopic isotop
~ **abundance** Isotopenhäufigkeit f
~ **carrier** *(rad Anal)* isotoper Träger m
~ **separation** s. isotope separation
~ **tracer** *(rad Anal)* Isotopentracer m, Isotopenindikator m, Indikatorisotop n, Leitisotop n, Zusatzisotop n

isotopism Isotopie f
isotopomer Isotopomer n
isotopy Isotopie f
isotropic isotrop
isotropy Isotropie f
ISPES (inner-shell photoelectron spectroscopy) röntgenstrahlangeregte Photoelektronenspektroskopie f, Röntgen[strahlen]-Photoelektronenspektroskopie f, XPS, Elektronenspektroskopie f für die chemische Analyse, ESCA, Photoelektronenspektroskopie f innerer Elektronen
ISS (ion scattering spectroscopy) Ionenstreuungs-Spektroskopie f, ISS, Ionenrückstreuspektroskopie f
itaconate Itaconat n
iteration cycle *(Stat)* Iterationszyklus m
ITP (isotachophoresis) Isotachophorese f
ITS (inelastic tunnelling spectroscopy) inelastische Tunnelspektroskopie f, ITS
I.U. (international unit) *(Katal)* internationale Einheit f, I.E., U
IUPAC (International Union of Pure and Applied Chemistry) Internationale Union f für Reine und Angewandte Chemie, IUPAC
~ **rule** IUPAC-Regel f

J

Jablonski diagram *(Spekt)* Jablonski-Termschema n
James-Martin gas density balance *(Gaschr)* Gas[dichte]waage f
jar Glaszylinder m
~ **brush** Gläserbürste f
jarring Rütteln n
J coupling *(kern Res)* skalare Spin-Spin-Kopplung f, skalare Kopplung (Wechselwirkung) f, J-Kopplung f
jet Düse f
~ **interface** *(Maspek)* Thermospray-Interface n
~ **separator** *(Maspek)* Düsenseparator m
J-modulated spin echo *(kern Res)* J-moduliertes Spinecho n
Johnson noise *(Meß)* Wärmerauschen n, thermisches Rauschen n, Widerstandsrauschen n, Stromrauschen n, Nyquist-Rauschen n
joint Verbindungsstück n, Verbindungselement n, Verbindung f, Paßstück n, Fitting n
Jones reductor [tube] Jones-Reduktor m, Jones-Reduktionsröhre f
Joule heat Joulsche Wärme f
J-resolved spectroscopy zweidimensionale J-aufgelöste NMR-Spektroskopie f, [2D-]J-aufgelöste Spektroskopie f
J-resolved spectrum J-aufgelöstes Spektrum n
J-spectroscopy s. J-resolved spectroscopy
junction 1. Grenzfläche f; 2. s. joint
~ **potential** *(el Anal)* Grenzflächenpotential n

K

Kalousek cell *(Pol)* Kalousek-Gefäß *n*
~ **polarography** Kalousek-Polarographie *f*
Kaptein's sign rules *(kern Res)* Kaptein-Regeln *f*
Karl Fischer method Karl-Fischer-Methode *f (zur Wasserbestimmung)*
~ **Fischer reagent** Karl-Fischer-Reagens *n*, Karl-Fischer-Lösung *f*, KFL
~ **Fischer titration** Karl-Fischer-Titration *f*, Karl-Fischer-Wasserbestimmung *f*
~ **Fischer titrator** Karl-Fischer-Titrator *m (zur Wasserbestimmung)*
Karplus equation *(mag Res)* Karplus-Beziehung *f*
Kasha's rule Kasha-Regel *f (Fluoreszenz von größeren organischen Molekülen)*
kataphoresis Kataphorese *f*
katharometer [detector] Wärmeleit[fähigkeits]detektor *m*, WLD, Wärmeleitfähigkeits[meß]zelle *f*, Wärmeleitzelle *f*, Katharometer *n*
katherometer *s.* katharometer
K-band *(Elres)* K-Band *n*
KBr pellet *(opt Mol)* Kaliumbromidpreßling *m*, KBr-Preßling *m*
~ **pellet technique** Kaliumbromidtechnik *f*, KBr-Technik *f*, KBr-Preßtechnik *f*
keep/to lagern, aufbewahren
~ **in solution** in Lösung halten
~ **screened from the light** lichtgeschützt aufbewahren
keeping Lagerung *f*, Aufbewahrung *f*
Keesom force Orientierungskraft *f*, Keesom-Kraft *f*
Keidel's coulometric hygrometer Keidels coulometrisches Hygrometer *n*
kernel Atomrumpf *m*
keto form Ketoform *f*
ketone Keton *n*
key component Schlüsselkomponente *f*
~ **fragment** *(Maspek)* Schlüsselbruchstück *n*
kHz range *(Spekt)* kHz-Bereich *m*
kieselguhr Diatomeenerde *f*, Kieselgur *f*
~ **paper** *(Flchr)* mit Kieselgur imprägniertes Papier *n*
kieselgur *s.* kieselguhr
kinetic kinetisch
~ **analysis** kinetische Analyse *f*
~ **current** *(Pol)* kinetischer Strom *m*
~ **discrimination** *(Fließ)* kinetische Diskriminierung *f*
~ **energy** kinetische Energie *f*, Bewegungsenergie *f*
~ **measurement** kinetische Messung *f*
~ **method of analysis** kinetische Analysenmethode (Methode) *f*
~ **parameter** kinetischer Parameter *m*
kinetics Kinetik *f*
kinetic wave *(Pol)* kinetische Welle *f*
Kirchhoff law [of radiation] Kirchhoffsches Strahlungsgesetz *n*
Kjeldahl apparatus Kjeldahl-Apparatur *f*, Kjeldahl-Apparat *f*, Stickstoffbestimmungsapparat *m* nach Kjeldahl

~ **digestion** Kjeldahl-Aufschluß *m*
~ **digestion apparatus** *s.* Kjeldahl apparatus
~ **flask** Kjeldahl-Kolben *m*
~ **principle** Kjeldahl-Methode *f (zur Stickstoffbestimmung)*
klystron [oscillator, tube] *(Elres)* Klystron *n*, Triftröhre *f*
kneading Kneten *n (von Probenmaterial)*
knitted [open] tube *(Flchr)* gestrickte Reaktionskapillare *f*
knock out/to herausschlagen *(Elektronen aus einem Molekül)*
Kohlrausch [regulating] function *(Elph)* Kohlrauschsche Regulierungsfunktion *f*, Kohlrausch-Funktion *f*, Regulationsfunktion (beharrliche Funktion) *f* von Kohlrausch
KOT *s.* knitted open tube
Koutecky equation *(Pol)* Gleichung *f* von Koutecky
Kováts [retention] index, ~ RI *(Gaschr)* Kováts-Retentionsindex *m*, Kovátsscher Retentionsindex *m*, Kováts-Index *m*
K-radiation *(Rönt)* K-Strahlung *f*
Kramers-Kronig dispersion relation *s.* ~-Kronig relationship
~-**Kronig relationship** *(Spekt)* Kramers-Kronig-Beziehung *f*
Kratky plot Kratky-Diagramm *n (Lichtstreuung)*
k-resolved inverse photoemission spectroscopy k-aufgelöste inverse Photoelektronenspektroskopie *f*
KRI *s.* Kováts retention index
KRIPES *s.* k-resolved inverse photoemission spectroscopy
krypton Kr Krypton *n*
~-**[-ion] laser** Kryptonionen-Laser *m*
K-series *(Rönt)* K-Serie *f*
~ **shell** K-Schale *f*
KT *s.* knitted tube
Kubelka-Munk equation Kubelka-Munk-Gleichung *f (der diffusen Reflexion)*
~-**Munk function** Kubelka-Munk-Funktion *f (der diffusen Reflexion)*
Kuderna-Danish evaporative concentrator *(Chr)* Kuderna-Danish-Konzentrator *m*
Kuhn anisotropy (dissymmetry) factor *(opt Anal)* Anisotropiefaktor *m*
~-**Mark-Houwink equation** [Kuhn-]Mark-Houwink-Gleichung *f (Beziehung zwischen Staudinger-Index und Molmasse von Polymeren)*

L

LAAS (laser atomic absorption spectrometry) Laser-Atomabsorptionsspektrometrie *f*, LAAS
lab *s.* laboratory
label *(rad Anal)* Markierung *f*, Marke *f*
label/to markieren
labelled compound *(rad Anal)* markierte (gekennzeichnete) Verbindung *f*

labelling

labelling Markieren *n*, Markierung *f*
laboratory Laboratorium *n*, Labor *n*
~ **agitator** Laborrührer *m*, Laborrührwerk *n*
~ **analysis** Laboranalyse *f*
~ **apparatus** Laborapparat *m*, Laborgerät *n*
~ **apparatus** Laborgeräte *npl*
~ **automation** Laborautomatisierung *f*, Laborautomation *f*
~ **balance** Laborwaage *f*
~ **bench** Labortisch *m*, Arbeitstisch *m*
~ **bottle** Laborstandflasche *f*
~ **burner** Laborbrenner *m* *(Gasbrenner)*
~ **chemical** Laborchemikalie *f*
~ **chemical porcelain** Laborporzellan *n*
~ **computer** Laborcomputer *m*
~ **conditions** Laborbedingungen *fpl*
~ **data** Labormeßwerte *mpl*
~ **data acquisition system** Labordatenerfassungssystem *n*
~ **desk** Labortisch *m*, Arbeitstisch *m*
~ **determination** Laborbestimmung *f*
~ **electrical appliance** elektrisches Laborgerät *f*
~ **equipment** Laborausrüstung *f*, Laborausstattung *f*, Laboreinrichtung *f*
~ **examination** Laboruntersuchung *f*
~ **filtration** Laborfiltration *f*
~ **finding** Laborbefund *m*
~ **fitting** Laborarmatur *f*
~ **frame** *(mag Res)* Laborkoordinatensystem *n*, festes Laborsystem *n*, festes (ruhendes) Koordinatensystem *n*
~ **furnace** Laborofen *m*
~ **glassware** Laborgeräte *npl* aus Glas
~ **instrument** Labormeßgerät *n*
~ **investigation** Laboruntersuchung *f*
~ **measuring equipment** Labormeßeinrichtung *f*
~ **method** Labormethode *f*
~ **operation** Laborverfahren *n*
~ **pH-Meter** Labor-pH-Meter *n*
~ **porcelain** Laborporzellan *n*
~ **press** Laborpresse *f*
~ **procedure (process)** Laborverfahren *n*
~ **sample** Laborprobe *f*
~-**scale** labortechnisch, im Labormaßstab
~-**scale test** Prüfung *f* im Labormaßstab
~ **sieve** Laborsieb *n*
~ **standard** Laborstandard *m*
~ **stirrer** Laborrührer *m*, Laborrührwerk *n*
~ **table** Labortisch *m*, Arbeitstisch *m*
~ **technique** Labortechnik *f*
~ **test** Laborversuch *m*, Labortest *m*
~ **testing** Laborprüfung *f*
~ **test kit** Testkit *n* für Laborversuche
~ **use** Laboreinsatz *m*, Verwendung *f* im Labor
~ **work** Laborarbeit *f*
lab-scale *s.* laboratory-scale
labware Laborgeräte *npl*
labyrinth factor *(Chr)* Labyrinthfaktor *m*, Tortuositätsfaktor *m*, Obstruktionsfaktor *m*, Umwegfaktor *m*

lactate Lactat *n*
~ **dehydrogenase** Lactatdehydrogenase *f*, LDH, Milchsäuredehydrogenase *f*
lactose Lactose *f*, Milchzucker *m*
ladle Kelle *f*, Löffel *m*
Laemmli buffer system *(Elph)* Puffersystem *n* nach Laemmli
~ **SDS-PAGE system** *(Elph)* Gel- und Puffersystem *n* nach Laemmli
lag phase *(Voltam)* Verzögerungsphase *f*
~ **phase dispersion** *(Chr)* Bandenverbreiterung *f*, Zonenverbreiterung *f*, Peakverbreiterung *f*, Peakaufweitung *f*, axiale Dispersion *f*
~ **time** *(Voltam)* Verzögerungsphase *f*
LALLS (low-angle laser-light scattering) Laser-Kleinwinkel[licht]streuung *f*, Laserlicht-Kleinwinkelstreuung *f*, Kleinwinkel-Laserstreuung *f*
~ **detector** *(Fichr)* Laser-Kleinwinkelstreulichtdetektor *m*, LALLS-Detektor *m*
~ **photometer** Laser-Kleinwinkelstreulichtphotometer *n*
Lambert-Beer law *(Spekt)* Lambert-Beersches Gesetz (Absorptionsgesetz) *n*, Bouguer-Lambert-Beersches Gesetz *n*
~-**Bouguer law [of absorption]** *(Spekt)* Bouguer-Lambertsches Gesetz (Absorptionsgesetz) *n*, Lambertsches Gesetz (Absorptionsgesetz) *n*
~ **law [of absorption]** *s.* ~-Bouguer law
Lamb formula *(kern Res)* Lamb-Formel *f*
laminar laminar
~ **flame** laminare Flamme *f*
~ **flow** laminare Strömung *f*, Laminarströmung *f*, Schichtenströmung *f*
~-**flow burner** *(opt At)* Mischkammerbrenner *m*
~-**flow flame** laminare Flamme *f*
LAMMA *s.* laser microprobe mass analysis
LAMOFS *s.* laser-excited molecular fluorescence spectrometry
LAMS *s.* laser mass spectrometry
Landolt reaction *(Katal)* Landolt-Reaktion *f*, Landoltsche Reaktion *f*
Landé g factor *(Spekt)* Landé-Faktor *m*, [Landéscher] g-Faktor *m*, [spektroskopischer] Aufspaltungsfaktor *m*, gyromagnetischer Faktor *m*
~ **splitting factor** *s.* Landé g factor
Langmuir [adsorption] isotherm Langmuir-Adsorptionsisotherme *f*, Langmuir-Isotherme *f*, Langmuirsche Adsorptionsisotherme (Isotherme) *f*, Adsorptionsisotherme *f* von Langmuir
lanthanide *s.* lanthanoid
lanthanoid Lanthanoid *n*, Lanthanoidenelement *n*, *(früher)* Lanthanid *n*
~ **induced shift** *(kern Res)* lanthanoideninduzierte Verschiebung *f*, LIS
~ **shift reagent** *(kern Res)* Lanthanoiden-Shift-Reagenz *n*, LSR
lanthanum La Lanthan *n*
large-bore open tube column *(Gaschr)* Widebore-Kapillare *f*

~ ~capacity rotor *(Sed)* großvolumiger Rotor *m*
~ particle großes Teilchen *n*
~ ~pore[d] großporig, weitporig
~ ~pore gel weitporiges (großporiges, grobporiges) Gel *n*
~ ~pore-size *s.* ~ ~pore
Larmor frequency *(mag Res)* Larmor-Frequenz *f*, Präzessionsfrequenz *f*
~ precession *(mag Res)* Larmor-Präzession *f*
~ precession frequency *s.* Larmor frequency
laser atomic absorption spectrometry Laser-Atomabsorptionsspektrometrie *f*, LAAS
~ atomization Laseratomisieren *n*, Laseratomisierung *f*
~ beam Laserstrahl *m*
~ beam excitation Laseranregung *f*
~ beam ionization Laserionisation *f*
~ cavity Laserresonator *m*
~ desorption[/ionization] Laser-Desorption/Ionisation *f*, LDI, Laser-Desorption *f*, LD
~ ~enhanced ionization laserverstärkte Ionisation *f*
~ excitation Laseranregung *f*
~ ~excited atomic fluorescence spectrometry laserangeregte Atomfluoreszenzspektrometrie *f*
~ ~excited fluorescence laserinduzierte Fluoreszenz *f*
~ ~excited molecular fluorescence spectrometry laserangeregte Molekülfluoreszenz-Spektrometrie *f*, LAMOFS
~ ~induced fluorescence *s.* ~ ~excited fluorescence
~ ~induced mass analysis Lasermikrosonden-Massenspektrometrie *f*
~ ionization Laserionisation *f*
~ ionization mass spectrometry Multiphotonenmassenspektrometrie *f*
~ light Laserlicht *n*
~ light source *s.* ~ source
~ low-angle light scattering Laser-Kleinwinkel-[licht]streuung *f*, Laserlicht-Kleinwinkelstreuung *f*, Kleinwinkel-Laserstreuung *f*
~ mass spectrometry Laser-Massenspektrometrie *f*, LAMS, LMS
~ medium aktives (verstärkendes) Medium *n*, Lasermedium *n*
~ microprobe Lasermikrosonde *f*
~ microprobe analysis Lasermikrospektralanalyse *f*, LMA
~ microprobe mass analysis Lasermikrosonden-Massenspektrometrie *f*
~ pulse Laserpuls *m*, Laserlichtimpuls *m*
~ pyrolysis Laser-Pyrolyse *f*
~ Raman microanalysis Laser-Raman-Mikroanalyse *f*, LRMA
~ Raman spectroscopy Laser-Raman-Spektroskopie *f*
~ source Laserquelle *f*, Laserlichtquelle *f*
~ spectroscopy Laserspektroskopie *f*
~ transition Laserübergang *m*

lasing energy level Laserniveau *n*
~ transition Laserübergang *m*
latex particle Latexteilchen *n*, Latexpartikel *n*
lattice Gitter *n (eines Kristalls)*; Gitter *n*, Umgebung *f (eines Kerns)*
~ constant Gitterkonstante *f*
~ defect Kristall[bau]fehler *m*, Gitter[bau]fehler *m*, Kristallstörung *f*, Gitterstörung *f*, Gitterdefekt *m*, Störstelle *f*
~ imperfection *s.* ~ defect
~ ion Gitterion *n*
~ plane Gitterebene *f*, Netzebene *f*
~ site Gitterplatz *m*, Gitterstelle *f*
Laurell rocket method Raketen-Immunelektrophorese *f* nach Laurell, Rocket-Immunelektrophorese *f* nach Laurell
law of mass action Massenwirkungsgesetz *n*, MWG
~ of probability Wahrscheinlichkeitsgesetz *n*
~ of resistance Widerstandsgesetz *n*
~ of the propagation of errors Fehlerfortpflanzungsgesetz *n*
lawrencium Lr Lawrencium *n*
layered structure Schichtstruktur *f*
layer equilibration *(Flchr)* Äquilibrierung *f* der stationären Phase
~ thickness Schichtdicke *f*
LB (line broadening) *(Spekt)* Linienverbreiterung *f*
LBOT column *(Gaschr)* Wide-bore-Kapillare *f*
LC (liquid chromatography) Flüssig[keits]chromatographie *f*, *(selten)* Flüssigphasenchromatographie *f*
LC-IR (liquid chromatography-infrared spectrometry coupling) Flüssigkeitschromatographie-Infrarotspektrometrie-Kopplung *f*, LC-IR-Kopplung *f*, LC-IR
LC-IR interface LC-IR-Interface *n*
LC-MS (liquid chromatography-mass spectrometry coupling) Flüssigkeitschromatographie-Massenspektrometrie-Kopplung *f*, LC-MS-Kopplung *f*, LC-MS
LC-MS interface LC-MS-Interface *n*
LD *s.* laser desorption
LDH (lactate dehydrogenase) Lactatdehydrogenase *f*, LDH, Milchsäuredehydrogenase *f*
LDI *s.* laser desorption/ionization
LDR (linear dynamic range) Linearbereich *m*, linearer Arbeitsbereich *m*, Linearitätsbereich *m*, linearer [dynamischer] Bereich *m (eines Detektors)*
lead Pb Blei *n*
~ amalgam Bleiamalgam *n*, Pb-Amalgam *n*
~ amalgam electrode *(Pot)* Bleiamalgam-Elektrode *f*
~ anode Bleianode *f*
~ chromate Blei(II)-chromat *f*
leader *(Elph)* Leitelektrolyt *m*
leading *(Chr)* Fronting *n*, Leading *n*, Peakleading *n*, Bartbildung *f*

leading 114

~ **edge** Vorderseite f, Vorderfront f, Vorderflanke f, Anstiegskante f *(eines Signals)*
~ **edge of the peak** Peakvorderseite f, Peakvorderfront f, Peakvorderflanke f
~ **electrolyte** *(Elph)* Leitelektrolyt m
~ **ion** *(Elph)* Leition n
~ **peak** *(Chr)* Peak m mit Fronting (Leading)
lead ion Bleiion n
~ **nitrate** Blei(II)-nitrat n
~ **tetraalkyl** Tetraalkylblei n
~ **wire** Zuleitungsdraht m
LEAFS s. laser-excited atomic fluorescence spectrometry
leak Leck n, Undichtheit f, undichte Stelle f
least reading *(Meß)* Ablesegenauigkeit f
~-**squares analysis** *(Stat)* Analyse f kleinster Quadrate
~-**squares method** *(Stat)* Methode f der kleinsten Quadrate
~-**square treatment** *(Stat)* Behandlung f nach der Methode der kleinsten Quadrate
leave to air-dry/to an der Luft trocknen lassen
LEED (low-energy electron diffraction) Beugung f langsamer (niederenergetischer) Elektronen, Reflexionsbeugung f langsamer Elektronen
LEELS (low electron energy loss spectroscopy) hochauflösende Elektronenenergieverlust-Spektroskopie f
LEERM (low-energy electron reflection microscope) Elektronenmikroskop n mit langsamen Elektronen
left-circularly polarized links zirkular (circular) polarisiert
~-**circularly polarized light** links zirkular (circular) polarisiertes Licht n, l-cpL
~-**handed quartz** Linksquarz m, linksdrehender Quarz m
LEI s. laser-enhanced ionization
LEIS (low-energy ion scattering) niederenergetische Ionenstreuung f
length of path Schichtdicke f, Weglänge f *(einer Küvette)*
Lenz's rule Lenzsche Regel f, Lenzsches Gesetz n *(der Richtung induzierter Ströme)*
LET (linear energy transfer) *(rad Anal)* lineare Energieübertragung f
5% level 5%-Niveau n *(der statistischen Sicherheit)*
levelling bulb Niveaugefäß n, *(Gasanalyse auch)* Niveaukugel f, Ausgleichkolben m, Niveaubirne f
~ **effect** nivellierender Effekt m, Nivellierungseffekt m *(des Lösungsmittels)*
level of concentration Konzentrationsgrad m, Konzentrationsniveau n
~ **of confidence** statistische Sicherheit f
~ **of hardness** Härtegehalt m *(von Wasser)*
~ **of interference** Interferenzniveau n
~ **of phosphate** Phosphatgehalt m
~ **of pollutants** Schmutzstoffgehalt m, Schmutzstoffanteil m

~ **of significance** Signifikanzniveau n, Signifikanzstufe f
~ **of turbidity** Trübstoffgehalt m
Lewis acid Lewis-Säure f
~ **acid site** lewissaures Zentrum n
liberate/to freisetzen *(Elektronen, Moleküle)*
library of spectra Spektrenbibliothek f
~ **spectrum** Bibliotheksspektrum n
Liebig's method s. Liebig titration
Liebig titration Titration (Bestimmung) f nach Liebig *(von Cyanid)*
LIF (laser-induced fluorescence) laserinduzierte Fluoreszenz f
life Lebensdauer f, Haltbarkeit f
~ **cycle** *(Pol)* Lebenszyklus m *(eines Tropfens)*
~ **of a drop** Tropfenlebensdauer f, Tropfenleben n
~ **period (span)** Lebensdauer f
lifetime Lebensdauer f
~ **of a drop** s. life of a drop
ligand Ligand m *(in einem Komplex)*; Ligand m, Effektor m, bindende Gruppe f *(Affinitätschromatographie)*
~ **donor atom** Ligatoratom n, Donatoratom n *(eines Komplexes)*
~ **exchange** Ligandenaustausch m
~-**exchange chromatography** Ligandenaustauschchromatographie f
light Licht n
~ **absorber** lichtabsorbierende Substanz f
~ **absorption** Lichtabsorption f
~ **beam** Lichtstrahl m
~ **detector** Lichtempfänger m *(eines Photometers)*
lighter-than-water liquid-liquid extractor Perforator m für spezifisch leichte Extraktionsmittel
~-**than-water solvent** *(Extr)* spezifisch leichtes Lösungsmittel n
lightly loaded column *(Chr)* niedrig belegte Säule f
light path optische Weglänge f
lightproof s. light-tight
light quantum Photon n, Lichtquant n, Strahlungsquant n
~ **scatter[ing]** Lichtstreuung f
~-**scattering detector** *(Flchr)* Lichtstreudetektor m, Streulicht[photometer]detektor m
~-**scattering measurement** Lichtstreuungsmessung f
~-**scattering method** Lichtstreuungsmethode f
~-**sensitive** lichtempfindlich
~ **sensitivity** Lichtempfindlichkeit f
~ **source** Lichtquelle f
~ **throughput** Lichtstärke f *(eines Monochromators)*
~-**tight** undurchsichtig, opak, lichtundurchlässig
~-**tightness** Undurchsichtigkeit f, Opazität f, Lichtundurchlässigkeit f
~ **transmission** Lichtdurchlässigkeit f
~-**transmitting** lichtdurchlässig
~ **wave** Lichtwelle f

like charge gleichnamige Ladung f
LIMA (laser-induced mass analysis) Lasermikrosonden-Massenspektrometrie f
limit Grenzwert m; Grenze f
2$^1/_2$% limit (Stat) 2$^1/_2$%-Grenze f
95% limit (Stat) 95%-Grenze f
limiting case Grenzfall m
~ **concentration** Grenzkonzentration f
~ **current** (Pol) Grenzstrom m
~ **current plateau** (Pot) Grenzstromplateau n
~ **diffusion current** (Pol) Diffusionsgrenzstrom m
~ **frequency** Grenzfrequenz f
~ **value** Grenzwert m
~ **viscosity [number]** Staudinger-Index m, Grenzviskosität[szahl] f
limit of detection [untere] Nachweisgrenze f, Erfassungsgrenze f
~ **of determination** Bestimmungsgrenze f
~ **of error** (Stat) Fehlergrenze f
~ **of precision** Genauigkeitsgrenze f
limits of variation (Stat) Streugrenzen fpl
linear development (Flchr) lineare Entwicklung f
~ **development chamber** (Flchr) Linear-Entwicklungskammer f
~ **dispersion** (Spekt) lineare Dispersion f, Lineardispersion f
~ **dynamic range** s. ~ range
~ **electron accelerator** (rad Anal) Elektronen-Linearbeschleuniger m
~ **energy transfer** (rad Anal) lineare Energieübertragung f
~ **flow velocity** lineare Strömungsgeschwindigkeit (Fließgeschwindigkeit) f
~ **function** lineare Funktion f
~ **gas velocity** (Gaschr) Lineargeschwindigkeit f des Trägergases, lineare Trägergasgeschwindigkeit f
~ **gradient** (Flchr) linearer Gradient m
~ **hydrocarbon** geradkettiger Kohlenwasserstoff m
linearity Linearität f
linearly polarized linear polarisiert
~ **polarized light** linear polarisiertes Licht n, lpL
linear polarization lineare Polarisation f
~ **pulse amplifier** linearer Impulsverstärker m
~ **range** (response range) Linearbereich m, linearer Arbeitsbereich m, Linearitätsbereich m, linearer [dynamischer] Bereich m (eines Detektors)
~ **Stark effect** (Spekt) linearer Stark-Effekt m
~ **sweep** (Pol) lineare Zeitablenkung f
~ -**sweep polarography** Single-sweep-Polarographie f, SSP, Kathodenstrahlpolarographie f
~ **temperature programming** (Chr) lineare Temperaturprogrammierung f
~ **velocity** Lineargeschwindigkeit f
~ **voltage divider** linearer Spannungsteiler m
line broadening (Spekt) Linienverbreiterung f
~ **intensity** (Spekt) Linienintensität f, Intensität f der Linien

~ **narrowing** (Spekt) Linienverschmälerung f
~ **of precipitation** (Elph) Präzipitatlinie f, Präzipitationslinie f
~ **pair** (Spekt) Linienpaar n
lineshape (Spekt) Linienform f, Liniengestalt f
~ **analysis** Linienformanalyse f
~ **calculation** Linienformberechnung f
~ **function** Linienformfunktion f, Signalfunktion f
line source Linienstrahler m
~ **spectrum** Linienspektrum n
~ **splitting** (Spekt) Linienaufspaltung f
Lineweaver-Burk equation (Katal) Lineweaver-Burk-Gleichung f
line width (Spekt) Linienbreite f
Lingane-Karplus method (Pot) Lingane-Karplus-Verfahren n
~ -**Kerlinger procedure** Lingane-Kerlinger-Verfahren n
~ -**Laitinen cell** Lingane-Laitinen-Gefäß n
~ -**Loveridge equation** Lingane-Loveridge-Gleichung f
link Verbindungsstück n, Verbindungselement n, Verbindung f, Paßstück n, Fitting n
link/to verbinden, verketten
linkage Verbindung f, Verkettung f, Verknüpfung f
linked scan (Maspek) gekoppelter Scan m
lipid Lipid n
lipophile, lipophilic lipophil, in Fett löslich
lipophilicity Lipophilie f, Lipophilität f
liquefied gas verflüssigtes Gas n, Flüssiggas n
liquid Flüssigkeit f, flüssiger Stoff m
~ **adsorption chromatography** s. ~ -solid chromatography
~ **amalgam** flüssiges Amalgam n
~ **ammonia** flüssiges Ammoniak n
~ **anion exchanger** flüssiger Anionenaustauscher m
~ **cathode** (Elgrav) Flüssigkathode f, flüssige Kathode f
~ **cation exchange** flüssiger Kationenaustauscher m
~ **cell** Flüssigkeitsküvette f
~ **chromatogram** Flüssigchromatogramm n
~ -**chromatographic** flüssig[keits]chromatographisch
~ -**chromatographic detector** flüssig[keits]chromatographischer Detektor m
~ **chromatography** Flüssig[keits]chromatographie f, (selten) Flüssigphasenchromatographie f
~ **chromatography-infrared spectrometry coupling** Flüssigkeitschromatographie-Infrarotspektrometrie-Kopplung f, LC-IR-Kopplung f, LC-IR
~ **chromatography-mass spectrometry coupling** Flüssigkeitschromatographie-Massenspektrometrie-Kopplung f, LC-MS-Kopplung f, LC-MS
~ **conductor** (Pol) flüssiger Leiter m
~ -**crystalline** flüssig-kristallin, kristallin-flüssig
~ -**crystalline state** flüssig-kristalliner Zustand m, mesomorpher Zustand m

liquid 116

- **exchanger** s. ~ ion exchanger
- **exclusion chromatography** Ausschlußchromatographie f, Größenausschlußchromatographie f, Gelchromatographie f
- **extraction** s. ~-liquid extraction
- **film** Flüssigkeitsfilm m
- **filter** *(Spekt)* Flüssigkeitsfilter n
- **indicator electrode** *(Pol)* flüssige Indikatorelektrode f
- **ion exchanger** flüssiger Ionenaustauscher (Austauscher) m
- ~-**junction potential** *(Pol)* Flüssigkeits[diffusions]potential n, Diffusionspotential n
- ~-**liquid chromatogram** Flüssigchromatogramm n
- ~-**liquid chromatography** Flüssig-flüssig-Chromatographie f, Liquidus-Liquidus-Chromatographie f, LLC, Flüssig-Verteilungschromatographie f
- ~-**liquid distribution** s. ~-liquid partition
- ~-**liquid extraction** Flüssig-flüssig-Extraktion f, Extraktion f flüssig-flüssig, Solventextraktion f, Lösungsmittelextraktion f, Ausschütteln n, Ausschüttelung f
- ~-**liquid extractor** Perforator m, Flüssig-flüssig-Extraktor m
- ~-**liquid interface** Flüssig-flüssig-Grenzfläche f, Grenzfläche f flüssig-flüssig
- ~-**liquid partition** Flüssig-flüssig-Verteilung f
- ~-**liquid partition chromatography** s. ~-liquid chromatography
- ~ **load** s. ~-phase loading
- ~-**membrane electrode** *(Pot)* Flüssigmembranelektrode f
- ~ **metal electrode** *(Coul)* Flüssigmetallelektrode f
- ~ **mobile phase** *(Flchr)* [flüssige] mobile Phase f, Lösungsmittel n, flüssige Phase f, Flüssigphase f, *(Elutionschromatographie auch)* Eluent m, Elutionsmittel n, *(Flächenchromatographie auch)* Fließmittel n, Laufmittel n, Trennmittel n
- ~ **phase** s. 1. ~ mobile phase; 2. ~ stationary phase
- ~-**phase chromatography** s. ~ chromatography
- ~-**phase film thickness** *(Gaschr)* Filmdicke f der stationären Phase
- ~-**phase loading** *(Gaschr)* Belegung (Beladung) f mit Flüssigphase, Trennflüssigkeitsbeladung f, Beladung f des Trägers
- ~-**phase mass** *(Gaschr)* Masse f der stationären Phase, Masse f der Trennflüssigkeit
- ~-**phase mixture** *(Gaschr)* gemischte stationäre Phase f
- ~-**phase thickness** *(Gaschr)* Filmdicke f der stationären Phase
- ~-**phase volume** *(Gaschr)* Volumen n der stationären Phase, Volumen n der Trennflüssigkeit
- ~-**phase weight** *(Gaschr)* Masse f der stationären Phase, Masse f der Trennflüssigkeit
- ~ **pressure head** Druck m *(einer Flüssigkeitssäule)*
- ~ **sample** flüssige Probe f
- ~ **scintillator counter** *(rad Anal)* Flüssig-Szintillationszähler m
- ~ **scintillator detector** *(rad Anal)* Flüssig-Szintillationsdetektor m
- ~-**solid chromatography** Flüssig-fest-Chromatographie f, Liquid-Solid-Adsorptionschromatographie f, Liquidus-Solidus-Chromatographie f, LSC, Flüssig-Adsorptionschromatographie f
- ~ **state** flüssiger Zustand m
- ~ **stationary phase** *(Gaschr)* Trennflüssigkeit f, [flüssige] stationäre Phase f, flüssige Phase f, Flüssigphase f
- ~ **stream** Flüssigkeitsstrom m

liquor Flüssigkeit f
LIS (lanthanide induced shift) *(kern Res)* lanthanoideninduzierte Verschiebung f, LIS
listener [device] Empfangsgerät n, Empfänger m
lithium Li Lithium n
~-**amalgam electrode** *(Pot)* Lithium-Amalgam-Elektrode f
litmus paper Lackmuspapier n
Littrow monochromator *(Spekt)* Littrow-Monochromator m, Monochromator m in Littrow-Aufstellung
~ **mounting** Littrow-Aufstellung f
LLALS (laser low-angle light scattering) Laser-Kleinwinkel[licht]streuung f, Laserlicht-Kleinwinkelstreuung f, Kleinwinkel-Laserstreuung f
LLC (liquid-liquid chromatography) Flüssig-flüssig-Chromatographie f, Liquidus-Liquidus-Chromatographie f, LLC, Flüssig-Verteilungschromatographie f
LMA (laser microprobe analysis) Lasermikrospektralanalyse f, LMA
LMS (laser mass spectrometry) Laser-Massenspektrometrie f, LAMS, LMS
load Belastung f
loaded paper *(Flchr)* beladenes Papier n
~ **solvent** Extrakt m *(Lösungsmittel mit herausgelöstem Stoff)*
loading *(Chr)* Beladung f, Belegung f *(des Trägers)*
load position *(Fließ)* Ladeposition f
local field *(mag Res)* lokales Feld n
localization Lokalisation f
localize/to lokalisieren
localized adsorption lokalisierte Adsorption f
local meter lokales Meßgerät n, Meßgerät n vor Ort
~ **mixing** Mikrovermischung f
~ **recorder** lokaler Meßwertschreiber m, Meßschreiber m vor Ort
~ **symmetry** *(Spekt)* lokale Symmetrie f
locate/to lokalisieren
locating reagent Anfärbereagens n, Sprühreagens n
location Lokalisation f
lock/to *(kern Res)* locken

lock channel *(kern Res)* Lockkanal *m*
~ **frequency** Lockfrequenz *f*, Spin-Lock-Frequenz *f*
~ **signal** Locksignal *n*, Kontrollsignal *n*
LOD (limit of detection) [untere] Nachweisgrenze *f*, Erfassungsgrenze *f*
LODESR *s.* longitudinal detection of electron spin resonance
logarithmic calibration logarithmische Teilung *f*
~ **dependence** logarithmische Abhängigkeit *f*
~ **distribution** logarithmische Verteilung *f*
~ **function** logarithmische Funktion *f*
~ **normal distribution** logarithmische Normalverteilung *f*
~ **scale** logarithmische Skala *f*
~ **viscosity number** inhärente Viskosität *f*, logarithmische Viskositätszahl *f*
log-log paper doppelt logarithmisch geteiltes Papier *n*
~-**log plot** doppelt logarithmisches Diagramm *n*
~-**normal distribution** logarithmisch-normale Verteilung *f*
London force Dispersionskraft *f*, London-Kraft *f*
lone electron pair einsames (freies) Elektronenpaar *n*
~-**pair donor molecule** Donatormolekül *n* mit freiem Elektronenpaar
~ **pair of electrons** *s.* lone electron pair
long-chain langkettig
~-**chain branch[ing]** Langkettenverzweigung *f*
longitudinal component of magnetization *s.* ~ magnetization
~ **detection of electron spin resonance** longitudinale Detektion *f*, LOD
~ **diffusion** *(Chr)* Axialdiffusion *f*, axiale (longitudinale) Diffusion *f*, Längsdiffusion *f*, Longitudinaldiffusion *f*
~ **magnetization** *(mag Res)* Gleichgewichtsmagnetisierung *f*, makroskopische (longitudinale) Magnetisierung *f*, makroskopische Gesamtmagnetisierung *f*, M-Z-Magnetisierung *f*
~ **mixing** *(Fließ)* Longitudinalvermischung *f*, Axialvermischung *f*, Längsvermischung *f*, axiale Rückvermischung *f*
~ **relaxation** *(kern Res)* Spin-Gitter-Relaxation *f*, longitudinale Relaxation *f*
~ **relaxation time** *(kern Res)* longitudinale Relaxationszeit *f*, T_1-Zeit *f*
long-pass filter *(opt Anal)* Langpaßfilter *m*
~-**range coupling** *(kern Res)* Fernkopplung *f*, Weitwegkopplung *f*, Weitbereichskopplung *f*, weitreichende Kopplung *f*
~-**range coupling constant** *(kern Res)* weitreichende Kopplungskonstante *f*
~-**range interaction** *s.* ~-range coupling
~-**range intramolecular interaction** langreichende Wechselwirkung *f*
~-**term effect** Langzeiteffekt *m*, Langzeitwirkung *f*
~-**wavelength** langwellig
Lorentzian *s.* ~ profile

~ **curve** *(Stat)* Lorentz-Kurve *f*
~ **distribution** *(Stat)* Lorentz-Verteilung *f*
~ **line shape** *s.* ~ profile
~ **profile** *(Spekt)* Lorentz-Profil *n*, lorentzförmiges Profil *n* *(einer Spektrallinie)*
lose/to abgeben, verlieren *(Energie)*
loss Verlust *m*, Schwund *m*
~ **factor** *s.* ~ tangent
~ **in weight** Masseverlust *m*, Masseschwund *m*
~ **of energy** Energieverlust *m*
~ **of heat** Wärmeverlust *m*
~ **of intensity** Intensitätsabfall *m*
~ **of liquid** Flüssigkeitsverlust *m*
~ **of material** Substanzverlust *m*
~ **of sample** Probenverlust *m*
~ **on drying** Trocknungsverlust *m*
~ **summation** Addition *f* aller Verluste
~ **tangent** dielektrischer Verlustfaktor *m*, dielektrische Verlustziffer *f*
~-**tangent test** Verlustfaktormessung *f*
lot Los *n*, kleine Stückzahl *f*; Menge *f*
~ **plot** Standardstichprobenplan *m*
~ **size** Losumfang *m*, Losgröße *f*
~-**size optimization** Losgrößenoptimierung *f*
low-angle laser-light scattering Laser-Kleinwinkel[licht]streuung *f*, Laserlicht-Kleinwinkelstreuung *f*, Kleinwinkel-Laserstreuung *f*
~-**angle laser-light scattering detector** *(Flchr)* Laser-Kleinwinkelstreulichtdetektor *m*, LALLS-Detektor *m*
~-**angle laser-light scattering photometer** Laser-Kleinwinkelstreulichtphotometer *n*
~-**capacity anion exchanger** Anionenaustauscher *m* [mit] niedriger Kapazität
~-**cost sensor** in hoher Stückzahl, bei günstigem Preis aber mit reduzierter Genauigkeit hergestellter Sensor
~ **electron energy loss spectroscopy** hochauflösende Elektronenenergieverlust-Spektroskopie *f*
~-**energy electron** langsames (niederenergetisches) Elektron *n*
~-**energy electron diffraction** Beugung *f* langsamer (niederenergetischer) Elektronen, Reflexionsbeugung *f* langsamer Elektronen
~-**energy electron reflection microscope** Elektronenmikroskop *n* mit langsamen Elektronen
~-**energy ion scattering** niederenergetische Ionenstreuung *f*
lower energy state unteres Niveau *n*
lowering of the concentration Konzentrationserniedrigung *f*, Konzentrationsabsenkung *f*
lower limit Untergrenze *f*
~ **limit of detectability (detection)** [untere] Nachweisgrenze *f*, Erfassungsgrenze *f*
~ **phase** *(Extr)* Unterphase *f*
~ **state** unteres Niveau *n*
lowest[-energy] unoccupied molecular orbital niedrigstes unbesetztes Molekülorbital *n*, energieärmstes nicht besetztes Molekülorbital *n*, LUMO

low-field

low-field shift *(kern Res)* Tieffeldverschiebung f, Tieffeld-Shift m
~-**field signal** *(mag Res)* Tieffeldsignal n
~-**frequency** niederfrequent
~-**frequency conductance** *(Kond)* Niederfrequenzleitfähigkeit f
~-**frequency noise** *(Meß)* niederfrequentes Rauschen n
~-**impedance potentiometer** Niedrigimpedanzpotentiometer n
~-**inertia motor** trägheitsarmer Motor m
~-**molecular-weight** von geringer Molekülmasse
~-**pass filter** *(Meß)* Tiefpassfilter n, Low-Pass-Filter n
~ **pressure** Niederdruck m
~-**pressure gradient former** *(Flchr)* Niederdruckgradientenformer m
~-**pressure gradient mixer** *(Flchr)* Niederdruckgradientenmischer m
~-**pressure liquid chromatography** Säulenchromatographie f, SC, klassische (einfache, normale) Säulenchromatographie f, Niederdruckflüssigkeitschromatographie f
~-**pressure mercury-discharge lamp**, ~-**pressure mercury source** Niederdurck-Quecksilberlampe f, Quecksilber-Niederdrucklampe f
~-**resolution** niedrigauflösend
~ **resolution** niedrige Auflösung f, geringe Auflösung f
~-**temperature ashing** Niedertemperaturveraschung f
~-**temperature cell** *(Spekt)* Tieftemperaturküvette f, Tieftemperaturzelle f
~-**temperature fluorometry** Tieftemperatur-Fluorimetrie f
~-**temperature spectrum** Tieftemperaturspektrum n
~-**viscosity** niedrigviskos, mit niedriger Viskosität
~-**volatile**, ~-**volatility** schwerflüchtig
~ **voltage** Niederspannung f
~-**voltage electrophoresis** Niederspannungselektrophorese f
~-**voltage spark** Niederspannungsfunken m
~ **voltage zone electrophoresis** Niederspannungselektrophorese f
LPLC s. low-pressure liquid chromatography
L-radiation *(Rönt)* L-Strahlung f
LRMA (laser Raman microanalysis) Laser-Raman-Mikroanalyse f, LRMA
LS (light scattering) Lichtstreuung f
LSC (liquid-solid chromatography) Flüssig-fest-Chromatographie f, Liquid-Solid-Adsorptionschromatographie f, Liquidus-Solidus-Chromatographie f, LSC, Flüssig-Adsorptionschromatographie f
LS coupling *(mag Res)* Spin-Bahn-Kopplung f, Spin-Bahn-Wechselwirkung f, LS-Kopplung f, Russel-Saunders-Kopplung f
L-series *(Rönt)* L-Serie f
L shell *(Rönt)* L-Schale f

LSR (lanthanide shift reagent) *(kern Res)* Lanthanoiden-Shift-Reagenz n, LSR
LTA s. low-temperature ashing
luminesce/to lumineszieren
luminescence Lumineszenz f
~ **analysis** Lumineszenzanalyse f
~ **excitation** Lumineszenzanregung f
~ **intensity** Lumineszenzintensität f
~ **measurement** Lumineszenzmessung f
~ **phenomenon** Lumineszenzerscheinung f
~ **spectrometer** Lumineszenzspektrometer n
~ **spectroscopy** Lumineszenzspektroskopie f
~ **spectrum** Lumineszenzspektrum n
luminescent lumineszierend, lumineszent
~-**labeled** lumineszenzmarkiert, mit einer lumineszierenden Verbindung markiert
luminous source Lichtquelle f
LUMO s. lowest unoccupied molecular orbital
lutetium Lu Lutetium n
LVE s. low-voltage electrophoresis
L'vov platform *(opt At)* L'vov-Plattform f
Lyman series *(Spekt)* Lyman-Serie f
lyophilic lyophil, lösungsmittelanziehend
~ **colloid** lyophiles Kolloid n
lyophilization Lyophilisation f, Lyophilisierung f, Gefriertrocknung f
lyophilize/to lyophilisieren, gefriertrocknen
lyophobic lyophob, lösungsmittelabstoßend
~ **colloid** lyophobes Kolloid n

M

MAC (maximum allowable concentration) maximale Arbeitsplatzkonzentration f, MAK-Wert m
macerate/to mazerieren, aufschließen *(Pflanzen, Gewebe)*
maceration Mazerieren n, Mazeration f, Aufschließen n *(von Pflanzen, Gewebe)*
macroamount Makromenge f
macroanalysis Makroanalyse f
macrocomponent Makrobestandteil m
macroconstituent Makrobestandteil m
macrocrystalline makrokristallin
macrocyclic makrocyclisch
~ **compound** makrocyclische Verbindung f, Makrocyclus m, Großringverbindung f, Verbindung f mit großem Ring
macromethod Makromethode f
macromolecular makromolekular
macromolecule Makromolekül n, Riesenmolekül n
macropore Makropore f
macroporous makroporös, mit Makroporen, makroporig, makroretikulär
~ **ion exchanger** makroporöser (makroretikulärer) Austauscher m
~ **resin** *(Flchr)* makroporöses Harz n, Harz n mit Makroporen
macroquantity Makromenge f
macroreticular s. macroporous

macro sample Makroprobe f (> 0,1 g)
macroscopic makroskopisch
~ **cross-section** (rad Anal) makroskopischer Wirkungsquerschnitt m
~ **property** makroskopische Eigenschaft f
magic angle (kern Res) magischer Winkel m (54,7°)
~ **angle rotation** s. ~ angle spinning
~ **angle spectrum** (kern Res) MAS-NMR-Spektrum n
~ **angle spinning** (mag Res) Rotation f um den magischen Winkel
~ **angle spinning technique** (kern Res) MAS-Verfahren n
~ **T** (Elres) hybrider Ring m, magisches T n, T-förmige Brücke f
magnesia s. magnesium oxide
magnesium Mg Magnesium n
~ **carbonate** Magnesiumcarbonat n
~ **carbonate hardness** Magnesiumcarbonathärte f (von Wasser)
~ **oxide** Magnesiumoxid n, Magnesia f
~ **powder** Magnesiumpulver n
~ **silicate** Magnesiumsilicat n
magnetic magnetisch, Magnet ...
magnetically damped balance Waage f mit magnetischer Dämpfung
~ **equivalent** (kern Res) magnetisch äquivalent
~ **equivalent nuclei** magnetisch äquivalente Kerne mpl
~ **inequivalent** (kern Res) magnetisch nichtäquivalent
magnetic analyser (Maspek) magnetischer Massenanalysator (Analysator) m
~ **anisotropy** magnetische Anisotropie f
~ **circular dichroism** Magnetocirculardichroismus m, MCD
~ **coupling** magnetische Wechselwirkung f
~ **deflection** (Maspek) Ablenkung f im Magnetfeld
~ **deflection mass spectrometer** Sektorfeldmassenspektrometer n, Massenspektrometer n mit Sektorfeldanalysator
~ **deflection sector** s. ~ sector
~ **dipol** magnetischer Dipol m
~ **double refraction** magnetische Doppelbrechung f
~ **equivalence** magnetische Äquivalenz f (von Kernen)
~ **field** Magnetfeld n, magnetisches Feld n
~ **field scan** (Maspek) B-Scan m, magnetischer Scan m
~ **field strength** Magnetfeldstärke f, magnetische Feldstärke f
~ **field variation** Variation f des Magnetfeldes
~ **flux** magnetischer Fluß m
~ **flux density** s. ~ induction
~ **induction** magnetische Induktion (Flußdichte) f
~ **inequivalence** (kern Res) magnetische Nichtäquivalenz f

~ **interaction** magnetische Wechselwirkung f
~ **moment** (kern Res) magnetisches Moment n
~ **nucleus** magnetischer Kern m
~ **polarization** magnetische Polarisation f
~ **property** magnetische Eigenschaft f
~ **quantum number** magnetische (bahnmagnetische, räumliche) Quantenzahl f, magnetische Bahn[drehimpuls]quantenzahl f, Magnetquantenzahl f, Orientierungsquantenzahl f, Richtungsquantenzahl f
~ **resonance** magnetische Resonanz f
~ **resonance imaging (tomography)** NMR-Tomographie f, Kernspintomographie f, NMR-Zeugmatographie f, magnetische Resonanztomographie f, MR-Tomographie f
~ **sector** (Maspek) magnetischer Sektor m, magnetisches Sektorfeld n
180° magnetic sector (Maspek) 180°-Sektorfeld n
magnetic sector instrument (Maspek) [magnetisches] Sektorfeldinstrument n, [magnetisches] Sektorfeldgerät n
~ **sector mass spectrometer** Sektorfeldmassenspektrometer n, Massenspektrometer n mit Sektorfeldanalysator
~ **shielding** magnetische Abschirmung f
~ **stirrer** Magnetrührer m
~ **susceptibility** magnetische Suszeptibilität f
~ **vector** (kern Res) magnetischer Vektor m
magnetization Magnetisierung f
~ **component** (kern Res) Magnetisierungskomponente f
~ **transfer** (kern Res) Populationstransfer m, Polarisationstransfer m, Polarisationsübertragung f, Magnetisierungstransfer m, Kohärenztransfer m, Kohärenzübertragung f
~ **vector** Magnetisierungsvektor m
magnetogyric ratio gyromagnetisches (magnetogyrisches) Verhältnis n
magneton (mag Res) Magneton n
magneto-optic[al] rotatory dispersion magnetooptische Rotationsdispersion f, MORD
~ -**optic[al] rotation** magnetooptische Drehung (Rotation) f, MOR
magnitude Größe f
~ **of error** Fehlergröße f
main column (Chr) Hauptsäule f
~ **component** s. major component
~ **fraction** Hauptfraktion f
~ **reaction** Hauptreaktion f
~ **separation column** (Chr) Hauptsäule f
maintain/to instand halten
maintenance Instandhaltung f
~ **cost[s]** Wartungskosten pl, Unterhaltungskosten pl
~ -**free** wartungsfrei
~ **requirement[s]** Wartungsaufwand m
~ **time** Wartungszeit f
major component Hauptkomponente f, Grundkomponente f

major

- ~ **constituent** Hauptbestandteil m (100 ... 1%)
- ~ **defective** (Proz) Einheit f mit schwerwiegender Unvollkommenheit
- ~ **element** Grundmetall n, Hauptbestandteil m (einer Legierung)
- ~ **ingredient** s. ~ constituent
- ~ **reaction** Hauptreaktion f

make alkaline/to alkalisieren, alkalisch machen
~ **up** auffüllen (eine Lösung auf ein bestimmtes Volumen)
make-up gas (Gaschr) Make-up-Gas n, Spülgas n, Beschleunigungsgas n, Schön[ungs]gas n, Zusatzgas n
maleate Maleat n, Maleinat n
malonate Malonat n
manganese Mn Mangan n
manipulative error Handhabungsfehler m
manipulator (rad Anal) Manipulator m
manometric method manometrisches Verfahren n (Gasanalyse)
manual adjustment Handeinstellung f
- ~ **analysis** Handanalyse f
- ~ **fraction collector** manueller Fraktionssammler m
- ~ **injection** (Chr) manuelle Injektion f
- ~ **integration** manuelle Integration f
- ~ **manipulation** Handbedienung f
- ~ **operation** nichtselbsttätiger Betrieb m, Handfahrweise f
- ~ **potential control** Potentialregelung f von Hand
- ~ **sampling valve** handbetätigtes Probenentnahmeventil n
- ~ **titration** manuelle (manuell ausgeführte) Titration f

MAOT (maximum allowable operating temperature) maximale Arbeitstemperatur f
MAR (magic-angle rotation) (mag Res) Rotation f um den magischen Winkel
margin of safety Sicherheitsspielraum m, Sicherheitsspanne f
Mariotte bottle (flask) Mariottesche Flasche f
marker (Chr) Markersubstanz f, Markierungssubstanz f; (rad Anal) Markierung f, Marke f
Mark-Houwink constant Mark-Houwink-Konstante f
~-**Houwink equation** [Kuhn-]Mark-Houwink-Gleichung f (Beziehung zwischen Staudinger-Index und Molmasse von Polymeren)
Markow process Markow-Prozeß m (ein stochastischer Prozeß)
MAS (magic angle spinning) (mag Res) Rotation f um den magischen Winkel
mask/to maskieren (Ionen)
masking Maskierung f (von Ionen)
- ~ **agent** Maskierungsmittel n, Maskierungsreagens n

mass Masse f (Eigenschaft eines Körpers in einem Schwerefeld ein Gewicht anzunehmen; Einheit: kg)

~-**action expression (law)** Massenwirkungsgesetz n, MWG
~ **analyser** (Maspek) Massenanalysator m, Massentrennsystem n, Analysator m, Trennsystem n
~-**analyzed ion kinetic energy spectrometry** Ionenenergie-Spektroskopie f zum Nachweis metastabiler Zerfälle
~-**average molar mass** Massenmittelwert m (Massenmittel n) der Molmasse
~ **change** Masse[ver]änderung f
~/**charge ratio** s. ~-to-charge ratio
~ **chromatogram** Massenchromatogramm n
~ **chromatography** Massenchromatographie f
~ **concentration** Masse[n]konzentration f, Massenvolumenkonzentration f
~ **density** Dichte f, volumenbezogene Masse f, Massendichte f (Masse pro Volumeneinheit)
~-**dependent detector** s. ~ detector
~ **detector** Massendetektor m, massenstromabhängiger (massenstromempfindlicher, mengenstromabhängiger, masseflußabhängiger) Detektor m, Masseflußdetektor m; (Gaschr) Brunnel-Masse[n]detektor m
~-**distribution function** Massenverteilungsfunktion f
~ **distribution ratio** (Chr) Kapazitätsfaktor m, Massenverteilungsverhältnis n, Retentionskapazität f, Verteilungsverhältnis n, Totgrößenvielfaches n
~ **filter** (Maspek) Massenfilter n
~ **flow** s. ~-flow rate
~-**flow rate** Massenstrom m, Mengenstrom m
~-**flow-rate sensitive** massenstromempfindlich
~-**flow-rate sensitive detector** s. ~ detector
~-**flow sensitive** massenstromempfindlich
~-**flow sensitive detector** s. ~ detector
~ **fragmentation pattern** (Maspek) Fragmentierungsmuster n
~ **loss** Masseverlust m, Masseschwund m
~ **marker** (Maspek) Massenmarkierer m, Markiersubstanz f, Eichsubstanz f
~ **number** Massenzahl f
~ **of a molecule** Molekülmasse f, Molekularmasse f, molekulare Masse f
~ **of material** Materialmasse f
~ **of solvent** Lösungsmittelmasse f
~ **per unit volume** s. ~ concentration
~ **range** Massenbereich m
~ **rate** Massenstrom m, Mengenstrom m
~ **rate-dependent** massenstromabhängig, masseflußabhängig, mengenstromabhängig
~ **rate-dependent detector** s. ~ detector
~ **ratio** Massenverhältnis n
~ **resolution** (Maspek) Massenauflösungsvermögen n, Auflösungsvermögen n
~ **scale** (Maspek) Massenskala f
~-**selective detector** (Gaschr) massenselektiver Detektor m, MSD
~-**sensitive detector** s. ~ detector

~ -spectral fragmentation pattern *(Maspek)* Fragmentierungsmuster *n*
~ spectral peak Massenpeak *m*
~ spectrogram Massenspektrogramm *n*
~ spectrograph Massenspektrograph *m*
~ spectrometer Massenspektrometer *n*
~ -spectrometric analysis *s.* ~ spectrometry
~ spectrometry Massenspektrometrie *f*, MS, Massenspektroskopie *f* • by ~ spectrometry massenspektrometrisch
~ spectrometry/mass spectrometry Tandem-Massenspektrometrie *f*, MS/MS, MS/MS-Kopplung *f*
~ spectroscope Massenspektroskop *n*, Massenspektralgerät *n*
~ -spectroscopic massenspektroskopisch
~ spectroscopy Massenspektroskopie *f*
~ spectrum Massenspektrum *n*
~ -to-charge ratio *(Maspek)* Masse-[zu-]Ladungs-Verhältnis *n*, Verhältnis *n* von Masse zu Ladung, m/e-Wert *m*, m/z-Verhältnis *n*, m/z-Wert *m*, *(wenn auf ganze Zahl gerundet)* Massenzahl *f*
~ transfer Stoffübertragung *f*; Stoffübergang *m*, Massenübergang *m*, Massenaustausch *m*
~ -transfer coefficient Stoffübergangskoeffizient *m*, Stoffübergangszahl *f*
~ -transfer process Stoffübertragungsvorgang *m*
~ -transfer resistance Stoffübergangswiderstand *m*
~ -transfer term *(Chr)* C-Term *m*, Massenaustauscherterm *m*, Term *m* der Strömungsdispersion *(der van-Deemter-Gleichung)*
~ -transport equation Stofftransportgleichung *f*
~ unit Masseneinheit *f*
master resolution equation *(Chr)* Auflösungsgleichung *f*, Gleichung *f* für die [chromatographische] Auflösung
matched cells *(Spekt)* Küvettenpaar *n* *(mit nahezu gleichen optischen Eigenschaften)*
material Werkstoff *m*; Material *n*, Stoff *m*; Gut *n*
~ being distilled Destillationsgut *n*, Destillans *n*
~ being dried Trockengut *n*
~ being filtered Filtergut *n*
~ being mixed Mischgut *n*
materials testing Werkstoffprüfung *f*
material to be distilled Destillationsgut *n*, Destillans *n*
~ to be dried Trockengut *n*
~ to be extracted Extraktionsgut *n*
~ to be filtered Filtergut *n*
~ to be ground Mahlgut *n*
~ to be screened Siebgut *n*
~ to be tested Untersuchungsmaterial *n*, zu untersuchendes Material *n*, Probengut *n*
~ under examination (investigation) Untersuchungsmaterial *n*, Untersuchungssubstanz *f*
matrix Matrix *f*, Grundgerüst *n*, Grundkörper *m*
~ effect Matrixeffekt *m*, Dritter-Partner-Effekt *m*
~ electrode *(el Anal)* Matrixelektrode *f*
~ element Matrixbestandteil *m*

~ interference effect *s.* ~ effect
Mattauch-Herzog design (geometry) *(Maspek)* Mattauch-Herzog-Geometrie *f*
~ -Herzog mass analyser *(Maspek)* Mattauch-Herzog-Massenanalysator *m*, Massenanalysator *m* mit Mattauch-Herzog-Geometrie
maxima suppressor *(Pol)* Maximadämpfer *m*, Maximaunterdrücker *m*
maximum allowable concentration maximale Arbeitsplatzkonzentration *f*, MAK-Wert *m*
~ allowable operating temperature maximale Arbeitstemperatur *f*
~ concentration Maximalkonzentration *f*
~ current *(Pol)* Höchststrom *m*, Maximalstrom *m*
~ error *(Stat)* Maximalfehler *m*
~ of absorption Absorptionsmaximum *n*
~ of the first kind *(Pol)* Maximum *n* erster Art
~ of the second kind *(Pol)* Maximum *n* zweiter Art
~ operating temperature maximale Arbeitstemperatur *f*
~ peak current *(Pol)* Höchstspitzenstrom *m*, Maximalspitzenstrom *m*
~ permissible (permitted) absolute value höchstzulässiger Absolutwert *m*
~ rate maximale Geschwindigkeit *f*, Maximalgeschwindigkeit *f*
~ sampling frequency *(Fließ)* maximale Injektionsfrequenz *f*
~ suppressor *s.* maxima suppressor
~ value Maximalwert *m*
~ velocity *s.* ~ rate
Maxwell-Boltzmann equation Maxwell-Boltzmann-Gleichung *f*
~ -Boltzmann statistics Maxwell-Boltzmann-Statistik *f*
~ law of velocity distribution Maxwellsches (Maxwell-Boltzmannsches) Geschwindigkeitsverteilungsgesetz *n*
MBE (moving boundary electrophoresis) [träger-] freie Elektrophorese *f*, Tiselius-Elektrophorese *f*
McConnell relation *(mag Res)* McConnell-Beziehung *f*
MCD (magnetic circular dichroism) Magnetocirculardichroismus *m*, MCD
McLafferty rearrangement *(Maspek)* McLafferty-Umlagerung *f*
McReynolds constant *(Gaschr)* McReynolds-Konstante *f*
~ probe *s.* ~ test probe
~ selectivity constant *s.* McReynolds constant
~ test probe McReynolds-Testsubstanz *f*, McReynoldsche Testsubstanz *f*
MCT (mercury cadmium telluride) Quecksilber-Cadmium-Tellurid *n*
MDC (multidimensional chromatography) mehrdimensionale (mehrstufige) Chromatographie *f*
MDGC (multidimensional gas chromatography) mehrdimensionale Gaschromatographie *f*

MDL

MDL (minimum detectable level) *s.* MDQ
MDQ (minimum detectable quantity) [untere] Nachweisgrenze *f*, Erfassungsgrenze *f*
mean Mittelwert *m*, Durchschnittswert *m*, Durchschnitt *m*
- **carrier gas velocity** *(Gaschr)* mittlere [lineare] Trägergasgeschwindigkeit *f*
- **deviation** *(Stat)* durchschnittliche Abweichung *f*, mittlerer Abweichungsbetrag *m*
- **escape depth** mittlere Austrittstiefe (Ausdringtiefe) *f (von Elektronen)*
- **free path** mittlere freie Weglänge *f*
- **gas velocity** *(Gaschr)* mittlere Gasgeschwindigkeit *f*
- **life[time]** mittlere Lebensdauer *f*
- **linear range** *(rad Anal)* mittlere Reichweite *f*
- **mass range** *(rad Anal)* Massenreichweite *f*
- **particle diameter** mittlerer Teilchendurchmesser *m*
- **particle size** mittlere Teilchengröße *f*
- **pore diameter** mittlerer Porendurchmesser *m*
- **range** *(Stat)* mittlere Spannweite *f*
- -**square deviation** *(Stat)* Standardabweichung *f*, mittlere quadratische Abweichung *f*
- -**square end-to-end molecular distance** mittlerer Endpunktabstand (Fadenendenabstand) *m (eines Makromoleküls)*
- -**square error** mittlerer quadratischer Fehler *m*, mittleres Fehlerquadrat *n*
- -**square estimation** *(Stat)* quadratisches Mittelwertkriterium *n*
- -**square radius of gyration** Mittel *n* über die Quadrate der Trägheitsradien
- **value** Mittelwert *m*, Durchschnitt[swert] *m*
measurable range Meßbereich *m*
measure/to messen
measured response Meßantwort *f*
- **signal** Meßsignal *n*, gemessenes Signal *n*
- **spectrum** Spektrogramm *n*
- **value** Meßwert *m*
measurement Messung *f*
- **accuracy** Meßgenauigkeit *f*
- **application** Meßanwendung *f*
- **cell** Meßzelle *f*
- **channel** Meßkanal *m*
- **electrode** *s.* measuring electrode
- **element** 1. Meßglied *n*; 2. *s.* measuring element
- **error** Meßfehler *m*
- **of conductance** Leitfähigkeitsmessung *f*
- **of gas density** Gasdichtemessung *f*
- **of non-faradaic admittance** Tensammetrie *f*
- **of pH** pH-[Wert-]Messung *f*
- **of temperature** Temperaturmessung *f*
- **of turbidity** Trübungsmessung *f*
- **of viscosity** Viskositätsmessung *f*
- **radiation** Meßstrahlung *f*
- **series** Meßreihe *f*
- **solution** Meßlösung *f*
- **system** Meßsystem *n*

- **technique** *s.* measuring method
- **time** Meßzeit *f*, Meßdauer *f*
measuring amplifier Meßverstärker *m*
- **cell** Meßzelle *f*
- **circuit** Meßkreis *m*, elektrische Meßschaltung *f*
- **detector** Meßdetektor *m*
- **device** Meßgerät *n*
- **electrode** Meßelektrode *f*, Indikatorelektrode *f*
- **element** Meßfühler *m*, Meßelement *n*, Fühlelement *n*
- **filament** *(Gaschr)* Meßdraht *m*
- **flask** Meßkolben *m*, Maßkolben *m*, Meßflasche *f*
- **glass** Meßglas *n*
- **junction** Meßstelle *f* eines Thermoelements
- **method** Meßmethode *f*, Meßverfahren *n*
- **pipette** Meßpipette *f*, Teilpipette *f*
- **principle** Meßprinzip *n*
- **procedure** *s.* ~ method
- **range** Meßbereich *m*
- **resistor** Meßwiderstand *m*
- **sensitivity** Meßempfindlichkeit *f (eines Meßgeräts)*
- **sensor** *s.* ~ element
- **spoon** Meßlöffel *m*, Maßlöffel *m*, Dosierlöffel *m*
- **system** Meßsystem *n*
- **technique** *s.* ~ method
- **time** Meßzeit *f*, Meßdauer *f*
- **vessel** Meßgefäß *n*, Meßbehälter *m*
- **wavelength** Meßwellenlänge *f*
MECC (micelle electrocapillary chromatography) Mizellenchromatographie *f*
mechanical integration mechanische Integration *f*
mechanically stable mechanisch stabil (fest)
mechanical sample divider mechanischer Probenteiler *m*
- **stability (strength)** mechanische Stabilität (Festigkeit) *f*
- **transport interface** *(Maspek)* Transportinterface *n*
mechanism of conductivity Leitfähigkeitsmechanismus *m*
- **of reaction** Reaktionsmechanismus *m*
- **of separation** Trennmechanismus *m*
mechanization Mechanisierung *f*
mechanize/to mechanisieren
median *(Stat)* Median *m*, Medianwert *m*, Zentralwert *m (von Meßergebnissen)*
- **range** Medianbereich *m*
- **value** *s.* median
mediator *(Vol)* Zwischenreagenz *n*
medium-energy ion scattering mittelenergetische Ionenstreuung *f*
- -**grained material** *(Prob)* mittel[fein]körniges Gut *n*, mittleres Gut *n*
- -**polarity liquid phase** *(Gaschr)* mittelpolare Trennflüssigkeit *f*
- -**resolution** mittelauflösend, mit mittlerer Auflösung
MEIS *s.* medium-energy ion scattering

Méker burner Méker-Brenner *m*
melting point Schmelzpunkt *m*, Fließpunkt *m*, Festpunkt *m*, F.P.
~ **point tube** Schmelzpunktröhrchen *n*
~ **temperature** Schmelztemperatur *f*
membrane Membran *f*
~ **area** Membranfläche *f*
~-**covered amperometric sensor** membranumhüllter amperometrischer Sensor *m*
~ **diameter** Membrandurchmesser *m*
~ **electrode** *(Pot)* Membranelektrode *f*
~ **equilibrium** Membrangleichgewicht *n*
~ **filter** Membranfilter *n*
~ **filtration** Membranfiltration *f*
~ **material** Membranmaterial *n*
~ **pack** *(Dial)* Membransatz *m*
~ **phase separator** *(Fließ)* Membranseparator *m* *(bei FIA-Extraktionen)*
~ **reactor** *(Flchr)* Membranreaktor *m*
~ **separation** Trennung *f* mittels semipermeabler Membranen
~ **separator** *(Maspek)* Membranseparator *m*
~ **suppressor** *(Flchr)* Membransuppressor *m*
memory effect Memory-Effekt *m*, Gedächtniseffekt *m*
~ **function** Memory-Funktion *f* *(Meßdatenerfassung)*
mendelevium Md Mendelevium *n*
meniscus depletion *(Sed)* Verdünnung *f* am Meniskus
mensuration analysis Maßanalyse *f*, titrimetrische Analyse *f*, Titrieranalyse *f*, Titrimetrie *f*
meq, mequiv (milliequivalent) Milli[gramm]äquivalent *n*, Millival *n*, mVal
mercaptan Mercaptan *n*, Thioalkohol *m*
mercuric ion Quecksilber(II)-Ion *n*
~ **salt** *(Pol)* Quecksilber(II)-salz *n*
mercurimetry Mercurimetrie *f* *(Titration mit Quecksilber(II)-nitratlösung)*
mercurometry Mercurometrie *f* *(Titration mit Quecksilber(I)-nitratlösung)*
mercurous chloride Quecksilber(I)-chlorid *n*, Kalomel *n*
~ **nitrate** Quecksilber(I)-nitrat *n*
~ **salt** *(Pol)* Quecksilber(I)-salz *n*
mercury Hg Quecksilber *n*
~ **anode** Quecksilberanode *f*, Hg-Anode *f*
~ **cadmium telluride** Quecksilber-Cadmium-Tellurid *n*
~ **cathode** Quecksilberkathode *f*, Hg-Kathode *f*
~ **cathode electrolysis** Elektrolyse *f* mit (an) Quecksilberkathoden
~ **cathode group** *(Elgrav)* Quecksilberkathodengruppe *f* *(Alkalimetalle)*
~ **cathode separation technique** *(Elgrav)* Quecksilberkathoden-Trennungsmethode *f*
~-**coated electrode** *(Pol)* quecksilberbeschichtete Elektrode *f*
~ **column** Quecksilbersäule *f*, Hg-Säule *f*

~ **complexonate** *(Vol)* Quecksilberkomplexonat *n*
~ **compound** Quecksilberverbindung *f*
~ **diffusion pump** Quecksilber-Diffusionspumpe *f*
~ **discharge lamp** *s.* ~-vapour lamp
~ **drop** Quecksilbertropfen *m*
~ **drop electrode** *(Pol)* Quecksilbertropfenelektrode *f*
~ **droplet** Quecksilbertröpfchen *n*, kleiner Quecksilbertropfen *m*
~-**EDTA** Quecksilber-EDTE *f*
~-**EDTA reagent** Quecksilber-EDTE-Reagens *n*
~ **electrode** Quecksilberelektrode *f*, Hg-Elektrode *f*
~-**film electrode** *(Pol)* Quecksilberfilmelektrode *f*, TMFE
~ **flow** Quecksilberzufluß *m*
~ **flow rate** Quecksilberfließgeschwindigkeit *f*
~ **interference** Störung *f* durch Quecksilber
~ **ion** Quecksilberion *n*
~ **lamp** *s.* ~-vapour lamp
~ **level** Quecksilberpegel *m*
~-**mercuric oxide electrode** *(Pot)* Quecksilber-Quecksilber(II)-oxid-Elektrode *f*
~-**mercurous sulphate electrode** *(Pol)* Quecksilber-Quecksilber(I)-sulfat-Elektrode *f*
mercury(I) nitrate Quecksilber(I)-nitrat *n*
mercury oxide Quecksilberoxid *n*
~-**plated platinum electrode** *(Coul)* quecksilberbeschichtete Platinelektrode *f*
~ **pool** *(Pol)* Bodenquecksilber *n*
~-**pool anode** *(Pol)* Quecksilber-Pool-Anode *f*, Quecksilberbodenanode *f*, Hg-Bodenanode *f*
~-**pool cathode** *(Pol)* Quecksilbertopfkathode *f*
~-**pool electrode** Quecksilber-Pool-Elektrode *f*, Quecksilberbodenelektrode *f*, Hg-Pool-Elektrode *f*
~ **reservoir** *(Pol)* Quecksilbervorratsbehälter *m*, Quecksilbervorratsgefäß *n*, Hg-Reservoir *n*
~ **salt** Quecksilbersalz *n*
mercury(I) salt Quecksilber(I)-Salz *n*
mercury(II) salt Quecksilber(II)-Salz *n*
mercury thin-film electrode *s.* ~-film electrode
~ **vapour** Quecksilberdampf *m*
~-**vapour lamp** Quecksilberdampf[entladungs]lampe *f*, Quecksilberlampe *f*, Hg-Lampe *f*
~-**vapour pump** Quecksilber-Diffusionspumpe *f*
~ **working anode** *(Coul)* Quecksilberarbeitsanode *f*
~ **working cathode** *(Coul)* Quecksilberarbeitskathode *f*
merging *(Fließ)* Vermischung *f*
~ **point** Vermischungspunkt *m*
~ **zones technique** Mischzonentechnik *f*
merocyanine Merocyanin *n*, Neutrocyanin *n* *(Polymethinfarbstoff)*
MES (Mössbauer effect spectroscopy) Mößbauer-Spektroskopie *f*
mesh 1. Masche *f* *(eines Siebes)*; 2. *s.* ~ number; 3. *s.* ~ size 2.

mesh 124

~ **number** Siebnummer *f*, Maschenzahl *f*, Mesh-Zahl *f (Anzahl der Maschen je Zoll linear)*
~ **screen (sieve)** Maschensieb *n*
200-mesh sieve 200er-Maschensieb *n*
mesh size 1. Maschengröße *f*, Maschenweite *f*; 2. Korngröße, ausgedrückt durch die Maschenzahl des Siebes
~ **width** *s*. mesh size 1.
mesitylene Mesitylen *n*, 1,3,5-Trimethylbenzol *n*
mesomeric mesomer, Mesomerie...
mesomerism Mesomerie *f*, Resonanz *f*, Strukturresonanz *f*
meso sample Mesoprobe *f*, Halbmikroprobe *f (Probenmasse 0,1 bis 0,01 g)*
~-**trace analysis** Meso-Spuren-Analyse *f (Probenmasse 10^{-1} bis 10^{-2} g)*
metal Metall *n*
~ **amalgam** Metallamalgam *n*
~ **bomb** *(or Anal)* Metallbombe *f*
~ **cabinet** *(or Anal)* Metallkasten *m*
~ **carbonyl** Metallcarbonyl *n*
~ **cation** Metallkation *n*
~ **chelate [complex, compound]** Metallchelat *n*, Metallchelatverbindung *f*, Metallchelatkomplex *m*
~ **chelate extraction system** Chelatextraktionssystem *n*
~ **column** *(Chr)* Metallsäule *f*
~ **complex** Metallkomplex *m*
~-**containing** metallhaltig
~ **cupferrate** Metallcupferronat *n*
~ **electrode** Metallelektrode *f*
~ **hydride** Metallhydrid *n*
~ **indicator** Metallindikator *m*, metallochromer (metallspezifischer) Indikator *m*
~-**indicator complex** Metall-Indikator-Komplex *m*
~ **ion** Metallion *n*
~-**ion electrode** Metallionenelektrode *f*
~ **ion[-sensitive] indicator** *s*. ~ indicator
metallic copper metallisches Kupfer *n*
~ **electrode** Metallelektrode *f*
~ **element** metallisches Element *n*
~ **ion** Metallion *n*
~ **oxide cathode** Metalloxidkathode *f*
~ **peroxide** Metallperoxid *n*
~ **reductor** *(Vol)* Metallreduktor *m*
metallochromic indicator *s*. metal indicator
metalloid hydride Nichtmetallhydrid *n*
metallo-organic [compound] metallorganische (organometallische) Verbindung *f*, Organometallverbindung *f*, Metallorganyl *n*, *(pl auch)* Metallorganica
metallurgical polarographic analysis polarographische Analyse *f* metallurgischer Stoffe
metal-metal ion couple *(Pot)* Metall-Metall-Ionenpaar *n*
~-**metal oxide electrode** Metall-Metalloxid-Elektrode *f*
~ **vapour lamp** Metalldampflampe *f*
~ **vapour laser** Metalldampflaser *m*

metaphosphoric acid Metaphosphorsäure *f*
meta-proton *(mag Res)* meta-Proton *n*
metastability Metastabilität *f*
metastable metastabil
~ **decomposition** *(Maspek)* metastabiler Zerfall *m*
~ **ion** *(Maspek)* metastabiles Ion *n*
~ **[ion] peak** *(Maspek)* metastabiler Peak *m*, Übergangssignal *n*
~ **state** metastabiler Zustand *m*
meter/to dosieren, zumessen
metering Dosieren *n*, Dosierung *f*, Zumessen *n*
~ **circuit** Meßschaltung *f*
~ **pump** *(Prob)* Dosierpumpe *f*, Zumeßpumpe *f*
methacrylate Methacrylat *n*
methanal Methanal *n*, Formaldehyd *n*
methanamide Methanamid *n*, Formamid *n*
methane Methan *n*
~-**air flame** Methan-Luft-Flamme *f*
methanol Methanol *n*, Methylalkohol *m*
methanolic solution methanolische (methylalkoholische) Lösung *f*
method Methode *f*, Verfahren *n*, Technik *f*
~ **development** Methodenentwicklung *f*
~ **of analysis** Analyse[n]methode *f*, analytische Methode *f*
~ **of chemical analysis** chemische (klassische) Analysenmethode *f*
~ **of data transfer** Meßwertübertragungsverfahren *n*
~ **of measurement (measuring)** Meßmethode *f*, Meßverfahren *n*
~ **of preparing** Vorbehandlungsmethode *f*
~ **of principal components** *(Stat)* Hauptkomponentenmethode *f*
~ **of process control** Prozeßsteuerungsverfahren *n*
~ **of quantitation** Quantitationsverfahren *n*
~ **of sampling** Probenahmemethode *f*
~ **of separation** Trenn[ungs]methode *f*, Trennverfahren *n*, Trenntechnik *f*
~ **of standard addition** Standardadditionsverfahren *n*, Kalibrierzusatzmethode *f*, Zumischmethode *f*, Arbeiten *n* (Kalibrierung *f*) mit innerem Standard
~ **of weighing** Wägeverfahren *n*, Wägetechnik *f*
methoxybenzene Anisol *n*, Methoxybenzol *n*
methyl alcohol *s*. methanol
methylate/to methylieren
methylation Methylierung *f*
methylbenzene Methylbenzol *n*, Toluol *n*
methyl cyanide Methylcyanid *n*, Acetonitril *n*
~ **derivative** Methylderivat *n*
methylene-bis-acrylamide Methylen-bis-acrylamid *n*, N,N'-Methylen-bis-acrylamid *n*
~ **blue** Methylenblau *n*
~ **chloride** Methylenchlorid *n*, Dichlormethan *n*
~ **protons** Methylenprotonen *npl*
~ **signal** *(kern Res)* Methylensignal *n*
methyl ester Methylester *m*

- ~ **ethyl ketone** Butan-2-on n, Methylethylketon n
- ~ **iodide** Methyliodid n, Iodmethan n
- ~ **orange** Methylorange n
- **2-methyl-2-pentanol** 2-Methyl-2-pentanol n
- **methylpolysiloxane** Methylsilicon n, Methylpolysiloxan n
- **2-methyl propane** Isobutan n, 2-Methylpropan n
- **2-methyl-1-propanol** Isobutanol n, Isobutylalkohol m, 2-Methyl-1-propanol n
- **methyl propyl ketone** Methylpropylketon n, Pentan-2-on n
- ~ **protons** Methylprotonen npl
- ~ **red** Methylrot n
- ~ **resonance** Methyl[protonen]resonanz f
- ~ **signal** Methylresonanz-Signal n, Methylsignal n
- ~ **silicone** Methylsilicon n, Methylpolysiloxan n
- ~ **silicone carborane** Methylsiliconcarboran n
- ~ **silicone gum** Methylsilicongummi m
- **methylthymol blue** Methylthymolblau n
- **m/e value** s. mass-to-charge ratio
- **MFE** (mercury-film electrode) (Pol) Quecksilberfilmelektrode f, TMFE
- **M-H design** s. Mattauch-Herzog design
- **mho** (reciprocal ohm) Siemens n, S (SI-Einheit des elektrischen Leitwerts)
- **micellar** mizellar, Mizell..., Mizellar...
- **micelle** Mizelle f, Micelle f
- ~ **electrocapillary chromatography** Mizellenchromatographie f
- **micellize/to** Mizellen bilden
- **Michaelis constant** (Katal) Michaelis-Konstante f
- **Michelson interferometer** Michelson-Interferometer n, Michelsonsches Interferometer n
- **microammeter** Mikroamperemeter n
- **microamount** Mikromenge f
- **microampere** Mikroampere n, mA
- ~ **meter** Mikroamperemeter n
- **microanalysis** Mikroanalyse f (für Probemengen unter 1 mg)
- **microanalytic[al]** mikroanalytisch
- ~ **reagent** Reagens f für die Mikroanalyse
- ~ **titration** Mikrotitration f
- **micro-argon detector** (Gaschr) Miniatur-Argon-Detektor m, Miniatur-Argon-Ionisationsdetektor m
- **microbalance** s. microchemical balance
- **microbead** (Flchr) Mikrokügelchen n
- **microbiological analysis** mikrobiologische Analyse f
- ~ **examination** mikrobiologische Untersuchung f
- **microboat** (or Anal) Mikroschiffchen n, Mikroboot n
- **microbomb** (or Anal) Mikrobombe f
- **microbore column (open tubular column)** (Chr) Mikrosäule f, Microbore-Säule f
- **microburet[te]** Mikrobürette f, Feinbürette f, Bankbürette f
- **microburner** Mikrobrenner m
- **microcalorimeter** Mikrokalorimeter n

micropollutant

- **microcalorimetric** mikrokalorimetrisch
- **microcalorimetry** Mikrokalorimetermethode f
- **micro-capillary** (Flchr) Kapillardispenser m
- ~-**cathode** (Elgrav) Mikrokathode f
- ~-**cell** Mikroküvette f
- **microchemical** mikrochemisch
- ~ **analysis** mikrochemische Analyse f, chemische Mikroanalyse f (Probenmasse 10^{-2} bis 10^{-3} g)
- ~ **balance** Mikrowaage f, mikrochemische Waage f (Wägebereich 5 bis 20 g)
- ~ **electrodeposition** mikrochemisches Abscheiden n
- ~ **electrolysis** mikrochemische Elektrolyse f, chemische Mikroelektrolyse f
- ~ **technique** mikrochemische Arbeitstechnik f
- **microchemistry** Mikrochemie f (Milligramm- und Mikroliterbereich)
- **microchromatography** Mikrochromatographie f
- **microcolorimeter** Mikrokolorimeter n
- **microcolumn** (Chr) Mikrosäule f
- **microcomponent, microconstituent** Mikrokomponente f, Mikrobestandteil m
- **microcoulomb** Mikrocoulomb n, µC
- **microcoulometry** Mikrocoulometrie f
- **microcrystalline** mikrokristallin, feinkristallin
- ~ **cellulose** mikrokristalline Cellulose f
- **microdensitometer** Mikrodichtemesser m
- **microdetermination** Mikrobestimmung f
- **microdistillation** Mikrodestillation f
- **microdroplet** Mikrotröpfchen n
- **microelectrode** (Pol) Mikroelektrode f
- **microelectrophoresis** Mikroelektrophorese f
- **micro-environment** Mikroumgebung f
- **microestimation** Mikrobestimmung f
- **microexamination** Mikrountersuchung f, mikroskopische Untersuchung f
- **micro gas analysis** Mikrogasanalyse f
- **microgel** Mikrogel n
- **micro glass electrode** (Pot) Mikro-Glaselektrode f
- **microgram** Mikrogramm n
- ~ **method** (Spur) Mikrogramm-Methode f
- ~ **range** Mikrogrammbereich m (10^{-6} bis 10^{-3} g)
- **microheterogeneity** Mikroheterogenität f
- **micro-Kjeldahl flask** (or Anal) Mikro-Kjeldahlkolben m
- **microlitre syringe** Mikro[liter]spritze f, Mikro[liter]dosierspritze f
- **micromethod** Mikromethode f, Mikroarbeitsweise f
- **micromixing** Mikrovermischung f
- **micromole** Mikromol n
- **micro oxy-hydrogen coulometer** Mikro-Knallgascoulometer n
- **micropacked column** (Chr) Mikrosäule f, gefüllte (gepackte) Kapillarsäule f, gepackte Kapillare f
- **microparticulate** mikropartikulär
- **microphotometer** Densitometer n
- **micropipet[te]** Mikropipette f
- **microplasm** Miniplasma n
- **micropollutant** (Spur) Mikroverunreinigung f

micropore

micropore Mikropore f
microporous mikroporös, mit Mikroporen
~ **resin** *(Flchr)* mikroporöses Harz n, Harz n mit Mikroporen
microprobe Mikrosonde f
micropyrometer Mikropyrometer n
microquantity Mikromenge f
microreactor *(Gaschr)* Mikroreaktor m *(zur Pyrolyse)*
microreticular s. microporous
micro sample Mikroprobe f *(Probenmasse <0,01 g)*
~ **sampling** Entnahme f von Mikroproben
microscale procedure s. micromethod
microscope slide Objektträger m
microscopic mikroskopisch
~ **cross-section** *(rad Anal)* [mikroskopischer] Wirkungsquerschnitt m
~ **state** Mikrozustand m
microsensor Mikrosensor m
micro-sized sample s. micro sample
~~ **spatula** Mikrospatel m
microspectrometry Mikrospektrometrie f
microspectrophotometer Mikrospektrophotometer n
microsphere *(Flchr)* Mikrokügelchen n
microstate Mikrozustand m
microstructure Mikrostruktur f, Mikrogefüge n
microswitch Mikroschalter m
microsyringe s. microlitre syringe
micro test tube Mikroreagenzglas n
microtitration Mikrotitration f
microtorch Mikrobrenner m
microtrace Mikrospur f *(10^{-4} bis 10^{-7} ppm)*
~ **analysis** Mikro-Spuren-Analyse f *(Probenmasse 10^{-2} bis 10^{-3} g)*
microwave bridge Mikrowellen[meß]brücke f
~ **cavity** *(Elres)* [Mikrowellen-]Hohlraumresonator m, Resonanztopf m, Meßresonator m
~ **detector** *(Spekt)* Mikrowellendetektor m
~ **field** Mikrowellenfeld n
~ **field strength** *(mag Res)* mw-Feldstärke f
~ **frequency** Mikrowellenfrequenz f
~ **generator** Mikrowellengenerator m
~~ **induced discharge** Mikrowellenentladung f
~~ **induced plasma** mikrowelleninduziertes Plasma n, MIP, Mikrowellenplasma n
~~ **induced plasma atomic emission spectrometry** Atomemissionsspektrometrie f mit mikrowelleninduziertem Plasma
~~ **induced plasma detector** s. ~ plasma detector
~ **plasma** s. ~~induced plasma
~ **plasma detector** *(Gaschr)* Mikrowellen-Plasmadetektor m, MPD m
~ **power** Mikrowellenleistung f
~~ **powered plasma** s. ~~induced plasma
~ **pulse** *(mag Res)* mw-Puls m
~ **radiation** Mikrowellenstrahlung f
~ **region** Mikrowellenbereich m, Mikrowellengebiet n
~ **resonator** *(Spekt)* Mikrowellenresonator m
microwaves *(mag Res)* Radiowellen fpl, Mikrowellen fpl
microwave spectrometer Mikrowellenspektrometer n, MW-Spektrometer n
~ **spectrometry** Mikrowellenspektrometrie f, MW-Spektrometrie f
~ **spectroscope** Mikrowellenspektroskop n
~ **spectroscopy** Mikrowellenspektroskopie f, MW-Spektroskopie f
~ **technique** *(Spekt)* Mikrowellentechnik f
MID (multiple ion detection) Nachweis m selektierter Ionen
middle infrared [region] s. mid-infrared region
mid-equivalence point Äquivalenzmittelpunkt m
~~ **infrared region (spectral region)** mittleres Infrarot n, MIR, mittlerer IR-Bereich m, mittlerer infraroter Bereich (Spektralbereich) m
~~ **infrared spectroscopy** IR-Spektroskopie f im mittleren Infrarot
~~ **range** *(Stat)* Spannweitenmitte f
~~ **value of class** *(Stat)* Klassenmittenwert m
Mie scattering Mie-Streuung f
migrant wanderndes Teilchen n
migrate/to wandern *(von Molekülen, Ionen)*
migrated distance s. migration distance
migration Migration f, Wanderung f *(von Molekülen, Ionen)*
~ **current** *(Pol)* Migrationsstrom m, Wanderungsstrom m
~ **distance** *(Chr, Elph)* Laufstrecke f, Wanderungsstrecke f, Wanderungsweite f, Trennstrecke f, Entwicklungsstrecke f
~ **mass transport** migrationsbedingter Stofftransport m
~ **rate (velocity)** Wanderungsgeschwindigkeit f
MIKES (mass-analyzed ion kinetic energy spectrometry) Ionenenergie-Spektroskopie f zum Nachweis metastabiler Zerfälle
mild conditions milde (schonende) Bedingungen fpl
mildly alkaline schwach alkalisch (basisch)
milk sugar Milchzucker m, Lactose f
mill Mühle f
mill/to zerkleinern, [zer]mahlen, vermahlen
millicoulometry Millicoulometrie f
milliequivalent s. milligram equivalent
milligram Milligramm n *(1 mg = 10^{-3} g)*
~ **analysis** Mikroanalyse f *(für Probemengen unter 1 mg)*
~ **equivalent** Milligrammäquivalent n, Milliäquivalent n, Millival n, mVal
milligramme s. milligram
milligram procedure Mikromethode f, Mikroarbeitsweise f
~ **quantity** Milligrammenge f
millimole Millimol n *(1 mmol = 10^{-3} mol)*
millivolt Millivolt n, mV
millivoltmeter Millivoltmeter n

millivolt recorder Millivoltschreiber *m*
Millon's reaction Millonsche Reaktion *f (auf Eiweißstoffe)*
~ **reagent** Millons Reagens *n (zum Nachweis von Eiweißstoffen)*
mineralization Mineralisierung *f*, Mineralisation *f (von organisch gebundenen Stoffen)*
mineralize/to mineralisieren *(organisch gebundene Stoffe)*
minimize/to minimieren, auf ein Mindestmaß reduzieren (verringern), klein halten *(z.B. Verluste)*
minimum conductance Minimalleitfähigkeit *f*
~ **detectability** *s.* ~ detectable level
~ **detectable level (quantity)** [untere] Nachweisgrenze *f*, Erfassungsgrenze *f*
~ **detection level (limit)** *s.* ~ detectable level
~ **size** Mindestgröße *f (einer Probe)*
~ **spectral bandwidth** minimale spektrale Bandbreite *f*
~ **value** Minimalwert *m*
minor component (constituent) Nebenkomponente *f*, Nebenbestandteil *m (1 bis 0,01%)*
~ **defective** *(Proz)* Einheit *f* mit unbedeutender Unvollkommenheit
~ **element** Legierungszusatz *m*, Nebenbestandteil *m*, Minorelement *n (einer Legierung)*
MIP *s.* microwave-induced plasma
MIP-AES *s.* microwave-induced plasma atomic emission spectrometry
mirror Spiegel *m*
mirrored verspiegelt
mirror image Spiegelbild *n*
miscibility Mischbarkeit *f*
miscible mischbar
misinterpretation Fehlinterpretation *f*
mislead/to fehlleiten, irreführen
misleading result irreführendes Ergebnis *n*
misread/to falsch [ab]lesen
misreading Fehlablesung *f*
mistake Fehler *m*
mix *s.* mixture 1.
mix/to [ver]mischen, *(Feststoffe auch)* vermengen; sich [ver]mischen
mixed-bed column *(Chr, Ion)* Mischbettsäule *f*
~-**bed resin** *(Ion)* Mischbettharz *n*
~ **complex** Gemischtligandkomplex *m*
~ **crystal** Mischkristall *m*, feste Lösung *f*
~ **eluent** Eluentengemisch *n*, Eluentenmischung *f*, Elutionsmittelgemisch *n*, Lösungsmittelgemisch *n*
~-**gas laser** Mischgaslaser *m*
~ **gel** gemischtes Gel *n*
~ **indicator** Mischindikator *m*
~ **phase** Mischphase *f*; *(Gaschr)* gemischte stationäre Phase *f*
~-**phase column** *(Gaschr)* Säule *f* mit gemischter stationärer Phase, Mischbettsäule *f*
~ **solvent** Lösungsmittelgemisch *n*, gemischtes Lösungsmittel *n*

~ **zone** *(Elph)* Mischzone *f*
mixing Mischen *n*, Vermischen *n (bei Feststoffen auch)* Vermengen *n*
~ **chamber** Mischkammer *f*
~ **chamber burner** *(opt At)* Mischkammerbrenner *m*
~ **coil** *(Fließ)* Misch[ungs]schlaufe *f*, Vermischungsschleife *f*
~ **device** Mischvorrichtung *f*
~ **period** Mischphase *f (zweidimensionale NMR-Spektroskopie)*
~ **process** Mischvorgang *m*
~ **pulse** *(kern Res)* Mischpuls *m*
~ **ratio** Mischungsverhältnis *n*
~ **state** Mischungszustand *m*
~ **time** *(kern Res)* Mischzeit *f*
mixotropic series *(Flchr)* mixotrope Reihe *f*
mixture 1. Mischung *f*, Gemisch *n*, *(bei Feststoffen auch)* Gemenge *n*; 2. *s.* mixing
~ **of solids** Feststoffgemenge *n*
~ **of substances** Stoffgemisch *n*
~ **spectrum** Mischspektrum *n*
~ **to be separated** zu trennendes Gemisch *n*
MO (molecular orbital) Molekülorbital *n*, MO
mobile beweglich, mobil *(z.B. Ionen)*
~ **gas phase** *(Gaschr)* Trägergas *n*, [gasförmige] mobile Phase *f*, *(veraltet)* Schleppgas *n*
~ **ion** Gegenion *n*
~ **liquid** leichtbewegliche Flüssigkeit *f*
~ **phase** *(Chr)* mobile (bewegliche) Phase *f*, *(Flchr auch)* flüssige mobile Phase *f*, Lösungsmittel *n*, flüssige Phase *f*, Flüssigphase *f*, *(Elutionschromatographie auch)* Eluent *m*, Elutionsmittel *n*, *(Flächenchromatographie auch)* Fließmittel *n*, Trennmittel *n*, *(Gaschr auch)* Trägergas *n*, gasförmige mobile Phase *f*, *(veraltet)* Schleppgas *n*
~-**phase compressibility correction factor** *(Gaschr)* Druckkorrekturfaktor *m*, Martin-Faktor *m*
~-**phase distance** *s.* ~ phase migration distance
~-**phase flow rate** *(Chr)* Strömungsgeschwindigkeit *f* der mobilen Phase
~-**phase front** *(Flchr)* Laufmittelfront *f*, Lösungsmittelfront *f*, Fließmittelfront *f*, Front *f*
~-**phase gradient** *(Flchr)* Elutionsmittelgradient *m*, Lösungsmittelgradient *m*
~-**phase hold-up time** *(Chr)* Mobilzeit *f*, Totzeit *f*, Leerzeit *f*, Durchflußzeit *f*
~-**phase hold-up volume** *(Chr)* Mobilvolumen *n*, Totvolumen *n*, Durchflußvolumen *n*, Volumen *n* der fluiden Phase *(in der Säule)*
~-**phase ion chromatography** Ionenpaarchromatographie *f*, IPC, Ionenwechselwirkungschromatographie *f*, Ionenpaar-Reversed-phase-Chromatographie *f*, Ionenpaarchromatographie *f* an Umkehrphasen
~-**phase linear velocity** *s.* ~ phase velocity
~-**phase migration distance** *(Flchr)* Laufstrecke *f* der mobilen Phase, Fließmittelstrecke *f*

mobile 128

~-**phase selectivity** *(Chr)* Selektivität *f* der mobilen Phase
~-**phase velocity** *(Chr)* Lineargeschwindigkeit *f* der mobilen Phase
~-**phase velocity constant** *(Flchr)* Fließkonstante *f*
~-**phase viscosity** *(Flchr)* Elutionsmittelviskosität *f*
~ **solvent** *(Flchr)* [flüssige] mobile Phase *f*, Lösungsmittel *n*, flüssige Phase *f*, Flüssigphase *f*, *(Elutionschromatographie auch)* Eluent *m*, Elutionsmittel *n*, *(Flächenchromatographie auch)* Fließmittel *n*, Laufmittel *n*, Trennmittel *n*
mobility Beweglichkeit *f*, Mobilität *f (z.B. von Ionen)*
mock resin *(Flchr)* Kontrollharz *n*, Scheinharz *n* *(bei der Affinitätschromatographie)*
mode *(Stat)* Modalwert *m*, Dichtemittel *n*, Dichtewert *m*
modem control *(Lab)* Modemsteuerung *f*
mode of operation Arbeitsweise *f*
~ **of vibration** *(opt Mol)* Schwingungsform *f*, Schwingungsmode *f*, Mode *f*
moderate/to *(rad Anal)* moderieren, [ab]bremsen, verlangsamen
moderately coarse mittelgrob
~ **concentrated** mäßig konzentriert
~ **dilute** mäßig verdünnt
~ **fine** mittelfein
~ **polar** schwach polar
~ **soluble** mäßig löslich
~ **strong (weak)** mittelstark *(z.B. Säure)*
moderation *(rad Anal)* Moderierung *f*, Bremsen *n*, Bremsung *f*, Abbremsen *n*, Abbremsung *f*
moderator 1. *(rad Anal)* Moderator *m*, Moderatorsubstanz *f*, Bremssubstanz *f*, Verlangsamer *m*; 2. *(Flchr)* Moderator *m*, Modifier *m*, Desaktivator *m (zur Beeinflußung von Retention und Selektivität)*
mode sequencing *s.* multidimensional chromatography
modified active solid *(Chr)* modifizierter aktiver Festkörper *m*
~ **sorbent** *s.* modified active solid
modifier *s.* moderator 2.
modulate/to modulieren
modulated radiation modulierte Strahlung *f*
modulation Modulation *f*
~ **amplitude** *(mag Res)* Modulationsamplitude *f*
~ **frequency** *(Spekt)* Modulationsfrequenz *f*
~ **noise** *(Meß)* Flickerrauschen *n*, Modulationsrauschen *n*, 1/f-Rauschen *n*
~ **polarography** Modulationspolarographie *f*
modulator *s.* moderator 2.
Mohr's method, Mohr titration Titration (Bestimmung) *f* nach Mohr *(von Halogeniden)*
moiety Teil *m*, Anteil *m*, Komponente *f*
moist naß, feucht
moisten/to anfeuchten, befeuchten
moisture Feuchte *f*, Feuchtigkeit *f*

~ **absorption** Feuchtigkeitsaufnahme *f*
~ **analyser** Feuchtebestimmungsgerät *n*, Gerät *n* zur Feuchtigkeitsbestimmung, Feuchtigkeitsbestimmer *m*
~ **analysis** Feuchtigkeitsbestimmung *f*, Feuchtebestimmung *f*
~-**containing sample** feuchte Probe *f*
~ **content** Feuchtigkeitsgehalt *m*, Feuchtegehalt *m*
~ **desorption** Feuchtigkeitsabgabe *f*
~ **determination** *s.* ~ analysis
~ **determination apparatus** *s.* ~ analyser
~ **measuring instrument** *s.* ~ meter
~ **meter** Feuchtigkeitsmeßgerät *n*, Feuchtemeßgerät *n*, Feuchtigkeitsmesser *m*, Feuchtemesser *m*
~ **monitor** Feuchteüberwachungsgerät *n*
~ **permeability** Feuchtedurchlässigkeit *f*
~-**permeable** feuchtedurchlässig
~ **range** Feuchtebereich *m*
~ **sensor** Feuchtesensor *m*
molal molal, gewichtsmolar
molality Molalität *f*, Kilogramm-Molarität *f*, kg-Molarität *f*
molar molar, Mol...
~ **absorption coefficient** *s.* ~ absorptivity
~ **absorptivity** *(Spekt)* molarer Extinktionskoeffizient *m*
~ **activity** *(Katal)* molare [katalytische] Aktivität *f*
~ **concentration** Stoff[mengen]konzentration *f*, *(früher)* Molarität *f*, Volumenmolarität *f*, Liter-Molarität *f*
~ **conductance (conductivity)** molare Leitfähigkeit *f*, molares Leitvermögen *n*
~ **decadic absorption coefficient** *s.* ~ absorptivity
~ **ellipticity** *(opt Anal)* molare Elliptizität *f*
~ **extinction coefficient** *s.* ~ absorptivity
~ **fraction** *s.* mole fraction
~ **gas constant** molare Gaskonstante *f*
~ **heat capacity** molare Wärmekapazität *f*
molarity *s.* molar concentration
molar mass Molmasse *f*, molare Masse *f*
~-**mass average** Molmassenmittelwert *m*
~ **response** molare Anzeigeempfindlichkeit *f*, molarer Empfindlichkeitswert *m (eines Detektors)*
~ **rotation** *(opt Anal)* molare Drehung (Rotation) *f*, Molekularrotation *f*
~ **solution** [volumen]molare Lösung *f*
~ **susceptibility** molare Suszeptibilität *f*, Molsuszeptibilität *f*
~ **volume** Molvolumen *n*, molares (stoffmengenbezogenes) Volumen *n*
mole Mol *n (SI-Einheit der Stoffmenge;* 1 mol = 6,022045 × 10^{23} *Elementareinheiten)*
molecular molekular, Molekular..., Molekül...
~ **absorption** Molekülabsorption *f*
~ **activity** *s.* molar activity
~ **anion** *(Maspek)* Molekülanion *n*

monoclinic

- ~ **band** *(Spekt)* Molekülbande *f*
- ~ **cation** *(Maspek)* Molekülkation *n*
- ~ **chromatography** s. ~ exclusion chromatography
- ~ **conformation** Molekülkonformation *f*
- ~ **coordinate system** Molekülkoordinatensystem *n*
- ~ **diffusion** Molekulardiffusion *f*, molekulare Diffusion *f*
- ~ **diffusion term** *(Chr)* B-Term *m*, Term *m* der Longitudinalvermischung *(der van-Deemter-Gleichung)*
- ~ **dimensions** Moleküldimensionen *fpl*
- ~ **dipole** Moleküldipol *m*
- ~ **distillation** Molekulardestillation *f*
- ~ **dynamics** Moleküldynamik *f*
- ~ **environment** molekulare Umgebung *f*
- ~ **exclusion chromatography** Ausschlußchromatographie *f*, Größenausschlußchromatographie *f*, Gelchromatographie *f*
- ~ **exclusion limit** *(Flchr)* Ausschlußgrenze *f*
- ~ **filtration effect** Molekularsiebeffekt *m*
- ~ **formula** Molekülformel *f*
- ~ **fragment** *(Maspek)* Molekülfragment *n*
- ~ **frame[work]** Molekülgerüst *n*
- ~ **geometry** Molekülgeometrie *f*
- ~ **hydrogen** molekularer Wasserstoff *m*
- ~ **ion** *(Maspek)* Molekülion *n*
- ~ **ion peak** *(Maspek)* Molekül[ionen]peak *m*
- **molecularity** Molekularität *f (einer Reaktion)*
- **molecular jet separator** *(Maspek)* Düsenseparator *m*
- ~ **leak** *(Maspek)* Molekularleck *n*
- ~ **mass** Molekülmasse *f*, Molekularmasse *f*, molekulare Masse *f*
- ~ **orbital** Molekülorbital *n*, MO
- ~-**orbital calculation** Molekülorbitalrechnung *f*, MO-Rechnung *f*
- ~ **orientation** Molekülorientierung *f*, molekulare Orientierung *f*
- ~ **plane** Molekülebene *f*
- ~ **radius** Molekülradius *m*
- ~ **separator** *(Maspek)* Molekülseparator *m*, Separator *m*
- ~ **shape** Molekülgestalt *f*
- ~ **sieve** Molekularsieb *n*, Molekülsieb *n*
- ~ **sieve column** *(Gaschr)* Molekularsiebsäule *f*
- ~ **sieve effect** Molekularsiebeffekt *m*
- ~ **sieving** Molekularsiebung *f*
- ~ **sieving effect** Molekularsiebeffekt *m*
- ~ **size** Molekülgröße *f*, Molekulargröße *f*
- ~ **size distribution** Molekülgrößenverteilung *f*, Molekulargrößenverteilung *f*
- ~ **size separation** Trennung *f* nach (aufgrund) der Molekülgröße
- ~ **species** Molekülspezies *f*
- ~ **spectroscopy** Molekülspektroskopie *f*
- ~ **spectrum** Molekülspektrum *n*
- ~ **structure** Molekülstruktur *f*, Molekularstruktur *f*, Molekülaufbau *m*

- ~ **symmetry** Molekülsymmetrie *f*
- ~ **vibration** Molekülschwingung *f*
- ~ **weight** relative Molekülmasse *f*, RMM, Molekulargewicht *n*
- ~-**weight average** Molekulargewichtsmittelwert *m*, Molgewichtsmittelwert *m*
- ~ **weight calibration curve** *(Flchr)* Molekulargewichtseichkurve *f*
- ~ **weight determination** Molekulargewichtsbestimmung *f*
- ~ **weight distribution** Molekulargewichtsverteilung *f*
- ~ **weight estimation** Molekulargewichtsbestimmung *f*
- ~ **weight range (region)** Molekulargewichtsbereich *m*
- ~ **weight selectivity curve** *(Flchr)* lg M-V_e-Kurve *f*
- ~-**weight-sensitive detector** *(Flchr)* Molekulargrößendetektor *m*
- ~ **weight standard** *(Flchr)* Molekulargewichtsstandard *m*
- **molecule** Molekül *n*, Molekel *f*
- ~-**fixed coordinate system** Molekülkoordinatensystem *n*
- **mole fraction** Molenbruch *m*, Stoffmengenbruch *m*, Stoffmengenanteil *m*
- ~ **per cent** Molprozent *n*, Mol-%, M-%
- **molten** geschmolzen, schmelzflüssig
- ~ **alkali** Alkalischmelze *f*
- **mol. wt.** *s.* molecular weight
- **molybdate** Molybdat *n*, Molybdat(VI) *n*
- **molybdenum** Mo Molybdän *n*
- ~-**tungsten electrode** *(Pot)* Molybdän-Wolfram-Elektrode *f*
- **momentary value** Momentanwert *m*, Augenblickswert *m*
- **momentum-resolved bremsstrahlung spectroscopy** Bremsstrahlungs-Spektroskopie *f*, BS
- **mon.** *s.* monoclinic
- **monitor** Überwachungsgerät *n*, Kontrollgerät *n*
- **monitoring** Überwachung *f*
- ~ **device** *s.* monitor
- ~ **station** Meß- und Überwachungsstation *f*
- **monitor line** Monitorlinie *f (INDOR-Experiment)*
- **monochlorobenzene** Monochlorbenzol *n*, Chlorbenzol *n*
- **monochrom[atic]** monochromatisch, einfarbig
- ~ **aberration** monochromatischer Abbildungsfehler *m*
- **monochromaticity** Monochromasie *f*
- **monochromatic light** monochromatisches Licht *n*
- ~ **light source** monochromatische Lichtquelle *f*
- ~ **radiation** monochromatische Strahlung *f*
- **monochromation** *(Spekt)* Monochromatisierung *f*
- **monochromatize/to** *(Spekt)* monochromatisieren
- **monochromator** *(Spekt)* Monochromator *m*
- **monoclinic** monoklin, monokl.
- ~ **[crystal] system** monoklines Kristallsystem *n*

monocrystal

monocrystal Einkristall *m*, Einzelkristall *m*, Einling *m*
monodentate einzähnig, einzählig *(Ligand)*
monodisperse polymer einheitliches (monodisperses) Polymer[es] *n*
~ **sample** monodisperse Probe *f*
~ **standard** *(Flchr)* monodisperser Standard *m*
mono-energetic radiation *(rad Anal)* monoenergetische Strahlung *f*
monoethanolamine Ethanolamin *n*, 2-Aminoethanol *n*, Monoethanolamin *n*, Aminoethylalkohol *m*
monofunctional monofunktionell
monolayer monomolekulare Schicht *f*, Monoschicht *f*
monomer Monomer[e] *n*
monomeric unit projection length Projektionslänge *f*
monomolecular monomolekular
~ **layer** monomolekulare Schicht *f*, Monoschicht *f*
~-**layered** Monoschicht...
mononuclear einkernig *(aromatische Verbindung)*
~ **complex** einkerniger Komplex *m*
monoprotic acid einprotonige (einbasige, einwertige) Säure *f*
monospecific antibody monospezifischer Antikörper *m*
monovalence, monovalency Einwertigkeit *f*
monovalent einwertig, monovalent
~ **cation-selective electrode** ionenselektive Elektrode *f* für einwertige Kationen
MOR (magneto-optic rotation) magnetooptische Drehung (Rotation) *f*, MOR
MORD (magneto-optical rotatory dispersion) magnetooptische Rotationsdispersion *f*, MORD
morin Morin *n*, 3,5,7,2',4'-Pentahydroxyflavon *n*
mortar *(Lab)* Mörser *m*, Reibschale *f*
most probable distribution [Schulz-]Flory-Verteilung *f*, Normalverteilung *f*
mother liquor Mutterlauge *f*
motion Bewegung *f (von Molekülen, Ionen)*
motive force Triebkraft *f*, treibende Kraft *f*
mount *s.* mounting
mount/to aufstellen *(ein Gerät)*
mounting Aufstellung *f (eines Geräts)*
movable mirror beweglicher Spiegel *m*
move/to sich bewegen *(Moleküle, Ionen)*
movement Bewegung *f (von Molekülen, Ionen)*
moving belt interface *(Maspek)* Transportband-Interface *n*, Moving-belt-Interface *n*, Bandinterface *n*
~ **belt LC-MS interface** *s.* moving belt interface
~ **belt transport system** *(Maspek)* Bandtransportsystem *n (zur Kopplung von LC und MS)*
~ **boundary** *(Elph)* wandernde Grenzfläche *f*
~ **boundary electrophoresis** [träger]freie Elektrophorese *f*, Tiselius-Elektrophorese *f*
~ **boundary electrophoretic technique** *s.* ~ boundary method

~ **boundary method (technique)** *(Elph)* Methode *f* der wandernden Grenzflächen *f*, Tiselius-Methode *f*
~ **mirror** beweglicher Spiegel *m*
~ **phase** *(Chr)* mobile (bewegliche) Phase *f*
~-**wire detector** *(Flchr)* Drahtdetektor *m*
Mössbauer effect *(Spekt)* Mößbauer-Effekt *m*
~ [**effect**] **spectroscopy** Mößbauer-Spektroskopie *f*
mp, m.p. (melting point) Schmelzpunkt *m*, Fließpunkt *m*, Festpunkt *m*, F.P.
MPD (microwave plasma detector) *(Gaschr)* Mikrowellen-Plasmadetektor *m*, MPD *m*
MPI (multiphoton ionization) *(Maspek)* Multiphotonenionisation *f*, Mehrphotonenionisation *f*
MPIC (mobile-phase ion chromatography) Ionenpaarchromatographie *f*, IPC, Ionenwechselwirkungschromatographie *f*, Ionenpaar-Reversedphase-Chromatographie *f*, Ionenpaarchromatographie *f* an Umkehrphasen
MPI-MS (multiphoton ionization mass spectrometry) Multiphotonenmassenspektrometrie *f*
MQC (multiple-quantum coherence) *(kern Res)* Mehrquanten-Kohärenz *f*
MQT (multiple-quantum transition) Mehrquantenübergang *m*
MRI (magnetic resonance imaging) *s.* MR tomography
MR tomography NMR-Tomographie *f*, Kernspintomographie *f*, NMR-Zeugmatographie *f*, magnetische Resonanztomographie *f*, MR-Tomographie *f*
MS (mass spectrometry) Massenspektrometrie *f*, MS, Massenspektroskopie *f*
MS/MS (mass spectrometry/mass spectrometry) Tandem-Massenspektrometrie *f*, MS/MS, MS/MS-Kopplung *f*
MSD (mass-selective detector) *(Gaschr)* massenselektiver Detektor *m*, MSD
MSP (multisweep polarography) Multi-sweep-Polarographie *f*, oszillographische Polarographie *f* mit Wechselstrom, Kathodenstrahlpolarographie *f* nach Multi-sweep-Technik
MT (magnetization transfer) *(kern Res)* Populationstransfer *m*, Polarisationstransfer *m*, Polarisationsübertragung *f*, Magnetisierungstransfer *m*, Kohärenztransfer *m*, Kohärenzübertragung *f*
MTFE (mercury thin-film electrode) *(Pol)* Quecksilberfilmelektrode *f*, TMFE
mu (mass unit) Masseneinheit *f*
mucopolysaccharide Mucopolysaccharid *n*
muffle furnace Muffelofen *m*
mull Suspension aus einem Feststoff und speziellen Kohlenwasserstoffen zur Untersuchung mit IR-Spektroskopie
mulling agent Suspensionsflüssigkeit zur Präparation von Feststoffen für die IR-Spektroskopie
multiatom mehratomig, vielatomig, polyatomig, polyatomar *(Molekül)*

multichambered dilution box Mehrkammerverdünnungsbox f
multichannel analyser *(Spekt)* Mehrkanalanalysator m, Vielkanalanalysator m
~ **control unit** *(Proz)* Mehrkanalsteuereinheit f
~ **pulse height analyser** Vielkanal-Impulshöhenanalysator m
~ **spectrometer** Mehrkanalspektrometer n
multicharged mehrfach geladen *(Ionen)*
multicompartment cell *(Dial)* Mehrkammerzelle f
multicomponent analysis Mehrkomponentenanalyse f
~ **determination** Mehrkomponentenbestimmung f
~ **eluent** Eluentengemisch n, Eluentenmischung f, Elutionsmittelgemisch n, Lösungsmittelgemisch n
~ **monitor** *(Proz)* Überwachungsgerät n für mehrere Komponenten
~ **potentiometric titration** potentiometrische Mehrkomponententitration f
~ **solution** Mehrkomponentenlösung f
~ **system** Mehrkomponentensystem n, Mehrstoffsystem n, polynäres System n
multidentate mehrzähnig, vielzähnig, mehrzählig *(Ligand)*
multidetector system Mehrfachdetektorsystem n
multidimensional mehrdimensional, multidimensional
~ **chromatography** mehrdimensionale (mehrstufige) Chromatographie f
~ **gas chromatography** mehrdimensionale Gaschromatographie f
~ **operation** *(Chr)* mehrdimensionale Arbeitsweise f
~ **statistics** multivariate (multivariable, mehrdimensionale) Statistik f
multi-element[al] analysis Multielementanalyse f
~-**element [hollow-cathode] lamp** Mehrelement[-Hohlkathoden]lampe f
multilayer, multimolecular layer multimolekulare Schicht f, Mehrfachschicht f
multipath effect *(Chr)* Streudiffusion f, Eddy-Diffusion f, Wirbeldiffusion f, Kanaldispersion f
multiphoton excitation Multiphotonenanregung f, Mehrphotonenanregung f
~ **ionization** *(Maspek)* Multiphotonenionisation f, Mehrphotonenionisation f
~ **ionization mass spectrometry** Multiphotonenmassenspektrometrie f
multiple absorption Mehrfachabsorption f, mehrfache Absorption f
~ **batch extraction** wiederholte Extraktion f
~ **capillary** *(Pol)* Mehrfachkapillarrohr n
~ **comparison of means** *(Stat)* multipler Mittelwertvergleich f
~-**component system** Mehrkomponentensystem n, Mehrstoffsystem n, polynäres System n

~ **detection** Mehrfachdetektion f, multiple Detektion f
~ **developments** *(Flchr)* Mehrfachentwicklung f
~ **dropping electrode** *(Pol)* Mehrfachtropfelektrode f
~ **electrode** mehrfache Elektrode f, Mehrfachelektrode f
~ **extraction** wiederholte Extraktion f
~ **ion detection** Nachweis m selektierter Ionen
~ **ionization** *(Spekt)* Mehrfachionisierung f
~ **measurements** Mehrfachmessungen fpl
~-**pass cell** *(Spekt)* Mehrwegküvette f, Küvette f mit verlängertem Lichtweg
~-**photon excitation** s. multiphoton excitation
~-**photon ionization** s. multiphoton ionization
~-**point sampling system** Mehrpunkt-Probenahmesystem n
~ **polarogram** Mehrstufenpolarogramm n
~-**pulse decoupling** *(kern Res)* Multipulsentkopplung f
~-**pulse experiment** *(mag Res)* Mehrpulsexperiment n
~-**pulse sequence** *(mag Res)* komplexe Impulsfolge f, Multipulsfolge f
~-**quantum coherence** *(kern Res)* Mehrquanten-Kohärenz f
~-**quantum filter** *(kern Res)* Mehrquantenfilter m, MQF
~-**quantum filtered COSY spectrum** mehrquantengefiltertes COSY-Spektrum n
~-**quantum spectroscopy** Multiquanten-NMR-Spektroskopie f, Mehrquanten-Spektroskopie f, MQ-Spektroskopie f
~-**quantum spectrum** Mehrquantenspektrum n
~-**quantum transition** Mehrquantenübergang m
~-**range indicator** Universalindikator m
~ **rank correlation** *(Stat)* multiple (mehrfache) Rangkorrelation f
~ **reflection** Mehrfachreflexion f, Vielfachreflexion f, mehrfache (vielfache) Reflexion f
~ **resonance** Mehrfachresonanz f
~ **sampling** Mehrfachprobenahme f
~ **scattering** Mehrfachstreuung f, Vielfachstreuung f
~ **slot burner** Mehrschlitzbrenner m
multiplet *(Spekt)* Multiplett n
~ **collapse** Multiplettkollaps m
~ **effect** Multiplett-Effekt m, Entropiepolarisation f
~ **pattern** Multiplettmuster n
~ **structure** Multiplettstruktur f
multiplex advantage *(Spekt)* Multiplexvorteil m
~ **disadvantage** Multiplexnachteil m
multiplicity *(Spekt)* Multiplizität f
multiplier phototube Photo[elektronen]vervielfacher m, Photomultiplier m, Sekundärelektronenvervielfacher m, SEV
multiply charged mehrfach geladen *(Ionen)*
multi-pulse method *(mag Res)* Vielimpulsmethode f, Multipulsverfahren n

multi-...

~-**pulse sequence** *(mag Res)* komplexe Impulsfolge *f*, Multipulsfolge *f*
~-**pulse technique** *s.* multi-pulse method
~-**quantum coherence** *(kern Res)* Mehrquanten-Kohärenz *f*
multisensor Multisensor *m*
multislot burner Mehrschlitzbrenner *m*
multi-stage process Mehrstufenverfahren *n*
~-**stage sampling** mehrstufige Probenahme *f*
multistream monitor *(Proz)* Überwachungsgerät *n* für mehrere Stoffströme
multisweep [oscillographic] polarography Multisweep-Polarographie *f*, oszillographische Polarographie *f* mit Wechselstrom, Kathodenstrahlpolarographie *f* nach Multi-sweep-Technik
multivalence, multivalency Mehrwertigkeit *f*
multivalent mehrwertig
multivariate analysis *(Stat)* multivariate (mehrdimensionale) Analyse *f*
~ **analysis of variance** *(Stat)* multivariable (mehrdimensionale) Varianzanalyse *f*
~ **data analysis** *(Stat)* mehrdimensionale Datenanalyse *f*
~ **distribution** *(Stat)* mehrdimensionale Verteilung *f*
~ **quality control** *(Proz)* Qualitätskontrolle *f* bei mehreren Variablen
~ **statistics** multivariate (multivariable, mehrdimensionale) Statistik *f*
multiwedge strip *(Flchr)* Mehrfachkeilstreifen *m*
municipal drinking water Trinkwasser *n*
~ **sewage** *s.* ~ waste water
~ **waste water** kommunales Abwasser *n*, Kommunalabwasser *n*, *(i.e.S.)* städtisches Abwasser *n*
~ **water** Trinkwasser *n*
MUPI-MS (multiphoton ionization mass spectrometry) Multiphotonenmassenspektrometrie *f*
murexide Murexid *n*
muscle haemoglobin Myoglobin *n*, Myohämoglobin *n*
mutual coagulation gegenseitige Ausflockung *f* (von Kolloiden)
~ **exclusion rule** *(Spekt)* Alternativverbot *n*
~ **interaction** gegenseitige Wechselwirkung *f*
mutually soluble ineinander löslich
mV (millivolt) Millivolt *n*, mV
MW 1. (molecular weight) relative Molekülmasse *f*, RMM, Molekulargewicht *n*; 2. (microwave spectroscopy) Mikrowellenspektroskopie *f*, MW-Spektroskopie *f*
MWD (molecular weight distribution) Molekulargewichtsverteilung *f*
myoglobin, myohaemoglobin Myoglobin *n*, Myohämoglobin *n*
m/z ratio *(Maspek)* Masse-[zu-]Ladungs-Verhältnis *n*, Verhältnis *v* von Masse zu Ladung, m/e-Wert *m*, m/z-Verhältnis *n*, m/z-Wert *m*, (wenn auf ganze Zahl gerundet) Massenzahl *f*

N

NAA (neutron activation analysis) Neutronenaktivierungsanalyse *f*, NAA
Na-form Natriumform *f*, Na^+-Form *f* *(eines Ionenaustauschers)*
N and P mode of operation *(Gaschr)* N/P-Betrieb *m* (eines thermionischen Detektors)
nanogram Nanogramm *n* (1 ng = 10^{-6} g)
~ **level** *s.* ~ range
~ **quantity** Nanogrammenge *f*
~ **range** Nanogrammbereich *m*, Nanaogrammgebiet *n* (10^{-9} bis 10^{-6} g)
nanotrace Nanospur *f* (Spurenbereich 10^{-7} bis 10^{-10} ppm)
NARP (non-aqueous reversed-phase chromatography) nichtwäßrige Umkehrphasenchromatographie (RP-Chromatographie) *f*
narrow-bore eng, englumig *(Säule)*
~-**bore column** *(Chr)* englumige Säule *f*
~-**molecular-weight standard** *(Flchr)* eng verteiltes Standardpolymer *n*, Standardpolymer *n* enger Verteilung
~-**standard calibration** *(Flchr)* Kalibrierung *f* mit eng verteilten Standardpolymeren
natural abundance natürliche Häufigkeit (Isotopenhäufigkeit) *f*, natürliches Vorkommen *n*
~ **breadth of a spectral line** *s.* ~ line width
~ **gas-air flame** Erdgas-Luft-Flamme *f*
~ **lifetime** *(Spekt)* intrinsische Lebensdauer *f*
~ **line width** *(Spekt)* natürliche Linienbreite *f*
~ **product** Naturprodukt *n*, Naturstoff *m*
~ **radiation** *(rad Anal)* natürliche Strahlung *f*
~ **radioactivity** natürliche Radioaktivität *f*
N-containing *s.* nitrogen-containing
N_2 ... *s.* nitrogen ...
ND-IR photometer NDIR-Photometer *n*
Nd:YAG laser Neodym-YAG-Laser *m*
near-edge X-ray absorption fine structure spectroscopy Bandkanten-Röntgen-Feinstruktur-Spektroskopie *f*
~ **infrared** *s.* ~-infrared range
~-**infrared analyser** Analysengerät *n* für den nahen Infrarotbereich
~-**infrared analysis** *s.* ~-infrared spectroscopy
~-**infrared range (region, spectral region)** nahes Infrarot[gebiet] *n*, NIR, naher Infrarotbereich (IR-Bereich, infraroter Bereich) *m*
~-**infrared spectroscopy** IR-Spektroskopie *f* im nahen Infrarot
~ **ultraviolet [range, region]** nahes Ultraviolett[gebiet] *n*, naher Ultraviolettbereich (UV-Bereich, ultravioletter Bereich) *m*
nebulization Zerstäubung *f*
~ **aid** Zerstäubungshilfe *f*
~ **efficiency** Aerosolausbeute *f*
nebulize/to zerstäuben
nebulizer Zerstäuber *m*
~ **burner** *(opt At)* Zerstäuber-Brenner-Kombination *f*

~ **chamber** *(opt At)* Zerstäuberkammer *f*, Sprühkammer *f*, Vorkammer *f*
~ **gas** Zerstäubergas *n*
~ **system** Zerstäubersystem *n*
nebulizing gas Zerstäubergas *n*
needle valve Nadelventil *n*
negative catalyst Inhibitor *m*, Hemmstoff *m*, negativer Katalysator *m*
~ **charge** negative Ladung *f*
~ **chemical ionization** *(Maspek)* negative chemische Ionisation *f*, NCI *f*
~ **drift** *(Meß)* negative Drift *f*
~ **ion** *(Maspek)* negatives Ion *n*
negatively charged negativ geladen
~ **charged ion** *(Maspek)* negatives Ion *n*
negative peak negativer Peak *m*
negatron Elektron *n*, Negatron *n*
neighbouring benachbart, nachbarständig, angrenzend, Nachbar...
~ **atom** Nachbaratom *n*, benachbartes Atom *n*
~ **bond** benachbarte Bindung *f*
~ **group** Nachbargruppe *f*
~ **nucleus** Nachbarkern *m*
~ **relations** Nachbarschaftsbeziehungen *fpl*
nematic phase nematische Phase *f*
neocuproin 2,9-Dimethyl-1,10-phenanthrolin *n*, Neocuproin *n*
neodymium Nd Neodym *n*
~ **YAG laser** Neodym-YAG-Laser *m*
neon Ne Neon *n*
nephelometer Nephelometer *n*
nephelometric nephelometrisch, tyndallometrische
~ **end-point detection** *(Vol)* nephelometrische Endpunktbestimmung *f*
~ **measurement** nephelometrische Messung *f*
~ **titration** nephelometrische Titration *f*
~ **turbidity unit** nephelometrische Trübungseinheit *f*
nephelometry Nephelometrie *f*, Tyndallometrie *f*, Streuungsmessung *f*, Streulichtmessung *f*
neptunium Np Neptunium *n*
Nernst's law of independent distribution *s.* Nernst distribution law
Nernst calorimeter Kalorimeter *n* von Nernst
~ **diffusion layer** *(el Anal)* Nernstsche Diffusionsschicht *f*
~ **distribution law** Nernstscher Verteilungssatz *m*, Nernstsches Verteilungsgesetz *n*
~ **equation** *(el Anal)* Nernstsche Gleichung *f*
~ **expression** *(el Anal)* Nernstsche Formel *f*
~ **glower** *(opt Mol)* Nernst-Stift *m*
Nernstian behaviour *(el Anal)* Nernst-Verhalten *n*
~ **diffusion-controlled half-reaction** *(el Anal)* reversible diffusionsbedingte Teilreaktion *f*
~ **polarographic wave** polarographische Stufe *f* einer reversiblen Teilreaktion
~ **response** *(el Anal)* Nernst-Verhalten *n*
Nernst layer *s.* ~ diffusion layer
~ **partition law** *s.* ~ distribution law

~ **source** *s.* ~ glower
nerve poison (toxin) Nervengift *n*
net charge Nettoladung *f*, effektive Ladung *f*
~ **charge transfer** Nettoladungsübertragung *f*, Nettoladungstransport *m*
~ **effect** *(kern Res)* Netto-Effekt *m*, Energiepolarisation *f*
~ **mobility** *(Elph)* Netto[ionen]beweglichkeit *f*
~ **polarization** *s.* ~ effect
~ **retention time** *(Flchr)* reduzierte (effektive) Retentionszeit *f*, Nettoretentionszeit *f*; *(Gaschr)* Nettoretentionszeit *f*
~ **retention volume** *(Flchr)* reduziertes Retentionsvolumen *n*, Nettoretentionsvolumen *n*; *(Gaschr)* [korrigiertes] Nettoretentionsvolumen *n* (druckkorrigiertes reduziertes Retentionsvolumen)
nett charge *s.* net charge
net weight Nettomasse *f*
network Netzwerk *n* (von Polymerketten)
neutral neutral • **to make** ~ neutralisieren, abstumpfen *(den pH-Wert einer Lösung)*
neutral neutrales Teilchen *n*, Neutralteilchen *n*
~ **fragment** *(Maspek)* neutrales Bruchstück *n*
neutralization curve *(Vol)* Neutralisationskurve *f*
~ **enthalpy** Neutralisationsenthalpie *f*
~ **indicator** Säure-Base-Indikator *m*, pH-Indikator *m*, Neutralisationsindikator *m*
~ **ion spectroscopy** Ionenneutralisationsspektroskopie *f*, INS
~ **reaction** Säure-Base-Reaktion *f*, Neutralisationsreaktion *f*
~ **titration** Neutralisationsanalyse *f*, Neutralisationstitration *f*, Säure-Base-Titration *f*, Protolysetitration *f*
neutralize/to neutralisieren, abstumpfen *(den pH-Wert einer Lösung)*
neutral loss scan *(Maspek)* Neutralverlust-Scan *m*
~ **loss spectrum** *(Maspek)* Neutralverlust-Spektrum *n*
~ **particle** neutrales Teilchen *n*, Neutralteilchen *n*
~ **red** Neutralrot *n*
neutron Neutron *n*
~ **activation** Neutronenaktivierung *f*, Aktivierung *f* mit Neutronen
~ **activation analysis** Neutronenaktivierungsanalyse *f*, NAA
~ **beam** Neutronenstrahl *m*
~ **density** Neutronendichte *f*
~ **diffraction** Neutronenbeugung *f*
~ **emission** Neutronenemission *f*
~ **flux [density]** Neutronenfluß *m*
~ **irradiation** Neutronenbestrahlung *f*
~ **multiplication** *(rad Anal)* Neutronenvermehrung *f*
~ **scattering** Neutronenstreuung *f*
~ **source** Neutronenquelle *f*
~ **spectrometer** Neutronenspektrometer *n*
~ **spectroscopy** Neutronenspektroskopie *f*

neutron

~ **spectrum** Neutronenspektrum n
~ **temperature** *(rad Anal)* Neutronentemperatur f
NEXAFS (near-edge X-ray absorption fine structure spectroscopy) Bandkanten-Röntgen-Feinstruktur-Spektroskopie f
ng... s. nanogram...
^{14}N-^{1}H coupling *(kern Res)* ^{14}N,^{1}H-Kopplung f, N,H-Kopplung f, ^{14}N,^{1}H-Wechselwirkung f
NHE (normal hydrogen electrode) Normalwasserstoffelektrode f, Wasserstoffnormalelektrode f
NH_4^+ ion-selective electrode NH_4^+-selektive (NH_4^+-sensitive) Elektrode f, NH_4^+-Elektrode f, Ammoniumelektrode f
nickel Ni Nickel n
~ **catalyst** Nickelkatalysator m, Nickelkontakt m
~ **cathode** *(Elgrav)* Nickelkathode f
~ **dimethylglyoxime** Nickeldiacetyldioxim n, Nickeldiacetyldioximat n
~ **tube** Nickelrohr n
Nicol [prism] Nicolsches Prisma n, Nicol[-Prisma] n
Nier-Johnson design (geometry) *(Maspek)* Nier-Johnson-Geometrie f
ninhydrin Ninhydrin n
~ **reagent** Ninhydrin-Reagens n *(zum Nachweis von Aminosäuren)*
niobium Nb Niob n
nioxime 1,2-Cyclohexandiondioxim n, Nioxim n
NIR... s. near infrared...
NIRA s. near-infrared spectroscopy
NIS s. neutralization ion spectroscopy
nitrate Nitrat n
nitrate/to nitrieren
nitrate form Nitratform f, NO_3-Form f *(eines Ionenaustauschers)*
nitration Nitrieren n, Nitrierung f
nitrile Nitril n
nitrite Nitrit n
nitroalkane Nitroalkan n
nitrobenzene Nitrobenzol n
nitrobenzoic acid Nitrobenzoesäure f, Nitrobenzencarbonsäure f
nitro compound Nitroverbindung f
~ **derivative** Nitroderivat n
nitroferroin Nitroferroin n
nitrogen N Stickstoff m
~-**bearing** s. ~-containing
~ **compound** Stickstoffverbindung f, N-Verbindung f
~-**containing** stickstoffhaltig, N-haltig, Stickstoff enthaltend
~-**containing compound** stickstoffhaltige (N-haltige) Verbindung f
~ **content** Stickstoffgehalt m, N-Gehalt m
~ **determination** Stickstoffbestimmung f
~ **gas** gasförmiger Stickstoff m
~-**hydrogen coulometer** Stickstoff-Wasserstoff-Coulometer n
~ **laser** Stickstoff-Laser m, N_2-Laser m
~ **monoxide** Stickstoff(I)-oxid n, Distickstoffoxid n, Lachgas n

nitrogenous s. nitrogen-containing
nitrogen oxides Stickoxide npl
~-**phosphorus detector** *(Gaschr)* Thermo-Ionisationsdetektor m, TID m, therm[o]ionischer Detektor m, Stickstoff-Phosphor-Detektor m
~-**phosphorus specific detector** s. ~-phosphorus detector
~ **purge** *(Flchr)* Stickstoffbegasung f
~ **rule** *(Maspek)* Stickstoffregel f
nitromethane Nitromethan n
5-nitro-1,10-phenanthroline iron(II) sulphate Nitroferroin n
4-nitrophenol, *p*-nitrophenol 4-Nitrophenol n, *p*-Nitrophenol n
nitropropane Nitropropan n
nitroso compound Nitrosoverbindung f
1-nitroso-2-naphthol 1-Nitroso-2-naphthol n, α-Nitroso-β-naphthol n
nitrous acid salpetrige Säure f
~ **oxide** Stickstoff(I)-oxid n, Distickstoffoxid n, Lachgas n
~ **oxide-acetylene flame** Lachgas-Acetylen-Flamme f, Distickstoffoxid-Acetylen-Flamme f
N-J design *(Maspek)* Nier-Johnson-Geometrie f
NMDR (nuclear magnetic double resonance) kernmagnetische Doppelresonanz f
NMR (nuclear magnetic resonance) kernmagnetische Resonanz f, [magnetische] Kernresonanz f, NMR
~ **absorption** NMR-Absorption f
~ **absorption line** Kernresonanzlinie f
~-**active** NMR-aktiv
~ **apparatus** Kernresonanzapparat m, Kernresonanzapparatur f
~ **chemical shift** s. ~ shift
~ **detector** *(Flchr)* NMR-Detektor m
~ **experiment** NMR-Experiment n, Kernresonanzexperiment n
~ **frequency** NMR-Frequenz f
NMRI (nuclear magnetic resonance imaging) s. NMR tomography
NMR image [zweidimensionales] NMR-Bild n
~ **imaging** s. ~ tomography
~-**inactive** kernmagnetisch inaktiv
~ **instrument** NMR-Gerät n, Kernresonanz-Meßgerät n
~ **parameter** NMR-Parameter m
~ **probe** Kernresonanzsonde f
~ **radio-frequency excitation** NMR-Anregung f
~ **shift** *(kern Res)* chemische Verschiebung f, Resonanzverschiebung f
~ **signal** NMR-Signal n, Kernresonanzsignal n
~ **spectrometer** NMR-Spektrometer n, Kernresonanzspektrometer n
~ **spectroscopist** NMR-Spektroskopiker m
~ **spectroscopy** NMR-Spektroskopie f, kernmagnetische Resonanzspektroskopie f, KMR, magnetische Kernresonanzspektroskopie f, MKR, Kern[spin]resonanzspektroskopie f

- ~ **spectrum** NMR-Spektrum n, kernmagnetische Resonanzspektrum n, magnetisches Kernresonanzspektrum n
- ~ **technique** NMR-Methode f, NMR-Verfahren n
- ~ **timescale** NMR-Zeitskala f
- ~ **tomography** NMR-Tomographie f, Kernspintomographie f, NMR-Zeugmatographie f, magnetische Resonanztomographie f, MR-Tomographie f
- ~ **transition** Kernspinübergang m
- ~ **tube** NMR-Meßröhrchen n, NMR-Meßzelle f

N,N-dimethylformamid Dimethylformamid n, N,N-Dimethylformamid n, N,N-Dimethylmethanamid n

N,N'-methylene-bis-acrylamide Methylen-bis-acrylamid n, N,N'-Methylen-bis-acrylamid n

nobelium No Nobelium n

N,O-bis(trimethylsilyl)-acetamide N,O-Bis(trimethylsilyl)-acetamid n, BSA

N,O-bis(trimethylsilyl)-trifluoroacetamide N,O-Bis(trimethylsilyl)-trifluoracetamid n, BSTFA

noble gas Edelgas n
- ~ **gas spectrum** Edelgasspektrum n
- ~ **metal** Edelmetall n, edles Metall n
- ~ **metal electrode** Edelmetallelektrode f

nodal plane Knotenfläche f, Knotenebene f

NOE (nuclear Overhauser effect) (kern Res) [Kern-] Overhauser-Effekt m, NOE, Nuclear-Overhauser-Enhancement-Effekt m, NOE-Effekt m
- ~ **experiment** Kern-Overhauser-Experiment n

NOESY (nuclear Overhauser enhanced spectroscopy) 2D-NOE-NMR-Spektroskopie f
- ~ **experiment** NOESY-Experiment n
- ~ **pulse sequence** NOESY-Sequenz f
- ~ **spectrum** NOESY-Spektrum n

NOE value (kern Res) NOE-Wert m

noise (Meß) [elektrisches] Rauschen n

noise/to (Meß) rauschen

noise envelope s. ~ level
- ~ -**equivalent** rauschäquivalent
- ~ **level** (Meß) Rauschpegel m, Rauschhöhe f
- ~ **peak** (Meß) Rauschpeak m
- ~ **pickup** (Meß) Rauschaufnahme f
- ~ **source** (Meß) Rauschquelle f

noisy (Meß) verrauscht, rauschbehaftet
- ~ **data** rauschbehaftete Daten pl

no-load current Leerlaufstrom m
- ~ -**load indication** Anzeige f im unbelasteten Zustand, Leerlaufanzeige f, Leerlastanzeige f
- ~ -**load reading** Anzeigewert m im unbelasteten Zustand, Leerlaufanzeigewert m, Leerlastanzeigewert m
- ~ -**load voltage** Leerlaufspannung f

nomenclature abbreviation Nomenklaturabkürzung f
- ~ **convention** Nomenklaturvereinbarung f
- ~ **definition** Nomenklaturdefinition f
- ~ **of organic chemistry** organisch-chemische Nomenklatur f

nominal linear flow (velocity) (Chr) Leerrohrgeschwindigkeit f, nominelle lineare Fließgeschwindigkeit f
- ~ **mass** (Maspek) nominelle Masse f
- ~ **value** Nennwert m

nomogram (Stat) Nomogramm n, graphische Rechentafel f

non-absorbing nichtabsorbierend
- ~ -**additive currents** (Pol) nichtadditive Ströme fpl
- ~ -**aqueous** nichtwäßrig, nichtwässerig
- ~ -**aqueous conductometric titration** konduktometrische Titration f in nichtwäßriger Lösung
- ~ -**aqueous impedimetric titration** Hochfrequenztitration f in nichtwäßriger Lösung
- ~ -**aqueous potentiometric titration** potentiometrische Titration f in nichtwäßriger Lösung
- ~ -**aqueous reversed-phase chromatography** nichtwäßrige Umkehrphasenchromatographie (RP-Chromatographie) f
- ~ -**aqueous sample** nichtwäßrige Probe f
- ~ -**aqueous solution** nichtwäßrige Lösung f
- ~ -**aqueous solvent** nichtwäßriges Lösungsmittel n
- ~ -**aqueous titration** Titration f in nichtwäßriger Lösung, Titration f in wasserfreiem Medium
- ~ -**bonding electron** ungepaartes (einsames) Elektron n, nichtbindendes Elektron n
- ~ -**catalytic reaction** nichtkatalytische (unkatalysierte) Reaktion f
- ~ -**chiral** achiral, nichtchiral
- ~ -**chiral stationary phase** (Flchr) nichtchirale stationäre Phase f
- ~ -**column effect** (Chr) Außersäuleneffekt m, Außerkolonneneffekt m
- ~ -**combustible** nicht brennbar, unbrennbar
- ~ -**competitive inhibition** (Katal) nichtkompetitive Hemmung f
- ~ -**complexing** nicht komplexbildend
- ~ -**compressible** nichtkompressibel, nichtkomprimierbar, nichtverdichtbar
- ~ -**conducting**, ~ -**conductive** nichtleitend
- ~ -**conductor** Nichtleiter m, Dielektrikum n
- ~ -**conforming unit** (Proz) Qualitätsforderungen nicht erfüllende Einheit f
- ~ -**conformity** Nicht-Übereinstimmung f, Diskordanz f; (Proz) Nichterfüllung f von Qualitätsforderungen
- ~ -**contaminated** unverschmutzt, nichtverschmutzt (z. B. Wasser, Luft)
- ~ -**corroding** nicht korrodierend, korrosionsbeständig, korrosionsfest
- ~ -**corrosive** nichtkorrosiv, korrosionsinaktiv
- ~ -**crystalline** nichtkristallin, amorph, gestaltlos
- ~ -**crystallizable** nicht kristallisierbar
- ~ -**destructive** zerstörungsfrei
- ~ -**destructive activation analysis** zerstörungsfreie Aktivierungsanalyse f
- ~ -**destructive analysis** zerstörungsfreie Analyse f
- ~ -**destructive detector** zerstörungsfrei arbeitender Detektor m

~~**destructive testing** zerstörungsfreie Prüfung *f*
~~**diagram line** *(Spekt)* Nichtdiagrammlinie *f*
~~**diffusion-controlled current** *(Pol)* nichtdiffusionsgesteuerter Strom *m*
~~**dispersive** *(Spekt)* nichtdispersiv
~~**dispersive infrared photometer** nichtdispersives IR-Photometer *n*
~~**dispersive infrared process analyzer** nichtdispersives IR-Prozeßanalysengerät *n*
~~**dispersive spectrometer** nichtdispersives Spektrometer *n*
~~**dissociated** undissoziiert, nichtdissoziiert
~~**draining** undurchspült *(Makromolekül)*
~~**electrolyte** Nichtelektrolyt *m*
~~**electrolytic solvent** aprotisches Lösungsmittel *n*
~~**equilibrium** Ungleichgewicht *n*, Nichtgleichgewicht *n*
~~**equilibrium state** Nichtgleichgewichtszustand *m*
~~**equivalence** Nichtäquivalenz *f (von Kernen)*
~~**equivalent** nichtäquivalent *(Kerne)*
~~**exchangeable** nicht austauschbar
~~**extractable phase** *(Gaschr)* immobilisierte [stationäre] Phase *f*
~~**faradaic admittance** nichtfaradaysche Admittanz *f*, nichtfaradayscher komplexer Leitwert *m*
~~**faradaic current** *(Pol)* nichtfaradayscher (nichtfaradischer) Strom *m*
~~**flammable** nicht entflammbar, unentflammbar
~~**fluorescent** nichtfluoreszierend
~~**Gaussian peak** nicht Gauß-förmiger Peak *m*
~~**hierarchic classification** *(Stat)* nichthierarchische Klassifikation *f*
~~**homogeneity** Inhomogenität *f*, innere Uneinheitlichkeit *f*
~~**hygroscopic** nichthygroskopisch
~~**ionic** nichtionisch, nichtionogen, ioneninaktiv, nichtionisierend
~~**isothermal** nichtisotherm
~~**linear** nichtlinear
~~**linearity** Nichtlinearität *f*
~~**linear mapping** *(Stat)* nichtlineare Abbildung *f (analytischer Daten)*
~~**linear Raman effect** *(opt Mol)* nichtlinearer Raman-Effekt *m*
~~**linear region** Nichtlinearbereich *m*
~~**magnetic** nichtmagnetisch, unmagnetisch
~~**metal** Nichtmetall *n*
~~**metallic** nichtmetallisch
~~**Nernstian behaviour** *(Pot)* nicht-Nernstsches Verhalten *n*
~~**nitrogenous** stickstofffrei
~~**noble** unedel
~~**noble metal** Unedelmetall *n*, unedles Metall *n*
~~**odorous** geruchlos, geruchsfrei, nichtriechend
~~**oxidative**, ~~**oxidizing** nichtoxidierend
~~**parametric statistical method** nichtparametrische statistische Methode *f*
~~**parametric statistics** nichtparametrische Statistik *f*
~~**parametric test** *(Stat)* parameterfreier (nichtparametrischer) Test *m*
~~**poisonous** nichttoxisch, atoxisch, ungiftig, nicht giftig
~~**polar** unpolar
~~**polar adsorbent** unpolares Adsorbens *n*
~~**polarizable** unpolarisierbar, nichtpolarisierbar
~~**polarizable electrode** unpolarisierbare Elektrode *f*
~~**polarized electrode** nichtpolarisierte (unpolarisierte) Elektrode *f*
~~**polarizible** *s.* ~~-polarizable
~~**porous** porenfrei, nichtporös
~~**protein nitrogen** Reststickstoff *m*
~~**pulsating** pulsationsfrei, pulsfrei, stoßfrei
~~**pulsating flow** *(Flchr)* pulsationsfreier Strom *m*
~~**purgeable organic halogens** nichtflüchtiger Anteil *m* an organischen Halogenverbindungen
~~**quantitative** unvollständig, unvollkommen (z.B. Fällung)
~~**quantitativeness** Unvollständigkeit *f*, Unvollkommenheit *f (z.B. einer Fällung)*
~~**radiative** *(Spekt)* strahlungslos
~~**radiative de-excitation** *(Spekt)* strahlungslose Desaktivierung *f*
~~**radioactive** nichtradioaktiv
~~**radioactive isotope** stabiles (nichtradioaktives) Isotop *n*
~~**reactive** reaktionsunfähig, nichtreaktionsfähig
~~**reactivity** Reaktionsunfähigkeit *f*
~~**reducible** nichtreduzierbar
~~**reproducible** nichtreproduzierbar, unreproduzierbar
~~**resonant** *(Spekt)* resonanzfrei, nichtresonant
~~**returnable container** Einwegbehälter *m*
~~**reversibility** Irreversibilität *f*, Nichtumkehrbarkeit *f*
~~**reversible** irreversibel, nicht umkehrbar
~~**reversible reaction** irreversible Reaktion *f*
~~**selective** nichtselektiv, unselektiv
~~**selective polarization transfer** *(kern Res)* Polarisationstransfer *m* mit unselektiven Impulsen, INEPT
~~**selective pulse** *(kern Res)* nichtselektiver Puls *m*, unselektiver Impuls *m*
~~**sinusoidal signal** *(Meß)* nichtsinusförmiges Signal *n*
~~**size-exclusion effect** *(Flchr)* Nichtausschlußeffekt *m*
~~**solvent** Nichtlöser *m*
~~**specific** unspezifisch
~~**specific adsorption** unspezifische Adsorption *f*
~~**specific interaction** unspezifische Wechselwirkung *f*
~~**spectral interference** nichtspektrale Störung (Interferenz) *f*
~~**standard conditions** Nichtstandardbedingungen *fpl*
~~**stoichiometric** nichtstöchiometrisch

- -**stoichiometry** Nichtstöchiometrie f, Unstöchiometrie f
- -**suppressed ion chromatography** Einsäulen-Ionenchromatographie f, Ionenchromatographie f ohne Suppressortechnik (Suppressionstechnik, Suppressor)
- -**toxic** nichttoxisch, atoxisch, ungiftig, nicht giftig
- -**toxicity** Ungiftigkeit f
- -**uniform** uneinheitlich, nichteinheitlich
- -**uniformity** Uneinheitlichkeit f, Nichteinheitlichkeit f
- -**uniform polymer** uneinheitliches (polydisperses) Polymer n
- -**vibrating** schwingungsfrei
- -**volatile** nichtflüchtig
- -**volatile matter** nichtflüchtige Bestandteile mpl
- -**volatile organic carbon** nichtflüchtiger organisch gebundener Kohlenstoff m
- -**volatility** Nichtflüchtigkeit f
- -**wetted** unbenetzt, nicht benetzt
- -**working electrode** Bezugselektrode f, Referenzelektrode f, RE
- -**zero electrode potential** von Null verschiedenes Elektrodenpotential n

normal unverzweigt, geradkettig, normal
- **alkane** geradkettiges (lineares, normales) Alkan n, n-Alkan n
- **calomel electrode** Normalkalomelelektrode f, NKE, n-Kalomelelektrode f, Kalomelnormalelektrode f
- **chromatography** Normalphasenchromatographie f, NPC
- **conditions** Standardbedingungen fpl, Standardzustand m, Norm[al]bedingungen fpl, Normzustand m (0 °C und 101,3 kPa; in der physikalischen Chemie 25 °C und 101,3 kPa)
- **density** Normdichte f
- **distribution** Gauß-Verteilung f, Gaußsche Verteilung f, [Gaußsche] Normalverteilung f
- **electrode** (el Anal) Normalelektrode f
- **hydrogen electrode** Normalwasserstoffelektrode f, Wasserstoffnormalelektrode f
- **inspection** normale Prüfung f

normality Äquivalentkonzentration f; Normalzustand m

normalization (Chr) Normalisierung f, Normalisation f, Flächennormalisierung f, innere Normalisation (Normierung) f, 100%-Methode f (zur Auswertung von Chromatogrammen)
- **condition** Normierungsbedingung f

normal-phase chromatography Normalphasenchromatographie f, NPC
- -**phase packing** (Flchr) Normalphasensäulenfüllung f, Normalphasensäulenpackung f
- **potential** (el Anal) Normalpotential n
- **pressure** Standarddruck m, Normdruck m, Norm[al]druck m
- **pulse polarography** [normale] Pulspolarographie f, PP
- **pulse stripping voltammetry** inverse Pulsvoltammetrie f, normale Pulsinversvoltammetrie f
- **pulse voltammetry** [normale] Pulsvoltammetrie f
- **pulse voltammogram** normales Pulsvoltammogramm n
- **solution** Normallösung f, normale Lösung f, n-Lösung f
- **state** Grundzustand m, Grundniveau n, Normalzustand m, Grundterm m (eines Atoms)
- **temperature** Raumtemperatur f, Zimmertemperatur f, ZT, gewöhnliche Temperatur f; Norm[al]temperatur f
- **temperature and pressure [conditions]** s. ~ conditions
- **test sieve** Standardprüfsieb n, Norm[al]prüfsieb n, standardisiertes Prüfsieb n
- **vibration** (Spekt) Normalschwingung f, Eigenschwingung f
- **voltage** (el Anal) Normalspannung f
- **volume** Normvolumen n
- **Zeeman effect** normaler Zeeman-Effekt f

N oxides Stickoxide npl
noxious-smelling übelriechend
NPC s. normal-phase chromatography
NPD, NP detector s. nitrogen-phosphorus detector
N-P mode (Gaschr) N/P-Betrieb m (eines thermionischen Detektors)
NPOX (non-purgeable organic halogens) nichtflüchtiger Anteil m an organischen Halogenverbindungen
NPP s. normal pulse polarography
NQI s. nuclear quadrupole interaction
NQR s. nuclear quadrupole resonance
NS (number of scans) Zahl f der Einzelmessungen, NS
^{15}**N spectrum** ^{15}N-NMR-Spektrum n
NTU (nephelometric turbidity unit) nephelometrische Trübungseinheit f
nuclear activation Aktivierung f mit Reaktorneutronen
- **activation analysis** (rad Anal) Aktivierungsanalyse f, AA
- **angular precession frequency** (mag Res) Larmor-Frequenz f, Präzessionsfrequenz f
- **charge** Kernladung f
- **chemistry** Kernchemie f
- **constituent** Nukleon n, Kernteilchen n, Kernbaustein m
- **decay** (rad Anal) Kernzerfall m
- **dipole** [magnetischer] Kerndipol m
- **dipole moment** s. ~ magnetic moment
- **disintegration** (rad Anal) Kernzerfall m
- **distance** Kernabstand m
- **electric quadrupole moment** (kern Res) Kernquadrupolmoment n, [elektrisches] Quadrupolmoment n
- **electric quadrupole resonance** (kern Res) Kernquadrupolresonanz f

nuclear

~-**electron spin coupling (interaction)** Elektron-Kern-Wechselwirkung f, Elektronenspin-Kernspin-Wechselwirkung f
~ **energy level** *(Spekt)* Kern[energie]niveau n, Kernzustand m
~ **fission** *(rad Anal)* Kernspaltung f
~ **fuel** *(rad Anal)* Kernbrennstoff m
~ **fusion** *(rad Anal)* Kernfusion f, Kernverschmelzung f
~ **fusion reaction** *(rad Anal)* Fusionsreaktion f
~ **g factor (value)** *(kern Res)* [Kern-]g-Faktor m, gyromagnetische Konstante f
~ **interaction** *(kern Res)* Kernwechselwirkung f
~ **isobars** *(rad Anal)* isobare Nuklide npl, Isobare npl
~ **isomers** *(rad Anal)* isomere Nuklide npl, Isomere npl
~ **level** s. ~ energy level
~ **magnetic double resonance** kernmagnetische Doppelresonanz f
~ **magnetic moment** [magnetisches] Kernmoment n, kernmagnetisches Moment n, Moment n des Kerns
~ **magnetic resonance** kernmagnetische Resonanz f, [magnetische] Kernresonanz f, NMR *(Zusammensetzungen s. unter NMR)*
~ **magnetization** Kernmagnetisierung f
~ **magneton** *(mag Res)* Kernmagneton n, KM
~ **modulation effect** *(mag Res)* Kernmodulationseffekt m
~ **moment** Kernmoment n
~-**nuclear spin interaction** Kernspinwechselwirkung f
~ **orientation** Kernorientierung f
~ **Overhauser effect** *(kern Res)* [Kern-]Overhauser-Effekt m, NOE, Nuclear-Overhauser-Enhancement-Effekt m, NOE-Effekt m
~ **Overhauser enhanced spectroscopy** 2D-NOE-NMR-Spektroskopie f
~ **Overhauser enhancement** *(kern Res)* 1. Verstärkung f durch den Kern-Overhauser-Effekt; 2. Overhauser-Verstärkungsfaktor m; 3. s. ~ Overhauser effect
~ **Overhauser enhancement (exchange) spectroscopy** 2D-NOE-NMR-Spektroskopie f
~ **particle** Nukleon n, Kernteilchen n, Kernbaustein m
~ **position** *(mag Res)* Kernposition f, Lage f der Kerne
~ **quadrupole coupling (interaction)** *(kern Res)* Kernquadrupolkopplung f, Kernquadrupol-Wechselwirkung f
~ **quadrupole moment** *(kern Res)* Kernquadrupolmoment n, [elektrisches] Quadrupolmoment n
~ **quadrupole resonance** *(kern Res)* Kernquadrupolresonanz f
~ **quadrupole resonance spectroscopy** Kernquadrupol[resonanz]spektroskopie f
~ **resonance line** Kernresonanzlinie f
~ **resonance spectrum** NMR-Spektrum n, kernmagnetische Resonanzspektrum n, magnetisches Kernresonanzspektrum n
~ **satellite signal** *(mag Res)* Satellitensignal n
~ **screening constant** *(kern Res)* Abschirm[ungs]konstante f
~ **spin [angular momentum]** Kernspin m, Kerndrehimpuls m
~-**spin coherence** Kernspin-Kohärenz f
~ **spin orientation** Kernspinorientierung f
~ **spin quantum number** Kernspinquantenzahl f
~ **spin-spin coupling** Kernspinwechselwirkung f
~ **spin-spin coupling constant** Kernspinkopplungskonstante f, Kopplungskonstante f
~ **spin system** Kernspinsystem n
~ **spin temperature** Spintemperatur f
~ **spin transition** Kernspinübergang m
~ **track** *(rad Anal)* Spur f, Kernspur f, Teilchenspur f, Bahnspur f
~ **track detector** *(rad Anal)* Spurdetektor m
~ **transformation** *(rad Anal)* Kernumwandlung f
~ **transition** *(rad Anal)* Kernübergang m
~ **Zeeman effect** *(Spekt)* Kern-Zeeman-Effekt m
~ **Zeeman interaction** *(mag Res)* Kern-Zeeman-Wechselwirkung f
nucleation *(Grav)* Keimbildung f, Kristall[isations]keimbildung f
~ **rate** Keimbildungsgeschwindigkeit f
~ **site** Kristallisationszentrum n
nucleic acid Nucleinsäure f
nucleon Nukleon n, Kernteilchen n, Kernbaustein m
~ **number** Nukleonenzahl f
nucleophile, nucleophilic agent Nucleophil n, nucleophiles Agens (Reagens) n
nucleotide Nucleotid n, Nucleosidphosphat n
nucleus Atomkern m, Kern m, Nukleus m; *(Grav)* Keim m
nuclide *(rad Anal)* Nuklid n
nuclidic mass *(rad Anal)* Nuklidmasse f
null amplifier *(Meß)* Nullverstärker m
~-**balance instrument** Nullabgleichinstrument n, Ausgleichmeßinstrument n
~-**balance potentiometer** Nullabgleichpotentiometer n
~-**current position** *(Pol)* Nullstromstellung f
~-**current potentiometric titration** potentiometrische Titration f
~-**current potentiometry** Potentiometrie f
~ **detector** *(Pol)* Nullanzeigegerät n, Nullindikator m
~-**hypothesis** *(Stat)* Nullhypothese f
~ **meter** Nullmeßinstrument n
~-**point detector** *(Pot)* Nullpunktanzeigegerät n, Nullpunktdetektor m
~-**point potentiometry** Nullpunktpotentiometrie f
number Anzahl f, Menge f
~-**average molar mass** Zahlenmittelwert m (Zahlenmittel n) der Molmasse

~ -average molecular weight, ~ -average relative molecular mass Zahlenmittelwert m (Zahlenmittel n) des Molekulargewichts
~ of components Komponentenanzahl f
~ of effective plates *(Chr)* Zahl f der effektiven Böden (Trennstufen), effektive (wirksame) Trennstufenzahl f
~ of electrons Elektronenzahl f
~ of equivalents Äquivalentzahl f
~ of increments *(Prob)* Schrittanzahl f *(für eine Sammelprobe abhängig von der Partikelgröße und Homogenität)*
~ of moles Molzahl f
~ of observations *(Stat)* Beobachtungsanzahl f
~ of particles Partikelzahl f, Teilchenzahl f
~ of plates *(Chr)* Trennstufenzahl f
~ of pulses Impulszahl f, Pulszahl f
~ of real plates *s.* ~ of effective plates
~ of samples Probenanzahl f, Probenmenge f
~ of scans Zahl f der Einzelmessungen, NS
~ of stages (steps) Stufenzahl f
~ of tests *(Stat)* Testanzahl f
~ of theoretical plates *(Chr)* Zahl f der theoretischen Böden (Trennstufen), theoretische Bodenzahl (Trennstufenzahl) f
~ of variates *(Stat)* Zufallsvariablenanzahl f, Zufallsvariablenmenge f
numerical value *(Stat)* Zahlenwert m
nutation *(kern Res)* Nutation f
nutsch[e], nutsch filter Filternutsche f
NVOC (non-volatile organic carbon) nichtflüchtiger organisch gebundener Kohlenstoff m
Nyquist frequency *(Meß)* Nyquist-Frequenz f
~ frequency rule *(Lab)* Nyquist-Frequenz-Regel f *(Signalverarbeitung)*
NZI *s.* nuclear Zeeman interaction

O

objectionable unangenehm, schlecht, aufdringlich, widerlich, übel *(Geruch)*
obscure/to überdecken
observability Beobachtbarkeit f
observable beobachtbar, observabel
observation Beobachtung f
observational error Ablesefehler m, Beobachtungsfehler m
~ limits *(Stat)* Beobachtungsfehlertoleranz f
observation frequency *(Spekt)* Beobachtungsfrequenz f
~ pulse Beobachtungsimpuls m
observe/to beobachten
observed transition *(Spekt)* beobachteter Übergang m
~ value Istwert m
observing pulse Beobachtungsimpuls m
obstruction (obstructive) factor *(Chr)* Labyrinthfaktor m, Tortuositätsfaktor m, Obstruktionsfaktor m, Umwegfaktor m

occlude/to *(Grav)* okkludieren, einschließen *(Moleküle)*
occlusion *(Grav)* Okklusion f, Einschluß m *(von Molekülen)*
occupation Besetzung f, Population f *(eines Energieniveaus)*
occupy/to besetzen, bevölkern, populieren *(ein Energieniveau)*
occur/to vorkommen, auftreten, sich finden
occurrence Vorkommen n, Auftreten n
OCEF (organic carbon extraction efficiency) Extraktionswirksamkeit f des organisch gebundenen Kohlenstoffs
O-containing *s.* oxygen-containing
octadecylsilane Octadecylsilan n
octadentate achtzähnig, achtzählig *(Ligand)*
octahedral oktaedrisch
~ arrangement (coordination) oktaedrische Anordnung f *(von Liganden)*
~ field oktaedrisches Ligandenfeld (Feld) n
~ orientation *s.* ~ arrangement
octant rule *(opt Anal)* Oktantenregel f
OD (outside diameter) Außendurchmesser m, äußerer Durchmesser m
odd-alternate hydrocarbon nichtalternierender Kohlenwasserstoff m
~ -electron ion Ion n mit ungerader Elektronenanzahl, Ion n mit ungepaartem Elektron, ungeradelektronisches Ion n
odour Geruch m
~ intensity Geruchsintensität f
odourless geruchlos, geruchsfrei, nichtriechend
ODS (octadecylsilane) Octadecylsilan n
OES (optical emission spectroscopy) optische Emissionsspektroskopie f, OES
off-diagonal element nichtdiagonales Element n, Nicht-Diagonal-Element n
~ -resonance [decoupling] *(kern Res)* Off-Resonanz-Entkopplung f, Off-resonance-Entkopplung f, partielle Entkopplung f
~ -resonance effect *(kern Res)* Off-Resonanz-Effekt m
~ -resonance experiment *(kern Res)* Off-Resonanz-Experiment n, Off-resonance-Entkopplungsexperiment n
~ -resonance frequency *(mag Res)* Off-Resonanz-Frequenz f
offset effect *(kern Res)* Offset-Effekt m
OH-form Basenform f, Hydroxidform f, OH-Form f, OH^--Form f *(eines Ionenaustauschers)*
Ohm's law *(el Anal)* Ohmsches Gesetz n
ohmic resistance ohmscher Widerstand m, Gleichstromwiderstand m
OH radical [freies] Hydroxylradikal n
oil bath Ölbad n
~ [diffusion] pump Öldiffusionspumpe f
olefin Olefin n, Alken n
olefinic olefinisch
~ protons olefinische Protonen fpl

oligomer 140

oligomer Oligomer *n*
oligomeric oligomer
OMA (optical multichannel analyser) optischer Vielkanal-Analysator *m*
on-column concentration *(Flchr)* Probenkonzentrierung *f* am Säulenkopf
~-**column injection** *(Gaschr)* On-column-Injektion *f*
~-**column injector** *(Gaschr)* On-column-Injektor *m*
~-**column inlet** *(Gaschr)* On-column-Einlaßsystem *n*
one-colour indicator einfarbiger Indikator *m*
~-**dimensional NMR spectroscopy** eindimensionale NMR-Spektroskopie *f*, 1D-NMR-Spektroskopie *f*
~-**dimensional NMR spectrum** 1D-NMR-Spektrum *n*
~-**electron transfer** Einelektronenübertragung *f*
~-**pulse sequence** *(mag Res)* Einpuls-Sequenz *f*
~-**trip bottle** *(Lab)* Einwegflasche *f*
~-**trip container** Einwegbehälter *m*
~-**way chromatogram** eindimensionales Chromatogramm *n*
~-**way chromatography** eindimensionale Chromatographie *f*
~-**way electrophoresis** eindimensionale Elektrophorese *f*, 1D-Elektrophorese *f*
on-line analysis *(Proz)* direktgekoppelte Analyse *f*
~-**line corrosion monitoring** *(Proz)* direktgekoppelte Korrosionsüberwachung *f*
~-**line detector** *(Chr)* On-line-Detektor *m*
~-**line measurement** On-line-Messung *f*
~-**line process analysis** direktgekoppelte Prozeßanalyse *f*
~-**line process analyser** On-line-Prozeßanalysengerät *n*, direktgekoppeltes Prozeßanalysengerät *n*
~-**line titration** prozeßgekoppelte Titration *f*
~-**line viscometer** On-line-Viskosimeter *n*
~-**off switch** Ein-Aus-Schalter *m*
~-**receipt inspection** *(Proz)* Eingangsprüfung *f*
~-**site analysis** Analyse *f* an Ort und Stelle, Vor-Ort-Analyse *f*
o.o.p. (out of plane) aus der Ebene heraus *(Schwingung)*
OPA (*o*-phthaldialdehyde) *o*-Phthaldialdehyd *m*, OPA
opacity Undurchsichtigkeit *f*, Opazität *f*, Lichtundurchlässigkeit *f*
opalesce/to opaleszieren, opalisieren
opalescence Opaleszenz *f*, Opaleszieren *n*, Opalisieren *n*
opalescent opaleszierend, opalisierend
opaque undurchsichtig, opak, lichtundurchlässig
OPD (optical path difference) *(Spekt)* Retardation *f*, Verzögerung *f*, optische Wegdifferenz *f*, optischer Wegunterschied *m*
open-bed chromatography Flachbettchromatographie *f*, Flächen[bett]chromatographie *f*, Schichtchromatographie *f*, Planarchromatographie *f*

~-**circuit potential** *(Voltam)* Ruhepotential *n*, Potential *n* bei offenem Stromkreis
~-**column chromatography** Säulenchromatographie *f*, SC, klassische (einfache, normale) Säulenchromatographie *f*, Niederdruckflüssigkeitschromatographie *f*
~-**split coupling** *(Gaschr)* Kopplung *f* mit offenem Split
~-**split interface** *(Maspek)* Spaltseparator *m*
~-**tube chromatography** *s.* ~-tubular column gas chromatography
~-**tube column** *s.* ~-tubular column
~-**tube gas chromatography** *s.* ~-tubular column gas chromatography
~-**tubular capillary gas chromatography** *s.* ~-tubular column gas chromatography
~-**tubular chromatography** *s.* ~-column chromatography
~-**tubular column** *(Gaschr)* Kapillarsäule *f*, Trennkapillare *f*, Golay-Säule *f*
~-**tubular column chromatogram** Kapillarchromatogramm *n*
~-**tubular column gas chromatography** Kapillar-Gaschromatographie *f*, KGC, Kapillarchromatographie *f*
~-**tubular glass capillary column** *(Gaschr)* Glaskapillarsäule *f*
~-**tubular supercritical fluid chromatography** Kapillarchromatographie *f* mit überkritischen Phasen, Kapillar-SCF *f*
operate/to bedienen, betätigen
operating characteristic *(Proz)* Operationscharakteristik *f*
~ **characteristics** *s.* ~ parameters
~ **conditions** Arbeitsbedingungen *fpl*
~ **frequency** Arbeitsfrequenz *f*
~ **parameters** Betriebsparameter *mpl*, Betriebsdaten *pl*
~ **pH** Arbeits-pH-Wert *m*
~ **pH range** Arbeits-pH-Bereich *m*
~ **pressure** Betriebsdruck *m*, Arbeitsdruck *m*
~ **range** Arbeitsbereich *m*
~ **speed** Arbeitsgeschwindigkeit *f*
~ **temperature** Betriebstemperatur *f*, Arbeitstemperatur *f*
operation Arbeitsweise *f*
operational amplifier *(Meß)* Operationsverstärker *m*, Funktionsverstärker *m*
~ **amplifier integrator** *(Meß)* Integrierglied *n* mit Operationsverstärker
operator intervention *(Proz)* Bedienereingriff *m*
OPLC (over-pressure layer chromatography) Überdruck-Schichtchromatographie *f*
opposed (opposing) reaction Gegenreaktion *f*, gegenläufige Reaktion *f*
oppositely charged entgegengesetzt geladen
~ **directed reaction** *s.* opposed reaction
optical optisch

~ **aberration** [optischer] Abbildungsfehler *m*, Bildfehler *m*
~ **activity** optische Aktivität *f*
~ **anisotropy** optische Anisotropie *f*
~ **antipode** Enantiomer *n*, optischer Antipode *m*, Spiegelbildisomer *n*, optisches Isomer *n*
~ **attenuator** *(Spekt)* Abgleichsblende *f*, Abgleichvorrichtung *f*
~ **axis** optische Achse *f*
~ **bench** optische Bank *f*
~ **birefringence** optische Doppelbrechung *f*
~ **cavity** Laserresonator *m*
~ **density** optische Dichte *f*
~ **detector** optischer Detektor *m*
~ **double refraction** optische Doppelbrechung *f*
~ **emission spectroscopy** optische Emissionsspektroskopie *f*, OES
~ **examination** *s*. ~ inspection
~ **filter** optisches Filter *n*
~ **glass** optisches Glas *n*
~ **inspection** *(Prob)* Inaugenscheinnahme *f*
~ **isomer** *s*. ~ antipode
~ **layout** optische Anordnung *f*
optically active optisch aktiv
~ **anisotropic** optisch anisotrop
~ **inactive** optisch inaktiv
~ **transparent** optisch durchlässig
optical multichannel analyser optischer Vielkanal-Analysator *m*
~ **null principle** *(Spekt)* optischer Nullabgleich *m*
~ **path** optischer Weg *m*
~ **path difference** *s*. ~ retardation
~ **path length** optische Weglänge *f*
~ **pumping** optisches Pumpen *n (Laser)*
~ **purity** *(Spekt)* optische Reinheit *f*
~ **resonator** optischer Resonator *m (eines Lasers)*
~ **retardation** *(Spekt)* Retardation *f*, Verzögerung *f*, optische Wegdifferenz *f*, optischer Wegunterschied *m*
~ **rotation** optische Drehung (Rotation) *f*
~ **rotatory dispersion** optische Rotationsdispersion *f*, ORD
~ **spectrometer** optisches Spektrometer *n*
~ **spectroscopy** optische Spektroskopie *f*
~ **spectrum** optisches Spektrum *n*
~ **system** *(Spekt)* optisches System *n*
optimum linear velocity *(Chr)* optimale Strömungsgeschwindigkeit *f*
OPTLC (overpressure thin-layer chromatography) Überdruck-Dünnschichtchromatographie *f*
orbital Orbital *n*
~ **angular momentum** Bahndrehimpuls *m*, Orbitaldrehimpuls *m*, Bahnmoment *n*
~ **electron arrangement** Elektronenkonfiguration *f*, Elektronenanordnung *f*
~ **momentum** *s*. orbital angular momentum
π **orbital** π-Orbital *n*, π-Molekülorbital *n*, π-MO *n*
ORD (optical rotatory dispersion) optische Rotationsdispersion *f*, ORD

~ **Cotton effect** *(opt Anal)* Cotton-Effekt *m*
order *(Katal)* Ordnung *f (einer Reaktion)*
~ **of elution** Elutions[reihen]folge *f*, Elutionsreihe *f*, Eluierungsreihenfolge *f*
~ **of magnitude** Größenordnung *f*
~ **of reaction** Reaktionsordnung *f*
ordinary polarogram normales (gewöhnliches) Polarogramm *n*
~ **polarography** normale (gewöhnliche) Polarographie *f*
~ **ray** *(Spekt)* ordentlicher (ordinärer) Strahl *m*
~ **temperature** Raumtemperatur *f*, Zimmertemperatur *f*, ZT, gewöhnliche Temperatur *f*
ordinate Ordinate *f*
ORD spectrum ORD-Spektrum *n*
organic organisch
organic organische Verbindung *f*
~ **acid** organische Säure *f*
~ **analysis** organische Analyse *f*, Analyse *f* organischer Stoffe
~ **arsenic compound** *s*. organoarsenic compound
~ **-based packing** *(Flchr)* organische Säulenpackung (Säulenfüllung) *f*
~ **boron compound** bororganische Verbindung *f*, Organoborverbindung *f*
~ **carbon extraction efficiency** Extraktionswirksamkeit *f* des organisch gebundenen Kohlenstoffs
~ **chemistry** organische Chemie *f*
~ **compound** organische Verbindung *f*
~ **compound analysis** *s*. ~ analysis
~ **elemental analysis** organische Elementaranalyse *f*, OEA
~ **fluorine compound** organische Fluorverbindung *f*, fluororganische Verbindung *f*, Organofluorverbindung *f*
~ **ion** organisches Ion *n*
~ **mercury compound** *s*. organomercury compound
~ **nitrogen** organisch gebundener Stickstoff *m*
~ **phase** organische Phase *f*
~ **phosphorus compound** *s*. organophosphorus compound
~ **polarographic analysis** polarographische Analyse *f* organischer Stoffe
~ **polarography** Polarographie *f* organischer Stoffe
~ **precipitant** organisches Fällungsmittel (Fällungsreagens) *n*
~ **radical** organisches Radikal *n*
~ **sample** organische Probe *f*
~ **silicon** organisch gebundenes Silicium *n*
~ **silicon compound** *s*. organosilicon compound
~ **solvent** organisches Lösungsmittel *n*
~ **substance** organische Substanz *f*, organischer Stoff *m*
~ **sulphur** organisch gebundener Schwefel *m*
~ **sulphur compound** *s*. organosulphur compound
organoarsenic compound arsenorganische Verbindung *f*, Organoarsenverbindung *f*

organochlorine pesticide Organochlorpestizid n
organomercury compound quecksilberorganische Verbindung f, Organoquecksilberverbindung f
organometallic [compound] metallorganische (organometallische) Verbindung f, Organometallverbindung f, Metallorganyl n, (pl auch) Metallorganica
organonitrogen compound organische Stickstoffverbindung f
organophosphorus compound phosphororganische Verbindung f, Organophosphorverbindung f
organosilicon compound siliciumorganische Verbindung f, Organosiliciumverbindung f
organosoluble in organischen Lösungsmitteln löslich
organosulphur compound schwefelorganische Verbindung f, Organoschwefelverbindung f
organotin compound zinnorganische Verbindung f, Organozinnverbindung f
orient[ate]/to orientieren, ausrichten *(Dipole)*; sich ausrichten, sich orientieren, sich anordnen
orientation Orientierung f, [räumliche] Ausrichtung f, regelmäßig ausgerichtete Anordnung f, Ordnung f *(von Molekülen)*
orientational distribution Orientierungsverteilung f
~ **distribution function** *(kern Res)* Orientierungsverteilungsfunktion f
orientation dependence *(Spekt)* Orientierungsabhängigkeit f
~ **force** Orientierungskraft f, Keesom-Kraft f
~ **interaction** Orientierungswechselwirkung f
~ **polarization** Orientierungspolarisation f
origin *(Stat)* Nullpunkt m *(eines Koordinatensystems)*
original frequency Ausgangsfrequenz f, Ursprungsfrequenz f *(Hochfrequenztitration)*
~ **inspection** *(Proz)* Erstprüfung f
~ **list** *(Stat)* Urliste f
~ **sample** Ausgangsprobe f
~ **spot** *(Flchr)* Startfleck m
~ **state** Anfangszustand m, Ausgangszustand m
~ **zone** *(Elph)* Startzone f, Anfangszone f
ORM (overlapping resolution mapping) *(Flchr)* überlappende Auflösungskartierung f
ORP (oxidation-reduction potential) Redoxpotential n, Reduktions-Oxidations-Potential n, Oxidations-Reduktions-Potential n
~ **control** *(Proz)* Redoxpotentialsteuerung f
~ **device** Redoxpotentialmeßgerät n
~ **measurement** Redoxpotentialmessung f
~ **monitor** *(Proz)* Redoxpotentialmonitor m
~ **signal** Redoxpotentialsignal n
Orsat analysis Orsat-Analyse f *(von Gasen)*
~ **apparatus** Orsat-Apparat m, Orsat-Gerät n, Gasanalysenapparat m nach Orsat
~ **gas [analysis] apparatus** s. ~ apparatus
orthogonal orthogonal
ortho-hydrogen ortho-Wasserstoff m, Orthowasserstoff m
orthophosphat Orthophosphat n, Phosphat n

orthophosphoric acid Phosphorsäure f, Orthophosphorsäure f
ortho-proton *(mag Res)* ortho-Proton n
orthorhombic [ortho]rhombisch
~ **[crystal] system** [ortho]rhombisches Kristallsystem n
oscillate/to oszillieren, schwingen, vibrieren, pendeln
oscillating crystal Schwingquarz m
~ **crystal method** *(Rönt)* Schwenkmethode f
~ **crystal moisture analyser (monitor)** mit Schwingquarz arbeitendes Feuchtebestimmungsgerät n
~ **current** *(Pol)* Schwingstrom m
~ **disk method** Methode f der schwingenden Scheibe *(zur Bestimmung der Viskosität von Gasen)*
~ **electromagnetic field** oszillierendes Magnetfeld n
~ **frequency** Oszillationsfrequenz f
~ **magnetic field** oszillierendes Magnetfeld n
oscillation Oszillation f, Schwingung f
~ **frequency** Oszillationsfrequenz f
oscillator *(Spekt)* Oszillator m
~ **circuit** Schwingkreis m, Resonanzkreis m
~ **power supply** Oszillatorstromversorgung f
oscillograph Oszillograph m
oscillographic oszillographisch
~ **polarogram** Oszillopolarogramm n
~ **polarography** s. oscillopolarography
oscillometry Hochfrequenzkonduktometrie f, Oszillometrie f
oscillopolarographic oszillopolarographisch
oscillopolarography Oszillopolarographie f, oszillographische Polarographie f, Oszillationspolarographie f
oscilloscope Oszilloskop n, *(i.w.S.)* Oszillograph m, Kathodenstrahloszillograph m
oscilloscopic oszilloskopisch
OSHA (Occupational Safety and Health Administration) Amt für Arbeitsschutz und Gewerbehygiene in den USA
~-**established value** OSHA-anerkannter Wert m
osmium Os Osmium n
osmometer Osmometer n
osmometry Osmometrie f
osmosis Osmose f
osmotic osmotisch
~ **coefficient** osmotischer Koeffizient m
~ **pressure** osmotischer Druck m
OSPES s. outer-shell photoelectron spectroscopy
Ostwald ripening *(Grav)* Ostwald-Reifung f
OTC (open-tubular column) *(Gaschr)* Kapillarsäule f, Trennkapillare f, Golay-Säule f
outer bed volume *(Chr)* Mobilvolumen n, Totvolumen n, Durchflußvolumen n, Volumen n der fluiden Phase *(in der Säule)*; *(Gelchromatographie)* Zwischenkornvolumen n, Zwischenpartikelvolumen n, Interstitial-Volumen n, äußeres Volumen n, Volumen n zwischen den Gelpartikeln, Lösungsmittelvolumen n außerhalb der Gelkörner

~ **diameter** Außendurchmesser m, äußerer Durchmesser m
~ **electrode** (el Anal) Außenelektrode f
~ **Helmholtz layer** (Pol) äußere Helmholtz-Schicht f
outermost orbital Valenzorbital n
outer-shell photoelectron spectroscopy Ultraviolett-Photoelektronenspektroskopie f, UV-Photoelektronenspektroskopie f, UPS, UVPS
~-**sphere complex** Außensphärenkomplex m, Outer-sphere-Komplex m
~ **volume** s. outer bed volume
outgassing Entgasen n, Entgasung f
outlet pressure (Chr) Ausgangsdruck m (am Säulenende)
outlier (Stat) Ausreißer m
~ **test** (Stat) Ausreißerprüfung f, Ausreißertest m
outlying observation (Stat) Ausreißer m
out-of-balance potential (Meß) Verstimmungsspannung f (einer Brückenschaltung)
output channel Ausgabekanal m
~ **signal** Ausgangssignal n, Ausgabesignal n
~ **signal range** Ausgangssignalbereich m
~ **terminal** Ausgangsklemme f
~ **voltage** Ausgangsspannung f
~ **voltage range** Ausgangsspannungsbereich m
outside diameter s. outer diameter
overall analytical reaction analytische Gesamtreaktion f
~ **concentration** Gesamtkonzentration f, Totalkonzentration f
~ **electrode reaction** Gesamtelektrodenreaktion f
~ **formation constant** Bruttobildungskonstante f, Bruttostabilitätskonstante f (eines Komplexes)
~ **order of reaction** Gesamtreaktionsordnung f
~ **reaction** Bruttoreaktion f, Gesamtreaktion f
~ **stoichiometry** Gesamtstöchiometrie f
overexposure übermäßige (zu intensive) Einwirkungsdauer f
Overhauser effect (kern Res) [Kern-]Overhauser-Effekt m, NOE, Nuclear-Overhauser-Enhancement-Effekt m, NOE-Effekt m
overlap Überlagerung f, Superposition f
overlapping orbitals überlappende Orbitale npl
~ **peaks** [sich] überlappende Peaks mpl
~ **resolution mapping** (Flchr) überlappende Auflösungskartierung f
overlay/to überschichten
overload/to (Chr) überladen (Säule, Detektor)
overloading (Chr) Überladung f (der Säule, des Detektors)
overpopulation Überbesetzung f
overpotential Überspannung f
overpressure layer chromatography Überdruck-Schichtchromatographie f
~ **thin-layer chromatography** Überdruck-Dünnschichtchromatographie f
overtitrate/to übertitrieren
overtone (opt Mol) Ober[ton]schwingung f, Oberton m

~ **band** Oberschwingungsbande f
~ **frequency** Oberschwingungsfrequenz f
overvoltage Überspannung f
oxalate Oxalat n
oxidant Oxidationsmittel n, Oxidans n
~-**fuel combination** Oxidans/Brenngas-Gemisch n
~ **gas** Oxidationsgas n
oxidation Oxidation f
~ **back into solution** Auflösungsschritt m, Auflösungsvorgang m, Auflösung f, Wiederauflösungsvorgang m, Wiederauflösung f
~ **catalyst** Oxidationskatalysator m, Oxidationskontakt m
~ **furnace** (or Anal) Oxidationsofen m
~ **half-reaction** (Pot) Oxidationsteilreaktion f
~ **mode** (Gaschr) oxidative Betriebsart f (eines Hall-Detektors)
~ **number** Oxidationszahl f, Oxidationswert m, Oxidationsgrad m, elektrochemische Wertigkeit f
~ **potential** Oxidationspotential n
~ **product** Oxidationsprodukt n
~ **reaction** Oxidationsreaktion f
~ **reactor** (Proz) Oxidationsreaktor m
~-**reduction** ... s. redox ...
~ **resistance** Oxidationsbeständigkeit f, Beständigkeit f gegen oxidative Einflüsse
~ **state** Oxidationsstufe f, Oxidationszustand m
~ **step** Oxidationsschritt m
oxidative oxidativ, oxidierend
~ **degradation** oxidativer Abbau m, oxidative Degradation f, Abbau m durch Oxidation
~ **stability** Oxydationsstabilität f
oxide electrode (el Anal) Oxidelektrode f
~ **film** Oxidfilm m, Oxidhaut f, Oxidbelag m, dünne Oxidschicht f
~-**free** oxidfrei
~ **layer** Oxid[ations]schicht f
oxides of nitrogen Stickoxide npl
oxidizable oxidierbar, oxidabel
oxidize/to oxidieren
~ **back into solution** wieder[auf]lösen, wieder in Lösung bringen
oxidized form oxidierte Form f
~ **metal electrode** (el Anal) oxidierte Metallelektrode f
oxidizing oxidativ, oxidierend
~ **acid** oxidierende Säure f
~ **agent** Oxidationsmittel n, Oxidans n
~ **flame** oxidierende (magere) Flamme f
~ **titrant** oxidierender Titrand m
oxime Oxim n (Isonitroso-Verbindung)
oxinate Oxinat n
oxine Oxin n, 8-Hydroxychinolin n
oxo compound Oxoverbindung f
oxy-acetylene flame Sauerstoff-Acetylen-Flamme f
oxygen O Sauerstoff m
oxygenated sauerstoffgesättigt

oxygenated

~ **compound** s. oxygen-containing compound
oxygen concentration Sauerstoffkonzentration f
~ **consumption** Sauerstoffverbrauch m
~-**containing** sauerstoffhaltig
~-**containing compound** sauerstoffhaltige (O-haltige) Verbindung f
~ **content** Sauerstoffgehalt m
~ **demand** Sauerstoffbedarf m
~ **dependent** sauerstoffabhängig
~ **determination** Sauerstoffbestimmung f
~ **electrode** (el Anal) Sauerstoffelektrode f
~-**enriched** sauerstoffangereichert, mit Sauerstoff angereichert
~-**free** sauerstofffrei
~-**hydrogen coulometer** Knallgascoulometer n
~ **level** Sauerstoffgehalt m
~ **permeability** Sauerstoffdurchlässigkeit f
~-**permeable** sauerstoffdurchlässig
~-**permeable membrane** sauerstoffdurchlässige Membran f
~ **radical** [freies] Sauerstoffradikal n
~-**rich** sauerstoffreich
~ **saturation concentration (level)** Sauerstoffsättigungskonzentration f
oxy-hydrogen coulometer Knallgascoulometer n
~-**hydrogen flame** Sauerstoff-Wasserstoff-Flamme f, Knallgasflamme f
ozone concentration Ozonkonzentration f
~ **resistance** Ozonbeständigkeit f, Ozonfestigkeit f
~-**resistant,** ~-**resisting** ozonbeständig, ozonfest

P

pack/to packen (Säulen)
packed bed (Chr) Packung f, Trennfüllung f
~-**bed reactor** (Flchr) gepackter Reaktor m
~ **capillary** (Chr) gepackte Kapillare f
~ **capillary column** s. ~ microbore column
~ **column** (Chr) gepackte (gefüllte) Säule f
~-**column chromatography** Chromatographie f mit gepackten Säulen
~-**column gas chromatography** Gaschromatographie f mit gepackten Säulen
~-**column liquid chromatography** Flüssigchromatographie f mit gepackten Säulen
~ **density** s. packing density
~ **GC column** gepackte gaschromatographische Säule f
~ **microbore column** (Chr) Mikrosäule f, gepackte (gefüllte) Kapillarsäule f, gepackte Kapillare f
packing (Chr) 1. Packen n, Füllen n (von Säulen); 2. Packung f, Trennfüllung f
~ **density** Packungsdichte f
~ **factor** Packungsfaktor m, Faktor m für die Unregelmäßigkeit der Säulenfüllung, Parameter m der Eddy-Diffusion
~ **irregularity** Packungsunregelmäßigkeit f
~ **material** Packungsmaterial n, Füllmaterial n

~ **method** Packungsmethode f
~ **particle** Packungsteilchen n
PAD (pulsed amperometric detector) (Flchr) gepulster amperometrischer Detektor m
PAES (proton-excited Auger electron spectroscopy) protonenangeregte Auger-Elektronenspektroskopie f
PAG (polyacrylamide gel) Polyacrylamidgel n, PAG
PAGE s. PAG electrophoresis
PAG electrophoresis Polyacrylamidgel-Elektrophorese f, PAGE
PAH (polycyclic aromatic hydrocarbons) polycyclische aromatische Kohlenwasserstoffe mpl, PAK m, polycyclische (mehrkernige) Aromaten mpl, mehrkernige Arene npl
pair/to sich paaren, Paare bilden
paired-ion chromatography Ionenpaarchromatographie f, IPC, Ionenwechselwirkungschromatographie f, Ionenpaar-Reversed-phase-Chromatographie f, Ionenpaarchromatographie f an Umkehrphasen
pair of doublets (kern Res) Doppeldublett n
~ **of electrodes** Elektrodenpaar n
~ **production** (rad Anal) Paarbildung f, Paarerzeugung f
palladium Pd Palladium n
~ **electrode** (el Anal) Palladiumelektrode f
PAN 1-(2-Pyridylazo)-2-naphthol n
panel meter Schalttafelmeßgerät n, Schalttafelmeßinstrument n
paper chromatogram Papierchromatogramm n
~-**chromatographic** papierchromatographisch
~ **chromatography** Papierchromatographie f, PC
~ **disk** Rundfilter n
~ **electrophoresis** Papierelektrophorese f
~ **electrophoretogram** Papier[elektro]pherogramm n
~ **filter** Papierfilter n
~ **for chromatography** Chromatographie[r]papier n, chromatographisches Papier n
~ **strip** Papierstreifen m
~ **winder (wind-up mechanism)** (Lab) Papieraufwickelvorrichtung f
parabolic mirror Parabolspiegel m, parabolischer Spiegel m
paraffin[ic hydrocarbon] Alkan n, Paraffin n, Paraffinkohlenwasserstoff m, gesättigter aliphatischer Kohlenwasserstoff m
para-hydrogen para-Wasserstoff m, Parawasserstoff m
parallactic error s. parallax error
parallax (Meß) Parallaxe f
~ **error** Parallaxenfehler m, parallaktischer Fehler (Ablesefehler) m
parallel analysis Parallelanalyse f
~ **bands** (opt Mol) Parallelbanden fpl
~ **estimation** Parallelbestimmung f
~ **flow-injection analysis** parallele Fließinjektionsanalyse f

partition

~ **plate [electron-capture] detector** *(Gaschr)* Parallel-Platten-Detektor *m*
~ **reaction** Parallelreaktion *f*, Simultanreaktion *f*, Konkurrenzreaktion *f*
~ **vibration** *(opt Mol)* Schwingung *f* parallel zur Figurenachse
paramagnetic paramagnetisch
paramagnetic *s.* ~ **material**
~ **broadening** *(kern Res)* paramagnetische Linienverbreiterung *f*
~ **impurity** paramagnetische Verunreinigung *f*
~ **material** paramagnetischer Stoff *m*, paramagnetische Substanz *f*, Paramagnetikum *n*
~ **screening (shielding)** paramagnetische Abschirmung *f*
~ **shift** *(kern Res)* paramagnetische Verschiebung *f*
~ **substance** *s.* ~ **material**
~ **susceptibility** paramagnetische Suszeptibilität *f*
~ **system** paramagnetisches System *n*
paramagnetism Paramagnetismus *m*
parameter Parameter *m*, Kennwert *m*, Kenngröße *f*
χ **parameter** *(Flchr)* Flory-Huggins-Wechselwirkungsparameter *m*, [Hugginsscher] Wechselwirkungsparameter *m*, Huggins-Konstante *f*
para-proton *(mag Res)* para-Proton *n*
parent compound Stammverbindung *f*, Ausgangsverbindung *f*
~ **ion** *(Maspek)* Vorläuferion *n*, Mutterion *n*, Elternion *n*; Molekülion *n*
~ **ion scan** *(Maspek)* Eltern-Scan *m*
~ **[mass] peak** *(Maspek)* Molekül[ionen]peak *m*
~ **population** *(Stat)* Grundgesamtheit *f*
parity bit *(Lab)* Paritätsbit *n*
Parr bomb *(or Anal)* Parr-Bombe *f*
~ **microbomb** Parr-Mikrobombe *f*
~ **sodium peroxide bomb** Parr-Bombe *f*
PARS (photoacoustic Raman spectroscopy) photoakustische Raman-Spektroskopie *f*, PARS
part Teil *m*, Anteil *m*, Komponente *f*
partial partial, partiell, teilweise, Partial..., Teil...
~ **crystallization** partielle (teilweise) Kristallisation *f*
~ **decay constant** *(rad Anal)* partielle Zerfallskonstante *f*
~ **decoupling** *(kern Res)* Off-Resonanz-Entkopplung *f*, Off-resonance-Entkopplung *f*, partielle Entkopplung *f*
~ **emulsification** partielle (teilweise) Emulsionsbildung *f*
partially-draining teilweise durchspült *(Makromolekül)*
~ **miscible** teilweise (begrenzt) mischbar
~ **soluble** teilweise löslich
partial miscibility teilweise (begrenzte) Mischbarkeit *f*
~ **order** Teilordnung *f* *(einer Reaktion)*
~ **pressure** Partialdruck *m*, Teildruck *m*

~ **rank correlation** *(Stat)* partielle Rangkorrelation *f*
particle Teilchen *n*, Partikel *n*
~ **accelerator** *(rad Anal)* Teilchenbeschleuniger *m*
~ **beam** Teilchenstrahl *m*
~ **charge** Teilchenladung *f*
~ **density** *(rad Anal)* Teilchendichte *f*
~ **diameter** Korndurchmesser *m*, Partikeldurchmesser *m*, Teilchendurchmesser *m*
~ **energy** Teilchenenergie *f*
~ **flux density** *(rad Anal)* Flußdichte *f* der Teilchen
~ **growth** *(Grav)* Teilchenwachstum *n*
~-**induced X-ray emission** partikelinduzierte (protonenangeregte) Röntgenemission *f*
~ **scattering factor (function)** Streufunktion *f*
~ **sedimentation** Sedimentation (Sinken, Absinken) *n* der Teilchen
~ **segregation** Teilchensegregation *f*
~ **setting** *s.* ~ **sedimentation**
~ **shape** Partikelform *f*, Partikelgestalt *f*, Kornform *f*, Korngestalt *f*
~ **size** Teilchengröße *f*, Korngröße *f*, Partikelgröße *f*
~-**size analysis** Teilchengrößenanalyse *f*, Korngrößenanalyse *f*
~-**size determination** Teilchengrößenbestimmung *f*, Korngrößenbestimmung *f*
~-**size distribution** Teilchengrößenverteilung *f*, Korngrößenverteilung *f*
~-**size distribution curve** Teilchengrößenverteilungskurve *f*, Korngrößenverteilungskurve *f*
~-**size measurement** Teilchengrößenmessung *f*, Korngrößenmessung *f*
~-**size range** Teilchengrößenbereich *m*, Korngrößenbereich *m*
particular constituent Einzelkomponente *f*
~ **experiment** Einzelexperiment *n*
~ **reaction** Einzelreaktion *f*
particulate matter suspendierte Partikel *npl*
~ **organic carbon** organisch gebundener Kohlenstoff *m* der Feststoffteilchen, Kohlenstoffgehalt *m* des Feststoffanteils
~ **removal** Eliminierung *f* suspendierter Partikel
particulates suspendierte Partikel *npl*
particulate trap Abscheider *m* für suspendierte Partikel
partition Verteilung *f* *(zwischen zwei Phasen)*
partition/to sich verteilen *(zwischen zwei Phasen)*
partition between two liquids Flüssig-flüssig-Verteilung *f*
~ **chromatography** Verteilungschromatographie *f*
~ **coefficient** Verteilungskonstante *f*, Verteilungskoeffizient *m*
~ **column** verteilungschromatographische Trennsäule *f*, Verteilungstrennsäule *f*, Trennsäule *f* für Verteilungschromatographie
~ **column chromatography** Verteilungschromatographie *f* in Säulen
~ **equilibrium** Verteilungsgleichgewicht *n*

partitioning

partitioning mechanism Verteilungsmechanismus m
partition isotherm Verteilungsisotherme f
~ **mechanism** Verteilungsmechanismus m
~ **ratio** *(Chr)* Kapazitätsfaktor m, Massenverteilungsverhältnis n, Retentionskapazität f, Verteilungsverhältnis n, Totgrößenvielfaches n
~ **system** Verteilungssystem n
partly miscible teilweise (begrenzt) mischbar
parts per billion Teile *mpl* je Billion Teile (10^{12}); *(US)* Teile *mpl* je Milliarde Teile (10^9)
~-**per-billion level** Nano-Konzentrationsbereich m (10^{-9})
~ **per hundred million** Teile *mpl* je hundert Millionen Teile (10^8)
~ **per million** Teile *mpl* je Million Teile (10^6)
~-**per-million level** Mikro-Konzentrationsbereich m (10^{-6})
~ **per quadrillion** *(US)* Teile *mpl* je Billiarde Teile (10^{15})
~-**per-quadrillion level** Femto-Konzentrationsbereich m (10^{-15})
~ **per thousand** Teile *mpl* je tausend Teile (10^3), pro mille
~ **per trillion** Teile *mpl* je Trillion Teile (10^{18}); *(US)* Teile *mpl* je Billion Teile (10^{12})
~-**per-trillion level** *(Spur)* Pico-Konzentrationsbereich m (10^{-12})
PAS (photoacoustic spectroscopy) photoakustische Spektroskopie f, Photoakustikspektroskopie f, PA-Spektroskopie f, PAS, Optoakustik-Spektroskopie f, OA-Spektroskopie f
Pascal triangle Pascal-Dreieck n, Pascalsches Dreieck (Zahlendreieck) n
Paschen-Runge mounting *(Spekt)* Paschen-Runge-Aufstellung f
~ **series** Paschen-Serie f
PA signal PA-Signal n, photoakustisches Signal n
pass/to [hin]durchlassen
~ **in[to]** einleiten *(Gas in eine Lösung)*
~ **through** [hin]durchleiten; passieren, hindurchgehen, hindurchtreten
~ **to waste** verwerfen
passage Durchtritt m, Durchgang m
passing-in Einleitung f *(von Gas in eine Lösung)*
passive coupling *(kern Res)* passive Kopplung f
path difference Gangunterschied m *(von Wellen)*
pathlength Schichtdicke f, Weglänge f *(einer Küvette)*
pattern recognition technique *(Spekt)* Pattern-Recognition-Methode f, Strukturerkennungstechnik f, Strukturerkennungsverfahren n
Paweck electrode *(Elgrav)* Paweck-Elektrode f
PB (packed bed) *(Chr)* Packung f, Trennfüllung f
PC (paper chromatography) Papierchromatographie f, PC
PCB (polychlorinated biphenyl) polychloriertes Biphenyl n, Polychlorbiphenyl n, PCB n

PCFR (sodium pentacyanoammine ferrate(II)/rubeanic acid) Natriumpentacyanoferrat(II)/Rubeansäure f *(Anfärbereagens)*
P-containing compound phosphorhaltige (P-haltige) Verbindung f
PCR (post-column reactor) *(Flchr)* Reaktionsdetektor m, Post-column-Reaktor m, Nachsäulenreaktor m
PD 1. (photoelectron diffraction) Photoelektronenbeugung f; 2. (plasma desorption) *(Maspek)* Plasmadesorption f, PD
PDMS (plasma desorption mass spectrometry) Plasmadesorptions-Massenspektrometrie f, PDMS
PE 1. (polyethylene) Polyethylen n, PE; 2. (paper electrophoresis) Papierelektrophorese f
peak *(Stat)* Gipfelwert m *(einer Kurve)*; Peak m, Spitze f, [spitzes] Signal n, Peaksignal n, Peakspitze f, Zacke f, Zacken m; Stromspitze f; *(Chr)* Elutionsbande f, Peak m
~ **analysis** Peakauswertung f
~ **apex** Peakmaximum n
~ **area** Peakfläche f
~-**area integration** Peakintegration f
~-**area integrator** Integrator m
~-**area method** Peakflächenauswertung f
~ **assignment** Peakzuordnung f
~ **asymmetry** Peakasymmetrie f, Peakunsymmetrie f
~ **asymmetry factor** *(Chr)* Asymmetriefaktor m
~ **base** Peakbasis f
~ **broadening** Signalverbreiterung f; *(Chr)* Bandenverbreiterung f, Zonenverbreiterung f, Peakverbreiterung f, Peakaufweitung f, axiale Dispersion f
~ **capacity** *(Chr)* Peakkapazität f
~ **current** *(Pol)* Peak[spitzen]strom m, Spitzenstrom m
~ **dispersion** *(Chr)* Peakdispersion f, Peakvarianz f
~ **distortion** Peakverzerrung f, Signalverzerrung f
~ **elution volume** *(Chr)* Peakelutionsvolumen n
~ **finder** Peakdetektor m
~ **focusing** *(Chr)* Peakverschärfung f
~ **front** Peakvorderseite f, Peakvorderfront f, Peakvorderflanke f
~ **half-width** s. ~ width at half-height
~ **height** Peakhöhe f, Signalhöhe f, Spitzenhöhe f
~ **identification** Peakidentifizierung f, Peakerkennung f
~ **integration** Peakintegration f
~ **intensity** Peakintensität f, Signalintensität f, Signalstärke f
~ **matching** Peakvergleich m, Peakmatching n
~ **maximum** Peakmaximum n
~ **overlap** Überlappung f der Peaks
~ **picker** Peakdetektor m
~ **position** Peaklage f, Signallage f, Signalposition f

- **position calibration** *(Chr)* Peakpositionseichung *f*
- **potential** *(Voltam)* Peakpotential *n*, Spitzenpotential *n*, Peakspitzenpotential *n*
- **processing** *(Lab)* Maximumverarbeitung *f*
- **-processing subroutine** *(Lab)* Teilprogramm *n* zur Maximumverarbeitung
- **profile** Peakprofil *n*
- **purity** *(Chr)* Peakreinheit *f*
- **resolution** Peakauflösung *f*, [chromatographische] Auflösung *f*
- **retention volume** *(Chr)* Peakelutionsvolumen *n*
- **separation** Signaltrennung *f*; Peakabstand *m*
- **separator** Peakdetektor *m*
- **shape** Peakform *f*, Signalform *f*, Signalgestalt *f*, *(Chr auch)* Bandenform *f*
- **-shaped** peakförmig
- **-shaped polarogram** peakförmiges Polarogramm *n*
- **shoulder** Peakschulter *f*
- **-size analysis** Peakflächenauswertung *f*
- **splitting** *(Chr)* Signalaufspaltung *f*
- **symmetry** Peaksymmetrie *f*
- **tail** Peakrückseite *f*, Peakrückflanke *f*
- **tailing** *(Chr)* Peaktailing *n*, Tailing *n*, Schwanzbildung *f*, Peakverzerrung *f* durch Tailing
- **-to-peak resolution** *s*. ~ resolution
- **transmittance** *(Spekt)* Transmissionsgrad *m* im Maximum des Durchlaßbereichs
- **width** Peakbreite *f*, *(i.e.S.) s.* 1. ~ width at base; 2. ~ width at half-height
- **width at base** Peakbreite *f*, Basisbreite *f*
- **width at half-height** Peakbreite (Breite) *f* in halber Höhe, Halbwertsbreite *f*, Halbhöhenbreite *f*
- **width at inflection points** wendepunktbezogene Peakbreite *f*

PED (photoelectron diffraction) Photoelektronenbeugung *f*
PEG (polyethylene glycol) Polyethylenglykol *n*
PEI (polyethyleneimine) Polyethylenimin *n*, PEI
--cellulose Polyethylenimin-Cellulose *f*, PEI-Cellulose *f*
p electron p-Elektron *n*
pellet *(Spekt)* Preßling *m*, Tablette *f*
pellicular ion-exchange resin Pellicular-Ionenaustauscher *m*, oberflächenporöser Ionenaustauscher *m*
- **packing** *(Chr)* oberflächenporöse (schalenporöse) Packung *f*

pen-and-ink recorder *(Meß)* Tintenschreiber *m*
penetrate/to penetrieren, permeieren, durchdringen; eindringen
penetration Penetration *f*, Permeation *f*, Durchdringung *f*; Eindringen *n*
pen lifting device *(Lab)* Schreibstiftabhebevorrichtung *f*
pentadentate fünfzähnig, fünfzählig *(Ligand)*
pentafluorobenzyl bromide Pentafluorbenzylbromid *n*

3,5,7,2',4'-pentahydroxy flavone Morin *n*, 3,5,7,2',4'-Pentahydroxyflavon *n*
pentane, **n-pentane** Pentan *n*, n-Pentan *n*
pentane-2,4-dione Acetylaceton *n*, 2,4-Pentandion *n*
peptide Peptid *n*
peptization Peptisation *f*, Peptisierung *f*, Gel-Sol-Umwandlung *f*, Gel-Sol-Übergang *m*
peptize/to peptisieren
percentage prozentualer Anteil (Gehalt) *m*, Prozentgehalt *m*, %-Gehalt *m*
- **by volume** Volumenprozent *n*, Vol.-% *n*
- **by weight** Masseprozent *n*, Masse% *n*
- **composition** prozentuale Zusammensetzung *f*
- **error** prozentualer Fehler *m*
- **extraction** [prozentualer] Extraktionsgrad *m*
- **humidity** relative Feuchte *f*
- **loading** *(Gaschr)* Prozentsatz *m* der Beladung *(mit stationärer Phase)*
- **of extraction** *s*. ~ extraction
- **point** *(Stat)* Prozentpunkt *m*
- **recovery** *(Stat)* Wiederfindungsrate *f*
- **transmission** *(opt Mol)* prozentuale Durchlässigkeit *f*
- **volume** *s*. ~ by volume

percent by volume *s*. percentage by volume
- **by weight** *s*. percentage by weight
- **extracted** *s*. percentage extraction

percentile *(Stat)* Perzentil *n*
100 percent inspection 100%-Prüfung *f*
percent liquid loading *(Gaschr)* Prozentsatz *m* der Beladung *(mit stationärer Phase)*
- **transmittance** *(opt Mol)* prozentuale Durchlässigkeit *f*

10 percent valley definition 10-Prozent-Tal-Definition *f*, 10%-Tal-Definition *f (der Auflösung)*
perchlorate Perchlorat *n*
perchloric acid Perchlorsäure *f*
percolate/to durchsickern, durchlaufen
percolation Durchsickern *n*, Durchlaufen *n*
perfect gas ideales Gas *n*
- **gas law** [thermische] Zustandsgleichung *f* idealer Gase, ideale Gasgleichung *f*, ideales Gasgesetz *n*

perfluoroacyl derivative Perfluoracylderivat *n*
perfluorokerosene Perfluorkerosin *n*, PFK
performance Leistungsverhalten *n*
- **index** Leistungsindex *m*

periodate Periodat *n*
periodic component *(Pol)* periodischer Anteil *m*
period of time Zeitdauer *f*, Zeitraum *m*
peristaltic pump Schlauch[quetsch]pumpe *f*, Peristaltikpumpe *f*, peristaltische Pumpe *f*
permanent dipole moment permanentes Dipolmoment *n*
- **gas** permanentes Gas *n*, Permanentgas *n (mit sehr tiefer kritischer Temperatur)*
- **magnet** Permanentmagnet *m*, Dauermagnet *m*

permanganate Permanganat *n*, Manganat(VII) *n*

permeability

permeability Durchlässigkeit f, Permeabilität f; *(mag Res)* Permeabilität[skonstante] f
~ **to gas** Gasdurchlässigkeit f
permeable durchlässig, permeabel
~ **to gas** gasdurchlässig, gaspermeabel
permeant *(Dial)* permeierende Komponente f
permeate/to penetrieren, permeieren, durchdringen
permeation Penetration f, Permeation f, Durchdringung f
~ **chromatography** Gelpermeationschromatographie f, GPC, Gelpermeation f, Gelchromatographie f *(Ausschlußchromatographie mit nichtwäßriger mobiler Phase)*
permittivity Dielektrizitätskonstante f, DK, absolute Dielektrizitätskonstante f, Permittivität f
~ **of empty space** s. ~ of vacuum
~ **of vacuum** elektrische Feldkonstante f
permselective permselektiv
~ **membrane** permselektive Membran f
permselectivity Permselektivität f
peroxide Peroxid n
peroxydisulphate Peroxodisulfat n
perpendicular band *(opt Mol)* Senkrechtbande f
~ **vibration** Schwingung f senkrecht zur Figurenachse
perrhenate Perrhenat n, Rhenat(VII) n
persistent length Persistenzlänge f *(eines Makromoleküls)*
~ **lines** *(Spekt)* Nachweislinien fpl, letzte Linien fpl, Restlinien fpl
personal error subjektiver (persönlicher) Fehler m
persulphate Peroxodisulfat n
perturb/to stören *(das Gleichgewicht)*
perturbation Störung f *(des Gleichgewichts)*
perturbed dimensions gestörte Dimensionen fpl
PES (photoelectron spectroscopy) Photoelektronenspektroskopie f, PES
PESIS (photoelectron spectroscopy of the inner shell) röntgenstrahlangeregte Photoelektronenspektroskopie f, Röntgen[strahlen]-Photoelektronenspektroskopie f, XPS, Elektronenspektroskopie f für die chemische Analyse, ESCA, Photoelektronenspektroskopie f innerer Elektronen
PESOS (photoelectron spectroscopy of the outer shell) Ultraviolett-Photoelektronenspektroskopie f, UV-Photoelektronenspektroskopie f, UPS, UVPS
pesticide Pestizid n, Biozid n, Schädlingsbekämpfungsmittel n
~ **analysis** Pestizidanalyse f
~ **residue** Pestizidrückstand m, Schädlingsbekämpfungsmittelrückstand m
Petri [culture] dish Petrischale f
~ **dish bottom** Petri-Unterschale f
~ **dish box** Petrischalenbüchse f, Sterilisierbüchse f
~ **dish top** Petri-Oberschale f, Deckel m der Petrischale
~ **plate** Petrischale f
PFA (pulse flip angle) *(mag Res)* Impulswinkel m, Flipwinkel m, Sprungwinkel m

PFG (pulsed field gel electrophoresis) Gelelektrophorese f im gepulsten Feldstärkegradienten (elektrischen Feldgradienten)
PFHS (precipitation from homogeneous solution) Fällung f aus homogenen Lösungen (Systemen)
PFIMS (pyrolysis field ionization mass spectrometry) Pyrolyse-Feldionisations-Massenspektrometrie f, PFIMS
PFK (perfluorokerosene) Perfluorkerosin n, PFK
p-fractile *(Stat)* Quantil f (Fraktil) n der Ordnung p, Quantil n p-ter Ordnung, p-Quantil n, p-Fraktil n
PFT (pulse Fourier transform) *(Spekt)* Puls-Fourier-Transformation f, PFT
~ **NMR spectroscopy** Puls-Fourier-Transform-NMR-Spektroskopie f, PFT-[NMR-]Spektroskopie f, Pulsspektroskopie f
Pfund series *(Spekt)* Pfund-Serie f
PGA (pteroylglutamic acid) Folsäure f, Pteroylglutaminsäure f
PGC (pyrolysis gas chromatography) Pyrolyse-Gaschromatographie f, PGC f
PGE (pore-gradient electrophoresis) Gradientengel-Elektrophorese f, Porengradientengel-Elektrophorese f
pH pH-Wert m, pH-Zahl f, pH m, Wasserstoffionenexponent m, Protonenaktivitätsexponent m
~ **adjustment** Einstellung f des pH-Wertes
pharmaceutic s. pharmaceutical
pharmaceutical pharmazeutisch
pharmaceutical pharmazeutisches Mittel n, Pharmazeutikum n, Pharmakon n, Arzneimittel n
~ **chemical** pharmazeutische Chemikalie f
~ **chemistry** pharmazeutische Chemie f, Pharmakochemie f, Arzneimittelchemie f
~ **preparation** pharmazeutisches Präparat n, Pharmapräparat n, Arzneipräparat n
pharmaceutic chemistry, pharmachemistry s. pharmaceutical chemistry
pharmacon s. pharmaceutical
pharmacy Pharmazie f
phase Phase f • **90°** out of ~ um 90° phasenverschoben
~ **angle** Phasenwinkel m
~ **angle difference** Phasenwinkeldifferenz f
~ **boundary** Phasengrenze f
~ **change** Phasenänderung f
~ **coherence** *(Spekt)* Phasenkohärenz f
~ **correction** Phasenkorrektur f
~ **cycle** *(kern Res)* Phasenzyklus m
~ **cycling scheme** *(kern Res)* Phasenzyklusschema n
~ **difference** Phasendifferenz f, Phasenunterschied m
~ **distortion** *(kern Res)* Phasenverzerrung f
~ **error** *(kern Res)* Phasenfehler m
~ **loading** *(Gaschr)* Belegung (Beladung) f mit Flüssigphase, Trennflüssigkeitsbeladung f, Beladung f des Trägers
~ - **memory time** *(Elres)* Phasengedächtniszeit f

~~-modulated phasenmoduliert
~ modulation Phasenmodulation f
~ property Phaseneigenschaft f
~ ratio *(Chr)* Phasenverhältnis n
~ relaxation *(Spekt)* Phasenrelaxation f
~ selectivity *(Chr)* Selektivität f der stationären Phase
~~-sensitive phasenempfindlich, phasensensitiv
~~-sensitive detection phasenempfindliche Detektion f
~~-sensitive detector phasenempfindlicher Detektor m
~~-sensitive spectrum phasensensitiv aufgenommenes Spektrum n
~ separation Phasentrennung f, Phasenseparation f
~ separator *(Fließ)* Separator m
~ shift Phasenverschiebung f
~~-shifted phasenverschoben
~ stability Phasenstabilität f
~ stripping *(Flchr)* Ablösen (Auswaschen) n der stationären Phase
~ transformation *s.* ~ transition
~~-transformation detector *(Flchr)* Drahtdetektor m
~ transition Phasenübergang m, Phasentransformation f, Phasenumwandlung f
~ transition point Phasenumwandlungstemperatur f, Phasenumwandlungspunkt m
~ velocity Phasengeschwindigkeit f, Wellengeschwindigkeit f
pH buffer [pH-]Puffer m, Pufferlösung f
~ change pH-Änderung f
~ control pH-[Wert-]Regelung f; pH-Kontrolle f, Kontrolle (Überwachung) f des pH-Wertes
~ controller pH-Regler m, pH-Regelgerät n
~~-control system pH-[Wert-]Regelsystem n
~ correction pH-[Wert-]Korrektur f
~ decline (decrease) pH-Abnahme f, pH-Abfall m
~ dependence (dependency) pH-[Wert-]Abhängigkeit f
~~-dependent pH-[Wert-]abhängig
~ determination pH-[Wert-]Bestimmung f, pH-[Wert-]Ermittlung f
~ drop pH-Abnahme f, pH-Abfall m
~ electrode pH-Elektrode f
~ elevation pH-Wert-Heraufsetzung f, pH-Wert-Erhöhung f
1,10-phenanthroline 1,10-Phenanthrolin n
~ **iron(II) sulphate** Ferroin n
phenate Phenolat n
phenol Phenol n
phenolate Phenolat n
phenolphthalein Phenolphthalein n
phenol red Phenolrot n
phenosafranine Phenosafranin n
N-phenylanthranilic acid N-Phenylanthranilsäure f
phenyl methyl silicone Phenylmethylsilicon n
phenylpolysiloxane Phenylsilicon n

phenyl silicone Phenylsilicon n
pherogram Elektropherogramm n, Pherogramm n
pH-FET (pH-sensitive field effect transistor) pH-sensitiver Feldeffekttransistor (ISFET) m *(ISFET = ionensensitiver Feldeffekttransistor)*
~ **gradient** pH-[Wert-]Gradient m
~ **independence** pH-[Wert-]Unabhängigkeit f
~~-**independent** pH-[Wert-]unabhängig
~ **indicator** pH-Indikator m, pH-Anzeigegerät n
~ **influence** pH-Einfluß m
~ **instrument** pH-Meßgerät n, pH-Meter n
~ **interval** pH-Intervall n
~ **level** *s.* ~ number
~ **measurement** pH-[Wert-]Messung f
~~-**measurement (measuring) system** pH-[Wert-]Meßsystem n
~ **meter** pH-Meßgerät n, pH-Meter n
~ **monitor** *(Proz)* pH-Monitor m
~ **number** pH-Wert m, pH-Zahl f, pH m, Wasserstoffionenexponent m, Protonenaktivitätsexponent m
~ **of saturation** Sättigungs-pH-Wert m
phonon *(Spekt)* Phonon n
phosphate Orthophosphat n, Phosphat n
~ **ester** Phosphorsäureester m
~ **ion** Phosphat-Ion n
phosphite Phosphit n
phosphonic acid Phosphonsäure f, Phosphorigsäure f
phosphoresce/to phosphoreszieren
phosphorescence Phosphoreszenz f
~ **analysis** Phosphoreszenzanalyse f
phosphorescent phosphoreszierend
phosphoric acid Phosphorsäure f, Orthophosphorsäure f
~ **acid ester** Phosphorsäureester m
phosphorimeter Phosphorimeter n
phosphorous acid Phosphonsäure f, Phosphorigsäure f
phosphorus P Phosphor m
~ **compound** Phosphorverbindung f
~~-**containing compound** phosphorhaltige (P-haltige) Verbindung f
phosphorus-31 NMR spectrum ^{31}P-NMR-Spektrum n
phosphorus(V) oxide Phosphor(V)-oxid n, Phosphorpentoxid n
phosphorus pentoxide Phosphor(V)-oxid n, Phosphorpentoxid n
~ **pentoxide coating** Phosphorpentoxidschicht f
~ **pentoxide moisture analyzer** Phosphorpentoxid-Feuchtegehaltanalysegerät n
~ **pentoxide moisture monitor** Phosphorpentoxid-Feuchtegehaltüberwachungsgerät n
~ **pentoxide [moisture] sensor** Phosphorpentoxidfeuchtesensor m
photoacoustic photoakustisch
~ **cell** Photoakustik[-Meß]zelle f
~ **effect** photoakustischer Effekt m

photoacoustic

- ~ **Raman spectroscopy** photoakustische Raman-Spektroskopie f, PARS
- ~ **signal** photoakustisches Signal n, PA-Signal n
- ~ **spectroscopy** photoakustische Spektroskopie f, Photoakustikspektroskopie f, PA-Spektroskopie f, PAS, Optoakustik-Spektroskopie f, OA-Spektroskopie f
- ~ **spectrum** Photoakustikspektrum n

photocathode Photokathode f
photocell Photoelement n
photochemical reaction photochemische Reaktion (Umsetzung) f, Photoreaktion f
photoconductive cell Photowiderstandszelle f
- ~ **detector** auf dem inneren Photoeffekt basierender Detektor m

photoconductor Photowiderstand m
photocurrent Photostrom m
photodecomposition Photolyse f, photolytische Zersetzung f, Photozersetzung f
photodetector (Spekt) Photodetektor m
photodiode Photodiode f
- ~ **array** (Spekt) Photodiodenarray n, Diodenarray n, Diodenreihe f
- ~ **array detector** (Spekt) Diodenarraydetektor m, DAD, Photodioden[array]detektor m, PDA-Detektor m, Photodioden-Multikanaldetektor m, Arraydetektor m

photodissociation laser Photodissoziations-Laser m
photo effect s. photoelectric effect
photoelectric photoelektrisch, lichtelektrisch
- ~ **cell** Photoelement n
- ~ **effect** photoelektrischer Effekt m, Photoeffekt m
- ~ **electron-multiplier tube** Photo[elektronen]vervielfacher m, Photomultiplier m, Sekundärelektronenvervielfacher m, SEV
- ~ **peak** (rad Anal) Photopeak m

photoelectron (Spekt) Photoelektron n
- ~ **diffraction** Photoelektronenbeugung f
- ~ **[emission] spectroscopy** Photoelektronenspektroskopie f, PES
- ~ **spectroscopy of the inner shell** röntgenstrahlangeregte Photoelektronenspektroskopie f, Röntgen[strahlen]-Photoelektronenspektroskopie f, XPS, Elektronenspektroskopie f für die chemische Analyse, ESCA, Photoelektronenspektroskopie f innerer Elektronen
- ~ **spectroscopy of the outer shell** Ultraviolett-Photoelektronenspektroskopie f, UV-Photoelektronenspektroskopie f, UPS, UVPS
- ~ **spectrum** Photoelektronenspektrum n

photoemission spectroscopy s. photoelectron spectroscopy
photoemissive cathode Photokathode f
- ~ **cell** Photozelle f
- ~ **detector** auf dem äußeren Photoeffekt basierender Detektor m
- ~ **tube** Photozelle f

photographically recorded spectrum photographisch aufgenommenes Spektrum n

150

- ~ **recording polarograph** photographisch registrierender Polarograph m

photographic film photographischer Film m
- ~ **paper** photographisches Papier n, Photopapier n
- ~ **plate** photographische Platte f, Photoplatte f
- ~ **plate recording** Registrierung f mit Photoplatte
- ~ **record** photographische Aufzeichnung f
- ~ **recording** photographische Registrierung f

photoionization (Spekt) Photoionisation f, Photoionisierung f, PI
- ~ **cross-section** Photoionisationsquerschnitt m
- ~ **detector** (Gaschr) Photoionisationsdetektor m, PID m
- ~ **source** (Maspek) Photoionisations-Ionenquelle f

photoluminescence Photolumineszenz f
photolyse/to photolytisch zersetzen
photolysis Photolyse f, photolytische Zersetzung f, Photozersetzung f
photolytic photolytisch
photolyze/to photolytisch zersetzen
photometer Photometer n
- ~ **bench** Photometerbank f
- ~ **head** Photometerkopf m

photometric photometrisch
- ~ **air [quality] monitor** photometrisches Luft[reinheit]überwachungsgerät n
- ~ **analyser** photometrisches Analysengerät n
- ~ **analysis** photometrische Analyse f
- ~ **colour intensity detection** photometrische Farbintensitätsfeststellung f
- ~ **detection** photometrische Detektion f
- ~ **detector** photometrischer Detektor m
- ~ **end-point** (Vol) photometrischer Endpunkt m
- ~ **end-point detection** (Vol) photometrische Endpunktbestimmung f
- ~ **measurement** photometrische Messung f
- ~ **moisture analyser** photometrisches Feuchtebestimmungsgerät n
- ~ **moisture analysis** photometrische Feuchtebestimmung f
- ~ **process analyser (device)** photometrisches Prozeßanalysengerät n
- ~ **titration** photometrische Titration f
- ~ **titration curve** photometrische Titrationskurve f
- ~ **turbidimeter** photometrisches Turbidimeter n
- ~ **wet chemical analyser** photochemisches Analysengerät n für naßchemische Reaktionen

photometry Photometrie f
photomicrograph[y] Mikrophotographie f, Mikrophoto n, Mikroaufnahme f, mikrophotographische Aufnahme f
photomultiplier Photo[elektronen]vervielfacher m, Photomultiplier m, Sekundärelektronenvervielfacher m, SEV
- ~ **detector (tube)**, ~-**tube detector** s. photomultiplier

photon Photon n, Lichtquant n, Strahlungsquant n
- ~ **activation** Photonenaktivierung f, Aktivierung f mit Photonen

~ **activation analysis** Photonenaktivierungsanalyse *f*
~ **beam** Photonenstrahl *m*
~ **count** Photonenzahl *f*
~ **counting** Photonenzählung *f*
~ **cross-section** Wirkungsquerschnitt *m* für die Reaktion mit Photonen
~ **energy** Photonenenergie *f*
~-**excited Auger electron spectroscopy** Auger-Elektronenspektroskopie *f* mit Röntgenstrahlanregung
~-**stimulated desorption** *(Spekt)* photonenstimulierte Desorption *f*
photopeak *(rad Anal)* Photopeak *m*
photoreaction photochemische Reaktion *f*, Photoreaktion *f*, photochemische Umsetzung *f*
photoresistive cell Photowiderstandszelle *f*
photosensitive cathode Photokathode *f*
phototransistor Phototransistor *m*
phototube Photozelle *f*
photovoltaic cell Sperrschichtphotoelement *n*
pH paper pH-Papier *f*
~ **profile** pH-Profil *n*
~ **range (region)** pH-Bereich *m*, pH-Gebiet *n*
~ **regulator** pH-Wert-Regler *m*, pH-regelnder Zusatz *m*
~ **scale** pH-Skala *f*
~-**sensitive field effect transistor** pH-sensitiver Feldeffekttransistor (ISFET) *m* *(ISFET = ionensensitiver Feldeffekttransistor)*
~ **sensor** pH-Meßfühler *m*
~ **signal** pH-Signal *n*
~ **standard** pH-Standard *m*
phthalate Phthalat *n*
o-**phthaldialdehyde** *o*-Phthaldialdehyd *m*, OPA
phthalocyanine Phthalocyanin *n*
pH transmitter pH-Meßwertgeber *m*, pH-Meßwertübertrager *m*
~ **unit** pH-Einheit *f*
~ **value** pH-Wert *m*, pH-Zahl *f*, pH *m*, Wasserstoffionenexponent *m*, Protonenaktivitätsexponent *m*
physical adsorption physikalische Adsorption *f*, Physisorption *f*, van-der-Waalssche Adsorption *f*
~ **anisotropy** physikalische Anisotropie *f*
~ **change** physikalische Veränderung (Änderung) *f*
~ **characteristic** s. ~ property
~ **chemistry** physikalische Chemie *f*, Physikochemie *f*
~ **property** physikalische Eigenschaft *f*
~ **property detector** Bulk-property-Detektor *m*, Detektor *m* mit Bulk-Eigenschaften
~ **reaction** physikalische Reaktion *f*
~ **standard** physikalischer Standard *m*
physico-chemical physikalisch-chemisch, physikochemisch
~-**chemical measurement** physikalisch-chemische Messung *f*
~-**chemical water analysis** physikalisch-chemische Wasseranalyse *f*

physisorption *s*. physical adsorption
PI (photoionization) *(Spekt)* Photoionisation *f*, Photoionisierung *f*, PI
pick up/to aufnehmen *(einen Stoff, ein Meßsignal)*
picogram Picogramm *n* *(1 pg = 10^{-9} g)*
~ **range** Picogrammbereich *m* *(10^{-12} bis 10^{-9} g)*
picotrace Picospur *f* *(10^{-12} bis 10^{-9} g)*
PID (photoionization detector) *(Gaschr)* Photoionisationsdetektor *m*, PID *m*
piece of glassware Glasgerät *n*
piezoelectric piezoelektrisch
~ **activity** piezoelektrische Aktivität *f*
~ **effect** piezoelektrischer Effekt *m*, Piezoeffekt *m*
piezoelectricity Piezoelektrizität *f*
piezoelectric sensor piezoelektrischer Sensor *m*
pi framework π-Gerüst *n*
pinch clamp *s*. pinchcock
pinchcock Quetschhahn *m*, Quetschklemme *f*, Schlauchklemme *f*
P-I-N-semiconductor detector *(rad Anal)* p-i-n-Detektor *m*
pi orbital π-Orbital *n*, π-Molekülorbital *n*, π-MO *n*
pipe-insertion probe *(Proz)* Rohreinbausonde *f*
~-**insertion sensor** Sensor *m* für Rohreinbau
pipet[te] Pipette *f*
pipette/to pipettieren
~ **into** einpipettieren
Pirani gauge Pirani-Vakuummeter *n*, Wärmeleitungsvakuummeter *n*
piston burette Kolbenbürette *f*
~ **pump** Kolbenpumpe *f*
PIXE (particle-induced X-ray emission) partikelinduzierte (protonenangeregte) Röntgenemission *f*
Plackett-Burman-plan *(Stat)* Plackett-Burman-Plan *m* *(Faktorexperiment mit unvollständigen Faktorplänen)*
planar chromatography Flachbettchromatographie *f*, Flächen[bett]chromatographie *f*, Schichtchromatographie *f*, Planarchromatographie *f*
Planck [action] constant *(Strlg)* Plancksches Wirkungsquantum *n*, Plancksche Konstante *f*, Planck-Konstante *f*, Elementarquantum *n*
~ **law of radiation** *s*. ~ radiation law
~ **quantum of action** *s*. Planck [action] constant
~ **radiation law** Plancksches Strahlungsgesetz *n*
plane Ebene *f* • **in** ~ in der Ebene *(Schwingung)*
• **out of** ~ aus der Ebene heraus *(Schwingung)*
~ **chromatography** *s*. planar chromatography
~ **electrode** Planelektrode *f*
~ **grating** *(Spekt)* Plangitter *n*, ebenes Gitter *n*
~ **mirror** *(Spekt)* Planspiegel *m*
~ **of mirror symmetry** Spiegelebene *f*, Symmetrieebene *f*
~ **of reflection (symmetry)** *s*. ~ of mirror symmetry
~-**polarized light** linear polarisiertes Licht *n*, lpL
planimeter Planimeter *n*
planimetry Planimetrie *f*
plasma Plasma *n*

plasma

- **analyser** Plasmaanalysengerät *n*
- **atomization** *(Spekt)* Plasmaatomisieren *n*, Plasmaatomisierung *f*
- **desorption [ionization]** *(Maspek)* Plasmadesorption *f*, PD
- **desorption mass spectrometry** Plasmadesorptions-Massenspektrometrie *f*, PDMS
- **detector** *(Chr)* Plasmadetektor *m*
- **emission spectrometer** Plasmaemissionsspektrometer *n*
- **emission spectroscopy** Plasmaemissionsspektroskopie *f*
- **torch** *(Spekt)* Plasmafackel *f*, Plasmabrenner *m*

plasmon *(Spekt)* Plasmon *n*
plate count *s.* ~ **number**
- **current** Anodenstrom *m*
- **height** *(Chr)* Trennstufenhöhe *f*
- **model** *s.* ~ **theory**
- **number** *(Chr)* Trennstufenzahl *f*
- **theory** *(Chr)* Bodentheorie *f*, Theorie *f* der Böden

platform atomization *(Spekt)* Plattform-Atomisieren *n*
platinization Platinieren *n*, Platinierung *f*
platinize/to platinieren
platinized platinum electrode platinierte Platinelektrode *f*
platinum Pt Platin *n*
- -**calomel electrode** Platin-Kalomel-Elektrode *f*
- **catalyst** Platinkatalysator *m*, Platinkontakt *m*, Pt-Kontakt *m*
- **cathode** Platinkathode *f*
- **crucible** Platintiegel *m*
- **electrode** Platinelektrode *f*
- -**foil electrode** Platinfolieelektrode *f*
- **gauze** Platindrahtnetz *n*, Platingaze *f*
- **gauze electrode** Platinnetz-Elektrode *f*
- -**graphite electrode** Platin-Graphit-Elektrode *f*
- **indicator electrode** *(Vol)* Platinmeßelektrode *f*
- **loop** Platin[draht]öse *f*
- -**platinum oxide electrode** Platin-Platinoxid-Elektrode *f*
- **sheet** Platinblech *n*
- **thread** Platinfaden *m*
- -**tungsten electrode** Platin-Wolfram-Elektrode *f*
- **wire** Platindraht *m*
- **wire gauze** *s.* ~ **gauze**
- **working cathode** *(Coul)* Platinarbeitskathode *f*

PLB (porous layer beads) *(Flchr)* Dünnschichtteilchen *npl*, oberflächenporöse (schalenporöse) Teilchen *npl*
plot Diagramm *n*
plot/to zeichnen *(ein Diagramm)*; eintragen *(in ein Koordinatensystem)*; aufzeichnen *(eine Kurve)*; auftragen *(eine Variable gegen eine andere)*
PLOT column (porous-layer open-tubular column) *(Gaschr)* Dickschicht[-Kapillar]säule *f*, Dickschichtkapillare *f*, PLOT-Säule *f*
plug Pfropfen *m*

- **flow** *(Flchr)* Pfropfenströmung *f*
- **of vapour** *(Gaschr)* Dampfpfropfen *m*

plutonium Pu Plutonium *n*
PM (phase modulation) Phasenmodulation *f*
PMB column (packed microbore column) *(Chr)* Mikrosäule *f*, gefüllte (gepackte) Kapillarsäule *f*, gepackte Kapillare *f*
P-mode *(Gaschr)* Phosphorbetrieb *m*, P-Betrieb *m*, phosphorselektiver (P-selektiver) Betrieb *m*
PMR (proton magnetic resonance) Protonen[-Kern]resonanz *f*
PMT (photomultiplier tube) Photo[elektronen]vervielfacher *m*, Photomultiplier *m*, Sekundärelektronenvervielfacher *m*, SEV
PND (proton noise decoupling) *(kern Res)* Breitbandentkopplung *f*, BB-Entkopplung *f*, BB, Rauschentkopplung *f*, Protonen[-Breitband]entkopplung *f*, ^{1}H-[Breitband-]Entkopplung *f*, ^{1}H-BB-Entkopplung *f*, ^{1}H-Rauschentkopplung *f*
pneumatic amplifier pump *(Flchr)* Druckverstärkerpumpe *f*, Pumpe *f* mit Druckverstärkung (Druckerhöhung)
- **cell** *(opt Mol)* Golay-Detektor *m*, Golay-Zelle *f*
- **detector** *(opt Mol)* pneumatischer Detektor *m*
- **nebulizer** pneumatischer Zerstäuber *m*
- **pump** pneumatische (gasbetriebene) Pumpe *f*

^{31}**P-NMR spectroscopy** ^{31}P-Kernresonanz-Spektroskopie *f*
POC (particulate organic carbon) organisch gebundener Kohlenstoff *m* der Feststoffteilchen, Kohlenstoffgehalt *m* des Feststoffanteils
Pockels cell *(opt Anal)* Pockels-Zelle *f*
- **effect** Pockels-Effekt *m* *(Änderung der optischen Eigenschaften bestimmter Kristalle in einem elektrischen Feld)*

pointer-type galvanometer Zeigergalvanometer *n*
point of application *(Chr, Elph)* Auftrag[ung]sstelle *f*
- **of change** *(Vol)* Umschlagspunkt *m* *(eines Indikators)*
- **of inflection** Wendepunkt *m* *(einer Kurve)*
- **of neutrality** *(Vol)* Neutralpunkt *m*
- **of regression** *(Stat)* Umkehrpunkt *m*
- **of sampling** Probenahmestelle *f*
- **of scattering** Streuzentrum *n*
- **recorder** Punktschreiber *m*
- **source** punktförmige Lichtquelle *f*
- **to be sampled** Probenahmestelle *f*

poison Gift *n*
poison/to vergiften
poisoning Vergiftung *f*
poisonous toxisch, giftig
poisonousness Toxizität *f*, Giftigkeit *f*
Poisson distribution *(Stat)* Poisson-Verteilung *f*
Poisson's relation *(Stat)* Poissonsches Gesetz *n*
polar polar
- **adsorbent** polares Adsorbens *n*
- **compound** polare Verbindung *f*
- **coordinates** Polarkoordinaten *fpl*

~ group polare Gruppe *f*
polarimeter Polarimeter *n*
polarimetric polarimetrisch
polarimetry Polarimetrie *f*
polar interaction polare Wechselwirkung *f*
polariscope Polarimeter *n*
polarity Polarität *f*
~ index *(Gaschr)* Polaritätsindex *m*
~ paper *(el Anal)* Polreagenzpapier *n*
~ test mixture *(Gaschr)* Polaritätsmischung *f*
polarizability Polarisierbarkeit *f*
~ ellipsoid *(Spekt)* Polarisierbarkeitsellipsoid *n*
polarizable polarisierbar
~ electrode polarisierbare Elektrode *f*
polarization Polarisation *f*, Polarisierung *f*
~ current Polarisationsstrom *m*
~ curve Polarisationskennlinie *f*, Polarisationskurve *f*
~ effect Polarisationseffekt *m*
~ electrode Polarisationselektrode *f*
~ potential Polarisationspotential *n*
~ resistance Polarisations[wirk]widerstand *m*
~ state Polarisationszustand *m*
~ transfer *s.* population transfer
~ voltage Polarisationsspannung *f*
polarize/to polarisieren
polarized cathodically kathodisch polarisiert
~ electrode polarisierte Elektrode *f*
~ light polarisiertes Licht *n*
polarizer Polarisator *m*
polar molecule polares Molekül *n*
polarogram Polarogramm *n*, polarographische Kurve *f*
polarograph Polarograph *m*
polarograph/to polarographieren
polarograph cell *s.* polarographic cell
polarographer Polarographiker *m*, auf dem Gebiet der Polarographie arbeitender Chemiker *m*
polarographic polarographisch
~ analyser polarographisches Analysengerät *n*
~ analysis polarographische Analyse *f*
~ cell polarographische Zelle *f*, polarographisches Gefäß *n*
~ chronoamperometry polarographische Chronoamperometrie *f*
~ circuit polarographischer Stromkreis *m*
~ coulometry polarographische Coulometrie *f*
~ detection polarographischer Nachweis *m*
~ detector polarographischer Detektor *m*
~ determination polarographische Bestimmung *f*
~ maximum polarographisches Maximum *n*
~ method polarographische Methode *f*
~ method of chemical analysis polarographische Analysenmethode *f*
~ reduction polarographische Reduktion *f*
~ theory polarographische Theorie *f*
~ titration amperometrische Titration *f*
~ wave polarographische Stufe (Welle) *f*
polarographist *s.* polarographer

polarograph record Polarographenaufzeichnung *f*
polarography Polarographie *f* • **by alternating-current** ~ wechselspannungspolarographisch
~ cell polarographische Meßzelle (Zelle) *f*, polarographisches Gefäß *n*
~ with superimposed periodic voltage Polarographie *f* mit überlagerter Wechselspannung
~ with superimposed triangular voltage Polarographie *f* mit überlagerter Dreieckspannung, Dreieckspannungspolarographie *f*
polarometric titration amperometrische Titration *f*
polar solvent polares Lösungsmittel *n*
pole piece *(kern Res)* Polschuh *m*
policeman Gummiwischer *m*
pollutant, polluting substance Schadstoff *m*
pollution monitoring Schadstoffmonitoring *n*
polonium Po Polonium *n*
polyacrylamide Polyacrylamid *n*
~ gel Polyacrylamidgel *n*, PAG
~ gel electrophoresis Polyacrylamidgel-Elektrophorese *f*, PAGE
~ gradient *(Elph)* Polyacrylamidgradient *m*
~ gradient gel *(Elph)* Polyacrylamid-Gradientengel *n*, PAGG
~ gradient gel electrophoresis Polyacrylamid-Gradientengel-Elektrophorese *f*, PAA-Gradientengel-Elektrophorese *f*
polyacryloylmorpholine gel Polyacryloylmorpholingel *n*
polyamide Polyamid *n*
polyatomic mehratomig, vielatomig, polyatomig, polyatomar *(Molekül)*
polybasic mehrwertig, mehrprotonig, mehrbasig *(Säure)*
polychlorinated biphenyl polychloriertes Biphenyl *n*, Polychlorbiphenyl *n*, PCB *n*
polychromatic polychromatisch, vielfarbig
~ radiation polychromatische Strahlung *f*
polychromator *(Spekt)* Polychromator *m*
polycrystalline polykristallin
polycyclic aromatic hydrocarbons polycyclische aromatische Kohlenwasserstoffe *mpl*, PAK, polycyclische Aromaten *mpl*, mehrkernige Aromaten *mpl* (Arene *npl*)
polydentate mehrzähnig, vielzähnig, mehrzählig *(Ligand)*
polydextrangel Polydextrangel *n*
polydisperse polydispers
~ polymer uneinheitliches (polydisperses) Polymer *n*
~ sample *(Flchr)* polydisperse (breit verteilte) Probe *f*
polydispersity Polydispersität *f*
~ factor (index) Heterogenität *f* *(von Polymeren)*
polyelectrolyte Polyelektrolyt *m*
polyester Polyester *m*
~ phase *(Chr)* Polyesterphase *f*
polyethylene Polyethylen *n*, PE
~ glycol Polyethylenglykol *n*

polyethylene

~ **glycol adipate** Polyethylenglykoladipat *n*
polyethyleneimine Polyethylenimin *n*, PEI
~ **cellulose** Polyethylenimin-Cellulose *f*, PEI-Cellulose *f*
polyethylene tube Polyethylenrohr *n*, PE-Rohr *n*
polyfunctional polyfunktionell, mehrfunktionell
polyhalogenate/to mehrfach halogenieren
polyhalogenated compound mehrfach halogenierte Verbindung *f*, Polyhalogenverbindung *f*
polyimide belt *(Maspek)* Polyimidförderband *n*
polymer Polymer[e] *n*
~ **chain** Polymerkette *f*
~ **degradation** Polymerabbau *m*
polymeric polymer
~-**based packing** *(Flchr)* polymere Säulenfüllung (Säulenpackung) *f*
~ **chiral phase** *(Chr)* polymere chirale Trennphase *f*, chirale Polymerphase *f*
~ **matrix** polymere Matrix *f*
polymerization Polymerisation *f*
polymerize/to polymerisieren
polymer matrix polymere Matrix *f*
~-**poor phase** polymerarme (verdünnte) Phase *f*, Solphase *f (Fällungsfraktionierung)*
~-**rich phase** polymerreiche (konzentrierte) Phase *f*, Gelphase *f (Fällungsfraktionierung)*
~ **solution** Polymerlösung *f*
~-**solvent interaction** Wechselwirkung *f* Polymer/Lösungsmittel
~ **spectroscopy** Polymeren-Spektroskopie *f*
~ **standard** *(Flchr)* Standardpolymer *n*
polymolecularity correction Polymolekularitätskorrektur *f*
polynuclear mehrkernig, polynuklear
~ **aromatic compounds**, ~ **aromatics** *s.* polycyclic aromatic compounds
~ **complex** Mehrkernkomplex *m*, mehrkerniger (polynuklearer) Komplex *m*
polyphenyl ether Polyphenylether *m*
polyprotic mehrwertig, mehrprotonig, mehrbasig *(Säure)*
polysaccharide Polysaccharid *n*
~ **gel** Polysaccharidgel *n*
polysiloxane phase *(Gaschr)* Polysiloxanphase *f*, Siliconphase *f*
polystyrene Polystyrol *n*, Polystyren *n*, PS
~ **gel** Polystyrolgel *n*
~ **packing** *(Flchr)* Polystyrolsäulenfüllung *f*, Polystyrolsäulenpackung *f*
polythene *s.* polyethylene
polyurethane foam Polyurethanschaum[stoff] *m*
polyvalence, polyvalency Mehrwertigkeit *f*
polyvalent mehrwertig
polyvinyl acetate gel Polyvinylacetatgel *n*
~ **chloride** Polyvinylchlorid *n*, PVC
P only of operation *(Gaschr)* P-Betrieb *m (eines thermionischen Detektors)*
pool cathode *(Elgrav)* Flüssigkathode *f*, flüssige Kathode *f*

~ **electrode** *(Pol)* Pool-Elektrode *f*, Bodenelektrode *f*
poorly defined schlecht (mangelhaft) definiert *(Verbindung)*
~ **reproducible** schlecht (schwer) reproduzierbar
populate/to besetzen, bevölkern, populieren *(ein Energieniveau)*
population 1. Besetzung *f*, Population *f (eines Energieniveaus)*; 2. *(Stat)* Grundgesamtheit *f*
~ **change** Populationsänderung *f*
~ **density** Besetzungsdichte *f*
~ **difference** Besetzungs[zahl]unterschied *m*, Besetzungszahldifferenz *f*, Populationsdifferenz *f*
~ **distribution** 1. Populationsverteilung *f*; 2. *(Stat)* Verteilung *f* der Grundgesamtheit
~ **inversion** Besetzungsinversion *f*, Populationsumkehr *f*
~ **mean** *(Stat)* Mittelwert *m* der Grundgesamtheit
~ **parameter** *(Stat)* Parameter *m* der Grundgesamtheit, Populationsparameter *m*
~ **standard deviation** *(Stat)* Standardabweichung *f* einer Grundgesamtheit
~ **transfer** *(kern Res)* Populationstransfer *m*, Polarisationstransfer *m*, Polarisationsübertragung *f*, Magnetisierungstransfer *m*, Kohärenztransfer *m*, Kohärenzübertragung *f*
p orbital p-Orbital *n*
porcelain basin Porzellan[abdampf]schale *f*
~ **boat** Porzellanschiffchen *f*
~ **crucible** Porzellantiegel *m*
~ **evaporating basin (dish)** Porzellan[abdampf]schale *f*
~ **filter** Porzellanfilter *n*
~ **filter (filtering) crucible** Porzellanfiltertiegel *m*
~ **tank** Porzellanbehälter *m*
pore Pore *f*
~ **depth** Porentiefe *f*
~ **diameter** Porendurchmesser *m*
~ **dimensions** Porendimensionen *fpl*
~ **geometry** Porengeometrie *f*
~ **gradient** *(Elph)* Porengradient *m*
~-**gradient electrophoresis** Gradientengel-Elektrophorese *f*, Porengradientengel-Elektrophorese *f*
~-**limit gel electrophoresis** *s.* ~-gradient electrophoresis
~ **radius** Porenradius *m*
~ **size** Porenweite *f*, Porengröße *f*
~-**size determination** Porengrößenbestimmung *f*
~-**size distribution** Porengrößenverteilung *f*
~ **space** Porenraum *f*
~ **structure** Porenstruktur *f*
~ **surface area** innere Oberfläche *f* der Poren
~ **system** Porensystem *n*
~ **volume** Porenvolumen *n*
~-**volume distribution** Porenvolumenverteilung *f*
porosity 1. Porosität *f*, Porigkeit *f*; 2. Porosität *f*, Durchlässigkeit *f*

porous 1. porös, porig, mit Poren versehen; 2. porös, durchlässig
  ~ **anode** poröse Anode f
  ~ **glass** poröses Glas n
  ~ **layer beads** *(Flchr)* Dünnschichtteilchen npl, oberflächenporöse (schalenporöse) Teilchen npl
  ~-**layer open-tube column** *(Gaschr)* Dickschicht[-Kapillar]säule f, Dickschichtkapillare f, PLOT-Säule f
  ~-**layer open-tubular column** s. ~-layer open-tube column
  ~ **matrix** poröse Matrix f
  ~ **membrane** poröse Membran f
  ~ **particle** *(Flchr)* vollporöses (durchgängig poröses, kernporöses, poröses) Teilchen n
  ~ **polymer** poröses Polymer n
  ~ **polymer[ic] beads** poröse Kunststoffperlen fpl
  ~-**porcelain [filtering] crucible** Porzellanfiltertiegel m
  ~ **silica [gel]** poröses Kieselgel n
  ~ **structure** Porenstruktur f
  ~ **system** Porensystem n
porphyrin Porphyrin n
portable gas chromatograph tragbarer Gaschromatograph m
portion 1. Teil m, Anteil m, Komponente f; 2. Portion f, abgemessene Menge f, Quantum n • in portions portionsweise
portionwise portionsweise
position Lage f, Stellung f, Position f
  ~ **isomer** Stellungsisomer[es] n
positional isomer Stellungsisomer n
position of the wave *(Pol)* Stufenlage f
positive charge positive Ladung f
  ~ **chemical ionization** *(Maspek)* positive chemische Ionisation f, PCI
  ~ **displacement pump** Verdrängerpumpe f, Verdrängungspumpe f
  ~ **drift** *(Meß)* positive Drift f *(der Basislinie)*
  ~ **electron** Positron n, positives Elektron n
  ~ **ion** *(Maspek)* positives Ion n
positively charged positiv geladen
positive temperature coefficient *(el Anal)* positiver Temperaturkoeffizient m
positron Positron n, positives Elektron n
post-column derivatization *(Chr)* Nachsäulenderivatisierung f, post-chromatographische Derivatisierung f, Post-column-Derivatisierung f, Derivatisierung f nach der Trennsäule
  ~-**column reaction** *(Chr)* Nachsäulenreaktion f
  ~-**column reaction detector** *(Chr)* Reaktionsdetektor m, Post-column-Reaktor m, Nachsäulenreaktor m
  ~-**column reactor** s. ~-column reaction detector
  ~-**period** Nachperiode f, Nachversuch m *(einer kalorimetrischen Messung)*
  ~-**precipitate/to** *(Grav)* nachfällen
  ~-**precipitation** *(Grav)* Nachfällung f
potable standards s. potable water standards
  ~ **water** Trinkwasser n
  ~ **water quality** Trinkwassergüte f, Trinkwasserqualität f
  ~ **water standards** Trinkwasser-Standard m, Gütebedingungen fpl für Trinkwasser
potassium K Kalium n
  ~ **bromate** Kaliumbromat n
  ~ **carbonate** Kaliumcarbonat n, Pottasche f
  ~ **chloride** Kaliumchlorid n
  ~ **chloride solution** Kaliumchloridlösung f
  ~ **chromate** Kaliumchromat n
  ~ **dichromate** Kaliumdichromat n
  ~ **hydrogeniodate** Kaliumhydrogeniodat n, Monokaliumiodat n
  ~ **hydrogenphthalate** Kaliumhydrogenphthalat n, Monokaliumphthalat n
  ~ **iodate** Kaliumiodat n
  ~ **permanganate** Kaliumpermanganat n, Kaliummanganat(VII) n
  ~ **thiocyanate** Kaliumthiocyanat n
potent stark wirkend, wirksam
potential Potential n
  ~ **break** Potentialinversion f
  ~ **change** Potentialänderung f, Potentialwechsel m
  ~ **control** Potentialregelung f
  ~-**controlled deposition** potentialgeregeltes (potentialkontrolliertes) Abscheiden n
  ~-**determining ion** potentialbestimmendes Ion n
  ~ **difference** Potentialdifferenz f, Potentialunterschied m
  ~ **distribution** Potentialverteilung f
  ~ **drop** Potentialabfall m, Potentialrückgang m
  ~ **energy** potentielle Energie f, Lageenergie f, Zustandsenergie f
  ~ **establishment** Potentialherstellung f
  ~ **gradient** Potentialgradient m, Potentialgefälle n
  ~-**gradient detector** *(Elph)* Potentialgradientendetektor m
  ~ **jump** Potentialsprung m
  ~ **measurement** Potentialmessung f
  ~ **mediator** *(Vol)* Potentialvermittler m
  ~ **of the cell** Zellenpotential n
  ~ **pattern recognition** *(Spekt)* potentielle Strukturerkennung f
  ~ **range** Potentialbereich m
  ~ **rise** Potentialanstieg m
  ~-**scanning coulometry** Coulometrie f mit kontinuierlich geändertem Potential
  ~-**step chronocoulometry** Chronocoulometrie f
  ~ **sweep** Potentialsweep m, Potentialvorschub m
  ~-**volume signal** Potential-Volumen-Signal n
potentiometer Potentiometer n
  ~ **circuit** Spannungsteilerschaltung f
potentiometric analysis potentiometrische Analyse f, (i.e.S.) potentiometrische Maßanalyse (Titration) f
  ~ **cell** potentiometrische Zelle f
  ~ **circuit** potentiometrischer Stromkreis m

potentiometric 156

- ~ **coulometric titration** potentiometrische coulometrische Titration *f*
- ~ **detection** potentiometrische Detektion *f*
- ~ **detector** potentiometrischer Detektor *m*
- ~ **EDTA titration** potentiometrische Titration *f* mit EDTE
- ~ **electrode** potentiometrische Elektrode *f*
- ~ **end-point detection** *(Vol)* potentiometrische Endpunktbestimmung *f*
- ~ **indication** potentiometrische Indikation *f*
- ~ **ion-selective sensor** potentiometrischer ionensensitiver Sensor *m*
- ~ **measurement** potentiometrische Messung *f*
- ~ **neutralization titration** potentiometrische Neutralisationstitration *f*
- ~ **process analyzer** potentiometrisches Prozeßanalysengerät *n*
- ~ **redox titration** potentiometrische Redoxtitration *f*
- ~ **redox titrimetry** potentiometrische Redoxtitrimetrie *f*
- ~ **selectivity coefficient** potentiometrischer Selektivitätskoeffizient *m*
- ~ **sensor** potentiometrischer Sensor *m*
- ~ **stripping analysis** potentiometrische Stripping-Analyse *f*
- ~ **titration** potentiometrische Titration *f*
- ~ **titration curve** potentiometrische Titrationskurve *f*
- ~ **weight titration** potentiometrische Gewichtstitration *f*

potentiometry Potentiometrie *f*
potentiostat Potentiostat *m*
potentiostatic potentiostatisch, bei konstantem Potential

- ~ **coulometry** Coulometrie *f* bei konstantem Potential, potentialkontrollierte (potentiostatische) Coulometrie *f*
- ~ **method** potentiostatische Methode *f*, potentiostatisches Verfahren *n*
- ~ **polarography** potentiostatische Polarographie *f*

pound-force per square inch *(UK, US, SI-fremde Einheit des Drucks, 1 lbf in^{-2} = 1 psi = 6,8947 kPa)*
pour/to gießen, schütten; *(Elph)* gießen (Gele)

- ~ **off** [ab]dekantieren, [vorsichtig] abgießen *(überstehende Flüssigkeit)*

powder Pulver *n*, Mehl *n*
powder/to pulverisieren, [zer]pulvern
powdered pulv[e]rig, pulverförmig

- ~ **sample** Pulverprobe *f*

powder-form pulv[e]rig, pulverförmig

- ~ **sample** Pulverprobe *f*

powdery pulv[e]rig, pulverförmig
power-loss factor Verlustleistungsfaktor *m*, Leistungsverlustfaktor *m (Hochfrequenztitration)*

- ~ **source** Stromquelle *f*
- ~ **spectrum** Magnitudenspektrum *n*
- ~ **supply** Stromversorgung *f*

POX (purgeable organic halogens) austreibbarer (flüchtiger) Anteil *m* an organischen Halogenverbindungen, flüchtige halogenorganische Verbindungen *fpl*
ppb (parts per billion) Teile *mpl* je Billion Teile *(10^{12}); (US)* Teile *mpl* je Milliarde Teile *(10^9)*

- ~ **concentration** *(Spur)* ppb-Konzentration *f*
- ~ **range** *(Spur)* ppb-Bereich *m*

ppm (parts per million) Teile *mpl* je Million Teile *(10^6)*

- ~ **concentration** *(Spur)* ppm-Konzentration *f*
- ~ **level** *(Spur)* ppm-Niveau *n*

ppq (parts per quadrillion) *(US)* Teile *mpl* je Billiarde Teile *(10^{15})*
ppt 1. (parts per trillion) Teile *mpl* je Trillion Teile *(10^{18}); (US)* Teile *mpl* je Billion Teile *(10^{12})*; 2. (parts per thousand) Teile *mpl* je tausend Teile *(10^3)*, pro mille
pptn. *s.* precipitation
p-quantile *(Stat)* Quantil (Fraktil) *n* der Ordnung p, Quantil *n* p-ter Ordnung, p-Quantil *n*, p-Fraktil *n*
practical analyst *s.* practising analyst

- ~ **capacity** Nutzkapazität *f*, nutzbare Kapazität *f (eines Ionenaustauschers)*
- ~ **operating gas velocity** *(Gaschr)* praktische Trägergasgeschwindigkeit *f*
- ~ **specific capacity** *s.* ~ capacity

practising analyst praktisch (in der Praxis) tätiger Analytiker *m*
praseodymium Pr Praseodym *n*
preamplification Vorverstärkung *f*
preamplifier Vorverstärker *m (eines analogen Schnittstellenmoduls)*
prearc period *(opt At)* Vorbrandzeit *f*
precathodization *(Pol)* kathodische Vorbehandlung *f*
precess/to *(mag Res)* präzedieren
precession *(mag Res)* Präzession *f*
precipitant Fällungsmittel *n*, Fällungsreagens *n*
precipitate [chemischer] Niederschlag *m*, Bodenkörper *m*, Fällung *f*
precipitate/to [aus]fällen, präzipitieren; abscheiden *(Niederschläge)*; ausfallen
precipitating reagent Fällungsmittel *n*, Fällungsreagens *n*

- ~ **solution** Fällungslösung *f*

precipitation Fällung *f*, Fällen *n*, Ausfällen *n*, Präzipitation *f*, Präzipitieren *n*; Abscheiden *n*, Abscheidung *f (von Niederschlägen)*; Ausfallen *n*

- ~ **analysis** Fällungs[maß]analyse *f*, Fällungsmethode *f*
- ~ **arc** *(Elph)* Präzipitatbogen *m*
- ~ **chromatography** Fällungschromatographie *f*, FC
- ~ **equilibrium** Fällungsgleichgewicht *n*
- ~ **fractionation** Fäll[ungs]fraktionierung *f*
- ~ **from homogeneous solution** Fällung *f* aus homogenen Lösungen (Systemen)
- ~ **indicator** Fällungsindikator *m*

~ **line** *(Elph)* Präzipitat[ions]linie *f*
~ **process** Fällungsvorgang *m*
~ **reaction** Fällungsreaktion *f*
~ **reagent** Fällungsmittel *n*, Fällungsreagens *n*
~ **titration** Fällungstitration *f*
precipitin reaction *(Elph)* Präzipitinreaktion *f*
precision Präzision *f*, Genauigkeit *f (Streuung von Meßwerten)*
~ **analysis** Präzisionsanalyse *f*
~ **balance** Präzisionswaage *f*
~ **null-point potentiometry** Differenzpotentiometrie *f*, Differentialpotentiometrie *f*
~ **of indication** Anzeigegenauigkeit *f*
~ **potentiometer** Präzisionspotentiometer *n*
~ **resistance box** Präzisionswiderstandskasten *m*
~ **resistor** Meßwiderstand *m*, Präzisionswiderstand *m*
precoated plate [DC-]Fertigplatte *f*
pre-column *(Chr)* Vorsäule *f*
~-**column derivatization** *(Chr)* Vorsäulenderivatisierung *f*, Derivatisierung *f* vor der Trennsäule
preconcentrate/to [vor]anreichern, vorkonzentrieren *(Bestandteile)*
preconcentration Vorkonzentrierung *f*, Vorkonzentration *f*, Voranreicherung *f*, Anreicherung *f (von Bestandteilen)*
~ **process** *(Pol)* Anreicherungsvorgang *m*
~ **step** *(Pol)* Anreicherungsschritt *m*
precursor *(rad Anal)* Mutternuklid *n*, Mutter *f*
~ **ion** *(Maspek)* Vorläuferion *n*, Mutterion *n*, Elternion *n*
~ **ion scan** *(Maspek)* Eltern-Scan *m*
~ **ion spectrum** *(Maspek)* Elternionenspektrum *n*
predict/to voraussagen, vorhersagen
prediction Voraussage *f*, Vorhersage *f*
pre-electrolysis [step] *(Pol)* Vorelektrolyse *f*, Anreicherungselektrolyse *f*
~-**electrolysis time** Vorelektrolysezeit *f*, Vorelektrolysedauer *f*
~-**exponential factor** präexponentieller Faktor *m*, Präexponentialfaktor *m (der Arrhenius-Gleichung)*
preferential adsorption bevorzugte (selektive) Adsorption *f*
~ **orientation** Vorzugsorientierung *f*
~ **solvation** selektive Solvatation *f*
~ **sorption** bevorzugte (selektive) Sorption *f*
preferred acceptable quality level *(Proz)* bevorzugte annehmbare Qualitätsgrenzlage *f*, Vorzugs-AQL *f*
prefilter Vorfilter *n*
prefiltration Vorfiltration *f*
pre-formed [density] gradient *(Sed)* vor Beginn der Zentrifugation erzeugter Gradient *m*, vorgeformter (geschichteter) Gradient *m*
Pregl combustion method *(or Anal)* Pregl-Methode *f (zur Bestimmung von Kohlenstoff und Wasserstoff in organischen Verbindungen)*
~ **procedure** *s.* Pregl combustion method

preheat/to vorwärmen, anwärmen, vorerhitzen
pre-ionization *(Maspek)* Autoionisation *f*, Präionisation *f*, Selbstionisation *f*, Eigenionisation *f*
preliminary derivatization *(Chr)* Vorsäulenderivatisierung *f*, Derivatisierung *f* vor der Trennsäule
~ **estimate** *(Stat)* vorläufiger Schätzwert *m*
~ **examination** Voruntersuchung *f*
~ **fractionation** *(Flchr)* Vorfraktionierung *f*
~ **inspection** *s.* ~ **test**
~ **investigation** Voruntersuchung *f*
~ **test** Vorprüfung *f*, Vorversuch *m*, Vorprobe *f*
~ **treatment** Vorbehandlung *f*
premix/to vormischen
premix burner (chamber burner) *(opt At)* Mischkammerbrenner *m*
~ **gas chamber** *(opt At)* Vorkammer *f*
pre-oxidation vorherige (vorhergehende) Oxidation *f*
~-**oxidize/to** vorher oxidieren
preparation Vorbereiten *n*, Vorbereitung *f*, Aufbereitung *f*, Aufarbeitung *f*; Vorbehandlung *f*; Herstellung *f*, Ansetzen *n*, Zubereitung *f*, Bereitung *f*; Haltbarmachen *n*, Präparieren *n*
~ **of specimens** Probenvorbereitung *f*, Proben[auf]bereitung *f*, Probenaufarbeitung *f*, Probenpräparation *f*
~ **period** *(kern Res)* Präparationsphase *f (zweidimensionale NMR-Spektroskopie)*
preparatory treatment Vorbehandlung *f*
prepare/to vorbereiten, aufbereiten, aufarbeiten; vorbehandeln; herstellen, ansetzen, [zu]bereiten; haltbar machen, präparieren
~ **freshly** frisch zubereiten
prep-scale separation präparative Trennung *f*
prerequisit Voraussetzung *f*
presaturation *(kern Res)* Vorsättigung *f*
preservation Konservieren *n*, Konservierung *f*, Haltbarmachung *f*, Frischhaltung *f*
~ **method** Konservierungsverfahren *n*
~ **of samples** Probenkonservierung *f*
preservative konservierend
preservative [agent] Konservierungsmittel *n*, Konservierungsstoff *m*
preserve/to konservieren, haltbar machen
prespark period *(opt At)* Vorfunkzeit *f*
press/to auspressen
press cake Preßkuchen *m*
pressed disc *(Spekt)* Preßling *m*, Tablette *f*
pressure Druck *m*
~ **broadening** Stoßverbreiterung *f*, Druckverbreiterung *f (von Spektrallinien)*
~ **control** Druckregler *m*, Druckregelgerät *n*
~ **difference** Druckdifferenz *f*, Druckunterschied *m*
~ **drop** Druckabfall *m*
~ **drop along the column** *(Chr)* Druckabfall *m* entlang (über, an, in) der Säule
~ **equalization** Druckausgleich *m*
~ **equilibrium** Druckgleichgewicht *n*
~ **fluctuation** Druckschwankung *f*

pressure 158

- ~ **gauge** Manometer n, Druckmesser m
- ~ **gradient** (Chr) Druckgradient m, Druckgefälle n
- ~ **gradient [correction] factor** (Gaschr) Druckkorrekturfaktor m, Martin-Faktor m
- ~ **head** Betriebsdruck m, Arbeitsdruck m
- ~-**jump technique** (Katal) Drucksprungmethode f
- ~ **programme** (Chr) Druckprogramm n
- ~ **programming** (Chr) Druckprogrammierung f
- ~ **reduction** Druckverminderung f
- ~ **regulator** Druckregler m, Druckregelgerät n

pressurized Soxhlet extractor Hochdruck-Soxhlet-Extraktor m, Hochdrucksoxhlet m
pretitration (Coul) Vortitration f
pretreat/to vorbehandeln, präparieren
pretreatment Vorbehandlung f
- ~ **reaction** Vorbehandlungsreaktion f

preventive solution (Vol) Reinhardt-Zimmermann-Lösung f (Phosphorsäure, Schwefelsäure und Mangan(II)-sulfat)
primary amine primäres Amin n
- ~ **coil** (Kond) Primärspule f
- ~ **dissociation constant** erste Dissoziationskonstante f
- ~ **electrode** Primärelektrode f
- ~ **electron** Primärelektron n, primäres Elektron n
- ~ **excitation** (Spekt) Primäranregung f
- ~ **filter** (Spekt) Primärfilter n
- ~ **hydration shell** primäre Hydrat[ations]hülle f, erste Hydratationshülle f, Sphäre f primärer (der primären) Hydratation
- ~ **ion** Primärion n, primäres Ion n, Hauption n
- ~ **radiation** Primärstrahlung f
- ~ **reaction** Primärreaktion f
- ~ **sample** Rohprobe f
- ~ **solvation** primäre (spezifische) Solvatation f, Koordinationssolvatation f
- ~ **solvation shell** primäre Solvat[ations]hülle f, erste Solvatationshülle f
- ~ **standard [substance]** (Vol) Urtitersubstanz f, Urtiter m
- ~ **X-ray** primärer Röntgenstrahl m

principal axis Hauptachse f
- ~ **axis of inertia** (Spekt) Hauptträgheitsachse f
- ~-**axis system** (Spekt) Hauptachsensystem n
- ~ **component** Hauptkomponente f
- ~ **component analysis** Hauptkomponentenanalyse f
- ~ **components model** (Stat) Hauptkomponentenmodell n
- ~ **components regression analysis** (Stat) Hauptkomponentenregressionsanalyse f
- ~ **ion** s. primary ion
- ~ **quantum number** (Spekt) Hauptquantenzahl f
- ~ **reaction** Hauptreaktion f
- ~ **series** (Spekt) Hauptserie f

principle of measurement Meßprinzip n
printer plotter Printer-Plotter m
prior processing (treatment) Vorbehandlung f
- ~ **wave** (el Anal) Vorwelle f

prism Prisma n
- ~-**dispersive spectrum** s. ~ spectrum
- ~ **instrument** (Spekt) Prismengerät n
- ~ **monochromator** (Spekt) Prismenmonochromator m
- ~ **spectrograph** Prismenspektrograph m
- ~ **spectrometer** Prismenspektrometer n
- ~ **spectrum** Prismenspektrum n

probabilistic (Stat) probabilistisch, wahrscheinlich, mit Wahrscheinlichkeitscharakter
probability (Stat) Wahrscheinlichkeit f
- ~ **calculus** Wahrscheinlichkeitsrechnung f
- ~ **curve** Wahrscheinlichkeitskurve f
- ~ **density** Wahrscheinlichkeitsdichte f
- ~ **density distribution** Wahrscheinlichkeitsdichteverteilung f
- ~ **density function** Wahrscheinlichkeitsdichtefunktion f
- ~ **distribution** Wahrscheinlichkeitsverteilung f
- ~ **distribution function** Wahrscheinlichkeitsverteilungsfunktion f
- ~ **factor** Wahrscheinlichkeitsfaktor m
- ~ **for exceeding** Überschreitungswahrscheinlichkeit f
- ~ **frequency function** Wahrscheinlichkeitshäufigkeitsfunktion f
- ~ **integral** Wahrscheinlichkeitsintegral n
- ~ **law** Wahrscheinlichkeitsgesetz n
- ~ **limit** Wahrscheinlichkeitsgrenze f, stochastisch definierte Grenze f
- ~ **of acceptance** Annahmewahrscheinlichkeit f
- ~ **of error** Fehlerwahrscheinlichkeit f, Irrtumswahrscheinlichkeit f
- ~ **of finding a particle** Aufenthaltswahrscheinlichkeit f
- ~ **of rejection** Rückweisewahrscheinlichkeit f
- ~ **paper** Wahrscheinlichkeitspapier n, Häufigkeitspapier n (mit Wahrscheinlichkeitseinteilung)
- ~ **statement** Wahrscheinlichkeitsaussage f
- ~ **theory** Wahrscheinlichkeitstheorie f

probable (Stat) probabilistisch, wahrscheinlich, mit Wahrscheinlichkeitscharakter
- ~ **error** wahrscheinlicher Fehler m

probe Sonde f; (Chr) Probe f mit definierten Eigenschaften
- ~ **atomization** (opt At) Sonden-Atomisieren n
- ~ **characteristic** Sondencharakteristik f
- ~ **electrode** Sondenelektrode f, Meßfühlerelektrode f
- ~ **measurement** Sondenmessung f

procedural manual Methodenhandbuch n
procedure Arbeitstechnik f, Arbeitsverfahren n, Technik f, Verfahren n
proceed/to fortschreiten, vonstatten gehen, verlaufen (Reaktionen)
process/to verarbeiten, bearbeiten (Meßdaten)
process Prozeß m, Verfahren n
- ~ **analyser** Prozeßanalyse[n]gerät n
- ~ **analyser measurement** Messung f mit Prozeßanalysengeräten

promethium

~ **analysis** Prozeßanalyse f
~ **analysis method** Prozeßanalysenmethode f
~ **analysis of water** Wasser-Prozeßanalyse f
~ **analytical method** Prozeßanalysenmethode f
~ **automation** Prozeßautomatisierung f, Verfahrensautomatisierung f
~ **average** Prozeßdurchschnitt m, mittlere Fertigungsgüte f
~ **computer** Prozeßrechner m
~ **conductivity analyser** Leitfähigkeits-Prozeßanalysengerät n
~ **conductivity sensor** Leitfähigkeitssensor m für Prozeßanalysen, Prozeßanalysen-Leitfähigkeitssensor m
~ **control** Prozeßsteuerung f, Prozeßkontrolle f; Prozeßregelung f
~ **control computer** Prozeßrechner m
~-**controlled** prozeßgeregelt
~ **controller** Prozeßregler m
~ **control set point** Prozeßsteuerungssollwert m
~ **control system** Prozeßregelsystem n
~ **design** Prozeßgestaltung f
~ **engineering** Prozeßtechnik f, Verfahrenstechnik f
~ **equipment** Prozeßausrüstung f
~ **flow** Fertigungsfluß m
~ **gas** Prozeßgas n
~ **gas chromatograph** Prozeßgaschromatograph m
~ **gas chromatography** Prozeßgaschromatographie f
~ **infrared analyser** Infrarot-Prozeßanalysengerät n
processing of measured data Meßwertverarbeitung f
~ **stage** s. process stage
~ **step** s. process step
process instrumentation instrumentelle Prozeßanalysenausrüstung f, Prozeßanalysengeräteausrüstung f
~ **mass spectrometry** Prozeß-Massenspektrometrie f
~ **microcomputer** Prozeßmikrorechner m
~ **moisture analyser** Prozeß-Feuchtigkeitsanalysengerät n
~ **monitoring** Prozeßüberwachung f
~ **out of control** nicht beherrschter Prozeß m
~ **photometric analyser** photometrisches Prozeßanalysengerät n
~ **quality control** Qualitätssteuerung f eines Prozesses
~ **quantity** Prozeßgröße f
~ **refractometer** Prozeß-Refraktometer n
~ **sample component** Prozeßprobenbestandteil m
~ **sample inlet** Prozeßprobeneinlaß m
~ **simulation** Prozeßsimulierung f
~ **specification** Prozeßspezifikation f, Prozeßvorschrift f
~ **stage** Verfahrensstufe f, Prozeßstufe f

~ **state variable** Prozeßzustandsgröße f
~ **step** Verfahrensschritt m, Prozeßschritt m
~ **stream** Verfahrensstrom m, Prozeßstrom m
~ **stream analysis** Verfahrensstromanalyse f
~ **stream pipeline** Verfahrensstromleitung f, Rohrleitung f für den Verfahrensstrom
~ **titration** Prozeßtitration f
~ **titrator (titrimetric analyzer)** Prozeßtitrator m
~ **TOC analyser** Prozeßanalysengerät n für organisch gebundenen Kohlenstoff
~ **tolerance** Prozeßtoleranz f
~ **total organic carbon monitor** TOC-Prozeßüberwachungsgerät n
~ **turbidimeter** Prozeßturbidimeter n
~ **under control** beherrschter Prozeß m
~ **variable** Prozeßvariable f
~ **water** Prozeßwasser n, Produktionswasser n
product fouling Produktverschmutzung f
~ **gas** Produktgas n
~ **ion** (Maspek) Tochterion n
~ **ion scan** (Maspek) Tochter-Scan m
~ **ion spectrum** (Maspek) Tochterionenspektrum n
~ **of combustion** Verbrennungsprodukt n
~ **operator** Produktoperator m
~ **operator formalism** Produktoperatorformalismus m
~ **quality** (Proz) Produktqualität f
~ **specification** (Proz) Fertigungsspezifikation f, Fertigungsvorschrift f
progenitor ion (Maspek) Vorläuferion n, Mutterion n, Elternion n
programmable recorder programmierbarer Schreiber m
programmed-current chronopotentiometry stromprogrammierte Chronopotentiometrie f
~-**flow gas chromatography** strömungsprogrammierte Gaschromatographie f
~-**pressure gas chromatography** druckprogrammierte Gaschromatographie f
~-**temperature chromatography** temperaturprogrammierte Chromatographie f
~-**temperature gas chromatography** temperaturprogrammierte Gaschromatographie f
~-**temperature separation** temperaturprogrammierte Trennung f
~-**temperature vaporizer** (Gaschr) temperaturprogrammierter Verdampfungsinjektor m
progressively connected transitions s. ~ linked transitions
~ **linked lines** (kern Res) progressiv verbundene (verknüpfte) Linien fpl
~ **linked transitions** (kern Res) progressiv verknüpfte Übergänge mpl
progress of reaction Reaktionsverlauf m, Reaktionsablauf m
projection Projektion f
~ **length** Projektionslänge f
promethium Pm Promethium n

prompt neutron *(rad Anal)* promptes Neutron *n*
proof Reagenzglas *n*, Probierglas *n*
propane-air flame Propan-Luft-Flamme *f*
[*n*-]propanol Propanol *n*, Propylalkohol *m*, *n*-Propanol *n*
propan-2-ol, 2-propanol 2-Propanol *n*, Isopropanol *n*
2-propanone Aceton *n*, 2-Propanon *n*
propene nitrile Acrylnitril *n*, Propennitril *n*, Vinylcyanid *n*
property Eigenschaft *f*
~ **of state** Zustandsgröße *f*
propionate Propionat *n*
proportion Teil *m*, Anteil *m*, Komponente *f*
proportional detector Differentialdetektor *m*, differentieller Detektor *m*
proportionality constant Proportionalitätskonstante *f*
~ **factor** Proportionalitätsfaktor *m*
proportional signal Differenzsignal *n*
proportion by volume Volumenverhältnis *n*
propyl alcohol Propanol *n*, Propylalkohol *m*, *n*-Propanol *n*
protactinium Pa Protactinium *n*
protective colloid Schutzkolloid *n*
~ **film** Schutzfilm *m*, Schutzhaut *f*, dünne Schutzschicht *f*
~ **measure** Schutzmaßnahme *f*
protein Protein *n*, Eiweiß *n*, Eiweißstoff *m*, Eiweißkörper *m*
~ **band** *(Elph)* Proteinbande *f*, Proteinzone *f*
~ **digest (hydrolysate)** Proteinhydrolysat *n*
~ **isolation** Proteinisolierung *f*
~ **mixture** Proteingemisch *n*
~ **pattern** *(Elph)* Proteinmuster *n*
~ **separation** Proteintrennung *f*
~ **solution** Proteinlösung *f*
protic prot[on]isch
~ **dipolar solvent** dipolares protisches Lösungsmittel *n*
~ **solvent** protisches Lösungsmittel *n*
protogenic protogen, protonenliefernd, protonenabgebend
~ **solvent** protogenes Lösungsmittel *n*
protolysis Protolyse *f*, protolytische Reaktion *f*, Hydrolyse *f* *(eines Salzes)*
protolyte Protolyt *m*
protolytic protolytisch
~ **reaction** *s.* protolysis
proton Proton *n*, Wasserstoffkern *m*, ^{1}H-Kern *m*
~ **acceptor** Protonenakzeptor *m*
~ **affinity** Protonenaffinität *f*
protonate/to protonieren
protonation Protonierung *f*
~ **equilibrium** Protonenaustauschgleichgewicht *n*, Protolysegleichgewicht *n*, protolytisches Gleichgewicht *n*
proton-carbon coupling *(kern Res)* C,H-Kopplung *f*

~ **chemical shift** *(kern Res)* Protonenverschiebung *f*, ^{1}H-chemische Verschiebung *f*
~~**-decoupled** *(kern Res)* protonenentkoppelt
~ **decoupled carbon-13 spectrum** *(kern Res)* ^{1}H-Breitband-entkoppeltes ^{13}C-Spektrum *n*, ^{1}H-BB-entkoppeltes ^{13}C-NMR-Spektrum *n*, ^{1}H-entkoppeltes ^{13}C-[NMR-]Spektrum *n*, protonenentkoppeltes ^{13}C-Spektrum *n*
~~**-decoupled ^{13}C spectrum** *s.* ~ decoupled carbon-13 spectrum
~~**-decoupled proton spectrum** ^{1}H-entkoppeltes ^{1}H-NMR-Spektrum *n*
~~**-decoupled spectrum** *(kern Res)* protonenentkoppeltes Spektrum *n*
~ **decoupling** *(kern Res)* Breitbandentkopplung *f*, BB-Entkopplung *f*, BB, Rauschentkopplung *f*, Protonen[-Breitband]entkopplung *f*, ^{1}H-[Breitband-]Entkopplung *f*, ^{1}H-BB-Entkopplung *f*, ^{1}H-Rauschentkopplung *f*
~ **donor** Protonendonator *m*
~ **exchange** *(kern Res)* Protonenaustausch *m*
~~**-excited Auger electron spectroscopy** protonenangeregte Auger-Elektronenspektroskopie *f*
~ **magnetic resonance** *s.* ~ resonance
~ **magnetic resonance spectroscopy** ^{1}H-[NMR-]-Spektroskopie *f*, ^{1}H-Kernresonanzspektroskopie *f*, Protonenresonanzspektroskopie *f*, Protonen-NMR-Spektroskopie *f*
~ **magnetic [resonance] spectrum** *s.* ~ resonance spectrum
~ **magnetization** *(kern Res)* Protonenmagnetisierung *f*, ^{1}H-Magnetisierung *f*
~ **mass** Protonenmasse *f*
~ **multiplet** *(kern Res)* Protonenmultiplett *n*
~ **NMR spectrum** *s.* ~ resonance spectrum
~ **noise decoupling** *s.* ~ decoupling
~ **number** Ordnungszahl *f*, Z, Kernladungszahl *f*, Atomnummer *f*, Protonenzahl *f*
~ **pair** Protonenpaar *n*
~~**-proton coupling** *(kern Res)* H,H-Kopplung *f*, Protonenkopplung *f*
~~**-proton coupling constant** *(kern Res)* H,H-Kopplungskonstante *f*
~~**-proton dipolar coupling** *s.* ~~-proton coupling
~~**-proton distance** Protonenabstand *m*
~~**-proton interaction** *s.* ~~-proton coupling
~ **ratio** Protonenverhältnis *n*
~ **resonance** Protonen[-Kern]resonanz *f*
~ **resonance frequency** Protonen-Resonanzfrequenz *f*, ^{1}H-Resonanzfrequenz *f*
~ **resonance signal** ^{1}H-NMR-Signal *n*, H-Signal *n*, Protonensignal *n*
~ **resonance spectrum** Protonenresonanzspektrum *n*, ^{1}H-NMR-Spektrum *n*
~ **signal** *s.* ~ resonance signal
~ **spectrum** *s.* ~ resonance spectrum
~ **spin** Protonenspin *m*, ^{1}H-Kernspin *m*
~ **spin system** Protonenspinsystem *n*
~ **transfer** Protonenübertragung *f*

~ **transmitter** *(kern Res)* ¹H-Sender *m*
protophilic protophil, Protonen aufnehmend (anlagernd)
~ **solvent** protophiles Lösungsmittel *n*
provisional mean *(Stat)* provisorischer (angenommener) Mittelwert *m*
PS 1. (pulse sequence) Impulssequenz *f*, Impulsfolge *f*, Pulssequenz *f*, Pulsfolge *f*; 2. (photoelectron spectroscopy) Photoelektronenspektroskopie *f*, PES
PSA (potentiometric stripping analysis) potentiometrische Stripping-Analyse *f*
PSD (photon-stimulated desorption) *(Spekt)* photonenstimulierte Desorption *f*
pseudocapacity *(Pol)* Pseudokapazität *f*
pseudocontact interaction *(kern Res)* Pseudokontakt-Wechselwirkung *f*
pseudo first-order reaction Reaktion *f* pseudoerster Ordnung
~-**ideal state** Theta-Zustand *m*, pseudoidealer Zustand *m*
~-**one-dimensional spectrum** Pseudo-1D-Spektrum *n*
~ **steady-state current** *(Pol)* pseudostationärer Strom *m*
~ **zero-order reaction** Reaktion *f* pseudo-nullter Ordnung
psi (pound-force per square inch) *(UK, US, SI-fremde Einheit des Drucks, 1 lbf in⁻² = 1 psi = 6,8947 kPa)*
³¹**P spectrum** ³¹P-NMR-Spektrum *n*
pteroylglutamic acid Folsäure *f*, Pteroylglutaminsäure *f*
PTGC (programmed-temperature gas chromatography) temperaturprogrammierte Gaschromatographie *f*
PTV (programmed-temperature vaporizer) *(Gaschr)* temperaturprogrammierter Verdampfungsinjektor *m*
pulsating flow *(Flchr)* pulsierender Strom *m*
pulsation Pulsation *f*
pulse Impuls *m*, Puls *m*
90° pulse *(mag Res)* 90°-Impuls *m*, 90°-Puls *m*, π/2-Impuls *m*
180° pulse *(mag Res)* 180°-Impuls *m*, 180°-Puls *m*, π-Impuls *m*
π pulse *s*. 180° pulse
π/2 pulse *s*. 90° pulse
pulse amplitude *(Pol)* Pulsamplitude *f*
~ **amplitude analyser** Impulshöhenanalysator *m*
~ **amplitude selector** Einkanal-Impulshöhenanalysator *m*
~ **angle** *(mag Res)* Impulswinkel *m*, Flipwinkel *m*, Sprungwinkel *m*
~ **application** *(Pol)* Pulsapplikation *f*
~-**dampening device,** ~ **damper** *(Flchr)* Puls[ations]dämpfer *m*
pulsed amperometric detection gepulste amperometrische Detektion *f*
~ **amperometric detector** gepulster amperometrischer Detektor *m*

pulse damping *(Flchr)* Puls[ations]dämpfung *f*
pulsed... *s.a.* pulse...
pulsed electron capture detector *(Gaschr)* impulsbetriebener Elektronenanlagerungsdetektor *m*
~ **ENDOR technique** *(mag Res)* Puls-ENDOR-Verfahren *n*, Puls-ENDOR-Technik *f*
~ **field gel electrophoresis** Gelelektrophorese *f* im gepulsten [elektrischen] Feldgradienten
~ **flow** *(Flchr)* pulsierender Fluß *m*
~ **laser** gepulster Laser *m*
pulse duration Impulsbreite *f*, Impulslänge *f*, Impulsdauer *f*, Pulsdauer *f*
2-pulse echo *(mag Res)* Zweipuls-Echo *n*
3-pulse echo sequence *(mag Res)* Dreipuls-Sequenz *f*
pulse EPR Puls-ESR *f*
~ **excitation** Pulsanregung *f*
~ **experiment** *(mag Res)* Impuls-Experiment *n*
~ **flip angle** *(mag Res)* Impulswinkel *m*, Flipwinkel *m*, Sprungwinkel *m*
~ **Fourier transform** *(Spekt)* Puls-Fourier-Transformation *f*, PFT
~ **Fourier transform experiment** *(mag Res)* Impuls-Experiment *n*
~ **Fourier transform NMR** Puls-Fourier-Transform-NMR *f*
~ **Fourier transform NMR spectroscopy** Puls-Fourier-Transform-NMR-Spektroskopie *f*, PFT-[NMR-]Spektroskopie *f*, Puls-Fourier[transform]-Spektroskopie *f*, Pulsspektroskopie *f*
~-**free** puls[ations]frei, stoßfrei
~-**free flow** *(Flchr)* pulsationsfreier Strom *m*
~-**free pump** *(Flchr)* pulsationsfrei arbeitende Pumpe *f*
~ **frequency** Pulsfrequenz *f*
~ **FT NMR** *s*. ~ Fourier transform NMR spectroscopy
~ **height analyser** Impulshöhenanalysator *m*
~ **imperfection** *(kern Res)* Pulsfehler *m*
pulseless *s*. pulse-free
pulse method *(mag Res)* Impulsverfahren *n*, Pulsverfahren *n*, Impulstechnik *f*, PFT-Technik *f*, Pulsmethode *f*
~ **mode** Impulsbetrieb *m*, gepulster Betrieb *m*
~-**mode pyrolyzer** *(Gaschr)* Puls-Pyrolysator *m*
~ **polarogram** Pulspolarogramm *n*, Polarogramm *n* nach der Impulsmethode
~ **polarograph** Pulspolarograph *m*
~-**polarographic** pulspolarographisch
~ **polarography** [normale] Pulspolarographie *f*, PP
~ **power** Leistung *f* des Impulses
~ **procedure** *s*. pulse method
~ **scheme** *(mag Res)* Pulsschema *n*
~ **sequence** Impulssequenz *f*, Impulsfolge *f*, Pulssequenz *f*, Pulsfolge *f*
~ **spectrometer** Impuls-Fouriertransform-NMR-Spektrometer *n*
~ **spectroscopy** *(mag Res)* Impulsspektroskopie *f*

pulse

~ **technique** s. pulse method
~ **time** s. ~ width
~ -**voltammetric** pulsvoltammetrisch
~ **width** Impulsbreite f, Impulslänge f, Impulsdauer f, Pulsdauer f
pulverize/to pulverisieren, [zer]pulvern
pulverulent pulv[e]rig, pulverförmig
pump Pumpe f
pump/to pumpen *(Fluide; Laser)*
pump head Pumpenkopf m
~ **laser** Pumplaser m
~ **source** Pump[licht]quelle f *(für Laser)*
~ **tubing** Pumpenschlauch m
punner Stampfer m, Ramme f
pure rein, in reinem Zustand, in reiner Form • **in a** ~ **condition,** • **in the** ~ **form (state)** s. pure
~ **zone** *(Flchr)* Zone f der reinen Komponente
purge/to spülen *(mit Inertgas)*
purgeable organic carbon flüchtiger organischer (organisch gebundener) Kohlenstoff m, ausstrippbarer Kohlenstoff m
~ **organic halogens** austreibbarer (flüchtiger) Anteil m an organischen Halogenverbindungen, flüchtige halogenorganische Verbindungen fpl
purge-and-trap technique *(Gaschr)* Purge-and-trap-Verfahren n
purification Reinigung f
~ **method** Reinigungsmethode f
~ **stage** Reinigungsstufe f
~ **tube** *(or Anal)* Reinigungsrohr n
purify/to reinigen
purine Purin n, Imidazo[4,5-d]pyrimidin n
purity Reinheit f
~ **level** Reinheitsgrad m
~ **test** Reinheitsprüfung f
PVC (polyvinyl chloride) Polyvinylchlorid n, PVC
~ **tubing** PVC-Schlauch m, PVC-Schlauchmaterial n
PW s. pulse width
pyridine Pyridin n
~ **derivative** Pyridin[derivat] n
~ -**free** pyridinfrei
1-(2-pyridylazo)-2-naphthol 1-(2-Pyridylazo)-2-naphthol n
pyroelectric pyroelektrisch
~ **detector** pyroelektrischer Detektor (Empfänger) m
~ **property** pyroelektrische Eigenschaft f
pyrogallol Pyrogallol n, 1,2,3-Trihydroxybenzol n
pyrogram Pyrogramm n
pyrolyse/to pyrolysieren
pyrolyser Pyrolysator m
pyrolysis Pyrolyse f
~ **field ionization mass spectrometry** Pyrolyse-Feldionisations-Massenspektrometrie f, PFIMS
~ **gas chromatography** Pyrolyse-Gaschromatographie f, PGC f
~ **mass-spectrometry** Pyrolyse-Massenspektrometrie f

~ **product** Pyrolyseprodukt n
~ **technique** Pyrolysetechnik f
~ **temperature** Pyrolysetemperatur f
~ **tube** *(or Anal)* Pyrolyserohr n
pyrolytic graphite electrode *(Voltam)* pyrolytische Graphitelektrode f
~ **product** Pyrolyseprodukt n
pyrophosphate Diphosphat n, Pyrophosphat n
pyruvate Pyruvat n

Q

Q-band *(Elres)* Q-Band n
QF interaction *(kern Res)* Quadrupol-Feldgradienten-Wechselwirkung f, QF-Wechselwirkung f
QMS s. quadrupole mass spectrometry
QPD s. quadrature phase detection
2QT (two-quantum transition) *(Elres)* Zweiquanten-Übergang m, Doppelquantenübergang m
quadratic Stark effect *(Spekt)* quadratischer Stark-Effekt m
quadrature [phase] detection *(kern Res)* Quadraturdetektion f
quadruplet *(kern Res)* Quadruplett n, Quartett n
quadruply charged vierfach geladen
~ **degenerate** vierfach entartet
quadrupolar interaction *(kern Res)* Quadrupolwechselwirkung f
~ **relaxation** *(kern Res)* Quadrupolrelaxation f
quadrupole Quadrupol m
~ **analyser** s. ~ mass analyser
~ **broadening** *(kern Res)* Quadrupolverbreiterung f
~ **coupling** *(kern Res)* [elektrische] Quadrupolkopplung f
~ -**coupling constant** *(kern Res)* Quadrupolkopplungskonstante f
~ -**electric field gradient interaction** *(kern Res)* Quadrupol-Feldgradienten-Wechselwirkung f, QF-Wechselwirkung f
~ **field** *(Maspek)* Quadrupolfeld n
~ **filter** s. ~ mass filter
~ **hyperfine structure** *(kern Res)* Quadrupolhyperfeinstruktur f
~ **interaction** *(kern Res)* Quadrupolwechselwirkung f
~ **mass analyser** *(Maspek)* Quadrupol[massen]analysator m
~ **mass filter** *(Maspek)* Quadrupolmassenfilter m
~ **mass spectrometer** Quadrupolmassenspektrometer n
~ **mass spectrometry** Quadrupolmassenspektrometrie f, QMS
~ **moment** *(kern Res)* Kernquadrupolmoment n, [elektrisches] Quadrupolmoment n
~ **relaxation** *(kern Res)* Quadrupolrelaxation f
~ **resonance** *(kern Res)* Quadrupolresonanz f
~ **spectrometer** s. ~ mass spectrometer
qual analysis qualitative Analyse f

qualification approval *(Proz)* Zulassungsbestätigung *f*
~ **test** Zulassungsprüfung *f*
qualitative analysis qualitative Analyse *f*
~ **characteristic** *s.* quality characteristic
quality Qualität *f*, Beschaffenheit *f*, Eigenschaft *f*
~ **assessment** Qualitätsbewertung *f*, Qualitätsbeurteilung *f*
~ **assurance** Qualitätssicherung *f*, Gütesicherung *f*
~ **characteristic** Qualitätsmerkmal *n*, qualitatives Merkmal *n*
~ **control** Qualitätslenkung *f*
~ **demand** Qualitätsanforderung *f*
~ **factor** *(rad Anal)* Qualitätsfaktor *m (für Strahlung)*
~ **level** Qualitätslage *f*, Qualitätsniveau *n*
~ **measure** Qualitätskennzahl *f*
~ **of manufacture** Ausführungsqualität *f*
~ **of solvent** [thermodynamische] Güte *f* des Lösungsmittels
~ **standard** Qualitätsstandard *m*
~ **system** Qualitätssicherungssystem *n*
quantification *s.* quantitation
quantify/to *s.* quantitate/to
quantile *(Stat)* Quantil *n*, Fraktil *n*, Häufigkeitsstufe *f*
~ **of a probability distribution** *(Stat)* Quantil *n* einer Wahrscheinlichkeitsverteilung
~ **of order p** *(Stat)* Quantil (Fraktil) *n* der Ordnung p, Quantil *n* p-ter Ordnung, p-Quantil *n*, p-Fraktil *n*
quantitate/to quantitativ bestimmen
quantitation quantitative Bestimmung *f*, Mengenbestimmung *f*, Quantitation *f*, Quantifizierung *f*
quantitative analysis quantitative Analyse *f*
~ **analysis by weight** Gravimetrie *f*, gravimetrische Analyse *f*, Masseanalyse *f*
~ **chemical analysis** quantitative chemische Analyse *f*
~ **determination** *s.* quantitation
~ **evaluation** quantitative Auswertung *f*
~ **inorganic analysis** quantitative anorganische Analyse *f*
~ **precipitation** quantitative (vollständige) Fällung *f*
~ **work** quantitatives Arbeiten *n*
quantities of compositions Zusammensetzungsgrößen *fpl*
quantity 1. Quantität *f*, Menge *f*; Anzahl *f*, Menge *f*; 2. Größe *f*
~ **being measured** Meßgröße *f*
~ **meter** Mengenmesser *m*
~ **of charge** Ladungsmenge *f*
~ **of electricity** Elektrizitätsmenge *f*
~ **of heat** Wärmemenge *f*
~ **of material (substance)** Stoffmenge *f*, Substanzmenge *f*
~ **to be measured** Meßgröße *f*
quantum 1. Quantität *f*, Menge *f*; 2. *(Strlg)* Quant *n*
~ **counter** Quantenzähler *m*
~-**mechanical** quantenmechanisch
~ **number** Quantenzahl *f*

~ **of action** *(Strlg)* Plancksches Wirkungsquantum *n*, Plancksche Konstante *f*, Planck-Konstante *f*, Elementarquantum *n*
~ **yield** Quantenausbeute *f*
quarter/to *(Prob)* vierteln, quartieren
quarter-transition-time potential *(Voltam)* Viertelstufenpotential *n* der Transitionszeit
~-**wave plate** *(opt Anal)* Viertelwellenlängenplättchen *n*, λ/4-Plättchen *n*
quartet *(kern Res)* Quadruplett *n*, Quartett *n*
quartile *(Stat)* Quartil *n*, Viertelswert *m*
~ **range** *(Stat)* Quartilabstand *m*, Bereich *m* des Quartils
quartz ampoule Quarzampulle *f*
~ **boat** Quarzschiffchen `*n*, Quarzboot *n*
~ **capillary column** *(Gaschr)* Fused-silica-Kapillarsäule *f*, Quarz[kapillar]säule *f*, Fused-silica-Säule *f*, FS-Säule *f*, FSOT-Säule *f*
~ **cell** Quarzküvette *f*
~ **crystal** Quarzkristall *m*
~ **cuvette** Quarzküvette *f*
~ **halogen lamp** Quarz-Halogenlampe *f*, Halogenlampe *f* mit Quarzkolben
~ **lens** Quarzlinse *f*
~ **tube** Quarz[glas]rohr *n*
~ **window** Quarzfenster *n*
~ **wool** Quarz[glas]wolle *f*
quasi-molecular ion *(Maspek)* Quasi-Molekülion *n*
~-**reversible** quasireversibel
~-**stationary** quasistationär
quaternary quaternär *(Gemisch, Legierung)*; quartär *(Atom)*
~ **ammonium group** quartäre Ammoniumgruppe *f*
~ **carbon [atom]** quartäres Kohlenstoffatom *n*
~ **mobile phase** *(Flchr)* quaternäres Elutionsmittelgemisch *n*
~ **solvent** *s.* ~ mobile phase
quench/to löschen *(die Fluoreszenz)*
quencher Löscher *m*, Quencher *m*
quenching, Löschung *f (der Fluoreszenz)*
~ **agent** *s.* quencher
quick freezing *(Prob)* Schockgefrieren *n*, Schockgefrierung *f*
quinaldic acid Chinaldinsäure *f*
quinaldine red Chinaldinrot *n*
quinhydrone electrode *(Pot)* Chinhydronelektrode *f*
quinonoid form chinoide Form *f*
quintet *(Spekt)* Quintett *n*

R

rabbit *(rad Anal)* Behälter zur Beförderung von Proben in einer Rohrpost
racemate Racemat *n*
racemic racemisch
racemization Racemisierung *f*
racemize/to racemisieren
rad *(rad Anal)* Rad *(Einheit der Energiedosis; 1 Rad = 10^{-2} J/kg)*

radial

radial chromatogram Rundfilterchromatogramm *n*
- ~ **chromatography** Zirkularchromatographie *f*, Ringchromatographie *f*
- ~ **compression column** *(Flchr)* radial komprimierbare Säule *f*
- ~ **development** *s.* ~ elution
- ~ **diffusion** radiale Diffusion *f*, Radialdiffusion *f*, Querdiffusion *f*
- ~ **dispersion** *(Chr)* Radialdispersion *f*
- ~ **distribution function** Radialverteilungsfunktion *f*
- ~ **elution** *(Flchr)* Zirkularentwicklung *f*, zirkulare (ringförmige) Entwicklung *f*
- ~ **method** *(Flchr)* radial-horizontale Methode *f*, Zirkularmethode *f*, Rundfiltermethode *f*
- ~ **mixing** *(Chr)* radiale (transversale) Vermischung (Durchmischung) *f*, Quervermischung *f*
- ~ **part** Radialteil *m (einer Funktion)*
- ~ **precipitation line** *(Elph)* Präzipitatbogen *m*

radiant energy Strahlungsenergie *f*
- ~ **flux** Strahlungsleistung *f*, Strahlungsfluß *m*
- ~ **flux density** Strahlungsflußdichte *f*
- ~ **intensity** Strahlungsintensität *f*
- ~ **power** *s.* ~ flux
- ~ **source** *s.* radiation source

radiate/to 1. emittieren, aussenden, ausstrahlen, abstrahlen; 2. bestrahlen

radiation 1. Emission *f*, Aussendung *f*, Ausstrahlung *f*, Abstrahlung *f*; 2. Strahlung *f*
- ~ **chemistry** Strahlenchemie *f*
- ~ **counter** Strahlungszähler *m*, Strahlenzähler *m*
- ~ **detector** *(Spekt)* Strahlungsempfänger *m*; *(rad Anal)* Strahlendetektor *m*
- ~ **field** Strahlungsfeld *n*
- ~ **hazard** Strahlengefährdung *f*, Strahlengefahr *f*

radiationless transition *(Spekt)* strahlungsloser Übergang *m*

radiation quantum Photon *n*, Lichtquant *n*, Strahlungsquant *n*
- ~ **scattering** Strahlungsstreuung *f*
- ~ **source** Strahlungsquelle *f*, Strahlenquelle *f*, Strahler *m*
- ~ **spectrum** Strahlungsspektrum *n*
- ~ **wavelength** Strahlungswellenlänge *f*

radiative *(Spekt)* strahlend
- ~ **capture** Strahlungseinfang *m*
- ~ **de-excitation** *(Spekt)* strahlende Desaktivierung *f*
- ~ **lifetime** *(Spekt)* intrinsische Lebensdauer *f*

radical [freies] Radikal *n*
- ~ **anion** Anion[en]radikal *n*, Radikalanion *n*
- ~ **ion** Radikal-Ion *n*
- ~ **pair** Radikalpaar *n*
- ~**[-radical] reaction** Radikalreaktion *f*, radikalische Reaktion *f*

radioactive chain *s.* ~ series
- ~ **contamination** radioaktive Kontamination (Verunreinigung, Verseuchung) *f*
- ~ **dating** radioaktive (physikalische, absolute) Altersbestimmung *f*
- ~ **decay** radioaktiver Zerfall *m*

164

- ~ **effluent** *(aus einem System ausgestoßener)* radioaktiver Abfall *m*
- ~ **equilibrium** radioaktives Gleichgewicht *n*
- ~ **fallout** radioaktiver Niederschlag (Fallout) *m*
- ~ **half-life** Halbwertszeit *f*
- ~ **isotope** radioaktives Isotop *n*, Radioisotop *n*
- ~-**labeled** radioaktiv markiert
- ~ **mean life** mittlere Lebensdauer *f*
- ~ **series** [radioaktive] Zerfallsreihe *f*
- ~ **source** radioaktive Strahlenquelle *f*, Radionuklidquelle *f*
- ~ **tracer** radioaktiver Indikator (Tracer) *m*, Radioindikator *m*, Radiotracer *m*
- ~ **waste** radioaktiver Abfall *m*

radioactivity Radioaktivität *f*
- ~ **detector** *(Flchr)* Radioaktivitätsdetektor *m*

radioanalytical chemistry Radioanalytik *f*

radiochemistry Radiochemie *f*

radiocolloid Radiokolloid *n*

radioecology Radioökologie *f*

radio frequency Radiofrequenz *f*
- ~-**frequency current** Hochfrequenzstrom *m*
- ~-**frequency end-point detection** *(Vol)* oszillometrische Endpunktbestimmung *f*, Hochfrequenz-Endpunktbestimmung *f*
- ~-**frequency excitation** Hochfrequenzanregung *f*
- ~-**frequency field** Hochfrequenzfeld *n*, Radiofrequenzfeld *n*
- ~-**frequency generator** Hochfrequenzgenerator *m*, HF-Generator *m*
- ~-**frequency meter** Hochfrequenzmeßinstrument *n*
- ~-**frequency polarography** Hochfrequenzpolarographie *f*, HFP, Radiofrequenzpolarographie *f*, RFP
- ~-**frequency pulse** Hochfrequenzimpuls *m*, HF-Impuls *m*, Hochfrequenzpuls *m*, Radiofrequenzpuls *m*
- ~-**frequency radiation** Hochfrequenzstrahlung *f*, Radiofrequenzstrahlung *f*, RF-Strahlung *f*, Radiostrahlung *f*
- ~-**frequency range** Hochfrequenzbereich *m*, Hochfrequenzgebiet *n*
- ~-**frequency spark discharge source** *(Maspek)* Funkenionenquelle *f*
- ~-**frequency voltage** Hochfrequenzspannung *f*, hochfrequente Spannung *f*

radioisotope radioaktives Isotop *n*, Radioisotop *n*
- ~ **detection** *(Elph)* Radioaktivitätsdetektion *f*

radiolysis Radiolyse *f*

radiometer Radiometer *n*, Strahlungsmesser *m*

radiometric detector *s.* radioactivity detector
- ~ **end-point detection** *(Vol)* radiometrische Endpunktbestimmung *f*
- ~ **titration** radiometrische Titration *f*

radionuclidic purity Radionuklidreinheit *f*

radio radiation *s.* radio-frequency radiation

radiotracer *s.* radioactive tracer

radium Ra Radium *n*

radius of gyration Trägheitsradius *m (eines Makromoleküls)*
~ **of rotation** *(Sed)* Abstand *m* von der Rotorachse
radon Rn Radon *n*
raies ultimes *(Spekt)* Nachweislinien *fpl*, letzte Linien *fpl*, Restlinien *fpl*
RAM (relative atomic mass) relative Atommasse *f*, *(früher)* Atomgewicht *n*
Raman active *(opt Mol)* Raman-aktiv
~ **analysis** Raman-Analyse *f*
~ **band** Raman-Bande *f*
~ **effect** Raman-Effekt *m*, Smekal-Raman-Effekt *m*
~ **-emitted light** *s.* ~ scattered light
~ **frequency** Raman-Frequenz *f*
~ **-induced Kerr effect** Raman-induzierter Kerr-Effekt *m*, RIKE
~ **instrument** Raman-Gerät *n*
~ **light** *s.* ~ scattered light
~ **line** Raman-Linie *f*
~ **scattered light** Raman-Streulicht *n*, Raman-Licht *n*
~ **scattering** Raman-Streuung *f*
~ **shift** Raman-Verschiebung *f*
~ **spectrometer** Raman-Spektrometer *n*
~ **spectroscopy** Raman-Spektroskopie *f*
~ **spectrum** Raman-Spektrum *n*
Randles-Sevcik equation *(Pol)* Randles-Sevcik-Gleichung *f*, Randles-Sevciksche Gleichung *f*
random coil statistisches Knäuel *n*, Zufallsknäuel *n*
~ **component** *(Stat)* Zufallskomponente *f*
~ **copolymer** statistisches Copolymer *n*
~ **deviation** *(Stat)* zufällige Abweichung *f*
~ **distribution** Zufallsverteilung *f*, zufällige (statistische) Verteilung *f*
~ **error** Zufallsfehler *m*, zufälliger Fehler *m*
~ **event** *(Stat)* zufälliges Ereignis *n*
randomization *(Stat)* Randomisierung *f*, zufällige Anordnung (Zuordnung) *f*
randomize/to *(Stat)* randomisieren, zufällig anordnen (zuordnen)
randomly distributed *(Stat)* zufällig (statistisch) verteilt
randomness *(Stat)* Zufälligkeit *f*
random noise *(Meß)* Hintergrundrauschen *n*, statistisches Rauschen *n*
~ **sample** Zufallsstichprobe *f*, Zufallsprobe *f*
~ **sample test** *s.* ~ sampling
~ **sampling** *(Stat)* Zufallsstichprobenprüfung *f*, zufälliges Stichprobenverfahren *n*
~ **variable** *(Stat)* Zufallsvariable *f*, Zufallsveränderliche *f*, Variate *f*
range Bereich *m*, Gebiet *n*
~ **of detection** Detektionsbereich *m*
~ **of frequencies** Frequenzbereich *m*, Frequenzgebiet *n*
~ **of measurement** Meßbereich *m*
~ **of pore sizes** Porengrößenbereich *m*
~ **of temperatures** Temperaturbereich *m*

~ **of variation** Variationsbereich *m*, Spannweite *f*, Stichprobenvariationsbreite *f*
rank *(Stat)* Rangzahl *f*
~ **correlation** Rangkorrelation *f*
~ **correlation analysis** Rangkorrelationsanalyse *f*
~ **correlation coefficient** Rangkorrelationskoeffizient *m*
ranking method Rangordnungsprüfung *f*
rank sum comparison *(Stat)* Rangsummenvergleich *m*
~ **sum multiple comparison** Rangsummenmehrfachvergleich *m*
~ **sum test** Rangsummentest *m*
rapid analysis Schnellanalyse *f*
~ **analysis reagent** Schnelltest-Reagens *n*
~ **deposition** schnelles Abscheiden *n*
~ **detection** Schnellnachweis *m*
~ **determination** Schnellbestimmung *f*
~ **exchange of protons** *(kern Res)* schneller Protonenaustausch *m*
~ **freezing** *(Prob)* Schockgefrieren *n*, Schockgefrierung *f*
~ **method** Schnellverfahren *n (einer Analyse)*
~ **reaction** schnelle Reaktion *f*
~ **-response recorder** Schreiber *m* mit kleiner Zeitkonstante
~ **rotation** schnelle Rotation *f*
~ **scan** *(Spekt)* Schnellscan *m*
~ **scanning spectrometer** Schnellscan-Spektrometer *n*
~ **test** Schnellversuch *m*
~ **titration** Schnelltitration *f*
rare gas Edelgas *n*
~ **gas ion laser** Edelgas-Ionen-Laser *m*
Rast method (micromethod, microprocedure) Mikromethode *f* von Rast, Rast-Methode *f*, Camphermethode *f* nach Rast *(zur Bestimmung der relativen Molekülmasse)*
~ **molecular weight method** *s.* ~ method
Rast's camphor method *s.* Rast method
rate constant Geschwindigkeitskonstante *f*
~ **-controlled** geschwindigkeitsgesteuert, geschwindigkeitsbedingt, geschwindigkeitskontrolliert
~ **-controlling**, ~ **-determining** geschwindigkeitsbestimmend
~ **-determining step** geschwindigkeitsbestimmender Schritt *m (einer Reaktion)*
~ **equation (expression)** *(Katal)* Geschwindigkeitsgleichung *f*, Geschwindigkeitsgesetz *n*, Zeitgesetz *n*
~ **law** *s.* ~ equation
~ **-limiting step** *s.* ~ -determining step
~ **of change** Änderungsgeschwindigkeit *f*
~ **of change of current** *(Voltam)* Stromänderungsgeschwindigkeit *f*
~ **of change of potential** *(Pol)* Potentialänderungsgeschwindigkeit *f*
~ **of crystallization** Kristallisationsgeschwindigkeit *f*

rate

- **of data transfer** Meßwerteübertragungsgeschwindigkeit f
- **of diffusion** Diffusionsgeschwindigkeit f
- **of electron transfer** Elektronenübertragungsgeschwindigkeit f, Elektronendurchtrittsgeschwindigkeit f, Elektronenübergangsgeschwindigkeit f
- **of elution** *(Chr)* Elutionsgeschwindigkeit f
- **of flow** Strömungsgeschwindigkeit f, Fließgeschwindigkeit f, Flußgeschwindigkeit f
- **of formation** Bildungsgeschwindigkeit f
- **of growth** Wachstumsgeschwindigkeit f
- **of heating** Aufheizgeschwindigkeit f, Erhitzungsgeschwindigkeit f
- **of mercury flow** Quecksilberfließgeschwindigkeit f
- **of migration (movement)** Wanderungsgeschwindigkeit f
- **of nucleation** *(Grav)* Keimbildungsgeschwindigkeit f
- **of polarization** *(Pol)* Polarisationsgeschwindigkeit f
- **of reaction** Reaktionsgeschwindigkeit f
- **of scanning** Scangeschwindigkeit f
- **of sedimentation** Sedimentationsgeschwindigkeit f
- **theory** kinetische Theorie f *(der Chromatographie)*

ratio equation *(Pol)* Verhältnisgleichung f
ratiometric filter fluorometer Zweistrahl-Filterfluorimeter n
ratio of atoms Atom[zahl]verhältnis n
- **of concentration** Konzentrationsverhältnis n
- **of mass to charge** *(Maspek)* Masse-[zu-]Ladungs-Verhältnis n, Verhältnis n von Masse zu Ladung, m/e-Wert m, m/z-Verhältnis n, m/z-Wert m, *(wenn auf ganze Zahl gerundet)* Massenzahl f
- **of signals to noise** Signal/Rausch-Verhältnis n, S/N-Verhältnis n, Signal-zu-Rausch-Verhältnis n, Signal/Untergrund-Verhältnis n
- **of the intercepts** [kristallographisches] Achsenverhältnis n
- **of the populations** Besetzungs[zahl]verhältnis n
- **-recording** *(Spekt)* verhältnisregistrierend
- **recording** *(Spekt)* Verhältnisregistrierung f, Ratiorecording n
- **-recording spectrometer** Ratiometer n, Dividierer m

raw data *(Meß)* Originaldaten pl, Ursprungsdaten pl
- **experiment[al] data** Originalversuchsdaten pl
- **material** Ausgangsmaterial n, Ausgangsstoff m, Ausgangssubstanz f, Ausgangsgut n

Rayleigh and Jeans law Rayleigh-Jeanssches Strahlungsgesetz n
- **interference optics** *(Sed)* Rayleigh-Interferenzoptik f
- **ratio** Rayleigh-Verhältnis n *(zur Beschreibung der Streulichtintensität)*
- **scatter[ing]** *(opt Mol)* Rayleigh-Streuung f

ray of light Lichtstrahl m
RBE (relative biological effectiveness) *(rad Anal)* relative biologische Wirksamkeit f, RBW
RBS (Rutherford backscattering) Rutherford-Rückstreuung f
RCF (relative centrifugal force) relative Zentrifugalkraft (Zentrifugalbeschleunigung) f
R COSY (relayed correlation spectroscopy) *(kern Res)* Relayed-COSY f
RDE (rotating disc electrode) *(Pol)* rotierende Scheibenelektrode f, RDE
RE 1. (refocused echo) *(mag Res)* refokussiertes Echo n; 2. (reference electrode) *(el Anal)* Bezugselektrode f, Referenzelektrode f, RE
re-absorb/to reabsorbieren, wieder absorbieren
re-absorption Reabsorption f
react/to reagieren, zur Reaktion bringen
- **acid** sauer reagieren
- **alkaline** alkalisch reagieren
- **completely** s. ~ quantitatively
- **further** weiterreagieren
- **neutral** neutral reagieren
- **quantitatively** quantitativ (vollständig) reagieren
- **rapidly** schnell reagieren
- **stoichiometrically** stöchiometrisch reagieren
- **stormily (vigorously, violently)** heftig (stürmisch) reagieren

reactance *(el Anal)* Reaktanz f, Blindwiderstand m
reactant Reaktionspartner m, Reaktionsteilnehmer m, Reaktant m, reagierender Stoff m
- **gas** *(Maspek)* Reaktantgas n, Reaktionsgas n, CI-Gas n

reacting strength s. reaction value
reaction Reaktion f
- **cell (chamber)** *(Proz)* Reaktionskammer f
- **coil** *(Fließ)* Reaktionsschlaufe f, Reaktionsschleife f
- **conditions** Reaktionsbedingungen fpl
- **constant** *(Pol)* Reaktionskonstante f
- **detector (flow detector)** *(Flchr)* Reaktionsdetektor m, Post-column-Reaktor m, Nachsäulenreaktor m
- **gas chromatography** Reaktions-Gaschromatographie f
- **intermediate** Reaktionszwischenstufe f, Intermediärprodukt n
- **manifold** *(Fließ)* [chemische] Reaktionsstrecke f, Reaktionsteil m
- **mechanism** Reaktionsmechanismus m
- **medium** Reaktionsmedium n
- **mixture** Reaktionsgemisch n
- **order** Reaktionsordnung f
- **path** Reaktionsweg m
- **product** Reaktionsprodukt n
- **progress** Reaktionsverlauf m, Reaktionsablauf m
- **rate** Reaktionsgeschwindigkeit f, *(Coul auch)* Umschlagsgeschwindigkeit f
- **sequence** Reaktionsfolge f

~ **solution** Reaktionslösung f
~ **specificity** Reaktionsspezifität f, Wirkungsspezifität f
~ **stage** Reaktionsstufe f
~ **step** Reaktionsschritt m
~ **surface** *(Pol)* Reaktionsfläche f
~ **temperature** Reaktionstemperatur f
~ **time** Reaktionsdauer f, Reaktionszeit f
~ **value** *(Vol)* Titer m, Wirkungswert m *(Gehalt einer Maßlösung)*
~ **velocity** Reaktionsgeschwindigkeit f
~ **vessel** Reaktionsgefäß n
reactive reaktiv, reaktionsfähig, reaktionsfreudig
~ **group** reaktive (reaktionsfähige) Gruppe f, Reaktivgruppe f
reactivity Reaktivität f, Reaktionsfähigkeit f, Reaktionsvermögen n, Reaktionsfreudigkeit f
readability Lesbarkeit f, Ablesbarkeit f *(einer Skalenteilung)*
readily soluble leichtlöslich, leicht (gut) löslich
~ **volatile** leichtflüchtig
reading 1. Ablesen n, Ablesung f *(z. B. eines Skalenwerts)*; 2. Skalenwert m, Wert m, Anzeige f, Stand m
~ **error** Ablesefehler m, Beobachtungsfehler m
readout s. reading 1.
~ **device** Ablesegerät n
~ **meter** Anzeigemeßgerät n
reaffirming test Nachweis m
reaffirm the presence of/to nachweisen, detektieren, feststellen *(einen Analyten)*
reagent Reagens n
~ **addition** Reagenszusatz m, Reagenszugabe f
~ **addition chamber** *(Voltam)* Reagensbeimischungskammer f
~ **addition device** Reagenszugabeeinrichtung f
~ **blank solution** Blindwertlösung f
~ **bottle** Reagenzienflasche f
~ **consumption** Reagensverbrauch m
~ **cost** Reagenskosten pl
~ **delivery** Reagenserzeugung f
~ **gas** *(Maspek)* Reaktantgas n, Reaktionsgas n, CI-Gas n
~ **generation electrode** Generatorelektrode f
~-**grade** analysenrein, zur Analyse, p. a.
~ **inlet** Reagenseinlaß m
~ **interference** Störung f durch Reagenzien
~ **introduction** Reagenszuführung f
~ **metering pump** Reagensdosierpumpe f
~ **mixing chamber** Reagensmischkammer f
~ **plug** *(Fließ)* Reagenspfropfen m
~ **pump** Reagenzienpumpe f
~ **purity** Analysenreinheit f
~ **reservoir** *(Voltam)* Reagensreservoir n, Reagensspeicher m, Reagenzienspeicher m
~ **solution** Reagenslösung f
~ **stream** *(Fließ)* Reagenzienstrom m, Reagensstrom m
real gas reales Gas n

~ **plate number** *(Chr)* Zahl f der effektiven Böden (Trennstufen), effektive (wirksame) Trennstufenzahl f
~-**time computing** Echtzeit-Meßdatenverarbeitung f
~-**time data acquisition** Echtzeit-Meßdatenerfassung f
~-**time data analysis** Echtzeitdatenanalyse f
~-**time data processing** Echtzeit-Meßdatenverarbeitung f
~-**time processing** Echtzeitverarbeitung f
rearrangement Isomerisierung f, Isomerisation f, Umlagerung f
recalibration Nachkalibrierung f
receiver Empfänger m
~ **coil** *(kern Res)* Empfängerspule f
~ **phase** *(kern Res)* Empfängerphase f
receiving coil s. receiver coil
~ **inspection** *(Proz)* Eingangsprüfung f
receptor part *(Meß)* Aufnehmerteil m
recheck/to nachprüfen, nochmals prüfen (überprüfen)
recipient stream *(Fließ)* Akzeptorstrom m
reciprocal linear dispersion *(opt At)* reziproke Lineardispersion f
~ **ohm** Siemens n, S *(SI-Einheit des elektrischen Leitwerts)*
reciprocating pump oszillierende (reziproke) Pumpe f, periodisch arbeitende Kolbenpumpe f
reciprocity law *(Spekt)* Reziprozitätsgesetz n, Reziprozitätsregel f, Bunsen-Roscoesches Gesetz n
recoil *(Spekt)* Rückstoß m
~ **energy** Rückstoßenergie f, Repulsionsenergie f
recombination Rekombination f
~ **reaction** Rekombinationsreaktion f
recombine/to wiedervereinigen, rekombinieren; sich wiedervereinigen (rekombinieren)
reconcentrate/to rekonzentrieren
reconcentration Rekonzentrierung f
record/to registrieren, aufzeichnen *(Meßwerte)*
~ **photographically** photographisch aufnehmen
recorder Schreiber m, Schreibwerk n
~ **sensitivity** Schreiberempfindlichkeit f, Meß[wert]schreiberempfindlichkeit f
recording Registrierung f, Registrieren n
~ **device** Registriereinrichtung f, Registriergerät n
~ **instrument** registrierendes (selbstschreibendes) Instrument n
~ **polarograph** registrierender Polarograph m
~ **potentiometer** registrierendes Potentiometer n
~ **width** Aufzeichnungsbreite f
recovery Wiedergewinnung f, Rückgewinnung f; *(Stat)* Ausbeute f
~ **rate** *(Stat)* Wiederfindungsrate f
recrystallization Umkristallisieren n; *(Grav)* Rekristallisation f
recrystallize/to umkristallisieren

rectification 168

rectification 1. Justieren *n*, Justierung *f (von Meß-geräten)*; 2. Rektifikation *f*, Gegenstromdestillation *f*; 3. Gleichrichten *n*, Gleichrichtung *f*
rectified radio-frequency conductometer *(Vol)* gleichgerichteter Hochfrequenz-Leitwertmesser *m*
~ **radio-frequency conductometric titrator** *(Vol)* gleichgerichteter konduktometrischer Hochfrequenztitrator *m*
rectify/to 1. justieren *(Meßgeräte)*; 2. rektifizieren; 3. gleichrichten
recycle chromatography mehrdimensionale (mehrstufige) Chromatographie *f*
redetermination nochmalige Bestimmung *f*, Nachbestimmung *f*
Redfield theory *(kern Res)* Redfieldsche Theorie *f*
re-dissolution potential *(Voltam)* Auflösungspotential *n*
re-dissolve/to wieder [auf]lösen, wieder in Lösung bringen; sich wieder [auf]lösen
redox buffer *(Coul)* Redoxpufferlösung *f*
~ **catalyst** Redoxkatalysator *m*
~ **couple** Redoxpaar *n*
~ **electrode** Redoxelektrode *f*
~ **indicator** Redoxindikator *m*
~ **ion exchanger** Redox-Ionenaustauscher *m*, Redoxaustauscher *m*
~ **pair** Redoxpaar *n*
~ **polymer** Elektronenaustauscher *m*
~ **potential** Redoxpotential *n*, Reduktions-Oxidations-Potential *n*
~ **process** Redoxverfahren *n*
~ **reaction** Redoxreaktion *f*, Reduktions-Oxidations-Reaktion *f*, Oxidoreduktion *f*
~ **system** Redoxsystem *n*, Reduktions-Oxidationssystem *n*
~ **titration** Redoxtitration *f*, Reduktions-Oxidations-Titration *f*, Oxidimetrie *f*
~ **titrimetry** Redoxtitrimetrie *f*, Reduktions-Oxidations-Titrimetrie *f*
red-sensitive rotempfindlich
~ **shift** bathochrome (langwellige) Verschiebung *f*, Rotverschiebung *f*, Bathochromie *f*
reduce/to 1. verringern, vermindern, reduzieren, herabsetzen *(z.B. die Aktivität)*; 2. reduzieren *(z.B. Ionen)*
~ **back into solution** wieder [auf]lösen, wieder in Lösung bringen
~ **to powder** pulverisieren, [zer]pulvern
reduced form reduzierte Form *f*
~ **inspection** reduzierte Prüfung *f*
~ **linear [mobile phase] velocity** *s.* ~ **velocity**
~ **mass** reduzierte Masse *f*
~ **mobile phase velocity** *s.* ~ **velocity**
~ **plate height** *(Chr)* reduzierte Bodenhöhe (Trennstufenhöhe, Stufenhöhe) *f*
~ **sample** Zwischenprobe *f*
~ **velocity** *(Chr)* reduzierte Geschwindigkeit *f*
~ **viscosity** reduzierte Viskosität *f*, Viskositätszahl *f*

reducibility Reduzierbarkeit *f*
reducible reduzierbar
reducing agent Reduktionsmittel *n*, Reduktor *m*
~ **factor** *(Gaschr)* Druckkorrekturfaktor *m*, Martin-Faktor *m*
~ **flame** reduzierende (fette) Flamme *f*
~ **titrant** reduzierender Titrant *m*
~ **union** Übergangsstück *n*
reductant *s.* reducing agent
reductimetric titration reduktometrische Titration *f*
reduction 1. Verringerung *f*, Verminderung *f*, Reduktion *f*, Reduzierung *f (z.B. der Aktivität)*; 2. Reduktion *f (z.B. von Ionen)*
~ **back into solution** Auflösungsschritt *m*, Auflösung *f*, Wiederauflösung *f*
~ **electron transfer** Elektronenübergang *m* durch Reduktion
~ **furnace** Reduktionsofen *m*
~ **mode** *(Gaschr)* reduktive Betriebsart *f*
~ **potential** Reduktionspotential *n*
~ **product** Reduktionsprodukt *n*
~ **reaction** Reduktionsreaktion *f*
~ **tube** *(or Anal)* Reduktionsrohr *n*
reductor 1. *(Vol)* Reduktor *m (zum Reduzieren höherwertiger Kationen vor dem Titrieren)*; 2. *s.* reducing agent
redundancy *(Stat)* Redundanz *f*
re-emission Wiederausstrahlung *f*
re-emit/to wiederausstrahlen
re-establish/to wiederherstellen
re-examination nochmalige Prüfung (Überprüfung, Untersuchung) *f*
re-examine/to neu (nochmals) prüfen, nachprüfen
re-extract/to rückextrahieren, erneut extrahieren, strippen
re-extraction Rückextrahieren *n*, Rückextraktion *f*, erneute Extraktion *f*, Strippen *n*
reference *s.* 1. ~ **compound**; 2. ~ **sample**
~ **beam** Vergleichsstrahl *m*, Referenzstrahl *m*
~ **cell** 1. *(Chr)* Vergleichszelle *f*, Referenzzelle *f*, Vergleichskammer *f*, Bezugskammer *f*, Kompensationskammer *f*; 2. *s.* ~ **cuvette**
~ **compound** Vergleichsverbindung *f*, Referenzverbindung *f*, Referenzsubstanz *f*
~ **concentration** Vergleichskonzentration *f*
~ **current** Bezugsstrom *m*
~ **curve** Bezugskurve *f*
~ **cuvette** Vergleichsküvette *f*, Referenzküvette *f*
~ **detector** Bezugsdetektor *m*
~ **electrode** Bezugselektrode *f*, Referenzelektrode *f*, RE
~ **electrode potential** Bezugselektrodenpotential *n*
~ **element method** Bezugselementverfahren *n*
~ **filament** *(Gaschr)* Vergleichsheizdraht *m*
~ **fluid** Vergleichsflüssigkeit *f*
~ **gas** Vergleichsgas *n*, Referenzgas *n*
~ **half cell** *(Pot)* Vergleichshalbelement *n*
~ **holder** Referenzmaterialhalter *m*

~ **intensity** Vergleichsintensität f
~ **intervall** (Pol) Vergleichsintervall n
~ **magnitude** Vergleichsgröße f
~ **material** Referenzmaterial n
~ **method** (Proz) Referenzverfahren n, Referenzmethode f
~ **oscillator** Vergleichsgenerator m, Eichgenerator m (Hochfrequenztitration)
~ **peak** Bezugssignal n
~ **phase** 1. (kern Res) Referenzphase f; 2. (Gaschr) Bezugstrennflüssigkeit f
~ **pressure** Bezugsdruck m
~ **radiation** Referenzstrahlung f
~ **resistance** (Kond) Vergleichswiderstand m
~ **sample** Vergleichsprobe f
~ **signal feedback** (Proz) Bezugssignal-Rückkopplung f
~ **solution** Bezugslösung f, Referenzlösung f, Vergleichslösung f
~ **spectrum** Vergleichsspektrum n
~ **standard** Bezugsstandard m, Vergleichsstandard m
~ **substance** Bezugssubstanz f, Vergleichssubstanz f
~ **temperature** Bezugstemperatur f
~ **value** Bezugswert m, Referenzwert m
~ **voltage** Bezugsspannung f, Vergleichsspannung f, Referenzspannung f
~ **wavelength** (Spekt) Bezugswellenlänge f
reflect [back]/to reflektieren, zurückwerfen, zurückstrahlen, spiegeln
reflectance Reflexionskoeffizient m, Reflexionsgrad m, Reflexionszahl f, Reflexionsvermögen n
~ **spectroscopy** s. reflection spectroscopy
reflecting grating s. reflection grating
reflection Reflexion f, Rückstrahlung f, Spiegelung f
~ **coefficient** s. reflectance
~ **electron microscopy** Reflexionselektronenmikroskopie f
~ **factor** s. reflectance
~ **grating** (Spekt) Reflexionsgitter n
~ **high-energy electron diffraction** Reflexionsbeugung f schneller Elektronen
~ **plane** Spiegelebene f, Symmetrieebene f
~ **spectroscopy** Reflexionsspektroskopie f
~ **spectrum** Reflexionsspektrum n
reflectivity s. reflectance
reflectometer attachment (Spekt) Reflexionszusatz m
reflux/to unter Rückfluß kochen (erhitzen)
reflux condenser Rückflußkühler m
refocus/to refokussieren
refocused echo (mag Res) refokussiertes Echo n
refocusing Refokussierung f
re-form/to zurückbilden, wiederbilden
re-formation Rückbildung f, erneute Bildung f
refract/to brechen (Licht)
refraction Brechung f, Refraktion f (von Licht)

~ **of light** Lichtbrechung f
refractive increment Brechungs[index]inkrement n
~ **index** Brech[ungs]zahl f, Brechungsindex m, Refraktionsindex m, RI, Brechungsverhältnis n
~ **index change** Brechzahländerung f
~ **index detection** (Flchr) Brechungsindexdetektion f, RI-Detektion f
~ **index detector** Brechungsindexdetektor m, RI-Detektor m, Brechzahldetektor m, Refraktometerdetektor m, refraktometrischer Detektor m
~ **index difference** Brechzahldifferenz f
~ **index gradient** (Sed) Brechzahlgradient m
~ **index increment** Brechungs[index]inkrement n
refractometer Refraktometer n
~ **detector** s. refractive index detector
refractory wärmebeständig, hitzebeständig
regenerant solution (Ion) Regenerier[mittell]ösung f
regenerate/to regenerieren
regenerating solution s. regenerant solution
regeneration Regenerieren n, Regenerierung f, Regeneration f
region Bereich m, Gebiet n
~ **domain estimate (estimation)** (Stat) Bereichsschätzung f
~ **of visible light** sichtbarer Bereich (Wellenlängenbereich, Spektralbereich) m, sichtbares Gebiet n, Sichtbares n, VIS
regression (Stat) Regression f
regression[al] analysis Regressionsanalyse f
regression coefficient Regressionskoeffizient m
~ **equation** Regressionsgleichung f
~ **line** Regressionsgerade f, Ausgleichsgerade f
regressively linked lines (kern Res) regressiv verbundene Linien fpl
~ **linked transitions** regressiv verknüpfte Übergänge mpl
regular system kubisches (reguläres) Kristallsystem n
regulate/to regeln
regulating function (Elph) Kohlrauschsche Regulierungsfunktion f, Kohlrausch-Funktion f, Regulationsfunktion (beharrliche Funktion) f von Kohlrausch
reinjection (Chr) Reinjektion f
reject/to verwerfen (unbrauchbare Substanzen); zurückweisen (Produkte)
rejection Verwerfen n (unbrauchbarer Substanzen); Rückweisung f (von Produkten)
~ **of outliers (outlying points)** (Stat) Eliminieren n von Ausreißern, Nichtberücksichtigung f von Ausreißerpunkten
rejuvenate/to regenerieren (z.B. eine Glaselektrode)
relative abundance relative Häufigkeit f (von Isotopen)
~ **atomic mass** relative Atommasse f, (früher) Atomgewicht n

relative

- **bias** *(Stat)* relativer systematischer Fehler m
- **biological effectiveness** *(rad Anal)* relative biologische Wirksamkeit f, RBW
- **centrifugal force** relative Zentrifugalkraft (Zentrifugalbeschleunigung) f
- **chemical shift** *(kern Res)* relative chemische Verschiebung f
- **concentration** relative Konzentration f, relativer Gehalt m
- **density** relative Dichte f, Dichtezahl f, Dichteverhältnis n *(Verhältnis der Dichte eines Stoffes zur Dichte eines Bezugsstoffes)*
- **error** *(Stat)* relativer Fehler m, Relativfehler m
- **frequency** *(Stat)* relative Häufigkeit f
- **front** *(Chr)* R_f-Wert m, Retentionsfaktor m
- **humidity** relative Feuchte f
- **intensity** relative Intensität f
- **ion abundance** *(Maspek)* relative Ionenhäufigkeit f
- **mobility** relative elektrophoretische Mobilität f, relative Beweglichkeit f *(geladener Teilchen)*
- **molar response factor** *(Gaschr)* relativer stoffspezifischer molarer Korrekturfaktor m
- **molecular mass** relative Molekülmasse f, RMM, Molekulargewicht n
- **molecular-mass average** Mol[ekular]gewichtsmittelwert m
- **number of protons** relative Protonenzahl f
- **permittivity** relative Dielektrizitätskonstante f, Dielektrizitätszahl f
- **response factor** *(Gaschr)* relativer Responsefaktor m
- **retention** *(Chr)* [relative] Retention f *(auf einen Standard bezogener Retentionswert)*
- **retention ratio** *(Chr)* Trennfaktor m, Nettoretentionszeitverhältnis n *(zweier benachbarter Peaks)*
- **retention time** s. ~ retention
- **retention value** *(Chr)* relativer Retentionswert m
- **sensitivity factor** *(Maspek)* relativer Empfindlichkeitsfaktor m
- **standard deviation** *(Stat)* relative Standardabweichung f, Relativstandardabweichung f, RSD, Variationskoeffizient m, Variabilitätskoeffizient m
- **supersaturation** *(Grav)* relative Übersättigung (Löslichkeitserhöhung) f
- **viscosity** relative Viskosität f, Viskositätsverhältnis n
- **viscosity increment** relatives Viskositätsinkrement n, *(früher)* spezifische Viskosität f

relax [back]/to relaxieren *(von angeregten Molekülen)*

relaxation Relaxation f *(von angeregten Molekülen)*
- **effect** Relaxationseffekt m
- **mechanism** Relaxationsmechanismus m
- **phenomenon** Relaxationsphänomen n
- **process** Relaxationsvorgang m
- **rate** Relaxationsgeschwindigkeit f
- **time** Relaxationszeit f, Relaxationsperiode f

relayed [2D] correlation spectrocopy *(kern Res)* Relayed-COSY f
- **spectrum** *(kern Res)* Relayed-Spektrum n
- **technique** *(kern Res)* Relayed-Methode f

reliability *(Stat)* Zuverlässigkeit f

rem *(rad Anal)* Rem *(Einheit der Äquivalentdosis; 1 Rem = 10^{-2} J/kg)*

REM (reflection electron microscopy) Reflexionselektronenmikroskopie f

remote calibration *(Meß)* Fernkalibrierung f
- **control** *(Proz)* Fernsteuerung f
- -**controllable** *(Proz)* fernsteuerbar
- -**controlled** *(Proz)* ferngesteuert
- -**controlled solenoid valve** *(Proz)* ferngesteuertes Magnetventil n
- **data processing** Datenfernverarbeitung f
- **indication** *(Meß)* Fernanzeige f
- **measurement** Fernmessung f
- **meter** Fernmeßgerät n
- -**operated** *(Proz)* fernbedient, fernbetätigt
- **operation** *(Proz)* Fernbedienung f, Fernbetätigung f
- **readout** *(Meß)* Fernablesung f
- **recorder** Fernmeßwertschreiber m
- **thermometer** Fernthermometer n

removal Eliminierung f, Beseitigung f, Entfernung f

remove/to eliminieren, beseitigen, entfernen

REMPI (resonance-enhanced multiphoton ionization) resonanzverstärkte Multiphotonenionisation f

renew/to erneuern *(z.B. eine Elektrodenoberfläche)*

re-orient/to reorientieren

re-orientation Umorientierung f, Reorientierung f

re-oxidation Reoxidation f, Wiederoxidation f, Rückoxidation f, Zurückoxidation f, erneute Oxidation f
- **potential** *(Voltam)* Auflösungspotential n

re-oxidize/to reoxidieren, wiederoxidieren, [zu]rückoxidieren; wieder oxidieren, wieder oxidiert werden

repeat/to wiederholen

repeatability *(Stat)* Wiederholbarkeit f; Wiederholstreubereich m

repeatable *(Stat)* wiederholbar

repeat analysis s. replicate analysis

repeating unit Grundbaustein m *(von Polymeren)*

repeat test Wiederholungsprüfung f

repel/to abstoßen

repeller electrode Reflektor m *(eines Klystrons)*

replace/to substituieren, ersetzen

replacement Substitution f, Ersatz m
- **part** Ersatzteil n
- **reaction** Substitutionsreaktion f, Verdrängungsreaktion f, Austauschreaktion f
- **titration** Substitutionstitration f *(Komplexometrie)*; Verdrängungstitration f *(von Anionen schwacher Säuren mit starken Säuren)*

replicate Wiederhol[ungs]versuch *m (durch Teilen der Ausgangssubstanz mehrfach durchführbarer Versuch)*
~ **analysis (determination)** Wiederholungsanalyse *f (durch Teilen der Ausgangssubstanz mehrfach durchführbare Analyse)*
replication 1. Wiederholung *f (einer Versuchsvariante)*; 2. *s.* replicate
repolarograph/to erneut (neu) polarographieren, nochmals (wieder) polarographieren
reprecipitate/to *(Grav)* umfällen
reprecipitation *(Grav)* Umfällen *n*, Umfällung *f*
representative sample Repräsentativprobe *f*, repräsentative Stichprobe *f*
reproducibility *(Stat)* Reproduzierbarkeit *f*; Vergleichsstreubereich *m*
reproducible *(Stat)* reproduzierbar
repulsion Abstoßung *f*
repulsive force Abstoßungskraft *f*, abstoßende Kraft *f*
re-radiate/to wieder ausstrahlen
re-radiation Wiederausstrahlung *f*
re-reduce/to *(Pol)* [zu]rückreduzieren
resampling erneute (nochmalige) Probenahme *f*
reservoir of mercury *(Pol)* Quecksilbervorratsbehälter *m*, Quecksilbervorratsgefäß *n*, Hg-Reservoir *n*
residence time Verweilzeit *f*, Aufenthaltszeit *f*, Retentionszeit *f*
residual activity Restaktivität *f*
~ **charge** Restladung *f*
~ **chlorine** Restchlor *n*, *(qualitativ auch)* Restchlorgehalt *m*
~ **concentration** Restkonzentration *f*
~ **conductance** Restleitwert *m*
~ **content** Restgehalt *m*
~ **current** Reststrom *m*
~-**current curve** Reststromkurve *f*
~ **gas** Rückstandsgas *n*, Restgas *n*
~ **hardness** Resthärte *f (von Wasser)*
~ **moisture** Restfeuchte *f*, Restfeuchtigkeit *f*
~ **nitrogen** Reststickstoff *m*
~ **organic carbon** organisch gebundener Kohlenstoff *m* im Abdampfrückstand
~ **product** Rückstand *m*
~ **resistance** Restwiderstand *m*
~ **sample** Probenrest *m*, Probenrückstand *m*
~ **silanol group** Restsilanol *f*
~ **sorptive activity** Restadsorptionsaktivität *f*
~ **water** Restwasser *n*
residue Rückstand *m*
~ **analysis** Rückstandsanalyse *f*, Restanalyse *f*
~ **build-up** Rückstandsbildung *f*
~ **chemist** Rückstandsanalytiker *m*
~ **gas** Rückstandsgas *n*, Restgas *n*
~ **of combustion** Verbrennungsrückstand *m*
~ **on evaporation** Verdampfungsrückstand *m*
~ **on ignition** Glührückstand *m*

resonance

resin 1. *(natürliches oder synthetisches)* Harz *n*; 2. *s.* resinous ion exchanger
~ **bead** *(Ion)* Harzkorn *n*, Harzkügelchen *n*
~ **capacity** Ionen[aus]tauschkapazität *f*, Austausch[er]kapazität *f*
~ **matrix** *(Ion)* Harzmatrix *f*, Harzgerüst *n*
resinous ion exchanger Ionenaustausch[er]harz *n*, Austauscherharz *n*, Kunstharz[-Ionen]austauscher *m*
resistance Widerstand *m*; Beständigkeit *f*, Widerstandsfähigkeit *f*, Stabilität *f (chemisch, thermisch)*
~ **change** Widerstandsänderung *f*
~ **component** Widerstandskomponente *f*
~ **furnace** Widerstandsofen *m*
~ **glass** Hartglas *n*
~-**glass flask** Hartglaskolben *m*
~ **noise** *(Meß)* Wärmerauschen *n*, thermisches Rauschen *n*, Widerstandsrauschen *n*, Stromrauschen *n*, Nyquist-Rauschen *n*
~ **sensor** ohmscher Aufnehmer (Meßfühler) *m*
~ **to acids** Säurebeständigkeit *f*, Säurefestigkeit *f*, Säureresistenz *f*
~ **to chemical attack** chemische Beständigkeit (Widerstandsfähigkeit, Resistenz) *f*, Beständigkeit *f* gegen chemische Einwirkungen
~ **to chemicals** Chemikalienbeständigkeit *f*, Widerstandsfähigkeit (Resistenz) *f* gegen Chemikalien
~ **to mass transfer** Stoffübergangswiderstand *m*
~ **to oxidation** Oxidationsbeständigkeit *f*, Beständigkeit *f* gegen oxidative Einflüsse
resistant beständig, widerstandsfähig, stabil
~ **to acids** säurebeständig, säurefest
~ **to oxidation** oxidationsbeständig, beständig gegen oxidative Einflüsse
resistor Widerstand *m (Bauelement)*
resolution 1. *(Meß)* Auflösung *f*, Auflösungsvermögen *n*, Trennschärfe *f*, *(Chr auch)* Peakauflösung *f*, chromatographische Auflösung *f*; 2. Trennung *f*, Auftrennung *f (eines Gemisches)*
~ **enhancement** Auflösungsgewinn *m*
resolve/to 1. *(Meß)* auflösen; 2. trennen, auftrennen *(ein Gemisch)*
resolving power *s.* resolution 1.
~ **time** Erholungszeit *f (eines Meßgeräts)*
resonance Resonanz *f*
~ **absorption** Resonanzabsorption *f*
~ **cavity** *(Elres)* [Mikrowellen-]Hohlraumresonator *m*, Resonanztopf *m*, Meßresonator *m*
~ **condition** Resonanzbedingung *f*
~ **effect** Mesomerieeffekt *m*, mesomerer Effekt *m*, M-Effekt *m*; *(opt Mol)* Resonanzeffekt *m*
~ **emission** Resonanzstrahlung *f*
~ **energy** Resonanzenergie *f*
~ **enhanced multiphoton ionization** resonanzverstärkte Multiphotonenionisation *f*
~-**enhanced Raman spectroscopy** Resonanz-Raman-Spektroskopie *f*

resonance

~ -enhanced spectrum Resonanz-Raman-Spektrum n
~ -free *(Spekt)* resonanzfrei, nichtresonant
~ frequency *(Spekt)* Resonanzfrequenz f
~ ionization *(Spekt)* Resonanzionisation f
~ ionization mass spectrometry Resonanzionisations-Massenspektrometrie f, RIMS
~ ionization spectroscopy Resonanzionisationsspektroskopie f
~ line Resonanzlinie f
~ neutralization *(Spekt)* Resonanzneutralisation f
~ neutron *(rad Anal)* Resonanzneutron n
~ peak *(Spekt)* Resonanzsignal n *(im Diagramm)*
~ position *(kern Res)* Resonanzlage f
~ radiation Resonanzstrahlung f
~ **Raman effect** *(opt Mol)* Resonanz-Raman-Effekt m, RRE
~ **Raman scattering** Resonanz-Raman-Streuung f, RRS
~ **Raman spectroscopy** Resonanz-Raman-Spektroskopie f
~ **Raman spectrum** Resonanz-Raman-Spektrum n
~ shift *(kern Res)* chemische Verschiebung f, Resonanzverschiebung f
~ signal *(Spekt)* Resonanzsignal n
~ spectrum Resonanzspektrum n
~ structure mesomere Grenzstruktur f, Resonanzstruktur f
~ transition Resonanzübergang m
resonant cavity *s.* resonance cavity
~ circuit Schwingkreis m, Resonanzkreis m
~ frequency *s.* resonance frequency
~ nucleus *(mag Res)* Resonanzkern m
resonator *(Elres)* Resonator m
respiratory apparatus Atemschutzgerät n
~ protection Atemschutz m
~ protective device Atemschutzgerät n
respond/to ansprechen *(Detektor)*
response Response m, Detektor-Response m
~ curve Responskurve f, Antwortkurve f, Kennlinie f
~ factor *(Chr)* Responsefaktor m, Ansprechfaktor m, [stoffspezifischer] Korrekturfaktor m, Wirkungsfaktor m
~ surface *(Stat)* Ergebnisfläche f
~ time Ansprechzeit f, Einstellzeit f, Anstiegszeit f, Ansprechdauer f
resting position *s.* rest point
rest mass Ruhemasse f
restore/to wiederherstellen
rest period *(Meß)* Ruheperiode f, Ruhezeit f
~ point *(Meß)* Ruhelage f, Nullage f, Ruhepunkt m
restricted rotation behinderte Rotation f
resultant distribution *(Stat)* Gesamtverteilung f
resuspend/to wieder suspendieren
retain/to zurückhalten
retard/to verzögern, verlangsamen

retardation Verzögerung f, Verzug m, Verlangsamung f; *(Spekt)* Retardation f, Verzögerung f, optische Wegdifferenz f, optischer Wegunterschied m
~ factor *(Chr)* R_f-Wert m, Retentionsfaktor m
retarded electrode *(Pot)* gebremste Elektrode f
retarding field analyser *(Spekt)* Verzögerungsfeldanalysator m
retention Retention f
~ analysis *(Chr)* Retentionsanalyse f
~ behaviour *(Chr)* Retentionsverhalten n
~ characteristics *(Chr)* Retentionscharakteristik f
~ data *(Chr)* Retentionswerte mpl
~ factor *(Chr)* Retentionsfaktor m
~ gap *(Gaschr)* nicht mit stationärer Phase belegtes Stück am Anfang einer Trennsäule
~ index *(Chr)* Retentionsindex m
~ mechanism *(Chr)* Retentionsmechanismus m
~ parameter *(Chr)* Retentionsparameter m
~ properties *(Chr)* Retentionseigenschaften fpl
~ temperature *(Chr)* Retentionstemperatur f
~ time Verweilzeit f, Aufenthaltszeit f, Retentionszeit f; *(Chr)* Bruttoretentionszeit f, Gesamtretentionszeit f, Durchbruchzeit f, Retentionszeit f, Elutionszeit f
~ volume *(Chr)* Retentionsvolumen n, (i.e.S.) Gesamtretentionsvolumen n, Bruttoretentionsvolumen n
re-tune/to nachstimmen *(Hochfrequenztitration)*
re-tuning Nachstimmung f *(Hochfrequenztitration)*
return signal Rückführungssignal n
reversal of current Stromrichtungsumkehr f, Stromrichtungswechsel m
reversed phase *(Flchr)* Umkehrphase f, RP-Phase f
~ -phase chromatography Umkehrphasenchromatographie f, Reversed-phase-Chromatographie f, RP-Chromatographie f, Reversionsphasenchromatographie f, Umkehrphasen-Flüssigkeitschromatographie f, Chromatographie f an Umkehrphasen, Chromatographie f mit Phasenumkehr
~ -phase column *(Flchr)* Reversed-phase-Säule f, RP-Säule f, Umkehrphasensäule f
~ -phase HPLC Hochdruck-Flüssigkeitschromatographie f an Umkehrphasen f, RP-HPLC
~ -phase ion-pair chromatography Ionenpaarchromatographie f, IPC, Ionenwechselwirkungschromatographie f, Ionenpaar-Reversed-phase-Chromatographie f, Ionenpaarchromatographie f an Umkehrphasen
~ -phase liquid chromatography *s.* ~ -phase chromatography
~ -phase packing *(Flchr)* Umkehrphasen-Säulenfüllung f, Reversed-phase-Säulenfüllung f
~ -phase paper chromatography Reversed-Phase-Papierchromatographie f
~ -phase plate *(Flchr)* Reversed-phase-Platte f
~ -phase separation *(Flchr)* Reversed-phase-Trennung f

~ **phase system** *(Flchr)* Reversed-phase-System *n*, Umkehrphasensystem *n*
~ **technique** *(kern Res)* inverse Technik *f*
reverse-phase chromatography *s.* reversed-phase chromatography
~ **potential** Gegenpotential *n*
~ **reaction** Rückreaktion *f*
~-**scan voltammetry** Inversvoltammetrie *f*, inverse Voltammetrie *f*, Stripping-Voltammetrie *f*, Voltammetrie *f* mit hängender Tropfelektrode, elektrochemische Stripping-Analyse *f*, ESA
~ **sweep** *(Pol)* Potentialrücklauf *m*
~ **titration** inverse (umgekehrte) Titration *f*
reversibility Reversibilität *f*, Umkehrbarkeit *f*
reversible reversibel, umkehrbar, in beiden Richtungen verlaufend
~ **couple** *(Pol)* reversibles Paar *n*
~ **indicator** *(Vol)* reversibler Indikator *m*
~ **polarographic wave** polarographische Stufe *f* einer reversiblen Teilreaktion
~ **process** reversibler (umkehrbarer) Vorgang *m*
~ **redox pair** korrespondierendes (konjugiertes) Redoxpaar *n*
~ **reduction** reversible (umkehrbare) Reduktion *f*
revolving diaphragm electrode *(Elgrav)* rotierende Diaphragmaelektrode *f*
reweigh/to erneut (nochmals) wägen
RFA (retarding field analyser) *(Spekt)* Verzögerungsfeldanalysator *m*
rf field Hochfrequenzfeld *n*, Radiofrequenzfeld *n*
RFP (radio-frequency polarography) Hochfrequenzpolarographie *f*, HFP, Radiofrequenzpolarographie *f*, RFP
rf polarography *s.* RFP
~ **pulse** Hochfrequenz[im]puls *m*, HF-Impuls *m*, Radiofrequenzpuls *m*
~ **range** Hochfrequenzbereich *m*, Hochfrequenzgebiet *n*
~ **voltage** Hochfrequenzspannung *f*, hochfrequente Spannung *f*
R.H. (relative humidity) relative Feuchte *f*
RHEED (reflection high-energy electron diffraction) Reflexionsbeugung *f* schneller Elektronen
rhenate Rhenat(VI) *n*
rhenium Re Rhenium *n*
rhodamine Rhodamin *n*
~ **B** Rhodamin *n* B
~ **6G** Rhodamin *n* 6G
rhodium Rh Rhodium *n*
rhombic [ortho]rhombisch
~ **[crystal] system** [ortho]rhombisches Kristallsystem *n*
rhombohedral rhomboedrisch, trigonal
~ **[crystal] system** rhomboedrisches (trigonales) Kristallsystem *n*
RI 1. (refractive index) Brech[ungs]zahl *f*, Brechungsindex *m*, Refraktionsindex *m*, RI, Brechungsverhältnis *n*; 2. (retention index) *(Chr)* Retentionsindex *m*

RIBS (Rutherford ion backscattering) Rutherford-Rückstreuung *f*
rich in energy energiereich, hochenergetisch
rider Reiter *m*, Reiterwägestück *n*
RI detection *s.* refractive index detection
riffle geriffelter Probenteiler *m*
right-circularly polarized rechts zirkular (circular) polarisiert
~-**circularly polarized light** rechts zirkular (circular) polarisiertes Licht *n*, r-cpL
~-**handed quartz** Rechtsquarz *m*, rechtsdrehender Quarz *m*
rigid matrix electrode starre Matrixelektrode *f* *(ionensensitive Elektrode)*
RIKE (Raman-induced Kerr effect) Raman-induzierter Kerr-Effekt *m*, RIKE
RIMS (resonance ionization mass spectrometry) Resonanzionisations-Massenspektrometrie *f*, RIMS
ring chromatography Zirkularchromatographie *f*, Ringchromatographie *f*
~ **compound** cyclische (ringförmige) Verbindung *f*, Ringverbindung *f*
~ **current** *(kern Res)* Ringstrom *m*, Kreisstrom *m*
~ **current effect** *(kern Res)* Ringstromeffekt *m*
~ **dye laser** Farbstoffringlaser *m*
~ **electrode** Ringelektrode *f*
~ **expansion** Ringerweiterung *f*
~ **inversion** Ringinversion *f*
~ **oven** *(Flchr)* Ringofen *m*
~-**oven technique** *(Flchr)* Ringofenmethode *f*
~ **proton** Ringproton *n*
~ **size** Ringgröße *f*
~ **system** Ringsystem *n*
rinse/to spülen
~ **out** ausspülen
rinse nozzle Ausspüldüse *f (eines Titrierautomaten)*
~ **water** Spülwasser *n*
RIS (resonance ionization spectroscopy) Resonanzionisationsspektroskopie *f*
rise in temperature *s.* ~ of temperature
~ **of pressure** Druckanstieg *m*, Druckerhöhung *f*
~ **of temperature** Temperaturanstieg *m*, Temperaturerhöhung *f*
~ **region** ansteigender Teil *m (eines Peaks)*
risk *(Stat)* Risiko *n*
~ **evaluation** Risikobewertung *f*
~ **function** Risikofunktion *f*
RMM (relative molecular mass) relative Molekülmasse *f*, RMM, Molekulargewicht *n*
RMR factor *(Gaschr)* relativer stoffspezifischer molarer Korrekturfaktor *m*
robust statistics robuste Statistik *f*
ROC (residual organic carbon) organisch gebundener Kohlenstoff *m* im Abdampfrückstand
rocket electrophoresis (immunoelectrophoresis) Raketen-Immunelektrophorese *f* nach Laurell, Rocket-Immunelektrophorese *f* nach Laurell

rocking 174

rocking vibration *(opt Mol)* Schaukelschwingung f, Pendelschwingung f, Rocking-Schwingung f
rod gel *(Elph)* Rundgel n
rodlike stäbchenförmig, in Stäbchengestalt f *(Molekül)*
Roentgen *(rad Anal)* Röntgen n *(Einheit der Ionendosis; 1 R = 2,58 x 10^{-4} C/kg)*
Rohrschneider test probe *(Gaschr)* Rohrschneider-Testsubstanz f, Rohrschneidersche Testsubstanz f
room temperature Raumtemperatur f, Zimmertemperatur f, ZT, gewöhnliche Temperatur f
rotary evaporator Rotationsverdampfer m
~ **valve** *(Fließ)* Drehventil n
rotate/to drehen *(die Polarisationsebene)*; rotieren, sich drehen
rotated disk electrode s. rotating disc electrode
~ **electrode** s. rotating electrode
rotating anode rotierende Anode f, Drehanode f
~ **capillary** *(Pol)* rotierendes Kapillarrohr n
~ **coordinate system** rotierendes Koordinatensystem (System) n, rotierender Rahmen m
~ **disc electrode** *(Pol)* rotierende Scheibenelektrode f, RDE
~ **dropping electrode** *(Pol)* rotierende Tropfelektrode f
~ **electrode** rotierende Elektrode f, Drehelektrode f
~ **frame** s. ~ coordinate system
~ **magnetic field** rotierendes Magnetfeld n
~ **platinum electrode** *(Pol)* rotierende Platinelektrode f
~ **platinum wire electrode** *(Pol)* rotierende Platindrahtelektrode f
~ - **platinum-wire-electrode amperometry** Amperometrie f mit rotierender Platindrahtelektrode
~ **reference frame** s. ~ coordinate system
~ **sample divider** rotierender Probenteiler m
~ **sector mirror** *(Spekt)* rotierende Sektorscheibe (Sektorblende) f
~ **solid electrode** rotierende Festelektrode f
rotation Rotation f, Drehung f, Umlaufen n
rotational degree of freedom *(Spekt)* Rotationsfreiheitsgrad m
~ **diffusion** Rotationsdiffusion f
~ **frequency** *(Spekt)* Rotationsfrequenz f
~ **ground state** *(Spekt)* Rotationsgrundzustand m
~ **spectroscopy** Rotationsspektroskopie f
~ **spectrum** Rotationsspektrum n
~ **state** *(Spekt)* Rotationszustand m
~ **transition** *(Spekt)* Rotationsübergang m
rotation angle Drehwinkel m
~ **axis** Drehachse f, Rotationsachse f
rotor speed Drehzahl f, Umdrehungszahl f *(einer Zentrifuge)*
rounding error *(Stat)* Rundungsfehler m
~ **off** Abrundung f
~ - **off error** Abrundungsfehler m

round off/to abrunden
routine analysis Routineanalyse f, Serienanalyse f
~ **determination** Routinebestimmung f
~ **examination** Routineuntersuchung f
~ **method (procedure)** Routinemethode f, Routinetechnik f
~ **sampling** Routineprobenahme f
~ **spectrometer** Routinespektrometer n
~ **spectrum** Routinespektrum n
~ **technique** s. ~ method
Rowland circle *(Spekt)* Rowland-Kreis m
~ **mounting** Rowland-Aufstellung f, Rowland-Anordnung f
RP (reversed phase) *(Flchr)* Umkehrphase f, RP-Phase f
RPC (reversed-phase chromatography) Umkehrphasenchromatographie f, Reversed-phase-Chromatographie f, RP-Chromatographie f, Reversionsphasenchromatographie f, Umkehrphasen-Flüssigkeitschromatographie f, Chromatographie f an Umkehrphasen, Chromatographie f mit Phasenumkehr
RPE (rotating platinum electrode) *(Pol)* rotierende Platinelektrode f
RPLC (reversed-phase liquid chromatography) s. RPC
rpm (revolutions per minute) Umdrehungen fpl pro Minute
RRS (resonance Raman scattering) Resonanz-Raman-Streuung f, RRS
RRT (relative retention time) *(Chr)* [relative] Retention f *(auf einen Standard bezogener Retentionswert)*
RS (Raman spectroscopy) Raman-Spektroskopie f
RSA s. rubeanic acid/salicylaldoxime/alizarin
RSD (relative standard deviation) *(Stat)* relative Standardabweichung f, Relativstandardabweichung f, RSD, Variationskoeffizient m, Variabilitätskoeffizient m
RSF (relative sensitivity factor) *(Maspek)* relativer Empfindlichkeitsfaktor m
R.U. (raies ultimes) *(Spekt)* Nachweislinien fpl, letzte Linien fpl, Restlinien fpl
rubber-covered sampling spear gummierter Probenstecher m, gummiumhüllter Probenbohrer m *(für korrosive Stoffe)*
~ **policeman** Gummiwischer m
~ **stopper** Gummistopfen m, Gummistöpsel m
~ - **tipped glass rod** Glasstab m mit Gummiwischer
~ **tubing** Gummischlauch m, Gummischlauchmaterial n
rubeanic acid Rubeanwasserstoffsäure f, Rubeanwasserstoff m
~ **acid/salicylaldoxime/alizarin** *(Flchr)* Rubeanwasserstoffsäure/Salicylaldoxim/Alizarin n *(Anfärbereagens)*
rubidium Rb Rubidium n
~ **bead** Rubidiumperle f

~ **chloride** Rubidiumchlorid *n*
~ **silicate** Rubidiumsilicat *n*
ruby laser Rubinlaser *m*
run *(Flchr)* Lauf *m*, Versuch *m*
run/to laufen lassen *(einen Versuch)*
~ **in** zulaufen (zufließen) lassen, einlaufen (einfließen) lassen
run[ning] time *(Flchr)* Laufzeit *f*
run-to-run reproducibility Reproduzierbarkeit *f* von Versuch zu Versuch
Russel-Saunders coupling *(mag Res)* Spin-Bahn-Kopplung *f*, Spin-Bahn-Wechselwirkung *f*, LS-Kopplung *f*, Russel-Saunders-Kopplung *f*
ruthenium Ru Ruthenium *n*
Rutherford backscattering (ion backscattering) Rutherford-Rückstreuung *f*
R value *(Chr)* Retentionsverhältnis *n*, Retentionsrate *f*
R$_F$ value *(Chr)* R$_F$-Wert *m*, Retentionsfaktor *m*
R$_M$ value *(Chr)* R$_M$-Wert *m*
R$_{St}$ value *(Chr)* R$_{St}$-Wert *m*
Rydberg constant *(Spekt)* Rydberg-Konstante *f*
~ **series** *(Spekt)* Rydberg-Serie *f*

S

S (siemens) Siemens *n*, S *(SI-Einheit des elektrischen Leitwerts)*
safety Sicherheit *f*
~ **factor** Sicherheitsfaktor *m*
~-**orientated** sicherheitsorientiert
~ **precautions** Sicherheitsvorkehrungen *fpl*, Vorsichtsmaßregeln *fpl*
~ **requirements** sicherheitstechnische Anforderungen *fpl*, Sicherheitsanforderungen *fpl*
~ **rule** Sicherheitsvorschrift *f*
Sakaguchi reagent Sakaguchi-Reagens *n (zum Nachweis von Aminosäuren)*
salicylaldoxime Salicylaldoxim *n*
saline solution Salzlösung *f*
salt Salz *n*
~ **bridge** *(el Anal)* Salzbrücke *f*, Elektrolytbrücke *f*, Elektrolytschlüssel *m*, [elektrolytischer] Stromschlüssel *m*
~ **concentration** Salzkonzentration *f*
~ **effect** *(Vol)* Salzeffekt *m (bei Indikatoren)*
~ **exclusion peak** *(Flchr)* Salzpeak *m*
~ **gradient** *(Flchr)* Salzgradient *m*
~ **hydrolysis** Hydrolyse *f* von Salzen
salting-out Aussalzen *n*
~-**out agent** Aussalzmittel *n*
~-**out chromatography** Aussalzchromatographie *f*
salt-like salzartig, salzähnlich
~ **out/to** aussalzen
~ **solution** Salzlösung *f*
SAM (scanning Auger microscopy) Raster-Auger-Mikroskopie *f*, Scanning-Auger-Mikroskopie *f*, SAM

samarium Sm Samarium *n*
sample Probe *f*, Substanzprobe *f*, Stichprobe *f*, Prüfgut *n*, gesamte verfügbare Probe *f*
sample/to Proben [ent]nehmen
~ **a sample** eine Probe entnehmen
sample addition valve Probenzugabeventil *n*
~ **adsorption** Probenadsorption *f*
~ **aerosol** Probenaerosol *n*
~ **alignment** Probenanordnung *f*
~ **amount** Probenmenge *f*
~ **analysis** Probenanalyse *f*
~ **analyzed** Analysenprobe *f*, analysierte Probe *f*
~ **application** Probenaufgabe *f*, Probeneingabe *f*, Probeneinbringung *f*, Probenzufuhr *f*, Probeneinführung *f (in eine Säule)*; *(Flchr)* Probeauftragen *n*, Probenaufgabe *f (auf eine Schicht)*
~ **applicator** *(Flchr)* Probenauftragegerät *n*
~ **arrangement** Probenanordnung *f*
~ **aspiration** Probenansaugung *f*
~ **basket** Probenkorb *m*
~ **beam** Probenstrahl *m*, Substanzstrahl *m*
~ **being analyzed** Analysenprobe *f*
~ **boat** Probenboot *n*
~ **bottle** Probenflasche *f*, Entnahmeflasche *f*
~ **buffer** Probenpuffer *m*
~ **bypass pump** Bypass-Probenpumpe *f*
~ **capacity** Probenkapazität *f*
~ **cation** Probenkation *n*
~ **cell** Probezelle *f*, Hauptzelle *f*
~ **chamber** Probenraum *m*, Probenkammer *f*
~ **changer** Probenwechselvorrichtung *f*, Probenwechsler *m*
~ **clean-up** Probenreinigung *f*
~ **cock** *s.* sampling cock
~ **collection** Probe[n]nahme *f*, Probenehmen *n*, Probenentnahme *f*
~ **collection unit** Probenahmegerät *n*
~ **compartment** Probenraum *m*
~ **component** Probenkomponente *f*, Probenbestandteil *m*, Probenanteil *m*
~ **concentration** Probenkonzentration *f*; Probenkonzentrierung *f*
~ **condition** Probenzustand *m*
~ **constituent** *s.* ~ component
~ **consumption** Probenverbrauch *m*
~ **container** Probenbehälter *m*, Probengefäß *n*
~ **cuvette** Probenküvette *f*
~ **decomposition (degradation)** Probenzersetzung *f*
~ **destruction** Probenzerstörung *f*
~ **dilution** Probenverdünnung *f*
~ **discrimination** *(Chr)* Diskriminierung *f*
~ **dispenser** Probengeber *m*, Probeneinschleusvorrichtung *f*
~ **disposal** Probenbeseitigung *f*, Probenentsorgung *f*
~ **divider** Probenteiler *m*
~ **division** Probenteilung *f*
~ **drain** Probenauslaß *m*, Probenablauf *m*

sample

- **enrichment** Probenanreicherung f
- **excitation** Probenanregung f
- **extraction** Extraktion f von Proben
- **feeder** s. ~ dispenser
- **filter** Probenfilter n
- **flow** Probenfluß m
- **flow diagram** Probenflußschema n
- **fluorescence** Probenfluoreszenz f
- **gas** Probengas n
- **handling** Probenhandhabung f
- ~-**handling method** Probenhandhabungsmethode f, Probenhandhabungstechnik f
- ~-**handling system** Probenhandhabungssystem n
- ~-**handling technique** s. ~-handling method
- **heater** Probenheizvorrichtung f, Probenerhitzer m
- **heating** Probenerhitzung f, Probenerwärmung f
- **holder** Probenhalter m, Probenhalterung f, Probenträger m
- **homogeneity** Probenhomogenität f
- **injection** (Chr) Probeninjektion f
- **injection block (port)** (Chr) Einspritzblock m, Injektorblock m, Injektionsblock m
- **injector** (Chr) Probeninjektor m, Injektor m
- **inlet** Probeneinlaß m
- **inlet system** Probeneinlaßsystem n, Einlaßsystem n, (Chr auch) Probenaufgabeteil n, Probenaufgabesystem n
- **inlet valve** Probeneinlaßventil n
- **introduction** Probenaufgabe f, Probeneingabe f, Probeneinbringung f, Probenzufuhr f, Probeneinführung f (in eine Säule)
- **introduction technique** (Chr) Probenaufgabetechnik f
- **ion** Probenion n, Probe-Ion n
- **ionization** Probenionisierung f
- **line** (Fließ) Probenlinie f
- **load** (Chr) Probenbeladung f, Probenmenge f
- **loading** s. 1. ~ introduction; 2. ~ load
- **loop** (Chr) Probenschleife f, Dosierschleife f, Speicherschleife f, (Gaschr auch) Gasschleife f
- **loss** Probenverlust m
- **manifold** Probensammelleitung f
- **mass** Probenmasse f
- **matrix** Probenmatrix f
- **median** Stichprobenmedian m
- **metering pump** Probendosierpumpe f
- **mixture** Probengemisch n, Probenmischung f
- **molecule** Probenmolekül n, Solut-Molekül n
- **outlet** Probenauslaß m, Probenablauf m
- **overflow** Probenüberlaufvorrichtung f
- **partitioning** (Chr) Probenverteilung f
- **peak** Probenpeak m
- **pickup** Probeneinlaß m
- **placement** Probenanordnung f
- **plug** Probenpfropfen m
- **point** Stichprobenpunkt m
- **port** Probeneinlaß m
- **position** Probenort m
- **preparation** Probenvorbereitung f, Probenaufbereitung f, Probenaufarbeitung f, Probenbereitung f, Probenpräparation f
- **preservation** Probenkonservierung f
- **pressure** Probendruck m
- **pressure regulator** Probendruckregler m
- **pretreatment** s. ~ preparation
- **procedure** Probennahmeanweisung f
- **pump** Probenpumpe f, Prüfgutpumpe f
- **quantity** Probenmenge f
- **sampler** 1. Probenehmer m (Person); 2. Probenehmer m, Probenahmegerät n
- **sample reconcentration** Rekonzentrierung f der Probe
- **recovery** Probenrückführung f
- **residue** Probenrest m, Probenrückstand m
- **retention** Retention f
- **return** Probenrückführung f
- **return line (manifold)** Probenrückführungsleitung f
- **return valve** Probenrücklaufventil n
- **separation** Probentrennung f
- **signal** Probensignal n
- **size** Probenumfang m, Probengröße f
- **solution** Probenlösung f (Lösung einer zu analysierenden Probe)
- **solvent** Probenlösungsmittel n
- **space** Stichprobenraum m
- **spacer gel** (Elph) Sammelgel n, Spacer-Gel n, Stacking-Gel n
- **spectrum** Probenspektrum n
- **spinning** Probenrotation f
- **split ratio** (Gaschr) Split-Verhältnis n, Stromteilerverhältnis n, Teilstromverhältnis n
- **splitter** (Gaschr) Probenteiler m, Gasstromteiler m, Strömungsteiler m, Stromteiler m, Splitter m
- **splitting** Probenteilung f
- **splitting injector** (Gaschr) Split-Injektor m
- **spot** (Flchr) Probenfleck m
- **statistic** Stichprobenkenngröße f, Stichprobenmaßzahl f
- **stream** Probenstrom m
- **substance** Probensubstanz f
- **system** s. sampling system
- **temperature** Probentemperatur f
- **throughput** Probendurchsatz m
- **throughput rate** Probendurchsatzgeschwindigkeit f
- **to be analyzed** Analysenprobe f, zu analysierende Probe f
- **to be separated** zu trennende Probe f
- **transfer** Probenüberführung f, Probentransfer m
- **transport** Probentransport m
- **treatment reagent** Probenbehandlungsreagens f
- **tube** Probenröhrchen n, Meßröhrchen n; Polarisationsrohr n, Probenrohr n (eines Polarimeters)
- **type** Probentyp m, Stichprobentyp m
- **under analysis** Analysenprobe f

177 scale

- ~ **under study** Untersuchungsprobe *f*
- ~ **unit** Probeneinheit *f*
- ~ **valve** Probenaufgabeventil *n*; Gasdosierventil *n*, Gasdosierhahn *m*, Gasprobenventil *n*
- ~ **vapour** Probendampf *m*
- ~ **vial** kleines Probengefäß *n*
- ~ **volume** Probenvolumen *n*
- ~ **weight** Probe[n]masse *f*
- ~ **zone** Probenzone *f*
- **sampling** Probe[n]nahme *f*, Probenehmen *n*, Probenentnahme *f*, *(i.w.S.)* Probenahme *f* und Probenvorbereitung *f*, Präanalytik *f*
- ~ **apparatus** Probenahmeapparatur *f*
- ~ **appliance** Probenahmegerät *n*
- ~ **aspirator** Probenahmeabsauger *m*, Probenahmeaspirator *m*
- ~ **cock** Probenehmerhahn *m*, Probeentnahmehahn *m*
- ~ **cylinder** Probenahmezylinder *m*
- ~ **depth** *(Spekt)* Eindringtiefe *f*
- ~ **device** Probenahmegerät *n*
- ~ **distribution** Stichprobenverteilung *f*
- ~ **error** Stichprobenfehler *m*, Probenahmefehler *m*
- ~ **facility** Probenahmeeinrichtung *f*
- ~ **fraction** Probenahmeanteil *m*, Stichprobenanteil *m*
- ~ **frequency** *(Fließ)* Injektionsfrequenz *f*
- ~ **implement** Probenahmeinstrument *n*
- ~ **inspection** Stichprobenprüfung *f*
- ~ **inspection plan** Stichproben[prüf]plan *m*
- ~ **instruction** Probenentnahmeanweisung *f*
- ~ **interval** Stichprobenentnahmeabstand *m*
- ~ **location** Probenahmeort *m*
- ~ **loop** *s.* sample loop
- ~ **method** Probenahmeverfahren *n*
- ~ **of bulk material** Schüttgutprobenahme *f*
- ~ **operation** Probenahmebetrieb *m*; Probenahmevorgang *m*
- ~ **pipe** Probenahmerohr *n*
- ~ **plan** Probenahmeplan *m*
- ~ **point** Probenahmestelle *f*, Entnahmestelle *f*
- ~ **position** *(Fließ)* Ladeposition *f*
- ~ **prescription** Stichprobenvorschrift *f*
- ~ **procedure** 1. Probenaufgabetechnik *f*, Technik *f* der Probenaufgabe; 2. *s.* ~ method
- ~ **process** Probenahmevorgang *m*
- ~ **program** Probenahmeprogramm *n*
- ~ **radiation** *(Spekt)* Absorptionsstrahlung *f*
- ~ **rate** Probennahmemenge *f*; Abtastrate *f (xy-Schreiber)*
- ~ **scheme** Probenahmeschema *n*
- ~ **site** Probenahmestelle *f*, Entnahmestelle *f*
- ~ **spear** Probe[n]stecher *m*, Probe[n]bohrer *m*
- ~ **spoon** Probenlöffel *m*
- ~ **system** Probenahmesystem *n*; Probeneinlaßsystem *n*, Einlaßsystem *n*, *(Chr auch)* Probenaufgabeteil *n*, Probenaufgabesystem *n*
- ~ **technique** Probenahmetechnik *f*, Technik *f* der Probenahme; Probenaufgabetechnik *f*, Technik *f* der Probenaufgabe

- ~ **theorem** Abtasttheorem *n*
- ~ **tool** Probenahmegerät *n*
- ~ **train** Probenahmeanordnung *f*
- ~ **tube** Stechheber *m*
- ~ **unit** Stichprobeneinheit *f*, Probenahmeeinheit *f*; Probeneinheit *f*
- ~ **valve** Probenentnahmeventil *n*; Probenaufgabeventil *n*
- ~ **vessel** Probenahmegefäß *n*, Probenahmebehälter *m*
- **Sand equation** *(Voltam)* Gleichung *f* nach Sand, Sandsche Gleichung *f*
- **sandwich chamber** *(Flchr)* Sandwich-Kammer *f*, S-Kammer *f*, Sandwich-Trennkammer *f*
- ~ **pulse** *(mag Res)* Sandwichpuls *m*
- ~ **technique** *(Flchr)* Sandwich-Verfahren *n (zum Entwickeln von Dünnschichtplatten)*
- **SANS** (small-angle neutron scattering) Neutronen-Kleinwinkelstreuung *f*
- **satellite line** *(Spekt)* Satellitenlinie *f*
- ~ **peak** Satellitenpeak *m*, Satellit *m*
- ~ **signal** Satellitensignal *n*
- ~ **spectrum** Satellitenspektrum *n*
- **saturate/to** absättigen; absättigen *(Valenzen)*
- **saturated aliphatic hydrocarbon** Alkan *n*, Paraffin *n*, Paraffinkohlenwasserstoff *m*, gesättigter aliphatischer Kohlenwasserstoff *m*
- ~ **calomel electrode** *(Pol)* gesättigte Kalomelelektrode *f*, GKE, SCE
- ~ **hydrocarbon** gesättigter Kohlenwasserstoff *m*
- ~ **solution** gesättigte Lösung *f*
- ~ **vapour pressure** Sättigungs[dampf]druck *m*
- **saturation** Sättigung *f*; Sättigung *f*, Absättigung *f (von Valenzen)*; *(Flchr)* Kammersättigung *f*, KS
- ~ **activity** *(rad Anal)* Sättigungsaktivität *f*
- ~ **effect** Sättigungseffekt *m*
- ~ **factor** *(kern Res)* Sättigungsfaktor *m*
- **sawtooth signal** Sägezahnsignal *n*, sägezahnförmiges Signal *n*
- ~ **wave** Sägezahnschwingung *f*, Sägezahnwelle *f*, Kippschwingung *f (oszillographische Polarographie)*
- **SAXS** (small-angle X-ray scattering) Röntgenkleinwinkelstreuung *f*
- **SBSR** (single-bead string reactor) *(Fließ)* Glasbettreaktor *m*
- **SC** *s.* scalar coupling
- **scalar coupling** *(kern Res)* skalare [Spin-Spin-]Kopplung *f*, skalare Wechselwirkung *f*, J-Kopplung *f*
- ~ **coupling constant** skalare (indirekte) Kopplungskonstante *f*
- ~ **spin-spin coupling** *s.* scalar coupling
- **scale** Skale *f*, Maßeinteilung *f*, Gradeinteilung *f (an Meßgeräten)* • **on a laboratory** ~ labortechnisch, im Labormaßstab, labormäßig, Labor...
  • **on a large** ~ großtechnisch, in großtechnischem Maßstab
- **δ-scale** *(kern Res)* δ-Skala *f*

scale

scale division Skalen[teil]strich *m*
~ **of working** Arbeitsskale *f*
scaling factor Skalierungsfaktor *m*
scan Abtasten *n*, Scannen *n*, Durchfahren *n*, Abfahren *n* (eines Meßbereichs)
scan/to abtasten, scannen, durchfahren, abfahren (einen Meßbereich); scannen, vermessen
scandium Sc Scandium *n*
scanning Auger microscopy Raster-Auger-Mikroskopie *f*, Scanning-Auger-Mikroskopie *f*, SAM
~ **beam** Meßstrahl *m*
~ **calorimeter** Scanningkalorimeter *n*
~ **densitometer** DC-Scanner *m*, Chromatogramm-Spektralphotometer *n*
~ **electron microscope** Rasterelektronenmikroskop *n*
~ **electron microscopy** Rasterelektronenmikroskopie *f*, REM
~ **electron microscopy method** rasterelektronenmikroskopisches Verfahren *n*
~ **reflection electron microscopy** s. ~ electron microscopy
~ **transmission electron microscopy** Raster-Transmissions-Elektronenmikroskopie *f*, registrierende Transmissions-Elektronenmikroskopie *f*
~ **tunneling microscopy** Rastertunnelmikroskopie *f*, RTM
~ **tunneling spectroscopy** Rastertunnelspektroskopie *f*, RTS
~ **tunnelling electron microscopy** s. ~ tunneling microscopy
scatter [statistische] Streuung *f (von Meßwerten)*
scatter/to streuen
scatter diagram Streu[ungs]diagramm *n*
scattered intensity Streu[licht]intensität *f*
~ **light** Streulicht *n*, gestreutes Licht *n*
~ **light intensity** Streu[licht]intensität *f*
~ **radiation** Streustrahlung *f*, gestreute Strahlung *f*
scattering Streuung *f*
~ **angle** Streuwinkel *m*, Beobachtungswinkel *m*
~ **cross-section** (rad Anal) Streuquerschnitt *m*, Wirkungsquerschnitt *m* für die Streuung
~ **region** Streubereich *m*
~ **volume** Streuvolumen *n*, streuendes Volumen *n*
scatter of blank measures Blindwertstreuung *f*
~ **range** Streubereich *m*
scavenger (Grav) Kollektor *m*, Sammler *m*
~ **gas** (Gaschr) Make-up-Gas *n*, Spülgas *n*, Beschleunigungsgas *n*, Schön[ungs]gas *n*, Zusatzgas *n*
scavenging gas (or Anal) Spülgas *n*
SCE (saturated calomel electrode) (Pol) gesättigte Kalomelelektrode *f*, GKE, SCE
scheme of analysis Analysengang *m*, Analysenweg *m*
~ **of analysis for the anions** Anionentrennungsgang *m*
~ **of analysis for the cations** Kationentrennungsgang *m*

~ **of sampling** Probenahmeschema *n*
Schiff reagent Schiffsches (Schiffs) Reagens *n (zum Aldehydnachweis)*
schlieren (Sed) Schlieren *fpl*
~ **analysis** Schlierenanalyse *f*
~ **method** Schlierenmethode *f*, Schlierenverfahren *n (zur Untersuchung von Dichtegradienten in Fluiden)*
~ **optical system**, ~ **optics** Schlierenoptik *f*, Schlierensystem *n*
~ **photography** Schlierenfotografie *f*
~ **photomicrography** Schlierenmikrofotografie *f*
~ **system** s. ~ optical system
Schottky [barrier] diode Schottky-Diode *f*
Schrödinger [wave] equation (Spekt) Schrödinger-Gleichung *f*, Schrödingersche Wellengleichung *f*
Schulz-Flory distribution [Schulz-]Flory-Verteilung *f*, Normalverteilung *f (Polymercharakterisierung)*
~ **-Zimm distribution** Schulz-Zimm-Verteilung *f*
Schwarz reaction Schwarzsche Reaktion *f (zum Nachweis von Naphthalen oder Chloroform)*
SCIC (single-column ion chromatography) Einsäulen-Ionenchromatographie *f*, Ionenchromatographie *f* ohne Suppressortechnik (Suppressionstechnik, Suppressor)
scintillating material Szintillator *m*
scintillation Szintillation *f*
~ **counter (detector)** Szintillationszähler *m*, Szintillationsdetektor *m*
~ **spectrometer** Szintillationsspektrometer *n*
scintillator Szintillator *m*
scintillometer s. scintillation counter
scissor vibration (opt Mol) Scherenschwingung *f*, Beugeschwingung *f*
S-containing s. sulphur-containing
scoop Schaufel *f* mit hochgezogenen Rändern *(für Probenahmen)*
scoring scheme Bewertungsschema *n*
SCOT column (support-coated open-tube column) (Gaschr) Dünnschicht-Kapillarsäule *f*, Dünnschicht[-Trenn]säule *f*, SCOT-Trennsäule *f*, SCOT-Säule *f*, beschichtete Kapillare *f*, Dünnschichtkapillare *f*
screen Sieb *n*, Klassiersieb *n*
screen/to 1. [durch]sieben, siebklassieren; 2. abschirmen
~ **off** abschirmen
~ **out** aussieben
screen analysis Siebanalyse *f*
~ **aperture** Sieb[öffnungs]weite *f*, Maschenweite *f*
~ **classification** Siebklassieren *n*, Siebklassierung *f*
~ **classifier** Siebapparat *m*, Siebvorrichtung *f*
~ **feed** Siebgut *n*
~ **fines** Siebfeines *n*
screening 1. Sieben *n*, Durchsieben *n*, Siebklassieren *n*, Siebklassierung *f*; 2. Abschirmung *f*; 3. Durchmusterung *f*, Screening *n*, Vorauswahl *f*

selective

~ **constant** *(kern Res)* Abschirm[ungs]konstante *f*
screen oversize Siebgrobes *n*
~ **size** Teilchengröße *f*, Korngröße *f*, Partikelgröße *f*
~-**size opening** *s.* ~ **aperture**
~ **sizing** *s.* ~ **classification**
~ **undersize** Siebfeines *n*
screw clamp (clip, compressor clamp) Schraub[en]quetschhahn *m*, Schraubklemme *n* [nach Hoffmann]
scrubber column *(Flchr)* Suppressorsäule *f*, Suppressor *m*, Unterdrückersäule *f*, Suppressor-Austauschersäule *f*
scrubbing Waschen *n*, Scrubbing *n (des Extrakts zum Entfernen von Verunreinigungen)*
scum Schaum *m*
SD (standard deviation) *(Stat)* Standardabweichung *f*, mittlere quadratische Abweichung *f*
SDS (sodium dodecyl sulphate) Natriumdodecylsulfat *n*, SDS *n*
~ **electrophoresis** *s.* ~-**PAGE**
~-**PAGE**, ~ **polyacrylamide gel electrophoresis** SDS-Polyacrylamid-Gelelektrophorese *f*, SDS-PAG-Elektrophorese *f*, SDS-PAGE *f*
SE (stimulated echo) *(mag Res)* stimuliertes Echo *n*
SEC (size-exclusion chromatography) Ausschlußchromatographie *f*, Größenausschluß-chromatographie *f*, Gelchromatographie *f*
secondary amine sekundäres Amin *n*
~ **carbon atom** sekundäres Kohlenstoffatom *n*
~ **cell** Sekundärelement *n*, Sekundärzelle *f*
~ **coil** *(Kond)* Sekundärspule *f*
~ **dissociation constant** zweite Dissoziationskonstante *f*
~ **electrode** Nebenelektrode *f*
~ **electron** Sekundärelektron *n*
~ **electron multiplier** *s.* ~-**emission electron multiplier**
~ **emission** Sekundäremission *f*
~-**emission electron multiplier** Photo[elektronen]vervielfacher *m*, Photomultiplier *m*, Sekundärelektronenvervielfacher *m*, SEV
~ **excitation** *(Spekt)* Sekundäranregung *f*
~ **field** Sekundärfeld *n*
~ **filter** *(Spekt)* Sekundärfilter *n*
~ **hydration shell** sekundäre (zweite) Hydratationshülle (Hydrathülle) *f*
~ **ionization** *(Spekt)* Sekundärionisation *f*
~-**ion mass spectrometry** Sekundärionen-Massenspektrometrie *f*, SIMS
~ **product** Nebenprodukt *n*
~ **radiation** Sekundärstrahlung *f*
~ **reaction** Sekundärreaktion *f*
~ **solvation** sekundäre (unspezifische) Solvatation *f*
~ **solvation shell** sekundäre (zweite) Solvatationshülle (Solvathülle) *f*
~ **X-ray** sekundärer Röntgenstrahl *m*
second-class electrode *(Pot)* Elektrode *f* zweiter Art

~ **derivative** zweite Ableitung *f*
~-**derivative potentiometric titration** [differentielle] potentiometrische Titration *f* zweiter Ordnung
~ **electrode** Nebenelektrode *f*
~ **harmonic** *(Pol)* zweite Harmonische *f*, erste Oberschwingung (Oberwelle) *f*
~-**order dielectric constant** Dielektrizitätskonstante *f* zweiter Ordnung
~-**order reaction** *(Katal)* Reaktion *f* zweiter Ordnung
~-**rank tensor** Tensor *m* zweiter Stufe
~ **reaction** Sekundärreaktion *f*
SECSY (spin-echo correlated spectroscopy) *(mag Res)* Spin-Echo-korrelierte Spektroskopie *f*, SECSY, zweidimensionale Spin-Echo-Korrelationsspektroskopie *f*
~ **experiment** *(kern Res)* SECSY-Experiment *n*
sector disc *(Spekt)* Sektorenscheibe *f*
~ **instrument** *(Maspek)* [magnetisches] Sektorfeldinstrument *n*, [magnetisches] Sektorfeldgerät *n*
~-**shaped magnetic field** *(Maspek)* magnetischer Sektor *m*, [magnetisches] Sektorfeld *n*
secular equilibrium *(rad Anal)* säkulares Gleichgewicht *n*
sediment/to sedimentieren, sich [ab]setzen
sedimentation Sedimentation *f*
~ **coefficient** Sedimentationskonstante *f*, Sedimentationskoeffizient *m*
~ **equilibrium** Sedimentationsgleichgewicht *n*
~ **potential** Sedimentationspotential *n*
~ **velocity** Sedimentationsgeschwindigkeit *f*
~ **velocity method** Sedimentationsgeschwindigkeitsmethode *f*
seed/to impfen
seed crystal *(Grav)* Impfkristall *m*, Keimkristall *m*
segment/to *(Fließ)* segmentieren, in Abschnitte (Segmente) teilen
segmentation *(Fließ)* Segmentierung *f*
segregate/to entmischen
segregation Entmischung *f*, Trennung *f (eines heterogenen Stoffsystems)*
selected ion detection (monitoring) *(Maspek)* Einzelionendetektion *f*, Einzelionennachweis *m*, Einzelionenregistrierung *f*
selection principle (rule) *(Spekt)* Auswahlregel *f*
selective adsorbent selektives Adsorbens (Adsorptionsmittel) *n*
~ **adsorption** bevorzugte (selektive) Adsorption *f*
~ **detector** selektiver Detektor *m*, Detektor *m* mit selektiven Eigenschaften
~ **excitation** selektive Anregung *f*
~-**excitation pulse** selektiver Impuls *m*
~ **inversion** *(kern Res)* selektive Umkehrung *f* (von Besetzungsverhältnissen)
~ **inversion experiment** *(kern Res)* SPI-Experiment *n*
ion-sensitive electrode ionenselektive (ionensensitive, ionenspezifische) Elektrode *f*
~ **proton pulse** selektiver Protonen[im]puls *m*

selective

- ~ **pulse** selektiver Impuls (Puls) *m*
- ~ **reagent** selektives Reagens *n*
- ~ **solvent** selektives Lösungsmittel *n*
- ~ **sorption** bevorzugte (selektive) Sorption *f*

selectivity 1. Selektivität *f*, selektive Wirkung *f*, Selektivwirkung *f*; 2. *s.* ~ factor 2.
- ~ **coefficient** 1. *(Ion)* Selektivitätskoeffizient *m*; 2. *s.* ~ factor 2.
- ~ **constant** *(el Anal)* Selektivitätskonstante *f*
- ~ **curve** *(Flchr)* lg M-V_e-Kurve *f*
- ~ **factor** 1. *(el Anal)* Selektivitätsfaktor *m*; 2. *(Chr)* Trennfaktor *m*, Nettoretentionszeitverhältnis *n (zweier benachbarter Peaks)*
- ~ **group** *(Flchr)* Selektivitätsgruppe *f*
- ~ **parameter** *(Flchr)* Selektivitätsparameter *m*
- ~ **switching** mehrdimensionale (mehrstufige) Chromatographie *f*
- ~ **term** *(Gaschr)* Selektivitätsterm *m*
- ~ **triangle** *(Flchr)* Selektivitätsdreieck *n*

s electron s-Elektron *n*
selenate Selenat *n*
selenite Selenit *n*
selenium Se Selen *n*
self-absorption Selbstabsorption *f*
- ~-**adjusting zero** selbsteinstellender (selbstregulierender) Nullpunkt *m*
- ~-**electrode** *(opt At)* Elektrode *f* aus Analysenmaterial
- ~-**indicating** *(Vol)* selbstindizierend
- ~-**indication** *(Vol)* Selbstindikation *f*
- ~-**reversal** *(opt At)* Selbstumkehr *f*
- ~-**sharpening effect** *(Elph)* Selbstschärfungseffekt *m*, selbstschärfender Effekt *m*
- ~-**shielding** Selbstabschirmung *f*

Seliwanoff test Selivanov-Reaktion *f*, Selivanovsche Reaktion *f (zum Nachweis von Hexosen)*
SEM (scanning electron microscopy) Rasterelektronenmikroskopie *f*, REM
semicolloid Semikolloid *n*, Halbkolloid *n*
semiconductive halbleitend
semiconductor Halbleiter *m*
- ~ **detector** *(rad Anal)* Halbleiterdetektor *m*
- ~ **[diode] laser** [Halbleiter-]Diodenlaser *m*, Halbleiterlaser *m*
- ~ **sensor** Halbleitersensor *m*

semidiffusion cell *(Gaschr)* Teilstromzelle *f*
semi-integral polarography semiintegrale Polarographie *f*
semiliquid halbflüssig, dickflüssig, zähflüssig
semimicro balance Halbmikrowaage *f*
- ~ **sample** Mesoprobe *f*, Halbmikroprobe *f (Probenmasse 0,1 bis 0,01 g)*

semipermeable semipermeabel, halbdurchlässig, einseitig durchlässig
- ~ **membrane** semipermeable (halbdurchlässige) Membran *f*
- ~ **membrane [diffusion] separator** *(Maspek)* Membranseparator *m*
- ~ **wall** halbdurchlässige Wand *f*

180

semi-polar mittelpolar
semiquantitative halbquantitativ, semiquantitativ
- ~ **analysis** halbquantitative Analyse *f*

semirigid gel halbstarres Gel *n*
semiselective pulse *(kern Res)* semiselektiver Impuls (Puls) *m*
semisolid material halbfeste Substanz *f*, semifester Stoff *m*
sensing electrode Meßelektrode *f (eines Sensors)*
- ~ **element** Meßfühler *m*, Meßelement *n*, Fühlelement *n (in Meß- oder Registriervorrichtungen)*
- ~ **membrane** Sensormembran *f (einer Membranelektrode)*

sensitive empfindlich
sensitiveness Empfindlichkeit *f*
sensitive to acid säureempfindlich
- ~ **to alkali[es]** alkaliempfindlich
- ~ **to hydrogen ions** wasserstoffionensensitiv
- ~ **to light** lichtempfindlich
- ~ **to oxidation** oxidationsempfindlich

sensitivity Empfindlichkeit *f*
- ~ **enhancement** Empfindlichkeitssteigerung *f*, Empfindlichkeitsverbesserung *f*
- ~ **factor** *(kern Res)* Empfindlichkeitsfaktor *m*
- ~ **gain** Empfindlichkeitsgewinn *m*
- ~ **improvement** *s.* ~ enhancement
- ~ **of detection** Nachweisempfindlichkeit *f*, Empfindlichkeit *f* der Detektion
- ~ **to acid** Säureempfindlichkeit *f*
- ~ **to alkali[es]** Alkaliempfindlichkeit *f*
- ~ **to light** Lichtempfindlichkeit *f*
- ~ **to oxidation** Oxidationsempfindlichkeit *f*

sensitize/to sensibilisieren
sensitized ion-selective electrode sensibilisierte ionenselektive Elektrode *f*
sensor Meßfühler *m*, Meßelement *n*, Fühlelement *n*
- ~ **array** Sensorengruppe *f*
- ~ **body** Meßfühlerkörper *m*
- ~ **chamber** Meßfühlerkammer *f*
- ~ **configuration** Meßfühleranordnung *f*
- ~ **geometry** Meßfühlergestaltung *f*, Meßfühlergeometrie *f*
- ~ **maintenance** Meßfühlerwartung *f*

sensory analysis sensorische Analyse *f*
- ~ **evaluation** sinnesphysiologische (organoleptische) Bewertung *f*
- ~ **examination** *s.* ~ testing
- ~ **test[ing]** sinnesphysiologische (organoleptische, sensorische) Prüfung *f*, Sinnesprüfung *f*, Organoleptik *f (von Lebensmitteln)*
- ~ **test[ing] method** sensorisches Prüfverfahren *f (für Lebensmittel)*

S.E.P. Standardelektrodenpotential *n*
separate/to [auf]trennen *(ein Gemisch);* abtrennen, isolieren *(Bestandteile);* sich [voneinander] trennen, sich scheiden (entmischen); sich abscheiden (absondern)
- ~ **out** sich abscheiden (absondern)

separating ability Trennfähigkeit f
- **column** *(Chr)* Trennsäule f
- **device** *(Fließ)* Separator m
- **efficiency** Trennwirksamkeit f
- **funnel** Scheidetrichter m, Trenntrichter m, Schütteltrichter m
- **gel** *(Elph)* Trenngel n, Separationsgel n
- **potential (power)** Trennkraft f
- **properties** Trenneigenschaften fpl
- **range** Trennbereich m

separation Trennung f, Auftrennung f *(eines Gemisches)*; Isolierung f, Abtrennung f *(von Bestandteilen)*; Entmischung f, Trennung f; Absonderung f

6 σ separation *(Chr)* Basislinientrennung f, 6-Sigma-Trennung f

separation ability Trennfähigkeit f
- **buffer** *(Elph)* Trenngelpuffer m
- **capillary** *(Elph)* Trennkapillare f
- **characteristics** Trenncharakteristik f
- **coefficient** *(Ion)* Trennfaktor m
- **column** *(Chr)* Trennsäule f
- **conditions** Trennbedingungen fpl
- **effect** Trenneffekt m, Trennwirkung f
- **efficiency** Trennwirksamkeit f, Trennleistung f
- **factor** *(Chr, Ion)* Trennfaktor m, *(Chr auch)* Nettoretentionszeitverhältnis n *(zweier benachbarter Peaks)*; *(Gaschr)* Trennschärfe f
- **into groups** Gruppentrennung f, Trennung f in Gruppen
- **mechanism** Trennmechanismus m
- **medium** Trennmaterial n
- **method** Trenn[ungs]methode f, Trennverfahren n, Trenntechnik f
- **number** *(Chr)* Trennzahl f, TZ f
- **of enantiomers** Enantiomerentrennung f
- **parameter** Trennparameter m
- **pattern** *(Elph)* Trennmuster n, Bandenmuster n
- **power** Trennkraft f
- **problem** Trennproblem n
- **procedure** s. ~ method
- **process** 1. Trennvorgang m; 2. s. ~ method
- **profile** *(Chr)* Trennprofil n
- **properties** Trenneigenschaften fpl
- **range** Trennbereich m
- **scheme** Trennungsgang m
- **system** Trennsystem n
- **technique** s. ~ method
- **temperature** Trenntemperatur f
- **velocity** Trenngeschwindigkeit f
- **wall** *(Dial)* Trennwand f

separative ... s. separation ...

separator *(Fließ)* Separator m; *(Maspek)* Molekülseparator m, Separator m
- **column** Trennsäule f *(bei der Ionenchromatographie)*

separatory funnel Scheidetrichter m, Schütteltrichter m

septum *(Chr)* Septum n

- **bleed** Septumbluten n
- **holder** Septumhalter m
- **injection** Septuminjektion f
- **injector** Septuminjektor m

septumless injector *(Chr)* septumfreier Injektor m

septum purge (purging) *(Gaschr)* Septumspülung f

sequence analysis (determination) Sequenzanalyse f, Sequenzermittlung f *(Eiweißchemie)*
- **of operations** Arbeitsablauf m, Folge f der Arbeitsgänge
- **of pulses** Impulssequenz f, Impulsfolge f, Pulssequenz f, Pulsfolge f
- **of reactions** Reaktionsfolge f

sequential analysis Sequentialanalyse f
- **excitation NMR spectroscopy** CW-NMR-Spektroskopie f
- **sampling** Sequentialstichprobenverfahren n
- **spectrometer** Sequenz-Spektrometer n
- **test** Folgeprüfung f

serial assay Serienanalyse f

series Serie f, Reihe f
- **of measurements** Meßreihe f
- **of observations** Beobachtungsreihe f
- **of peaks** Peakfolge f, Peaksequenz f
- **of reactions** Reaktionskette f
- **of solvents** Lösungsmittelreihe f, Lösungsmittelserie f
- **of testing sieves** Prüfsiebreihe f
- **of tests** Versuchsreihe f, Untersuchungsreihe f, Testserie f
- **of test sieves** Prüfsiebreihe f
- **resistor** *(Pol)* Vorwiderstand m, Vorschaltwiderstand m
- **-tuned circuit (tank)** Serienschwingkreis m, Reihenresonanzkreis m *(Hochfrequenztitration)*

SERS (surface-enhanced Raman spectroscopy) oberflächenverstärkte Raman-Spektroskopie f

serum clarification Serumklärfiltration f, Serumfeinfiltration f
- **protein** Serumprotein n

set/to fest (starr, hart) werden, erstarren, sich verfestigen

set point Sollwert m

setting Erstarrung f, Verfestigung f

settle [down, out]/to sedimentieren, sich [ab]setzen

sewage Abwasser n, Schmutzwasser n
- **sample** Abwasserprobe f
- **water** s. sewage

SF 1. (separation factor) *(Chr)* Trennfaktor m, Nettoretentionszeitverhältnis n *(zweier benachbarter Peaks)*; 2. (supercritical fluid) überkritisches Fluid n

SFC (supercritical fluid chromatography) überkritische (superkritische) Fluidchromatographie f, SFC, überkritische Flüssigchromatographie f, Fluidchromatographie f, Chromatographie f mit überkritischen Fluiden

SFE (supercritical fluid extraction) Extraktion *f* mit überkritischen Fluiden
shake/to schütteln
~ **out** ausschütteln
~ **out with ether** mit Ether ausschütteln
shaker Schüttelapparat *m*, Schüttelmaschine *f*
shaking/with constant unter ständigem Schütteln
sharp band scharfe Bande *f*
~-**cut filter** *(Spekt)* Kantenfilter *n*
~ **peak** schmaler Peak *m*
~ **signal** scharfes Signal *n*
SHE (standard hydrogen electrode) Standardwasserstoffelektrode *f*
shearing interferometer Interferenzrefraktometer *n*
shield/to abschirmen
shielded abgeschirmt *(Kern)*
shielding Abschirmung *f*
~ **constant** *(kern Res)* Abschirm[ungs]konstante *f*
~ **effect** Abschirmeffekt *m*
~ **field** *(kern Res)* Abschirmfeld *n*
shift Verschiebung *f*, Verlagerung *f*
~ **difference** *(kern Res)* Differenz *f* der chemischen Verschiebungen, Verschiebungsdifferenz *f*
~ **in frequency** Frequenzverschiebung *f*
shifting Verschiebung *f*, Verlagerung *f*
shift reagent *(kern Res)* Verschiebungsreagens *n*, Shiftreagens *n*
shipping sample Lieferprobe *f*
short-chain kurzkettig *(Verbindung)*
~-**chain branch[ing]** Kurzkettenverzweigung *f*
~-**range intramolecular interaction** kurzreichende Wechselwirkung *f*
~-**term behaviour** Kurzzeitverhalten *n*
~-**term concentration** Kurzzeitkonzentration *f*
~-**term noise** *(Meß)* Kurzzeitrauschen *n*
~-**term properties** Kurzzeiteigenschaften *fpl*
~[-**term**] **test** Kurzzeitprüfung *f*, Kurzzeitversuch *m*, Schnelltest *m*
~-**time assay (test)** s. ~-term test
~-**wavelength** kurzwellig
~-**wave[length] UV light** kurzwelliges UV-Licht *n*
shot noise *(Meß)* Schroteffekt *m*
shovel Schaufel *f (für Probenahmen)*
Shpol'skii effect Shpol'skii-Effekt *m (Fluoreszenzspektren bei tiefen Temperaturen)*
shrink/to schrumpfen, schwinden *(Gele)*
shrinkage, shrinking Schrumpfen *n (von Gelen)*
shunt *(el Anal)* Nebenschlußwiderstand *m*
SIC (suppressed ion chromatography) Ionenchromatographie *f* mit Suppressortechnik (Suppressionstechnik, Suppressor)
SID 1. (selected ion detection) *(Maspek)* Einzelionendetektion *f*, Einzelionennachweis *m*, Einzelionenregistrierung *f*; 2. (surface induced dissociation) *(Maspek)* Oberflächenionisation *f*
side-band Seitenbande *f*, Nebenbande *f*
~-**band intensity** Seitenbandenintensität *f*

~-**band technique** Seitenbanden-Technik *f*
~ **reaction** Nebenreaktion *f*
siemens Siemens *n*, S *(SI-Einheit des elektrischen Leitwerts)*
sieve Sieb *n*
sieve/to [durch]sieben, siebklassieren
sieve analysis Siebanalyse *f*
~ **area** Siebfläche *f*, Sieboberfläche *f*
~ **effect** Siebeffekt *m (von Gelen)*
~ **fineness** Siebfeinheit *f*
~ **fraction** Siebkornklasse *f*
Sievert *(rad Anal)* Sievert *n (Einheit der Äquivalentdosis; 1 Sv = 1 J/kg)*
sieve size Sieböffnungsgröße *f*
sieving action Siebwirkung *f (von Gelen)*
~ **effect** s. sieve effect
sift/to [durch]sieben
sifter Siebapparat *m*, Siebvorrichtung *f*
sigmoid S-förmig
sigmoid s. sigmoid curve
sigmoidal S-förmig
sigmoid curve S-Kurve *f*, S-förmige Kurve *f*
sign Vorzeichen *n*
signal Signal *n*
~ **amplitude** Signalamplitude *f*
~ **assignment** Signalzuordnung *f*
~ **being measured** Meßsignal *n*
~ **conditioner** Signalformer *m*, Signalkonditionierer *m*
~ **conditioning** Signalformung *f*, Signalkonditionierung *f*
~ **detector** *(Kond)* Demodulator *m*, Hochfrequenzgleichrichter *m*
~ **function** *(Spekt)* Linienformfunktion *f*, Signalfunktion *f*
~ **generator** Signalgenerator *m*
~ **height** s. ~ intensity
~ **input** Signaleingabe *f*; Signaleingang *m*
~ **input terminal** Signaleingangsklemme *f*
~ **intensity** Peakintensität *f*, Signalintensität *f*, Signalstärke *f*
~ **loss** Signalverlust *m*
~ **magnitude** Signalwert *m*
~/**noise ratio** s. ~-to-noise ratio
~ **processing** Signalverarbeitung *f*
~-**stat method** *(Katal)* Stat-Methode *f*
~ **strength** s. ~ intensity
~-**to-noise ratio** Signal/Rausch-Verhältnis *n*, S/N-Verhältnis *n*, Signal-zu-Rausch-Verhältnis *n*, Signal/Untergrund-Verhältnis *n*
~ **wire** Signalader *f*
significance *(Stat)* Signifikanz *f*
~ **level** Signifikanzniveau *n*, Signifikanzstufe *f*
~ **point** Signifikanzpunkt *m*
~ **probability** Signifikanzwahrscheinlichkeit *f*
~ **test** *(Stat)* Signifikanztest *m*, Signifikanzprüfung *f*
significant signifikant, statistisch gesichert
~ **conformation** signifikante Konformation *f*, statistisch gesicherte Konstellation *f*

sign reversal Vorzeichenumkehr f, Vorzeichenwechsel m
~ **test** Vorzeichentest m
silage sampler Probenehmer m für Silage
silane Silan n, Siliciumwasserstoff m, Siliciumhydrid n
silanization Silanisieren n, Silan[is]ierung f
silanize/to silan[is]ieren
silanizing reagent Silanisierungsreagens n
silanol group Silanolgruppe f, SiOH-Gruppe f
silica Siliciumdioxid n, Silicium(IV)-oxid n
~ **aerogel** poröses Kieselgel n
~ **analyser** Siliciumdioxidanalysengerät n
~-**based anion exchanger** Anionenaustauscher m auf Kieselgelbasis
~ **capillary** Quarzkapillare f
~ **chromatoplate** Kieselgelplatte f
~ **column** (Gaschr) Fused-silica-Kapillarsäule f, Quarz[kapillar]säule f, Fused-silica-Säule f, FS-Säule f, FSOT-Säule f
~ **crucible** Quarztiegel m
~ **gel** Silikagel n, Kieselgel n
~ **gel column** (Chr) Kieselgelsäule f, kieselgelgefüllte Säule f, Silikagelsäule f
~ **gel G** (Flchr) Kieselgel n G (enthält Gips als Bindemittel)
~ **gel sheet** Kieselgel-Dünnschichtfolie f
~ **gel TLC plate** Kieselgel[-Dünnschicht]platte f
~ **gel TLC sheet** Kieselgel-Dünnschichtfolie f
silicate Silicat n
siliceous siliciumdioxidhaltig, kieselsäurehaltig
silicon Si Silicium n
~ **compound** Siliciumverbindung f
~ **dioxide** Siliciumdioxid n, Silicium(IV)-oxid n
silicone Silicon n, Silikon n, Polysiloxan n
~ **fluid** Siliconöl n
~ **gum** Silicongummi m
~ **loaded paper** ~-oil impregnated paper
~ **oil** Siliconöl n
~-**oil impregnated paper** (Flchr) mit Siliconöl imprägniertes Papier n
~ **polymer** s. silicone
~ **rubber** Silicongummi m
~-**treated paper** ~-oil impregnated paper
silicon hydride Silan n, Siliciumwasserstoff m, Siliciumhydrid n
~-**tungsten electrode** Silicium-Wolfram-Elektrode f
siloxane bond Siloxanbindung f
~ **group** Siloxangruppe f
~ **linkage** Siloxanbindung f
silver Ag Silber n
~ **anode** Silberanode f
~-**bismuth electrode** Silber-Bismut-Elektrode f
~-**calomel electrode pair** (Pot) Silber-Kalomel-Elektrodenpaar n
~ **cathode** Silberkathode f
~ **chloride** Silberchlorid n
~ **chloride precipitate** Silberchloridniederschlag m
~ **chromate** Silberchromat n

~ **coulometer** Silbercoulometer n
~ **electrode** Silberelektrode f
~ **gauze** Silbergaze f, Silberdrahtnetz n
~ **gauze electrode** (Coul) Silber-Netzelektrode f
~-**glass electrode pair** (Pot) Silber-Glas-Elektrodenpaar n
~ **halide** Silberhalogenid n
~ **halide coulometer** Silberhalogenidcoulometer n
~ **halide precipitate** Silberhalogenidniederschlag m
~ **iodide** Silberiodid n
~ **ion** Silberion n
~-**ion exponent** (Vol) Silberionenexponent m
~ **nitrate** Silbernitrat n
~-**plated platinum cathode** (Elgrav) versilberte Platinkathode f
~ **reductor** (Vol) Silberreduktor m, Walden-Reduktor m
~ **rod electrode** Silberstabelektrode f
~-**silver chloride electrode** Silber-Silberchlorid-Elektrode f, Ag-AgCl-Elektrode f
~-**silver chloride reference electrode** Silber-Silberchlorid-Bezugselektrode f
~-**silver oxide electrode** Silber-Silberoxid-Elektrode f
~-**silver sulphide electrode** Silber-Silbersulfid-Elektrode f
~ **staining** (Elph) Silber[an]färbung f
~ **thiocyanate** Silberthiocyanat n
~ **tungstate** Silberwolframat n
~-**tungsten electrode** Silber-Wolfram-Elektrode f
~ **vanadate** Silbervanadate n
~ **voltameter** Silbercoulometer n
~-**wire reference electrode** Silberdrahtbezugselektrode f
~ **wool** Silberwolle f
~ **working anode** Silberarbeitsanode f
silylating agent (reagent) Silylierungsreagens n, Silylierungsmittel m
silylation Silylierung f
~ **reaction** Silylierungsreaktion f
~ **reagent** s. silylating agent
silyl derivative Silylderivat n
~ **ether linkage** Siloxanbindung f
SIM (selected ion monitoring) (Maspek) Einzelionendetektion f, Einzelionennachweis m, Einzelionenregistrierung f
simple area normalization (Chr) einfache Normalisierung f
~ **extraction** einfache (einmalige) Extraktion f
simplified non-linear mapping vereinfachte nichtlineare Abbildung f (analytischer Daten)
~ **statistics** gekürzte (reduzierte) Statistik f
SIMS (secondary-ion mass spectrometry) Sekundärionen-Massenspektrometrie f, SIMS
simultaneous simultan, gleichzeitig
~ **analysis** Simultananalyse f
~ **comparison method** (Katal) Komparationsverfahren n

simultaneous

- **determination** Simultanbestimmung *f*
- **reaction** Parallelreaktion *f*, Simultanreaktion *f*, Konkurrenzreaktion *f*
- **technique** Simultantechnik *f*, Simultanverfahren *n*
- **thermogravimetry and differential thermal analysis** simultane Thermogravimetrie *f* und Differentialthermoanalyse *f*, thermogravimetrische und differentialthermoanalytische Simultananalyse *f*

sine wave Sinuswelle *f*, sinusförmige Welle *f*
single analysis Einzelanalyse *f*
- -**bead string reactor** *(Fließ)* Glasbettreaktor *m*
- -**beam instrument** *(Spekt)* Einstrahlgerät *n*
- -**beam spectrometer (spectrophotometer)** Einstrahlspektrometer *n*, Einstrahl-Spektralphotometer *n*
- **bond** Einfachbindung *f*
- -**channel instrument** Einkanalgerät *n*
- -**channel pulse height analyser** Einkanal-Impulshöhenanalysator *m*
- -**channel spectrometer** Einkanalspektrometer *n*
- **colour point recorder** Einfarbenpunktschreiber *m*
- -**column ion chromatography** Einsäulen-Ionenchromatographie *f*, Ionenchromatographie *f* ohne Suppressortechnik (Suppressionstechnik, Suppressor)
- -**column technique** *(Chr)* Einsäulentechnik *f*
- **crystal** Ein[zel]kristall *m*, Einling *m*
- **electrode** Einzelelektrode *f*
- -**electrode potential** Einzelelektrodenpotential *n*
- -**ended wiring** asymmetrische Verdrahtung *f* *(Echtzeit-Meßdatenerfassung)*
- **equilibration** einmalige Gleichgewichtseinstellung *f*
- **escape peak** *(rad Anal)* Einfach-Escape-Peak *m*
- **extraction** einfache (einmalige) Extraktion *f*
- -**focusing magnetic analyser** *(Maspek)* einfach fokussierender Analysator *m*
- -**focusing mass spectrometer** einfach fokussierendes Massenspektrometer *n*
- -**ion activity** Einzelionenaktivität *f*
- -**ion detection** *(Maspek)* Einzelionendetektion *f*, Einzelionennachweis *m*, Einzelionenregistrierung *f*
- **monochromator** *(Spekt)* Einfachmonochromator *m*
- **observation** Einzelbeobachtung *f*
- **potential** Einzelpotential *n*
- -**quantum coherence** *(kern Res)* Einquantenkohärenz *f*
- -**quantum transition** Einquantenübergang *m*
- **resonance** Einzelresonanz *f*
- **sample** Einzelprobe *f*, Einfachstichprobe *f*
- **sampling** Einfachprobenahme *f*, einfache Probenahme *f*
- **sampling plan** Einfachstichprobenplan *m*
- **scattering** Einfachstreuung *f*
- -**spin system** *(kern Res)* Einspinsystem *n*

- -**step reaction** Einzelreaktion *f*
- -**sweep oscillographic polarogram** Single-sweep-Polarogramm *n*, Kathodenstrahlpolarogramm *n*
- -**sweep [oscillographic] polarography** Single-sweep-Polarographie *f*, SSP, Kathodenstrahlpolarographie *f*

singlet ground state *(Spekt)* Singulett-Grundzustand *m*
single-throw double-pole switch zweipoliger Ausschalter *m*
- -**trip bottle** Einwegflasche *f*
- -**trip container** Einwegbehälter *m*

singlet state *(Spekt)* Singulettzustand *m*
~ **system** Singulettsystem *n*
single-wavelength detector Festwellenlängendetektor *m*, Detektor *m* mit fixer Wellenlänge
singly charged einfach geladen
sintered-glass disc runde Sinterglasplatte (Glasfilterplatte) *f*
- -**glass filtering crucible** Glasfiltertiegel *m*, Glasfrittentiegel *m*
- -**glass filtering funnel** Glasfiltertrichter *m*
- -**glass gas-dispersion cylinder** Sinterglas-Begasungsfilterkerze *f*
- **glass junction** Glasfritte *f* *(als Diaphragma einer Elektrode)*

sinusoidal sinusförmig
- **current** Sinusstrom *m*, sinusförmiger Strom *m*
- **wave** Sinuswelle *f*, sinusförmige Welle *f*

site analysis Analyse *f* an Ort und Stelle, Vor-Ort-Analyse *f*
SI unit SI-Einheit *f (basierend auf Meter, Kilogramm, Sekunde, Ampere, Kelvin, Mol und Candela)*
six-membered ring sechsgliedriger Ring *m*, Sechs[er]ring *m*
- -**port [injection] valve** *(Chr)* Sechswege[umschalt]ventil *n*, 6-Wege-Ventil *n*

size Größe *f*
- **analysis** Größenanalyse *f*
- **analysis by sieving** Siebanalyse *f*
- **classification** *s*. sizing
- **determination** Größenbestimmung *f*
- **distribution** Größenverteilung *f*
- -**exclusion chromatography** Ausschlußchromatographie *f*, Größenausschlußchromatographie *f*, Gelchromatographie *f*
- -**exclusion effect** *(Flchr)* Ausschlußeffekt *m*
- **fraction** Korngrößenklasse *f*, Kornfraktion *f*
- -**frequency analysis** Körnungsanalyse *f*
- **grading** *s*. sizing
- **of particles** Teilchengröße *f*, Korngröße *f*, Partikelgröße *f*
- **of pore** Porenweite *f*, Porengröße *f*
- **of sample** Probenumfang *m*, Probengröße *f*
- **of scoop** Schaufelgröße *f*
- **reduction of solids** Zerkleinern *n*, Zerkleinerung *f*

~-**reduction ratio** Zerkleinerungsgrad m
~ **separation** s. sizing
sizing Klassieren n, Trennen n nach Korngrößenklassen
~ **screen** Sieb n, Klassiersieb n
skew Schiefe f (z. B. einer Kurve)
~ **distribution** (Stat) schiefe (unsymmetrische, asymmetrische) Verteilung f
skewness Schiefe f (z. B. einer Kurve)
skimmer (Maspek) Skimmer m
slab gel Flachgel n, Gelplatte f, flaches Gel n, Plattengel n
slider valve Schiebeventil n
sliding contact Schleifkontakt m, Schiebekontakt m, Gleitkontakt m
slightly acid schwach sauer
~ **alkaline** schwach alkalisch (basisch)
~ **coloured** schwach gefärbt
~ **polar** schwach polar
slit Spalt m; Schlitz m
~ **function** (Spekt) Spaltfunktion f
~ **setting** (Spekt) Spalteinstellung f
~ **width** (Spekt) Spaltbreite f, Spaltweite f
~ **width setting** s. ~ setting
slope Steigung f (einer Kurve)
~ **method** (Katal) Tangenten-Methode f
slot Schlitz m
~ **burner** Schlitzbrenner m
slow deposition langsames Abscheiden n
~ **down/to** verlangsamen, verzögern, bremsen (eine Reaktion); sich verlangsamen
~ **exchange** langsamer Austausch m
~-**exchange region** (kern Res) Bereich m des langsamen Austauschs
slowing down Verlangsamung f, Bremsen n (einer Reaktion)
slow neutron (rad Anal) langsames Neutron n
~ **paper** (Flchr) langsam laufendes Papier n
~ **reaction** langsam ablaufende Reaktion f
slug injection (Chr) Pfropfaufgabe f (einer Probe)
slurry Schlamm m, Aufschlämmung f
slurry/to suspendieren, aufschlämmen (Teilchen)
slurry-packed column (Chr) naß gepackte Trennsäule f
~ **packing method (technique)** Suspensionsverfahren n, Einschlämmtechnik f (zum Packen von Säulen)
small-angle neutron scattering Neutronen-Kleinwinkelstreuung f
~-**angle X-ray scattering** Röntgenkleinwinkelstreuung f
~-**bore column** (Chr) Mikrosäule f, Microbore-Säule f
~ **particle** kleines Teilchen n
~-**pore[d]** engporig
~-**pore gel** engporiges (feinporiges) Gel n
~-**pore-size** engporig
~-**scale equipment** Grundausstattung f, Minimalausstattung f (eines Labors)

~-**scale experiment** Kleinversuch m
~-**scale freeze dryer** Kleingefriertrockner m
~-**scale test** Vorversuch m mit kleinen Substanzmengen
~-**volume filtration** Filtration f kleiner Volumina
SMDE (static mercury drop electrode) (Pol) Quecksilbertropfenelektrode f mit statischem Tropfen, statische Quecksilbertropfenelektrode f, SMDE
smectic phase (Chr) smektische Phase f
Smekal-Raman effect (opt Mol) [Smekal-]Raman-Effekt m
S-mode (Gaschr) Schwefelbetrieb m, S-Betrieb m, schwefelselektiver (S-selektiver) Betrieb m
smooth gradient (Sed) kontinuierlicher Gradient m
SN (separation number) (Chr) Trennzahl f, TZ f
Snell's law (Strlg) Snelliussches Brechungsgesetz n
SNR (signal-to-noise ratio) s. S/N ratio
S/N ratio Signal/Rausch-Verhältnis n, S/N-Verhältnis n, Signal-zu-Rausch-Verhältnis n, Signal/Untergrund-Verhältnis n
soak/to tränken, einweichen
soap bubble flowmeter s. ~-film flowmeter
~ **chromatography** Seifenchromatographie f (Ionenpaarchromatographie unter Verwendung organischer Gegenionen mit langen Kohlenstoffketten)
~-**film [flow]meter** Seifenfilmmeßgerät n, Seifenblasenfilmmesser m, Seifenlamellenzähler m, Seifenfilmströmungsmesser m
sodium Na Natrium n
~ **analyzer** Natriumanalysiergerät n
~ **anthranilate** Natriumanthranilat n
~ **barbitone buffer** Veronal-Na-Puffer m
~ **carbonate** Natriumcarbonat n
~ **chloride** Natriumchlorid n
~ **diethyldithiocarbam[in]ate** Natriumdiethyldithiocarbamat n
~ **diphenylamine sulphonate** Na-Diphenylamin-p-sulfonat n
~ **D line** (opt Anal) Natrium-D-Linie f, Na-D-Linie f
~ **dodecyl sulphate** Natriumdodecylsulfat n, SDS n
~ **dodecyl sulphate-polyacrylamide gel electrophoresis** SDS-Polyacrylamid-Gelelektrophorese f, SDS-PAG-Elektrophorese f, SDS-PAGE f
~ **error** (Pot) Alkalifehler m
~ **form** Natriumform f, Na$^+$-Form f (eines Ionenaustauschers)
~ **halide** Natriumhalogenid n
~ **hydrogencarbonate** Natriumhydrogencarbonat n
~ **hydroxide** Natriumhydroxid n
~ **ion** Natriumion n
~ **oxalate** Natriumoxalat n
~ **pentacyanoammine ferrate(II)/rubeanic acid** Natriumpentacyanoferrat(II)/Rubeansäure f (Anfärbereagens)
~ **peroxide** Natriumperoxid n

sodium

- ~ **salt** Natriumsalz n
- ~-**sensitive** natriumempfindlich
- ~-**sensitive ion electrode** natriumempfindliche Ionenelektrode f
- ~ **starch glycollate** Natrium-Stärkeglycolat n
- ~ **tetraborate** Natriumtetraborat n
- ~ **tetraphenylborate** Natriumtetraphenylborat n
- ~ **thiosulphate** Natriumthiosulfat n

soft acid weiche Säure f *(nach Pearson)*
- ~ **base** weiche Base f
- ~ **ionization technique** weiche (schonende) Ionisierungsmethode f
- ~ **pulse** selektiver Impuls m

soft X-rays weiche (langwellige) Röntgenstrahlen mpl

soil analysis Bodenanalyse f
- ~ **pollutant** Bodenschadstoff m
- ~ **sample** Bodenprobe f
- ~ **sampler** Bodenprobenehmer m
- ~ **sampling** Bodenprobenahme f

sol Sol n

solar blind detector *(Spekt)* Solar-blind-Photovervielfacher m

solid fest; dicht, kompakt; massiv

solid Festkörper m, fester Körper (Stoff) m, Feststoff m
- ~ **concentration** Feststoffkonzentration f
- ~ **electrode** Festelektrode f
- ~-**electrode voltammogram** Festelektroden-Voltamgramm n
- ~ **electrolyte gas sensor** Festelektrolytgassensor m

solidification Erstarrung f, Verfestigung f

solidify/to fest (starr, hart) werden, erstarren, sich verfestigen

solid matter s. solid
- ~ **phase** feste Phase f
- ~-**phase extraction** Festphasenextraktion f, Flüssig/fest-Extraktion f *(von flüssigen Proben)*
- ~ **sample** Fest[stoff]probe f
- ~-**sample holder** *(Spekt)* Festprobenhalter m

solids concentration Feststoffkonzentration f
- ~ **mixture** Gemenge n, Feststoffgemisch n

solid solution Mischkristall m, feste Lösung f
- ~-**state** ^{13}**C NMR spectrum** Festkörper-^{13}C-NMR-Spektrum n
- ~-**state electrode** *(Pot)* Festkörpermembranelektrode f
- ~-**state gas sensor** Festkörper-Gassensor m
- ~-**state ion-sensitive conductor** ionensensitiver Festkörperleiter m
- ~-**state laser** Festkörperlaser m, Feststofflaser m
- ~-**state material** Festkörpermaterial n (für Sensoren)
- ~-**state NMR** Festkörper-NMR-Spektroskopie f
- ~-**state NMR technique** Festkörperverfahren n
- ~-**state potentiometric sensor** potentiometrischer Festkörpersensor m
- ~-**state sensor** Festkörpersensor m

- ~ **support** fester Träger m

soller slit *(opt At)* Sollerblende f

solochrome black Eriochromschwarz n T
- ~ **dark blue** Eriochromblauschwarz n R, Calcon n

Solomon's equation *(kern Res)* Solomon-Gleichung f

sol phase polymerarme (verdünnte) Phase f, Solphase f *(Fällungsfraktionierung)*

solubility Löslichkeit f
- ~ **equilibrium** Löslichkeitsgleichgewicht n
- ~ **parameter** Löslichkeitsparameter m
- ~ **power** Lösevermögen n, Lösefähigkeit f, Lösungsvermögen n
- ~ **product** Löslichkeitsprodukt n
- ~-**product constant** *(Pot)* Löslichkeitskonstante f

solubilization Solubilisierung f, Solubilisation f, Löslichmachung f

solubilize/to löslich machen

solubilizing power Lösevermögen n, Lösefähigkeit f, Lösungsvermögen n

soluble löslich
- ~ **in acids** säurelöslich, in Säure löslich
- ~ **in fat** fettlöslich
- ~ **in water** wasserlöslich
- ~ **starch** lösliche Stärke f

solute gelöster Stoff m, Gelöstes n; *(Chr)* Substanz f, Probe f
- ~ **band** Bande f, Zone f, Substanzzone f, Substanzbereich m (im Chromatogramm oder Elektropherogramm)
- ~ **capacity factor** *(Chr)* Kapazitätsfaktor m, Massenverteilungsverhältnis n, Retentionskapazität f, Verteilungsverhältnis n, Totgrößenvielfaches n
- ~ **concentration** Konzentration f des gelösten Stoffs
- ~ **distance** *(Flchr)* Laufstrecke f der Substanz
- ~ **elution curve** *(Chr)* Elutionskurve f
- ~ **equilibrium** *(Chr)* Separationsgleichgewicht n
- ~ **material** gelöster Stoff m, Gelöstes n
- ~ **molecule** Probenmolekül n, Solut-Molekül n
- ~ **peak** Probenpeak m
- ~-**property detector** selektiver Detektor m, Detektor m mit selektiven Eigenschaften
- ~ **retention** Retention f
- ~ **retention time** *(Chr)* Bruttoretentionszeit f, Gesamtretentionszeit f, Durchbruchzeit f, Retentionszeit f, Elutionszeit f
- ~-**solvent interaction** Wechselwirkung f der gelösten Komponente mit dem Lösungsmittel
- ~-**specific detector** s. ~-property detector

solutes to be separated zu trennende Substanzen fpl

solute zone *(Elph)* Substanzzone f

solution Lösung f, Lsg.
- ~ **analyzed** Analysenlösung f, analysierte Lösung f
- ~ **behaviour** Lösungsverhalten n
- ~ **being analysed** Analysenlösung f
- ~ **being dialysed** Dialysiergut n

~ **being studied (tested)** Probelösung f, Prüflösung f, Prüf[lings]lösung f, Untersuchungslösung f
~ **being titrated** Titrationslösung f
~ **composition** Lösungszusammensetzung f
~ **equilibrium** Lösungsgleichgewicht n
~ **for examination (investigation)** s. ~ to be studied
~ **NMR spectroscopy** Lösungs-NMR-Spektroskopie f
~ **phase** Lösungsphase f
~ **reaction** Lösungsreaktion f, Reaktion f in Lösung
~ **spectroscopy** Lösungsspektralanalyse f
~ **spectrum** Lösungsspektrum n
~-**state NMR** Lösungs-NMR-Spektroskopie f
~ **strength** Lösungskonzentration f
~ **temperature** Lösungstemperatur f
~ **to be analysed** Analysenlösung f, zu analysierende Lösung f
~ **to be dialysed** Dialysiergut n
~ **to be studied (tested)** Probelösung f, zu prüfende (untersuchende) Lösung f, Prüf[lings]lösung f, Untersuchungslösung f
~ **under examination (investigation)** s. ~ being studied
~ **volume** Lösungsvolumen n
solvate/to (Pol) solvatisieren
solvation Solvatation f, Solvatisierung f, Solvatisieren n
~ **effect** Solvatationseffekt m
~ **energy** Solvatationsenergie f
~ **enthalpy** Solvatationsenthalpie f
~ **layer** s. ~ sheath
~ **reaction** Solvatationsreaktion f
~ **sheath (shell, sphere)** Solvathülle f, Solvatationssphäre f
solve for/to auflösen nach (eine Gleichung)
solvency Lösevermögen n, Lösefähigkeit f, Lösungsvermögen n
solvent Lösungsmittel n; (Flchr) [flüssige] mobile Phase f, Lösungsmittel n, flüssige Phase f, Flüssigphase f, (Elutionschromatographie auch) Eluent m, Elutionsmittel n, (Flächenchromatographie auch) Fließmittel n, Laufmittel n, Trennmittel n; (Gaschr) Trennflüssigkeit f, [flüssige] stationäre Phase f, flüssige Phase f, Flüssigphase f
Θ-**solvent** Theta-Lösungsmittel n
solvent balance Lösungsmittelgleichgewicht n
~ **change[over]** Lösungsmittelwechsel m
~ **composition** Lösungsmittelzusammensetzung f
~ **constituent** Lösungsmittelbestandteil m
~ **demixing** Lösungsmittelentmischung f
~ **dependence** Lösungsmittelabhängigkeit f
~-**dependent** lösungsmittelabhängig
~ **effect** Lösungsmitteleffekt m (bei Indikatoren)
~ **efficiency** (Chr) relative Retention f, Retention f (auf einen Standard bezogene Retentionswerte)
~ **eluting power** Elutions[mittel]stärke f, Elutionskraft f, Solvensstärke f

~ **evaporation** Lösungsmittelverdunstung f
~ **extraction** Flüssig-flüssig-Extraktion f, Extraktion f flüssig-flüssig, Solventextraktion f, Lösungsmittelextraktion f, Ausschütteln n, Ausschüttelung f
~ **extraction analysis** Extraktionsanalyse f
~ **extraction curve** Extraktionskurve f
~ **flush method (technique)** (Gaschr) Injektionsmethode f mit extra Lösungsmittel
~ **front** (Flchr) Laufmittelfront f, Lösungsmittelfront f, Fließmittelfront f, Front f
~ **gradient** (Flchr) Elutionsmittelgradient m, Lösungsmittelgradient m
~ **hold-up** (Chr) Mobilzeit f, Totzeit f, Leerzeit f, Durchflußzeit f
~-**induced shift** (Spekt) Lösungsmittelverschiebung f
solventless lösungsmittelfrei
solvent migration distance (Flchr) Laufstrecke f der mobilen Phase, Fließmittelstrecke f
~ **mixture** Lösungsmittelgemisch n, gemischtes Lösungsmittel n
~-**nonsolvent fractionation** Fäll[ungs]fraktionierung f
~ **partition** s. ~ extraction
~ **peak** (Gaschr) Lösungsmittelpeak m; (kern Res) Lösungsmittelsignal n
~ **plug** (Gaschr) Lösungsmittelpfropf m
~ **polarity** Lösungsmittelpolarität f
~ **polarity parameter** (Gaschr) Polaritätsindex m
~ **power** Lösevermögen n, Lösefähigkeit f, Lösungsvermögen n
~ **program** (Flchr) Lösungsmittelprogramm n
~ **programming** (Flchr) Elutionsmittelprogrammierung f, Lösungsmittelprogrammierung f
~ **properties** Lösungsmitteleigenschaften fpl
~ **reservoir** Lösungsmittelreservoir n
~ **resistance** Lösungsmittelbeständigkeit f
~-**resistant, ~-resisting** lösungsmittelbeständig, lösungsmittelfest
~ **rinsing** Lösungsmittelspülung f, Spülen n mit Lösungsmittel
~ **selectivity** Lösungsmittelselektivität f
~ **selectivity triangle** (Flchr) Selektivitätsdreieck n
~ **series** Lösungsmittelreihe f, Lösungsmittelserie f
~ **shift** (Spekt) Lösungsmittelverschiebung f
~ **signal** (kern Res) Lösungsmittelsignal n
~ **strength** 1. Lösungsmittelstärke f; 2. s. ~ strength parameter
~ **strength parameter** Lösungsmittelstärkeparameter m, Lösungsmittelstärke f
~ **stripping** (Flchr) Ablösen (Auswaschen) n der stationären Phase
~ **system** Lösungsmittelsystem n
~ **tray** (Flchr) Fließmittelteller m
~ **trough** (Flchr) Fließmitteltrog m
~ **vapour** Lösungsmitteldampf m
~ **viscosity** Lösungsmittelviskosität f
solvophobic effect solvophober Effekt m

solvophobic

~ **interaction** solvophobe Wechselwirkung *f*
sorb/to sorbieren
sorbent Sorbens *n*, Sorptionsmittel *n*
~ **layer** Sorbensschicht *f*, Sorptionsmittelschicht *f*
sorption Sorption *f*
~ **isotherm** Sorptionsisotherme *f*
~ **mechanism** Sorptionsmechanismus *m*
~ **properties** Sorptionseigenschaften *fpl*
SOT (stitched open tube) *(Flchr)* genähte Reaktionskapillare *f*
sought-for component gesuchte Komponente *f*
source *s.* ~ of radiation
~ **box** *(Maspek)* Ionenquellenraum *m*
~ **of current** Stromquelle *f*
~ **of error** Fehlerquelle *f*
~ **of light** Lichtquelle *f*
~ **of radiation** Strahlungsquelle *f*, Strahlenquelle *f*, Strahler *m*
~ **pressure** *(Maspek)* Quellendruck *m*, Ionenquellendruck *m*
~ **slit** *(Spekt)* Eintrittsspalt *m*
Soxhlet apparatus (extractor) Soxhlet-Extraktor *m*, Extraktionsgerät *n* nach Soxhlet
SP 1. (selective pulse) selektiver Impuls *m*; 2. (solubility product) Löslichkeitsprodukt *n*; 3. (summing point) *(Pol)* Additionspunkt *m*
space charge Raumladung *f*
spacer *(Flchr)* Spacer *m*, Seitenkette *f*, Abstandshalter *m*
~ **arm** *(Flchr)* Spacer-Arm *m*
~ **gel** *(Elph)* Sammelgel *n*, Spacer-Gel *n*, Stacking-Gel *n*
spacing Abstand *m*, Entfernung *f*
SPAES (spin-polarized Auger electron spectroscopy) spinpolarisierte Auger-Elektronenspektroskopie *f*
sparingly soluble schwerlöslich, schwer (wenig) löslich, slö., wl.
spark Funke *m*
~ **discharge** *(opt At)* Funkenentladung *f*
~ **emission spectrometry** Funkenspektrometrie *f*
~ **excitation** *(opt At)* Funkenanregung *f*
~ **excitation stand** *(opt At)* Funkenstativ *n*
~ **gap** *(opt At)* Funkenstrecke *f*
~ **ionization** *(Maspek)* Funkenionisation *f*, Funkenionisierung *f*
~ **ionization source** *(Maspek)* Funkenionenquelle *f*
~ **line** *(opt At)* Ionenlinie *f*, Funkenlinie *f*
~ **source** *(opt At)* Funken-Anregungsquelle *f*
~ **source ionization** *s.* ~ ionization
~ **source mass spectrometry** Funkenquellen-Massenspektrometrie *f*, Funkenmassenspektrometrie *f*, funkenangeregte Massenspektrometrie *f*
spatial arrangement *s.* ~ orientation
~ **charge** Raumladung *f*
~ **configuration** Atomkonfiguration *f*, Atomanordnung *f*

~-**distribution interference** Verteilungsstörung *f*
~ **isomer** Stereoisomer[es] *n*, stereoisomere Verbindung *f*
~ **orientation** räumliche (geometrische) Anordnung *f*, räumliche Orientierung *f*
~ **structure** räumliche (dreidimensionale) Struktur *f*
SPE (solid-phase extraction) Festphasenextraktion *f*, Flüssig/fest-Extraktion *f* *(von flüssigen Proben)*
spear for sampling Probe[n]stecher *m*, Probe[n]bohrer *m*
special sampling tool Spezialprobenahmegerät *n*
speciation Speziesbestimmung *f*
species Spezies *f*
specific activity *(Katal)* spezifische [katalytische] Aktivität *f*
~ **activity** *(rad Anal)* spezifische Aktivität *f*
~ **burn-up** *(rad Anal)* Abbrand *m* *(Energiegewinnung pro Masse Brennstoff)*
~ **conductance (conductivity)** [spezifische] elektrische Leitfähigkeit *f*, [spezifische] Leitfähigkeit *f*, [elektrisches] Leitvermögen *n* *(eine Materialkenngröße)*
~ **detector** spezifischer Detektor *m*
~ **gravity** relative Dichte *f*, Dichtezahl *f*, Dichteverhältnis *n* *(Verhältnis der Dichte eines Stoffes zur Dichte eines Bezugsstoffes)*
~ **heat capacity** spezifische Wärmekapazität *f*
~ **interaction** spezifische Wechselwirkung *f*
~ **ion electrode** spezifische Ionenelektrode *f*
~ **ionization** *(rad Anal)* spezifische Ionisation *f*
specificity Spezifität *f*
specific permeability [coefficient] *(Chr)* spezifische Permeabilität *f*
~ **pore volume** *(Chr)* spezifisches Porenvolumen *n*
~ **rate constant** Geschwindigkeitskonstante *f*
~ **reagent** spezifisches Reagens *n*
~ **resistance (resistivity)** spezifischer [elektrischer] Widerstand *m*
~ **resolution [factor]** *(Chr)* spezifische Auflösung *f*
~ **retention volume** *(Chr)* spezifisches Retentionsvolumen (Nettoretentionsvolumen) *n*
~ **rotation** *(opt Anal)* spezifische Drehung (Rotation) *f*
~ **surface [area]** spezifische Oberfläche *f*
~ **viscosity** relatives Viskositätsinkrement *n*, *(früher)* spezifische Viskosität *f*
specimen Muster *n*, Probestück *n*
~ **holder** Probenhalter *m*, Probenhalterung *f*, Probenträger *m*
spectral ... *s.a.* spectrum ...
spectral analysis Spektralanalyse *f*
~ **background** spektraler Untergrund *m*, Spektrenuntergrund *m*
~ **band** Bande *f*, Spektralbande *f*
~ **bandpass** Durchlaßprofil *n*
~ **bandwidth** spektrale Bandbreite *f*

spin

- ~ **comparator** Spektrenkomparator *m*
- ~ **curve** Spektralkurve *f*
- ~ **density** spektrale Dichte *f*
- ~ **diffusion** spektrale Diffusion *f*
- ~ **dispersion** spektrale Zerlegung *f*
- ~ **distribution** spektrale Verteilung *f*
- ~ **distribution curve** spektrale Verteilungskurve (Energieverteilungskurve) *f*
- ~ **editing** *(kern Res)* Editing *n*
- ~ **intensity** spektrale Intensität *f*
- ~ **interference** spektrale Störung (Interferenz) *f*
- ~ **internal transmittance** Transmissionsgrad *m*, [spektraler] Reintransmissionsgrad *m*
- ~ **line** Spektrallinie *f*
- ~ **order** Ordnung *f* des Spektrums
- ~ **overlap** Überlagerung (Überschneidung) *f* von spektralen Signalen
- ~ **parameters** spektrale Parameter *mpl*
- ~ **peak** Peak *m*, Spitze *f*, spitzes Signal *n*, Peaksignal *n*
- ~ **purity** spektrale Reinheit *f*
- ~ **radiant excitance** spektrale Strahldichte *f*
- ~ **range (region)** spektraler Bereich *m*, Spektralbereich *m*, Spektralgebiet *n*
- ~ **resolution** spektrale Auflösung *f*, Auflösung *f* der Spektren
- ~ **response** spektrale Empfindlichkeit *f*
- ~ **slit width** spektrale Spaltbreite *f*
- ~ **term** Spektralterm *m*
- ~ **transmittance** spektrale Durchlässigkeit *f*
- **spectroanalysis** Spektralanalyse *f*
- **spectroanalytical** spektralanalytisch
- ~ **study** spektralanalytische Untersuchung *f*
- **spectrochemical** spektrochemisch
- ~ **analysis** spektrochemische Analyse *f*
- ~ **buffer** spektrochemischer Puffer *m*
- ~ **carrier** Träger *m*
- **spectrodensitometer** DC-Scanner *m*, Chromatogramm-Spektralphotometer *n*
- **spectrofluorimeter** Fluoreszenzspektrometer *n*
- **spectrogram** Spektrogramm *n*
- **spectrograph** Spektrograph *m*
- **spectrographic** spektrographisch
- ~ **analysis** spektrographische Analyse *f*
- **spectrometer** Spektrometer *n*
- ~ **frequency** Spektrometerfrequenz *f*
- **spectrometric** spektrometrisch
- ~ **analysis** spektrometrische Analyse *f*
- **spectrometry** Spektrometrie *f*
- **spectrophotometer** Spektralphotometer *n*, Spektrophotometer *n*
- **spectrophotometric** spektrophotometrisch
- ~ **detector** photometrischer Detektor *m*
- ~ **titration** photometrische Titration *f*
- **spectropolarimetric titration** spektralpolarometrische Titration *f*
- **spectroscope** Spektroskop *n*
- **spectroscopic[al]** spektroskopisch
- **spectroscopic analysis** Spektralanalyse *f*

- ~ **assignment** *s.* spectrum assignment
- ~ **method** spektroskopische Methode *f*, spektroskopisches Verfahren *n*
- ~ **region** *s.* spectral range
- ~ **splitting** *(Spekt)* Aufspaltung *f*, Spaltung *f*, Aufspalten *n*, Spalten *n* *(von Signalen)*
- ~ **splitting factor** *(Spekt)* Landé-Faktor *m*, [Landéscher] g-Faktor *m*, [spektroskopischer] Aufspaltungsfaktor *m*, gyromagnetischer Faktor *m*
- ~ **technique** *s.* ~ method
- ~ **time scale** Zeitbereich *m*, Zeitdomäne *f*, Zeitskala *f*
- ~ **transition** spektroskopischer Übergang *m*
- **spectroscopist** Spektroskopiker *m*
- **spectroscopy** Spektroskopie *f*
- **spectrum** Spektrum *n* *(Zusammensetzungen s.a. unter spectral)*
- ~ **accumulation** Spektrenakkumulation *f*
- ~ **analysis** Spektrenanalyse *f*, Analyse *f* der Spektren
- ~ **assignment** Spektrenzuordnung *f*, Zuordnung *f* von Spektren
- ~ **smoothing** Spektrenglättung *f*
- ~ **subtraction** Spektrensubtraktion *f*
- **speed of analysis** Analysengeschwindigkeit *f*
- ~ **of elution** *(Chr)* Elutionsgeschwindigkeit *f*
- ~ **of filtration** Filtrationsgeschwindigkeit *f*, Filtriergeschwindigkeit *f*
- ~ **of light** Lichtgeschwindigkeit *f*
- ~ **of migration** Wanderungsgeschwindigkeit *f*
- ~ **of operation** Arbeitsgeschwindigkeit *f*
- ~ **of rotation** Drehzahl *f*, Umdrehungszahl *f* *(einer Zentrifuge)*
- ~ **up/to** beschleunigen *(eine Reaktion)*
- **spherical aberration** sphärischer Abbildungsfehler *m*, sphärische Aberration *f*, Öffnungsfehler *m*
- ~ **diffusion** *(Pol)* sphärische Diffusion *f*
- ~ **packing** *(Flchr)* Packung *f* mit sphärischen Trägern, mit sphärischem Trägermaterial hergestellte Packung *f*
- ~ **particle** sphärisches (kugelförmiges) Teilchen *n*
- **SPI experiment** *(kern Res)* SPI-Experiment *n*
- **spin** Spin *m*, Eigendrehimpuls *m*, innerer Drehimpuls *m*, Spindrehimpuls *m*
- **spin/to** schnell rotieren
- **spin-$^1/_2$ nucleus** *(kern Res)* Spin-$^1/_2$-Kern *m*
- ~ **angular momentum** *s.* spin
- ~ **correlation** *(mag Res)* Spinkorrelation *f*
- ~ **-coupled system** *(kern Res)* gekoppeltes Spinsystem *n*
- ~ **coupling** *s.* ~ -spin coupling
- ~ **couplings** *(kern Res)* Spinwechselwirkungen *fpl*
- ~ **decoupling** *(kern Res)* Spin-Spin-Entkopplung *f*, Spinentkopplung *f*, Entkopplung *f*
- ~ **decoupling experiment** *(kern Res)* Spin-Entkopplungs-Experiment *n*, Entkopplungsexperiment *n*
- ~ **density** *(mag Res)* Spindichte *f*
- ~ **diffusion** *(mag Res)* Spindiffusion *f*

spin

- **diffusion experiment** *(kern Res)* Spindiffusionsexperiment n
- **dipolar coupling (interaction)** s. ~-spin coupling
- **dynamics** *(mag Res)* Spindynamik f
- **echo** *(mag Res)* Spin-Echo n
- ~-**echo correlated spectroscopy** *(mag Res)* Spin-Echo-korrelierte Spektroskopie f, SECSY, zweidimensionale Spin-Echo-Korrelationsspektroskopie f
- ~-**echo experiment** *(mag Res)* Spin-Echo-Experiment n [nach Hahn]
- ~-**echo procedure** *(mag Res)* Spin-Echo-Verfahren n
- ~-**echo [pulse] sequence** *(mag Res)* Spin-Echo-Impulsfolge f, Echosequenz f
- ~-**echo signal** *(mag Res)* Echo-Signal n
- ~ **exchange** *(kern Res)* Spin-Spin-Austausch m
- ~ **flip** *(mag Res)* Umklappen n der Spins
- ~ **interactions** *(kern Res)* Spinwechselwirkungen fpl
- ~ **label** *(kern Res)* Spinlabel n
- ~-**labelling [method]** *(mag Res)* Spinmarkierung f, Spinlabelling n, Spin-Label-Methode f
- ~-**lattice relaxation** *(kern Res)* Spin-Gitter-Relaxation f, longitudinale Relaxation f
- ~-**lattice relaxation rate constant** *(kern Res)* Spin-Gitter-Relaxationsrate f, longitudinale Relaxationsrate f
- ~ **level** Spinniveau n
- ~-**locking** *(kern Res)* Spinlock m
- ~-**lock time** *(kern Res)* Spin-Lock-Zeit f
- ~ **mapping** *(mag Res)* dreidimensionale Spektroskopie f, Zeugmatographie f; NMR-Tomographie f, Kernspintomographie f, NMR-Zeugmatographie f, magnetische Resonanztomographie f, MR-Tomographie f
- ~ **multiplet** Spin-Multiplett n
- ~-**orbit coupling (interaction)** *(mag Res)* Spin-Bahn-Kopplung f, Spin-Bahn-Wechselwirkung f, LS-Kopplung f, Russel-Saunders-Kopplung f
- ~ **polarization** *(kern Res)* Spinpolarisation f, Spinpolarisierung f
- ~-**polarized Auger electron spectroscopy** spinpolarisierte Auger-Elektronenspektroskopie f
- ~ **population** *(mag Res)* Spinpopulation f
- ~ **probe** *(mag Res)* Spinsonde f
- ~ **pumping** *(kern Res)* Spinpumpen n
- ~ **quantum number** *(Spekt)* Spinquantenzahl f
- ~-**spin coupling** *(mag Res)* Spin-Spin-Kopplung f, Spin-Spin-Wechselwirkung f, Kernspin-Wechselwirkung f, Dipol-Dipol-Kopplung f, Dipol-Dipol-Wechselwirkung f, Dipolkopplung f, Dipolwechselwirkung f, dipolare Kopplung (Wechselwirkung) f
- ~-**spin coupling constant** *(kern Res)* Spin-Spin-Kopplungskonstante f
- ~-**spin decoupling** *(kern Res)* Spin-Spin-Entkopplung f, Spinentkopplung f, Entkopplung f
- ~-**spin interaction** s. ~-spin coupling
- ~-**spin splitting** *(mag Res)* [Spin-]Kopplungsaufspaltung f
- ~ **state** *(kern Res)* Spinzustand m
- ~ **state function** *(mag Res)* Spinfunktion f
- ~ **system** *(mag Res)* Spinsystem n
- ~ **temperature** *(mag Res)* Spintemperatur f
- ~ **tickling** *(kern Res)* Spin-Tickling n *(ein Entkopplungsexperiment)*
- ~ **trapping** *(mag Res)* Spin-Trapping n, Spin-trapping-Verfahren n, Spin-Trap-Methode f
- **spiral metal filament** *(Gaschr)* spiraliger (spiralig gewundener) Heizdraht f
- **split** *(Gaschr)* Split-Verhältnis n, Stromteilerverhältnis n, Teilstromverhältnis n
- **split/to** aufspalten *(Signale)*
- **split exit** *(Gaschr)* Teilstromausgang m
- ~ **flow** Splitstrom m
- ~ **injection** Split-Injektion f, Injektion f mit Split (Stromteilung, Strömungsteilung)
- ~ **injector** Split-Injektor m
- ~ **inlet** Einlaßsystem n mit Gasstromteiler
- **splitless injection** *(Gaschr)* splitlose Injektion f, Injektion f ohne Split
- ~ **injector** splitloser Injektor m
- ~ **inlet** Einlaßsystem n ohne Gasstromteiler
- **split ratio** *(Gaschr)* Split-Verhältnis n, Stromteilerverhältnis n, Teilstromverhältnis n
- ~ **sampling method** Teilstromverfahren n
- ~-**stream turbidimeter** Teilstromturbidimeter n
- **splitter** *(Chr)* Strömungsteiler m, Stromteiler m
- ~ **injector** s. split injector
- ~ **ratio** s. split ratio
- **splitting** *(Spekt)* Aufspaltung f, Spaltung f, Aufspalten n, Spalten n *(von Signalen)*; *(Chr)* Strömungsteilung f, Stromteilung f
- ~ **factor** *(Spekt)* Landé-Faktor m, [Landéscher] g-Faktor m, [spektroskopischer] Aufspaltungsfaktor m, gyromagnetischer Faktor m
- ~ **pattern** *(kern Res)* Aufspaltungsbild n, Aufspaltungsmuster n
- ~ **ratio** s. split ratio
- **spontaneous** spontan, von selbst ablaufend
- ~ **electrogravimetry** spontane Elektrogravimetrie f
- ~ **emission** spontane Emission f
- ~ **fission** *(rad Anal)* Spontanspaltung f
- ~ **transition** spontaner Übergang m
- **spot** *(Flchr)* Fleck m, Substanzfleck m
- **spot/to** *(Chr, Elph)* punktförmig auftragen
- **spot analysis** Tüpfelanalyse f
- ~ **broadening** *(Flchr)* Fleckverbreiterung f
- ~ **method** *(Vol)* externe Indikation f, Tüpfelmethode f *(zur Bestimmung des Endpunkts einer Titration)*
- ~ **plate** Tüpfelplatte f
- ~ **plate test** s. ~ test
- ~ **sample** lokale Probe f
- ~ **sampling measurement** stichprobenartige Messung f

~ **shape** Fleckenform f, Fleckengestalt f
~ **size** Fleckengröße f
~ **test** Tüpfeltest m, Tüpfelprobe f
~-**test analysis** Tüpfelanalyse f
~-**test apparatus** Tüpfelanalysegerät n
~ **testing** Tüpfeltest m, Tüpfelprobe f
spotting *(Chr, Elph)* punktförmiges Auftragen n
~ **device** Auftragegerät n *(für Proben)*
spot width Fleckenbreite f
spray/to besprühen
spray chamber *(opt At)* Zerstäuberkammer f, Sprühkammer f, Vorkammer f
sprayer burner *(opt At)* [Turbulenz-]Direktzerstäuber-Brenner m
spray nozzle Sprühdüse f
~ **reagent** Anfärbereagens n, Sprühreagens n
spread/to sich ausbreiten, spreiten
~ **out** sich ausbreiten, spreiten; auffächern *(der Magnetisierung)*
spreader Streichgerät n, Beschichtungsgerät n, Streichvorrichtung f *(für Dünnschichtplatten)*
spreading Ausbreiten n, Ausbreitung f, Spreiten n, Spreitung f; Beschichten n, *(Dünnschichtplatten auch)* Bestreichen n; Verbreiterung f *(von Peaks, Spektrallinien)*
~ **apparatus** s. spreader
spurious peak Geisterpeak m, Störpeak m, Fremdpeak m
sputter-ion pump Ionen[getter]pumpe f
SQC (single-quantum coherence) *(kern Res)* Einquantenkohärenz f
squalane Squalan n, 2,6,10,15,19,23-Hexamethyltetracosan n
~ **column** *(Gaschr)* mit Squalan belegte Säule f
squalene s. squalane
squared deviation *(Stat)* Abweichungsquadrat n
square law detector Detektor m mit quadratischer Kennlinie
~ **root** *(Stat)* Quadratwurzel f
~ **wave** Rechteckwelle f
~-**wave current** Rechteckstrom m
~-**wave current pulse** Rechteckstromimpuls m
~-**wave cycle** Rechteckwellenperiode f
~-**wave frequency** Rechteckfrequenz f, Frequenz f der Rechteckspannung
~-**wave generator** Rechteckwellengenerator m
~-**wave half cycle** Halbperiode f der Rechteckspannung
~-**wave polarogram** Rechteckwellenpolarogramm n, Square-Wave-Polarogramm n, SW-Polarogramm n
~-**wave polarograph** Rechteckwellenpolarograph m, Square-wave-Polarograph m, SW-Polarograph m
~-**wave polarographic** square-wave-polarographisch, sw-polarographisch
~-**wave polarography** Rechteckwellenpolarographie f, Square-wave-Polarographie f, SWP
~-**wave pulse** Rechteck[wellen]impuls m

~-**wave pulse amplitude** rechteckförmige Impulsamplitude f
~-**wave stripping voltammetry** inverse Square-wave-Voltammetrie f
~-**wave voltage** Rechteck[wellen]spannung f
~-**wave voltammetry** Square-wave-Voltammetrie f, SWV
~-**wave voltammogram** Square-wave-Voltammogramm n, SW-Voltammogramm n
SREM (scanning reflection electron microscopy) Rasterelektronenmikroskopie f, REM
SSD (sulphur specific detector) Flammenphotometerdetektor m, FPD, flammenphotometrischer Detektor m, Flammenfarbendetektor m, Flammenemissionsdetektor m
S-shaped S-förmig
SSMS (spark source mass spectrometry) Funkenquellen-Massenspektrometrie f, Funkenmassenspektrometrie f, funkenangeregte Massenspektrometrie f
SS-NMR (solid-state NMR) Festkörper-NMR-Spektroskopie f
SSP (single-sweep polarography) Single-sweep-Polarographie f, SSP, Kathodenstrahlpolarographie f
stability Beständigkeit f, Widerstandsfähigkeit f, Stabilität f *(chemisch, thermisch)*
~ **constant** Komplexstabilitätskonstante f, Komplexbildungskonstante f, Stabilitätskonstante f, Beständigkeitskonstante f, Bildungskonstante f
stabilize/to stabilisieren
stabilized electrophoresis Elektrophorese f auf Trägern, Trägerelektrophorese f, Elektropherographie f, Elektrochromatographie f
stabilizing medium (support) *(Elph)* Träger m, Trägermaterial n, Trägersubstanz f, Trägermedium n, stabilisierendes Medium (Trennmedium) n
stable beständig, widerstandsfähig, stabil *(chemisch, thermisch)*
~ **isotope** stabiles (nichtradioaktives) Isotop n
~ **to light** lichtbeständig
~ **to oxidation** oxidationsbeständig, beständig gegen oxidative Einflüsse
stacked plot gestaffeltes Diagramm n *(zweidimensionale NMR-Spektroskopie)*
stack emission sampling Rauchgasprobenahme f
~ **gas** Rauchgas n
stacking gel *(Elph)* Sammelgel n, Spacer-Gel n, Stacking-Gel n
stage of ionization Dissoziationsstufe f
stagnant mobile phase *(Flchr)* stagnierendes (stehendes) Lösungsmittel n
stain Färbemittel n
stain/to färben, anfärben
staining Färbung f, Anfärbung f
~ **reagent (solution)** Färbelösung f
stainless steel nichtrostender Stahl m
~ **steel capillary tubing** Edelstahlkapillarrohr n

stainless

- ~ **steel column** *(Chr)* Edelstahlsäule f
- ~ **steel tubing** Edelstahlrohr n
- **staircase polarography** Treppenstufenpolarographie f
- **standard** Standardsubstanz f, standardisierte Substanz f, Standard m; *(Stat)* Standard m
- ~ **acid** *(Vol)* Säure-Maßlösung f, eingestellte Säure f
- ~ **addition** [method, technique] Standardadditionsverfahren n, Kalibrierzusatzmethode f, Zumischmethode f, Arbeiten n mit innerem Standard, Kalibrierung f mit innerem Standard
- ~ **atmosphere** [physikalische] Atmosphäre f, atm, Normalatmosphäre f (1 atm = 101325 Pa)
- ~ **base** *(Vol)* Lauge-Maßlösung f, eingestellte Lauge f
- ~ **buffer** [solution] Standardpufferlösung f, standardisierte Pufferlösung f
- ~ **calibration** Kalibrieren n, Kalibrierung f; Eichen n, Eichung f (von Gefäßen)
- ~ **calibration method** Standard-Kalibrierverfahren n
- ~ **calomel electrode** Standardkalomelelektrode f
- ~ **chemical potential** chemisches Standardpotential n
- ~ **compound** Standardverbindung f
- ~ **conditions** [of temperature and pressure] Standardbedingungen fpl, Standardzustand m, Norm[al]bedingungen fpl, Normzustand m (0 °C und 101,3 kPa; in der physikalischen Chemie 25 °C und 101,3 kPa)
- ~ **deviation** *(Stat)* Standardabweichung f, mittlere quadratische Abweichung f
- ~ **EDTA solution** EDTE-Standardlösung f
- ~ **electric potential** elektrisches Standardpotential n
- ~ **electrode** Standardelektrode f, Standardbezugselektrode f, standardisierte Bezugselektrode f
- ~ **electrode potential** Standardelektrodenpotential n
- ~ **emf** *(el Anal)* Standard-[Bezugs-]EMK f
- ~ **enthalpy** Standardenthalpie f
- ~ **enthalpy of reaction** Standardreaktionsenthalpie f
- ~ **entropy** Standardentropie f
- ~ **equipment** Standardausrüstung f, Normalausrüstung f
- ~ **error** *(Stat)* Standardabweichung f, mittlere quadratische Abweichung f
- ~ **Galvani tension** Standardgalvanispannung f
- ~ **half-cell** *(el Anal)* Standardhalbelement n, Standardhalbzelle f
- ~ **half-cell potential** *(el Anal)* Standardpotential n des Halbelements
- ~ **heat-content change** Standardenthalpieänderung f
- ~ **heat of formation** Standardbildungsenthalpie f
- ~ **hydrogen electrode** Standardwasserstoffelektrode f
- **standardization** *(Vol)* Standardisierung f, Titerstellung f, Titerbestimmung f, Einstellen n, Einstellung f (einer Lösung)

- **standardize/to** *(Vol)* standardisieren, den Titer bestimmen, einstellen (eine Lösung)
- ~ **against** eichen gegenüber ...
- **standardized conditions** s. standard conditions
- ~ **solution** *(Vol)* Maßlösung f, Standardlösung f, standardisierte (eingestellte) Lösung f
- **standard material** Standardsubstanz f, standardisierte Substanz f, Standard m
- ~ **method** Standardmethode f, Standardverfahren n, Standardtechnik f, standardisierte Methode f, standardisiertes Verfahren n
- ~ **normal distribution** Standardnormalverteilung f
- ~ **nozzle** Normdüse f (Mengenstrommessung)
- ~ **of emf** *(el Anal)* EMK-Normal n, Urspannungsnormal n
- ~ **orifice** Normblende f (Mengenstrommessung)
- ~ **oxidation potential** *(el Anal)* Standardoxidationspotential n
- ~ **oxidation-reduction potential** *(Vol)* Standardredoxpotential n
- ~ **paper** *(Flchr)* Standardpapier n
- ~ **population** *(Stat)* Standardgesamtheit f
- ~ **potential** *(el Anal)* Standard[normal]potential n
- ~ **pressure** Standarddruck m, Normdruck m, Norm[al[luft]druck m
- ~ **procedure** s. ~ method
- ~ **redox potential** *(Vol)* Standardredoxpotential n
- ~ **reduction potential** *(Vol)* Standardreduktionspotential n
- ~ **reference emf** *(el Anal)* Standard-EMK f, Standard-Bezugs-EMK f
- ~ **reference material** Standardbezugssubstanz f
- ~ **reference tension (voltage)** Standardbezugsspannung f
- ~ **resistance** Normalwiderstand m (physikalische Eigenschaft oder Größe)
- ~ **resistance thermometer** Standardwiderstandsthermometer n, Normalwiderstandsthermometer n
- ~ **resistor** Normalwiderstand m (Bauelement)
- ~ **sample** Standardprobe f, Normalprobe f
- ~ **sampling equipment** Standardprobenahmeausrüstung f
- ~ **screen** Standardsieb n, Norm[al]sieb n, standardisiertes Sieb n
- ~ **series of screens (sieves)** Standardsiebskala f, Normalsiebskala f, Standardsiebreihe f, Normalsiebreihe f
- ~ **shovel** *(Prob)* Standardschaufel f, Normalschaufel f
- ~ **sieve** s. ~ screen
- ~ **sieve scale (series)** s. ~ series of screens
- ~ **sodium thiosulphate** Standardnatriumthiosulfat n
- ~ **solute** Standardsubstanz f
- ~ **solution** Bezugslösung f, Referenzlösung f, Vergleichslösung f; *(Vol)* Maßlösung f, Standardlösung f, standardisierte (eingestellte) Lösung f
- ~ **spectrum** Vergleichsspektrum n
- ~ **state** s. ~ conditions

statistical

- ~ **substance** Standardsubstanz f, standardisierte Substanz f, Standard m
- ~ **technique** s. ~ method
- ~ **temperature** Standardtemperatur f
- ~ **temperature and pressure** s. ~ conditions
- ~ **tension** Standardspannung f, Normspannung f
- ~ **test** Standardprüfung f, Standardversuch m
- ~ **testing method** standardisierte Prüfmethode (Untersuchungsmethode) f
- ~ **testing screen (sieve)** s. ~ screen
- ~ **test method** s. ~ testing method
- ~ **test sieve** s. ~ screen
- ~ **thermocouple** Standardthermopaar n, standardisiertes Thermopaar n
- ~ **thermometer** Standardthermometer n, Normalthermometer n
- ~ **voltage** Standardspannung f, Normspannung f
- ~ **Weston [cadmium] cell**, ~ **Weston normal cadmium cell** (el Anal) Weston-Normalelement n, Weston-Element n
- **standing current** Hintergrundstrom m, Grundstrom m
- ~ **wave** stehende Welle f
- **stand pipe (tube)** (Pol) Standrohr n
- **starch** Stärke f
- ~ **block** (Elph) Stärkeblock m
- ~ **block electrophoresis** Stärkeblockelektrophorese f
- ~ **gel** Stärkegel n
- ~ **gel electrophoresis** Stärkegelelektrophorese f
- ~ **gel-electrophoretic** stärkegelelektrophoretisch
- ~ **solution** Stärkelösung f
- **Stark broadening** (Spekt) Stark-Verbreiterung f
- ~ **effect** Stark-Effekt m, elektrischer Feldeffekt m (Aufspaltung von Spektrallinien in einem elektrischen Feld)
- ~-**Einstein law** [Stark-]Einsteinsches Äquivalenzgesetz n, Quantenäquivalenzgesetz n
- ~ **modulation** Stark-Modulation f
- ~ **shift** Stark-Verschiebung f
- ~ **splitting** Stark-Aufspaltung f
- **starting band** (Chr) Startbande f
- ~ **line** (Flchr) Startlinie f
- ~ **material** Ausgangsmaterial n, Ausgangsstoff m, Ausgangssubstanz f, Ausgangsgut n
- ~ **parameter** Ausgangsparameter m
- ~ **point** (Flchr) Startpunkt m
- ~ **potential** Anfangspotential n
- ~ **spot** (Flchr) Startfleck m
- ~ **temperature** Starttemperatur f
- ~ **zone** (Elph) Startzone f, Anfangszone f
- **start line** (Flchr) Startlinie f
- **state** Zustand m
- **Θ state** Theta-Zustand m, pseudoidealer Zustand m
- **static coating** (Gaschr) statische Belegung f
- ~ **magnetic field** statisches Magnetfeld n
- ~ **mercury drop electrode** (Pol) Quecksilbertropfenelektrode f mit statischem Tropfen, statische Quecksilbertropfenelektrode f, SMDE

- ~ **phase** (Chr) stationäre (unbewegliche, ruhende) Phase f
- ~ **sample** statisches (nichtfließendes, nichtströmendes) Prüfgut n
- **stationary electrode** stationäre Elektrode f
- ~-**electrode voltammetry** Voltammetrie f mit stationärer Elektrode
- ~ **indicator electrode** (Voltam) stationäre Indikatorelektrode (Meßelektrode) f
- ~ **liquid phase** (Gaschr) Trennflüssigkeit f, [flüssige] stationäre Phase f, flüssige Phase f, Flüssigphase f
- ~ **mobile-phase volume** (Flchr) Porenvolumen n
- ~ **phase** (Chr) stationäre (unbewegliche, ruhende) Phase f, (Gaschr auch) Trennflüssigkeit f, flüssige [stationäre] Phase f, Flüssigphase f
- ~ **phase bleed** (Chr) Säulenbluten n, Bluten n, Ausbluten n
- ~ **phase film thickness** (Gaschr) Filmdicke f der stationären Phase
- ~ **phase fixation (immobilization)** (Gaschr) Immobilisierung f der stationären Phase
- ~ **phase loading** (Gaschr) Belegung (Beladung) f mit Flüssigphase, Trennflüssigkeitsbeladung f, Beladung f des Trägers
- ~ **phase programming** mehrdimensionale (mehrstufige) Chromatographie f
- ~ **phase selectivity** (Chr) Selektivität f der stationären Phase
- ~ **phase support** (Chr) Trägermaterial n, Trägersubstanz f, Träger m (für die stationäre Phase)
- ~ **phase thickness** (Chr) Dicke f der stationären Phase
- ~ **phase volume** (Chr) Volumen n der stationären Phase
- ~ **solid electrode** stationäre Festelektrode f
- **statistical accuracy** statistische Genauigkeit f
- ~ **analysis** statistische Analyse f
- ~ **approach** statistische Näherung f
- ~ **calculation** statistische Berechnung f
- ~ **control** statistische Kontrolle f
- ~ **copolymer** statistisches Copolymer n
- ~ **decision rule** statistische Entscheidungsregel f
- ~ **distribution** Zufallsverteilung f, zufällige (statistische) Verteilung f
- ~ **error** statistischer Fehler m
- ~ **evidence** statistischer Beweis m
- ~ **examination** statistische Prüfung f
- ~ **fluctuation** statistische Schwankung f
- ~ **interpretation of data** statistische Datenauswertung f
- ~ **investigation** statistische Untersuchung f
- **statistically significant (valid)** statistisch gesichert (signifikant)
- **statistical method** statistische Methode f, Statistikmethode f, statistisches Verfahren n
- ~ **moment** statistisches Moment n
- ~ **procedure** s. statistical method
- ~ **quality control** statistische Qualitätslenkung f

statistical

~ **reasoning** statistische Beweisführung (Schlußfolgerung) f
~ **safety** statistische Sicherheit f
~ **significance** statistische Signifikanz f
~ **sign test** statistischer Vorzeichentest m
~ **statement** statistische Aussage f
~ **test** statistischer Test m
~ **testing procedure** statistisches Prüfverfahren n
~ **theory** statistische Theorie f
~ **treatment** statistische Aufbereitung f (von Analysendaten)
~ **uncertainty** statistische Unbestimmtheit f
statistician Statistiker m
statistics Statistik f
statistic theory statistische Theorie f
Staudinger index Staudinger-Index m, Grenzviskositätszahl f, Grenzviskosität f
steady flow of sample stationärer Probenfluß m
~ **state** stationärer Zustand m; (Katal) quasistationärer Zustand m
~-**state approximation** (Katal) quasistationäre Näherung f
~-**state concentration** Gleichgewichtskonzentration f, [quasi]stationäre Konzentration f
~-**state current** stationärer (eingeschwungener) Strom m
~-**state frequency** stationäre (eingeschwungene) Frequenz f
~-**state treatment** (Katal) quasistationäre Näherung f
~-**state value** stationärer Wert m
steam bath Dampfbad n
~ **distillation** Wasserdampfdestillation f
~ **generation** Dampferzeugung f
~ **generator** Dampfentwickler m
Stefan-Boltzmann constant (Spekt) Stefan-Boltzmannsche Konstante f
~-**Boltzmann law** Stefan-Boltzmannsches Strahlungsgesetz n
STEM 1. (scanning transmission electron microscopy) Raster-Transmissions-Elektronenmikroskopie f, registrierende Transmissions-Elektronenmikroskopie f; 2. (scanning tunnelling electron microscopy) Rastertunnelmikroskopie f, RTM
step Stufe f (eines Integralchromatogramms)
~ **elution** (Chr) stufenweise (selektive) Elution f, Stufeneluierung f, Stufenentwicklung f (mit unterschiedlichen mobilen Phasen)
~**[-function] gradient** (Flchr) Stufengradient m, stufiger Gradient m
~ **gradient elution** s. ~ elution
~ **height** Stufenhöhe f (eines Integralchromatogramms)
stepper (stepping) motor Schrittmotor m
step-shaped stufenförmig (Polarogramm)
stepwise stufenweise, schrittweise
~ **development (elution)** s. step elution
~ **formation constant** s. ~ stability constant
~ **gradient** s. step gradient

194

~ **reaction** Stufenreaktion f
~ **stability constant** konsekutive (individuelle) Komplexstabilitätskonstante f, individuelle Komplexbildungskonstante f
stereochemical specificity Stereospezifität f
stereochemistry Stereochemie f
stereoisomer Stereoisomer n, stereoisomere Verbindung f
stereoselective stereoselektiv
stereoselectivity Stereoselektivität f
steric sterisch
sterically hindered sterisch gehindert
steric effect sterischer Effekt m
~ **exclusion** (Flchr) sterischer Ausschluß m
~ **factor** sterischer Faktor m, Behinderungsparameter m
~ **hindrance (inhibition)** sterische Hinderung f
~ **isomer** s. stereoisomer
~ **limitation** s. ~ hindrance
sterile filtration Sterilfiltration f, Entkeimungsfiltration f
sterilize/to sterilisieren, keimfrei machen, entkeimen (Geräte)
~ **by filtration** sterilfiltrieren, durch Filtration keimfrei machen (Pharmazie, Medizin)
steroid Steroid n
sterol Sterol n, (veraltet) Sterin n
stigmatic (Spekt) stigmatisch
stigmatism (Spekt) Stigmatismus f
stimulated echo (mag Res) stimuliertes Echo n
~ **emission** (Spekt) stimulierte Emission f
stir/to rühren, umrühren, durchrühren
stirred-mercury-pool amperometry Amperometrie f mit gerührter Quecksilberelektrode
~ **mercury-pool electrode** (Pol) gerührte großflächige Quecksilberelektrode f
~ **solution** (Pol) gerührte Lösung f
stirring rate Rührgeschwindigkeit f
~ **rod** Rührstab m
~ **speed** Rührgeschwindigkeit f
stirring/with constant unter ständigem Rühren
stitched open tube (Flchr) genähte Reaktionskapillare f
STM (scanning tunneling microscopy) Rastertunnelmikroskopie f, RTM
stock solution Stammlösung f
stoichiometric stöchiometrisch
~ **end-point** (Vol) Äquivalenzpunkt m, stöchiometrischer Punkt m, theoretischer Endpunkt m
~ **equation** stöchiometrische Gleichung f
~ **number** Stöchiometriezahl f
~ **point** s. ~ end-point
stoichiometry Stöchiometrie f
Stokes' radius Trägheitsradius m (eines Makromoleküls)
Stokes-Einstein relation Stokes-Einsteinsche Beziehung f
~ **law** Stokessches Fluoreszenzgesetz n, Stokessche Regel f

~ **line** *(opt Mol)* Stokes-Linie f, Stokessche Linie f
~ **Raman scattering** s. ~ scattering
~ **region** *(opt Mol)* Stokes-Bereich m, Stokesscher Bereich m
~ **rule** s. ~ law
~ **scatter[ing]** *(opt Mol)* Stokes-Streuung f, Stokessche Raman-Streuung f
~ **spectrum** Stokes-Spektrum n, Stokessches Spektrum n
stop-clock Stoppuhr f
stopcock Absperrhahn m, Sperrhahn m, Hahn m
stop-flow injection s. stopped-flow injection
stopped flow *(Fließ)* gestoppter Fluß m (für Messungen in einem Flüssigkeitsstrom)
~-**flow FIA** Stopped-flow FIA f
~-**flow injection** *(Chr)* Stop-flow-Injektion f
~-**flow method** *(Katal)* Stopped-flow-Methode f, Methode f mit gestoppter Strömung
~-**flow technique** 1. *(Fichr)* Stop-flow-Technik f (Stoppen der mobilen Phase zur Aufnahme eines Spektrums); 2. s. ~-flow method
stopper/to mit einem Stopfen verschließen, zustöpseln, verstöpseln
stopping power *(rad Anal)* Bremsvermögen n
storage Lagerung f, Aufbewahrung f
~ **cell** Sekundärelement n, Sekundärzelle f
~ **life** Lagerfähigkeitsdauer f, Lager- und Verarbeitbarkeitsdauer f, Gebrauchsfähigkeitsdauer f; Lagerdauer f *(von Lebensmitteln)*
~ **tank** Lagerbehälter m, Vorratsbehälter m, Speicherbehälter m
store/to lagern, aufbewahren; speichern *(von Meßwerten)*
~ **in a cool place** kühl aufbewahren
storing Lagerung f, Aufbewahrung f
straight-chain unverzweigt, geradkettig, normal
~-**chain alkane** geradkettiges (lineares, normales) Alkan n, n-Alkan n
stratification Schichtbildung f
stratified sample geschichtete Stichprobe f
stratify/to Schichten bilden
stray light Streulicht n, gestreutes Licht n
~ **radiation** Streustrahlung f, gestreute Strahlung f
streaking *(Chr, Elph)* strichförmiges Auftragen n
streaming birefringence Strömungsdoppelbrechung f
~ **mercury electrode** *(Pol)* strömende Quecksilberelektrode f
~ **mercury indicator electrode** *(Pol)* strömende Quecksilberindikatorelektrode f
~ **potential** Strömungspotential n
stream splitter *(Chr)* Strömungsteiler m, Stromteiler m
~ **splitting** Strömungsteilung f, Stromteilung f
stretching vibration *(opt Mol)* Valenzschwingung f, Streckschwingung f
strip/to ablösen *(eine Schicht)*
~ **back into solution** wiederauflösen, wiederlösen, wieder in Lösung bringen

strip-chart Diagrammband n, Diagrammstreifen m *(des Bandschreibers)*
~-**chart recorder** Registrierschreiber m, Streifenschreiber m, Bandschreiber m
~-**chart recording potentiometer** Diagrammstreifenpotentiometer n
stripper column *(Fichr)* Suppressorsäule f, Suppressor m, Unterdrückersäule f, Suppressor-Austauschersäule f
stripping 1. Rückextrahieren n, Rückextraktion f, Strippen n; 2. s. ~ step
~ **analysis** s. ~ voltammetry
~ **current** *(Voltam)* Auflösungsstrom m
~ **peak** Stromspitze f der inversen Voltammetrie
~ **polarography** Inverspolarographie f, inverse Polarographie f, Kemula-Polarographie f
~ **process** s. ~ step
~ **square-wave voltammetry** inverse Square-wave-Voltammetrie f
~ **step** Auflösungsschritt m, Auflösungsvorgang m, Auflösung f, Wiederauflösungsvorgang m, Wiederauflösung f
~ **voltammetric** inversvoltammetrisch
~ **voltammetry** Inversvoltammetrie f, inverse Voltammetrie f, Stripping-Voltammetrie f, Voltammetrie f mit hängender Tropfelektrode, elektrochemische Stripping-Analyse f, ESA
strong acid starke Säure f
~ **acid exchanger** s. ~ cation exchanger
~ **adsorbent** aktives Adsorbens n
~ **anion exchanger** starker (stark basischer) Anionenaustauscher m
~ **base** starke Base f
~ **base exchanger** s. ~ anion exchanger
~ **cation exchanger** starker (stark saurer) Kationenaustauscher m
~ **electrolyte** starker Elektrolyt m
~ **eluting solvent** stark eluierendes Lösungsmittel n, Lösungsmittel n mit großer Elutionsstärke (Elutionskraft)
strongly acid[ic] stark sauer
~ **alkaline (basic)** stark alkalisch (basisch)
~ **ionized acid** starke Säure f
strong solvent starkes Lösungsmittel n
strontium Sr Strontium n
structural analysis Strukturanalyse f
~ **change** Strukturänderung f
~ **characterization (determination)** Strukturaufklärung f, Strukturermittlung f, Struturbestimmung f
~ **information** Strukturinformation f
~ **investigation** Strukturuntersuchung f
~ **isomer** Strukturisomer n
structure Struktur f, Aufbau m, Bau m, Gefüge n, Konstitution f
~ **analysis** Strukturanalyse f
~ **cell** Elementarzelle f, Einheitszelle f
~ **determination (elucidation)** s. structural characterization

STS

STS (scanning tunneling spectroscopy) Rastertunnelspektroskopie f, RTS
Student distribution *(Stat)* t-Verteilung f, Student-Verteilung f, Studentsche Verteilung f
~ **test** *(Stat)* [Studentscher] t-Test m, t-Prüfung f, Student-Test m
styrene-divinylbenzene copolymer Styrol-Divinylbenzol-Copolymer n
sub-ambient operation *(Gaschr)* Betrieb m bei tiefen Temperaturen
subdivide/to in Untergruppen gliedern (unterteilen)
sublimate/to sublimieren
sublimation Sublimation f
submicro analysis Submikroanalyse f
~ **quantity** Submikromenge f
~ **sample** Submikroprobe f $(10^{-3} - 10^{-4} g)$
submicrostructure Submikrostruktur f, Submikrogefüge n
subpopulation Teilgesamtheit f, Untermenge f der Grundgesamtheit
sub-ppm level *(Spur)* Sub-ppm-Niveau n
subsampling Unterstichprobenentnahme f
subsidiary band Seitenbande f, Nebenbande f
subspectrum Teilspektrum n, Subspektrum n
substance concentration Stoff[mengen]konzentration f, *(früher)* Molarität f, Volumenmolarität f, Liter-Molarität f
~ **identification** Substanzidentifizierung f
~ **to be analysed** Analysensubstanz f, zu analysierende Substanz f
~ **under analysis** Analysensubstanz f *(während der Analyse)*
~ **under investigation** Versuchssubstanz f, Probesubstanz f, Untersuchungssubstanz f
substituent Substituent n
~ **constant** *(Pol)* Substituentenkonstante f
substitute/to substituieren, ersetzen
substitution Substitution f, Ersatz m, Ersetzen n
~ **reaction** Substitutionsreaktion f, Verdrängungsreaktion f, Austauschreaktion f
~ **titration** Substitutionstitration f *(Komplexometrie)*
~ **weighing** Substitutionswägung f
substoichiometric substöchiometrisch
substrate Substrat n
~ **determination** Substratbestimmung f
~ **inhibition** *(Katal)* Substrat[überschuß]hemmung f
~ **specificity** Substratspezifität f
subsystem Subsystem n
sub-trace analysis Sub-Spuren-Analyse f $(10^{-3} - 10^{-4} g)$
subtractive polarography subtraktive Polarographie f
subunit *(Stat)* Untereinheit f
success probability Erfolgswahrscheinlichkeit f
succinate Succinat n
sucking flow *(Elph)* Sogströmung f
suction filter Saugfilter n, Vakuumfilter n, Unterdruckfilter n
~ **filtration** Saugfiltration f, Vakuumfiltration f, Unterdruckfiltration f

~ **flask** Saugflasche f
~ **line** Saugrohr n, Saugleitung f, Ansaugrohr n, Ansaugleitung f
sugar Zucker m
sulf... s. sulph...
sulphamic acid Amidosulfonsäure f, Amidoschwefelsäure f, *(veraltet)* Sulfaminsäure f
sulphanilamide Sulfanilamid n, p-Aminobenzolsulfonamid n
sulphate Sulfat n
~ **titration** Sulfattitration f
sulphide Sulfid n
~ **precipitation** Sulfidfällung f
~ ~ **selective electrode**, ~ ~ **specific electrode** *(Pot)* sulfidselektive (sulfidspezifische) Elektrode f
sulphite Sulfit n
sulpho group s. sulphonic acid group
sulphone Sulfon n
sulphonic acid group Sulfogruppe f, Sulfonsäuregruppe f
~ **acid resin** *(Ion)* Sulfonsäureharz n
sulphonphthalein Sulfonphthalein f
sulphoxide Sulfoxid n
sulphur S Schwefel m
~ **analysis** Schwefelanalyse f
~ **compound** Schwefelverbindung f
~ ~ **containing** schwefelhaltig, S-haltig
~ **content** Schwefelgehalt m
~ **determination** Schwefelbestimmung f
~ **dioxide** Schwefeldioxid n, Schwefel(IV)-oxid n
sulphuric acid Schwefelsäure f
sulphurless schwefelsäurefrei
sulphurous acid schweflige Säure f
~ **content** Schwefelgehalt m
sulphur oxide Schwefeloxid n
~ **specific detector** Flammenphotometerdetektor m, FPD, flammenphotometrischer Detektor m, Flammenfarbendetektor m, Flammenemissionsdetektor m
sum frequency *(Spekt)* Summenfrequenz f
summing point *(Pol)* Additionspunkt m
sum of squares *(Stat)* Quadratsumme f
~ **of states** Zustandssumme f
~ **peak** *(Spekt)* Summensignal n
superconducting bolometer Supraleitfähigkeitsbolometer n
~ **magnet** supraleitender Magnet m, Supraleitungsmagnet m, Kryomagnet m
superconductive magnet s. superconducting magnet
supercritical chromatography s. ~ fluid chromatography
~ **fluid** überkritisches Fluid n
~ **fluid chromatography** überkritische (superkritische) Fluidchromatographie f, SFC, überkritische Flüssigchromatographie f, Fluidchromatographie f, Chromatographie f mit überkritischen Fluiden
~ **fluid extraction** Extraktion f mit überkritischen Fluiden

196

~ **fluid mobile phase** s. ~ mobile phase
~ **gas chromatography** s. ~ fluid chromatography
~ **mobile phase** *(Chr)* mobile überkritische Phase f
~ **superficially porous** oberflächenporös
~ **porous ion-exchange resin** Pellicular-Ionenaustauscher m, oberflächenporöser Ionenaustauscher m
~ **porous particles** *(Flchr)* Dünnschichtteilchen npl, oberflächenporöse (schalenporöse) Teilchen npl
superficial sulphonation *(Ion)* Oberflächensulfonierung f
superimposable/to be sich zur Deckung bringen lassen *(z.B. Moleküle mit ihren Spiegelbildern)*
superimpose/to überlagern
superimposed current *(Voltam)* überlagerter Strom m
supernatant [liquid, liquor] Überstand m, überstehende Flüssigkeit (Lösung) f
superposition Überlagerung f, Superposition f
supersaturated solution übersättigte Lösung f
supersaturation Übersättigung f
~ **ratio** *(Grav)* relative Übersättigung (Löslichkeitserhöhung) f
support *(Chr, Elph)* Trägermaterial n, Trägersubstanz f, Träger m *(für die stationäre Phase)*, *(Elph auch)* Trägermedium n, stabilisierendes Medium (Trennmedium) n
~-**bonded phase** *(Chr)* gebundene (chemisch gebundene, trägerfixierte) Phase f, chemisch gebundene stationäre Phase f
~-**coated open-tube (tubular) column** *(Gaschr)* Dünnschicht-Kapillarsäule f, Dünnschicht[-Trenn]säule f, SCOT-Trennsäule f, SCOT-Säule f, beschichtete Kapillare f, Dünnschichtkapillare f
~ **deactivation** Trägerdesaktivierung f
supporting electrolyte *(Pol, Elph)* Grundelektrolyt m, Leitelektrolyt m, LE, Zusatzelektrolyt m, indifferenter Elektrolyt m, Leitsalz n
~ **electrolyte solution** elektrolytische Grundlösung f
~ **medium** s. support
support layer Trägerschicht f
~ **material** s. support
~ **surface** Trägeroberfläche f
suppress/to unterdrücken *(z. B. Maxima)*
suppressed conductivity detection *(Flchr)* Leitfähigkeitsdetektion f mit Suppressorsystem
~ **ion chromatography** Ionenchromatographie f mit Suppressortechnik (Suppressionstechnik, Suppressor)
~ **technique** *(Flchr)* Suppressionstechnik f, Suppressortechnik f *(Ionenchromatographie)*
suppression Unterdrückung f
suppressor-based IC s. suppressed ion chromatography
~ **column** *(Flchr)* Suppressorsäule f, Suppressor m, Unterdrückersäule f, Suppressor-Austauschersäule f

~ **ion chromatography** s. suppressed ion chromatography
surface Oberfläche f
~-**active** oberflächenaktiv, grenzflächenaktiv, oberflächenwirksam
~-**active agent (substance)** oberflächenaktiver (grenzflächenaktiver) Stoff m, oberflächenaktive (grenzflächenaktive) Substanz f
~ **activity** Oberflächenaktivität f
~ **adsorption** Oberflächenadsorption f
~-**agglomerated ion-exchange resin** Oberflächen-Ionenaustauscherharz n
~ **area** Oberfläche f
~-**barrier semiconductor detector** *(rad Anal)* Oberflächen-Sperrschichtdetektor m
~ **characteristics** Oberflächeneigenschaften fpl
~ **concentration** Oberflächenkonzentration f
~ **coverage** Oberflächenbedeckung f
~ **energy** Oberflächenenergie f
~-**enhanced Raman scattering** *(opt Mol)* oberflächenverstärkte Raman-Streuung f
~-**enhanced Raman spectroscopy** oberflächenverstärkte Raman-Spektroskopie f
~ **filter** Oberflächenfilter n
~ **force** Oberflächenkraft f
~-**functionalized** oberflächenfunktionalisiert *(Harzkorn)*
~ **heterogeneity** Oberflächenheterogenität f
~ **hydroxyl group** Oberflächenhydroxygruppe f, Oberflächenhydroxyl n
~-**induced dissociation** *(Maspek)* Oberflächenionisation f
~ **inhomogeneity** Oberflächenheterogenität f
~ **ionization** *(Maspek)* Oberflächenionisation f
~ **layer** Oberflächenschicht f
~ **modification** Oberflächenmodifizierung f
~ **phenomenon** Oberflächenphänomen n, Oberflächenerscheinung f
~ **potential** Oberflächenpotential n
~ **properties** Oberflächeneigenschaften fpl
~ **reaction** Oberflächenreaktion f
~ **roughness** Oberflächenrauhigkeit f, Oberflächenrauheit f
~ **silanol group** Oberflächensilanolgruppe f, Oberflächensilanol n
~ **site** Oberflächenzentrum n, Oberflächenstelle f, Oberflächenpunkt m
~-**sulphonated** oberflächensulfoniert *(Harzkorn)*
~ **tension** Oberflächenspannung f
~ **treatment** Oberflächenbehandlung f
surfactant s. surface-active agent
surroundings Gitter n, Umgebung f *(eines Kerns)*
susceptance *(Kond)* Suszeptanz f, Blindleitwert m
susceptibility correction *(kern Res)* Suszeptibilitätskorrektur f
~ **effect** *(kern Res)* Suszeptibilitätseffekt m
~ **per gram mole** molare Suszeptibilität f, Molsuszeptibilität f
susceptible to oxidation oxidationsempfindlich

susceptometry Hochfrequenzkonduktometrie f, Oszillometrie f
suspend/to suspendieren, aufschlämmen *(Teilchen)*
suspended particles Schwebeteilchen npl, Suspensionspartikeln npl, Trübeteilchen npl
suspension Suspension f
Svedberg equation Svedberg-Gleichung f *(der relativen Molekülmasse eines sedimentierenden Teilchens)*
~ **unit** S Svedberg-Einheit f *(Sedimentationskonstante 1×10^{-13} s)*
sweep Zeitablenkung f, zeitliche Ablenkung f *(eines Oszillographen)*
sweep/to abtasten, scannen, durchfahren, abfahren *(einen Meßbereich)*
sweep coil *(kern Res)* Sweep-Spule f
~ **generator** *(mag Res)* Sweep-Generator m
~ **rate** *(mag Res)* sweep-Geschwindigkeit f, Zeitablenkgeschwindigkeit f
swell/to quellen
swellability Quellfähigkeit f, Quellvermögen n, Quellbarkeit m
swellable quellbar, quellfähig
swelling Quellen n, Quellung f
~ **capacity** s. swellability
~ **characteristics (properties)** Quellungseigenschaften fpl
swing-out rotor *(Sed)* Ausschwingrotor m, ausschwingender Rotor m
switch Schalter m
switching valve Schaltventil n
swollen state Quellungszustand m
~ **volume** Quellvolumen n
SWP (square-wave polarography) Rechteckwellenpolarographie f, Square-wave-Polarographie f, SWP
SWV (square-wave voltammetry) Square-wave-Voltammetrie f, SWV
symmetric symmetrisch
symmetrical symmetrisch
~ **energy barrier** *(el Anal)* symmetrische Energiebarriere f
~ **peak** symmetrischer Peak m
symmetric state symmetrischer Zustand m
symmetry Symmetrie f
~ **plane** Spiegelebene f, Symmetrieebene f
~ **property** Symmetrieeigenschft f
synchronous merging *(Fließ)* synchrone Vermischung f
synchrotron radiation *(Spekt)* Synchrotronstrahlung f
synergism Synergismus m
synergistic synergistisch
~ **extraction** synergistische Extraktion f
synthetic cation exchanger Kationenaustausch[er]harz n, Kationenaustauscher m auf Kunstharzbasis
~ **organic ion exchanger** Ionenaustausch[er]harz n, Austauscherharz n, Kunstharz[-Ionen]austauscher m

syringe Injektionsspritze f, Kolbenspritze f
~ **burette** Kolbenbürette f
~ **injection** *(Chr)* Injizieren n mit Injektionsspritze, Spritzendosierung f, Dosierung (Probenaufgabe) f mit Injektionsspritze, Eingabe f über Spritze
~ **needle** Injektionsnadel f, Spritzenkanüle f, Spritzennadel f
~ **pump** *(Chr)* Spritzenpumpe f
~ **-type positive displacement pump** s. ~ pump
π system π-Elektronensystem n, π-System n
systematic bias s. ~ error
~ **deviation** systematische Abweichung f
~ **error** systematischer Fehler m, systematische Beurteilungsabweichung f
~ **sample** systematische Probe f
~ **sampling** systematische Probenahme f
~ **variation** systematische Streuung f
system peak *(Flchr)* Systempeak m
Szilard-Chalmers effect *(rad Anal)* Szilard-Chalmers-Effekt m

T

TA (time-averaging) *(kern Res)* Time-averaging-Verfahren n
table for probability Wahrscheinlichkeitstabelle f
~ **for statistics** Statistiktabelle f
~ **of frequencies** Frequenztabelle f
~ **of squares** *(Stat)* Quadrattafel f
tabular value Tabellenwert m
tag *(rad Anal)* Markierung f, Marke f
tag/to markieren, kennzeichnen
tagged compound *(rad Anal)* markierte (gekennzeichnete) Verbindung f
tagging Markieren n, Markierung f, Kennzeichnen n, Kennzeichnung f
tail Rückseite f, Rückflanke f *(eines Peaks)*
tailing *(Chr)* Peaktailing n, Tailing n, Schwanzbildung f, Peakverzerrung f durch Tailing; Schweifbildung f, Schwanzbildung f, Streifenbildung f, Kometbildung f *(bei der Flächenchromatographie)*
~ **band** Zone f mit Schweif (Schwanz)
~ **inhibitor** Schweifbildungsminderer m
~ **peak** tailingbehafteter (vertailter) Peak m, Peak m mit Tailing
~ **spot** s. ~ band
take a sample/to eine Probe entnehmen
~ **up** aufnehmen *(einen Stoff; einen Rückstand durch Auflösen)*
take-off port *(Gaschr)* Entnahmestelle f
talker [device] *(Lab)* Sendegerät n, Sender m
tally *(Stat)* Strichliste f
tandem mass spectrometer Tandem-Massenspektrometer n, MS/MS-System n
~ **mass spectrometry** Tandem-Massenspektrometrie f, MS/MS, MS/MS-Kopplung f
~ **spectrometer** s. tandem mass spectrometer

tangential velocity Tangentialgeschwindigkeit f
tangent method *(Katal)* Tangenten-Methode f
tank buffer *(Elph)* Elektrodenpuffer m
~ **circuit** Parallelresonanzkreis m, Tankkreis m, Anodenschwingkreis m *(Hochfrequenztitration)*
tantalum Ta Tantal n
~ **boat** Tantalschiff n
~ **cathode** *(Elgrav)* Tantalkathode f
~ **oxide sensor** Tantalpentoxidsensor m
tap funnel Tropftrichter m
~ **off/to** abgreifen, abzweigen *(Potential)*
target *(Spekt)* Target n
tarnish film Anlauffilm m, Anlaufschicht f
tartrate Tartrat n
tartrazine Tartrazin n
tasteless geschmacklos
tastelessness Geschmacklosigkeit f
tast polarogram Tastpolarogramm n
~ **polarograph** Tastpolarograph m
~ **polarography** Tastpolarographie f
tau scale *(kern Res)* t-Skala f
tautomer Tautomer[es] n
tautomeric tautomer
tautomeride Tautomer n
TBAH (tetrabutylammonium hydroxide) Tetrabutylammoniumhydroxid n
TBP (tributyl phosphate) Tributylphosphat n, Phosphorsäuretributylester m, TBP
TC (total carbon) Gesamtkohlenstoff m, gesamter Kohlenstoff m, Gesamt-C m
TCA (trichloroacetic acid) Trichloressigsäure f
TCD (thermal conductivity detector) Wärmeleit[fähigkeits]detektor m, WLD, Wärmeleitfähigkeits-[meß]zelle f, Wärmeleitzelle f, Katharometer n
t-distribution *(Stat)* t-Verteilung f, Student-Verteilung f, Studentsche Verteilung f
TDS (thermal desorption spectroscopy) thermische Desorptionsspektroskopie f, TDS
technetium Tc Technetium n
technical buffer solution technische Pufferlösung f
~ **design** technischer Aufbau m
technique Arbeitstechnik f, Arbeitsverfahren n, Technik f, Verfahren n
~ **of end-point location** *(Coul)* Methode f der Endpunktfindung
~ **of estimation** *(Stat)* Schätzverfahren n
~ **of measurement** Meßtechnik f
tee [connector] *(Lab)* T-Stück n, T-förmiges Zwischenabzweigstück n
TEELS (transmission electron energy loss spectrometry) Transmissions-Elektronenenergieverlust-Spektrometrie f
tellurium Te Tellur n
TEM (transmission electron microscopy) Transmissions-Elektronenmikroskopie f, TEM
TEMED (tetramethylethylenediamine) Tetramethylethylendiamin n, TEMED, Temed

temperature Temperatur f
Θ **temperature** Theta-Temperatur f
temperature calibration Temperaturkalibrierung f *(von Geräten für Differenzthermoanalysen)*
~ **change** Temperaturänderung f
~ **coefficient** Temperaturkoeffizient m, Temperaturbeiwert m
~ **coefficient of resistance** Temperaturkoeffizient m des Widerstands, Widerstands-Temperaturkoeffizient m
~-**compensated** *(Meß)* temperaturkompensiert
~-**compensated electrode** *(Pot)* temperaturkompensierte Elektrode f
~-**compensated sensor** *(Voltam)* temperaturkompensierter Sensor m
~-**compensating resistor** *(Meß)* temperaturkompensierender Widerstand m
~ **compensation** *(Meß)* Temperaturkompensation f, Temperaturausgleich m
~-**compensation** s. ~-compensated
~ **conditioning** *(Gaschr)* Konditionieren n, Konditionierung f, [primäre] Alterung f, Altern n *(von Säulenfüllungen)*
~ **conditioning period** *(Gaschr)* Konditionierungszeit f
~ **control** Temperaturregelung f
~ **dependence (dependency)** Temperaturabhängigkeit f
~-**dependent** temperaturabhängig
~ **difference** Temperaturdifferenz f
~ **effect** Temperatureffekt m, Temperaturwirkung f
~ **environment** Temperaturmilieu n
~ **equalization** s. ~ compensation
~ **equilibrium** *(th Anal)* Temperaturgleichgewicht n
~ **fluctuation** Temperaturschwankung f, Temperaturvariation f
~ **gradient** Temperaturgradient m, Temperaturgefälle n
~-**gradient chromatography** Temperaturgradientenchromatographie f, Thermo-Gaschromatographie f
~ **independence** Temperaturunabhängigkeit f
~-**independent** temperaturunabhängig
~-**induced hysteresis** temperaturinduzierte Hysterese f *(einer Kalomelbezugselektrode)*
~-**insensitive** temperaturunempfindlich
~ **interval** Temperaturabstand m, Temperaturintervall n
~-**jump technique** *(Katal)* Temperatursprungmethode f
~ **limit** Temperaturgrenze f
~ **measurement** Temperaturmessung f
~-**measuring instrument** Temperaturmeßinstrument n
~ **of crystallization** Kristallisationstemperatur f
~ **of melting** Schmelztemperatur f
~ **program** Temperaturprogramm n
~-**programmed chromatography** temperaturprogrammierte Chromatographie f

temperature

~-**programmed gas chromatography** temperaturprogrammierte Gaschromatographie f
~-**programmed operation** temperaturprogrammierte Arbeitsweise f
~-**programmed separation** temperaturprogrammierte Trennung f
~ **programming** Temperaturprogrammierung f
~ **range** Temperaturbereich m
~ **recorder** Temperaturschreiber m, Thermograph m
~ **region** Temperaturbereich m
~ **resistance** Temperaturbeständigkeit f, Temperaturstabilität f, thermische Stabilität f, Wärmebeständigkeit f
~-**resistant (resisting)** temperaturbeständig, thermisch beständig (stabil), temperaturstabil, thermostabil, wärmefest
~-**sensitive** temperaturempfindlich
~ **sensitivity** Temperaturempfindlichkeit f
~ **sensor** Temperaturmeßfühler m, Temperatursensor m
~-**stable** s. ~-resistant
~ **variation** s. ~ fluctuation
tendency to oxidize Oxidationsneigung f
~ **to react** Reaktionsbestreben n
tensammetric tensammetrisch
~ **peak** tensammetrisches Maximum n
tensammetry Tensammetrie f
terbium Tb Terbium n
term Energieniveau n, Energiezustand m, Energieterm m, Term m
terminal group Endgruppe f
~ **velocity** Endgeschwindigkeit f
~ **voltage** Klemmenspannung f
terminating electrolyte *(Elph)* Terminatorelektrolyt m, Folgeelektrolyt m, Nachfolgeelektrolyt m
~ **ion** Terminatorion n, Folgeion n, Endion n
terminator s. terminating electrolyte
termolecular trimolekular *(Reaktion)*
ternary complex ternärer Komplex m, Ternärkomplex m
~ **gradient** *(Flchr)* ternärer Gradient m
~ **mixture** Dreistoffgemisch n, ternäres Gemisch n
~ **mobile phase** *(Flchr)* ternäres Elutionsmittelgemisch n
~ **solvent [mixture]** s. ~ mobile phase
tertiary ammonium group tertiäre Ammoniumgruppe f
tervalent dreiwertig, trivalent
test Versuch m, Test m, Prüfung f; Nachweis m
test/to testen, prüfen, untersuchen
~ **by spotting** tüpfeln
~ **for** prüfen auf
test analysis Testanalyse f, Prüfanalyse f
~ **arrangement** Versuchsanordnung f, Versuchsaufbau m
~ **batch** zu untersuchende Partie f
~ **bottle** Prüfflasche f, Untersuchungsflasche f
~ **by means of scoring** bewertende Prüfung f

~ **chromatogram** Testchromatogramm n
~ **cock** Kontrollhahn m, Kontrollhahnventil n
~ **compound** Versuchssubstanz f, Probesubstanz f, Untersuchungssubstanz f
~ **conditions** Versuchsbedingungen *fpl*, experimentelle Bedingungen *fpl*, Testbedingungen *fpl*
~ **data** Prüfdaten *pl*
tester 1. Prüf[end]er m, Prüfperson f; 2. Prüfgerät n, Prüfvorrichtung f, Prüfer m, Tester m
test for acidity Säuregradbestimmung f
~ **for carbon dioxide** Prüfung f auf Kohlendioxid
~ **for identification** Identitätsprüfung f
~ **for independence** *(Stat)* Unabhängigkeitstest m
~ **for odour** Geruchsprüfung f
~ **for taste** Geschmacksprüfung f
~ **for water** Wassernachweis m
~ **glass** Prüfglas n
testing Prüfung f, Untersuchung f, Testung f
~ **accuracy** Prüfungsgenauigkeit f
~ **laboratory** Prüflabor[atorium] n
~ **method** s. test method
~ **of materials** Werkstoffprüfung f
~ **protocol** Prüfprotokoll n
~ **screen (sieve)** Prüfsieb n
test kit Testkit n, Testbesteck n
~ **material** Untersuchungsmaterial n, zu untersuchendes Material n, Probengut n
~ **method** Testverfahren n, Prüfverfahren n, Prüfmethode f, Untersuchungsverfahren n, Untersuchungsmethode f
~ **mixture** Testgemisch n, Testmischung f
~ **of normality** *(Stat)* Normalitätstest m
~ **of significance** *(Stat)* Signifikanztest m, Signifikanzprüfung f
~ **of trend** *(Stat)* Trendtest m
~ **paper** Reagenzpapier n, Indikatorpapier n
~ **piece** Prüfkörper m, Probekörper m, Prüfling m
~ **portion** Testmenge f, Prüfmenge f, Testquantum n
~ **practice** Versuchsdurchführung f
~ **principle** Nachweisprinzip n
~ **probe** Testsubstanz f, Testverbindung f
~ **reaction** Nachweisreaktion f
~ **sample** Untersuchungsprobe f, zu untersuchende Probe f; Muster n, Probestück n
~ **scale** Prüfskale f
~ **screen** Prüfsieb n
~ **series** Versuchsreihe f, Untersuchungsserie f, Testserie f
~ **sieve** Prüfsieb n
~ **sieve series** Prüfsiebreihe f
~ **solute** Testsubstanz f, Testverbindung f
~ **solution** Probelösung f, Prüf[lings]lösung f, Untersuchungslösung f, zu prüfende (untersuchende) Lösung f
~ **specification** Versuchsspezifikation f, Prüfungsspezifikation f
~ **specimen** Prüfkörper m, Probekörper m, Prüfling m

~ **substance** Versuchssubstanz f, Probesubstanz f, Untersuchungssubstanz f
~ **tube** Reagenzglas n, Probierglas n
~-**tube brush** Reagenzglasbürste f, Tüllenbürste f
~-**tube centrifuge** Flaschenzentrifuge f, Flaschenschleuder f
~-**tube experiment** Reagenzglasversuch m
~-**tube holder** Reagenzglashalter m, Reagenzglasklemme f
~-**tube rack (stand)** Reagenzglasgestell n
~ **unit** Prüfstück n
tetraalkyl lead compound Tetraalkylbleiverbindung f
tetrabromofluorescein Eosin n, Tetrabromfluorescein n
3,3',5,5'-tetrabromo-m-cresol sulphonephthalein Bromcresolgrün n, 3,3',5,5'-Tetrabrom-m-cresolsulfonphthalein n
3,3'5,5'-tetrabromophenol sulphonephthaleine Bromphenolblau n, 3,3',5,5'-Tetrabromphenolsulfonphthalein n
tetrabutylammonium hydroxide Tetrabutylammoniumhydroxid n
~ **ion** Tetrabutylammoniumion n
tetrachloromethane Kohlenstofftetrachlorid n, Tetrachlorkohlenstoff m, Tetra[chlormethan] n
tetracoordinate[d] vierfach koordiniert (Ion)
tetradentate vierzähnig, vierzählig (Ligand)
tetrafluoroborate Tetrafluoroborat n
tetragonal [crystal] system tetragonales Kristallsystem n
tetrahedral tetraedrisch, vierflächig, Tetraeder...
~ **field** (mag Res) tetraedrisches Feld n
tetrahydrofuran Tetrahydrofuran n, Oxolan n
tetramethylethylenediamine Tetramethylethylendiamin n, TEMED, Temed
tetramethylsilane Tetramethylsilan n, TMS
tetraphenylarsonium chloride Tetraphenylarsoniumchlorid n
~ **ion** Tetraphenylarsoniumion n
tetravalent tetravalent, vierwertig
TFAA (trifluoroacetic anhydride) Trifluoressigsäureanhydrid n
TFE (thin-film electrode) Filmelektrode f
TG (thermogravimetry) Thermogravimetrie f, TG
TGA (thermogravimetric analysis) s. TG
thallium Tl Thallium n
thallium(I) salt Thallium(I)-Salz n
THAM (tris(hydroxymethyl)aminomethane) Tris(hydroxymethyl)aminomethan n, Tris n
thenoyltrifluoroacetone Thenoyltrifluoraceton n, TTA
theoretical end-point (Vol) Äquivalenzpunkt m, stöchiometrischer Punkt m, theoretischer Endpunkt m
~ **plate** (Chr) theoretischer Boden m, theoretische Trennstufe f
~ **plate concept** (Chr) Bodentheorie f, Theorie f der Böden
~ **plate height** (Chr) Höhenäquivalent n (Höhe f) eines theoretischen Bodens, theoretische Bodenhöhe (Trennstufenhöhe) f, HETP-Wert m
~ **plate number** (Chr) Zahl f der theoretischen Böden (Trennstufen), theoretische Bodenzahl (Trennstufenzahl) f
~ **specific capacity** (Ion) Gesamt[austausch]kapazität f, totale Austauschkapazität f, Massenkapazität f, Gewichtskapazität f
~ **spectrum** theoretisches Spektrum n
theory/in slight excess of über dem theoretischen Wert, etwas mehr als der Theorie entspricht
~ **of electrolytes** Elektrolyttheorie f
~ **of errors** (Stat) Fehlertheorie f
~ **of probability** (Stat) Wahrscheinlichkeitstheorie f
~ **of sampling** Theorie f der Probenahme
~ **of statistics** Statistiktheorie f
thermal thermisch, Wärme...
~ **activation** thermische Aktivierung f (einer Reaktion); (rad Anal) Aktivierung f mit thermischen Neutronen
~ **ageing** (Gaschr) Konditionieren n, Konditionierung f, [primäre] Alterung f, Altern n (von Säulenfüllungen)
~ **analysis** thermische Analyse f, Thermoanalyse f, TA
~ **analysis curve** Thermoanalysenkurve f
~ **analysis technique** Thermoanalysemethode f
~ **balance** Wärmebilanz f
~ **capacity** Wärmekapazität f
~ **column** (rad Anal) thermische Säule f
~ **conditioning** s. ~ ageing
~ **conduction** Wärmeleitung f
~-**conduction property** Wärmeleiteigenschaft f
~ **conductivity** Wärmeleitfähigkeit f, spezifisches Wärmeleitvermögen n, (quantitativ auch) Wärmeleitzahl f
~ **conductivity cell (detector)** Wärmeleit[fähigkeits]detektor m, WLD, Wärmeleitfähigkeits[meß]zelle f, Wärmeleitzelle f, Katharometer n
~ **conductivity filament** (Gaschr) Heizer m für Wärmeleitzellen
~-**conductivity gas analyzer** Wärmeleitungsgasanalysator m
~ **cubic expansion coefficient** kubischer Wärmeausdehnungskoeffizient m
~ **damage** thermische Schädigung f
~ **decomposition** thermische Zersetzung f
~ **degradation** thermischer Abbau m, Wärmeabbau m
~ **desorption** (Maspek) Thermodesorption f, thermische Desorption f
~ **desorption mass spectrometry** Thermodesorptions-Massenspektrometrie f
~ **desorption spectroscopy** thermische Desorptionsspektroskopie f, TDS

thermal

- **detector** thermischer Detektor *m*
- **diffusion** Thermodiffusion *f*
- **diffusion coefficient** Thermodiffusionskoeffizient *m*
- **diffusivity** Temperaturleitfähigkeit *f*
- **dissociation** thermische Dissoziation *f*
- **emission ion source** *(Maspek)* Thermoionenquelle *f*
- **energy** thermische Energie *f*, Wärmeenergie *f*
- **equilibrium** thermisches (thermodynamisches) Gleichgewicht *n*
- **exchange** Wärmeaustausch *m*
- **excitation** *(Spekt)* thermische Anregung *f*, Temperaturanregung *f*
- **expansion** thermische Ausdehnung *f*, Wärmeausdehnung *f*
- **expansivity** Wärmeausdehnungsvermögen *n*
- **fission** *(rad Anal)* thermische Kernspaltung *f*, Kernspaltung *f* mit thermischen Neutronen
- **flow** Wärmestrom *m*
- **gravimetric analysis** Thermogravimetrie *f*, TG
- **insulance (insulation resistance)** Wärmedurchgangswiderstand *m*
- **ionization** *(Maspek)* Thermoionisation *f*, Thermoionisierung *f*, thermische Ionisation (Ionisierung) *f*
- **ionization detector** *(Gaschr)* Thermo-Ionisationsdetektor *m*, TID *m*, therm[o]ionischer Detektor *m*, Stickstoff-Phosphor-Detektor *m*
- **lability** Thermolabilität *f*, thermische Unbeständigkeit *f*
- **luminescence** Thermolumineszenz *f*
- **thermally labile** *s.* thermolabile
- **stable** *s.* temperature-resistant
- **stimulated phenomenon** thermisch stimuliertes Phänomen *n*
- **unstable** *s.* thermolabile
- **thermal neutron** *(rad Anal)* thermisches Neutron *n*
- **noise** *(Meß)* Wärmerauschen *n*, thermisches Rauschen *n*, Widerstandsrauschen *n*, Stromrauschen *n*, Nyquist-Rauschen *n*
- **oxidation** Thermooxidation *f*
- **-oxidative** thermooxidativ, wärmeoxidativ
- **property** thermische Eigenschaft *f*
- **resistance** thermischer Widerstand *m*, Wärmeleitwiderstand *m*
- **stability** *s.* temperature resistance
- **titration** thermometrische (enthalpimetrische) Titration *f*
- **transfer** Wärmeübertragung *f*, Wärmetransport *m*; Wärmeübergang *m*
- **unit** Einheit *f* der Wärmemenge *(SI-Einheit: Joule)*
- **value** Heizwert *m*
- **thermionic** therm[o]ionisch
- **-alkali bead nitrogen phosphorus detector** *s.* ~ ionization detector
- **-alkali flame detector** *(Gaschr)* Alkali-Flammenionisationsdetektor *m*, AFID, Alkali[salz]-FID *m*

- **detector** *s.* ~ ionization detector
- **emission** thermische Elektronenemission *f*, Glühemission *f*
- **ionization detector** *(Gaschr)* Thermo-Ionisationsdetektor *m*, TID *m*, therm[o]ionischer Detektor *m*, Stickstoff-Phosphor-Detektor *m*
- **ionization gauge** Ionisationsvakuummeter *n* mit heißer Kathode
- **thermistor** Thermistor *m*, Heißleiter *m*, NTC-Widerstand *m*
- **bead** perlenförmiger Heißleiter *m*
- **thermoanalysis** thermische Analyse *f*, Thermoanalyse *f*, TA
- **thermoanalytical** thermoanalytisch
- **thermobalance** Thermowaage *f*
- **thermochemical** thermochemisch
- **calorie** thermochemische Kalorie *f* *(SI-fremde Einheit der Wärmemenge; 1 cal$_{th}$ = 4,184 J)*
- **thermochemist** Thermochemiker *m*
- **thermochemistry** Thermochemie *f*
- **thermocouple** Thermoelement *n*, Thermopaar *n* *(aus zwei Metallen)*
- **thermodiffusion** Thermodiffusion *f*
- **thermodynamic** thermodynamisch
- **constant** thermodynamische Konstante *f*
- **equilibrium** thermodynamisches (thermisches) Gleichgewicht *n*
- **quality of solvent** [thermodynamische] Güte *f* des Lösungsmittels
- **thermodynamics** Thermodynamik *f*
- **thermodynamic temperature** absolute (thermodynamische) Temperatur *f*, Kelvin-Temperatur *f*
- **thermoelectric couple (element)** *s.* thermocouple
- **thermogravimetric** thermogravimetrisch
- **analysis** Thermogravimetrie *f*, TG
- **curve** thermogravimetrische Kurve *f*
- **thermogravimetry** Thermogravimetrie *f*, TG
- **trace** Thermogravimetriekurve *f*, Thermogravimetriespur *f*
- **thermoionic detector** Thermoionisationsdetektor *m*
- **thermolabile** thermolabil, thermisch labil (unbeständig)
- **thermolability** Thermolabilität *f*, thermische Unbeständigkeit *f*
- **thermomechanical** thermomechanisch
- **analysis** thermomechanische Analyse *f*, TMA
- **thermometer** Thermometer *n*
- **thermometric analysis** thermometrische Analyse *f*
- **conductivity** Temperaturleitfähigkeit *f*
- **detector** *(Elph)* Thermodetektor *m*
- **end-point detection** *(Vol)* thermometrische Endpunktbestimmung *f*
- **titration** thermometrische (enthalpimetrische) Titration *f*
- **titration curve** thermometrische Titrationskurve *f*
- **thermopile** Thermosäule *f*
- **thermospray interface** *(Maspek)* Thermospray-Interface *n*

~ **ion source** *(Maspek)* Thermospray[ionen]quelle *f*
~ **mass spektrum** Thermospray-Massenspektrum *n*
thermostat/to thermostat[is]ieren, temperieren
thermotropic liquid crystal thermotroper flüssiger Kristall *m*
thermovaporimetric analysis Emissionsgasthermoanalyse *f*, EGA
theta solvent Theta-Lösungsmittel *n*
~ **state** Theta-Zustand *m*, pseudoidealer Zustand *m*
~ **temperature** Theta-Temperatur *f*
THF (tetrahydrofuran) Tetrahydrofuran *n*, Oxolan *n*
thick-wall[ed] dickwandig
thin-film column *(Gaschr)* Dünnfilm-Kapillarsäule *f*, Dünnfilmkapillare *f*, imprägnierte Kapillarsäule *f*, Filmkapillare *f*
~ - **film electrode** Filmelektrode *f*
~ - **film open tubular column** *s.* thin-film column
~ **film sensor** Dünnfilmsensor *m*
~ **layer** Dünnschicht *f*
~ - **layer chromatogram** Dünnschichtchromatogramm *n*, DC-Chromatogramm *n*
~ - **layer chromatography** Dünnschichtchromatographie *f*, DC
~ - **layer electrophoresis** Dünnschichtelektrophorese *f*, DE, Dünnschichtionophorese *f*
~ - **layer gel [permeation] chromatography** Dünnschicht-Ausschlußchromatographie *f*
~ - **layer plate** *(Flchr, Elph)* Dünnschichtplatte *f*, *(Flchr auch)* DC-Platte *f*, TLC-Platte *f*
~ **mercury film electrode** *(Pol)* Quecksilberfilmelektrode *f*, TMFE
thioacetamide Thioacetamid *n*
thiocyanate Thiocyanat *n*
thiol[-containing] protein SH-Protein *n*
thiophene Thiophen *n*
thiosulphate Thiosulfat *n*
third-class electrode Elektrode *f* dritter Art
~ **harmonic** *(Pol)* dritte Harmonische *f*, zweite Oberschwingung (Oberwelle) *f*
thorium Th Thorium *n*
thorough mixing Durchmischen *n*, Durchmischung *f*
three-compartment cell *(Dial)* Dreikammerzelle *f*
~ - **dimensional** dreidimensional
~ - **dimensional structure** räumliche (dreidimensionale) Struktur *f*
~ - **electrode arrangement** *(Pol)* Dreielektrodenanordnung *f*
~ - **electrode cell** *(Pol)* Dreielektrodenzelle *f*
~ - **electrode circuit** *(Pol)* Dreielektrodenschaltung *f*, Dreielektrodenkreis *m*
~ - **electrode configuration** *s.* ~ -electrode arrangement
~ - **electrode system** *(Pol)* Dreielektrodensystem *n*
~ - **fold axis of symmetry** dreizählige Symmetrieachse *f*

~ - **fold degenerate** dreifach (3-fach) entartet
~ **point model** *(Flchr)* 3-Punkt-Kontakttheorie *f* (der Trennung von Enantiomeren)
~ - **pulse experiment** *(mag Res)* Dreipuls-Experiment *n*
~ - **pulse sequence** *(mag Res)* Dreipuls-Sequenz *f*
~ - **spin system** *(kern Res)* Dreispinsystem *n*
~ - **way cock** Dreiwegehahn *m*
~ - **way stopcock (tap)** Dreiwegehahn *m*
~ - **way valve** Dreiwegeventil *n*
threshold limit value maximale Arbeitsplatzkonzentration *f*, MAK-Wert *m*
throttle (throttling) valve Drosselventil *n*
through-space [coupling] interaction *(kern Res)* Through-space-Kopplung *f*
throw-away cartridge Wegwerfpatrone *f* (eines Patronenfilters)
thulium Tm Thulium *n*
thymol blue Thymolblau *n*
thymolphthalein Thymolphthalein *n*
TIC 1. (total ion current) *(Maspek)* Gesamtionenstrom *m*, Totalionenstrom *m*; 2. (total inorganic carbon) gesamter anorganischer (anorganisch gebundener) Kohlenstoff *m*, TAC
TID (thermionic ionization detector) *(Gaschr)* Thermo-Ionisationsdetektor *m*, TID *m*, therm[o]ionischer Detektor *m*, Stickstoff-Phosphor-Detektor *m*
tilt *s.* tilting operation
tilt/to kippen, neigen
tilted square wave *(Pol)* Rechteckspannung *f* mit Dachschräge
tilting [operation] *(kern Res)* Scherung *f*
time-averaging *(kern Res)* Time-averaging-Verfahren *n*
~ - **based sweep** Zeitablenkung *f*, zeitliche Ablenkung *f* (eines Oszillographen)
~ - **base generator** Zeitablenkgenerator *m*
~ **constant** *(Meß)* Zeitkonstante *f*
timed drop detachment (duration) *(Pol)* Tropfzeitkontrolle *f*
time delay Zeitverzögerung *f*
~ **dependence** Zeitabhängigkeit *f*
~ - **dependent** zeitabhängig
~ **domain** Zeitbereich *m*, Zeitdomäne *f*, Zeitskala *f*
~ - **domain signal** *(Spekt)* Zeitbereichssignal *n*
~ **function** Zeitfunktion *f*, Funktion *f* der Zeit
~ **interval** Zeitintervall *n*
~ **marker** Zeitanzeiger *m* (Meßdatenerfassung)
~ **measurement** Zeitmessung *f*
~ **of exposure** Einwirkungsdauer *f*, Expositionsdauer *f*
~ - **of-flight mass spectrometer** Flugzeit[massen]spektrometer *n*, Time-of-flight-Massenspektrometer *n*, TOF-Massenspektrometer *n*, dynamisches Spektrometer *n*
~ **reaction** Zeitreaktion *f*
~ - **resolved** *(Spekt)* zeitaufgelöst
~ - **resolved interferogram** zeitaufgelöstes Interferogramm *n*

time

~ **reversal** Zeitumkehr f
~ **scale** s. ~ domain
~-**varying** zeitlich veränderlich
~-**weighted average** zeitlicher Durchschnitt (Mittelwert) m
tin Sn Zinn n
~ **capsule** Zinnkapsel f, Zinnhülse f
tin(II) chloride Zinn(II)-chlorid n
~ **compound** Zinn(II)-verbindung f
~ **salt** Zinn(II)-Salz n
tip/to kippen, neigen
tip angle (mag Res) Impulswinkel m, Flipwinkel m, Sprungwinkel m
Tiselius method (Elph) Methode f der wandernden Grenzflächen, Tiselius-Methode f
titanium Ti Titan n
titanium(III) chloride Titan(III)-chlorid n
~ **sulphate** Titan(III)-sulfat n
titer Titer m, Wirkungswert m (Gehalt einer Maßlösung)
titrand Titrand m
titrant Titrator[lösung] f, Titrant m, Titrationsmittel n, Titrans n
~ **metering pump** Titratordosierpumpe f
~ **solution** s. titrant
~ **valve** Titratorventil n, Titrationsmittelventil n
titratable titrierbar
titrate/to titrieren
~ **thermometrically** thermometrisch titrieren
titration Titration f
~ **agent** s. titrant
~ **analysis** Maßanalyse f
~ **cell** Titrationszelle f
~ **chamber** Titrierkammer f
~ **coulometer** Titrationscoulometer n
~ **curve** Titrationskurve f
~ **cycle** Titrationszyklus m
~ **device** s. titrator
~ **end-point** Endpunkt m
~ **error** Titrationsfehler m, Titrierfehler m
~ **flask** Titrierkolben m
~ **instrument** s. titrator
~ **method** Titrationsverfahren n, Titrierverfahren n, Titrationsmethode f
~ **reaction** Titrationsreaktion f
~ **technique** s. ~ method
~ **vessel** Titriergefäß n
titrator Titriergerät n, Titrator m
titre (Vol) Titer m, Wirkungswert m (Gehalt einer Maßlösung)
titrigraph aufzeichnendes Titriergerät n
titrimeter Titrimeter n
titrimetric titrimetrisch, volumetrisch, maßanalytisch
~ **analysis** s. titrimetry
~ **conversion factor** maßanalytischer Umrechnungsfaktor m
~ **factor** Normalitätsfaktor m
titrimetry Maßanalyse f, titrimetrische Analyse f, Titrieranalyse f, Titrimetrie f

TIX (total inorganic halogen) Gesamtgehalt m an anorganischen Halogenverbindungen
T-jump technique (Katal) Temperatursprungmethode f
TLC (thin-layer chromatography) Dünnschichtchromatographie f, DC
~ **chromatogram** Dünnschichtchromatogramm n, DC-Chromatogramm n
~ **coating** Dünnschicht f
~ **plate** Dünnschichtplatte f, DC-Platte f, TLC-Platte f
~ **scanner** DC-Scanner m, Chromatogramm-Spektralphotometer n
~ **separation** dünnschichtchromatographische Trennung f
~ **sheet** Dünnschichtfolie f
~ **silica gel plate** Kieselgelplatte f
TLE (thin-layer electrophoresis) Dünnschichtelektrophorese f, DE, Dünnschichtionophorese f
TLG (thin-layer gel chromatography) Dünnschicht-Ausschlußchromatographie f
TLV (threshold limit value) maximale Arbeitsplatzkonzentration f, MAK-Wert f
TMA (thermomechanical analysis) thermomechanische Analyse f, TMA
TMAH (trimethylanilinium hydroxide) Trimethylaniliniumhydroxid n
TMCS (trimethylchlorosilane) Trimethylchlorsilan n, TMCS
TMFE (thin mercury film electrode) (Pol) Quecksilberfilmelektrode f, TMFE
TMS (tetramethylsilane) Tetramethylsilan n, TMS
TNOA (trioctylamine) Trioctylamin n
t_1 **noise** (kern Res) t_1-Rauschen n
TOC (total organic carbon) gesamter organischer (organisch gebundener) Kohlenstoff m
~ **analyser** TOC-Analysator m
~ **content** Gehalt m an organisch gebundenem Kohlenstoff, TOC-Gehalt m
~ **determination** Bestimmung f des organisch gebundenen Kohlenstoffs, TOC-Bestimmung f
~ **value** Wert m des organisch gebundenen Kohlenstoffs, TOC-Wert m
TOD (total oxygen demand) Gesamtsauerstoffbedarf m
TOF mass spectrometer Flugzeit[massen]spektrometer n, Time-of-flight-Massenspektrometer n, TOF-Massenspektrometer n, dynamisches Spektrometer n
tolerance (Stat) Toleranz f, zulässige Abweichung f
~ **limit** (Stat) Toleranzgrenze f
~ **range (zone)** (Proz) Toleranzbereich m
toluene Toluol n, Methylbenzol n
TOPO (trioctylphosphine oxide) Trioctylphosphinoxid n, TOPO
torque Drehmoment n
Torrey's oscillations (kern Res) Torrey-Oszillationen fpl

tortuosity *(Chr)* Gewundenheit f
~ **factor** Labyrinthfaktor m, Tortuositätsfaktor m, Obstruktionsfaktor m, Umwegfaktor m
TOS (total organic sulphur) Gesamtgehalt m an organischen Schwefelverbindungen, TOS
total absorption peak *(rad Anal)* Summenpeak m
~ **capacity** *(Ion)* Gesamt[austausch]kapazität f, totale Austauschkapazität f, Massenkapazität f, Gewichtskapazität f
~ **carbon** Gesamtkohlenstoff m, gesamter Kohlenstoff m, Gesamt-C m
~ **concentration** Gesamtkonzentration f, Totalkonzentration f
~ **conductivity** Gesamtleitfähigkeit f
~-**consumption burner** *(opt At)* [Turbulenz-]Direktzerstäuber-Brenner m
~ **current** Gesamtstrom m
~ **deviation** *(Stat)* Gesamtabweichung f
~ **dissolved solids** Gehalt m (Gesamtmenge f) an echt gelösten Stoffen
~ **emissivity** *(Spekt)* Gesamtemissionsvermögen n
~ **energy** Gesamtenergie f
~ **error** *(Stat)* Gesamtfehler m
~ **exchange capacity** s. ~ capacity
~ **exclusion** *(Flchr)* vollständiger Ausschluß m
~ **halogen** Gesamt-Halogengehalt m
~ **hardness** Gesamthärte f, GH *(von Wasser)*
~ **hardness measurement** Gesamthärtemessung f *(von Wasser)*
~ **inorganic carbon** gesamter anorganischer (anorganisch gebundener) Kohlenstoff m, TAC
~ **inorganic halogen** Gesamtgehalt m an anorganischen Halogenverbindungen
~ **inspection** vollständige Prüfung f, Gesamtprüfung f
~ **intensity** Gesamtintensität f
~ **ion current** *(Maspek)* Gesamtionenstrom m, Totalionenstrom m
~ **ion exchange capacity** s. ~ capacity
totally excluded molecule *(Flchr)* [vollkommen] ausgeschlossenes Molekül n
~ **porous packing** *(Flchr)* vollporöse (kernporöse) Füllkörper mpl
~ **porous particle** *(Flchr)* vollporöses (durchgängig poröses, kernporöses, poröses) Teilchen n
~ **symmetric** *(Spekt)* totalsymmetrisch
total magnetization Gesamtmagnetisierung f
~ **mass** Gesamtmasse f
~ **measuring time** Gesamtmeßzeit f
~ **migration current** Gesamtwanderungsstrom m
~ **number of variates** *(Stat)* Gesamtzufallsvariablenanzahl f
~ **order of reaction** Gesamtreaktionsordnung f
~ **organic carbon** gesamter organischer (organisch gebundener) Kohlenstoff m
~ **organic halides (halogen)** Gesamtgehalt m an organischen Halogenverbindungen
~ **organic sulphur** Gesamtgehalt m an organischen Schwefelverbindungen, TOS

~ **oxidation-reduction potential** Gesamtredoxpotential n
~ **oxygen demand** Gesamtsauerstoffbedarf m
~ **porosity** Gesamtporosität f
~ **quantum number** *(Spekt)* Hauptquantenzahl f
~ **reflectance (reflection)** Totalreflexion f
~ **reflection X-ray fluorescence** Totalreflexions-Röntgenfluoreszenz f
~ **resistance** Gesamtwiderstand m
~ **result** Gesamtergebnis n
~ **retention time** *(Chr)* Bruttoretentionszeit f, Gesamtretentionszeit f, Durchbruchszeit f, Retentionszeit f, Elutionszeit f
~ **retention volume** *(Chr)* Retentionsvolumen n, Gesamtretentionsvolumen n, Bruttoretentionsvolumen n
~ **solids** Gesamtfeststoffgehalt m, Gesamtfeststoffmenge f
~ **spin** *(Spekt)* Gesamtspin m, Totalspin m
~ **spin quantum number** *(Spekt)* Gesamtspinquantenzahl f
~ **transmittance** Gesamttransmission f
~ **volume** Gesamtvolumen n, Totalvolumen n
~ **water hardness** Gesamtwasserhärte f
~ **weight** Gesamtmasse f; Gesamtgewicht n
~ **weight of material** *(Prob)* Materialgesamtgewicht n
TOX (total organic halogen, total organic halides) Gesamtgehalt m an organischen Halogenverbindungen
toxic toxisch, giftig
toxic[ant] Gift n
toxic gas Giftgas n
~ **gas detector** Giftgasdetektor m
toxicity Toxizität f, Giftigkeit f
toxic substance Gift n
toxify/to vergiften
TPA (two-photon absorption) *(Spekt)* Zweiphotonenabsorption f
T-piece *(Lab)* T-Stück n, T-förmiges Zwischenabzweigstück n
TQF (triple-quantum filter) *(kern Res)* Tripelquantenfilter n, TQF
trace 1. Spurenmenge f, Spur f (10^2 bis 10^{-4} ppm); 2. Schreibspur f, Spur f, Kurve f
traceability Rückführbarkeit f, Rückverfolgbarkeit f
trace amount s. trace 1.
~ **analysis** Spurenanalyse f
~ **component** Spurenbestandteil m, Spurenkomponente f
~ **concentration** Spurenkonzentration f
~ **constituent** s. ~ component
~ **contamination** Verunreinigung f durch Spurenstoffe (Spuren von Fremdstoffen)
~ **detection** Spurennachweis m
~ **electroactive impurity** elektroaktive Spurenverunreinigung f
~ **element** Spurenelement n
~ **element[al] analysis** Spurenanalyse f

trace

- ~ **enrichment** Anreicherung f von Spurenkomponenten
- ~ **gas analysis** Gasspurenanalyse f
- ~ **impurity** Spurenverunreinigung f
- ~ **-level amount** s. trace 1.
- ~ **-level analysis** Spurenanalyse f
- ~ **metal analysis** Spurenmetallanalyse f
- ~ **organics** organische Mikroverunreinigungen fpl
- ~ **polarographic analysis** polarographische Spurenanalyse f
- ~ **quantity** s. trace 1.

tracer Tracer m, Indikator m, Tracersubstanz f, Indikatorsubstanz f
trace range Spurenbereich m
track (rad Anal) Spur f, Kernspur f, Teilchenspur f, Bahnspur f
- ~ **detector** Spurdetektor m

trailing edge Rückseite f, Rückflanke f (eines Peaks)
- ~ **edge of the peak** Peakrückseite f, Peakrückflanke f
- ~ **ion** (Elph) Terminatorion n, Folgeion n, Endion n

train of pulses (Pol) Impulsreihe f
tramp material (Prob) Fremdgut n
transduce/to s. transform/to
transducer Wandler m
transfer Übertragung f
transfer/to übertragen, überführen, transferieren, befördern, transportieren (Elektronen, Ionen); überführen (Substanzen in Gefäße)
transfer coefficient (Pol) Austauschkoeffizient m
transference number (el Anal) Überführungszahl f
transfer function Transferfunktion f
- ~ **of coherence** (kern Res) Populationstransfer m, Polarisationstransfer m, Polarisationsübertragung f, Magnetisierungstransfer m, Kohärenztransfer m, Kohärenzübertragung f
- ~ **pipette** Vollpipette f

transform/to umwandeln, verwandeln, umformen, überführen, transformieren, umsetzen
transformation Umwandlung f, Verwandlung f, Umformung f, Überführung f, Transformation f, Umsetzung f
trans-isomer trans-Isomer n
transition Übergehen n, Übergang m (in einen anderen Energiezustand)
transitional ... s. transition ...
transition element s. ~ metal
- ~ **energy** Übergangsenergie f
- ~ **interval** s. ~ range
- ~ **metal** Übergangsmetall n, T-Metall n, Übergangselement n
- ~ **-metal complex** Übergangsmetall-Komplex m
- ~ **potential** (Pol) Übergangspotential n
- ~ **probability** (Spekt) Übergangswahrscheinlichkeit f
- ~ **range** Umschlagsbereich m, Umschlagsgebiet n, Umschlagsintervall n (eines Indikators)
- ~ **signal** (Maspek) metastabiler Peak m, Übergangssignal n
- ~ **state** Übergangszustand m (Reaktionskinetik)
- ~ **state theory** Theorie f des Übergangszustandes (Reaktionskinetik)
- ~ **temperature** Umwandlungstemperatur f, Übergangstemperatur f
- ~ **time** (Pol) Transitionszeit f, Übergangszeit f

transit time Durchgangszeit f, Durchlaufzeit f, Laufzeit f
translation Translation f
translational degree of freedom (Spekt) Translationsfreiheitsgrad m
- ~ **spectroscopy** Translationsspektroskopie f

translucence Lichtdurchlässigkeit f
translucent lichtdurchlässig
transmission [optische] Durchlässigkeit f, Transmission f, Durchlaßgrad m, Durchlässigkeitsgrad m, Transparenz f
- ~ **electron energy loss spectrometry** Transmissions-Elektronenenergieverlust-Spektrometrie f
- ~ **electron microscopy** Transmissions-Elektronenmikroskopie f, TEM
- ~ **factor** Transmissionsgrad m, [spektraler] Reintransmissionsgrad m
- ~ **grating** (Spekt) Transmissionsgitter n
- ~ **of light** Lichtdurchlässigkeit f
- ~ **range** Durchlaßbereich m (eines Filters)
- ~ **spectrum** Transmissionsspektrum n

transmit/to übertragen, überführen, transferieren, befördern, transportieren (Elektronen, Ionen); [hin]durchlassen
transmittance s. transmission
transmitted light [hin]durchgelassenes Licht n
- ~ **light lost** Durchlichtverlust m (Nephelometer)

transmitter Sender m
- ~ **coil** (mag Res) Sende[r]spule f

transmitting coil s. transmitter coil
- ~ **medium** Übertragungsmedium n

transparency Lichtdurchlässigkeit f
transparent lichtdurchlässig
transport detector (Flchr) Transportdetektor m
- ~ **interference** Transportstörung f, Transportinterferenz f
- ~ **mechanism** Transportmechanismus m
- ~ **number** (el Anal) Überführungszahl f
- ~ **phenomenon** Transportphänomen n
- ~ **process** Transportvorgang m

transposition (Meß) Gaußsche Doppelwägung f
transverse [component of] magnetization (mag Res) transversale Magnetisierung f, Quermagnetisierung f, M_x-Magnetisierung f, x,y-Magnetisierung f
- ~ **relaxation** (kern Res) transversale Relaxation f
- ~ **relaxation rate** (kern Res) transversale Relaxationsrate f
- ~ **relaxation time** (kern Res) transversale Relaxationszeit f
- ~ **wave** Transversalwelle f, Querwelle f

trap Kühlfalle f

trapezoidal approximation *(Chr)* Trapezapproximation *f (zur Peakflächenberechnung)*
trapping Ausfrieren *n*, Trappen *n*
travel Migration *f*, Wanderung *f (von Molekülen, Ionen)*
travel/to wandern *(Moleküle, Ionen)*
treat/to behandeln
treatment Behandlung *f*
trend *(Stat)* Gang *m*
trial Versuch *m*, Test *m*, Prüfung *f (Zusammensetzungen s. unter test)* • **by (through) ~ and error** empirisch
trialkyl amine Trialkylamin *n*
triangular impulse *(Pol)* dreieckförmiger Impuls *m*
~ **signal** *(Pol)* dreieckförmiges Signal *n*
~ **test** Dreiecksprüfung *f*
~ **wave** Dreieckwelle *f*, Dreieckschwingung *f*
~-**wave oscillographic polarography** oszillographische Dreieckwellenpolarographie *f*
~-**wave polarography** Dreieckwellenpolarographie *f*
~-**wave voltammetry** Dreieckwellenvoltammetrie *f*
triangulation *(Chr)* Dreieck[s]methode *f*, Dreiecksapproximation *f*, Näherungs-Dreiecksberechnung *f (für Peakflächen)*
tribasic acid dreiprotonige (dreibasige, dreiwertige) Säure *f*
tributyl phosphate Tributylphosphat *n*, Phosphorsäuretributylester *m*, TBP
trichloroacetate Trichloracetat *n*
trichloroacetic acid Trichloressigsäure *f*
trichloroethylene Trichloreth[yl]en *n*, Tri *n*
trichloromethane Trichlormethan *n*, Chloroform *n*
triclinic triklin
~ **[crystal] system** triklines Kristallsystem *n*
tricresyl phosphate Tricresylphosphat *n*, Phosphorsäuretricresylester *m*
tridentate dreizähnig, dreizählig *(Ligand)*
triethanolamine Triethanolamin *n*
triethyl phosphate Triethylphosphat *n*, Phosphorsäuretriethylester *m*
trifluoroacetic anhydride Trifluoressigsäureanhydrid *n*
N-trifluoroacetylimidazole *N*-Trifluoracetylimidazol *n*
trifluoropropyl silicone Trifluorpropylsilicon *n*
trigonal rhomboedrisch, trigonal
~ **[crystal] system** rhomboedrisches (trigonales) Kristallsystem *n*
1,2,3-trihydroxybenzene 1,2,3-Trihydroxybenzol *n*, Pyrogallol *n*
tri-iodide ion Triiodid-Ion *n*
trimethylanilinium hydroxide Trimethylaniliniumhydroxid *n*
1,3,5-trimethylbenzene 1,3,5-Trimethylbenzol *n*, Mesitylen *n*
trimethylchlorosilane Trimethylchlorsilan *n*, TMCS
2,2,4-trimethylpentane 2,2,4-Trimethylpentan *n*, Isooktan *n*, *i*-Octan *n*

trimethyl phosphate Trimethylphosphat *n*, Phosphorsäuretrimethylester *m*
trimethylsilyl derivative Trimethylsilylderivat *n*
trioctylamine Trioctylamin *n*
trioctylphosphine oxide Trioctylphosphinoxid *n*, TOPO
triple bond Dreifachbindung *f*, dreifache Bindung *f*
~-**charged** dreifach geladen *(Ionen)*
~ **monochromator** *(Spekt)* Tripel-Monochromator *m*
~ **quadrupole** *(Maspek)* Tripel-Quadrupol *m*
~-**quantum filter** *(kern Res)* Tripelquantenfilter *n*, TQF
~ **resonance** *(kern Res)* Tripelresonanz *f*
triplet [electronic] state *(Spekt)* Triplettzustand *m*, T-Zustand *m*
triply charged dreifach geladen *(Ionen)*
~ **degenerate** dreifach (3-fach) entartet
tripolyphosphate Tripolyphosphat *n*, Polyphosphat *n*
tripositive dreifach positiv [geladen]
triprotic acid dreiprotonige (dreibasige, dreiwertige) Säure *f*
tris Tris(hydroxymethyl)aminomethan *n*, Tris *n*
~-**glycine buffer** Tris-Glycin-Puffer *m*
~-**HCl buffer** Tris-HCl-Puffer *m*
tris(hydroxymethyl)aminomethane s. tris
tritium T Tritium *n (Wasserstoffisotop ^3H)*
triturate/to zerreiben, verreiben
trituration Zerreiben *n*, Verreiben *n*
trivalent dreiwertig, trivalent
tropaeolin Tropäolin *n*
trouble-shooting Fehlersuche *f* und -beseitigung *f*
true class limits echte Klassengrenzen *fpl*
~ **composition** wahre Zusammensetzung *f*
trueness Richtigkeit *f (Differenz zwischen einem Ergebnis und dem wahren Wert)*
true solution echte (molekulare) Lösung *f*
~ **value** *(Stat)* wahrer Wert *m*
~ **variance** *(Stat)* wahre Varianz *f*
truncated parabola abgestumpfte Parabel *f*
T separator *(Fließ)* T-Separator *m (bei FIA-Extraktionen)*
~-**shape connecting tube** *(Lab)* T-Stück *n*, T-förmiges Zwischenabzweigstück *n*
TSP [ion] source *(Maspek)* Thermospray[ionen]quelle *f*
~ **spectrum** Thermospray-Massenspektrum *n*
TTA (thenoyltrifluoroacetone) Thenoyltrifluoraceton *n*, TTA
t-test *(Stat)* t-Prüfung *f*, Student-Test *m*, [Studentscher] t-Test *m*
tube kit *(Lab)* Reagenzglasausrüstung *f*
~ **wall** Rohrwand[ung] *f*
tubing Rohrmaterial *n*; Schlauchmaterial *n*
~ **wall** Rohrwand[ung] *f*
tumble/to *(mag Res)* schlingern, torkeln
tumbling [motion] *(mag Res)* Schlingerbewegung *f*

tunable durchstimmbar, abstimmbar
- ~ **laser** durchstimmbarer (abstimmbarer) Laser *m*

tune/to abstimmen
tuned-plate tuned-grid oscillator *(Vol)* Huth-Kühn-Oszillator *m (Hochfrequenztitration)*
Tung distribution Tung-Verteilung *f (Polymercharakterisierung)*
tungstate Wolframat *n*
tungsten W Wolfram *n*
- ~ **electrode** Wolframelektrode *f*
- ~ **filament lamp** Wolfram[glüh]lampe *f*
- ~ **halogen lamp** Wolfram-Halogenlampe *f*
- ~ **lamp** Wolfram[glüh]lampe *f*
- ~-**molybdenum electrode** Wolfram-Moybdän-Elektrode *f*
- ~-**platinum electrode** Platin-Wolfram-Elektrode *f*
- ~-**silicon electrode** Wolfram-Silicium-Elektrode *f*
- ~-**silver electrode** Wolfram-Silber-Elektrode *f*

tuning range Durchstimmbereich *m*
turbid trüb[e]
turbidimeter Turbidimeter *n*, Trübungsmesser *m*
- ~ **geometry** Turbidimetergeometrie *f*, Turbidimetergestaltung *f*
- ~ **response** Turbidimeteranzeige *f*

turbidimetric turbidimetrisch
- ~ **end-point detection** *(Vol)* turbidimetrische Endpunktbestimmung *f*
- ~ **titration** turbidimetrische Titration *f*, Trübungstitration *f*

turbidimetry Turbidimetrie *f*, Trübungsmessung *f*
turbidity Trübung *f*
- ~ **measurement** *s.* turbidimetry

turbulent burner *(opt At)* [Turbulenz-]Direktzerstäuber-Brenner *m*
- ~ **flame** turbulente Flamme *f*
- ~-**flow burner** *s.* turbulent burner

turnover number *(Katal)* Wechselzahl *f*
TWA (time-weighted average) zeitlicher Durchschnitt (Mittelwert) *m*
twin detector *(Meß)* Doppeldetektor *m*
- ~-**trough development tank** *(Flchr)* Doppeltrogkammer *f*

twisting vibration *(opt Mol)* Torsionsschwingung *f*, Drillschwingung *f*, Drehschwingung *f*, Twisting-Schwingung *f*
T.W.M. (total weight of material) *(Prob)* Materialgesamtgewicht *n*
two-colour indicator zweifarbiger Indikator *m*
- ~-**compartment cell** *(Dial)* Zweikammerzelle *f*
- ~-**component solution** Zweikomponentenlösung *f*
- ~-**component stream** Zweikomponentenstrom *m*
- ~-**component system** Zweikomponentensystem *n*
- ~-**dimensional chromatography** zweidimensionale Chromatographie *f*
- ~-**dimensional correlation spectrum** *(kern Res)* zweidimensionales korreliertes NMR-Spektrum *n*, Korrelationsspektrum *n*, COSY-Spektrum *n*
- ~-**dimensional development** *(Flchr)* zweidimensionale Entwicklung *f*
- ~-**dimensional electrophoresis** zweidimensionale Elektrophorese *f*, Zweidimensional-Elektrophorese *f*, 2D-Elektrophorese *f*, 2DE
- ~-**dimensional electrophoresis pattern** 2DE-Muster *n*
- ~-**dimensional experiment** *s.* ~-dimensional NMR experiment
- ~-**dimensional J-resolved spectroscopy** zweidimensionale J-aufgelöste NMR-Spektroskopie *f*, [2D-]J-aufgelöste Spektroskopie *f*
- ~-**dimensional J-resolved spectrum** *(kern Res)* zweidimensionales J-aufgelöstes Spektrum *n*
- ~-**dimensional J spectroscopy** *s.* ~-dimensional J-resolved spectroscopy
- ~-**dimensional method** zweidimensionale Methode *f (der Flachbettchromatographie)*
- ~-**dimensional NMR experiment** zweidimensionales NMR-Experiment *n*, 2D-NMR-Experiment *n*
- ~-**dimensional NMR spectroscopy** zweidimensionale NMR-Spektroskopie *f*, 2D-NMR-Spektroskopie *f*
- ~-**dimensional NMR spectrum** zweidimensionales NMR-Spektrum *n*, 2D-[NMR-]Spektrum *n*
- ~-**dimensional NMR technique** zweidimensionales [NMR-]Verfahren *n*, 2D-[NMR-]Methode *f*, 2D-[NMR-]Technik *f*, zweidimensionale Methode *f*
- ~-**dimensional NOE pulse sequence** *(kern Res)* NOESY-Sequenz *f*
- ~-**dimensional polyacrylamide gel electrophoresis** zweidimensionale Polyacrylamid-Gelelektrophorese *f*, 2D-PAGE
- ~-**dimensional separation** *(Elph)* zweidimensionale Trennung *f*, 2D-Trennung *f*
- ~-**dimensional spectroscopy** *s.* ~-dimensional NMR spectroscopy
- ~-**dimensional spectrum** *s.* ~-dimensional NMR spectrum
- ~-**dimensional spin-exchange NMR spectroscopy** 2D-Austausch-NMR-Spektroskopie *f*, [2D-]Austauschspektroskopie *f*
- ~-**dimensional thin-layer chromatography** zweidimensionale Dünnschichtchromatographie *f*
- ~-**electrode arrangement** *(Pol)* Zweielektrodenanordnung *f*
- ~-**electrode cell** *(Pol)* Zweielektrodenmeßzelle *f*
- ~-**electrode circuit** *(Pol)* Zweielektrodenkreis *m*
- ~-**electrode configuration** *(Pol)* Zweielektrodenanordnung *f*
- ~-**electrode instrument** *(Pol)* Zweielektrodenmeßgerät *n*
- ~-**fold axis of symmetry** zweizählige Symmetrieachse *f*
- ~-**fold degenerate** zweifach (2-fach) entartet *(Energiezustand)*
- ~-**level system** *(Spekt)* Zweiniveausystem *n*
- ~-**line measurement** *(opt At)* Zweilinienmessung *f*
- ~-**phase system** Zweiphasensystem *n*, zweiphasiges System *n*

~-**photon absorption** *(Spekt)* Zweiphotenabsorption *f*
~-**pulse echo** *(mag Res)* Zweipuls-Echo *n*
~-**pulse sequence** *(mag Res)* Zweipuls-Echosequenz *f*
~-**quantum transition** *(Elres)* Zweiquanten-Übergang *m*, Doppelquantenübergang *m*
~-**spin system** Zweispinsystem *n*
~-**way development** *(Flchr)* zweidimensionale Entwicklung *f*
~-**way separation** *(Elph)* zweidimensionale Trennung *f*, 2D-Trennung *f*
TX (total halogen) Gesamt-Halogengehalt *m*
TXRF (total reflection X-ray fluorescence) Totalreflexions-Röntgenfluoreszenz *f*
Tyndall effect [Faraday-]Tyndall-Effekt *m*
type-I error *(Stat)* Fehler *m* erster Art
~-**II error** *(Stat)* Fehler *m* zweiter Art
~ **of atoms** Atomsorte *f*
~ **of proton** Protonentyp *m*, Protonensorte *f*
~ **of reaction** Reaktionstyp *m*

U

U-chamber *(Flchr)* U-Kammer *f*
ultimate lines *(Spekt)* Nachweislinien *fpl*, letzte Linien *fpl*, Restlinien *fpl*
ultracentrifugation Ultrazentrifugation *f*
ultracentrifuge Ultrazentrifuge *f*
ultrafilter Ultrafilter *n*
ultrafilter/to ultrafiltrieren, durch Ultrafilter filtrieren
ultrafiltrate Ultrafiltrat *n*
ultrafiltration Ultrafiltration *f*, Ultrafiltrieren *n*
~ **membran** Ultrafiltriermembran *f*, Ultrafiltrationsmembran *f*
ultramicro analysis Ultramikroanalyse *f*
~ **balance** Ultramikrowaage *f*
~ **burette** Ultramikrobürette *f*
~ **determination** Ultramikrobestimmung *f*
~ **micrometer burette** Ultramikro-Kolbenbürette *f*
~ **sample** Ultramikroprobe *f (Probenmasse <0,1 mg)*
~ **titration** Ultramikrotitration *f*
~-**trace analysis** *s.* ultra-trace analysis
ultrared infrarot, Infrarot..., IR...
ultrasonic Ultraschall...
~ **nebulizer** Ultraschallzerstäuber *m*
ultrathin gel ultradünnes Gel *n*
ultra-trace analysis Ultraspurenanalyse *f (Probenmasse <0,1 mg; Analytgehalt <100 ppm)*
ultraviolet ultraviolett, UV, Ultraviolett... *(Zusammensetzungen s.a. unter UV)*
~ **bremsstrahlung spectroscopy** inverse Photoelektronenspektroskopie *f*, IPS
~ **photoelectron (photoemission) spectroscopy** Ultraviolett-Photoelektronenspektroskopie *f*, UV-Photoelektronenspektroskopie *f*, U[V]PS
ultraviolet/visible ... *s.* UV-VIS ...

U mode *(Spekt)* Dispersions-Mode *f*
U-mode signal *(Spekt)* Dispersionssignal *n*
unattended process analysis bedienungslose (unbeaufsichtigt ablaufende) Prozeßanalyse *f*
unbiased *(Stat)* unbeeinflußt
~ **estimate** *(Stat)* unbeeinflußter Schätzwert *m*
unbonded ungebunden
~ **atom** freies Atom *n*
unbound ungebunden
unbranched alkane unverzweigtes Alkan *n*
unbuffered ungepuffert
uncatalysed reaction nichtkatalytische (unkatalysierte) Reaktion *f*
uncertainty Ungenauigkeit *f*
~ **of measurement** Meßunsicherheit *f*
uncharged ungeladen, ladungslos, elektrisch neutral, [elektro]neutral
uncorrected retention time *(Chr)* Bruttoretentionszeit *f*, Gesamtretentionszeit *f*, Durchbruchszeit *f*, Retentionszeit *f*, Elutionszeit *f*
~ **retention volume** *(Chr)* Retentionsvolumen *n*, Gesamtretentionsvolumen *n*, Bruttoretentionsvolumen *n*
undamped polarogram ungedämpftes Polarogramm *n*
undergo decomposition/to sich zersetzen, zerfallen *(von Verbindungen)*
~ **dissolution** sich [auf]lösen, in Lösung gehen
underlayer *(Coul)* Zwischenschicht *f*
underlying metal *(Coul)* Substratmetall *n*
undissociated undissoziiert, nichtdissoziiert
unfolding Entfaltung *f (von Proteinen)*
ungreased ungefettet *(Schliff)*
unidirectional electrophoresis eindimensionale Elektrophorese *f*, 1D-Elektrophorese *f*
uniform einheitlich, gleichartig [zusammengesetzt], homogen
uniformity Einheitlichkeit *f*, Gleichartigkeit *f*, Homogenität *f*
uniform polymer einheitliches (monodisperses) Polymer *n*
unimolecular monomolekular *(Reaktion)*
union Verbindungsstück *n*, Verbindungselement *n*, Verbindung *f*, Paßstück *n*, Fitting *n*
unit cell Elementarzelle *f*, Einheitszelle *f*
~ **of amount of substance** Stoffmengeneinheit *f*
~ **of charge** *(Coul)* Ladungseinheit *f*
~ **of mass** Masseeinheit *f*
~ **of time** Zeiteinheit *f*
~ **of volume** Volumeneinheit *f*
~ **resolution** *(Maspek)* Einheitsauflösung *f*
uni-univalent ein-ein-wertig, 1-1-wertig
~-**univalent electrolyte** ein-ein-wertiger (1-1-wertiger) Elektrolyt *m*
univalence, univalency Einwertigkeit *f*
univalent einwertig, monovalent
univariate distribution *(Stat)* eindimensionale Verteilung *f*
universal calibration *(Flchr)* universelle Eichung *f*

universal

- ~ **calibration curve** universelle Eichkurve *f*
- ~ **calibration parameter** universeller Eichparameter *m*
- ~ **detector** Universaldetektor *m*, universeller (unspezifischer) Detektor *m*
- ~ **indicator** Universalindikator *m*

universe *(Stat)* Grundgesamtheit *f*
- ~ **distribution** *(Stat)* Verteilung *f* der Grundgesamtheit

unknown unbekannte Substanz *f*, unbekanntes Material *n*
- ~ **component** unbekannter Bestandteil *m*

unmixing Entmischung *f*, Trennung *f (eines heterogenen Stoffsystems)*

unpaired electron ungepaartes (einsames, nichtbindendes) Elektron *n*
- ~ **spins** ungepaarte Spins *mpl*

unperturbed dimensions ungestörte Dimensionen *fpl*

unsaturated un[ab]gesättigt; nicht völlig abgesättigt
- ~ **hydrocarbon** ungesättigter Kohlenwasserstoff *m*

unsaturation Ungesättigtheit *f*, ungesättigter Charakter (Zustand) *m*

unshared electron *s*. unpaired electron

unstable instabil, unstabil, unbeständig, labil

unstirred solution ungerührte Lösung *f*

unsymmetrical distribution *(Stat)* schiefe (unsymmetrische, asymmetrische) Verteilung *f*

unwanted signal unerwünschtes Signal *n*

UPES *s*. UPS

upper limit *(Stat)* Obergrenze *f*
- ~ **phase** *(Extr)* Oberphase *f*
- ~ **state** *(Spekt)* Zustand *m* höherer Energie, oberer Zustand *m*
- ~ **temperature limit** obere Temperaturgrenze *f*

UPS (ultraviolet photoelectron spectroscopy) Ultraviolett-Photoelektronenspektroskopie *f*, UV-Photoelektronenspektroskopie *f*, U[V]PS

uptake of oxygen Sauerstoffaufnahme *f*
- ~ **of water** Wasseraufnahme *f*

up-time Verfügbarkeitsdauer *f*

upward development *(Flchr)* aufsteigende Entwicklung *f*
- ~ **diffusion** Aufwärtsdiffusion *f*
- ~ **transition** Übergang *m* vom energieärmeren ins energiereichere Niveau

uranium U Uran *n*

urea Harnstoff *m*, Carbamid *n*

usable lifetime Brauchbarkeitsdauer *f*, Nutzungsdauer *f*, Gebrauchswertdauer *f*, Standzeit *f*
- ~ **wavelength range** *(Spekt)* nutzbarer Wellenlängenbereich *m*

use Anwendung *f*, Verwendung *f*, Benutzung *f*
- • **for analytical laboratory** ~ für analytische Zwecke

use/to anwenden, verwenden, benutzen

useful analytical signal brauchbares (nutzbares) Analysensignal *n*

- ~ **life** *s*. usable lifetime

use specification Gebrauchsspezifikation *f*, Gebrauchsvorschrift *f*

U-shaped cell *(Flchr)* U-Zelle *f (eines UV-Detektors)*

UTE, utilization of theoretical efficiency *(Gaschr)* Belegungsgüte *f*

U-tube U-Rohr *n*
- ~-**tube densitometer** U-Rohr-Densitometer *n*

UV ultraviolett, UV, Ultraviolett...
- ~ **absorbance** *s*. ~ absorption
- ~-**absorbing** UV-absorbierend
- ~ **absorption** UV-Absorption *f*
- ~ **absorption detector** *s*. ~ detector
- ~ **band** UV-Bande *f*

UVBIS (ultraviolet bremsstrahlung spectroscopy) inverse Photoelektronenspektroskopie *f*, IPS

UV detection UV-Detektion *f*
- ~ **detector** *(Flchr)* UV-Detektor *m*, Ultraviolettdetektor *m*
- ~ **diode array detector** *(Spekt)* Diodenarraydetektor *m*, DAD, Photodiodenarraydetektor *m*, PDA-Detektor *m*, Photodioden[-Multikanal]detektor *m*, Arraydetektor *m*
- ~ **irradiation** UV-Bestrahlung *f*
- ~ **lamp** UV-Lampe *f*
- ~ **laser** UV-Laser *m*, Ultraviolettlaser *m*
- ~ **light** UV-Licht *n*, ultraviolettes Licht *n*
- ~ **part** *s*. ~ region

UVPES *s*. UPS

UV prism Prisma *n* für den ultravioletten Bereich

UVPS *s*. UPS

UV radiation UV-Strahlung *f*
- ~ **region** UV-Bereich *m*, UV-Gebiet *n*
- ~ **source** UV-Strahlungsquelle *f*
- ~ **spectral region** *s*. ~ region
- ~ **spectrophotometric detection** UV-Detektion *f*
- ~ **spectroscopy** UV-Spektroskopie *f*, Ultraviolettspektroskopie *f*
- ~ **spectrum** UV-Spektrum *n*, Ultraviolettspektrum *n*
- ~-**transmitting,** ~-**transparent** UV-durchlässig
- ~-**VIS absorbance (absorption)** UV-VIS-Absorption *f*
- ~-**VIS absorption detector** *(Flchr)* UV-VIS-Detektor *m*, UV-VIS-Absorptionsdetektor *m*, UV-VIS-Photometerdetektor *m*
- ~-**VIS absorption spectrum** UV-VIS-Spektrum *n*, UV-VIS-Absorptionsspektrum *n*
- ~-**VIS detector** *s*. ~ VIS absorption detector
- ~-**visible...** *s*. ~-VIS...
- ~-**VIS-NIR spectrophotometer** UV-VIS-NIR-Spektr[alphot]ometer *n*
- ~-**VIS range (region)** UV-VIS-Bereich *m*, UV-VIS-Spektralbereich *m*
- ~-**VIS spectrophotometer** UV-VIS-Spektrometer *n*
- ~-**VIS spectrophotometry** UV-VIS-Spektrometrie *f*
- ~-**VIS spectroscopy** UV-VIS-Spektroskopie *f*, UV-VIS-Absorptionsspektroskopie *f*
- ~-**VIS spectrum** *s*. ~-VIS absorption spectrum

V

v (vertically polarized) senkrecht (vertikal) polarisiert
vacancy chromatography Vakanzchromatographie f
~ **size exclusion chromatography** Vakanz-Ausschlußchromatographie f
vacuum connection Vakuumanschluß m
~ **evaporation** Vakuumverdampfung f
~ **filter** Saugfilter n, Vakuumfilter n, Unterdruckfilter n
~ **filtration** Saugfiltration f, Vakuumfiltration f, Unterdruckfiltration f
~ **gauge** Vakuummeßgerät n, Vakuummeter n
~ **lock** Vakuumschleuse f
~ **photoemissive tube** Vakuum-Photozelle f
~ **port** Vakuumanschluß m
~ -**tube oscillator** Röhrenoszillator m (Hochfrequenztitration)
~ -**tube voltmeter** Röhrenvoltmeter n
~ **ultraviolet region** Vakuum-UV[-Gebiet] n
~ **wavelength** Vakuumwellenlänge f, Wellenlänge f im Vakuum
valence electron Valenzelektron n, Außenelektron n
~ **level** (Spekt) Valenzbandniveau n
~ **orbital** Valenzorbital n
~ **vibration** (opt Mol) Valenzschwingung f, Streckschwingung f
validation Gültigkeitserklärung f (von analytischen Messungen)
value Wert m
~ **of experience** (Stat) Erfahrungswert m
~ **set** (Stat) Wertemenge f
valve injector (Fließ) Injektionsventil n, Einspritzventil n
~ **voltmeter** Röhrenvoltmeter n
vanadate Vanadat n
vanadium V Vanadium n
vanadium(II) chloride Vanadium(II)-chlorid n, Vanadiumdichlorid n
~ **sulphate** Vanadium(II)-sulfat n
van Deemter curve (Chr) Van-Deemter-Kurve f
~ **Deemter equation** (Chr) Van-Deemter-Gleichung f (zur Beschreibung der Bandenverbreiterung)
~ **Deemter plot** s. van Deemter curve
~ **der Waals adsorption** physikalische (van-der-Waalssche) Adsorption f, Physisorption f
~ **der Waals attraction** Van-der-Waals-Anziehung f, van-der-Waalssche Anziehung f, Van-der-Waals-Attraktion f
~ **der Waals attractive force** s. ~ **der Waals force**
~ **der Waals effect** Van-der-Waals-Effekt m
~ **der Waals force [of attraction]** Van-der-Waals-Kraft f, van-der-Waalssche Kraft (Anziehungskraft) f
~ **der Waals interaction** Van-der-Waals-Wechselwirkung f, van-der-Waalssche Wechselwirkung f

vaporization Verdampfen n, Verdampfung f; Verdunsten n, Verdunstung f (unterhalb des normalen Siedepunkts)
~ **chamber** (Gaschr) Verdampfungsraum m
vaporize/to verdampfen; verdunsten (unterhalb des normalen Siedepunktes)
vaporizing injector (Gaschr) Verdampfungsinjektor m
vapour Dampf m
~ -**deposited gold electrode** aufgedampfte Goldelektrode f
~ **phase** Dampfphase f, dampfförmige Phase f
~ **phase chromatography** Gaschromatographie f, GC
~ **pressure** Dampfdruck m
~ -**pressure thermometer** Dampfdruckthermometer n, Tensionsthermometer n, Dampfspannungsthermometer n
variability (Stat) Variabilität f
variable pathlength cell (Spekt) Küvette f mit variablem Lichtweg
~ **time method** (Katal) Methode f der konstanten Konzentration, Methode f der variablen Zeit
~ -**wavelength detector** Detektor m variabler Wellenlänge
variance (Stat) Varianz f
~ **analysis** Varianzanalyse f
~ **ratio** Varianzquotient m
~ **ratio table** Varianzquotiententabelle f
~ **ratio test** Varianzquotiententest m, F-Test m
variate (Stat) Zufallsvariable f, Zufallsveränderliche f, Variate f
variation Schwankung f, Fluktuation f
variational procedure (Stat) Variationsrechnung f
variation in concentration Konzentrationsschwankung f
~ **in intensity** Intensitätsschwankung f
~ **of current** Stromschwankung f
vary/to variieren
vector diagram Vektordiagramm n, Vektorbild f
velocity Geschwindigkeit f
~ **constant** (Flchr) Fließkonstante f
~ **dispersion** (Maspek) Geschwindigkeitsdispersion f
~ **focusing** (Maspek) Geschwindigkeitsfokussierung f, Energiefokussierung f
~ **gradient** (Elph) Geschwindigkeitsgradient m, Geschwindigkeitsgefälle n
~ **of crystallization** Kristallisationsgeschwindigkeit f
~ **of light** Lichtgeschwindigkeit f
~ **of rotation** Rotationsgeschwindigkeit f
~ **profile** (Fließ) Geschwindigkeitsprofil n
vertical electrophoresis vertikale Elektrophorese f, Vertikalelektrophorese f
~ **ionization** (Maspek) vertikale Ionisation f
vertically polarized senkrecht (vertikal) polarisiert
~ **polarized light** senkrecht (vertikal) polarisiertes Licht n

very

very high speed HPLC superschnelle Hochdruck-Flüssigkeitschromatographie *f*
V/F converter Spannungs-Frequenz-Konverter *m*, V/F-Konverter *m*
vibrate/to oszillieren, schwingen, vibrieren, pendeln
vibrating capillary *(Pol)* schwingende Kapillare *f*
~ **dropping electrode** *(Pol)* schwingende (vibrierende) Tropfelektrode *f*
~ **electrode** *(Pol)* Zitterelektrode *f*
~ **platinum electrode** *(Pol)* vibrierende Platinelektrode *f*
~ **reed electrometer** Schwingkondensatorelektrometer *n*
vibration Oszillation *f*, Schwingung *f*
vibrational band Schwingungsbande *f*
~ **degree of freedom** *(Spekt)* Schwingungsfreiheitsgrad *m*
~ **energy level** *s*. ~ level
~ **frequency** Frequenz *f*, Schwingungszahl *f*, Schwing[ungs]frequenz *f*
~ **ground state** *(opt Mol)* Schwingungsgrundzustand *m*
~ **level** *(opt Mol)* Schwingungsniveau *n*, Schwingungszustand *m*
vibrationally excited state schwingungsangeregter Zustand *m*
vibrational mode *(opt Mol)* Schwingungsform *f*, Schwingungsmode *f*, Mode *f*
~ **relaxation** *(Spekt)* Schwingungsrelaxation *f*
~ **spectrum** Schwingungsspektrum *n*
~ **transition** *(opt Mol)* Schwingungsübergang *m*
vibration band Schwingungsbande *f*
~ **frequency** *s*. vibrational frequency
~ -**proof mounting** schwingungsfeste Aufstellung *f*
vicinal vicinal, benachbart, nachbarständig, angrenzend, Nachbar...
~ **coupling** *(kern Res)* vicinale Kopplung *f*
~ **coupling constant** *(kern Res)* vicinale Kopplungskonstante *f*
~ **proton coupling** *(kern Res)* vicinale H,H-Kopplung *f*
vicinity Umgebung *f*, Milieu *n*
vigorous heftig *(Reaktion)*
vinyl cyanide Acrylnitril *n*, Propennitril *n*, Vinylcyanid *n*
~ **methyl silicone** Vinylmethylsilicon *n*
violent heftig *(Reaktion)*
virial coefficient Virialkoeffizient *m*
viscometer Viskosimeter *n*
viscometry Viskosimetrie *f*
viscosity Viskosität *f*, Zähigkeit *f*
~ -**average molar mass** Viskositätsmittelwert *m* (Viskositätsmittel *n*) der Molmasse
~ -**average molecular weight** Viskositätsmittelwert *m* (Viskositätsmittel *n*) des Molekulargewichts

~ -**average relative molecular mass** *s*. ~ -average molecular weight
~ **coefficient** absolute (dynamische) Viskosität *f*, Viskositätskoeffizient *m*, Viskositätskonstante *f*, Konstante *f* der inneren Reibung
~ **expansion factor** viskosimetrischer Expansionsfaktor (Aufweitungsfaktor) *m*
~ **function** Flory-Konstante *f*
~ **number** reduzierte Viskosität *f*, Viskositätszahl *f*
~ **ratio** relative Viskosität *f*, Viskositätsverhältnis *n*
viscous viskos, zähflüssig, dickflüssig
~ **fingering** *(Flchr)* viskoses Ausfingern *n*
visible sichtbar
~ **indicator** *s*. visual indicator
~ **laser** Laser *m* im sichtbaren Spektralbereich
~ **light** sichtbares Licht *n*
~ **range (region)** sichtbarer Bereich (Wellenlängenbereich, Spektralbereich) *m*, sichtbares Gebiet *n*, Sichtbares *n*, VIS
~ **spectral region** *s*. ~ range
~ **spectroscopy** Spektroskopie *f* im sichtbaren Spektralbereich, VIS
~ **spectrum** Spektrum *n* im sichtbaren Spektralbereich
visual comparison visueller Vergleich *m*
~ **end-point detection** *(Vol)* visuelle Endpunktbestimmung *f*
~ **examination** Sichtprüfung *f*, visuelle Beurteilung *f*
~ **indicator** *(Vol)* [visueller] Indikator *m*
visualization Visualisierung *f*, Visualisation *f*, Sichtbarmachung *f*, Kenntlichmachung *f*
~ **reagent** Anfärbereagens *n*, Sprühreagens *n*
visualize/to visualisieren, sichtbar (kenntlich) machen
visual titration Titration *f* mit visueller Indikation (Endpunktsbestimmung)
vitreous silica capillary column *(Gaschr)* Fused-silica-Kapillarsäule *f*, Quarz[kapillar]säule *f*, Fused-silica-Säule *f*, FS[OT]-Säule *f*
v light senkrecht (vertikal) polarisiertes Licht *n*
v mode *(Spekt)* Absorptions-Mode *f*
v-mode signal *(Spekt)* Absorptionssignal *n*
VOC (volatile organic carbon) flüchtiger organischer (organisch gebundener) Kohlenstoff *m*, ausstrippbarer Kohlenstoff *m*
void volume *(Chr)* Mobilvolumen *n*, Totvolumen *n*, Durchflußvolumen *n*, Volumen *n* der fluiden Phase *(in der Säule)*; Zwischenkornvolumen *n*, Zwischenpartikelvolumen *n*, Interstitial-Volumen *n*, äußeres Volumen *n*, Volumen *n* zwischen den Gelpartikeln, Lösungsmittelvolumen *n* außerhalb der Gelkörner *(Gelchromatographie)*
volatile [leicht] flüchtig
~ **component** flüchtige Komponente *f*
~ **compound** flüchtige Verbindung *f*
~ **constituent** flüchtiger Bestandteil *m*

~ **content** Gehalt *m* an Flüchtigem (flüchtigen Bestandteilen)
~ **halogenated hydrocarbon** *(or Anal)* flüchtiger Halogenkohlenwasserstoff *m*
~ **liquid** flüchtige Flüssigkeit *f*
~ **matter** flüchtige Bestandteile *mpl*
~ **matter content** *s.* ~ content
~ **organic carbon** flüchtiger organischer (organisch gebundener) Kohlenstoff *m*, ausstrippbarer Kohlenstoff *m*
~ **reagent** flüchtiges Reagens *n*
volatiles flüchtige Bestandteile *mpl*
volatility Flüchtigkeit *f*
volatilizable leicht zu verflüchtigen[d], leicht verdampfbar
volatilization Verdampfung *f*, Verflüchtigung *f*; Verdunsten *n*, Verdunstung *f (unterhalb des normalen Siedepunkts)*
~ **aid** Verdampfungshilfe *f*
~ **interference** Verdampfungsstörung *f*, Verdampfungsinterferenz *f*
volatilize/to verdampfen, verflüchtigen; sich verflüchtigen; verdunsten *(unterhalb des normalen Siedepunktes)*
volatizable *s.* volatilizable
volatize/to *s.* volatilize/to
Volhard's solution *Kaliumthiocyanatlösung für titrimetrische Bestimmungen*
Volhard manganese titration [permanganometrische] Mangantitration *f* nach Volhard
~ **method** 1. *(Vol)* Endpunktbestimmung *f* nach Volhard; 2. *s.* ~ titration
~ **titration** Titration (Bestimmung) *f* nach Volhard *(von Halogeniden)*
voltage elektrische Spannung *f* • **to apply a** ~ eine Spannung anlegen
~ -**bucking** Spannungskompensation *f*
~ **change** Spannungsänderung *f*
~ **difference** Spannungsdifferenz *f*
~ **divider** Spannungsteiler *m*
~ **drop** Spannungsabfall *m*
~ **gradient** Spannungsgradient *m*, Spannungsgefälle *n*
~ **increase** Spannungsanstieg *m*, Spannungserhöhung *f*
~ **measurement** Spannungsmessung *f*
~ **output** Spannungsausgang *m*
~ **programming** Spannungsprogrammierung *f*
~ **pulse** Spannungs[im]puls *m*
~ **range** Spannungsbereich *m*
~ **ratio** Spannungsverhältnis *n*
~ **rise** *s.* ~ increase
~ -**scan voltmetry** spannungsgeregelte Voltammetrie *f*
~ **source** Spannungsquelle *f*
~ **sweep** Spannungsablenkung *f*
~ -**to-frequency converter** Spannungs-Frequenz-Konverter *m*, V/F-Konverter *m*
voltammetric voltammetrisch

~ **analyser** voltammetrisches Analysengerät *n*
~ **analysis** voltammetrische Analyse *f*
~ **detector** *(Fließ)* voltammetrischer Detektor *m*
~ **method (technique)** voltammetrische Methode *f*, voltammetrisches Verfahren *n*
voltammetry Voltammetrie *f*
~ -**polarography** Voltammetrie-Polarographie *f*
voltammogram Voltam[mo]gramm *n*, voltammetrische Kurve *f*
volt-coulomb *(Pol)* V × As *(Einheitenzeichen für Volt mal Amperesekunde)*
voltmeter Spannungsmesser *m*, Voltmeter *n*
volume Volumen *n*, Rauminhalt *m*
~ **capacity** *(Ion)* Volumenkapazität *f*
~ **change** Volumenänderung *f*
~ **concentration** Volumenkonzentration *f*
~ **decrease** Volumenabnahme *f*, Volumenverminderung *f*
~ **distribution coefficient** *(Flchr)* Volumenverteilungskoeffizient *m*
~ **flow rate** Volumengeschwindigkeit *f*, Volumenfluß *m*, Fließrate *f*, Flußrate *f*
~ **fraction** Volumenanteil *m*
~ **increase** Volumenzunahme *f*
~ **of pore space** Porenvolumen *n*
~ **of sample** Probenvolumen *n*
~ **of solution** Lösungsvolumen *n*
~ **percent[age]** Volumenprozent *n*, Vol.-% *n*
~ **ratio** Volumenverhältnis *n*
~ **stability** Volumenbeständigkeit *f*, Raumbeständigkeit *f*
~ -**stable** volumenbeständig, raumbeständig
volumetric volumetrisch, *(bei Lösungen auch)* titrimetrisch, maßanalytisch, Titrations...
~ **analysis** Maßanalyse *f*, titrimetrische Analyse *f*, Titrieranalyse *f*, Titrimetrie *f*
~ **distribution coefficient** *(Flchr)* Volumenverteilungskoeffizient *m*
~ **factor** Normalitätsfaktor *m*
~ **flask** Meßkolben *m*, Maßkolben *m*, Meßflasche *f*
~ **flow rate** *s.* volume flow rate
~ **gas analysis** volumetrische Gasanalyse *f*
~ **glassware** Volumenmeßgeräte *npl* aus Glas
~ **method** volumetrische Methode *f*, volumetrisches Verfahren *n*
~ **pipette** Vollpipette *f*
~ **solution** Titrierlösung *f*, maßanalytische Lösung *f*
volume velocity *s.* volume flow rate
von Weimarn ratio *(Grav)* relative Übersättigung (Löslichkeitserhöhung) *f*
V scan *(Maspek)* V-Scan *m*, elektrischer Scan *m*
V-shaped V-förmig
VUV (vacuum ultraviolet region) Vakuum-UV[-Gebiet]
VWD (variable-wavelength detector) Detektor *m* variabler Wellenlänge

Wadsworth 214

W

Wadsworth mounting *(Spekt)* Wadsworth-Aufstellung *f*, Wadsworth-Anordnung *f*
wagging vibration *(opt Mol)* Nickschwingung *f*, Kippschwingung *f*, Fächelschwingung *f*, Wagging-Schwingung *f*
Walden reductor *(Vol)* Silberreduktor *m*, Walden-Reduktor *m*
wall-coated open-tube (open-tubular) column *(Gaschr)* Dünnfilm-Kapillarsäule *f*, Dünnfilmkapillare *f*, imprägnierte Kapillarsäule *f*, Filmkapillare *f*
~-**jet detector** *(Flchr)* elektrochemischer Detektor *m* mit Wand-Düsen-Elektrode
~ **thickness** Wanddicke *f*
warm/to erwärmen
~ **gently** gelinde erwärmen
warm[ing]-up time *(Meß)* Warmlaufzeit *f*, Einlaufzeit *f*
wash Waschen *n*, Wäsche *f*
wash/to waschen
~ **out** [her]auswaschen *(Verunreinigungen)*
wash bottle Spritzflasche *f*
washing Waschen *n*, Wäsche *f*
~ **liquor** Waschflüssigkeit *f*
washings Waschflüssigkeit *f*; Waschwasser *n* (nach der Wäsche)
wash liquid Waschflüssigkeit *f*
~ **solution** Waschlösung *f*
~ **water** Waschwasser *n*
waste Abfall *m*
~ **crock** irdener Abfallkübel *m*
~ **jar** Abfallkübel *m*, Abfallbehälter *m*
~ **material** Abfall *m*
~ **water** Abwasser *n*, Schmutzwasser *n*
~-**water analysis** Abwasseranalyse *f*
~-**water component** Abwasserinhaltsstoff *m*
~-**water composition** Abwasserzusammensetzung *f*
~-**water control** Abwasserüberwachung *f*
~-**water examination** Abwasseruntersuchung *f*
~-**water pollutant** Abwasserschmutzstoff *m*
~-**water sample** Abwasserprobe *f*
~-**water sampler** Probenahmegerät *n* für Abwasserproben
watch glass Uhrglas *n*, Uhrglasschale *f*
water-absorbing hygroskopisch, hygr., wasseraufnehmend, wasserabsorbierend, wasseranziehend
~ **absorption** Wasserabsorption *f*, Wasseraufnahme *f*
~ **absorption tube** Wasserabsorptionsröhrchen *n*, Wasserabsorptionsrohr *n*
~ **affinity** Affinität *f* zu Wasser
~ **analysis** Wasseranalyse *f*, wasseranalytische Untersuchung *f*
~ **aspirator** Wasserstrahlpumpe *f*
~-**attracting** *s.* ~-absorbing

~ **calorimeter** Wasserkalorimeter *n*, Mischungskalorimeter *n*
~ **content** Wassergehalt *m*
~ **determination** Wasserbestimmung *f*
~ **examination** Wasseruntersuchung *f*
~ **for potable purposes (use)** Trinkwasser *n*
~ **hardness** Wasserhärte *f*
~-**immiscible** nicht mit Wasser mischbar
~-**insolubility** Wasserunlöslichkeit *f*
~-**insoluble** wasserunlöslich, nicht in Wasser löslich, in Wasser unlöslich
~ **layer** Wasserschicht *f*
~ **metering pump** Wasserdosierpumpe *f*
~-**miscible** mit Wasser mischbar
~ **molecule** Wassermolekül *n*
~ **of constitution** Konstitutionswasser *n*, konstitutiv gebundenes Wasser *n*
~ **of crystallization** Kristallwasser *n*
~ **of hydration** Hydratwasser *n*
~ **pollutant** Wasserverunreinigung *f*
~-**pump** Wasserstrahlpumpe *f*
~-**pump aspirator** Saugflasche *f*
~ **quality** Wassergüte *f*, Wasserqualität *f*, Wasserbeschaffenheit *f*
~-**quality analyser** Wassergüteanalysengerät *n*
~-**quality analysis** *s.* ~ analysis
~-**quality monitoring** Wassergüteüberwachung *f*
~-**quality process analyser** Wassergüte-Prozeßanalysengerät *n*
~ **regain** *(Flchr)* Wasseraufnahme *f* (durch 1 g Gel)
~-**repellent** hydrophob, wasserabstoßend, wasserabweisend
~-**resistant** wasserbeständig, wasserfest, wasserstabil
~ **sample** Wasserprobe *f*
~ **sampler** Wasserschöpfer *m*, Schöpfgefäß *n* für Probenentnahmen
~ **sampling** Wasserprobenentnahme *f*
~-**saturated** wassergesättigt
~-**seeking** *s.* water-absorbing
~ **signal** *(kern Res)* Wassersignal *n*
~ **solubility** Wasserlöslichkeit *f*, Löslichkeit *f* in Wasser
~-**soluble** wasserlöslich
~-**stable** *s.* ~-resistant
~-**swellable** in Wasser quellbar
~ **uptake** *s.* ~ absorption
Watson-Biemann interface (separator) *(Maspek)* Watson-Biemann-Separator *m*, Watson-Biemann-Interface *n*
wave function Wellenfunktion *f*
waveguide Wellenleiter *m*
wave height Wellenhöhe *f*
wavelength Wellenlänge *f*
~ **calibration** Wellenlängenkalibrierung *f*
~ **dependence** Wellenlängenabhängigkeit *f*
~-**dependent** wellenlängenabhängig
~ **difference** Wellenlängendifferenz *f*

~~-dispersive *(Spekt)* wellenlängendispersiv
~~-dispersive X-ray fluorescence analysis wellenlängendispersive Röntgenfluoreszenzanalyse *f*
~~-dispersive X-ray spectroscopy wellenlängendispersive Röntgenspektroskopie *f*
~ maximum *(Spekt)* Emissionsmaximum *n*
~ modulation *(Spekt)* Wellenlängenmodulation *f*
~ of light Lichtwellenlänge *f*
~ range (region) Wellenlängenbereich *m*
~ scale Wellenlängenskale *f*
~ selection Wellenlängenselektion *f*
~~-selective wellenlängenselektiv
~ separation Wellenlängenabstand *m*
~ setting Wellenlängeneinstellung *f*
~ shift Wellenlängenverschiebung *f*
~ tunability Wellenlängendurchstimmbarkeit *f*
wavenumber Wellenzahl *f*
~ range Wellenzahlbereich *m*
wave velocity Phasengeschwindigkeit *f*, Wellengeschwindigkeit *f*
wax-impregnated graphite electrode *(Voltam)* wachsimprägnierte Graphitelektrode *f*
3-way tap Dreiwegehahn *m*
WCOT column *(Gaschr)* Dünnfilm-Kapillarsäule *f*, Dünnfilmkapillare *f*, imprägnierte Kapillarsäule *f*, Filmkapillare *f*
WD *s.* wavelength-dispersive
WDX *s.* wavelength-dispersive X-ray spectroscopy
WE (working electrode) Arbeitselektrode *f*
weak acid schwache Säure *f*
~ acid exchanger *s.* ~ cation exchanger
~ anion exchanger schwacher (schwach basischer) Anionenaustauscher *m*
~ base schwache Base *f*
~ base exchanger *s.* ~ anion exchanger
~ cation exchanger schwacher (schwach saurer) Kationenaustauscher *m*
~ coupling *(Spekt)* schwache Kopplung *f*
~ electrolyte schwacher Elektrolyt *m*
weaken/to schwächen *(die Bindung)*
weakly acid[ic] schwach sauer
~ basic schwach alkalisch (basisch)
~ coupled schwach gekoppelt *(Spins)*
~ ionized schwach (wenig) dissoziiert
weak solvent schwaches Lösungsmittel *n*
wedge *(Spekt)* [durchstimmbarer] Keil *m*
~~-shaped strip *(Flchr)* Keilstreifen *m*, Matthias-Streifen *m*, Einfachkeilstreifen *m*
weigh/to wiegen, wägen *(eine Masse feststellen)*; abwiegen; wiegen *(eine Masse haben)*
~ in einwägen
~ out (up) abwiegen
weighable wägbar
weighed form *s.* weighing form
~ object Wägegut *n*, gewogene Substanz *f*
~ portion Einwaage *f*
weighing Wägung *f*
~ bottle Wägegläschen *n*, Wägeglas *n*

~ burette Wägebürette *f*
~ error Wägefehler *m*, Wägungsfehler *m*
~ form Wägeform *f*, Wägungsform *f*
~ method Wägeverfahren *n*, Wägetechnik *f*
~ out Abwiegen *n*
~ piggy *s.* ~ tube
~ pipette Wägepipette *f*
~ procedure Wägeverfahren *n*, Wägetechnik *f*
~ scoop Wägeschiffchen *n*
~ system Wägesystem *n*
~ tube Wägeröhrchen *n*, Wägeschweinchen *n*
weight 1. Masse *f (Eigenschaft eines Körpers, in einem Schwerefeld ein Gewicht anzunehmen; Einheit: kg)*; 2. Gewicht *n (die von einer Masse ausgeübte Kraft; Einheit: kp)*; 3. Wägestück *n (zum Wägen benutzter Körper von bestimmter Masse)*; Gewichtsstück *n (Körper nicht festgelegter Masse zum Lastausgleich)*
~~-average molecular weight gewichtsmittlerer *m* (Gewichtsmittel *n*) des Molekulargewichts, gewichtsgemitteltes Molekulargewicht *n*
~ burette Wägebürette *f*
~ change Masse[ver]änderung *f*; Gewichts[ver]änderung *f*
~ distribution coefficient *(Ion)* Gewichtsverteilungskoeffizient *m*, Verteilungskoeffizient *m*
~~-distribution function Massenverteilungsfunktion *f*
weighted average (mean) gewogener (gewichteter) Mittelwert *m*, gewogenes Mittel *n*, Gewichtsmittel *n*
weight gain Gewichtszunahme *f*
~ loss Masseverlust *m*, Masseschwund *m*; Gewichtsverlust *m*
~ of the largest particles Größtteilchenmasse *f*, Masse *f* der größten Teilchen, Größtkornmasse *f*
~ of the sample Probe[n]masse *f*
~ ratio Massenverhältnis *n*
~ unit Masseeinheit *f*; Gewichtseinheit *f*
Weisz ring oven *(Flchr)* Ringofen *m* nach Weisz
well-defined wohldefiniert, gut definiert *(Verbindung)*
Weston [normal] cell *(el Anal)* Weston-Normalelement *n*, Weston-Element *n*
wet naß, feucht
wet/to benetzen
wet analysis naßchemische Analyse *f*, Analyse *f* auf nassem Wege
~ ashing Naßveraschung *f*, nasse Veraschung *f*, nasse (feuchte) Mineralisierung *f*
~ assay nasse Probe *f*, Naßprobe *f*
~~-chemical analysis *s.* wet analysis
~~-chemical chamber naßchemische Kammer *f*
~~-chemical method naßchemische Methode *f*, naßchemisches Verfahren *n*
~ chemical monitor Überwachungsgerät *n* für naßchemische Reaktionen
~ chemical sensor naßchemischer Sensor *m*
~ chemistry Chemie *f* naßchemischer Reaktionen

wet

- **chemistry procedure** s. --chemical method
- **digestion** nasser Aufschluß m, Naßaufschluß m
- **paste** feuchte Paste f
- **strength** Naßfestigkeit f

wettability Benetzbarkeit f, Netzbarkeit f
wettable [be]netzbar
wetting agent Benetzungsmittel n, Netzmittel n
- **characteristics** Netzeigenschaften fpl, netzende Eigenschaften fpl

Wheatstone bridge [circuit, network] (Meß) Wheatstone-Brücke[nschaltung] f, Wheatstonsche Brücke[nschaltung] f
wick Docht m
wide-band amplifier Breitbandverstärker m
- -**band decoupling** (kern Res) Breitbandentkopplung f, BB-Entkopplung f, BB, Protonen[-Breitband]entkopplung f, ^{1}H-[Breitband-]Entkopplung f, ^{1}H-BB-Entkopplung f, [^{1}H-]Rauschentkopplung f
- -**bore column** (Gaschr) Wide-bore-Kapillare f
- -**line nuclear magnetic resonance** Breitlinien-Kernresonanz f
- -**mouthed container** Weithalsgefäß n

width at base Peakbreite f, Basisbreite f
- **at half-height** Peakbreite (Breite) f in halber Höhe, Halbwertsbreite f, Halbhöhenbreite f

Wien displacement law (Spekt) Wiensches Verschiebungsgesetz n
- **radiation law** (Spekt) Wiensches Strahlungsgesetz n

Wilke-Chang equation Wilke-Chang-Gleichung f, Gleichung f von Wilke und Chang (zur Berechnung von Diffusionskoeffizienten)
Winchester bottle (Prob) Winchester-Flasche f
Winkler titration Winkler-Titration f (zur Bestimmung von gelöstem Sauerstoff in Wasser)
wire grid polarizer Drahtgitterpolarisator m
- **transport detector** (Flchr) Drahtdetektor m

withdraw a sample/to eine Probe entnehmen
within-run precision (Stat) Wiederholpräzision f, Präzision f unter Wiederholbedingungen
W.L.P. (weight of the largest particles) Größtteilchenmasse f, Masse f der größten Teilchen, Größtkornmasse f
wolfram W Wolfram n
wolframate Wolframat n
Woodward rules (Spekt) Woodward-Regeln fpl, Woodwardsche Regeln fpl (zum Berechnen der Bandenlage)
work funktion (Spekt) Austrittsarbeit f
working capacity (Chr) Trennsäulenkapazität f, Belastbarkeit f
- **electrode** Arbeitselektrode f
- **life** Brauchbarkeitsdauer f, Nutzungsdauer f, Gebrauchswertdauer f, Standzeit f
- **medium** Treibmittel n (einer Diffusionspumpe)
- **oscillator** Arbeitsoszillator m (Hochfrequenztitration)
- **pH** Arbeits-pH-Wert m
- **pH range** Arbeits-pH-Bereich m
- **potential** Arbeitspotential n
- **range** Arbeitsbereich m
- **temperature** Betriebstemperatur f, Arbeitstemperatur f

worm-like chain wurmartige Kette f
writing rate (speed) Schreibgeschwindigkeit f (Meßdatenerfassung)
- **width** Schreibbreite f

W.S. (weight of the sample) Probe[n]masse f

X

XAES s. X-ray excited Auger electron spectroscopy
XANES s. X-ray absorption near-edge fine structure
xanthophyll Xanthophyll n
X-axis x-Achse f, Abszissenachse f
X-band (Elres) X-Band n
XBIS s. X-ray bremsstrahlung spectroscopy
XEAES s. X-ray excited Auger electron spectroscopy
xenobiotic Xenobiotikum n (vom Menschen in die Natur gebrachter Fremdstoff)
xenon Xe Xenon n
- **[arc] lamp** Xenonlampe f

xerogel Xerogel n, Trockengel n
- -**aerogel hybrid** Xerogel-Aerogel-Hybrid n

X-filter (kern Res) X-Filter m
X-half-filter (kern Res) X-Halbfilter m
XIS (X-ray continuum isochromat spectroscopy) s. X-ray bremsstrahlung spectroscopy
XP[E]S s. X-ray induced photoelectron spectroscopy
X-ray Röntgenstrahl m, X-Strahl m
- -**ray absorption near-edge fine structure** Bandkanten-Röntgen-Feinstruktur-Spektroskopie f
- -**ray bremsstrahlung spectroscopy** Bremsstrahlungs-Isochromatenspektroskopie f, BIS, charakteristische Isochromatenspektroskopie f, CIS
- -**ray computer tomography** Röntgen-Tomographie f
- -**ray continuum isochromat spectroscopy** s. --ray bremsstrahlung spectroscopy
- -**ray crystal analysis** röntgenographische Kristallstrukturanalyse f
- -**ray crystallographic (crystal-structure) analysis** s. --ray crystal analysis
- -**ray diffraction** Röntgenbeugung f
- -**ray emission** Röntgenemission f
- -**ray emission spectroscopy** Röntgenemissionsspektroskopie f
- -**ray excited Auger electron spectroscopy** Auger-Elektronenspektroskopie f mit Röntgenstrahlanregung
- -**ray fluorescence** Röntgenfluoreszenz f
- -**ray fluorescence analysis** Röntgenfluoreszenzanalyse f, RFA

~-ray fluorescence spectroscopy Röntgenfluoreszenzspektroskopie f, RFS
~-ray induced Auger electron spectroscopy Auger-Elektronenspektroskopie f mit Röntgenstrahlanregung
~-ray induced photoelectron spectroscopy röntgenstrahlangeregte Photoelektronenspektroskopie f, Röntgen[strahlen]-Photoelektronenspektroskopie f, XPS, Elektronenspektroskopie f für die chemische Analyse, ESCA, Photoelektronenspektroskopie f innerer Elektronen
~-ray level Röntgenniveau n, Röntgenzustand m
~-ray photoelectron (photoemission) spectroscopy s. ~-ray induced-photoelectron spectroscopy
~-ray range (region) Röntgen[wellen]gebiet n, Gebiet n der Röntgenstrahlen
~-ray source Röntgenstrahlungsquelle f
~-ray spectrometer Röntgenspektrometer n
~-ray spectroscopy Röntgenspektroskopie f
~-ray structural (structure) analysis Röntgenstrukturanalyse f, Strukturanalyse f mit Röntgenstrahlen
XRD s. X-ray diffraction
XRF s. X-ray fluorescence
XRFA s. X-ray fluorescence analysis
XRF spectroscopy s. X-ray fluorescence spectroscopy
XRS s. X-ray spectroscopy
xylenol Xylenol n, Dimethylphenol n
~ **orange** Xylenolorage n
xylenyl phosphate Xylenylphosphat n
X-Y recorder xy-Schreiber m, xy-Registriergerät n

Y

YAG laser s. yttrium-aluminium-garnet laser
Y axis y-Achse f, Ordinatenachse f
yield Ausbeute f (einer Reaktion)
Youden's two-sample diagram (Stat) Zwei-Proben-Youden-Diagramm n
ytterbium Yb Ytterbium n
yttrium Y Yttrium n
~-**aluminium-garnet laser** Yttriumaluminiumgranat-Laser m, YAG-Laser m

Z

ZAAS s. Zeeman atomic absorption spectrophotometry
z-average molar mass z-Mittel n der Molmasse, Zentrifugenmittel n der Molmasse
z-average molecular weight z-Mittel n des Molekulargewichts, Zentrifugenmittel n des Molekulargewichts
z-average relative molecular mass s. z-average molecular weight
Z-cell (Flchr) Z-Zelle f (eines UV-Detektors)

z-direction z-Richtung f
Zeeman atomic absorption spectrophotometry Zeeman-Atomabsorptions-Spektrophotometrie f, ZAAS
~ **background correction** Zeeman-Untergrundkorrektur f, Zeeman-Korrektur f
~ **background measurement** Zeeman-Untergrundmessung f
~ **effect** (Spekt) Zeeman-Effekt m
~ **[energy] level** Zeeman-Energieniveau n, Zeeman-Niveau n, Zeeman-Term m
~ **splitting** Zeeman-Aufspaltung f
~ **term** s. ~ [energy] level
zeolite Zeolit m
zero Nullpunkt m, Ausgangspunkt m (einer Skale)
~ **current** (Pot) Nullstrom m
~ **current curve** (Pot) Nullstromkurve f
~-**current position** (Pol) Nullstromstellung f
~-**current potential** (Pol) Nullstrompotential n
~-**current potentiometric titration** potentiometrische Titration f
~-**current potentiometry** Potentiometrie f
~ **detector** (Pot) Nulldetektor m
~ **detector signal** (Pot) Nullindikatorsignal n
~-**field NMR spectroscopy** Nullfeld-NMR-Spektroskopie f
~ **filling** (kern Res) Zero-Filling n
~-**hypothesis** (Stat) Nullhypothese f
zeroing solution Nullwertlösung f
zero point Nullpunkt m, Ausgangspunkt m (einer Skale)
~ **position** Nullstellung f
~ **potential** (Pot) Nullpotential n
~-**quantum coherence** (kern Res) Nullquanten-Kohärenz f, ZQC
~-**quantum transition** (Spekt) Nullquantenübergang m
~-**setting device** (Pot) Nulleinstellungsgerät n
~ **signal** Nullsignal n
zeroth electronic state Elektronengrundzustand m, elektronischer Grundzustand m
zeta potential elektrokinetisches Potential n, Zeta-Potential n
zeugmatography [N]MR-Tomographie f, Kernspintomographie f, NMR-Zeugmatographie f, magnetische Resonanztomographie f
Z flow cell (Flchr) Z-Zelle f (eines UV-Detektors)
Zimmermann and Reinhardt's solution (Vol) Reinhardt-Zimmermann-Lösung f (Phosphorsäure, Schwefelsäure und Mangan(II)-sulfat)
~-**Reinhardt reagent** s. ~ and Reinhardt's solution
Zimm plot Zimm-Diagramm n (Lichtstreuung)
zinc Zn Zink n
~ **amalgam** Zinkamalgam n, Zn-Amalgam n
zincon Zincon n (Reagens auf Kupfer und Zink)
zinc shavings geraspeltes Zink n
~ **shot** gekörntes Zink n
zirconium Zr Zirconium n
~ **phosphate** Zirconiumphosphat n

z-magnetization *(mag Res)* Gleichgewichtsmagnetisierung f, makroskopische Magnetisierung (Gesamtmagnetisierung) f, longitudinale Magnetisierung f, M-Z-Magnetisierung f
zonal method *(Chr)* Entwicklungsverfahren n, Entwicklungstechnik f
~ **rotor** *(Sed)* Zonal[zentrifugations]rotor m
~ **technique** *(Elph)* Zonentechnik f
zone Bande f, Zone f, Substanzzone f, Substanzbereich m *(im Chromatogramm oder Elektropherogramm)*
~ **broadening (dispersion)** *(Chr)* Bandenverbreiterung f, Zonenverbreiterung f, Peakverbreiterung f, Peakaufweitung f, axiale Dispersion f
~ **electrophoresis** Zonenelektrophorese f
~-**electrophoretic** zonenelektrophoretisch
~ **formation** Zonenbildung f
~ **length** Zonenlänge f
~ **sampling** *(Fließ)* zonenweise Probenahme f
~ **shape** Zonenform f
~ **sharpening effect** *(Elph)* Zonenschärfungseffekt m, zonenschärfender Effekt m
~ **spreading** s. ~ broadening
~ **width** Zonenbreite f
ZQC s. zero-quantum coherence
Z-shaped cell *(Flchr)* Z-Zelle f *(eines UV-Detektors)*
zwitterion Zwitterion n, Ampho-Ion n
zymogram *(Elph)* Zymogramm n

Deutsch-Englisch

A

AA (Aktivierungsanalyse) *(rad anal)* activation analysis, AA, nuclear activation analysis
AAS (Atomabsorptionsspektroskopie) atomic absorption spectroscopy, AAS
AA-Spektrometer *n* atomic absorption spectrometer
Abbau *m* degradation, decomposition, breakdown *(of compounds)*
~ **durch Oxidation** *s.* oxidativer ~
oxidativer ~ oxidative degradation
thermischer ~ thermal degradation
abbauen to degrade, to decompose, to break down *(compounds)*
Abbauprodukt *n* degradation (decomposition, breakdown) product
Abbe-Prisma *n* Abbe prism
Abbe-Refraktometer *n* Abbe refractometer
Abbe-Spektrometer *n* Abbe spectrometer
Abbildung *f* / **nichtlineare** *(stat)* non-linear mapping *(of analytical data)*
vereinfachte ~ simplified mapping
Abbildungsfehler *m* [optical] aberration
chromatischer ~ chromatic (colour) aberration
monochromatischer ~ monochromatic aberration
optischer ~ [optical] aberration
sphärischer ~ spherical (aperture) aberration, aperture error
Abbildungsoptik *f* imaging optics
Abbrand *m (rad anal)* burn-up; specific burn-up *(energy released per mass of fuel)*
abbremsen *(rad anal)* to moderate
Abbremsung *f (rad anal)* moderation
ABC-Spinsystem *n*, **ABC-System** *n (nuc res)* ABC [spin] system
abdampfen to evaporate *(a solvent)*
Abdampfschale *f* evaporating dish (basin)
abdekantieren to decant [off], to pour off *(supernatant liquor)*
Abdekantieren *n* decantation *(of supernatant liquor)*
Abdruck *m*/**elektrographischer** electrographic print
Aberration *f*/**chromatische** chromatic (colour) aberration
sphärische ~ spherical (aperture) aberration, aperture error
abfahren to sweep, to scan *(a measuring range)*
Abfall *m* 1. decay *(of a signal being measured)*; 2. waste [material]
~ **der freien Induktion** *(mag res)* free induction decay, FID
~ **der induzierten Magnetisierung** *s.* ~ **der freien Induktion**
~ **der Quermagnetisierung** *s.* ~ **der freien Induktion**
radioaktiver ~ radioactive waste; radioactive effluent *(discharged from a system)*

Abfallbehälter *m* waste jar
abfallen to detach *(of a mercury drop)*
Abfallkübel *m* waste jar, *(composed of earthenware also)* waste (disposal) crock
abfiltern to filter [out] *(vibrations, wavelengths)*
Abfilterung *f* filtering *(of vibrations, wavelengths)*
abfiltrieren to filter off *(precipitates)*
Abgabe *f* donation *(of electrons, protons)*
Abgas *n* exhaust gas
abgeben to donate *(electrons, protons)*; to lose *(energy)*
abgeschlossen/hermetisch hermetically sealed
abgießen[/vorsichtig] to decant [off], to pour off *(supernatant liquor)*
Abgießen *n* [**/vorsichtiges**] decantation *(of supernatant liquor)*
Abgleichpunkt *m* balance point
Abgleichsblende *f (spec)* [optical] attenuator
Abgleichvorrichtung *f (spec)* [optical] attenuator
abgreifen to tap off *(potential)*
abhängen to depend on (upon)
Abhängigkeit *f*/**logarithmische** logarithmic dependence
abklären to clarify *(solutions)*
Abklärung *f* clarification *(of solutions)*
abklingen to decay *(of a signal)*
Abklingen *n* decay *(of a signal)*
abkühlen auf Raumtemperatur to cool to room temperature
~ **lassen** to allow to cool
Abkühlung *f* cooling
Abkühlungsgeschwindigkeit *f* cooling rate
Abkühlungskurve *f* cooling curve
Ablaßhahn *m* dispensing spigot
Ablaßventil *n* drain valve
Ablauf *m (chr)* eluate, effluent
ablaufend/von selbst spontaneous
Ableitelektrode *f* bleeder electrode
ableiten to derive, to deduce *(a formula or a structure)*; to differentiate *(a function)*
Ableitung *f* derivation, deduction *(of a formula or a structure)*; derivative *(of a function)*
erste ~ first derivative
zweite ~ second derivative
Ableitungsspektroskopie *f* derivative spectroscopy
Ableitungsspektrum *n* derivative spectrum
ablenken to deflect *(a beam)*
Ablenkung *f* deflection *(of a beam)*
~ **im Magnetfeld** *(maspec)* magnetic deflection
zeitliche ~ [time-based] sweep *(of an oscillograph)*
Ablenkungsrefraktometer *n* deflection refractometer
Ablenkwinkel *n* angle of deflection
Ablesbarkeit *f* readability *(of a scale graduation)*
Ablesefehler *m* reading (observational) error
parallaktischer ~ parallactic (parallax) error
Ablesegenauigkeit *f (meas)* least reading

Ablesegerät

Ablesegerät *n* readout device
ablesen/falsch to misread
Ablesung *f* reading, readout
ablösen to strip *(a coating)*
  sich ~ to detach *(of a mercury drop)*
Ablösen *n* **der stationären Phase** *(liq chr)* solvent (phase) stripping
Abnahme *f* acceptance
Abnahmeprüfung *f* acceptance (inspection) test
Abney-Aufstellung *f (spec)* Abney mounting
abnutschen to filter under vacuum, to filter by (under, with) suction
abpuffern to buffer
abrunden *(stat)* to round off
Abrundungsfehler *m (stat)* rounding-off error
absättigen to saturate *(valencies)*
Absättigung *f* saturation *(of valencies)*
absaugen *s.* abnutschen
Abschaltung *f/* **selbsttätige** automatic cut-off
abschätzen to estimate
Abschätzung *f* estimation
abscheiden to deposit *(at an electrode)*; to precipitate *(bottoms)*
  sich ~ to separate [out]
Abscheiden *n* deposition *(at an electrode)*; precipitation *(of bottoms)*
  anodisches ~ anodic deposition
  elektrochemisches (galvanisches) ~ electrodeposition
  inneres elektrochemisches ~ internal electrodeposition
  kathodisches ~ cathode (cathodic) deposition
  langsames ~ slow deposition
  mikrochemisches [galvanisches] ~ micro-electrodeposition, microchemical electrodeposition
  potentialgeregeltes (potentialkontrolliertes) ~ potential-controlled deposition
  schnelles ~ rapid deposition
Abscheider *m* **für suspendierte Partikeln** particulate trap
Abscheidung *f* deposition *(at an electrode)*; precipitation *(of bottoms)*
Abscheidungspotential *n* deposition potential
Abscheidungsschritt *m* deposition step
Abscheidungsspannung *f* deposition voltage
Abscheidungsvorgang *m* deposition process
Abschirmeffekt *m* shielding effect
abschirmen to shield, to screen [off]
Abschirmfeld *n (nuc res)* shielding field
Abschirmkonstante *f (nuc res)* shielding constant, [nuclear] screening constant
Abschirmung *f/* **diamagnetische** diamagnetic shielding (screening)
  magnetische ~ magnetic shielding
  paramagnetische ~ paramagnetic shielding (screening)
Abschirmungskonstante *f s.* Abschirmkonstante
Abschneiden *n* **des hinteren Chromatogrammteils** end cutting
  ~ des vorderen Chromatogrammteils front cutting
abschwächen to attenuate *(radiation)*
Abschwächung *f* attenuation *(of radiation)*
absetzen/sich to sediment, to settle [down, out]
Absinken *n* **der Teilchen** particle sedimentation (setting)
absitzen lassen to allow to settle
Absolutalkohol *m* absolute alcohol
Absolutbetrag *m* absolute value
Absolutempfindlichkeit *f* **des Detektors** absolute detector sensitivity
Absolutfehler *m* absolute error
Absolutmethode *f* absolute method
Absolutwert *m* absolute value
  höchstzulässiger ~ maximum permissible (permitted) absolute value
absondern/sich to separate [out]
Absonderung *f* separation *(of components)*
Absorbanz *f (spec)* absorbance *(preferred term)*, absorbancy, absorbency, extinction
  differenzielle ~ *(spec)* differential absorbance (absorption)
Absorbens *n* absorbent, absorbing agent
Absorber *m* absorber *(for radiation)*
absorbierbar absorbable
Absorbierbarkeit *f* absorbability
absorbieren to absorb *(liquids, gases, radiation)*
  wieder ~ to re-absorb
absorbierend absorbent, absorptive
Absorbierung *f s.* Absorption
Absorptiometer *n* absorptiometer
Absorptiometrie *f* absorptiometry
absorptiometrisch absorptiometric
Absorption *f* absorption *(of liquids, gases, radiation)*
  charakteristische ~ characteristic absorption
  mehrfache ~ multiple absorption
  ~ von Energie energy absorption
Absorptionsanalyse *f* absorptiometry
Absorptionsanteil *m* absorption-mode component
Absorptionsbande *f* absorption band
Absorptionsbereich *m* absorbing region
Absorptionseinheit *f (spec)* absorbance (absorption) unit, AU
absorptionsfähig absorbent, absorptive
Absorptionsfähigkeit *f* absorptivity, absorbency, absorbing (absorption) capacity
Absorptionsfilter *n* absorption filter
Absorptionsflasche *f* absorption bottle
Absorptionsflüssigkeit *f* absorption liquid
Absorptionsfrequenz *f* absorption frequency
Absorptionsgebiet *n* absorbing region
Absorptionsgefäß *n* absorption bulb (vessel)
Absorptionsgeschwindigkeit *f* absorption rate (velocity)
Absorptionsgesetz *n (spec)* absorption law
  Bouguer-Lambertsches ~ *(spec)* Bouguer-Lambert law [of absorption], Bouguer law [of absorption], Lambert law [of absorption]

Lambert-Beersches ~ *(spec)* [Bouguer-]Lambert-Beer law, Beer-Bouguer law *(of light absorption)*
Lambertsches ~ *s.* Bouguer-Lambertsches ~
Absorptionsgrad *m (spec)* absorption factor
Absorptionsintensität *f* absorption intensity
Absorptionskante *f (spec)* absorption edge
Absorptionskoeffizient *m (rad anal)* [energy] absorption coefficient; *(spec)* absorption coefficient, absorptivity [coefficient], absorbency index, absorptive power, extinction coefficient
Absorptionskolben *m* absorption flask
Absorptionskontinuum *n (spec)* absorption continuum
Absorptionskraft *f* absorption (absorptive) force
Absorptionskurve *f* absorption curve
Absorptionsküvette *f* absorption cell
Absorptionslinie *f* absorption line
Absorptionslösung *f* absorption solution
Absorptionsmaximum *n* absorption maximum
Absorptionsmessung *f* absorption measurement
Absorptionsmittel *n* absorbent, absorbing agent
Absorptions-Mode *f (spec)* absorption mode, v mode
Absorptionsphotometer *n* absorptiometer
absorptionsphotometrisch absorptiometric
Absorptionspipette *f* absorption [gas] pipette
Absorptionsprofil *n* absorption profile
Absorptionsquerschnitt *m (rad anal)* capture cross-section
Absorptionsrohr *n* absorption tube
Absorptionsröhrchen *n* absorption tube
Absorptionssignal *n (spec)* absorption signal, *(nuc res also)* v-mode signal
Absorptionsspektralphotometer *n*, **Absorptionsspektrometer** *n* absorption spectro[photo]meter
Absorptionsspektroskopie *f* absorption spectroscopy
Absorptionsspektrum *n* absorption [mode] spectrum
Absorptionsstrahlung *f (spec)* sampling radiation
Absorptionsvermögen *n* absorptivity, absorbency, absorbing (absorption) capacity
Absorptionsvolumen *n* absorption volume
Absorptionsvorgang *m* absorption process
Absorptionszelle *f* absorption cell
absorptiv absorbent, absorptive
Absorptiv *n* absorbate, absorbed material (substance)
Abspaltungsreaktion *f* abstraction reaction
Absperrhahn *m* stopcock
Absperrventil *n* isolation valve
AB-Spinsystem *n (nuc res)* AB [spin] system
Abstand *m* distance, spacing
 ~ **der Kerne** [inter]nuclear distance
 ~ **von der Rotorachse** *(sed)* radius of rotation
 ~ **zwischen zwei aufeinanderfolgenden Speicherungen** dwell time, DW

Abstandshalter *m (liq chr)* spacer
Abstandsvektor *m (nuc res)* distance vector
abstimmbar tunable
abstimmen to tune
abstoßen to repel
Abstoßung *f* / **Coulombsche (elektrostatische)** electrostatic (Coulomb) repulsion
  interatomare ~ interatomic repulsion
Abstoßungskraft *f* repulsive force, force of repulsion
  Coulombsche ~ Coulomb force of repulsion
abstrahlen to emit, to radiate
Abstrahlung *f* emission, radiation
abstumpfen to neutralize, to make neutral
AB-System *n s.* AB-Spinsystem
Abszisse *f* abscissa
Abszissenachse *f* X-axis
abtasten to sweep, to scan *(a measuring range)*
Abtastrate *f* sampling rate *(X-Y recorder)*
Abtasttheorem *n* sampling theorem
abtrennen to separate, to isolate *(components)*
Abtrennung *f* separation, isolation *(of components)*
abtupfen to blot
abwandern to drift *(of the baseline)*
Abwandern *n* **der Basislinie** baseline drift
Abwärtsdiffusion *f (pol)* downward diffusion
Abwasser *n* waste (effluent) water, sewage [water]
Abwasseranalyse *f* waste-water analysis
Abwasserinhaltsstoff *m* waste-water component
Abwasserprobe *f* sewage (waste-water) sample
Abwasserüberwachung *f* waste-water control
Abwasseruntersuchung *f* waste-water examination
Abwasserzusammensetzung *f* waste-water composition
abweichen to deviate, to depart
Abweichung *f* deviation, departure; *(optics)* aberration
  durchschnittliche ~ *(stat)* average (mean) deviation
  mittlere quadratische ~ *(stat)* standard deviation, SD, mean-square deviation
  systematische ~ *(stat)* systematic deviation
  zufällige ~ *(stat)* random deviation
  zulässige ~ *(stat)* tolerance
Abweichungsbetrag *m* / **mittlerer** *(stat)* average (mean) deviation
Abweichungsquadrat *n (stat)* squared deviation
abwiegen to weigh [out, up]
abziehen to draw off (down) *(liquids)*
Abzug[sschrank] *m* fume cupboard
abzweigen to tap off *(potential)*
AC (Affinitätschromatographie) affinity chromatography, AC
acetalisieren to acetalate, to acetalize
Acetalisierung *f* acetalation
Acetamid *n* acetamide

Acetanhydrid

Acetanhydrid n acetic anhydride
Acetat n acetate
Acetatpuffer m acetate buffer
Aceton n acetone, 2-propanone • **mit ~ extrahiert** acetone-extracted
Acetonitril n acetonitrile, methyl cyanide, cyanomethane
acetonlöslich acetone-soluble
Acetylaceton n acetylacetone, pentane-2,4-dione
Acetylacetonat n acetylacetonate
Acetylcellulose f acetyl cellulose, Ac-cellulose
acetylenisch acetylenic
Acetylenkohlenwasserstoff m alkyne, acetylenic hydrocarbon (compound), alkine
Acetylenrußelektrode f (coul) acetylene black electrode
acetylierbar acetyla[ta]ble
acetylieren to acetylate
Acetylierung f acetyl[iz]ation
Acetylierungskatalysator m acetylation catalyst
Acetylierungsmittel n acetylating (acetylation) agent
Acetylpapier n acetylated paper
Acetylzahl f acetyl value (of fats and oils)
achiral achiral, non-chiral
Achiralität f achirality
Achromasie f achromaticity
Achromat m achromat[ic lens]
achromatisch achromatic
achromatisieren to achromatize
Achromatisierung f achromatization
Achse f/**kristallographische** crystal[lographic] axis
  optische ~ optical axis
Achsenabschnitt m intercept
achsensymmetrisch axially symmetric, axisymmetric[al]
Achsenverhältnis n [/**kristallographisches**] [crystallographic] axial ratio, ratio of the intercepts
achtzählig, achtzähnig octadentate (ligand)
acid acidic (having the character of an acid)
Acidifizierung f acidification
Acidimeter n acidimeter
Acidimetrie f acidimetry, acidimetric titration
acidimetrisch acidimetric
Acidität f acidity
Aciditätskonstante f acidity (acid dissociation) constant
Acrylamid n acrylamide
Acrylat n acrylate
Acrylkunststoff m acrylic plastic
Acrylnitril n acrylonitrile, propene nitrile, vinyl cyanide
Actinid n actinide, actinoid
Actinium n Ac actinium
Actinoid n actinide, actinoid
acylieren to acylate
Acylierung f acylation
Acylierungsmittel n acylating agent

addieren to add (an atom or atomic group to a molecule)
Addition f addition (of an atom or atomic group to a molecule)
  ~ aller Verluste loss summation
Additionsfähigkeit f additivity
Additionsmethode f (stat) addition method
Additionspunkt m (pol) summing point, SP
Additionsverfahren n (pol) addition technique
Additionsvermögen n additivity
Additivität f additivity
Addukt-Ion n (maspec) adduct ion
Adipat n adipate
Admittanz f (el anal) admittance
  ~ des Zellensystems cell system admittance
  Faradaysche ~ faradaic admittance
  nichtfaradaysche ~ non-faradaic admittance
Adsorbat n adsorbate
Adsorbens n adsorbent
  aktives ~ active (strong) adsorbent
  hydrophiles ~ hydrophilic adsorbent
  polares ~ polar adsorbent
  selektives ~ selective adsorbent
  unpolares ~ non-polar adsorbent
Adsorbensoberfläche f adsorbent surface, (quantitatively) adsorbent surface area
Adsorbensschicht f adsorbent layer (coating), adsorptive layer
adsorbierbar adsorbable
Adsorbierbarkeit f adsorbability
adsorbieren to adsorb
  chemisch ~ to chemisorb
adsorbierend adsorptive
Adsorption f adsorption
  ~ an Aktivkohle carbon adsorption
  ~ an den Phasengrenzen interfacial adsorption
  bevorzugte ~ preferential (selective) adsorption
  delokalisierte ~ delocalized adsorption
  irreversible ~ irreversible adsorption
  lokalisierte ~ localized adsorption
  physikalische ~ physical (van der Waals) adsorption, physisorption
  selektive ~ s. bevorzugte ~
  unspezifische ~ non-specific adsorption
  van-der-Waalssche ~ s. physikalische ~
adsorptionsaktiv adsorptive
Adsorptionsaktivität f adsorptive activity
Adsorptionsanalyse f adsorption analysis
Adsorptionschromatographie f adsorption chromatography
adsorptionschromatographisch by adsorption chromatography
Adsorptionseffekt m adsorption (adsorptive) effect
Adsorptionseigenschaften fpl adsorption (adsorptive) properties
Adsorptionsenergie f adsorption energy
Adsorptionserscheinung f adsorption phenomenon

adsorptionsfähig adsorptive
Adsorptionsfähigkeit f adsorption ability (activity, capacity), adsorptive capacity (power)
Adsorptions-Gaschromatographie f gas-solid chromatography, GSC, gas[-solid] adsorption chromatography
Adsorptionsgleichgewicht n adsorption equilibrium
Adsorptionsindikator m adsorption indicator
Adsorptionsisotherme f adsorption isotherm
 Freundlichsche ~ Freundlich [adsorption] isotherm
 Langmuirsche ~ Langmuir [adsorption] isotherm
Adsorptionskraft f adsorption force
Adsorptionskurve f adsorption curve
Adsorptionsmechanismus m adsorption mechanism
Adsorptionsmittel n s. Adsorbens
Adsorptionsplatz m adsorption (adsorptive) site
Adsorptionsrohr n adsorption tube
Adsorptionssäule f adsorption (adsorbent) column
Adsorptionsschicht f adsorption layer (consisting of adsorbed particles)
Adsorptionsstelle f adsorption (adsorptive) site
Adsorptionsstrom m adsorption current
Adsorptionsstufe f (pol) adsorption wave
Adsorptionssystem n adsorption system
Adsorptionsverhalten n adsorptive behaviour
Adsorptionsvermögen s. Adsorptionsfähigkeit
Adsorptionsvorgang m adsorption process
Adsorptionswärme f heat of adsorption
Adsorptionswärme-Detektor m adsorption detector
Adsorptionszentrum n adsorption (adsorptive) site
adsorptiv adsorptive
A/D-Umwandlung f digitization, [analogue-to-]digital conversion
A/D-Wandler m digitizer, analogue-to-digital converter, A/D converter, ADC
AEM 1. (analytische Elektronenmikroskopie) analytical electron microscopy, AEM; 2. (Auger-Elektronenmikroskopie) Auger electron microscopy, AEM
Aerogel n aerogel (with gaseous dispersant)
Aerosol n aerosol
Aerosolausbeute f nebulization efficiency
Aerosolerzeugung f aerosol generation
Aerosolnebel m aerosol mist
AES 1. (Atomemissionsspektrometrie) atomic emission spectrometry, AES, 2. (Auger-Elektronenspektroskopie) Auger [electron] spectroscopy, AES, Auger [electron] emission spectroscopy
AFC 1. automatic frequency control, AFC; 2. s. AC
affin affine
Affinität f/**elektrochemische** electrochemical affinity

~ **zu Wasser** water affinity
Affinitätschromatographie f affinity chromatography, AC
Affinitätselektrophorese f affinity electrophoresis
Affinitätsligand m affinity ligand
AFID (Alkali-Flammenionisationsdetektor) (gas chr) alkali flame ionization detector, AFID, alkali metal flame ionization detector, [thermionic] alkali flame detector
AFS (Atomfluoreszenzspektroskopie) atomic fluorescence spectroscopy, AFS
Ag-AgCl-Elektrode f silver-silver chloride electrode, Ag-AgCl electrode
Agar[-Agar] m agar[-agar]
Agarbrücke f agar bridge
Agargel n agar gel
Agargelelektrophorese f agar-gel electrophoresis
Agar-Kaliumchlorid-Brücke f agar-potassium chloride bridge
Agarmembran f agar membrane
Agaropektin n agaropectin
Agarose f agarose
Agarose-Elektrophorese f agarose[-gel] electrophoresis
Agarosegel n agarose gel
Agarosegelaustauscher m agarose ion-exchange gel
Agarosegelelektrophorese f agarose[-gel] electrophoresis
Agens n agent
 elektrophiles ~ electrophile, electrophilic agent
 nucleophiles ~ nucleophile, nucleophilic agent
Agglomeratbildung f, **Agglomeration** f agglomeration
agglomerieren to agglomerate
Aggregat n aggregate (composed of atoms, ions, or larger particles)
Aggregatbildung f, **Aggregation** f aggregation, aggregate formation
A-Kohle s. Aktivkohle
Aktinometer n/**chemisches** chemical actinometer
Aktinometrie f actinometry
aktiv/elektrochemisch electro-active
 optisch ~ optically active
Aktivator m activator
aktivieren to activate
Aktivierung f activation
 ~ **mit energiereichen Neutronen** fast activation
 ~ **mit Neutronen** neutron activation
 ~ **mit Photonen** photon activation
 ~ **mit Reaktorneutronen** nuclear activation
 ~ **mit thermischen Neutronen** thermal activation
 thermische ~ thermal activation (of a reaction)
Aktivierungsanalyse f (rad anal) activation analysis, AA, nuclear activation analysis
 instrumentelle ~ instrumental activation analysis
 ~ **mit Hilfe geladener Teilchen** charged-particle activation analysis, CPAA

Aktivierungsanalyse 226

zerstörungsfreie ~ non-destructive activation analysis
Aktivierungsenergie f activation energy
Aktivierungsenthalpie f activation enthalpy
freie ~ Gibbs [free] energy of activation
Aktivierungsentropie f activation entropy
Aktivierungsquerschnitt m (rad anal) activation cross-section
Aktivierungsüberpotential n (pot) activation overpotential
Aktivierungsüberspannung f (pot) activation overvoltage
Aktivität f activity (of a catalyst, effective concentration of ions); (rad anal) activity, disintegration rate
  adsorptive ~ adsorptive activity
  chromatographische ~ chromatographic (adsorbent) activity
  elektrochemische ~ electro-activity
  enzymatische ~ enzyme (enzymatic) activity
  katalytische ~ catalytic activity
  molare [katalytische] ~ (catal) mol[ecul]ar activity
  optische ~ optical activity
  piezoelektrische ~ piezoelectric activity
  spezifische ~ 1. (rad anal) specific activity; 2. s. spezifische katalytische ~
  spezifische katalytische ~ (catal) specific activity
Aktivitätsfaktor m (chr) adsorbent activity parameter (function)
Aktivitätsgrad s. Aktivitätsstufe
Aktivitätskoeffizient m activity coefficient
Aktivitätskonzentration f (rad anal) activity concentration
Aktivitätsmaß s. Aktivitätsfaktor
Aktivitätsskala f activity scale
  ~ nach Brockmann (chr) Brockmann [activity] scale, Brockmann-Schodder scale (relating to adsorbents)
Aktivitätsstufe f activity grade, grade (degree) of activity (of adsorbents)
  ~ nach Brockmann [und Schodder] (chr) Brockmann number (activity grade) (of adsorbents)
Aktivkohle f activated carbon, [active] carbon, [active] charcoal
  gekörnte ~ granular (granulated) active carbon
Aktivkohlesäule f active carbon column
Aktivruß m active carbon black
Akzeptor m acceptor
Akzeptoratom n acceptor atom
Akzeptoreigenschaften fpl acceptor ability (power)
Akzeptorniveau n acceptor level
Akzeptorstrom m (flow) acceptor (recipient) stream
Akzeptorverhalten n acceptor behaviour
Aldehyd m aldehyde

Aldehydproton n aldehydic proton
alicyclisch alicyclic
Aliphat m aliphatic [compound]
aliphatisch aliphatic
aliquot aliquot
Aliquote f aliquot [part, portion]
aliquotieren to aliquot
Alizaringelb n alizarin yellow
Alkali n alkali
alkalibeständig alkali-resistant
alkaliempfindlich sensitive to alkali[es]
Alkaliempfindlichkeit f sensitivity to alkali[es]
Alkalien npl alkali[e]s
Alkalifehler m (pot) sodium error
Alkali-FID s. Alkali-Flammenionisationsdetektor
Alkali-Flammenionisationsdetektor m (gas chr) alkali flame ionization detector, AFID, alkali metal flame ionization detector, [thermionic] alkali flame detector
Alkalihydroxid n alkali hydroxide
Alkalimetall n alkali metal
Alkalimetallhydroxid n alkali hydroxide
Alkalimetallsalz n alkali [metal] salt
Alkalimetallsilicat n alkali silicate
Alkalimetrie f alkalimetry, alkalimetric titration
alkalimetrisch alkalimetric
Alkalisalz n alkali [metal] salt
Alkalisalz-FID m s. Alkali-Flammenionisationsdetektor
Alkalisalzquelle f (gas chr) alkali source (of a thermionic detector)
alkalisch alkaline, basic • **~ machen** to alkalinize, to make alkaline
  schwach ~ slightly (faintly, mildly) alkaline, weakly basic
  stark ~ strongly (highly) alkaline, strongly basic
Alkalischmachen n alkali[ni]zation
Alkalischmelze f alkali[ne] fusion, molten alkali
alkalisierbar alkalizable
alkalisieren to alkalinize, to make alkaline
Alkalisierung f alkali[ni]zation
Alkalisilicat n alkali silicate
Alkalität f alkalinity, basicity (of a solution)
Alkaliwäsche f (chr) base washing
Alkaloid n alkaloid
Alkan n alkane, paraffin[ic hydrocarbon], saturated aliphatic hydrocarbon
  geradkettiges (lineares, normales) ~ normal (straight-chain) alkane, n-alkane
  unverzweigtes ~ unbranched alkane
n-Alkan s. Alkan/geradkettiges
Alken n olefin
Alkin n alkyne, acetylenic hydrocarbon (compound), alkine
Alkinol n acetylenic alcohol
Alkohol m alcohol, (specif) ethanol, ethyl alcohol
  absoluter ~ absolute alcohol
  aliphatischer ~ aliphatic alcohol
  zweiwertiger ~ glycol, diol

Amperometrie

alkoholisch alcoholic, *(specif)* ethanolic
Alkylans *n* alkylating agent
Alkylgruppe *f* alkyl group (residue)
Alkylhalogenid *n* alkyl halide
alkylieren to alkylate
Alkylierung *f* alkylation
Alkylierungsmittel *n* alkylating agent
Alkylierungsreagens *n* alkylating (alkylation) reagent
Alkylrest *m* alkyl group (residue)
Alkylsilylgruppe *f*, **Alkylsilylrest** *m* alkylsilyl group (residue)
Alphacellulose *f* alpha-cellulose, α-cellulose
Alphaglobulin *n* alpha globulin, α-globulin
Alphaspektrometer *n* alpha spectrometer
Alphaspektrum *n* alpha-particle spectrum, alpha-ray [energy] spectrum
Alphateilchen *n* *(rad anal)* alpha particle
Alphazerfall *m* *(rad anal)* alpha decay
altern to digest, to age *(precipitates)*
Altern *n* 1. digestion, ageing *(of precipitates)*; 2. s. primäres ~
~ **der Säule** *(chr)* column ageing
primäres ~ *(gas chr)* thermal ageing (conditioning), [temperature] conditioning *(of column packings)*
Alternativhypothese *f* alternative hypothesis
Alternativverbot *n* *(spec)* mutual exclusion rule
Altersbestimmung *f/* absolute radioactive dating
physikalische (radioaktive) ~ radioactive dating
Alterung *f s.* Altern
Alterungsvorgang *m* ageing process
Aluminium *n* Al aluminium, *(US)* aluminum
Aluminiumelektrode *f* aluminium electrode
Aluminiumoxid *n* alumina, aluminium oxide
Aluminiumoxidfeuchtesensor *m* aluminium oxide moisture sensor
Aluminiumoxidgehalt *n* alumina content
Aluminiumoxidoberfläche *f* aluminium oxide surface
Aluminiumoxidplatte *f* *(liq chr)* alumina plate
Aluminiumoxidsäule *f* *(chr)* alumina column
Aluminiumoxidschicht *f* aluminium oxide layer
Aluminiumoxidsensor *m* aluminium oxide sensor
Aluminiumsilicat *n* aluminium silicate
Alumosilicat *n* aluminosilicate
Alumosilicatgerüst *n* aluminosilicate skeleton
Amalgam *n* amalgam *(mercury alloy)*
flüssiges ~ liquid amalgam
amalgamieren to amalgamate
Amalgam-Messing-Kathode *f* amalgamated brass cathode
Amalgamtechnik *f* *(spec)* amalgam technique
Americium *n* Am americium
Amid *n* amide
Amidoschwefelsäure *f*, **Amidosulfonsäure** *f* aminosulphonic (sulphamic) acid
Amin *n/* **aromatisches** aromatic amine

primäres ~ primary amine
sekundäres ~ secondary amine
aminiert aminated *(latex particles)*
Aminobenzoesäure *f* aminobenzoic acid
o-**Aminobenzoesäure** *f* anthranilic acid, *o*-aminobenzoic acid
p-**Aminobenzolsulfonamid** *n* sulphanilamide, *p*-aminobenzenesulphonamide
2-Aminoethanol *n*, **Aminoethylalkohol** *m* ethanolamine, 2-aminoethanol, monoethanolamine
Aminophenol *n* aminophenol
Aminopolycarbonsäure *f* aminopolycarboxylic acid
Aminosäure *f* amino acid
Aminosäure[n]analysator *m* amino acid analyser
Aminosäurenanalyse *f* amino acid analysis
Aminosäurereagens *n* amino acid reagent
Aminoverbindung *f* amino compound
Ammoniak *n* ammonia
ammoniakalisch, ammoniakhaltig ammoniacal
Ammoniaklösung *f* [/wäßrige] aqueous ammonia, ammonia solution
Ammoniumacetat *n* ammonium acetate
Ammoniumcer(IV)-nitrat *n* ammonium cerium(IV) nitrate
Ammoniumcer(IV)-sulfat *n* ammonium cerium(IV) sulphate
Ammoniumeisen(III)-sulfat *n* iron(III) ammonium sulphate
Ammoniumelektrode *f* NH_4^+ ion-selective electrode
Ammoniumgruppe *f* ammonium group (residue)
quartäre ~ quaternary ammonium group
tertiäre ~ tertiary ammonium group
Ammoniumhydroxidlösung *f* aqueous ammonia, ammonia solution
Ammonium-12-molybdophosphat *n* ammonium molybdophosphate, AMP
Ammonium[oxodi]sulfat *n* ammonium per[oxodi]sulphate, APS
Ammoniumpyrrolidindithiocarbamat *n* ammonium pyrrolidine dithiocarbamate, APDC
Ammoniumrest *m s.* Ammoniumgruppe
Ammoniumsalz *n* ammonium salt
quartäres ~ quaternary ammonium salt
Ammoniumtetramethylendithiocarbamat *n* ammonium pyrrolidine dithiocarbamate, APDC
amorph amorphous, non-crystalline
Amperemeter *n* ammeter, current-measuring device
Amperesekunde *f* coulomb, ampere-second
Amperometrie *f* amperometry
~ **mit gerührter Quecksilberelektrode** stirred-mercury-pool amperometry
~ **mit rotierender Platindrahtelektrode** rotating-platinum-wire-electrode amperometry
~ **mit zwei Indikatorelektroden (Meßelektroden)** amperometry with two indicator electrodes, biamperometry

amperometrisch

amperometrisch amperometric
amphiprot[isch] s. amphoter
Ampho-Ion n zwitterion, dipolar ion, amphion, amphoteric ion
Ampholyt m amphoteric electrolyte, ampholyte
ampholytisch ampholytic
amphoter amphoteric, amphiprotic
Amphoterie f amphoterism
Amplitude f amplitude
Amplitudenänderung f amplitude change
Amplitudenmodulation f amplitude modulation, AM
amplitudenmoduliert amplitude-modulated
Amplitudenspektrum n amplitude spectrum *(of characteristic curves)*
AMX-Spinsystem n, **AMX-System** n *(nuc res)* AMX [spin] system
Analog-Digital-Umwandlung f digitization, [analogue-to-]digital conversion
Analog-Digital-Wandler m digitizer, analogue-to-digital converter, A/D converter, ADC
Analoginterface n analogue interface
Analogmeßgerät n analogue meter
Analogsignal n analogue signal
Analogstufe f analogue level
Analysator m analyser, *(US)* analyzer, analysis apparatus, analytical device (instrument); *(maspec)* mass analyser, analyser tube; analyser *(of a polarimeter)*
 doppelfokussierender ~ *(maspec)* double-focusing [mass] analyser
 einfachfokussierender ~ *(maspec)* single-focusing magnetic analyser
 elektrochemischer ~ electrochemical analyser
 elektrostatischer ~ *(maspec)* electrostatic analyser
 magnetischer ~ *(maspec)* magnetic analyser
Analyse f analysis • **eine ~ durchführen** to perform (run, do) an analysis • **zur ~** analytical-reagent-quality, analytical-reagent-grade, reagent-grade, analar[-grade], analar purity, analytically pure
 amperometrische ~ amperometric analysis
 ~ an Ort und Stelle [on-]site analysis
 anorganische ~ inorganic analysis
 auf Kalibrierkurven basierende ~ calibration-curve-based analysis
 ~ auf nassem Wege wet[-chemical] analysis
 automatisierte ~ automatic analysis
 ~ bei konstantem Strom amperostatic (galvanostatic) analysis
 ~ bei kontrolliertem Potential controlled-potential analysis
 biochemische ~ biochemical analysis
 chemische ~ chemical analysis
 chromatographische ~ chromatographic analysis
 chromatopolarographische ~ chromato-polarographic analysis

 coulometrische ~ coulometric analysis
 ~ der Spektren spectrum analysis, analysis of spectra
 direkte ~ direct analysis
 direktgekoppelte ~ *(proc)* on-line analysis
 elektrochemische ~ electroanalysis, electrochemical analysis
 enthalpiemetrische ~ enthalpimetric analysis
 enzymatische ~ enzymatic analysis
 erschöpfende ~ exhaustive analysis
 fluorimetrische ~ fluorescence (fluorometric) analysis
 galvanostatische ~ amperostatic (galvanostatic) analysis
 gaschromatographische ~ gas-chromatographic analysis, gas chromatography analysis, GC analysis
 gravimetrische ~ gravimetry, gravimetric analysis, [quantitative] analysis by weight
 halbquantitative ~ semiquantitative analysis
 harmonische ~ Fourier analysis
 indirekte ~ indirect analysis
 instrumentelle ~ instrument[al] analysis
 kanonische ~ *(stat)* canonical analysis
 katalytische ~ catalytic analysis
 kinetische ~ kinetic analysis
 ~ kleinster Quadrate *(stat)* least-squares analysis
 kolorimetrische ~ colorimetric analysis
 kommerzielle ~ commercial analysis
 konduktometrische ~ conductometric analysis
 kontinuierliche ~ continuous analysis
 mehrdimensionale ~ *(stat)* multivariate analysis
 ~ metallurgischer Stoffe/polarographische ~ metallurgical polarographic analysis
 mikrobiologische ~ microbiological analysis
 mikrochemische ~ microchemical analysis *(sample mass 10^{-2} to 10^{-3} g)*
 multivariate ~ *(stat)* multivariate analysis
 naßchemische ~ wet[-chemical] analysis
 organische ~ organic [compound] analysis
 ~ organischer Stoffe/polarographische ~ organic polarographic analysis
 photometrische ~ photometric analysis
 polarographische ~ polarographic analysis
 potentialkontrollierte ~ controlled-potential analysis
 potentiometrische ~ potentiometric analysis
 qualitative ~ qual[itative] analysis, compositional analysis
 quantitative ~ quantitative analysis
 quantitative chemische ~ quantitative chemical analysis
 sensorische ~ sensory analysis
 spektrochemische ~ spectrochemical analysis
 spektrographische ~ spectrographic analysis
 spektrometrische ~ spectrometric analysis
 statistische ~ statistical analysis
 technische ~ commercial analysis

thermische ~ thermal analysis
thermogravimetrische ~ thermogravimetry, TG
thermomechanische ~ thermomechanical analysis, TMA
thermometrische ~ thermometric analysis
titrimetrische ~ titrimetric (mensuration) analysis, titrimetry
voltammetrische ~ voltammetric analysis
volumetrische ~ s. titrimetrische ~
zerstörungsfreie ~ non-destructive analysis
Analysenablaufplan m analytical operation
Analysenbedingung f analysis condition
Analysenbefund m analytical finding (result), analysis result
Analysendaten pl analytical (analysis) data
Analysendauer f analysis time
Analysendurchführung f analytical procedure
Analysenergebnis n s. Analysenbefund
Analysenfehler m analytical (analysis) error
Analysenfunkenstrecke f (opt at) analytical gap
Analysenfunktion f analytical [evaluation] function
Analysengang m analytical (analysis) scheme, scheme (course) of analysis, analytical approach
Analysengerät n analyser, (US) analyzer, analysis apparatus, analytical device (instrument)
chromatographisches ~ chromatographic analyser
~ **für den nahen Infrarotbereich** near-infrared analyser
~ **für naßchemische Reaktionen** wet chemical analyser
in die Rohrleitung eingepaßtes ~ in-line adaptive analyser
klinisches ~ clinical analyser
kontinuierlich arbeitendes ~ continuous analyser
photometrisches ~ photometric analyser
polarographisches ~ polarographic analyser
voltammetrisches ~ voltammetric analyser
Analysengeschwindigkeit f analysis (analytical) rate, speed of analysis
Analysengewicht n analytical weight
Analysenkenngröße f analysis parameter
Analysenkurve f analytical curve
Analysenlinie f analytical (analysis) line
Analysenlösung f analysis solution, (prior to analysis also) solution to be analysed, analysing solution, (during analysis also) solution being analysed, (after analysis also) solution analyzed
Analysenmethode f analytical (analysis) method, method of analysis
chemische ~ chemical (classical) method of analysis, method of chemical analysis
elektrochemische ~ electrochemical method of analysis
instrumentelle ~ instrumental analytical (analysis) method, instrumental method of analysis
katalytische ~ catalytic method of analysis
kinetische ~ kinetic method of analysis

klassische ~ s. chemische ~
polarographische ~ polarographic method of chemical analysis
Analysenmethodik f s. Analysenverfahren
Analysenparameter m analytical parameter
Analysenprobe f analysis (analytical) sample, analytical specimen, (prior to analysis also) sample to be analyzed, (during analysis also) sample being analyzed, sample under analysis, (after analysis also) sample analyzed
Analysenprotokoll n analytical (analysis) report
Analysenreaktion f analytical reaction
analysenrein analytical-reagent-quality, [analytical] reagent grade, analar[-grade], analar purity, analytically pure
Analysenreinheit f analytical-reagent quality, reagent purity
Analysensignal n analytical signal
brauchbares (nutzbares) ~ useful analytical signal
Analysensubstanz f substance under analysis; analysand, substance to be analysed
Analysensystem n analysis system
Analysentechnik f s. Analysenverfahren
Analysentrichter m analytical (fluted, 60° filtration) funnel
Analysenverfahren n analytical procedure (technique), analysis technique
chemisches ~ chemical analytical procedure
Analysenvorschrift f analytical instruction
Analysenwaage f analytical balance
~ **mit Dämpfung** damped balance
Analysenweg m analytical (analysis) scheme, scheme (course) of analysis, analytical approach
Analysenwert m analytical value
Analysenzeit f analysis time
Analysenzyklus m analysis (analytical) cycle
Analyseverfahren n s. Analysenverfahren
analysierbar analysable, (US) analyzable
analysieren to analyse, (US) to analyze
elektrochemisch ~ to analyse electrochemically
Analysiergerät n analyser, (US) analyzer, analysis apparatus, analytical device (instrument)
Analyt m analyte
Analytabsorption f analyte absorption
Analytemission f analyte emission
analytfrei analyte-free
Analytik f [/chemische] analytical chemistry
forensische ~ forensic analysis
Analytiker m analyst, analytical chemist, chemist-analyst
auf dem Gebiet der organischen Chemie tätiger ~ organic analyst
in der Praxis tätiger ~ s. praktisch tätiger ~
praktisch tätiger ~ practising (practical) analyst
analytisch analytical
Analytsignal n analyte signal
Anastigmat m(n) (spec) anastigmat[ic lens]
anastigmatisch anastigmatic

ändern to change, to alter[nate] *(colour, shape, charge)*
Änderung *f* change, alteration *(of colour, shape, charge)*
  ~ der freien Enthalpie free-energy change
  physikalische ~ physical change
Änderungsgeschwindigkeit *f* rate of change
Anemometer *n (gas chr)* anemometer
Anfangsbande *f* initial band (peak)
Anfangsgeschwindigkeit *f* initial rate (velocity)
  ~ der Reaktion initial reaction rate
Anfangskonzentration *f* initial concentration
Anfangsleitwert *m* initial conductance
Anfangspotential *n* initial (starting) potential
Anfangsstadium *n* initial stage
Anfangsstrom *m* initial current
Anfangsstromstärke *f* initial current intensity
Anfangsstufe *f* initial stage
Anfangswert *m* initial value
Anfangszone *f (elph)* starting (original) zone
Anfangszustand *m* initial (original) state
anfärben to stain
Anfärbereagens *n* chromogenic (spray, locating, visualization) reagent
Anfärbung *f* staining
anfeuchten to moisten
angeregt/elektronisch electronically excited
angereichert/mit Sauerstoff oxygen-enriched
Ångström *n* angstrom, Ångström *(non-SI unit of length; 1 Å = 0,1 nm)*
anharmonisch anharmonic
Anharmonizität *f* anharmonicity
Anharmonizitätskopplung *f (spec)* anharmonicity coupling
Anhydrid *n* anhydride
Anilin *n* aniline
Anion *n* anion
anion[en]aktiv anionic
Anionenanalyse *f* anion analysis
Anionenaustausch *m* anion exchange
Anionenaustauschchromatographie *f* anion-exchange chromatography
Anionenaustauscher *m* anion exchanger
  ~ auf Kieselgelbasis silica-based anion exchanger
  ~ auf Kunstharzbasis anion-exchange resin
  flüssiger ~ liquid anion exchanger, anion-exchange liquid
  ~ [mit] niedriger Kapazität low-capacity anion exchanger
  schwacher (schwach basischer) ~ weak anion (base) exchanger
  starker (stark basischer) ~ strong anion (base) exchanger
Anionenaustauscher... s. Anionenaustausch...
Anionenaustauschharz *n* anion-exchange resin
Anionenaustauschmembran *f* anion-exchange[r] membrane
Anionenaustauschsäule *f* anion[-exchange] column
Anionenchromatographie *f* anion chromatography
Anionenelektrode *f* anodic (anodized) electrode
Anionenradikal *n* anion-radical, radical anion
Anionentauscher *m* anion exchanger
Anionentrennung *f* anion separation
Anionentrennungsgang *m* scheme of analysis for the anions
anionenunempfindlich insensitive to anions
anionisch anionic
Anionit *m* anion exchanger
Anisol *n* anisole, methoxybenzene
anisotrop anisotropic, aeolotropic
  optisch ~ optically anisotropic
Anisotropie *f* anisotropy, aeolotropism
  ~ der chemischen Verschiebung *(nuc res)* chemical shift anisotropy, CSA
  diamagnetische ~ diamagnetic anisotropy
  magnetische ~ magnetic anisotropy
  optische ~ optical anisotropy
  physikalische ~ physical anisotropy
Anisotropieeffekt *m (nuc res)* anisotropy (anisotropic) effect
Anisotropiefaktor *m (opt anal)* [Kuhn] anisotropy factor, [Kuhn] dissymmetry factor
Ankergruppe *f* ionogenic [functional] group, exchange[r] group, exchanging (ion-exchange) group, exchange unit, ion-active group *(in an ion exchanger)*
ankoppeln to couple
ankuppeln to couple *(to form an azo dye)*
anlagern to capture *(electrons)*; to add *(an atom or atomic group to a molecule)*
  sich adsorptiv ~ to adsorb
Anlagerung *f* capture *(of electrons)*; addition *(of an atom or atomic group to a molecule)*
Anlaufperiode *f* induction period *(of a reaction)*
anlegen to apply *(a voltage)*
Annahmekontrolle *f* **durch Stichprobennahme** acceptance sampling
Annahmekriterium *n* acceptance criterion
Annahme-Probennahmeplan *m* acceptance sampling plan
Annahmeprüfung *f* acceptance inspection
Annahmeverfahren *n* acceptance procedure
Annahmewahrscheinlichkeit *f* acceptance probability
Annahmezahl *f* acceptance number
annehmen to accept; to acquire *(a certain temperature)*
Annihilation *f (rad anal)* annihilation
Annihilationsstrahlung *f* annihilation radiation
Anode *f* anode
  feststehende ~ fixed anode
  poröse ~ porous anode
  rotierende ~ rotating anode
Anodenpotential *n* anode potential

Anodenraum m (elph) anode (anodic) compartment, anode space
Anodenreaktion f anode reaction
Anodenschwingkreis m tank circuit (impedimetric titration)
Anodenstrom m anode (anodic) current, plate current
Anodenstromdichte f anodic current density
Anodic-stripping-Polarographie f anodic stripping polarography
Anodic-stripping-Voltammetrie f anodic stripping voltammetry, ASV, anodic stripping [analysis]
Anodic-stripping-Voltammogramm n anodic stripping voltammogram
anodisch anodic
anodisieren to anodize
Anolyt m anolyte, anodic electrolyte (electrolyte in the anode compartment)
anordnen to arrange
  sich ~ to align, to orient
  zufällig ~ (stat) to randomize
Anordnung f arrangement
  geometrische ~ spatial (geometrical) arrangement, spatial orientation
  instrumentelle ~ instrumental set-up
  oktaedrische ~ octahedral arrangement (orientation, coordination) (of ligands)
  optische ~ optical layout
  räumliche ~ s. geometrische ~
  regelmäßig ausgerichtete ~ alignment, orientation
  zufällige ~ (stat) randomization
Anorganiker m inorganic chemist
anorganisch inorganic
Anpaßstück n (lab) adapter
anregen to excite (atoms)
  die Oxidation ~ to induce oxidation
Anregung f excitation (of atoms)
  selektive ~ selective excitation
  thermische ~ thermal excitation
Anregungsbedingungen fpl excitation conditions
Anregungsenergie f excitation energy
Anregungsfrequenz f excitation (exciting) frequency
Anregungsimpuls m excitation pulse
Anregungsmechanismus m excitation mechanism
Anregungsmethode f excitation method
Anregungsmonochromator m excitation monochromator
Anregungsniveau n excitation (excited) level
Anregungspotential n excitation potential
Anregungspuls m excitation pulse
Anregungsquelle f excitation source
Anregungssequenz f excitation sequence
Anregungssignal n excitation signal
Anregungsspannung f excitation potential
Anregungsspektrum n excitation spectrum
Anregungsstrahl m excitation beam

Anregungsstrahlung f excitation (exciting) radiation
Anregungsvorgang m excitation process
Anregungswellenlänge f excitation (exciting) wavelength
Anregungszustand m excited state
anreichern to [pre]concentrate (components); to enrich (with components)
Anreicherung f [pre]concentration (of components); enrichment (with components)
  relative ~ (chr) heartcutting
  ~ **von Spurenkomponenten** trace enrichment
Anreicherungselektrolyse f (pol) pre-electrolysis [step], electrolysis step
  potentiostatische ~ controlled-potential electrolysis step
Anreicherungsfaktor m enrichment factor
Anreicherungskoeffizient m enrichment factor
Anreicherungsschritt m enrichment stage; (pol) [pre]concentration step
Anreicherungsstrom m (pol) deposition current
Anreicherungsverfahren n concentration process (method)
Anreicherungsvorgang m (pol) [pre]concentration process
Anreicherungszeit f (pol) deposition time (period)
ansäuern to acidify
  schwach ~ to acidulate
Ansäuern n acidification
  schwaches ~ acidulation (a type of preservation)
Ansäuerung f acidification
Ansäuerungsmittel n acidulant, acidulent
ansaugen to draw [in]
Ansaugleitung f suction line
Ansaugrohr n suction line
Anschlußfunktion f (lab) interfacing function
ansetzen to prepare
Ansetzen n preparation
Ansprechdauer f [instrument] response time
ansprechen to respond (of a detector)
Ansprechfaktor m (chr) response (correction) factor
Ansprechzeit f [instrument] response time
ansteigen to rise, to increase
Anstieg m rise, increase
Anstiegskante f front, leading edge (of a signal)
Anstiegszeit f [instrument] response time
Antagonismus m antagonism
antagonistisch antagonistic
Anteil m part, [pro]portion, component, constituent, (esp if one of two parts) moiety
  aliquoter ~ aliquot [part, portion]
  ~ **an organischen Halogenverbindungen/austreibbarer (flüchtiger)** purgeable organic halogens, POX
  ~ **an organischen Halogenverbindungen/nichtflüchtiger** non-purgeable organic halogens, NPOX

Anteil

periodischer ~ *(pol)* periodic component
prozentualer ~ percentage
Anthranilat *n* anthranilate
Anthranilsäure *f* anthranilic acid, o-aminobenzoic acid
Antigen *n* antigen
Antigen-Antikörper-Reaktion *f* antigen-antibody reaction
Antikörper *m* antibody
 monospezifischer ~ monospecific antibody
Antimon *n* Sb antimony
Antimonat *n* antimonate
Antimonchlorid *n* antimony chloride
Antimonelektrode *f* antimony electrode
Antimonoxidelektrode *f* antimony oxide electrode
Antimon(III)-Verbindung *f* antimony(III) compound
Antioxidans *n*, **Antioxidationsmittel** *n* anti-oxidant
antiparallel antiparallel
Antiphase *f (nuc res)* antiphase
Antiphase-Magnetisierung *f (nuc res)* antiphase magnetization
Antiphase-Signal *n (nuc res)* antiphase peak
Antipode *m/* optischer enantiomer, optical antipode (isomer), enantiomorph
Antiserum *n* antiserum
Anti-Stokes-Bereich *m (opt mol)* anti-Stokes region
Anti-Stokes-Linie *f (opt mol)* anti-Stokes line
Anti-Stokes-Raman-Spektroskopie *f/* kohärente coherent anti-Stokes Raman spectroscopy (scattering), CARS [spectroscopy]
Anti-Stokes-Spektrum *n* anti-Stokes spectrum
Anti-Stokes-Streuung *f (opt mol)* anti-Stokes scatter[ing], anti-Stokes Raman scattering
antisymmetrisch antisymmetric
Antiteilchen *n* antiparticle
Antizirkularentwicklung *f (liq chr)* anticircular elution (development)
Antwortkurve *f* response curve
anwärmen to preheat
Anzahl *f* number, quantity
 ~ der Kontrollkarteneintragungen / mittlere average run length, ARL
 ~ gebrauchshindernder Unvollkommenheiten je Einheit defects per unit
 ~ gebrauchshindernder Unvollkommenheiten je 100 Einheiten defects per hundred units
Anzeige *f* indication, reading
 ~ im unbelasteten Zustand no-load indication
Anzeigeempfindlichkeit *f* indication sensitivity
 molare ~ molar response *(of a detector)*
Anzeigefehler *m* error in indication
Anzeigegenauigkeit *f* precision of indication
Anzeigegerät *n*, **Anzeigeinstrument** *n* indicating instrument
Anzeigemeßgerät *n* readout meter
anzeigen to indicate
Anzeigepotential *n* indicator potential

Anzeigeschaltung *f* indicating (indicator) circuit
Anzeigestrom *m* indicating current
Anzeigesystem *n* indicating system
Anzeigeverfahren *n* indicating (indication) method
Anzeigewert *m* display value
anziehen to attract
Anziehung *f* attraction
 Coulombsche (elektrostatische) ~ Coulomb (electrostatic) attraction
 van-der-Waalssche ~ van der Waals attraction
Anziehungskraft *f* attractive force
 Coulombsche (elektrostatische) ~ Coulomb (electrostatic) force of attraction
 van-der-Waalssche ~ van der Waals [attractive] force, van der Waals force of attraction
AO (Atomorbital) atomic orbital, AO
AOS (adsorbierbarer organisch gebundener Schwefel) adsorbable organic sulphur, AOS
AOX (adsorbierbare organisch gebundene Halogene) adsorbable organic halogen, AOX
AP (Auftrittspotential) *(maspec)* appearance energy (potential)
Apiezonfett *n* apiezon [grease]
API-Ionenquelle *f (maspec)* atmospheric pressure ionization source, API source
API-Massenspektrometrie *f*, **API-MS** atmospheric pressure ionization mass spectrometry
API-Quelle *f s.* API-Ionenquelle
Apodisation *f (spec)* apodization
Apparat *m* **für kontinuierliche Extraktion** continuous extractor, continuous extraction apparatus
 ~ zur Kohlendioxidbestimmung carbon dioxide apparatus
apparativ instrumental
Apparatur *f* apparatus, equipment
Appearance-potential-Spektroskopie *f* appearance potential spectroscopy, APS
Approximation *f* approximation
Approximationsverfahren *n* approximation (approximate) method
approximieren to approximate
aprot[on]isch aprotic
Aqua *n* **destillata** distilled water
 ~ regia aqua regia *(mixture of hydrochloric and nitric acid)*
äquilibrieren to equilibrate
Äquilibrierung *f* equilibration
 ~ der Säule *(chr)* column equilibration
 ~ der stationären Phase *(liq chr)* layer equilibration
Äquilibrierungszeit *f* equilibration time
äquimolar equimolar
Äquipotentialpunkt *m (el anal)* isopotential point
äquivalent / chemisch chemically equivalent *(nuclei)*
 magnetisch ~ *(nuc res)* magnetically equivalent
 nicht magnetisch ~ *(nuc res)* magnetically inequivalent
Äquivalent *n* equivalent

elektrisches ~ electrical equivalent
elektrochemisches ~ electrochemical equivalent
Äquivalentbeziehung *f (stat)* equivalent relation
Äquivalentdosis *f (rad anal)* [effective] dose equivalent
Äquivalentkonzentration *f* normality
Äquivalentleitfähigkeit *f* equivalent conductance
~ **bei unendlicher Verdünnung** equivalent conductance at infinite dilution
~ **der Ionen** equivalent ion[ic] conductance
Äquivalentmasse *f* equivalent weight
Äquivalentradius *m* equivalent radius *(of a macromolecule)*
Äquivalentteilchen *n* equivalent entity
Äquivalentzahl *f* number of equivalents
Äquivalenz *f/* **chemische** chemical equivalence *(of nuclei)*
magnetische ~ magnetic equivalence *(of nuclei)*
Äquivalenzfaktor *m* equivalence factor
Äquivalenzgesetz *n/* **[Stark-]Einsteinsches** *(spec)* Einstein photochemical equivalence law, Stark-Einstein law
Äquivalenzpotential *n* equivalence potential
Äquivalenzpunkt *m (vol)* equivalence (equivalent, stoichiometric) point, stoichiometric (theoretical) end-point
Äquivalenzpunktbestimmung *f (vol)* equivalence-point detection
Äquivalenzpunktpotential *n (vol)* equivalence-point potential
Äquivalenzwert *m* equivalence value
Arbeiten *n* **mit innerem Standard** standard addition method, [method of] standard addition
quantitatives ~ quantitative work
Arbeitsablauf *m* sequence of operations
Arbeitsbedingungen *fpl* operating conditions
Arbeitsbereich *m* operating (working) range
linearer ~ linear dynamic range, LDR, linear [response] range *(of a detector)*
Arbeitsdruck *m* operating pressure
Arbeitselektrode *f* working electrode, WE
Arbeitsfrequenz *f* operating frequency
Arbeitsgeschwindigkeit *f* speed of operation, operating speed
Arbeitskurve *f* calibration curve (plot)
Arbeitsoszillator *m* working oscillator *(impedimetric titration)*
Arbeits-pH-Bereich *m* operating (working) pH range
Arbeits-pH-Wert *m* operating (working) pH
Arbeitsplatzkonzentration *f/* **maximale** threshold limit value, TLV, maximum allowable concentration, MAC
Arbeitspotential *n* working potential
Arbeitsskale *f* scale of working
Arbeitstechnik *f* technique, procedure
mikrochemische ~ microchemical technique
Arbeitstemperatur *f* operating (working) temperature

maximale ~ maximum [allowable] operating temperature, MAOT
Arbeitstisch *m* laboratory table (bench, desk)
Arbeitsverfahren *n* technique, procedure
Arbeitsweise *f* [mode of] operation
diskontinuierliche ~ batch operation
isokratische ~ *(liq chr)* isocratic operation
isotherme ~ isothermal operation
isotherm-isobare ~ isothermal-isobaric operation
kontinuierliche ~ continuous operation
mehrdimensionale ~ *(chr)* multidimensional operation
säulenchromatographische ~ column operation
temperaturprogrammierte ~ temperature-programmed operation
Arene *npl s.* Aromaten
Argentometrie *f* argentometry, argentimetry *(titration using silver salt solutions)*
argentometrisch argentometric, argentimetric
Argon *n* Ar argon
Argon-Detektor *m s.* Argon-Ionisationsdetektor
Argonionen-Laser *m* argon[-ion] laser
Argon-Ionisationsdetektor *m (gas chr)* argon [ionization] detector
Argon-Laser *m* argon[-ion] laser
Argonplasma *n* argon plasma
induktiv gekoppeltes ~ inductively coupled argon plasma, ICAP
Ar^+-Laser *m* argon[-ion] laser
Aroma *n* flavour
Aromastoff *m* flavour, flavouring [material, matter, substance]
Aromaten *mpl* aromatics, aromatic hydrocarbons (compounds)
mehrkernige (polycyclische) ~ polycyclic aromatic hydrocarbons, PAH, [polynuclear] aromatic compounds
aromatisch aromatic
Arraydetektion *f (spec)* array detection
Arraydetektor *m (spec)* diode array detector, DAD, [photodiode, UV diode] array detector
Arrhenius-Diagramm *n* Arrhenius plot
Arrhenius-Gleichung *f* Arrhenius equation *(of the temperature dependence of reaction rates)*
Arrhenius-Parameter *m* Arrhenius parameter
Arsen *n* As arsenic
Arsenat *n*, **Arsenat(V)** *n* arsenate
Arsen(III)-oxid *n* arsenic(III) oxide
Arsen(III)-sulfid *n*, **Arsentrisulfid** *n* arsenic(III) sulphide, arsenic trisulphide
Arsenverbindung *f* arsenic compound
Arsen(III)-Verbindung *f* arsenic(III) compound
Artefakt *n* artifact, artefact
Artefaktbildung *f* artifact formation
Arylamin *n* aromatic amine
Arzneimittel *n* pharmaceutic[al], pharmacon, drug
Arzneimittelchemie *f* pharmaceutic[al] chemistry, pharmacochemistry

Arzneipräparat

Arzneipräparat n pharmaceutical preparation
As (Amperesekunde) coulomb, C, ampere-second
As(III)-Verbindung f s. Arsen(III)-Verbindung
Asbestpfropfen m asbestos plug
Aschegehalt m ash content
Ascorbat n ascorbate
Assoziat n association complex
  diastereomeres ~ diastereomeric association complex
Assoziation f association
Assoziationsgleichgewicht n association equilibrium
Assoziationsgrad m degree of association
Assoziationskonstante f association constant
Assoziationsreaktion f association reaction, associative combination
assoziieren/sich to associate
Astat n At astatine
astigmatisch *(spec)* astigmatic
Astigmatismus m *(spec)* astigmatism
ASV (Anodic-stripping-Voltammetrie) anodic stripping voltammetry, ASV, anodic stripping [analysis]
Asymmetrie f asymmetry
Asymmetriefaktor m *(chr)* [peak] asymmetry factor
Asymmetriefehler m asymmetric optical aberration, coma
Asymmetrieparameter m *(mag res)* asymmetry parameter
Asymmetriepotential n asymmetry potential
Asymmetriezentrum n asymmetric centre, centre of asymmetry
asymmetrisch asymmetric[al]
Atemschutz m respiratory protection
Atemschutzgerät n respiratory protective device, respiratory apparatus
A-Term m *(chr)* A term, eddy diffusion term *(of the van Deemter equation)*
atm s. Atmosphäre
Atmosphäre f atmosphere, atm, standard atmosphere *(1 atm = 101 325 Pa)*
  indifferente (inerte) ~ inert atmosphere
  physikalische ~ Atmosphäre
Atmosphärendruck m ambient (atmospheric) pressure
Atmosphärendruck-Ionenquelle f *(maspec)* atmospheric pressure ionization source, API source
Atmosphärendruck-Ionisation f *(maspec)* atmospheric pressure ionization, API
Atmungsschwingung f *(opt mol)* breathing vibration
Atom n/**benachbartes** neighbouring (adjacent) atom
  freies ~ free (unbonded) atom
  heißes ~ *(rad anal)* hot atom
Atomabsorption f atomic absorption
  flammenlose ~ flameless atomic absorption
Atomabsorptionsspektralphotometer n s. Atomabsorptionsspektrometer

Atomabsorptionsspektralphotometer-Detektor m *(liq chr)* atomic absorption detector
Atomabsorptionsspektralphotometrie f s. Atomabsorptionsspektrometrie
Atomabsorptionsspektrometer n atomic absorption spectrometer
Atomabsorptionsspektrometrie f atomic absorption spectro[photo]metry, AAS
  elektrothermische (flammenlose) ~ electrothermal atomic absorption spectrometry, EAAS, electrothermal atomization atomic absorption spectrometry, ETA-AAS
  ~ **mit elektrothermischer Atomisierung** s. elektrothermische ~
  ~ **mit Kontinuumstrahler** continuum-source atomic absorption spectrophotometry, CS-AAS
Atomabsorptionsspektrophotometrie f s. Atomabsorptionsspektrometrie
Atomabsorptionsspektroskopie f atomic absorption spectroscopy, AAS
Atomanordnung f atom[ic] configuration, spatial configuration
Atomemission f atomic emission
Atomemissionsspektralanalyse f atomic emission analysis
Atomemissionsspektrometer n atomic emission spectrometer
Atomemissionsspektrometrie f atomic emission spectrometry, AES
  ~ **mit Gleichstromplasma** direct-current plasma atomic emission spectrometry, DCP-AES
  ~ **mit induktiv gekoppeltem Argonplasma** inductively coupled argon plasma atomic emission spectrometry, ICAP-AES
  ~ **mit induktiv gekoppeltem Plasma** inductively coupled plasma atomic emission spectrometry, ICP-AES
  ~ **mit kapazitiv gekoppeltem Mikrowellenplasma** capacitively coupled microwave plasma atomic emission spectrometry, CMP-AES
  ~ **mit mikrowelleninduziertem Plasma** microwave-induced plasma atomic emission spectrometry, MIP-AES
Atomemissionsspektroskopie f atomic emission spectroscopy, AES
Atomemissionsspektrum n atomic emission spectrum
Atomfluoreszenz f atomic fluorescence
Atomfluoreszenzspektrometrie f atomic fluorescence spectrometry, AFS
  laserangeregte ~ laser-excited atomic fluorescence spectrometry, LEAFS
Atomfluoreszenzspektroskopie f atomic fluorescence spectroscopy, AFS
Atomgewicht n s. Atommasse/relative
Atomisator m atomizer
  elektrothermischer (flammenloser) ~ *(opt at)* electrothermal (flameless) atomizer
atomisieren to atomize

Atomisierung *f* atomization
 elektrothermische (flammenlose) ~ *(opt at)* electrothermal (flameless) atomization
 isotherme ~ isothermal atomization
Atomisierungshilfe *f* atomization aid
Atomisierungstemperatur *f* atomizing temperature
Atomkern *m* [atomic] nucleus
Atomkonfiguration *f* atom[ic] configuration, spatial configuration
Atomlinie *f (opt at)* atom line
Atommasse *f* atomic mass
 absolute ~ absolute atomic mass
 relative ~ relative atomic mass, RAM, *(formerly)* atomic weight, A
Atomnummer *f* atomic (proton) number
Atomorbital *n* atomic orbital, AO
Atomreservoir *n (opt at)* atom reservoir
Atomrumpf *m* [atomic] core, [atomic] kernel
Atomsorte *f* type of atoms
Atomspektroskopie *f* atomic spectroscopy
Atomspektrum *n* atomic spectrum
Atom[zahl]verhältnis *n* atomic ratio, ratio of atoms
atoxisch non-toxic, non-poisonous
ATR (abgeschwächte Totalreflexion) attenuated total reflection (reflectance), ATR
Attraktion *f s.* Anziehung
Auer-Brenner *m (opt mol)* Auer burner
aufarbeiten to prepare
Aufarbeitung *f* preparation
Aufbau *m* structure, build[-up], *(of a molecule also)* constitution, *(of an apparatus also)* set-up
 chemischer ~ chemical structure
 instrumenteller ~ instrumental set-up
aufbereiten to prepare
Aufbereitung *f* preparation
 statistische ~ statistical treatment *(of analytical data)*
aufbewahren to store, to keep
 kühl ~ to store in a cool place
 lichtgeschützt ~ to keep screened from the light
Aufbewahrung *f* storage, storing, keeping
aufbringen to apply *(samples)*
Aufbringen *n* application *(of samples)*
aufdringlich objectionable *(odour)*
Aufenthaltswahrscheinlichkeit *f* probability of finding a particle *(in a specified location)*
Aufenthaltszeit *f* residence (hold-up, retention, dwell) time
auffächern to spread out, to fan out, to dephase *(of the magnetization)*
Auffangelektrode *f* collector (collecting, collection) electrode *(of a detector)*
auffangen to collect *(distillate, gas, or ions)*
Auffänger *m (maspec)* [ion] collector
auffüllen to make up, to adjust *(a solution to a certain volume)*
aufgeben to apply *(samples)*
Aufgeben *n* application *(of samples)*

Aufhebung *f* **der freien Drehbarkeit** hindrance to internal (free) rotation, hindered rotation
Aufheizgeschwindigkeit *f* heating rate
aufladen to charge
auflösen 1. to dissolve, to bring into solution; 2. *(meas)* to resolve
 ~ **nach** to solve for *(an equation)*
 sich ~ to dissolve, to go into solution, to undergo dissolution
 sich wieder ~ to re-dissolve
 wieder ~ to re-dissolve
Auflösung *f* 1. dissolution; 2. *(meas)* resolution, resolving power; 3. *s.* Auflösungsschritt • **mit mittlerer** ~ medium-resolution
 chromatographische ~ peak[-to-peak] resolution, [chromatographic] resolution
 digitale ~ *(mag res)* digital resolution, DR, frequency separation
 geringe (niedrige) ~ low resolution
 spektrale ~ spectral resolution
 spezifische ~ *(chr)* specific resolution [factor]
Auflösungsgewinn *m* resolution enhancement
Auflösungsgleichung *f (chr)* master resolution equation
Auflösungskartierung *f/* **überlappende** *(liq chr)* overlapping resolution mapping, ORM
Auflösungspotential *n (voltam)* re-oxidation potential, re-dissolution potential
Auflösungsschritt *m* stripping step (process), stripping, oxidation (reduction) back into solution
Auflösungsstrom *m (voltam)* stripping current
Auflösungsvermögen *n (meas)* resolution, resolving power; *(maspec)* mass resolution
Auflösungsvorgang *m s.* Auflösungsschritt
Aufnahme *f* 1. uptake, take-up *(of a substance)*; absorption *(of liquids, gases)*; acceptance *(of electrons, protons)*; acquisition *(of data)*; 2. photograph, picture
 mikrophotographische ~ photomicrograph
aufnahmefähig absorbent, absorptive
Aufnahmefähigkeit *f*, **Aufnahmevermögen** *n* absorptivity, absorbency, absorbing (absorption) capacity
aufnehmen 1. to take (pick) up *(a substance)*; to take up *(a residue by dissolving it)*; to absorb *(liquids, gases)*; to accept *(electrons, protons)*; to acquire *(data)*; to pick up *(a measuring signal)*; 2. to take a photograph
 photographisch ~ to record photographically *(e.g. a spectrum)*
Aufnehmer *m/* **ohmscher** resistance sensor
Aufnehmerteil *m* receptor part
Aufprall *m* impingement
aufprallen to impinge
Aufreinigung *f* clean-up
aufsaugen to absorb *(liquids, gases)*
aufschlämmen to suspend, to bring into suspension, to slurry *(particles)*
Aufschlämmung *f* suspension, slurry

aufschließen

aufschließen to digest; to macerate *(plants, tissue)*
Aufschluß *m* digestion; maceration *(of plants, tissue)*
  nasser ~ wet digestion
Aufschlußdauer *f* digestion period
Aufschlußgestell *n (or anal)* digestion stand (rack)
Aufschlußkolben *m* combustion flask *(for organic elemental analysis)*
aufspalten to cleave, to break *(bonds)*; to decompose *(compounds)*; to split *(signals)*
Aufspaltung *f* cleavage *(of bonds)*; decomposition *(of compounds)*; [spectroscopic] splitting *(of signals)*
  dipolare ~ *(nuc res)* dipole-dipole splitting
  elektrolytische ~ electrolytic decomposition
Aufspaltungsbild *n (nuc res)* splitting pattern
Aufspaltungsfaktor *m* [*/* **spektroskopischer**] *(spec)* [Landé] g factor, Landé (spectroscopic) splitting factor, splitting (gyromagnetic) factor
Aufspaltungsmuster *n (nuc res)* splitting pattern
aufstellen to mount *(an apparatus)*
Aufstellung *f* mount[ing] *(of an apparatus)*
  schwingungsfeste ~ vibration-proof mounting
Auftragegerät *n* applicator, spotting device *(for samples)*
auftragen to apply *(samples)*; to plot *(one variable against another)*
  punktförmig ~ *(chr, elph)* to spot
  strichförmig ~ *(chr, elph)* to apply as a streak
Auftragen *n* application *(of samples)*
  punktförmiges ~ *(chr, elph)* spotting
  strichförmiges ~ *(chr, elph)* streaking
Auftrag[ung]sstelle *f (chr, elph)* application point
auftreffen to impinge
auftrennen to separate, to resolve *(a mixture)*
Auftrennung *f* separation, resolution *(of a mixture)*
Auftrittsenergie *f*, **Auftrittspotential** *n (maspec)* appearance energy (potential)
Auftrittspotentialspektroskopie *f* appearance potential spectroscopy, APS
Aufwärtsdiffusion *f* upward diffusion
Aufweitungsfaktor *m* expansion factor *(of a macromolecule)*
  viskosimetrischer ~ viscosity expansion factor
aufzeichnen to record *(measured values)*; to plot *(data on graphs)*
Aufzeichnung *f/* **isometrische** *(chr)* isometric map
  photographische ~ photographic record
Aufzeichnungsbreite *f* recording width *(data acquisition)*
Augenblickswert *m* instantaneous (momentary) value
Auger-Ausbeute *f (spec)* Auger yield
Auger-Effekt *m (spec)* Auger effect
Auger-Elektron *n (spec)* Auger electron
Auger-Elektronen-Emission *f (spec)* Auger electron emission
Auger-Elektronenmikroskopie *f* Auger electron microscopy, AEM

Auger-Elektronenspektroskopie *f* Auger electron spectroscopy, AES, Auger spectroscopy, Auger [electron] emission spectroscopy
  elektronenangeregte ~ electron-excited Auger electron spectroscopy, EAES, EEAES, electron-induced (electron-initiated) Auger electron spectroscopy, EIAES
  heliumangeregte ~ helium-excited Auger electron spectroscopy, HAES
  ionenangeregte (ioneninduzierte) ~ ion-excited Auger electron spectroscopy, IEAES, IAES, ion-induced (ion-initiated) Auger electron spectroscopy, IIAES
  ~ **mit Röntgenstrahlanregung** X-ray excited Auger electron spectroscopy, XAES, XEAES, X-ray induced Auger electron spectroscopy, photon-excited Auger electron spectroscopy
  protonenangeregte ~ proton-excited Auger electron spectroscopy, PAES
  spinpolarisierte ~ spin-polarized Auger electron spectroscopy, SPAES
  winkelaufgelöste ~ angle-resolved Auger electron spectroscopy, ARAES, angular-dependent Auger spectroscopy, ADAS
Auger-Neutralisation *f (spec)* Auger neutralization
Auger-Prozeß *m (spec)* Auger process
Auger-Spektroskopie *f s.* Auger-Elektronenspektroskopie
Auger-Spektrum *n* Auger electron spectrum
Auger-Übergang *m (spec)* Auger transition
Ausbeute *f* [chemical] yield *(of a reaction)*; *(stat)* recovery
ausbilden/sich to form
Ausbildung *f* formation
  ~ **von Bindungen** bond formation
  ~ **von Wasserstoffbrücken** hydrogen bonding, H-bonding
ausbluten *(chr)* to bleed
Ausbluten *n (chr)* bleeding, stationary phase bleed, column [stationary phase] bleed
Ausbrand *m (rad anal)* burn-up
ausdehnen/sich to expand
Ausdehnung *f/* **kubische** cubic expansion
  thermische ~ thermal expansion
Ausdringtiefe *f* escape depth *(of electrons)*
  mittlere ~ mean escape depth, attenuation length, inelastic mean free path, IMFP *(of electrons)*
auseinandernehmbar demountable
ausfallen precipitate/to
Ausfällen *n* precipitation, pptn.
Ausfallen *n* precipitation
Ausfallzeit *f* down time
ausfiltern to filter [out] *(vibrations, wavelengths)*
Ausfilterung *f* filtering *(of vibrations, wavelengths)*
Ausfingern *(liq res)* fingering [effect]
  viskoses ~ viscous fingering
ausflocken to flocculate, to coagulate *(of colloids)*

Ausflockung f flocculation, coagulation *(of colloids)* • **zur ~ bringen** s. **ausflocken**
  gegenseitige ~ mutual coagulation)
Ausfrieren n [cryogenic] trapping
Ausgabekanal m output channel
Ausgabesignal n output signal
Ausgangsdruck m *(chr)* outlet pressure *(at the column end)*
Ausgangsfrequenz f original frequency *(impedimetric titration)*
Ausgangsgut n raw (starting) material
Ausgangsklemme f output terminal
Ausgangskonzentration f initial concentration
Ausgangslösung f initial solution
Ausgangsmaterial n raw (starting) material
Ausgangsparameter m starting parameter
Ausgangsprobe f original sample
Ausgangspunkt m zero [point]
Ausgangssignal n output signal
Ausgangsspannung f output voltage
Ausgangsstoff m, **Ausgangssubstanz** f raw (starting) material
Ausgangsverbindung f parent compound
Ausgangszustand m initial (original) state
ausgleichen to compensate, to counterbalance
Ausgleichkolben m levelling bulb
Ausgleichmeßinstrument n null-balance instrument
Ausgleichsgerade f *(stat)* regression line
Auslaufdauer f delivery time *(of a burette or pipette)*
auslenken to deflect *(a beam)*
Auslenkung f deflection *(of a beam)*
auslösen to initiate *(a reaction)*
  die Oxidation ~ to induce oxidation
Auslösung f initiation *(of a reaction)*
ausmitteln to average [out]
auspressen to press
Ausreißer m *(stat)* outlier, outlying observation
Ausreißerprüfung f, **Ausreißertest** m *(stat)* outlier test
ausrichten to align, to orient[ate] *(dipoles)*
  parallel ~ *(spec)* to collimate
  sich ~ to align, to orient
Ausrichtung f alignment, orientation
  räumliche ~ orientation, directional distribution
Aussage f / **statistische** statistical statement
Aussalzchromatographie f salting-out chromatography
aussalzen to salt out
Aussalzmittel n salting-out agent
Ausschalter m / **zweipoliger** single-throw double-pole switch
Ausschaltung f / **selbsttätige** automatic cut-off
Ausschlag m deflection
ausschlagen to deflect *(of a pointer)*
ausschließen to exclude *(molecules)*
Ausschluß m exclusion *(of molecules)*
  sterischer ~ *(liq chr)* steric exclusion
  vollständiger ~ *(liq chr)* total exclusion
Ausschlußchromatographie f size-exclusion chromatography, SEC, exclusion chromatography, EC, gel (molecular) chromatography, molecular (liquid) exclusion chromatography
  wäßrige ~ gel filtration chromatography, GFC, gel filtration, aqueous size exclusion chromatography
Ausschlußeffekt m *(liq chr)* size-exclusion effect
Ausschlußgrenze f *(liq chr)* [molecular] exclusion limit
ausschneiden und wiegen *(chr)* to cut and weigh *(of peak areas)*
ausschütteln to extract by shaking, to shake out
  mit Ether ~ to extract (shake out) with ether
Ausschüttelung f [liquid-]liquid extraction, solvent extraction (partition)
Ausschwingrotor m *(sed)* swing-out rotor
aussenden s. **ausstrahlen**
Außendurchmesser m outside (outer) diameter, OD
Außenelektron n valence (outer) electron
Außensphärenkomplex m outer-sphere complex
Außenstrom m external current
Außerkolonneneffekt m *(chr)* extra-column effect, non-column effect
Außermittigkeitsstellung f center-off position
Außersäuleneffekt m s. **Außerkolonneneffekt**
aussieben to screen out
Ausspüldüse f rinse nozzle *(of an automatic titrator)*
ausspülen to rinse out
ausstrahlen to emit, to radiate
  wieder ~ to re-radiate
Ausstrahlung f emission, radiation
Austausch m exchange *(of ions)*
  chemischer ~ *(nuc res)* chemical exchange
  intermolekularer ~ intermolecular exchange
  langsamer ~ slow exchange
  schneller ~ fast exchange
austauschbar exchangeable *(ions)*
  nicht ~ non-exchangeable
Austauschbarkeit f exchangeability *(of ions)*
Austauscheigenschaften fpl exchange properties
austauschen to exchange *(ions)*
Austauscher m [ion] exchanger
  amphoterer ~ amphoteric ion exchanger
  anorganischer ~ inorganic ion exchanger
  flüssiger ~ liquid ion exchanger
  makroporöser (makroretikulärer) ~ macroporous ion exchanger
Austauschergruppe f ionogenic [functional] group, exchange[r] group, ion-exchange group, exchanging (ion-active) group, exchange unit *(in an ion exchanger)*
Austauscherharz n [ion-]exchange resin, resin[ous ion-exchanger], synthetic organic ion exchanger
Austauscherkapazität f s. **Austauschkapazität**

Austauschermaterial

Austauschermaterial *n* ion-exchange material (medium)
Austauschersäule *f* ion-exchange column
Austauschexperiment *n (nuc res)* 2D exchange experiment
Austauschfrequenz *f (nuc res)* exchange frequency
Austauschgeschwindigkeit *f* exchange rate
Austauschgleichgewicht *n* exchange equilibrium
Austauschgruppe *f s.* Austauschergruppe
Austauschisotherme *f* [ion-]exchange isotherm
Austauschkapazität *f* ion-exchange (ion-exchanging) capacity, exchange (resin) capacity
  totale ~ *(ion)* total ion exchange capacity, total [exchange] capacity, theoretical specific capacity
Austauschkoeffizient *m (pol)* transfer coefficient
Austauschmembran *f* ion-exchange[r] membrane
Austauschphänomen *n (nuc res)* exchange phenomenon
Austauschplatz *m (ion)* exchange[able] site *(of an ion exchanger)*
Austauschreaktion *f* substitution (replacement, exchange) reaction, *(esp relating to ions:)* [ion-] exchange reaction
Austauschschicht *f* exchange layer
Austauschspektroskopie *f* exchange spectroscopy, EXSY, two-dimensional exchange (spin-exchange NMR) spectroscopy, 2D exchange [NMR] spectroscopy
Austauschspektrum *n (nuc res)* exchange spectrum
Austauschverbreiterung *f (nuc res)* exchange broadening
Austauschvorgang *m (nuc res)* [chemical] exchange process
Austauschwechselwirkung *f* exchange interaction
austreiben to drive off, to expel *(volatile components)*
Austrittsarbeit *f (spec)* work funktion
Austrittsöffnung *f* exit aperture
Austrittsspalt *m (maspec)* exit (detector) slit
Austrittstiefe *f* escape depth *(of electrons)*
  mittlere ~ mean escape depth, attenuation length, inelastic mean free path, IMFP
Auswahlregel *f (spec)* selection rule (principle)
auswaschen to wash out *(impurities)*
Auswaschen *n* **der stationären Phase** *(liq chr)* solvent (phase) stripping
Auswertefunktion *f* analytical [evaluation] function
auswerten/statistisch to evaluate statistically
Auswertung *f/***quantitative** quantitative evaluation
Auswertungsfehler *m* evaluative error
Autoionisation *f (maspec)* auto-ionization, pre-ionization
Autokatalysator *m* autocatalyst
Autokatalyse *f* autocatalysis
autokatalytisch autocatalytic
Autoklav *m* autoclave

autoklavierbar autoclavable
Autoklavierbarkeit *f* autoclavability
autoklavieren to autoclave
automatisieren to automate
Automatisierung *f* automation
Autoradiogramm *n* autoradiograph
Autoradiographie *f* autoradiography, film registration
Autosampler *m* automatic sampler, autosampler
Auto-scan-Polarograph *m* auto-scan polarograph
auxochrom auxochromic
Auxochrom *n* auxochrome, auxochromic group
Avalancheeffekt *m* avalanche effect
Avogadro-Konstante *f* Avogadro constant (number) $(= 6.022045 \times 10^{23}\ mol^{-1})$
Axialdiffusion *f (chr)* axial (longitudinal, axial molecular) diffusion
Axialpeak *m (nuc res)* axial peak
Axialsignal *n (nuc res)* axial peak
axialsymmetrisch axially symmetric, axisymmetric[al]
Axialvermischung *f (flow)* longitudinal (axial) mixing
AX-System *n (nuc res)* AX spin system
A-2X-2-System *n (nuc res)* A-2X-2 spin system
Ayrton-Widerstand *m* Ayrton[-type] shunt
Azid *n* azide
Aziditätskonstante *f* acidity (acid dissociation) constant
Azofarbstoff *m* azo dye

B

Bahndrehimpuls *m* orbital [angular] momentum
  ~ des Elektrons electron orbital angular momentum
Bahndrehimpulsquantenzahl *f/***magnetische** magnetic quantum number
Bahnmoment *n s.* Bahndrehimpuls
Bahnspur *f (rad anal)* [nuclear] track
Ballotini *pl* ballotini [glass] beads
Balmer-Serie *f (spec)* Balmer series
Band *n***/erlaubtes** allowed band
  verbotenes ~ forbidden band, energy gap
Bandbreite *f* bandwidth *(of a monochromator)*
  effektive ~ effective bandwidth, band-pass width *(of a monochromator)*
  minimale spektrale ~ minimum spectral bandwidth
  spektrale ~ spectral bandwidth
Banddiagramm *n* chart
Bande *f* [spectral] band; *(chr, elph)* [solute] band, zone, *(chr also)* chromatographic band
  scharfe ~ sharp band
Bandenintensität *f* band intensity
Bandenkompressionsfaktor *m (chr)* band compression factor
Bandenmuster *n (elph)* separation pattern

Bandenspektrum *n* band spectrum
Bandenverbreiterung *f* band broadening, band spread[ing], *(chr, elph also)* zone broadening (spreading), *(chr also)* zone (axial, lag phase) dispersion
Bänderlücke *f s.* Band/verbotenes
Bandinterface *n (maspec)* moving belt [LC-MS] interface, [HPLC moving] belt interface
Bandkanten-Röntgen-Feinstruktur-Spektroskopie *f* near-edge X-ray absorption fine structure spectroscopy, NEXAFS, X-ray absorption near-edge fine structure, XANES
Bandpaßfilter *n (spec)* band-pass filter
Bandschreiber *m* [strip-]chart recorder
Bandtransportsystem *n (maspec)* moving belt transport system, belt LC/MS system *(for interfacing LC to MS)*
Bank *f***/optische** optical bench
Bankbürette *f* microburette
bar *n*, **Bar** *n* bar *(incoherent unit of pressure; 1 bar = 10^5 Pa)*
Barium *n* Ba barium
Bariumchromat barium chromate
Bariumperchlorat *n* barium perchlorate
Bartbildung *f (chr)* fronting, leading, bearding
Bartlett-Test *m (stat)* Bartlett['s] test
Base *f***/freie** free base
  harte ~ hard base
  korrespondierende ~ conjugate base
  schwache ~ weak base
  starke ~ strong base
  weiche ~ soft base
Base[n]form *f* base (basic, alkaline) form *(of an indicator)*; base form, hydroxide[-ion] form, hydroxyl form, OH-form *(of an ion exchanger)*
Basenstärke *f* base (basic) strength
Basisbreite *f* peak width [at base], base width, width at base, baseline peak width
basisch alkaline, basic
  schwach ~ slightly (faintly, mildly) alkaline, weakly basic
  stark ~ strongly (highly) alkaline, strongly basic
Basisfunktion *f (nuc res)* basic [spin] function
Basislinie *f* baseline
Basisliniendrift *f* baseline drift
Basislinienkorrektur *f* baseline correction
Basislinientrennung *f (chr)* baseline resolution (separation), 6 σ separation
Basispeak *m (maspec)* base peak
Basisrauschen *n (meas)* baseline noise
Basizität *f* alkalinity, basicity *(of a solution)*
bathochrom bathochromic
Bathochromie *f* bathochromic (red) shift
Batteriestromkreis *m* battery circuit
Bau *m* structure, constitution, build-up
Baumkristall *m* dendrite
BB, BB-Entkopplung *f s.* Breitbandentkopplung
Becherglas *n* beaker
bedienen to operate

Bedienereingriff *m (proc)* operator intervention
Bedingung *f***/Braggsche** Bragg equation *(reflection of X-rays)*
Bedingungen *fpl***/chromatographische** chromatographic conditions
  experimentelle ~ experimental (test) conditions
  isokrate ~ *(liq chr)* isocratic conditions
  milde ~ mild conditions
  nichtisotherme ~ non-isothermal conditions
  schonende ~ *s.* milde ~
befeuchten to moisten
befördern to transfer, to transmit, to convey *(electrons, ions)*
Begasungsfilterkerze *f* gas-dispersion cylinder
behandeln to treat
  im Autoklaven ~ to autoclave
Behandlung *f* treatment
  chemische ~ chemical treatment
  hydrothermische ~ *(chr)* hydrothermal treatment
  ~ nach der Methode der kleinsten Quadrate *(stat)* least-square treatment
beheizt/elektrisch electrically heated
Behinderung *f* **der inneren Rotation** hindrance of internal (free) rotation
Behinderungsparameter *m* steric factor
Beilstein-Probe *f*, **Beilstein-Test** *n* Beilstein test *(for detecting halogens)*
beimengen to add, to admix
Beimengung *f* addition, admixture
beimischen to add, to admix
Beimischung *f* addition, admixture
Beladung *f (chr)* loading *(of the support)*
  ~ des Trägers *s.* ~ mit Flüssigphase
  ~ mit Flüssigphase *(gas chr)* liquid-phase loading, liquid load, [stationary] phase loading
Belastbarkeit *f (chr)* working capacity
Belastung *f* load
belegen *(gas chr)* to coat *(the support with liquid phase)*
Belegung *f* 1. *(gas chr)* coating *(of the support with liquid phase)*; 2. *s.* Beladung
  dynamische ~ dynamic coating
  statische ~ static coating
Belegungsgüte *f (gas chr)* coating efficiency, CE, utilization of theoretical efficiency, UTE
Belichtungsdauer *f* exposure time
benachbart adjacent, neighbouring, vicinal
benetzbar wettable
Benetzbarkeit *f* wettability, ability of being wetted
benetzen to wet
benetzt/nicht non-wetted
Benetzungsfähigkeit *f* ability of wetting
Benetzungsmittel *n* wetting agent
Benetzungsvermögen *n* ability of wetting
Benetzungswinkel *m* contact angle
Benzen *n s.* Benzol
Benzoat *n* benzoate
Benzoesäure *f* benzoic acid

α-Benzoinoxim n cupron, benzoin 1-oxime, α-benzoin oxime
Benzol n benzene
Benzolkohlenwasserstoffe mpl aromatics, aromatic hydrocarbons (compounds)
Benzolring m aromatic ring
N-Benzoyl-N-phenylhydroxylamin n N-benzoyl-N-phenylhydroxylamine, BPHA
Benzylalkohol m benzyl alcohol
beobachtbar observable
Beobachtbarkeit f observability
beobachten to observe
Beobachtung f / **experimentelle** experimental observation
Beobachtungsanzahl f (stat) number of observations
Beobachtungsfehler m reading (observational) error, error of reading (observation)
Beobachtungsfehlertoleranz f (stat) observational limits
Beobachtungsfrequenz f (spec) observation frequency
Beobachtungsimpuls m observation (observing) pulse
Beobachtungsreihe f series of observations
Beobachtungswinkel m scattering angle, angle of observation (Lichtstreuung)
berechnen to calculate
Berechnung f / **quantenmechanische** quantum-mechanical calculation
   statistische ~ statistical calculation
Bereich m region, range
   anti-Stokesscher ~ (opt mol) anti-Stokes region
   ~ **des langsamen Austauschs** (nuc res) slow-exchange region
   ~ **des Quartils** (stat) [inter]quartile range
   ~ **des schnellen Austauschs** (nuc res) fast-exchange region
   dynamischer ~ dynamic range, DR, dynamic response range (of a detector, of a converter)
   feldfreier ~ (maspec) field-free region
   ferner ultravioletter ~ far-ultraviolet region
   infraroter ~ infrared [spectral] region, infrared range
   linearer [dynamischer] ~ linear dynamic range, LDR, linear [response] range (of a detector)
   mittlerer infraroter ~ mid (middle, fundamental) infrared, mid-infrared [spectral] region, middle infrared region
   naher infraroter ~ near infrared, NIR, near-infrared [spectral] region, NIR region, near-infrared range
   naher ultravioletter ~ near ultraviolet, near-ultraviolet region (range)
   sichtbarer ~ visible [spectral] region, region of visible light, visible range
   spektraler ~ spectral (spectroscopic) region, spectral (spectrum) range
   Stokesscher ~ (opt mol) Stokes region

Bereichsschätzung f (stat) region domain estimate (estimation)
bereiten to prepare
bereitet / frisch feshly prepared
Bereitung f preparation
Berkelium n Bk berkelium
Beryllium n Be beryllium
Beschaffenheit f quality
beschichten to coat (e.g. TLC plates)
Beschichten n coating, (TLC plates also) spreading
   ~ **mit Graphit** (gas chr) graphitization
Beschichtungsgerät n spreader, spreading apparatus (for TLC plates)
beschießen to bombard
beschleunigen to accelerate, to speed up (a reaction)
Beschleunigungsgas n (gas chr) make-up gas, scavenger (auxiliary) gas
Beschleunigungsspannung f (maspec) accelerating voltage (potential)
Beschuß m **mit schnellen Atomen** (maspec) fast atom bombardment, FAB, fast atom bombardment ionization
beseitigen to eliminate, to remove
Beseitigung f elimination, removal
besetzen to populate, to occupy, to fill (an energy level)
Besetzung f population, occupation, filling (of an energy level)
Besetzungsdichte f population density
Besetzungsinversion f population inversion
Besetzungsüberschuß m excess population
Besetzungsunterschied m population difference
Besetzungsverhältnis n ratio of the populations
Besetzungszahldifferenz f, **Besetzungszahlunterschied** m population difference
Besetzungszahlverhältnis n ratio of the populations
besprühen to spray
beständig resistant, stable
   chemisch ~ chemically resistant (stable)
   ~ **gegen oxidative Einflüsse** resistant (stable) to oxidation
   thermisch ~ thermally stable, temperature-resistant, temperature-stable
Beständigkeit f resistance, stability
   chemische ~ chemical resistance (stability), resistance (stability) to chemical attack
   ~ **gegen oxidative Einflüsse** resistance to oxidation, oxidation resistance
   thermische ~ thermal stability, temperature resistance (stability)
Beständigkeitskonstante f [complex-]stability constant, [complex-]formation constant, complexation constant
Bestandteil m constituent, component, ingredient
   flüchtiger ~ volatile (fugitive) constituent

gasförmiger ~ gaseous constituent
leichtflüchtiger ~ s. flüchtiger ~
unbekannter ~ unknown component
Bestandteile mpl/**flüchtige** volatile matter, volatiles
nichtflüchtige ~ non-volatile matter
bestimmen to determine, to find out
durch Titration ~ s. titrimetrisch ~
gleichzeitig ~ to determine simultaneously
polarographisch ~ to determine polarographically
quantitativ ~ to quantitate, to quantify
simultan ~ to determine simultaneously
spektralphotometrisch (spektrometrisch) ~ to determine spectrophotometrically
titrimetrisch ~ to determine titrimetrically (by titration)
Bestimmung f determination
~ **des organisch gebundenen Kohlenstoffs** TOC determination
elektrogravimetrische ~ electrogravimetric determination
elektrometrische ~ electrometric determination
gaschromatographische ~ GC determination
gravimetrische ~ gravimetric determination
iodometrische ~ iodometric determination
~ **nach Fajans** Fajans titration, Fajans' method (for determining halides)
~ **nach Liebig** Liebig titration, Liebig's method (for determining cyanides)
~ **nach Mohr** Mohr titration, Mohr's method (for determining halides)
~ **nach Volhard** Volhard titration, Volhard method (for determining halides)
nochmalige ~ redetermination
polarographische ~ polarographic determination
quantitative ~ quantitation, quantification, quantitative determination
Bestimmungsgrenze f determination limit
Bestimmungsportion f determination quantity
Bestimmungsverfahren n determination procedure
bestrahlen to [ir]radiate
Bestrahlung f irradiation
Bestreichen n coating, (TLC plates also) spreading
Betacellulose f beta-cellulose, β-cellulose
Betaglobulin n beta globulin
Betarückstreuung f (rad anal) beta backscatter
Betaspektrometer n beta[-ray] spectrometer
Betaspektrum n beta-ray spectrum
Betastrahl m (rad anal) beta ray
Betastrahler m (rad anal) beta[-ray] emitter
Betateilchen n (rad anal) beta particle
Betazerfall m (rad anal) beta decay
Betrieb m **bei tiefen Temperaturen** (gas chr) cryogenic (sub-ambient) operation
gepulster ~ pulsed mode
kontinuierlicher ~ continuous mode

manueller (nichtselbsttätiger) ~ manual operation
oxidativer ~ (gas chr) oxidation mode
phosphorselektiver (P-selektiver) ~ (gas chr) P-mode
reduktiver ~ (gas chr) reduction mode
schwefelselektiver (S-selektiver) ~ (gas chr) S-mode
stromkonstanter ~ (gas chr) constant-current mode
temperaturkonstanter ~ (gas chr) constant-temperature mode
Betriebsart f ... s. Betrieb ...
Betriebsdruck m operating pressure
Betriebsparameter mpl operating parameters (characteristics)
Betriebstemperatur f operating (working) temperature
Betriebsvolumen n hold-up volume
Bett n/**chromatographisches** chromatographic bed
Bettvolumen n (chr, ion) bed (column) volume
beugen to diffract
Beugeschwingung f (opt mol) scissor vibration
Beugung f diffraction
~ **am Kristallgitter** crystal diffraction
~ **energiereicher Elektronen** high-energy electron diffraction, HEED
~ **langsamer (niederenergetischer) Elektronen** low-energy electron diffraction, LEED
~ **schneller Elektronen** s. ~ energiereicher Elektronen
Beugungsgitter n diffraction grating
Beugungswinkel m angle of diffraction
Beurteilung f/**visuelle** visual examination
Beurteilungsabweichung f/**kumulierende** cumulative error
systematische ~ [systematic] bias, systematic (determinate) error
bevölkern s. besetzen
bewegen to agitate (a reaction solution)
sich ~ to move (of molecules, ions)
beweglich mobile (e.g. ions)
Beweglichkeit f mobility (as of ions)
elektrophoretische ~ electrophoretic mobility
relative ~ relative mobility
Bewegung f motion, movement (of molecules, ions)
Braunsche ~ Brownian motion (movement)
Bewegungsenergie f kinetic energy
Bewegungsgleichung f equation of motion
Beweis m/**statistischer** statistical evidence
Beweisführung f/**statistische** statistical reasoning
bewerten to evaluate, to assess
Bewertung f evaluation, assessment
~ **der Trennsäule** (chr) column evaluation
organoleptische (sinnesphysiologische) ~ sensory evaluation

Bewertungsschema

Bewertungsschema *n* evaluation (scoring) scheme
Beziehung f/Stokes-Einsteinsche Stokes-Einstein relation
Bezugs... *s.a.* Referenz...
Bezugsdetektor *m* reference detector
Bezugsdruck *m* reference pressure
Bezugselektrode *f (el anal)* reference electrode, RE, non-working electrode
  nicht von der Analysenlösung getrennte ~ *(pol)* internal reference electrode
  standardisierte ~ standard electrode
  von der Analysenlösung getrennte ~ *(pol)* external reference electrode
Bezugselektrodenpotential *n (el anal)* reference electrode potential
Bezugselementverfahren *n* reference element method
Bezugsfunktion *f* calibration function
Bezugskammer *f (chr)* reference cell
Bezugskurve *f* reference curve
Bezugslösung *f* reference (standard) solution
Bezugssignal *n* reference signal (peak)
Bezugssignal-Rückkopplung *f (proc)* reference signal feedback
Bezugsspannung *f (el anal)* reference voltage
Bezugsstandard *m* reference standard
Bezugsstrom *m (el anal)* reference current
Bezugstemperatur *f* reference temperature
Bezugstrennflüssigkeit *f (gas chr)* reference phase
Bezugswellenlänge *f (opt anal)* reference wavelength
Bezugswert *m* reference value
Biacetyl *n* butane-2,3-dione, biacetyl, dimethylglyoxal
Bi-Amalgam *n s.* Bismutamalgam
biamperometrisch biamperometric
Bibliotheksspektrum *n* library spectrum
bilden/einen Komplex to complex
  Kristalle ~ to crystallize
  Mizellen ~ to micellize
  Paare ~ to pair
  Schichten ~ to stratify
  sich ~ to form
Bildfehler *m* [optical] aberration
Bildfeldwölbung *f* curvature of field
Bildung *f* formation
  erneute ~ re-formation
Bildungsgeschwindigkeit *f* rate of formation
Bildungskonstante *f* [complex-]stability constant, [complex-]formation constant, complexation constant
Bildverstärker *m (spec)* image intensifier
Bimetallelektrode *f* bimetallic electrode
Bimetallelektrodenpaar *n* bimetallic electrode pair
bimodal bimodal *(curve)*
bimolekular bimolecular *(reaction)*
Bindemittel *n* binder

binden/im Komplex to complex
  komplex ~ to complex
  sich ~ an to bind
Bindung *f* 1. bond *(between atoms)*; 2. bonding *(process)*
  benachbarte ~ adjacent (neighbouring) bond
  chemische ~ chemical bond
  dative [kovalente] ~ *s.* koordinative ~
  dreifache ~ triple bond
  glykosidische ~ glycosidic bond
  koordinative ~ coordinate [covalent] bond, coordination (dative) bond
  ~ über Wasserstoffbrücken hydrogen bonding, H-bonding
Bindungsaffinität *f* binding affinity
Bindungsbildung *f* bond formation
Bindungselektron *n* bonding electron
Bindungsenergie *f* binding energy
Bindungsfestigkeit *f* bond strength
Bindungsgrad *m* bond number (order)
Bindungskraft *f* bonding force
Bindungsordnung *f s.* Bindungsgrad
Bindungsspaltung *f* bond cleavage (fission)
  heterolytische ~ heterolytic cleavage
  homolytische ~ homolytic cleavage
Bindungsstärke *f* bond strength
Binomialkoeffizient *m (stat)* binomial coefficient
Binomialreihe *f (stat)* binomial series
Binomialverteilung *f (stat)* binomial (Bernoulli) distribution
Bioaffinitätschromatographie *f* affinity chromatography, AC
Biochemie *f* biochemistry
Biochemikalie *f* biochemical
biochemisch biochemical
Biomakromolekül *n s.* Biopolymer
Biomolekül *n* biomolecule, biological molecule
Biopolymer *n* biopolymer, biological polymer
Bioprobe *f* biological sample (specimen)
Bioreagens *n* biochemical
Biosensor *m* biosensor, biological sensor
Biosorption *f* biosorption
biospezifisch biospecific
Biozid *n* biocide, pesticide
Biphenyl *n*/**polychloriertes** polychlorinated biphenyl, PCB
bipotentiometrisch bipotentiometric
BIS *s.* Bremsstrahlungs-Isochromatenspektroskopie
Bismut *n* Bi bismuth
Bismutamalgam *n* bismuth amalgam
Bismutoxidiodid *n* bismuth oxyiodide
Bismut/Silber-Elektrode *f* bismuth/silver electrode
N,O-Bis(trimethylsilyl)-acetamid *n* N,O-bis(trimethylsilyl)-acetamide, BSA
N,O-Bis(trimethylsilyl)-trifluoracetamid *n* N,O-bis(trimethylsilyl)-trifluoroacetamide, BSTFA
14-bit-Wandler *m (lab)* 14-bit converter

bivalent divalent, bivalent
Bivalenz *f* divalence, divalency
Blauverschiebung *f* hypsochromic shift
Blaze-Gitter *n (spec)* blazed grating
Blaze-Wellenlänge *f (spec)* blaze wavelength
Blaze-Winkel *m (spec)* blaze angle
Blei *n* Pb lead
Bleiamalgam *n* lead amalgam
Bleiamalgam-Elektrode *f (pot)* lead amalgam electrode
Bleianode *f* lead anode
Bleibestimmung *f* determination of lead
Blei(II)-chromat *n* lead chromate
Bleiion *n* lead ion
Blei(II)-nitrat *n* lead nitrate
Bleiverbindung *f* lead compound
Blindanalyse *f* blank analysis
Blindbestimmung *f* blank determination (run)
Blindküvette *f* blank cell
Blindleitwert *m (cond)* susceptance
Blindlösung *f* blank solution
Blindtitration *f* blank titration
Blindversuch *m* blank experiment
Blindwert *m* blank reading (value)
Blindwertlösung *f* reagent blank solution
Blindwertstreuung *f* blank scatter, scatter of blank measures
Blindwiderstand *m (el anal)* reactance
Blitzlampe *f* flash lamp
Bloch-Gleichungen *f (nuc res)* Bloch (Bloch's) equations
Bloch-Siegert-Effekt *m (nuc res)* Bloch-Siegert effect
Blockcopolymer *n* block copolymer
blockieren to block *(reactive substituents)*
Blockierung *f* blocking, blockage *(of reactive substituents)*
Blutbleibestimmung *f* blood-lead determination
Bluten *n (chr)* column bleed, [column] sationary phase bleed, bleeding
Boden *m/effektiver (chr)* effective plate
theoretischer ~ theoretical plate
wirksamer ~ *(chr)* effective plate
Bodenanalyse *f* soil analysis
Bodenelektrode *f (pol)* pool electrode
Bodenhöhe *f/effektive (chr)* height equivalent to one effective plate, HEEP, effective plate height
reduzierte ~ reduced plate height
theoretische ~ height equivalent to one theoretical plate, HETP, HETP value, theoretical plate height
wirksame ~ *s.* Bodenhöhe/effektive
Bodenkörper *m* precipitate
Bodenprobe *f* soil sample
Bodenprobenahme *f* soil sampling
Bodenprobenehmer *m* soil sampler
Bodenquecksilber *n (pol)* mercury pool
Bodenschadstoff *m* soil pollutant
Bodenschicht *f (extr)* bottom layer

Bodentheorie *f (chr)* plate model (theory), theoretical plate concept
Bodenzahl *f/theoretische (chr)* number of theoretical plates, theoretical plate number
Boersma-Anordnung *f (th anal)* Boersma-type arrangement
Bogenanregung *f (opt at)* arc excitation
Bogenentladung *f (opt at)* arc discharge
Bogenlampe *f (opt at)* arc lamp
Bogenlinie *f (opt at)* arc line
Bogenplasma *n (opt at)* arc plasma
Bogenspektrometrie *f* arc emission spectrometry
Bogenstrecke *f (opt at)* arc gap
Bohrer *m* auger *(for sampling)*
Bolometer *n*, **Bolometer-Detektor** *m (radia)* bolometer [detector]
Boltzmann-Faktor *m* Boltzmann [distribution, population] factor
Boltzmann-Gleichung *f* Boltzmann [transport] equation
Boltzmann-Konstante *f* Boltzmann constant $(k = 1.380662 \times 10^{-23} \, J \, K^{-1})$
Boltzmann-Theorem *n* Boltzmann distribution law, Boltzmann law of internal energy distribution, Boltzmann principle
Boltzmann-Verteilung *f* Boltzmann distribution
Bombardement *n*, **Bombardierung** *f s.* Beschuß
Bombe *f/kalorimetrische (th anal)* calorimeter (calorimetric) bomb
Boot *n (lab)* boat
Bor *n* B boron
Boran *n* borane, boron hydride
Borat *n* borate
Borhydrid *n s.* Boran
Borosilicatglas *n* borosilicate glass
Borsäure *f* boric acid
Bortrifluorid *n* boron trifluoride
Borverbindung *f* boron compound
Brackett-Serie *f (spec)* Brackett series
brauchbar/analytisch analytically useful
Brauchbarkeitsdauer *f* useful (working) life, usable lifetime
Breathing-Schwingung *f (opt mol)* breathing vibration
brechen 1. to refract *(light)*; 2. to break up *(emulsions)*
Brechung *f* refraction *(of light)*
Brechungsexponent *m s.* Brechungsindex
Brechungsgesetz *n/Snelliussches (radia)* Snell's law
Brechungsindex *m* refractive index, RI
Brechungsindexdetektion *f (liq chr)* refractive index detection, RI detection
Brechungsindexdetektor *m (liq chr)* refractive index detector, RI detector, refractometer detector
Brechungs[index]inkrement *n* refractive [index] increment
Brechungsquotient *m*, **Brechungsverhältnis** *n s.* Brechungsindex

Brechungswinkel

Brechungswinkel *m* angle of refraction
Brech[ungs]zahl *f s.* Brechungsindex
Brechzahländerung *f* refractive index change
Brechzahldetektor *m s.* Brechungsindexdetektor
Brechzahldifferenz *f* refractive index difference
Brechzahlgradient *m (sed)* refractive index gradient
Brei *m* paste
  dünner ~ slurry
Breitbandentkopplung *f (nuc res)* broad-band [spin, proton] decoupling, BB [decoupling], proton noise decoupling, PND, proton (^1H) decoupling, wide-band decoupling
Breitbandkernresonanz *f* broad-band nuclear magnetic resonance, broad-band NMR
Breitbandspektrometer *n* broad-band spectrometer
Breitbandspektrum *n* broad-band spectrum
Breitbandverstärker *m* wide-band amplifier
Breite *f* in halber Höhe [peak] width at half-height, half-height peak width, [peak] half width
Breitlinien-Kernresonanz *f* broad-line (wide-line) nuclear magnetic resonance
Breitlinienspektrometer *n* broad-line spectrometer
Breitlinienspektroskopie *f* broad-line spectroscopy
bremsen to decelerate, to slow down; *(rad anal)* to moderate
Bremsstrahlung *f* bremsstrahlung
  innere ~ *(rad anal)* inner bremsstrahlung
Bremsstrahlungs-Isochromatenspektroskopie *f* bremsstrahlung isochromat spectroscopy, BIS, X-ray bremsstrahlung spectroscopy, XBIS, characteristic isochromat spectroscopy, CIS, X-ray continuum isochromat spectroscopy, XIS
Bremsstrahlungs-Spektroskopie *f* [momentum-resolved] bremsstrahlung spectroscopy, BS
Bremssubstanz *f (rad anal)* moderator
Bremsung *f* deceleration, slowing down; *(rad anal)* moderation
Bremsvermögen *n (rad anal)* stopping power
brennbar combustible
  nicht ~ non-combustible
Brennbarkeit *f* combustibility
Brenndüse *f* flame tip (jet)
Brennebene *f (spec)* focal plane
Brennelement *n s.* Brennstoffelement
Brenner *m* burner
Brennerkopf *m* burner head
Brennerschlitz *m* burner slot
Brenngas *n* fuel gas
Brenngeschwindigkeit *f* burning velocity
Brennpunkt *n (spec)* focal point, focus
Brennstoffelement *n (rad anal)* fuel element
Brennstoffkreislauf *m (rad anal)* fuel cycle
Brennstoffwiederaufarbeitung *f (rad anal)* fuel reprocessing
Brennstoffzyklus *m (rad anal)* fuel cycle

Brennweite *f (spec)* focal length (distance)
Brewster-Winkel *m (opt mol)* Brewster angle
Brillouin-Zone *f (opt mol)* Brillouin zone
bringen/in Lösung to dissolve, to bring into solution
  wieder in Lösung ~ to re-dissolve, *(voltam also)* to oxidize (strip, electrolyze, reduce) back into solution
  zur Reaktion ~ to cause to react
Brockmann-Stufe *f (chr)* Brockmann number (activity grade) *(of adsorbents)*
Brom *n* Br bromine
Bromalkan *n* bromoalkane
Bromat *n* bromate
Brombenzol *n* bromobenzene
Bromcresolgrün *n* bromocresol green, 3,3'5,5'-tetrabromo-*m*-cresol sulphonephthalein
Bromcresolpurpur *n* bromocresol purple
Bromgehalt *m* bromine content
Bromid *n* bromide
Bromidpapier *n (pol)* bromide paper
bromieren to brominate
Bromphenolblau *n* bromophenol blue, 3,3'5,5'-tetrabromophenol sulphonephthalein
Brompyrogallolrot *n* bromopyrogallol red
Bromsilberpapier *n (pol)* bromide paper
Bromthymolblau *n* bromothymol blue, 3,3'-dibromothymol sulphonephthalein
Bromverbindung *f* bromo compound
Bruchstück *n/neutrales (maspec)* neutral fragment
Bruchstückion *n (maspec)* fragment[ation] ion
Brücke *f/T-förmige (el res)* hybrid (magic) T, hybrid tee
  Wheatstonsche ~ *s.* Brückenschaltung/Wheatstonsche
Brückenschaltung *f (meas)* bridge circuit
  Wheatstonsche ~ Wheatstone bridge [circuit, network]
Brückenspannung *f* bridge voltage
Brückenzweig *m (meas)* bridge arm
Brunnel-Masse[n]detektor *m (gas chr)* [Brunnel] mass detector
brütbar, brutfähig *(rad anal)* fertile
Brutmaterial *n,* **Brutstoff** *m (rad anal)* fertile material
Bruttobildungskonstante *f* overall formation constant *(of a complex)*
Bruttoformel *f* empirical formula
Bruttomasse *f* gross weight
Bruttoprobe *f* gross sample
Bruttoreaktion *f* gross (overall) reaction
Bruttoretentionsvolumen *n (chr)* [total, uncorrected] retention volume
Bruttoretentionszeit *f (chr)* retention (elution) time, total (absolute, uncorrected) retention time, solute retention time
Bruttostabilitätskonstante *f* overall formation constant *(of a complex)*

BS (Bremsstrahlungs-Spektroskopie) [momentum-resolved] bremsstrahlung spectroscopy, BS
BSA (N,O-Bis(trimethylsilyl)-acetamid) N,O-bis(trimethylsilyl)-acetamide, BSA
BSB (biologischer Sauerstoffbedarf) biological oxygen demand, BOD
B-Scan m *(maspec)* magnetic field scan, B scan
BSTFA (N,O-Bis(trimethylsilyl)-trifluoracetamid) N,O-bis(trimethylsilyl)-trifluoroacetamide, BSTFA
B-Term m *(chr)* B term, molecular diffusion term *(of the van Deemter equation)*
Büchner-Nutsche f, **Büchner-Trichter** m Büchner funnel (filter)
Bulk-Eigenschaft f bulk property
Bulk-property-Detektor m bulk property detector, [bulk] physical property detector
Bürette f burette, *(US)* buret
automatische ~ automatic burette
Büretten[sperr]hahn m burette tap (stopcock)
Bürettenspitze f burette tip
Butan-2,3-dion n butane-2,3-dione, biacetyl, dimethylglyoxal
Butan-Luft-Flamme f butane-air flame
Butan-1-ol n, **1-Butanol** n butan-1-ol, 1-butanol
Butan-2-on n methyl ethyl ketone
Butylalkohol m s. Butan-1-ol
Butyrat n butyrate
Bypass-Probengeber m *(gas chr)* bypass injector
Bypass-Probenpumpe f sample bypass pump

C

C s. Coulomb
Cadmium n Cd cadmium
Cadmiumamalgam n cadmium amalgam
Cadmium-Ethylendiamintetraessigsäure f cadmium-EDTA
Cadmiumion n cadmium ion
Caesium n Cs caesium
Caesiumbromid n caesium bromide
Caesiumiodidprisma n caesium iodide prism
Calcium n Ca calcium
Calciumcarbonat n calcium carbonate
Calciumhärte f calcium hardness *(of water)*
Calciumhydroxid n calcium hydroxide
Calciumoxalat n calcium oxalate
Calciumoxid n calcium oxide
Calciumphosphat n calcium phosphate
Calcon n solochrome dark blue, eriochrome blue black RC, calcon
Californium n Cf californium
Calmagit n calmagite *(indicator)*
Camphermethode f **nach Rast** Rast [micro]method, Rast molecular weight method, Rast's camphor method
C-Analyse f s. Kohlenstoffanalyse
Carbamid n urea, carbamide
Carbonat n carbonate

Carbonsäure f carboxylic acid
Carbonylgruppe f carbonyl [group]
konjugierte ~ conjugated carbonyl
Carboransilicon n carborane silicone polymer
Carboxy[l]gruppe f carboxylic acid group, carboxy[l] group
Carboxymethylcellulose f carboxymethyl cellulose, CM-cellulose
Carotenoid n, **Carotinoid** n carotenoid, carotinoid
Carr-Purcell-Impulsfolge f *(mag res)* Carr-Purcell sequence
Cathodic-Stripping-Voltammetrie f cathodic stripping voltammetry, CSV
C-Atom n s. Kohlenstoffatom
Cauchy-Kurve f *(stat)* Cauchy curve
Cauchy-Verteilung f *(stat)* Cauchy distribution
C-C-Konnektivität f *(nuc res)* carbon-carbon connectivity, CCC
^{13}C,^{13}C-Kopplungskonstante f *(nuc res)* ^{13}C-^{13}C coupling constant, ^{13}C-^{13}C-CC
CD (Circulardichroismus) circular dichroism, CD
Cd-Ion n s. Cadmiumion
CD-Spektroskopie f CD spectroscopy
CD-Spektrum n CD spectrum
Cellulose f cellulose
mikrokristalline ~ microcrystalline cellulose
α-Cellulose f alpha-cellulose, α-cellulose
β-Cellulose f beta-cellulose, β-cellulose
Celluloseacetat n cellulose acetate
Celluloseacetat-Elektrophorese f cellulose-acetate electrophoresis
Celluloseacetatmembran f *(elph)* cellulose acetate membrane, CAM
Celluloseacetatstreifen m *(elph)* cellulose acetate strip
Cellulose-Dünnschichtchromatographie f cellulose thin-layer chromatography
Cellulose-Dünnschichtplatte f cellulose TLC plate
Cellulosefilm m cellulose film
Cellulosephosphatpapier n *(liq chr)* cellulose phosphate paper
Cellulosepulver n cellulose powder
Cer n Ce cerium
Cerdioxid n, **Cer(IV)-oxid** n cerium [di]oxide, ceric oxide
Cer(IV)-sulfat n cerium(IV) sulphate
Cerenkov-Effekt m *(rad anal)* Cerenkov effect
Cerenkov-Strahlung f *(rad anal)* Cerenkov radiation
Cerenkov-Zähler m *(rad anal)* Cerenkov detector
Cerimetrie f *(vol)* cerimetry
Cetyltrimethylammoniumbromid n cetyltrimethylammonium bromide, CTMB
^{252}Cf-Plasmadesorption f *(maspec)* californium-252 plasma desorption
CGS-Einheit f cgs unit *(based on centimetre, gramme, and second; obsolescent)*

Chabasit

Chabasit *m* chabazite, chabasite
Charakter *m*/**ungesättigter** unsaturation
Charakteristik *f* characteristics; characteristic curve
Charge *f* batch, charge
Charge-transfer-Komplex *m* charge transfer complex, donor-acceptor complex
Chelat *n* chelate [complex], chelation complex
  • **ein ~ bilden** to chelate *(with a reagent)*
Chelataustauscher *m s.* Chelat-Ionenaustauscher
chelatbildend chelate-forming, chelating
Chelatbildner *m* chelating agent, chelate[-forming] reagent, chelating medium
Chelatbildung *f* chelation, chelate formation
Chelateffekt *m* chelate effect
Chelatextraktion *f* chelate extraction
Chelatextraktionssystem *n* [metal] chelate extraction system
Chelatharz *n s.* Chelat-Ionenaustauscher
Chelat-Ionenaustauscher *m* chelating ion exchanger, chelating [ion-exchange] resin
chelatisieren to chelate *(with a reagent)*
Chelatisierung *f* chelation, chelate formation
Chelatkomplex *m s.* Chelat
Chelatometrie *f* chelatometric titration
Chelatreagens *n s.* Chelatbildner
Chelatring *m* chelate ring
Chelatstruktur *f* chelate structure
Chelatverbindung *f s.* Chelat
Chemie *f*/**analytische** analytical chemistry
  anorganische ~ inorganic chemistry
  biologische ~ biochemistry
  elektroanalytische ~ electroanalytical chemistry
  klinische ~ clinical chemistry
  ~ naßchemischer Reaktionen wet chemistry
  organische ~ organic chemistry
  pharmazeutische ~ pharmaceutic[al] chemistry, pharmacochemistry
  physikalische ~ physical chemistry
Chemielabor *n* chemical (chemistry) laboratory
Chemiionisation *f (maspec)* chemical ionization *(by charged particles)*, CI; chemi-ionization *(by neutral particles)*
Chemikalie *f* chemical
chemikalienbeständig resistant to chemicals, chemical-resistant
Chemikalienbeständigkeit *f* resistance to chemicals, chemical resistance (stability)
chemikalienfest, chemikalienresistent *s.* chemikalienbeständig
Chemiker *m*/**analytisch arbeitender (tätiger)** analyst, analytical chemist, chemist-analyst
  auf dem Gebiet der Polarographie arbeitender ~ polarographer
  elektroanalytisch arbeitender ~ electroanalytical chemist
  industrieller ~ industrial chemist
  praktisch tätiger ~ practising chemist
  technischer ~ industrial chemist

Chemilumineszenz *f* chemiluminescence
Chemilumineszenzindikator *m* chemiluminescent indicator
chemilumineszierend chemiluminescent
chemisorbieren to chemisorb
Chemisorption *f* chemical adsorption, chemisorption
Chemolumineszenz *f* chemiluminescence
Chemometrie *f* chemometrics
chemometrisch chemometric
chemosorbieren *s.* chemisorbieren
Chinaldinrot *n* quinaldine red
Chinaldinsäure *f* quinaldic acid
Chinhydronelektrode *f (pot)* quinhydrone electrode
Chi-Quadrat-Test *m* chi-square[d] test
Chi-Quadrat-Verteilung *f* chi-square[d] distribution
chiral chiral
Chiralität *f* chirality, handedness
Chiralitätszentrum *n* chiral centre
chiroptisch chiroptical
C,H-Kopplung *f (nuc res)* carbon-proton coupling, CH coupling, proton-carbon coupling
C,H-Kopplungskonstante *f (nuc res)* CH coupling constant
^{13}C,^{1}H-Kopplungskonstante *f (nuc res)* ^{1}H-^{13}C coupling constant, carbon-13/proton coupling constant
Chlor *n* Cl chlorine
  aktives (wirksames) ~ available chlorine
Chloracetat *n* chloroacetate
Chloralkan *n* chloralkane
Chloranalyse *f* chlorine analysis
Chloranalysengerät *n* chlorine analyser
Chlorat *n* chlorate
Chlorbenzol *n* chlorobenzene, monochlorobenzene
Chlorderivat *n* chlorine derivative
Chlorgehalt *m* chlorine content
Chlorid *n* chloride
Chloridform *f* chloride[-ion] form, Cl-form *(of an ion exchanger)*
Chloridion *n* chloride ion
Chlor-Iodid-Reaktion *f* chlorine-iodide reaction
Chlorkalk *m* bleaching powder, chloride of lime, chlorinated lime
Chlorkautschuk *m* chlorinated rubber
Chlorkohlenwasserstoff *m* chlorinated hydrocarbon
Chlorkohlenwasserstoffe *mpl*/**aromatische** chloroaromatics
Chloroform *n* chloroform, trichloromethane
Chlorokomplex *m* chloro complex
Chlorophyll *n* chlorophyll
Chlorpestizid *n* chlorinated pesticide
Chlorphenol *n* chlorophenol
Chlorverbindung *f* chloro compound
Chlorwasserstoffsäure *f* hydrochloric acid
CHN-Analysator *m* CHN analyser

CHN-Analysenautomat m CHN analyser
CHN-Bestimmung f CHN determination
Chopper m *(spec)* chopper [device]
C-H-Paar n *(nuc res)* ^{13}C-^{1}H pair
Chrom n Cr chromium
Chromat n chromate
Chromatofokussierung f chromatofocusing
Chromatogramm n chromatogram
äußeres ~ external chromatogram
differentielles ~ differential chromatogram
eindimensionales ~ one-way chromatogram
inneres ~ internal chromatogram
integrales ~ integral chromatogram
Chromatogrammkurve f chromatographic trace
Chromatogramm-Spektralphotometer n TLC scanner, scanning densitometer, spectrodensitometer
Chromatograph m chromatograph
Chromatographer m chromatographer
Chromatographie f chromatography
~ an gebundenen Phasen bonded-phase chromatography
~ an Umkehrphasen reversed-phase chromatography, RPC, reversed-phase liquid chromatography, RPLC
analytische ~ analytical[-scale] chromatography
eindimensionale ~ one-way chromatography
flußprogrammierte ~ flow-programmed chromatography
hochauflösende ~ high-resolution chromatography
hydrophobe ~ hydrophobic interaction chromatography, HIC, hydrophobic chromatography
~ in der Gasphase gas chromatography, GC
isotherm-isobare ~ isothermal-isobaric chromatography
kontinuierliche ~ continuous chromatography, continuous chromatographic refining
kovalente ~ covalent chromatography, CC
mehrdimensionale (mehrstufige) ~ multidimensional chromatography, MDC, recycle (coupled column) chromatography
~ mit gepackten Säulen packed-column chromatography
~ mit Phasenumkehr s. **~ an Umkehrphasen**
~ mit überkritischen Fluiden (fluiden Phasen, Gasen) supercritical fluid chromatography, SFC, supercritical [gas] chromatography
radial-horizontale ~ horizontal radial chromatography
temperaturprogrammierte ~ temperature-programmed chromatography, programmed-temperature chromatography
~ unter kritischen Bedingungen critical [condition] chromatography
zweidimensionale ~ two-dimensional chromatography

Chromatographiekammer f elution chamber, developing (development) chamber (tank), chromatographic chamber
Chromatographiepapier n chromatographic (chromatography) paper
chromatographieren to chromatograph
Chromatographierender m chromatographer
Chromatographierkammer f s. **Chromatographiekammer**
Chromatographierohr n chromatographic tube
Chromatographierpapier n s. **Chromatographiepapier**
chromatographisch chromatographic
Chromatopolarographie f chromato-polarography
Chrom(II)-chlorid n chromium(II) chloride
Chromdichlorid n chromium(II) chloride
chromophor chromophoric
Chromophor m chromophore, chromophoric group
Chromschwefelsäure f dichromate-sulphuric acid cleaning mixture, chromic acid mixture
Chrom(II)-sulfat n chromium(II) sulphate
Chronoamperometrie f chronoamperometry
konvektive ~ convective chronoamperometry
~ mit anodischer Auflösung durch Potentialanstieg *(pol)* anodic stripping chronoamperometry with linear potential sweep
~ mit linearem Potentialsweep chronoamperometry with linear potential sweep
polarographische ~ polarographic chronoamperometry
chronoamperometrisch chronoamperometric
Chronocoulometrie f chronocoulometry
konvektive ~ convective chronocoulometry
Chronopotentiometrie f chronopotentiometry
derivative ~ derivative chronopotentiometry
~ mit linearem Strom-Sweep chronopotentiometry with linear current sweep
~ mit überlagertem Wechselstrom chronopotentiometry with superimposed alternating current
stromprogrammierte ~ programmed-current chronopotentiometry
zyklische ~ cyclic chronopotentiometry
chronopotentiometrisch chronopotentiometric
$^{13}C,^{1}H$-Spin-Spin-Kopplung f *(nuc res)* ^{1}H-^{13}C spin-spin coupling, ^{1}H-^{13}C coupling
CI (chemische Ionisation) *(maspec)* chemical ionization *(by charged particles)*; CI, chemi-ionization *(by neutral particles)*
CID (circulares Intensitätsdifferential) *(opt anal)* circular intensity differential, CID
CIDEP (chemisch induzierte dynamische Elektronenpolarisation) chemically induced dynamic electron polarization, CIDEP
CIDKP (chemisch induzierte dynamische Kernpolarisation) chemically induced dynamic nuclear polarization, CIDNP
CI-Gas n *(maspec)* reagent (reactant) gas

Cl-Ionenquelle

Cl-Ionenquelle f *(maspec)* chemical ionization source, CI source
CI-Plasma n *(maspec)* CI plasma
CI-Quelle f s. CI-Ionenquelle
Circulardichroismus m circular dichroism, CD
CIS (charakteristische Isochromatenspektroskopie) bremsstrahlung isochromat spectroscopy, BIS, X-ray bremsstrahlung spectroscopy, XBIS, characteristic isochromat spectroscopy, CIS, X-ray continuum isochromat spectroscopy, XIS
cis-Isomer n cis-isomer
cis-trans-Isomer n cis-trans-isomer, geometric isomer
Citrat n citrate
Citratpuffer m citrate buffer
Citratreagens n citrate reagent
^{13}C-Kern m ^{13}C (carbon-13) nucleus
Clean-up-Heizer m *(maspec)* clean-up heater
Cl-Form f, **Cl$^-$-Form** f chloride[-ion] form, Cl-form *(of an ion exchanger)*
Clusteranalyse f *(stat)* cluster analysis
Clusteranordnung f/**hierarchische** *(stat)* hierarchical clustering scheme
Cluster-Ion n *(maspec)* cluster ion
^{13}C-Magnetisierung f *(nuc res)* carbon-13 magnetization
^{13}C-Markierung f *(nuc res)* ^{13}C labeling
^{13}C-NMR-Signal n *(nuc res)* ^{13}C signal, carbon[-13] signal
^{13}C-NMR-Spektroskopie f ^{13}C spectroscopy, carbon-13 NMR spectroscopy
hochauflösende ~ high-resolution carbon-13 NMR spectroscopy
^{13}C-NMR-Spektrum n ^{13}C spectrum, carbon[-13] spectrum
^{1}H-[BB-]entkoppeltes ~ s. ^{13}C-Spektrum/protonenentkoppeltes
CO$_2$-Absorptionsröhrchen n CO$_2$ absorption tube
Cobalt n Co cobalt
Coenzym n *(catal)* cosubstrate, coenzyme
Cofaktor m *(catal)* cofactor
Colpitts-Clapp-Oszillator m Colpitts-Clapp oscillator *(impedimetric titration)*
Composite-Puls m *(nuc res)* composite pulse
Compton-Effekt m Compton effect *(change in the frequency of photons on being scattered by electrons)*
Compton-Elektron n Compton [recoil] electron
Compton-Streuung f Compton scattering
Compton-Verschiebung f Compton shift
Compton-Wellenlänge f Compton wavelength
Computer-Analyse f computer analysis
Computer-Schnittstellenmodul m computer interface module
Coomassie-Brillantblau n Coomassie brilliant blue
Copolymer n/**statistisches** statistical (random) copolymer
Copolymerzusammensetzung f copolymer composition
Core-Niveau n *(spec)* core level
Cornu-Aufstellung f *(spec)* Cornu mounting *(of a prism)*
Cornu-Prisma n *(spec)* Cornu prism
CO$_2$-Röhrchen n CO$_2$ absorption tube
Coronaentladung f corona discharge
Cosubstrat n *(catal)* cosubstrate, coenzyme
COSY-Experiment n *(nuc res)* COSY experiment
COSY-Spektrum n *(nuc res)* COSY spectrum, 2D (two-dimensional) correlation spectrum
mehrquantengefiltertes ~ multiple-quantum filtered COSY spectrum
Cotton-Effekt m *(opt anal)* [ORD] Cotton effect
Cottrell-Gleichung f *(pol)* Cottrell equation
Coulomb n coulomb, C, coul., ampere-second
Coulomb-Glied n Coulomb integral
Coulomb-Integral n Coulomb integral
Coulomb-Wechselwirkung f coulombic interaction
Coulometer n coulo[mb]meter
chemisches ~ s. elektrolytisches ~
coulometrisches ~ coulometric coulometer
elektrogravimetrisches ~ electrogravimetric coulometer
elektrolytisches ~ electrolytic coulometer
kolorimetrisches ~ colorimetric coulometer
Coulometer-Detektor m coulometric detector
Coulometrie f coulometry
~ **bei konstantem Potential** s. potentialkontrollierte ~
~ **bei konstantem Strom, ~ bei konstanter Stromstärke** s. galvanostatische ~
coulometrische ~ coulometric coulometry
direkte ~ direct coulometry
direkte potentiostatische ~ direct potentiostatic coulometry
galvanostatische ~ galvanostatic (amperostatic) coulometry, coulometric titration, controlled-current coulometry, CCC
indirekte ~ indirect coulometry
indirekte potentiostatische ~ indirect potentiostatic coulometry
~ **mit anodischer Auflösung/potentialkontrollierte** *(pot)* anodic stripping controlled potential coulometry
~ **mit kontinuierlich geändertem Potential** potential-scanning coulometry
polarographische ~ polarographic coulometry
potentialkontrollierte ~ controlled-potential coulometry, CPC, coulometry at controlled potential, controlled-potential coulometric titration, potentiostatic coulometry
potentiostatische ~ s. potentialkontrollierte ~
coulometrisch coulometric
Couplet n *(opt anal)* couplet
cpL (circular polarisiertes Licht) circularly polarized light
^{13}C-Relaxation f *(nuc res)* carbon-13 relaxation
Cresolrot n cresol red
^{13}C-Resonanz f ^{13}C resonance, carbon resonance
^{13}C-Resonanzsignal n s. ^{13}C-Signal

Cross-section-Detektor m *(gas chr)* cross-section [ionization] detector, ionization cross-section detector
^{13}C-Satellit m *(nuc res)* ^{13}C satellite
CSB (chemischer Sauerstoffbedarf) chemical oxygen demand, COD
^{13}C-Signal n *(nuc res)* ^{13}C signal, carbon[-13] signal
CsI-Prisma n caesium iodide prism
^{13}C-Spektroskopie f ^{13}C spectroscopy, carbon-13 NMR spectroscopy
^{13}C-Spektrum n ^{13}C spectrum, carbon[-13] spectrum
^{1}H-[Breitband-]entkoppeltes ~ *s.* protonenentkoppeltes ~
protonenentkoppeltes ~ *(nuc res)* ^{1}H decoupled [^{13}C] spectrum, proton-decoupled ^{13}C (carbon-13) spectrum
CSV cathodic stripping voltammetry, CSV
CSV (chemischer Sauerstoffverbrauch) chemical oxygen demand, COD
C-Term m *(chr)* C term, mass-transfer term *(of the van Deemter equation)*
CT-Komplex m charge transfer complex, donor-acceptor complex
Cupferron n cupferron, copperon *(ammonium salt of N-nitroso-N-phenylhydroxylamine)*
Cupferronat n cupferrate
Cupron n cupron, benzoin 1-oxime, a-benzoin oxime
Curie-Konstante f Curie constant
Curie-Punkt m *s.* Curie-Temperatur
Curiepunkt-Pyrolysator m *(gas chr)* Curie-point pyrolyzer
Curiepunkt-Pyrolyse f *(gas chr)* Curie-point pyrolysis
Curie-Temperatur f Curie[-point] temperature, Curie point
Curium n Cm curium
Cu-sum-Technik f, **Cusum-Technik** f *(stat)* cusum-technique, cumulative sum technique
CW-Farbstofflaser m CW dye laser
CW-Methode f *s.* CW-Technik
CW-NMR-Experiment n CW (continuous-wave) NMR experiment
CW-NMR-Spektroskopie f CW (continuous-wave) NMR spectroscopy, sequential excitation NMR spectroscopy
CW-Spektrometer n continuous-wave NMR spectrometer
CW-Spektroskopie f *(mag res)* CW (continuous-wave) spectroscopy
CW-Spektrum n *(mag res)* CW (continuous-wave) spectrum
CW-Technik f, **CW-Verfahren** n *(mag res)* CW (continuous-wave) technique (method)
Cyanate n cyanate
Cyanid n cyanide
Cyanidanalyse f cyanide analysis
Cyanidion n cyanide ion
Cyanoethylmethylsilicon n cyanoethyl methyl silicone

Cyanopropylsilicon n cyanopropyl silicone
Cyanosilicon n cyano silicone
Cycloalkan n cycloalkane, cycloparaffin
Cyclohexan n cyclohexane
1,2-Cyclohexandiondioxim n cyclohexane-1,2-dione dioxime, nioxime
Cyclokohlenwasserstoff m cyclic hydrocarbon
Cycloparaffin n cycloalkane, cycloparaffin
CYCLOPS-Folge f *(nuc res)* CYCLOPS sequence
C-Zahl f *(gas chr)* carbon number
Czerny-Turner-Aufstellung f *(spec)* Czerny-Turner mounting (configuration, layout)
Czerny-Turner-Monochromator m *(spec)* Czerny-Turner monochromator
Czerny-Turner-Monochromatoraufstellung f *s.* Czerny-Turner-Aufstellung
Czerny-Turner-Polychromator m *(spec)* Czerny-Turner polychromator

D

2D *s.* 2DE
DAD (Diodenarraydetektor) *(spec)* diode array detector, DAD, [photodiode, UV diode] array detector, diode array UV detector
Dampf m/**atomarer** atomic vapour
Dampfbad n steam bath
Dampfdruck m vapour pressure
Dampfdruckthermometer n vapour-pressure thermometer
dämpfen to damp *(e.g. oscillations)*; to attenuate *(radiation)*
Dampfentwickler m steam generator
Dampferzeugung f steam generation
Dampfpfropfen m *(gas chr)* plug of vapour
Dampfphase f vapour phase
Dampfraum m *(gas chr)* headspace
Dampfraumanalysator m *(gas chr)* headspace analyser
Dampfraumanalyse f headspace [gas, GC] analysis, gas-chromatographic headspace analysis, HSGC analysis
Dampfspannungsthermometer n vapour-pressure thermometer
Dämpfung f damp[en]ing *(as of oscillations)*; attenuation *(of radiation)*
Dämpfungseinrichtung f damping device
Dämpfungsglied n *(el res)* isolator
Dämpfungskondensator m *(pol)* damping capacitor
Dämpfungswiderstand m *(pol)* damping resistor
Daniell-Element n, **Daniell-Kette** f *(el anal)* Daniell cell
Darstellung f/**graphische** diagrammatic representation
  kartesische ~ Cartesian plot
Daten pl/**analytische** analytical (analysis) data
  rauschbehaftete ~ *(meas)* noisy data

Datenakkumulation

Datenakkumulation f data accumulation
Datenanalyse f **/ mehrdimensionale** *(stat)* multivariate data analysis
Datenauswertung f data evaluation (reduction), interpretation of data
 statistische ~ statistical interpretation of data
Datenerfassungsgeschwindigkeit f data acquisition (collection) rate
Datenerfassungssoftware f data acquisition software
Datenfernverarbeitung f remote data processing
Datenleitung f data line
Datenmenge f data size
Datenpunkt m data point
Datenstrukturanalyse f data structure analysis
Datenverarbeitung f data processing (handling)
Datenverdichtung f data reduction
Dauer f duration
dauerhaft durable
Dauerhaftigkeit f durability
Dauerhaftigkeitsprüfung f durability test
Dauermagnet m permanent magnet
Dauerstrichbetrieb m continuous-wave technique, CW technique (method)
Dauerstrich-Farbstofflaser m CW dye laser
2D-Austausch-[NMR-]Spektroskopie f 2D exchange [NMR] spectroscopy, two-dimensional spin-exchange NMR spectroscopy, [two-dimensional] exchange spectroscopy, EXSY
D/A-Wandler m digital-to-analogue converter, DAC, D/A converter
DC (Dünnschichtchromatographie) thin-layer chromatography, TLC
DC-Chromatogramm n thin-layer chromatogram, TLC chromatogram
DC-Fertigplatte f commercial TLC plate, precoated plate
DCI (direkte chemische Ionisation) *(maspec)* direct chemical ionization, DCI
DC-Platte f thin-layer plate, TLC (chromatographic) plate, chromatoplate
dc-Polarographie f dc (direct-current) polarography, DCP
dc-polarographisch dc-polarographic, by dc polarography
DC-Scanner m TLC scanner, scanning densitometer, spectrodensitometer
DDK (dynamische Differenzkalorimetrie) differential scanning calorimetry, DSC
DDT n (Dichlordiphenyltrichlorethan) dichlorodiphenyltrichloroethane, DDT
DE (Dünnschichtelektrophorese) thin-layer electrophoresis, TLE
2DE (hochauflösende zweidimensionale Elektrophorese) high-resolution two-dimensional electrophoresis, 2-DE
Dead-stop-Endpunktbestimmung f *(vol)* biamperometric (dead-stop) end-point detection
Dead-stop-Methode f s. Dead-stop-Titration
Dead-stop-Titration f amperometric titration with two indicator electrodes, dead-stop titration, biamperometric titration
Dead-stop-Titrationskurve f biamperometric titration curve
DEAE-Cellulose f diethylaminoethyl cellulose, DEAE-cellulose
Deaktivierung f s. Desaktivierung
Deans-Säulenschaltung f *(gas chr)* Deans column switching
de-Broglie-Beziehung f de Broglie relationship *(of the particle and wave property of matter)*
Debye-Hückel-Effekt m electrophoretic effect
Debye-Kraft f induction (Debye) force
Deckung f coincidence *(in space or time)* • **sich zur ~ bringen lassen** to be superimposable *(as of molecules on their mirror images)*
definiert / gut well-defined *(compound)*
 mangelhaft (schlecht) ~ poorly defined, ill-defined *(compound)*
Deformationsschwingung f *(opt mol)* bending (deformation) vibration
deformierbar deformable *(ion)*
Deformierbarkeit f deformability *(of ions)*
Degradation f s. Abbau
Dehydratation f s. Dehydratisierung
dehydratisieren to dehydrate
Dehydratisierung f dehydration
dehydrieren to dehydrogenate
Dehydrierung f dehydrogenation
Deionisation f de-ionization
deionisieren to de-ionize
Deionisierung f de-ionization
Dekameter n dielectrometer, dielectric constant meter
Dekametrie f dielectrometry, dielectric constant measurement
Dekantation f s. Dekantieren
dekantieren to decant [off], to pour off *(supernatant liquor)*
Dekantieren n, **Dekantierung** f decantation *(of supernatant liquor)*
d-Elektron n d electron
1D-Elektrophorese f unidirectional electrophoresis, one-way electrophoresis
2D-Elektrophorese f two-dimensional electrophoresis, 2D electrophoresis, 2-DE
 hochauflösende ~ high-resolution two-dimensional electrophoresis
delokalisieren to delocalize *(electrons)*
Delokalisierung f delocalization *(of electrons)*
Delta-Wert m *(nuc res)* delta value
demaskieren to demask
Demaskierung f demasking
Demaskierungsmittel n demasking agent
Demodulationspolarographie f demodulation polarography
Demodulationsschaltkreis m **für Frequenzmodulation** frequency-discrimination circuit *(impedimetric titration)*

Demodulationssignal *n*/**Faradaysches** *(pol)* faradaic demodulation signal
Demodulationsstrom *m*/**Faradayscher** *(pol)* faradaic demodulation current
Demodulator *m (cond)* signal detector, demodulator
~ **für Frequenzmodulation** discriminator
demontierbar demountable
2DE-Muster *n* two-dimensional electrophoresis pattern
denaturieren to denature *(biological molecules)*
Denaturierung *f* denaturation *(of biological molecules)*
Dendrit *m* dendrite
Densitometer *n* densitometer, microphotometer
Densitometrie *f* densitometry
densitometrisch densitometric
Depolarisation *f* depolarization
Depolarisationsfaktor *m*, **Depolarisationsgrad** *m (opt mol)* depolarization factor (ratio)
Depolarisator *m*/**anorganischer** inorganic depolarizer
Depolarisatorkonzentration *f* depolarizer concentration
depolarisieren to depolarize
Depolarometrie *f* amperometric titration with two indicator electrodes, biamperometric (dead-stop) titration
Depolymerisation *f* depolymerization
depolymerisieren to depolymerize
deprotonieren to deprotonate
Deprotonierung *f* deprotonation
Derivat *n* derivative • **in ein ~überführen** to derivatize
  diastereomeres ~ diastereomeric derivative
  fluoreszierendes ~ fluorescent (fluorescence) derivative
Derivatbildung *f s.* Derivatisierung
derivatisieren to derivatize
Derivatisierung *f* [chemical] derivatization, derivative formation
  ~ **nach der Trennsäule** *(chr)* post-column derivatization
  post-chromatographische ~ *(chr)* post-column derivatization
  ~ **vor der Trennsäule** *(chr)* preliminary (pre-column) derivatization
Derivatisierungsmittel *n* derivatizing agent, derivatizing (derivatization) reagent
Derivatisierungsreagens *n s.* Derivatisierungsmittel
Derivatisierungsreaktion *f* derivatization reaction
Derivativpolarogramm *n* derivative polarogram
Derivativpolarograph *m* derivative polarograph
Derivativpolarographie *f* derivative polarography
Derivativ-Pulspolarographie *f* derivative pulse polarography
Derivativspektroskopie *f* derivative spectroscopy
Derivativspektrum *n* derivative spectrum
Derivativvoltamgramm *n* derivative voltammogram

Derivativvoltammetrie *f* derivative voltammetry
Desaktivator *m (liq chr)* moderator, modulator, modifier *(for influencing retention and selectivity)*
desaktivieren to deactivate *(adsorbents, surfaces, columns)*; to inactivate *(catalysts)*
desaktiviert werden to de-excite
Desaktivierung *f* deactivation [treatment] *(of adsorbents, surfaces, columns)*; inactivation *(of catalysts)*; deactivation, de-excitation *(of excited molecules)*
  strahlende ~ *(spec)* radiative de-excitation
  strahlungslose ~ *(spec)* non-radiative de-excitation
Desaktivierungsmittel *n (chr)* deactivating agent
Desintegrator *m*, **Desintegratormühle** *f* disintegrator
desorbieren to desorb
Desorption *f* desorption
  elektronenstimulierte ~ *(spec)* electron-stimulated desorption, ESD
  photonenstimulierte ~ *(spec)* photon-stimulated desorption, PSD
  thermische ~ *(maspec)* thermal desorption
  ~ **von Ionen/elektronenstimulierte** electron-stimulated desorption of ions, ESDI
  ~ **von Neutralteilchen/elektronenstimulierte** electron-stimulated desorption of neutrals, ESDN
Desorptionsspektroskopie *f*/**thermische** thermal desorption spectroscopy, TDS
Desoxydation *f* deoxygenation
desoxydieren to deoxygenate
Destillans *n* material being (*or* to be) distilled
Destillat *n* distillate
Destillation *f*/**fraktionierte** fractional distillation
Destillationsbereich *m* distilling (distillation) range
Destillationsgut *n s.* Destillans
destillieren to distil
detektierbar detectable
Detektierbarkeit *f* detectability
detektieren to detect, to identify, to reaffirm the presence of *(an analyte)*
Detektion *f* detection, identification *(of an analyte)*
  amperometrische ~ amperometric detection
  atomspektrometrische ~ atomic spectrometric detection
  direkte ~ direct detection
  elektrochemische ~ electrochemical detection
  fluorimetrische ~ fluorescence (fluorometric) detection
  gepulste amperometrische ~ pulsed amperometric detection
  indirekte ~ indirect detection
  longitudinale ~ longitudinal detection of electron spin resonance, LODESR
  ~ **mit Diodenarray** array detection
  multiple ~ multiple detection
  phasenempfindliche ~ phase-sensitive detection
  photometrische ~ photometric detection

Detektion

potentiometrische ~ potentiometric detection
Detektionsbasislinie *f* detector baseline
Detektionsbereich *m* range of detection
Detektionsmechanismus *m* detection mechanism
Detektionsmethode *f* detection method (technique, procedure)
Detektionsperiode *f*, **Detektionsphase** *f* detection period
Detektionsprinzip *n* detection principle
Detektionssignal *n* detector signal, detector output [signal]
Detektionssystem *n* detection system
Detektionsverfahren *n s.* Detektionsmethode
Detektor *m* detector
  absoluter ~ absolute detector
  amperometrischer ~ amperometric detector
  auf dem äußeren Photoeffekt basierender ~ photoemissive detector
  auf dem inneren Photoeffekt basierender ~ photoconductive detector
  coulometrischer ~ coulometric detector
  differentieller ~ differential (proportional) detector
  elektrochemischer ~ electrochemical detector
  flammenphotometrischer ~ flame-photometric detector, FPD, flame emission detector, sulphur specific detector, SSD
  flüssig[keits]chromatographischer ~ liquid-chromatographic detector
  gaschromatographischer ~ gas-chromatographic detector, GC detector
  gepulster amperometrischer ~ *(liq chr)* pulsed amperometric detector, PAD
  hochempfindlicher ~ high-sensitivity detector
  integraler ~ integral (integrating) detector
  kolorimetrischer ~ *(flow)* colorimetric detector
  kommerzieller ~ commercial detector
  konduktometrischer ~ conductivity (conductance) detector, conductometric (conductimetric) detector
  konzentrationsabhängiger ~ *s.* konzentrationsempfindlicher ~
  konzentrationsempfindlicher ~ concentration[-sensitive] detector, concentration-dependent detector
  konzentrationsspezifischer ~ *s.* konzentrationsempfindlicher ~
  masseflußabhängiger ~ *s.* massenstromempfindlicher ~
  massenselektiver ~ *(gas chr)* mass-selective detector, MSD
  massenstromabhängiger ~ *s.* massenstromempfindlicher ~
  massenstromempfindlicher ~ mass-flow[-rate] sensitive detector, mass[-sensitive] detector, mass-dependent detector, mass rate-dependent detector
  mengenstromabhängiger ~ *s.* massenstromempfindlicher ~
  ~ mit Bulk-Eigenschaften bulk [physical] property detector, physical property detector
  ~ mit fixer Wellenlänge single-wavelength detector, fixed-wavelength detector
  ~ mit hoher Empfindlichkeit high-sensitivity detector
  ~ mit quadratischer Kennlinie square law detector
  ~ mit selektiven Eigenschaften *s.* selektiver ~
  ~ mit Wand-Düsen-Elektrode/elektrochemischer *(liq chr)* wall-jet detector
  optischer ~ optical detector
  phasenempfindlicher ~ phase-sensitive detector
  photometrischer ~ [spectro]photometric detector
  pneumatischer ~ *(opt mol)* pneumatic detector
  polarographischer ~ polarographic detector
  potentiometrischer ~ potentiometric detector
  pyroelektrischer ~ pyroelectric detector
  refraktometrischer ~ refractive index detector, RI detector, refractometer detector
  selektiver ~ selective (solute property) detector, solute-specific detector
  spezifischer ~ specific detector
  thermionischer ~ *(gas chr)* thermionic (thermal) ionization detector, TID, thermionic detector, nitrogen-phosphorus [specific] detector, NP detector, NPD
  thermischer ~ thermal detector
  thermoionischer ~ *s.* thermionischer ~
  universeller (unspezifischer) ~ universal detector, general[-purpose] detector
  ~ variabler Wellenlänge variable-wavelength detector, VWD
  voltammetrischer ~ *(flow)* voltammetric detector
  zerstörungsfrei arbeitender ~ non-destructive detector
Detektoranzeige *f s.* Detektorsignal
Detektorausgang *m (chr)* detector outlet
Detektorbasislinie *f* detector baseline
Detektorblock *m (gas chr)* detector block
Detektorelektrode *f* detector electrode
Detektorempfindlichkeit *f* detector sensitivity (performance)
Detektorgeometrie *f* detector geometry
Detektorkenngrößen *fpl* detector characteristics
Detektormeßbereich *m* detector range
Detektormeßsignal *n s.* Detektorsignal
Detektorrauschen *n* detector [baseline] noise, background detector noise
Detektor-Response *m* [detector] response
Detektorsignal *n* detector signal, detector output [signal]
Detektorstrom *m* detector current
Detektorsystem *n* detector system
Detektortotvolumen *n (chr)* detector dead volume
Detektorverhalten *n* detector performance
Detektorversorgungsgas *n (gas chr)* auxiliary gas

Detektorzelle f (chr) detector cell
Detektorzellvolumen n (chr) detector cell volume
deuterieren to deuterate
Deuterierung f deuteration
Deuteriumkern m (mag res) deuterium nucleus
Deuteriumlampe f deuterium [discharge, arc] lamp
Deuteriumresonanz f deuterium resonance, ^{2}H resonance
Deuteriumsignal n (mag res) deuterium signal, ^{2}H signal
Deuteriumuntergrundkompensation f deuterium arc background correction
Deuteronen-NMR-Spektroskopie f deuterium spectroscopy
Dewar-Gefäß n (lab) Dewar flask
Dextran n/vernetztes cross-linked dextran
Dextranblau n blue dextran
Dextrangel n dextran gel
Dextrangelaustauscher m ion-exchange dextran
Dextranhydroxypropylether m dextranhydroxypropylether
2D-Fourier-Transformation f 2D Fourier transformation
D-HSGC (dynamische Headspace-Gaschromatographie) dynamic headspace gas chromatography, D-HSGC
Diacetyldioxim n dimethylglyoxime
Diacetyldioximat n dimethylglyoximate
Diagonalelement n (nuc res) diagonal [matrix] element
Diagonalisierung f (nuc res) diagonalization
Diagonalpeak m, **Diagonalsignal** n (nuc res) diagonal peak
Diagramm n graph, diagram, plot
  doppelt logarithmisches ~ log-log plot, double logarithmic plot
  gestaffeltes ~ stacked plot (two-dimensional NMR)
  kartesisches ~ Cartesian plot
Diagrammband n s. Diagrammstreifen
Diagrammlinie f (spec) diagram line
Diagrammpapier n graph paper
Diagrammstreifen m strip-chart (of the chart recorder)
Diagrammstreifenpotentiometer n strip-chart recording potentiometer
Dialkylacetal n dialkylacetal
Dialysat n dialysate
Dialysator m dialyser, dialysis unit
Dialyse f dialysis
Dialysemembran f dialysis membrane
dialysieren to dialyse
Dialysiergut n solution being (or to be) dialysed
diamagnetisch diamagnetic
Diamagnetismus m diamagnetism
Diamin n diamine
Diaphragmaanode f/rotierende (elgrav) revolving diaphragm anode
Diaphragmaelektrode f/rotierende (elgrav) revolving diaphragm electrode

diastereomer diastereomeric
Diastereomer n diastereo[iso]mer
Diastereomerenpaar n diastereomeric pair
Diastereomeres n diastereo[iso]mer
Diatomeenerde f diatomaceous earth, diatomite, kieselgu[h]r
diazotieren to diazotize
Diazotierung f diazotization
Diazoverbindung f diazo compound
Dibromalkan n dibromoalkane
3,3'-Dibromthymolsulfonphthalein n bromothymol blue, 3,3'-dibromothymol sulphonephthalein
Dicarbonsäure f dicarboxylic acid
Dichloralkan n dichloroalkane
Dichlordiphenyltrichlorethan n dichlorodiphenyltrichloroethane, DDT
2,7-Dichlorfluorescein n dichlorofluorescein
Dichlormethan n methylene chloride, dichloromethane
Dichroismus m dichroism (of crystals)
dichroitisch dichroic (crystals)
Dichromat n dichromate
Dichromatometrie f dichromate titration
dichromatometrisch by dichromate titration
dicht dense, compact
Dichte f [mass] density (mass per unit volume)
  optische ~ optical density
  relative ~ specific gravity, relative density (ratio of the density of a material to the density of a standard material)
  spektrale ~ spectral density
Dichtefunktion f (stat) density function
Dichtegradient m density gradient
Dichtegradientenelektrophorese f density gradient electrophoresis
Dichtegradientenmethode f (sed) density gradient technique
Dichtematrix f (mag res) density matrix
Dichtemessung f density measurement
Dichtemittel n (stat) mode
Dichteoperator m (mag res) density operator
Dichteprogramm n (chr) density programme
Dichteprogrammierung f (chr) density programming
Dichteunterschied m density difference
Dichteverhältnis n s. Dichte/relative
Dichtewaage f density balance
Dichtewert m (stat) mode
Dichtezahl f s. Dichte/relative
Dichtkonus m (chr) ferrule
Dicke f der stationären Phase (chr) stationary phase thickness
  effektive ~ (gas chr) effective thickness (of the liquid phase)
dickflüssig viscous
Dickschichtkapillare f s. Dickschicht-Kapillarsäule
Dickschicht[-Kapillar]säule f (gas chr) porous-layer open-tubular (open-tube) column, PLOT column

dickwandig thick-wall[ed]
Dicyanoalkylsilicon n dicyanoalkylsilicone
Didymglasfilter n (spec) didymium glass filter
DIE (Direkt-Injektionsenthalpiemetrie) direct injection enthalpimetry, DIE
Diederwinkel m dihedral angle
Dielektrikum n non-conductor, dielectric
Dielektrizitätskonstante f [/absolute] dielectric constant, permittivity
  relative ~ relative permittivity
  ~ zweiter Ordnung second-order dielectric constant
Dielektrizitätskonstante-Messer m dielectrometer, dielectric constant meter
Dielektrizitätskonstanten-Detektor m (chr) dielectric constant detector
Dielektrizitätszahl f relative permittivity
Dielektrometrie f dielectrometry, dielectric constant measurement
Diester m diester
Diethylaminoethylcellulose f diethylaminoethyl cellulose, DEAE-cellulose
Diethylether m diethyl ether, [ethyl] ether
Diethyloxalat n diethyl oxalate
Differentialchromatogramm n differential chromatogram
Differentialdetektor m differential (proportional) detector
Differentialenthalpiemetrie f s. Differentialkalorimetrie
Differentialgleichung f differential equation
Differentialkalorimeter n differential [scanning] calorimeter
Differentialkalorimetrie f differential calorimetry
  registrierende ~ s. Differentialscanningkalorimetrie
Differentialkapazität f differential capacity
Differentialmethode f differential method
Differentialphotometer n differential photometer
Differentialphotometrie f differential photometry
Differentialpolarographie f differential polarography
Differentialpotentiometrie f s. Differenzpotentiometrie
Differential-pulse-Polarographie f, **Differentialpulspolarographie** f s. Differenzpulspolarographie
Differentialrefraktometer n differential refractometer
  ~ vom Deflexionstyp deflection refractometer
  ~ vom Reflexionstyp Fresnel refractometer
Differentialscanningkalorimetrie f differential scanning calorimetry, DSC
Differentialspektrophotometer n differential spectrophotometer
Differentialthermoanalysator m differential thermal analyser
Differentialthermoanalyse f differential thermal analysis, DTA

differentialthermoanalytisch by differential thermal analysis
Differential-Thermogravimetrie f derivative thermogravimetry, DTG
Differentialtitration f differential titration
  potentiometrische ~ inverse derivative potentiometric titration
Differentialtitrationseinrichtung f differential titrator (titration apparatus)
Differenz f difference, discrimination
  ~ der chemischen Verschiebungen (nuc res) [chemical] shift difference
  ~ der Energien energy difference, difference in energy
Differenz-Amperometrie f differential amperometry
differenzieren to differentiate (a function)
Differenzkalorimetrie f/dynamische s. Differentialscanningkalorimetrie
Differenzkapazität f differential capacity
Differenz-Leistungs-Scanning-Kalorimetrie f s. Differentialscanningkalorimetrie
Differenzpolarographie f differential polarography
Differenzpotentiometrie f differential potentiometry, (not recommended) precision null-point potentiometry
  elektrolytische ~ differential electrolytic potentiometry
Differenzpulsinversvoltammetrie f differential pulse stripping voltammetry
  anodische ~ differential pulse anodic stripping voltammetry, DPASV
  kathodische ~ differential pulse cathodic stripping voltammetry, DPCS, DPCSV
  ~ mit anodischer Anreicherung s. kathodische ~
  ~ mit katodischer Anreicherung s. anodische ~
Differenzpulspolarogramm n differential pulse polarogram
Differenzpulspolarograph m differential pulse polarograph
Differenzpulspolarographie f differential pulse polarography, DPP
Differenzpulsvoltammetrie f differential pulse voltammetry, DPV
Differenzschwingung f (opt mol) difference mode
Differenzsignal n differential (proportional) signal
Differenzspektroskopie f difference spectroscopy
Differenzspektrum n difference spectrum
Differenzthermoanalyse f s. Differentialthermoanalyse
Differenzvoltammetrie f differential voltammetry
Diffraktion f diffraction
diffundieren to diffuse
Diffusat n diffusate
Diffusion f diffusion
  anodische ~ anodic diffusion
  axiale ~ (chr) axial [molecular] diffusion, longitudinal diffusion

kathodische ~ cathodic diffusion
longitudinale ~ s. axiale ~
molekulare ~ molecular diffusion
radiale ~ radial diffusion
spektrale ~ spectral diffusion
sphärische ~ *(pol)* spherical diffusion
diffusionsbedingt diffusion-controlled
diffusionsbegrenzt diffusion-limited
diffusionsbestimmt diffusion-controlled
Diffusionseinheit *f (flow)* diffusion unit
Diffusionsflamme *f* diffusion flame
Diffusionsgeschwindigkeit *f* diffusion rate (velocity)
Diffusionsgesetz *n/* **Ficksches** Fick's law [of diffusion]
diffusionsgesteuert diffusion-controlled
Diffusionsgrenzstrom *m (pol)* limiting diffusion current
Diffusionskoeffizient *m*, **Diffusionskonstante** *f* diffusion coefficient, diffusivity
Diffusionskontrolle *f* diffusion control
diffusionskontrolliert diffusion-controlled
Diffusionspotential *n (pol)* diffusion (liquid-junction) potential
Diffusionspumpe *f* diffusion pump
Diffusionsschicht *f* diffusion layer
Nernstsche ~ *(el anal)* Nernst (diffusion) layer
Diffusionssperre *f* diffuse barrier
Diffusionssteuerung *f* diffusion control
Diffusionsstrecke *f* diffusion path
Diffusionsstrom *m* diffusion current
anodischer ~ anodic diffusion current
kathodischer ~ cathodic diffusion current
Diffusionsstromdichte *f* diffusion-current density
Diffusionsstromkonstante *f* diffusion-current constant
Diffusionsstrommessung *f* diffusion-current measurement
Diffusionsstromtheorie *f* diffusion-current theory
Diffusionsvorgang *m* diffusion process
Diffusionsweg *m* diffusion path
Diffusionswiderstand *m* diffusion resistance
Diffusionszahl *f* s. Diffusionskoeffizient
Diffusionszelle *f (gas chr)* diffusion cell
diffusorisch diffusional
Digital-Analog-Wandler *m* digital-to-analogue converter, DAC, D/A converter
Digitalanzeige *f* digital display
Digitalintegrator *m* **[/elektronischer]** digital electronic integrator
Digitalinterface *n* digital interface
digitalisieren to digitize
Digitalisierung *f* digitization, [analogue-to-]digital conversion
Digitalmeßgerät *n* digital meter
Digitalplotter *m* digital plotter *(data acquisition)*
Digitalsignal *n* digital signal
Digitalstufe *f* digital level *(A/D converter)*
β-Diketon *n*, **1,3-Diketon** *n* β-diketone

Dilatometer *n* dilatometer *(for measuring thermal expansion)*
Dilatometrie *f* dilatometry
dilatometrisch dilatometric
Dimensionen *fpl/* **gestörte** perturbed dimensions
ungestörte ~ unperturbed dimensions
dimensionslos dimensionless
dimer dimeric
Dimer *n* dimer
angeregtes ~ *(opt mol)* excimer, excited dimer
dimerisieren to dimerize
Dimerisierung *f* dimerization
Dimethyldichlorsilan *n* dimethyldichlorosilane, DMCS
5,6-Dimethylferroin *n* 5,6-dimethylferroin
[N,N-]Dimethylformamid *n* [N,N-]dimethylformamid, DMF
Dimethylglyoxal *n* butane-2,3-dione, biacetyl, dimethylglyoxal
Dimethylglyoxim *n* dimethylglyoxime
Dimethylglyoximkomplex *m* dimethylglyoxime complex
N,N-Dimethylmethanamid *n* [N,N-]dimethylformamide, DMF
Dimethyloxalat *n* dimethyl oxalate
2,9-Dimethyl-1,10-phenanthrolin *n* 2,9-dimethyl-1,10-phenanthroline, neocuproin
Dimethylphenol *n* xylenol, dimethylphenol
Dimethylpolysiloxan *n*, **Dimethylsilicon** *n* dimethylpolysiloxane, dimethylsilicone
Dimethylsulfat *n* dimethyl sulphate
Dimethylsulfoxid *n* dimethyl sulphoxide, DMSO
deuteriertes ~ deuterated dimethyl sulphoxide, DMSO-d_6
Dinatriumsalz *n* disodium salt
2,4-Dinitrophenylhydrazin *n* 2,4-dinitrophenylhydrazine, 2,4-DNP
Dinonylphthalat *n* dinonyl phthalate, DNP
Diode *f* diode
Diodenarray *n (spec)* [photo]diode array
Diodenarraydetektor *m (spec)* diode array detector, DAD, [photodiode, UV diode] array detector
Diodenarray-Spektralphotometer *n* diode array spectrophotometer
Diodenlaser *m* diode laser, semiconductor [diode] laser
Diodenreihe *f* s. Diodenarray
Diodenstrom *m* diode current
Diol *n* glycol, diol
Diolphase *f (liq chr)* diol stationary phase
Dioxan *n*, **1,4-Dioxan** *n* dioxan[e], 1,4-dioxane
Diphenylamin *n* diphenylamine
Diphenylaminsulfonsäure *f* diphenylaminesulphonic acid
Diphenylcarbazid *n* diphenylcarbazide
Diphenylpikrylhydrazyl *n* diphenyl picrylhydrazyl, DPPH
Diphenylthiocarbazon *n* diphenylthiocarbazone, dithizone

Diphosphat

Diphosphat *n* di[poly]phosphate, pyrophosphate
Dipol *m* / **induzierter** induced dipole
   magnetischer ~ magnetic dipol
   strahlender ~ *(spec)* emission dipole
Dipol-Dipol-Kopplung *f (mag res)* spin-spin coupling (interaction), spin (dipolar) coupling, dipolar spin-spin coupling, dipolar (dipole-dipole) interaction, DD
Dipol-Dipol-Relaxation *f (mag res)* dipolar relaxation
Dipol-Dipol-Wechselwirkung *f* 1. dipole-dipole interaction, dipole (dipolar) interaction; 2. *s.* Dipol-Dipol-Kopplung
Dipol-Induktions-Wechselwirkung *f* dipole-induced dipole interaction
Dipolkopplung *f s.* Dipol-Dipol-Kopplung
Dipolmoment *n* dipole moment
   elektrisches ~ electric [dipole] moment
   induziertes ~ induced dipole moment
   permanentes ~ permanent dipole moment
Dipolverbreiterung *f (nuc res)* dipole-dipole broadening, dipolar broadening
Dipolwechselwirkung *f s.* 1. Dipol-Dipol-Wechselwirkung 1.; 2. Dipol-Dipol-Kopplung
Direkteinlaß *m (maspec)* direct [probe] inlet, direct introduction
Direkteinlaßsystem *n (maspec)* direct inlet system
Direktinjektion *f (gas chr)* direct column injection
Direkt-Injektionsenthalpiemetrie *f* direct injection enthalpimetry, DIE
Direktinjektionstechnik *f (gas chr)* direct injection technique
Direktmessung *f* direct measurement
Direktpotentiometrie *f* direct potentiometry
Direkttitration *f* direct titration
Direktzerstäuber-Brenner *m (opt at)* direct injection burner, turbulent[-flow] burner, sprayer (total-consumption) burner
Disappearance-potential-Spektroskopie *f* disappearance potential spectroscopy, DAPS
DISCO-Spektrum *n (nuc res)* DISCO spectrum
Disk-Elektrophorese *f* disk electrophoresis
Diskontinuität *f* discontinuity
Diskordanz *f* non-conformity
Diskriminanzanalyse *f (stat)* discriminatory (discriminant) analysis
Diskriminator *m* discriminator
Diskriminatorschaltkreis *m* discriminator circuit *(impedimetric titration)*
Diskriminierung *f (chr, flow)* [sample] discrimination
   kinetische ~ *(flow)* kinetic discrimination
Dismutation *f* disproportionation, dismutation
dismutieren to disproportionate, to dismutate
dispergieren to disperse
Dispersion *f* dispersion
   axiale ~ *(chr)* band broadening (spreading), zone broadening (spreading, dispersion), peak broadening, axial (lag phase) dispersion

   kontrollierte ~ *(flow)* controlled dispersion
   lineare ~ *(spec)* linear dispersion
   reziproke relative ~ *(spec)* Abbe number (value)
Dispersionsanteil *m* dispersion-mode component
Dispersionsformel *f (spec)* dispersion formula
Dispersionsfunktion *f* disperse function
Dispersionskoeffizient *m (flow)* dispersion coefficient
Dispersionskraft *f* dispersion (dispersive, London) force
Dispersions-Mode *f (spec)* dispersion mode, U mode
Dispersionssignal *n (spec)* dispersion (U-mode) signal
Dispersionsspektrometer *n* dispersive spectrometer
Dispersionsspektrum *n* dispersive spectrum
Dispersionswechselwirkung *f* dispersion (dispersive) interaction
disproportionieren to disproportionate, to dismutate
Disproportionierung *f* disproportionation, dismutation
dissoziabel dissociable, ionizable
Dissoziation *f* dissociation
   elektrolytische ~ electrolytic dissociation, ionization *(in solutions)*
   stoßinduzierte ~ *(maspec)* collision-induced dissociation
   thermische ~ thermal dissociation
Dissoziationsenergie *f* dissociation energy
dissoziationsfähig *s.* dissoziabel
Dissoziationsgleichgewicht *n* dissociation equilibrium
Dissoziationsgrad *m* degree of dissociation (ionization)
Dissoziationskonstante *f* dissociation (ionization) constant
   erste ~ primary dissociation constant
   zweite ~ secondary dissociation constant
Dissoziationsstörung *f* dissociation interference
Dissoziationsstufe *f* stage of ionization
dissoziieren to dissociate, to ionize
dissoziiert / schwach (wenig) weakly ionized
Dissymmetrie *f* dissymmetry
Dissymmetriezentrum *n* dissymmetric centre
dissymmetrisch dissymmetric
Distickstoffoxid *n* nitrous oxide, nitrogen monoxide
Distickstoffoxid-Acetylen-Flamme *f* nitrous oxide-acetylene flame
Distorsion *f* distortion
Distributionsverhältnis *n* distribution ratio
Disulfid *n* disulphide
Disulfid-Bindung *f* disulphide linkage
Dithionat *n* dithionate
Dithizon *n* diphenylthiocarbazone, dithizone
divalent divalent, bivalent

Dividierer *m* ratio-recording spectrometer
2D-J-Spektroskopie *f*/**heteronukleare** heteronuclear J-resolved spectroscopy *(two-dimensional NMR)*
DK (Dielektrizitätskonstante) dielectric constant, permittivity
DK-Meter *n* dielectrometer, dielectric constant meter
DK-Metrie *f* dielectrometry, dielectric constant measurement
DK-Titration *f* dielectrometric (dielcometric) titration
DMSO (Dimethylsulfoxid) dimethyl sulphoxide, DMSO
2D-NMR-Experiment *n* two-dimensional [NMR] experiment, 2D[-NMR] experiment
3D-NMR-Experiment *n* 3D[-NMR] experiment
1D-NMR-Methode *f* one-dimensional [NMR] method, 1D[-NMR] technique
2D-NMR-Methode *f* two-dimensional [NMR] method, 2D-NMR-technique
1D-NMR-Spektroskopie *f* one-dimensional [NMR] spectroscopy, 1D[-NMR] spectroscopy, 1D-NMR
2D-NMR-Spektroskopie *f* two-dimensional [NMR] spectroscopy, 2D[-NMR] spectroscopy, 2D NMR
3D-NMR-Spektroskopie *f* 3D[-NMR] spectroscopy
1D-NMR-Spektrum *n* one-dimensional [NMR] spectrum, 1D[-NMR] spectrum
2D-NMR-Spektrum *n* two-dimensional [NMR] spectrum, 2D[-NMR] spectrum
3D-NMR-Spektrum *n* 3D[-NMR] spectrum
2D-NMR-Technik *f s.* 2D-NMR-Methode
1D-NMR-Verfahren *n s.* 1D-NMR-Methode
2D-NOE-NMR-Spektroskopie *f* nuclear Overhauser enhanced (enhancement, exchange) spectroscopy, NOESY
Docht *m* wick
Donator *m* donor
Donator-Akzeptor-Bindung *f* coordinate [covalent] bond, coordination (dative) bond
Donator-Akzeptor-Komplex *m* charge transfer complex, donor-acceptor complex
Donator-Akzeptor-Wechselwirkung *f* [electron] donor-acceptor interaction
Donatoratom *n* [ligand] donor atom *(of a complex)*
Donatormolekül *n* donor molecule
~ mit freiem Elektronenpaar lone-pair donor molecule
Donnan-Ausschluß *m (liq chr)* Donnan exclusion
Donnan-Ausschlußkraft *f (liq chr)* Donnan exclusion force
Donnan-Membran *f (liq chr)* Donnan membrane
Donnan-Potential *n*, **Donnan-Spannung** *f (liq chr)* Donnan membrane potential
Donor *m s.* Donator
Donorstrom *m (flow)* donor stream
Doppelanalyse *f* duplicate analysis
Doppelbestrahlung *f* double irradiation
Doppelbindung *f* double bond

konjugierte ~ conjugated double bond
doppelbrechend double-refracting, birefringent
Doppelbrechung *f* double refraction, birefringence
elektrische ~ electric double refraction
magnetische ~ magnetic double refraction
optische ~ optical double refraction
zirkulare ~ circular birefringence
Doppeldetektor *m (meas)* twin detector
Doppeldublett *n (nuc res)* double doublet, pair of doublets
Doppel-Escape-Peak *m (rad anal)* double escape peak
doppelfarbig dichroic *(crystals)*
Doppelfarbigkeit *f* dichroism *(of crystals)*
Doppelgittermonochromator *m (spec)* double grating monochromator
Doppelmonochromator *m (spec)* double monochromator
Doppel-Optik-Simultan-Spektrometrie *f* dual optic simultaneous spectrometry, DOSS
Doppelpeak *m* double peak
Doppelpotentialstufen-Chronoamperometrie *f* double-potential-step chronoamperometry
Doppelpotentialstufen-Chronocoulometrie *f* double-potential-step chronocoulometry
Doppelquantenfilter *n (nuc res)* double-quantum filter, DQF
Doppel-Quanten-Kohärenz *f (nuc res)* double-quantum coherence, DQC
Doppelquantenspektroskopie *f (nuc res)* double-quantum spectroscopy
Doppelquantenspektrum *n (nuc res)* double-quantum spectrum
Doppel-Quanten-Transfer-Experiment *n* **mit natürlicher** ^{13}**C-Häufigkeit** *(nuc res)* incredible natural abundance double quantum transfer experiment, INADEQUATE
Doppelquantenübergang *m (el res)* two-quantum transition, 2QT, double-quantum transition
Doppelresonanz *f* double resonance
heteronukleare ~ heteronuclear double resonance
homonukleare ~ homonuclear double resonance
internukleare ~ internuclear double resonance, INDOR
kernmagnetische ~ nuclear magnetic double resonance, NMDR
Doppelresonanzeffekt *m (mag res)* double-resonance effect
Doppelresonanzexperiment *n (mag res)* double-resonance experiment
Doppelresonanzmethode *f (mag res)* double-resonance method (technique)
Doppelresonanzspektrum *n* double-resonance spectrum
Doppelresonanztechnik *f*, **Doppelresonanzverfahren** *n s.* Doppelresonanzmethode
Doppelsäulensystem *n (chr)* dual column system

Doppelschicht

Doppelschicht *f* double layer
 diffuse ~ diffuse double layer
 elektrische ~ electric[al] double layer
 elektrochemische ~ electrochemical double layer
 Helmholtzsche ~ *(pol)* Helmholtz double layer
Doppelschichtdicke *f* double-layer thickness
Doppelschichterscheinung *f* double-layer phenomenon
Doppelschichtkapazität *f* double-layer capacity (capacitance)
Doppelschichtstruktur *f* double-layer structure
Doppelstichprobenplan *m* double sampling plan
Doppelstrahlgerät *n (spec)* double-beam instrument
Doppelstrahlspektro[photo]meter *n* double-beam spectrometer
Doppeltonpolarographie *f* double-tone polarography
Doppeltrogkammer *f (liq chr)* twin-trough development tank
Doppelwägung *f*/**Gaußsche** *(meas)* transposition
Doppelwellenlängengerät *n (spec)* dual-wavelength instrument
Doppelwellenlängenspektrometer *n* dual-wavelength spectrophotometer
Doppelwellenlängenspektroskopie *f* double wavelength spectroscopy
Doppler-Breite *f (spec)* Doppler width
Doppler-Effekt *m (spec)* Doppler effect
Doppler-Verbreiterung *f (spec)* Doppler broadening
Doppler-Verschiebung *f (spec)* Doppler shift
dosieren to meter
Dosierlöffel *m* measuring spoon
Dosierpumpe *f (samp)* metering pump
Dosierschleife *f (chr)* sample (sampling) loop
Dosierung *f* metering
 ~ mit Injektionsspritze *(chr)* syringe injection, injection by hypodermic syringe
Dosis *f (rad anal)* dose
2D-PAGE (zweidimensionale Polyacrylamid-Gel-elektrophorese) two-dimensional polyacrylamide gel electrophoresis, 2D PAGE
DPASV (differentielle Pulse-Anodic-Stripping-Voltammetrie) differential pulse anodic stripping voltammetry, DPASV
DPCSV (differentielle Pulse-Cathodic-Stripping-Voltammetrie) differential pulse cathodic stripping voltammetry, DPCS[V]
DPIV (Differenzpulsinversvoltammetrie) differential pulse stripping voltammetry
DPP (Differentialpulspolarographie) differential pulse polarography, DPP
DPPH (Diphenylpikrylhydrazyl) diphenyl picrylhydrazyl, DPPH
2D-Pulssequenz *f (nuc res)* 2D pulse sequence
DPV (Differenzpulsvoltammetrie) differential pulse voltammetry, DPV

DQF (Doppelquantenfilter) *(nuc res)* double-quantum filter, DQF
Drahtanode *f*/**spiralförmige** helical wire anode
Drahtdetektor *m (liq chr)* wire transport detector, moving-wire detector, phase-transformation detector
Drahtgitterpolarisator *m* wire grid polarizer
Drehachse *f* rotation axis, axis of rotation
Drehanode *f* rotating anode
Drehelektrode *f* rotating (rotated) electrode
drehen to rotate *(the plane of polarization)*
 sich ~ to rotate
Drehimpuls *m* angular momentum
 innerer ~ spin [angular momentum], intrinsic angular momentum *(of elementary particles)*
Drehmoment *n* torque
Drehrichtung *f* direction of rotation
Drehschwingung *f (opt mol)* twisting vibration
Drehung *f*/**magnetooptische** magneto-optic rotation, MOR
 molare ~ *(opt anal)* molar rotation
 optische ~ optical rotation
 spezifische ~ *(opt anal)* specific rotation
Drehventil *n (flow)* rotary valve
Drehwinkel *m* rotation angle, angle of rotation
Drehzahl *f* speed of rotation, rotor speed *(of a centrifuge)*
dreibasig triprotic, tribasic *(acid)*
dreidimensional three-dimensional
Dreieck *n*/**Pascalsches** Pascal triangle
Dreieckmethode *f*, **Dreiecksapproximation** *f s.* Dreiecksmethode
Dreieckschwingung *f* triangular wave
Dreiecksmethode *f (chr)* triangulation *(for computing peak areas)*
Dreieckspannungspolarographie *f* polarography with superimposed triangular voltage
Dreiecksprüfung *f* triangular test
Dreieckwelle *f* triangular wave
 zyklische ~ *(pol)* cyclic triangular wave
Dreieckwellenpolarographie *f* triangular-wave polarography
 oszillographische ~ triangular-wave oscillographic polarography
 oszillographische zyklische ~ cyclic triangular-wave oscillographic polarography
 zyklische ~ cyclic triangular[-wave] polarography
Dreieckwellenvoltammetrie *f* triangular-wave voltammetry
Dreielektrodenanordnung *f (pol)* three-electrode arrangement (configuration)
Dreielektrodenschaltung *f (pol)* three-electrode circuit
Dreielektrodensystem *n (pol)* three-electrode system
Dreielektrodenzelle *f (pol)* three-electrode cell
Dreifachbindung *f* triple bond
Dreikammerzelle *f (dial)* three-compartment cell

dreiprotonig triprotic, tribasic *(acid)*
Dreipuls-Experiment *n (mag res)* three-pulse experiment
Dreipuls-Sequenz *f (mag res)* three-pulse sequence, 3-pulse echo sequence
Dreispinsystem *n (nuc res)* three-spin system
Dreistoffgemisch *n* ternary mixture
Dreiwegehahn *m* three-way tap, 3-way tap, threeway [stop]cock
Dreiwegeventil *n* three-way valve
dreiwertig trivalent, tervalent; triprotic, tribasic *(acid)*
dreizählig, dreizähnig tridentate *(ligand)*
Drift *f* drift *(of the baseline)*
 negative ~ negative drift
 positive ~ positive drift
driften to drift *(of the baseline)*
Driftgeschwindigkeit *f* drift velocity
Drillschwingung *f (opt mol)* twisting vibration
Dritter-Partner-Effekt *m* matrix [interference] effect
Drosselventil *n* throttle (throttling) valve
Druck *m* pressure
 atmosphärischer ~ ambient (atmospheric) pressure
 hydrostatischer ~ hydrostatic pressure, hydrostatic (liquid pressure) head
 kritischer ~ critical pressure
 osmotischer ~ osmotic pressure
Druckabfall *m* pressure drop
 ~ **an (entlang, in, über) der Säule** *(chr)* column pressure drop, pressure drop along the column
Druckanstieg *m* rise of pressure, increase in pressure
Druckausgleich *m* pressure equalization
Druckdifferenz *f* pressure difference
Druckerhöhung *f s.* Druckanstieg
Druck[gas]flasche *f* gas (high-pressure) cylinder
Druckgefälle *n s.* Druckgradient
Druckgleichgewicht *n* pressure equilibrium
Druckgradient *m (chr)* pressure gradient
Druckgradient-Korrekturfaktor *m s.* Druckkorrekturfaktor
Druckkorrekturfaktor *m (gas chr)* mobile phase compressibility correction factor, [gas] compressibility correction factor, reducing factor
Druckmesser *m* pressure gauge
Druckprogramm *n (chr)* pressure programme
Druckprogrammierung *f (chr)* pressure programming
Druckregelgerät *n*, **Druckregler** *m* pressure regulator (control)
Druckschwankung *f* pressure fluctuation
Drucksprungmethode *f (catal)* pressure-jump technique
Druckunterschied *m* pressure difference
Druckverbreiterung *f* collision (pressure) broadening *(of spectral lines)*
Druckverminderung *f* pressure reduction

Druckverstärkerpumpe *f (liq chr)* gas (pneumatic) amplifier pump
DSK (Differentialscanningkalorimetrie) differential scanning calorimetry, DSC
2D-Spektrum *n s.* 2D-NMR-Spektrum
DTA (Differenzthermoanalyse) differential thermal analysis, DTA
2D-Technik *f s.* 2D-NMR-Methode
DTG (Differential-Thermogravimetrie) derivative thermogravimetry, DTG
2D-Trennung *f (elph)* two-dimensional (two-way) separation, 2D separation
Dumas-Methode *f (or anal)* Dumas method *(for determining nitrogen)*
Dunkelstrom *m* dark current
Dünnfilmkapillare *f*, **Dünnfilm-Kapillarsäule** *f (gas chr)* wall-coated open-tube column, WCOT column, wall-coated open tubular column, thinfilm [open tubular] column
Dünnfilmsensor *m* thin film sensor
Dünnschicht *f* thin layer
Dünnschicht-Ausschlußchromatographie *f* thinlayer gel [permeation] chromatography, TLG
Dünnschichtchromatogramm *n* thin-layer chromatogram, TLC chromatogram
Dünnschichtchromatographie *f* thin-layer chromatography, TLC
 ~ **auf Cellulose** cellulose thin-layer chromatography
 zweidimensionale ~ two-dimensional thin-layer chromatography
dünnschichtchromatographisch by thin-layer chromatography
Dünnschichtelektrophorese *f* thin-layer electrophoresis, TLE
Dünnschichtfolie *f* TLC (chromatogram) sheet
Dünnschichtionophorese *f* thin-layer electrophoresis, TLE
Dünnschichtkapillare *f*, **Dünnschicht-Kapillarsäule** *f (gas chr)* support-coated open-tube column, SCOT column, support-coated open tubular column
Dünnschichtplatte *f (liq chr, elph)* thin-layer plate, *(liq chr auch)* TLC (chromatographic) plate, chromatoplate
Dünnschichtsäule *f s.* Dünnschichtkapillare
Dünnschichtteilchen *npl (liq chr)* porous layer beads, PLB, superficially porous particles
Dünnschicht-Trennsäule *f s.* Dünnschichtkapillare
Duplikatanalyse *f* duplicate analysis
durcharbeiten/gleichmäßig to homogenize
Durchbruchskapazität *f (ion)* break-through capacity
Durchbruchszeit *f (chr)* retention time, total (absolute, uncorrected, solute) retention time, elution time
durchdringen to penetrate, to permeate
durchdringend hard *(radiation)*

Durchdringung

Durchdringung f penetration, permeation
durchfahren to sweep, to scan *(a measuring range)*
Durchfahren n scan[ning] *(of a measuring range)*
Durchflußanalyse f [/luftsegmentierte] continuous-flow analysis, CFA, air-segmented continuous-flow analysis
Durchflußdetektor m flow-through detector, continuous[-flow] detector
Durchflußküvette f flow-through cell (cuvette), flow-through sample cell, [continuous-]flow cell
Durchflußmengenmesser m flowmeter
Durchflußmengenmessung f flow measurement
Durchflußmesser m flowmeter
Durchflußmethode f continuous-flow method, CF method (procedure, technique)
Durchflußprogrammierung f *(chr)* flow programming
Durchflußtechnik f s. Durchflußmethode
Durchflußvolumen n *(chr)* [mobile phase] hold-up volume, column dead (void) volume, dead (void, interstitial) volume, outer [bed] volume, *(gas chr also)* gas hold-up [volume] *(within the column)*
Durchflußzeit f *(chr)* [mobile phase] hold-up time, column dead time, *(liq chr also)* solvent hold-up
Durchflußzelle f s. Durchflußküvette
Durchgang m passage
Durchgangszeit f transit time
Durchlaßbereich m transmission range *(of a filter)*
durchlassen to transmit, to pass
Durchlaßgrad m transmittance, transmission
durchlässig permeable; porous
   einseitig ~ semi-permeable
   optisch ~ optically transparent
Durchlässigkeit f permeability; porosity
   optische ~ transmittance, transmission
   prozentuale ~ *(opt mol)* percent transmittance, percentage transmission
   spektrale ~ spectral transmittance
Durchlässigkeitsgrad m transmittance, transmission
Durchlaßprofil n spectral bandpass
durchlaufen to percolate
Durchlaufen n percolation
Durchlaufentwicklung f *(chr)* continuous development
Durchlaufzeit f transit time
durchleiten to pass through
Durchlichtverlust m transmitted light lost *(nephelometer)*
Durchmesser m / **äußerer** outside (outer) diameter, OD
   innerer ~ inside (inner, internal) diameter, ID
durchmischen to intermix
Durchmischung f thorough mixing, intermixture
   radiale (transversale) ~ *(chr)* radial mixing
Durchmusterung f screening
durchrühren to agitate, to stir
Durchschnitt m mean [value], average [value]
   zeitlicher ~ time-weighted average, TWA
Durchschnittsprobe f average sample
Durchschnittswert m s. Durchschnitt
durchsickern to percolate
Durchsickern n percolation
durchsieben to screen, to sieve, to sift
Durchsieben n screening, screen sizing (classification)
durchspült freely-draining *(macromolecule)*
   teilweise ~ partially-draining *(macromolecule)*
durchstimmbar tunable
Durchstimmbereich m tuning range
Durchtritt m passage
Düse f jet
Düsenseparator m *(maspec)* [molecular] jet separator
Dynamikbereich m dynamic range, DR, dynamic response range *(of a detector, of a converter)*
Dynode f dynode
Dysprosium n Dy dysprosium

E

e elementary [electric] charge, elemental charge
E Einstein, E *(1 mole of photons)*
EAD (Elektronenanlagerungsdetektor) *(gas chr)* electron-capture detector, ECD
   impulsbetriebener ~ pulsed electron capture detector
Eagle-Aufstellung f *(spec)* Eagle mounting
EA-MS (Elektronenanlagerungs-Massenspektrometrie) electron attachment mass spectrometry, EA-MS
Ebene f: • **aus der** ~ **heraus** out of plane, o.o.p. *(vibration)* • **in der** ~ in plane, i.p. *(vibration)*
Ebert-Aufstellung f *(spec)* Ebert mounting
Ebert-Fastie-Aufstellung f *(spec)* Ebert-Fastie mounting
Ebullioskopie f ebullioscopy
ebullioskopisch ebullioscopic
ECD (Elektroneneinfangdetektor) *(gas chr)* electron-capture detector, ECD
Echelette-Gitter n *(spec)* echelette [grating, reflectance grating]
Echelle-Gitter n *(spec)* echelle [grating]
Echelongitter n *(spec)* echelon [grating]
Echo n / **refokussiertes** *(mag res)* refocused echo, RE
   stimuliertes ~ stimulated echo, SE
Echoamplitude f *(mag res)* echo amplitude
Echointensität f *(mag res)* echo intensity
Echosequenz f *(mag res)* spin-echo pulse sequence, [spin-]echo sequence
Echo-Signal n *(mag res)* spin-echo signal
Echtzeitdatenanalyse f *(meas)* real-time data analysis
Echtzeitdatenerfassung f *(lab)* real-time data acquisition

Echtzeitdatenverarbeitung f *(lab)* real-time data processing, real-time computing
Eddy-Diffusion f *(chr)* [axial] eddy diffusion, multipath effect
Edelgas n noble (rare) gas
Edelgas-Ionen-Laser m rare gas ion laser
Edelgasspektrum n noble gas spectrum
Edelmetall n noble metal
Edelmetallelektrode f noble metal electrode
Edelstahlkapillarrohr n stainless steel capillary tubing
Edelstahlrohr n stainless steel tubing
Edelstahlsäule f *(chr)* stainless steel column
Editing n *(nuc res)* [spectral] editing
EDTE (Ethylendiamintetraessigsäure) ethylenediamine tetraacetic acid, EDTA, ethylenedinitrilotetraacetic acid
EDTE-Methode f *(vol)* EDTA method
EDTE-Standardlösung f standard EDTA solution
EDTE-Titration f EDTA titration
EDX (energiedispersive Röntgenspektroskopie) energy-dispersive X-ray spectroscopy, EDX[S]
E-Einfang m electron capture
Effekt m des unendlichen Säulendurchmessers *(liq chr)* infinite diameter effect
 elektrokinetischer ~ electrokinetic effect
 elektrophoretischer ~ electrophoretic effect
 hyperchromer ~ hyperchromic effect
 hypochromer ~ hypochromic effect
 induktiver ~ inductive (induction) effect, I effect
 katalytischer ~ catalytic effect
 mesomerer ~ resonance effect
 nichtlinearer ~ *(opt mol)* non-linear Raman effect
 nivellierender ~ levelling effect *(of the solvent)*
 photoakustischer ~ photoacoustic effect
 photoelektrischer ~ photo[electric] effect
 piezoelektrischer ~ piezoelectric effect
 selbstschärfender ~ *(elph)* self-sharpening effect
 solvophober ~ solvophobic effect
 sterischer ~ steric effect
 zonenschärfender ~ *(elph)* zone-sharpening effect
Effektivfeld n effective [magnetic] field
Effektor m ligand *(affinity chromatography)*
Effizienzterm m *(chr)* column efficiency term
Effusionsseparator m *(maspec)* effusion separator
EGA (Emissionsgasthermoanalyse) evolved gas analysis, EGA
Ehrlich-Reagens n Ehrlich['s] reagent *(p-dimethylamino benzaldehyde)*
EI (Elektronenstoßionisation) *(maspec)* electron [impact] ionization, EI [ionization]
EIA (Enzym-Immunoassay) enzyme immunoassay, EIA
Eichdiagramm n calibration graph
eichen to calibrate *(measuring apparatus)*; to gauge *(vessels)*

~ gegenüber to standardize against
Eichfunktion f calibration function
Eichgenerator m reference oscillator *(impedimetric titration)*
Eichgerade f calibration line
Eichkurve f calibration curve (plot)
 universelle ~ *(liq chr)* universal calibration curve
Eichlösung f calibrating solution
Eichmischung f calibration mixture
Eichparameter m calibration parameter
 universeller ~ *(liq chr)* universal calibration parameter
Eichprobe f calibrant, calibration sample
Eichstandard m calibration (calibrating) standard
Eichsubstanz f calibrant, calibration sample; *(maspec)* mass marker
Eichung f calibration *(of measuring apparatus)*; standard calibration, gauging *(of vessels)*
 absolute (äußere) ~ absolute (direct, external standard) calibration
 ~ mit äußerem Standard s. absolute ~
 ~ mit breit verteilten Standardpolymeren *(liq chr)* broad-standard calibration
 ~ mit eng verteilten Standardpolymeren *(liq chr)* narrow-standard calibration
 ~ mit innerem Standard standard addition [method]
 universelle ~ *(liq chr)* universal calibration
Eichverfahren n calibration method
Eichzusatzmethode f s. Eichung mit innerem Standard
Eigendrehimpuls m spin, intrinsic (spin) angular momentum *(of elementary particles)*
Eigenfunktion f *(spec)* eigenfunction
Eigenionisation f *(maspec)* auto-ionization, preionization
Eigenschaft f property
 chemische ~ chemical property
 chromatographische ~ chromatographic property
 durch Eigenleitung bedingte ~ intrinsic property
 durch Störstellenleitung bedingte ~ extrinsic property
 magnetische ~ magnetic property
 makroskopische ~ macroscopic property
 physikalische ~ physical property
 pyroelektrische ~ pyroelectric property
 technische ~ technical property
 thermische ~ thermal property
 zusammensetzungsabhängige ~ composition-dependent property
Eigenschaften fpl/**detektive** detection characteristics *(of a substance)*
 netzende ~ wetting characteristics
Eigenschwingung f *(spec)* normal vibration
Eigenvektor m *(spec)* eigenvector
Eigenwert m characteristic value; *(spec)* eigenvalue

Eigenwertgleichung

Eigenwertgleichung f *(spec)* eigenvalue equation
Eigenzustand m *(spec)* eigenstate
EI-Ionisierung f *(maspec)* electron [impact] ionization, EI [ionization]
EI-Massenspektrum n electron impact mass spectrum, EI [mass] spectrum
Ein-Aus-Schalter m on-off switch
Einbau m inclusion *(into a structure)*
einbauen to include *(into a structure)*
einbringen to introduce *(into an apparatus)*
Einbringen n introduction *(into an apparatus)*
eindampfen to evaporate *(solutions)*
  zur Trockne ~ to evaporate to dryness
Eindampfen n evaporation *(of solutions)*
  ~ zur Trockne evaporation to dryness
eindringen to penetrate
Eindringen n penetration
Eindringtiefe f depth of penetration
ein-ein-wertig uni-univalent
Einelektronenübertragung f one-electron transfer
einengen to concentrate *(samples)*
Einengen n concentration *(of samples)*
Einfachbindung f single bond
Einfach-Escape-Peak m *(rad anal)* single escape peak
Einfachkeilstreifen m *(liq chr)* wedge-shaped strip
Einfachmonochromator m *(spec)* single monochromator
Einfachprobenahme f single sampling
Einfachstichprobe f single sample
Einfachstichprobenplan m single sampling plan
Einfachstreuung f single scattering
Einfallswinkel m angle of incidence
Einfang m capture *(of electrons)*
einfangen to capture *(electrons)*
Einfang[s]querschnitt m *(rad anal)* capture cross-section
Einfarbenpunktschreiber m single-colour point recorder
einfarbig monochrom[atic]
einfetten to grease
einfließen lassen to run in
einfrieren to freeze *(a reaction, samples for conserving)*
Eingabe f über Spritze *(chr)* syringe injection, injection by hypodermic syringe
Eingabe/Ausgabe-Schnittstelle f/analoge analogue input/output interface, analogue I/O-interface
  digitale ~ digital input/output interface, digital I/O interface
Eingabekanal m input channel
Eingabelungsverfahren n *(meas)* bracketing method
Eingabesignal n input signal
Eingabestelle f *(chr)* injection point
Eingangsdruck m *(chr)* inlet pressure
Eingangsimpedanz f input impedance
Eingangsklemme f input terminal

262

Eingangsprüfung f *(proc)* receiving (on-receipt) inspection
Eingangssignal n input signal
Eingangssignalbereich m input signal range
Eingangsspannung f input voltage
Eingangsspannungsbereich m input voltage range
Einheit f der Wärmemenge thermal unit
  internationale ~ *(catal)* international unit, I.U.
  ~ mit erkennbarer Unvollkommenheit *(proc)* blemished unit
  ~ mit gebrauchshinderlichen Unvollkommenheiten *(proc)* defective unit
  ~ mit schwerwiegender Unvollkommenheit *(proc)* major defective
  ~ mit unbedeutender Unvollkommenheit *(proc)* minor defective
nicht makellose ~ *(proc)* blemished unit
Qualitätsforderungen nicht erfüllende ~ *(proc)* non-conforming unit
einheitlich uniform, homogeneous
  chemisch ~ chemically uniform
Einheitlichkeit f uniformity, homogeneity
Einheitsauflösung f *(maspec)* unit resolution
Einheitszelle f unit (structure) cell
Einhüllende f envelope
Einkanalgerät n single-channel instrument
Einkanal-Impulshöhenanalysator m single-channel pulse height analyser, pulse amplitude selector
Einkanalspektrometer n single-channel spectrometer
einkernig mononuclear *(aromatic compound)*
Einkristall m single crystal, monocrystal
Einkristallmonochromator m *(spec)* crystal monochromator
Einlaß m inlet
Einlaßsystem n [sample] inlet system, sampling system
  ~ mit Gasstromteiler *(gas chr)* split inlet, inlet splitter
  ~ ohne Gasstromteiler *(gas chr)* splitless inlet, Grob splitless injector
Einlaßtemperatur f *(chr)* injection temperature
einlaufen lassen to run in
Einlaufzeit f *(meas)* warm[ing]-up time
einlegen to incubate *(in a solution)*
einleiten 1. to pass in[to] *(gas into a solution)*; 2. to initiate *(a reaction)*
Einleitung f 1. passing-in *(of gas into a solution)*; 2. initiation *(of a reaction)*
Einling m s. Einkristall
Einmalgebrauchsfilter n disposable filter
Einmalgebrauchsgerät n disposable device
einmessen to calibrate *(measuring apparatus)*
Einmessen n calibration *(of measuring apparatus)*
einpipettieren to pipette into
Einpuls-Sequenz f *(mag res)* one-pulse sequence
Einquantenkohärenz f *(nuc res)* single-quantum coherence, SQC

Einquantenübergang *m* single-quantum transition
einsaugen to absorb *(liquids, gases)*
Einsäulen-Ionenchromatographie *f* single-column ion chromatography, SCIC, non-suppressed ion chromatography,
Einsäulentechnik *f (chr)* single-column technique
Einschlämmtechnik *f* slurry packing technique *(for packing columns)*
einschließen *(grav)* to occlude *(molecules)*; *(grav)* to entrap *(mechanically)*
Einschluß *m (grav)* occlusion *(of molecules)*; *(grav) (mechanical)* entrapment
Einspinsystem *n (nuc res)* single-spin system
Einspritzblock *m (chr)* injection block (port), injector block (port), sample injection block (port)
einspritzen *(chr)* to inject
Einspritzfehler *m (chr)* injection error
Einspritzstelle *f (chr)* injection point
Einspritzsystem *n (chr)* injection system
Einspritztechnik *f (chr)* injection technique
Einspritzung *f (chr)* injection
Einspritzventil *n (flow)* injection valve, valve injector
Einspritzvorrichtung *f (chr)* injection device
Einstein *n* Einstein, E *(1 mole of photons)*
Einsteinium *n* Es einsteinium
einstellen to adjust *(to a definite value)*; *(vol)* to standardize *(a solution)*
sauer ~ to acidify
Einstellthermometer *n* adjust-zero thermometer
Einstellung *f* adjustment *(to a definite value)*; *(vol)* standardization *(of a solution)*
~ **des pH-Wertes** pH adjustment
Einstellzeit *f* [instrument] response time
Einstrahlgerät *n (spec)* single-beam instrument
Einstrahl-Spektralphotometer *n*, **Einstrahlspektrometer** *n* single-beam spectro[photo]meter
Einstufenverfahren *n* single-stage process
eintauchen to dip
eintragen to plot *(data on graphs)*
Eintrittsspalt *m (spec)* entrance slit, *(maspec also)* source slit
Einwaage *f* weighed portion
einwägen to weigh in
Einwegbehälter *m* non-returnable container, single-trip (one-trip) container
Einwegflasche *f (lab)* single-trip (one-trip) bottle
einweichen to soak
einwertig monovalent, univalent
Einwertigkeit *f* monovalence, monovalency, univalence, univalency
Einwirkungsdauer *f* exposure time
einzählig, einzähnig monodentate *(ligand)*
Einzelanalyse *f* single analysis
Einzelbeobachtung *f* single observation
Einzelelektrode *f* single electrode
Einzelelektrodenpotential *n* single-electrode potential
Einzelexperiment *n* particular experiment

Einzelionenaktivität *f* single-ion activity
Einzelionendetektion *f (maspec)* selected ion detection, SID, selected ion monitoring, SIM, single ion detection
Einzelionennachweis *m*, **Einzelionenregistrierung** *f s.* Einzelionendetektion
Einzelkomponente *f* particular constituent
Einzelkristall *m* single crystal, monocrystal
Einzelpeak *m* individual peak
Einzelpotential *n* single potential
Einzelprobe *f* single sample; increment
Einzelreaktion *f* particular (single-step) reaction
Einzelresonanz *f* single resonance
Eisen *n* Fe iron
Eisen(II)-Ion *n* iron(II) ion, Fe^{2+} ion, ferrous ion
Eisen(III)-Ion *n* iron(III) ion, Fe^{3+} ion, ferric ion
Eisenlegierung *f* iron (iron-based) alloy
Eisenmörser *m (lab)* iron mortar
Eisenspäne *mpl* iron chips
Eisenspektrum *n* iron spectrum
Eisen(II)-Titration *f*/dichromatometrische ferrous-dichromate titration
Eisen(II)-verbindung *f* iron(II) compound
Eisessig *m* glacial acetic acid
Eiweiß *n* protein
Eiweißkörper *m* protein
Eiweißstoff *m* protein
ELCD (elektrochemischer Detektor) electrochemical detector
ELDOR (Elektronendoppelresonanz) electron double resonance, ELDOR, electron-electron double resonance
Electron-capture-Detektor *m (gas chr)* electron-capture detector, ECD
Electron-mobility-Detektor *m (gas chr)* electron-mobility detector
elektrisch electric[al]
Elektrizität *f* electricity
Elektrizitätsleiter *m* conductor of electricity, electric conductor
Elektrizitätsmenge *f* quantity (amount) of electricity
elektroaktiv electro-active
Elektroaktivität *f* electro-activity
Elektroanalyse *f* electroanalysis, electrochemical analysis
elektroanalytisch electroanalytical
Elektroblotting *n (elph)* electroblotting
Elektrochemie *f* electrochemistry
elektrochemisch electrochemical
Elektrochromatographie *f* electrophoresis in a fixed (supporting) medium, stabilized electrophoresis, electrochromatography, electropherography
Elektrode *f* electrode
anodisch-polarisierte ~ anodically polarized electrode
~ **aus Analysenmaterial** *(opt at)* self-electrode
~ **dritter Art** third-class electrode

Elektrode

dünndrähtige ~ thin-wire electrode
eingebaute ~ flush-mounted electrode
~ **erster Art** first-class electrode
fluoridselektive ~ F^- ion-selective electrode
~ **für einwertige Kationen/ionenselektive** monovalent cation-selective electrode
gassensitive ~ gas-sensing electrode
gebremste ~ *(pot)* retarded electrode
halogenidselektive ~ halide ion-selective electrode
inerte ~ inert electrode
ionenselektive ~ ion-selective electrode, ISE, ion-sensitive electrode
ionensensitive (ionenspezifische) ~ s. ionenselektive ~
isolierte ~ *(pot)* isolated electrode
kathodisch-polarisierte ~ cathodically polarized electrode
kationenselektive ~ cation-selective electrode
kombinierte ~ combination electrode
kristalline ~ crystalline electrode
mehrfache ~ multiple electrode
~ **mit beweglichen Ladungsträgern** electrode with a mobile carrier
~ **mit hängendem stationären Quecksilbertropfen** *(pol)* hanging mercury drop electrode, HMDE
~ **mit hängendem Tropfen** *(pol)* hanging drop electrode
~ **mit heterogener Membran** *(pot)* heterogeneous membrane electrode
NH-4⁺-selektive ~ NH_4^+ ion-selective electrode
nichtpolarisierte ~ non-polarized electrode
polarisierbare ~ polarizable electrode
polarisierte ~ polarized electrode
potentiometrische ~ potentiometric electrode
quecksilberbeschichtete ~ *(pol)* mercury-coated electrode
reaktionsträge ~ inert electrode
rotierende ~ rotating (rotated) electrode
sensibilisierte ionenselektive ~ sensitized ion-selective electrode
stationäre ~ stationary electrode
sulfidselektive ~ *(pot)* sulphide-selective (sulphide-specific) electrode
temperaturkompensierte ~ *(pot)* temperature-compensation (temperature-compensated) electrode
unpolarisierbare ~ non-polarizable electrode
unpolarisierte ~ non-polarized electrode
~ **zweiter Art** *(pot)* second-class electrode
Elektrodekantation f, **Elektrodekantierung** f electrodecantation, electrogravitational separation
Elektrode-Lösung-Grenzfläche f electrode-solution interface
Elektrodenabstand m electrode gap
Elektrodenanordnung f electrode configuration
Elektrodenbereich m electrode area
Elektrodengebiet n electrode area

Elektrodengefäß n electrode vessel
Elektrodengehäuse n electrode housing
Elektrodenkammer f electrode chamber (compartment, space)
Elektrodenkinetik f electrode kinetics
elektrodenlos electrodeless
Elektrodenmaterial n electrode material
Elektrodenoberfläche f electrode surface
Elektrodenpaar n electrode pair, pair of electrodes
Elektrodenpotential n electrode potential
~ **von Null verschiedenes** ~ non-zero electrode potential
Elektrodenpotentialschwankung f electrode-potential variation
Elektrodenprozeß m electrode process
Elektrodenpuffer m *(elph)* electrode (tank, electrophoresis) buffer
Elektrodenreaktion f electrode reaction
Elektrodenspannung f electrode voltage
Elektrodentank m electrode vessel
Elektrodenvergiftung f electrode poisoning
Elektrodialyse f electrodialysis
Elektrodialysezelle f electrodialysis cell
elektrodialytisch electrodialytic
Elektroelution f *(elph)* electro-elution
Elektroendosmose f electroendosmosis
Elektroenergie f electrical energy
Elektrofokussierung f isoelectric focusing, I[E]F, electrofocusing
Elektrographie f electrography, electrographic analysis, electrosolution technique
Elektrogravimetrie f electrogravimetry, electrogravimetric (electrodeposition) analysis, electrolytic [deposition] analysis, analytical electrodeposition
~ **mit kontrolliertem Potential** controlled-potential electrogravimetry
spontane ~ spontaneous electrogravimetry
Elektroimmunoassay m *(elph)* electroimmunoassay
elektroinaktiv electro-inactive
elektrokapillar electrocapillary
Elektrokapillarkurve f *(pol)* electrocapillary curve
Elektrokinetik f electrokinetics
elektrokinetisch electrokinetic
Elektrokristallisation f electrocrystallization
Elektrolumineszenz f electroluminescence
Elektrolyse f electrolysis
~ **an Quecksilberkathoden** mercury cathode electrolysis
~ **bei konstanter Stromstärke** constant-current electrolysis
~ **bei kontrolliertem Potential** controlled-potential electrolysis
innere ~ internal electrolysis *(without external voltage)*
mikrochemische ~ microchemical electrolysis
potentiostatische ~ controlled-potential electrolysis

Elektrolysebehälter *m*, **Elektrolysegefäß** *n* electrolysis vessel
Elektrolysenelektrode *f* electrolysis electrode
Elektrolysenstrom *m* electrolysis (electrolytic) current
Elektrolyseprodukt *n* electrolysis product
Elektrolysespannung *f* electrolytic potential
Elektrolysezelle *f* electrolytic (electrolysis) cell
elektrolysieren to electrolyze
Elektrolysierzelle *f s.* Elektrolysezelle
Elektrolyt *m* electrolyte
  amphoterer ~ ampholyte, amphoteric electrolyte
  ein-ein-wertiger ~ uni-univalent electrolyte
  gepufferter ~ buffered electrolyte
  indifferenter ~ *(pol, elph)* basic (supporting, indifferent) electrolyte, indifferent salt
  innerer ~ internal electrolyte
  schwacher ~ weak electrolyte
  starker ~ strong electrolyte
Elektrolytbrücke *f (el anal)* salt bridge
Elektrolytkondensator *m* electrolytic capacitor
Elektrolytlösung *f* electrolyte (electrolytic, ionic) solution
Elektrolytschlüssel *m (el anal)* salt bridge
Elektrolyttheorie *f* theory of electrolytes
Elektrolytwechsel *m* electrolyte change
Elektrolytwiderstand *m* electrolytic resistance
Elektrometer *n* electrometer
Elektrometerstromkreis *m* electrometer circuit
elektrometrisch electrometric
Elektron *n* electron, negatron
  einsames ~ *s.* ungepaartes ~
  energiereiches ~ high-energy electron
  freies (frei bewegliches) ~ free electron
  hochenergetisches ~ high-energy electron
  inneres ~ core (inner-shell) electron
  langsames ~ low-energy electron
  nichtbindendes ~ *s.* ungepaartes ~
  niederenergetisches ~ low-energy electron
  positives ~ positive electron, positron
  primäres ~ primary electron
  schnelles ~ high-energy electron
  ungepaartes ~ unpaired (unshared, nonbonding) electron
π-Elektron *n* π electron
elektronegativ electronegative
Elektronegativität *f* electronegativity
Elektronenabschirmung *f (mag res)* electronic shielding
Elektronenabstoßung *f* electron repulsion
Elektronenaffinität *f* electron affinity
Elektronenakzeptor *m* electron acceptor
Elektronenanlagerung *f* electron attachment
Elektronenanlagerungs... *s.a.* Elektroneneinfang...
Elektronenanlagerungs-Massenspektrometrie *f* electron attachment mass spectrometry, EA-MS
Elektronenanordnung *f* electron[ic] configuration, electron[ic] arrangement
Elektronenanregung *f* electron excitation
Elektronenanregungsspektroskopie *f* electronic spectroscopy *(based on electronic transitions)*
Elektronenanregungsspektrum *n* electronic spectrum *(based on electronic transitions)*
elektronenanziehend electrophilic
Elektronenaufbau *m* electron[ic] structure
Elektronenaufnehmer *m* electron acceptor
Elektronenaustauscher *m* redox polymer, electron exchanger
Elektronenbande *f* electronic band
Elektronenbeschuß *m* electron bombardment
Elektronenbewegung *f* electron movement
Elektronenbombardement *n* electron bombardment
Elektronendichte *f* electron density
Elektronendonator *m* electron donor
Elektronendoppelresonanz *f* electron double resonance, ELDOR, electron-electron double resonance
Elektronendurchtrittsgeschwindigkeit *f* electron-transfer rate
Elektronendurchtrittsgeschwindigkeitskonstante *f* electron-transfer rate constant
Elektronendurchtrittsreaktion *f* electron transfer reaction
Elektronendurchtrittsstrom *m* electron-transfer current
Elektroneneinfang *m* electron capture
Elektroneneinfangdetektor *m (gas chr)* electron-capture detector, ECD
  impulsbetriebener ~ pulsed electron capture detector, pulsed ECD
Elektroneneinfangkoeffizient *m* electron-capture coefficient
Elektronenemission *f* electron emission
  induzierte ~ induced electron emission, IEE
  thermische ~ thermionic emission
Elektronenenergie *f* electron energy
Elektronenenergieanalysator *m (spec)* electron energy analyser
Elektronenenergieverlust-Spektroskopie *f* electron energy loss spectroscopy, EELS, energy loss spectroscopy, ELS, energy-loss electron spectroscopy, ELES, inelastic electron scattering spectroscopy, IESS, characteristic energy loss spectroscopy, CELS, characteristic loss spectroscopy, CLS
  hochauflösende ~ high-resolution electron energy loss spectroscopy, HREELS, HEELS, low electron energy loss spectroscopy, LEELS
elektronenfreundlich electrophilic
Elektronengeber *m* electron donor
Elektronengrundzustand *m* electronic ground state, ground (zeroth) electronic state
Elektronenionisation *f s.* Elektronenstoßionisation
Elektronenkonfiguration *f* electron[ic] configuration, electron[ic] arrangement, orbital electron arrangement

Elektronenkonzentration

Elektronenkonzentration f electron density
Elektronenladung f electronic charge
Elektronenleiter m electron conductor
Elektronenleitung f electron conduction
Elektronenlinse f electronic lens
Elektronenmikroskop n electron microscope
~ **mit langsamen Elektronen** low-energy electron reflection microscope, LEERM
Elektronenmikroskopie f electron microscopy, EM
analytische ~ analytical electron microscopy, AEM
elektronenmikroskopisch by electron microscopy
Elektronen-Mikrosonde f electron microprobe, EMP, electron probe
Elektronenniveau n electronic [energy] level
Elektronenpaar n/**einsames (freies)** lone electron pair, lone pair of electrons
Elektronenpaarakzeptor m electron pair acceptor
Elektronenpaardonator m electron pair donor
Elektronenpaket n electron bunch
Elektronenpolarisation f/**chemisch induzierte dynamische** (el res) chemically induced dynamic electron polarization, CIDEP
Elektronenresonanz f s. Elektronenspinresonanz
Elektronenspektroskopie f electronic spectroscopy (based on electronic transitions); electron spectroscopy (of free electrons)
~ **für die chemische Analyse** X-ray photoelectron (photoemission) spectroscopy, X-ray induced-photoelectron spectroscopy, XPS, XPES, electron spectroscopy for chemical analysis, ESCA, photoelectron spectroscopy of the inner shell, PESIS, inner-shell photoelectron spectroscopy, ISPES
Elektronenspektrum n electronic spectrum (based on electronic transitions); electron spectrum (of free electrons)
Elektronenspender m electron donor
Elektronenspin m electron[ic] spin, electron spin angular momentum
Elektronenspin-Echo n (mag res) electron spin echo
Elektronenspin-Echo-Enveloppen-Modulation f (el res) electron spin echo envelope modulation, ESEEM
Elektronenspin-Kernspin-Wechselwirkung f electron-nuclear interaction (coupling), nuclear-electron spin interaction (coupling)
Elektronenspin-Kohärenz f (mag res) electron spin coherence
Elektronenspinpolarisation f electron spin polarization
chemisch induzierte dynamische ~ (el res) chemically induced dynamic electron polarization, CIDEP
Elektronenspinresonanz f electron spin resonance, ESR, electron paramagnetic resonance, EPR

Elektronenspinresonanzspektrometer n electron spin resonance spectrometer, ESR (EPR) spectrometer
Elektronenspinresonanzspektroskopie f electron spin resonance spectroscopy, ESR spectroscopy, electron paramagnetic resonance spectroscopy, EPR spectroscopy
Elektronenspinresonanzspektrum n electron spin resonance spectrum, ESR (EPR) spectrum
Elektronenstoß m (maspec) electron impact
Elektronenstoßionenquelle f (maspec) electron impact ion source, EI source, electron bombardment ion source
Elektronenstoßionisation f (maspec) electron [impact] ionization, EI [ionization]
Elektronenstoßmassenspektrum n electron impact mass spectrum, EI [mass] spectrum
Elektronenstoßspektroskopie f electron impact spectroscopy
Elektronenstrahl m (if bundled) electron beam, beam of electrons, (if single) electron ray
Elektronenstrahl-Mikroanalyse f electron probe microanalysis, EPMA, electron microprobe analysis, EMA, electron probe X-ray microanalysis, EPXMA
Elektronenstrahl-Mikrosonde f electron microprobe, EMP, electron probe
Elektronenstreuspektroskopie f electron scattering spectroscopy
Elektronenstruktur f electron[ic] structure
elektronensuchend electrophilic
π-Elektronensystem n π [electron] system
Elektronentransmissionsspektroskopie f electron transmission spectroscopy, ETS
Elektronenübergang m 1. (spec) electronic transition; 2. s. Elektronenübertragung
Elektronenübertragung f electron transfer
~ **durch Reduktion** reduction electron transfer
Elektronenübertragungsgeschwindigkeit f electron-transfer rate
Elektronenübertragungsgeschwindigkeitskonstante f electron-transfer rate constant
Elektronenübertragungsmechanismus m electron-transfer mechanism
Elektronenübertragungspaar n electron-transfer couple
Elektronenübertragungsreaktion f electron-transfer reaction
Elektronenverbraucher m electron acceptor
Elektronenvervielfacher m electron multiplier
Elektronenvolt n electron volt, eV (non-SI unit of energy; $1 \text{ eV} = 1.602 \times 10^{-19}$ J)
Elektronenwolke f electron cloud
Elektronenzahl f number of electrons
elektronenziehend electron-withdrawing (substituent)
Elektronenzirkulation f electron circulation
Elektronenzustand m (spec) electronic state, electron energy level

angeregter ~ excited electronic state, electronic excited state
elektroneutral uncharged, electrically neutral
Elektroneutralität f electroneutrality
Elektron-Kern-Doppelresonanz f electron-nuclear double resonance, ENDOR
Elektron-Kern-Wechselwirkung f electron-nuclear interaction (coupling), nuclear-electron spin interaction (coupling)
Elektroosmose f electro-osmosis
elektroosmotisch electro-osmotic
Elektropherogramm n [electro]pherogram, electrophoretogram
Elektropherographie f electropherography, electrochromatography, electrophoresis in a fixed (supporting) medium, stabilized electrophoresis
elektrophil electrophilic
Elektrophil n electrophile, electrophilic agent
Elektrophilie f electrophilicity
Elektrophorese f electrophoresis
~ auf Trägern s. Elektropherographie
diskontinuierliche ~ discontinuous electrophoresis
eindimensionale ~ unidirectional (one-way) electrophoresis
freie ~ s. trägerfreie ~
hochauflösende zweidimensionale ~ high-resolution two-dimensional electrophoresis
horizontale ~ horizontal electrophoresis
kontinuierliche ~ continuous (free-flow) electrophoresis
trägerfreie ~ moving boundary electrophoresis, MBE, frontal (free-boundary, free-solution) electrophoresis, electrophoresis by Tiselius method
zweidimensionale ~ two-dimensional electrophoresis, 2D electrophoresis, 2-DE
Elektrophoreseapparatur f electrophoresis (electrophoretic) apparatus, electrophoresis unit
Elektrophoresekammer f electrophoresis tank
elektrophoretisch electrophoretic
Elektroseparation f electroseparation
~ mit kontrolliertem Potential controlled-potential electroseparation
Elektrothermoanalyse f electrothermal analysis, ETA
Elektrowaage f electronic balace
Element n/**chemisches** chemical element
galvanisches ~ galvanic cell
metallisches ~ metallic element
nichtdiagonales ~ off-diagonal element
Elementaranalysator m elemental analyser
Elementaranalyse f elementary (elemental) analysis
organische ~ organic elemental analysis
Elementaranalysegerät n elemental analyser
Elementarladung f [/**elektrische**] elementary [electric] charge, elemental charge
Elementarprobe f increment
Elementarquantum n (radia) Planck [action] constant, [Planck] quantum of action, Planck's constant

elektrisches ~ s. Elementarladung
Elementarreaktion f elementary reaction
Elementarsubstanz f elementary substance
Elementarteilchen n (rad anal) elementary particle
Elementarzelle f unit (structure) cell
Elementarzusammensetzung f elemental composition
Elementgehalt m, **Elementkonzentration** f elemental concentration
elementspezifisch element-specific (detector)
eliminieren to eliminate, to remove
Eliminieren n **von Ausreißern** (stat) rejection of outliers (outlying points)
Eliminierung f elimination, removal
~ suspendierter Partikel particulate removal
ELL (Ellipsometrie) ellipsometry
Ellipsometer n ellipsometer
Ellipsometrie f ellipsometry
ellipsometrisch ellipsometric
Elliptizität f ellipticity
molare ~ (opt anal) molar ellipticity
Elternion n (maspec) precursor (progenitor, parent) ion
Elternionenspektrum n (maspec) precursor ion spectrum
Eltern-Scan m (maspec) parent (precursor) ion scan
Eluat n (chr) eluate, effluent
Eluatfraktion f (liq chr) eluate fraction
Eluens n, **Eluent** m s. Elutionsmittel
Elugramm n elution chromatogram
eluieren (chr) to elute
Eluierung f s. Elution
Elution f (chr) elution
isokratische ~ (liq chr) isocratic (constant composition) elution
selektive (stufenweise) ~ (chr) stepwise (fractional) elution, step [gradient] elution
Elutionsanalyse f (chr) elution analysis
Elutionsbande f (chr) elution band, peak
Elutionschromatographie f elution chromatography
Elutionsentwicklung f (chr) elution development
Elutionsfolge f elution order
Elutionsgeschwindigkeit f (chr) rate (speed) of elution
Elutionskraft f [chromatographic] elution power, [solvent] eluting power, elution (eluting) strength
Elutionskurve f (chr) [solute] elution curve
Elutionsmethode f (chr) elution method (technique)
Elutionsmittel n (liq chr) [liquid] mobile phase, liquid phase, [mobile] solvent (in column chromatography), (elution chromatography also) eluent, eluant, eluting solvent (agent), (planar chromatography also) developer, developing (development) solvent
Elutionsmittelfluß m (liq chr) eluent flow
Elutionsmittelgemisch n eluent mixture, mixed (multicomponent) eluent

Elutionsmittelgemisch 268

quaternäres ~ *(liq chr)* quaternary mobile phase, quaternary solvent [mixture]
ternäres ~ *(liq chr)* ternary mobile phase, ternary solvent [mixture]
Elutionsmittelgradient *m (liq chr)* eluent (solvent, mobile-phase) gradient
Elutionsmittelion *n (liq chr)* eluent ion
Elutionsmittelprogrammierung *f (liq chr)* eluent (solvent) programming
Elutionsmittelstärke *f s.* Elutionskraft
Elutionsmittelstrom *m (liq chr)* eluent (eluant) stream
Elutionsmittelviskosität *f (liq chr)* mobile-phase viscosity
Elutionsmittelvorratsgefäß *n* eluent reservoir
Elutionsmittelzusammensetzung *f (liq chr)* eluent composition
Elutionsparameter *m* elution parameter
Elutionsproblem *n* / **generelles** *(chr)* general elution problem
Elutionspuffer *m*, **Elutionspufferlösung** *f (liq chr)* eluting buffer [solution]
Elutionsreihe[nfolge] *f* elution order
Elutionsstärke *f s.* Elutionskraft
Elutionstechnik *f s.* Elutionsmethode
Elutionsverhalten *n (chr)* elution behaviour
Elutionsvolumen *n (chr)* elution (eluant, effluent) volume
Elutionszeit *f (chr)* [total] retention time, absolute (uncorrected, solute) retention time, elution time
Emission *f* emission, radiation
  spontane ~ spontaneous emission
  stimulierte ~ stimulated emission
Emissionsbande *f (spec)* emission band
Emissionsgasthermoanalyse *f* evolved gas analysis, EGA
Emissionslinie *f (spec)* emission line
Emissionsmaximum *n (spec)* wavelength maximum
Emissionsmessung *f* emission measurement
Emissionsmonochromator *m (spec)* emission monochromator
Emissionsquelle *f (spec)* emission source
Emissionssignal *n (spec)* emission signal
Emissionsspektralanalyse *f* emission spectroscopy, ES
emissionsspektralanalytisch by emission spectroscopy
Emissionsspektrometer *n* emission spectrometer
Emissionsspektroskopie *f* emission spectroscopy, ES
  ~ **mit Glimmlampenanregung / optische** glow-discharge optical emission spectroscopy, GDOES
  ~ **mit induktiv gekoppeltem Plasma / optische** inductively coupled plasma optical emission spectroscopy, ICP-OES
  optische ~ optical emission spectroscopy, OES
Emissionsspektrum *n* emission spectrum

Emissionsstörung *f (spec)* emission interference
Emissionstiefe *f* escape depth *(of electrons)*
Emissionsvermögen *n (spec)* emissivity
Emissionswellenlänge *f (spec)* emission wavelength
Emissionszentrum *n (spec)* emission dipole
emittieren to emit, to radiate
EMK (elektromotorische Kraft) electromotive force, emf
EMK-Normal *n (el anal)* standard of emf
Empfänger *m* receiver, detector; listener [device]
  pyroelektrischer ~ pyroelectric detector
Empfängerphase *f (nuc res)* receiver phase
Empfängersignal *n (pot)* detector signal
Empfängerspule *f (nuc res)* receiver coil, receiving (detection) coil
Empfangsgerät *n* listener [device]
empfindlich sensitive
  höchst ~ exceedingly sensitive
Empfindlichkeit *f* sensitivity, sensitiveness
  analytische ~ analytical sensitivity
  ~ **der Detektion** detection sensitivity
  spektrale ~ spectral response
Empfindlichkeitsfaktor *m (nuc res)* sensitivity factor
  relativer ~ *(maspec)* relative sensitivity factor, RSF
Empfindlichkeitsgewinn *m* sensitivity gain
Empfindlichkeitssteigerung *f*, **Empfindlichkeitsverbesserung** *f* sensitivity enhancement (improvement), improvement in sensitivity
Empfindlichkeitswert *m* / **molarer** molar response *(of a detector)*
empirisch through (by) trial and error
emulgieren to emulsify
Emulgierung *f* emulsification
Emulsion *f* emulsion
Emulsionsbildung *f* / **partielle (teilweise)** partial emulsification
enantiomer enantiomeric
Enantiomer *n* enantiomer, optical antipode (isomer), enantiomorph
Enantiomerengemisch *n* enantiomer[ic] mixture
Enantiomerentrennung *f* enantiomer[ic] separation, enantiomer[ic] resolution
Enantiomerenüberschuß *m* enantiomeric excess
Enantiomerenzusammensetzung *f* enantiomeric composition
enantioselektiv enantioselective
Enantioselektivität *f* enantioselectivity
enantiospezifisch enantiospecific
Enantiospezifität *f* enantiospecificity
Endausschlag *m* full-scale deflection *(of a measurement instrument)*
Enddruck *m* final pressure
Endfitting *n* end fitting
Endgeschwindigkeit *f* terminal velocity
Endgruppe *f* end (terminal) group
Endgruppenanalyse *f*, **Endgruppenbestimmung** *f* end group analysis

Endion *n (elph)* terminating (trailing) ion
Endkonzentration *f* final concentration (strength)
Endlöslichkeit *f* final solubility
ENDOR (Elektron-Kern-Doppelresonanz) electron nuclear double resonance, ENDOR
endotherm endothermic, endothermal
Endprobe *f* final [laboratory] sample
Endprodukt *n* final product; consumer product
Endprüfung *f* final inspection
Endpunkt *m* [titration] end-point
   photometrischer ~ photometric end-point
   theoretischer ~ equivalence (equivalent, theoretical) end-point, stoichiometric [end-]point
Endpunktabstand *m* end-to-end distance *(of a macromolecule)*
   mittlerer ~ mean-square end-to-end molecular distance
Endpunktberechnung *f* end-point calculation
Endpunktbestimmung *f (vol)* end-point detection (determination, location)
   amperometrische ~ amperometric end-point detection
   biamperometrische ~ biamperometric (deadstop) end-point detection
   konduktometrische ~ conductimetric end-point detection
   ~ **nach Volhard** Volhard method
   nephelometrische ~ nephelometric end-point detection
   oszillometrische ~ high-frequency (radio-frequency) end-point detection
   photometrische ~ photometric end-point detection
   potentiometrische ~ potentiometric end-point detection
   radiometrische ~ radiometric end-point detection
   thermometrische ~ thermometric (enthalpimetric) end-point detection
   turbidimetrische ~ turbidimetric end-point detection
   visuelle ~ visual end-point detection
Endpunktbezugselektrode *f* end-point reference electrode
Endpunktmeßelektrode *f* end-point measurement electrode
Endpunktmeßfühler *m* end-point sensor (detector)
   elektrometrischer ~ electrometric end-point sensor
Endpunktmethode *f [/ kinetische] (catal)* end-point method
Endschätzwert *m* final estimate
Endstadium *n* final step (stage)
Endstück *n (chr)* column terminator
Endstufe *f* final step (stage)
Endtemperatur *f* end (final) temperature
Endwert *m* final value
Endwertmethode *f (catal)* end-point method

Endzusammensetzung *f* final composition
Endzustand *m* final state
Energie *f / absorbierte* absorbed energy
   elektrische ~ electrical energy
   freie ~ free energy
   kinetische ~ kinetic energy
   potentielle ~ potential energy
   thermische ~ thermal energy
   überschüssige ~ excess energy
Energieabsorption *f* energy absorption
Energieabstand *m (spec)* energy separation
Energieanalysator *m (spec)* energy analyser
Energieänderung *f* energy change, *(quantitatively also)* change in energy [content]
Energieauflösung *f (rad anal)* energy resolution
Energieaustausch *m* energy exchange, interchange of energy
Energieband *n* energy band
   verbotenes ~ forbidden band, energy gap
Energiebarriere *f* energy barrier
   symmetrische ~ *(el anal)* symmetrical energy barrier
Energiedichte *f* energy density
   kohäsive ~ cohesive energy density, CED
Energiedifferenz *f* energy difference, difference in energy
energiedispersiv *(spec)* energy-dispersive
Energiedosis *f (rad anal)* absorbed dose
Energieemission *f* emission of energy
Energiefokussierung *f (maspec)* velocity focusing
Energielücke *f* forbidden band, energy gap
Energieniveau *n* energy level (state), term
   ~ **einer inneren Schale** *(spec)* core level
Energiepolarisation *f (nuc res)* net effect (polarization)
energiereich high-energy, energy-rich, rich in energy, energetic
Energieschwelle *f* energy threshold
Energiespektrum *n* energy spectrum
Energieterm *m* energy level (state), term
Energieübertragung *f* energy transfer
   lineare ~ *(rad anal)* linear energy transfer, LET
Energieunterschied *m s.* Energiedifferenz
Energieverlust *m* energy loss
Energieverlustspektroskopie *f s.* Elektronenenergieverlust-Spektroskopie
Energieverteilung *f* energy distribution
Energieverteilungsgesetz *n / Boltzmannsches* Boltzmann distribution law, Boltzmann law of internal energy distribution, Boltzmann principle
Energieverteilungskurve *f / spektrale* spectral distribution curve
Energieverteilungssatz *m / Boltzmannscher s.* Energieverteilungsgesetz/Boltzmannsches
Energieverteilungsspektroskopie *f* energy distribution [curve] spectroscopy, ED[C]S
Energieverteilungsspektrum *n* energy distribution spectrum
Energiewall *m* energy barrier

Energiezustand

Energiezustand *m s.* Energieniveau
englumig narrow-bore *(column)*
engporig small-pore[d], small-pore-size, fine-porosity
Enolform *f* enol[ic] form, enolic structure
entarten to degenerate *(of an energy state)*
entartet degenerate *(energy state)*
  dreifach ~ triply (three-fold) degenerate
  vierfach ~ quadruply (four-fold) degenerate
  zweifach ~ double (doubly, two-fold) degenerate
Entartung *f* degeneracy *(of an energy state)*
Entartungsgrad *m (spec)* degree of degeneracy
Entfaltung *f* unfolding *(of proteins)*
Entfärbelösung *f* destaining solution (reagent)
entfärben to destain
Entfärbung *f* destaining
entfernen to eliminate, to remove
Entfernung *f* elimination, removal
entflammbar [in]flammable, ignitable
  nicht ~ non-flammable
Entflammbarkeit *f* [in]flammability, ignitability
entgasen to degas, to de-aerate
Entgasen *n*, **Entgasung** *f* degassing, de-aeration, degasification, outgassing
Enthalpie *f* enthalpy
  [Gibbssche] freie ~ Gibbs free energy
Enthalpieänderung *f* enthalpy change
Enthalpiemetrie *f* enthalpimetric analysis
enthalpiemetrisch enthalpimetric
Enthalpiewert *m* enthalpy value
entionisieren to de-ionize
Entionisierung *f* de-ionization
entkeimen to sterilize
Entkeimungsfiltration *f* sterile filtration
entkoppeln to decouple *(spins)*
Entkoppler *m (nuc res)* decoupler
Entkopplerfeld *n (nuc res)* decoupling (decoupler) field
Entkopplerfrequenz *f (nuc res)* decoupler (decoupling) frequency
Entkopplerleistung *f (nuc res)* decoupling power
Entkopplung *f (nuc res)* spin[-spin] decoupling, decoupling
  dipolare ~ *(mag res)* dipolar decoupling, DD
  heteronukleare ~ *(nuc res)* heteronuclear [spin] decoupling
  homonukleare ~ *(nuc res)* homonuclear [spin] decoupling
  partielle ~ *(nuc res)* off-resonance [decoupling], partial decoupling
Entkopplungsexperiment *n (nuc res)* [spin] decoupling experiment
Entkopplungsfeld *n (nuc res)* decoupling (decoupler) field
Entkopplungs[puls]sequenz *f (nuc res)* decoupling sequence
entladen to discharge
Entladung *f* discharge
  elektrische ~ electric[al] discharge

Entladungslampe *f/* **elektrodenlose** electrodeless discharge lamp, EDL, electrodeless discharge tube
Entladungsröhre *f* discharge tube
entleeren to empty
entlüften to de-aerate, to de-air
Entlüften *n*, **Entlüftung** *f* de-aeration
entmischen/sich to unmix, to separate, to segregate; to break *(emulsions)*
Entmischung *f* unmixing, separation, segregation; breaking *(of emulsions)*
Entmischungsgrad *m* degree of separation (segregation)
Entnahme *f* **von Mikroproben** micro sampling
Entnahmeflasche *f* sample bottle
Entnahmestelle *f* sampling point (site); *(gas chr)* take-off port
entnehmen/eine Probe to sample, to take (draw, withdraw) a sample
  Proben ~ to sample, to draw samples
  Proben von Hand ~ to draw samples by hand
Entropieänderung *f* entropy change
entropiebedingt, entropiegesteuert, entropiekontrolliert entropically controlled
Entropiepolarisation *f (nuc res)* multiplet effect
entsalzen to desalt, to desalinate
Entsalzung *f* desalting, desalination
  elektrolytische ~ electrolytic desalting
Entscheidungsregel *f/* **statistische** statistical decision rule
Entscheidungsverfahren *n* decision procedure
Entschirmung *f (mag res)* deshielding
entvölkern to depopulate *(energy states)*
entwässern to dehydrate *(e.g. hydrates)*
Entwässerung *f* dehydration *(as of hydrates)*
entwickeln to develop *(a chromatogram)*
  sich ~ to evolve
Entwicklung *f* elution, development *(of a chromatogram)*; evolution
  absteigende ~ descending elution (development)
  antizirkulare ~ anticircular elution (development)
  aufsteigende ~ ascending (upward) elution (development)
  chromatographische ~ chromatographic development
  ~ **der chemischen Verschiebung** *(nuc res)* chemical shift evolution
  horizontale ~ horizontal elution (development)
  lineare ~ linear elution (development)
  ringförmige (zirkulare) ~ radial (circular) elution (development)
  zweidimensionale ~ two-dimensional (two-way) elution (development)
Entwicklungsart *f (liq chr)* elution (development) mode
Entwicklungsdauer *f (liq chr)* elution (development) time

Entwicklungskammer *f* elution (developing) chamber, development (chromatographic) chamber, developing (development) tank
Entwicklungsphase *f (nuc res)* evolution period
Entwicklungsstrecke *f (chr, elph)* migration (migrated) distance, distance travel
Entwicklungstechnik *f*, **Entwicklungsverfahren** *n (chr)* elution (development) technique (method)
entziehen to abstract
entzündbar [in]flammable, ignitable
Entzündbarkeit *f* [in]flammability, ignitability
entzünden to inflame, to ignite
entzündlich *s.* entzündbar
Entzündung *f* ignition
Enveloppe *f* envelope
Enzym *n/***immobilisiertes** immobilized (bound) enzyme
Enzymaktivator *m* enzyme activator
Enzymaktivität *f* enzyme (enzymatic) activity
Enzymelektrode *f (pot)* enzyme [substrate] electrode
Enzym-FET *m* enzymatic field effect transistor, ENFET
Enzym-Immun[o]assay *m* enzyme immunoassay, EIA
Enzymimmuntest *m/***heterogener** enzyme-linked immuno-sorbent assay, ELISA
homogener ~ enzyme-multiplied immunoassay technique, EMIT
Enzyminhibitor *m* enzyme inhibitor
Enzymkatalyse *f* enzyme catalysis
enzymkatalysiert enzyme-catalyzed
Enzymkinetik *f* enzyme kinetics
Enzym-Label *n*, **Enzym-Marker** *m* enzyme tag
Enzymreaktion *f* enzyme (enzymatic, enzyme-catalysed) reaction
Enzymreaktor *m (flow)* enzymatic reactor
immobilisierter ~ immobilized enzyme reactor
Enzymsensor *m* enzymatic sensor
Enzymspezifität *f* enzyme specificity
Enzymsubstrat *n* enzyme substrate
Enzymsubstratelektrode *f (pot)* enzyme [substrate] electrode
Enzym-Substrat-Komplex *m* enzyme-substrate complex
Enzymwirksamkeit *f* enzyme effectiveness
EOS (extrahierbare organische Schwefelverbindungen) extractable organic sulphur, EOS
Eosin *n* eosin, tetrabromofluorescein
EOX (extrahierbare organische Halogenverbindungen) extractable organic halogens, EOX
Epoxid *n* epoxide
EPR *s.* ESR
Erbium *n* Er erbium
Erdalkali *n* alkaline earth
Erdalkalimetall *n* alkaline-earth metal
Erdanziehung *f* earth's gravity
Erdgas-Luft-Flamme *f* natural gas-air flame
Erdmagnetfeld *n* earth's magnetic field

Erstarrungstemperatur

Erdpotential *n* ground potential
Erdschleifenrauschkomponente *f (meas)* ground loop noise component
Ereignis *n/***zufälliges** *(stat)* random event
Erfahrungswert *m (stat)* value of experience
erfassen to acquire *(data)*
Erfassung *f* acquisition *(of data)*
Erfassungsgrenze *f* detection (identification) limit, limit of detection, LOD, minimum detection limit (level), MDL, minimum detectable quantity, MDQ, minimum detectability, lower limit of detection
Ergebnis *n/***analytisches** analytical finding (result), analysis result
experimentelles ~ experimental result
irreführendes ~ misleading result
Ergebnisfläche *f (stat)* response surface
erhitzen to heat
unter Rückfluß ~ to reflux
Erhitzungsgeschwindigkeit *f* heating rate
Erhitzungsgeschwindigkeitskurve *f* heating-rate curve
Erhitzungskurve *f* heating curve
Erhitzungskurvenbestimmung *f* heating-curve determination
erhöhen to increase *(quantity)*; to enhance *(an effect)*; to raise *(temperature)*
sich ~ to increase *(quantity)*; to rise *(temperature)*
Erhöhung *f* increase *(of quantity)*; enhancement, amplification *(of an effect)*; *(act:)* raise; *(process:)* rise *(of temperature)*
Erholungszeit *f* resolving time *(of a measuring device)*
Eriochromblauschwarz *n* **R** solochrome dark blue, eriochrome blue black RC, calcon
Eriochromschwarz *n* **T** eriochrome black T, solochrome black
Erkennen *n/***chirales** chiral recognition
Erkennungsmittel *n* detector substance
Erlenmeyer-Kolben *m* Erlenmeyer (conical) flask
ermitteln to determine, to find out
Ermittlung *f* determination
erneuern to renew *(e.g. an electrode surface)*
Erregerlinie *f (opt mol)* exciting line
erreichen to acquire *(a certain temperature)*
Ersatz *m* 1. substitute; 2. *s.* Ersetzen
Ersatzstromkreisanalyse *f* equivalent circuit analysis
Erscheinung *f/***elektrokinetische** electrokinetic phenomenon
Erscheinungstemperatur *f (opt at)* appearance temperature
ersetzen to substitute, to replace
Ersetzen *n* substitution, replacement
erstarren to set, to solidify, to congeal
Erstarrung *f* setting, solidification, congelation
Erstarrungspunkt *m*, **Erstarrungstemperatur** *f* congealing temperature (point)

Erstickungsgas

Erstickungsgas *n* asphyxiant
Erstprüfung *f (proc)* original inspection
erwärmen to heat; to warm
 gelinde ~ to warm gently (moderately, slightly)
erwarten to expect, to anticipate
Erwartung *f* expectation, anticipation
Erwartungswert *m* expectation (expected) value, anticipated (expectancy) value
erzeugen to generate *(reactive species)*
erzeugt/elektrolytisch electrochemically generated, electro-generated *(reagent)*
Erzeugung *f* generation *(of reactive species)*
 elektrolytische ~ electro-generation, electrical generation *(of a reagent)*
ES (Emissionsspektroskopie) emission spectroscopy, ES
ESA (elektrochemische Stripping-Analyse) stripping voltammetry (analysis), hanging-drop (reverse-scan) voltammetry
ESCA (Elektronenspektroskopie für die chemische Analyse) X-ray photoelectron (photoemission) spectroscopy, X-ray-induced photoelectron spectroscopy, XPS, XPES, electron spectroscopy for chemical analysis, ESCA, photoelectron spectroscopy of the inner shell, PESIS, inner-shell photoelectron spectroscopy, ISPES
ESDI (elektronenstimulierte Desorption von Ionen) electron-stimulated desorption of ions, ESDI
ESDN (elektronenstimulierte Desorption von Neutralteilchen) electron-stimulated desorption of neutrals, ESDN
ESEEM (Elektronenspin-Echo-Enveloppen-Modulation) *(el res)* electron spin echo envelope modulation, ESEEM
ESID (elektronenstimulierte Ionendesorption) electron-stimulated desorption of ions, ESDI
ES-Komplex *m* enzyme-substrate complex
ESMA (Elektronenstrahl-Mikroanalyse) electron probe microanalysis, EPMA, electron microprobe analysis, EMA, electron probe X-ray microanalysis, EPXMA
ESR (Elektronenspinresonanz) electron spin resonance, ESR, electron paramagnetic resonance, EPR
ESR-Imaging *n* ESR (EPR) imaging
ESR-Linie *f* ESR (EPR) line
ESR-Signal *n* ESR (EPR) signal
ESR-Spektrometer *n* electron spin resonance spectrometer, ESR (EPR) spectrometer
ESR-Spektroskopie *f* electron spin resonance spectroscopy, ESR spectroscopy, electron paramagnetic resonance spectroscopy, EPR spectroscopy
 Echo-detektierte ~ echo-detected EPR spectroscopy
ESR-Spektrum *n* electron spin resonance spectrum, ESR (EPR) spectrum
 Echo-detektiertes ~ echo-detected EPR spectrum

ESR-Übergang *m* ESR (EPR) transition
Essigester *m* ethyl acetate, acetic ester
Essiggeruch *m* acetous odour
Essigsäure *f* acetic (ethanoic) acid
Essigsäureanhydrid *n* acetic anhydride
Essigsäureethylester *m* ethyl acetate, acetic ester
Ester *m* ester
Esterbindung *f* ester linkage
ETA (Elektrothermoanalyse) electrothermal analysis, ETA
ETAAS (elektrothermische Atomabsorptionsspektrometrie) electrothermal atomic absorption spectrometry, EAAS, electrothermal atomization atomic absorption spectrometry, ETA-AAS
1,2-Ethandiol *n* 1,2-ethanediol, [ethylene] glycol, dihydroxyethane
Ethanol *n* ethanol, ethyl alcohol
 wasserfreies ~ absolute alcohol
Ethanolamin *n* ethanolamine, 2-aminoethanol, monoethanolamine
ethanolisch ethanolic, alcoholic
Ethansäure *f* acetic (ethanoic) acid
Ethansäureanhydrid *n* acetic anhydride
Ether *m* ether; [di]ethyl ether, ether
Etherbindung *f* ether linkage
Etherextraktion *f* ether extraction
p-**Ethoxychrysoidin** *n* *p*-ethoxychrysoidine
Ethylacetat *n* ethyl acetate, acetic ester
Ethylalkohol *m* s. Ethanol
Ethylenchlorid *n* ethylene chloride
Ethylendiamintetraessigsäure *f* ethylenediamine tetraacetic acid, EDTA, ethylenedinitrilotetraacetic acid
Ethylendinitrilotetraessigsäure *f* s. Ethylendiamintetraessigsäure
Ethylenglykol *n* [ethylene] glycol, 1,2-ethandiol, dihydroxyethane
Europium *n* Eu europium
Eutektikum *n* eutectic mixture
eV (Elektronenvolt) electron volt, eV *(non-SI unit of energy; 1 eV = 1.602×10^{-19} J)*
evakuieren to evacuate
Evakuierung *f* evacuation
Evolution *f* evolution
 ~ der chemischen Verschiebung *(nuc res)* chemical shift evolution
Evolutionsperiode *f*, **Evolutionsphase** *f (nuc res)* evolution period
Evolutionszeit *f (nuc res)* evolution time
Excimer *n (opt mol)* excited dimer, excimer
Excimer-Laser *m* excimer laser *(using excited dimers)*
Exciplex *m (opt mol)* exciplex
Exciplex-Laser *m* exciplex laser *(using excited complexes)*
exotherm exothermic, exothermal
Expansionsfaktor *m* expansion factor *(of a macromolecule)*
 viskosimetrischer ~ viscosity expansion factor

experimentell experimental
Experimentieren n/**faktorielles** *(stat)* factorial experimentation
explosionsgeschützt, explosionssicher explosion-proof
Exponentialverteilung f exponential distribution
exponentiell exponential
Exposition f exposure
Expositionsdauer f exposure time
Exsikkator m desiccator
Extinktion f *(spec)* absorbance *(preferred term)*, absorbancy, absorbency, extinction
~ **1 bei Vollausschlag** absorbance (absorption) unit full scale, AUFS
zeitintegrierte ~ integrated absorbance
Extinktionskoeffizient m *(spec)* absorption coefficient, absorptivity [coefficient], absorbency index, extinction coefficient
molarer ~ molar [decadic] absorption coefficient, [molar] absorptivity, molar extinction coefficient
Extinktionsmaximum n *(spec)* absorbance maximum
Extinktionsspektrum n absorbance spectrum
extrahierbar extractable, capable of extraction
Extrahierbarkeit f extractability
extrahieren to extract *(a mixture or a component of a mixture)*
erneut ~ *(pol)* to re-extract
Extrakt m extract, loaded solvent *(the separated phase containing the extracted substance)*
Extraktion f extraction
diskontinuierliche ~ batch[wise] extraction, discontinuous extraction
einfache (einmalige) ~ simple (single) extraction
erneute ~ *(pol)* re-extraction
~ **flüssig-flüssig** liquid[-liquid] extraction, solvent extraction (partition)
kontinuierliche ~ continuous extraction
~ **mit überkritischen Fluiden (Phasen)** supercritical fluid extraction, SFE
schubweise ~ *s.* diskontinuierliche ~
synergistische ~ synergistic extraction
~ **von Proben** sample extraction
wiederholte ~ multiple [batch] extraction
Extraktionsanalyse f solvent extraction analysis
Extraktionsbatterie f extraction train
Extraktionsgerät n **nach Soxhlet** Soxhlet extractor (apparatus)
Extraktionsgleichgewicht n extraction equilibrium
Extraktionsgrad m[/**prozentualer**] percentage [of] extraction, percent extraction (extracted)
Extraktionsgut n material to be extracted
Extraktionshülse f extraction thimble
Extraktionskoeffizient m [concentration] distribution ratio, extraction (distribution) coefficient
Extraktionskonstante f extraction constant *(equilibrium constant for the distribution reaction)*
Extraktionskurve f [solvent] extraction curve

Extraktionsmittel n extractant, extracting agent, extraction reagent, *(if liquid also)* extracting (extraction) solvent, extracting liquid
extraktionsphotometrisch extraction-photometric
Extraktionsraum m extraction chamber
Extraktionsschleife f *(flow)* extraction coil
Extraktionsverhalten n extraction behaviour
Extraktionswirksamkeit f **des organisch gebundenen Kohlenstoffs** organic carbon extraction efficiency, OCEF
Extraktor m/**kontinuierlich arbeitender** continuous extractor (extraction apparatus)
Extrapolation f extrapolation
extrapolieren to extrapolate
Extremum n, **Extremwert** m extreme [value], extremum
Exzeß m excess *(of a distorted frequency distribution)*
exzessiv excessive
Exziton n *(spec)* exciton
Eyring-Gleichung f Eyring equation *(kinetics)*

F

F 1. *s.* Faraday; 2. *s.* Faraday-Konstante; 3. (freie Energie) free energy
FAAS (Flammen-Atomabsorptionsspektrometrie) flame atomic absorption spectrometry, flame-AAS, FAAS
Fächelschwingung f *(opt mol)* wagging vibration
Fadenendenabstand f end-to-end [molecular] distance *(of a macromolecule)*
mittlerer ~ mean-square end-to-end [molecular] distance
Fahnenbildung f fronting *(planar chromatography)*
Faktor m/**analytischer** gravimetric factor
Boltzmannscher ~ Boltzmann [distribution, population] factor
~ **für die Unregelmäßigkeit der Säulenfüllung** *(chr)* packing factor
gravimetrischer ~ gravimetric factor
gyromagnetischer ~ *(spec)* [Landé] g factor, [Landé, spectroscopic] splitting factor, gyromagnetic factor
präexponentieller ~ pre-exponential factor *(of the Arrhenius equation)*
sterischer ~ steric factor
stöchiometrischer ~ gravimetric factor
Faktor[en]analyse f factor analysis
Faktorenversuch m, **Faktorexperiment** n *(stat)* factorial experiment
fällen to precipitate
Fällen n *s.* Fällung 1.
Fällfraktionierung f *s.* Fällungsfraktionierung
Fallout m/**radioaktiver** radioactive fallout
Fällung f 1. precipitation, pptn.; 2. precipitate
~ **aus homogenen Lösungen (Systemen)** homogeneous precipitation, precipitation from homogeneous solution, PFHS

Fällung

fraktionierte ~ fractional precipitation
hydrolytische ~ hydrolytic precipitation
quantitative ~ quantitative (complete) precipitation
stufenweise ~ s. fraktionierte ~
vollständige ~ s. quantitative ~
Fällungsanalyse f precipitation analysis
Fällungschromatographie f precipitation chromatography
Fällungsform f (grav) precipitated form
Fällungsfraktionierung f precipitation (solvent-nonsolvent) fractionation
Fällungsgleichgewicht n precipitation equilibrium
Fällungsindikator m precipitation indicator
Fällungslösung f precipitating solution
Fällungsmaßanalyse f, **Fällungsmethode** f precipitation analysis
Fällungsmittel n precipitating agent, precipitant, precipitating (precipitation) reagent
  anorganisches ~ inorganic precipitant
  organisches ~ organic precipitant
Fällungsreagens n s. Fällungsmittel
Fällungsreaktion f precipitation reaction
Fällungstitration f precipitation titration
Faltenfilter n fluted filter [paper]
Faltung f convolution (of functions); folding (of proteins)
Faraday n faraday, F (non-SI unit of the quantity of electricity; 1 F = 96493 Coulomb)
Faraday-Admittanz f (pol) faradaic admittance
Faraday-Auffänger m, **Faraday-Becher** m (maspec) Faraday cup [collector], Faraday cage collector, cylinder collector
Faraday-Effekt m Faraday effect (rotation of the plane of polarized light in a magnetic field)
Faraday-Impedanz f (pol) faradaic impedance
Faraday-Konstante Faraday['s] constant, F ($F = 96487\ C\ mol^{-1}$)
Faraday-Tyndall-Effekt m Tyndall effect (Lichtstreuung)
Farbänderung f colour change, change in colour
Färbelösung f staining reagent (solution)
Färbemittel n stain
färben to stain
  sich schwarz ~ to blacken
Farbfehler m chromatic (colour) aberration
Farbfilter n colour filter
farbgebend chromophoric
Farbglasfilter n coloured glass filter
Farbindikator m colour-change indicator
Farbintensität f colour intensity
farblos colourless
Farblosigkeit f absence of colour
Farbsaum m colour fringe
Farbstoff m colorant, colouring matter (material); dye, dyestuff (soluble organic compound)
  basischer ~ basic dye
  saurer ~ acid dye
Farbstofflaser m dye laser

Farbstoffringlaser m ring dye laser
farbtragend chromophoric
Farbträger m chromophore, chromophoric group
Färbung f staining
Farbvergleich m colour comparison
Farbwechsel m colour change, change in colour
faserartig fibrous
Faserbündel n fibre bundle
faserförmig fibrous
Fasergefüge n fibrous structure
faserig fibrous
Faseroptik f fibre optics
faseroptisch fibre-optic
Faserstoff m fibrous material
Faserstruktur f fibrous structure
fasrig fibrous
FC s. Fällungschromatographie
FC-Prinzip n (spec) Franck-Condon principle
FD s. Felddesorption
FDM s. Felddesorptionsmikroskopie
FDMS s. Felddesorptions-Massenspektrometrie
Feedforward-Steuerung f feedforward control
Fehlablesung f misreading
Fehler m error, mistake; imperfection (in a crystal)
  absoluter ~ absolute error
  absoluter systematischer ~ absolute bias
  ~ **erster Art** (stat) error [of the] first kind, type-I error
  ~ **im Ansatz** (stat) error of the third kind
  konstanter ~ constant error
  kumulativer ~ cumulative error
  methodischer ~ error of method
  mittlerer quadratischer ~ mean-square error
  parallaktischer ~ parallactic (parallax) error
  persönlicher ~ personal error
  prozentualer ~ percentage error, % error
  relativer ~ relative error
  relativer systematischer ~ relative bias
  statistischer ~ statistical error
  subjektiver ~ personal error
  systematischer ~ [systematic] bias, systematic (determinate) error
  wahrer ~ error in measuring, error of measurement
  wahrscheinlicher ~ probable error
  zufälliger ~ random (accidental, indeterminate) error
  zulässiger ~ admissible (allowable) error
  ~ **zweiter Art** (stat) error [of the] second kind, type-II error
Fehlerabschätzung f error estimation
Fehleranteil m component of error
Fehlerbereich m error range
Fehlererkennung f error recognition
Fehlerfortpflanzung f error propagation
Fehlerfortpflanzungsgesetz n error propagation theorem, law of the propagation of errors
fehlerfrei accurate, error-free, errorless (measurement); defect-free (crystal)

Fehlerfunktion *f* error function
Fehlergrenze *f* limit of error
Fehlergröße *f* magnitude of error
fehlerhaft defective, faulty, imperfect
Fehlerhäufigkeit *f* error frequency
Fehlerintegral *n*/**Gaußsches** Gauss error integral
Fehlerkoeffizient *m* error coefficient
Fehlerkomponente *f* component of error
Fehlerkorrektur *f* error correction
Fehlerkurve *f* error curve
 Gaußsche ~ *s.* Fehlerverteilungskurve/Gaußsche
fehlerlos *s.* fehlerfrei
Fehlerquadrat *n*/**mittleres** mean-square error
Fehlerquelle *f* error source, source of error
Fehlerquote *f*, **Fehlerrate** *f* error rate
Fehlerrechnung *f* computation of error
Fehlerstatistik *f* error statistics
Fehlersuche *f* **und -beseitigung** *f* trouble-shooting
Fehlertheorie *f (stat)* theory of errors
Fehlerursache *f* cause of error
Fehlerverteilung *f* error distribution
 Gaußsche ~ Gaussian error distribution
Fehlerverteilungsgesetz *n*/**Gaußsches** Gaussian law
Fehlerverteilungskurve *f*/**Gaußsche** Gauss error distribution curve, Gaussian curve
Fehlerwahrscheinlichkeit *f (stat)* error probability, probability of error
Fehlinterpretation *f* misinterpretation, erroneous interpretation
fehlleiten to mislead
Feinbürette *f* microburette
Feineinstellung *f* fine adjustment *(of a measuring instrument)*
Feingut *n* fines, fine sizes (material)
Feinheitsgrad *m* degree of fineness
feinkörnig fine-grain
feinkristallin microcrystalline
Feinregulierung *f* fine tuning
Feinstruktur *f (spec)* fine structure
 ~ **der Absorptionsbanden im Röntgenspektrum** extended X-ray absorption fine structure, EXAFS
Feinstrukturanalyse *f* crystal[-structure] analysis
Feinstrukturaufspaltung *f (spec)* fine [structure] splitting
Feld *n* field • **nach tieferen Feldern verschoben** *(mag res)* downfield
 elektrisches ~ electric field
 lokales ~ *(mag res)* local field
 magnetisches ~ magnetic field
 tetraedrisches ~ *(mag res)* tetrahedral field
feldabhängig field-dependent
Feldabhängigkeit *f* field dependence
Feldachse *f (mag res)* field axis
Felddesorption *f (maspec)* field desorption, FD
Felddesorptions-Massenspektrometrie *f* field desorption mass spectrometry, FDMS
Felddesorptionsmikroskopie *f* field desorption microscopy

Feldeffekt *m*/**elektrischer** Stark effect, electric field effect *(splitting of spectral lines in an electric field)*
Feldeffekttransistor *m*/**chemisch sensitiver** chemically sensitive (sensitized) field effect transistor, CHEMFET
 enzymatischer ~ enzymatic field effect transistor, ENFET
 gassensitiver ~ gas-sensing field effect transistor, GASFET
 ionenselektiver (ionensensitiver) ~ ion-sensitive field effect transistor, ISFET
 pH-sensitiver ~ pH-sensitive field effect transistor, pH-FET
Feldelektronenmikroskopie *f* field emission microscopy, FEM, field emission electron microscopy, FEEM
Felderzeuger *m* field generator *(impedimetric titration)*
Feld-Frequenz-Lock *m*, **Feld-Frequenz-Stabilisierung** *f (nuc res)* field/frequency stabilization (lock), lock
Feldgenerator *m* field generator *(impedimetric titration)*
Feldgradient *m* field gradient
 elektrischer ~ electric field gradient, EFG
Feldhomogenität *f* field homogeneity
Feldinhomogenität *f* field inhomogeneity
Feldionenmikroskopie *f* field ion microscopy, FIM, field ionization microscopy
Feldionisation *f (maspec)* field ionization, FI
Feldionisations-Laserspektroskopie *f* field ionization laser spectroscopy, FILS
Feldionisations-Massenspektrometrie *f* field ionization mass spectrometry, FIMS, field-ion mass spectrometry
Feldionisierung *f (maspec)* field ionization, FI
Feldkonstante *f*/**elektrische** permittivity of vacuum (empty space)
Feldlinie *f* field line
Feldmodulation *f (mag res)* field modulation
Feldrichtung *f* field direction
Feldstärke *f* field strength
 elektrische ~ electric field strength
 magnetische ~ magnetic field strength
Feldstärkegradient *m* field gradient
Feld-sweep-Experiment *n (nuc res)* field-sweep experiment
feldunabhängig field-independent
Feldunabhängigkeit *f* field independence
Feldverdampfung *f (maspec)* field-assisted evaporation
Feldversuch *m* field experiment (test, trial)
FEM (Feldelektronenmikroskopie) field emission microscopy, FEM, field emission electron microscopy, FEEM
Femtogrammbereich *m* femtogram range *(10^{-15} to 10^{-12} g)*
Femto-Konzentrationsbereich *m* parts-per-quadrillion level *(10^{-15})*

Fenster

Fenster *n* / **infrarotdurchlässiges** infrared[-transmitting] window, IR-transmitting window
Ferment *n s*. Enzym
Fermi-Energie *f (spec)* Fermi energy
Fermi-Kante *f (spec)* Fermi level
Fermi-Kontakt *m (mag res)* Fermi contact interaction, contact hyperfine interaction
Fermi-Kontakt-Term *m (mag res)* Fermi contact term
Fermi-Niveau *n (spec)* Fermi level
Fermi-Resonanz *f (spec)* Fermi resonance
Fermium *n* Fm fermium
Fernablesung *f (meas)* remote readout
Fernanzeige *f (meas)* remote indication
fernbedienbar *(proc)* remote-controllable
fernbedient *(proc)* remote-operated, remote-controlled
Fernbedienung *f*, **Fernbetätigung** *f (proc)* remote operation (control)
Fernkalibrierung *f (meas)* remote calibration
Fernkopplung *f (nuc res)* long-range coupling (interaction)
Fernmeßgerät *n* remote meter
Fernmessung *f* remote measurement
Fernmeßwertschreiber *m* remote recorder
Fernthermometer *n* remote thermometer
Ferroin *n* ferroin, 1,10-phenanthroline iron(II) sulphate
Fertigplatte *f* commercial TLC plate, precoated plate
Fertigungsfluß *m (proc)* process flow
Fertigungsgüte *f* / **mittlere** process average
Fertigungsspezifikation *f*, **Fertigungsvorschrift** *f (proc)* product specification
FES (Flammenemissionsspektrometrie) flame atomic emission spectrometry, FAES, flame [emission] spectrometry
fest solid • ~ **werden** to set, to solidify, to congeal
Festelektrode *f* solid electrode
 rotierende ~ rotating solid electrode
 stationäre ~ stationary solid electrode
Festelektroden-Voltamgramm *n* solid-electrode voltammogram
Festelektrolytgassensor *m* solid electrolyte gas sensor
Festfrequenz *f* fixed frequency
Festfrequenzlaser *m* fixed-frequency laser
Festigkeit *f* / **mechanische** mechanical stability (strength)
Festion *n (ion)* fixed ion *(interacting with a counter ion)*
Festkörper *m* solid [matter]
 modifizierter aktiver ~ *(chr)* modified active solid, modified sorbent
Festkörper-^{13}**C-NMR-Spektrum** *n* solid-state ^{13}C NMR spectrum
Festkörperelektrochemie *f* electrochemistry of solids

Festkörper-Gaschromatographie *f* gas-solid chromatography, GSC, gas[-solid] adsorption chromatography
Festkörper-Gassensor *m* solid-state gas sensor
Festkörperlaser *m* solid-state laser
Festkörperleiter *m* / **ionensensitiver** solid-state ion-sensitive conductor
Festkörpermaterial *n* solid-state material *(for sensors)*
Festkörpermembranelektrode *f (pot)* solid-state electrode
Festkörper-NMR-Spektroskopie *f* solid-state NMR, SS-NMR
Festkörpersensor *m* solid-state sensor
 potentiometrischer ~ solid-state potentiometric sensor
Festkörperverfahren *n* solid-state NMR technique
Festküvette *f* fixed-pathlength cell
Festphasenextraktion *f* solid-phase extraction, SPE *(of liquid samples)*
Festprobe *f* solid sample
Festprobenhalter *m (spec)* solid-sample holder
Festpunkt *m* melting point, mp, m.p.
feststellen to determine, to find out; to detect, to identify, to reaffirm the presence of *(an analyte)*
Feststellung *f* determination; detection, identification *(of an analyte)*
Feststoff *m* solid [matter]
 aktiver ~ active (interactive) solid
 kristalliner ~ crystalline solid
Feststoffgemenge *n*, **Feststoffgemisch** *n* solids mixture, mixture of solids
Feststoffkonzentration *f* solid[s] concentration, concentration of solid
Feststofflaser *m* solid-state laser
Feststoffprobe *f* solid sample
Festwellenlängendetektor *m* single-wavelength detector, fixed-wavelength detector
Festwinkelrotor *m (sed)* fixed-angle rotor
fettlöslich soluble in fat
Fettsäure *f* fatty acid
Fettsäureester *m* fatty acid ester
Fettsäuremethylester *m* fatty acid methyl ester
feucht wet, moist
Feuchte *f* moisture, *(relating to air also)* humidity
 adsorbierte ~ adsorbed moisture
 ~ **der lufttrockenen Probe** *s.* hygroskopische ~
 hygroskopische ~ air-dried moisture
 relative ~ relative humidity, R.H., percentage humidity *(of air)*
Feuchtebereich *m* moisture range
feuchtebeständig moisture-resistant
Feuchtebestimmung *f* moisture determination (analysis)
 photometrische ~ photometric moisture analysis
Feuchtebestimmungsgerät *n* moisture determination apparatus, moisture analyser
 mit Schwingquarz arbeitendes ~ oscillating crystal moisture analyser

photometrisches ~ photometric moisture analyser
Feuchtegehalt *m* moisture content
Feuchtemesser *m*, **Feuchtemeßgerät** *n* moisture measuring instrument, moisture meter
Feuchtesensor *m* moisture sensor
Feuchteüberwachungsgerät *n* moisture monitor
  mit Schwingquarz arbeitendes ~ oscillating crystal moisture monitor
Feuchtigkeit *f s.* Feuchte
Feuchtigkeits... *s.a.* Feuchte...
Feuchtigkeitsabgabe *f* moisture desorption
Feuchtigkeitsaufnahme *f* moisture absorption
Feuchtigkeitsbestimmer *m s.* Feuchtebestimmungsgerät
feuchtigkeitsfest moisture-resistant
FI (Feldionisation) *(maspec)* field ionization, FI
FIA 1. (Fließinjektionsanalyse) flow-injection analysis, FIA; 2. (Fluoreszenz-Indikator-Analyse) fluorescence indicator analysis, FIA
FIA-Extraktion *f* flow-injection extraction, FIA extraction
FIA-Extraktionssystem *n* FIA extraction system
FIA-System *n* FIA system
FIA-Titration *f* flow-injection titration, FIA titration
Fiberoptik *f* fibre optics
fibrös fibrous
FID *s.* Flammenionisationsdetektor
Figurenachse *f (opt mol)* figure axis
Film *m/* **photographischer** photographic film
Filmbildung *f* film formation
Filmdicke *f* film thickness
  ~ der stationären Phase *(gas chr)* liquid-phase [film] thickness, stationary-phase film thickness
Filmelektrode *f* thin-film electrode, TFE
Filmkapillare *f (gas chr)* wall-coated open-tube column, WCOT column, wall-coated open tubular column, thin-film [open tubular] column
FILS *s.* Feldionisations-Laserspektroskopie
Filter *n* filter
  optisches ~ optical filter
Filterapparatur *f* filtration (filter) assembly
Filterfläche *f* filter [bed] area, filter surface [area], filtering surface
Filterfluorimeter *n* filter fluorometer
Filtergut *n* material being (*or* to be) filtered
Filterhilfe *f*, **Filterhilfsmittel** *n* filter aid, filtration accelerator
Filterkuchen *m* filter cake
Filterkuchenwäsche *f* filter-cake washing
Filtermaterial *n*, **Filtermedium** *n* filter[ing] medium, filtration medium, filter[ing] material
filtern to filter, to filtrate *(gases)*; to filter [out] *(vibrations, wavelengths)*
Filternutsche *f* nutsch [filter], nutsche
  ~ nach Büchner Büchner funnel (filter)
Filterpapier *n* filter paper
Filterpapierscheibe *f* filter paper disk
Filterphotometer *n* filter photometer
Filterplatte *f* filter[ing] plate

Flachbettplotter

Filterröhrchen *n* filter tube
Filterscheibe *f* filter disk
Filterschicht *f* filtering pad *(of fibrous material)*
Filterstab *m*, **Filterstäbchen** *n* filter stick
Filtertiegel *m* filter[ing] crucible
Filtertrichter *m* filter[ing] funnel
Filterung *f s.* Filtration
Filterwirkung *f* filtering effect
Filtrat *n* filtrate
Filtration *f* filtration, filtering
  ~ kleiner Volumina small-volume filtration
  ~ unter vermindertem Druck filtration under suction (reduced pressure)
  ~ unter Wirkung der Schwerkraft filtration by gravity
Filtrationsdauer *f* filtering (filtration) time
Filtrationsdruck *m* filtering pressure
Filtrationseigenschaften *fpl* filtration properties
Filtrationsgeschwindigkeit *f* filtering (filtration) rate, filtration velocity, filter [flow] rate, speed of filtration
Filtrationshilfe *f* filter aid, filtration accelerator
Filtrationszeit *f s.* Filtrationsdauer
Filtrier... *s.a.* Filter...
Filtrieranordnung *f* filtration (filter) assembly
filtrierbar filt[e]rable • **gut ~ sein** to filter easily
  • **~ sein** to filter, to filtrate
Filtrierbarkeit *f* filterability
filtrieren to filter, to filtrate
  durch Ultrafilter ~ to ultrafilter
  ~ lassen/sich to filter, to filtrate
  ~ lassen/sich gut to filter easily
Filtrieren *n s.* Filtration
Filtriergeschwindigkeit *f s.* Filtrationsgeschwindigkeit
Filtrierstoff *m* filter mass
Filtrierstutzen *m* filtrate jar
Filtriertechnik *f* filtering technique
FIM (Feldionenmikroskopie) field ion (ionization) microscopy, FIM
FIMS (Feldionisations-Massenspektrometrie) field ionization mass spectrometry, FIMS, field-ion mass spectrometry
Fingerabdruck *m*, **Fingerprint** *m* fingerprint
Fingerprint-Bereich *m*, **Fingerprint-Gebiet** *n (opt mol)* fingerprint region
Fingerprint-Spektrum *n* fingerprint spectrum
FIR (fernes Infrarot) far infrared, far-infrared [spectral] region, far-infrared range, FIR [region]
Fitting *n* connection, connector, union, junction, joint, link, fitting *(esp for pipes and hoses)*
fixieren to fix
Fixierung *f* fixation
  chemische ~ chemical attachment
Fixierungspaar *n (spec)* fixation pair
Flachbettchromatographie *f* planar chromatography, plane (flat-bed, open-bed) chromatography
Flachbettplotter *m* flat bed plotter *(data acquisition)*

Flachelektrode

Flachelektrode *f* flat electrode
Flächenabhängigkeit *f* area dependence
Flächen[bett]chromatographie *f s.* Flachbettchromatographie
Flächennormalisierung *f (chr)* [area] normalization *(for evaluating chromatograms)*
Flachfilter *n* flat filter
Flachgel *n* gel slab (plate), slab gel
Flamme *f* flame; *(spec)* flame source
  fette ~ *s.* reduzierende ~
  laminare ~ laminar[-flow] flame
  magere ~ *s.* oxidierende ~
  oxidierende ~ oxidizing (fuel-lean) flame
  reduzierende ~ reducing (fuel-rich) flame
  turbulente ~ turbulent flame
Flammen-Atomabsorptionsspektr[alphot]ometrie *f* flame atomic absorption spectrometry, flame-AAS, FAAS
Flammenatomisierung *f* flame atomization
Flammenbreite *f* flame width
Flammendetektor *m (gas chr)* flame detector
Flammenemission *f* flame emission
Flammenemissionsdetektor *m s.* Flammenphotometerdetektor
Flammenemissionsspektrometrie *f* flame atomic emission spectrometry, FAES, flame emission spectrometry, flame photometry
Flammenfarbendetektor *m s.* Flammenphotometerdetektor
Flammengas *n* flame gas
Flammenionisationsdetektor *m (gas chr)* flame ionization detector, FID, FI detector, hydrogen flame ionization detector, HFID
Flammenionisationsgerät *n* flame ionization device
Flammenionisations-Kohlenwasserstoffanalysengerät *n* flame ionization hydrocarbon analyser
Flammenionisations-Prozeßanalysengerät *n* flame ionization process analyser
Flammenlänge *f* flame length
Flammenphotometer *n* flame photometer
Flammenphotometerdetektor *m* flame-photometric detector, FPD, flame emission detector, sulphur specific detector, SSD
  ~ mit Dualflamme *(gas chr)* dual-flame [photometric] detector, dual FPD
Flammenphotometrie *f* flame photometry
flammenphotometrisch flame-photometric
Flammenspektralphotometer *n* flame photometer
Flammensperre *f* flame arrester *(of a flame ionization analyser)*
Flammentechnik *f (opt at)* flame technique
Flammentemperatur *f* flame temperature
Flammpunkt *m* flash point
Flammpunktanalysengerät *n* flash-point analyser
Flammpunktbestimmer *m*, **Flammpunktprüfer** *m* flash-point apparatus (tester)
Flasche *f*/**Mariottesche** Mariotte bottle (flask)

Flaschenschleuder *f*, **Flaschenzentrifuge** *f* test-tube centrifuge
flash-verdampfen *(liq chr)* to flash-vaporize
Flash-Verdampfung *f (liq chr)* flash evaporation (vaporization)
Fleck *m (liq chr)* spot
  langgezogener ~ elongated spot
Fleckenbreite *f* spot width
Fleckenform *f*, **Fleckengestalt** *f* spot shape
Fleckengröße *f* spot size
Fleckverbreiterung *f* spot broadening
Flickerrauschen *n (meas)* excess noise, modulation noise
Fliehkraft *f* centrifugal force
Fließbild *n*, **Fließdiagramm** *n* flow diagram
fließen to flow
Fließen *n* flow, flux
Fließgeschwindigkeit *f* flow rate (velocity)
  lineare ~ linear flow velocity, *(Chr auch)* interstitial [flow] velocity
  nominelle lineare ~ *(chr)* nominal linear velocity (flow)
Fließgleichgewicht *n* dynamic equilibrium
Fließinjektionsanalyse *f* flow-injection analysis, FIA
  parallele ~ parallel flow-injection analysis
Fließkonstante *f (liq chr)* [mobile phase] velocity constant
Fließmittel *n (liq chr)* mobile phase, liquid [mobile] phase, [mobile] solvent, developer, developing (development) solvent
Fließmittelfront *f (liq chr)* mobile phase front, [solvent] front, dry [solvent] front
Fließmittelstrecke *f (liq chr)* mobile phase [migration] distance, solvent migration distance
Fließmitteltrog *m (liq chr)* solvent trough (tray)
Fließpapier *n* absorbent paper
Fließpunkt *m* melting point, mp, m.p.
Fließrate *f* [volumetric, volume] flow rate, volume velocity
Fließschema *n* flow diagram
Fließspeisung *f* gravity feed
Fließsystem *n* flow system
Fließweg *m* flow path
Flintglas *n* flint glass
Flipwinkel *m (mag res)* pulse flip angle, PFA, flip (pulse, tip) angle
flocken to flocculate, to coagulate *(colloids)*
flockig flocculent *(precipitate)*
Flockung *f* flocculation, coagulation *(of colloids)*
Flockungsmittel *n* coagulant, coagulating agent
Flockungswert *m* flocculation (coagulation) value *(of a colloid)*
Flory-Huggins-Theorie *f* Flory-Huggins theory *(of polymer solutions)*
Flory-Huggins-Wechselwirkungsparameter *m (liq chr)* χ parameter, Huggins constant
Flory-Konstante *f* viscosity function, Flory constant

Flory-Verteilung f [Schulz-]Flory distribution, most probable distribution
Flotation f flo[a]tation
flotieren to float
flüchtig[/leicht] volatile
Flüchtigkeit f volatility
Flugrohr n *(maspec)* drift tube
Flugstrecke f *(maspec)* flight path
Flugzeit[massen]spektrometer n time-of-flight mass spectrometer, TOF mass spectrometer
Fluid n/**überkritisches** supercritical fluid, SF
Fluidchromatographie f [/**superkritische, überkritische**] supercritical fluid chromatography, SFC, supercritical [gas] chromatography
Fluidphase f/**chirale** *(liq chr)* chiral mobile phase
Fluktuation f fluctuation, variation
Fluor n F fluorine
N-Fluoracylimidazol n N-fluoroacyl-imidazole
Fluoralkohol m fluoroalcohol
Fluordinitrobenzol n fluorodinitrobenzene, FDNB
Fluorescein n fluorescein
Fluoreszenz f fluorescence • ~ **zeigen** to fluoresce
  laserinduzierte ~ laser-induced fluorescence, LIF, laser-excited fluorescence
Fluoreszenzanalyse f fluorescence (fluorometric) analysis
Fluoreszenzanregung f fluorescence excitation
Fluoreszenzausbeute f fluorescence yield
Fluoreszenzdetektion f fluorescence (fluorometric) detection
Fluoreszenzdetektor m *(liq chr)* fluorescence (fluorometric, fluorimetric) detector
Fluoreszenzemission f fluorescence (fluorescent) emission
Fluoreszenzfarbstoff m fluorescent dye
Fluoreszenzgesetz n/**Stokessches** Stokes law (rule) *(of the wavelength of fluorescent emission)*
Fluoreszenzindikator m fluorescent (fluorescing) indicator
Fluoreszenz-Indikator-Analyse f fluorescence indicator analysis, FIA
Fluoreszenzintensität f fluorescence [emission] intensity
Fluoreszenzlebensdauer f fluorescence lifetime
Fluoreszenzlicht n fluorescent light
Fluoreszenzlöscher m fluorescence quenching agent
Fluoreszenzlöschung f fluorescence quenching
Fluoreszenzmaximum n fluorescence maximum
Fluoreszenzmessung f fluorescence measurement
Fluoreszenzspektrometer n spectrofluorimeter
Fluoreszenzspektroskopie f fluorescence (fluorescent) spectroscopy
Fluoreszenzspektrum n fluorescence (fluorescent) spectrum
Fluoreszenzstrahlung f fluorescent radiation
fluoreszieren to fluoresce

fluoreszierend fluorescent, fluorescing
  nicht ~ non-fluorescent
Fluorid n fluoride
Fluoridgehalt m fluoride content
Fluorid-ISE f F⁻ ion-selective electrode
Fluorimeter n fluorometer, fluorimeter
Fluorimetrie f fluorometry
fluorimetrisch fluorometric, fluorimetric
Fluorkohlenwasserstoff m fluorocarbon, fluorinated hydrocarbon
Fluoroborat n fluoroborate
Fluorographie f *(elph)* fluorography
Fluorokieselsäure f fluo[ro]silicic acid
Fluorometrie f s. Fluorimetrie
Fluorophor m fluorophore *(fluorescing substance)*
Fluorophosphat n fluorophosphate
Fluorverbindung f fluoro (fluorine) compound
  organische ~ organic fluorine compound
Fluorwasserstoff m hydrogen fluoride
Flushverbrennung f *(or anal)* flush combustion
Fluß m 1. flow, flux; 2. s. Flußdichte
  elektroosmotischer ~ electro-osmotic flow (flux)
  gestoppter ~ *(flow)* stopped flow *(for carrying out measurements in a flowing fluid)*
  magnetischer ~ magnetic flux
  pulsierender ~ *(liq chr)* pulsed flow
Flußdichte f *(rad anal)* energy flux density
  ~ **der Teilchen** *(rad anal)* particle flux density
  magnetische ~ magnetic induction (flux density)
Flußgeschwindigkeit f flow rate (velocity), rate of flow
Flüssig-Adsorptionschromatographie s. Flüssig-fest-Chromatographie
Flüssigchromatogramm n liquid[-liquid] chromatogram
Flüssigchromatographie f s. Flüssigkeitschromatographie
  überkritische ~ s. Fluidchromatographie
flüssigchromatographisch liquid-chromatographic
Flüssig-fest-Chromatographie f liquid-solid chromatography, LSC, liquid adsorption chromatography
Flüssig-fest-Extraktion f solid-phase extraction, SPE *(of liquid samples)*
Flüssig-flüssig-Chromatographie f liquid-liquid chromatography, LLC, liquid-liquid partition chromatography
Flüssig-flüssig-Extraktion f liquid[-liquid] extraction, solvent extraction (partition)
Flüssig-flüssig-Extraktor m liquid-liquid extractor
Flüssig-flüssig-Grenzfläche f liquid-liquid interface
Flüssig-flüssig-Verteilung f liquid-liquid distribution (partition), partition between two liquids
Flüssiggas n liquefied gas
Flüssigkathode f *(elgrav)* liquid (pool) cathode
Flüssigkeit f liquid, liquor
  flüchtige ~ volatile liquid

Flüssigkeit

homogene ~ homogeneous liquid
leichtbewegliche ~ mobile liquid
überstehende ~ supernatant [liquid, liquor]
Flüssigkeitschromatographie *f* liquid[-phase] chromatography, LC
  ~ **mit gepackten Säulen** packed-column liquid chromatography
  schnelle ~ high-pressure (high-performance) liquid chromatography, HPLC, high-speed liquid chromatography, HSLC, high-resolution liquid chromatography
Flüssigkeitschromatographie-Infrarotspektrometrie-Kopplung *f* liquid chromatography-infrared spectrometry coupling, LC-IR
Flüssigkeitschromatographie-Massenspektrometrie-Kopplung *f* liquid chromatography-mass spectrometry coupling, LC-MS
flüssigkeitschromatographisch liquid-chromatographic
Flüssigkeitsdiffusionspotential *n (pol)* liquid-junction potential, Ej
Flüssigkeitseinlaß *m* / **direkter** direct liquid introduction (inlet), DLI *(for interfacing LC to MS)*
Flüssigkeitsfilm *m* liquid film
Flüssigkeitsfilter *n (spec)* liquid filter
Flüssigkeits-Gaschromatographie *f* gas-liquid chromatography, GLC, gas-liquid partition chromatography
Flüssigkeitsküvette *f* liquid cell
Flüssigkeitspotential *n (pol)* liquid-junction potential, Ej
Flüssigkeitssäule *f* fluid column
Flüssigkeitsstrom *m* liquid stream
Flüssigkeitsströmung *f* / **elektroosmotische** electro-osmotic flow (flux)
flüssig-kristallin liquid-crystalline
Flüssigmembranelektrode *f (pot)* liquid-membrane electrode
Flüssigmetallelektrode *f (coul)* liquid metal electrode
Flüssigphase *f (liq chr)* mobile phase, liquid [mobile] phase, [mobile] solvent, column solvent *(in column chromatography)*, *(elution chromatography also)* eluent, eluant, eluting solvent (agent, medium), *(planar chromatography also)* developer, developing (development) solvent; *(gas chr)* stationary liquid phase, [liquid] stationary phase, liquid phase, solvent
Flüssigphasenchromatographie *f s.* Flüssigkeitschromatographie
Flüssig-Szintillationsdetektor *m (rad anal)* liquid scintillation detector
Flüssig-Szintillationszähler *m (rad anal)* liquid scintillator counter
Flüssig-Verteilungschromatographie *f s.* Flüssig-flüssig-Chromatographie
Flußkonstanz *f* constancy of flow
Flußprogrammierung *f (chr)* flow programming
Flußrate *f* [volumetric, volume] flow rate, volume velocity

Flußschwankung *f (chr)* flow fluctuation
FMR (ferromagnetische Resonanz) ferromagnetic resonance, FMR
Fokus *m (spec)* focal point, focus
Fokussierelektrode *f (maspec)* focusing electrode
fokussieren to focus, to bring to a focus
Fokussiermethode *f (elph)* focusing method
Fokussierung *f* focusing
  ~ **in Gelen/isoelektrische** gel electrofocusing
  isoelektrische ~ isoelectric focusing, IEF, IF, electrofocusing
Folge *f* der Arbeitsgänge sequence of operations
Folgeelektrolyt *m (elph)* terminating electrolyte, terminator
Folgeion *n (elph)* terminating (trailing) ion
Folgeprüfung *f* sequential test
Folgereaktion *f* consecutive reaction
Folsäure *f* folic acid, pteroylglutamic acid, PGA
Form *f* : • **in reiner** ~ pure, in the pure state (form), in a pure condition
  alkalische (basische) ~ base (basic, alkaline) form *(of an indicator)*
  chinoide ~ quinonoid form
  oxidierte ~ oxidized form
  reduzierte ~ reduced form
  saure ~ acid[ic] form *(of an indicator)*
Formaldehyd *n* formaldehyde, methanal
Formalpotential *n (pol)* formal potential
Formamid *n* formamide, methanamide
Formel *f* / **empirische** empirical formula
  Nernstsche ~ *(el anal)* Nernst expression
Formelgewicht *n* formula weight
Formelmasse *f* formula mass
  relative ~ formula weight
Formiat *n* formate
Forschungsmikroskop *n* research-quality microscope
fortschreiten to proceed *(as of reactions)*
Fourier-Analyse *f* Fourier analysis
  schnelle ~ fast Fourier transform analysis, FFT analysis (signal processing)
Fourier-Spektroskopie *f* Fourier [transform] spectroscopy
Fourier-Transformation *f* Fourier transform[ation], FT
  inverse ~ inverse Fourier transformation
  komplexe ~ complex Fourier transformation
  schnelle ~ fast Fourier transform, FFT
Fourier-Transformations-... *s.* Fourier-Transform-...
Fourier-Transform-Gerät *n (spec)* Fourier transform instrument
Fourier-Transform-Infrarot-... *s.* Fourier-Transform-IR-...
Fourier-Transform-Ionencyclotronresonanzspektrometer *n* Fourier-transform ion-cyclotron resonance mass spectrometer, FT-ICR mass spectrometer, [ion-]cyclotron resonance mass spectrometer, ICR spectrometer
Fourier-Transform-IR-Analyse *f* FT-IR analysis

Fourier-Transform-IR-Analyseverfahren n FT-IR analysis method
Fourier-Transform-IR-Detektion f FT-IR detection
Fourier-Transform-IR-Spektralphotometer n s. Fourier-Transform-IR-Spektrometer
Fourier-Transform-IR-Spektrometer n Fourier transform infrared spectrometer, FT-IR spectrometer
Fourier-Transform-IR-Spektrometrie f Fourier transform infrared spectrometry, FT-IR spectrometry, FTIR
Fourier-Transform-IR-Spektroskopie f Fourier transform infrared spectroscopy, FT-IR spectroscopy
Fourier-Transform-IR-Spektrum n FT-IR spectrum
Fourier-Transform-Massenspektrometrie f Fourier transform mass spectrometry, FTMS, Fourier transform ion-cyclotron resonance mass spectrometry, FT-ICR mass spectrometry
Fourier-Transform-Methode f Fourier transform method, FT method
Fourier-Transform-NMR-Spektroskopie f Fourier transform NMR [spectroscopy], FT-NMR spectroscopy, FTNMR
Fourier-Transform-Paar n Fourier [transform] pair
Fourier-Transform-Raman-Spektrometer n Fourier transform Raman spectrometer, FT Raman spectrometer
Fourier-Transform-Raman-Spektroskopie f Fourier transform Raman spectroscopy, FT Raman spectroscopy, FTRS
Fourier-Transform-Spektrometer n Fourier transform spectrometer
Fourier-Transform-Spektrometrie f Fourier transform spectrometry
  ~mit induktiv gekoppeltem Plasma inductively coupled plasma Fourier transform spectrometry, ICP-FTS
Fourier-Transform-Spektroskopie f Fourier [transform] spectroscopy
Fourier-Transform-Technik f s. Fourier-Transform-Methode
F.P. (Festpunkt) melting point, mp, m.p.
FPD (Flammenphotometerdetektor) flame-photometric detector, FPD, flame emission detector, sulphur specific detector, SSD
Fragment n fragment
fragmentieren to fragment (molecules)
Fragmentierung f fragmentation (of molecules)
Fragmentierungsmuster n (maspec) fragmentation (cracking) pattern, mass[-spectral] fragmentation pattern
Fragmention n (maspec) fragment (fragmentation) ion
  isobares ~ (maspec) isobaric fragment ion
Fraktil n (stat) quantile, fractile
  ~ der Ordnung p (stat) quantile (fractile) of order p, p-quantile, p-fractile

Fraktion f fraction
Fraktionensammler m s. Fraktionssammler
Fraktionierbereich m fractionation range (of a gel)
fraktionieren to fractionate
Fraktionierung f fractionation
  chromatographische ~ chromatographic fractionation
  elektrophoretische ~ electrophoretic fractionation
Fraktionierungsbereich m s. Fraktionierbereich
Fraktionssammler m fraction collector
  automatischer ~ automatic fraction collector
  manueller ~ manual fraction collector
Fraktionssammlung f collection of fractions
Francium n Fr francium
Franck-Condon-Prinzip n (spec) Franck-Condon principle
Free-flow-Elektrophorese f continuous (free-flow) electrophoresis
Freiheitsgrad m degree of freedom
Freilandversuch m field experiment, field test (trial)
freisetzen to liberate (electrons, molecules)
Fremdbestandteil m impurity, foreign matter (in materials)
Fremdgut n tramp material
Fremdion n foreign (diverse) ion
Fremdpeak m ghost (spurious) peak
Fremdstoff m, **Fremdsubstanz** f foreign matter, foreign (diverse) substance
Frequenz f frequency, vibration[al] frequency
  absolute ~ absolute frequency
  charakteristische ~ (spec) characteristic frequency
  ~ der Rechteckspannung square-wave frequency
  ~ der Seriengrenze (spec) convergence frequency
  eingeschwungene ~ steady-state frequency
  eingestrahlte ~ (spec) irradiation frequency
  stationäre ~ steady-state frequency
frequenzabhängig frequency-dependent
Frequenzabhängigkeit f frequency dependence
Frequenzachse f frequency axis
Frequenzbereich m frequency range (region), range of frequencies
Frequenzdifferenz f frequency difference, difference in frequency
Frequenzdimension f frequency dimension
Frequenzdomäne f frequency domaine
Frequenzgebiet n s. Frequenzbereich
Frequenzkomponente f frequency component
Frequenzmesser m frequency meter
Frequenzmessung f frequency measurement
Frequenzmethode f/variable (mag res) continuous-wave technique, CW technique (method)
Frequenzregelung f frequency control
  automatische ~ automatic frequency control, AFC
Frequenzspektrum n frequency spectrum

Frequenztabelle *f* table of frequencies
Frequenzüberwachungsglied *n* frequency-controlling element *(impedimetric titration)*
frequenzunabhängig frequency-independent
Frequenzunabhängigkeit *f* frequency independence
frequenzverdoppelt frequency-doubled
Frequenzverdopplung *f* frequency doubling
Frequenzverdreifachung *f* frequency tripling
Frequenzverschiebung *f* frequency shift (displacement), shift in frequency
Fresnel-Refraktometer *n* Fresnel refractometer
Freundlich-Adsorptionsisotherme *f*, **Freundlich-Isotherme** *f* Freundlich [adsorption] isotherm
Frischhaltung *f* preservation, conservation
Frischwasser *n* fresh water
Front *f (liq chr)* mobile phase front, [solvent] front, dry [solvent] front
Frontalanalyse *f (chr)* frontal analysis
Frontalchromatographie *f* frontal chromatography
Frontaltechnik *f (chr)* frontal method
Fronting *n (chr)* fronting, leading, bearding
Frontmethode *f (chr)* frontal method
Frontoktant *m (opt anal)* front octant
FSOT-Säule *f s.* Fused-silica-Kapillarsäule
F_1-Spektrum *n (nuc res)* f_1 spectrum *(two-dimensional NMR)*
FS-Säule *f s.* Fused-silica-Kapillarsäule
FT *s.* Fourier-Transformation
F-Test *m (stat)* variance ratio test, F test
FTIR *s.* Fourier-Transform-IR-Spektrometrie
FT-MS *s.* Fourier-Transform-Massenspektrometrie
FTNMR *s.* Fourier-Transform-NMR-Spektroskopie
Fühlelement *n* measuring (sensing) element, [measuring] sensor *(in measuring and recording devices)*
Füllen *n* packing *(of columns)*
~ **von Säulen** *(chr)* column packing
Füllgas *n* fill[ing] gas
Füllkörper *mpl* **kernporöse (vollporöse)** *(liq chr)* totally porous packing
Füllmaterial *n (chr)* packing material
~ **für Säulen** *(liq chr)* column packing material
Füllung *f* batch, charge
Fumarat *n* fumarate
fünfzählig, fünfzähnig pentadentate *(ligand)*
Funke *m* spark
Funkenanregung *f (opt at)* spark excitation
Funken-Anregungsquelle *f (opt at)* [ac] spark source
Funkenentladung *f (opt at)* spark discharge
Funkenionenquelle *f (maspec)* spark ionization source, radio-frequency spark discharge source
Funkenionisation *f (maspec)* spark [source] ionization
Funkenlinie *f (opt at)* ion (spark) line
Funkenmassenspektrometrie *f*, **Funkenquellen-Massenspektrometrie** *f* spark source mass spectrometry, SSMS

Funkenspektrometrie *f* spark emission spectrometry
Funkenstativ *n (opt at)* spark excitation stand
Funkenstrecke *f (opt at)* spark gap, *(quantitatively)* gap width
Funktion *f* der Zeit time function, function of time
lineare ~ linear function
logarithmische ~ logarithmic function
~ **von Kohlrausch/beharrliche** *(elph)* Kohlrausch [regulating] function, regulating function
Funktionalität *f* functionality
Funktionsstörung *f* **der Elektronik** electronics malfunction
~ **des Probenahmesystems** sample system malfunction
Funktionsverstärker *m (meas)* operational amplifier
Furche *f (spec)* groove *(of a diffraction grating)*
Furchenabstand *m (spec)* groove separation
Furchenform *f (spec)* groove shape
2,2'-Furildioxim *n* furil-a-dioxime
Fused-rocket-Immunelektrophorese *f* fused rocket immunoelectrophoresis
Fused-silica-Kapillarsäule *f*, **Fused-silica-Säule** *f (gas chr)* fused (vitreous) silica capillary column, fused silica [open tubular] column, silica (quartz capillary) column
Fusionsreaktion *f (rad anal)* nuclear fusion reaction
F-Verteilung *f (stat)* F-distribution

G

GAAS (Graphitofen-Atomabsorptionsspektrometrie) graphite furnace atomic absorption spectrometry, graphite furnace AAS, GFAAS
GaAs-Photokathode *f* gallium arsenide photocathode
Gadolinium *n* Gd gadolinium
gallert[art]ig gelatinous, gel-like *(precipitate)*
Gallium *n* Ga gallium
Gallium-Verschluß *m (maspec)* gallium cut-off
Galvanometer *n* galvanometer
hochohmiges ~ high-resistance galvanometer
Galvanostat *m (coul)* amperostat
Gamma *n* gamma [value], contrast factor *(photography)*
Gammaglobulin *n* gamma globulin
Gammaquant *n* gamma quantum
Gammaspektrometer *n* gamma-ray spectrometer
Gammaspektrometrie *f* gamma-ray spectrometry
Gammaspektrum *n* gamma-ray spectrum
Gammastrahl *m* gamma ray
Gammastrahlenspektroskopie *f* gamma-ray spectroscopy
Gammastrahler *m* gamma-ray source
Gammastrahlung *f* gamma radiation
Gammawert *m s.* Gamma

Gang *m (stat)* trend
Gangunterschied *m* path difference *(of waves)*
Gas *n*/**ideales** ideal (perfect) gas
 inaktives (indifferentes) ~ *s.* inertes ~
 inertes ~ inert (inactive, indifferent) gas
 permanentes ~ permanent (fixed) gas *(having a very low critical temperature)*
 reaktionsträges ~ *s.* inertes ~
 reales ~ imperfect (real, actual) gas
 saures ~ acid[ic] gas *(as CO_2 and H_2S)*
 technisches ~ industrial gas
 von der Trennsäule kommendes ~ *(gas chr)* column [effluent] gas
Gasabscheider *m* gas separator
Gasabsorption *f* gas absorption (uptake)
Gas-Adsorptionschromatographie *f s.* Gas-fest-Chromatographie
Gasanalyse *f* gas analysis
 volumetrische ~ volumetric gas analysis
Gasanalysenapparat *m* gas analyser (analysis apparatus)
 ~ **nach Orsat** Orsat apparatus, Orsat gas [analysis] apparatus
Gasanalysengerät *n s.* Gasanalysenapparat
gasanalytisch gas-analytical
gasartig gaseous
Gasatmosphäre *f*/**indifferente (inerte)** inert gas atmosphere
Gasaufnahme *f s.* Gasabsorption
Gasaustritt *m*, **Gasaustrittsöffnung** *f* gas outlet
Gasbläschen *n*, **Gasblase** *f* gas bubble
Gasbrenner *m* gas burner
Gasbürette *f* gas burette, gas-measuring tube
 Hempelsche ~ Hempel gas burette
Gaschromatogramm *n* gas chromatogramm
Gaschromatograph *m* gas chromatograph
 tragbarer ~ portable gas chromatograph
Gaschromatographie *f* gas chromatography, GC
 analytische ~ analytical gas chromatography
 druckprogrammierte ~ programmed-pressure gas chromatography
 hochauflösende ~ high-resolution gas chromatography, HRGC
 isotherme ~ isothermal gas chromatogrphy
 kontinuierliche ~ continuous gas chromatography
 mehrdimensionale ~ multidimensional gas chromatography, MDGC
 ~ **mit gepackten Säulen** packed-column gas chromatography
 präparative ~ preparative gas chromatography
 strömungsprogrammierte ~ programmed-flow gas chromatography
 temperaturprogrammierte ~ temperature-programmed gas chromatography, programmed-temperature gas chromatography, PTGC
Gaschromatographie... *s.a.* GC-...
Gaschromatographie-IR-Spektroskopie-Kopplung *f* gas chromatography-infrared spectroscopy coupling, GC-IR

Gaschromatographie-Massenspektrometrie-Kopplung *f* gas chromatography-mass spectrometry coupling, GC/MS coupling, GC-MS
gaschromatographisch gas-chromatographic
Gascoulometer *n* gas coulometer
gasdicht gas-tight, gasproof, impermeable (impervious) to gas
Gasdichte *f* gas (gaseous) density
Gasdichtewaage *f (gas chr)* gas-density balance, GDB, gas-density balance detector, James-Martin gas-density balance, gas balance, dasymeter
Gasdiffusion *f* gas (gaseous) diffusion
Gasdiffusionszelle *f (flow)* gas diffusion cell
Gasdosierhahn *m*, **Gasdosierventil** *n* gas sampling valve, gas [sample] valve, sample valve
Gasdruck *m* gas pressure
Gasdruckmesser *m* gas pressure gauge
Gasdruckregler *m* gas pressure regulator
Gasdurchflußmesser *m* gas flowmeter
gasdurchlässig gas-permeable, permeable to gas
Gasdurchlässigkeit *f* gas permeability, permeability to gas
Gaseinlaß *m (maspec)* gas inlet
Gaseinlaßöffnung *m* gas inlet [port]
Gas-Einlaßsystem *n (maspec)* batch inlet [sampling] system
Gaseinleitungsrohr *n* gas-entry tube
Gaselektrode *f* gas electrode
Gasentladung *f* gaseous discharge
Gasentladungsröhre *f* discharge tube
Gasextraktion *f* gas extraction
Gas-fest-Chromatographie *f* gas-solid chromatography, GSC, gas[-solid] adsorption chromatography
Gasfluß *m* gas flow
Gas-flüssig-Chromatographie *f* gas-liquid chromatography, GLC, gas-liquid partition chromatography
Gas-flüssig-Verteilung *f* gas-liquid partitioning
gasförmig gaseous
Gasgehalt *m* gas content
Gasgemisch *n* gas (gaseous) mixture
Gasgeschwindigkeit *f* gas [flow] velocity, gas flow rate
 mittlere ~ *(gas chr)* mean gas velocity
Gasgleichgewicht *n* gas equilibrium
Gasinjektionsspritze *f* gas[-tight] syringe
Gasion *n* gas (gaseous) ion
Gaskalorimeter *n* gas calorimeter
Gaskanal *m (gas chr)* gas channel
Gaskomponente *f* gas component
Gaskonstante *f*[/**allgemeine**] gas[-law] constant, general gas constant
 molare ~ molar gas constant
 universelle ~ *s.* Gaskonstante
Gasküvette *f (spec)* gas cell
 ~ **mit verlängertem Lichtweg** *(spec)* extended pathlength gas cell
Gaslaser *m* gas laser

Gas-Liquidus-Chromatographie

Gas-Liquidus-Chromatographie *f s.* Gas-flüssig-Chromatographie
Gasmanometer *n* gas pressure gauge
Gasmeßelektrode *f* gas sensing electrode
Gasmesser *m* gas meter
Gasnachweismethode *f* gas detection method
gaspermeabel *s.* gasdurchlässig
Gasphase *f* gas (gaseous) phase
Gasphasenchromatographie *f s.* Gaschromatographie
Gasphaseninterferenz *f* gas-phase interference
Gasphasenpermeation *f* gas permeation
Gasphasenstörung *f* gas-phase interference
Gaspipette *f* gas pipette
  Hempelsche ~ Hempel gas pipette
Gasprobe *f* gas (gaseous) sample, gas-phase sample
Gasprobeneinlaß *m* gas sample inlet
Gasprobenpumpe *f* gas sample pump
Gasprobenventil *n* gas sampling valve, gas [sample] valve, sample valve
Gasraumanalyse *f* headspace [gas] analysis, gas-chromatographic headspace analysis, headspace GC analysis, HSGC analysis
Gasreaktion *f* gas (gaseous) reaction
Gasreinigung *f* gas purification, *(esp for removing particles)* gas cleaning, gas clean-up
Gassammelröhre *f* gas sampling pipette (tube)
Gasschleife *f (gas chr)* sample (sampling) loop
Gassegment *n (flow)* gas segment
Gasseparator *m* gas separator
Gas-Solidus-Chromatographie *f s.* Gas-fest-Chromatographie
Gasspurenanalyse *f* trace gas analysis
Gasstrom *m* gas stream
Gasstromteiler *m (gas chr)* sample (inlet) splitter
Gasthermometer *n* gas thermometer
  ~ **konstanten Drucks** constant-pressure gas thermometer
  ~ **konstanten Volumens** constant-volume gas thermometer
Gastrennung *f* gas separation
Gasüberwachungsgerät *n* gas monitor
gasundurchlässig gas-tight, gasproof, impermeable (impervious) to gas
Gasuntersuchungsapparat *m* gas analyser (analysis apparatus)
Gasverstärkung *f (rad anal)* gas amplification
Gas-Verteilungschromatographie *f s.* Gas-flüssig-Chromatographie
Gasvolumen *n* gas volume
Gaswaage *f s.* Gasdichtewaage
Gaswaschflasche *f* gas wash[ing] bottle
Gaszähler *m* gas meter
Gaszuführungsrohr *n* gas inlet pipe
gaußförmig Gaussian[-shaped]
Gauß-Funktion *f* Gaussian function
Gauß-Profil *n* Gaussian shape • **mit** ~ Gaussian[-shaped]
Gauß-Puls *m (nuc res)* Gaussian[-shaped] pulse
Gauß-Verteilung *f* Gaussian (normal) distribution
Gauß-Verteilungsfunktion *f* Gaussian function
GC (Gaschromatographie) gas chromatography, GC
GC-Analyse *f* gas-chromatographic analysis, gas chromatography analysis, GC analysis
GC-Detektor *m* gas-chromatographic detector, GC detector
GC-Instrument *n* GC instrument
GC-IR *s.* GC-IR-Kopplung
GC-IR-Interface *n* GC/IR interface
GC-IR-Kopplung *f* gas chromatography-infrared spectroscopy coupling, GC-IR
GC-MS *s.* GC-MS-Kopplung
GC-MS-Interface *n* GC/MS interface
GC-MS-Kopplung *f* gas chromatography-mass spectrometry coupling, GC/MS coupling, GC-MS
GE *s.* Gegenelektrode
Gebiet *n* region, range
  ~ **der Röntgenstrahlen** X-ray region
  ~ **der γ-Strahlung** gamma-ray region
  sichtbares ~ visible [spectral] region
Gebrauchsfähigkeitsdauer *f* storage life
Gebrauchsvorschrift *f* use specification
Gebrauchswertdauer *f* useful (working) life, usable lifetime
gebunden/chemisch chemically bonded (bound)
homöopolar (kovalent, unpolar) ~ covalently bonded (bound)
Gedächtniseffekt *m* memory effect
Gefährlichkeitsanalyse *f* hazard analysis
gefärbt/intensiv intensely coloured
  schwach ~ slightly coloured
  stark ~ intensely coloured
Gefäß *n/H-förmiges (pol)* H-cell
  polarographisches ~ polarographic cell, polarography (polarograph) cell
gefrieren to freeze *(samples for conserving)*
Gefrierkurve *f* freezing[-point] curve
Gefrierpunkt *m* freezing point (temperature)
Gefrierpunktmesser *m* cryoscope
Gefrierpunktsdepression *f s.* Gefrierpunktserniedrigung
Gefrierpunktserniedrigung *f (th anal)* freezing-point depression (lowering)
  molare ~ cryoscopic constant
Gefriertemperatur *f s.* Gefrierpunkt
gefriertrocknen to lyophilize
Gefriertrockner *m* freeze dryer (drying apparatus)
Gefriertrocknung *f* lyophilization, freeze-drying
Gefüge *n* structure, constitution, build-up
Gegendruck *m* back pressure
Gegendruckregler *m* back-pressure regulator
Gegenelektrode *f* counter electrode
Gegenfluß *m s.* Gegenstrom
Gegenion *n* counter-ion, mobile ion
Gegenpotential *n* reverse potential

Gemisch

Gegenreaktion f opposing (opposed) reaction, oppositely directed reaction
Gegenstrom m countercurrent [flow], counterflow
• **im ~** countercurrently, in countercurrent (counterflow)
Gegenstrom-Chromatographie f countercurrent chromatography, CCC
Gegenstromdestillation f rectification
Gegenstromextraktion f countercurrent extraction
Gegenstromverteilung f countercurrent distribution
Gehalt m content; concentration; analysis, assay value
  ~ **an echt gelösten Stoffen** total dissolved solids
  ~ **an Flüchtigem (flüchtigen Bestandteilen)** volatile [matter] content
  ~ **an gelöstem Sauerstoff** dissolved oxygen content
  ~ **an organisch gebundenem Kohlenstoff** TOC content
  prozentualer ~ percentage
  relativer ~ relative concentration
%-Gehalt m percentage
Gehaltsbereich m content range
  nutzbarer ~ analytical concentration range
Gehaltsbestimmung f assay
gehindert/sterisch sterically hindered
Geiger-Müller-Zählrohr n (rad anal) Geiger-Müller counter tube
Geiger-Schwelle f (rad anal) Geiger-Müller threshold
Geister fpl ghosts (in the spectrum)
Geisterpeak m ghost (spurious) peak
gekoppelt/schwach weakly coupled (spins)
Gel n gel
  engporiges (feinporiges) ~ small-pore gel
  flaches ~ gel slab (plate), slab gel
  gemischtes ~ mixed gel
  grobporiges (großporiges) ~ large-pore gel
  halbstarres ~ semirigid gel
  hydrophiles ~ hydrophilic gel
  hydrophobes ~ hydrophobic gel
  ultradünnes ~ ultrathin gel
  weitporiges ~ large-pore gel
geladen/doppelt s. zweifach ~
  dreifach ~ triply charged, triple-charged
  dreifach positiv ~ tripositive
  einfach ~ singly charged
  elektrisch ~ electrically charged
  entgegengesetzt ~ oppositely charged
  negativ ~ negatively charged
  positiv ~ positively charged
  vierfach ~ quadruply charged
  zweifach ~ doubly charged, double-charged
  zweifach positiv ~ dipositive
gelartig gelatinous, gel-like (precipitate)
Gelatine f gelatin
gelatinös s. gelartig

Gelaustauscher m gel ion-exchanger, ion-exchange gel
Gelbett n (liq chr) gel bed
Gelblock m (elph) gel block
Gelchromatographie f s. 1. Größenausschlußchromatographie; 2. Gelpermeationschromatographie
Geldicke f gel thickness
Gelegenheitsstichprobenahme f chunk sampling
Gelelektrophorese f gel electrophoresis
  ~ **im gepulsten elektrischen Feldgradienten,**
  ~ **im gepulsten Feldstärkegradienten** pulsed field gel electrophoresis, PFG
gelelektrophoretisch gel-electrophoretic
Gelfiltration f s. Gelfiltrationschromatographie
Gelfiltrationschromatographie f gel filtration chromatography, GFC, gel filtration, aqueous size exclusion chromatography
Gelgießapparatur f (elph) gel casting apparatus
Gel-IEF f gel electrofocusing
Gel-Ionenaustauscher m gel ion-exchanger, ion-exchange gel
Gelkorn n gel particle
Gelmatrix f gel matrix
Gelose f agar, agar-agar
gelöst dissolved
Gelöstes n solute [material]
Gelöstsauerstoffgehalt m dissolved oxygen content
Gelöstsauerstoffkonzentration f dissolved oxygen concentration
Gelpackung f (liq chr) gel packing
Gelpartikel n gel particle
Gelpermeation f 1. (liq chr) gel permeation; 2. s. Gelpermeationschromatographie
Gelpermeationschromatographie f gel-permeation chromatography, GPC, gel permeation, permeation chromatography (exclusion chromatography using a non-aqueous mobile phase) (Zusammensetzungen s. unter GPC)
Gelphase f polymer-rich phase, concentrated (gel) phase
Gelplatte f gel slab (plate), slab gel
Gelpuffer m (elph) gel buffer
Gelröhrchen n (elph) gel tube
Gelsäule f (liq chr) gel column
Gelschicht f gel layer
Gel-Sol-Übergang m, **Gel-Sol-Umwandlung** f peptization
Gelstruktur f gel structure
Gelteilchen n gel particle
Gel- und Puffersystem n **nach Laemmli** (elph) Laemmli SDS-PAGE system
Gelvolumen n gel volume
Gemenge n solids mixture
Gemisch n mixture, mix
  äquieluotropes ~ (liq chr) iso-eluotropic mixture
  binäres ~ binary mixture
  eutektisches ~ eutectic mixture

Gemisch

komplexes ~ complex mixture
ternäres ~ ternary mixture
zu trennendes ~ mixture to be separated
Gemischtligandkomplex *m* mixed complex
Genauigkeit *f* accuracy; precision *(scatter between measured values)*
statistische ~ statistical accuracy
Genauigkeitsgrad *m* degree of accuracy
Genauigkeitsgrenze *f* limit of precision
Generations-Rekombinations-Rauschen *n (meas)* generation-recombination noise
Generatorelektrode *f* [reagent] generation electrode, generating electrode
  coulometrische ~ coulometric reagent generation electrode
Generatorstrom *m* generation (generating) current
generieren to generate *(reactive species)*
Geometriefaktor *m (rad anal)* geometry factor
geradkettig straight-chain, normal
Gerät *n* instrument *(esp for measuring)*
Geräteausstattung *f* instrumentation
Geräteeinstellung *f* instrument settings
Geräteparameter *m* instrument[al] parameter
German *n* germane
Germanium *n* Ge germanium
Germaniumwasserstoff *m* germane
Geruch *m* odour
geruchlos odourless, non-odorous
Geruchlosigkeit *f* absence of odour
Geruchsbewertung *f* assessment of odour
geruchsfrei *s.* geruchlos
Geruchsintensität *f* odour intensity
Geruchsprüfung *f* test for odour
π-Gerüst *n* pi framework
Gesamtabweichung *f (stat)* total deviation
Gesamtaustauschkapazität *f (ion)* total [ion] exchange capacity, total capacity, theoretical specific capacity
Gesamtelektrodenreaktion *f* overall electrode reaction
Gesamtemissionsvermögen *n (spec)* total emissivity
Gesamtenergie *f* total energy
Gesamtergebnis *n* total result
Gesamtfehler *m (stat)* total error
Gesamtfeststoffgehalt *m*, **Gesamtfeststoffmenge** *f* total solids
Gesamtgehalt *m* **an anorganischen Halogenverbindungen** total inorganic halogen, TIX
  ~ an organischen Halogenverbindungen total organic halogen, total organic halides, TOX
  ~ an organischen Schwefelverbindungen total organic sulphur, TOS
Gesamtgewicht *n* total weight
Gesamt-Halogengehalt *m* total halogen, TX
Gesamthärte *f* total hardness *(of water)*
Gesamtintensität *f* total intensity
Gesamtionenstrom *m (maspec)* total ion current, TIC

Gesamtkapazität *f s.* Gesamtaustauschkapazität
Gesamtkohlenstoff *m* total carbon, TC
Gesamtkonzentration *f* total (overall) concentration
Gesamtlänge *f* contour length *(of a macromolecule)*
Gesamtleitfähigkeit *f* total conductivity
Gesamtlösung *f* bulk solution
Gesamtmagnetisierung *f* total (bulk) magnetization
  makroskopische ~ *(mag res)* equilibrium (longitudinal) magnetization, longitudinal component of magnetization, z-magnetization
Gesamtmagnetisierungsvektor *m* bulk magnetization vector, BMV
Gesamtmasse *f* total mass
Gesamtmenge *f* **an echt gelösten Stoffen** total dissolved solids
Gesamtmeßzeit *f* total measuring time
Gesamtporenvolumen *n (liq chr)* internal [pore] volume, [gel] inner volume
Gesamtporosität *f* total porosity
Gesamtprüfumfang *m*/**durchschnittlicher** average total inspection
Gesamtprüfung *f* total inspection
Gesamtreaktion *f* gross (overall) reaction
  analytische ~ overall analytical reaction
Gesamtreaktionsordnung *f* total (overall) order of reaction
Gesamtredoxpotential *n* total oxidation-reduction potential
Gesamtretentionsvolumen *n (chr)* [total, uncorrected] retention volume
Gesamtretentionszeit *f (chr)* [total, uncorrected, absolute] retention time, solute retention time, elution time
Gesamtsauerstoffbedarf *m* total oxygen demand, TOD
Gesamtspin *m (spec)* total spin
Gesamtspinquantenzahl *f (spec)* total spin quantum number
Gesamtstöchiometrie *f* overall stoichiometry
Gesamtstrom *m* total current
Gesamttransmission *f* total transmittance
Gesamtverteilung *f (stat)* resultant distribution
Gesamtvolumen *n* total volume
Gesamtwanderungsstrom *m* total migration current
Gesamtwasserhärte *f* total water hardness
Gesamtwiderstand *m* total resistance
Gesamtzufallsvariablenanzahl *f (stat)* total number of variates
geschmacklos tasteless, free from taste
Geschmacklosigkeit *f* tastelessness, absence of taste
Geschmacks- und Geruchsstoff *m* flavour, flavouring [material, matter, substance]
Geschmacksprüfung *f* test for taste
geschmolzen molten

Gitterkonstante

Geschwindigkeit *f* velocity *(of particles)*; rate *(of a reaction)*
~ **der Elementarreaktion** elementary reaction rate
maximale ~ maximum rate; maximum velocity
reduzierte ~ *(chr)* reduced [linear] velocity, reduced [linear] mobile phase velocity
geschwindigkeitsbedingt rate-controlled
geschwindigkeitsbestimmend rate-determining, rate-controlling
Geschwindigkeitsdifferenzmethode *f (catal)* differential reaction rate method
Geschwindigkeitsdispersion *f (maspec)* velocity dispersion
Geschwindigkeitsfokussierung *f (maspec)* velocity focusing
Geschwindigkeitsgefälle *n (elph)* velocity gradient
Geschwindigkeitsgesetz *n s.* Geschwindigkeitsgleichung
geschwindigkeitsgesteuert rate-controlled
Geschwindigkeitsgleichung *f (catal)* rate equation (expression, law)
Geschwindigkeitsgradient *m (elph)* velocity gradient
Geschwindigkeitskonstante *f* [specific] rate constant
~ **erster Ordnung** first-order rate constant
geschwindigkeitskontrolliert rate-controlled
Geschwindigkeitsprofil *n (flow)* velocity profile
Geschwindigkeitsverteilungsgesetz *n*/**Maxwellsches (Maxwell-Boltzmannsches)** Maxwell law of velocity distribution
Gesetz *n*/**Beersches** Beer (Beer's) law, Bernard law *(of light absorption)*
Boltzmannsches ~ Boltzmann distribution law, Boltzmann law of internal energy distribution, Boltzmann principle
Bouguer-Lambert-Beersches ~ *s.* Lambert-Beersches ~
Bouguer-Lambertsches ~ *(spec)* Bouguer-Lambert law [of absorption], Bouguer (Lambert) law, Lambert-Bouguer law [of absorption]
Bunsen-Roscoesches ~ *(radia)* reciprocity law
Faradaysches ~ *(el anal)* Faraday law
Ficksches ~ Fick's law [of diffusion]
Lambert-Beersches ~ *(spec)* Beer-Lambert[-Bouguer] law, [Bouguer-]Lambert-Beer law, Beer-Bouguer law *(of light absorption)*
Lambertsches ~ *s.* Bouguer-Lambertsches ~
Lenzsches ~ Lenz's rule *(of the direction of induced currents)*
Ohmsches ~ *(el anal)* Ohm's law
Poissonsches ~ *(stat)* Poisson's relation
zweites Ficksches ~ Fick's second law *(of diffusion)*
gesichert/statistisch statistically valid (significant)
gestaltlos amorphous, non-crystalline
Gewebe *n*/**biologisches** biological tissue

Gewicht *n* weight
Gewichtsanalyse *f* gravimetry, gravimetric analysis, [quantitative] analysis by weight
Gewichtsänderung *f* weight change
Gewichtseinheit *f* weight unit
Gewichtskapazität *f (ion)* total [ion] exchange capacity, total (theoretical specific) capacity; dry weight capacity *(of an ion exchanger; relating to 1 g of dry resin)*
Gewichtskonstanz *f* constant weight
Gewichtsmittel *n s.* Gewichtsmittelwert
Gewichtsmittelwert *m* weighted mean (average)
~ **des Molekulargewichts** weight-average molecular weight
gewichtsmolar molal
Gewichtsstück *n* weight
Gewichtstitration *f* weight titration
potentiometrische ~ potentiometric weight titration
Gewichtsveränderung *f* weight change
Gewichtsverlust *m* weight loss
Gewichtsverteilungskoeffizient *m (ion)* [weight] distribution coefficient
Gewichtszunahme *f* weight gain
Gewundenheit *f (chr)* tortuosity
g-Faktor *m (spec)* [Landé] g factor, [Landé, spectroscopic] splitting factor, gyromagnetic factor; *(nuc res)* nuclear g factor (value)
GFC (Gelfiltrationschromatographie) gel filtration chromatography, GFC, gel filtration, aqueous size exclusion chromatography
GH (Gesamthärte) total hardness *(of water)*
gießen to pour; *(elph)* to cast, to pour *(gels)*
Gießen *n* **von Gelen** *(elph)* gel casting
Gift *n* poison, toxicant, toxic [substance]
Giftgas *n* toxic gas
Giftgasdetektor *m* toxic gas detector
giftig toxic, poisonous
nicht ~ non-toxic, non-poisonous
stark ~ highly toxic (poisonous)
Giftigkeit *f* toxicity, poisonousness
Gipfelwert *m (stat)* peak
Gitter *n (spec)* grating; lattice *(of a crystal)*; lattice, surroundings, environment *(of a nucleus)*
ebenes ~ *(spec)* plane grating
geblaztes ~ *(spec)* blazed grating
holographisches ~ holographic [diffraction] grating
~ **in Czerny-Turner-Aufstellung** *(spec)* Czerny-Turner mounted grating
Gitteraufstellung *f (spec)* grating mounting
Gitterbaufehler *m*, **Gitterdefekt** *m* crystal defect, lattice defect (imperfection)
Gitterebene *f* lattice plane
Gitterfehler *m s.* Gitterbaufehler
Gitterfurche *f (spec)* grating groove
Gittergerät *n (spec)* grating instrument
Gitterion *n* lattice ion
Gitterkonstante *f (spec)* grating constant; lattice constant *(of a crystal)*

Gitterkreis

Gitterkreis *m* grid circuit *(impedimetric titration)*
Gittermonochromator *m (spec)* grating monochromator
Gitterplatz *m* lattice site
Gitterspektrograph *m* grating spectrograph
~ **mit Ebert-Aufstellung** Ebert spectrograph
Gitterspektrometer *n* grating[-dispersive] spectrometer
Gitterspektrum *n* grating spectrum
Gitterstelle *f* lattice site
Gitterstörung *f s.* Gitterbaufehler
Gitterstrichfurche *f (spec)* grating groove
Gittervorspannung *f* grid bias voltage *(impedimetric titration)*
GKE (gesättigte Kalomelelektrode) *(pol)* saturated calomel electrode, SCE
Glan-Prisma *n (opt anal)* Glan prism
Glan-Thompson-Prisma *n (opt anal)* Glan-Thompson prism
Glanz *m* brightness
Glanzplatin *n* bright platinum
Glanzwinkel *m (spec)* Bragg angle
Glas *n* glass • **mit ~ ausgekleidet** glass-lined
hochohmiges ~ *(pot)* high-resistance glass
kationensensitives ~ cation-sensitive glass
~ **mit enger Porenverteilung/poröses** *(liq chr)* controlled pore (porosity) glass
optisches ~ optical glass
poröses ~ porous glass
glasähnlich, glasartig glass-like, glassy
Glasbettreaktor *m (flow)* single-bead string reactor, SBSR
Glasbürette *f* glass burette
Glasdiaphragma *n (coul)* glass diaphragm
Glaselektrode *f* glass [membrane] electrode
Glasfaserpapier *n (liq chr)* glass-fiber paper
Glasfilter *n* glass filter (frit); *(spec)* glass filter
Glasfilterplatte *f/runde* sintered-glass disc
Glasfiltertiegel *m* [sintered-]glass filtering crucible, fritted-glass filter crucible
Glasfiltertrichter *m* sintered-glass filtering funnel
Glasflasche *f/braune* amber glass bottle
Glasfritte *f* glass filter (frit)
Glasfrittentiegel *m s.* Glasfiltertiegel
Glasgefäß *n* glass vessel
Glashahn *m* glass stopcock (tap)
glashart glass-hard
glasig glass-like, glassy
Glaskapillare *f* capillary glass tube, glass capillary [tube]
Glaskapillaren *npl* glass capillary tubing
Glaskapillaren-Gaschromatographie *f* glass capillary gas chromatography, GC-GC
Glaskapillarsäule *f (gas chr)* glass capillary (open tubular) column, open tubular glass capillary column
Glaskarbonelektrode *f s.* Glaskohlenstoffelektrode
glasklar glass-clear

Glaskohlenstoff *m* glassy carbon *(for electrodes)*
Glaskohlenstoffelektrode *f* glassy [carbon] electrode, GCE
Glaskolben *n* glass bulb (flask)
Glaskörper *m/hochohmiger* high-resistance glass body *(of a glass electrode)*
Glaskügelchen *n* glass bead
Glasküvette *f* glass cuvette
Glasmembran *f* glass membrane
Glasperle *f* glass bead
Glaspulver *n* glass powder
Glasrohr *n*, **Glasröhre** *f* glass pipe (tube)
Glasrührer *m* glass stirrer
Glassäule *f* glass column
Glasschale *f* glass dish
Glasscheidewand *f (coul)* glass diaphragm
Glasstab *m* glass rod
~ **mit Gummiwischer** rubber-tipped glass rod
Glasstopfen *m* glass stopper
Glasstopfenflasche *f* glass-stoppered bottle
Glastrichter *m* glass funnel
Glasübergangstemperatur *f*, **Glasumwandlungstemperatur** *f* glass transition temperature
Glaswolle *f* glass wool
Glaswollebausch *m* glass-wool pad
Glaswollepfropfen *m* glass-wool plug
Glaszustand *m* glassy (glass-like) state
Glaszylinder *m* jar
GLC (Gas-Liquidus-Chromatographie) gas-liquid chromatography, GLC, gas-liquid partition chromatography
gleichartig uniform, homogeneous
Gleichartigkeit *f* uniformity, homogeneity
Gleichgewicht *n* equilibrium, balance
chemisches ~ chemical equilibrium
dynamisches ~ dynamic equilibrium
protolytisches ~ protonation equilibrium
radioaktives ~ radioactive equilibrium
säkulares ~ *(rad anal)* secular equilibrium
thermisches (thermodynamisches) ~ thermal (thermodynamic) equilibrium
Gleichgewichtsbedingung *f* equilibrium condition
Gleichgewichtsbeziehung *f* equilibrium relationship
Gleichgewichtseinstellung *f* equilibration, attainment of equilibrium
einmalige ~ single equilibration
Gleichgewichtsgalvanispannung *f* equilibrium potential
Gleichgewichtskonstante *f* equilibrium constant
Gleichgewichtskonzentration *f* equilibrium (steady-state) concentration
Gleichgewichtsmagnetisierung *f (mag res)* equilibrium magnetization, longitudinal [component of] magnetization, z-magnetization
Gleichgewichtsmethode *f (sed)* equilibrium method
Gleichgewichtspotential *n* equilibrium potential
Gleichgewichtsreaktion *f* equilibrium reaction

Gleichgewichtsverteilung f equilibrium partition
Gleichgewichtswert m equilibrium value
Gleichgewichtszustand m equilibrium state
Gleichrichtung f/**Faradaysche** faradaic rectification
Gleichrichtungsstrom m/**Faradayscher** faradaic rectification current
Gleichspannung f direct voltage, dc voltage
Gleichspannungspolarographie f s. Gleichstrompolarographie
Gleichstrom m direct [electric] current, dc
Gleichstrombogen m *(opt at)* dc (direct-current) arc
Gleichstrombogen-Anregungsquelle f *(opt at)* dc arc source
Gleichstromdauerbogen m *(opt at)* continuous dc arc
Gleichstromkonduktometrie f dc conductometry
Gleichstromleitvermögen n dc conductance
Gleichstromplasma n *(opt at)* direct-current plasma, DCP
Gleichstrompolarogramm n direct-current polarogram
Gleichstrompolarograph m direct-current polarograph
Gleichstrompolarographie f dc (direct-current) polarography, DCP
gleichstrompolarographisch dc-polarographic, by dc polarography
Gleichstrompotential n direct-current potential
Gleichstromquelle f dc source (power supply)
Gleichstromverstärker m direct-current amplifier
Gleichstromwelle f direct-current wave
Gleichstromwiderstand m ohmic resistance
Gleichtaktmeßfühler m common-mode pickup *(of an interface module)*
Gleichtaktrauschen n *(meas)* common-mode noise
Gleichung f/**Arrheniussche** Arrhenius equation *(of the temperature dependence of reaction rates)*
 Braggsche ~ *(X-spec)* Bragg equation
 ~ für die [chromatographische] Auflösung f *(chr)* master resolution equation
 Glueckaufsche ~ *(chr)* Glueckauf equation *(for describing the separation of a chromatographic column)*
 Nernstsche ~ *(el anal)* Nernst equation
 Randles-Sevciksche ~ *(pol)* Randles-Sevcik equation
 Sandsche ~ *(voltam)* Sand equation
 stöchiometrische ~ stoichiometric equation
 ~ von Koutecky *(pol)* Koutecky equation
 ~ von Wilke und Chang Wilke-Chang equation *(for calculating diffusion coefficients)*
Gleichungen fpl/**Blochsche** *(nuc res)* Bloch['s] equations
gleichzeitig simultaneous
Gleitkontakt m sliding contact

Glimmentladung f glow discharge
Glimmentladungsmassenspektrometrie f glow discharge mass spectrometry, GDMS
Glimmlampe f glow discharge lamp
Glimmlampen-Massenspektrometrie f s. Glimmentladungsmassenspektrometrie
α-Globulin n alpha globulin
β-Globulin n beta globulin
γ-Globulin n gamma globulin
Glockenkurve f/**Gaußsche** Gauss error distribution curve, Gaussian curve
Gluconat n gluconate
Glucoserest m glucose residue
Glucuronid n glucuronide, glycuronide
Glühemission f thermionic emission
glühen to ignite • **bis zur Massekonstanz ~** to ignite to constant weight
Glühen n ignition
Glühfaden m hot filament
Glühlampe f incandescent lamp
Glührückstand m residue on ignition
Glühschale f/**rechteckige** combustion barge
Glühschiffchen n combustion boat
Glycerid n glyceride
Glycolat n glycolate
Glykol n glycol, diol, *(specif)* ethylene glycol, glycol, 1,2-ethandiol, dihydroxyethane
Glykosidbindung f glycosidic bond (linkage)
GOE (genereller Overhauser-Effekt) *(mag res)* general (generalized) Overhauser effect, GOE
Golay-Beziehung f *(liq chr)* Golay equation
Golay-Detektor m *(opt mol)* Golay detector, pneumatic cell
Golay-Gleichung f *(liq chr)* Golay equation
Golay-Säule f *(gas chr)* capillary (open tubular) column, open-tube column, OTC, Golay column
Golay-Zelle f s. Golay-Detektor
Gold n Au gold
Goldamalgam n gold amalgam
Goldelektrode f gold electrode
 aufgedampfte ~ vapour-deposited gold electrode
Goldkathode f gold cathode
Gold-Quecksilber-Elektrode f gold-mercury electrode
Goniometer n goniometer
GPC (Gelpermeationschromatographie) gel-permeation chromatography, GPC, gel permeation, permeation chromatography *(exclusion chromatography using a non-aqueous mobile phase)*
GPC-Chromatogramm n gel permeation chromatogram
GPC-Säule f, **GPC-Trennsäule** f gel permeation [chromatography] column
Grad n degree
Gradient m/**binärer** *(liq chr)* binary gradient
 exponentieller ~ *(liq chr)* exponential gradient
 geschichteter ~ s. vorgeformter ~
 konkaver ~ *(chr)* concave gradient

Gradient

kontinuierlicher ~ *(liq chr)* continuous gradient, *(sed also)* smooth gradient
konvexer ~ *(liq chr)* convex gradient
linearer ~ *(liq chr)* linear gradient
stufiger ~ *(liq chr)* step gradient, stepwise (step-function) gradient
ternärer ~ *(liq chr)* ternary gradient
vorgeformter ~ *(sed)* pre-formed density gradient, pre-formed gradient
zusammengesetzter ~ *(liq chr)* complex gradient
Gradient... s.a. Gradienten...
Gradientanstieg *m (liq chr)* gradient slope
Gradientenbereitung *f (liq chr)* gradient formation (generation, production)
Gradientenelution *f (chr)* gradient elution
schrittweise ~ *(liq chr)* incremental gradient elution
Gradientenentwicklung *f (liq chr)* gradient development
Gradientenfeld *n (nuc res)* gradient field
Gradienten-Flachgel *n (elph)* gradient gel slab
Gradientenformer *m (liq chr)* gradient former (device)
Gradientenformung *f (liq chr)* gradient formation (generation, production)
Gradientengel *n (elph)* gradient gel
Gradientengel-Elektrophorese *f* gradient gel electrophoresis, pore-gradient electrophoresis, PGE, pore-limit gel electrophoresis
Gradientengerät *n s.* Gradientenformer
Gradientenherstellung *f s.* Gradientenformung
Gradientenkalibrierung *f (flow)* gradient calibration
Gradientenmethode *f* gradient technique
Gradientenmischer *m (liq chr)* gradient mixer
Gradientenmischung *f (liq chr)* gradient mixing; gradient mixture
Gradientenprofil *n* gradient profile
Gradientenprogramm *n (liq chr)* gradient program
Gradientenscanning *n (flow)* gradient scanning
Gradientenschicht *f (liq chr)* gradient layer
Gradientensystem *n (liq chr)* gradient system
Gradiententechnik *f* gradient technique
Gradiententyp *m (liq chr)* gradient type
Gradientenverdünnung *f (flow)* gradient dilution
Gradientenzusammensetzung *f (liq chr)* gradient composition
Gradienterzeuger *m s.* Gradientenformer
Gradientform *f (liq chr)* gradient shape
Gradient-PAGE *f (elph)* gradient PAGE
graduieren to calibrate, to graduate
Graduierung *f* calibration, graduation
Gramm *n* gram[me]
Grammbereich *m* gram range *(1 to 10 g)*
Grammol *n,* **Grammolekül** *n* gram molecule (molecular weight)
Grammval *n* gram equivalent
Granalie *f* granule

Graphit *m* graphite
Graphitelektrode *f* graphite electrode
pyrolytische ~ *(voltam)* pyrolytic graphite electrode
wachsimprägnierte ~ *(voltam)* wax-impregnated graphite electrode
graphitieren *(gas chr)* to graphitize
Graphitierung *f (gas chr)* graphitization
Graphitofen *m s.* Graphitrohrofen
Graphit-Platin-Elektrode *f* graphite-platinum electrode
Graphitrohr *n* graphite tube
Graphitrohr-Atomabsorptionsspektrometrie *f s.* Graphitrohrofen-Atomabsorptionsspektrometrie
Graphitrohratomisator *m (opt at)* carbon tube atom reservoir
Graphitrohrküvette *f (opt at)* graphite tube atom cell
Graphitrohrofen *m* graphite [tube] furnace, carbon furnace
Graphitrohrofen-Atomabsorptionsspektrometrie *f* graphite furnace atomic absorption spectrometry, graphite furnace AAS, GFAAS
Graphitrohr[ofen]technik *f (opt at)* graphite furnace technique
Graphitstab *m* graphite rod
Graphitwhisker *m* carbon whisker
Gravimetrie *f* gravimetry, gravimetric analysis, [quantitative] analysis by weight
gravimetrisch gravimetric[al]
Gravitationskonstante *f* constant of gravitation
Gravitationskraft *f* [force of] gravity, gravitational force
Gray *n (rad anal)* Gray, Gy *(unit of absorbed dose; 1 Gy = 1 J kg^{-1})*
Grenze *f* limit; boundary *(of a phase)*
stochastisch definierte ~ *(stat)* probability limit
2$^{1}/_{2}$-Grenze *f (stat)* 2$^{1}/_{2}$ limit
95%-Grenze *f (stat)* 95% limit
Grenzenergie *f/* **Fermische** *(spec)* Fermi level
Grenzfläche *f* interface, interfacial area, boundary surface (interface)
~ flüssig-flüssig liquid-liquid interface
~ gasförmig-fest gas-solid interface
~ gasförmig-flüssig gas-liquid interface
~ Gasphase-feste Phase *s.* ~ gasförmig-fest
~ Gasphase-Flüssigphase *s.* ~ gasförmig-flüssig
~ Gasphase-Trennflüssigkeit *(gas chr)* gas-liquid phase interface
wandernde ~ *(elph)* moving boundary
grenzflächenaktiv surface-active
Grenzflächenpotential *n (el anal)* junction potential
Grenzflächenspannung *f* interfacial tension
Grenzfrequenz *f* limiting frequency
Grenzkonzentration *f* limiting concentration
Grenzleitfähigkeit *f* equivalent conductance at infinite dilution

Grenzschicht f boundary layer
Grenzstrom m (pol) limiting current
Grenzstromplateau n (pot) limiting current plateau
Grenzviskosität f, **Grenzviskositätszahl** f intrinsic viscosity, limiting viscosity [number], Staudinger index
Grenzwert m limiting value, limit
Grenzwinkel m (opt mol) critical angle
Grignard-Reagens n Grignard reagent
Grignard-Reaktion f, **Grignard-Synthese** f Grignard synthesis (reaction) (for preparing organometallic compounds)
Grobfilter n coarse filter
Grobfiltration f coarse filtration
Grobgut n coarse material
grobkristallin coarsely crystalline
Grob-Test m (gas chr) Grob test (for evaluating the column quality)
Grob-Testgemisch n (gas chr) Grob test mixture
Größe f size, magnitude; quantity
Größenanalyse f size analysis
Größenausschlußchromatographie f size-exclusion chromatography, SEC, exclusion chromatography, EC, gel chromatography, molecular [exclusion] chromatography, liquid exclusion chromatography
Größenbestimmung f size determination
Größenverteilung f size distribution
großporig large-pore[d], large-pore-size, coarse-porosity
Großringverbindung f macrocyclic compound
Größtkornmasse f, **Größtteilchenmasse** f weight of the largest particles, W.L.P.
Grundarbeitsgang m basic process
Grundbaustein m repeating unit (of polymers)
Grundelektrolyt m (pol, elph) basic (supporting) electrolyte, indifferent electrolyte (salt)
Grundgerüst n matrix
Grundgesamtheit f (stat) [parent] population, universe
  unendliche ~ infinite universe
Grundkomponente f major (main) component
Grundkörper m matrix
Grundleitfähigkeit f background conductance (conductivity)
Grundlinie f (meas) baseline
Grundlinienverfahren n (spec) baseline method
Grundlösung f basic solution
  elektrolytische ~ base electrolyte solution, supporting (background) electrolyte solution
Grundmetall n major element (of an alloy)
Grundniveau n s. Grundzustand
Grundschwingung f (opt mol) fundamental vibration
Grundschwingungsbande f (opt mol) fundamental band
Grundschwingungsfrequenz f (opt mol) fundamental frequency
Grundstrom m background (standing) current

Grundterm m s. Grundzustand
Grundverfahren n basic (fundamental) method (process)
  analytisches ~ basic analytical method
Grundvorgang m basic process
Grundzustand m ground state (level, term), normal state (of an atom)
  elektronischer ~ electronic ground state, ground (zeroth) electronic state
Gruppe f/**aktive** s. austauschaktive ~
  anionische ~ anion group
  austauschaktive (austauschfähige) ~ ionogenic [functional] group, [ion-]exchange group, exchanger (exchanging, ion-active) group, exchange unit (in an ion exchanger)
  auxochrome ~ auxochrome, auxochromic group
  bindende ~ ligand (affinity chromatography)
  chromophore ~ chromophore, chromophoric group
  farbgebende (farbtragende) ~ s. chromophore ~
  farbverstärkende ~ s. auxochrome ~
  funktionelle ~ 1. functional group; 2. s. austauschaktive ~
  hydrophile ~ hydrophilic grouping
  ionenaustauschende ~ s. austauschaktive ~
  kationische ~ cation group
  polare ~ polar group
  reaktionsfähige (reaktive) ~ reactive group
Gruppenanalyse f group analysis
Gruppenfrequenz f [/**charakteristische**] (opt mol) [characteristic] group frequency
Gruppenschwingung f group vibration
Gruppenspezifität f group specificity
Gruppentheorie f group theory
Gruppentrennung f group separation, separation into groups
GSC (Gas-Solidus-Chromatographie) gas-solid chromatography, GSC, gas[-solid] adsorption chromatography
Guinier-Diagramm n Guinier plot (light scattering)
Gültigkeitserklärung f validation (of analytical measurements)
Gummischlauch m rubber tubing
Gummistopfen m rubber stopper
Gummiwischer m [rubber] policeman
Gut n material; product, commodity
  heterogenes ~ heterogeneous material
  homogenes ~ homogeneous material
  mittel[fein]körniges ~ medium-grained material
Güte f **des Lösungsmittels[/thermodynamische]** [thermodynamic] quality of solvent
Gütebedingungen fpl **für Trinkwasser** potable [water] standards
Gütekontrolle f (proc) quality control
Gütesicherung f (proc) quality assurance
Gutgrenze f acceptable quality level, AQL
G-Wert m (rad anal) G-value
Gy (Gray) (rad anal) Gray, Gy (unit of absorbed dose; 1 Gy = 1 J kg^{-1})

Haarröhrchen

H

Haarröhrchen *n* capillary [tube]
häckseln to chop *(a sample)*
Häckselung *f* chopping *(of a sample)*
Hafnium *n* Hf hafnium
Hahn *m* stopcock
Halbbergsbreite *f s.* Halbhöhenbreite
halbdurchlässig semi-permeable
Halbelement *n (el anal)* half-cell
halbflüssig semiliquid
Halbhöhenbreite *f* [peak] width at half-height, half-height peak width, [peak] half width, peak width
Halbkolloid *n* semicolloid
halbleitend semiconductive
Halbleiter *m* semiconductor
Halbleiterdetektor *m (rad anal)* semiconductor detector
Halbleiter[-Dioden]laser *m* [semiconductor] diode laser, semiconductor laser
Halbleitersensor *m* semiconductor sensor
Halbmikroanalyse *f* semimicro (centigram) analysis
Halbmikroprobe *f* meso (semimicro) sample *(sample mass of 0.1 to 0.01 g)*
Halbmikrowaage *f* semimicro balance
Halbpeakpotential *n (pol)* half-peak potential
  anodisches ~ anodic half-peak potential
  kathodisches ~ cathodic half-peak potential
Halbperiode *f der Rechteckspannung* square-wave half cycle
halbquantitativ semiquantitative
Halbreaktion *f* half-reaction, half-cell reaction
Halbstufenpotential *n (pol)* half-wave potential
  anodisches ~ anodic half-wave potential
  kathodisches ~ cathodic half-wave potential
Halbstufenpunkt *m (pot)* half-wave point
Halbwelle *f* half wave
Halbwellenlängenplättchen *n (opt anal)* half-wave plate
Halbwellenpotential *n s.* Halbstufenpotential
Halbwert[s]breite *f* 1. half-width, half-intensity width (breadth), full width at half maximum, FWHM, full width at the half height, FWHH *(of a signal)*; 2. *s.* Halbhöhenbreite
Halbwertsdicke *f (rad anal)* half-thickness, half-value thickness (layer)
Halbwertszeit *f (catal)* half-life; radioactive half life
  biologische ~ *(rad anal)* biological half-life
Halbzelle *f (el anal)* half-cell
Halbzellenpotential *n (el anal)* half-cell [electrode] potential
Halbzylinder *m* hemicylinder
Hall-Detektor *m (gas chr)* electrolytic conductivity detector, ELCD, Hall electrolytic conductivity detector, HECD, conductimetric detector
Halogen *n* halogen
Halogenalkan *n* alkyl halide
Halogenbestimmung *f* halogen determination

Halogene *npl / adsorbierbare organisch gebundene* adsorbable organic halogen, AOX
  extrahierbare organisch gebundene ~ extractable organic halogens, EOX
Halogenglühlampe *f s.* Halogenlampe
Halogenid *n* halide
Halogenid-Ion *n* halide ion
halogenieren / mehrfach to polyhalogenate
Halogenkohlenwasserstoff *m* halogenated hydrocarbon, halocarbon [compound]
  leichtflüchtiger ~ *(or anal)* volatile halogenated hydrocarbon
Halogenlampe *f* halogen [filament] lamp
  ~ **mit Quarzkolben** quartz halogen lamp
Halogensalz *n* halogen salt
Halogenverbindung *f* halogen[ated] compound
Halogenverbindungen *fpl / adsorbierbare organische s.* Halogene / adsorbierbare organisch gebundene
Halogenwasserstoff *m* hydrogen halide
haltbar durable • ~ **machen** to preserve, to conserve; to prepare
Haltbarkeit *f* durability; life
Haltbarkeitsprüfung *f* durability test
Haltbarmachung *f* preservation, conservation; preparation
halten to keep, to maintain *(e.g. a definite value)*
  instand ~ to maintain
Hamilton-Matrix *f (nuc res)* Hamiltonian matrix
Hamilton-Operator *m (spec)* Hamiltonian [operator], energy operator
Hämoglobin *n* haemoglobin
Handanalyse *f* manual analysis
Handbedienung *f* manual operation
Handeinstellung *f* manual adjustment
Handhabungsfehler *m* manipulative error
Händigkeit *f* chirality, handedness
Handschaufel *f* hand shovel
Handschuhkasten *m (rad anal)* glove box
Handshake-Kontaktstift *m* handshake pin
Handshake-Leitung *f* handshaking line
Handshake-Protokoll *f* handshaking protocol
Handshake-Prozedur *f* handshaking procedure
Handshake-Signal *n* handshake signal
Handshaking... *s.* Handshake-...
Harmonische *f / dritte (pol)* third harmonic
  höhere ~ higher harmonic
  ~ **höherer Ordnung** *s.* höhere ~
  zweite ~ second harmonic
Harnstoff *m* urea, carbamide
hart hard *(solids; water; radiation)* • ~ **werden** to set, to solidify, to congeal
Härte *f* hardness *(of solids; of water; of radiation)*
  durch Calcium verursachte ~ calcium hardness *(of water)*
Härtebestimmung *f* hardness analysis *(of water)*
Härtegehalt *m* level of hardness *(of water)*
Härte-Prüfungsvorschrift *f* hardness specification *(for water)*

Hartglas *n* resistance (hard) glass
Hartglaskolben *m* resistance-glass flask
Hartglasrohr *n* hard glass tube
Hartley-Oszillator *m* Hartley oscillator *(impedimetric titration)*
Hartmann-Hahn-Bedingung *f (nuc res)* Hartmann-Hahn condition (match), HAHA condition (match)
Harz *n*/**makroporöses** *(liq chr)* macroporous (macroreticular) resin
  mikroporöses ~ *(liq chr)* microporous (microreticular) resin
Harzgerüst *n (ion)* resin matrix
Harzkorn *n*, **Harzkügelchen** *n (ion)* resin bead
Harzmatrix *f (ion)* resin matrix
Häufigkeit *f* frequency; abundance *(of an isotope)*
  absolute ~ absolute frequency
  natürliche ~ natural abundance
  relative ~ *(stat)* relative frequency; relative abundance
Häufigkeitsdiagramm *n* frequency diagram
Häufigkeitskurve *f* frequency curve
Häufigkeitspapier *n (stat)* probability paper
Häufigkeitsstufe *f (stat)* quantile, fractile
Häufigkeitsverteilung *f* frequency distribution
Häufungspunkt *m* cluster point
Hauptachse *f* principal axis
Hauptachsensystem *n (spec)* principal-axis system
Hauptbande *f (spec)* centre band
Hauptbestandteil *m* major constituent (ingredient) *(100 to 1%)*; major element *(of an alloy)*
Hauptfraktion *f* main fraction
Hauption *n* primary (principal) ion
Hauptkomponente *f* principal (major, main) component
  disjunkte ~ *(stat)* disjoint principal component
Hauptkomponentenanalyse *f* principal component analysis
Hauptkomponentenmethode *f (stat)* method of principal components
Hauptkomponentenmodell *n (stat)* principal components model
Hauptkomponentenregressionsanalyse *f (stat)* principal components regression analysis
Hauptlinie *f* analytical (analysis) line
Hauptmasse *f*, **Hauptmenge** *f* bulk
Hauptquantenzahl *f (spec)* principal (total) quantum number
Hauptreaktion *f* main (major, principal) reaction
Hauptsäule *f (chr)* main [separation] column
Hauptserie *f (spec)* principal series
Haupträgheitsachse *f (spec)* principal axis of inertia
Hauptzelle *f* sample cell
^{1}**H-BB-Entkopplung** *f s.* ^{1}H-Breitband-Entkopplung
^{1}**H-Breitband-Entkopplung** *f (nuc res)* broad-band decoupling, BB decoupling, BB, broad-band spin (proton) decoupling, proton noise decoupling, PND, ^{1}H (proton) decoupling, wide-band decoupling

HCL (Hohlkathodenlampe) hollow-cathode lamp, HCL, hollow-cathode discharge lamp
H/D-Austausch *m (nuc res)* deuterium exchange
H$_2$-Diffusionsflamme *f (gas chr)* hydrogen[-air] diffusion flame
Headspace-Analyse *f* headspace [gas] analysis, gas-chromatographic headspace analysis, headspace GC analysis, HSGC analysis
Headspace-Gaschromatographie *f* headspace gas chromatography, HSGC
  dynamische ~ dynamic headspace gas chromatography, D-HSGC
Headspace-Probe *f (gas chr)* headspace sample
Headspace-Probengeber *m (gas chr)* headspace sampler
heftig violent, vigorous *(reaction)*
Heisenberg-Spinaustausch *m (mag res)* Heisenberg spin exchange
Heißleiter *m* thermistor
  perlenförmiger ~ thermistor bead
Heißnadel-Injektionsmethode *f*, **Heißnadeltechnik** *f (gas chr)* hot needle method (technique)
Heizband *n* heating tape
Heizblock *m (gas chr)* heating (heated metal) block
Heizdraht *m (gas chr)* hot (heated) wire (filament)
  ~ **für Wärmeleitzellen** *(gas chr)* thermal conductivity filament
Heizelement *n* heater (heating) element
Heizer *m s.* Heizdraht
Heizertemperatur *f (gas chr)* filament temperature
Heizerwiderstand *m (gas chr)* filament resistance
Heizkörper *m* Heizelement
Heizplatte *f* hot plate
Heizstrom *m (gas chr)* filament current
Heizwert *m* thermal (calorific) value
Helium *n* He helium
Helium-Abdampfrate *f* evaporation rate of helium
Helium-Detektor *m*, **Heliumionisationsdetektor** *m (chr)* helium [ionization] detector, HID
Helium-Neon-Laser *m* helium-neon laser, He-Ne laser
Heliumplasma *n* helium plasma
Helmholtz-Schicht *f (el anal)* Helmholtz layer (plane)
  äußere ~ outer Helmholtz layer
  innere ~ inner Helmholtz layer
  kompakte ~ compact Helmholtz layer
Helmholtz-Spulen *fpl (mag res)* Helmholtz coils (pair)
hemmen to inhibit
Hemmstoff *m* inhibitor, negative catalyst
Hemmung *f* inhibition
  kompetitive (konkurrierende) ~ *(catal)* competitive inhibition
  nichtkompetitive ~ *(catal)* non-competitive inhibition
herabsetzen to decrease, to reduce, to diminish *(e.g. activity)*
herausdiffundieren to diffuse out *(of pores)*

herausmitteln 294

herausmitteln to average [out]
herausschlagen to knock out *(electrons from a molecule)*
Herausschneiden *n* **von Peaks** *(chr)* heartcutting
herausspülen to flush out
heraustreiben to drive off, to expel *(volatile components)*
herauswaschen to wash out *(impurities)*
Herbizid *n* herbicide
hergestellt/frisch reshly prepared
herleiten to derive, to deduce *(a formula or a structure)*
Herleitung *f* derivation, deduction *(of a formula or a structure)*
Hersch-Zelle *f (coul)* Hersch cell
herstellen to prepare *(a reagent)*
Herstellung *f* preparation *(of a reagent)*
  ~ **des Gleichgewichts** equilibration
herumführen to bypass
heterogen heterogeneous
Heterogenität *f* heterogeneity; polydispersity factor (index), dispersity *(of polymers)*
  chemische ~ compositional (chemical) heterogeneity *(of polymers)*
  ~ **der Zusammensetzung** *s.* chemische ~
  konstitutive ~ constitutional heterogeneity *(of polymers)*
Heterogenkatalyse *f* heterogeneous catalysis
Heterokern *m* heteronucleus
Heterolock *m (nuc res)* heterolock
Heterolyse *f* heterolytic cleavage
heteronuklear heteronuclear
Heteropolysäure *f* heteropoly acid
HETP-Wert *m (chr)* height equivalent to one theoretical plate, HETP[value], theoretical plate height
Hexacyanoferrat(III) *n* hexacyanoferrate(III), ferricyanide
Hexafluoracetylaceton *n* hexafluoroacetylacetone
Hexafluorokieselsäure *f* fluo[ro]silicic acid
Hexamethyldisilazan *n* hexamethyldisilazane, HMDS
2,6,10,15,19,23-Hexamethyltetracosan *n* squalane, squalene, 2,6,10,15,19,23-hexamethyltetracosane
Hexan *n*, **n-Hexan** *n* hexane, *n*-hexane
Heyrovsky-Shikata-Instrument *n (pol)* Heyrovsky-Shikata instrument
HF-... *s.* Hochfrequenz...
HFA *s.* Hexafluoracetylaceton
H⁺-Form *f*, **H-Form** *f* acid form, hydrogen[-ion] form, H-form, H⁺-form *(of an ion exchanger)*
HFP *s.* Hochfrequenzpolarographie
Hg-... *s.* Quecksilber...
H,H-Kopplung *f (nuc res)* ¹H-¹H coupling (interaction), ¹H couplings, proton-proton [dipolar] coupling, proton-proton interaction
  geminale ~ *(nuc res)* geminal proton coupling
  vicinale ~ *(nuc res)* vicinal proton coupling

H,H-Kopplungskonstante *f (nuc res)* proton-proton coupling constant, proton-proton CC, hydrogen coupling constant
HIC (hydrophobe Interaktionschromatographie) hydrophobic interaction chromatography, HIC, hydrophobic chromatography
HID *s.* Heliumionisationsdetektor
High-Pass-Filter *m (nuc res)* high-pass filter
Hilfsbezugselektrode *f* auxiliary reference electrode
Hilfselektrode *f* auxiliary electrode, AE
Hilfskomplexbildner *m* auxiliary complexing agent
Hilfsstoff *m*, **Hilfssubstanz** *f* auxiliary substance
Hilfssystem *n* auxiliary system
Hilfstechnik *f* ancillary technique
Hinderung *f* **der freien Drehbarkeit** hindrance to internal (free) rotation
  sterische ~ steric hindrance (inhibition, limitation)
hindurchdiffundieren to diffuse through
hindurchdrücken to force through
hindurchgehen to pass through
hindurchlassen to pass *(molecules)*; to transmit *(radiation)*
hindurchleiten to pass through
hindurchpressen to force through
hindurchtreten to pass through
hineindiffundieren to diffuse into *(pores)*
Hinreaktion *f* forward (direct) reaction
Hintergrund *m (meas)* background
Hintergrundleitfähigkeit *f* background conductance (conductivity)
Hintergrundrauschen *n (meas)* background noise; random (fluctuation, statistical) noise
Hintergrundstrom *m* background (standing) current
  anodischer ~ anodic background current
hinzufügen, hinzugeben to add, to admix
Hippurat *n* hippurate
Histogramm *n* histogram, bar chart (diagram)
Hitzdraht *m (gas chr)* hot (heated) wire, [heated] filament
Hitzdrahtdetektor *m (gas chr)* hot-wire detector, filament detector
Hitzdraht-Pyrolysator *m (gas chr)* filament-type pyrolyzer
Hitzdraht-Pyrolyse *f (gas chr)* filament-type pyrolysis
Hitzdrahtsensor *m* hot-wire sensor
hitzebeständig refractory, heat-stable
¹H-Kern *m* *s.* Proton
HMDS hexamethyldisilazane, HMDS
HMO-Theorie *f* Hückel molecular-orbital theory, HMO theory
²H-NMR-Spektroskopie *f* deuterium spectroscopy
hochauflösend high-resolution
Hochauflösung *f* high resolution
Hochauflösungs-Gaschromatographie *f* high-resolution gas chromatography, HRGC

Hochauflösungs-Massenspektrometrie f high-resolution mass spectrometry
Hochauflösungsspektrum n high-resolution spectrum, high-resolved spectrum
Hochdruck m high pressure
Hochdruckentladungslampe f high-pressure discharge lamp
Hochdruck-Flüssigchromatographie f s. Hochdruck-Flüssigkeitschromatographie
Hochdruck-Flüssigkeitschromatograph m high-pressure liquid chromatograph
Hochdruck-Flüssigkeitschromatographie f high-pressure (high-performance) liquid chromatography, HPLC, high-speed liquid chromatography, HSLC, high-resolution liquid chromatography
~ **an Umkehrphasen** f reversed-phase HPLC
schnelle ~ high-speed HPLC
superschnelle ~ very high speed HPLC
Hochdruckflüssigkeitschromatographie... s. HPLC-...
Hochdruck-Gradientenmischer m (liq chr) high-pressure gradient former
Hochdruck-Planar-Flüssigkeitschromatographie f high-pressure planar liquid chromatography, HPPLC
Hochdruckpumpe f (liq chr) high-pressure pump
Hochdruck-Soxhlet[-Extraktor] m pressurized Soxhlet extractor
Hochdruckzerstäubung f/**hydraulische** hydraulic high-pressure nebulization, HHPN
hochenergetisch high-energy, energy-rich, rich in energy, energetic
Hochenergie-Elektronenbeugung f high-energy electron diffraction, HEED
Hochenergie-Ionenstreuung f high-energy ion scattering, HEIS
hochexplosiv highly explosive
Hochfeld-Shift m (nuc res) high-field shift
Hochfeldspektrometer n high-field [NMR] spectrometer
Hochfeldverschiebung f (nuc res) high-field shift
hochfrequent high-frequency
Hochfrequenzanregung f radio-frequency excitation
Hochfrequenzbereich m radio-frequency range, rf range
Hochfrequenz-Endpunktbestimmung f (vol) high-frequency (radio-frequency) end-point detection
Hochfrequenzfeld n high-frequency (radio-frequency) field, rf field
Hochfrequenzgebiet n s. Hochfrequenzbereich
Hochfrequenzgenerator m high-frequency (radio-frequency) generator
Hochfrequenzgleichrichter m (cond) signal detector, demodulator
Hochfrequenzimpuls m high-frequency (radio-frequency) pulse, rf pulse

Hochfrequenz-Induktionsofen m high-frequency induction furnace
Hochfrequenzkonduktometrie f high-frequency conductometry, oscillometry
Hochfrequenzleitfähigkeit f high-frequency conductance
Hochfrequenz-Leitfähigkeitsmesser m radio-frequency conductometer
Hochfrequenzmassenspektrometer n high-frequency mass spectrometer
Hochfrequenzmeßinstrument n radio-frequency meter
Hochfrequenzoszillometrie f high-frequency oscillometry
Hochfrequenzplasma n/**induktiv gekoppeltes** inductively coupled plasma, ICP
Hochfrequenzpolarographie f radio-frequency polarography, rf polarography, RFP
Hochfrequenzpuls m s. Hochfrequenzimpuls
Hochfrequenzrauschen n (meas) high-frequency noise
Hochfrequenzsender m (nuc res) high-frequency transmitter
Hochfrequenzspannung f high-frequency alternating voltage, radio-frequency voltage, rf voltage
Hochfrequenzstrahlung f radio[-frequency] radiation
Hochfrequenzstrom m radio-frequency current (impedimetric titration)
Hochfrequenztaktgeber m high-frequency clock
Hochfrequenztitrant m impedimetric titrant
Hochfrequenztitration f impedimetric titration, impedimetry, high-frequency [conductometric] titration
~ **in nichtwäßriger Lösung** non-aqueous impedimetric titration
Hochfrequenztitrationszelle f impedimetric [titration] cell, impedimetry cell
Hochfrequenztitrator m, **Hochfrequenztitrimeter** n high-frequency titrimeter (titrator), radio-frequency conductometric titrator
Hochfrequenztitrimetrie f, **Hochfrequenzvolumetrie** f impedimetric titrimetry
hochgeordnet highly ordered
Hochgeschwindigkeitstitration f high-speed titration
hochgiftig highly poisonous (toxic)
hochkonzentriert high-concentration
Hochleistungs-Affinitätschromatographie f high-performance affinity chromatography, HPAC, high-performance liquid affinity chromatography, HPLAC
Hochleistungs-Ausschlußchromatographie f high-performance size-exclusion chromatography
Hochleistungs-Dünnschichtchromatographie f high-performance thin-layer chromatography, HPTLC

Hochleistungs-Fällungs...

Hochleistungs-Fällungschromatographie f high-performance precipitation chromatography
Hochleistungs-Flüssigchromatographie f s. Hochdruck-Flüssigkeitschromatographie
Hochleistungs-Flüssigkeits-Affinitätschromatographie f s. Hochleistungs-Affinitätschromatographie
Hochleistungs-Flüssigkeitschromatographie f s. Hochdruck-Flüssigkeitschromatographie
Hochleistungsglaselektrode f (pot) heavy-duty glass electrode
Hochleistungs-Ionenaustauschchromatographie f high-performance ion[-exchange] chromatography, ion-exchange HPLC, IE-HPLC
Hochleistungskapillarsäule f (gas chr) high-efficiency open tubular column
Hochleistungslaser m high-power laser
Hochleistungssäule f (chr) high-efficiency column
Hochleistungssäulenfüllung f, **Hochleistungssäulenpackung** f high-performance packing
Hochleistungstrennsäule f (chr) high-efficiency column
Hochleistungsverstärker m high-gain amplifier
hochporös highly porous
hochrein highly pure
hochsiedend high-boiling
Hochspannungselektrophorese f high-voltage electrophoresis, HVE, high-voltage zone electrophoresis
Hochspannungsfunken m (opt at) high-voltage spark, HV spark
Höchstspitzenstrom m (pol) maximum peak current
Höchststrom m (pol) maximum current
Höchstwert m maximum value
Hochtemperaturanalyse f (gas chr) high-temperature analysis
Hochtemperaturbehandlung f high-temperature treatment
Hochtemperaturfestelektrolyt m high-temperature solid electrolyte
Hochtemperaturofen m high-temperature furnace
Hochtemperaturreaktor m high-temperature reactor
Hochtemperatursilylierung f high-temperature silylation
hochtoxisch highly poisonous (toxic)
Hochvakuumsystem n high-vacuum system
Höhe f **(Höhenäquivalent** n**) eines theoretischen Bodens** (chr) height equivalent to one (a) theoretical plate, HETP [value], theoretical plate height
Hohlfasermembransuppressor m (liq chr) [ion-exchange] hollow-fibre membrane suppressor, hollow-fibre [ion-exchange] suppressor
Hohlkathode f hollow [cylindrical] cathode
Hohlkathodenentladung f hollow-cathode discharge
Hohlkathodenlampe f hollow-cathode lamp, HCL, hollow-cathode discharge lamp

Hohlraum m cavity; (chr) interstice
Hohlraumresonator m (el res) cavity resonator (cell), resonance (resonant, microwave) cavity
Hohlraumstrahlung f black-body radiation
Hohlspiegel m (spec) concave mirror
Holmium n Ho holmium
Homoentkopplung f (nuc res) homonuclear [spin-] decoupling
homogen uniform, homogeneous
Homogenisator m (extr) homogenizer
homogenisieren to homogenize
Homogenisiermaschine f (extr) homogenizer
Homogenisierung f homogenization
Homogenisierungsapparat m (extr) homogenizer
Homogenität f uniformity, homogeneity
Homogenkatalyse f homogeneous catalysis
homolog homologous
Homolog n homolog[ue]
Homolyse f homolytic cleavage
homolytisch homolytic
homöopolar covalent
Homospoil-Puls m (nuc res) homogeneity spoiling pulse, HSP, homospoil pulse, HS
Horizontalelektrophorese f horizontal electrophoresis
Horizontalentwicklung f (liq chr) horizontal elution (development)
HPDC s. Hochleistungs-Dünnschichtchromatographie
HPLC s. Hochdruck-Flüssigkeitschromatographie
HPLC-Detektor m HPLC detector
HPLC-Filter n HPLC filter
HPLC-Probe f HPLC sample
HPLC-Säule f HPLC column
HPLC-Trennung f HPLC separation
HPTLC-Platte f HPTLC plate, high-performance thin-layer chromatographic plate
HQTE (hängende Quecksilbertropfenelektrode) (pol) hanging mercury drop electrode, HMDE
^{2}H-Quadrupolkopplung f (nuc res) deuterium quadrupole coupling
^{1}H-Rauschentkopplung f (nuc res) broad-band decoupling, BB [decoupling], broad-band spin (proton) decoupling, proton noise decoupling, PND, ^{1}H (proton) decoupling, wide-band decoupling
HRE (Hyper-Raman-Effekt) (opt mol) hyper Raman effect, HRE
^{2}H-Resonanz f ^{2}H (deuterium) resonance
^{1}H-Resonanzfrequenz f proton [resonance] frequency
HS s. Homospoil-Puls
^{1}H-Sender m (nuc res) proton transmitter
^{1}H-Signal n ^{1}H signal, proton [resonance] signal
HSP (Halbstufenpotential) (pol) half-wave potential
^{1}H-Spektroskopie f ^{1}H spectroscopy, proton magnetic resonance spectroscopy
HS-Puls m s. Homospoil-Puls
^{1}H-Übergang m ^{1}H transition

Hückel-MO-Theorie f Hückel molecular-orbital theory, HMO theory
Huggins-Gleichung f Huggins equation
Huggins-Konstante f (liq chr) χ parameter, Huggins constant; Huggins coefficient (in the Huggins equation)
Hüllkurve f envelope
Humanserum n human serum
Huth-Kühn-Oszillator m (vol) tuned-plate tuned-grid oscillator (impedimetric titration)
Huth-Kühn-Oszillatorschaltung f tuned-plate tuned-grid oscillator circuit (impedimetric titration)
Hydratation f hydration
Hydratationsenergie f hydration energy
Hydratationshülle f, **Hydratationssphäre** f s. Hydrathülle
Hydrathülle f hydration shell (sheath, envelope)
  erste (primäre) ~ primary hydration shell
  sekundäre (zweite) ~ secondary hydration shell
Hydratisierung f hydration
Hydratwasser n water of hydration, hydrated water
Hydrazin n hydrazine
Hydridabstraktion f (maspec) hydride abstraction
Hydridanlagerung f (maspec) hydride addition
Hydrid-Atomabsorptionsspektrometrie f hydride generation atomic absorption spectrometry, HGAAS
Hydridentwicklung f hydride generation
Hydridtechnik f (opt at) hydride generation method
hydrieren to hydrogenate
Hydrierung f hydrogenation
  katalytische ~ catalytic hydrogenation
Hydrogel n hydrogel
Hydrogenfluorid n hydrogen fluoride
Hydrogensalzlösung f acidic salt solution
Hydrolysat n hydrolysate
Hydrolyse f hydrolysis (of a covalent bond); protolysis, protolytic reaction, hydrolysis (of a salt)
  saure ~ acid hydrolysis
  ~ **von Salzen** salt hydrolysis
Hydrolysebeständigkeit f hydrolytic stability
hydrolysebeständig hydrolytically stable
Hydrolysegrad m degree of hydrolysis
Hydrolysekonstante f hydrolysis constant
Hydrolysengeschwindigkeit f hydrolysis rate
hydrolysestabil s. hydrolysebeständig
hydrolysierbar hydrolysable
Hydrolysierbarkeit f hydrolysability
hydrolysieren to hydrolyse
hydrolytisch hydrolytical
Hydroniumion n hydronium ion
hydrophil hydrophilic
Hydrophilie f hydrophilicity
hydrophob hydrophobic
Hydrophobie f hydrophobicity
Hydrophobie-Chromatographie f hydrophobic [interaction] chromatography, HIC
Hydroxid n hydroxide

Hydroxidform f base form, hydroxide[-ion] form, hydroxyl form, OH-form (of an ion exchanger)
Hydroxidion n hydroxide ion
Hydroxidsalz n basic salt
Hydroxoniumion n hydroxonium ion
Hydroxycarbonsäure f hydroxy[carboxylic] acid
8-Hydroxychinolin n oxine, 8-hydroxyquinoline
Hydroxy[l]gruppe f hydroxyl group
Hydroxylradikal n[/freies] hydroxyl radical, OH radical
Hydroxy[-Protonen]resonanz f hydroxyl resonance
hygr. s. hygroskopisch
Hygrometer n hygrometer
  Keidels coulometrisches ~ Keidel's coulometric hygrometer
hygroskopisch hygroscopic[al], water-attracting, water-absorbing, water-seeking
Hyperfeinaufspaltung f s. Hyperfeinstrukturaufspaltung
Hyperfeinkopplung f s. Hyperfeinstrukturkopplung
Hyperfeinstrukturaufspaltung f (spec) hyperfine splitting
Hyperfeinstrukturkopplung f (spec) hyperfine coupling, HFC, hyperfine interaction, HFI
Hyperfeinstrukturlinie f hyperfine line
Hyperfeinstruktur-Multiplett n (spec) hyperfine splitting multiplet
Hyperfeintensor m (spec) hyperfine tensor
Hyperfeinwechselwirkung f s. Hyperfeinstrukturkopplung
Hyper-Raman-Effekt m (opt mol) hyper Raman effect, HRE
hypersensibel hypersensitive
Hypersensibilität f hypersensitivity
Hypochlorit n hypochlorite
Hypophosphit n hypophosphite
Hypothese f hypothesis
Hypsochromie f hypsochromic shift
Hysterese f (el anal) hysteresis
  temperaturinduzierte ~ temperature-induced hysteresis
Hysteresis f s. Hysterese
H-Zelle f (liq chr) H-cell, H flow cell

I

IA (Ionenaustausch) ion exchange
IC (Ionenchromatographie) ion chromatography, IC
ICLAS (Intracavity-Laser-Absorptionsspektroskopie) intracavity laser absorption spectroscopy, ICLAS
ICP-Detektion f (liq chr) ICP detection
ICP-Massenspektrometer n inductively coupled plasma mass spectrometer
ICP-Massenspektrometrie f, **ICP-MS** inductively coupled plasma mass spectrometry, ICP-MS
ICR (Ionencyclotronresonanz) ion-cyclotron resonance, ICR

ICR-Massenspektrometer 298

ICR-Massenspektrometer n Fourier-transform ion-cyclotron resonance mass spectrometer, FT-ICR mass spectrometer, ion-cyclotron resonance mass spectrometer, ICR spectrometer, cyclotron resonance mass spectrometer
ICR-Massenspektrometrie f, **ICR-MS** Fourier transform mass spectrometry, FTMS, Fourier transform ion-cyclotron resonance mass spectrometry, FT-ICR mass spectrometry
Idealbedingung f ideal condition
Idealverteilung f ideal distribution
identifizieren to identify
Identifizierung f identification
Identität f identity
Identitätsprüfung f identification test, test for identification
I.E. (internationale Einheit) (catal) international unit, I.U.
IEE (induzierte Elektronenemission) induced electron emission, IEE
IEEE-488-Standardschnittstelle f IEEE-488 standard interface (data processing)
IEF (isoelektrische Fokussierung) isoelectric focusing, IEF, IF, electrofocusing
I-Effekt m inductive (induction) effect, I effect
I₃-Ion n tri-iodide ion
Ilkovic-Gleichung f (pol) Ilkovic equation
IMA (Ionenstrahl-Mikroanalyse) ion probe microanalysis, IMA, IPMA, ion microprobe analysis, IMPA
IMER (immobilisierter Enzymreaktor) (flow) immobilized enzyme reactor
Imidazo[4,5-d]pyrimidin n purine, imidazo [4,5-d]-pyrimidine
Imin n, **Iminoverbindung** f imine
Immission f air (atmospheric) pollution
Immissionskonzentration f pollutant concentration
Immobilin n (elph) immobiline (acrylamide derivative having a buffering group)
immobilisieren to immobilize
Immobilisierung f immobilization
  ~ **der stationären Phase** (gas chr) stationary phase immobilization (fixation)
immunchemisch immunochemical
Immundiffusion f immunodiffusion
Immunelektrophorese f immunoelectrophoresis
immunelektrophoretisch immunoelectrophoretic
Immunfixierung f immunofixation
Immunglobulin n immunoglobulin
Immuno... s. Immun...
Immunpräzipitation f immunoprecipitation, immunochemical precipitation
Impedanz f impedance
  ~ **des Zellensystems** cell system impedance
  Faradaysche ~ (pol) faradaic impedance
Impedanzmesser m impedometer
impermeabel impermeable, impenetrable, impervious

Impfen n seeding
Impfkristall m (grav) seed crystal
Impinger m impinger (type of wash bottle)
Imprägnier[ungs]mittel n impregnating agent
Impuls m pulse; (rad anal) count
  dreieckförmiger ~ (pol) triangular pulse
  gezählter (registrierter) ~ (rad anal) count
  selektiver ~ (nuc res) selective pulse, SP, frequency-selective pulse, selective-excitation pulse, soft pulse
  unselektiver ~ (nuc res) non-selective pulse
  90°-Impuls m (mag res) 90° pulse, $\pi/2$ pulse
  180°-Impuls m (mag res) 180° pulse, π pulse
  π-Impuls m s. 180°-Impuls
  π/2-Impuls m s. 90°-Impuls
Impulsamplitude f / **rechteckförmige** square-wave pulse amplitude
Impulsanzahl f (rad anal) count
Impulsbetrieb m pulsed mode
Impulsbreite f, **Impulsdauer** f pulse width, PW, pulse duration (time)
Impuls-Experiment n (mag res) pulse experiment, pulsed [Fourier transform] experiment
Impulsfolge f pulse sequence, PS
  komplexe ~ (mag res) multiple-pulse sequence, multi-pulse sequence
Impuls-Fouriertransform-NMR-Spektrometer n pulse[d] spectrometer
Impulshöhenanalysator m pulse height (amplitude) analyser
Impulslänge f s. Impulsbreite
Impulsrate f (rad anal) counting rate
Impulsreihe f (pol) train of pulses
Impulssequenz f s. Impulsfolge
Impulsspektroskopie f (mag res) pulsed spectroscopy
Impulstechnik f, **Impulsverfahren** n (mag res) pulse (pulsed) method (technique), pulsed procedure
Impulsverstärker m pulse amplifier
  linearer ~ linear pulse amplifier
Impulswinkel m (mag res) pulse [flip] angle, PFA, flip (tip) angle
Impulszahl f pulse number
IMS (Isotopen-Massenspektrometer) isotope mass spectrometer, IMS
INADEQUATE-Impulsfolge f (nuc res) INADEQUATE pulse sequence
INADEQUATE-Spektrum n (nuc res) INADEQUATE spectrum
inaktiv inert, inactive, non-reactive
  kernmagnetisch ~ NMR-inactive
  optisch ~ optically inactive
Inaktivität f inertness
Indexskale f (meas) index scale
indifferent/chemisch chemically inert
Indifferenz f / **chemische** chemical inertness
Indikation f (vol) indication
  amperometrische ~ amperometric indication

externe ~ external indicator method, spot method
potentiometrische ~ potentiometric indication
Indikator *m (vol)* indicator; tracer
  einfarbiger ~ one-colour indicator
  ~ für Zweiphasentitration extraction indicator
  irreversibler ~ irreversible [dyestuff, oxidation] indicator
  kolorimetrischer ~ colorimetric indicator
  metallochromer (metallspezifischer) ~ metal[-ion] indicator, metallochromic (metal ion-sensitive, complexation) indicator
  radioaktiver ~ radioactive tracer, radiotracer
  reversibler ~ reversible indicator
  visueller ~ [visual, visible] indicator
  zweifarbiger ~ two-colour indicator
Indikatorblindwert *m* indicator blank
Indikatorelektrode *f* indicator (indicating) electrode, measuring (measurement) electrode
  flüssige ~ *(pol)* liquid indicator electrode
  stationäre ~ *(voltam)* stationary indicator electrode
Indikatorfarbe *f* indicator colour
Indikatorfarbstoff *m* indicator dye
Indikatorfehler *m (vol)* indicator error
Indikatorisotop *n (rad anal)* isotopic tracer
Indikatormethode *f* indicating (indication) method
Indikatorpapier *n* indicator paper, [indicator] test paper
Indikatorpotential *n* indicator potential
Indikatorreaktion *f* indicator reaction
Indikatorsignal *n* indicator signal
Indikatorsubstanz *f* tracer
Indikatorsystem *n* indicating system
Indikatorumschlag *m* indicator change
Indium *n* In indium
Indolin-2,3-dion *n* isatin
INDOR (internukleare Doppelresonanz) internuclear double resonance, INDOR
Induktion *f/***magnetische** magnetic induction (flux density)
Induktionsabfall *m/***freier** *(mag res)* free induction decay, FID
Induktionseffekt *m* inductive (induction) effect, I effect
Induktionskraft *f* induction (Debye) force
Induktionsperiode *f* induction period *(of a reaction)*
Induktionswechselwirkung *f* induction interaction
Induktionszerfall *m/***freier** *s.* Induktionsabfall/freier
Induktivität *f* inductance
Induktor *m (catal)* inductor
Industrieanalysengerät *n* industrial analytical instrument
Industriechemikalie *f* industrial chemical
Industriechemiker *m* industrial chemist
induzieren to induce
ineinandergewunden interwined, interwound *(macromolecular chains)*
INEPT-Experiment *n (nuc res)* INEPT experiment
inert inert, inactive, non-reactive

chemisch ~ chemically inert
Inertgas *n* inert (inactive, indifferent) gas
Inertgasatmosphäre *f* inert gas atmosphere
Inertie *f* inertness
  chemische ~ chemical inertness
Inertpeak *m (gas chr)* inert peak
inflammabel [in]flammable, ignitable
Information *f/***chemische** chemical information
  signifikante (statistisch gesicherte) ~ significant information
Informationsgehalt *m* information content
Informationsmenge *f* information quantity
Informationssignal *n* information signal
infrarot infrared
Infrarot *n* 1. infrared [radiation]; 2. *s.* Infrarotgebiet
Infrarotabsorption *f* infrared absorption
Infrarot-Absorptionsspektroskopie *f* infrared absorption spectroscopy
Infrarot-Absorptionsspektrum *n* infrared absorption spectrum
infrarot-aktiv infrared-active
Infrarotanalyse *f* infrared analysis
Infrarotanalysengerät *n* infrared analyser
Infrarotbande *f* infrared band
Infrarotbereich *m s.* Infrarotgebiet
Infrarotdetektor *m* infrared detector, IR detector, IRD
infrarotdurchlässig infrared-transmissive, infrared-transmitting, IR-transmitting, infrared-transparent
Infrarotdurchlässigkeit *f* infrared transmission (transmittance)
Infrarot-Emissionsspektroskopie *f* infrared emission spectroscopy, IRES
Infrarotgebiet *n* infrared [spectral] region, infrared range
  fernes ~ far infrared, FIR, far-infrared [spectral] region, FIR region
  mittleres ~ mid (middle, fundamental) infrared, mid-infrared [spectral] region
  nahes ~ near infrared, NIR, near-infrared [spectral] region, NIR region
Infrarotgerät *n* infrared instrument
Infrarotheizer *m* infrared heater (heat source)
Infrarotlampe *f* infrared lamp
Infrarotlaser *m* infrared laser
Infrarotlicht *n* infrared light
Infrarotmikroskop *n* infrared microscope
Infrarotmikroskopie *f* infrared microscopy
Infrarotphotometer *n* infrared photometer
Infrarot-Prozeßanalysengerät *n* infrared process analyser
Infrarotquelle *f* infrared [radiation] source
Infrarot-Reflexions-Absorptions-Spektroskopie *f* infrared reflection absorbance spectroscopy, IRRAS
Infrarotspektralbereich *m s.* Infrarotgebiet
Infrarotspektralphotometer *n s.* Infrarotspektrometer

Infrarotspektrometer

Infrarotspektrometer *n* infrared spectro[photo]meter
Infrarotspektrometrie *f* infrared spectro[photo]metry
Infrarotspektrophotometer *n s.* Infrarotspektrometer
Infrarotspektroskopie *f* infrared spectroscopy, IRS
~ **im nahen Infrarot** near-infrared spectroscopy, NIR spectroscopy, near-infrared analysis, NIRA
~ **im fernen Infrarot** far-infrared spectroscopy
~ **im mittleren Infrarot** mid-infrared spectroscopy
~ **mit diffus reflektierter Strahlung** diffuse reflectance infrared Fourier transform spectroscopy, DRIFT, DRIFTS
Infrarotspektroskopiker *m* infrared spectroscopist
Infrarotspektrum *n* infrared spectrum, IR spectrum
Infrarotstrahl *m* infrared beam
Infrarotstrahlung *f* infrared radiation, IR radiation
Infrarotstrahlungsquelle *f* infrared [radiation] source
Infrarotuntersuchung *f* infrared study
inhibieren to inhibit
Inhibition *f* inhibition
Inhibitor *m* inhibitor, negative catalyst
inhomogen inhomogeneous
Inhomogenität *f* inhomogeneity, non-homogeneity
initiieren to initiate *(a reaction)*
Initiierung *f* initiation *(of a reaction)*
Injektion *f (chr)* injection
  hydrodynamische ~ *(flow)* hydrodynamic injection
  manuelle ~ *(chr)* manual injection
  ~ **mit Split** *(gas chr)* split injection
  ~ **mit Stromteilung (Strömungsteilung)** *s.* ~ mit Split
  ~ **ohne Split** *s.* splitlose ~
  splitlose ~ *(gas chr)* splitless injection
Injektionsblock *m (chr)* injection (injector) block (port), sample injection block (port)
Injektionsfrequenz *f (flow)* sampling frequency
  maximale ~ *(flow)* maximum sampling frequency
Injektionsmethode *f (chr)* injection method
  ~ **mit extra Lösungsmittel** *(gas chr)* solvent flush method
  ~ **mit gefüllter Nadel** *(gas chr)* filled needle method
Injektionsnadel *f* syringe needle
Injektionsposition *f (flow)* injection (inject) position
Injektionsspritze *f* [hypodermic] syringe
Injektionssystem *n (chr)* injection system
Injektionstechnik *f (chr)* injection technique
Injektionsventil *n (flow)* injection valve, valve injector
Injektionsvolumen *n (chr)* injection volume
Injektor *m (chr)* [sample] injector
  ~ **mit Bypass** *(gas chr)* bypass injector

septumfreier ~ *(chr)* septumless injector
splitloser ~ *(gas chr)* splitless injector
Injektorblock *m s.* Injektionsblock
Injektoreinsatz *m (chr)* injector insert
injizieren *(chr)* to inject
Injizieren *n* **mit Injektionsspritze** *(chr)* syringe injection, injection by hypodermic syringe
inkohärent incoherent *(radiation)*
inkompatibel incompatible
Inkompatibilität *f* incompatibility
Inkrement *n* increment
inkrementieren to increment
In-line-Mischer *m* in-line mixer (blender)
Inlösunggehen *n* dissolution
Innendurchmesser *m* inside (inner, internal) diameter, ID
Innenelektrode *f* internal electrode
Innenoberfläche *f* inner surface, *(quantitatively)* internal surface area
Innensphärenkomplex *m* inner-sphere complex
Innenvolumen *n* internal volume
Innenwand *f* inside (inner) wall, internal (interior) wall
Innerkomplex *m* inner complex
innermolekular intramolecular
Inner-sphere-Komplex *m* inner-sphere complex
In-Phase-Magnetisierung *f (nuc res)* in-phase magnetization
INS (Ionenneutralisationsspektroskopie) ion neutralization spectroscopy, INS, neutralization ion spectroscopy, NIS
In-situ-Beladung *f (chr)* in situ coating *(of the supporting material inside the column)*
In-situ-Silanisierung *f (chr)* in situ silanization
instabil unstable
Instandhaltung *f* maintenance
Instrument *n/* **direktanzeigendes** direct-reading instrument
  gaschromatographisches ~ GC instrument
  kommerzielles ~ commercial instrument
  registrierendes (selbstschreibendes) ~ recording instrument
Instrumentalanalyse *f* instrument[al] analysis
instrumentell instrumental
Instrumentenanalyse *f* instrument[al] analysis
Instrumentenanzeige *f* instrument[al] indication
Instrumentenfehler *m* instrumental error
Instrumentenmethode *f* instrumental method
Integralchromatogramm *n* integral chromatogram
Integraldetektor *m* integral (integrating) detector
Integralintensität *f* integrated (integral) intensity
Integralsignal *n* integrated signal
Integralwert *m* integrated value
Integration *f/* **digitale** digital [electronic] integration
  elektronische ~ electronic integration
  manuelle ~ manual integration
  mechanische ~ mechanical integration
Integrationskonstante *f* integration constant
Integrator *m* [peak-area] integrator

elektronischer ~ electronic [peak-area] integrator
rechnender ~ computing integrator
integrieren to integrate
Integrierglied n **mit Operationsverstärker** operational amplifier integrator
Integrierschaltung f integrator circuit
Intensität f **der Linien** (spec) line intensity
~ **des gestreuten Lichts** scattered [light] intensity
integrale ~ integrated (integral) intensity
relative ~ relative intensity
spektrale ~ spectral (spectrum) intensity
Intensitätsabfall m intensity loss
Intensitätsänderung f intensity change, change in intensity
Intensitätsdifferential n / **circulares (zirkulares)** (opt anal) circular intensity differential, CID
Intensitätsgewinn m intensity gain, increase in intensity
Intensitätsschwankung f intensity variation, variation in intensity
Intensitätsstandard m intensity reference
intensitätsstark high-intensity
Intensitätsveränderung f s. Intensitätsänderung
Intensitätsverhältnis n intensity ratio
Intensitätsverteilung f intensity distribution
Interaktionschromatographie f / **hydrophobe** hydrophobic [interaction] chromatography, HIC
interatomar interatomic
Interferenz f 1. interference (by foreign substances; of waves); 2. (spec) interference pattern
chemische ~ chemical interference
destruktive ~ destructive interference
konstruktive ~ constructive interference
nichtspektrale ~ non-spectral interference
spektrale ~ spectral interference
Interferenzerscheinung f s. Interferenz 2.
Interferenzfilter n interference filter
Interferenzmethode f (el anal) interference method
Interferenzniveau n level of interference
Interferenzrefraktometer n shearing interferometer
Interferenzverfahren n (el anal) interference method
Interferogramm n (spec) interferogram
zeitaufgelöstes ~ time-resolved interferogram
Interferometer n (spec) interferometer
Michelsonsches ~ Michelson interferometer
Interkombination f (spec) intersystem cross[ing], ISC
intermediär intermediate
Intermediärprodukt n reaction intermediate
Intermediärverbindung f intermediate [compound]
intermolekular intermolecular
Interpolation f (stat) interpolation
interpolieren (stat) to interpolate
Interstitial-Volumen n (gel chromatography) interstitial (interparticle, void) volume, interstitial void (liquid, particle) volume, column void volume, outer [bed] volume

Intervallschätzung f (stat) interval estimation
Intracavity-Laser-Absorptionsspektroskopie f, **Intracavity-Spektroskopie** f intracavity laser absorption spectroscopy, ICLAS
intramolekular intramolecular
Inversion f inversion
Inversion-Recovery-Experiment n (nuc res) inversion-recovery experiment (for measuring spin-lattice relaxation times)
Inversion-Recovery-Methode f, **Inversion-Recovery-Technik** f (nuc res) inversion-recovery method
Inversionszentrum n centre of symmetry (inversion)
Inverspolarographie f stripping polarography
anodische ~ anodic stripping polarography
~ mit kathodischer Anreicherung s. anodische ~
Inversstromchronopotentiometrie f current-reversal chronopotentiometry
Inversvoltammetrie f stripping voltammetry (analysis), hanging-drop voltammetry, reverse-scan voltammetry
anodische ~ anodic stripping voltammetry, ASV, anodic stripping [analysis]
kathodische ~ cathodic stripping voltammetry, CSV
~ mit anodischer Anreicherung s. kathodische ~
~ mit kathodischer Anreicherung s. anodische ~
inversvoltammetrisch stripping-voltammetric
invertieren to invert
Invertierung f inversion
in-vivo-Spektroskopie f in vivo spectroscopy
Iod n I iodine
Iodat n iodate
1-Iodbutan n 1-iodobutane
Ioddampf m iodine vapour
Iodelektrode f iodine electrode
Iodgehalt m iodine content
Iodid n iodide
Iodidlösung f iodide solution
Iodidreagens n iodide reagent
Iodidzusatz m iodide addition
Iod-Laser m [atomic] iodine laser
Iodlösung f iodine solution
Iodmethan n methyl iodide, iodomethane
Iodometrie f iodometry, iodometric titration method (titration with or of iodine)
Iod(V)-oxid n, **Iodpentoxid** n iodine pentoxide
Iodverbindung f iodo compound
Ion n ion
anorganisches ~ inorganic ion
dimeres ~ (maspec) dimeric ion
distonisches ~ (maspec) distonic ion
gelöstes ~ dissolved ion
gemeinsames ~ common ion
geradelektronisches ~ even-electron ion
gleichartiges ~ common ion

Ion

  komplexes ~ complex ion
  metastabiles ~ *(maspec)* metastable ion
  ~ **mit gerader Elektronenanzahl** even-electron ion
  ~ **mit ungepaartem Elektron** odd-electron ion
  ~ **mit ungerader Elektronenanzahl** odd-electron ion
  negatives (negativ geladenes) ~ anion; *(maspec)* negative ion, negatively charged ion
  organisches ~ organic ion
  positives (positiv geladenes) ~ cation; *(maspec)* positive ion
  potentialbestimmendes ~ potential-determining ion
  primäres ~ primary (principal) ion
  störendes ~ interfering ion
  ungeradelektronisches ~ odd-electron ion
Ion-Dipol-Wechselwirkung *f* ion-dipole interaction
Ionenaktivität *f* ion[ic] activity
Ionenanalyse *f* ion analysis
Ionenäquivalent *n* ionic equivalent
Ionenäquivalentleitfähigkeit *f* ionic equivalent conductance, equivalent ion[ic] conductance
Ionenart *f* ionic species
Ionenassoziat *n* ion-association complex
Ionenassoziation *f* ion[ic] association
Ionenatmosphäre *f* ion[ic] atmosphere
Ionenausbeute *f* ionization efficiency (yield)
Ionenausbeutekurve *f* ionization efficiency curve
Ionenausschluß *m* ion exclusion
Ionenausschlußchromatographie *f* ion-exclusion chromatography, IE chromatography, ion chromatography exclusion, ICE, high-performance ion chromatography exclusion, HPICE, ion-exclusion partition chromatography, IEPC, ion-moderated partition chromatography
Ionenausschlußeffekt *m (liq chr)* ion-exclusion effect
Ionenaustausch *m* ion exchange
Ionenaustausch... *s.a.* Ionenaustauscher...
Ionenaustauschchromatographie *f* ion-exchange chromatography, IEC
ionenaustauschchromatographisch ion-exchange-chromatographic
Ionenaustauscher *m* ion exchanger
  amphoterer ~ amphoteric ion exchanger
  anorganischer ~ inorganic ion exchanger
  chelatbildender ~ chelating ion exchanger, chelating [ion-exchange] resin
  flüssiger ~ liquid ion exchanger
  oberflächenporöser ~ pellicular (superficial porous) ion-exchange resin
Ionenaustauscher... *s.a.* Ionenaustausch...
Ionenaustauscherbett *n* ion-exchange bed, bed of ion-exchange medium
Ionenaustauscherfolie *f* ion-exchange sheet
Ionenaustauscherharz *n* [ion-]exchange resin, resinous ion-exchanger, synthetic organic ion exchanger

Ionenaustauschermaterial *n* ion-exchange material (medium)
Ionenaustauschersäule *f* ion-exchange column
Ionenaustauschgleichgewicht *n* ion-exchange equilibrium
Ionenaustauschgruppe *f* ionogenic [functional] group, [ion-]exchange group, exchanger (exchanging, ion-active) group, exchange unit *(in an ion exchanger)*
Ionenaustausch-HPLC *f* high-performance ion[-exchange] chromatography, ion-exchange HPLC, IE-HPLC
Ionenaustauschkapazität *f* [ion-]exchange capacity, ion-exchanging capacity, resin capacity
Ionenaustauschmembran *f* ion-exchange[r] membrane
  heterogene ~ heterogeneous ion-exchange membrane
  homogene ~ homogeneous ion-exchange membrane
Ionenaustauschpapier *n* ion-exchange paper
Ionenaustauschreaktion *f* [ion-]exchange reaction
Ionenaustauschtrennung *f* ion-exchange separation
Ionenaustauschvorgang *m* [ion-]exchange process
Ionenbeschuß *m* ion bombardment
Ionenbeweglichkeit *f* ion[ic] mobility
Ionenbombardement *n* ion bombardment
Ionenchromatogramm *n* ion chromatogram
Ionenchromatograph *m* ion chromatograph
Ionenchromatographie *f* ion chromatography, IC
  ~ **mit Suppressionstechnik (Suppressor, Suppressortechnik)** suppressed (suppressor) ion chromatography, SIC, column suppression ion chromatography
  ~ **ohne Suppressionstechnik (Suppressor, Suppressortechnik)** single-column ion chromatography, SCIC, non-suppressed ion chromatography
ionenchromatographisch ion-chromatographic
Ionencyclotronresonanz *f* ion-cyclotron resonance, ICR
Ionencyclotronresonanz-Massenspektrometer *n* Fourier-transform ion-cyclotron resonance mass spectrometer, FT-ICR mass spectrometer, [ion-]cyclotron resonance mass spectrometer, ICR spectrometer
Ionencyclotronresonanz-Massenspektrometrie *f* Fourier transform mass spectrometry, FTMS, Fourier transform ion-cyclotron resonance mass spectrometry, FT-ICR mass spectrometry
Ionendesorption *f* / **elektronenstimulierte** electron-stimulated desorption of ions, ESDI
Ionenelektrode *f (pot)* ion electrode
  natriumempfindliche ~ sodium-sensitive ion electrode
  spezifische ~ specific ion electrode
Ionenenergie-Spektroskopie *f* ion kinetic energy spectroscopy, IKES

~ **zur Analyse metastabiler Zerfälle** direct analysis of daughter ions, DADI, mass-analyzed ion kinetic energy spectrometry, MIKES
Ionenenergiespektrum *n* ion kinetic energy spectrum
Ionenerzeugung *f* ion generation
Ionenexklusion *f* ion exclusion
Ionenflugbahn *f*, **Ionenflugstrecke** *f (maspec)* ion (analyser) flight path, ionic trajectory
Ionenform *f* ionic form
Ionengattung *f* ionic species
Ionengeschwindigkeit *f* ionic velocity
Ionengetterpumpe *f* sputter-ion pump, getter-ion pump, electric discharge getter pump
Ionengitter *n* ionic lattice
Ionenhäufigkeit *f (maspec)* ion abundance
  relative ~ relative ion abundance
Ionenhydrat *n* ion hydrate
Ionenhydratation *f* ion[ic] hydration
ioneninaktiv non-ionic
Ionen-Ionen-Rekombination *f* ion recombination
Ionenkonzentration *f* ion[ic] concentration
Ionenladung *f* ionic charge
Ionenladungszahl *f* ionic charge number
Ionenleiter *m* ionic conductor
Ionenleitfähigkeit *f* **[/spezifische]** ionic conductance (conductivity)
Ionenlinie *f (opt at)* ion (spark) line
Ionenmessung *f* ion measurement
Ionenmolekül *n* ion[ic] molecule
Ionen-Molekül-Reaktion *f (maspec)* ion-molecule reaction
Ionenneutralisationsspektroskopie *f* ion neutralization spectroscopy, INS, neutralization ion spectroscopy, NIS
Ionen-Neutralteilchen-Reaktion *f (maspec)* ion/neutral species reaction
ionenoptisch ion-optic
Ionenpaar *n* ion pair
Ionenpaarbildung *f* ion-pair formation, ion-pairing
Ionenpaarchromatographie *f* **[an Umkehrphasen]** ion-pair [partition] chromatography, IPC, ion-interaction chromatography, paired-ion chromatography, reversed-phase ion-pair chromatography, mobile-phase ion chromatography, MPIC
Ionenpaarextraktion *f* ion-pair [liquid-liquid] extraction
Ionenpaar-Reagens *n (liq chr)* ion-pair[ing] reagent, ion-interaction reagent, IIR
Ionenpaar-Reversed-phase-Chromatographie *f s.* Ionenpaarchromatographie
Ionenpaarverteilung *f* ion-pair partition
Ionenpotential *n* ionic potential
Ionenpumpe *f* sputter-ion (getter-ion) pump, electric discharge getter pump
Ionenquelle *f (maspec)* ion source, ionizing (ionization) source
Ionenquellendruck *m (maspec)* [ion] source pressure

Ionenquellenraum *m (maspec)* source box
Ionenradius *m* ionic radius
Ionenreaktion *f* ionic reaction
Ionenrekombination *f* ion recombination
Ionenretardierung *f (liq chr)* ion retardation
Ionenrückstreuspektroskopie *f* ion scattering spectroscopy, ISS
Ionensorte *f* ionic species
Ionenstärke *f* ionic strength
Ionenstärkeeinstellung *f* ionic-strength adjustment
Ionenstärkegradient *m (liq chr)* ionic strength gradient
Ionenstrahl *m* ion beam
Ionenstrahl-Mikroanalyse *f* ion probe microanalysis, IMA, IPMA, ion microprobe analysis, IMPA
Ionenstrahl-Spektralanalyse *f* ion beam spectrochemical analysis, IBSCA
Ionenstreuung *f* ion scattering
  mittelenergetische ~ medium-energy ion scattering, MEIS
  niederenergetische ~ low-energy ion scattering, LEIS
Ionenstreuungs-Spektroskopie *f* ion scattering spectroscopy, ISS
Ionenstrom *m* ion (ionization) current
Ionensuppression *f s.* Ionenunterdrückung
Ionentausch *m s.* Ionenaustausch
Ionentransportzahl *f* ionic transport number
Ionentrennung *f* ion separation
Ionenunterdrückung *f (liq chr)* ion suppression
Ionenunterdrückungschromatographie *f* ion suppression chromatography, ISC
Ionenverbindung *f* ionic compound (substance)
Ionenverzögerung *f (liq chr)* ion retardation
Ionenwanderung *f* ion[ic] migration
Ionenwechselwirkung *f* ion[ic] interaction
Ionenwechselwirkungschromatographie *f s.* Ionenpaarchromatographie
Ionenwolke *f* ion[ic] atmosphere
Ionisation *f* ionization *(of gases)*
  adiabatische ~ adiabatic ionization
  chemische ~ *(maspec)* chemical ionization, CI *(by charged particles)*; chemi-ionization *(by neutral particles)*
  direkte chemische ~ *(maspec)* direct chemical ionization, DCI
  dissoziative ~ dissociative ionization
  ~ **durch Atombeschuß** *(maspec)* fast atom bombardment, FAB, fast atom bombardment ionization
  ~ **durch Ladungsaustausch** charge-exchange (charge-transfer) ionization
  laserverstärkte ~ laser-enhanced ionization, LEI
  negative chemische ~ *(maspec)* negative chemical ionization
  positive chemische ~ *(maspec)* positive chemical ionization
  spezifische ~ *(rad anal)* specific ionization

Ionisation

thermische ~ *(maspec)* thermal ionization
vertikale ~ *(maspec)* vertical ionization
Ionisationsdetektor *m (gas chr)* ionization detector
Ionisationskammer *f s.* Ionisierungskammer
Ionisationspuffer *m* ionization buffer
Ionisationsquelle *f s.* Ionenquelle
Ionisationsspektroskopie *f* ionization spectroscopy, IS, ionization loss spectroscopy, ILS, core-level characteristic loss spectroscopy, CLS
Ionisationsstörung *f* ionization interference
Ionisationsstrom *m* ion (ionization) current
Ionisationsvakuummeter *n* ionization [vacuum] gauge, ion gauge
 ~ mit heißer Kathode thermionic ionization gauge
ionisch ionic
ionisierbar ionizable, capable of ionization *(e.g. gases)*
ionisieren to ionize
Ionisierung *f s.* Ionisation
Ionisierungsenergie *f* ionization energy
 adiabatische ~ adiabatic ionization energy
Ionisierungskammer *f* ionization (ion) chamber
Ionisierungsmethode *f* ionization method
 schonende (weiche) ~ soft ionization technique
Ionisierungspotential *n* ionization potential
Ionisierungsquerschnitt *m* ionization cross-section
Ionisierungsquerschnittdetektor *m (gas chr)* cross-section [ionization] detector, ionization cross-section detector
Ionisierungsraum *m s.* Ionisierungskammer
Ionisierungsregion *f (maspec)* ionization area (region)
Ionisierungsspannung *f* ionizing voltage
Ion/Molekül-Reaktion *f (maspec)* ion-molecule reaction
ionogen ionogenic
Ionophorese *f* ionophoresis, iongraphy
Ion-Trap-Massenspektrometer *n* ion trap mass spectrometer
I/O-Schnittstelle *f* / **analoge** analogue input/output interface, analogue I/O-interface
 digitale ~ digital input/output interface, digital I/O interface
IPC *s.* Ionenpaarchromatographie
IPG (immobilisierter pH-Gradient) *(elph)* immobilized pH gradient, IPG
IPS (inverse Photoelektronenspektroskopie) inverse photoelectron (photoemission) spectroscopy, IPS, IPES, ultraviolet bremsstrahlung spectroscopy, UVBIS
IQD (Ionisierungsquerschnittdetektor) *(gas chr)* cross-section [ionization] detector, ionization cross-section detector
IR-... *s.* Infrarot...
Iridium *n* Ir iridium
Irisblende *f* iris diaphragm
Irisöffnung *f* iris opening

IRRAS (Infrarot-Reflexions-Absorptions-Spektroskopie) infrared reflection absorbance spectroscopy, IRRAS
irreversibel irreversible, non-reversible
Irreversibilität *f* irreversibility, non-reversibility
 elektrochemische ~ electrochemical irreversibility
Irrtumswahrscheinlichkeit *f (stat)* error probability, probability of error
IRS 1. (innere Reflexionsspektroskopie) internal reflection (reflectance) spectroscopy, IRS; 2. (Infrarotspektroskopie) infrared spectroscopy, IRS; 3. (inverse Raman-Spektroskopie) inverse Raman spectroscopy
IS 1. (Isochromatenspektroskopie) isochromat spectroscopy; 2. *s.* Ionisationsspektroskopie
Isatin *n* isatin
ISFET *m* (ionensensitiver Feldeffekttransistor) ion-sensitive field effect transistor, ISFET
ISMA *s.* Ionenstrahl-Mikroanalyse
isobar *(maspec)* isobaric *(ion)*
Isobare *npl (rad anal)* nuclear isobars
Isobutan *n* isobutane, 2-methyl propane
Isobutanol *n*, **Isobutylalkohol** *m* isobutanol, isobutyl alcohol, 2-methyl-1-propanol
Isochromatenspektroskopie *f* isochromat spectroscopy
 charakteristische ~ bremsstrahlung isochromat spectroscopy, BIS, X-ray bremsstrahlung spectroscopy, XBIS, characteristic isochromat spectroscopy, CIS, X-ray continuum isochromat spectroscopy, XIS
isokrat[isch] *(liq chr)* isocratic
Isolator *m* insulator
 elektrischer ~ electrical insulator
isolieren to isolate, to separate *(components)*
Isolierung *f* isolation, separation *(of components)*
isomer isomeric
Isomer *n* isomer; *(rad anal)* nuclear isomer
 geometrisches ~ cis-trans-isomer, geometric isomer
 optisches ~ enantiomer, optical isomer (antipode), enantiomorph
Isomere *n s.* Isomer
Isomerisierung *f* isomerization, rearrangement
isomorph isomorphous
Isomorphie *f* isomorphism
Isooctan *n* isooctane, 2,2,4-trimethylpentane
Isopropanol *n* propan-2-ol, isopropanol, isopropyl alcohol
isopyknisch isopycnic
isorefraktiv isorefractive
Isotachopherogramm *n* isotachopherogram
Isotachophorese *f* isotachophoresis, ITP, displacement electrophoresis
isotachophoretisch isotachophoretic
isotherm isothermal
Isotherme *f* / **Freundlichsche** Freundlich [adsorption] isotherm

Langmuirsche ~ Langmuir [adsorption] isotherm
Isoton n *(rad anal)* isotone
isotop isotopic
Isotop n isotope
  nichtradioaktives ~ s. stabiles
  radioaktives ~ radioactive isotope, radioisotope
  schweres ~ heavy isotope
  stabiles ~ stable (non-radioactive) isotope
Isotopenaustausch m *(rad anal)* isotope exchange
Isotopenhäufigkeit f isotopic abundance
  natürliche ~ natural abundance
Isotopenindikator m *(rad anal)* isotopic tracer
Isotopen-Massenspektrometer n isotope mass spectrometer, IMS
Isotopentracer m s. Isotopenindikator
Isotopentrennung f *(rad anal)* isotopic (isotope) separation
Isotopenverdünnung f *(rad anal)* isotope dilution
Isotopenverdünnungsanalyse f *(rad anal)* isotope dilution analysis
Isotopenverdünnungs-Massenspektrometrie f isotope dilution mass spectrometry, IDMS
Isotopenverhältnis-Massenspektrometrie f isotope ratio mass spectrometry, IRMS
Isotopie f isotopy, isotopism
Isotopomer n isotopomer
isotrop isotropic
Isotropie f isotropy
ISS (Ionenstreuungs-Spektroskopie) ion scattering spectroscopy, ISS
Istwert m observed (actual) value
Itaconat n itaconate
Iterationszyklus m *(stat)* iteration cycle
i-t-Kurve f current-time curve
IT-Massenspektrometer n ion trap mass spectrometer
ITS (inelastische Tunnelspektroskopie) inelastic tunnelling spectroscopy, ITS
I-U-Kennlinie f, **I-U-Kurve** f current-voltage curve, c.v. curve, current-potential curve, I/E curve

J

Jablonski-Termschema n *(spec)* Jablonski diagram
Janak-Detektor m *(gas chr)* gas volume detector
J-Kopplung f *(nuc res)* scalar [spin-spin] coupling, SC, J (spin-spin) coupling
Jones-Reduktionsröhre f, **Jones-Reduktor** m Jones reductor [tube], amalgamated zinc reductor
justieren to adjust, to rectify *(instruments)*
Justierung f adjustment, rectification *(of instruments)*

K

Käfigeffekt m cage effect
kalibrieren to calibrate *(measuring apparatus)*
Kalibrierfunktion f calibration function
Kalibrierkurve f calibration curve (plot)
Kalibrierlösung f calibrating solution
Kalibrierprobe f calibrant, calibration sample
Kalibrierung f calibration *(of measuring apparatus)*
  äußere ~ s. direkte ~
  automatische ~ automatic calibration
  direkte ~ absolute (direct, external standard) calibration
Kalibrierverfahren n calibration method
Kalibrierzusatzmethode f standard addition [method], method of standard addition
Kalium n K potassium
Kaliumbromat n potassium bromate
Kaliumbromidpreßling m *(opt mol)* KBr pellet
Kaliumbromidtechnik f *(opt mol)* KBr pellet technique
Kaliumcarbonat n potassium carbonate
Kaliumchlorid n potassium chloride
Kaliumchromat n potassium chromate
Kaliumdichromat n potassium dichromate
Kaliumhydrogeniodat n potassium hydrogeniodate
Kaliumhydrogenphthalat n potassium hydrogenphthalate
Kaliumiodat n potassium iodate
Kaliummanganat(VII) n, **Kaliumpermanganat** n potassium permanganate
Kaliumthiocyanat n potassium thiocyanate
Kalkhärte f calcium hardness *(of water)*
Kalomel n mercurous chloride, calomel
Kalomelbezugselektrode f calomel reference electrode
Kalomelelektrode f calomel electrode
  gesättigte ~ saturated calomel electrode, SCE
Kalomelnormalelektrode f normal calomel electrode
Kalorie f calorie *(non-SI unit of heat energy; 1 cal = 4.1868 J)*
  thermochemische ~ thermochemical calorie *(non-SI unit of heat energy; 1 cal_{th} = 4.184 J)*
Kalorimeter n calorimeter
  adiabatisches ~ adiabatic calorimeter
  isothermes ~ isothermal calorimeter
  ~ von Nernst Nernst calorimeter
Kalorimeterbombe f *(th anal)* calorimeter (calorimetric) bomb
Kalorimeterflüssigkeit f calorimetric liquid
Kalorimetergefäß f calorimeter (calorimetric) vessel
Kalorimetrie f calorimetry
  ~ mit Differentialabtastung differential scanning calorimetry, DSC
Kalorimetrieexperiment n calorimetry experiment
kalorimetrisch calorimetric[al]

kalorisch

kalorisch caloric
Kalousek-Gefäß n (pol) Kalousek cell
Kalousek-Polarographie f Kalousek polarography
Kaltdampf-Atomabsorptionsspektrometrie f cold vapour atomic absorption spectrometry, CVAAS
Kaltdampftechnik f, **Kaltdampfverfahren** n (opt at) cold vapour technique
Kaltnadel-Injektionsmethode f (gas chr) cold needle method (sampling), CNS
Kaltveraschung f cold plasma ashing, CPA
Kammer f/**naßchemische** wet-chemical chamber
Kammersättigung f (liq chr) chamber saturation
Kanalbildung f (chr) channel[l]ing
Kanaldispersion f (chr) [axial] eddy diffusion, multipath effect
Kanalvervielfacher m channel [electron] multiplier
Kanteneffekt m (maspec) edge effect
Kantenfilter n (spec) cutoff (sharp-cut) filter
kanzerogen carcinogenic
Kanzerogen n carcinogen
Kanzerogenität f carcinogenicity
Kapazität f capacitance; [ion-]exchange capacity, ion-exchanging capacity, [resin] capacity
  nutzbare ~ practical [specific] capacity, available (effective) capacity (of an ion exchanger)
Kapazitätsfaktor m (chr) [solute] capacity factor, capacity (mass distribution, partition) ratio
Kapazitätsstrom m capacitive current
Kapillaranalyse f capillary analysis
Kapillarchromatogramm n open tubular column chromatogram
Kapillarchromatographie f capillary column [gas] chromatography, open-tube [gas] chromatography, open tubular capillary (column) gas chromatography, capillary gas (column) chromatography
  ~ **mit überkritischen Phasen** capillary [column] supercritical fluid chromatography, CSFC, open tubular supercritical fluid chromatography, open tubular SFC
Kapillardispenser m (liq chr) micro-capillary
Kapillare f 1. capillary [tube]; 2. s. Kapillarsäule
  gepackte ~ (chr) packed capillary
  ~ **mit gebördelten Öffnungen** capillary with flared orifices
  rotierende ~ (pol) rotating capillary
  schwingende ~ (pol) vibrating capillary
Kapillareffekt m (pol) capillary response
Kapillarelektrophorese f capillary electrophoresis, CE, capillary zone electrophoresis, CZE
Kapillarelektrophorese/Massenspektrometrie f capillary zone electrophoresis/mass spectrometry, CZE/MS
Kapillar-Gaschromatographie f s. Kapillarchromatographie
Kapillarisotachophorese f capillary isotachophoresis
Kapillarkondensation f capillary condensation
Kapillarkraft f capillary force
Kapillarmaterial n capillary tubing

Kapillarmündung f, **Kapillaröffnung** f capillary orifice (opening)
Kapillarrauschen n (pol) capillary noise
Kapillarresponse f (pol) capillary response
Kapillarrohr n, **Kapillarröhrchen** n s. Kapillare 1.
Kapillarrohre npl capillary tubing
Kapillarsäule f (gas chr) capillary (open tubular, open-tube) column, OTC, Golay column
  beschichtete ~ (gas chr) support-coated open-tube (open-tubular) column, SCOT column
  gefüllte (gepackte) ~ (gas chr) micropacked (packed capillary) column, packed microbore column, PMB column
  imprägnierte ~ (gas chr) wall-coated open-tube (open-tubular) column, WCOT column, thin-film [open tubular] column
Kapillarsäulen-Einlaßsystem n (gas chr) capillary sample inlet
Kapillar-SCF f s. Kapillarchromatographie mit überkritischen Phasen
Kapillarspitze f capillary tip
Kapillartrennung f (gas chr) capillary separation
Kapillarwirkung f capillary action
Kapseldosierung f (gas chr) capsule sampling
Kaptein-Regeln fpl (nuc res) Kaptein's sign rules
Karl-Fischer-Lösung f Karl Fischer reagent
Karl-Fischer-Methode f Karl Fischer method (for determining water)
Karl-Fischer-Reagens n Karl Fischer reagent
Karl-Fischer-Titration f Karl Fischer titration
Karl-Fischer-Titrator m Karl Fischer titrator
Karl-Fischer-Wasserbestimmung f Karl Fischer titration
Karplus-Beziehung f (mag res) Karplus equation
karzinogen carcinogenic
Karzinogen n carcinogen
Karzinogenität f carcinogenicity
Kasha-Regel f Kasha's rule (fluorescence of polyatomic aromatic compounds)
Kaskade f cascade (e.g. of electrons)
Katalysator m catalyst
  negativer ~ inhibitor, negative catalyst
Katalyse f catalysis
  heterogene ~ heterogeneous catalysis
  homogene ~ homogeneous catalysis
Katalysewirkung f catalytic action; catalytic effect
katalysieren to catalyse
katalysiert/durch Säure acid-catalysed
Kataphorese f cataphoresis, kataphoresis
Katharometer n thermal conductivity detector (cell), TCD, katharometer [detector], katherometer, catharometer
Kathode f cathode
  flüssige ~ (elgrav) liquid (pool) cathode
Kathodendrift f (elph) cathodic drift
Kathodenfläche f cathode surface
Kathodenfolgekreis m (pol) cathode-follower circuit
Kathodenmaterial n cathode material

Kathodenoberfläche f cathode surface
Kathodenpotential n cathode potential
Kathodenpotentialsteuerung f cathode potential control
Kathodenraum m cathode compartment (chamber, space)
Kathodenreaktion f cathode reaction
Kathodenstrahloszillograph m cathode-ray oscillograph
Kathodenstrahlpolarogramm n single-sweep oscillographic polarogram, cathode-ray polarogram
Kathodenstrahlpolarographie f single-sweep polarography, SSP, linear-sweep polarography
~ **nach Multi-sweep-Technik** multisweep [oscillographic] polarography, MSP
Kathodenstrom m cathodic current
kathodisch cathodic
Kathodolumineszenz f cathode luminescence, CL
Katholyt m catholyte *(electrolyte in the cathode compartment)*
Kation n cation
  hydrolysierbares ~ hydrolysable cation
kation[en]aktiv cationic
Kationenanalyse f cation analysis
Kationenaustausch m cation exchange
Kationenaustausch... *s.a.* Kationenaustauscher...
Kationenaustauschchromatographie f cation-exchange chromatography
Kationenaustauscher m cation exchanger
~ **auf Kunstharzbasis** s. Kationenaustauscherharz
  flüssiger ~ liquid cation exchanger
  oberflächensulfonierter ~ surface-sulphonated cation exchanger
  schwacher (schwach saurer) ~ weak cation (acid) exchanger
  starker (stark saurer) ~ strong cation (acid) exchanger
Kationenaustauscherharz n cation[-exchange] resin, synthetic cation exchanger, acid resin
Kationenaustauschermembran f cation-exchange[r] membrane
Kationenaustauschersäule f cation[-exchange] column
Kationenchromatographie f cation chromatography
Kationenelektrode f cathodized (cathodic) electrode
kationenempfindlich cation-sensitive
kationenselektiv cation-selective
kationensensitiv cation-sensitive
Kationentauscher m s. Kationenaustauscher
Kationentrennung f cation separation
Kationentrennungsgang m scheme of analysis for the cations
Kationenwirkung f cation response
kationisch cationic
Kationisierung f *(maspec)* cationization
Kationit m s. Kationenaustauscher

kationoid electrophilic
K-Band n *(el res)* K-band
KBr-Preßling m s. Kaliumbromidpreßling
KCVF (Kreuzcovarianzfunktion) *(stat)* crosscovariance-function
Keesom-Kraft f orientation (Keesom) force
Kegelbildung f coning *(of bulk material)*
Keil m/ **durchstimmbarer** *(spec)* wedge
Keilstreifen m *(liq chr)* wedge-shaped strip
Keim m *(grav)* nucleus
Keimbildung f *(grav)* nucleation
  heterogene ~ heterogeneous nucleation
  homogene (spontane) ~ homogeneous nucleation
Keimbildungsgeschwindigkeit f *(grav)* nucleation rate
Keimkristall m *(grav)* seed crystal
Kelle f ladle
Kelvin-Temperatur f absolute (thermodynamic) temperature
Kemula-Polarographie f stripping polarography
Kenngröße f parameter
Kennlinie f response (characteristic) curve
Kenntlichmachung f visualization
Kennwert m parameter, characteristic value
Kennzeichen n characteristic
kennzeichnen to label, to tag
Kennzeichnung f labelling, tagging
Kennziffernskale f *(meas)* index scale
Keramiktiegel m ceramic crucible
Kern m [atomic] nucleus
  magnetischer ~ magnetic nucleus
  unempfindlicher ~ insensitive nucleus
Kernabstand m [inter]nuclear distance
Kernbaustein m nucleon, nuclear particle (constituent)
Kernbrennstoff m *(rad anal)* nuclear fuel
Kernbrennstoffzyklus m *(rad anal)* fuel cycle
Kernchemie f nuclear chemistry
Kerndipol m/ **magnetischer** nuclear dipole
Kerndrehimpuls m s. Kernspin
Kerne mpl/ **koppelnde** coupling (coupled, interacting) nuclei
  magnetisch äquivalente ~ magnetically equivalent nuclei
Kerneinfang m electron capture
Kernenergieniveau n *(spec)* nuclear [energy] level
Kernfusion f *(rad anal)* nuclear fusion
Kern-g-Faktor m *(nuc res)* nuclear g factor (value)
Kernladung f nuclear charge
Kernladungszahl f atomic (proton) number
Kernmagnetisierung f nuclear magnetization
Kernmagneton n *(mag res)* nuclear magneton
Kernmodulationseffekt m *(mag res)* nuclear modulation effect
Kernmoment n nuclear moment
  magnetisches ~ nuclear magnetic (dipole) moment
Kernniveau n *(spec)* nuclear [energy] level

Kernorientierung

Kernorientierung f nuclear orientation
Kern-Overhauser-Effekt m *(nuc res)* [nuclear] Overhauser effect, NOE, nuclear Overhauser enhancement
  heteronuklearer ~ heteronuclear Overhauser effect, HNOE
Kern-Overhauser-Experiment n *(nuc res)* NOE experiment
Kernpolarisation f *(nuc res)* nuclear polarization
  chemisch induzierte dynamische ~ chemically induced dynamic nuclear polarization, CIDNP
  dynamische ~ dynamic nuclear polarization, DNP
Kernposition f *(mag res)* nuclear position
Kernquadrupolkopplung f *(nuc res)* nuclear quadrupole coupling (interaction), NQI
Kernquadrupolmoment n *(nuc res)* nuclear [electric] quadrupole moment, [electric] quadrupole moment
Kernquadrupolresonanz f *(nuc res)* nuclear [electric] quadrupole resonance, NQR
Kernquadrupol[resonanz]spektroskopie f nuclear quadrupole resonance spectroscopy, NQR spectroscopy, NQR
Kernquadrupol-Wechselwirkung f s. Kernquadrupolkopplung
Kernresonanz f nuclear magnetic resonance, NMR
  dynamische ~ dynamic nuclear magnetic resonance, DNMR
  magnetische ~ s. Kernresonanz
Kernresonanz... s.a. NMR-...
Kernresonanzlinie f nuclear resonance line, NMR absorption line
Kernresonanzspektrometer n NMR (nuclear magnetic resonance) spectrometer
Kernresonanzspektroskopie f NMR (nuclear magnetic resonance) spectroscopy
  hochauflösende ~ high-resolution NMR spectroscopy
  magnetische ~ s. Kernresonanzspektroskopie
Kernresonanzspektrum n NMR (nuclear magnetic resonance) spectrum
  hochaufgelöstes (hochauflösendes) ~ high-resolution NMR spectrum
  magnetisches ~ s. Kernresonanzspektrum
Kernspaltung f *(rad anal)* nuclear fission
  thermische ~ *(rad anal)* thermal fission
Kernspin m nuclear spin [angular momentum]
Kernspinkohärenz f nuclear-spin coherence
Kernspinkopplungskonstante f nuclear spin-spin coupling constant, coupling constant, CC
Kernspinorientierung f nuclear-spin orientation
Kernspinquantenzahl f *(spec)* nuclear-spin quantum number
Kernspinresonanzspektroskopie f s. Kernresonanzspektroskopie
Kernspinsystem n nuclear-spin system

Kernspintomographie f magnetic resonance imaging, MRI, MR (magnetic resonance) tomography, NMR (nuclear magnetic resonance) imaging, NMRI, NMR tomography, spin mapping, zeugmatography
Kernspinübergang m NMR (nuclear-spin) transition
Kernspinwechselwirkung f *(mag res)* nuclear spin-spin coupling (interaction), spin[-spin] coupling, spin dipolar coupling (interaction), dipolar [spin-spin] coupling, dipolar (dipole-dipole) interaction, DD
Kernspur f *(rad anal)* [nuclear] track
Kernteilchen n nucleon, nuclear particle (constituent)
Kernübergang m *(rad anal)* nuclear transition
Kernumwandlung f *(rad anal)* nuclear transformation
Kernverschmelzung f *(rad anal)* nuclear fusion
Kernwechselwirkung f *(nuc res)* nuclear interaction
Kern-Zeeman-Effekt m *(spec)* nuclear Zeeman effect
Kern-Zeeman-Wechselwirkung f *(mag res)* nuclear Zeeman interaction, NZI
Kernzerfall m *(rad anal)* nuclear decay (disintegration)
Kernzustand m *(spec)* nuclear [energy] level
Kesselstein m boiler scale
Kesselwasserinhaltsstoff m boiler water constituent
Ketoform f keto form
Keton n ketone
Kette f chain *(of molecules)* • **mit verzweigter ~** branched-chain *(molecule)*
  galvanische ~ galvanic cell
  ~ mit freier Drehbarkeit freely-rotating chain
  wurmartige ~ worm-like chain, continuously-curved chain
Kettenlänge f chain length
Kettenreaktion f chain reaction
Kettenspaltung f chain scission
Kettensteifheit f chain stiffness
Kettenstichprobenplan m chain sampling plan
KFL (Karl-Fischer-Lösung) Karl Fischer reagent
KGC (Kapillar-Gaschromatographie) capillary column [gas] chromatography, open-tube [gas] chromatography, open tubular capillary (column) gas chromatography, capillary gas (column) chromatography
kg-Molarität f molality
kHz-Bereich m *(spec)* kHz range
Kieselgel n silica gel
  ~ G *(liq chr)* silica gel G *(containing plaster of Paris as a binder)*
  poröses ~ porous silica [gel], silica aerogel
Kieselgel-Dünnschichtfolie f silica gel [TLC] sheet
Kieselgelplatte f silica gel TLC plate, TLC silica gel plate, silica chromatoplate

Kohlenstoff

Kieselgelsäule f *(chr)* silica gel column
Kieselgur f diatomaceous earth, diatomite, kieselgu[h]r
kieselsäurehaltig siliceous
Kilogramm-Molarität f molality
Kinetik f/**chemische** chemical kinetics
~ **der Elektrodenprozesse (Elektrodenreaktionen)** electrode kinetics
kinetisch kinetic
kippen to tilt, to tip
Kippschwingung f *(opt mol)* wagging vibration; sawtooth wave *(oscillographic polarography)*
Kjeldahl-Apparat m, **Kjeldahl-Apparatur** f Kjeldahl [digestion] apparatus
Kjeldahl-Aufschluß m Kjeldahl digestion
Kjeldahl-Kolben m Kjeldahl flask
Kjeldahl-Methode f Kjeldahl principle *(for determining nitrogen)*
KL (Kathodolumineszenz) cathode luminescence, CL
klappen to flip
klar werden to clear *(solution)*
klären to clarify *(a solution)*
Klarheit f **des Filtrats** filtrate clarity
Klärung f clarification *(of a solution)*
Klasse f class
Klassenaufteilung f *(stat)* grouping
Klassenbenennung f, **Klassenbezeichnung** f class designation
Klassenbreite f class interval
Klasseneinteilung f *(stat)* grouping
Klassengrenze f class limit
Klassengrenzen fpl/**echte** class boundaries, true class limits
Klassenkennzeichen n class parameter
Klassenmittelwert m *(stat)* mid-value of class
Klassenparameter m class parameter
Klassiersieb n [sizing] screen
Klassifikation f/**hierarchische** hierarchic[al] classification
nichthierarchische ~ non-hierarchic classification
Kleinversuch m small-scale experiment
Kleinwinkel-Laserstreuung f low-angle laser-light scattering, LALLS, laser low-angle light scattering, LLALS
Klemmenspannung f terminal voltage
Klumpen[stich]probe f cluster sample
Klumpenstichprobenverfahren n cluster sampling
Klystron n *(el res)* klystron [tube], klystron oscillator
KM (Kernmagneton) *(mag res)* nuclear magneton
KMR (kernmagnetische Resonanzspektroskopie) NMR (nuclear magnetic resonance) spectroscopy
Knallgascoulometer n oxy[gen]-hydrogen coulometer
Knallgasflamme f oxy-hydrogen flame

Knäuel n coil *(of macromolecules)*
statistisches ~ random coil
Knäuelkontraktion f *(liq chr)* coil shrinking
Kneten n kneading
Knickschwingung f *(opt mol)* bending (deformation) vibration
Knotenebene f, **Knotenfläche** f nodal plane
Kö. (Königswasser) aqua regia *(mixture of hydrochloric and nitric acid)*
Koagulans n s. Koagulationsmittel
Koagulation f flocculation, coagulation *(of colloids)*
Koagulationsmittel n coagulant, coagulating agent
Koagulationswert m flocculation (coagulation) value *(of a colloid)*
Koagulator m s. Koagulationsmittel
koagulieren to flocculate, to coagulate *(colloids)*
Koaleszenz f coalescence *(of particles)*
Koaleszenztemperatur f *(nuc res)* coalescence temperature
koaleszieren to coalesce *(of particles)*
kochen to boil
unter Rückfluß ~ to reflux
Kochen n boiling • **zum** ~ **bringen** to heat to boiling
Kochpunkt m boiling point, b.p., b.pt., boiling temperature
Koeffizient m/**osmotischer** osmotic coefficient
Poissonscher ~ *(th anal)* heat capacity ratio
kohärent coherent
Kohärenz f coherence
Kohärenzordnung f *(mag res)* coherence order
Kohärenztransfer m *(nuc res)* population (polarization, coherence) transfer, coherent transfer, CT, magnetization transfer, MT
Kohärenz-Transferweg m *(nuc res)* coherence transfer pathway
Kohärenzübertragung f s. Kohärenztransfer
Kohärenzweg m s. Kohärenz-Transferweg
Kohäsionsenergie f cohesive energy
Kohäsionsenergiedichte f cohesive energy density, CED
Kohäsionskraft f cohesive (cohesion) force
Kohleelektrode f carbon (graphite) electrode
Kohlefaden-Atomisator m *(opt at)* carbon filament atom reservoir, CFAR
Kohlendioxid n carbon dioxide
Kohlendioxid[absorptions]röhrchen n CO_2 absorption tube
Kohlendioxidverteiler m carbon dioxide sparger
Kohlendisulfid n carbon disulphide
Kohlenhydrat n carbohydrate
Kohlen[mon]oxid n carbon monoxide
Kohlensäure f carbonic acid
Kohlenstoff m C carbon
ausstrippbarer ~ s. flüchtiger organischer ~
~ **der Feststoffteilchen/organisch gebundener** particulate organic carbon, POC

Kohlenstoff

flüchtiger organischer (organisch gebundener) ~ volatile organic carbon, VOC, purgeable organic carbon
gelöster organischer (organisch gebundener) ~ dissolved organic carbon, DOC
gesamter ~ total carbon, TC
gesamter anorganischer (anorganisch gebundener) ~ total inorganic carbon, TIC
gesamter organischer (organisch gebundener) ~ total organic carbon, TOC
glasartiger ~ glassy carbon
~ im Abdampfrückstand/organisch gebundener residual organic carbon, ROC
nichtflüchtiger organisch gebundener ~ nonvolatile organic carbon, NVOC
Kohlenstoff-13 m ^{13}C carbon-13
Kohlenstoffanalyse f carbon analysis
Kohlenstoffatom n carbon atom, C atom
 quartäres ~ quaternary carbon [atom]
 sekundäres ~ secondary carbon [atom]
Kohlenstoffbrei m (coul) carbon paste
Kohlenstoffdisulfid n carbon disulphide
Kohlenstoffelektrode f carbon electrode
Kohlenstoffgehalt m **des Feststoffanteils** particulate organic carbon, POC
Kohlenstoffgerüst n carbon skeleton
Kohlenstoff-13-Kern m ^{13}C nucleus, carbon 13-nucleus
Kohlenstoffkonnektivität f (nuc res) carbon-carbon connectivity, CCC
Kohlenstoff-Molekularsieb n (gas chr) carbon [molecular] sieve
Kohlenstoff-13-NMR-Spektroskopie f ^{13}C spectroscopy, carbon-13 NMR spectroscopy
Kohlenstoff-13-NMR-Spektrum n ^{13}C spectrum, carbon-13 NMR spectrum
Kohlenstoffpaste f (coul) carbon paste
Kohlenstoff-13-Resonanz f ^{13}C resonance, carbon[-13] resonance
Kohlenstoffsignal n (nuc res) ^{13}C signal, carbon[-13] signal
Kohlenstofftetrachlorid n carbon tetrachloride, tetrachloromethane
Kohlenstoffverbindung f carbon compound
Kohlenstoff-, Wasserstoff- und Stickstoff-Analysator m CHN analyser
Kohlenstoffwhisker m carbon whisker
Kohlenstoffzahl f (gas chr) carbon number
Kohlenwasserstoff m hydrocarbon
 alternierender ~ even-alternate hydrocarbon
 chlorierter ~ chlorinated hydrocarbon
 cyclischer ~ cyclic hydrocarbon
 fluorierter ~ fluorocarbon, fluorinated hydrocarbon
 geradkettiger ~ linear hydrocarbon
 gesättigter ~ saturated hydrocarbon
 gesättigter aliphatischer ~ alkane, paraffin, paraffinic (saturated aliphatic) hydrocarbon
 halogenierter ~ halogenated hydrocarbon, halocarbon [compound]
 nichtalternierender ~ odd-alternate hydrocarbon
 ringförmiger ~ cyclic hydrocarbon
 ungesättigter ~ unsaturated hydrocarbon
 verzweigter ~ branched-chain hydrocarbon
Kohlenwasserstoffe mpl **/aromatische (benzoide)** aromatics, aromatic hydrocarbons (compounds)
 chlorierte aromatische ~ chloroaromatics
 polycyclische aromatische ~ polycyclic aromatic hydrocarbons, PAH, polynuclear aromatics (aromatic compounds)
Kohlenwasserstoffnachweisgerät n hydrocarbon-detecting device
Kohlenwasserstofftrennung f hydrocarbon separation
Kohleschichtwiderstand m carbon resistor
Kohleschwarz n carbon black
Kohlewiderstand m carbon resistor
Kohlrausch-Funktion f (elph) Kohlrausch [regulating] function, regulating function
Koinzidenz f/ **verzögerte** (rad anal) delayed coincidence
Koinzidenzschaltung f (rad anal) coincidence circuit
Koion n (ion) co-ion
Kolben m flask
Kolbenbürette f piston (syringe) burette
Kolbenpumpe f piston pump
 periodisch arbeitende ~ reciprocating pump
Kolbenspritze f [hypodermic] syringe
Kolbenträger m flask holder (support)
Kolbenverbrennung f [closed-]flask combustion
Kollektor m collector (collecting, collection) electrode (of a detector); (grav) collector, scavenger
Kollektorspalt m (maspec) exit (detector) slit
kollidieren to collide
Kollimation f (spec) collimation
Kollimator m (spec) collimator
Kollimatorspiegel m (spec) collimator (collimating) mirror
Kollision f collision, impact, impingement
Kollodium-Membran f collodion membrane
kolloid colloid[al]
Kolloid n colloid
 lyophiles ~ lyophilic colloid
 lyophobes ~ lyophobic colloid
kolloidal colloid[al]
Kolloidchemie f colloid chemistry
kolloiddispers colloid[al]
Kolloidlösung f colloidal solution
Kolloidteilchen n colloidal particle
Kolloidzustand m colloidal state
Kolonne f column, (chr also) separating (separation) column
Kolorimeter n colorimeter
Kolorimeterrohr n colorimeter tube
Kolorimetrie f colorimetry
kolorimetrisch colorimetric

Koma f asymmetric optical aberration, coma
Kombinationselektrode f combination electrode
Kombinationsschwingung f *(opt mol)* combination vibration (mode)
Kombinationsschwingungsbande f *(opt mol)* combination band
Kometbildung f tailing *(with planar chromatography)*
kommutieren to commute
kompakt dense, solid, compact
Kompaktphase f / **chirale** *(liq chr)* chiral stationary phase
Komparationsverfahren n *(catal)* simultaneous comparison method
Komparator m *(opt anal)* comparator
kompatibel compatible
Kompatibilität f compatibility
  chemische ~ chemical compatibility
Kompatibilitätsbedingung f compatibility condition
Kompensationskammmer f *(chr)* reference cell
Kompensationswägung f direct weighing
Kompensator m *(spec)* compensator
kompensieren to compensate, to counterbalance
Komplex m complex • **in einen** ~ **überführen** to complex
  aktivierter ~ *(catal)* activated complex
  angeregter ~ *(opt mol)* exciplex
  diastereomerer ~ diastereomeric complex
  einkerniger ~ mononuclear complex
  koordinierter ~ coordination complex
  mehrkerniger (polynuklearer) ~ polynuclear complex
  ternärer ~ ternary complex
komplexbildend complex-forming
  nicht ~ non-complexing
Komplexbildner m complexing agent, complexing (complex-forming) reagent, complexogen
Komplexbildung f complex formation, complexation
Komplexbildungsgleichgewicht n complex-formation equilibrium
Komplexbildungskonstante f s. Komplexstabilitätskonstante
Komplexbildungsreaktion f complexation (complex-formation) reaction
Komplexbildungstitration f complexometric (complexometric) titration, complexation (complex-formation) titration, complexation analysis
Komplexgleichgewicht n complex-formation equilibrium
komplexieren to complex
Komplexierung f complexation
Komplex-Ion n complex ion
Komplexometrie f compleximetry, complexometry
komplexometrisch compleximetric, complexometric
Komplexon n complexon[e] *(generally for an aminopolycarboxylic acid which forms chelates with metal ions)*

Kongorot

Komplexstabilitätskonstante f [complex-]stability constant, [complex-]formation constant, complexation constant
  effektive ~ s. scheinbare ~
  individuelle ~ s. konsekutive ~
  konditionelle ~ s. scheinbare ~
  konsekutive ~ stepwise stability (formation) constant
  scheinbare ~ apparent (conditional) stability (formation) constant
Komplextitration f s. Komplexbildungstitration
Komponente f component *(e.g. one kind of molecules within a system)*; part, portion, proportion, component, constituent, *(esp if one of two parts)* moiety
  flüchtige ~ volatile component
  gesuchte ~ sought-for component
  permeierende ~ *(dial)* permeant
Komponentengehalt n constituent content
Komponentenpeak m component peak
kompressibel, komprimierbar compressible
Kondensat n condensate
Kondensation f condensation
Kondensationsreaktion f condensation reaction
Kondensatorstrom m condenser current
kondensieren to condense
  sich ~ to condense
Kondensierung f condensation
konditionieren to condition
Konditionierung f conditioning, *(gas chr also)* thermal conditioning (ageing), temperature conditioning *(of column packings)*
Konditionierungszeit f *(gas chr)* [temperature] conditioning period
Konduktanzmesser m impedimeter *(impedimetric titration)*
Konduktometrie f conductometry
konduktometrisch conductometric
Konfidenz f *(stat)* confidence
Konfidenzbereich m confidence region
Konfidenzbereichsschätzung f confidence region estimate (estimation)
Konfidenzgrad m *(stat)* degree of confidence
Konfidenzgrenze f confidence limit
  ~ **für eine statistische Sicherheit** ε = 0.95 95% confidence limit
Konfidenzintervall n confidence interval
Konfidenzniveau n confidence level
Konfidenzschätzung f s. Konfidenzbereichsschätzung
Konfiguration f configuration
Konfigurationsisomer n configurational isomer
Konformation f conformation, conformational state (structure)
  signifikante (statistisch gesicherte) ~ significant conformation
Konformationsenergie f conformational energy
Kongorot n Congo red

Königswasser 312

Königswasser n aqua regia *(mixture of hydrochloric and nitric acid)*
Konjugation f conjugation *(of two double bonds)*
konjugiert/cyclisch cyclic conjugated
Konkavgitter n *(spec)* concave grating
Konkavspiegel m *(spec)* concave mirror
Konkurrenzhemmung f *(catal)* competitive inhibition
Konkurrenzreaktion f parallel (simultaneous) reaction, competing (competitive) reaction
konkurrieren to compete
Konnektivität f *(nuc res)* connectivity
konservieren to preserve, to conserve
konservierend preservative
Konservierung f preservation, conservation
Konservierungsmittel n, **Konservierungsstoff** m preservative agent, preservative
Konservierungsverfahren n preservation method
konsistent consistent
Konsistenz f consistency, consistence
Konstantdruckpumpe f *(liq chr)* constant-pressure pump
Konstante f/Avogadrosche Avogadro constant (number) $(6.022045 \times 10^{23} \, mol^{-1})$
  chronopotentiometrische ~ chronopotentiometric constant
  ~ **der inneren Reibung** absolute (dynamic) viscosity, viscosity coefficient
  dimensionslose ~ dimensionless constant
  elektrochemische ~ electrochemical constant
  elektrophoretische ~ electrophoretic constant
  Faradaysche ~ Faraday constant, F $(F = 96487 \, C \, mol^{-1})$
  gyromagnetische ~ *(nuc res)* nuclear g factor (value)
  kryoskopische ~ cryoscopic constant
  Plancksche ~ Planck [action] constant, [Planck] quantum of action
  Stefan-Boltzmannsche ~ *(spec)* Stefan-Boltzmann constant
  thermodynamische ~ thermodynamic constant
Konstantpotential n constant potential
Konstantspannung f constant voltage
Konstantstrom m constant current
Konstanz f constancy
Konstellation f *s.* Konformation
Konstitution f structure, constitution, build-up
Konstitutionsisomer n constitutional isomer
Konstitutionswasser n water of constitution
Kontaktrauschen n *(meas)* contact noise
Kontaktwinkel m contact angle
Kontamination f contamination
  radioaktive ~ radioactive contamination
kontaminieren to contaminate
Kontingenztafel f *(stat)* contingency table
Kontinuitätsgleichung f *(elph)* continuity equation
Kontinuum n *(spec)* continuum
Kontinuum[s]strahler m continuum [radiation] source

Kontinuumstrahlung f continuum radiation (emission), broad-band radiation
Kontrastfaktor m gamma [value], contrast factor *(photography)*
Kontrollanalyse f check analysis
Kontrolle f **des pH-Wertes** pH control, control of pH
  statistische ~ statistical control
Kontrollgerät n monitoring device, monitor
Kontrollgrenze f control limit
Kontrollhahn m, **Kontrollhahnventil** n test cock
Kontrollharz n mock resin *(in affinity chromatography)*
Kontrollparameter m control parameter
Kontrollprobe f control sample
Kontrollsignal n *(nuc res)* lock (control) signal
Kontrollspektrum n control spectrum
Kontur[en]diagramm n contour plot (diagram) *(two-dimensional NMR)*
Konturlänge f contour length *(of a macromolecule)*
Konvektion f convection
Konvektionsdiffusion f convection diffusion
Konvektionsstrom m, **Konvektionsströmung** f convection current
Konvergenz f convergence, convergency
Konvergenzgrenze f *(spec)* convergence limit
Konversion f/**innere** *(spec)* internal conversion, IC
Konversionselektron n *(rad anal)* conversion electron
Konversionselektronen-Mößbauer-Spektroskopie f conversion-electron Mössbauer spectroscopy, CEMS
Konversionskoeffizient m *(rad anal)* internal conversion coefficient
Konverter m/**integrierender** *(lab)* integrating converter
Konzentration f concentration
  aktuelle ~ actual concentration
  charakteristische ~ characteristic concentration
  ~ **des gelösten Stoffs** solute concentration
  intermediäre (mittlere) ~ intermediate concentration
  quasistationäre ~ steady-state concentration
  relative ~ relative concentration
  scheinbare ~ apparent concentration
  stationäre ~ steady-state concentration
  tatsächliche ~ actual concentration
konzentrationsabhängig concentration-dependent
Konzentrationsabhängigkeit f concentration dependence
Konzentrationsänderung f change of concentration
Konzentrationsbereich m concentration range
Konzentrationsbestimmung f determination of the concentration
Konzentrationsdetektor m concentration[-sensitive] detector, concentration-dependent detector

Konzentrationseffekt *m* concentration effect
Konzentrationserniedrigung *f* lowering of the concentration
Konzentrationsgefälle *n*, **Konzentrationsgradient** *m* concentration gradient
Konzentrationskurve *f* concentration curve
Konzentrationsniveau *n* concentration level
Konzentrationspolarisation *f* concentration polarization
Konzentrationsprofil *n* concentration profile
Konzentrationsschwankung *f* concentration fluctuation, fluctuation (variation) in concentration
konzentrationsunabhängig concentration-independent
Konzentrationsunabhängigkeit *f* concentration independence
Konzentrationsverhältnis *n* concentration ratio
Konzentrationsverteilung *f* concentration distribution
Konzentrationswert *m* concentration level
Konzentrationszelle *f* concentration cell
konzentrieren to concentrate *(samples)*
konzentriert/mäßig moderately concentrated
Konzentrierung *f* concentration *(of samples)*
Konzentrierungszone *f (liq chr)* concentrating zone *(on a TLC plate)*
Koordinaten *fpl/kartesische* Cartesian coordinates
Koordinatenpapier *n* graph paper
Koordinatensystem *n* coordinate system
 festes ~ s. **ruhendes** ~
 rotierendes ~ rotating coordinate system, rotating [reference] frame
 ruhendes ~ laboratory frame, fixed laboratory reference frame
Koordinationsfähigkeit *f* coordination capacity
Koordinationskomplex *m* coordination complex
Koordinationssolvatation *f* primary solvation
Koordinationssphäre *f* coordination sphere
Koordinationsstelle *f* coordination site
Koordinationszahl *f* coordination number
Kopfraumanalyse *f* headspace [gas] analysis, gas-chromatographic headspace analysis, headspace GC analysis, HSGC analysis
koppeln to couple
Kopplung *f/aktive (nuc res)* active coupling
 dipolare ~ nuclear spin-spin coupling (interaction), spin[-spin] coupling, [spin] dipolar coupling, [spin] dipolar interaction, dipolar spin-spin coupling, dipole-dipole interaction, DD
 direkte ~ direct coupling *(GC-MS)*
 ~ **Gaschromatographie/IR-Spektroskopie** gas chromatography-infrared spectroscopy coupling, GC/IR coupling, GC-IR
 ~ **Gaschromatographie/Massenspektrometrie** gas chromatography-mass spectrometry coupling, GC/MS coupling, GC-MS
 homonukleare ~ homonuclear coupling
 induktive ~ inductive coupling

 ~ **mit offenem Split** *(gas chr)* open-split coupling
 passive ~ passive coupling
 schwache ~ weak coupling
 skalare ~ scalar [spin-spin] coupling, SC, J coupling
 vicinale ~ vicinal coupling
 weitreichende ~ long-range coupling (interaction)
Kopplungskonstante *f (spec)* coupling constant, CC
 geminale ~ geminal coupling constant
 indirekte (skalare) ~ scalar coupling constant
 vicinale ~ vicinal coupling constant
 weitreichende ~ long-range coupling constant
Kopplungsnetzwerk *n (nuc res)* coupling network
Kopplungsparameter *m s.* Kopplungskonstante
Korkbohrer *m* cork borer
Korn *n* grain, particle
Körnchen *n* granule
Korndichte *f* granule (grain, apparent) density *(of bulk material)*
Korndurchmesser *m* particle diameter
Kornform *f* grain (particle) shape
Kornfraktion *f* size fraction
Korngestalt *f s.* Kornform
Korngröße *f* particle size; bead size *(of ion exchangers, gels)*
 mittlere ~ average particle size
Korngrößenanalyse *f* particle-size analysis
Korngrößenbereich *m* particle-size range
Korngrößenbestimmung *f* particle-size determination
Korngrößenklasse *f* size fraction
Korngrößenmessung *f* particle-size measurement
Korngrößenverteilung *f* particle-size distribution
Korngrößenverteilungskurve *f* particle-size distribution curve
körnig granular
Körnigkeit *f* granularity
Kornkohle *f* granular (granulated) active carbon, granular active charcoal
Kornmittel *n* average particle size
Kornoberfläche *f* grain surface
Kornporosität *f* intraparticle porosity
Körnung *f* grain (granule) size
Körnungsanalyse *f* size-frequency analysis
Körper *m/schwarzer* black body, black-body radiator *(source)*
Körperflüssigkeit *f* body fluid
Körperkapazität *f (cond)* body capacitance (capacity) *(high-frequency titration)*
Korrektionsgröße *f* correction term
Korrektur *f/auf Erfahrung beruhende* empirical correction
 ~ **der Basislinie** baseline correction
 empirische ~ empirical correction
Korrekturfaktor *m* correction factor, *(chr also)* response factor

Korrekturfaktor

relativer stoffspezifischer molarer ~ *(gas chr)* relative molar response factor, RMR factor
stoffspezifischer ~ *(chr)* response (correction) factor
Korrekturglied *n* correction term
Korrekturkoeffizient *m* correction factor
Korrekturkurve *f* correction curve
Korrekturverfahren *n* correction method
Korrelation *f* correlation
Korrelationsexperiment *n*/**heteronukleares** *(nuc res)* heteronuclear [correlation] experiment
Korrelationsfunktion *f* correlation function
Korrelationskoeffizient *m* correlation coefficient
Korrelationslänge *f* correlation length
Korrelationspeak *m* *(nuc res)* cross peak
Korrelationsspektroskopie *f* [/**zweidimensionale**] *(nuc res)* correlation (correlated) spectroscopy, COSY, 2D correlation spectroscopy
Korrelationsspektrum *n* *(nuc res)* two-dimensional correlation spectrum, COSY (2D correlation) spectrum
korrelieren to correlate
korrodieren to corrode
korrodierend corrosive, corroding
   nicht ~ non-corroding
Korrosimeter *n* corrosion meter
Korrosion *f* corrosion • **der ~ unterliegen** to corrode, to undergo corrosion
Korrosionsgeschwindigkeit *f* corrosion rate
Korrosionsinhibitor *m* corrosion inhibitor
Korrosions-Meßfühler *m* corrosion sensor
Korrosionsmessung *f* corrosion measurement
Korrosionsskale *f* corrosion dial *(of a corrosion monitor)*
Korrosionsüberwachung *f*/**automatische** automatic corrosion monitoring
   direktgekoppelte ~ on-line corrosion monitoring
Korrosionsüberwachungsgerät *n* corrosion monitor
korrosiv *s.* korrodierend
Kostenanalyse *f* cost analysis
Kostenanteil *m* cost component
Kosteneinsparung *f* cost saving
Kostenfunktion *f* cost function
Kosten-Nutzen-Analyse *f* cost-benefit analysis
Kosten-Nutzen-Rechnung *f* cost-benefit calculation
Kosten-Nutzen-Verhältnis *n* cost-benefit ratio
kostenoptimal cost-optimal
Kostenplan *m* cost plan
kovalent covalent
Kovarianz *f* *(stat)* covariance
Kovarianzanalyse *f* covariance analysis
Kováts-Index *m*, **Kováts-Retentionsindex** *m* *(gas chr)* Kováts [retention] index, KRI
Kp., K.P. (Kochpunkt) boiling point, b.p., b.pt., boiling temperature
Kraft *f*/**abstoßende** repulsive force
   bindende ~ bonding force
   chemische ~ chemical force *(of the absorption process)*

Coulombsche ~ *s.* elektrostatische ~
elektromotorische ~ electromotive force, emf
elektrostatische ~ electrostatic force, Coulomb (coulombic) force
intermolekulare ~ intermolecular force
treibende ~ driving force, motive force
van-der-Waalssche ~ van der Waals [attractive] force
zwischenmolekulare ~ intermolecular force
Kraftfahrzeugabgas *n* automotive exhaust
Kraftkonstante *f* *(opt mol)* force constant
Kramers-Kronig-Beziehung *f* *(spec)* Kramers-Kronig relationship (dispersion relation)
Kratky-Diagramm *n* Kratky plot *(light scattering)*
krebserregend, krebserzeugend carcinogenic
Kreisbahn *f* *(maspec)* circular trajectory
Kreisblattschreiber *m* circular chart recorder
Kreiselachse *f* *(opt mol)* figure axis
Kreisfrequenz *f* angular frequency (velocity)
Kreisstrom *m* *(nuc res)* ring (circular) current
Kreuzcovarianzfunktion *f* *(stat)* cross covariance function
Kreuz[immuno]elektrophorese *f* cross-over electrophoresis, crossed [immuno]electrophoresis
Kreuzkorrelations-Teilprogramm *n* cross-correlation subroutine *(laboratory automation)*
Kreuzkovarianzfunktion *f* *(stat)* cross covariance function
Kreuzpeak *m* *(nuc res)* cross peak
Kreuzpolarisation *f* *(mag res)* cross polarization, CP
Kreuzpolarisation-Rotation *f* **um den magischen Winkel** *(mag res)* cross polarization-magic angle spinning, CP-MAS
Kreuzpolarisationstechnik *f*, **Kreuzpolarisationsverfahren** *n* *(nuc res)* cross-polarization method
Kreuzpolarisierung *f* *s.* Kreuzpolarisation
Kreuzrelaxation *f* *(nuc res)* [dipolar] cross-relaxation
Kreuzrelaxationsrate *f* *(nuc res)* cross-relaxation rate
Kreuzsignal *n* *(nuc res)* cross peak
Kristall *m* crystal
   gestörter ~ imperfect crystal
   thermotroper flüssiger ~ thermotropic liquid crystal
Kristallachse *f* crystal (crystallographic) axis
Kristallbau *m* crystal structure
Kristallbaufehler *m* crystal defect, lattice defect (imperfection)
Kristalldetektor *m* *(el res)* crystal detector
Kristallebene *f* crystal plane
Kristallfehler *m s.* Kristallbaufehler
Kristallfläche *f* crystal face
Kristallgitter *n* crystal lattice
Kristallgitterspektrometer *n* crystal [diffraction] spectrometer
Kristallgröße *f* crystal size

Kristallhabitus *m* crystal habit
kristallin crystalline
kristallin-flüssig liquid-crystalline
Kristallinität *f* crystallinity
Kristallisation *f* crystallization
  fraktionierte ~ fractional crystallization
  partielle (teilweise) ~ partial crystallization
Kristallisationsgeschwindigkeit *f* velocity (rate) of crystallization
Kristallisationskeimbildung *f (grav)* nucleation
Kristallisationstemperatur *f* crystallization temperature
Kristallisationszentrum *n* nucleation site
kristallisierbar crystallizable
  nicht ~ non-crystallizable
kristallisieren to crystallize
Kristallit *m* crystallite
Kristallkeimbildung *f (grav)* nucleation
Kristallklasse *f* crystal class, class of crystal symmetry
Kristallmonochromator *m (spec)* crystal monochromator
Kristallographie *f* crystallography
kristallographisch crystallographic
Kristalloszillator *m* crystal-controlled oscillator
Kristallpulver *n* crystal (crystalline) powder
Kristallspektrometer *n* crystal [diffraction] spectrometer
Kristallstörung *f s.* Kristallbaufehler
Kristallstruktur *f* crystal structure
Kristallstrukturanalyse *f* crystal[-structure] analysis
  röntgenographische ~ X-ray crystal[-structure] analysis, X-ray crystallographic analysis
Kristallstrukturbestimmung *f* crystal-structure determination, crystallographic structure determination
Kristallsymmetrie *f* crystal symmetry
Kristallsystem *n* crystal (crystallographic) system
  hexagonales ~ hexagonal [crystal] system
  kubisches ~ cubic [crystal] system, regular system
  monoklines ~ monoclinic [crystal] system
  orthorhombisches ~ orthorhombic [crystal] system, rhombic [crystal] system
  reguläres ~ *s.* kubisches ~
  rhombisches ~ *s.* orthorhombisches ~
  rhomboedrisches ~ rhombohedral [crystal] system, trigonal [crystal] system
  tetragonales ~ tetragonal [crystal] system
  trigonales ~ *s.* rhomboedrisches ~
  triklines ~ triclinic [crystal] system
Kristallversetzung *f* crystal dislocation
Kristallviolett *n* crystal violet
Kristallwachstum *n* crystal growth
Kristallwachstumsgeschwindigkeit *f* crystal growth rate
Kristallwasser *n* water of crystallization
Kristallwinkel *m* crystal angle

Kronenether *m* crown [poly]ether
Kronglas *n* crown glass
Krümmungsradius *m* radius of curvature
Kryomagnet *m* superconducting (superconductive) magnet
Kryometrie *f* cryometric analysis
Kryoskop *n* cryoscope
Kryoskopie *f* cryoscopy, cryoscopic method
kryoskopisch cryoscopic
Kryptand *m* cryptand
Krypton *n* Kr krypton
Kryptonionen-Laser *m* krypton[-ion] laser
KS (Kammersättigung) *(liq chr)* chamber saturation
K-Schale *f (X-spec)* K shell
K-Serie *f (X-spec)* K-series
K-Strahlung *f (X-spec)* K-radiation
Kubelka-Munk-Funktion *f* Kubelka-Munk function *(of diffuse reflectance)*
Kubelka-Munk-Gleichung *f* Kubelka-Munk equation *(of diffuse reflectance)*
Kuderna-Danish-Konzentrator *m (chr)* Kuderna-Danish evaporative concentrator
Kugel *f*/**hydrodynamisch äquivalente** hydrodynamically equivalent sphere
Kugelschliffstopfen *m* ball-joint stopper
kühlen to cool
Kühlfalle *f* cold [solvent] trap, cryogenic trap
Kühlfingerküvette *f (spec)* cold-finger cell
Kühlgerät *n* cooling device
Kühlküvette *f (spec)* cooled cell
Kühlplatte *f* cooling plate
Kühlung *f* cooling
Kühlvorrichtung *f* cooling device
Kuhn-Mark-Houwink-Gleichung *f* [Kuhn-]Mark-Houwink equation *(relating intrinsic viscosity and molecular weight of polymers)*
Kunstharz[-Ionen]austauscher *m* [ion-]exchange resin, resinous (synthetic organic) ion exchanger
Kunststoffkapillarrohre *npl* plastic capillary tubing
Kunststofffolie *f* plastic sheet
Kunststoffperlen *fpl*/**poröse** porous polymer[ic] beads
Kupfer *n* Cu copper
  metallisches ~ metallic copper
Kupferdraht *m* copper wire
Kupferhalogenid *n* copper halide
Kupferkathode *f* copper cathode
Kupfer/Kupferoxid-Elektrode *f* copper/cupric oxide electrode
Kupferlegierung *f* copper[-based] alloy
Kupferoxid *n*, **Kupfer(II)-oxid** *n* copper (cupric) oxide
Kupferrohr *n* copper tubing
Kupferron *n* cupferron, copperon *(ammonium salt of N-nitroso-N-phenylhydroxylamine)*
Kupferronat *n* cupferrate
Kupfer(II)-Verbindung *f* copper(II) compound
kuppeln to couple *(to form an azo dye)*
Kupp[e]lung *f* coupling *(to form an azo dye)*

Kurve

Kurve f curve, trace
chronopotentiometrische ~ chronopotentiogram
~ **der durchschnittlichen Stichprobenanzahl** average sample number curve
elektrokapillare ~ *(pol)* electrocapillary curve
polarographische ~ polarogram
S-förmige ~ sigmoid [curve]
thermogravimetrische ~ thermogravimetric curve
voltammetrische ~ voltammogram
Kurvenanpassung f curve fitting
Kurzkettenverzweigung f short-chain branch[ing]
kurzkettig short-chain *(compound)*
Kurzprüfung f accelerated test
Kurzschlußelektrolyse f internal electrolysis *(without external voltage)*
Kurzversuch m accelerated test
Kurzzeiteigenschaften fpl short-term properties
Kurzzeitkonzentration f short-term concentration
Kurzzeitprüfung f s. Kurzzeitversuch
Kurzzeitrauschen n *(meas)* short-term noise
Kurzzeitverhalten n short-term behaviour
Kurzzeitversuch m short-time test (assay), short[-term] test
Küvette f cell, cuvet[te]
geschlossene ~ closed cell
~ **mit variablem Lichtweg** *(spec)* variable path-length cell
~ **mit verlängertem Lichtweg** *(spec)* multiple-pass cell
Küvetteneffizienz f cell efficiency
Küvettenfehler m *(spec)* cell error
Küvettenhalter m cell holder
Küvettenpaar n *(spec)* matched cells *(with closely similar optical properties)*
Kw. (Königswasser) aqua regia *(mixture of hydrochloric and nitric acid)*
KZ (Koordinationszahl) coordination number

L

LAAS (Laser-Atomabsorptionsspektrometrie) laser atomic absorption spectrometry, LAAS
labil unstable
thermisch ~ thermolabile, thermally labile (unstable)
Labor n s. Laboratorium
Laboranalyse f laboratory analysis
Laborapparat m laboratory apparatus
Laborarbeit f laboratory work
Laborarmatur f laboratory fitting
Laboratorium n lab[oratory], lab.
analytisches ~ analytical laboratory
chemisches ~ chemical (chemistry) laboratory
in ein Rechnernetz integriertes ~ s. rechnernetzintegriertes ~
klinisches ~ clinical [chemistry] laboratory
rechnernetzintegriertes ~ computer-integrated laboratory, CIL

wissenschaftlich-technisches ~ science-technology-type laboratory
Laboratoriums... s. Labor...
Laborausrüstung f laboratory equipment
elektrische ~ electrical laboratory equipment
Laborausstattung f s. Laborausrüstung
Laborautomation f, **Laborautomatisierung** f laboratory automation
Laborbedingungen fpl laboratory conditions
Laborbefund m laboratory finding
Laborbestimmung f laboratory determination
Laborbrenner m laboratory burner
Laborchemikalie f laboratory chemical
Laborcomputersystem n laboratory computer system
Labordatenerfassungssystem n lab data acquisition system
Laboreinrichtung f laboratory equipment
Laboreinsatz m laboratory use
Laborfiltration f laboratory filtration
Laborgerät n laboratory apparatus
elektrisches ~ electrical laboratory apparatus
Laborgeräte npl laboratory apparatus, labware
~ **aus Glas** laboratory glassware
Laborglas n chemically resistant glass
Laborkoordinatensystem n *(mag res)* laboratory (fixed laboratory reference) frame
Labormaßstab/im laboratory[-scale], lab-scale, on a (the) laboratory scale
Labormeßgerät n laboratory instrument
Labormeßwerte mpl lab[oratory] data
Labormethode f laboratory method
Laborofen m laboratory furnace
Labor-pH-Meter n laboratory pH-Meter
Laborporzellan n laboratory [chemical] porcelain
Laborpresse f laboratory press
Laborprobe f laboratory sample
Laborprüfung f laboratory testing
Laborrührer m laboratory agitator (stirrer)
Laborsieb n laboratory sieve
Laborstandard m laboratory standard
Laborstandflasche f laboratory bottle
Laborsystem n/festes s. Laborkoordinatensystem
Labortechnik f laboratory technique
labortechnisch 1. laboratory; 2. s. Labormaßstab/im
Labortisch m laboratory table (bench, desk)
Laboruntersuchung f laboratory investigation (examination), bench-scale study
Laborverfahren n laboratory process (procedure, operation)
Laborversuch m laboratory test
Laborwaage f laboratory balance
Labyrinthfaktor m *(chr)* tortuosity (labyrinth, obstruction, obstructive) factor
Lachgas n nitrous oxide, nitrogen monoxide
Lachgas-Acetylen-Flamme f nitrous oxide-acetylene flame
Lackmuspapier n litmus paper

Lactat *n* lactate
Lactatdehydrogenase *f* lactate dehydrogenase, LDH
Lactose *f* lactose, milk sugar
laden to charge
Ladeposition *f (flow)* sampling (load) position
Ladestrom *m* charging current
Ladestromabfall *m* decay of charging current
Ladung *f*/**effektive** net[t] charge
  elektrische ~ electric charge
  gleichnamige ~ like charge
  negative ~ negative charge
  positive ~ positive charge
  zirkulierende elektrische ~ circulating charge
Ladungsaustausch *m* charge exchange, CE
Ladungsdichteverteilung *f* charge [density] distribution
Ladungsdoppelschicht *f* electric[al] double layer
Ladungseinheit *f (coul)* unit of charge
Ladungsinkrementpolarographie *f* incremental-charge polarography, discharge (charge-step) polarography
ladungslos uncharged, electrically neutral
Ladungsmenge *f* quantity (amount) of charge
Ladungsmengenmesser *m* coulo[mb]meter
Ladungsmengenmessung *f* coulometry
Ladungsschwerpunkt *m* charge[d] centre
ladungstragend charge-bearing, charge-carrying
Ladungsträger *m* charge carrier
Ladungsübertragung *f* charge transfer
Ladungsübertragungskomplex *m* charge transfer complex, donor-acceptor complex
Ladungsübertragungsreaktion *f* charge-transfer (charge-exchange) reaction
Ladungsumkehrreaktion *f* charge-inversion reaction
Ladungsvertauschungsreaktion *f* charge-permutation reaction
Ladungsverteilung *f* charge [density] distribution
Ladungszahl *f* charge number
Lage *f* **der Kerne** *(mag res)* nuclear position
  spektrale ~ central wavelength *(of a band-pass filter)*
Lageenergie *f* potential energy
Lagerbehälter *m* storage tank
Lagerbestandskosten *pl* inventory cost
Lagerfähigkeitsdauer *f* storage life
lagern to store, to keep
Lagerung *f* storage, storing, keeping
LALLS-Detektor *m (liq chr)* low-angle laser-light scattering detector, LALLS detector
Lamb-Formel *f (nuc res)* Lamb['s] formula
laminar laminar
Laminarströmung *f* laminar flow
LAMOFS (laserangeregte Molekülfluoreszenz-Spektrometrie) laser-excited molecular fluorescence spectrometry, LAMOFS
LAMS (Laser-Massenspektrometrie) laser mass spectrometry, L[A]MS

Lasermikrospektralanalyse

Landé-Faktor *m (spec)* [Landé] g factor, [Landé] splitting factor, gyromagnetic (spectroscopic splitting) factor
Landolt-Reaktion *f (catal)* Landolt reaction
Langkettenverzweigung *f* long-chain branch[ing]
langkettig long-chain
Langmuir-Adsorptionsisotherme *f*, **Langmuir-Isotherme** *f* Langmuir [adsorption] isotherm
Langpaßfilter *m (opt anal)* long-pass filter
Längsdiffusion *f (chr)* axial (longitudinal) diffusion, axial molecular diffusion
Längsvermischung *f (flow)* longitudinal (axial) mixing
langwellig long-wavelength
Lanthan *n* La lanthanum
Lanthan[o]id *n* lanthan[o]id
Lanthanoidenelement *n* lanthan[o]id
Lanthanoiden-Shift-Reagens *n (nuc res)* lanthanoid shift reagent, LSR
Larmor-Frequenz *f (mag res)* Larmor [precession] frequency, nuclear angular precession frequency
Larmor-Präzession *f (mag res)* Larmor precession
Laser *m*/ **abstimmbarer (durchstimmbarer)** tunable laser
  gepulster ~ pulsed laser
  ~ **im sichtbaren Spektralbereich** visible laser
  kontinuierlicher ~ continuous laser
Laseranregung *f* laser [beam] excitation
Laser-Atomabsorptionsspektrometrie *f* laser atomic absorption spectrometry, LAAS
Laseratomisieren *n* laser atomization
Laser-Desorption[/Ionisation] *f* laser desorption/ionization, LDI, laser desorption, LD
Laserionisation *f* laser [beam] ionization
Laser-Kleinwinkellichtstreuung *f* laser low-angle light scattering, LLALS, low-angle laser-light scattering, LALLS
Laser-Kleinwinkelstreulichtdetektor *m (liq chr)* low-angle laser-light scattering detector, LALLS detector
Laser-Kleinwinkelstreulichtphotometer *n* low-angle laser-light scattering photometer, LALLS photometer
Laser-Kleinwinkelstreuung *f s.* Laser-Kleinwinkellichtstreuung
Laserlicht *n* laser light
Laserlichtimpuls *m* laser pulse
Laserlicht-Kleinwinkelstreuung *f s.* Laser-Kleinwinkellichtstreuung
Laserlichtquelle *f* laser [light] source
Laser-Massenspektrometrie *f* laser mass spectrometry, L[A]MS
Lasermedium *n* active (amplifying, laser) medium
Lasermikrosonde *f* laser microprobe
Lasermikrosonden-Massenspektrometrie *f* laser microprobe mass analysis, LAMMA, laser-induced mass analysis, LIMA
Lasermikrospektralanalyse *f* laser microprobe analysis, LMA

Laserniveau

Laserniveau *n* lasing energy level
Laserpuls *m* laser pulse
Laser-Pyrolyse *f* laser pyrolysis
Laserquelle *f* laser [light] source
Laser-Raman-Mikroanalyse *f* laser Raman microanalysis, LRMA
Laser-Raman-Spektroskopie *f* laser Raman spectroscopy
Laserresonator *m* laser (optical) cavity
Laserspektroskopie *f* laser spectroscopy
Laserstrahl *m* laser beam
Laserübergang *m* laser (lasing) transition
Lastarmverhältnis *n* arm ratio *(of a balance)*
Lauf *m* *(liq chr)* run
  chromatographischer ~ chromatographic run
laufen lassen [to allow] to run *(an experiment)*
Laufmittel *n* *(liq chr)* [liquid] mobile phase, liquid phase, [mobile] solvent *(in column chromatography)*, *(elution chromatography also)* eluent, eluant, eluting solvent (agent), *(planar chromatography also)* developer, developing (development) solvent
Laufmittelfront *f* *(liq chr)* mobile phase front, [solvent] front, dry [solvent] front
Laufrichtung *f* direction of migration (travel)
Laufstrecke *f* *(chr, elph)* migration (migrated) distance, distance travel; *(maspec)* flight path
  ~ **der mobilen Phase** *(liq chr)* mobile phase [migration] distance, solvent migration distance
  ~ **der Substanz** *(liq chr)* solute distance
Laufzeit *f* *(liq chr)* run[ning] time; *(maspec, coul)* transit time
Lauge *f*/**eingestellte** *(vol)* standard base
Lauge-Maßlösung *f* *(vol)* standard base
Lawineneffekt *m* avalanche effect
Lawrencium *n* Lr lawrencium
LCD-Anzeige *f*/**16-zeilige** *(lab)* 16-line LCD display *(data acquisition)*
LC-IR-Interface *n* LC-IR interface
LC-IR-Kopplung *f* liquid chromatography-infrared spectrometry coupling, LC-IR
LC-MS-Interface *n* LC-MS interface
LC-MS-Kopplung *f* liquid chromatography-mass spectrometry coupling, LC-MS
l-cpL (links circular polarisiertes Licht) left-circularly polarized light
LD *s.* Laser-Desorption
LDH *s.* Lactatdehydrogenase
LDI *s.* Laser-Desorption/Ionisation
LE *s.* Leitelektrolyt
Leading *n* *(chr)* fronting, leading, bearding
Lebensdauer *f* lifetime, life period (span); life; durability
  ~ **der Trennsäule** column life
  intrinsische ~ *(spec)* intrinsic (natural, radiative) lifetime
  mittlere ~ average lifetime, average life [period], mean life[time] *(of a nuclide also)* radioactive mean life

Lebensmittel *npl* food
Lebensmittelanalytik *f* food analysis
Lebenszyklus *m* life cycle *(of a drop)*
Leck *n* leak
Leerküvette *f* blank cell
Leerlastanzeige *f*, **Leerlaufanzeige** *f* no-load indication
Leerlaufanzeigewert *m* no-load reading
Leerlaufspannung *f* no-load voltage
Leerlaufstrom *m* no-load current
Leerprobe *f* blank sample
Leerrohrgeschwindigkeit *f* *(chr)* nominal linear velocity (flow)
Leersäule *f* *(chr)* column blank
Leerversuch *m* blank experiment
Leerwert *m* blank reading (value)
Leerwertlösung *f* blank solution
Leerzeit *f* *(chr)* [mobile phase] hold-up time, column dead time, *(liq chr also)* solvent hold-up
Legierungszusatz *m* minor element *(of an alloy)*
leichtflüchtig readily volatile
leichtlöslich readily soluble
Leistung *f* **des Impulses** pulse power
Leistungsdifferenzkalorimeter *n* differential [scanning] calorimeter
Leistungsdifferenzkalorimetrie *f* [/registrierende] differential scanning calorimetry, DSC
Leistungsfähigkeit *f* capacity *(of a balance)*
Leistungsindex *m* (gas chr) performance index
Leistungsverlustfaktor *m* power-loss factor
Leitelektrolyt *m* *(pol, elph)* basic (supporting) electrolyte, indifferent electrolyte (salt), *(elph also)* leading electrolyte, leader
leiten to control *(an analysis)*; to conduct *(e.g. heat, electricity)*
Leiter *m* conductor *(as of heat, electricity)*
  elektrischer ~ electric conductor, conductor of electricity
  elektrolytischer ~ electrolytic conductor
  ~ **erster Ordnung** electronic conductor
  flüssiger ~ *(pol)* liquid conductor
  ~ **zweiter Ordnung** ionic conductor
leitfähig conductive
  elektrisch ~ electrically conductive
Leitfähigkeit *f* conductivity, conductance *(as for heat)*
  elektrische ~ electric[al] conductivity
  elektrolytische ~ electrolytic conductance (conductivity)
  molare ~ molar conductance (conductivity)
  spezifische [elektrische] ~ electrical (specific) conductance, [electrical, specific] conductivity *(a material parameter)*
Leitfähigkeitsänderung *f* conductivity change
  konzentrationsabhängige ~ concentration-dependent conductivity change
Leitfähigkeitsband *n* conduction band
Leitfähigkeitsdetektion *f* *(liq chr)* [electrical] conductivity detection, conductance (conductimetric) detection

~ **mit Suppressorsystem** *(liq chr)* suppressed conductivity detection
Leitfähigkeitsdetektor *m* conductivity (conductometric, conductance, conductimetric) detector
 Coulsonscher ~ *(gas chr)* Coulson [electrolytic conductivity] detector
 elektrolytischer ~ *(gas chr)* electrolytic conductivity detector, ELCD, Hall electrolytic conductivity detector, HECD, conductimetric detector
Leitfähigkeitsfeuchtemesser *m*, **Leitfähigkeitshygrometer** *n* conductivity-type moisture meter
Leitfähigkeitskoeffizient *m* conductivity ratio
Leitfähigkeits-Konzentrations-Kurve *f* conductivity-concentration curve
Leitfähigkeitskurve *f* conductance curve
Leitfähigkeitsmeßbrücke *f* conductance bridge, conductivity [measuring] bridge
Leitfähigkeitsmesser *m*, **Leitfähigkeitsmeßgerät** *n* conductance meter, conductivity analyser (measuring instrument)
Leitfähigkeitsmessung *f* conductance measurement, conductivity analysis (measurement)
Leitfähigkeitsmeßzelle *f s.* Leitfähigkeitszelle
Leitfähigkeitsmethode *f* conductometric (conductance) method
Leitfähigkeitsprofil *n (elph)* conductivity profile
Leitfähigkeits-Prozeßanalysengerät *n* process conductivity analyser
Leitfähigkeitssensor *m* conductivity sensor
 elektrodenloser ~ electrodeless conductivity sensor
 ~ **für Prozeßanalysen** process conductivity sensor
Leitfähigkeitstauchzelle *f* dipping conductivity cell
Leitfähigkeitstitration *f* conductance (conductometric) titration
 differentielle ~ differential conductometric titration
Leitfähigkeitstitrimetrie *f* conductometric titrimetry
 differentielle ~ differential conductometric titrimetry
Leitfähigkeitsverminderung *f* conductivity decrease
Leitfähigkeitszelle *f* [differential] conductivity cell
 elektrodenlose ~ electrodeless conductivity cell
 elektrolytische ~ differential conductivity cell
Leition *n (elph)* leading ion
Leitisotop *n (rad anal)* isotopic tracer
Leitsalz *n (pol, elph)* basic (supporting, indifferent) electrolyte, indifferent salt
Leitung *f* conduction *(as of heat, electricity)*
 elektrolytische ~ electrolytic conduction
Leitungsband *n* conduction band
Leitvermögen *n s.* Leitfähigkeit
Leitwert *m/* **elektrischer** electrical conductance
 komplexer ~ admittance
 nichtfaradayscher komplexer ~ non-faradaic admittance
Leitwertmesser *m* conductometer

lenken to control *(an analysis)*
Lewis-Säure *f* Lewis acid
lg M-V-e-Kurve *f (liq chr)* [molecular weight] selectivity curve
Licht *n/* **circular polarisiertes** circularly polarized light
 durchgelassenes ~ transmitted light
 einfallendes (eingestrahltes) ~ incident light
 elliptisch polarisiertes ~ elliptically polarized light
 gestreutes ~ stray (scattered) light
 hindurchgelassenes ~ transmitted light
 horizontal polarisiertes ~ horizontally polarized light, h light
 linear polarisiertes ~ linearly polarized light, plane-polarized light
 links circular polarisiertes ~ left-circularly polarized light
 monochromatisches ~ monochromatic light
 polarisiertes ~ polarized light
 rechts circular polarisiertes ~ right-circularly polarized light
 senkrecht polarisiertes ~ vertically polarized light, v light
 sichtbares ~ visible light
 ultraviolettes ~ ultraviolet light, UV light
 vertikal polarisiertes ~ vertically polarized light, v light
Lichtabsorption *f* light absorption
lichtbeständig stable to light
Lichtbogen-Anregungsquelle *f (opt at)* arc source
Lichtbogenlampe *f (opt at)* arc lamp
Lichtbrechung *f* refraction of light
lichtdurchlässig light-transmitting, transparent, translucent
Lichtdurchlässigkeit *f* light transmission, transparency, translucence
lichtelektrisch photoelectric
Lichtempfänger *m* light detector *(of a photometer)*
lichtempfindlich light-sensitive, sensitive to light
Lichtempfindlichkeit *f* sensitivity to light, light sensitivity
Lichtgeschwindigkeit *f* speed of light, velocity of light (propagation)
Lichtleitkabel *n* fibre-optic cable
Lichtquant *n* photon, light (radiation) quantum
Lichtquelle *f* light (luminous) source
 kohärente ~ coherent light source
 monochromatische ~ monochromatic light source
 punktförmige ~ point source
Lichtstärke *f* light throughput *(of a monochromator)*
Lichtstrahl *m* light beam, beam (ray) of light
 einfallender ~ incident light beam
Lichtstreudetektor *m (liq chr)* light-scattering detector
Lichtstreuung *f* light scatter[ing], LS

Lichtstreuungsmessung f light-scattering measurement
Lichtstreuungsmethode f light-scattering method
lichtundurchlässig opaque, light-tight, lightproof
Lichtundurchlässigkeit f opacity, light-tightness
lichtunempfindlich insensitive to light
Lichtweg m (spec) absorption pathlength
Lichtwelle f light wave
Lichtwellenlänge f wavelength of light
liefern to donate (electrons, protons)
Lieferprobe f shipping sample
Lieferqualität f delivery quality
Ligand m / **allgemeiner (gruppenspezifischer)** general ligand
~ **mit Donorgruppe** donor ligand
Ligandenaustausch m ligand exchange
Ligandenaustauschchromatographie f ligand-exchange chromatography
Ligandenfeld n / **oktaedrisches** octahedral field
Liganz f coordination number
Ligatoratom n ligand donor atom (of a complex)
Linearbereich m linear dynamic range, LDR, linear [response] range (of a detector)
Linearbeschleuniger m **für Elektronen** (rad anal) linear electron accelerator
Lineardispersion f (spec) linear dispersion
reziproke ~ reciprocal linear dispersion
Linear-Entwicklungskammer f (liq chr) linear development chamber
Lineargeschwindigkeit f linear velocity
~ **der mobilen Phase** (chr) mobile phase [linear] velocity
~ **des Trägergases** (gas chr) linear gas velocity
Linearität f linearity
Linearitätsbereich m s. Linearbereich
Lineweaver-Burk-Gleichung f (catal) Lineweaver-Burk equation
Lingane-Karplus-Verfahren n (pol) Lingane-Karplus method
Lingane-Kerlinger-Verfahren n (pol) Lingane-Kerlinger procedure
Lingane-Laitinen-Gefäß n (pol) Lingane-Laitinen cell
Lingane-Loveridge-Gleichung f (pol) Lingane-Loveridge equation
Linie f / **anti-Stokessche** (opt mol) anti-Stokes line
Stokessche ~ (opt mol) Stokes line
verbotene ~ (spec) forbidden line
Linien fpl / **letzte** (spec) persistent (ultimate) lines, raies ultimes, R.U.
progressiv verbundene (verknüpfte) ~ (nuc res) progressively linked lines
regressiv verbundene ~ (nuc res) regressively linked lines
Linienaufspaltung f (spec) line splitting
Linienbreite f (spec) line width
natürliche ~ (spec) natural line width, natural breadth of a spectral line
Linienform f (spec) lineshape

Linienformanalyse f (spec) lineshape analysis
vollständige ~ complete lineshape analysis, CLA
Linienformberechnung f (spec) lineshape calculation
Linienformfunktion f (spec) lineshape (signal) function
Liniengestalt f (spec) lineshape
Linienintensität f (spec) line intensity
Linienpaar n (spec) line pair
homologes ~ homologous pair (lines)
Linienspektrum n line spectrum
Linienstrahler m [atomic] line source
Linienverbreiterung f (spec) line broadening, LB, broadening of spectral lines
paramagnetische ~ (nuc res) paramagnetic broadening
Linienverschmälerung f (spec) line narrowing
Linksquarz m left-handed quartz
Linse f / **elektrostatische** electrostatic lens
Lipid n lipid
lipophil lipophilic, lipophile
Lipophilie f, **Lipophilität** f lipophilicity
Liquid-Solid-Adsorptionschromatographie f s. Liquidus-Solidus-Chromatographie
Liquidus-Liquidus-Chromatographie f liquid-liquid chromatography, LLC, liquid-liquid partition chromatography
Liquidus-Solidus-Chromatographie f liquid-solid chromatography, LSC, liquid adsorption chromatography
Liter-Molarität f amount-of-substance concentration, amount (substance, molar) concentration, molarity
Lithium n Li lithium
Lithium-Amalgam-Elektrode f (pot) lithium-amalgam electrode
Littrow-Aufstellung f (spec) Littrow mounting
Littrow-Monochromator m (spec) Littrow monochromator
LLC s. Liquidus-Liquidus-Chromatographie
LMA (Lasermikrospektralanalyse) laser microprobe analysis, LMA
LMS (Laser-Massenspektrometrie) laser mass spectrometry, L[A]MS
Loch n **eines tieferliegenden Zustands** (spec) core hole
Lock m / **externer** (nuc res) external lock
interner ~ internal lock
locken (nuc res) to lock
Lockfrequenz f (nuc res) lock frequency
Lockkanal m (nuc res) lock channel
Locksignal n (nuc res) lock (control) signal
Locksystem n / **externes** s. Lock / externer
LOD (longitudinale Detektion) longitudinal detection of electron spin resonance, LODESR
Löffel m ladle
Lokalisation f loca[liza]tion
lokalisieren to locate, to localize

London-Kraft *f* dispersion (dispersive, London) force
Longitudinaldiffusion *f (chr)* axial (longitudinal, axial molecular) diffusion
Longitudinalvermischung *f (flow)* longitudinal (axial) mixing
Lorentz-Kurve *f (stat)* Lorentzian[-type] curve
Lorentz-Profil *n (spec)* Lorentzian profile, Lorentzian [line shape]
Lorentz-Verteilung *f (stat)* Lorentzian distribution
Los *n* batch, lot
löschen to quench *(fluorescence)*
Löscher *m* quenching agent, quencher
Löschpapier *n* blotting [paper], blotting
Löschung *f* quenching *(of fluorescence)*
Lösefähigkeit *f* dissolving (solubilizing, solvent, solubility) power, solvency
Lösefraktionierung *f* extraction fractionation
Lösemittel *n* solvent
lösen 1. to dissolve, to bring into solution; 2. to cleave, to break *(bonds)*
  sich ~ to dissolve, to go into solution, to undergo dissolution
  sich schwer ~ to dissolve with difficulty
  sich wieder ~ to re-dissolve
  wieder ~ to re-dissolve
Löser *m* solvent
Lösevermögen *n* s. Lösefähigkeit
Losgröße *f* batch (lot) size
Losgrößenoptimierung *f* lot-size optimization
löslich soluble • **~ machen** to solubilize
  gut ~ readily soluble
  in Fett ~ lipophilic, lipophile
  in organischen Lösungsmitteln ~ organosoluble
  in Säure ~ acid-soluble, soluble in acids
  ineinander ~ mutually soluble
  leicht ~ readily soluble
  mäßig ~ moderately soluble
  nicht in Wasser ~ water-insoluble
  schwer ~ sparingly soluble
  teilweise ~ partially soluble
  wenig ~ sparingly soluble
Löslichkeit *f* solubility
  ~ in Wasser water (aqueous) solubility
Löslichkeitserhöhung *f*/**relative** *(grav)* supersaturation (von Weimarn) ratio, relative supersaturation
Löslichkeitsgleichgewicht *n* solubility equilibrium
Löslichkeitskonstante *f (pot)* solubility-product constant
Löslichkeitsparameter *m* solubility parameter
Löslichkeitsprodukt *n* solubility product, SP
Löslichmachung *f* solubilization
Losstreuung *f (stat)* batch variation
Losumfang *m* batch (lot) size
Lösung *f* solution • **in ~ gehen** to dissolve, to go into solution, to undergo dissolution • **in ~ halten** to keep in solution

analysierte ~ solution analysed, analysis solution
echte ~ true solution
eingestellte ~ *(vol)* standard[ized] solution
feste ~ mixed crystal, solid solution
gerührte ~ *(pol)* stirred solution
gesättigte ~ saturated solution
kolloide ~ colloidal solution
maßanalytische ~ volumetric solution
methanolische (methylalkoholische) ~ methanolic solution
molare ~ molar solution
molekulare ~ true solution
nichtwäßrige ~ non-aqueous solution
normale ~ normal solution
saure ~ acid[ic] solution
standardisierte ~ *(vol)* standard[ized] solution
stark verschmutzte (verunreinigte) ~ heavily-contaminated solution
übersättigte ~ supersaturated solution
überstehende ~ supernatant [liquid], supernatant liquor
ungerührte ~ unstirred solution
unvorbereitete ~ extemporaneous solution
verdünnte ~ dilute solution
volumenmolare ~ molar solution
wäßrige ~ aqueous solution
zu analysierende ~ solution to be analysed, analysing (analysis) solution
zu prüfende (untersuchende) ~ test (experimental, analytical) solution, solution to be tested (studied), solution for examination (investigation)
Lösungsenthalpie *f* enthalpy of solution
Lösungsfraktionierung *f* extraction fractionation
Lösungsgleichgewicht *n* solution equilibrium
Lösungskonzentration *f* solution strength
Lösungsmenge *f* bulk of the solution
Lösungsmittel *n* solvent; *(liq chr)* [liquid] mobile phase, liquid phase, [mobile] solvent *(in column chromatography), (elution chromatography also)* eluent, eluant, eluting solvent (agent), *(planar chromatography also)* developer, developing (development) solvent
amphiprot[isch]es ~ *(vol)* amphiprotic solvent
amphoteres ~ s. amphiprotisches ~
aprotisches ~ aprotic (non-electrolytic) solvent
chirales ~ *(mag res)* chiral solvating agent, CSA
deuteriertes ~ deuterated solvent
dipolares aprotisches ~ aprotic dipolar solvent
dipolares protisches ~ protic dipolar solvent
gemischtes ~ solvent mixture, mixed solvent
~ mit großer Elutionsstärke strong eluting solvent
~ mit starker Elutionskraft strong eluting solvent
nichtwäßriges ~ non-aqueous solvent
organisches ~ organic solvent
polares ~ polar solvent
protisches ~ protic solvent

Lösungsmittel

protogenes ~ protogenic solvent
protophiles ~ protophilic solvent
schwaches ~ weak solvent
selektives ~ selective solvent
spezifisch leichtes ~ *(extr)* lighter-than-water solvent
spezifisch schweres ~ *(extr)* heavier-than-water solvent
stagnierendes ~ *(liq chr)* stagnant mobile phase
stark eluierendes ~ strong eluting solvent
starkes ~ strong solvent
stehendes ~ *(liq chr)* stagnant mobile phase
wäßriges ~ aqueous solvent
lösungsmittelabhängig solvent-dependent
Lösungsmittelabhängigkeit f solvent dependence
lösungsmittelabstoßend lyophobic
lösungsmittelanziehend lyophilic
lösungsmittelbeständig solvent-resisting, solvent-resistant
Lösungsmittelbeständigkeit f solvent resistance
Lösungsmittelbestandteil m solvent constituent
Lösungsmitteldampf m solvent vapour
Lösungsmitteleffekt m solvent effect *(with indicators)*
Lösungsmitteleigenschaften fpl solvent properties
Lösungsmittelentmischung f solvent demixing
Lösungsmittelextraktion f [liquid-]liquid extraction, solvent extraction (partition)
lösungsmittelfest s. lösungsmittelbeständig
lösungsmittelfrei solventless
Lösungsmittelfront f *(liq chr)* mobile phase front, [solvent] front, dry solvent [front]
Lösungsmittelgemisch n solvent mixture, mixed solvent; *(liq chr)* eluent mixture, mixed (multicomponent) eluent
binäres ~ binary solvent [mixture], binary mobile phase
Lösungsmittelgleichgewicht n solvent balance
Lösungsmittelgradient m *(liq chr)* eluent (solvent, mobile-phase) gradient
Lösungsmittelmasse f mass of solvent
Lösungsmittelpeak m *(gas chr)* solvent peak
Lösungsmittelpfropf m *(gas chr)* solvent plug
Lösungsmittelpolarität f solvent polarity
Lösungsmittelprogramm n *(liq chr)* solvent program
Lösungsmittelprogrammierung f *(liq chr)* eluent (solvent) programming
Lösungsmittelreihe f solvent series, series of solvents
eluotrope ~ *(liq chr)* eluotropic series
Lösungsmittelreservoir n solvent reservoir
Lösungsmittelselektivität f solvent selectivity
Lösungsmittelserie f s. Lösungsmittelreihe
Lösungsmittelsignal n *(nuc res)* solvent signal (peak)
Lösungsmittelspülung f solvent rinsing

Lösungsmittelstärke f 1. solvent strength; 2. s. Lösungsmittelstärkeparameter
Lösungsmittelstärkeparameter m solvent strength [parameter], eluent parameter
Lösungsmittelsystem n solvent system
Lösungsmittelverdunstung f solvent evaporation
Lösungsmittelverschiebung f *(spec)* solvent[-induced] shift
Lösungsmittelviskosität f solvent viscosity
Lösungsmittelvolumen n außerhalb der Gelkörner *(liq chr)* interstitial (interparticle, void) volume, interstitial void (liquid, particle) volume, column void volume, outer [bed] volume
~ innerhalb der Gelkörner *(liq chr)* internal pore volume, inner (internal) volume, gel inner volume
Lösungsmittelwechsel m solvent change[over]
Lösungsmittelzusammensetzung f solvent composition
Lösungs-NMR-Spektroskopie f solution NMR spectroscopy, solution-state NMR
Lösungsphase f solution phase
Lösungsreaktion f solution reaction
Lösungsspektralanalyse f solution spectroscopy
Lösungsspektrum n solution spectrum
Lösungstemperatur f solution temperature
Lösungsverhalten n solution behaviour
Lösungsvermögen n dissolving (solubilizing, solvent, solubility) power, solvency
Lösungsvolumen n solution volume, volume of solution
Lösungszusammensetzung f solution composition
Low-Pass-Filter n *(meas)* low-pass filter
lpL (linear polarisiertes Licht) linearly polarized light, plane-polarized light
LRMA (Laser-Raman-Mikroanalyse) laser Raman microanalysis, LRMA
LSC (Liquidus-Solidus-Chromatographie) liquid-solid chromatography, LSC, liquid adsorption chromatography
L-Schale f *(X-spec)* L shell
L-Serie f *(X-spec)* L-series
Lsgm. s. Lösungsmittel
LS-Kopplung f *(mag res)* spin-orbit coupling, [electron] spin-orbit interaction, LS coupling, Russel-Saunders coupling
LSR (Lanthanoiden-Shift-Reagens) *(nuc res)* lanthanoid shift reagent, LSR
L-Strahlung f *(X-spec)* L-radiation
Lücke f einer inneren Schale *(spec)* core hole
Luft f/gelöste dissolved air
Luftabschluß/unter in the absence of air
Luftabwesenheit f absence of air
Luft-Acetylen-Flamme f air-acetylene flame
Luft-Alkan-Flamme f air-alkane flame
Luftbad n air bath
Luftbande f *(gas chr)* air peak
Luftbläschen n air bubble

Luftblase f air bubble
luftdicht air-tight, airtight, air-proof
Luftdruck m ambient (atmospheric) pressure
luftdurchlässig air-permeable
Lufteinwirkung/durch by exposure to air
luftempfindlich air-sensitive
lüften to de-aerate, to de-air
Luftfeuchte f atmospheric moisture, air humidity
Luftfeuchtemesser m hygrometer
  coulometrischer ~ coulometric hygrometer
Luftfeuchtigkeit f atmospheric moisture, air humidity
Luftfilter n air filter
luftfrei air-free
luftgesättigt air-saturated
luftgetrocknet air-dry, air-dried
Luft-Kohlenwasserstoff-Flamme f air-hydrocarbon flame
Luftmeßstation f air monitor
Luftoxidation f air (atmospheric) oxidation
Luftpeak m *(gas chr)* air peak
Luftreinheitanalyse f air-quality analysis
Luftreinheitanalysengerät n air-quality analyser
Luftreinheitüberwachungsgerät n air-quality monitor
  photometrisches ~ photometric air [quality] monitor
Luftschadstoff m atmospheric (air) pollutant
luftsegmentiert *(flow)* air-segmented
Luftsegmentierung f *(flow)* air segmentation
Luftspaltelektrode f air-gap electrode
lufttrocken air-dry, air-dried
Lufttrocknung f air drying
Luftüberwachung f air monitoring
Luftüberwachungsgerät n air monitor
  photometrisches ~ photometric air [quality] monitor
Luftüberwachungssystem n air-monitoring system
  chromatographisches ~ chromatographic air-monitoring system
luftundurchlässig air-tight, airtight, air-proof
Luftverschmutzung f air (atmospheric) pollution
Luftverschmutzungsstoff m air (atmospheric) pollutant
Luftverunreinigung f s. Luftverschmutzung
Luft-Wasserstoff-Flamme f air-hydrogen flame
Luftzutritt m access of air
lumineszent luminescent
Lumineszenz f luminescence
Lumineszenzanalyse f luminescence analysis
Lumineszenzanregung f luminescence excitation
Lumineszenzerscheinung f luminescence phenomenon
Lumineszenzintensität f luminescence intensity
lumineszenzmarkiert luminescent-labeled
Lumineszenzmessung f luminescence measurement
Lumineszenzspektrometer n luminescence spectrometer
Lumineszenzspektroskopie f luminescence spectroscopy
Lumineszenzspektrum n luminescence spectrum
lumineszieren to luminesce
lumineszierend luminescent
Lutetium n Lu lutetium
L'vov-Plattform f *(opt at)* L'vov platform
Lyman-Serie f *(spec)* Lyman series
lyophil lyophilic
Lyophilisation f s. Lyophilisierung
lyophilisieren to lyophilize
Lyophilisierung f lyophilization, freeze-drying
lyophob lyophobic

M

M-% mole per cent
machen:
  durch Filtration keimfrei ~ to sterilize by filtration, to filter aseptically
  keimfrei ~ to sterilize
  kenntlich (sichtbar) ~ to visualize
  unlöslich ~ to insolubilize
  unwirksam ~ to inactivate *(catalysts)*
Magnesia f magnesium oxide, magnesia
Magnesium n Mg magnesium
Magnesiumcarbonathärte f magnesium carbonate hardness *(of water)*
Magnesiumoxid n magnesium oxide, magnesia
Magnesiumpulver n magnesium powder
Magnesiumsilicat n magnesium silicate
Magnet m/**supraleitender** superconducting (superconductive) magnet
Magnetfeld n magnetic field
  angelegtes ~ applied magnetic field
  äußeres ~ external magnetic field
  effektives ~ effective [magnetic] field
  fluktuierendes ~ fluctuating magnetic field
  homogenes ~ homogeneous magnetic field
  inhomogenes ~ inhomogeneous magnetic field
  oszillierendes ~ oscillating [electro]magnetic field
  rotierendes ~ rotating magnetic field
  statisches ~ static magnetic field
Magnetfeldstärke f magnetic field strength
magnetisch magnetic
Magnetisierung f magnetization
  induzierte ~ induced magnetization
  longitudinale (makroskopische) ~ *(mag res)* equilibrium magnetization, longitudinal [component of] magnetization, z-magnetization
  transversale ~ *(mag res)* transverse [component of] magnetization
Magnetisierungskomponente f *(nuc res)* magnetization component
Magnetisierungstransfer m *(nuc res)* population (polarization, coherence) transfer, coherent transfer, CT, magnetization transfer, MT

Magnetisierungstransfer

inkohärenter ~ incoherent magnetization (coherence) transfer
Magnetisierungsvektor *m* magnetization vector
Magnetocirculardichroismus *m* magnetic circular dichroism, MCD
Magneton *n (mag res)* magneton
   Bohrsches ~ Bohr magneton
Magnetquantenzahl *f* magnetic quantum number
Magnetrührer *m* magnetic stirrer
Magnetspule *f* coil
Magnitudenspektrum *n* power spectrum
mahlen to grind, to mill
Mahlgut *n* material to be ground
Makel *m* blemish
Make-up-Gas *n (gas chr)* make-up gas, scavenger (auxiliary) gas
Makroanalyse *f* macroanalysis
Makrobestandteil *m* macrocomponent, macroconstituent
makrocyclisch macrocyclic
Makrocyclus *m* macrocyclic compound
makrokristallin macrocrystalline
Makromenge *f* macroquantity, macroamount
Makromethode *f* macromethod
Makromolekül *n* macromolecule
makromolekular macromolecular
Makropore *f* macropore
makroporig, makroporös macroporous, macroreticular
Makroprobe *f* macro sample *(> 0.1 g)*
makroretikulär *s.* makroporig
makroskopisch macroscopic
Makrowaage *f* macrobalance
MAK-Wert *m* threshold limit value, TLV, maximum allowable concentration, MAC
Maleat *n* maleate
Maleinat *n* maleate
Malonat *n* malonate
Mangan *n* Mn manganese
Manganat(VII) *n* permanganate
Mangantitration *f* **nach Volhard[/permanganometrische]** Volhard manganese titration
Manipulator *m (rad anal)* manipulator
Manometer *n* pressure gauge
Marke *f (rad anal)* label, marker, tag
Marker-Enzym *n* enzyme tag
Markersubstanz *f (chr)* marker
Mark-Houwink-Gleichung *f* [Kuhn-]Mark-Houwink equation *(relating intrinsic viscosity and molecular weight of polymers)*
Mark-Houwink-Konstante *f* Mark-Houwink constant
markieren to label, to tag
Markiersubstanz *f (maspec)* mass marker
markiert/mit einer lumineszierenden Verbindung luminescent-labeled
   radioaktiv ~ radioactive-labeled
Markierung *f* 1. labeling, tagging; 2. *(rad anal)* label, marker, tag

Markierungssubstanz *f (chr)* marker
Markow-Prozeß *m* Markow process *(a stochastic process)*
Martin-Faktor *m (gas chr)* mobile phase compressibility correction factor, [gas] compressibility correction factor, reducing factor
Masche *f* mesh *(of a sieve)*
Maschengröße *f s.* Maschenweite
Maschensieb *n* mesh screen (sieve)
   200er-Maschensieb *n* 200-mesh sieve
Maschenweite *f* mesh size (width), screen aperture, screen-size opening
Maschenzahl *f* [mesh] number *(number of openings per linear inch)*
maskieren to mask *(ions)*
Maskierung *f* masking *(of ions)*
   elektrochemische ~ electrochemical masking
Maskierungsmittel *n* masking agent
Maskierungsreagens *n* masking reagent
MAS-NMR-Spektrum *n (nuc res)* magic angle spectrum
Maßanalyse *f* titrimetric (mensuration, titration, volumetric) analysis, titrimetry
maßanalytisch titrimetric, volumetric
Masse *f* 1. bulk; 2. mass, weight
   atomare ~ atomic mass
   charakteristische ~ characteristic mass
   ~ der größten Teilchen weight of the largest particles, W.L.P.
   ~ der Trennflüssigkeit *(gas chr)* liquid-phase mass (weight)
   mittlere ~ average weight
   molare ~ molar mass
   molekulare ~ molecular mass, mass of a molecule
   nominelle ~ *(maspec)* nominal mass
   reduzierte ~ reduced mass
   volumenbezogene ~ [mass] density *(mass per unit volume)*
Masse% *n* percent[age] by weight
Masseanalyse *f* gravimetry, gravimetric analysis, [quantitative] analysis by weight
Masseänderung *f* mass (weight) change
Masseeinheit *f* unit of mass, weight unit
Masseflußdetektor *m* mass-flow[-rate] sensitive detector, mass[-sensitive] detector, mass-dependent detector, mass rate-dependent detector
Maßeinteilung *f* scale *(on measuring devices)*
Massekonstante *f* constant weight
Massekonzentration *f* mass concentration (per unit volume)
Masse-Ladungs-Verhältnis *n (maspec)* mass/charge ratio, mass-to-charge ratio, m/e value, m/z ratio
Massenanalysator *m (maspec)* mass analyser, analyser tube
   doppelfokussierender ~ double-focusing [mass] analyser
   elektrostatischer ~ electrostatic analyser

magnetischer ~ magnetic analyser
~ mit Mattauch-Herzog-Geometrie Mattauch-Herzog mass analyser
Massenauflösungsvermögen n *(maspec)* mass resolution
Massenaustausch m mass transfer
Massenaustauscherterm m *(chr)* C term, mass-transfer term *(of the van Deemter equation)*
Massenbereich m mass range
 nutzbarer ~ analytical mass range
Massenchromatogramm n mass chromatogram
Massenchromatographie f mass chromatography
Massendetektor m *s.* Masseflußdetektor
Massendichte f [mass] density *(mass per unit volume)*
Masseneinheit f mass unit, mu
 atomare ~ atomic mass unit, amu
Massenfilter m *(maspec)* mass filter
massenflußabhängig mass rate-dependent
Massenkapazität f *(ion)* total [ion] exchange capacity, total capacity, theoretical specific capacity
Massenkonzentration f mass concentration (per unit volume)
Massenmarkierer m *(maspec)* mass marker
Massenmittel n **(Massenmittelwert** m**) der Molmasse** mass-average molar mass
Massenpeak m mass spectral peak
Massenprobe f bulk sample
Massenreichweite f *(rad anal)* mean mass range
Massenskala f *(maspec)* mass scale
Massenspektralgerät n mass spectroscope
Massenspektrogramm n mass spectrogram
Massenspektrograph m mass spectrograph
Massenspektrometer n mass spectrometer
 doppelfokussierendes (doppelt fokussierendes) ~ double-focus[ing] mass spectrometer
 einfach fokussierendes ~ single-focusing mass spectrometer
 hochauflösendes ~ high-resolution mass spectrometer
 ~ mit Elektronenstoßionenquelle EI mass spectrometer
 ~ mit Sektorfeldanalysator magnetic sector (deflection) mass spectrometer
Massenspektrometrie f mass spectrometry, MS, mass-spectrometric analysis
 funkenangeregte ~ spark source mass spectrometry, SSMS
 hochauflösende ~ high-resolution mass spectrometry
massenspektrometrisch by mass spectrometry
Massenspektroskop n mass spectroscope
Massenspektroskopie f mass spectroscopy
massenspektroskopisch mass-spectroscopic
Massenspektrum n mass spectrum
 hochaufgelöstes ~ high-resolution mass spectrum
Massenstrom m mass[-flow] rate, mass flow
massenstromabhängig mass rate-dependent
massenstromempfindlich mass-flow [rate] sensitive
Massentrennsystem n *(maspec)* mass analyser, analyser tube
Massenübergang m mass transfer
Massenverhältnis n mass ratio
Massenverteilungsfunktion f mass-distribution (weight-distribution) function
Massenverteilungsverhältnis n *(chr)* capacity (partition, mass distribution) ratio, [solute] capacity factor
Massenvolumenkonzentration f mass concentration (per unit volume)
Massenwirkungsgesetz n mass-action law (expression), law of mass action
Massenwirkungskonstante f equilibrium constant
Massenzahl f 1. mass number; 2. *s.* Masse-Ladungs-Verhältnis
Masseprozent n percent[age] by weight
Masseschwund m mass (weight) loss, loss in weight
Masseveränderung f mass (weight) change
Masseverlust m *s.* Masseschwund
Massewert m mass value
Masse-zu-Ladungs-Verhältnis n *s.* Masse-Ladungs-Verhältnis
massiv solid
Maßkolben m graduated (measuring, volumetric) flask
Maßlöffel m measuring spoon
Maßlösung f *(vol)* standard[ized] solution
Maßstab/in kleinem on a micro-scale
MAS-Verfahren n *(nuc res)* magic angle spinning technique
Material n/**elektrodenaktives** electrode-active material
 unbekanntes ~ unknown
 zu untersuchendes ~ material to be tested, test (experimental) material
Materialgesamtgewicht n *(samp)* total weight of material, T.W.M.
Materialklasse f class of material
Matrix f matrix
 biologische ~ biological matrix
 inerte ~ inert matrix
 polymere ~ polymer[ic] matrix
 poröse ~ porous matrix
Matrixbestandteil m matrix element
Matrixeffekt m matrix [interference] effect
Matrixelektrode f *(el anal)* matrix electrode
 starre ~ rigid matrix electrode *(ion-selective electrode)*
Mattauch-Herzog-Geometrie f *(maspec)* Mattauch-Herzog geometry (design), M-H design
Mattauch-Herzog-Massenanalysator m *(maspec)* Mattauch-Herzog mass analyser
Matthias-Streifen m *(liq chr)* wedge-shaped strip
Maximadämpfer m *(pol)* maximum (maxima) suppressor

Maximalfehler

Maximalfehler *m (stat)* maximum error
Maximalgeschwindigkeit *f* maximum rate (velocity)
Maximalkonzentration *f* maximum concentration
Maximalspitzenstrom *m (pol)* maximum peak current
Maximalstrom *m (pol)* maximum current
Maximalwert *m* maximum value
Maximaunterdrücker *m (pol)* maximum (maxima) suppressor
Maximum *n*/**elektrokapillares** *(pol)* electrocapillary maximum, ecm
  ~ **erster Art** maximum of the first kind
  polarographisches ~ polarographic (current) maximum
  tensammetrisches ~ tensammetric peak
  ~ **zweiter Art** maximum of the second kind
Maximumverarbeitung *f (lab)* peak processing
Maxwell-Boltzmann-Gleichung *f* Maxwell-Boltzmann equation
Maxwell-Boltzmann-Statistik *f* Maxwell-Boltzmann statistics
Mazeration *f* maceration *(of plants, tissue)*
mazerieren to macerate *(plants, tissue)*
McConnell-Beziehung *f (mag res)* McConnell relation
MCD (Magnetocirculardichroismus) magnetic circular dichroism, MCD
McLafferty-Umlagerung *f (maspec)* McLafferty rearrangement
McReynolds-Konstante *f (gas chr)* McReynolds [selectivity] constant
McReynolds-Testsubstanz *f (gas chr)* McReynolds [test] probe
mechanisieren to mechanize
Mechanisierung *f* mechanization
Mechanismus *m*/**katalytischer** catalytic mechanism
Median *m s.* Medianwert
Medianbereich *m (stat)* median range
Medianwert *m* median [value] *(of measuring results)*
Medium *n*/**aktives** active (amplifying, laser) medium
  dispergierendes ~ dispersion (dispersive) medium
  stabilisierendes ~ *(elph)* supporting (stabilizing) medium, [stabilizing] support
  verstärkendes ~ *s.* Medium/aktives
M-Effekt *m* resonance effect
Mehl *n* powder
mehratomig polyatomic, multiatom *(molecule)*
mehrbasig polyprotic, polybasic *(acid)*
mehrdimensional multidimensional
Mehrelement[-Hohlkathoden]lampe *f* multi-element [hollow-cathode] lamp
Mehrfachabsorption *f* multiple absorption
Mehrfachdetektion *f* multiple detection
Mehrfachdetektorsystem *n* multidetector system
Mehrfach-Echo-Sequence *f* **nach Carr-Purcell-Meiboom-Gill** *(nuc res)* CPMG spin-echo sequence

Mehrfachelektrode *f* multiple electrode
Mehrfachentwicklung *f (liq chr)* multiple developments *(in the same direction)*
Mehrfachionisierung *f (spec)* multiple ionization
Mehrfachkapillarrohr *n (pol)* multiple capillary
Mehrfachkeilstreifen *m (liq chr)* multiwedge strip
Mehrfachmessungen *fpl* multiple measurements
Mehrfachnebenwiderstand *m* Ayrton[-type] shunt
Mehrfachprobenahme *f* multiple sampling
Mehrfachreflexion *f* multiple reflection
Mehrfachresonanz *f* multiple resonance
Mehrfachschicht *f* multimolecular layer, multilayer
Mehrfachstreuung *f* multiple scattering
Mehrfachtropfelektrode *f (pol)* multiple dropping electrode
mehrfunktionell polyfunctional
Mehrkammerverdünnungsbox *f* multichambered dilution box
Mehrkammerzelle *f (dial)* multicompartment cell
Mehrkanalanalysator *m (spec)* multichannel analyser
Mehrkanalspektrometer *n* multichannel spectrometer
mehrkernig polynuclear
Mehrkernkomplex *m* polynuclear complex
Mehrkomponentenanalyse *f* multicomponent analysis
Mehrkomponentenbestimmung *f* multicomponent determination
Mehrkomponentenlösung *f* multicomponent solution
Mehrkomponentensystem *n* multicomponent (multiple-component) system
Mehrkomponententitration *f*/**potentiometrische** multicomponent potentiometric titration
Mehrphotonenanregung *f* multiphoton (multiple-photon) excitation
Mehrphotonenionisation *f (maspec)* multiphoton (multiple-photon) ionization, MPI
mehrprotonig polyprotic, polybasic *(acid)*
Mehrpulsexperiment *n (mag res)* multiple-pulse experiment
Mehrpunkt-Probenahmesystem *n* multiple-point sampling system
  ~ **für Luft** multiple-point air sampling system
Mehrquantenfilter *n (nuc res)* multiple-quantum filter
mehrquantengefiltert *(nuc res)* multiple-quantum-filtered
Mehrquanten-Kohärenz *f (nuc res)* multi[ple]-quantum coherence, MQC
Mehrquanten-Spektroskopie *f* [2D] multiple-quantum spectroscopy
Mehrquantenspektrum *n* multiple-quantum spectrum
Mehrquantenübergang *m* multiple-quantum transition, MQT
Mehrschlitzbrenner *m* multislot (multiple slot) burner

Mehrstoffsystem n multicomponent (multiple-component) system
Mehrstufenpolarogramm n multiple polarogram
Mehrstufenverfahren n multi-stage process
Mehrwegküvette f *(spec)* multiple-pass cell
mehrwertig multivalent, polyvalent; polyprotic, polybasic *(acid)*
Mehrwertigkeit f multivalence, polyvalence
mehrzählig, mehrzähnig polydentate, multidentate *(ligand)*
Méker-Brenner m Méker burner
Membran f/**gasdurchlässige (gaspermeable)** gas[-permeable] membrane
   halbdurchlässige ~ semi-permeable membrane
   ionenselektive ~ ion-selective membrane
   ionensensitive ~ ion-sensing membrane *(of an electrode)*
   permselektive ~ permselective membrane
   poröse ~ porous membrane
   semipermeable ~ semi-permeable membrane
Membrandicke f membrane thickness
Membrane f s. Membran
Membranelektrode f *(pot)* membrane electrode
   heterogene ~ heterogeneous membrane electrode
   homogene ~ homogeneous membrane electrode
   ionenselektive ~ ion-selective membrane electrode
Membranfilter n membrane filter
Membranfiltration f membrane filtration
Membranfläche f membrane area
Membrangleichgewicht n membrane equilibrium
Membranreaktor m *(liq chr)* membrane reactor
Membransatz m *(dial)* membrane pack
Membranseparator m *(maspec)* semi-permeable membrane [diffusion] separator, membrane separator; *(flow)* membrane phase separator *(in FIA extractions)*
Membransonde f/**gassensitive** gas-sensing membrane probe
Membransuppressor m *(liq chr)* membrane suppressor
Memory-Effekt m memory effect
Mendelevium n Md mendelevium
Menge f quantity; quantum, amount, number; bulk; batch, lot
   abgemessene ~ portion
   äquimolekulare (äquivalente) ~ equivalent
   signifikante (statistisch gesicherte) ~ significant number
Mengenbestimmung f quantitation, quantification, quantitative determination
Mengenkonzentration f bulk concentration
Mengenmesser m quantity meter
Mengenprobe f bulk sample
Mengenstrom m mass[-flow] rate, mass flow
mengenstromabhängig mass-rate-dependent
Mengenstrommesser m flowmeter

Mengenstrommessung f flow measurement
Mengenstromprogrammierung f *(chr)* flow programming
Mengenverhältnis n bulk ratio
Mercaptan n mercaptan
Mercurimetrie f mercurimetry *(titration with a mercury(II) nitrate solution)*
Mercurometrie f mercurometry *(titration with a mercury(I) nitrate solution)*
Merkmal n/**qualitatives** *(proc)* quality (qualitative) characteristic, attribute
   quantitatives ~ quantitative characteristic
Merocyanin n merocyanine *(polymethine dye)*
Mesh-Zahl f s. Maschenzahl
Mesitylen n mesitylene, 1,3,5-trimethylbenzene
mesomer mesomeric
Mesomerie f mesomerism
Mesomerieeffekt m resonance effect
Mesoprobe f meso (semimicro) sample *(sample mass 0.1 to 0.01 g)*
Meso-Spuren-Analyse f meso-trace analysis *(sample mass 0.1 to 0.01 g)*
Meßantwort f measured response
Meßbehälter m measuring vessel
Meßbereich m measurable (measuring) range, range of measurement
Meßdaten pl data
   gesammelte ~ collected data
Meßdatendurchsatzmenge f data throughput
Meßdatenmenge f volume of data
Meßdauer f measurement (measuring) time
Meßdetektor m measuring detector
Meßdraht m *(gas chr)* measuring filament
Meßelektrode f indicator (indicating) electrode; measuring (measurement) electrode; sensing electrode *(of a sensor)*
   stationäre ~ *(voltam)* stationary indicator electrode
Meßelement n s. Meßfühler
Meßempfindlichkeit f measuring sensitivity *(of a measuring device)*
messen to measure
Meßfehler m measurement error, error in measuring
Meßflasche f graduated (measuring, volumetric) flask
Meßfühler m measuring element (sensor), sensing element, sensor
   ohmscher ~ resistance sensor
Meßfühleranordnung m sensor configuration
Meßfühlerelektrode f probe electrode
Meßfühlergeometrie f sensor geometry
Meßfühlerkammer f sensor chamber
Meßfühlerkörper m sensor body
Meßfühlertragkörper m sensor block
Meßgefäß n measuring vessel
Meßgenauigkeit f measurement accuracy, accuracy in (of) measurement
Meßgerät n measuring device (instrument), meter

Meßgerät

analoges ~ analog meter
digitales ~ digital meter
lokales ~ local meter
~ **mit hochohmigem Eingang** high-input impedance instrument
~ **mit hoher Eingangsimpedanz** high-input impedance instrument
Meßgeräteinterface n, **Meßgeräteschnittstelle** f instrument interface
Meßglas n measuring glass
Meßglied n measurement element
Meßgröße f quantity being (or to be) measured
Messingdrahtnetzelektrode f brass-gauze electrode
 amalgamierte ~ amalgamated brass-gauze electrode
Messingkathode f / **amalgamierte** amalgamated brass cathode
Meßinstrument n s. Meßgerät
Meßintervall n interval of measurement
Meßkanal m measurement channel
Meßkolben m graduated (measuring, volumetric) flask
Meßkreis m measuring circuit
Meßlabor[atorium] n instrument laboratory
Meßlöffel m measuring spoon
Meßlösung f measurement solution
Meßmethode f measuring (measurement) method (technique), measuring procedure
Meßpipette f measuring pipette
Meßprinzip n measuring principle
Meßreihe f measurement series, series of measurements
Meßresonator m (el res) cavity resonator (cell), resonance (resonant, microwave) cavity
Meßröhrchen n sample tube
Meßschaltung f [/elektrische] measuring circuit
Meßschreiber m vor Ort local recorder
Meßschreiberempfindlichkeit f (meas) recorder sensitivity
Meßsignal n signal being measured; measured (instrument) signal
Meßstrahl m scanning beam
Meßstrahlung f measurement radiation
Meßstromkreis m **zweiter Ordnung / differenzierender** second-derivative sensing circuit
Meßsystem n measuring (measurement) system
Meßtechnik f s. Meßmethode
Meß- und Überwachungsstation f monitoring station
Messung f measurement
~ **der Wärmeausdehnung** dilatometry
elektrometrische ~ electrometric measurement
indirekte ~ indirect measurement
kinetische ~ kinetic measurement
konduktometrische ~ conductometric measurement
~ **mit Prozeßanalysengeräten** process analyser measurement

328

nephelometrische ~ nephelometric measurement
photometrische ~ photometric measurement
physikalisch-chemische ~ physico-chemical measurement
potentiometrische ~ potentiometric measurement
stichprobenartige ~ spot sampling measurement
Messungen fpl / **aufeinanderfolgende (serielle)** consecutive measurements
Meßunsicherheit f uncertainty of measurement
Meßverfahren n s. Meßmethode
Meßverstärker m measuring amplifier
Meßwarte f control room
Meßwellenlänge f measuring wavelength
Meßwert m measured value
Meßwertbündelung f bunching
Meßwertdarstellung f data presentation
Meßwerte mpl [measured] data
Meßwertemenge f volume of data
Meßwerterfassung f data acquisition
Meßwertesammlung f data collection
Meßwerteübertragung f data transfer
Meßwertgeschwindigkeit f data rate
Meßwertschreiber m / **lokaler** local recorder
Meßwertschreiberempfindlichkeit f recorder sensitivity
Meßwertverarbeitung f processing of measured data
Meßwiderstand m measuring (precision) resistor
Meßzeit f measurement (measuring) time
Meßzelle f measurement (measuring) cell
 polarographische ~ polarographic cell, polarograph[y] cell
Meßzentrale f control room
Metall n / **edles** noble metal
 unedles ~ non-noble metal
Metallamalgam n metal amalgam, amalgamated metal
Metallbombe f (or anal) metal bomb
Metallcarbonyl n metal carbonyl
Metallchelat n s. Metallchelatkomplex
Metallchelatextraktion f chelate extraction
Metallchelatkomplex m, **Metallchelatverbindung** f metal chelate complex, metal chelate [compound]
Metallcupferronat n metal cupferrate
Metalldampflampe f metal vapour lamp
Metalldampflaser m metal vapour laser
Metallelektrode f metal[lic] electrode
 inerte ~ inert metal electrode
 oxidierte ~ oxidized metal electrode
metallhaltig metal-containing
Metallhydrid n metal hydride
Metallindikator m metal[-ion] indicator, metallochromic (complexation) indicator, metal ion-sensitive indicator
Metall-Indikator-Komplex m metal-indicator complex

Metallion *n* metal[lic] ion
Metallionenelektrode *f (el anal)* metal-ion electrode
Metallkation *n* metal cation
Metallkomplex *m* metal complex
Metall-Metall-Ionenpaar *n (pot)* metal-metal ion couple
Metall-Metalloxid-Elektrode *f (el anal)* metal-metal oxide electrode
Metallorganica *npl*, **Metallorganyle** *npl* organometallic (metallo-organic) compounds, organometallics, metallo-organics
Metalloxidkathode *f* metallic oxide cathode
Metallperoxid *n* metallic peroxide
Metallreduktor *m (vol)* metallic reductor
Metallsäule *f (chr)* metal column
Metaphosphorsäure *f* metaphosphoric acid
meta-Proton *n (mag res)* meta-proton
metastabil metastable
Metastabilität *f* metastability
Methacrylat *n* methacrylate
Methan *n* methane
Methanal *n* formaldehyde, methanal
Methanamid *n* formamide, methanamide
Methan-Luft-Flamme *f* methane-air flame
Methanol *n* methanol, methyl alcohol
Methode *f* method, technique, procedure
  absolute ~ absolute method
  absteigende ~ descending method (technique) *(of planar chromatography)*
  analytische ~ analytical (analysis) method
  aufsteigende ~ ascending method *(of planar chromatography)*
  chiroptische ~ chiroptical method (technique)
  chromatographische ~ chromatographic method
  coulometrische ~ coulometric method
  ~ **der Anfangsgeschwindigkeit** *(catal)* initial rate method
  ~ **der Differenzspektren** difference spectroscopy
  ~ **der Endpunktfindung** technique of end-point location
  ~ **der kleinsten Quadrate** *(stat)* least-squares method
  ~ **der konstanten Konzentration** *(catal)* fixed concentration method, variable time method
  ~ **der konstanten Zeit** *(catal)* fixed time method
  ~ **der schwingenden Scheibe** oscillating disk method *(for determining the viscosity of gases)*
  ~ **der variablen Zeit** *s.* ~ der konstanten Konzentration
  ~ **der wandernden Grenzflächen** *(elph)* moving boundary method, moving boundary [electrophoretic] technique, Tiselius method
  ~ **des inneren Standards** internal standard method (technique), internal standardization technique
  elektroanalytische ~ electroanalytical method
  galvanostatische ~ *(coul)* amperostatic method
  gassegmentierte ~ *(flow)* gas-segmentation method
  gasvolumetrische ~ gasometric method *(of gas analysis)*
  immunchemische (immunologische) ~ immunological method
  katalytische ~ catalytic method of analysis
  kinetische ~ kinetic method of analysis
  konduktometrische ~ conductometric (conductance) method
  kosteneffektive ~ cost-effective method
  ~ **mit elektrischer Widerstandsmessung** electrical resistance method *(corrosion monitoring)*
  ~ **mit gestoppter Strömung** *(catal)* stopped-flow method (technique)
  ~ **nach Akabori** Akabori procedure *(for identifying N-terminal amino acids)*
  naßchemische ~ wet-chemical method
  nichtparametrische statistische ~ non-parametric statistical method
  polarographische ~ polarographic method
  potentiostatische ~ potentiostatic method
  radial-horizontale ~ *(liq chr)* radial method
  serologische ~ immunological method
  spektroskopische ~ spectroscopic method (technique)
  standardisierte ~ standard method (technique, procedure)
  statistische ~ statistical method (procedure)
  voltammetrische ~ voltammetric method (technique)
  volumetrische ~ volumetric method
  von der Umweltschutzbehörde zugelassene ~ EPA-approved method
  zweidimensionale ~ two-dimensional method (technique, procedure)
100%-Methode *f (chr)* [area] normalization *(for evaluating chromatograms)*
Methodenentwicklung *f* method development
Methodenhandbuch *n* procedural manual
Methoxybenzol *n* anisole, methoxybenzene
2-Methyl-1-propanol *n* isobutanol, isobutyl alcohol, 2-methyl-1-propanol
Methylalkohol *m* methanol, methyl alcohol
Methylbenzol *n* toluene, methylbenzene
Methylcyanid *n* acetonitrile, methyl cyanide, cyanomethane
Methylderivat *n* methyl derivative
[N,N'-]Methylen-bis-acrylamid *n* [N,N'-]methylene-bis-acrylamide
Methylenblau *n* methylene blue
Methylenchlorid *n* methylene chloride, dichloromethane
Methylengruppe *f* methylene group, CH_2 group
Methylenprotonen *npl* methylene protons
Methylensignal *n (nuc res)* methylene signal
Methylester *m* methyl ester
Methylethylketon *n* methyl ethyl ketone

methylieren

methylieren to methylate
Methylierung f methylation
Methyliodid n methyl iodide, iodomethane
Methylorange n methyl orange
2-Methylpentan-2-ol n 2-methylpentan-2-ol
Methylpolysiloxan n methylpolysiloxane, methyl silicone
2-Methylpropan n 2-methyl propane, isobutane
Methylpropylketon n methyl propyl ketone
Methylprotonen npl methyl protons
Methyl[protonen]resonanz f methyl resonance
Methylresonanz-Signal n s. Methylsignal
Methylrot n methyl red
Methylsignal n methyl signal, CH_3 signal
Methylsilicon n s. Methylpolysiloxan
Methylsiliconcarboran n methyl silicone carborane
Methylsilicongummi m methyl silicone gum
Methylsulfinylmethan n dimethyl sulphoxide, DMSO
Methylthymolblau n methylthymol blue
m/e-Wert m (maspec) mass/charge ratio, mass-to-charge ratio, m/e value, m/z ratio
Micelle f micelle
Michaelis-Konstante f (catal) Michaelis constant
Michelson-Interferometer n Michelson interferometer
Microbore-Säule f (chr) microbore [open tubular] column, small-bore column
Mie-Streuung f Mie scattering
Migration f migration, travel (of molecules, ions)
  elektrische ~ electrical migration, electromigration
Migrationsstrom m (pol) migration current
Mikroampere n microampere
Mikroamperemeter n microammeter
Mikroanalyse f microanalysis, milligram analysis (sample quantities < 1 mg)
  chemische ~ microchemical analysis (sample mass 10^{-2} to 10^{-3} g)
Mikroanalysenwaage f microbalance
mikroanalytisch microanalytic[al]
Mikroarbeitsweise f micromethod, milligram (microscale) procedure
Mikroaufnahme f photomicrograph
Mikrobestandteil m microcomponent, microconstituent
Mikrobestimmung f microdetermination, microestimation
Mikrobombe f (or anal) microbomb
Mikroboot n (or anal) microboat
Mikrobrenner m microburner, microtorch
Mikrobürette f microburette
Mikrochemie f microchemistry (milligram and microlitre range)
mikrochemisch microchemical
Mikrochromatographie f microchromatography
Mikrocoulomb n μC microcoulomb
Mikrocoulometrie f microcoulometry

Mikrodestillation f microdistillation
Mikrodichtemesser m microdensitometer
Mikrodosierspritze f microliter syringe, microsyringe
Mikroelektrode f (pol) microelectrode
  ionenselektive (ionensensitive) ~ ion-selective (ion-sensitive) microelectrode
Mikroelektrolyse f microchemical electrolysis
Mikroelektrophorese f microelectrophoresis
Mikrogasanalyse f micro gas analysis
Mikrogefüge n microstructure
Mikrogel n microgel
Mikro-Glaselektrode f (pot) micro glass electrode
Mikrogramm n microgram
Mikrogrammbereich m microgram range (10^{-6} to 10^{-3} g)
Mikrogramm-Methode f microgram method
Mikroheterogenität f microheterogeneity
Mikrokalorimeter n microcalorimeter
Mikrokalorimetermethode f microcalorimetry
mikrokalorimetrisch microcalorimetric
Mikrokathode f (elgrav) micro-cathode
Mikro-Kjeldahlkolben m (or anal) micro-Kjeldahl flask
Mikro-Knallgascoulometer n micro oxy-hydrogen coulometer
Mikrokolorimeter n microcolorimeter
Mikrokomponente f microcomponent, microconstituent
Mikro-Konzentrationsbereich m parts-per-million level (10^{-6})
mikrokristallin microcrystalline
Mikrokügelchen n (liq chr) microbead, microsphere
Mikroküvette f micro-cell
Mikroliter[dosier]spritze f microliter syringe, microsyringe
Mikromenge f microquantity, microamount
Mikromethode f micromethod, milligram (microscale) procedure
  ~ **von Rast** (trace) Rast method (micromethod, molecular weight method), Rast's camphor method
Mikromol n micromole (1 μmol=10^{-6} mol)
mikropartikulär microparticulate
Mikrophoto n photomicrograph
Mikrophotographie f 1. photomicrography; 2. photomicrograph
Mikropipette f micropipet[te]
Mikropore f micropore
mikroporös microporous, microreticular
Mikroprobe f micro[-sized] sample (sample mass < 0.01 g)
Mikropyrometer n micropyrometer
Mikroreagenzglas n micro test tube
Mikroreaktor m (gas chr) microreactor
Mikrosäule f (chr) microcolumn, microbore [open tubular] column, small-bore column; micropacked (packed capillary) column, packed microbore column, PMB column

Mikroschiffchen n (or anal) microboat
Mikrosensor m microsensor
Mikroskopie f **mit atomarer Auflösung** atomic resolution microscopy, ARM
mikroskopisch microscopic
Mikrosonde f microprobe
Mikrospatel m micro-spatula
Mikrospektrometrie f microspectrometry
Mikrospektrophotometer n microspectrophotometer
Mikrospritze f microliter syringe, microsyringe
Mikrospur f microtrace (trace range 10^{-4} to 10^{-7} ppm)
Mikro-Spuren-Analyse f micro-trace analysis (sample mass 10^{-2} to 10^{-3} g)
Mikrostruktur f microstructure
Mikrotitration f microtitration, microanalytic[al] titration
Mikrotröpfchen n microdroplet
Mikroumgebung f micro-environment
Mikrountersuchung f microexamination
Mikrovermischung f micromixing, local mixing
Mikroverunreinigung f micropollutant
  organische ~ trace organic
Mikrowaage f microchemical balance, microbalance (weighing range 5 to 20 g)
Mikrowellen fpl microwaves
Mikrowellenbereich m microwave region
Mikrowellenbrücke f microwave bridge
Mikrowellendetektor m (spec) microwave detector
Mikrowellenentladung f microwave-induced discharge
Mikrowellenfeld n microwave field
Mikrowellenfrequenz f microwave frequency
Mikrowellengebiet n microwave region
Mikrowellengenerator m microwave generator
Mikrowellen-Hohlraumresonator m (el res) cavity resonator (cell), resonance (resonant, microwave) cavity
Mikrowellenleistung f microwave power
Mikrowellenmeßbrücke f microwave bridge
Mikrowellenplasma n microwave-induced plasma, MIP, microwave[-powered] plasma
  kapazitiv gekoppeltes ~ capacitively coupled microwave plasma, CMP
Mikrowellen-Plasmadetektor m (gas chr) microwave[-induced] plasma detector, MPD
Mikrowellenresonator m (spec) microwave resonator
Mikrowellenspektrometer n microwave spectrometer
Mikrowellenspektrometrie f microwave spectrometry
Mikrowellenspektroskop n microwave spectroscope
Mikrowellenspektroskopie f microwave spectroscopy
Mikrowellenstrahlung f microwave radiation
Mikrowellentechnik f (spec) microwave technique
Mikrozustand m microstate, microscopic state

Milchsäuredehydrogenase f lactate dehydrogenase, LDH
Milchzucker m milk sugar, lactose
Milieu n environment, vicinity
Milliäquivalent n s. Milligrammäquivalent
Millicoulometrie f millicoulometry
Milligramm n milligram[me]
Milligrammäquivalent n milligram equivalent, milliequivalent, meq[uiv]
Milligrammenge f milligram quantity
Millimol n millimole (1 $\mu mol = 10^{-3}$ mol)
Millival n s. Milligrammäquivalent
Millivolt n millivolt, mV
Millivoltmeter n millivoltmeter
Millivoltschreiber m millivolt recorder
Mindestgröße f minimum size (of a sample)
mineralisieren (or anal) to mineralize
Mineralisierung f (or anal) mineralization
  feuchte ~ wet ashing
  nasse ~ wet ashing
Miniatur-Argon-Detektor m (gas chr) micro-argon detector
Minimalausstattung f small-scale equipment (of a laboratory)
Minimalleitfähigkeit f minimum conductance
Minimalwert m minimum value
Miniplasma n microplasm
Minorelement n minor element (of an alloy)
MIP (mikrowelleninduziertes Plasma) microwave-induced plasma, MIP, microwave[-powered] plasma
MIR (mittleres Infrarot) mid (fundamental) infrared, mid-infrared [spectral] region, middle infrared [region]
mischbar miscible
  begrenzt ~ part[ial]ly miscible
  mit Wasser ~ water-miscible
  nicht ~ immiscible
  nicht mit Wasser ~ water-immiscible
  teilweise ~ part[ial]ly miscible
  vollständig ~ completely miscible
Mischbarkeit f miscibility
  begrenzte (teilweise) ~ partial miscibility
Mischbettharz n (ion) mixed-bed resin
Mischbettsäule f (chr, ion) mixed-bed column; (gas chr) mixed-phase column
mischen to mix
  sich ~ to mix
Mischen n mixing, mixture
Mischer m mixer, blender
Mischgaslaser m mixed-gas laser
Mischindikator m mixed indicator
Mischkammer f mixing chamber
Mischkammerbrenner m (opt at) premix [chamber] burner, mixing chamber burner, laminar-flow burner
Mischkristall m mixed crystal, solid solution
Mischphase f mixed phase; mixing period (two-dimensional NMR)

Mischprobe

Mischprobe *f* blended bulk sample
Mischpuls *m (nuc res)* mixing pulse
Mischschlaufe *f (flow)* mixing coil
Mischspektrum *n* mixture spectrum
Mischung *f* mix[ture] *(Zusammensetzungen s. unter* Gemisch*)*
Mischungsenthalpie *f* enthalpy of mixing
Mischungskalorimeter *n* water calorimeter
Mischungsschlaufe *f (flow)* mixing coil
Mischungsverhältnis *n* mixing ratio
Mischungszustand *m* mixing state
Mischvorrichtung *f* mixing device
Mischzeit *f (nuc res)* mixing time
Mischzone *f (elph)* mixed zone
Mischzonentechnik *f (flow)* merging zones technique
mitfällen *(grav)* to coprecipitate
Mitfällung *f* [*/* **induzierte**] coprecipitation
mitreißen *(grav)* to entrain, to carry down
Mitreißen *n (grav)* entrainment
Mittel *n* 1. agent; 2. *s.* Mittelwert
  wirksames ~ agent
mittelauflösend medium-resolution
mittelfein moderately fine
mittelgrob moderately coarse
mitteln to average [out]
  zu Null ~ to average to zero
mittelpolar semi-polar
Mittelraum *m (dial)* central (centre) compartment
mittelstark moderately strong (weak) *(e.g. acid)*
Mittelwert *m* mean [value], average [value]
  angenommener ~ *(stat)* provisional mean
  arithmetischer ~ arithmetic mean (average)
  ~ **der Grundgesamtheit** *(stat)* population mean
  ~ **des Polymerisationsgrades** average degree of polymerization
  geometrischer ~ *(stat)* geometric mean
  gewichteter (gewogener) ~ weighted mean (average)
  provisorischer ~ *(stat)* provisional mean
  ~ **über die Quadrate der Trägheitsradien** mean-square radius of gyration
  zeitlicher ~ time-weighted average, TWA
Mittelwertkriterium *n* / **quadratisches** *(stat)* mean-square estimation
Mittelwerttreffgenauigkeit *f* accuracy of the mean
Mittelwertvergleich *m* / **multipler** *(stat)* multiple comparison of means
Mittenwellenlänge *f* central wavelength *(of a band-pass filter)*
mizellar micellar
Mizellbildungskonzentration *f* / **kritische** critical micelle concentration
Mizelle *f* micelle
Mizellenchromatographie *f* micelle electrocapillary chromatography, MECC
Mizellkonzentration *f* / **kritische** critical micelle concentration
MKR (magnetische Kernresonanzspektroskopie) NMR (nuclear magnetic resonance) spectroscopy

MO (Molekülorbital) molecular orbital, MO
mobil mobile *(e.g. ions)*
Mobilität *f* mobility *(as of ions)*
  effektive ~ *(elph)* effective mobility
  elektrophoretische ~ electrophoretic mobility
  relative elektrophoretische ~ relative mobility *(of charged particles)*
Mobilvolumen *n (chr)* [mobile phase] hold-up volume, [column] dead volume, [column] void volume, outer [bed] volume, interstitial volume, *(gas chr also)* gas hold-up [volume] *(within the column)*
Mobilzeit *f (chr)* [mobile phase] hold-up time, column dead time, *(liq chr also)* solvent hold-up; *(gas chr)* [gas] hold-up time, [column] dead time
Modalwert *m (stat)* mode
Mode *f (opt mol)* vibrational mode, mode of vibration
Modemsteuerung *f (lab)* modem control
Moderator *m (rad anal)* moderator; *(liq chr)* moderator, modulator, modifier *(for influencing retention and selectivity)*
Moderatorsubstanz *f (rad anal)* moderator
moderieren *(rad anal)* to moderate
Moderierung *f (rad anal)* moderation
Modifizierung *f* / **chemische** chemical modification
Modulation *f* modulation
Modulationsamplitude *f (mag res)* modulation amplitude
Modulationsfrequenz *f (spec)* modulation frequency
Modulationspolarographie *f* modulation polarography
Modulationsrauschen *n (meas)* excess (modulation) noise
modulieren to modulate
Mol *n* mole *(SI unit of the amount of substance; $1\ mol = 6.022045 \times 10^{23}$ elementary units)*; gram molecule (molecular weight)
Mol-% mole per cent
molal molal
Molalität *f* molality
molar molar
Molarität *f* amount[-of-substance] concentration, molarity, molar (substance) concentration
Molekel *f s.* Molekül
Molekül *n* molecule
  achirales ~ achiral molecule
  asymmetrisches ~ asymmetric molecule *(without symmetry elements)*
  ausgeschlossenes ~ *(liq chr)* [totally] excluded molecule
  chirales ~ chiral molecule
  dissymmetrisches ~ dissymmetric molecule *(having only axes of rotation as symmetry elements)*
  polares ~ polar molecule
  vollkommen ausgeschlossenes ~ *s.* ausgeschlossenes ~
Molekülabsorption *f* molecular absorption

Molekülanion n *(maspec)* molecular anion
molekular molecular
Molekularbewegung f / **Braunsche** Brownian motion (movement) *(of molecules)*
Molekulardestillation f molecular distillation
Molekulardiffusion f molecular diffusion
Molekulargewicht n relative molecular mass, RMM, molecular weight, MW, mol. wt. • **mit hohem** ~ high-molecular-weight
  gewichtsgemitteltes ~ weight-average molecular weight
  mittleres ~ average molecular weight
  scheinbares ~ apparent relative molecular mass, apparent molecular weight
Molekulargewichtsbereich m molecular weight range (region)
Molekulargewichtsbestimmung f molecular weight determination (estimation)
Molekulargewichtseichkurve f *(liq chr)* molecular weight calibration curve
Molekulargewichtsmittelwert m relative molecular-mass average, molecular-weight average
Molekulargewichtsstandard m *(liq chr)* molecular weight standard
Molekulargewichtsverteilung f molecular weight distribution, MWD
Molekulargröße f molecular size
Molekulargrößendetektor m *(liq chr)* molecular-weight-sensitive detector
Molekulargrößenverteilung f molecular size distribution
Molekularität f molecularity *(of a reaction)*
Molekularleck n *(maspec)* molecular leak
Molekularmasse f s. Molekülmasse
Molekularrotation f *(opt anal)* molar rotation
Molekularsieb n molecular sieve
Molekularsiebeffekt m molecular sieving (sieve) effect, molecular filtration effect
Molekularsiebsäule f *(gas chr)* molecular sieve column
Molekularsiebung f molecular sieving
Moleküaufbau m molecular structure
Molekülbande f *(spec)* molecular band
Moleküldimensionen fpl molecular dimensions
Moleküldipol m molecular dipole
Moleküldynamik f molecular dynamics
Molekülebene f molecular plane
Molekülfluoreszenz-Spektrometrie f / **laserangeregte** laser-excited molecular fluorescence spectrometry, LAMOFS
Molekülformel f molecular formula
Molekülfragment n *(maspec)* molecular fragment
Molekülgeometrie f molecular geometry
Molekülgerüst n molecular frame[work]
Molekülgestalt f molecular shape
Molekülgröße f molecular size
Molekülgrößenverteilung f molecular size distribution
Molekülion n *(maspec)* molecular (parent) ion

Molekülionenpeak m *(maspec)* molecular ion peak, parent [mass] peak
Molekülkation n *(maspec)* molecular cation
Molekülkonformation f molecular conformation
Molekülkoordinatensystem n molecular (molecule-fixed) coordinate system
Molekülmasse f molecular mass, mass of a molecule
  mittlere relative ~ average relative molecular mass, average RMM
  relative ~ relative molecular mass, RMM
Molekülorbital n molecular orbital, MO
  energieärmstes nicht besetztes ~ lowest[-energy] unoccupied molecular orbital, LUMO
  energiereichstes (höchstes) besetztes ~ highest[-energy] occupied molecular orbital, HOMO
  niedrigstes unbesetztes ~ lowest[-energy] unoccupied molecular orbital, LUMO
π-**Molekülorbital** n π [Molekular] orbital, pi orbital
Molekülorientierung f molecular orientation
Molekülpeak m *(maspec)* molecular ion peak, parent [mass] peak
Molekülradius m molecular radius
Molekülschwingung f molecular vibration
Molekülseparator m *(maspec)* [molecular] separator
Molekülsieb n s. Molekularsieb
Molekülspektroskopie f molecular spectroscopy
Molekülspektrum n molecular spectrum
Molekülspezies f molecular species
Molekülstruktur f molecular structure
Molekülsymmetrie f molecular symmetry
Molenbruch m mole (molar) fraction
Molgewichtsmittelwert m relative molecular-mass average, molecular-weight average
Molmasse f molar mass
  scheinbare ~ apparent molar mass
Molmassenmittelwert m molar-mass average
Molprozent n mole per cent
Molsuszeptibilität f molar susceptibility, susceptibility per gram mole
Molvolumen n molar volume
Molybdän n Mo molybdenum
Molybdän-Wolfram-Elektrode f *(pot)* molybdenum-tungsten electrode
Molybdat n molybdate
Molzahl f number of moles
Moment n **der Elektronen / magnetisches** electron magnetic moment
  induziertes magnetisches ~ induced magnetic moment
  kernmagnetisches ~ nuclear magnetic (dipole) moment, nuclear moment
  magnetisches ~ *(nuc res)* magnetic moment
  statistisches ~ statistical moment
  zentrales ~ *(stat)* central moment
Momentanwert m instantaneous (momentary) value
  ~ **des Diffusionsstroms** instantaneous diffusion current

Monitor

Monitor m *(rad anal)* flux monitor
Monitorfolie f *(rad anal)* foil detector
Monitorlinie f monitor line *(INDOR-Experiment)*
Monochlorbenzol n [mono]chlorobenzene
Monochromasie f monochromaticity
monochromatisch monochrom[atic]
monochromatisieren *(spec)* to monochromatize
Monochromatisierung f *(spec)* monochromation
Monochromator m *(spec)* monochromator
~ **in Littrow-Aufstellung** Littrow monochromator
Monoethanolamin n [mono]ethanolamine, 2-aminoethanol
monofunktionell monofunctional
Monokaliumiodat n potassium hydrogeniodate
Monokaliumphthalat n potassium hydrogenphthalate
monokl., **monoklin** monoclinic, mon., mn.
Monomer[e] n monomer
monomolekular unimolecular *(reaction)*; monomolecular *(layer)*
Monoschicht f monomolecular layer, monolayer
Monosulfan n hydrogen sulphide
monovalent monovalent, univalent
MOR (magnetooptische Rotation) magneto-optic rotation, MOR
MORD (magnetooptische Rotationsdispersion) magneto-optical rotatory dispersion, MORD
Morin n morin, 3,5,7,2',4'-pentahydroxy flavone
Mörser m *(lab)* mortar
Mößbauer-Effekt m *(spec)* Mössbauer effect
Mößbauer-Spektroskopie f Mössbauer spectroscopy, Mössbauer effect spectroscopy, MES, gamma-resonance nuclear fluorescence spectroscopy, gamma-ray absorption spectroscopy
Motor m/**trägheitsarmer** *(lab)* low-inertia motor
Moving-belt-Interface n *(maspec)* moving belt [LC-MS] interface, [HPLC moving] belt interface
MPD m (Mikrowellen-Plasmadetektor) *(gas chr)* microwave[-induced] plasma detector, MPD
MQF (Mehrquantenfilter) *(nuc res)* multiple-quantum filter
MQ-Spektroskopie f [2D] multiple-quantum spectroscopy
MR-Tomographie f magnetic resonance imaging, MRI, MR (magnetic resonance) tomography, NMR (nuclear magnetic resonance) imaging, NMRI, NMR tomography, spin mapping, zeugmatography
MS (Massenspektrometrie) mass spectrometry, MS, mass-spectrometric analysis, mass spectroscopy
MS/MS, MS/MS-Kopplung f tandem mass spectrometry, mass spectrometry/mass spectrometry, MS/MS
MS/MS-System n tandem [mass] spectrometer
MSD (massenselektiver Detektor) *(gas chr)* mass-selective detector, MSD
Mucopolysaccharid n mucopolysaccharide
Muffelofen m muffle furnace
Mühle f mill
multidimensional multidimensional
Multielementanalyse f multielemental (multi-element) analysis
Multiphotonenanregung f multiphoton (multiple-photon) excitation
Multiphotonenionisation f *(maspec)* multiphoton (multiple-photon) ionization, MPI
resonanzverstärkte ~ resonance-enhanced multiphoton ionization, REMPI
Multiphotonenmassenspektrometrie f multiphoton ionization mass spectrometry, MUPI-MS, MPI-MS, laser ionization mass spectrometry
Multiplett n *(spec)* multiplet
entkoppeltes ~ *(nuc res)* decoupled multiplet
Multipletteffekt m *(nuc res)* multiplet effect
Multiplettkollaps m *(nuc res)* multiplet collapse
Multiplettmuster n *(mag res)* multiplet pattern
Multiplettstruktur f *(spec)* multiplet structure
Multiplexnachteil m *(spec)* multiplex disadvantage
Multiplexvorteil m *(spec)* multiplex advantage
Multiplizität f *(spec)* multiplicity
Multipulsentkopplung f *(nuc res)* multiple-pulse decoupling
Multipulsfolge f *(mag res)* multi[ple]-pulse sequence
Multipulsverfahren n *(mag res)* multi-pulse method (technique)
Multiquanten-NMR-Spektroskopie f [2D] multiple-quantum spectroscopy
Multisensor m multisensor
Multi-sweep-Polarographie f multisweep [oscillographic] polarography, MSP
Murexid n murexide
Muster n specimen, test sample
Mutter f s. Mutternuklid
Mutterion n *(maspec)* precursor (progenitor, parent) ion
Mutterlauge f mother liquor
Mutternuklid n *(rad anal)* precursor
mV (Millivolt) millivolt, mV
mVal (Milllival) milligram equivalent, milliequivalent, meq[uiv]
MW-Feldstärke f *(mag res)* microwave field strength
MWG s. Massenwirkungsgesetz
MW-Puls m *(mag res)* microwave pulse
MW-Spektrometer n microwave spectrometer
MW-Spektrometrie f microwave spectrometry
MW-Spektroskopie f microwave spectroscopy
M-x-Magnetisierung f *(mag res)* transverse [component of] magnetization
Myo[hämo]globin n myo[haemo]globin, muscle haemoglobin
M-z-Magnetisierung f *(mag res)* equilibrium magnetization, longitudinal [component of] magnetization, z-magnetization
m/z-Verhältnis n, **m/z-Wert** m s. m/e-Wert

N

NAA (Neutronenaktivierungsanalyse) neutron activation analysis, NAA
Nachbaratom n neighbouring (adjacent) atom
Nachbargruppe f neighbouring group
Nachbarkern m neighbouring (adjacent) nucleus
Nachbarschaftsbeziehungen fpl neighbouring relations
nachbarständig adjacent, neighbouring, vicinal
nachbehandeln to after-treat
Nachbehandlung f after-treatment, aftertreating
Nachbestimmung f redetermination
Nacheichung f recalibration
nachfällen *(grav)* to post-precipitate
Nachfällung f *(grav)* post-precipitation
Nachfolgeelektrolyt m *(elph)* terminating electrolyte, terminator
Nachperiode f final period, post-period *(in calorimetric measurements)*
nachprüfen to inspect; to recheck; to re-examine
Nachprüfung f inspection
Nachsäulenderivatisierung f *(chr)* post-column derivatization
Nachsäulenreaktion f *(chr)* post-column reaction
Nachsäulenreaktor m *(chr)* post-column reactor, PCR, [post-column] reaction detector, reaction flow detector
nachstimmen to re-tune
Nachstimmung f re-tuning
Nachweis m detection, identification *(of an analyte)*; [confirmatory, reaffirming] test
  elektrographischer ~ electrographic detection
  polarographischer ~ polarographic detection
  ~ **selektierter Ionen** multiple ion detection, MID
nachweisbar detectable
Nachweisbarkeit f detectability
Nachweisempfindlichkeit f detection sensitivity
nachweisen to detect, to identify, to reaffirm the presence *(of an analyte)*
Nachweisgerät n detection device
Nachweisgrenze f [/ **untere**] detection (identification) limit, limit of detection, LOD, minimum detection limit (level), MDL, minimum detectable quantity, MDQ, minimum detectability, lower limit of detection
Nachweislinien fpl *(spec)* persistent (ultimate) lines, raies ultimes, R.U.
Nachweismethode f detection method (technique, procedure)
Nachweismittel n detection agent
Nachweisprinzip n test principle
Nachweisreagens n detection agent
Nachweisreaktion f detection (test) reaction
Nachweisverfahren n s. Nachweismethode
Nadelventil n needle valve
Na-D-Linie f s. Natrium-D-Linie
Näherung f approximation

Nebenbande

  quasistationäre ~ *(catal)* steady state approximation (treatment)
  statistische ~ statistical approach
Näherungs-Dreiecksberechnung f *(chr)* triangulation *(for computing peak areas)*
Näherungsverfahren n approximation (approximate) method
Näherungswert m approximate value
Nahrungsmittel n foodstuff
Nanogramm n nanogram
Nanogrammbereich m nanogram range, ng level $(10^{-9}$ to 10^{-6} g$)$
Nanogrammenge f nanogram quantity
Nano-Konzentrationsbereich m parts-per-billion level (10^{-9})
Nanospur f nanotrace *(trace range 10^{-7} to 10^{-10} ppm)*
Naphthen n cycloalkane, cycloparaffin
naß wet, moist
Naßaufschluß m wet digestion
Naßprobe f wet assay
Naßveraschung f wet ashing
Natrium n Na sodium
Natriumanthranilat n sodium anthranilate
Natriumcarbonat n sodium carbonate
Natriumchlorid n sodium chloride
Natriumdiethyldithiocarbamat n sodium diethyldithiocarbam[in]ate
Natriumdiphenylamin-p-sulfonat n sodium diphenylamine sulphonate
Natrium-D-Linie f *(opt anal)* sodium D line
Natriumdodecylsulfat n sodium dodecyl sulphate, SDS
natriumempfindlich sodium-sensitive
Natriumform f sodium form, Na-form *(of an ion exchanger)*
Natriumhalogenid n sodium halide
Natriumhydrogencarbonat n sodium hydrogencarbonate
Natriumhydroxid n sodium hydroxide
Natriumion n sodium ion
Natriumoxalat n sodium oxalate
Natriumpentacyanoferrat(II)/Rubeansäure f sodium pentacyanoammine ferrate(II)/rubeanic acid, PCFR *(locating reagent)*
Natriumperoxid n sodium peroxide
Natriumsalz n sodium salt
Natrium-Stärkeglycolat n sodium starch glycolate
Natriumtetraborat n sodium tetraborate
Natriumtetraphenylborat n sodium tetraphenylborate
Natriumthiosulfat n sodium thiosulphate
Naturprodukt n natural product (material)
Na$^+$-Form f s. Natriumform
NCI (negative chemische Ionisation) *(maspec)* negative chemical ionization
NDIR-Photometer n non-dispersive infrared photometer, ND-IR photometer
Nebenbande f side-band, subsidiary band

Nebenbestandteil

Nebenbestandteil *m* minor component (constituent) *(1...0.1%)*; minor element *(of an alloy)*
Nebenelektrode *f* second[ary] electrode
Nebenkomponente *f* minor component (constituent) *(1...0.1%)*
Nebenprodukt *n* by-product, secondary product
Nebenreaktion *f* side reaction
Nebenschlußwiderstand *m (el anal)* shunt
Negatron *n* electron, negatron
nehmen/Proben to sample, to draw samples
neigen to tilt, to tip
Nennvolumen *n* designated volume
Nennwert *m* nominal value
Neocuproin *n* 2,9-dimethyl-1,10-phenanthroline, neocuproin
Neodym *n* Nd neodymium
Neodym-YAG-Laser *m* neodymium YAG laser, Nd:YAG laser
Neon *n* Ne neon
Nephelometer *n* nephelometer
Nephelometrie *f* nephelometry
nephelometrisch nephelometric
Neptunium *n* Np neptunium
Nernst-Potential *n* equilibrium potential
Nernst-Stift *m (opt mol)* Nernst glower (source)
Nernst-Verhalten *n (el anal)* Nernstian behaviour (response)
Nervengift *n* nerve toxin (poison)
Nettobeweglichkeit *f (elph)* net (apparent) mobility
Netto-Effekt *m (nuc res)* net effect (polarization)
Nettoionenbeweglichkeit *f s.* Nettobeweglichkeit
Nettoladung *f* net charge
Nettoladungstransport *m* net charge transfer
Nettoladungsübertragung *f* net charge transfer
Nettomasse *f* net weight
Nettoretentionsvolumen *n* net retention volume, *(liq chr also)* adjusted retention volume, *(gas chr also)* absolute retention volume
   spezifisches ~ *(chr)* specific retention volume
Nettoretentionszeit *f* net retention time, *(liq chr also)* adjusted retention time
Nettoretentionszeitverhältnis *n (chr)* separation factor, SF, relative retention ratio *(of two adjacent peaks)*
netzbar wettable
Netzbarkeit *f* wettability, ability of being wetted
Netzebene *f* lattice plane
Netzebenenabstand *m* distance between lattice planes
Netzeigenschaften *fpl* wetting characteristics
Netzelektrode *f* gauze electrode
Netzfähigkeit *f* ability of wetting
Netzmittel *n* wetting agent
Netzvermögen *n* ability of wetting
Netzwerk *n* network *(of polymer chains)*
neutral neutral
   elektrisch ~ uncharged, electrically neutral
Neutralchelat *n* inner complex
Neutralisationsanalyse *f s.* Neutralisationstitration

Neutralisationsenthalpie *f* neutralization enthalpy
Neutralisationsindikator *m* neutralization (acid-base) indicator
Neutralisationskurve *f (vol)* neutralization curve
Neutralisationsreaktion *f* neutralization (acid-base) reaction, acid-base neutralization [reaction]
Neutralisationstitration *f* neutralization (acid-base) titration
   potentiometrische ~ potentiometric neutralization titration
neutralisieren to neutralize, to make neutral
Neutralpunkt *m (vol)* point of neutrality
Neutralrot *n* neutral red
Neutralteilchen *n* neutral [particle]
Neutralverlust-Scan *m (maspec)* neutral loss scan
Neutralverlust-Spektrum *n (maspec)* neutral loss spectrum
Neutrocyanin *n* merocyanine *(polymethine dye)*
Neutron *n* neutron
   epithermisches ~ epithermal neutron
   langsames ~ slow neutron
   mittelschnelles ~ intermediate neutron
   promptes ~ prompt neutron
   schnelles ~ fast neutron
   thermisches ~ thermal neutron
   verzögertes ~ delayed neutron
Neutronenaktivierung *f* neutron activation
Neutronenaktivierungsanalyse *f* neutron activation analysis, NAA
Neutronenbestrahlung *f* neutron irradiation
Neutronenbeugung *f* neutron diffraction
Neutronendichte *f (rad anal)* neutron density
Neutronenemission *f* neutron emission
Neutronenfluß *m* neutron flux [density]
Neutronen-Kleinwinkelstreuung *f* small-angle neutron scattering, SANS
Neutronenquelle *f* neutron source
Neutronenspektrometer *n* neutron spectrometer
Neutronenspektroskopie *f* neutron spectroscopy
Neutronenspektrum *n* neutron spectrum
Neutronenstrahl *m* neutron beam
Neutronenstreuung *f* neutron scattering
   unelastische ~ inelastic neutron scattering, INS
Neutronentemperatur *f (rad anal)* neutron temperature
Neutronenvermehrung *f (rad anal)* neutron multiplication
N-Gehalt *m* nitrogen content, N_2 content
NH_3-Lösung *f* aqueous ammonia, ammonia solution
$^{14}N,^1H$-Kopplung *f*, **N,H-Kopplung** *f (nuc res)* ^{14}N-^1H coupling
$^{14}N,^1H$-Wechselwirkung *f s.* $^{14}N,^1H$-Kopplung
NH_4^+-Elektrode *f* NH_4^+ ion-selective electrode
nichtabsorbierend non-absorbing
nichtäquivalent non-equivalent, inequivalent *(nuclei)*
Nichtäquivalenz *f* non-equivalence, inequivalence *(of nuclei)*
   magnetische ~ *(nuc res)* magnetic inequivalence

Nichtausschlußeffekt m *(liq chr)* non-size-exclusion effect
nichtchiral achiral, non-chiral
Nicht-Diagonal-Element n off-diagonal element
Nichtdiagrammlinie f *(spec)* non-diagram line
nichtdispersiv *(spec)* non-dispersive
nichtdissoziiert undissociated, non-dissociated
nichteinheitlich non-uniform
Nichteinheitlichkeit f non-uniformity
Nichtelektrolyt m non-electrolyte
Nichterfüllung f **von Qualitätsforderungen** *(proc)* non-conformity
nichtflüchtig non-volatile, involatile
Nichtflüchtigkeit f non-volatility
nichtfluoreszierend non-fluorescent
Nichtgleichgewicht n non-equilibrium, imbalance, disequilibrium
Nichtgleichgewichtszustand m non-equilibrium state
nichthygroskopisch non-hygroscopic
nichtionisch non-ionic
nichtionisierend, nichtionogen non-ionic
nichtkompressibel, nichtkomprimierbar non-compressible
nichtkristallin amorphous, non-crystalline
nichtleitend non-conducting, non-conductive
 elektrisch ~ electrically non-conductive
Nichtleiter m non-conductor, dielectric
nichtlinear non-linear
Nichtlinearbereich m non-linear region
Nichtlinearität f non-linearity
Nichtlöser m non-solvent
nichtlöslich insoluble
Nichtlöslichkeit f insolubility
nichtmagnetisch non-magnetic
Nichtmetall n non-metal
Nichtmetallhydrid n metalloid hydride
nichtmetallisch non-metallic
Nichtmischbarkeit f immiscibility
nichtoxidierend non-oxidative, non-oxidizing
nichtpolarisierbar non-polarizable, non-polarizible
nichtporös non-porous
nichtradioaktiv non-radioactive
nichtreaktionsfähig non-reactive
nichtreduzierbar non-reducible
nichtreproduzierbar irreproducible, non-reproducible
nichtresonant *(spec)* non-resonant, resonance-free
nichtriechend odourless, non-odorous
nichtselektiv non-selective
Nichtstandardbedingungen fpl non-standard conditions
Nichtstöchiometrie f non-stoichiometry
nichtstöchiometrisch non-stoichiometric
nichttoxisch non-toxic, non-poisonous
Nicht-Übereinstimmung f non-conformity
Nichtumkehrbarkeit f irreversibility, non-reversibility

nichtverdichtbar non-compressible
nichtverschmutzt non-contaminated *(e. g. water, air)*
nichtwässerig, nichtwäßrig non-aqueous
nichtzusammendrückbar non-compressible
Nickel n Ni nickel
Nickeldiacetyldioxim[at] n nickel dimethylglyoxime
Nickelkatalysator m nickel catalyst
Nickelkathode f *(elgrav)* nickel cathode
Nickelkontakt m nickel catalyst
Nickelrohr n nickel tube
Nickschwingung f *(opt mol)* wagging vibration
Nicol[-Prisma] n Nicol [prism]
Niederdruck m low pressure
Niederdruckflüssigkeitschromatographie f column chromatography, CC, column liquid chromatography, classical liquid column chromatography, open-column (open-tubular) chromatography, low-pressure liquid chromatography, LPLC
Niederdruckgradientenformer m, **Niederdruckgradientenmischer** m *(liq chr)* low-pressure gradient former
Niederdurck-Quecksilberlampe f low-pressure mercury-discharge lamp, low-pressure mercury source
niederfrequent low-frequency
Niederfrequenzleitfähigkeit f *(cond)* low-frequency conductance
Niederfrequenzmesser m audio-frequency meter
Niederschlag m precipitate; condensate; deposit
 amorpher ~ amorphous precipitate
 biochemischer ~ biochemical precipitate
 chemischer ~ precipitate
 flockiger ~ flocculent precipitate
 gallertartiger ~ gelatinous precipitate
 gelartiger (gelatinöser) ~ s. gallertartiger ~
 käsiger ~ curdy precipitate
 kristalliner ~ crystalline precipitate
 radioaktiver ~ radioactive fallout
niederschlagen to condense *(gases, vapours)*
 sich ~ to condense
Niederschlagung f condensation
Niederspannung f low voltage
Niederspannungselektrophorese f low-voltage electrophoresis, LVE, low voltage zone electrophoresis
Niederspannungsfunken m low-voltage spark
Niedertemperaturveraschung f low-temperature ashing, LTA
niedrigauflösend low-resolution
Niedrigimpedanzpotentiometer n low-impedance potentiometer
niedrigviskos low-viscosity
Nier-Johnson-Geometrie f *(maspec)* Nier-Johnson geometry (design), N-J design
Ninhydrin n ninhydrin
Ninhydrin-Reagens n ninhydrin reagent *(for detecting amino acids)*

Niob

Niob n Nb niobium
Nioxim n cyclohexane-1,2-dione dioxime, nioxime
NIR (nahes Infrarot) near infrared, NIR, near-infrared range (region, spectral region), NIR region
Nitrat n nitrate
Nitratform f nitrate form (of an ion exchanger)
nitrieren to nitrate
Nitrierung f nitration
Nitril n nitrile
Nitrilsilicon n cyano silicone
Nitrit n nitrite
Nitroalkan n nitroalkane
Nitrobenzoesäure f nitrobenzoic acid
Nitrobenzol n nitrobenzene
Nitroderivat n nitro derivative
Nitroferroin n nitroferroin, 5-nitro-1,10-phenanthroline iron(II) sulphate
Nitromethan n nitromethane
p-Nitrophenol n, **4-Nitrophenol** n p-nitrophenol, 4-nitrophenol
Nitropropan n nitropropane
1-Nitroso-2-naphthol n 1-nitroso-2-naphthol
α-Nitroso-β-naphthol n 1-nitroso-2-naphthol
Nitrosoverbindung f nitroso compound
Nitroverbindung f nitro compound
5%-Niveau n 5% level (of the statistical safety)
Niveaubirne f, **Niveaukugel** f levelling bulb
Nivellierungseffekt m levelling effect (of the solvent)
n-Kalomelelektrode f (el anal) normal calomel electrode
NKE s. Normalkalomelelektrode
nl (nichtlöslich) insoluble
N$_2$-Laser m nitrogen laser
n-Lösung f normal solution
NMR nuclear magnetic resonance, NMR
NMR-Absorption f NMR absorption
NMR-aktiv NMR-active
NMR-Anregung f NMR radio-frequency excitation
NMR-Apparat m, **NMR-Apparatur** f s. NMR-Gerät
NMR-Bild n NMR image
NMR-Detektor m (liq chr) NMR detector
NMR-Experiment n NMR experiment
  dreidimensionales ~ 3D[-NMR] experiment
  zweidimensionales ~ two-dimensional [NMR] experiment, 2D[-NMR] experiment
  zweidimensionales homonuklear korreliertes (nuc res) COSY experiment
NMR-Frequenz f NMR frequency
NMR-Gerät n NMR apparatus (instrument)
NMR-Meßröhrchen n NMR tube
NMR-Meßzelle f NMR tube
NMR-Methode f NMR technique
NMR-Parameter m NMR parameter
NMR-Signal n NMR signal
NMR-Sonde f NMR probe
NMR-Spektrometer n NMR (nuclear magnetic resonance) spectrometer
  hochauflösendes ~ high-resolution NMR spectrometer
NMR-Spektroskopie f NMR (nuclear magnetic resonance) spectroscopy
  dreidimensionale ~ 3D-NMR spectroscopy
  eindimensionale ~ one-dimensional [NMR] spectroscopy, 1D[-NMR] spectroscopy
  hochauflösende ~ high-resolution NMR spectroscopy
  zweidimensionale ~ two-dimensional [NMR] spectroscopy, 2D[-NMR] spectroscopy
  zweidimensionale J-aufgelöste ~ two-dimensional J[-resolved] spectroscopy, J-[resolved] spectroscopy
NMR-Spektroskopiker m NMR spectroscopist
NMR-Spektrum n NMR (nuclear magnetic resonance) spectrum
  hochaufgelöstes ~ high-resolution NMR spectrum
  zweidimensionales ~ two-dimensional [NMR] spectrum, 2D[-NMR] spectrum
  zweidimensionales korreliertes ~ two-dimensional correlation spectrum, 2D correlation spectrum, COSY spectrum
NMR-Tomographie f magnetic resonance imaging, MRI, MR (magnetic resonance) tomography, NMR (nuclear magnetic resonance) imaging, NMRI, NMR tomography, spin mapping, zeugmatography
NMR-Verfahren n NMR technique
  eindimensionales ~ one-dimensional [NMR] technique, 1D technique
  zweidimensionales ~ two-dimensional [NMR] technique, 2D technique
NMR-Zeitskala f NMR timescale
NMR-Zeugmatographie f s. NMR-Tomographie
^{15}N-NMR-Spektrum n ^{15}N spectrum
Nobelium n No nobelium
NOE s. NOE-Effekt
NOE-Effekt m (nuc res) nuclear Overhauser effect, NOE, nuclear Overhauser enhancement, Overhauser effect
NOESY-Experiment n (nuc res) NOESY[-type] experiment
NOESY-Sequenz f (nuc res) NOESY pulse sequence, two-dimensional NOE pulse sequence
NOESY-Spektrum n (nuc res) NOESY spectrum, 2D cross-relaxation spectrum
NOE-Wert m (nuc res) NOE value
NO$_3$-Form f nitrate form (of an ion exchanger)
Nomenklaturabkürzung f nomenclature abbreviation
Nomenklaturdefinition f nomenclature definition
Nomenklaturvereinbarung f nomenclature convention
Nomogramm n (stat) nomogram
Normalatmosphäre f atmosphere, atm, standard atmosphere (1 atm = 101325 Pa)
Normalausrüstung f standard equipment

Normalbedingungen *fpl* standard[ized] conditions, standard [conditions of] temperature and pressure, standard state, normal [temperature and pressure] conditions, normal temperature and pressure
Normaldruck *m* standard (normal) pressure
Normaldruckplasma *n* atmospheric pressure plasma
Normaldrucksäulenchromatographie *f* gravity-flow liquid chromatography
Normalelektrode *f (el anal)* normal electrode
Normalisation *f*[/**innere**] *s.* Normalisierung
Normalisierung *f (chr)* [area] normalization *(for evaluating chromatograms)*
 einfache ~ simple area normalization
 ~ **mit Korrekturverfahren** corrected area normalization
Normalität *f* normality
Normalitätsfaktor *m* volumetric (titrimetric) factor
Normalitätstest *m (stat)* test of normality
Normalkalomelelektrode *f (el anal)* normal calomel electrode
Normallösung *f* normal solution; *(vol)* standard[ized] solution
Normalluftdruck *m s.* Normaldruck
Normalphasenchromatographie *f* normal-phase chromatography, NPC, normal chromatography
Normalphasensäulenfüllung *f*, **Normalphasensäulenpackung** *f (liq chr)* normal-phase packing
Normalpotential *n (el anal)* normal potential
Normalprobe *f* standard sample
Normalprüfsieb *n* normal (standard) test sieve, standard testing screen (sieve)
Normalschwingung *f (spec)* normal vibration
Normalsieb *n* standard sieve (screen)
Normalsiebreihe *f*, **Normalsiebskala** *f* standard sieve scale (series), standard series of screens (sieves)
Normalspannung *f (el anal)* normal voltage
Normaltemperatur *f* normal temperature
Normalthermometer *n* standard thermometer
Normalverteilung *f* 1. [Schulz-]Flory distribution, most probable distribution; 2. *s.* Gaußsche ~
 Gaußsche ~ *(stat)* normal (Gaussian) distribution
 logarithmische ~ *(stat)* logarithmic normal distribution
Normalwasserstoffelektrode *f (el anal)* normal hydrogen electrode, NHE
Normalwiderstand *m* 1. standard resistance; 2. standard resistor *(Bauelement)*
Normalwiderstandsthermometer *n* standard resistance thermometer
Normalzustand *m* normality; ground (normal) state, ground level (term) *(of an atom)*
Normbedingungen *fpl s.* Normalbedingungen
Normblende *f* standard orifice *(flow measurement)*
Normdichte *f* normal density
Normdruck *m s.* Normaldruck
Normdüse *f* standard nozzle *(flow measurement)*
Normierung *f*/**innere** *s.* Normalisierung
Normierungsbedingung *f* normalization condition
Normsieb *n s.* Normalsieb
Normspannung *f* standard voltage (tension)
Normtemperatur *f* normal temperature
Normvolumen *n* normal volume
Normzustand *m s.* Normalbedingungen
N/P-Betrieb *m (gas chr)* N and P mode of operation, N-P mode *(of a thermionic detector)*
NPC (Normalphasenchromatographie) normal-phase chromatography, NPC, normal chromatography
NTC-Widerstand *m* thermistor
Nuclear-Overhauser-Enhancement-Effekt *m (nuc res)* nuclear Overhauser effect, NOE, nuclear Overhauser enhancement, Overhauser effect
Nucleinsäure *f* nucleic acid
nucleophil nucleophilic
Nucleophil *n* nucleophile, nucleophilic agent
Nucleosidphosphat *n* nucleotide
Nucleotid *n* nucleotide
Nukleon *n* nucleon, nuclear particle (constituent)
Nukleonenzahl *f* nucleon number
Nukleus *m* [atomic] nucleus
Nuklid *n (rad anal)* nuclide
Nuklide *npl*/**isobare** *(rad anal)* nuclear isobars
 isomere ~ nuclear isomers
 isotone ~ isotones
Nuklidmasse *f (rad anal)* nuclidic mass
Nullabgleich *m*/**optischer** *(spec)* optical null principle
Nullabgleichbedingung *f* condition of null balance
Nullabgleichinstrument *n* null-balance instrument
Nullabgleichpotentiometer *n* null-balance potentiometer
Nullage *f (meas)* rest point, resting position *(of the pointer of a balance)*
Nulldetektor *m* zero (null) detector
Nullfeld-NMR-Spektroskopie *f* zero-field NMR spectroscopy
Nullhypothese *f (stat)* null-hypothesis, zero-hypothesis, hypothesis H_0
Nullindikator *m s.* Nulldetektor
Nullinienkorrektur *f* baseline correction
Nullmeßinstrument *n* null meter
Nullpotential *n (pot)* zero potential
Nullpunkt *m* zero [point]; *(stat)* origin
 selbsteinstellender (selbstregulierender) ~ self-adjusting zero
Nullpunktdetektor *m* null-point detector
Nullpunktpotentiometrie *f* null-point potentiometry
Nullquanten-Kohärenz *f (nuc res)* zero-quantum coherence, ZQC
Nullquantenübergang *m (spec)* zero-quantum transition
Nullsignal *n* zero signal

Nullstellung

Nullstellung f zero position
Nullstrom m *(pol, pot)* zero current
~ **des Detektors** detector standing current
Nullstromchronopotentiometrie f current-cessation chronopotentiometry
Nullstromkurve f zero current curve
Nullstrompotential n zero-current potential
Nullstromstellung f zero-current (null-current) position
Nullverstärker m *(meas)* null amplifier
Nullversuch m blank experiment
Nullwertlösung f zeroing solution
Nutation f *(nuc res)* nutation
nutschen to filter under vacuum, to filter by (under, with) suction
nutzbar/analytisch analytically useful
Nutzkapazität f practical [specific] capacity, available (effective) capacity *(of an ion exchanger)*
Nutzungsdauer f useful (working) life, usable lifetime
N-Verbindung f nitrogen compound
Nyquist-Frequenz f *(meas)* Nyquist frequency
Nyquist-Frequenz-Regel f *(meas)* Nyquist frequency rule
Nyquist-Rauschen n *(meas)* Johnson (thermal, resistance) noise

O

OA-Spektroskopie f photoacoustic spectroscopy, PAS
Oberfläche f surface, *(quantitatively)* surface area
  äußere ~ external surface area
  ~ **der Poren/innere** pore surface area
  innere ~ internal surface area
  spezifische ~ specific surface [area]
Oberflächenadsorption f surface adsorption
oberflächenaktiv surface-active
Oberflächenaktivität f surface activity
Oberflächenbedeckung f surface coverage
Oberflächenbehandlung f surface treatment
Oberflächeneffekt m surface effect
Oberflächeneigenschaften fpl surface properties (characteristics)
Oberflächenenergie f surface energy
Oberflächenerscheinung f surface phenomenon
Oberflächenfilter n surface (edge) filter
oberflächenfunktionalisiert surface-functionalized *(resin bead)*
Oberflächenheterogenität f surface heterogeneity (inhomogeneity)
Oberflächenhydroxygruppe f, **Oberflächenhydroxyl** n surface hydroxyl group
Oberflächen-Ionenaustauscherharz n surface agglomerated ion-exchange resin
Oberflächenionisation f *(maspec)* surface ionization, surface induced dissociation, SID

Oberflächenkonzentration f surface concentration
Oberflächenkraft f surface force
Oberflächenmodifizierung f surface modification
Oberflächenphänomen n surface phenomenon
oberflächenporös superficially porous
Oberflächenpotential n surface potential
Oberflächenpunkt m surface site
Oberflächenrauh[igk]eit f surface roughness
Oberflächenreaktion f surface reaction
Oberflächenschicht f surface layer
Oberflächensilanol n, **Oberflächensilanolgruppe** f surface silanol group
Oberflächenspannung f surface tension
Oberflächen-Sperrschichtdetektor m *(rad anal)* surface barrier semiconductor detector
Oberflächenstelle f surface site
oberflächensulfoniert surface-sulphonated *(resin bead)*
Oberflächensulfonierung f *(ion)* superficial sulphonation
oberflächenwirksam surface-active
Oberflächenzentrum n surface site
Obergrenze f *(stat)* upper limit
Operphase f *(extr)* upper phase
Oberschwingung f 1. *(opt mol)* overtone; 2. s. Oberwelle
Oberschwingungsbande f *(opt mol)* overtone band
Oberschwingungsfrequenz f *(opt mol)* overtone frequency
Oberton m, **Obertonschwingung** f s. Oberschwingung
Oberwelle f *(pol)* harmonic wave
  erste ~ second harmonic
  harmonische ~ higher harmonic
  zweite ~ third harmonic
Oberwellenpolarographie f harmonic wave ac polarography
Oberwellenwechselstrompolarographie f higher-harmonic ac polarography
Oberwellenwechselstromtechnik f/polarographische higher-harmonic ac polarographic technique
Objektträger m microscope slide
observabel observable
Obstruktionsfaktor m *(chr)* obstruction (obstructive, labyrinth, tortuosity) factor
Octadecylsilan n octadecylsilane, ODS
i-Octan n isooctane, 2,2,4-trimethylpentane
OEA (organische Elementaranalyse) organic elemental analysis
OES (optische Emissionsspektroskopie) optical emission spectroscopy, OES
Ofen m/**technischer** furnace
Ofen-Atomemissionsspektrometrie f/**nicht-thermische** furnace atomization non-thermal emission spectrometry, FANES
Ofentechnik f *(opt at)* furnace technique

Öffnungsfehler *m* spherical aberration, aperture aberration (error)
Off-Resonanz-Effekt *m (nuc res)* off-resonance effect
Off-Resonanz-Entkopplung *f (nuc res)* off-resonance [decoupling], partial decoupling
Off-Resonanz-Entkopplungsexperiment *n (nuc res)* off-resonance experiment
Off-Resonanz-Frequenz *f (mag res)* off-resonance frequency
Offset-Effekt *m (nuc res)* offset effect
OH⁻-Form *f* base (hydroxide, hydroxyl, hydroxide-ion) form, OH-form *(of an ion exchanger)*
OH-Gruppe *f* hydroxyl group
okkludieren *(grav)* to occlude *(molecules)*
Okklusion *f (grav)* occlusion *(of molecules)*
oktaedrisch octahedral
Oktant *m* / **hinterer** *(opt anal)* back octant
 vorderer ~ front octant
Oktantenregel *f (opt anal)* octant rule
Ölbad *n* oil bath
Öldiffusionspumpe *f* oil [diffusion] pump
Olefin *n* olefin
olefinisch olefinic
oligomer oligomeric
Oligomer *n* oligomer
On-column-Einlaßsystem *n (gas chr)* on-column inlet
On-column-Injektion *f (gas chr)* [cold] on-column injection
On-column-Injektor *m (gas chr)* [cold] on-column injector
On-line-Detektor *m (chr)* on-line detector
On-line-Messung *f* on-line measurement
On-line-Prozeßanalysengerät *n* on-line process analyser
On-line-Viskosimeter *n* on-line viscometer
OPA (*o*-Phthaldialdehyd) *o*-phthaldialdehyde, OPA
opak opaque, light-tight, lightproof
Opaleszenz *f* opalescence
opaleszieren to opalesce
opaleszierend opalescent
opalisieren *s.* opaleszieren
Opazität *f* opacity, light-tightness
Operationscharakteristik *f (proc)* operating characteristic
Operationsverstärker *m (meas)* operational amplifier
Optimalbedingungen *fpl* optimum conditions
optisch optical
Optoakustik-Spektroskopie *f* photoacoustic spectroscopy, PAS
Orbital *n* orbital
 antibindendes ~ anti-bonding orbital
 atomares ~ atomic orbital, AO
 bindendes ~ bonding orbital
 lockerndes ~ anti-bonding orbital
π-Orbital *n* π [molecular] orbital, pi orbital

Orbitaldrehimpuls *m* orbital [angular] momentum
Orbitale *npl* / **überlappende** overlapping orbitals
ORD (optische Rotationsdispersion) optical rotatory dispersion, ORD
Ordinate *f* ordinate
Ordinatenachse *f* Y axis
Ordnung *f (catal)* order *(of a reaction)*
 ~ **der Kohärenz** *(mag res)* coherence order
 ~ **des Spektrums** spectral order
 gebrochene ~ fractional (fraction rate) order *(of a reaction)*
Ordnungsgrad *m* degree of order[ing]
Ordnungszahl *f* atomic (proton) number
ORD-Spektrum *n* ORD spectrum
organisch organic
Organoarsenverbindung *f* organoarsenic (organic arsenic) compound
Organoborverbindung *f* organic boron compound
Organochlorpestizid *n* organochlorine pesticide
Organofluorverbindung *f* organic fluorine compound
Organoleptik *f* sensory examination (test, testing) *(food inspection)*
Organometallverbindung *f* organometallic [compound], metallo-organic [compound]
Organophosphorverbindung *f* organophosphorus (organic phosphorus) compound
Organoquecksilberverbindung *f* organomercury (organic mercury) compound
Organoschwefelverbindung *f* organosulphur (organic sulphur) compound
Organosiliciumverbindung *f* organosilicon (organic silicon) compound
Organozinnverbindung *f* organotin compound
Orientationswechselwirkung *f* orientation interaction
orientieren to align, to orient[ate] *(dipoles)*
 sich ~ to align, to orient
Orientierung *f* orientation, directional distribution; alignment, orientation
 molekulare ~ molecular orientation
 räumliche ~ spatial orientation, spatial (geometrical) arrangement
Orientierungsabhängigkeit *f (spec)* orientation dependence
Orientierungskraft *f* orientation (Keesom) force
Orientierungspolarisation *f* orientation polarization
Orientierungsquantenzahl *f* magnetic quantum number
Orientierungsverteilung *f* orientational distribution
Orientierungsverteilungsfunktion *f (nuc res)* orientational distribution function
Originaldaten *pl (meas)* raw data
Originalversuchsdaten *pl* raw experiment[al] data
Orsat-Analyse *f* Orsat analysis *(of gases)*

Orsat-Apparat

Orsat-Apparat *m*, **Orsat-Gerät** *n* Orsat apparatus, Orsat gas [analysis] apparatus
Orthoborsäure *f* boric acid
orthogonal orthogonal
Orthophosphat *n* [ortho]phosphate
Orthophosphorsäure *f* [ortho]phosphoric acid
ortho-Proton *n (mag res)* ortho-proton
orthorhombisch [ortho]rhombic
ortho-Wasserstoff *m*, **Orthowasserstoff** *m* orthohydrogen
Osmium *n* Os osmium
Osmometer *n* osmometer
Osmometrie *f* osmometry
Osmose *f* osmosis
osmotisch osmotic
Ostwald-Reifung *f (grav)* Ostwald ripening
Oszillation *f* oscillation, vibration
Oszillationsfrequenz *f* oscillation [oscillating] frequency
Oszillationspolarographie *f* oscillopolarography, oscillographic polarography
Oszillator *m (spec)* oscillator
  quarzgesteuerter ~ crystal-controlled oscillator
oszillieren to oscillate, to vibrate
Oszillograph *m* oscillograph
oszillographisch oscillographic
Oszillometrie *f* oscillometry, high-frequency conductometry
  chemische ~ chemical oscillometry
Oszilopolarogramm *n* oscillographic polarogram
Oszilopolarographie *f* oscillopolarography, oscillographic polarography
oszillopolarographisch oscillo-polarographic
Oszilloskop *n* oscilloscope
oszilloskopisch oscilloscopic
Outer-sphere-Komplex *m* outer-sphere complex
Overhauser-Effekt *m (nuc res)* nuclear Overhauser effect, NOE, nuclear Overhauser enhancement, Overhauser effect
  genereller ~ general[ized] Overhauser effect, GOE
Overhauser-Verstärkungsfaktor *m (nuc res)* nuclear Overhauser enhancement
OWP (Oberwellenwechselstrompolarographie) higher-harmonic ac polarography
Oxalat *n* oxalate
Oxalsäurediethylester *m* diethyl oxalate
Oxalsäuredimethylester *m* dimethyl oxalate
oxidabel oxidizable
Oxidans *n* oxidizing agent, oxidant
Oxidans/Brenngas-Gemisch *n* oxidant-fuel combination
Oxidation *f* oxidation
  anodische ~ anodic oxidation
  ~ **durch Luft[sauerstoff]** air (atmospheric) oxidation
  erneute ~ re-oxidation, re-oxidizing
  induzierte ~ induced oxidation
  katalytische ~ catalytic oxidation
  vorhergehende (vorherige) ~ pre-oxidation

oxidationsbeständig resistant (stable) to oxidation
Oxidationsbeständigkeit *f* resistance to oxidation, oxidation resistance
oxidationsempfindlich sensitive (susceptible) to oxidation
Oxidationsempfindlichkeit *f* sensitivity to oxidation
Oxidationsgas *n* oxidant gas
Oxidationsgrad *m* oxidation number
Oxidationskatalysator *m* oxidation catalyst
Oxidationskontakt *m* oxidation catalyst
Oxidationsmittel *n* oxidizing agent, oxidant
Oxidationsneigung *f* tendency to oxidize
Oxidationsofen *m (or anal)* oxidation furnace
Oxidationspotential *n* oxidation potential
Oxidationsprodukt *n* oxidation product
Oxidationsreaktion *f* oxidation reaction
Oxidationsreaktor *m (proc)* oxidation reactor
Oxidations-Reduktions-... *s.* Redox...
Oxidationsschicht *f* oxide layer
Oxidationsschritt *m* oxidation step
Oxidationsstabilität *f* oxidative stability
Oxidationsstufe *f* oxidation state
Oxidationsteilreaktion *f (pot)* oxidation half-reaction
Oxidationswert *m*, **Oxidationszahl** *f* oxidation number
Oxidationszustand *m* oxidation state
oxidativ oxidative, oxidizing
Oxidbelag *m* oxide film
  anodischer ~ anodic oxide film
Oxidelektrode *f (el anal)* oxide electrode
Oxidfilm *m* oxide film
oxidfrei oxide-free
Oxidhaut *f* oxide film
oxidierbar oxidizable
oxidieren to oxidize
  vorher ~ to pre-oxidize
  wieder ~ to re-oxidize
oxidierend oxidative, oxidizing
oxidiert werden/wieder to re-oxidize
Oxidimetrie *f* oxidimetry, redox titration, oxidation-reduction titration
Oxidoreduktion *f s.* Redoxreaktion
Oxidschicht *f* oxide layer
  dünne ~ oxide film
Oxim *n* oxime *(isonitroso compound)*
Oxin *n* oxine, 8-hydroxyquinoline
Oxinat *n* oxinate
Oxolan *n* tetrahydrofuran, THF
Oxoniumion *n* hydroxonium ion
Oxoverbindung *f* oxo compound
Oxyd... *s.* Oxid...
ozonbeständig ozone-resistant, ozone-resisting
Ozonbeständigkeit *f* ozone resistance
ozonfest *s.* ozonbeständig
Ozonkonzentration *f* ozone concentration

P

p. a. (pro analysi) analytical-reagent-quality, [analytical-]reagent-grade, analar[-grade], analar purity, analytically pure
PAA-Gradientengel-Elektrophorese f polyacrylamide gradient gel electrophoresis
Paar n/**irreversibles** (pol) irreversible couple (analysis of reversibility)
   reversibles ~ reversible couple
Paarbildung f (rad anal) pair production
paaren/sich to pair
Paarerzeugung f s. Paarbildung
Paarungsreagens n (liq chr)) ion-pair[ing] reagent, ion-interaction reagent, IIR
Paarvernichtung f (rad anal) annihilation
packen to pack (columns)
Packen n **von Säulen** (chr) column packing
Packung f (chr) packing, packed bed, PB
   mit irregulärem Trägermaterial hergestellte ~ (liq chr) irregular packing
   mit sphärischem Trägermaterial hergestellte ~ (liq chr) spherical packing
   oberflächenporöse (schalenporöse) ~ (chr) pellicular packing
Packungsdichte f (chr) packing (packed) density
Packungseinheit f (samp) packing unit
Packungsfaktor m (chr) packing factor
Packungsmaterial n (chr) packing material
Packungsmethode f (chr) packing method
Packungsteilchen n packing particle
Packungsunregelmäßigkeit f (chr) packing irregularity
PAG (Polyacrylamidgel) [poly]acrylamide gel, PAG
PAGE (Polyacrylamidgel-Elektrophorese) PAG (polyacrylamide gel) electrophoresis), PAGE
PAGG (Polyacrylamid-Gradientengel) (elph) polyacrylamide gradient gel
PAK (polycyclische aromatische Kohlenwasserstoffe) polycyclic aromatic hydrocarbons, PAH, polynuclear aromatics (aromatic compounds)
Paketbildung f bunching (of electrons)
Palladium n Pd palladium
Palladiumelektrode f (el anal) palladium electrode
Papier n/**beladenes** (liq chr) loaded paper
   chemisch modifiziertes ~ (liq chr) chemically modified paper
   chromatographisches ~ chromatographic (chromatography) paper
   doppelt logarithmisch geteiltes ~ log-log paper
   imprägniertes ~ (liq chr) impregnated paper
   langsam laufendes ~ (liq chr) slow paper
   mit Adsorbens imprägniertes ~ adsorbent-loaded paper
   mit Kieselgur imprägniertes ~ (liq chr) kieselguhr paper
   mit Silikonöl imprägniertes ~ (liq chr) silicone-loaded (silicone-treated) paper, silicone-oil impregnated paper
   modifiziertes ~ (liq chr) modified paper
   schnellaufendes ~ (liq chr) fast paper
Papierchromatogramm n paper chromatogram
Papierchromatographie f paper chromatography, PC, filter-paper chromatography
   absteigende ~ descending paper chromatography
   aufsteigende ~ ascending paper chromatography
papierchromatographisch paper-chromatographic
Papierdocht m filter-paper wick
Papierelektropherogramm n paper electropheretogram
Papierelektrophorese f paper electrophoresis, PE, filter-paper electrophoresis
Papierfilter n paper filter
Papierpherogramm n paper electrophoretogram
Papierstreifen m paper strip
Papiervorschubgeschwindigkeit f chart speed (data acquisition)
Parabel f/**abgestumpfte** truncated parabola
Parabolspiegel m parabolic mirror
Paraffin n, **Paraffinkohlenwasserstoff** m alkane, paraffin, paraffinic (saturated aliphatic) hydrocarbon
para-Kopplung f (nuc res) para-coupling
Parallaxe f (meas) parallax
Parallaxenfehler m parallactic (parallax) error
Parallelanalyse f parallel analysis
Parallelbanden fpl (opt mol) parallel bands
Parallelbestimmung f parallel estimation
Parallel-Platten-Detektor m (gas chr) parallel plate [electron-capture] detector
Parallelreaktion f parallel (simultaneous) reaction, competing (competitive) reaction
Parallelresonanzkreis m tank circuit (impedimetric titration)
Paramagnetikum n paramagnetic [substance, material]
paramagnetisch paramagnetic
Paramagnetismus m paramagnetism
Parameter m **der Eddy-Diffusion** (chr) packing factor
   ~ **der Grundgesamtheit** (stat) population parameter
para-Proton n (mag res) para-proton
para-Wasserstoff m, **Parawasserstoff** m para-hydrogen
Parr-Bombe f (or anal) Parr [sodium peroxide] bomb
Parr-Mikrobombe f (or anal) Parr microbomb
PARS (photoakustische Raman-Spektroskopie) photoacoustic Raman spectroscopy, PARS
Partialdruck m partial pressure
Partie f batch, charge
   zu untersuchende ~ test batch
partiell partial
Partikeldurchmesser m particle diameter

Partikelform 344

Partikelform f, **Partikelgestalt** f particle (grain) shape
Partikelgröße f particle size
Partikelgrößenverteilung f particle-size distribution, grain size distribution
Partikelgrößen-Verteilungschromatographie f hydrodynamic chromatography, HDC
Partikeln npl / **suspendierte** particulates, particulate matter
Partikelzahl f number of particles
PAS (Photoakustikspektroskopie) photoacoustic spectroscopy, PAS
Pascal-Dreieck n Pascal triangle
Paschen-Runge-Aufstellung f (spec) Paschen-Runge mounting
Paschen-Serie f (spec) Paschen series
PA-Signal n PA (photoacoustic) signal
PA-Spektroskopie f photoacoustic spectroscopy, PAS
passieren to pass through
Passivität f / **anodische** anodic passivity
  chemische ~ chemical passivity
Paßstück n (lab) adapter; connection, connector, union, junction, joint, link, (esp for pipes and hoses) fitting
Paste f / **feuchte** wet paste
  säurehaltige ~ acid paste
  wäßrige ~ aqueous paste
Pattern-Recognition-Methode f (spec) pattern-recognition technique
Paweck-Elektrode f (elgrav) Paweck electrode
Pb-Amalgam n s. Bleiamalgam
P-Betrieb m (gas chr) P-mode, P only of operation (of a thermionic detector)
PC (Papierchromatographie) paper chromatography, PC, filter paper chromatography
PCB (polychloriertes Biphenyl) polychlorinated biphenyl, PCB
PCI (positive chemische Ionisation) (maspec) positive chemical ionization
PD (Plasmadesorption) (maspec) plasma desorption, PD, plasma desorption ionization, fission fragment ionization
PDA-Detektor m (spec) diode array detector, DAD, photodiode (UV diode) array detector, diode array UV detector, array detector
PDMS (Plasmadesorptions-Massenspektrometrie) plasma desorption mass spectrometry, PDMS
PE s. Polyethylen
Peak m peak, (spec also) spectral peak, (chr also) elution band
  anodischer ~ (pol) anodic peak
  breiter ~ broad peak
  chromatographischer ~ chromatographic (chromatography) peak
  gaschromatographischer ~ GC peak
  kathodischer ~ (pol) cathodic peak
  metastabiler ~ (maspec) metastable [ion] peak, transition signal
  ~ **mit Fronting (Leading)** (chr) fronting (leading) peak
  ~ **mit Tailing** (chr) tailing peak
  negativer ~ negative peak
  nicht Gauß-förmiger ~ non-Gaussian peak
  schmaler ~ sharp peak
  schneller (schnell erscheinender) ~ (chr) early peak
  symmetrischer ~ symmetrical peak
  tailingbehafteter (vertailter) ~ (chr) tailing peak
  verzerrter ~ distorted peak
Peakabstand m peak separation
Peakasymmetrie f peak asymmetry
Peakauflösung f peak[-to-peak] resolution, chromatographic resolution
Peakaufweitung f s. Peakverbreiterung
Peakauswertung f peak analysis
Peakbasis f peak base
Peakbreite f peak width, bandwidth, (specif) [peak] width at base, base width, baseline peak width
  ~ **in halber Höhe** [peak] width at half-height, half-height peak width, [peak] half width
  wendepunktbezogene ~ peak width at inflection points
Peakdetektor m peak finder (separator, picker)
Peakdispersion f (chr) peak dispersion, band dispersion (variance)
Peakelutionsvolumen n (chr) peak elution (retention) volume
Peakerkennung f peak identification
Peakfläche f peak area
Peakflächenauswertung f peak-area method, peak-size analysis
Peakfolge f series of peaks
Peakform f peak shape
peakförmig peak-shaped
Peakfront f peak front, leading edge of the peak
Peakhöhe f peak height
Peakidentifizierung f peak identification
Peakintegration f peak [area] integration
Peakintensität f peak intensity, signal intensity (strength, height)
Peakkapazität f (chr) peak capacity
Peaklage f peak position
Peakleading n (chr) fronting, leading, bearding
Peakmatching n peak matching
Peakmaximum n peak maximum (apex), (Chr auch) band maximum
Peakposition f peak position
Peakpositionseichung f (chr) peak position calibration
Peakpotential n (voltam) peak potential
Peakprofil n peak profile
Peakreinheit f (chr) peak purity
Peakrückflanke f, **Peakrückseite** f peak tail, trailing edge of the peak
Peaks mpl / **[sich] überlappende** overlapping peaks
Peakschulter f peak shoulder

Peaksequenz f series of peaks
Peaksignal n [spectral] peak
Peakspitze f peak
Peakspitzenpotential n (voltam) peak potential
Peak[spitzen]strom m (pol) peak current
Peaksymmetrie f peak symmetry
Peaktailing n (chr) [peak] tailing
Peakunsymmetrie f peak asymmetry
Peakvarianz f s. Peakdispersion
Peakverbreiterung f peak broadening, (chr also) band (zone) broadening (spreading), zone (axial, lag phase) dispersion
Peakvergleich m peak matching
Peakverschärfung f (chr) peak focusing
Peakverzerrung f peak distortion
~ durch Tailing (chr) [peak] tailing
Peakvorderflanke f, Peakvorderseite f peak front, leading edge of the peak
Peakzuordnung f peak assignment
PEI (Polyethylenimin) polyethyleneimine, PEI
PEI-Cellulose f PEI-cellulose
p-Elektron n p electron
Pellicular-Ionenaustauscher m pellicular (superficial porous) ion-exchange resin
pendeln to oscillate, to vibrate
Pendelschwingung f (opt mol) rocking vibration
Penetration f penetration, permeation
penetrieren to penetrate, to permeate
Pentafluorbenzylbromid n pentafluorobenzyl bromide
3,5,7,2',4'-Pentahydroxyflavon n morin, 3,5,7,2',4'-pentahydroxy flavone
[n-]Pentan n [n-]pentane
Pentan-2-on n methyl propyl ketone, pentane-2-one
2,4-Pentandion n acetylacetone, pentane-2,4-dione
Peptid n peptide
Peptisation f peptization
peptisieren to peptize
Perchlorat n perchlorate
Perchlorsäure f perchloric acid
Perfluoracylderivat n perfluoroacyl derivative
perfluorieren to perfluorinate
Perfluorkerosin n perfluorokerosene, PFK
Perforator m liquid-liquid extractor
~ für spezifisch leichte Extraktionsmittel lighter-than-water liquid-liquid extractor
~ für spezifisch schwere Extraktionsmittel heavier-than-water liquid-liquid extractor
Periodat n periodate
Peristaltikpumpe f peristaltic pump
Permanentgas n permanent (fixed) gas (a gas having a very low critical temperature)
Permanentmagnet m permanent magnet
Permanganat n permanganate
permeabel permeable
Permeabilität f permeability; (chr) column permeability

spezifische ~ (chr) specific permeability [coefficient]
Permeabilitätskonstante f (mag res) permeability
Permeation f penetration, permeation
permeieren to penetrate, to permeate
Permittivität f dielectric constant, permittivity
permselektiv permselective
Permselektivität f permselectivity
Peroxid n peroxide
Peroxodisulfat n persulphate, peroxydisulphate
Perrhenat n perrhenate
Persistenzlänge f persistent length (of a macromolecule)
Perzentil n (stat) percentile
PES (Photoelektronenspektroskopie) photoelectron spectroscopy, PES, PS, photoemission (photoelectron emission) spectroscopy
Pestizid n biocide, pesticide
chloriertes ~ chlorinated pesticide
Pestizidanalyse f pesticide analysis
Pestizidrückstand m pesticide residue
Petri-Oberschale f Petri dish top
Petrischale f Petri [culture] dish, Petri plate
Petrischalenbüchse f Petri dish box
Petri-Unterschale f Petri dish bottom
PFIMS (Pyrolyse-Feldionisations-Massenspektrometrie) pyrolysis field ionization mass spectrometry, PFIMS
PFK (Perfluorkerosin) perfluorokerosene, PFK
p-Fraktil n (stat) quantile (fractile) of order p, p-quantile, p-fractile
Pfropfaufgabe f (chr) slug injection (of a sample)
Pfropfen m plug
Pfropfenströmung f (liq chr) plug flow
PFT (Puls-Fourier-Transformation) (spec) pulse Fourier transform, PFT
PFT-[NMR-]Spektroskopie f PFT (pulse Fourier transform) NMR spectroscopy, pulsed FT NMR
PFT-Technik f (mag res) pulse method (technique), pulsed method (procedure)
Pfund-Serie f (spec) Pfund series
PGC f (Pyrolyse-Gaschromatographie) pyrolysis gas chromatography, PGC
pH n pH value (number, level), pH
pH-Abfall m s. pH-Abnahme
pH-abhängig pH-dependent
pH-Abhängigkeit f pH dependence (dependency)
pH-Abnahme f pH decline (decrease, drop)
pH-Änderung f pH change, change in (of) pH
Phänomen n/chiroptisches chiroptical phenomenon
thermisch stimuliertes ~ thermally stimulated phenomenon
Phantomkette f freely-jointed chain (of a macromolecule)
pH-Anzeigegerät n pH indicator
Pharmakochemie f pharmaceutic[al] chemistry, pharmachemistry
Pharmakon n s. Pharmazeutikum

Pharmapräparat *n* pharmaceutical preparation
Pharmazeutikum *n* pharmaceutic[al], pharmacon, drug
pharmazeutisch pharmaceutic[al]
Pharmazie *f* pharmacy
Phase *f* phase
  bewegliche ~ *(chr)* mobile (moving) phase, *(in elution chromatography also)* eluent, eluant
  chemisch gebundene [stationäre] ~ *(chr)* [chemically] bonded phase, chemically bonded stationary phase, support-bonded phase, bonded liquid phase
  chirale ~ *(chr)* chiral phase
  chirale stationäre ~ *(chr)* chiral stationary phase, *(gas chr also)* chiral liquid phase
  cholester[in]ische ~ *(chr)* cholesteric phase
  dampfförmige ~ vapour phase
  ~ **des Empfängers** *(nuc res)* receiver phase
  feste ~ solid phase
  flüssige ~ 1. liquid phase; 2. *s.* flüssige mobile ~; 3. *s.* flüssige stationäre ~
  flüssige mobile ~ *(liq chr)* [liquid] mobile phase, liquid phase, [mobile] solvent *(in column chromatography)*, *(elution chromatography also)* eluent, eluant, eluting solvent (agent), *(planar chromatography also)* developer, developing (development) solvent
  flüssige stationäre ~ *(gas chr)* stationary [liquid] phase, liquid [stationary] phase
  gasförmige ~ gas (gaseous) phase
  gasförmige mobile ~ *(gas chr)* carrier gas, mobile [gas] phase, gas mobile phase, *(elution chromatography also)* eluent, eluant, carrier
  gebundene ~ *s.* chemisch gebundene ~
  gemischte stationäre ~ *(gas chr)* mixed phase, liquid-phase mixture
  gummiartige ~ *(gas chr)* gum phase
  immobilisierte [stationäre] ~ *(gas chr)* immobilized [stationary] phase, non-extractable phase
  konzentrierte ~ *s.* polymerreiche ~
  mobile ~ 1. *(chr)* mobile (moving) phase, *(in elution chromatography also)* eluent, eluant; 2. *s.* flüssige mobile ~; 3. *s.* gasförmige mobile ~
  mobile überkritische ~ *(chr)* supercritical [fluid] mobile phase
  nematische ~ nematic phase
  nichtchirale stationäre ~ *(liq chr)* non-chiral stationary phase
  organische ~ organic phase
  polymerarme ~ polymer-poor phase, dilute (sol) phase *(precipitation fractionation)*
  polymerreiche ~ polymer-rich phase, concentrated (gel) phase *(precipitation fractionation)*
  ruhende ~ *s.* stationäre ~ 1.
  smektische ~ *(chr)* smetic phase
  stationäre ~ 1. *(chr)* stationary (immobile, static) phase; 2. *s.* flüssige stationäre ~
  trägerfixierte ~ *s.* chemisch gebundene ~
  unbewegliche ~ *s.* stationäre ~ 1.
  verdünnte ~ *s.* polymerarme ~
  wäßrige ~ aqueous phase
Phasenänderung *f* phase change
Phasendifferenz *f* phase difference
Phaseneigenschaft *f* phase property
phasenempfindlich phase-sensitive
Phasenfehler *m (nuc res)* phase error
Phasengedächtniszeit *f (el res)* phase-memory time
Phasengeschwindigkeit *f* phase (wave) velocity
Phasengrenze *f* phase boundary
  ~ **gasförmig-fest** gas-solid interface (interfacial area)
  ~ **gasförmig-flüssig** gas-liquid interface (interfacial area)
Phasengrenzfläche *f* boundary surface, [boundary] interface
Phasenkohärenz *f (spec)* phase coherence
Phasenkorrektur *f* phase correction
Phasenmodulation *f* phase modulation, PM
phasenmoduliert phase-modulated
Phasenrelaxation *f (spec)* phase relaxation
phasensensitiv phase-sensitive
Phasenseparation *f* phase separation
Phasenstabilität *f* phase stability
Phasentransformation *f s.* Phasenumwandlung
Phasentrennung *f* phase separation
Phasenübergang *m s.* Phasenumwandlung
Phasenumwandlung *f* phase transition (transformation)
Phasenumwandlungspunkt *m* phase transition point
Phasenumwandlungstemperatur *f* phase transition point
Phasenunterschied *m* phase difference
Phasenverhältnis *n (chr)* phase ratio
Phasenverschiebung *f* phase shift
phasenverschoben phase-shifted • **um 90°** ~ 90° out of phase
Phasenverzerrung *f (nuc res)* phase distortion
Phasenwinkel *m* phase angle
Phasenwinkeldifferenz *f* phase angle difference
Phasenzyklus *m (nuc res)* phase cycle
Phasenzyklusschema *n (nuc res)* phase cycling scheme
pH-Bereich *m* pH range (region)
pH-Bestimmung *f* pH determination
pH-Einfluß *m* pH influence
pH-Einheit *f* pH unit
pH-Elektrode *f* pH electrode
1,10-Phenanthrolin *n* 1,10-phenanthroline
Phenol *n* phenol
Phenolat *n* phen[ol]ate
Phenolphthalein *n* phenolphthalein
Phenolrot *n* phenol red
Phenosafranin *n* phenosafranine
N-Phenylanthranilsäure *f* N-phenylanthranilic acid
Phenylmethylsilicon *n* phenyl methyl silicone
Phenylsilicon *n* phenyl silicone, phenylpolysiloxane

pH-Erhöhung f pH elevation
pH-Ermittlung f pH determination
Pherogramm n [electro]pherogram, electrophoretogram
pH-Gebiet n pH range (region)
pH-Gradient m pH gradient
  immobilisierter ~ *(elph)* immobilized pH gradient, IPG
pH-Heraufsetzung f pH elevation
pH-Indikator m pH (acid-base, neutralization) indicator
pH-Intervall n pH interval
pH-Kontrolle f pH control
pH-Korrektur f pH correction
pH-Meßfühler m pH sensor
pH-Meßgerät n pH meter (instrument)
pH-Meßsystem n pH-measurement system, pH-measuring system
pH-Messung f pH measurement
pH-Meßwertgeber m, **pH-Meßwertübertrager** m pH transmitter
pH-Meter n s. pH-Meßgerät
pH-Monitor m *(proc)* pH monitor
Phonon n *(spec)* phonon
Phosphat n [ortho]phosphate
Phosphit n phosphite
Phosphonsäure f phosphonic (phosphorous) acid
Phosphor m P phosphorus
Phosphor(V)-oxid n s. Phosphorpentoxid
Phosphorbetrieb m *(gas chr)* P-mode, P only of operation *(of a thermionic detector)*
Phosphoreszenz f phosphorescence
Phosphoreszenzanalyse f phosphorescence analysis
phosphoreszieren to phosphoresce
phosphoreszierend phosphorescent
Phosphorigsäure f s. Phosphonsäure
Phosphorimeter n phosphorimeter
Phosphorpentoxid n phosphorus(V) oxide, phosphorus pentoxide
Phosphorpentoxid-Feuchtegehaltanalysegerät n phosphorus pentoxide moisture analyzer
Phosphorpentoxid-Feuchtegehaltüberwachungsgerät n phosphorus pentoxide moisture monitor
Phosphorpentoxidfeuchtesensor m phosphorus pentoxide [moisture] sensor
Phosphorsäure f [ortho]phosphoric acid
Phosphorsäureester m phosphate (phosphoric acid) ester
Phosphorsäuretributylester m tributyl phosphate, TBP
Photoakustik-Meßzelle f photoacoustic cell
Photoakustikspektroskopie f photoacoustic spectroscopy, PAS
Photoakustikspektrum n photoacoustic spectrum
Photoakustikzelle f photoacoustic cell
photoakustisch photoacoustic
Photodetektor m *(spec)* photodetector

Photodiode f photodiode
Photodiodenarray n *(spec)* [photo]diode array
Photodioden[array]detektor m *(spec)* diode array detector, DAD, [photodiode, UV diode] array detector, diode array UV detector
Photodioden-Multikanaldetektor m s. Photodiodenarraydetektor
Photodissoziations-Laser m photodissociation laser
Photoeffekt m photo[electric] effect
photoelektrisch photoelectric
Photoelektron n *(spec)* photoelectron
Photoelektronenbeugung f photoelectron diffraction, PD, PED
Photoelektronenspektroskopie f photoelectron spectroscopy, PES, PS, photoelectron emission spectroscopy, photoemission spectroscopy
  bildgebende ~ imaging photoelectron spectroscopy
  ~ innerer Elektronen s. röntgenstrahlangeregte ~
  inverse ~ inverse photoelectron (photoemission) spectroscopy, IPS, IPES, ultraviolet bremsstrahlung spectroscopy, UVBIS
  k-aufgelöste inverse ~ k-resolved inverse photoemission spectroscopy, KRIPES
  resonanzverstärkte ~ resonance-enhanced photoelectron spectroscopy
  röntgenstrahlangeregte ~ X-ray induced-photoelectron spectroscopy, X-ray photoelectron (photoemission) spectroscopy, XPS, XPES, electron spectroscopy for chemical analysis, ESCA, photoelectron spectroscopy of the inner shell, PESIS, inner-shell photoelectron spectroscopy, ISPES
  winkelaufgelöste ~ angle-resolved photoelectron spectroscopy, ARPES, ARPS, angular resolved UV-photoelectron spectroscopy, ARUPS, angle-resolved synchrotron-radiation photoelectron spectroscopy, ARXPS, angle-resolved photoemission, ARP, angle-dispersed photoelectron spectroscopy, ADPES, ADES
Photoelektronenspektrum n photoelectron spectrum
Photoelektronenvervielfacher m photomultiplier [tube], PMT, photomultiplier[-tube] detector, [electron-]multiplier phototube, photoelectric electron-multiplier tube, secondary[-emission] electron multiplier
Photoelement n photocell, photoelectric cell
Photoionisation f *(spec)* photoionization, PI
Photoionisationsdetektor m *(gas chr)* photoionization detector, PID
Photoionisations-Ionenquelle f *(maspec)* photoionization source
Photoionisationsquerschnitt m photoionization cross-section
Photokathode f photocathode, photoemissive (photosensitive) cathode
Photolumineszenz f photoluminescence

Photolyse

Photolyse f photolysis, photodecomposition
photolytisch photolytic
Photometer n photometer
Photometerbank f photometer bench
Photometerkopf m photometer head
Photometrie f photometry
photometrisch photometric
Photon n photon, light (radiation) quantum
Photonenaktivierung f photon activation
Photonenaktivierungsanalyse f photon activation analysis
Photonenenergie f photon energy, energy of the photon
Photonenstrahl m photon beam
Photonenzahl f photon count
Photonenzählung f photon counting
Photopapier n photographic paper
Photopeak m (rad anal) photoelectric peak, photopeak
Photoplatte f photographic plate
Photoreaktion f photochemical reaction, photoreaction
Photostrom m photocurrent
Phototransistor m phototransistor
Photovervielfacher m s. Photoelektronenvervielfacher
Photowiderstand m photoconductor
Photowiderstandszelle f photoconductive (photoresistive) cell
Photozelle f photoemissive cell (tube), phototube
Photozersetzung f photolysis, photodecomposition
pH-Papier n pH paper
pH-Profil n pH profile
pH-Puffer m pH (acid-base) buffer, buffer [solution]
pH-Regelung f pH control
pH-Regler m pH controller
pH-Signal n pH signal
pH-Skala f pH scale
pH-Standard m pH standard
Phthalat n phthalate
o-Phthaldialdehyd m o-phthaldialdehyde, OPA
Phthalocyanin n phthalocyanine
pH-unabhängig pH-independent
pH-Unabhängigkeit f pH independence
pH-Wert m pH value (number, level), pH
pH-Wert-... s. pH-...
physikalisch-chemisch physico-chemical
Physikochemie f physical chemistry
physikochemisch physico-chemical
Physisorption f physisorption, physical (van der Waals) adsorption
pH-Zahl f s. pH-Wert
PI s. Photoionisation
Picogramm n picogram
Picogrammbereich m (trace) picogram range $(10^{-12}$ to 10^{-9} g)
Pico-Konzentrationsbereich m (trace) parts-per-trillion level (10^{-12})
Picospur f picotrace $(10^{-12}$ to 10^{-9} g)

PID m s. Photoionisationsdetektor
Piezoeffekt m piezoelectric effect
piezoelektrisch piezoelectric
Piezoelektrizität f piezoelectricity
p-i-n-Detektor m (rad anal) P.I.N. semiconductor detector
Pipette f pipet[te]
pipettieren to pipette
Pirani-Vakuummeter n Pirani gauge
^{31}P-Kernresonanz-Spektroskopie $f\,^{31}$P-NMR spectroscopy
Plackett-Burman-Plan m (stat) Plackett-Burman plan
Planarchromatographie f planar chromatography, plane (flat-bed, open-bed) chromatography
Planck-Konstante f (radia) Planck [action] constant, [Planck] quantum of action
Planelektrode f plane electrode
Plangitter n (spec) plane grating
Planimeter n planimeter
Planimetrie f planimetry
Planspiegel m (spec) plane mirror
Plasma n [gas] plasma
  induktiv gekoppeltes ~ inductively coupled plasma, ICP
  mikrowelleninduziertes ~ microwave-induced plasma, MIP, microwave[-powered] plasma
Plasmaanalysengerät n plasma analyser
Plasmaatomisieren n, **Plasmaatomisierung** f (spec) plasma atomization
Plasmabrenner m (spec) plasma torch
Plasmadesorption f (maspec) plasma desorption, PD, plasma desorption ionization, fission fragment ionization
Plasmadesorptions-Massenspektrometrie f plasma desorption mass spectrometry, PDMS
Plasmadetektor m (chr) plasma detector
Plasmaemissions-Massenspektrometer n inductively coupled plasma mass spectrometer
Plasmaemissions-Massenspektrometrie f inductively coupled plasma mass spectrometry, ICP-MS
Plasmaemissionsspektrometer n plasma emission spectrometer
Plasmaemissionsspektroskopie f plasma emission spectroscopy
Plasmafackel f (spec) plasma torch
Plasmon n (spec) plasmon
Platin n Pt platinum
Platinarbeitskathode f (coul) platinum working cathode
Platinblech n platinum sheet
Platindraht m platinum wire
Platindrahtelektrode f / **rotierende** (pol) rotating platinum wire electrode
Platindrahtnetz n platinum [wire] gauze
Platindrahtöse f platinum loop
Platinelektrode f / **platinierte** platinized platinum electrode

quecksilberbeschichtete ~ *(coul)* mercury-plated platinum electrode
rotierende ~ *(pol)* rotating platinum electrode, RPE
vibrierende ~ *(pol)* vibrating platinum electrode
Platinfaden *m* platinum thread
Platinfolieelektrode *f* platinum-foil electrode
Platingaze *f* platinum [wire] gauze
Platin-Graphit-Elektrode *f* platinum-graphite electrode
platinieren to platinize
Platinierung *f* platinization
Platin-Kalomel-Elektrode *f* platinum-calomel electrode
Platinkatalysator *m* platinum catalyst
Platinkathode *f* / **verkupferte** copper-plated platinum cathode
versilberte ~ silver-plated platinum cathode
Platinkontakt *m* platinum catalyst
Platinmeßelektrode *f* *(vol)* platinum indicator electrode
Platinnetz-Elektrode *f* platinum gauze electrode
Platinöse *f* platinum loop
Platin-Platinoxid-Elektrode *f* platinum-platinum oxide electrode
Platintiegel *m* platinum crucible
Platin-Wolfram-Elektrode *f* platinum-tungsten electrode, tungsten-platinum electrode
λ/4-Plättchen *n* *(opt anal)* quarter-wave plate
λ/2-Plättchen *n* *(opt anal)* half-wave plate
Platte *f* / **photographische** photographic plate
Plattengel *n* gel slab (plate), slab gel
Plattform-Atomisieren *n* *(spec)* platform atomization
PLOT-Säule *f* *(gas chr)* porous-layer open-tubular (open-tube) column, PLOT column
Plotter *m* / **digitaler** digital plotter
Plutonium *n* Pu plutonium
^{31}P-NMR-Spektrum *n* ^{31}P spectrum, phosphorus-31 NMR spectrum
Pockels-Effekt *m* Pockels effect *(change of the optical properties of certain crystals in an electric field)*
Pockels-Zelle *f* *(opt anal)* Pockels cell
Poisson-Verteilung *f* *(stat)* Poisson distribution
polar / schwach moderately (slightly) polar
stark ~ highly polar
Polarimeter *n* polarimeter, polariscope
Polarimetrie *f* polarimetry
polarimetrisch polarimetric
Polarisation *f* polarization
elektrische ~ electric polarization
lineare ~ linear polarization
magnetische ~ magnetic polarization
zirkulare ~ circular polarization
Polarisationseffekt *m* polarization effect
Polarisationselektrode *f* *(pol)* polarization electrode
Polarisationsgeschwindigkeit *f* *(pol)* rate of polarization

Polarisationsgrad *m* degree of polarization
Polarisationskennlinie *f*, **Polarisationskurve** *f* polarization curve
Polarisationspotential *n* polarization potential
Polarisationsrohr *n* sample tube *(of a polarimeter)*
Polarisationsspannung *f* polarization voltage
Polarisationsstrom *m* polarization current
Polarisationsstromtitration *f* amperometric titration with two indicator electrodes, biamperometric (dead-stop) titration
Polarisationstransfer *m* *(nuc res)* polarization (population) transfer, coherence (coherent) transfer, CT, magnetization transfer, MT
~ mit unselektiven Impulsen *(nuc res)* insensitive nuclei enhanced (enhancement) by polarization transfer, INEPT, non-selective polarization transfer
Polarisationsübertragung *f s.* Polarisationstransfer
Polarisationswiderstand *m* polarization resistance
Polarisationswinkel *m* *(opt mol)* Brewster angle
Polarisationszustand *m* polarization state
Polarisator *m* polarizer
elektrischer ~ electro-polarizer
polarisierbar polarizable
Polarisierbarkeit *f* polarizability
Polarisierbarkeitsellipsoid *n* *(spec)* polarizability ellipsoid
polarisieren to polarize
polarisiert / elliptisch elliptically polarized
horizontal ~ horizontally polarized, h
kathodisch ~ cathodically polarized
linear ~ linearly polarized
links zirkular ~ left-circularly polarized
rechts zirkular ~ right-circularly polarized
vertikal ~ vertically polarized, v
zirkular ~ circularly polarized
Polarisierung *f s.* Polarisation
Polarität *f* polarity
Polaritätsindex *m* *(gas chr)* polarity index, solvent polarity parameter
Polaritätsmischung *f* *(gas chr)* polarity test mixture
Polarkoordinaten *fpl* polar coordinates
Polarogramm *n* polarogram
gedämpftes ~ damped polarogram
gewöhnliches ~ ordinary polarogram
normales ~ ordinary polarogram
peakförmiges ~ peak-shaped polarogram
ungedämpftes ~ undamped polarogram
verzerrtes ~ distorted polarogram
Polarograph *m* polarograph
automatisch arbeitender ~ automatic polarograph
kommerzieller ~ commercial polarograph
manuell bedienter ~ manual polarograph
photographisch registrierender ~ photographically recording polarograph

Polarograph

potentialkontrollierter ~ controlled-potential polarograph
registrierender ~ recording polarograph
Polarographenaufzeichnung *f* polarograph record
Polarographie *f* polarography
  ~ **an der Anode/inverse** anodic stripping polarography
  ~ **anorganischer Stoffe** inorganic polarography
  gewöhnliche ~ ordinary polarography
  inverse ~ stripping polarography
  ~ **mit überlagerter Dreieckspannung** polarography with superimposed triangular voltage
  ~ **mit überlagerter Wechselspannung** polarography with superimposed periodic voltage
  ~ **mit Wechselstrom/oszillographische** multisweep oscillographic polarography, multisweep polarography, MSP
  normale ~ ordinary polarography
  ~ **organischer Stoffe** organic polarography
  oszillographische ~ oscillopolarography, oscillographic polarography
  potentiostatische ~ potentiostatic polarography
  semiintegrale ~ semiintegral polarography
  subtraktive ~ subtractive polarography
polarographieren to polarograph
  erneut (neu, nochmals, wieder) ~ to repolarograph
Polarographiker *m* polarographer, *(US)* polarographist
polarographisch polarographic
Polonium *n* Po polonium
Polreagenzpapier *n (el anal)* polarity paper
Polschuh *m (nuc res)* pole piece
Polyacrylamid *n* polyacrylamide
  vernetztes ~ cross-linked polyacrylamide
Polyacrylamidgel *n* polyacrylamide gel, acrylamide [based] gel, PAG
Polyacrylamidgel-Elektrophorese *f* PAG (polyacrylamide gel) electrophoresis, PAGE
  zweidimensionale ~ two-dimensional polyacrylamide gel electrophoresis, 2D PAGE
Polyacrylamidgradient *m (elph)* polyacrylamide gradient
Polyacrylamid-Gradientengel *n (elph)* polyacrylamide gradient gel
Polyacrylamid-Gradientengel-Elektrophorese *f* polyacrylamide gradient gel electrophoresis
Polyacryloylmorpholingel *n* polyacryloylmorpholine gel
Polyamid *n* polyamide
polyatomar, polyatomig polyatomic, multiatom *(molecule)*
Polychlorbiphenyl *n* polychlorinated biphenyl, PCB
polychromatisch polychromatic
Polychromator *m (spec)* polychromator
Polydextrangel *n* polydextrangel
Polydiethylenglykolsuccinat *n* diethylene glycol succinate, DEGS

polydispers polydisperse
Polydispersität *f* polydispersity
Polyelektrolyt *m* polyelectrolyte
Polyester *m* polyester
Polyesterphase *f (chr)* polyester phase
Polyethylen *n* polyethylene, polythene, PE
Polyethylenflasche *f* polyethylene bottle
Polyethylenglykol *n* polyethylene glycol, PEG
Polyethylenglykoladipat *n* polyethylene glycol adipate
Polyethylenglykol-Desaktivierung *f (gas chr)* film deactivation
Polyethylenimin *n* polyethyleneimine, PEI
Polyethylenimin-Cellulose *f* polyethyleneimine cellulose, PEI-cellulose
Polyethylenrohr *n* polythene tube
polyfunktionell polyfunctional
Polyhalogenverbindung *f* polyhalogenated compound
Polyimidförderband *n (maspec)* polyimide belt
polykristallin polycrystalline
polymer polymeric
Polymer *n* polymer
  anorganisches ~ inorganic polymer
  einheitliches (monodisperses) ~ uniform (monodisperse) polymer
  polydisperses ~ *s*. uneinheitliches ~
  poröses ~ porous polymer
  uneinheitliches ~ non-uniform polymer, polydisperse polymer
  vernetztes ~ cross-linked polymer
Polymerabbau *m* polymer degradation
Polymeren-Spektroskopie *f* polymer spectroscopy
Polymere *n s*. Polymer
Polymerisation *f* polymerization
Polymerisationsgrad *m* degree of polymerization, DP
polymerisieren to polymerize
Polymerkette *f* polymer chain
Polymerlösung *f* polymer solution
Polymerphase *f/chirale (chr)* polymeric chiral phase
Polymolekularitätskorrektur *f* polymolecularity correction
polynuklear polynuclear
Polyphenylether *m* polyphenyl ether
Polyphosphat *n* tripolyphosphate
Polysaccharid *n* polysaccharide
Polysaccharidgel *n* polysaccharide gel
Polysiloxan *n* polysiloxane, silicone [polymer]
Polysiloxanphase *f (gas chr)* polysiloxane phase
Polystyren *n s*. Polystyrol
Polystyrol *n* polystyrene
  vernetztes ~ cross-linked polystyrene
Polystyrolgel *n* polystyrene gel
Polystyrolsäulenfüllung *f*, **Polystyrolsäulenpackung** *f (liq chr)* polystyrene packing
Polyurethanschaum[stoff] *m* cellular (foamed) polyurethane, polyurethane foam

Polyvinylacetatgel n polyvinyl acetate gel
Polyvinylchlorid n polyvinyl chloride, PVC
Pool-Elektrode f (pol) pool electrode
Population f population, occupation, filling (of an energy level)
Populationsänderung f population change
Populationsdifferenz f population difference
Populationsparameter m (stat) population parameter
Populationstransfer m s. Polarisationstransfer
Populationsumkehr f population inversion
Populationsverteilung f population distribution
populieren to populate, to occupy, to fill (an energy level)
p-Orbital n p orbital
Pore f/zylindrische cylindrical pore
Porendimensionen fpl pore dimensions
Porendurchmesser m pore diameter
  mittlerer ~ mean (average) pore diameter
porenfrei non-porous
Porengeometrie f pore geometry
Porengradient m (elph) pore gradient
Porengradientengel-Elektrophorese f gradient (pore-limit) gel electrophoresis, pore-gradient electrophoresis, PGE
Porengradienten-SDS-PAGE f gradient SDS-PAGE
Porengröße f pore size, size of pores
Porengrößenbereich m range of pore sizes
Porengrößenbestimmung f pore-size determination
Porengrößenverteilung f pore-size distribution
Poreninnenvolumen n (liq chr) internal [pore] volume, [gel] inner volume
Porenradius m pore radius
Porenraum m pore space
Porenstruktur f pore (porous) structure
Porensystem n pore (porous) system
Porentiefe f pore depth
Porenvolumen n pore volume, volume of pore space; (liq chr) intraparticle [void] volume, intrastitial volume, stationary mobile-phase volume
  spezifisches ~ (chr) specific pore volume
Porenvolumenverteilung f pore-volume distribution
Porenweite f s. Porengröße
porig porous
Porigkeit f porosity
PORO-PAGE (elph) gradient PAGE
porös porous
Porosität f porosity
Porphyrin n porphyrin
Portion f portion
portionsweise portionwise, in portions
Porzellanabdampfschale f porcelain evaporating dish (basin)
Porzellanbehälter m porcelain tank
Porzellanfilter n porcelain filter
Porzellanfiltertiegel m porcelain filter[ing] crucible, porous-porcelain [filtering] crucible
Porzellanschale f porcelain dish (basin)

Porzellanschiffchen f porcelain boat
Porzellantiegel m porcelain crucible
positiv/dreifach tripositive
  zweifach ~ dipositive
Positron n positron, positive electron
Post-column-Derivatisierung f (chr) post-column derivatization
Post-column-Reaktor m (liq chr) post-column reactor, PCR, post-column reaction detector, reaction [flow] detector
Posten m batch, charge
Potential n potential • **bei konstantem** ~ potentiostatic • **bei kontrolliertem** ~ controlled-potential
  angelegtes ~ applied potential
  ~ **bei offenem Stromkreis** (voltam) open-circuit potential
  chemisches ~ chemical potential
  elektrisches ~ electric[al] potential
  elektrochemisches ~ electrochemical potential
  elektrokinetisches ~ electrokinetic (zeta) potential
  reales ~ (pol) formal potential
  thermodynamisches ~ Gibbs free energy
  ~ **zwischen Gitter und Masse** grid-to-earth potential
Potentialabfall m potential drop
Potentialänderung f potential change, change of (in) potential
Potentialänderungsgeschwindigkeit f (pol) rate of change of potential
Potentialanstieg m potential rise
Potentialbereich m potential range
Potentialdifferenz f potential difference
Potentialgefälle n, **Potentialgradient** m potential gradient
Potentialgradientendetektor m (elph) potential-gradient detector
Potentialherstellung f potential establishment
Potentialinversion f potential break
Potentialmessung f potential measurement
Potentialregelung f potential control
  automatische ~ automatic potential control
  ~ **von Hand** manual potential control
Potentialregler m/**elektronischer** electronic potential controller
Potentialrückgang m potential drop
Potentialrücklauf m (pol) reverse sweep
Potentialsprung m potential jump
Potentialunterschied m potential difference
Potentialvermittler m (vol) potential mediator
Potentialverteilung f potential distribution
Potential-Volumen-Signal n potential-volume signal
Potentialvorlauf m (pol) forward sweep
Potentialvorschub m potential sweep
Potentialwechsel m s. Potentialänderung
Potentiometer n potentiometer
  registrierendes ~ recording potentiometer
Potentiometrie f potentiometry
Potentiostat m potentiostat

Potentiostat

elektromechanisch geregelter ~ electromechanical potentiostat
potentiostatisch potentiostatic
Pottasche f potassium carbonate
PP (Pulspolarographie) [normal] pulse polarography, NPP
ppb-Bereich m *(trace)* ppb range
ppb-Konzentration f *(trace)* ppb concentration
ppm-Konzentration f *(trace)* ppm concentration
ppm-Niveau n *(trace)* ppm level
p-Quantil n *(stat)* quantile (fractile) of order p, p-quantile, p-fractile
Pränalytik f sampling
Präexponentialfaktor m pre-exponential factor *(of the Arrhenius equation)*
Präionisation f *(maspec)* auto-ionization, pre-ionization
Prallelektrode f dynode
Präparat n/ **pharmazeutisches** pharmaceutical preparation
Präparationsphase f *(nuc res)* preparation period
präparieren to prepare
Präparieren n preparation
Praseodym n Pr praseodymium
präzedieren *(mag res)* to precess
Präzession f *(mag res)* precession
Präzessionsfrequenz f *(mag res)* Larmor [precession] frequency, nuclear angular precession frequency
Präzipitatbogen m *(elph)* curved line of precipitation, radial precipitation line, precipitation arc, arc of precipitate
Präzipitation f precipitation, pptn.
Präzipitat[ions]linie f *(elph)* precipitation line
präzipitieren to precipitate
Präzipitinreaktion f *(elph)* precipitin reaction
Präzision f precision *(scatter between measured values)*
~ **unter Wiederholbedingungen** within-run precision
~ **von Serie zu Serie** between-run precision
Präzisionsanalyse f precision analysis
Präzisionsgrad m degree of precision
Präzisionspotentiometer n precision potentiometer
Präzisionswaage f precision balance
Präzisionswiderstand m precision resistor
Präzisionswiderstandskasten m precision resistance box
Pregl-Methode f Pregl combustion method, Pregl procedure *(for determining carbon and hydrogen in organic compounds)*
Preßkuchen m press cake
Preßling m *(spec)* pellet, pressed disc
Preßtechnik f *(opt at)* briquetting technique
Primäranregung f *(spec)* primary excitation
Primärelektrode f *(el anal)* primary electrode
Primärelektron n primary electron
Primärfilter n *(spec)* primary filter
Primärion n primary (principal) ion
Primärreaktion f primary reaction
Primärspule f *(cond)* primary coil
Primärstrahlung f primary radiation
Prisma n/ **achromatisches** achromatic prism
~ **für den infraroten Bereich** infrared prism
~ **für den ultravioletten Bereich** ultraviolet prism
Nicolsches ~ Nicol [prism]
Prismengerät n *(spec)* prism instrument
Prismenmonochromator m *(spec)* prism monochromator
Prismenspektrograph m prism spectrograph
Prismenspektrometer n prism spectrometer
Prismenspektrum n prism[-dispersive] spectrum
pro mille parts per thousand *(10³)*, ppt
probabilistisch *(stat)* probabilistic, probable
Probe f 1. sample, specimen; *(chr)* solute, sample; 2. assay
analysierte ~ sample analyzed, analysis (analytical) sample
biologische ~ biological sample (specimen)
breit verteilte ~ s. polydisperse ~
chlorhaltige ~ chlorine-containing sample
feuchte ~ moisture-containing sample
flüssige ~ liquid sample
gasförmige ~ gas (gaseous, gas-phase) sample
gerichtete ~ directional sample
gesamte verfügbare ~ entire (parent) lot
lokale ~ spot sample
~ **mit definierten Eigenschaften** *(chr)* probe
~ **mit systematischer Beurteilungsabweichung** biased sample
monodisperse ~ monodisperse sample *(of a polymer)*
nasse ~ wet assay
nichtwäßrige ~ non-aqueous sample
organische ~ organic sample
polydisperse ~ polydisperse sample *(of a polymer)*
systematische ~ systematic sample
trockene ~ dry assay
wäßrige ~ aqueous sample
zu analysierende ~ sample to be analyzed, analysis (analytical) sample
zu trennende ~ sample to be separated
zu untersuchende ~ test sample
zusammengesetzte ~ composite[d] sample, bulk[ed] sample, aggregate sample
Probeauftragen n *(liq chr)* sample application *(to a layer)*
Probebohrer m s. Probenstecher
Probeentnahme f s. Probenahme
Probeentnahmehahn m sampling (sample) cock
Probe-Ion n sample ion
Probekörper m test piece (specimen)
Probelösung f test (experimental, analytical) solution, *(prior to examination also)* solution to be tested (studied), solution for examination (investigation), *(during examination also)* solution being tested (studied), solution under examination (investigation)

Probemischung f trial mix[ture]
Probenablauf m sample outlet (drain)
Probenadsorption f sample adsorption
Probenaerosol n sample aerosol
Probenahme f [analytical] sampling, sample collection, collection of samples
  automatische ~ automatic sampling
  doppelte ~ double sampling
  einfache ~ single sampling
  erneute ~ resampling
  mehrstufige ~ multi-stage sampling
  nochmalige ~ resampling
  systematische ~ systematic sampling
  ~ **und Probenvorbereitung** f sampling
  zonenweise ~ (flow) zone sampling
Probenahmeanordnung f sampling train
Probenahmeanweisung f sampling instruction
Probenahmeapparatur f sampling apparatus
Probenahmebehälter m sampling vessel
Probenahmebetrieb m sampling operation
Probenahmeeinheit f sampling unit
Probenahmeeinrichtung f sampling facility
Probenahmefehler m sampling error
Probenahmegefäß n sampling vessel
Probenahmegerät n sampler, sampling device (tool, appliance), sample collection unit
  automatisches ~ automatic sampler (sampling device, sample collection unit)
  ~ **für Abwasserproben** waste-water sampler
  ~ **nach der Internationalen Standardmethode** I.S.M. sampler
Probenahmeinstrument n s. Probenahmegerät
Probenahmemethode f s. Probenahmeverfahren
Probenahmeort m sampling location
Probenahmeplan m sampling plan
Probenahmeprogramm n sampling program
Probenahmerate f sampling rate
Probenahmerohr n sampling pipe
Probenahmeschema n sampling scheme
Probenahmestelle f sampling point (site), point of sampling, point to be sampled
Probenahmesystem n sampling system
Probenahmetechnik f sampling technique
Probenahmetheorie f theory of sampling
Probenahmeventil n sampling valve
  handbetätigtes ~ manual sampling valve
Probenahmeverfahren n sampling method (procedure)
Probenahmevorgang m sampling operation
Probenahmezylinder m sampling cylinder
Probenanalyse f sample analysis
Probenanordnung f sample arrangement (placement), (along an axis) sample alignment
Probenanregung f sample excitation
Probenanreicherung f sample enrichment
Probenansaugung f sample aspiration
Probenanteil m sampling fraction
Probenanzahl f number of samples

Probenaufarbeitung f, **Probenaufbereitung** f s. Probenvorbereitung
Probenaufbewahrung f sample storage
Probenaufgabe f sample introduction (loading, application) (to a column); sample application (to a layer)
  ~ **mit Injektionsspritze** (chr) syringe injection, injection by hypodermic syringe
Probenaufgabesystem n [sample] inlet system, sampling system
Probenaufgabetechnik f sampling technique (procedure), sample introduction technique
Probenaufgabeteil n s. Probenaufgabesystem
Probenaufgabeventil n sample (sampling) valve
Probenauftragegerät n (liq chr) sample applicator
Probenauslaß m sample outlet (drain)
Probenbehälter m sample container
Probenbehandlungsreagens n sample treatment reagent
Probenbeladung f (chr) sample load[ing]
Probenbereitung f s. Probenvorbereitung
Probenbeseitigung f sample disposal
Probenbestandteil m sample component (constituent)
Probenblock m block of samples
Probenbohrer m sampling spear, spear for sampling
Probenboot n sample boat
Probendampf m sample vapour
Probendosierpumpe f sample metering pump
Probendosiersystem n/**automatisches** ~ automatic sampler, autosampler
Probendruck m sample pressure
Probendruckregler m sample pressure regulator
Probendurchsatz m sample throughput
Probendurchsatzgeschwindigkeit f sample throughput rate
Probenehmen n s. Probenahme
Probenehmer m 1. sampler (person); 2. s. Probenahmegerät
Probenehmerhahn m sampling (sample) cock
Probeneinbringung f, **Probeneinführung** f s. Probeneingabe
Probeneingabe f sample introduction (inlet), sample loading (application) (to a column)
  direkte ~ (maspec) direct introduction, direct [probe] inlet
  indirekte ~ (maspec) gas inlet
Probeneinheit f sample (sampling) unit
Probeneinlaß m sample inlet (port, pickup)
Probeneinlaßsystem n [sample] inlet system, sampling system
Probeneinlaßventil n sample inlet valve
Probeneinschleusvorrichtung f sample dispenser (feeder)
Probenentnahme f s. Probenahme
Probenentsorgung f sample disposal
Probenerhitzer m sample heater
Probenerhitzung f, **Probenerwärmung** f sample heating

Probenfilter *n* sample filter
Probenflasche *f* sample bottle
Probenfleck *m (liq chr)* sample spot
Probenfluoreszenz *f* sample fluorescence
Probenfluß *m* sample flow, flow of sample
   stationärer ~ steady flow of sample
Probenflußschema *n* sample flow diagram
Probengas *n* sample gas
Probengeber *m* sample dispenser (feeder)
   automatischer ~ automatic sampler, autosampler
Probengefäß *n* sample container
   kleines ~ sample vial
Probengemisch *n* sample mixture
Probengröße *f* sample size
Probengut *n* material to be tested, test (experimental) material
Probenhalter *m*, **Probenhalterung** *f* sample holder (carrier), specimen holder
Probenhandhabung *f* sample handling
Probenhandhabungsmethode *f*, **Probenhandhabungstechnik** *f* sample handling method (technique)
Probenheizvorrichtung *f* sample heater
Probenhomogenität *f* sample homogeneity
Probeninjektion *f (chr)* sample injection
Probeninjektor *m (chr)* sample injector
Probenion *n* sample ion
Probenionisierung *f* sample ionization
Probenkammerablauf *m*, **Probenkammerauslaß** *m* sample chamber outlet
Probenkammerzuführung *f* sample chamber inlet
Probenkapazität *f* sample capacity
Probenkation *n* sample cation
Probenkomponente *f* sample component (constituent)
Probenkonservierung *f* sample preservation
Probenkonzentration *f* sample concentration
Probenkonzentrierung *f* sample concentration
   ~ am Säulenkopf *f (liq chr)* on-column concentration
Probenkorb *m* sample basket
Probenküvette *f* sample cuvette
Probenlinie *f (flow)* sample line
Probenlöffel *m* sampling spoon
Probenlösung *f* sample (analyte) solution
Probenlösungsmittel *n* sample solvent
Probenmasse *f* sample mass (weight), weight of the sample, W.S.
Probenmatrix *f* sample matrix
Probenmenge *f* 1. sample quantity (amount); *(chr)* sample load[ing]; 2. number of samples
Probenmischung *f* sample mixture
Probenmolekül *n* sample (solute) molecule
Probennahme *f s*. Probeahme
Probennehmer *m s*. Probeahmegerät
Probenort *m* sample position
Probenpeak *m* sample (solute) peak
Probenpfropfen *m* sample plug
Probenpräparation *f s*. Probenvorbereitung

Probenpuffer *m* sample buffer
Probenpumpe *f* sample pump
Probenraum *m* sample compartment (chamber)
Probenreinigung *f* sample clean-up
Probenrest *m* sample residue, residual sample
Probenrohr *n* sample tube *(of a polarimeter)*
Probenröhrchen *n* sample tube
Probenrotation *f* sample spinning
Probenrückführung *f* sample recovery (return)
Probenrückführungsleitung *f* sample return manifold (line)
Probenrückstand *m s*. Probenrest
Probensammelleitung *f* sample manifold
Probenschicht *f* sample sheet
Probenschleife *f (chr)* sample (sampling) loop
Probensignal *n* sample signal
Probenspektrum *n* sample spectrum
Probenstecher *m* sampling spear, spear for sampling
   gummierter (gummiumhüllter) ~ rubber-covered sampling spear
Probenstrahl *m* sample beam
Probenstrom *m* sample stream
Probensubstanz *f* sample substance
Probensystem *n* sample system
Probenteiler *m* sample divider; *(gas chr)* sample (inlet) splitter
   geriffelter ~ riffle
   mechanischer ~ mechanical sample divider
   rotierender ~ rotating sample divider
Probenteilung *f* sample division; *(gas chr)* sample splitting
Probenträger *m* sample holder (carrier), specimen holder
Probentransport *m* sample transport
Probentrennung *f* sample separation
Probentyp *m* sample type
Probenüberführung *f* sample transfer
Probenüberlaufvorrichtung *f* sample overflow
Probenumfang *m* sample size
Probenverbrauch *m* sample consumption
Probenverdünnung *f* sample dilution
Probenverlust *m* sample loss
Probenverteilung *f (chr)* sample partitioning
Probenvolumen *n* sample volume
Probenvorbereitung *f* sample preparation (pretreatment), preparation of specimens
Probenwechselvorrichtung *f*, **Probenwechsler** *m* sample changer
Probenzersetzung *f* sample degradation (decomposition)
Probenzerstörung *f* sample destruction
Probenzone *f* sample zone
Probenzufuhr *f* sample introduction (loading, application) *(to a column)*
Probenzustand *m* sample condition
Probestück *n* specimen, test sample
Probesubstanz *f* experimental (test) substance, substance under investigation

Protonierung

Probezelle *f* sample cell
Probierglas *n* test tube, proof
Probierwaage *f* assay balance
Problem *n*/**analytisches** analytical problem
Produkt *n* product; commodity
Produktgas *n* product gas
Produkthaftung *f* product liability
Produktoperator *m* product operator
Produktoperatorformalismus *m* product operator formalism
Produktqualität *f* product quality
Produktverschmutzung *f* product fouling
Projektionslänge *f* [monomeric unit] projection length
Promethium *n* Pm promethium
Propan-Luft-Flamme *f* propane-air flame
[n-]Propanol *n* [n-]propanol, propyl alcohol
2-Propanol *n* 2-propanol, isopropanol, isopropyl alcohol
2-Propanon *n* acetone, 2-propanone
Propennitril *n* acrylonitrile, propene nitrile, vinyl cyanide
Propionat *n* propionate
Proportionalitätsfaktor *m*, **Proportionalitätskonstante** *f* proportionality factor (constant)
Proportional[itäts]wägung *f* direct weighing
Propylalkohol *m s.* Propanol
Protactinium *n* Pa protactinium
Protein *n* protein
Proteinbande *f (elph)* protein band
Proteingemisch *n* protein mixture
Proteinhydrolysat *n* protein hydrolysate (digest)
Proteinisolierung *f* protein isolation
Proteinlösung *f* protein solution
Proteinmuster *n (elph)* protein pattern
Proteintrennung *f* protein separation
Proteinzone *f (elph)* protein band
protisch protic
protogen protogenic
Protolyse *f* protolysis, protolytic reaction, hydrolysis *(of a salt)*
Protolysegleichgewicht *n* protonation equilibrium
Protolysetitration *f* acid-base titration, neutralization titration
Protolyt *m* protolyte
protolytisch protolytic
Proton *n* proton, hydrogen (H) nucleus • **Protonen anlagernd (aufnehmend)** protophilic
  äquatoriales ~ equatorial proton
  aromatisches ~ aromatic proton
  axiales ~ axial proton
  gebundenes ~ attached (bonded) proton
  olefinisches ~ olefinic proton
Protonen *npl*/**äquivalente** *(nuc res)* equivalent protons
  austauschbare ~ exchangeable protons
  koppelnde ~ *(nuc res)* coupled protons
  nichtäquivalente ~ *(nuc res)* inequivalent protons

protonenabgebend protogenic
Protonenabstand *m* proton-proton distance
Protonenaffinität *f (maspec)* proton affinity
Protonenaktivitätsexponent *m* pH value (number, level), pH
Protonenakzeptor *m* proton acceptor
Protonenaustausch *m (nuc res)* proton exchange
  schneller ~ rapid exchange of protons
Protonenaustauschgleichgewicht *n* protonation equilibrium
Protonen-Breitbandentkopplung *f (nuc res)* broad-band (BB) decoupling, BB, broad-band spin (proton) decoupling, proton [noise] decoupling, PND, ^{1}H decoupling, wide-band decoupling
Protonendonator *m* proton donor
protonenentkoppelt *(nuc res)* proton-decoupled
Protonenentkopplung *f s.* Protonen-Breitbandentkopplung
Protonen-Kernresonanz *f s.* Protonenresonanz
Protonen-Kohlenstoff-Verschiebungskorrelation *f (nuc res)* ^{1}H-^{13}C [chemical shift] correlation
Protonenkopplung *f (nuc res)* ^{1}H-^{1}H coupling (interaction), proton-proton [dipolar] coupling, proton-proton interaction
protonenliefernd protogenic
Protonenmagnetisierung *f (nuc res)* proton magnetization
Protonenmasse *f* proton mass
Protonenmultiplett *n (nuc res)* proton multiplet, ^{1}H multiplet
Protonen-NMR-Spektroskopie *f s.* Protonenresonanzspektroskopie
Protonenpaar *n* proton pair
Protonenpuls *m* proton pulse
  selektiver ~ selective proton pulse
Protonenresonanz *f* proton [magnetic] resonance, PMR
Protonen-Resonanzfrequenz *f* proton [resonance] frequency
Protonenresonanzspektroskopie *f* proton [magnetic] resonance spectroscopy, ^{1}H spectroscopy
Protonenresonanzspektrum *n* proton [magnetic] resonance spectrum, proton [NMR] spectrum, ^{1}H spectrum
  ^{1}H-entkoppeltes ~ proton-decoupled proton spectrum
Protonensignal *n* proton [resonance] signal, ^{1}H signal
Protonenspin *m (nuc res)* proton spin
Protonenspinsystem *n* proton spin system
Protonenübergang *m* ^{1}H transition
Protonenübertragung *f* proton transfer
Protonenverhältnis *n* proton ratio
Protonenverschiebung *f (nuc res)* proton (^{1}H) chemical shift
Protonenzahl *f* proton (atomic) number
  relative ~ relative number of protons
protonieren to protonate
Protonierung *f* protonation

protonisch protic
protophil protophilic
Prozentgehalt *m* percentage
Prozentpunkt *m (stat)* percentage point
Prozentsatz *m* **der Beladung** *(gas chr)* percentage (percent liquid) loading
10-Prozent-Tal-Definition *f (maspec)* 10 percent valley definition *(of resolution)*
Prozeß *m/* **beherrschter** process under control
  dynamischer ~ dynamic process
  nicht beherrschter ~ process out of control
Prozeßanalyse *f* process analysis
  bedienungslose ~ unattended process analysis
  direktgekoppelte ~ on-line process analysis
  elektrochemische ~ electrochemical process analysis
  kontinuierliche ~ continuous process analysis
Prozeßanalysengerät *n* process analyser
  amperometrisches ~ amperometric process analyser
  coulometrisches ~ coulometric process analyser
  direktgekoppeltes ~ on-line process analyser
  elektrochemisches ~ electrochemical process analyser
  ~ **für organisch gebundenen Kohlenstoff** process TOC analyser
  photometrisches ~ photometric process analyser, process photometric analyser
  potentiometrisches ~ potentiometric process analyser
Prozeßanalysengeräteausrüstung *f* process [analysis] instrumentation
Prozeßanalysen-Leitfähigkeitssensor *m* process conductivity sensor
Prozeßanalysenmeßeinrichtung *f s.* Prozeßanalysengerät
Prozeßanalysenmethode *f* process analysis (analytical) method
Prozeßautomatisierung *f* process automation
Prozeßdurchschnitt *m* process average
Prozeß-Feuchtigkeitsanalysengerät *n* process moisture analyser
Prozeßgas *n* process gas
Prozeßgaschromatograph *m* process gas chromatograph, process GC unit
Prozeßgaschromatographie *f* process gas chromatography
prozeßgeregelt process-controlled
Prozeßgestaltung *f* process design
Prozeßgröße *f* process quantity
Prozeßkontrolle *f* process control
Prozeß-Massenspektrometrie *f* process mass spectrometry
Prozeßmikrorechner *m* process microcomputer
Prozeßprobenbestandteil *m* process sample component
Prozeßprobeneinlaß *m* process sample inlet
Prozeßrechner *m* process [control] computer

Prozeß-Refraktometer *n* process refractometer
Prozeßregelsystem *n* process control system
Prozeßregler *m* process controller
Prozeßschritt *m* process (processing) step
Prozeßsimulierung *f* process simulation
Prozeßspezifikation *f* process specification
Prozeßsteuerung *f* process control
Prozeßsteuerungssollwert *m* process control set point
Prozeßsteuerungsverfahren *n* method of process control
Prozeßstrom *m* process stream
  wäßriger ~ aqueous process stream
Prozeßstufe *f* process (processing) stage
Prozeßtitration *f* process titration
Prozeßtitrator *m* process titrator (titrimetric analyser)
Prozeßtoleranz *f* process tolerance
Prozeßturbidimeter *n* process turbidimeter
Prozeßüberwachung *f* process monitoring
Prozeßvariable *f* process variable
Prozeßvorschrift *f* process specification
Prozeßwasser *n* process water
Prozeßzustandsgröße *f* process state variable
Prüfanalyse *f* test analysis
Prüfbedingung *f* inspection condition
Prüfdaten *pl* test data
Prüfdiagramm *n* inspection diagram
prüfen to test, to examine; to inspect
  ~ **auf** to test for
  auf Gehalt ~ to assay
  neu ~ to re-examine
  nochmals ~ to recheck, to re-examine
Prüfender *m* tester
Prüfer *m s.* 1. Prüfgerät; 2. Prüfender
Prüfflasche *f* test bottle
Prüfgasmischung *n* calibration gas mixture *(gas analysis)*
Prüfgerät *n* tester
Prüfglas *n* test glass
Prüfgut *n* sample, entire (parent) lot
  elektrolytisches ~ electrolytic sample
  ruhendes (statisches) ~ static sample
  strömendes ~ flowing sample
Prüfgutpumpe *f* sample pump
Prüfkörper *m s.* Prüfling
Prüfkosten *pl* appraisal costs
Prüflabor[atorium] *n* testing laboratory
Prüfling *m* test piece (specimen)
Prüflingslösung *f s.* Probelösung
Prüflos *n* inspection lot
Prüflösung *f* 1. test[ing] solution; 2. *s.* Probelösung
Prüfmenge *f* test (analytical) portion
Prüfmethode *f* test[ing] method
  standardisierte ~ standard test[ing] method
Prüfniveau *n* inspection level
Prüfpapier *n* indicator [test] paper, test paper
Prüfperson *f* tester

Prüfprotokoll *n* inspection certificate (record, sheet), testing protocol
Prüfröhrchen *n* detector tube
Prüfsieb *n* test (testing) sieve (screen)
   standardisiertes ~ standard (normal) test sieve, standard testing sieve (screen)
Prüfsiebreihe *f* test sieve series, series of test[ing] sieves
Prüfskale *f* test scale
Prüfstück *n* test unit
Prüfstufe *f* inspection level
Prüfumfang *m* amount of inspection
   mittlerer ~ average amount of inspection
Prüfung *f* 1. testing, examination; inspection; 2. test, trial *(s.a. unter Test)*
   ~ **anhand eines Qualitätsmerkmals** inspection by attributes
   ~ **anhand eines Quantitätsmerkmals** inspection by variables
   ~ **auf Kohlendioxid** test for carbon dioxide
   beschreibende ~ descriptive test
   bewertende ~ evaluation test, test by means of scoring
   ~ **der Trennsäule** *(chr)* column testing
   deskriptive ~ descriptive test
   ~ **durch Sieben** screening inspection
   ~ **im Labormaßstab** laboratory-scale test
   ~ **mit systematischer Beurteilungsabweichung** biased test
   nochmalige ~ re-examination
   normale ~ normal inspection
   organoleptische ~ *s.* sensorische ~
   reduzierte ~ reduced inspection
   sensorische (sinnesphysiologische) ~ sensory examination (testing)
   statistische ~ statistical examination
   ~ **unter festgelegten Umgebungsbedingungen** environmental test
   vollständige ~ total inspection
   vorbeugende ~ *(proc)* preventive inspection
   zerstörungsfreie ~ non-destructive testing
100%-Prüfung *f* 100 percent inspection, 100% inspection
Prüfungsgenauigkeit *f* testing accuracy
Prüfungsspezifikation *f* test specification
Prüfverfahren *n* test[ing] method
   sensorisches ~ sensory testing method
   statistisches ~ statistical testing procedure
Prüfvorrichtung *f* tester
Prüfvorschrift *f* inspection specification
PS (Polystyrol) polystyrene
Pseudo-1D-Spektrum *n* pseudo-one-dimensional spectrum
Pseudokapazität *f (pol)* pseudocapacity
Pseudokontakt-Wechselwirkung *f (nuc res)* pseudocontact interaction
Pteroylglutaminsäure *f* folic acid, pteroylglutamic acid, PGA
Pt-Kontakt *m s.* Platinkontakt

Puffer *m* [pH, acid-base] buffer
   diskontinuierlicher ~ *(elph)* discontinuous buffer
   kontinuierlicher ~ *(elph)* continuous buffer
   spektrochemischer ~ spectrochemical buffer
Pufferfluß *m (elph)* buffer flow
Pufferkammer *f (elph)* buffer compartment
Pufferkapazität *f* buffer[ing] capacity, buffer index
Pufferlösung *f* buffer solution
   standardisierte ~ standard buffer [solution]
   technische ~ technical buffer solution
   ~ **zur Ionenstärkeeinstellung** ionic-strength adjustment buffer
puffern to buffer
Pufferreservoir *n (elph)* buffer reservoir
Puffersalz *n* buffer salt
Puffersubstanz *f* buffer[ing] substance
Puffersystem *n* buffer system
   diskontinuierliches ~ *(elph)* discontinuous buffer system
   ~ **nach Laemmli** *(elph)* Laemmli buffer system
Pufferungsvermögen *n s.* Pufferkapazität
Pufferverbrauch *m* buffer consumption
Pufferverstärkerstufe *f* buffer amplifier stage *(impedimetric titration)*
Puffervolumen *n (gas chr)* buffer volume
Pufferwert *m,* **Pufferwirkung** *f s.* Pufferkapazität
Pufferzusammensetzung *f* buffer composition
Pufferzusatz *m* buffer addition
Puls *m* / **harter** ~ *(nuc res)* hard pulse, high-power short-duration pulse
   nichtselektiver ~ non-selective pulse
   semiselektiver ~ semi-selective pulse
90°-Puls *m (nuc res)* 90° pulse, π/2 pulse
180°-Puls *m (nuc res)* 180° pulse, π pulse
Pulsamplitude *f (pol)* pulse amplitude
Pulsanregung *f* pulse[d] excitation
Pulsapplikation *f (pol)* pulse application
Pulsation *f* pulsation
Pulsationsdämpfer *m (liq chr)* pulse damper, pulse-dampening device
Pulsationsdämpfung *f (liq chr)* pulse damp[en]ing
pulsationsfrei pulseless, pulse-free, non-pulsating
Pulsationsschwingung *f (opt mol)* breathing vibration
Pulsdämpfung *f s.* Pulsationsdämpfung
Pulsdauer *f* pulse width, PW, pulse duration (time)
Puls-ENDOR-Technik *f,* **Puls-ENDOR-Verfahren** *n (mag res)* pulsed ENDOR technique
Puls-ESR *f* pulse[d] EPR
Pulsfehler *m (nuc res)* pulse imperfection
Pulsfolge *f s.* Pulssequenz
Puls-Fourier-Transformation *f (spec)* pulse Fourier transform, PFT
Puls-Fourier-Transform-NMR-Spektroskopie *f* pulse Fourier transform NMR spectroscopy, PFT NMR spectroscopy

pulsfrei

pulsfrei s. pulsationsfrei
Pulsfrequenz f pulse frequency
Pulsinversvoltammetrie f [normal] pulse stripping voltammetry
  differentielle ~ differential pulse stripping voltammetry
  differentielle anodische ~ differential pulse anodic stripping voltammetry, DPASV
  differentielle kathodische ~ differential pulse cathodic stripping voltammetry, DPCS, DPCSV
  normale ~ s. Pulsinversvoltammetrie
Pulsmethode f s. Pulsverfahren
Pulspolarogramm n pulse polarogram
  differentielles ~ differential pulse polarogram
Pulspolarograph m pulse polarograph
Pulspolarographie f [normal] pulse polarography, NPP
  differentielle ~ differential pulse polarography, DPP
  derivative ~ derivative pulse polarography
  normale ~ s. Pulspolarographie
pulspolarographisch pulse polarographic
Puls-Pyrolysator m (gas chr) pulse[d]-mode pyrolyzer
Pulsschema n (nuc res) pulse scheme
Pulssequenz f pulse sequence, PS
Pulsspektroskopie f s. Puls-Fourier-Transform-NMR-Spektroskopie
Pulsverfahren n (nuc res) pulse (pulsed) method (technique, procedure)
Pulsvoltammetrie f [normal] pulse voltammetry
  differentielle ~ differential pulse voltammetry, DPV
  inverse ~ normal pulse stripping voltammetry
  normale ~ s. Pulsvoltammetrie
pulsvoltammetrisch pulse voltammetric
Pulsvoltammogramm n [/normales] [normal] pulse voltammogram
Pulszahl f pulse number
Pulver n powder
pulverförmig, pulverig s. pulvrig
pulverisieren, pulvern to pulverize, to reduce to powder, to powder
Pulverprobe f powder[ed] sample
pulvrig powdered, powdery, pulverulent, powderform
Pumpe f/**druckkonstante** constant-pressure pump
  flußkonstante ~ constant-volume pump
  gasbetriebene ~ pneumatic pump
  ~ **mit Druckerhöhung (Druckverstärkung)** gas-amplifier pump, pneumatic amplifier pump
  ~ **mit konstantem Druck** constant-pressure pump
  ~ **mit konstanter Fördermenge** constant-volume pump
  oszillierende ~ reciprocating pump
  peristaltische ~ peristaltic pump
  pneumatische ~ pneumatic pump

pulsationsfrei arbeitende ~ pulseless (pulse-free) pump
reziproke ~ reciprocating pump
pumpen to pump (fluids; lasers)
Pumpen n/**intermittierendes** (flow) intermittent pumping
  optisches ~ optical pumping (laser)
Pumpenkopf m pump head
Pumpenschlauch m pump tubing
Pumplaser m pump laser
Pump[licht]quelle f pump source (for lasers)
Punkt m/**eutektischer** (th anal) eutectic point
  ~ **gleichen Potentials** isopotential point
  isobestischer ~ (spec) isobestic point
  isoelektrischer ~ isoelectric point
  stöchiometrischer ~ (vol) equivalence (equivalent) point, stoichiometric (theoretical) endpoint
Punktdiagramm n dot diagram
Punktdrucker m point printer
Punktgruppe f s. Punktsymmetriegruppe
3-Punkt-Kontakttheorie f (liq chr) three point model (of the separation of enantiomers)
Punktschreiber m point recorder
Punktsymmetriegruppe f crystal class, class of crystal symmetry
Purge-and-trap-Verfahren n (gas chr) purge-and-trap technique, gas phase stripping technique
Purin n purine, imidazo [4,5-d]-pyrimidine
PVC (Polyvinylchlorid) polyvinyl chloride, PVC
PVC-Schlauch m PVC tubing
Pyridin n pyridine
Pyridinderivat n pyridine derivative
pyridinfrei pyridine-free
1-(2-Pyridylazo)-2-naphthol n 1-(2-pyridylazo)-2-naphthol, PAN
pyroelektrisch pyroelectric
Pyrogallol n pyrogallol, 1,2,3-trihydroxybenzene
Pyrogramm n pyrogram
Pyrolysator m pyrolyser
Pyrolyse f pyrolysis
  analytische ~ analytical pyrolysis
Pyrolyse-Feldionisations-Massenspektrometrie f pyrolysis field ionization mass spectrometry, PFIMS
Pyrolyse-Gaschromatographie f pyrolysis gas chromatography, pyrolysis GC, PGC
Pyrolyse-Massenspektrometrie f pyrolysis mass-spectrometry
Pyrolyseprodukt n pyrolysis (pyrolytic) product
Pyrolyserohr n pyrolysis tube
Pyrolysetechnik f pyrolysis technique
Pyrolysetemperatur f pyrolysis temperature
pyrolysieren to pyrolyze
Pyrophosphat n pyrophosphate, di[poly]phosphate
Pyruvat n pyruvate

Q

Q-Band n (el res) Q-band
QF-Wechselwirkung f (nuc res) quadrupole-electric field gradient interaction, QF interaction
QMS (Quadrupolmassenspektrometrie) quadrupole mass spectrometry, QMS
QTE (Quecksilbertropfelektrode) (pol) dropping mercury electrode, DME
Quadratsumme f (stat) sum of squares
Quadrattafel f (stat) table of squares
Quadraturdetektion f (nuc res) quadrature [phase] detection, QPD
Quadratwurzel f (stat) square root
Quadruplett n (nuc res) quadruplet, quartet
Quadrupol m quadrupole
Quadrupol-Analysator m s. Quadrupol-Massenanalysator
Quadrupolfeld n (maspec) quadrupole field
Quadrupol-Feldgradienten-Wechselwirkung f (nuc res) quadrupole-electric field gradient interaction, QF interaction
Quadrupolhyperfeinstruktur f (nuc res) quadrupole hyperfine structure
Quadrupolkopplung f [/elektrische] (nuc res) [electric] quadrupole coupling
Quadrupolkopplungskonstante f (nuc res) quadrupole-coupling constant
Quadrupol-Massenanalysator m (maspec) quadrupole [mass] analyser
Quadrupol-Massenfilter m (maspec) quadrupole [mass] filter
Quadrupol-Massenspektrometer n quadrupole [mass] spectrometer
Quadrupolmassenspektrometrie f quadrupole mass spectrometry, QMS
Quadrupolmoment n [/elektrisches] (nuc res) [nuclear] quadrupole moment, [nuclear] electric quadrupole moment
Quadrupolrelaxation f (nuc res) quadrupole (quadrupolar) relaxation
Quadrupolresonanz f (nuc res) quadrupole resonance
Quadrupolverbreiterung f (nuc res) quadrupole broadening
Quadrupolwechselwirkung f (nuc res) quadrupole (quadrupolar) interaction
Qualität f quality
Qualitätsanforderung f quality demand, requirement for quality
Qualitätsbeurteilung f s. Qualitätsbewertung
Qualitätsbewertung f quality assessment
 ~ **einer Leistung/positive** conformance
Qualitätsfaktor m (rad anal) quality factor (for radiation)
Qualitätsforderungserfüllung f conformity
Qualitätsgrenzlage f/bevorzugte annehmbare (proc) preferred acceptable quality level
Qualitätshandbuch n (proc) quality manual
Qualitätskennzahl f (proc) quality measure
Qualitätskontrolle f s. Qualitätslenkung
Qualitätskosten pl (proc) quality costs
Qualitätslage f (proc) quality level
 annehmbare ~ acceptable quality level, AQL
Qualitätslenkung f (proc) quality control
 ~ **bei mehreren Variablen** multivariate quality control
 statistische ~ statistical quality control
Qualitätsmerkmal n quality (qualitative) characteristic, attribute
Qualitätsniveau n (proc) quality level
Qualitätssicherung f (proc) quality assurance
 externe ~ external quality assurance
 interne ~ internal quality assurance
Qualitätssicherungsplan m (proc) quality plan
Qualitätssicherungsprogramm n (proc) quality programme
Qualitätssicherungssystem n (proc) quality system
Qualitätssicherungsvorkehrung f (proc) quality assurance precaution
Qualitätsstandard m (proc) quality standard
Qualitätssteuerung f eines Prozesses process quality control
Qualitätszertifizierung f/autorisierte certification
Quant n quantum (of radiation)
γ-Quant n gamma quantum
Quantenäquivalenzgesetz n (spec) Einstein photochemical equivalence law, Stark-Einstein law
Quantenausbeute f quantum yield
Quantenelektrochemie f quantum electrochemistry
Quantenmechanik f quantum [matrix] mechanics
Quantenzahl f quantum number
 bahnmagnetische (magnetische, räumliche) ~ magnetic quantum number
Quantenzähler m quantum counter
Quantifizierung f s. Quantitation
Quantil n (stat) quantile, fractile
 ~ **der Ordnung p** (stat) quantile (fractile) of order p, p-quantile, p-fractile
 ~ **einer Wahrscheinlichkeitsverteilung** (stat) quantile (fractile) of a probability distribution
 ~ **p-ter Ordnung** s. ~ der Ordnung p
Quantität f quantity, quantum, amount
Quantitation f quantitation, quantification, quantitative determination
Quantitationsverfahren n method of quantitation
Quantum n portion
quartär quaternary (atom)
Quartett n (nuc res) quadruplet, quartet
quartieren (samp) to quarter
Quartil n (stat) quartile
Quartilabstand m (stat) [inter]quartile range
Quarz m/linksdrehender left-handed quartz
 rechtsdrehender ~ right-handed quartz
Quarzampulle f quartz ampoule
Quarzboot n quartz boat

Quarzfenster

Quarzfenster *n* quartz window
Quarzglasrohr *n* quartz tube
Quarzglaswolle *f* quartz wool
Quarz-Halogenlampe *f* quartz halogen lamp
Quarzkapillare *f* quartz (fused silica) capillary
Quarzkapillarsäule *f (gas chr)* fused silica capillary (open tubular) column, quartz (vitreous silica) capillary column, [fused] silica column
Quarzkristall *m* quartz crystal
Quarzküvette *f* quartz cuvette (cell)
Quarzlinse *f* quartz lens
Quarzoszillator *m* crystal-controlled oscillator
Quarzrohr *n* quartz tube
Quarzsäule *f s.* Quarzkapillarsäule
Quarzschiffchen *n* quartz boat
Quarztiegel *m* quartz crucible
Quarzwolle *f* quartz wool
Quasi-Molekülion *n (maspec)* quasi-molecular ion
quasireversibel quasi-reversible
quasistationär quasi-stationary
quaternär quaternary *(mixture, alloy)*
Quecksilber *n* Hg mercury
   elektrolytisch erzeugtes ~ electro-generated mercury
Quecksilberanode *f* mercury anode
Quecksilberarbeitsanode *f (coul)* mercury working anode
Quecksilberarbeitskathode *f (coul)* mercury working cathode
Quecksilberbodenanode *f (pol)* mercury-pool anode
Quecksilberbodenelektrode *f* mercury-pool electrode
Quecksilber-Cadmium-Tellurid *n* mercury cadmium telluride, MCT
Quecksilber(I)-chlorid *n* mercurous chloride, calomel
Quecksilberdampf *m* mercury vapour
Quecksilberdampf[entladungs]lampe *f* mercury-vapour lamp, mercury [discharge] lamp
Quecksilber-Diffusionspumpe *f* mercury diffusion pump, mercury-vapour pump
Quecksilber-EDTE *f* mercury-EDTA
Quecksilber-EDTE-Reagens *n* mercury-EDTA reagent
Quecksilberelektrode *f* mercury electrode
   gerührte großflächige ~ *(pol)* stirred mercury-pool electrode
   strömende ~ *(pol)* streaming mercury electrode
   tropfende ~ *(pol)* dropping mercury electrode, DME
Quecksilberfilmelektrode *f (pol)* mercury-film electrode, MFE, thin mercury film electrode, TMFE, mercury thin-film electrode, MTFE
Quecksilberfließgeschwindigkeit *f* rate of flow of mercury, rate of mercury flow, mercury flow rate
Quecksilber-Hochdrucklampe *f* high-pressure mercury arc lamp
Quecksilberindikatorelektrode *f* mercury indicator electrode
   strömende ~ *(pol)* streaming mercury indicator electrode
   tropfende ~ *(pol)* dropping mercury indicator electrode
Quecksilberion *n* mercury ion
Quecksilber(II)-ion *n* mercuric ion
Quecksilberkathode *f* mercury cathode
Quecksilberkathodengruppe *f* mercury cathode group *(e.g. alkali metals)*
Quecksilberkathoden-Trennungsmethode *f (elgrav)* mercury cathode separation technique
Quecksilberkomplexonat *n (vol)* mercury complexonate
Quecksilberlampe *f s.* Quecksilberdampfentladungslampe
Quecksilber-Niederdrucklampe *f* low-pressure mercury-discharge lamp, low-pressure mercury source
Quecksilber(I)-nitrat *n* mercury(I) nitrate, mercurous nitrate
Quecksilberoxid *n* mercury oxide
Quecksilberpegel *m* mercury level
Quecksilber-Pool-Elektrode *f* mercury-pool electrode
Quecksilber-Quecksilber(II)-oxid-Elektrode *f (pol)* mercury-mercuric oxide electrode
Quecksilber-Quecksilber(I)-sulfat-Elektrode *f (pol)* mercury-mercurous sulphate electrode
Quecksilbersalz *n* mercury salt
Quecksilber(I)-salz *n* mercury(I) salt, mercurous salt
Quecksilber(II)-salz *n* mercury(II) salt, mercuric salt
Quecksilbersäule *f* mercury column
Quecksilbersäulenhöhe *f (pol)* height of mercury column
Quecksilbertopfkathode *f (pol)* mercury-pool cathode *(of a mercury rectifier)*
Quecksilbertröpfchen *n* mercury droplet
Quecksilbertropfelektrode *f (pol)* dropping mercury electrode, DME
   frei tropfende ~ dropping mercury electrode with gravity-controlled drop time
Quecksilbertropfen *m* mercury drop
   kleiner ~ mercury droplet
Quecksilbertropfenelektrode *f (pol)* mercury drop electrode
   hängende ~ *s.* ~ mit hängendem Tropfen
   ~ **mit hängendem Tropfen** *(pol)* hanging mercury drop electrode, HMDE
   ~ **mit statischem Tropfen** *(pol)* static mercury drop electrode, SMDE
   statische ~ *s.* ~ mit statischem Tropfen
Quecksilbertropfkathode *f (pol)* dropping mercury cathode
Quecksilberverbindung *f* mercury compound
Quecksilbervorratsbehälter *m*, **Quecksilbervorratsgefäß** *n (pol)* mercury reservoir
Quecksilberzufluß *m* mercury flow

quellbar capable of swelling, swellable
 in Wasser ~ water-swellable
Quellbarkeit *m* capability of swelling, swelling capacity, swellability
quellen to swell
 ~ **lassen** to allow to swell
Quellendruck *m (maspec)* [ion] source pressure
quellfähig capable of swelling
Quellfähigkeit *f* ability (capability) of swelling, swelling capacity
Quellung *f* swelling
Quellungseigenschaften *fpl* swelling characteristics (properties)
Quellungsgrad *m* degree of swelling
Quellungszustand *m* swollen state
Quellvermögen *n s.* Quellfähigkeit
Quellvolumen *n* swollen volume
quenchen to quench *(a reaction)*
Quencher *m* quenching agent, quencher
Querdiffusion *f* radial diffusion
Quermagnetisierung *f (mag res)* transverse magnetization, transverse component of magnetization
Querschnitt *m* cross-section
Quervermischung *f (chr)* radial mixing
Querwelle *f* transverse wave
Quetschhahn *m*, **Quetschklemme** *f* pinchcock, pinchclamp, hose cock
Quintett *n (spec)* quintet
Quittungsbetriebsignal *n* handshake signal

R

Racemat *n* racemate
racemisch racemic
racemisieren to racemize
Racemisierung *f* racemization
Rad *(rad anal)* Rad *(unit of absorbed dose; 1 Rad = 10^{-2} J/kg)*
Radialdiffusion *f* radial diffusion
Radialdispersion *f (chr)* radial dispersion
Radialteil *m* radial part *(of a function)*
Radialverteilungsfunktion *f* radial distribution function
Radikal *n* [free] radical
 organisches ~ organic radical
Radikalanion *n* anion-radical, radical anion
Radikalbildner *m* free-radical generator
Radikalgenerator *m* free-radical generator
Radikal-Ion *n* radical ion
Radikalpaar *n* radical pair
Radikalreaktion *f* [free-]radical reaction, radical-radical reaction
Radioaktivität *f* radioactivity
 induzierte (künstliche) ~ induced (artificial) radioactivity
 natürliche ~ natural radioactivity
Radioaktivitätsdetektion *f (elph)* radioisotope detection

Radioaktivitätsdetektor *m (liq chr)* radiometric (radioactivity) detector
Radioanalytik *f* analytical radiochemistry, radioanalytical chemistry
Radiochemie *f* radiochemistry
Radiofrequenz *f* radio frequency
Radiofrequenzfeld *n* radio-frequency (high-frequency) field, rf (RF) field
Radiofrequenzpolarographie *f* radio-frequency polarography, rf polarography, RFP
Radiofrequenzpuls *m* radio-frequency (high-frequency) pulse, rf pulse
Radiofrequenzstrahlung *f* radio[-frequency] radiation
Radioindikator *m* radioactive tracer, radiotracer
Radioisotop *n* radioactive isotope, radioisotope
Radiokolloid *n* radiocolloid
Radiolyse *f* radiolysis
Radiometer *n* radiometer
Radionuklidquelle *f* radioactive source
Radionuklidreinheit *f* radionuclidic purity
Radioökologie *f* radioecology
Radiostrahlung *f* radio[-frequency] radiation
Radiotracer *m* radioactive tracer, radiotracer
Radiowellen *fpl (mag res)* microwaves
Radium *n* Ra radium
Radon *n* Rn radon
Raketen-Immunelektrophorese *f* nach Laurell Laurell rocket method, rocket [immuno]electrophoresis
Raman-aktiv *(opt mol)* Raman active
Raman-Analyse *f (opt anal)* Raman analysis
Raman-Bande *f (opt mol)* Raman band
Raman-Effekt *m (opt mol)* [Smekal-]Raman effect
Raman-Frequenz *f (opt mol)* Raman frequency
Raman-Gerät *n (opt mol)* Raman instrument
Raman-Licht *n s.* Raman-Streulicht
Raman-Linie *f (opt mol)* Raman line
Raman-Spektrometer *n* Raman spectrometer
Raman-Spektroskopie *f* Raman spectroscopy, RS
 inverse ~ inverse Raman spectroscopy
 oberflächenverstärkte ~ surface-enhanced Raman spectroscopy, SERS
 photoakustische ~ photoacoustic Raman spectroscopy, PARS
Raman-Spektrum *n* Raman spectrum
 rückgestreutes ~ backscattered Raman spectrum
Raman-Streulicht *n* Raman scattered light, Raman[-emitted] light
Raman-Streuung *f* Raman scattering
 anti-Stokessche ~ *(opt mol)* anti-Stokes scatter[ing], anti-Stokes Raman scattering
 oberflächenverstärkte ~ *(opt mol)* surface-enhanced Raman scattering, SERS
 Stokessche ~ *(opt mol)* Stokes scatter[ing], Stokes Raman scattering
Raman-Verschiebung *f (opt mol)* Raman shift
Randbedingung *f* boundary condition

Randles-Sevcik-Gleichung f *(pol)* Randles-Sevcik equation
randomisieren *(stat)* to randomize
Randomisierung f *(stat)* randomization, randomization
Randwinkel m contact angle
Rangkorrelation f *(stat)* rank correlation
   mehrfache ~ multiple rank correlation
   multiple ~ multiple rank correlation
   partielle ~ partial rank correlation
Rangkorrelationsanalyse f *(stat)* rank correlation analysis
Rangkorrelationskoeffizient m *(stat)* rank correlation coefficient
Rangordnungsprüfung f ranking method, hierarchy test
Rangsummenmehrfachvergleich m *(stat)* rank sum multiple comparison
Rangsummentest m *(stat)* rank sum test
Rangsummenvergleich m *(stat)* rank sum comparison
Rangzahl f *(stat)* rank
Raster-Auger-Mikroskopie f scanning Auger microscopy, SAM
Rasterelektronenmikroskop n scanning electron microscope
Rasterelektronenmikroskopie f scanning electron microscopy, SEM, scanning reflection electron microscopy, SREM
Raster-Transmissions-Elektronenmikroskopie f scanning transmission electron microscopy, STEM
Rastertunnelmikroskopie f scanning tunneling microscopy, STM, scanning tunnelling electron microscopy, STEM
Rastertunnelspektroskopie f scanning tunneling spectroscopy, STS
Rast-Methode f Rast [micro]method, Rast molecular weight method, Rast's camphor method
Ratiometer n ratio-recording spectrometer
Ratiorecording n *(spec)* ratio recording
Rauchgas n flue gas, [chimney-]stack gas
Rauchgasanalyse f flue-gas analysis
Rauchgasemission f emission of flue gas
Rauchgasprobenahme f stack emission sampling
Raum m/**feldfreier** *(maspec)* field-free region
raumbeständig volume-stable
Raumbeständigkeit f volume stability
raumerfüllend bulky *(substituent)*
Rauminhalt m bulk, volume
Raumladung f space (spatial) charge
Raumtemperatur f room (ordinary, normal) temperature
rauschäquivalent noise-equivalent
Rauschaufnahme f *(meas)* noise pickup
rauschbehaftet *(meas)* noisy
rauschen *(meas)* to noise
Rauschen n *(meas)* [analytical] noise
   elektrisches ~ electrical noise, noise

   elektrostatisches ~ electrostatic noise
   niederfrequentes ~ low-frequency noise
   statistisches ~ random (fluctuation, statistical) noise
   thermisches ~ Johnson (thermal, resistance) noise
1/f-Rauschen n *(meas)* excess (modulation) noise
Rauschentkopplung f *(nuc res)* broad-band decoupling, BB [decoupling], broad-band spin (proton) decoupling, proton noise decoupling, PND, ^{1}H (proton, wide-band) decoupling
Rauschhöhe f *(meas)* noise level (envelope)
Rauschpeak m *(chr)* noise peak
Rauschpegel m *(meas)* noise level (envelope)
Rauschquelle f *(meas)* noise source
Rayleigh-Interferenzoptik f *(sed)* Rayleigh interference optics
Rayleigh-Streuung f *(opt mol)* Rayleigh scatter(ing)
Rayleigh-Verhältnis n Rayleigh ratio *(for characterizing the scattered intensity)*
RBW (relative biologische Wirksamkeit) *(rad anal)* relative biological effectiveness, RBE
r-cpL (rechts circular polarisiertes Licht) right-circularly polarized light
RE (Referenzelektrode) *(el anal)* reference electrode, RE, non-working electrode
reabsorbieren to re-absorb
Reabsorption f re-absorption
Reagens n reagent
   Abelsches ~ Abel's reagent *(for etching steel)*
   analytisches ~ analytical reagent
   biochemisches (biogenes) ~ biochemical reagent
   chirales ~ chiral reagent
   derivatbildendes ~ derivatizing [re]agent, derivatization reagent
   Ehrlichs ~ Ehrlich['s] reagent *(p-dimethylamino benzaldehyde)*
   flüchtiges ~ volatile reagent
   ~ **für die Mikroanalyse** microanalytical reagent
   Grignardsches ~ Grignard reagent *(for synthesizing organic compounds)*
   Millons ~ Millon's reagent *(for detecting proteins)*
   nucleophiles ~ nucleophile, nucleophilic agent
   Schiffsches (Schiffs) ~ Schiff reagent *(for detecting aldehydes)*
   selektives ~ selective reagent
   spezifisches ~ specific reagent
   überschüssiges ~ excess reagent
   zugefügtes (zugesetztes) ~ added reagent
Reagensdosierpumpe f *(proc)* reagent metering pump
Reagenseinlaß m reagent inlet
Reagenserzeugung f *(ch anal)* reagent delivery
   ~ **außerhalb der Titrierzelle** external generation
   ~ **innerhalb der Titrierzelle** *(coul)* internal generation
Reagenskosten pl reagent cost

Reagenslösung f reagent solution
Reagensmischkammer f reagent mixing chamber
Reagenspfropfen m *(flow)* reagent plug
Reagensreservoir n reagent reservoir
Reagensstrom m reagent stream
Reagensverbrauch m reagent consumption
Reagenszuführung f reagent introduction
Reagenszugabe f reagent addition
Reagenszugabeeinrichtung f reagent addition device
Reagenszusatz m reagent addition
Reagenzglas n test tube, proof
Reagenzglasbürste f test-tube brush
Reagenzglasgestell n test-tube rack (stand)
Reagenzglashalter m test-tube holder
Reagenzglasklemme f test-tube holder
Reagenzglasversuch m test-tube experiment
Reagenzienflasche f reagent bottle
Reagenzienpumpe f reagent pump
Reagenzienstrom m reagent stream
Reagenzmenge f amount of reagent
Reagenzpapier n indicator paper, [indicator] test paper
reagieren to react
  alkalisch ~ to react alkaline
  ~ **gegen/alkalisch** to be alkaline to
  ~ **gegen/sauer** to be acid to
  heftig ~ to react vigorously (violently, stormily)
  ~ **lassen** to allow to react
  neutral ~ to react neutral
  quantitativ ~ to react quantitatively (completely)
  sauer ~ to react acid
  schnell ~ to react rapidly
  stöchiometrisch ~ to react stoichiometrically
  stürmisch ~ *s.* heftig ~
  vollständig ~ *s.* quantitativ ~
Reaktant m reactant
Reaktantgas n *(maspec)* [ionizing] reagent gas, reactant gas *(for chemical ionization)*
Reaktanz f *(el anal)* reactance
Reaktion f reaction
  chemische ~ chemical reaction
  derivatbildende ~ derivatization reaction
  elektrochemische ~ electrochemical reaction
  elektronenstoßinduzierte ~ electron impact induced reaction
  endotherme ~ endothermal reaction
  enzymatische (enzymkatalysierte) ~ enzyme (enzymatic, enzyme-catalysed) reaction
  ~ **erster Ordnung** first-order reaction
  exotherme ~ exothermal reaction
  gegenläufige ~ opposing (opposed, oppositely directed) reaction
  gekoppelte ~ coupled reaction
  ~ **in Lösung** solution reaction
  induzierte ~ induced reaction
  ionische ~ ionic reaction
  irreversible ~ non-reversible reaction
  katalysierte (katalytische) ~ catalytic (catalysed) reaction
  komplexe ~ composite (complex) reaction
  Landoltsche ~ *(catal)* Landolt reaction
  langsam ablaufende ~ slow reaction
  Millonsche ~ *(or anal)* Millon's reaction *(to proteins)*
  nichtkatalytische ~ uncatalysed (non-catalytic) reaction
  photochemische ~ photochemical reaction, photoreaction
  physikalische ~ physical reaction
  protolytische ~ protolysis, protolytic reaction, hydrolysis *(of a salt)*
  ~ **pseudo-erster Ordnung** pseudo first-order reaction
  ~ **pseudo-nullter Ordnung** pseudo zero-order reaction
  radikalische ~ [free-]radical reaction, radical-radical reaction
  schnelle ~ fast (rapid) reaction
  Schwarzsche ~ Schwarz reaction *(for detecting naphtalene or chloroform)*
  Selivanovsche ~ Seliwanoff test *(for detecting hexoses)*
  streng reversibel verlaufende ~ fully reversible reaction
  unkatalysierte ~ *s.* nichtkatalysierte ~
  wärmeabgebende ~ exothermal reaction
  wärmeaufnehmende ~ endothermal reaction
  zusammengesetzte ~ composite (complex) reaction
  ~ **zweiter Ordnung** second-order reaction
Reaktionsablauf m reaction progress, progress (course) of reaction
Reaktionsaffinität f/**elektrochemische** electrochemical affinity
Reaktionsbedingungen fpl reaction conditions
Reaktionsbereitschaft f reactivity
Reaktionsbestreben n tendency to react
Reaktionsdauer f reaction time
Reaktionsdetektor m *(liq chr)* post-column reactor, PCR, [post-column] reaction detector, reaction flow detector
Reaktionsenthalpie f *(th anal)* enthalpy of reaction
reaktionsfähig reactive
Reaktionsfähigkeit f reactivity
Reaktionsfläche f *(pol)* reaction surface
Reaktionsfolge f reaction sequence, sequence of reactions
reaktionsfreudig reactive
Reaktionsfreudigkeit f reactivity
Reaktionsgas n *(maspec)* reagent (reactant) gas
Reaktions-Gaschromatographie f reaction gas chromatography
Reaktionsgefäß n reaction vessel
Reaktionsgemisch n reaction mixture
Reaktionsgeschwindigkeit f reaction rate (velocity), rate of reaction

Reaktionskammer 364

Reaktionskammer f (proc) reaction chamber (cell)
Reaktionskapillare f / **genähte** (liq chr) stitched open tube, SOT
  gestrickte ~ knitted open tube, KOT, knitted tube, KT
Reaktionskette f series of reactions
Reaktionskinetik f chemical kinetics
Reaktionskonstante f (pol) reaction constant
Reaktionslaufzahl f extent of reaction
reaktionslos inert, inactive, non-reactive
Reaktionslosigkeit f absence of reaction
Reaktionslösung f reaction solution
Reaktionsmechanismus m reaction mechanism
Reaktionsmedium n reaction medium
Reaktionsordnung f reaction order
Reaktionspartner m reactant
Reaktionsprodukt n reaction product
Reaktionsschlaufe f, **Reaktionsschleife** f (flow) reaction coil
Reaktionsschritt m reaction step
Reaktionsspezifität f reaction specificity
Reaktionsstrecke f [/**chemische**] (flow) reaction manifold, analytical cartridge
Reaktionsstufe f reaction stage
Reaktionsteil m s. Reaktionsstrecke
Reaktionsteilnehmer m reactant
Reaktionstemperatur f reaction temperature
reaktionsträge inert, inactive, non-reactive
Reaktionsträgheit f inertness
  chemische ~ chemical inertness
Reaktionstyp m reaction type, type of reaction
reaktionsunfähig non-reactive
Reaktionsunfähigkeit f non-reactivity
Reaktionsverlauf m reaction progress, progress (course) of reaction
Reaktionsvermögen n reactivity
Reaktionswärme f heat of reaction
Reaktionsweg m reaction path
Reaktionszeit f reaction time
Reaktionszwischenstufe f reaction intermediate
reaktiv reactive
Reaktivgruppe f reactive group
Reaktivität f reactivity
Reaktor m / **gepackter** (liq chr) packed-bed reactor
  luftsegmentierter ~ air-segmented reactor
Realkristall m imperfect crystal
Realpotential n (pol) formal potential
Rechteckfrequenz f square-wave frequency
Rechteckimpuls m square-wave pulse
Rechteckspannung f square-wave voltage
  ~ **mit Dachschräge** (pol) tilted square wave
Rechteckstrom m square-wave current
Rechteckstromimpuls m square-wave current pulse
Rechteckwelle f square wave
Rechteckwellengenerator m square-wave generator
Rechteckwellenimpuls m square-wave pulse
Rechteckwellenperiode f square-wave cycle

Rechteckwellenpolarogramm n square-wave polarogram
Rechteckwellenpolarograph m square-wave polarograph
Rechteckwellenpolarographie f square-wave polarography, SWP
Rechteckwellenspannung f square-wave voltage
Rechtsquarz m right-handed quartz
Redoxaustauscher m redox ion exchanger
Redoxelektrode f redox (oxidation-reduction) electrode
Redoxindikator m redox (oxidation-reduction) indicator
Redox-Ionenaustauscher m redox ion exchanger
Redoxkatalysator m (pot) redox catalyst
Redoxmessung f oxidation-reduction measurement
Redoxpaar n redox pair (couple), oxidation-reduction couple
  konjugiertes (korrespondierendes) ~ reversible redox pair
Redoxpotential n redox (oxidation-reduction) potential, ORP
Redoxpotentialmeßgerät n ORP device
Redoxpotentialmessung f ORP measurement
Redoxpotentialmonitor m (proc) ORP monitor
Redoxpotentialsignal n ORP signal
Redoxpotentialsteuerung f (proc) ORP control
Redoxpufferlösung f (coul) redox buffer
Redoxreaktion f redox (oxidation-reduction) reaction, oxidoreduction
Redoxsystem n redox (oxidation-reduction) system
Redoxtitration f redox (oxidation-reduction) titration
  potentiometrische ~ potentiometric redox titration
Redoxtitrimetrie f redox titrimetry
  potentiometrische ~ potentiometric redox titrimetry
Redoxverfahren n redox process
Reduktion f reduction
  chemische ~ chemical reduction
  elektrolytische ~ electrolytic reduction
  katalytische ~ catalytic reduction
  kathodische ~ cathodic reduction
  polarographische ~ polarographic reduction
  reversible (umkehrbare) ~ reversible reduction
Reduktionsmittel n reducing agent, reductant, reductor
Reduktionsofen m reduction furnace
Reduktions-Oxidations-... s. Redox...
Reduktionspotential n reduction potential
Reduktionsprodukt n reduction product
Reduktionsreaktion f reduction reaction
Reduktionsrohr n (or anal) reduction tube
Reduktor m 1. (vol) reductor (for reducing higher-valent cations prior to titration); 2. s. Reduktionsmittel

Redundanz *f (stat)* redundancy
reduzierbar reducible
Reduzierbarkeit *f* reducibility
reduzieren to reduce *(to a lower oxidation state)*; to decrease, to reduce, to decline, to diminish *(e.g. activity)*
Reduzierung *f* reduction
Referenz... *s.a.* Bezugs...
Referenzgas *n* reference gas
Referenzküvette *f* reference cuvette (cell), comparison cell
Referenzmaterial *n* reference material
Referenzmaterialhalter *m* reference holder
Referenzmethode *f (proc)* reference method
Referenzphase *f (nuc res)* reference phase
Referenzstrahl *m* reference beam
Referenzstrahlung *f* reference radiation
Referenzsubstanz *f* reference [compound], comparison compound
   externe ~ external reference
   innere ~ internal reference
Referenzverbindung *f s.* Referenzsubstanz
Referenzverfahren *n (proc)* reference method
Referenzzelle *f (chr)* reference cell
reflektieren to reflect [back]
Reflektor *m* repeller electrode *(of a klystron)*
Reflexion *f* **bei streifendem Lichteinfall** grazing incidence reflection, GIR
   diffuse ~ diffuse reflectance
   mehrfache ~ multiple reflection
   vielfache ~ multiple reflection
Reflexionsbeugung *f* **langsamer Elektronen** low-energy electron diffraction, LEED
   ~ **schneller Elektronen** reflection high-energy electron diffraction, RHEED
Reflexionselektronenmikroskopie *f* reflection electron microscopy, REM
Reflexionselement *n (opt mol)* internal reflection element, IRE, internal reflectance element (crystal)
Reflexionsgitter *n (spec)* reflection (reflecting) grating
Reflexionsgrad *m*, **Reflexionskoeffizient** *m* reflectance, reflectivity, reflection coefficient (factor), coefficient of reflection
Reflexionsspektroskopie *f* reflection (reflectance) spectroscopy
   diffuse ~ diffuse reflectance spectroscopy, DRS, diffuse reflectance technique
   innere ~ internal reflection (reflectance) spectroscopy, IRS
Reflexionsspektrum *n* reflection (reflectance) spectrum
   inneres ~ internal reflection spectrum
Reflexionsvermögen *n* 1. reflectivity, reflecting power; 2. *s.* Reflexionsgrad
Reflexionszahl *f s.* Reflexionsgrad
Reflexionszusatz *m (spec)* reflectometer attachment

refokussieren to refocus
Refokussierung *f* refocusing
Refraktion *f* refraction *(of light)*
Refraktionsindex *m* refractive index, RI, index of refraction
Refraktometer *n* refractometer
Refraktometerdetektor *m* refractive index detector, RI detector, refractometer detector
Regel *f/***Hundsche** Hund's rule *(of the energy of atomic states)*
   Lenzsche ~ Lenz's rule *(of the direction of induced currents)*
   Stokessche ~ Stokes law (rule) *(of the wavelength of fluorescent emission)*
Regelglied *n* control element
Regelkreis *m* control circuit
regeln to control, to regulate
Regeln *fpl/***Woodwardsche** *(spec)* Woodward rules *(for calculating the position of bands)*
Regeneration *f* regeneration
regenerieren to regenerate; *(pot)* to rejuvenate *(e.g. a glass electrode)*
Regenerier[mittel]lösung *f (ion)* regenerating (regenerant) solution
Regenerierung *f* regeneration
registrieren to record *(measured values)*
Registriergerät *n* recording device
Registrierschreiber *m* [strip-]chart recorder
Registrierstreifenrolle *f* roll of recording paper
Registrierung *f* recording *(of measuring values)*
   ~ **mit Photoplatte** photographic plate recording
   photographische ~ photographic recording
Regler *m/***elektromechanischer** electromechanical controller
Regression *f (stat)* regression
   einfache ~ conventional regression
Regressionsanalyse *f (stat)* regression[al] analysis
Regressionsgerade *f (stat)* regression line
Regressionsgleichung *f (stat)* regression equation
Regressionskoeffizient *m (stat)* regression coefficient, coefficient of regression
Regulierungsfunktion *f/***Kohlrauschsche** *(elph)* Kohlrausch [regulating] function, regulating function
Reibschale *f (lab)* mortar
Reibungsfaktor *m s.* Reibungskoeffizient
Reibungskoeffizient *m* frictional coefficient
Reibungskraft *f* frictional force
Reibungswiderstand *m* frictional resistance
Reichweite *f/***extrapolierte** *(rad anal)* extrapolated range
   mittlere ~ mean linear range
Reihe *f/***eluotrope** *(liq chr)* eluotropic series
   homologe ~ homologous series
   mixotrope ~ *(liq chr)* mixotropic series
Reihenresonanzkreis *m* series-tuned circuit (tank) *(impedimetric titration)*

Reihenvergleich

Reihenvergleich *m* comparison of series
rein pure, in the pure state (form), in a pure condition; absolute
  chemisch ~ chemically pure
  nicht ~ impure
Reinabsorptionsgrad *m*/**spektraler** *(spec)* absorption factor
Reinelement *n (maspec)* anisotopic element
Reinhardt-Zimmermann-Lösung *f (vol)* Zimmermann and Reinhardt's solution, Zimmermann-Reinhardt reagent, preventive solution *(phosphoric acid, sulphuric acid, and manganese(II) sulphate)*
Reinheit *f* purity
  optische ~ *(spec)* optical purity
  spektrale ~ spectral purity
Reinheitsgrad *m* purity level
Reinheitsprüfung *f* purity test
reinigen to clean-up, to purify *(e.g. samples)*
Reinigen *n*, **Reinigung** *f* clean-up, purification
Reinigungsheizer *m (maspec)* clean-up heater
Reinigungsmethode *f* purification method
Reinigungsrohr *n (or anal)* purification tube
Reinigungsschritt *m* clean-up step
Reinigungsstufe *f* purification stage
Reinjektion *f (chr)* reinjection
Reintransmissionsgrad *m*[/**spektraler**] transmission factor, spectral internal transmittance
Reiter *m*, **Reiterwägestück** *n* rider
Rekombination *f* recombination
Rekombinationsreaktion *f* recombination reaction
rekombinieren to recombine
  sich ~ to recombine
rekonzentrieren to reconcentrate
Rekonzentrierung *f* [sample] reconcentration
Rekristallisation *f (grav)* recrystallization
rekristallisieren *(grav)* to recrystallize
Rektifikation *f* rectification
Relais *n*/**zweipoliges** double-pole relay
Relativfehler *m (stat)* relative error
Relativstandardabweichung *f (stat)* relative standard deviation, RSD
Relaxation *f* relaxation *(of excited molecules)*
  ~ **der Protonen** *(nuc res)* 1H relaxation
  dipolare ~ *(nuc res)* dipolar relaxation
  intermolekulare ~ *(spec)* intermolecular relaxation
  intramolekulare ~ *(spec)* intramolecular relaxation
  longitudinale ~ *(nuc res)* longitudinal (spin-lattice) relaxation
  transversale ~ *(nuc res)* transverse relaxation
Relaxationseffekt *m* relaxation effect
Relaxationsgeschwindigkeit *f* relaxation rate
Relaxationsmechanismus *m* relaxation mechanism
Relaxationsperiode *f* relaxation time
Relaxationsphänomen *n* relaxation phenomenon
Relaxationsrate *f*/**longitudinale** *(nuc res)* longitudinal (spin-lattice) relaxation rate
  transversale ~ transverse relaxation rate

Relaxationsvorgang *m* relaxation process
Relaxationszeit *f* relaxation time
  longitudinale ~ *(nuc res)* longitudinal relaxation time
  transversale ~ *(nuc res)* transverse relaxation time
relaxieren to relax [back], to deactivate *(of excited molecules)*
Relayed-Methode *f (nuc res)* relay technique
Relayed-Spektrum *n (nuc res)* relayed spectrum
REM (Rasterelektronenmikroskopie) scanning electron microscopy, SEM, scanning reflection electron microscopy, SREM
Rem *(rad anal)* Rem *(unit of dose equivalent; 1 Rem = 10^{-2} J/kg)*
reorientieren to re-orient
Reorientierung *f* re-orientation
Reoxidation *f* re-oxidation, re-oxidizing
reoxidieren to re-oxidize
Repräsentativprobe *f* representative sample
reproduzierbar *(stat)* reproducible
  schlecht (schwer) ~ poorly reproducible
Reproduzierbarkeit *f (stat)* reproducibility
  ~ **von Labor zu Labor** inter-laboratory reproducibility
  ~ **von Versuch zu Versuch** run-to-run reproducibility
Repulsionsenergie *f (spec)* recoil energy
Resistenz *f*/**chemische** chemical resistance (stability), resistance (stability) to chemical attack
  ~ **gegen Chemikalien** resistance to chemicals
Resonanz *f* resonance, *(relating to delocalized electrons also)* mesomerism
  ferromagnetische ~ ferromagnetic resonance, FMR
  kernmagnetische ~ nuclear magnetic resonance, NMR
  magnetische ~ magnetic resonance
  paramagnetische ~ electron spin resonance, ESR, electron paramagnetic resonance, EPR
Resonanzabsorption *f* resonance absorption
Resonanzbedingung *f* resonance condition
Resonanzeffekt *m (opt mol)* resonance effect
Resonanzenergie *f* resonance energy
resonanzfrei *(spec)* non-resonant, resonance-free
Resonanzfrequenz *f (spec)* resonance (resonant) frequency
Resonanzionisation *f (spec)* resonance ionization
Resonanzionisations-Massenspektrometrie *f* resonance ionization mass spectrometry, RIMS
Resonanzionisationsspektroskopie *f* resonance ionization spectroscopy, RIS
Resonanzkern *m (mag res)* resonant nucleus
Resonanzkreis *m* oscillator (resonant) circuit
Resonanzlage *f (nuc res)* resonance position
Resonanzlinie *f* resonance line
Resonanzneutralisation *f (spec)* resonance neutralization
Resonanzneutron *n (rad anal)* resonance neutron

Resonanz-Raman-Effekt *m (opt mol)* resonance Raman effect
Resonanz-Raman-Spektroskopie *f* resonance[-enhanced] Raman spectroscopy
Resonanz-Raman-Spektrum *n* resonance Raman spectrum, resonance-enhanced spectrum
Resonanz-Raman-Streuung *f* resonance Raman scattering, RRS
Resonanzsignal *n (spec)* resonance signal (peak)
Resonanzspektroskopie *f/* **kernmagnetische** NMR (nuclear magnetic resonance) spectroscopy
  paramagnetische ~ ESR (electron spin resonance) spectroscopy, EPR (electron paramagnetic resonance) spectroscopy
Resonanzspektrum *n* resonance spectrum
  kernmagnetisches ~ NMR (nuclear magnetic resonance) spectrum, nuclear resonance spectrum
  paramagnetisches ~ ESR (electron spin resonance) spectrum, EPR spectrum
Resonanzstrahlung *f* resonance radiation (emission)
Resonanzstruktur *f* resonance structure
Resonanztomographie *f/* **magnetische** magnetic resonance imaging, MRI, MR (magnetic resonance) tomography, NMR (nuclear magnetic resonance) imaging, NMRI, NMR tomography, spin mapping, zeugmatography
Resonanztopf *m (el res)* cavity resonator (cell), resonance (resonant, microwave) cavity
Resonanzübergang *m* resonance transition
Resonanzverschiebung *f (nuc res)* chemical shift, CS, NMR [chemical] shift, resonance shift
Resonator *m (el res)* resonator, cavity
  optischer ~ optical resonator *(of a laser)*
Resorcinphthalein *n* fluorescein
Response *m* [detector] response
Responsefaktor *m (chr)* response (correction) factor
  relativer ~ relative response factor
Responskurve *f* response curve
Restadsorptionsaktivität *f* residual sorptive activity
Restaktivität *f* residual activity
Restanalyse *f* residue analysis, analysis of a residue
Restchlor *n* residual chlorine
Restfeuchte *f*, **Restfeuchtigkeit** *f* residual moisture
Restgas *n* residual (residue) gas
Restgasanalysator *m* residual gas analyzer
Restgehalt *m* residual (final) content
Resthärte *f* residual hardness *(of water)*
Restkonzentration *f* residual concentration
Restladung *f* residual charge
Restleitwert *m* residual conductance
Restlinien *fpl (spec)* persistent (ultimate) lines, raies ultimes, R.U.
Restriktor *m (flow)* flow constriction device

Restsilanol *n* residual silanol group
Reststickstoff *m* residual (non-protein) nitrogen
Reststrom *m* residual current
Reststromkurve *f* residual-current curve
Restwasser *n* residual water
Restwiderstand *m* residual resistance
Retardation *f (spec)* [optical] retardation, optical path difference, OPD
Retardationsterm *m (gas chr)* capacity term
Retention *f* retention, *(Chr auch)* solute (sample) retention
  relative ~ *(chr)* 1. relative retention *(retention values relative to a standard)*; 2. separation factor, SF, relative retention ratio *(of two adjacent peaks)*
Retentionsanalyse *f (chr)* retention analysis
Retentionscharakteristik *f (chr)* retention characteristics
Retentionseigenschaften *fpl (chr)* retention properties
Retentionsfaktor *m (chr)* retardation factor, R-F value, relative front; retention factor
Retentionsindex *m (chr)* retention index, RI
  Kovátsscher ~ *(gas chr)* Kováts retention index, KRI, Kováts index
Retentionsindexsystem *n (chr)* retention index system
Retentionskapazität *f (chr)* capacity factor (ratio), partition (mass distribution) ratio, solute capacity factor
Retentionsmechanismus *m (chr)* retention mechanism
Retentionsparameter *m (chr)* retention parameter
Retentionsrate *f (chr)* R value
Retentionstemperatur *f (chr)* retention temperature
Retentionsverhalten *n (chr)* retention behaviour
Retentionsverhältnis *n (chr)* R value
Retentionsvolumen *n (chr)* [total, uncorrected] retention volume
  korrigiertes ~ corrected retention volume
  reduziertes ~ 1. *(liq chr)* adjusted (net) retention volume; 2. *s.* totzeitkorrigiertes ~
  spezifisches ~ specific retention volume
  totzeitkorrigiertes ~ *(gas chr)* adjusted retention volume
Retentionswert *m/* **relativer** *(chr)* relative retention value
Retentionszeit *f* residence (retention, dwell, holdup) time; *(chr)* retention (elution) time, total (absolute, uncorrected, solute) retention time
  effektive ~ *(liq chr)* adjusted (net) retention time
  korrigierte ~ *(chr)* corrected retention time
  reduzierte ~ *s.* 1. effektive ~; 2. totzeitkorrigierte ~
  totzeitkorrigierte ~ *(gas chr)* adjusted retention time
Reversed-phase-Chromatographie *f* reversed-phase chromatography, RPC, reversed-phase liquid chromatography, RPLC

Reversed-phase-...

Reversed-phase-Papierchromatographie f reversed-phase paper chromatography
Reversed-phase-Platte f *(liq chr)* reversed-phase plate
Reversed-phase-Säule f *(liq chr)* reversed-phase column
Reversed-phase-Säulenfüllung f *(liq chr)* reversed-phase packing
Reversed-phase-System n *(liq chr)* reversed-phase system
Reversed-phase-Trennung f *(liq chr)* reversed-phase separation
reversibel reversible
Reversibilität f reversibility
  elektrochemische ~ electrochemical reversibility
Reversibilitätskriterium n *(pol)* criterion of reversibility
Reversionsphasenchromatographie f s. Reversed-phase-Chromatographie
Reziprozitätsgesetz n *(radia)* reciprocity law
Reziprozitätsregel f *(radia)* reciprocity law
RFA (Röntgenfluoreszenzanalyse) X-ray fluorescence analysis, XRFA
RFP (Radiofrequenzpolarographie) rf (radio-frequency) polarography, RFP
RFS (Röntgenfluoreszenzspektroskopie) XRF (X-ray fluorescence) spectroscopy
RF-Strahlung f radio[-frequency] radiation
Rhenat(VI) n rhenate
Rhenat(VII) n perrhenate
Rhenium n Re rhenium
Rhodamin n rhodamine
  ~ B rhodamine B
  ~ 6G rhodamine 6G
Rhodium n Rh rhodium
rhombisch [ortho]rhombic
rhomboedrisch rhombohedral, trigonal
RI (Refraktionsindex) refractive index, RI, index of refraction
richten/parallel *(spec)* to collimate
Richtigkeit f accuracy, trueness *(difference between a result and the true value)*
  ~ der Analysenergebnisse analytical accuracy
Richtungsfokussierung f *(maspec)* direction focusing
Richtungsquantenzahl f magnetic quantum number
RI-Detektion f RI (refractive index) detection
RI-Detektor m RI (refractive index) detector, refractometer detector
rieselfähig flowable *(bulk material)*
Rieselfähigkeit f, **Rieselvermögen** n flowability *(of bulk material)*
Riesenmolekül n macromolecule
RIKE (Raman-induzierter Kerr-Effekt) Raman-induced Kerr effect, RIKE
RIMS (Resonanzionisations-Massenspektrometrie) resonance ionization mass spectrometry, RIMS

Ring m/**aromatischer** aromatic ring
  hybrider ~ *(el res)* hybrid T (tee), magic T
  sechsgliedriger ~ six-membered ring
Ringchromatographie f circular (radial, ring) chromatography
Ringelektrode f ring electrode *(conductivity sensor)*
Ringerweiterung f ring expansion
Ringgröße f ring size
Ringinversion f ring inversion
Ringkohlenwasserstoff m cyclic hydrocarbon
Ringofen m *(liq chr)* ring oven
  ~ nach Weisz Weisz ring oven
Ringofenmethode f *(liq chr)* ring-oven technique
Ringproton n ring proton
Ringstrom m *(nuc res)* ring current
Ringstromeffekt m *(nuc res)* ring current effect
Ringuntersuchung f inter-laboratory investigation *(analysis in different laboratories)*
Ringverbindung f cyclic (ring) compound
Ringversuch m inter-laboratory test *(for confirming the accuracy of test methods and results)*
Risiko n *(stat)* risk
Risikobewertung f *(stat)* risk evaluation
Risikofunktion f *(stat)* risk function
RMM (relative Molekülmasse) relative molecular mass, RMM, molecular weight, MW, mol. wt.
Rocket-Immunelektrophorese f nach Laurell rocket electrophoresis, Laurell rocket method, rocket immunoelectrophoresis
Rocking-Schwingung f *(opt mol)* rocking vibration
Rohprobe f primary sample
Rohreinbausonde f pipe-insertion probe
Röhrenoszillator m vacuum-tube oscillator
Röhrenvoltmeter n vacuum-tube voltmeter, valve voltmeter
Rohrmaterial n **für Kapillarsäulen** *(chr)* capillary column tubing
  ~ für Trennsäulen column tubing
Rohrschneider-Testsubstanz f *(gas chr)* Rohrschneider test probe
Rohrspirale f coil
Rohrwand[ung] f tube (tubing) wall
Röntgen n *(rad anal)* Roentgen *(unit of exposure; $1\,R = 2.58 \times 10^{-4}$ C/kg)*
Röntgenbeugung f X-ray diffraction, XRD
Röntgenemission f X-ray emission
  partikelinduzierte (protonenangeregte) ~ particle-induced X-ray emission, PIXE
Röntgenemissionsspektroskopie f X-ray emission spectroscopy
Röntgenfluoreszenz f X-ray fluorescence, XRF
  energiedispersive ~ energy-dispersive X-ray fluorescence, EDXRF
Röntgenfluoreszenzanalyse f X-ray fluorescence analysis, XRFA
  energiedispersive ~ energy-dispersive X-ray fluorescence analysis
  wellenlängendispersive ~ wavelength-dispersive X-ray fluorescence analysis

Röntgenfluoreszenzspektroskopie f XRF (X-ray fluorescence) spectroscopy
Röntgengebiet n X-ray region (range)
Röntgenkleinwinkelstreuung f small-angle X-ray scattering, SAXS
Röntgenlicht n/**weißes** bremsstrahlung
Röntgenniveau n X-ray level
Röntgen-Photoelektronenspektroskopie f X-ray photoelectron (photoemission, induced-photoelectron) spectroscopy, XP[E]S, electron spectroscopy for chemical analysis, ESCA, photoelectron spectroscopy of the inner shell, PESIS, inner-shell photoelectron spectroscopy, ISPES
Röntgenspektrometer n X-ray spectrometer
Röntgenspektroskopie f X-ray spectroscopy, XRS
  energiedispersive ~ energy-dispersive X-ray spectroscopy, EDX[S]
  ioneninduzierte ~ ion-induced X-ray spectroscopy, IIXS
  wellenlängendispersive ~ wavelength-dispersive X-ray spectroscopy, WDX
Röntgenstrahl m X-ray
  primärer ~ primary X-ray
  sekundärer ~ secondary X-ray
Röntgenstrahlemission f/**durch Beschuß induzierte** bombardment-induced X-ray emission, BIXE
Röntgenstrahlen mpl/**harte** hard X-rays
  kurzwellige ~ hard X-rays
  langwellige (weiche) ~ soft X-rays
Röntgenstrahlen-Photoelektronenspektroskopie f s. Röntgen-Photoelektronenspektroskopie
Röntgenstrahlung f/**charakteristische** characteristic X-radiation
  kontinuierliche ~ bremsstrahlung
Röntgenstrahlungsquelle f X-ray source
Röntgenstrukturanalyse f X-ray structure (structural) analysis
Röntgen-Tomographie f X-ray computer tomography
Röntgenwellengebiet n X-ray region (range)
Röntgenzustand m X-ray level
Rotation f rotation
  behinderte ~ restricted rotation
  innere ~ internal rotation
  magnetooptische ~ magneto-optic rotation, MOR
  molare ~ (opt anal) molar rotation
  optische ~ optical rotation
  schnelle ~ rapid rotation
  spezifische ~ (opt anal) specific rotation
  ~ **um den magischen Winkel** (mag res) magic angle spinning, MAS, magic-angle rotation, MAR
Rotationsachse f rotation axis
Rotationsdiffusion f rotational diffusion
Rotationsdispersion f/**magnetooptische** magneto-optical rotatory dispersion, MORD
  optische ~ optical rotatory dispersion, ORD

Rotationsfreiheitsgrad m (spec) rotational degree of freedom
Rotationsfrequenz f (spec) rotational frequency
Rotationsgeschwindigkeit f velocity of rotation
Rotationsgrundzustand m (spec) rotational ground state, ground rotational state
Rotationsmittelpunkt m centre of rotation
Rotationsspektroskopie f rotational spectroscopy
Rotationsspektrum n rotational spectrum
Rotations-Spin-Echo n/**dipolares** (nuc res) dipolar rotational spin echo
Rotationsübergang m (spec) rotational transition
Rotationsverdampfer m rotary evaporator
Rotationszentrum n centre of rotation
Rotationszustand m (spec) rotational state
rotempfindlich red-sensitive
rotieren to rotate
  schnell ~ to spin
Rotor m/**ausschwingender** (sed) swing-out rotor
  großvolumiger ~ large-capacity rotor
Rotverschiebung f bathochromic (red) shift
Routineanalyse f routine analysis
Routinebestimmung f routine determination
Routinemethode f routine method (technique, procedure)
Routineprobenahme f routine sampling
Routinespektrometer n routine spectrometer
Routinespektrum n routine spectrum
Routinetechnik f s. Routinemethode
Routineuntersuchung f routine examination
Rowland-Anordnung f, **Rowland-Aufstellung** f (spec) Rowland mounting
Rowland-Kreis m (spec) Rowland circle
RP-Chromatographie f reversed-phase chromatography, RPC, reversed-phase liquid chromatography, RPLC
  nichtwäßrige ~ non-aqueous reversed-phase chromatography, NARP
RP-Phase f (liq chr) reversed phase, RP
RP-Säule f (liq chr) reversed-phase column
RRE (Resonanz-Raman-Effekt) (opt mol) resonance Raman effect
RRS (Resonanz-Raman-Streuung) resonance Raman scattering, RRS
RTM (Rastertunnelmikroskopie) scanning tunneling microscopy, STM, scanning tunnelling electron microscopy, STEM
RTS (Rastertunnelspektroskopie) scanning tunneling spectroscopy, STS
Rubeanwasserstoff m rubeanic acid
Rubeanwasserstoffsäure f rubeanic acid
Rubeanwasserstoffsäure/Salicylaldoxim/Alizarin n (liq chr) rubeanic acid/salicylaldoxime/alizarin, RSA (locating reagent)
Rubidium n Rb rubidium
Rubidiumchlorid n rubidium chloride
Rubidiumperle f rubidium bead
Rubidiumsilicat n rubidium silicate
Rubinlaser m ruby laser

Rückbildung 370

Rückbildung f back-formation, re-formation
Rückdiffusion f back diffusion
Rückdruck m back pressure
rückextrahieren (pol) to re-extract
Rückextraktion f back-extraction, back-extracting, stripping; (pol) re-extraction
Rückflanke f tail, trailing edge (of a peak)
Rückfluß m back-flow
Rückflußkühler m reflux condenser
Rückführbarkeit f traceability
Rückführungssignal n return signal
Rückgewinnung f recovery
Rückhalteträger m (rad anal) hold-back carrier
Rückkopplung f feedback
Rückkopplungsimpedanz f feedback impedance
Rückkopplungsprinzip n feedback principle
Rückkopplungsregelung f feedback control
Rückoxidation f re-oxidation, re-oxidizing
rückoxidieren to re-oxidize
Rückpolarisation f backward polarization
Rückreaktion f back[ward] reaction, reverse reaction
rückreduzieren (pol) to re-reduce
Rückseite f tail, trailing edge (of a peak)
rückspülen to backwash
Rückspülen n (liq chr) backwashing; (gas chr) backflush[ing]
~ der Säule column backflushing
Rückspülung f s. Rückspülen
Rückstand m residue, residual product
Rückstandsanalyse f residue analysis
Rückstandsanalytiker m residue chemist
Rückstandsbildung f residue build-up
Rückstandsgas n residual (residue) gas
Rückstoß m (spec) recoil
Rückstoßenergie f (spec) recoil energy
Rückstoß-Ionenstreuungs-Spektroskopie f impact collision ion scattering spectroscopy, ICISS
Rückstrahlung f reflection
Rückstreuung f backscatter[ing], backward scattering
β-Rückstreuung f (rad anal) beta backscatter
Rückstrom m back-flow
Rücktitration f back-titration, back-titrating
rücktitrieren to back-titrate
Rückverfolgbarkeit f traceability
Rückvermischung f/axiale (flow) longitudinal (axial) mixing
Rückwärtsstreulicht-Turbidimeter n backscattered light turbidimeter
Rückwärtsstreuung f s. Rückstreuung
Rückweisewahrscheinlichkeit f (proc) probability of rejection
Rückweisezahl f (proc) rejection number
Rückweisung f (stat) rejection
Ruhelage f 1. equilibrium; 2. s. Ruhepunkt
Ruhemasse f rest mass
Ruheperiode f (meas) rest period
Ruhepotential n (voltam) open-circuit potential
Ruhepunkt m rest point, resting position (of the pointer of a balance)
Ruhezeit f (meas) rest period
Rührapparat m s. Rührer
rühren to agitate, to stir
Rühren n agitation, stirring • **unter ständigem ~** with constant stirring
~ per Hand hand stirring
Rührer m agitator, stirrer
Rührgeschwindigkeit f stirring rate (speed)
Rührstab m stirring rod
Rumpfelektron n core (inner-shell) electron
Rundfilter n [filter] paper disk
Rundfilterchromatogramm n radial (circular) chromatogram
Rundfiltermethode f (liq chr) radial method
Rundgel n (elph) rod (cylinder) gel
Rundungsfehler m (stat) rounding error
Ruß m carbon black
aktiver ~ active carbon black
graphitierter ~ (gas chr) graphitized carbon [black]
Russel-Saunders-Kopplung f (mag res) spin-orbit coupling, [electron] spin-orbit interaction, LS coupling, Russel-Saunders coupling
Rußschwarz n carbon black
Ruthenium n Ru ruthenium
Rutherford-Rückstreuung f Rutherford backscattering, RBS, Rutherford ion backscattering, RIBS
Rütteln n jarring
R_f-Wert m (chr) retardation factor, R_F value, relative front
R_M-Wert m (chr) R_M value
R_{St}-Wert m (chr) R_{St} value
Rydberg-Konstante f (spec) Rydberg constant
Rydberg-Serie f (spec) Rydberg series

S

S (Siemens) siemens, S, reciprocal ohm, mho (SI unit of electric conductance)
Sägezahnsignal n sawtooth signal
Sägezahnwelle f sawtooth wave
Sakaguchi-Reagens n Sakaguchi reagent (for detecting amino acids)
Salicylaldoxim n salicylaldoxime
Salz n/**basisches** basic salt
saures ~ hydroxide (acid) salt
salzähnlich, salzartig salt-like
Salzbrücke f (el anal) salt bridge
Salzeffekt m (vol) salt effect (with indicators)
Salzgradient m (liq chr) salt gradient
Salzkonzentration f salt concentration
Salzlösung f saline (salt) solution
Salzpeak m (liq chr) salt exclusion peak
Salzsäure f hydrochloric acid
SAM (Scanning-Auger-Mikroskopie) scanning Auger microscopy, SAM
Samarium n Sm samarium

Säulenende

Sammelbehälter *m*, **Sammelgefäß** *n* collection vessel
Sammelgel *n (elph)* [sample] spacer gel, stacking gel
Sammellinse *f* collecting lens
sammeln to collect, to accumulate
  sich ~ to collect, to accumulate
Sammelprobe *f* cumulative sample
Sammler *m (grav)* collector, scavenger
Sammlung *f* collection, accumulation
Sammlungselektrode *f* collector (collecting, collection) electrode *(of a detector)*
Sandwich-Kammer *f* sandwich chamber
Sandwich Puls *m (mag res)* sandwich pulse
Sandwich-Trennkammer *f* sandwich chamber
Sandwich-Verfahren *n (liq chr)* sandwich technique *(for developing TLC plates)*
Satellit *m (spec)* satellite peak
Satellitenlinie *f (spec)* satellite line
Satellitenpeak *m (spec)* satellite peak
Satellitensignal *n (mag res)* [nuclear] satellite signal
Satellitenspektrum *n (nuc res)* satellite spectrum
sättigen to saturate
Sättigung *f* saturation *(of valencies)*
Sättigungsaktivität *f (rad anal)* saturation activity
Sättigungs[dampf]druck *m* saturated vapour pressure
Sättigungseffekt *m* saturation effect
Sättigungsfaktor *m (nuc res)* saturation factor
Sättigungs-pH-Wert *m* pH of saturation
sauer acid[ic]; acid-containing, acidic, acidiferous
  • ~ einstellen to acidify
  schwach ~ weakly acid[ic], slightly acid
  stark ~ strongly acid[ic]
Sauergas *n* acid[ic] gas *(as CO_2 and H_2S)*
Sauerstoff *m* O oxygen
  gelöster ~ dissolved oxygen, DO
sauerstoffabhängig oxygen-dependent
Sauerstoffabwesenheit *f* absence of oxygen
Sauerstoff-Acetylen-Flamme *f* oxy-acetylene flame
sauerstoffangereichert oxygen-enriched
Sauerstoffaufnahme *f* uptake of oxygen
Sauerstoffbedarf *m* oxygen demand
  biologischer ~ biological oxygen demand, BOD
  chemischer ~ chemical oxygen demand, COD
Sauerstoffbestimmung *f* oxygen determination
sauerstoffdurchlässig oxygen-permeable
Sauerstoffdurchlässigkeit *f* oxygen permeability
Sauerstoffelektrode *f (el anal)* oxygen electrode
sauerstofffrei oxygen-free
Sauerstoffgehalt *m* oxygen content (level)
sauerstoffgesättigt oxygenated
sauerstoffhaltig oxygen-containing
Sauerstoffradikal *n* [**/freies**] oxygen radical
sauerstoffreich oxygen-rich
Sauerstoffsättigungskonzentration *f* oxygen saturation concentration (level)
Sauerstoffverbrauch *m* oxygen consumption
  chemischer ~ *s.* Sauerstoffbedarf / chemischer

Sauerstoff-Wasserstoff-Flamme *f* oxy-hydrogen flame
saugen to draw [in]
Saugfilter *n* suction (vacuum) filter
Saugfiltration *f* suction (vacuum) filtration
Saugflasche *f* suction (filter, Büchner) flask, aspirator bottle, water-pump aspirator
Saugpapier *n* absorbent paper
Saugrohr *n* suction line
Säule *f (chr)* column, separating (separation) column
  analytische ~ analytical column
  chromatographische ~ chromatographic column
  englumige ~ narrow-bore column
  flexible ~ *(gas chr)* flexible column
  gaschromatographische ~ GC column
  gefüllte (gepackte) ~ packed column
  kieselgelgefüllte ~ silica gel column
  ~ mit gemischter stationärer Phase *(gas chr)* mixed-phase column
  mit Squalan belegte ~ *(gas chr)* squalane column
  niedrig belegte ~ lightly loaded column
  radial komprimierbare ~ *(liq chr)* radial compression column
  schwer beladene ~ heavily loaded column
  thermische ~ *(rad anal)* thermal column
Säulen *fpl* **gekoppelte** *(liq chr)* coupled columns
Säulenabfluß *m (chr)* column effluent
Säulenabmessungen *fpl* column dimensions
Säulenaktivität *f (chr)* column activity
Säulenanfang *m (chr)* column head
Säulenanordnung *f* column arrangement
Säulenanschluß *m* column connection
Säulenausgang *m* column outlet (exit)
Säulenausgangsdruck *m* column outlet pressure
Säulenauslauf *m (chr)* column outlet (exit)
Säulenausstrom *m (chr)* column effluent
Säulenbluten *n (chr)* column bleed, bleeding, [column] stationary phase bleed
Säulenchromatographie *f* column chromatography, CC
  einfache (klassische, normale) ~ column [liquid] chromatography, classical liquid column chromatography, open-column (open-tubular) chromatography, low-pressure liquid chromatography, LPLC
Säulendiagramm *n* histogram, bar chart (diagram)
Säulendurchmesser *m* column diameter
  innerer ~ *s.* Säuleninnendurchmesser
Säuleneffluat *n (chr)* column effluent
Säuleneichung *f* column calibration
Säuleneingang *m* column inlet
Säuleneingangsdruck *m (chr)* column inlet pressure
Säulenelektrophorese *f* column electrophoresis
Säuleneluat *n (chr)* column effluent
Säulenende *n (chr)* column end (bottom)

Säulen-Endfitting

Säulen-Endfitting n (chr) column end fitting
Säulenendstück n (chr) column terminator
Säulenfitting n (chr) column fitting
Säulenfüllen n (chr) column packing
Säulenfüllmaterial n (liq chr) column packing material
Säulenfüllung f s. Säulenpackung
Säulengegendruck m (chr) column back pressure
Säuleninnendurchmesser m, **Säulenkaliber** n column bore (tube inside diameter)
Säulenkombination f (chr) column combination; (liq chr) coupled columns
Säulenkonditionierung f (chr) column conditioning
Säulenkopf m (chr) column head
Säulenlänge f column length
Säulenofen m (gas chr) column oven
Säulenpacken n (chr) column packing
Säulenpackung f (chr) column packing
  organische ~ organic-based packing
  polymere ~ polymeric-based packing
Säulenparameter m (chr) column parameter
Säulenpermeabilität f (chr) column permeability
Säulenrohre npl column tubing
Säulenrückspülung f (chr) column backflushing
Säulenschalten n (chr) column switching
Säulentemperatur f column temperature
Säulentyp m column type
Säulenvolumen n column volume (of the empty column); (chr, ion) bed (column) volume
Säulenwand f column wall
Säulenwiderstandsfaktor m (liq chr) column flow resistance
Säure f acid
  anorganische ~ inorganic acid
  dreibasige (dreiprotonige, dreiwertige) ~ triprotic (tribasic) acid
  einbasige ~ monoprotic acid
  eingestellte ~ (vol) standard acid
  einprotonige (einwertige) ~ monoprotic acid
  freie ~ (vol) free acid
  harte ~ hard acid
  korrespondierende ~ conjugate acid
  organische ~ organic acid
  oxidierende ~ oxidizing acid
  salpetrige ~ nitrous acid
  schwache ~ weak acid
  schweflige ~ sulphurous acid
  starke ~ strong[ly ionized] acid
  wasserfreie ~ anhydrous acid
  weiche ~ soft acid
  zweibasige (zweiprotonige, zweiwertige) ~ diprotic (dibasic) acid
Säureamid n acid amide
Säureanhydrid n acid anhydride
Säureaufschluß m acid digestion, digestion by acids
Säure-Base-Dissoziationskurve f acid-base dissociation curve
Säure-Base-Gleichgewicht n acid-base equilibrium
Säure-Base-Indikator m acid-base indicator, neutralization indicator
Säure-Base-Reaktion f acid-base [neutralization] reaction, acid-base neutralization, neutralization reaction
Säure-Base-Titration f acid-base titration, neutralization titration
Säure-Base-Wechselwirkung f acid-base interaction
säurebeständig acid-resistant, acid-resisting, acid-proof, resistant to acids
Säurebeständigkeit f acid resistance, resistance to acids
Säurecharakter m acidic character
Säurechlorid n acid chloride
Säuredissoziation f acid dissociation
Säureeinspeisung f acid feed
säureempfindlich sensitive to acid
Säureempfindlichkeit f sensitivity to acid
säurefest s. säurebeständig
Säureform f acid[ic] form (of an indicator); acid form, hydrogen[-ion] form, H^+-form (of an ion exchanger)
säurefrei acid-free
Säuregehalt m acid content
säuregewaschen (chr) acid washed
Säuregrad m acidity
säurehaltig acid-containing, acidic, acidiferous
Säurehydrolyse f acid hydrolysis
Säurekatalyse f acid catalysis
säurekatalysiert acid-catalyzed
Säurekonstante f acidity (acid dissociation) constant
säurelöslich acid-soluble, soluble in acids
Säurelösung f acidic solution
Säure-Maßlösung f (vol) standard acid
Säuremesser m acidimeter
Säurestärke f acid strength
säureunlöslich acid-insoluble
Säurewäsche f (chr) acid washing, AW
Säurezentrum n acid site
Sb(III)-Verbindung f s. Antimon(III)-Verbindung
S-Betrieb m (gas chr) S-mode
SC s. Säulenchromatographie
Scan m/**elektrischer** (maspec) accelerating-voltage (high-voltage) scan, V scan
  gekoppelter ~ linked scan
  magnetischer ~ magnetic field scan, B scan
Scandium n Sc scandium
Scangeschwindigkeit f rate of scanning
scannen to scan, to sweep (a measuring range)
Scannen n scan[ning] (of a measuring range)
Scanning-Auger-Mikroskopie f scanning Auger microscopy, SAM
Scanningkalorimeter n scanning calorimeter
Schädigung f/**thermische** thermal damage
Schädlingsbekämpfungsmittel n biocide, pesticide

Schadstoff *m* pollutant, polluting substance
Schadstoffmonitoring *n* pollution monitoring
Schaltbild *n* circuit diagram
Schalter *m*/**zweipoliger** double-pole switch
Schaltplan *m* circuit diagram
Schalttafelmeßgerät *n* panel meter
Schaltungsanordnung *f*/**äußere** external circuitry
  phasenabhängige ~ *(pol)* phase-selective circuitry
Schaltungsmodul *n* circuit module
Schaltventil *n* switching (diverter) valve
schätzen to estimate
Schätzung *f* estimation
Schätzverfahren *n (stat)* technique of estimation
Schätzwert *m* estimate
  unbeeinflußter ~ *(stat)* unbiased estimate
  vorläufiger ~ *(stat)* preliminary estimate
Schaufel *f* shovel *(for sampling)*
  ~ **mit hochgezogenen Schaufelrändern** scoop
Schaukelschwingung *f (opt mol)* rocking vibration
Schaum *m* foam, scum
Schaumbildungsvermögen *n* ability of foam formation
schäumen to foam
Scheibenelektrode *f (pol)* disk electrode
  ringförmig rotierende ~ annular rotating disk electrode
  rotierende ~ rotating (rotated) disk electrode, RDE
scheiden/sich to separate
Scheidetrichter *m* separatory (separating) funnel
Scheinharz *n* mock resin *(affinity chromatography)*
Scheinwiderstandsmesser *m* impedometer
Scherenschwingung *f (opt mol)* scissor vibration
Scherung *f (nuc res)* tilt[ing], tilting operation
Schicht *f*/**Helmholtzsche** *(pol)* Helmholtz layer (plane)
  metallische ~ metal[lic] coating
  monomolekulare ~ monomolecular layer, monolayer
  multimolekulare ~ multimolecular layer, multilayer
  untere ~ *(extr)* bottom layer
Schichtbildung *f* stratification
Schichtchromatographie *f* planar (plane, flat-bed, open-bed) chromatography
Schichtdicke *f* 1. [cell] pathlength, length of path *(of a cuvette)*; 2. layer thickness
  effektive ~ effective pathlength (thickness) *(with internal reflection)*
Schichtenströmung *f* laminar flow
Schichtstruktur *f* layered structure
Schiebekontakt *m* sliding contact
Schiebeventil *n* slider valve
Schiefe *f* skew[ness] *(e.g. of a curve)*
Schiffchen *n (lab)* boat
Schlamm *m*, **Schlämme** *f* slurry
Schlauchklemme *f* pinchcock, pinchclamp, hose cock

Schlauchmaterial *n* [flexible] tubing
Schlauch[quetsch]pumpe *f* peristaltic pump
schlecht objectionable *(odour)*
Schleier *m*, **Schleierschwärzung** *f* fog
Schleifkontakt *m* sliding contact
Schleppgas *n (gas chr)* carrier gas, mobile [gas] phase, gas mobile phase, *(elution chromatography also)* eluent, eluant, carrier
Schlieren *fpl (sed)* schlieren
Schlierenanalyse *f (opt anal)* schlieren analysis
Schlierenfotografie *f (sed)* schlieren photography
Schlierenmethode *f (sed)* schlieren method *(for detecting density gradients in fluids)*
Schlierenmikrofotografie *f (opt anal)* schlieren photomicrography
Schlierenoptik *f*, **Schlierensystem** *n (sed)* schlieren optics, schlieren [optical] system
Schlierenverfahren *n s.* Schlierenmethode
Schliffstopfen *m* ground-glass stopper
Schliffverbindung *f* ground-glass joint
Schlingerbewegung *f (mag res)* tumbling [motion] *(of the nuclei)*
schlingern *(mag res)* to tumble
Schlitz *m* slot, slit
Schlitzbrenner *m* slot burner
Schlüsselbruchstück *n (maspec)* key fragment
Schlüsselfrequenz *f (opt mol)* [characteristic] group frequency
Schlüsselkomponente *f* key component
Schlußfolgerung *f*/**statistische** statistical reasoning
Schmelzen *n* **mit Alkali** alkali[ne] fusion
Schmelzenthalpie *f (th anal)* enthalpy of fusion
schmelzflüssig molten
Schmelzpunkt *m* melting point, mp, m.p.
Schmelzpunktröhrchen *n* melting point tube
Schmelztemperatur *f* melting temperature, temperature of melting
Schmutzstoff *m* **in der Luft** atmospheric (air) pollutant
Schmutzstoffgehalt *m* level of pollutants
Schmutzwasser *n* waste (effluent) water, sewage [water]
schneiden to cut
Schneiden *n* **von Fraktionen** *(chr)* heartcutting
Schneidring *m (chr)* ferrule
schnell fast, rapid *(reaction)*
Schnellanalyse *f* fast (rapid) analysis
Schnellbestimmung *f* rapid determination
Schnellnachweis *m* rapid detection
Schnellscan *m (spec)* rapid scan
Schnellscan-Spektrometer *n* rapid scanning spectrometer
Schnellspeicher *m (lab)* high-speed memory
Schnelltest *m* short-time test (assay), short[-term] test
Schnelltitration *f (vol)* rapid titration
Schnellverfahren *n* rapid method *(of an analysis)*
Schnellversuch *m* rapid test

Schnellwaage *f* fast-weighing balance
Schnittstelle *f* interface *(data acquisition)*
  analoge ~ analogue interface
  digitale ~ digital interface
  serielle ~ serial interface
Schnittstellenkonfiguration *f* interface configuration
Schnittstellenmodul *n* interface module
Schnittstellenwandler *m* interface converter
Schockgefrieren *n (samp)* rapid (quick) freezing
Schön[ungs]gas *n (gas chr)* make-up gas, auxiliary (scavenger) gas
Schöpfapparat *m*, **Schöpfer** *m*, **Schöpfgerät** *n* dipper
Schraubenquetschhahn *m*, **Schraubklemme** *f* [nach Hoffmann] screw-clip, screw [compressor] clamp
Schraubverschluß/mit screw-capped
Schreibbreite *f* writing width *(of a recorder)*
Schreiber *m* recorder
  ~ mit kleiner Zeitkonstante rapid-response recorder
  programmierbarer ~ programmable recorder
Schreiberempfindlichkeit *f* recorder sensitivity
Schreibgeschwindigkeit *f* writing rate (speed) *(data acquisition)*
Schreibspur *f* trace
Schreibwerk *n* recorder
Schritt *m* **/geschwindigkeitsbegrenzender** rate-limiting step *(of a reaction)*
  geschwindigkeitsbestimmender ~ rate-determining step
Schrittanzahl *f (samp)* number of increments *(for a composite sample dependent of particle size and homogeneity)*
Schrittmotor *m* stepper (stepping) motor
schrittweise stepwise
Schroteffekt *m (meas)* shot noise
schrumpfen to shrink *(of gels)*
Schrumpfen *n* shrinking, shrinkage *(of gels)*
Schulz-Flory-Verteilung *f* [Schulz-]Flory distribution, most probable distribution
Schulz-Zimm-Verteilung *f* Schulz-Zimm distribution
Schüttdichte *f* bulk density
Schüttelapparat *m*, **Schüttelmaschine** *f* shaker
schütteln to shake
Schütteln *n* shaking • **unter ständigem ~** with constant shaking
Schütteltrichter *m* separating (separatory) funnel
schütten to pour
Schüttgut *n* bulk material
Schüttgutprobenahme *f* bulk sampling
Schutzfilm *m*, **Schutzhaut** *f* protective film
Schutzkolloid *n* protective colloid
Schutzschicht *f* **/dünne** protective film
  metallische ~ metal[lic] coating
schwächen to weaken *(the bonding)*, to attenuate *(radiation)*

Schwächungskoeffizient *m (rad anal)* attenuation coefficient
Schwankung *f* fluctuation, variation
  statistische ~ statistical fluctuation
Schwanzbildung *f (chr)* [peak] tailing; tailing *(with planar chromatography)*
schwarz werden to blacken
Schwärzung *f* blackening
Schwebedichte *f (sed)* buoyant density
Schwebesuspension *f* balanced-density slurry
Schwebesuspensionsverfahren *n* balanced-density slurry method *(for packing columns)*
Schwebeteilchen *npl* suspended particles
Schwefel *m* S sulphur, *(US)* sulfur
  adsorbierbarer organisch gebundener ~ adsorbable organic sulphur, AOS
  extrahierbarer organisch gebundener ~ extractable organic sulphur, EOS
  organisch gebundener ~ organic sulphur
Schwefelanalyse *f* sulphur analysis
Schwefelbestimmung *f* sulphur determination
Schwefelbetrieb *m (gas chr)* S-mode
Schwefeldioxid *n* sulphur dioxide
schwefelfrei sulphurless
Schwefelgehalt *m* sulphur[ous] content
Schwefelkohlenstoff *m* carbon disulphide
Schwefeloxid *n* sulphur oxide
Schwefel(IV)-oxid *n* sulphur dioxide
Schwefelsäure *f* sulphuric acid
  konzentrierte ~ concentrated sulphuric acid
Schwefelsäuredimethylester *m* dimethyl sulphate
Schwefelverbindung *f* sulphur compound
Schwefelverbindungen *fpl* **/adsorbierbare organische** *s.* Schwefel / adsorbierbarer organisch gebundener
Schwefelwasserstoff *m* hydrogen sulphide
Schwefelwasserstoffüberwachungsgerät *n* hydrogen sulphide monitor
Schweifbildung *f* tailing *(with planar chromatography)*
Schweifbildungsminderer *m (chr)* tailing inhibitor
Schwenkmethode *f (X-spec)* oscillating crystal method
schwerflüchtig low-volatile, low-volatility
Schwerkraft *f* [force of] gravity, gravitational force
schwerkraftgespeist gravity-fed
Schwerkraftspeisung *f* gravity feed
schwerlöslich sparingly soluble • **~ sein** dissolve with difficulty
Schwermetall *n* heavy metal
Schwermetallbestimmung *f* heavy metals determination
Schwermetallion *n* heavy metal ion
Schwerpunktverkettung *f* centroid linkage *(data processing)*
schwersiedend high-boiling
Schwimmaufbereitung *f* flo[a]tation
schwinden to shrink *(of gels)*
Schwindung *f* **/kubische** cubic shrinkage

schwingen to oscillate, to vibrate
Schwingfrequenz f s. Schwingungsfrequenz
Schwingkondensatorelektrometer n vibrating reed electrometer
Schwingkreis m oscillator (resonant) circuit
Schwingquarz[kristall] m oscillating [quartz] crystal
Schwingstrom m (pol) oscillating current
Schwingung f oscillation, vibration
  harmonische ~ harmonic vibration
  innere ~ (spec) internal vibration
  ~ **parallel zur Figurenachse** (opt mol) parallel vibration
  ~ **senkrecht zur Figurenachse** (opt mol) perpendicular vibration
Schwingungsbande f vibration[al] band
Schwingungsform f (opt mol) vibrational mode, mode of vibration
schwingungsfrei non-vibrating
Schwingungsfreiheitsgrad m (spec) vibrational degree of freedom
Schwingungsfrequenz f vibrational frequency, [vibration] frequency
Schwingungsgrundzustand m vibrational ground state, ground vibrational state
Schwingungsmode f (opt mol) vibrational mode, mode of vibration
Schwingungsniveau n (opt mol) vibrational [energy] level
Schwingungsrelaxation f (spec) vibrational relaxation
Schwingungsspektrum n vibrational spectrum
Schwingungsübergang m (opt mol) vibrational transition
Schwingungszahl f s. Schwingungsfrequenz
Schwingungszustand m (opt mol) vibrational [energy] level
Schwund m loss
SCOT-Säule f, **SCOT-Trennsäule** (gas chr) support-coated open-tube (open-tubular) column, SCOT column
Screening n screening
Scrubbing n scrubbing, backwashing (for removing impurities from the extract)
SDS-Gradientengelelektrophorese f gradient SDS-PAGE
SDS-PAGE, SDS-PAG-Elektrophorese f s. SDS-Polyacrylamid-Gelelektrophorese
SDS-Polyacrylamid-Gelelektrophorese f sodium dodecyl sulphate-polyacrylamide gel electrophoresis, SDS-PAGE, SDS [polyacrylamide gel] electrophoresis
SDS-Porengradientengel-Elektrophorese f gradient SDS-PAGE
Sechs[er]ring m six-membered ring
Sechswege[umschalt]ventil n (chr) six-port [injection] valve
sechszählig, sechszähnig hexadentate (ligand)
SECSY-Experiment n (nuc res) SECSY experiment

Sedimentation f sedimentation
  ~ **der Teilchen** particle sedimentation (setting)
Sedimentationsgeschwindigkeit f sedimentation velocity, rate of sedimentation
Sedimentationsgeschwindigkeitsmethode f sedimentation velocity method
Sedimentationsgleichgewicht n sedimentation equilibrium
Sedimentationskoeffizient m sedimentation coefficient
Sedimentationskonstante f sedimentation coefficient
Sedimentationspotential n sedimentation potential
sedimentieren to sediment, to settle [down], to settle out
segmentiert/durch Luftblasen (flow) air-segmented
  mit Luft ~ air-segmented
Segmentierung f (flow) segmentation
Seifenblasenfilmmesser m s. Seifenfilmströmungsmesser
Seifenchromatographie f soap chromatography (ion-pair chromatography using long-chain organic counter-ions)
Seifenfilmmeßgerät n s. Seifenfilmströmungsmesser
Seifenfilmströmungsmesser m, **Seifenlamellenzähler** m soap-film [flow-]meter, bubble flowmeter, soap bubble flow meter
Seitenbande f side-band, subsidiary band
Seitenbandenintensität f side-band intensity
Seitenbanden-Technik f side-band technique
Seitenkette f (liq chr) spacer
Sektor m s. Sektorfeld
Sektorblende f, **Sektorenscheibe** f s. Sektorscheibe
Sektorfeld n (maspec) sector[-shaped field]
  elektrisches (elektrostatisches) ~ electric (electrostatic) sector
  magnetisches ~ magnetic [deflection] sector, sector-shaped magnetic field
180°-Sektorfeld n (maspec) 180° magnetic sector
Sektorfeldgerät n[/magnetisches] (maspec) [magnetic] sector instrument
Sektorfeldmassenspektrometer n magnetic sector (deflection) mass spectrometer
Sektorscheibe f (spec) sector disc
  rotierende ~ rotating sector mirror
Sekundäranregung f (spec) secondary excitation
Sekundärelektron n secondary electron
Sekundärelektronenvervielfacher m photomultiplier [tube], PMT, photomultiplier[-tube] detector, [electron-]multiplier phototube, photoelectric electron-multiplier tube, secondary[-emission] electron multiplier
Sekundärelement n secondary (storage) cell
Sekundäremission f secondary emission
Sekundärfeld n secondary field

Sekundärfilter 376

Sekundärfilter n (spec) secondary filter
Sekundärionen-Massenspektrometrie f secondary-ion mass spectrometry, SIMS
Sekundärionisation f (spec) secondary ionization
Sekundärreaktion f second[ary] reaction
Sekundärspule f (cond) secondary coil
Sekundärstrahlung f secondary radiation
Sekundärzelle f secondary (storage) cell
Selbstabschirmung f self-shielding
Selbstabsorption f self-absorption
Selbstindikation f (vol) self-indication
selbstindizierend (vol) self-indicating
Selbstionisation f (maspec) auto-ionization, preionization
Selbstschärfungseffekt m (elph) self-sharpening effect
Selbstumkehr f (opt at) self-reversal
Selektivität f selectivity
Selektivitätsdreieck n (liq chr) [solvent] selectivity triangle
Selektivitätsfaktor m 1. (el anal) selectivity factor; 2. s. Selektivitätskoeffizient 2.
Selektivitätsgruppe f (liq chr) selectivity group
Selektivitätskoeffizient m 1. (ion) selectivity (equilibrium distribution) coefficient; 2. (chr) separation factor, SF, relative retention ratio (of two adjacent peaks)
  potentiometrischer ~ potentiometric selectivity coefficient
Selektivitätskonstante f (el anal) selectivity constant
Selektivitätsparameter m (liq chr) selectivity parameter
Selektivitätsterm m (gas chr) selectivity term
Selektivwirkung f selectivity
s-Elektron n s electron
Selen n Se selenium
Selenat n selenate
Selenit n selenite
Selivanov-Reaktion f Seliwanoff test (for detecting hexoses)
Semikolloid n semicolloid
semipermeabel semi-permeable
semiquantitativ semiquantitative
Sendegerät n (lab) talker [device]
Sender m 1. transmitter; 2. s. Sendegerät
Sende[r]spule f (mag res) transmitter (transmitting, irradiation) coil
Senkrechtbande f (opt mol) perpendicular band
sensibilisieren to sensitize
Sensitivität f / **analytische** analytical sensitivity
Sensor m / **amperometrischer** amperometric sensor
  biochemischer ~ biosensor, biological sensor
  chemischer ~ chemical sensor
  elektrochemischer ~ electrochemical sensor
  enzymatischer ~ enzymatic sensor
  ~ **für gasförmige Oxidationsmittel** gaseous oxidant sensor
  ~ **für Rohreinbau** pipe-insertion sensor
  ionensensitiver ~ ion-selective sensor
  membranumhüllter amperometrischer ~ membrane-covered amperometric sensor
  naßchemischer ~ wet chemical sensor
  piezoelektrischer ~ piezoelectric sensor
  potentiometrischer ~ potentiometric sensor
  temperaturkompensierter ~ (voltam) temperature-compensated (temperature-compensation) sensor
  thermokatalytischer ~ catalytic sensor
Sensorenarray n sensor array
Sensormembran f sensing membrane (of a membrane electrode)
Separationsgel n (elph) separating gel
Separationsgleichgewicht n (chr) solute equilibrium
Separator m (flow) separating device, [phase] separator; (maspec) [molecular] separator
separieren to separate (e.g. signals)
Septum n (chr) septum
Septumbluten n (chr) septum bleed
Septumhalter m (chr) septum holder
  ~ **mit Kühlrippen** finned septum holder
Septuminjektion f (chr) septum injection
Septuminjektor m (chr) septum injector
Septumspülung f (gas chr) septum purge (purging)
Sequentialanalyse f sequential analysis
Sequentialstichprobenverfahren n sequential sampling
Sequenzanalyse f, **Sequenzermittlung** f sequence analysis (determination) (protein chemistry)
Sequenz-Spektrometer n sequential spectrometer
Serie f / **eluotrope** (liq chr) eluotropic series
Serienanalyse f serial (repetitive, routine) analysis
Seriengrenze f (spec) series (convergence) limit
Seriengrenzfrequenz f (spec) convergence frequency
Serienschwingkreis m series-tuned tank (circuit) (impedimetric titration)
Serumfeinfiltration f serum clarification
Serumklärfiltration f serum clarification
Serumprotein n serum protein
setzen/sich to sediment, to settle [down], to settle out
SEV s. Sekundärelektronenvervielfacher
SFC (superkritische Fluidchromatographie) supercritical fluid chromatography, SFC, supercritical [gas] chromatography
S-förmig sigmoid[al], S-shaped
Shiftreagenz n (nuc res) [chemical] shift reagent
Shpol'skii-Effekt m Shpol'skii effect (with low-temperature fluorescence spectra)
SH-Protein n thiol[-containing] protein
Sicherheit f safety
  statistische ~ statistical safety, level of confidence
Sicherheitsanforderungen fpl safety requirements

Sicherheitsfaktor *m* safety factor
Sicherheitsspielraum *m* margin of safety
Sicherheitsvorkehrungen *fpl* safety precautions
Sicherheitsvorschrift *f* safety rule
Sicherung *f* **der durchschnittlichen Qualitätslage** *(proc)* average quality protection
sichtbar visible
Sichtbares *n* visible [spectral] region, region of visible light, visible range
Sichtbarmachung *f* visualization
Sichtprüfung *f* visual examination
Sieb *n* sieve, [sizing] screen
 standardisiertes ~ standard sieve (screen)
Siebanalyse *f* sieve (screen) analysis, size analysis by sieving
Siebapparat *m* screen classifier, sifter
Siebeffekt *m* sieving (sieve) effect *(of gels)*
sieben to sieve, to screen, to sift
Siebfeines *n* screen fines (undersize)
Siebfeinheit *f* sieve fineness
Siebgrobes *n* screen oversize
Siebgut *n* material to be screened, screen feed
siebklassieren to screen, to sieve
Siebklassierung *f* screening, screen classification (sizing)
Siebkornklasse *f* sieve fraction
Siebnummer *f* mesh [number] *(number of openings per linear inch)*
Sieböffnungsgröße *f s.* Sieböffnungsweite
Sieböffnungsweite *f* screen aperture, screen-size opening, sieve size
Siebungsprüfung *f* screening inspection
Siebvorrichtung *f* screen classifier, sifter
Siebweite *f s.* Sieböffnungsweite
Siebwirkung *f* sieving action *(of gels)*
Siedeanalyse *f* analysis by boiling, distillation analysis
Siedebereich *m* boiling [point] range
sieden to boil
Sieden *n* boil[ing] • **am** ~ **halten** to keep at the boil
 • **zum** ~ **bringen** to heat to boiling
Siedepunkt *m*, **Siedetemperatur** *f* boiling point, b.p., b.pt., bp, boiling temperature
SI-Einheit *f* SI unit *(based on metre, kilogram, second, ampere, kelvin, mole, and candela)*
Siemens *n* siemens, S, reciprocal ohm, mho *(SI unit of electrical conductance)*
Sievert *n (rad anal)* Sievert *(unit of dose equivalent; 1 Sv = 1 J/kg)*
6-Sigma-Trennung *f (chr)* baseline resolution (separation), 6σ separation
Signal *n* signal
 analytisches ~ analytical signal
 dreieckförmiges ~ *(pol)* triangular signal
 elektrisches ~ electrical signal
 gemessenes ~ measured (instrument) signal
 integriertes ~ integrated signal
 kohärentes ~ coherent signal
 nichtsinusförmiges ~ *(meas)* non-sinusoidal signal
 photoakustisches ~ photoacoustic signal, PA signal
 sägezahnförmiges ~ sawtooth signal
 scharfes ~ sharp signal
 spitzes ~ [spectral] peak
 unerwünschtes ~ unwanted signal
Signal/Rausch-Verhältnis *n* signal-to-noise ratio, SNR, signal/noise ratio, S/N ratio
Signal/Untergrund-Verhältnis *n s.* Signal/Rausch-Verhältnis
Signalader *f* signal wire
Signalamplitude *f* signal amplitude
Signalaufspaltung *f (chr)* peak splitting
Signaleingabe *f* signal input
Signaleingang *m* signal input *(of a measuring device)*
Signaleingangsklemme *f* signal input terminal
Signalform *f* peak shape
Signalformer *m s.* Signalkonditionierer
Signalfunktion *f (spec)* lineshape (signal) function
Signalgenerator *m* signal generator
Signalgestalt *f* peak shape
Signalhöhe *f* peak height
Signalintensität *f* peak (signal) intensity, signal strength (height)
Signalkonditionierer *m* signal conditioner
Signalkonditionierung *f* signal conditioning
Signallage *f* peak position
Signalstärke *f s.* Signalintensität
Signaltrennung *f* peak separation
Signalverarbeitung *f* signal processing
Signalverbreiterung *f* peak broadening
Signalverlust *m* signal loss
Signalverzerrung *f* peak distortion
Signalwert *m* signal magnitude
Signalzuordnung *f* signal assignment
signifikant/statistisch statistically valid (significant)
Signifikanz *f (stat)* significance
 statistische ~ statistical significance
Signifikanzgrenze *f* borderline of significance
Signifikanzniveau *n* significance level
Signifikanzprüfung *f* significance test
Signifikanzpunkt *m* significance point
Signifikanzstufe *f s.* Signifikanzniveau
Signifikanzwahrscheinlichkeit *f* significance probability
Silan *n* silane, silicon hydride
silanieren, silanisieren to silanize
Silanisierung *f* silanization
Silanisierungsreagens *n* silanizing reagent
Silanolgruppe *f* silanol group
 zugängliche ~ accessible silanol group
Silber *n* Ag silver
Silberanfärbung *f (elph)* silver staining
Silberanode *f* silver anode
Silberarbeitsanode *f* silver working anode
Silber-Bismut-Elektrode *f* silver-bismuth electrode
Silberchlorid *n* silver chloride

Silberchloridniederschlag

Silberchloridniederschlag *m* silver chloride precipitate
Silberchromat *n* silver chromate
Silbercoulometer *n* silver coulometer (voltameter)
Silberdrahtbezugselektrode *f* silver-wire reference electrode
Silberdrahtnetz *n* silver gauze
Silberelektrode *f* silver electrode
Silberfärbung *f (elph)* silver staining
Silbergaze *f* silver gauze
Silber-Glas-Elektrodenpaar *n (pot)* silver-glass electrode pair
Silberhalogenid *n* silver halide
Silberhalogenidcoulometer *n* silver halide coulometer
Silberhalogenidniederschlag *m* silver halide precipitate
Silberiodid *n* silver iodide
Silberionenexponent *m (vol)* silver-ion exponent
Silber-Kalomel-Elektrodenpaar *n (pot)* silver-calomel electrode pair
Silberkathode *f* silver cathode
Silber-Netzelektrode *f (coul)* silver gauze electrode
Silbernitrat *n* silver nitrate
Silberreduktor *m (vol)* silver (Walden) reductor
Silber-Silberchlorid-Bezugselektrode *f* silver-silver chloride reference electrode
Silber-Silberchlorid-Elektrode *f* silver-silver chloride electrode
Silber-Silberoxid-Elektrode *f* silver-silver oxide electrode
Silber-Silbersulfid-Elektrode *f* silver-silver sulphide electrode
Silberstabelektrode *f* silver rod electrode *(component of a reference electrode)*
Silberthiocyanat *n* silver thiocyanate
Silbervanadate *n* silver vanadate
Silberwolframat *n* silver tungstate
Silberwolle *f* silver wool
Silicat *n* silicate
Silicium *n* Si silicon
   organisch gebundenes ~ organic silicon
Siliciumdioxid *n* silica, silicon dioxide
Siliciumdioxidanalysengerät *n* silica analyzer
siliciumdioxidhaltig siliceous
Siliciumhydrid *n* silane, silicon hydride
Silicium(IV)-oxid *n* silica, silicon dioxide
Siliciumverbindung *f* silicon compound
Siliciumwasserstoff *m* silane, silicon hydride
Silicium-Wolfram-Elektrode *f* silicon-tungsten electrode
Silikagel *n* silica gel
Silikagelsäule *f (chr)* silica gel column
Silikon *n* silicone [polymer], polysiloxane
Silikongummi *m* silicone rubber (gum)
Silikonöl *n* silicone fluid (oil)
Silikonphase *f (gas chr)* polysiloxane phase
Siloxanbindung *f* siloxane bond (linkage), silyl ether linkage
Siloxangruppe *f* siloxane group
Silylderivat *n* silyl derivative
Silylierung *f* silylation
Silylierungsmittel *n* silylating agent
Silylierungsreagens *n* silylating (silylation) reagent
Silylierungsreaktion *f* silylation reaction
SIMS (Sekundärionen-Massenspektrometrie) secondary-ion mass spectrometry, SIMS
Simultananalyse *f* simultaneous analysis
Simultanbestimmung *f* simultaneous determination
Simultanreaktion *f* simultaneous (parallel, competing, competitive) reaction
Simultantechnik *f* simultaneous technique
Single-sweep-Polarogramm *n* single-sweep oscillographic polarogram, cathode-ray polarogram
Single-sweep-Polarographie *f* single-sweep polarography, SSP, linear-sweep polarography
Singulett-Grundzustand *m* singlet ground state
Singulettsystem *n (spec)* singlet system
Singulett-Triplett-Übergang *m*/ **strahlungsloser** *(spec)* intersystem cross[ing], ISC
Singulettzustand *m (spec)* singlet state
Sinken *n* **der Teilchen** particle sedimentation (settling)
Sinnesprüfung *f* sensory examination (testing, test) *(of food)*
Sinterglas-Begasungsfilterkerze *f* sintered-glass gas-dispersion cylinder
Sinterglasplatte *f*/ **runde** sintered-glass disc
sinusförmig sinusoidal
Sinusstrom *m* sinusoidal current
Sinuswelle *f* sinusoidal (sine) wave
τ Skala *f (nuc res)* τ-scale, tau scale
Skala *f*/ **logarithmische** logarithmic scale
Skale *f* scale *(on measuring devices)*
Skaleneinteilung *f* scale graduation
Skaleninstrument *n* direct-reading instrument
Skalen[teil]strich *m* [scale] division, graduation [mark]
Skalenvollausschlag *m* full scale
Skalenwert *m* indication, reading
Skalierungsfaktor *m* scaling factor
S-Kammer *f* sandwich chamber
Skimmer *m (maspec)* skimmer
S-Kurve *f* sigmoid [curve]
slö. (schwerlöslich) sparingly soluble
Smekal-Raman-Effekt *m (opt mol)* [Smekal-]Raman effect
S/N-Verhältnis *n* signal-to-noise ratio, SNR, signal/noise ratio, S/N ratio, ratio of signals to noise
Sogströmung *f (elph)* sucking flow
Sol *n* sol
Solar-blind-Photovervielfacher *m (spec)* solar blind detector
Sollerblende *f (opt at)* soller slit
Sollwert *m* set point

Solomon-Gleichung f *(nuc res)* Solomon's equation
Solphase f sol (dilute, polymer-poor) phase *(precipitation fractionation)*
Solubilisation f solubilization
Solut-Molekül n sample (solute) molecule
Solvatation f solvation
  primäre ~ primary solvation
  sekundäre ~ secondary solvation
  selektive ~ preferential solvation
  spezifische ~ primary solvation
  unspezifische ~ secondary solvation
Solvatationseffekt m solvation effect
Solvatationsenergie f solvation energy
Solvatationsenthalpie f solvation enthalpy
Solvatationshülle f, **Solvatationssphäre** f s. Solvathülle
Solvathülle f solvation shell (sheath, sphere, layer)
  erste (primäre) ~ primary solvation shell
  sekundäre (zweite) ~ secondary solvation shell
solvatisieren to solvate
Solvatisierung f s. Solvatation
Solvens n solvent
Solvensstärke f [chromatographic] elution power, [solvent] eluting power, elution (eluting) strength
Solventextraktion f liquid[-liquid] extraction, solvent extraction (partition)
Solvophobie-Chromatographie f hydrophobic interaction chromatography, HIC, hydrophobic chromatography
Sonde f probe
Sonden-Atomisieren n *(opt at)* probe atomization
Sondenelektrode f probe electrode
Sondenmessung f probe measurement
Sorbens n sorbent
Sorbensschicht f sorbent layer
sorbieren to sorb
Sorption f sorption
  bevorzugte (selektive) ~ preferential (selective) sorption
Sorptionseigenschaften fpl sorption properties
Sorptionsisotherme f sorption isotherm
Sorptionsmechanismus m sorption mechanism
Sorptionsmittel n s. Sorbens
Soxhlet-Extraktor m Soxhlet extractor (apparatus)
Spacer m *(liq chr)* spacer
Spacer-Arm m *(liq chr)* spacer arm
Spacer-Gel n *(elph)* [sample] spacer gel, stacking gel
Spalt m *(spec)* slit
  bilateraler (symmetrischer) ~ bilaterally symmetrical slit
Spaltausbeute f *(rad anal)* fission yield
  kumulative ~ cumulative fission yield
  unabhängige ~ direct fission yield
spaltbar *(rad anal)* fissile
Spaltbreite f *(spec)* slit width
  spektrale ~ spectral slit width
Spaltbruchstück n s. Spaltfragment

Spalteinstellung f *(spec)* slit [width] setting
spalten to decompose *(compounds)*; to cleave, to break *(bonds)*; to break up *(emulsions)*
Spaltfragment n *(rad anal)* fission fragment
Spaltfunktion f *(spec)* slit function
Spaltmaterial n s. Spaltstoff
Spaltneutron n *(rad anal)* fission neutron
Spaltprodukt n *(rad anal)* fission product
Spaltproduktausbeute f *(rad anal)* fission yield
Spaltseparator m *(maspec)* open split interface
Spaltstoff m *(rad anal)* fissile material
Spaltstoffelement n *(rad anal)* fuel element
Spaltstück n s. Spaltfragment
Spaltung f decomposition *(of compounds)*; cleavage *(of bonds)*; [spectroscopic] splitting *(of signals)*
  α-Spaltung f *(maspec)* α-cleavage
  β-Spaltung f *(maspec)* beta-bond cleavage, β-cleavage
Spaltweite f *(spec)* slit width
Spannung f voltage • **eine ~ anlegen** to apply a voltage
  angelegte ~ applied voltage
  aufgedrückte (eingeprägte) ~ impressed voltage
  elektrische ~ voltage
  hochfrequente ~ high-frequency alternating voltage, rf (radio-frequency) voltage
Spannungsabfall m voltage drop
Spannungsablenkung f voltage sweep
Spannungsänderung f voltage change
Spannungsanstieg m voltage increase (rise)
Spannungsbereich m voltage range
Spannungsdifferenz f voltage difference
Spannungserhöhung f voltage increase (rise)
Spannungs-Frequenz-Konverter m V/F (voltage-to-frequency) converter
Spannungsgefälle n voltage gradient
Spannungsgradient m voltage gradient
Spannungsimpuls m voltage pulse
Spannungskompensation f voltage-bucking *(impedimetric titration)*
Spannungsmesser m voltmeter
Spannungsmessung f voltage measurement
Spannungsprogrammierung f voltage programming
Spannungspuls m voltage pulse
Spannungsquelle f voltage source
Spannungsreihe f/**elektrochemische** electrochemical series
Spannungsteiler m voltage divider
  linearer ~ linear voltage divider
Spannungsteilerschaltung f potentiometer circuit
Spannungsverhältnis n voltage ratio
Spannweite f *(stat)* range of variation
  mittlere ~ mean range
Spannweitenmitte f *(stat)* mid-range
speichern to store *(measured data)*
Speicherschleife f *(chr)* sample (sampling) loop

Spektralanalyse

Spektralanalyse f spectral (spectroscopic) analysis, spectroanalysis
spektralanalytisch spectroanalytical
Spektralbande f [spectral] band
Spektralbereich m spectral (spectroscopic) region, spectral (spectrum) range
  infraroter ~ infrared [spectral] region, infrared range
  mittlerer infraroter ~ mid infrared, mid-infrared [spectral] region, middle infrared [region], fundamental infrared
  sichtbarer ~ visible [spectral] region, region of visible light, visible range
Spektralgebiet n s. Spektralbereich
Spektralkurve f spectral curve
Spektrallinie f spectral line
Spektralphotometer n s. Spektrophotometer
Spektralterm m spectral term
Spektrenakkumulation f spectrum accumulation
Spektrenanalyse f spectrum analysis, analysis of spectra
Spektrenbibliothek f library of spectra
Spektrenglättung f spectrum smoothing
Spektrenkomparator m spectral comparator
Spektrensubtraktion f spectral (spectrum) subtraction
Spektrenuntergrund m spectral background
Spektrenzuordnung f spectral (spectrum, spectroscopic) assignment
spektrochemisch spectrochemical
Spektrogramm n spectrogram, measured spectrum
Spektrograph m spectrograph
spektrographisch spectrographic
Spektrometer n spectrometer
  Braggsches ~ Bragg spectrometer
  dispersives ~ dispersive spectrometer
  dynamisches ~ TOF (time-of-flight) mass spectrometer
  energiedispersives ~ energy-dispersion spectrometer
  hochauflösendes ~ high-resolution spectrometer
  nichtdispersives ~ non-dispersive spectrometer
  optisches ~ optical spectrometer
  α-Spektrometer n alpha spectrometer
  β-Spektrometer n beta[-ray] spectrometer
  γ-Spektrometer n gamma-ray spectrometer
Spektrometerfrequenz f spectrometer frequency
Spektrometrie f spectrometry
γ-Spektrometrie f gamma-ray spectrometry
spektrometrisch spectrometric
Spektrophotometer n spectrophotometer
spektrophotometrisch spectrophotometric
Spektroskop n spectroscope
Spektroskopie f spectroscopy
  2D-J-aufgelöste ~ two-dimensional J[-resolved] spectroscopy, J-[resolved] spectroscopy
  dreidimensionale ~ *(mag res)* spin mapping
  hochauflösende ~ high-resolution spectroscopy
  ~ im sichtbaren Bereich (Spektralbereich) visible spectroscopy, VIS
  ~ innerhalb des Laserresonators intracavity laser absorption spectroscopy, ICLAS
  J-aufgelöste ~ s. 2D-J-aufgelöste ~
  photoakustische ~ photoacoustic spectroscopy, PAS
  Spin-Echo-korrelierte ~ *(mag res)* [2D] spin-echo correlated spectroscopy, SECSY
γ-Spektroskopie f gamma-ray spectroscopy
Spektroskopiker m spectroscopist
spektroskopisch spectroscopic[al]
Spektrum n spectrum
  berechnetes ~ calculated spectrum
  elektromagnetisches ~ electromagnetic spectrum
  ~ erster Ordnung first-order spectrum
  experimentelles ~ experimental spectrum
  gemitteltes ~ averaged spectrum
  hochaufgelöstes (hochauflösendes) ~ high-resolution (high-resolved) spectrum
  ~ höherer Ordnung higher-order spectrum
  ~ im sichtbaren Spektralbereich visible spectrum
  ~ in der Frequenzdomäne *(nuc res)* frequency domain spectrum
  J-aufgelöstes ~ J-resolved spectrum
  kompliziertes ~ complex (complicated) spectrum
  kontinuierliches ~ continuous spectrum
  optisches ~ optical spectrum
  ~ 1. Ordnung first-order spectrum
  phasensensitiv aufgenommenes ~ phase-sensitive spectrum
  photographisch aufgenommenes ~ photographically recorded spectrum
  protonenentkoppeltes ~ *(nuc res)* proton-decoupled spectrum
  Stokessches ~ Stokes spectrum
  theoretisches ~ theoretical spectrum
  zweidimensionales J-aufgelöstes ~ *(nuc res)* two-dimensional J-resolved spectrum, 2D-J spectrum
  α-Spektrum n alpha-particle spectrum, alpha-ray [energy] spectrum
  β-Spektrum n beta-ray spectrum
  γ-Spektrum n gamma-ray spectrum
spenden to donate *(electrons, protons)*
Sperrflüssigkeit f confining liquid
Sperrhahn m stopcock, stop cock
Sperrschicht f barrier layer
Sperrschichtdetektor m *(rad anal)* diffused junction semiconductor detector
Sperrschichtphotoelement n photovoltaic (barrier-layer) cell
Spezialprobenahmegerät n special sampling tool
Spezies f / **angeregte** excited species
  elektroaktive ~ electro-active species
  ionische ~ ionic species

Speziesbestimmung f speciation
Spezifikation f **für Abnahmekriterien** acceptance specification
Spezifität f specificity
  absolute ~ *(catal)* absolute specificity
  analytische ~ analytical specificity
Sphäre f **primärer (der primären) Hydratation** primary hydration shell
sp²-hybridisiert sp²-hybridized
sp³-hybridisiert sp³-hybridized
Spiegel m/**beweglicher** moving (movable) mirror
  feststehender ~ fixed mirror
  parabolischer ~ parabolic mirror
Spiegelbild n mirror image
Spiegelbildisomer n enantiomer, optical antipode (isomer), enantiomorph
Spiegelebene f reflection (symmetry) plane, plane of mirror symmetry
spiegeln to reflect [back]
Spiegelung f reflection
SPI-Experiment n *(nuc res)* SPI (selective inversion) experiment
Spin m spin, intrinsic (spin) angular momentum *(of elementary particles)*
Spin-Bahn-Kopplung f *(mag res)* spin-orbit coupling, [electron] spin-orbit interaction, LS coupling, Russel-Saunders coupling
Spin-Bahn-Wechselwirkung f s. Spin-Bahn-Kopplung
Spindichte f *(mag res)* spin density
Spindiffusion f *(mag res)* spin diffusion
Spindrehimpuls m s. Spin
Spindynamik f *(mag res)* spin dynamics
Spinecho n *(mag res)* spin echo
  J-moduliertes ~ *(nuc res)* J-modulated spin echo, attached proton test, APT
Spinecho-Experiment n [**nach Hahn**] *(mag res)* [Hahn] spin-echo experiment
Spinecho-Impulsfolge f *(mag res)* spin-echo [pulse] sequence, echo sequence
Spinecho-Korrelationsspektroskopie f/**zweidimensionale** *(mag res)* [2D] spin-echo correlated spectroscopy, SECSY
Spinecho-Verfahren n *(mag res)* spin-echo procedure
Spinentkopplung f s. Spin-Spin-Entkopplung
Spinentkopplungsexperiment n *(nuc res)* [spin] decoupling experiment
Spinfunktion f *(mag res)* spin state function
Spin-Gitter-Relaxation f *(nuc res)* longitudinal (spin-lattice) relaxation
Spin-Gitter-Relaxationsrate f *(nuc res)* spin-lattice relaxation rate constant
Spin-1/2-Kern m *(nuc res)* spin-1/2 nucleus
Spin-Kopplungsaufspaltung f *(mag res)* spin-spin splitting
Spinkorrelation f *(mag res)* spin correlation
Spinlabel n *(mag res)* spin label
Spinlabelling n *(mag res)* spin-label[l]ing [method]

Spinlabel-Methode f s. Spinlabelling
Spinlock m *(nuc res)* spin-locking
Spinlock-Frequenz f *(nuc res)* lock frequency
Spinlock-Zeit f *(nuc res)* spin-lock time
Spinmarkierung f s. Spinlabelling
Spinmultiplett n spin multiplet
Spinniveau n spin level
Spinpolarisation f *(nuc res)* spin polarization
Spinpopulation f *(mag res)* spin population
Spinpumpen n *(nuc res)* spin pumping
Spinquantenzahl f *(spec)* spin quantum number
Spins mpl/**koppelnde** *(mag res)* coupled spins
  ungepaarte ~ unpaired spins
Spinsonde f *(mag res)* spin probe
Spin-Spin-Austausch m *(nuc res)* spin exchange, interchange of spins
Spin-Spin-Entkopplung f *(nuc res)* spin[-spin] decoupling, decoupling
  heteronukleare ~ heteronuclear [spin-]decoupling
Spin-Spin-Kopplung f *(nuc res)* spin[-spin] coupling, spin-spin interaction, spin dipolar coupling, [spin] dipolar interaction, dipolar [spin-spin] coupling, dipole-dipole interaction, DD
  skalare ~ scalar [spin-spin] coupling, SC, J coupling, spin-spin coupling
Spin-Spin-Kopplungskonstante f *(nuc res)* spin[-spin] coupling constant
Spin-Spin-Wechselwirkung f s. Spin-Spin-Kopplung
Spinsystem n *(mag res)* spin system
  gekoppeltes ~ *(nuc res)* spin-coupled system
  heteronukleares ~ *(nuc res)* heteronuclear spin system
Spintemperatur f [nuclear] spin temperature
Spin-Tickling n *(nuc res)* spin tickling
Spin-Trap-Methode f s. Spin-Trapping
Spin-Trapping n, **Spin-trapping-Verfahren** n *(mag res)* spin trapping
Spinwechselwirkungen fpl *(nuc res)* spin interactions (couplings)
Spinzustand m *(nuc res)* spin state
Spiraldrahtanode f helical wire anode
Spitzenpotential n *(voltam)* peak potential
Spitzenstrom m *(pol)* peak current
Spitzenwert m extreme [value], extremum
SPK (Strom-Potential-Kurve) current-potential curve
Split-Injektion f *(gas chr)* split injection
Split-Injektor m *(gas chr)* split[ter] injector, injector splitter, injection splitter assembly, sample splitting injector
Splitstrom m *(gas chr)* split flow
Splitter m *(gas chr)* sample (inlet) splitter
Split-Verhältnis n *(gas chr)* [sample] split ratio, splitter (splitting) ratio, split
Spontanspaltung f *(rad anal)* spontaneous fission
Spontanverbrennung f *(or anal)* flush combustion
spreiten to spread [out]

Spreitung

Spreitung f spreading
Spreizschwingung f (opt mol) bending (deformation) vibration
sprengen to cleave, to break (bonds)
Spritze f/**gasdichte** gas[-tight] syringe
Spritzendosierung f (chr) syringe injection, injection by hypodermic syringe
Spritzenkanüle f, **Spritzennadel** f syringe needle
Spritzenpumpe f (chr) syringe[-type positive displacement] pump
Spritzflasche f wash bottle
Sprühdüse f spray nozzle
Sprüher m (liq chr) hand atomizer
Sprühkammer f (opt at) nebulizer (spray) chamber
Sprühreagens n chromogenic (spray, locating, visualization) reagent
Sprungwinkel m (mag res) pulse flip angle, PFA, flip (pulse, tip) angle
spülen to rinse; to purge (with an inert gas); (chr) to flush (e.g. a sample onto the column)
Spülen n **mit Lösungsmittel** solvent rinsing
Spulenwicklung f coil winding
Spülgas n (or anal) scavenging gas; (gas chr) scavenger (auxiliary, make-up) gas
Spülung f rinse, rinsing; purging (with an inert gas)
Spülwasser n rinse water
Spur f 1. (rad anal) [nuclear] track; 2. s. Spurenmenge
Spurdetektor m (rad anal) [nuclear] track detector
Spurenanalyse f trace[-level] analysis, trace element[al] analysis
polarographische ~ trace polarographic analysis
Spurenbereich m trace range
Spurenbestandteil m trace component (constituent)
Spurenelement n trace element
Spurenkomponente f s. Spurenbestandteil
Spurenkonzentration f trace concentration
Spurenmenge f trace [quantity], trace [level] amount $(10^2$ to 10^{-4} ppm)
Spurenmetallanalyse f trace metal analysis
Spurennachweis m trace detection
Spurenverunreinigung f trace impurity
elektroaktive ~ trace electroactive impurity
Squalan n squalane, squalene, 2,6,10,15,19,23-hexamethyltetracosane
Square-wave-Polarogramm n square-wave polarogram
Square-wave-Polarograph m square-wave polarograph
Square-wave-Polarographie f square-wave polarography, SWP
square-wave-polarographisch square-wave polarographic
Square-wave-Voltammetrie f square-wave voltammetry, SWV
inverse ~ stripping square wave voltammetry, square-wave stripping voltammetry
Square-wave-Voltammogramm n square-wave voltammogram
SSP (Single-sweep-Polarographie) single-sweep polarography, SSP, linear-sweep polarography
stäbchenförmig rodlike (molecule)
stabil resistant, stable
hydrolytisch ~ hydrolytically stable
mechanisch ~ mechanically stable
thermisch ~ temperature-resistant, temperature-stable, thermally stable
stabilisieren to stabilize
Stabilität f resistance, stability
hydrolytische ~ hydrolytic stability
mechanische ~ mechanical stability (strength)
thermische ~ temperature resistance (stability), thermal stability
Stabilitätskonstante f [complex-]stability constant, [complex-]formation constant, complexation constant
Stacking-Gel n (elph) [sample] spacer gel, stacking gel
Stammlösung f stock solution
Stammverbindung f parent compound
Stampfer m punner
Standard m standard substance, standard [material]; (stat) standard
äußerer (externer) ~ external standard
innerer (interner) ~ internal standard, IS, internal reference standard
monodisperser ~ (liq chr) monodisperse standard
physikalischer ~ physical standard
Standardabweichung f (stat) standard deviation, SD, mean-square deviation
~ **einer Grundgesamtheit** population standard deviation
relative ~ relative standard deviation, RSD
Standardadditionstechnik f, **Standardadditionsverfahren** n standard addition method (technique), [method of] standard addition
Standardausrüstung f standard equipment
Standardbedingungen fpl standard[ized] conditions, standard [conditions of] temperature and pressure, standard state, normal [temperature and pressure] conditions, normal temperature and pressure
Standardbezugselektrode f standard electrode
Standard-Bezugs-EMK f s. Standard-EMK
Standardbezugsspannung f standard reference voltage (tension)
Standardbezugssubstanz f standard reference material
Standardbildungsenthalpie f standard heat of formation
Standarddruck m standard (normal) pressure
Standardelektrode f standard electrode
Standardelektrodenpotential n standard electrode potential, S.E.P.
Standard-EMK f (el anal) standard [reference] emf

Standardenthalpie f standard enthalpy
Standardentropie f standard entropy
Standardgalvanispannung f standard Galvani tension
Standardgesamtheit f (stat) standard population
Standardhalbelement n, **Standardhalbzelle** f (el anal) standard half-cell
standardisieren (vol) to standardize (a solution)
Standardisierung f (vol) standardization (of a solution)
Standard-Kalibrierverfahren n standard calibration method
Standardkalomelelektrode f standard calomel electrode
Standardlösung f (vol) standard[ized] solution
Standardmethode f standard method (technique, procedure)
  Internationale ~ International Standard Method, I.S.M.
Standardnatriumthiosulfat n standard sodium thiosulphate
Standardnormalpotential n (el anal) standard potential
Standardnormalverteilung f standard normal distribution
Standardoxidationspotential n (el anal) standard oxidation potential
Standardpapier n (liq chr) standard paper
Standardpolymer n (liq chr) polymer standard
  breit verteiltes ~ broad-molecular-weight standard
  eng verteiltes ~ narrow-molecular-weight standard
Standardpotential n (el anal) standard potential
  chemisches ~ standard chemical potential
  ~ **des Halbelements** standard half-cell potential
  elektrisches ~ standard electric potential
Standardprobe f standard sample
Standardprobenahmeausrüstung f standard sampling equipment
Standardprüfsieb n standard (normal) test sieve, standard testing screen (sieve)
Standardprüfung f standard test
Standardpufferlösung f standard buffer [solution]
Standardreaktionsenthalpie f standard enthalpy of reaction
Standardredoxpotential n (vol) standard redox (oxidation-reduction) potential
Standardreduktionspotential n (vol) standard reduction potential
Standardschaufel f (samp) standard shovel
Standardsieb n standard sieve (screen)
Standardsiebreihe f standard sieve scale (series), standard series of screens (sieves)
Standardspannung f standard voltage (tension)
Standardstichprobenplan m lot plot
Standardsubstanz f standard substance (material), standard, (chr also) standard solute
Standardtechnik f s. Standardmethode
Standardtemperatur f standard temperature
Standardthermometer n standard thermometer
Standardthermopaar n standard thermocouple
Standardverbindung f standard compound
Standardverfahren n s. Standardmethode
Standardversuch m standard test
Standardwasserstoffelektrode f standard hydrogen electrode, SHE
Standardwiderstandsthermometer n standard resistance thermometer
Standardzustand m s. Standardbedingungen
Standzeit f useful (working) life, usable lifetime
Standzylinder m gas jar
Stark-Aufspaltung f (spec) Stark splitting
Stark-Effekt m Stark (electric field) effect (splitting of spectral lines in an electric field)
  linearer ~ linear Stark effect
  quadratischer ~ quadratic Stark effect
Stärke f 1. starch; 2. intensity; hardness (as of radiation)
  lösliche ~ soluble starch
Stärkeblock m (elph) starch block
Stärkeblockelektrophorese f starch block electrophoresis
Stärkegel n starch gel
Stärkegelelektrophorese f starch gel electrophoresis
stärkegelelektrophoretisch starch gel-electrophoretic
Stärkelösung f starch solution
Stark-Modulation f (spec) Stark modulation
Stark-Verbreiterung f (spec) Stark broadening
Stark-Verschiebung f (spec) Stark shift
Startbande f (chr) starting band
Startfleck m (liq chr) starting (original) spot
Startlinie f (liq chr) start[ing] line
Startperiode f induction period (of a reaction)
Startpunkt m (liq chr) starting point
Starttemperatur f starting (initial) temperature
Startzone f (elph) starting (original) zone
Statistik f statistics
  angewandte ~ applied statistics
  mehrdimensionale (multivariable, multivariate) ~ multidimensional (multivariate) statistics
  nichtparametrische ~ non-parametric statistics
  robuste ~ robust statistics
Statistiker m statistician
Stat-Methode f (catal) signal-stat method
Staudinger-Index m intrinsic viscosity, limiting viscosity [number], Staudinger index
Stechheber m sampling tube
stehen lassen to allow to stand
steigen to rise, to increase
steigern to raise, to elevate
Steighöhe f **durch Kapillarwirkung** capillary rise
Steigung f slope (of a curve)
  ~ **des Gradienten** (liq chr) gradient slope
Steilheit f **des Gradienten** (liq chr) gradient steepness

Stelle

Stelle f/**kationische** cationic charge location
  undichte ~ leak
Stellglied n (proc) final control element
Stellung f position
Stellungsisomer n position[al] isomer
Stereochemie f stereochemistry
Stereoisomer n stereoisomer, steric (spatial) isomer
stereoselektiv stereoselective
Stereoselektivität f stereoselectivity
stereospezifisch stereospecific
Stereospezifität f stereospecificity, stereochemical specificity
Sterilfiltration f sterile filtration
sterilfiltrieren to sterilize by filtration, to filter aseptically (pharmacy, medicine)
sterilisieren to sterilize
Sterin n sterol
sterisch steric
Steroid n steroid
Sterol n sterol
Steuereinheit f control unit
Steuerelektronik f control electronics
Steuergerät n control apparatus
steuern to control
Steuerschema n **des Analysengeräts** analyser control scheme
Steuerventil n control valve
Stichprobe f sample
  geschichtete ~ stratified sample
  repräsentative ~ representative sample
Stichprobenanteil m sample component (constituent), sampling fraction
Stichprobenanzahl f/**durchschnittliche** average sample number, ASN
Stichprobenblock m block of samples
Stichprobeneinheit f sampling unit
Stichprobenentnahme f **für Annahmeprüfung** acceptance sampling
Stichprobenentnahmeabstand m sampling interval
Stichprobenentnahmeplan m sampling inspection plan
Stichprobenfehler m sampling error
Stichprobenkenngröße f, **Stichprobenmaßzahl** f sample statistic
Stichprobenmedian m sample median
Stichprobenplan m/**kontinuierlicher** continuous sampling plan
Stichprobenprüfung f sampling inspection
Stichprobenpunkt m sample point
Stichprobenraum m sample space
Stichprobentyp m sample type
Stichprobenumfang m/**durchschnittlicher** average sample number, ASN
Stichprobenvariationsbreite f range of variation
Stichprobenverfahren n/**zufälliges** (stat) random sampling (sample test)
Stichprobenverteilung f sampling distribution
Stichprobenvorschrift f sampling prescription
Stickoxide npl nitrogen oxides, N oxides
Stickstoff m N nitrogen
  gasförmiger ~ nitrogen gas
  organisch gebundener ~ organic nitrogen
Stickstoffbegasung f (liq chr) nitrogen purge
Stickstoffbestimmung f nitrogen determination
Stickstoffbestimmungsapparat m **nach Kjeldahl** Kjeldahl [digestion] apparatus
stickstofffrei non-nitrogenous
Stickstoffgehalt m nitrogen content
stickstoffhaltig nitrogen-containing, nitrogenous, (relating to alloys and minerals also) nitrogen-bearing
Stickstoff-Laser m nitrogen laser
Stickstoff(I)-oxid n nitrous oxide, nitrogen monoxide
Stickstoff-Phosphor-Detektor m (gas chr) thermionic ionization detector, TID, thermionic (thermal ionization) detector, NP (nitrogen-phosphorus) detector, NPD, nitrogen-phosphorus specific detector
Stickstoffregel f (maspec) nitrogen rule
Stickstoffverbindung f nitrogen compound
  organische ~ organonitrogen compound
Stickstoff-Wasserstoff-Coulometer n nitrogen-hydrogen coulometer
stigmatisch (spec) stigmatic
Stigmatismus m (spec) stigmatism
Stillstandtitration f amperometric titration with two indicator electrodes, biamperometric (dead-stop) titration
Stillstandszeit f down time
Stöchiometrie f stoichiometry
Stöchiometriefaktor m gravimetric factor
Stöchiometriezahl f stoichiometric number
stöchiometrisch stoichiometric
Stoff m/**absorbierender** absorbent, absorbing agent
  absorbierter ~ absorbate, absorbed material (substance)
  adsorbierter ~ adsorbate
  aufgenommener ~ sorbate
  färbender (farbgebender) ~ colorant, colouring matter (material)
  fester ~ solid [matter]
  flüssiger ~ liquid
  gelöster ~ solute [material]
  grenzflächenaktiver ~ s. oberflächenaktiver ~
  kanzerogener (karzinogener) ~ carcinogen
  komplexbildender ~ complexing agent, complex-forming reagent, complexogen
  korrosionsbeständiger ~ corrosion-resistant material
  krebserregender ~ carcinogen
  luftverschmutzender (luftverunreinigender) ~ atmospheric (air) pollutant
  oberflächenaktiver ~ surface-active agent (substance), surfactant

Strahlung

organischer ~ organic substance
paramagnetischer ~ paramagnetic substance, paramagnetic [material]
reagierender ~ reactant
semifester ~ semisolid material
zu bestimmender ~ analyte
zusammengesetzter ~ compound substance
Stoffgemisch *n* mixture of substances
Stoffgruppe *f*, **Stoffklasse** *f* class of compounds (substances)
Stoffkonzentration *f s.* Stoffmengenkonzentration
Stoffmenge *f* amount (quantity) of substance, amount (quantity) of material
Stoffmengeneinheit *f* unit of amount of substance
Stoffmengenkonzentration *f* amount[-of-substance] concentration, substance (molar) concentration, molarity
Stofftransport *m* **durch Diffusion** diffusion[al] mass transport
migrationsbedingter ~ migration mass transport
Stofftransportgleichung *f* mass-transport equation
Stoffübergang *m* mass transfer
Stoffübergangskoeffizient *m* coefficient of mass transfer, mass-transfer coefficient
Stoffübergangswiderstand *m* resistance to mass transfer, mass-transfer resistance
Stoffübergangszahl *f s.* Stoffübergangskoeffizient
Stoffübertragung *f* mass transfer
~ durch Diffusion diffusive mass transfer
~ durch Konvektion convective mass transfer
konvektive ~ convective mass transfer
Stokes-Bereich *m (opt mol)* Stokes region
Stokes-Linie *f (opt mol)* Stokes line
Stokes-Spektrum *n* Stokes spectrum
Stokes-Streuung *f (opt mol)* Stokes scatter[ing], Stokes Raman scattering
Stop-flow-Injektion *f (chr)* stop[ped]-flow injection
Stop-flow-Technik *f (chr)* stop-flow technique *(stopping the mobile phase for recording a spectrum)*
Stopped-flow-Fließinjektionsanalyse *f* stopped-flow FIA
Stopped-flow-Methode *f (catal)* stopped-flow method (technique)
Stoppuhr *f* stop-clock
Störeffekt *m* interference effect
Störelement *n* interfering element
stören to interfere *(in the analysis)*; to perturb *(the equilibrium)*
Störfaktor *m* distortion factor
Störion *n* interfering ion
Störkomponente *f* interfering component
Störmetall *n* interfering metal
Störpeak *m* ghost (spurious) peak
Störreaktion *f* interfering reaction
Störstelle *f* crystal (lattice) defect, lattice imperfection

Störstoff *m*, **Störsubstanz** *f* interferent, interferant, interfering substance, interference, *(if dissolved also)* interfering solute
Störung *f* disturbance, perturbation; interference *(by foreign substances)*; imperfection *(in a crystal)*
chemisch bedingte ~ chemical interference
~ durch Reagenzien reagent interference
nichtspektrale ~ non-spectral interference
spektrale ~ spectral interference
Stoß *m* collision, impact, impingement
elastischer ~ elastic collision
unelastischer ~ inelastic collision
Stoßaktivierung *f (maspec)* collision[al] activation, CA
Stoßanregung *f* collisional excitation
Stoßgleichung *f/* **Boltzmannsche** Boltzmann [transport] equation
Stoßkammer *f (maspec)* collision cell, ion dissociation chamber
Stoßverbreiterung *f* collision (pressure) broadening *(of spectral lines)*
Stoßzelle *f s.* Stoßkammer
Strahl *m/* **außerordentlicher** *(spec)* extraordinary ray
einfallender ~ incident beam (ray)
extraordinärer ~ *(spec)* extraordinary ray
ordentlicher (ordinärer) ~ *(spec)* ordinary ray
β-Strahl *m (rad anal)* beta ray
γ-Strahl *m* gamma ray
Strahldichte *f/* **spektrale** spectral radiant excitance
Strahlenchemie *f* radiation chemistry
strahlend *(spec)* radiative
Strahlendetektor *m (rad anal)* radiation detector
Strahlengefahr *f* radiation hazard
Strahlengefährdung *f* radiation hazard
Strahlenquelle *f s.* Strahlungsquelle
Strahlenteiler *m* beam splitter
Strahlenzähler *m* radiation counter
Strahler *m* radiator, emitter, source [of radiation]
schwarzer ~ black body, black-body radiator (source)
β-Strahler *m* beta[-ray] emitter
γ-Strahler *m* gamma-ray source
Strahlteiler *m* beam splitter
Strahlung *f* radiation
charakteristische ~ characteristic radiation
einfallende ~ incident radiation
eingestrahlte ~ incident radiation
elektromagnetische ~ electromagnetic radiation
gestreute ~ scattered (stray) radiation
ionisierende ~ ionizing radiation
modulierte ~ modulated radiation
monochromatische ~ monochromatic radiation
monoenergetische ~ *(rad anal)* mono-energetic radiation
natürliche ~ *(rad anal)* natural radiation
polychromatische ~ polychromatic radiation
schwarze ~ black-body radiation

γ-Strahlung

γ-Strahlung f gamma radiation
Strahlungseinfang m radiative capture
Strahlungsempfänger m radiation detector
Strahlungsenergie f radiant energy
Strahlungsfeld n radiation field
Strahlungsfluß m radiant power (flux)
Strahlungsflußdichte f irradiance, radiant flux density
Strahlungsgesetz n/**Kirchhoffsches** Kirchhoff law of radiation, Kirchhoff's law
  Plancksches ~ Planck radiation law, Planck law of radiation
  Rayleigh-Jeanssches ~ Rayleigh and Jeans law
  Stefan-Boltzmannsches ~ Stefan-Boltzmann law
  Wiensches ~ Wien radiation law
Strahlungsintensität f radiant intensity
Strahlungsleistung f radiant power (flux)
strahlungslos (spec) non-radiative
Strahlungsmesser m radiometer
Strahlungsquant n photon, light (radiation) quantum
Strahlungsquelle f radiation (radiant) source, source [of radiation]
  radioaktive ~ radioactive source
Strahlungsspektrum n radiation spectrum
Strahlungsstreuung f radiation scattering
Strahlungsteiler m beam splitter
Strahlungswellenlänge f radiation wavelength
Strahlungszähler m radiation counter
Streckschwingung f (opt mol) valence (stretching) vibration
Streichgerät n, **Streichvorrichtung** f spreader, spreading apparatus (for thin-layer plates)
Streifenbildung f tailing (with planar chromatography)
Streifengeschwindigkeit f chart speed (of a chart recorder)
Streifenschreiber m [strip-]chart recorder
Streubereich m scatter[ing] region
Streudiagramm n scatter diagram
Streudiffusion f (chr) [axial] eddy diffusion, multi-path effect
streuen to scatter
Streufunktion f particle scattering function (factor)
Streugrenzen fpl (stat) limits of variation
Streuintensität f scattered [light] intensity
Streulicht n stray (scattered) light
Streulichtdetektor m (liq chr) light-scattering detector
Streulichtintensität f scattered [light] intensity
Streulichtmessung f nephelometry
Streulichtphotometerdetektor m (liq chr) light-scattering detector
Streuquerschnitt m (rad anal) scattering cross-section
Streustrahlung f scattered (stray) radiation
Streuung f scatter[ing]; (stat) scatter, variation, dispersion
  elastische ~ elastic scattering
  kohärente ~ coherent scattering
  statistische ~ scatter (of data)
  systematische ~ systematic variation
  unelastische ~ inelastic scattering
Streuungsdiagramm n scatter diagram
Streuungsmessung f nephelometry
Streuvolumen n scattering volume
Streuwinkel m scattering angle, angle of observation
Streuzentrum n point of scattering
Strichliste f (stat) tally
Strichspektrum n (maspec) bar graph
strippen to back-extract
Strippen n back-extraction, back-extracting, stripping
Stripping-Analyse f/**elektrochemische** stripping analysis (voltammetry), hanging-drop (reverse-scan) voltammetry
  potentiometrische ~ potentiometric stripping analysis, PSA
Stripping-Voltammetrie f s. Stripping-Analyse/elektrochemische
Strom m 1. stream, flow; 2. [electric] current
  aufgezwungener (eingeprägter) ~ impressed current (potentiometric titration)
  eingeschwungener ~ steady-state current
  elektrischer ~ electric[al] current
  Faradayscher ~ faradaic current
  gassegmentierter ~ (flow) gas-segmented stream
  gemischter ~ composite current
  kapazitiver ~ capacitive current
  katalytischer ~ catalytic current
  kathodischer ~ cathodic current
  kinetischer ~ (pol) kinetic current
  konstanter ~ constant current
  nichtdiffusionsgesteuerter ~ (pol) non-diffusion-controlled current
  nichtfaradayscher (nichtfaradischer) ~ (pol) non-faradaic current
  pseudostationärer ~ (pol) pseudo steady-state current
  pulsationsfreier ~ (liq chr) pulse-free flow, non-pulsating flow
  pulsierender ~ (liq chr) pulsating flow
  sinusförmiger ~ sinusoidal current
  stationärer ~ steady-state current
  überlagerter ~ (voltam) superimposed current
Strom-Abtast-Polarographie f current-scanning polarography
Stromänderung f change of current
Stromänderungsgeschwindigkeit f (voltam) rate of change of current
Stromanstieg m current rise, increase of current
Stromanteil m/**Faradayscher** faradaic component
Stromausbeute f current efficiency
Stromdichte f current density
Stromdichte-Potential-Kurve f current density-potential curve

Strukturisomer

Stromdifferenz *f* difference of current
Ströme *fpl* / **nichtadditive** *(pol)* non-additive currents
Stromempfindlichkeit *f* current sensitivity
strömen to flow
Strömen *n* flow, flux
Stromentnahme *f* current drain
Stromfluß *m* current flow
Stromimpuls *m* current pulse
Stromkreis *m* electric[al] circuit
   äußerer elektrischer ~ external electrical circuit
   elektrischer ~ electric[al] circuit
   elektrochemischer ~ electrochemical circuit
   polarographischer ~ polarographic circuit
   potentiometrischer ~ potentiometric circuit
Stromleiter *m* electric conductor, conductor of electricity
Strommesser *m* ammeter, current-measuring device
   direktanzeigender ~ direct-indicating ammeter
Strommessung *f* current measurement
Strommittelwert *m*/**arithmetischer** average current
Strom-Potential-Diagramm *n* current-potential diagram
Strom-Potential-Kurve *f* current-potential curve
Strom-Potential-Zeit-Verhalten *n* current-potential-time behavior
Stromquelle *f* current source (supply), power source
Stromrauschen *n (meas)* Johnson (thermal, resistance) noise
Stromrichtungsumkehr *f* current reversal
Stromrichtungswechsel *m* current reversal
Stromschlüssel *m* [/ **elektrolytischer**] salt bridge
Stromschwankung *f* variation of current
Strom-Spannungs-Kurve *f* current-voltage curve, c.v. curve, current-potential curve, I/E curve
Stromspitze *f* peak
   ~ **der inversen Voltammetrie** stripping peak
Stromstärke *f* current intensity
Stromstärke-Zeit-Kurve *f* **des Tropfens** current-drop age curve
Stromstufenchronopotentiometrie *f* current-step chronopotentiometry
   zyklische ~ cyclic current-step chronopotentiometry
Stromteiler *m (chr)* [stream] splitter, flow splitter (diverter); *(chr)* effluent splitter; *(gas chr)* sample (inlet) splitter
Stromteilerverhältnis *n (gas chr)* [sample] split ratio, splitter (splitting) ratio, split
Stromteilung *f (chr)* stream splitting, [flow] splitting
Strom-Tropfenalter-Kurve *f* current-drop age curve
Stromumkehr-Chronopotentiometrie *f*/**zyklische** cyclic current-reversal chronopotentiometry
Strömung *f*/**elektroosmotische** electro-osmotic flow (flux)
   laminare ~ laminar flow

Strömungsdoppelbrechung *f* streaming (flow) birefringence
Strömungsgeschwindigkeit *f* flow rate (velocity), rate of flow
   ~ **der mobilen Phase** *(chr)* mobile phase flow rate
   lineare ~ linear flow velocity, *(Chr auch)* interstitial [flow] velocity
   optimale ~ *(chr)* optimum linear velocity
Strömungskalorimeter *n* continuous-flow calorimeter
Strömungsmesser *m* flowmeter
   ~ **für Gase** gas flowmeter
Strömungspotential *n* streaming potential
Strömungsprofil *n (chr)* flow profile
Strömungsprogrammierung *f (chr)* flow programming
Strömungsregler *m* flow control[ler valve]
Strömungsrichtung *f* flow direction
Strömungsteiler *m s.* Stromteiler
Strömungsweg *m (chr)* flow path
Strömungswiderstand *m* flow resistance
   ~ **der Trennsäule** *(liq chr)* column flow resistance
Stromunterschied *m* difference of current
Stromversorgung *f* power supply
Stromwechsel *m* change of current
Strom-Zeit-Abhängigkeit *f* current-time dependence
Strom-Zeit-Änderung *f* current-time variation
Strom-Zeit-Integral *n* current-time integral
Strom-Zeit-Integrator *m*/**elektromechanischer** electromechanical current-time integrator
Strom-Zeit-Integrierglied *n* current-time integrator
Strom-Zeit-Kurve *f* current-time curve
Strontium *n* Sr strontium
Struktur *f* structure, constitution, build-up
   chemische ~ chemical structure
   dreidimensionale ~ spatial (three-dimensional) structure, 3D structure
   elektronische ~ electron[ic] structure
   körnige ~ granularity
   räumliche ~ *s.* dreidimensionale ~
Strukturanalyse *f* structure (structural) analysis
   ~ **mit Röntgenstrahlen** X-ray structure (structural) analysis
Strukturänderung *f* structural change, change in structure
Strukturaufklärung *f s.* Strukturbestimmung
Strukturbestimmung *f* structure determination (elucidation), structural determination (characterization)
Strukturerkennung *f*/**potentielle** *(spec)* potential pattern recognition
Strukturerkennungstechnik *f (spec)* pattern recognition technique
Strukturermittlung *f s.* Strukturbestimmung
Strukturinformation *f* structural information
Strukturisomer *n* structural isomer

Strukturresonanz *f* mesomerism
Strukturuntersuchung *f* structural investigation, investigation of structure
Stückzahl *f*/**kleine** batch, lot
Student-Test *m (stat)* t-test, Student['s] test
Student-Verteilung *f* t-distribution, Student['s] distribution
Stufe *f (pol)* wave; step *(of an integral chromatogram)*
  anodische ~ *(pol)* anodic wave
  ~ **einer reversiblen Teilreaktion/polarographische** Nernstian polarographic wave
  kathodische ~ *(pol)* cathodic wave
  polarographische ~ polarographic wave
Stufenanfang *m (pol)* foot of the wave
Stufenchromatogramm *n* integral chromatogram
Stufeneluierung *f (chr)* step[wise] elution, fractional (step gradient) elution
Stufenentwicklung *f (chr)* consecutive (step-wise) development *(using different mobile phases)*
stufenförmig step-shaped *(polarogram)*
Stufengitter *n (spec)* echelon grating
Stufengradient *m (liq chr)* step[wise] gradient, step-function gradient
Stufenhöhe *f* step height *(of an integral chromatogram)*
  reduzierte ~ *(chr)* reduced plate height
Stufenlage *f (pol)* position of the wave
Stufenreaktion *f* stepwise reaction
stufenweise stepwise
Stufenzahl *f* number of steps (stages)
8-Stunden-Mittelwert *m*/**zeitbezogener** 8h timeweighted average
Styrol-Divinylbenzol-Copolymer *n* styrene-divinylbenzene copolymer
Sublimation *f* sublimation
sublimieren to sublimate
Submikroanalyse *f* submicro analysis
Submikrogefüge *n* submicrostructure
Submikromenge *f* submicro (sub-micro) quantity
Submikroprobe *f* submicro sample *(10^{-3} to 10^{-4} g)*
Submikrostruktur *f* submicrostructure
Sub-ppm-Niveau *n (trace)* sub-ppm level
Subspektrum *n* subspectrum
Sub-Spuren-Analyse *f* sub-trace analysis *(10^{-3} to 10^{-4} g)*
Substanz *f* substance, material; *(chr)* solute, sample
  elektrisch reduzierbare ~ electroreducible substance
  elektroaktive ~ electro-active substance
  elektrolytisch erzeugte ~ electro-generated substance
  elementare ~ elementary substance
  gewogene ~ weighed object
  grenzflächenaktive ~ *s.* oberflächenaktive ~
  halbfeste ~ semisolid material
  lichtabsorbierende ~ light absorber
  oberflächenaktive ~ surface-active agent (substance), surfactant
  organische ~ organic substance
  paramagnetische ~ paramagnetic substance (material), paramagnetic
  standardisierte ~ standard substance (material), standard
  unbekannte ~ unknown
  zu analysierende ~ analysand, substance to be analysed
  zusammengesetzte ~ compound substance
Substanzbereich *m (chr, elph)* [solute] band, [solute] zone, *(chr also)* chromatographic band
Substanzboot *n (lab)* boat
Substanzen *fpl*/**zu trennende** solutes to be separated
Substanzfleck *m (liq chr)* spot
Substanzidentifizierung *f* substance identification
Substanzklasse *f* class of substances (compounds)
Substanzmenge *f* amount (quantity) of substance (material)
Substanzprobe *f* sample
Substanzschiffchen *n (lab)* boat
Substanzstrahl *m* sample beam
Substanzverlust *m* loss of material
Substanzzone *f s.* Substanzbereich
Substituent *m* substituent [group]
Substituentenkonstante *f (pol)* substituent constant
substituieren to substitute, to replace
Substitution *f* substitution, replacement
Substitutionsreaktion *f* substitution (replacement, exchange) reaction
Substitutionstitration *f* replacement (substitution) titration *(complexometry)*
Substitutionswägung *f* substitution weighing
substöchiometrisch substoichiometric
Substrat *n* substrate
Substratbestimmung *f* substrate determination
Substrathemmung *f (catal)* substrate inhibition
Substratmetall *n (coul)* underlying metal
Substratspezifität *f* substrate specificity
Substratüberschußhemmung *f (catal)* substrate inhibition
Subsystem *n* subsystem
Succinat *n* succinate
Suchtmittel *n* drug of abuse
Sulfaminsäure *f* aminosulphonic (sulphamic) acid
Sulfanilamid *n* sulphanilamide, p-aminobenzenesulphonamide
Sulfat *n* sulphate
Sulfattitration *f* sulphate titration
Sulfid *n* sulphide
Sulfidfällung *f* sulphide precipitation
Sulfit *n* sulphite
Sulfogruppe *f* sulpho[nic acid] group
Sulfon *n* sulphone
Sulfonphthalein *n* sulphonephthalein
Sulfonsäuregruppe *f* sulpho[nic acid] group
Sulfonsäureharz *n (ion)* sulphonic acid resin
Sulfoxid *n* sulphoxide

Summenformel *f* empirical formula
Summenfrequenz *f (spec)* sum frequency
Summenhäufigkeit *f* cumulative frequency
Summenhäufigkeitsdiagramm *n* cumulative frequency diagram
Summenhäufigkeitsfunktion *f* cumulative frequency (probability) function
Summenhäufigkeitskurve *f* cumulative frequency curve
Summenhäufigkeitsverteilung *f* cumulative frequency distribution
Summenpeak *m (rad anal)* full energy peak, total absorption peak
Summensignal *n (spec)* sum peak
Summenverteilung *f* cumulative distribution
   normale ~ cumulative normal distribution
Superposition *f* superposition, overlap
Suppressionstechnik *f (liq chr)* suppressed technique *(ion chromatography)*
Suppressor *m*, **Suppressor[-Austauscher]säule** *f (liq chr)* suppressor (stripper, scrubber) column
Suppressortechnik *f s.* Suppressionstechnik
Supraleitfähigkeitsbolometer *n* superconducting bolometer
Supraleitungsmagnet *m* superconducting (superconductive) magnet
suspendieren to suspend, to bring into suspension, to slurry *(particles)*
   wieder ~ to resuspend
Suspension *f* suspension
Suspensionsflüssigkeit *f* mulling agent *(for preparing solid materials for IR spectroscopy)*
Suspensionspartikeln *npl* suspended particles
Suspensionsverfahren *n* slurry packing method *(for packing columns)*
Suszeptanz *f (cond)* susceptance
Suszeptibilität *f/* **diamagnetische** diamagnetic susceptibility
   magnetische ~ magnetic susceptibility
   molare ~ molar susceptibility, susceptibility per gram mole
   paramagnetische ~ paramagnetic susceptibility
Suszeptibilitätseffekt *m (nuc res)* susceptibility effect
Suszeptibilitätskorrektur *f (nuc res)* susceptibility correction
Svedberg-Einheit *f* S Svedberg unit *(sedimentation coefficient of 1×10^{13} sec)*
Svedberg-Gleichung *f* Svedberg equation *(of relative molecular mass of sedimenting particles)*
Sweep-Generator *m (mag res)* sweep generator
Sweep-Geschwindigkeit *f (mag res)* sweep rate
Sweep-Spule *f (nuc res)* sweep coil
SWP (Square-wave-Polarographie) square-wave polarography, SWP
SW-Polarogramm *n* square-wave polarogram
SW-Polarograph *m* square-wave polarograph
sw-polarographisch square-wave polarographic
SWV (Square-wave-Voltammetrie) square-wave voltammetry, SWV

SW-Voltammogramm *n* square-wave voltammogram
Symmetrie *f* symmetry
   lokale ~ *(spec)* local symmetry
Symmetrieachse *f* axis of symmetry
   dreizählige ~ three-fold axis of symmetry
   zweizählige ~ two-fold axis of symmetry
Symmetrieebene *f* symmetry (reflection) plane, plane of mirror symmetry
Symmetrieeigenschaft *f* symmetry property
Symmetrieklasse *f* crystal class, class of crystal symmetry
Symmetriezentrum *n* centre of symmetry (inversion)
symmetrisch symmetric[al]
Synchrotronstrahlung *f (spec)* synchrotron radiation
Synergismus *m* synergism
synergistisch synergistic
Synthese *f/* **asymmetrische** asymmetric [chemical] synthesis
System *n/* **chromatographisches** chromatographic system
   kristallographisches ~ crystal[lographic] system
   optisches ~ *(spec)* optical system
   paramagnetisches ~ paramagnetic system
   polynäres ~ multicomponent (multiple-component) system
   ungeordnetes ~ disordered system
   zweiphasiges ~ two-phase system
π-System *n* π [electron] system
Systempeak *m (liq chr)* system peak
Szilard-Chalmers-Effekt *m (rad anal)* Szilard-Chalmers effect
Szintillation *f* scintillation
Szintillationsdetektor *m s.* Szintillationszähler
Szintillationsspektrometer *n* scintillation spectrometer
Szintillationszähler *m* scintillation counter (detector), scintillometer
Szintillator *m* scintillator, scintillating material

T

TA *s.* Thermoanalyse
Tabellenwert *m* tabular value
Tablette *f (spec)* pellet, pressed disc
Tagesdosis *f/* **zulässige** acceptable daily intake
Tailing *n (chr)* [peak] tailing
10%-Tal-Definition *f (spec)* 10 per cent valley definition
Tandem-Massenspektrometer *n* tandem [mass] spectrometer
Tandem-Massenspektrometrie *f* tandem mass spectrometry, mass spectrometry/mass spectrometry, MS/MS
Tangenten-Methode *f (catal)* slope (tangent) method

Tangentialgeschwindigkeit

Tangentialgeschwindigkeit *f* tangential velocity
Tankkreis *m* tank circuit *(impedimetric titration)*
Tantal *n* Ta tantalum
Tantalkathode *f (elgrav)* tantalum cathode
Tantalpentoxidsensor *m* tantalum oxide sensor
Tantalschiff *n* tantalum boat
Target *n (spec)* target
Tartrat *n* tartrate
Tartrazin *n* tartrazine
Tastpolarogramm *n* tast polarogram
Tastpolarograph *m* tast polarograph
Tastpolarographie *f* tast polarography
tauchen to dip
Tauchrohr *n* dip tube
Taupunkt *m* dew point
Taupunktsmethode *f* dew-point method
tautomer tautomeric
Tautomer *n* tautomer[ide]
TBP (Tributylphosphat) tributyl phosphate, TBP
TDS (thermische Desorptionsspektroskopie) thermal desorption spectroscopy, TDS
Technetium *n* Tc technetium
Technik *f* technique, procedure; method
　absteigende ~ descending technique *(of planar chromatography)*
　chromatographische ~ chromatographic (chromatography) technique
　~ **der Probenahme** sampling technique
　~ **der Probenaufgabe** *(chr)* sampling technique
　gaschromatographische ~ gas-chromatographic technique
　inverse ~ *(nuc res)* reversed technique
　~ **mit gekühlter Nadel** *(gas chr)* cold needle technique, cold needle sampling, CNS
　~ **zweiter Ordnung** second-order technique
Teig *m* paste
Teil *m* part, portion, *(esp if one of two parts)* moiety; proportion; component, constituent
　abfallender ~ fall region *(of a peak)*
　aliquoter ~ aliquot, aliquot part (portion)
　ansteigender ~ rise region *(of a peak)*
Teilchen *n* particle
　durchgängig poröses *(liq chr)* [totally] porous particle
　großes ~ large particle
　irreguläres ~ irregular particle
　kernporöses ~ *s.* durchgängig poröses ~
　kleines ~ small particle
　kolloid[al]es ~ colloidal particle
　kugelförmiges ~ spherical particle
　neutrales ~ neutral [particle]
　poröses ~ *s.* durchgängig poröses ~
　sphärisches ~ spherical particle
　unregelmäßig geformtes ~ irregular particle
　vollporöses ~ *s.* durchgängig poröses ~
　wanderndes ~ migrant
α-Teilchen *n (rad anal)* alpha particle
β-Teilchen *n (rad anal)* beta particle

Teilchen *npl/* **oberflächenporöse (schalenporöse)** *(liq chr)* porous layer beads, PLB, superficially porous particles
Teilchenbeschleuniger *m (rad anal)* particle accelerator
Teilchendichte *f (rad anal)* particle density
Teilchendurchmesser *m* particle diameter
　mittlerer ~ average (mean) particle diameter
Teilchenenergie *f* particle energy
Teilchengröße *f* particle (screen) size
　mittlere ~ mean particle size
Teilchengrößenbereich *m* particle-size range
Teilchengrößenbestimmung *f* particle-size determination
Teilchengrößenverteilung *f* particle-size distribution
Teilchenladung *f* particle charge
Teilchensegregation *f* particle segregation
Teilchenspur *f (rad anal)* [nuclear] track
Teilchenstrahl *m* particle beam
Teilchenwachstum *n (grav)* particle growth
Teilchenzahl *f* number of particles
Teildruck *m* partial pressure
Teile *mpl* **je Billiarde Teile** *(US)* parts per quadrillion (10^{15}), ppq
　~ **je Billion Teile** parts per billion (10^{12}), ppb; (US) parts per trillion (10^{12}), ppt
　~ **je hundert Millionen Teile** parts per hundred million (10^8)
　~ **je Milliarde Teile** *(US)* parts per billion (10^9), ppb
　~ **je Million Teile** parts per million (10^6), ppm
　~ **je tausend Teile** parts per thousand (10^3), ppt
teilen to divide *(samples)*
　in Abschnitte (Segmente) ~ to segment
Teilgesamtheit *f* subpopulation
Teilordnung *f* partial order *(of a reaction)*
Teilpipette *f* measuring pipette
Teilprogramm *n* **zur Hüllkurvenbearbeitung** envelope processing subroutine *(laboratory automation)*
　~ **zur intervallweisen Säulendiagrammdarstellung** interval histogramming subroutine [with references]
　~ **zur Maximumverarbeitung** peak-processing subroutine
　~ **zur schnellen Fourier-Transformation** FFT subroutine
Teilreaktion *f* half-reaction, half-cell reaction
　reversible (schnelle) diffusionsbedingte ~ *(el anal)* Nernstian diffusion-controlled half-reaction
Teilspektrum *n* subspectrum
Teilstrich *m* division, [graduation] mark
Teilstromausgang *m (gas chr)* split exit
Teilstromturbidimeter *n* split-stream turbidimeter
Teilstromverfahren *n (gas chr)* split sampling method
Teilstromverhältnis *n (gas chr)* [sample] split ratio, splitting ratio, split[ter ratio]

Teilstromzelle *f (gas chr)* semi-diffusion cell
Teilung *f* division *(of samples)*
  logarithmische ~ logarithmic calibration
Tellur *n* Te tellurium
TEM (Transmissions-Elektronenmikroskopie) transmission electron microscopy, TEM
TEMED (Tetramethylethylendiamin) tetramethylethylenediamine, TEMED
Temperatur *f* temperature
  absolute ~ *s.* thermodynamische ~
  erhöhte ~ elevated temperature
  gewöhnliche ~ ordinary (normal, room) temperature
  kritische ~ critical temperature
  thermodynamische ~ thermodynamic (absolute) temperature
temperaturabhängig temperature-dependent
Temperaturabhängigkeit *f* temperature dependence (dependency)
Temperaturänderung *f* temperature change, change in temperature
Temperaturanregung *f (spec)* thermal excitation
Temperaturanstieg *m* rise (increase) in (of) temperature
Temperaturausgleich *m (meas)* temperature compensation (equalization)
Temperaturbeiwert *m s.* Temperaturkoeffizient
Temperaturbereich *m* temperature range
temperaturbeständig temperature-resistant, temperature-stable, thermally stable
Temperaturbeständigkeit *f* temperature resistance (stability), thermal stability
Temperaturdifferenz *f* temperature difference
Temperatureffekt *m* temperature effect
temperaturempfindlich temperature-sensitive
Temperaturempfindlichkeit *f* temperature sensitivity
Temperaturerhöhung *f s.* Temperaturanstieg
Temperaturgefälle *n* temperature gradient
Temperaturgleichgewicht *n (th anal)* temperature equilibrium
Temperaturgradient *m* temperature gradient
Temperaturgradientenchromatographie *f* temperature-gradient chromatography, chromathermography
Temperaturgrenze *f* temperature limit
  obere ~ upper temperature limit
Temperaturintervall *n* temperature interval
Temperaturkalibrierung *f* temperature calibration
Temperaturkoeffizient *m* temperature coefficient
  ~ **des Widerstands** temperature coefficient of resistance
  positiver ~ positive temperature coefficient
Temperaturkompensation *f (meas)* temperature compensation (equalization)
temperaturkompensiert *(meas)* temperature-compensated
Temperaturleitfähigkeit *f* thermometric conductivity, thermal diffusivity

Temperaturmeßfühler *m* temperature sensor
Temperaturmeßinstrument *n* temperature measuring instrument
Temperaturmessung *f* temperature measurement
Temperaturmilieu *n* temperature environment
Temperaturprogramm *n* temperature program
Temperaturprogrammierung *f* [column] temperature programming
  lineare ~ linear temperature programming
Temperaturregelung *f* temperature control
Temperaturschreiber *m* temperature recorder
Temperaturschwankung *f* temperature fluctuation (variation), fluctuation in temperature
Temperatursensor *m* temperature sensor
Temperatursprungmethode *f (catal)* temperature-jump (T-jump) technique
temperaturstabil *s.* temperaturbeständig
temperaturunabhängig temperature-independent
Temperaturunabhängigkeit *f* temperature independence
temperaturunempfindlich temperature-insensitive
Temperaturvariation *f s.* Temperaturschwankung
Temperaturwirkung *f* temperature effect
temperieren to thermostat
Tendenznachweis *m* trend detection
Tensammetrie *f* tensammetry, measurement of non-faradaic admittance
tensammetrisch tensammetric
Tensionsthermometer *n* vapour-pressure thermometer
Tensor *m* **zweiter Stufe** second-rank tensor
Terbium *n* terbium
Term *m* term *(of an equation)*; energy level (state), term
  ~ **der Eddy-Diffusion** *(chr)* A (eddy diffusion) term *(of the van Deemter equation)*
  ~ **der Longitudinalvermischung** *(chr)* B (molecular diffusion) term *(of the van Deemter equation)*
  ~ **der Strömungsdispersion** *(chr)* C (mass-transfer) term *(of the van Deemter equation)*
  ~ **der Wirbeldiffusion** *s.* ~ der Eddy-Diffusion
Terminatorelektrolyt *m (elph)* terminating electrolyte, terminator
Terminatorion *n (elph)* terminating (trailing) ion
Ternärkomplex *m* ternary complex
Test *m* test, trial *(s.a. unter Prüfung)*
  ~ **nach Grob** *(gas chr)* Grob test *(for evaluating the column quality)*
  nichtparametrischer (parameterfreier) ~ *(stat)* non-parametric test
  statistischer ~ statistical test
  verteilungsfreier statistischer ~ distribution-free statistical test
χ^2**-Test** *m* chi-square[d] test
Testanalyse *f* test analysis
Testanzahl *f (stat)* number of tests
Testbedingungen *fpl* experimental (test) conditions

Testbesteck

Testbesteck *n s.* Testkit
Testchromatogramm *n* test (trial) chromatogram
testen to test
Tester *m* tester
Testgemisch *n* test mixture
~ **nach Grob** *(gas chr)* Grob test mixture
Testkit *n* test kit
~ **für Freilandversuche** field test kit
~ **für Laborversuche** laboratory test kit
leicht handhabbares ~ easy-to-use test kit
Testmenge *f* test (analytical) portion
Testmischung *f* test mixture
Testquantum *n* test (analytical) portion
Testserie *f* test series, series of tests
Testsubstanz *f* test probe (solute)
McReynoldsche ~ *(gas chr)* McReynolds [test] probe
Rohrschneidersche ~ *(gas chr)* Rohrschneider test probe
Testverbindung *f* test probe (solute)
Testverfahren *n* test[ing] method
Tetra *m s.* Tetrachlorkohlenstoff
Tetraalkylblei *n* lead tetraalkyl
Tetraalkylbleiverbindung *f* tetraalkyl lead compound
3,3',5,5'-Tetrabrom-*m*-cresolsulfonphthalein *n* bromocresol green, 3,3'5,5'-tetrabromo-*m*-cresol sulphonephthalein
Tetrabromfluorescein *n* eosin, tetrabromofluorescein
3,3'5,5'-Tetrabromphenolsulfonphthalein *n* bromophenol blue, 3,3'5,5'-tetrabromophenol sulphonephthaleine
Tetrabutylammoniumhydroxid *n* tetrabutylammonium hydroxide, TBAH
Tetrachlorkohlenstoff *m*, **Tetrachlormethan** *n* carbon tetrachloride, tetrachloromethane
tetraedrisch tetrahedral
Tetrafluoroborat *n* tetrafluoroborate
Tetrahydrofuran *n* tetrahydrofuran, THF
Tetramethylethylendiamin *n* tetramethylethylenediamine, TEMED
Tetramethylsilan *n* tetramethylsilane, TMS
Tetraphenylarsoniumchlorid *n* tetraphenylarsonium chloride
tetravalent tetravalent
TG, TGA (Thermogravimetrie, thermogravimetrische Analyse) thermogravimetry, TG
Thallium *n* Tl thallium
Thallium(I)-Salz *n* thallium(I) salt
Thenoyltrifluoraceton *n* thenoyltrifluoroacetone, TTA
Theorie *f*: • **etwas mehr als der** ~ **entspricht** in slight excess of theory
~ **der Böden** *(chr)* plate model (theory), theoretical plate concept
~ **des Übergangszustandes** transition state theory *(reaction kinetics)*
kinetische ~ rate theory *(of chromatography)*
Redfieldsche ~ *(nuc res)* Redfield theory
statistische ~ statistic[al] theory

thermionisch thermionic
thermisch thermal
Thermistor *m* thermistor
Thermoanalyse *f* thermal analysis
Thermoanalysemethode *f* thermal analysis technique
Thermoanalysenkurve *f* thermal analysis curve
thermoanalytisch thermoanalytical
Thermochemie *f* thermochemistry
Thermochemiker *m* thermochemist
thermochemisch thermochemical
Thermodesorption *f (maspec)* thermal desorption
Thermodesorptions-Massenspektrometrie *f* thermal desorption mass spectrometry
Thermodetektor *m (elph)* thermometric detector
Thermodiffusion *f* thermal diffusion, thermodiffusion
Thermodiffusionskoeffizient *m* thermal diffusion coefficient
Thermodynamik *f* thermodynamics
thermodynamisch thermodynamic
Thermoelement *n* thermocouple, thermoelectric couple (element)
Thermo-Gaschromatographie *f* temperature-gradient chromatography, chromathermography
Thermograph *m* temperature recorder
Thermogravimetrie *f* thermogravimetry, TG
derivative ~ derivative thermogravimetry, DTG
~ **und Differentialthermoanalyse** *f*/simultane simultaneous thermogravimetry and differential thermal analysis
Thermogravimetriekurve *f* thermogravimetry trace
thermogravimetrisch thermogravimetric
Thermoionenquelle *f (maspec)* thermal emission ion source
Thermoionisation *f (maspec)* thermal ionization
Thermo-Ionisationsdetektor *m (gas chr)* thermionic ionization detector, TID, thermionic (thermal ionization) detector, NP (nitrogen-phosphorus) detector, NPD, nitrogen-phosphorus specific detector
thermoionisch thermionic
Thermoionisierung *f (maspec)* thermal ionization
thermolabil thermolabile, thermally labile (unstable)
Thermolabilität *f* thermolability, thermal lability
Thermolumineszenz *f* thermal luminescence
thermomechanisch thermomechanical
Thermometer *n* thermometer
Thermooxidation *f* thermal oxidation
thermooxidativ thermal-oxidative
Thermopaar *n* thermocouple, thermoelectric couple (element)
standardisiertes ~ standard thermocouple
Thermosäule *f* thermopile
Thermospray-Interface *n (maspec)* thermospray (jet, expanding-jet) interface
Thermosprayionenquelle *f (maspec)* thermospray ion source, TSP [ion] source

Titration

Thermospray-Massenspektrum *n* thermospray mass spectrum, TSP spectrum
Thermosprayquelle *f s.* Thermosprayionenquelle
thermostabil temperature-resistant, temperature-stable, thermally stable
thermostati[si]eren to thermostat
Thermowaage *f* thermobalance
Theta-Lösungsmittel *n* theta solvent, Θ solvent
Theta-Temperatur *f* theta temperature, Θ temperature
Theta-Zustand *m* theta state, Θ state, pseudo-ideal state
Thioacetamid *n* thioacetamide
Thioalkohol *m* mercaptan
Thiocyanat *n* thiocyanate
Thiophen *n* thiophene
Thiosulfat *n* thiosulphate
Thorium *n* Th thorium
Through-space-Kopplung *f (nuc res)* through-space [coupling] interaction
Thulium *n* Tm thulium
Thymolblau *n* thymol blue
Thymolphthalein *n* thymolphthalein
TID *m s.* Thermo-Ionisationsdetektor
Tiefenauflösung *f* depth resolution
Tieffeldsignal *n (mag res)* low-field signal
Tieffeldverschiebung *f (nuc res)* low-field shift
tiefgefrieren to deep-freeze
Tiefpassfilter *n (meas)* low-pass filter
Tieftemperaturfluid *n* cryogenic fluid
Tieftemperatur-Fluorimetrie *f* low-temperature fluorometry
Tieftemperaturküvette *f (spec)* low-temperature cell
Tieftemperaturspektrum *n* low-temperature spectrum
Tieftemperaturzelle *f (spec)* low-temperature cell
Time-averaging-Verfahren *n (nuc res)* time-averaging, TA
Time-of-flight-Massenspektrometer *n* TOF (time-of-flight) mass spectrometer
Tintenschreiber *m (meas)* pen-and-ink recorder
Tintenstrahlschreiber *m* ink-jet recorder
Tintometer *n* colorimeter
Tiselius-Elektrophorese *f* moving boundary electrophoresis, MBE, frontal (free-boundary) electrophoresis, free-solution electrophoresis, electrophoresis by Tiselius method
Tiselius-Methode *f (elph)* moving boundary method (technique), moving boundary electrophoretic technique, Tiselius method
Titan *n* Ti titanium
Titan(III)-chlorid *n* titanium(III) chloride
Titan(III)-sulfat *n* titanium(III) sulphate
Titer *m (vol)* titre, titer, reacting strength (value)
• **den ~ bestimmen** to standardize *(a solution)*
Titerbestimmung *f*, **Titerstellung** *f (vol)* standardization *(of a solution)*
Titrand *m* titrand

Titrans *n s.* Titrant
Titrant *m* titrant [solution], titration agent
~ **für die Hochfrequenztitration** impedimetric titrant
konduktometrischer ~ conductometric titrant
oszillometrischer ~ impedimetric titrant
oxidierender ~ oxidizing titrant
reduzierender ~ reducing titrant
Titration *f* titration
acidimetrische ~ acidimetry, acidimetric titration
alkalimetrische ~ alkalimetry, alkalimetric titration
amperometrische ~ amperometric titration
automatische ~ automatic titration
automatische elektrometrische (potentiometrische) ~ automatic potentiometric titration
biamperometrische ~ *s.* ~ mit zwei Indikatorelektroden/amperometrische
chargenweise ~ batchwise titration
chelatometrische ~ chelatometric titration
coulometrische ~ galvanostatic (amperostatic) coulometry, coulometric titration, controlled-current coulometry, CCC
dekametrische ~ *s.* dielektrometrische
derivativ-potentiometrische ~ derivative potentiometric titration
dielektrometrische ~ dielectrometric (dielcometric) titration
differentielle konduktometrische ~ differential conductometric titration
differenzpotentiometrische ~ differential potentiometric titration
direkte ~ direct titration
diskontinuierliche ~ batchwise titration
elektrometrische ~ electrometric titration
enthalpimetrische ~ thermometric (thermal) titration
extraktive ~ phase titration
graphische potentiometrische ~ graphical potentiometric titration
hochfrequenzkonduktometrische ~~ *s.* oszillometrische ~
~ **in nichtwäßriger Lösung** non-aqueous titration
~ **in nichtwäßriger Lösung/konduktometrische** non-aqueous conductometric titration
~ **in nichtwäßriger Lösung/potentiometrische** non-aqueous potentiometric titration
~ **in wasserfreiem Medium** *s.* ~ in nichtwäßriger Lösung
indirekte ~ indirect titration
inverse ~ reverse titration
iodometrische ~ iodimetric (iodometric) titration
katalytische ~ catalymetric titration
komplexometrische ~ compleximetric (complexometric, complexation, complex-formation) titration, complexation analysis
konduktometrische ~ conductance (conductometric) titration

Titration

manuell ausgeführte ~ manual titration
manuelle ~ manual titration
~ **mit Doppelelektrode/amperometrische** dual-electrode amperometric titration
~ **mit EDTE/potentiometrische** potentiometric EDTA titration
~ **mit einer polarisierbaren Elektrode/amperometrische** amperometric titration with one indicator electrode
~ **mit einer polarisierbaren Hg-Tropfelektrode/amperometrische** amperometric titration with one mercury electrode
~ **mit potentiometrischer Endpunktfeststellung/coulometrische** controlled-current coulometry with potentiometric end-point detection
~ **mit zwei Indikatorelektroden (polarisierbaren Elektroden)/amperometrische** amperometric titration with two indicator electrodes, biamperometric (dead-stop) titration
~ **mit visueller Endpunktsbestimmung (Indikation)** visual titration
~ **nach Fajans** Fajans titration, Fajans' method *(for determining halides)*
~ **nach Liebig** Liebig titration, Liebig's method *(for determining cyanide)*
~ **nach Mohr** Mohr titration, Mohr's method *(for determining halides)*
~ **nach Volhard** Volhard titration (method) *(for determining halides)*
nephelometrische ~ nephelometric titration
oszillometrische ~ impedimetric titration, impedimetry, high-frequency [conductometric] titration
photometrische ~ [spectro]photometric titration
polarographische ~ amperometric titration with one mercury electrode
potentiometrische ~ potentiometric titration (analysis)
potentiometrische coulometrische ~ potentiometric coulometric titration
prozeßgekoppelte ~ on-line titration
radiometrische ~ radiometric titration
reduktometrische ~ reductimetric titration
spektralpolarometrische ~ spectropolarimetric titration
thermometrische ~ thermometric (thermal) titration
turbidimetrische ~ turbidimetric titration
tyndallometrische ~ nephelometric titration
umgekehrte ~ reverse titration
~ **zweiter Ordnung/differentielle potentiometrische** second-derivative potentiometric titration
~ **zweiter Ordnung/potentiometrische** second-derivative potentiometric titration
Titrationscoulometer n titration coulometer
Titrationsfehler m titration error
Titrationskurve f titration curve
  amperometrische ~ amperometric titration curve
  biamperometrische ~ biamperometric titration curve

konduktometrische ~ conductometric titration curve
photometrische ~ photometric titration curve
potentiometrische ~ potentiometric titration curve
thermometrische ~ thermometric titration curve
Titrationslösung f solution being titrated
Titrationsmethode f s. Titrationsverfahren
Titrationsmittel n titrant [solution], titration agent
Titrationsreaktion f titration reaction
Titrationstechnik f s. Titrationsverfahren
Titrationsverfahren n titration method (technique)
  differentielles ~ differential titration technique
  direktes iodometrisches ~ iodometry, direct iodometric titration method *(titration with iodine)*
  indirektes iodometrisches ~ iodometry, indirect iodometric titration method *(titration of iodine)*
  iodometrisches ~ ~ iodometry, iodometric titration method *(titration with or of iodine)*
Titrationsverlauf m course of the titration
Titrationszelle f titration cell
Titrationszyklus m titration cycle
Titrator f s. 1. Titrant; 2. Titriergerät
Titratordosierpumpe f titrant metering pump
Titratorlösung f s. Titrant
Titrieranalyse f s. Titrimetrie
Titrierautomat m automatic titrator, autotitrator
titrierbar titratable
  nicht ~ impossible to titrate
titrieren to titrate
  thermometrisch ~ to titrate thermometrically.
Titrierfehler m titration error
Titriergefäß n titration vessel
Titriergerät n titration device (instrument), titrator, titrimeter
  automatisches ~ automatic titrator, autotitrator
  coulometrisches ~ coulometric titrator
  ~ **für direkte Titration** direct titrator
  graphisch aufzeichnendes ~ titrigraph
Titrierkammer f titration chamber
Titrierkolben m titration flask
Titrierlösung f volumetric solution
Titrierverfahren n titration method (technique)
Titrimeter n s. Titriergerät
Titrimetrie f titrimetric (mensuration) analysis, titrimetry
  amperometrische ~ amperometric titrimetry
  differentielle konduktometrische ~ differential conductometric titrimetry
  konduktometrische ~ conductometric titrimetry
  oszillometrische ~ impedimetric titrimetry
titrimetrisch titrimetric, volumetric
TLC-Platte f thin-layer plate, TLC plate, chromatographic plate, chromatoplate
TMA (thermomechanische Analyse) thermomechanical analysis, TMA
TMCS (Trimethylchlorsilan) trimethylchlorosilane, TMCS
T-Metall n transition[al] metal, transition element

TMS (Tetramethylsilan) tetramethylsilane, TMS
TMS-Derivat *n* trimethylsilyl (TMS) derivative
TOC-Analysator *m* TOC analyser
TOC-Bestimmung *f* TOC determination
TOC-Gehalt *m* TOC content
Tochter *f (rad anal)* daughter product
Tochterion *n (maspec)* daughter (product) ion
Tochterionenspektrum *n (maspec)* product ion spectrum
Tochternuklid *n*, **Tochterprodukt** *n (rad anal)* daughter product
Tochter-Scan *m (maspec)* daughter (product) ion scan
TOC-Prozeßüberwachungsgerät *n* process total organic carbon monitor
TOF-Massenspektrometer *n* time-of-flight mass spectrometer, TOF mass spectrometer
Toleranz *f (stat)* tolerance
Toleranzbereich *m (proc)* tolerance range (zone)
Toleranzgrenze *f (stat)* tolerance limit
Toluol *n* toluene, methylbenzene
Tonfrequenzmesser *m* audio-frequency meter
TOPO (Trioctylphosphinoxid) trioctylphosphine oxide, TOPO
torkeln *(mag res)* to tumble
Torrey-Oszillationen *fpl (nuc res)* Torrey's oscillations
Torsionsschwingung *f (opt mol)* twisting vibration
Tortuositätsfaktor *m (chr)* tortuosity (labyrinth, obstruction, obstructive) factor
Totalionenstrom *m (maspec)* total ion current, TIC
Totalkonzentration *f* total (overall) concentration
Totalreflexion *f* total reflection (reflectance)
   abgeschwächte ~ attenuated total reflection (reflectance), ATR
Totalreflexions-Röntgenfluoreszenz *f* total reflection X-ray fluorescence, TXRF
Totalspin *m (spec)* total spin
totalsymmetrisch *(spec)* totally symmetric
Totalvolumen *n* total volume
Totgrößenvielfaches *n (chr)* capacity (partition) ratio, mass distribution ratio, [solute] capacity factor
Tot-Punkt-Titration *f* amperometric titration with two indicator electrodes, biamperometric (dead-stop) titration
Totvolumen *n (chr)* 1. extra-column [dead] volume, dead [space] volume; 2. [mobile phase] hold-up volume, [column] dead volume, [column] void volume, outer [bed] volume, interstitial volume, *(gas chr also)* gas hold-up [volume] *(within the column)*
Totzeit *f (meas)* [instrumental] dead time; *(chr)* [mobile phase] hold-up time, column dead time, *(liq chr also)* solvent hold-up, *(gas chr also)* gas hold-up time
Totzeitkorrektur *f* dead time correction
Totzone *f (meas)* dead band
toxisch toxic, poisonous

Toxizität *f* toxicity, poisonousness
t-Prüfung *f (stat)* t-test, Student['s] test
TQF (Tripelquantenfilter) *(nuc res)* triple-quantum filter, TQF
Tracer *m* tracer
   radioaktiver ~ radioactive tracer, radiotracer
Tracerenzym *n* enzyme tag
Tracersubstanz *f* tracer
träge/chemisch chemically inert
Träger *m* carrier, support [material], *(chr also)* stationary phase support, *(elph also)* supporting (stabilizing) medium, stabilizing support; backing material *(thin-layer chromatography)*; spectrochemical carrier
   ~ **auf Kieselgurbasis** *(gas chr)* diatomaceous support
   fester ~ solid support
   inerter ~ inert support
   isotoper ~ *(rad anal)* isotopic carrier
Trägerampholyt *m (elph)* carrier ampholyte, ampholyte carrier
Trägerdesaktivierung *f* support deactivation
Trägerelektrophorese *f* electrophoresis in a fixed (supporting) medium, stabilized electrophoresis, electrochromatography, electropherography
   kontinuierliche zweidimensionale ~ curtain electrophoresis
trägerfrei carrier-free *(radionuclide)*
Trägerfrequenz *f (mag res)* carrier frequency
Trägergas *n* carrier gas, *(gas chr also)* mobile [gas] phase, gas mobile phase, *(elution chromatography also)* eluent, eluant, carrier
Trägergasdruck *m* carrier gas pressure
Trägergaseinlaß *m* carrier gas inlet
Trägergasfluß *m s.* Trägergasstrom
Trägergasgeschwindigkeit *f* carrier [gas] flow-rate, carrier gas velocity
   lineare ~ *(gas chr)* linear gas velocity
   mittlere [lineare] ~ *(gas chr)* average carrier (linear) gas velocity, mean carrier gas velocity
   praktische ~ *(gas chr)* practical operating gas velocity
Trägergasmengenstrom *m* carrier [gas] flow-rate, carrier gas velocity
Trägergasreinheit *f* carrier gas purity
Trägergasstrom *m* carrier gas flow, carrier gas [flow] stream
Trägergasversorgung *f* carrier gas supply
Trägergasverunreinigung *f* carrier gas impurity
Trägerlösung *f (flow)* carrier [solution]
Trägermaterial *n*, **Trägermedium** *n s.* Träger
Trägeroberfläche *f* support surface
Trägerschicht *f* support layer
Trägerstreifen *m* electrophoresis strip
Trägerstrom *m (flow)* carrier stream
Trägerstromlösung *f (flow)* carrier [solution]
Trägersubstanz *f s.* Träger
Tragfähigkeit *f* capacity *(of a balance)*
Trägheit *f* inertness
   chemische ~ chemical inertness

Trägheitsradius

Trägheitsradius *m* radius of gyration, Stokes' radius *(of a macromolecule)*
tränken to soak
Transfer *m* **von Magnetisierung** *(nuc res)* population (polarization, coherence) transfer, transfer of coherence, coherent transfer, CT, magnetization transfer, MT
Transferfunktion *f* transfer function
Transformation *f* conversion, change, transformation
transformieren to convert, to change, to transform, to transduce
trans-Isomer *n* trans-isomer
Transitionszeit *f (pol)* transition time
Translation *f* translation
Translationsfreiheitsgrad *m (spec)* translational degree of freedom
Translationsspektroskopie *f* translational spectroscopy
Transmission *f* transmittance, transmission
Transmissions-Elektronenenergieverlust-Spektrometrie *f* transmission electron energy loss spectrometry, TEELS
Transmissions-Elektronenmikroskopie *f* transmission electron microscopy, TEM
  registrierende ~ scanning transmission electron microscopy, STEM
Transmissionsgitter *n (spec)* transmission grating
Transmissionsgrad *m* transmission factor, spectral internal transmittance
  ~ **im Maximum des Durchlaßbereichs** *(spec)* peak transmittance
Transmissionsspektrum *n* transmission spectrum
Transparenz *f s.* Transmission
Transportband-Interface *n (maspec)* moving belt [LC-MS] interface, [HPLC moving] belt interface
Transportdetektor *m (liq chr)* transport detector
transportieren to transfer, to transmit, to convey *(electrons, ions)*
Transportinterface *n (maspec)* mechanical transport interface
Transportinterferenz *f* transport interference
Transportmechanismus *m* transport mechanism
Transportphänomen *n* transport phenomenon
Transportstörung *f* transport interference
Transportstrom *m (flow)* carrier stream
Transversalwelle *f* transverse wave
Trapezapproximation *f (chr)* trapezoidal approximation *(for computing peak areas)*
Trappen *n (gas chr)* [cryogenic] trapping
  intermediäres ~ intermediate trapping
t_1-Rauschen *n (nuc res)* t_1 noise
Treibmittel *n* working medium *(of a diffusion pump)*
Trendtest *m (stat)* test of trend
Trennbedingungen *fpl* separation conditions
Trennbereich *m* separation (separating) range
Trenncharakteristik *f* separation characteristics
Trenneffekt *m* separation effect

Trenneigenschaften *fpl* separation (separative, separating) properties
trennen to separate, to resolve *(a mixture)*; separate *(e.g. signals)*
  sich [voneinander] ~ to separate
Trennen *n* **nach Korngrößenklassen** sizing, size classification (grading, separation)
Trennfähigkeit *f* separating (separation) ability
Trennfaktor *m (chr)* separation factor, SF, relative retention ratio *(of two adjacent peaks)*; *(ion)* separation factor (coefficient)
Trennflüssigkeit *f (gas chr)* [stationary] liquid phase, [liquid] stationary phase, solvent
  mittelpolare ~ medium-polarity liquid phase
Trennflüssigkeitsbeladung *f (gas chr)* liquid-phase loading, [stationary] phase loading, liquid load, loading
Trennfüllung *f (chr)* packing, packed bed, PB
Trenngel *n (elph)* separating gel
Trenngelpuffer *m (elph)* separation buffer
Trenngeschwindigkeit *f* separation velocity
Trenngrad *m* degree of separation
Trennkammer *f* elution (developing, development, chromatographic) chamber, developing (development) tank
Trennkapillare *f (elph)* separation capillary; *(gas chr)* capillary (open tubular) column, open-tube column, OTC, Golay column
Trennkraft *f* separation (separating) power, separating potential
Trennleistung *f* separation efficiency, *(chr also)* column efficiency (effectiveness, performance), chromatographic efficiency
Trennmaterial *n* separation medium
Trennmechanismus *m* separation mechanism
Trennmedium *n/***stabilisierendes** *(elph)* supporting (stabilizing) medium, [stabilizing] support
Trennmethode *f* separation (separative) method (process), separation (separative) technique (procedure)
Trennmittel *n (liq chr)* [liquid] mobile phase, liquid phase, mobile (column) solvent, solvent *(in column chromatography)*, *(elution chromatography also)* eluent, eluant, eluting solvent (agent, medium), *(planar chromatography also)* developer, developing (development) solvent
Trennmuster *n (elph)* separation pattern
Trennphase *f/***chirale** *(chr)* chiral phase
Trennproblem *n* separation problem
Trennprofil *n (chr)* separation profile
Trennsäule *f (chr)* separating (separation) column, column; separator (separating) column *(in ion chromatography)*
  analytische ~ analytical column
  ~ **für Adsorptionschromatographie** adsorption (adsorbent) column
  ~ **für Verteilungschromatographie** partition column
  gaschromatographische ~ GC column

naß gepackte ~ slurry-packed column
trocken gepackte ~ dry-packed column
verteilungschromatographische ~ partition column
Trennsäuleneluat n (chr) column effluent
Trennsäulenfüllung f (chr) column packing
Trennsäulenkapazität f (chr) working capacity
Trennsäulenpackung f (chr) column packing
Trennschärfe f 1. (meas) resolution, resolving power; (gas chr) separation factor; 2. s. Trennstufenzahl / effektive
Trennstrecke f (chr, elph) migration (migrated) distance, distance travel
Trennstufe f / **effektive** (chr) effective plate
  theoretische ~ theoretical plate
Trennstufenhöhe f (chr) plate height
  effektive ~ height equivalent to one effective plate, HEEP, effective plate height
  reduzierte ~ reduced plate height
  theoretische ~ height equivalent to a (one) theoretical plate, HETP [value], theoretical plate height
Trennstufenzahl f (chr) column plate count, plate number (count), number of plates
  effektive ~ (chr) effective (real) plate number, number of effective (real) plates
  theoretische ~ (chr) theoretical plate number, number of theoretical plates
Trennsystem n separation (separative) system; (maspec) mass analyser, analyser tube
Trenntechnik f s. Trennmethode
Trenntemperatur f separation temperature
Trenntrichter m separating funnel
Trennung f separation, resolution (of a mixture); unmixing, separation, segregation (of a heterogeneous system)
  analytische ~ analytical separation
  ~ **aufgrund der Molekülgröße** molecular size separation
  ausschlußchromatographische ~ gel-permeation separation
  chemische ~ chemical separation
  chromatographische ~ chromatographic separation
  dünnschichtchromatographische ~ TLC separation
  elektrolytische ~ electrolytic separation
  elektrophoretische ~ electrophoretic separation
  gaschromatographische ~ GC (gas-chromatographic) separation
  gelchromatographische ~ gel-permeation separation
  ~ **in Gruppen** group separation, separation into groups
  isotherme ~ isothermal separation
  ~ **mittels semipermeabler Membranen** membrane separation
  ~ **nach der Molekülgröße** molecular size separation

präparative ~ prep-scale separation
stoffklassenorientierte ~ class separation
temperaturprogrammierte ~ temperature-programmed (programmed-temperature) separation
zweidimensionale ~ (elph) 2D (two-dimensional) separation, two-way separation
Trennungsgang m separation scheme
Trennungsmethode f s. Trennmethode
Trennverfahren n s. Trennmethode
Trennwand f (dial) separation wall
Trennwirksamkeit f separating (separation) efficiency, (chr also) column efficiency (effectiveness, performance), chromatographic efficiency
Trennwirkung f separation effect
Trennzahl f (chr) separation number, SN
Treppenstufenpolarographie f staircase polarography
Tri n trichloroethylene
Trialkylamin n trialkyl amine
Triammonium-dodecamolybdophosphat n ammonium molybdophosphate, AMP
Tributylphosphat n tributyl phosphate, TBP
Trichloracetat n trichloroacetate
Trichloressigsäure f trichloroacetic acid, TCA
Trichloreth[yl]en n trichloroethylene
Trichlormethan n chloroform, trichloromethane
Trichtereinlage f zum Filtrieren filter cone
Tricresylphosphat n tricresyl phosphate
Triebkraft f driving (motive) force
Triethanolamin n triethanolamine
Triethylphosphat n triethyl phosphate
N-Trifluoracetylimidazol n N-trifluoroacetylimidazole
Trifluoressigsäureanhydrid n trifluoroacetic anhydride, TFAA
Trifluorpropylsilicon n trifluoropropyl silicone
Triftröhre f (el res) klystron tube, klystron [oscillator]
trigonal rhombohedral, trigonal
1,2,3-Trihydroxybenzol n pyrogallol, 1,2,3-trihydroxybenzene
Triiodid-Ion n tri-iodide ion
triklin triclinic
Trimethylaniliniumhydroxid n trimethylanilinium hydroxide, TMAH
1,3,5-Trimethylbenzol n mesitylene, 1,3,5-trimethylbenzene
Trimethylchlorsilan n trimethylchlorosilane, TMCS
2,2,4-Trimethylpentan n isooctane, 2,2,4-trimethylpentane
Trimethylphosphat n trimethyl phosphate
Trimethylsilylderivat n trimethylsilyl (TMS) derivative
trimolekular termolecular (reaction)
Trinkwasser n drinking (potable) water, water for potable purposes (use), (specifically) municipal [drinking] water, city water
Trinkwasser-Standard m potable [water] standards

Trioctylamin

Trioctylamin *n* trioctylamine, TNOA
Trioctylphosphinoxid *n* trioctylphosphine oxide, TOPO
Tripel-Monochromator *m (spec)* triple monochromator
Tripel-Quadrupol *m (maspec)* triple quadrupole
Tripelquantenfilter *n (nuc res)* triple-quantum filter, TQF
Tripelresonanz *f (nuc res)* triple resonance
Triplettzustand *m (spec)* triplet [electronic] state
Tripolyphosphat *n* tripolyphosphate
Tris *n*, **Tris(hydroxymethyl)aminomethan** *n* tris(hydroxymethyl)aminomethane, THAM, tris
Tris-Glycin-Puffer *m* tris-glycine buffer
Tris-HCl-Puffer *m* tris-HCl buffer
Tritium *n* T tritium *(hydrogen isotope ^3H)*
trivalent trivalent, tervalent
trocken werden to dry
Trockenelement *n (pol)* dry cell
Trockenfüllung *f s.* Trockenpackung
Trockengel *n* xerogel
Trockengut *n* material being (*or* to be) dried
Trockenmittel *n* drying agent, desiccant
Trockenpackung *f (chr)* dry packing
Trockenpackungstechnik *f (chr)* dry-packing technique
Trockenprobe *f* dry assay
Trockenschrank *m* drying oven
Trockensieben *n* dry sieving
trockentupfen to blot dry
trocknen to dry, to desiccate
  bis zur Massekonstanz ~ to dry to constant (steady) weight
  ~ **lassen** to allow to dry
  ~ **lassen/an der Luft** to allow to dry in the air, to allow (leave) to air-dry
Trocknung *f* drying, desiccation
Trocknungsmittel *n* drying agent, desiccant
Trocknungsverlust *m* loss on drying
Trommelplotter *m* drum plotter
Trommelschreiber *m* drum [chart] recorder
Tropäolin *n* tropaeolin
Tröpfchen *n* droplet
Tröpfchenbildung *f* droplet formation
Tropfelektrode *f (pol)* dropping electrode
  rotierende ~ rotating dropping electrode
  schwingende (vibrierende) ~ vibrating dropping electrode
Tropfelektrodencoulometrie *f* dropping electrode coulometry
Tropfen *m* drop
  kleiner ~ droplet
Tropfenabfall *m* drop fall
Tropfenabklopfeinrichtung *f*, **Tropfenabschläger** *m (pol)* drop knocker (hammer, dislodger, terminator)
Tropfenalter *n (pol)* drop age
Tropfenfall *m*, **Tropfenfallen** *n* drop fall
Tropfenfallmoment *m (pol)* instant of drop fall

Tropfen-Gegenstromchromatographie *f* droplet counter-current chromatography, DCCC
Tropfengewicht *n* drop weight
Tropfengrößenverteilung *f* droplet size distribution
Tropfenleben *n*, **Tropfenlebensdauer** *f* drop life[time], life[time] of a drop
Tropfenmasse *f* drop mass
Tropfenoberfläche *f* drop surface
Tropfenwachstum *n (pol)* drop growth
tropfenweise drop by drop
Tropfgeschwindigkeit *f* drop[ping] rate
Tropfkathode *f (pol)* dropping cathode
Tropftrichter *m* dropping (tap) funnel
Tropfzeit *f (pol)* drop time
Tropfzeitkontrolle *f (pol)* timed drop duration (detachment)
trüb[e] turbid
Trübeteilchen *npl* suspended particles
Trübstoffgehalt *m* level of turbidity
Trübung *f* turbidity
Trübungseinheit *f*/**nephelometrische** nephelometric turbidity unit, NTU
Trübungsmesser *m* turbidimeter
Trübungsmessung *f* turbidimetry, turbidity measurement
Trübungstitration *f* turbidimetric titration
T-Separator *m (flow)* T separator *(in FIA extractions)*
T-Stück *n (lab)* T-piece, tee [connector], T-shape connecting tube
TTA (Thenoyltrifluoraceton) thenoyltrifluoroacetone, TTA
t-Test *m*[/**Studentscher**] *(stat)* t-test, Student['s] test
Tung-Verteilung *f* Tung distribution
Tunnelspektroskopie *f*/**inelastische** inelastic tunneling spectroscopy, ITS
Tüpfelanalyse *f* spot[-test] analysis, drop analysis
Tüpfelanalysegerät *n* spot-test apparatus
  elektrographisches ~ electrographic spot-test apparatus
Tüpfelmethode *f (vol)* spot (external indicator) method *(for determining the end-point of a titration)*
tüpfeln *(ch anal)* to test by spotting
Tüpfelplatte *f* spot plate
Tüpfelprobe *f s.* Tüpfeltest
Tüpfelprobengerät *n*/**elektrographisches** electrographic spot-test apparatus
Tüpfeltest *m* spot test[ing], spot plate test
Turbidimeter *n* turbidimeter
  photometrisches ~ photometric turbidimeter
Turbidimeteranzeige *f* turbidimeter response
Turbidimetergeometrie *f* turbidimeter geometry
Turbidimetrie *f* turbidimetry, turbidity measurement
turbidimetrisch turbidimetric
Turbulenz-Direktzerstäuber-Brenner *m (opt at)* direct injection burner, turbulent-flow burner, turbulent (sprayer, total-consumption) burner

t-Verteilung f *(stat)* t-distribution, Student['s] distribution
Twisting-Schwingung f *(opt mol)* twisting vibration
Tyndall-Effekt m Tyndall effect
Tyndallometrie f nephelometry
TZ f (Trennzahl) *(chr)* separation number, SN
T₁-Zeit f *(nuc res)* longitudinal relaxation time
T-Zustand m *(spec)* triplet [electronic] state

U

U *(catal)* international unit, I.U.
übel objectionable *(odour)*
übelriechend noxious-smelling
Überbesetzung f overpopulation
überdecken to obscure
Überdruck-Dünnschichtchromatographie f overpressure thin-layer chromatography, OPTLC, overpressured TLC
Überdruck-Schichtchromatographie f over-pressure layer chromatography, OPLC
Übereinstimmung f conformity
überempfindlich hypersensitive
Überempfindlichkeit f hypersensitivity
überführen to convert, to change, to transform, to transduce *(e.g. into a new compound)*; to transfer *(substances to vessels)*; to transfer, to transmit, to convey *(electrons, ions)*
Überführung f conversion, change, transformation *(e.g. into a new compound)*
~ **in Derivate** [chemical] derivatization, derivative formation
Überführungszahl f *(el anal)* transference (transport) number
anomale ~ abnormal transference number
Übergang m transition *(into an another energy state)*; conversion *(into an another compound)*
beobachteter ~ *(radia)* observed transition
chronopotentiometrischer ~ chronopotentiometric transition
erlaubter ~ *(spec)* allowed transition
induzierter ~ induced transition
kathodischer ~ *(pol)* cathodic transition
spektroskopischer ~ spectroscopic transition
spontaner ~ spontaneous transition
strahlungsloser ~ *(spec)* radiationless transition
verbotener ~ *(spec)* forbidden transition
~ **vom energieärmeren ins energiereichere Niveau** upward transition
~ **von einem höheren auf ein tieferes Niveau** downward transition
Übergänge mpl/ **progressiv verknüpfte** *(nuc res)* progressively linked (connected) transitions
regressiv verknüpfte ~ regressively linked transitions
Übergangselement n transition[al] metal, transition element

Übergangsenergie f transition energy, energy of transition
Übergangsmetall n transition[al] metal, transition element
Übergangsmetall-Komplex m transition-metal complex
Übergangspotential n *(pol)* transition potential
Übergangssignal n *(maspec)* metastable [ion] peak, transition signal
Übergangsstück n reducing union; *(lab)* adapter
Übergangstemperatur f transition temperature
Übergangswahrscheinlichkeit f *(spec)* transition[al] probability
Übergangszeit f *(pol)* transition time
Übergangszustand m *(catal)* transition state *(reaction kinetics)*
übergehen to convert *(into an another compound)*
überladen *(chr)* to overload *(column, detector)*
Überladung f *(chr)* overloading *(of the column, of the detector)*
~ **der Trennsäule** column overloading (sample overload)
überlagern to superimpose
Überlagerung f superposition, overlap
~ **von spektralen Signalen** spectral overlap
Überlagerungssystem n heterodyne system *(impedimetric titration)*
Überlappung f **der Peaks** peak overlap
Überlappungskonzentration f cross-over concentration
überprüfen to examine, to inspect
nochmals ~ to re-examine, to recheck
Überprüfung f examination, inspection
nochmalige ~ re-examination
Übersättigung f supersaturation
relative ~ *(grav)* supersaturation ratio, relative supersaturation, von Weimarn ratio
überschichten to overlay
Überschneidung f **von spektralen Signalen** spectral overlap
Überschreitungswahrscheinlichkeit f probability for exceeding, exceeding probability
Überschuß m excess
Überschußenergie f excess energy
übersensibilisieren to hypersensitize
Überspannung f overvoltage, overpotential
Überstand m supernatant [liquid], supernatant liquor
übertitrieren to overtitrate
übertragen to transfer, to transmit, to convey *(electrons, ions)*
Übertragung f transfer, transmission
Übertragungsmedium n transmitting medium
Übertragungsweg m **der Kohärenzordnung** *(nuc res)* coherence transfer pathway
Überwachung f monitoring
Überwachungsgerät n monitoring device, monitor
~ **für mehrere Komponenten** *(proc)* multicomponent monitor

Überwachungsgerät 400

~ **für mehrere Stoffströme** *(proc)* multistream monitor
~ **für naßchemische Reaktionen** wet chemical monitor
Uhrglas *n*, **Uhrglasschale** *f* clock (watch) glass, clockglass
U-Kammer *f (liq chr)* U-chamber
Ultrafilter *n* ultrafilter
Ultrafiltrat *n* ultrafiltrate
Ultrafiltration *f* ultrafiltration
Ultrafiltrationsmembran *f* ultrafiltration membran
ultrafiltrieren to ultrafilter
Ultrafiltriermembran *f* ultrafiltration membran
Ultramikroanalyse *f* ultramicro analysis
Ultramikrobestimmung *f* ultramicro determination
Ultramikrobürette *f* ultramicroburette
Ultramikro-Kolbenbürette *f* ultramicro micrometer burette
Ultramikroprobe *f* ultramicro sample *(mass of sample < 0.1 mg)*
Ultramikrotitration *f* ultramicro titration
Ultramikrowaage *f* ultramicrobalance, ultramicro balance
ultrarot infrared
Ultrarotstrahlung *f* infrared (IR) radiation
Ultraschallzerstäuber *m* ultrasonic nebulizer
Ultraspurenanalyse *f* ultra[micro]-trace analysis *(sample mass < 0.1 mg; analyte content < 100 ppm)*
ultraviolett ultraviolet, UV
Ultraviolett-... *s.* UV-...
Ultrazentrifugation *f* ultracentrifugation
Ultrazentrifuge *f* ultracentrifuge
  analytische ~ analytical ultracentrifuge
Umdrehungen *fpl* **pro Minute** revolutions per minute, rpm
Umdrehungszahl *f* speed of rotation, rotor speed *(of a centrifuge)*
umfällen *(grav)* to reprecipitate
Umfällung *f (grav)* reprecipitation
umformen to convert, to change, to transform, to transduce
Umformung *f* conversion, change, transformation
Umgebung *f* environment, vicinity; lattice, surroundings, environment *(of a nucleus)*
  chemische ~ chemical environment
  molekulare ~ molecular environment
Umgebungsbedingung *f* environmental (ambient) condition
Umgebungsdruck *m* ambient (atmospheric) pressure
Umgebungsluft *f* ambient air
Umgebungstemperatur *f* ambient temperature
umgehen to bypass
Umkehr *f* inversion
umkehrbar reversible
  nicht ~ irreversible, non-reversible
Umkehrbarkeit *f* reversibility
Umkehrphase *f (liq chr)* reversed phase, RP

Umkehrphasenchromatographie *f* reversed-phase chromatography, RPC, reversed-phase liquid chromatography, RPLC
  nichtwäßrige ~ non-aqueous reversed-phase chromatography, NARP
Umkehrphasen-Flüssigkeitschromatographie *f s.* Umkehrphasenchromatographie
Umkehrphasensäule *f (liq chr)* reversed-phase column
Umkehrphasen-Säulenfüllung *f (liq chr)* reversed-phase packing
Umkehrphasensystem *n (liq chr)* reversed phase system
Umkehrpunkt *m (stat)* point of regression
Umkehrung *f* inversion
  selektive ~ *(nuc res)* selective inversion
umklappen to flip
Umklappen *n* **der Spins** *(mag res)* spin flip
Umkristallisation *f* recrystallization
umkristallisieren to recrystallize
Umlagerung *f* isomerization, rearrangement
Umorientierung *f* re-orientation
umrechnen to convert
Umrechnung *f* conversion
Umrechnungsfaktor *m* conversion factor
  maßanalytischer ~ titrimetric conversion factor
Umrißdiagramm *n* contour plot (diagram) *(two-dimensional NMR)*
umrühren to agitate, to stir
Umsatz *m* conversion *(quantitatively)*
Umsatzgeschwindigkeit *f (catal)* conversion velocity
Umschlag *m* changeover *(of an indicator)*
Umschlagsbereich *m* transition (indicator) range, transition (colour-change) interval *(of an indicator)*
Umschlagsgebiet *n*, **Umschlagsintervall** *n s.* Umschlagsbereich
Umschlagspotential *n (vol)* equivalence-point potential
Umschlagspunkt *m (vol)* point of change *(of an indicator)*
umsetzen to convert, to change, to transform, to transduce
Umsetzer *m*/**elektrischer** electrical transformer
Umsetzung *f* conversion, change, transformation
umwandelbar/in Spaltstoff *(rad anal)* fertile
umwandeln to convert, to change, to transform, to transduce
  sich ~ to convert *(into an another compound)*
Umwandlung *f* conversion, change, transformation
  chemische ~ chemical change (transformation)
  elektrochemische ~ electrochemical conversion
  innere ~ *(spec)* internal conversion, IC
  isomere ~ *(rad anal)* isomeric transition
Umwandlungsrate *f (rad anal)* activity, disintegration rate
Umwandlungstemperatur *f* transition temperature
Umwegfaktor *m (chr)* tortuosity (labyrinth, obstruction, obstructive) factor

Untersuchung

Umweltanalytik *f* environmental analysis
Umweltmatrix *f* environmental matrix
Umweltprobe *f* environmental sample
Umweltverschmutzung *f* environmental pollution
unabgesättigt unsaturated
unabhängig independent
Unabhängigkeitstest *m (stat)* test for independence
unangenehm objectionable *(odour)*
unbeeinflußt *(stat)* unbiased
unbenetzt non-wetted
unbeständig unstable, labile
   thermisch ~ thermolabile, thermally labile (unstable)
Unbeständigkeit *f*/**thermische** thermolability, thermal lability
Unbestimmtheit *f*/**statistische** statistical uncertainty
unbrennbar non-combustible
Undichtheit *f* leak
undissoziiert undissociated, non-dissociated
undurchdringlich, undurchlässig impermeable, impenetrable, impervious
undurchsichtig opaque, light-tight, lightproof
Undurchsichtigkeit *f* opacity, light-tightness
undurchspült non-draining *(macromolecule)*
unedel non-noble
Unedelmetall *n* non-noble metal
uneinheitlich non-uniform
   innerlich ~ inhomogeneous
Uneinheitlichkeit *f* non-uniformity, heterogeneity
   chemische ~ compositional (chemical) heterogeneity *(of polymers)*
   innere ~ inhomogeneity, non-homogeneity
   konstitutive ~ constitutional heterogeneity *(of polymers)*
unempfindlich insensitive
Unempfindlichkeit *f* insensitivity, insensitiveness
unentflammbar non-flammable
ungebunden unbonded, unbound
ungefettet ungreased *(stopcock)*
ungeladen uncharged, electrically neutral
ungepuffert unbuffered
ungesättigt unsaturated
   koordinativ ~ coordinatively unsaturated
Ungesättigtheit *f* unsaturation
ungiftig non-toxic, non-poisonous
Ungiftigkeit *f* non-toxicity
ungleichartig heterogeneous
Ungleichartigkeit *f* heterogeneity
Ungleichgewicht *n* disequilibrium, imbalance, non-equilibrium
Ungleichgewichtszustand *m* disequilibrium condition
Universaldetektor *m* universal (general, general-purpose) detector
Universalindikator *m* universal (multiple-range) indicator
Unkrautbekämpfungsmittel *n* herbicide

unl., unlö *s.* unlöslich
unlöslich insoluble
   in Wasser ~ water-insoluble
Unlöslichkeit *f* insolubility
unmagnetisch non-magnetic
Unmischbarkeit *f* immiscibility
unpolar non-polar, apolar; covalent
unpolarisierbar non-polarizable, non-polarizible
unrein impure
unreproduzierbar irreproducible, non-reproducible
unselektiv non-selective
unspezifisch non-specific
unstabil unstable
Unstöchiometrie *f* non-stoichiometry
Unsymmetrie *f* asymmetry
unsymmetrisch asymmetric[al]
unterdrücken to suppress
Unterdrückersäule *f (liq chr)* suppressor (stripper, scrubber) column
Unterdruckfilter *n* suction (vacuum) filter
Unterdruckfiltration *f* suction (vacuum) filtration
Unterdrückung *f* suppression
Untereinheit *f (stat)* sub unit
Untergrenze *f* lower limit
Untergrund *m (meas)* background
   spektraler ~ spectral background
Untergrundabsorption *f* background absorption
Untergrundemission *f* background emission
Untergrundfluoreszenz *f* background fluorescence
Untergrundintensität *f* background intensity
Untergrundkompensator *m* background corrector
Untergrundkorrektor *m* background corrector
Untergrundkorrektur *f* background correction
   ~ **mit einem Kontinuumstrahler** deuterium arc background correction
Untergrundleitfähigkeit *f* background conductance (conductivity)
Untergrundlinie *f* background line
Untergrundmassenspektrum *n* background mass spectrum
Untergrundmessung *f* background measurement
Untergrundrauschen *n (meas)* background noise
Untergrundsignal *n* background signal
Untergrundspektrum *n* background spectrum
Untergrundstrahlung *f* background radiation
Untergrundsubtraktion *f* background subtraction
Unterhaltungskosten *pl* maintenance cost[s], cost of maintenance (upkeep)
Untermenge *f* **der Grundgesamtheit** subpopulation
Unterphase *f (extr)* lower phase
unterschätzen *(stat)* to underestimate
Unterstichprobenentnahme *f* subsampling
untersuchen to examine, to investigate, to assay, to test
Untersucher *m* investigator
Untersuchung *f* examination, investigation, study, assay, testing

Untersuchung

analytische ~ analytical examination
experimentelle ~ experimental examination
mikrobiologische ~ microbiological examination
mikroskopische ~ microexamination
nochmalige ~ re-examination
spektralanalytische ~ spectroanalytical study
statistische ~ statistical investigation
wasseranalytische ~ water[-quality] analysis
Untersuchungslösung *f* solution to be tested (studied), solution for examination (investigation), test (analytical, experimental) solution; solution being tested (studied), solution under examination (investigation), test (experimental) solution
Untersuchungsmaterial *n* material to be tested, test (experimental) material; material under examination (investigation)
Untersuchungsmethode *f* test[ing] method
standardisierte ~ standard test[ing] method
Untersuchungsprobe *f* sample under study, test sample
Untersuchungsserie *f* test series, series of tests
Untersuchungssubstanz *f* experimental substance, substance under investigation, test substance (compound)
unterteilen/in Untergruppen to subdivide
Unterteilung *f*/**hierarchische** hierachical sub-division
untitrierbar impossible to titrate
unverschmutzt non-contaminated *(e. g. water, air)*
unverträglich incompatible
Unverträglichkeit *f* incompatibility
unverzweigt straight-chain, normal
unvollkommen non-quantitative *(e.g. precipitation)*
Unvollkommenheit *f* non-quantitativeness *(as of a precipitation)*; imperfection
erkennbare ~ blemish
kritische ~ critical defect
Unvollständigkeit *s.* Unvollkommenheit
Unwirksammachen *n* inactivation *(of catalysts)*
UPS (Ultraviolett-Photoelektronenspektroskopie) ultraviolet photoelectron (photoemission) spectroscopy, UP[E]S, UVP[E]S, photoelectron spectroscopy of the outer shell, PESOS, outer-shell photoelectron spectroscopy, OSPES
UR-... *s.* Infrarot...
Uran *n* U uranium
Urliste *f (stat)* original list
U-Rohr *n* U-tube
U-Rohr-Densitometer *n* U-tube densitometer
Urspannung *f*/**elektrische** electromotive force, emf
Urspannungsnormal *n* (el anal) standard of emf
Ursprungsdaten *pl (meas)* raw data
Urtiter *m*, **Urtitersubstanz** *f (vol)* primary standard [substance]
UV ultraviolet, UV
UV-absorbierend UV-absorbing, ultraviolet absorbing

UV-Absorption *f* UV (ultraviolet) absorption
UV-Bande *f* UV (ultraviolet) band
UV-Bereich *m* UV region (part), ultraviolet [spectral] region
ferner ~ far ultraviolet, far-ultraviolet region (range)
naher ~ near ultraviolet, near-ultraviolet region (range)
UV-Bestrahlung *f* UV (ultraviolet) irradiation
UV-Detektion *f* UV [spectrophotometric] detection
direkte ~ *(liq chr)* direct UV detection
indirekte ~ *(liq chr)* indirect UV detection
UV-Detektor *m (liq chr)* UV (ultraviolet) detector, ultraviolet absorption detector
UV-durchlässig UV-transparent, ultraviolet-transparent, UV-transmitting
UV-Gebiet *n s.* UV-Bereich
UV-Lampe *f* UV lamp
UV-Laser *m* UV (ultraviolet) laser
UV-Licht *n* UV (ultraviolet) light
kurzwelliges ~ short wave[length] UV light
UV-Photoelektronenspektroskopie *f*, **UVPS** ultraviolet photoelectron (photoemission) spectroscopy, UP[E]S, UVP[E]S, photoelectron spectroscopy of the outer shell, PESOS, outer-shell photoelectron spectroscopy, OSPES
UVS-Bereich *m* UV-VIS range (region), UV-visible range
UV-Spektroskopie *f* UV (ultraviolet) spectroscopy
UV-Spektrum *n* UV (ultraviolet) spectrum
UV-Strahlung *f* UV (ultraviolet) radiation
UV-Strahlungsquelle *f* UV source
UV-VIS-Absorption *f* UV-VIS absorption (absorbance)
UV-VIS-Absorptionsdetektor *m (liq chr)* UV-VIS [absorption] detector, UV-visible detector, ultraviolet/visible detector
UV-VIS-Absorptionsspektroskopie *f* UV-VIS spectroscopy
UV-VIS-Absorptionsspektrum *n* UV-VIS [absorption] spectrum, ultraviolet/visible [absorption] spectrum
UV-VIS-Bereich *m* UV-VIS range (region), UV-visible range
UV-VIS-Detektor *m s.* UV-VIS-Absorptionsdetektor
UV-VIS-NIR-Spektr[alphot]ometer *n* UV-VIS-NIR spectrophotometer
UV-VIS-Photometerdetektor *m s.* UV-VIS-Absorptionsdetektor
UV-VIS-Spektralbereich *m s.* UV-VIS-Bereich
UV-VIS-Spektrometer *n* UV-VIS spectrophotometer
UV-VIS-Spektrometrie *f* UV-VIS spectrophotometry
UV-VIS-Spektroskopie *f* UV-VIS spectroscopy
UV-VIS-Spektrum *n s.* UV-VIS-Absorptionsspektrum
U-Zelle *f (liq chr)* U-shaped cell *(of an UV detector)*

V

Vakanz-Ausschlußchromatographie f vacancy size exclusion chromatography
Vakanzchromatographie f vacancy chromatography
Vakuumanschluß m vacuum port (connection)
Vakuumfilter n suction (vacuum) filter
Vakuumfiltration f suction (vacuum) filtration
Vakuummeßgerät n vacuum gauge
Vakuummeter n vacuum gauge
Vakuum-Photozelle f vacuum photoemissive tube
Vakuumschleuse f vacuum lock
Vakuum-UV[-Gebiet] n vacuum ultraviolet region, VUV
Vakuumverdampfung f vacuum evaporation
Vakuumwellenlänge f vacuum wavelength
Val n gram equivalent
Valenzbandniveau n (spec) valence level
Valenzelektron n valence electron
Valenzorbital n valence (outermost) orbital
Valenzschwingung f (opt mol) valence (stretching) vibration
Vanadat n vanadate
Vanadium n V vanadium
Vanadium(II)-chlorid n, **Vanadiumdichlorid** n vanadium(II) chloride
Vanadium(II)-sulfat n vanadium(II) sulphate vanadium(II) chloride
Van-Deemter-Gleichung f (chr) van Deemter equation (for describing band broadening)
Van-Deemter-Kurve f (chr) van Deemter curve (plot)
Van-der-Waals-Anziehung f van der Waals attraction
Van-der-Waals-Effekt m (nuc res) van der Waals effect
Van-der-Waals-Kraft f van der Waals [attractive] force
Van-der-Waals-Wechselwirkung f van der Waals interaction
Variabilität f (stat) variability
Variabilitätsgrad m degree of variability
Variabilitätskoeffizient m (stat) relative standard deviation, RSD
Variable f/**statistisch abhängige** correlated variable
  unabhängige ~ independent variable
Varianz f (stat) variance
  wahre ~ true variance
Varianzanalyse f (stat) analysis of variance, variance analysis
  mehrdimensionale (multivariable) ~ multivariate analysis of variance
Varianzquotient m (stat) variance ratio, F-ratio
Varianzquotiententest m (stat) variance ratio test, F test
Variate f (stat) variate, random variable
Variation f **des Magnetfeldes** magnetic field variation

Variationsbereich m range of variation
Variationskoeffizient m (stat) relative standard deviation, RSD
Variationsrechnung f (stat) variational procedure
variieren to vary
Vektor m/**elektrischer** electric vector
  magnetischer ~ (nuc res) magnetic vector
Vektorbild n vector diagram
Vektordiagramm n vector diagram
veränderlich/zeitlich time-varying
Veränderliche f/**unabhängige** s. Variable/unabhängige
verändern to change, to alter[nate] (colour, shape, charge)
Veränderung f change, alteration (of colour, shape, charge)
verarbeiten to process (data)
veraschen to ash
Veraschung f ashing
  nasse ~ wet ashing
  trockene ~ dry ashing
Verbindung f 1. connection; compound (substance); 2. linkage (of atoms); 3. s. Verbindungselement
  aliphatische ~ aliphatic [compound]
  anorganische ~ inorganic compound
  aromatische ~ aromatic [compound]
  arsenorganische ~ organoarsenic (organic arsenic) compound
  bororganische ~ organic boron compound
  ¹³C-markierte ~ (nuc res) carbon-13 labeled compound
  cyclische ~ cyclic (ring) compound
  deuterierte ~ deuterated compound
  flüchtige ~ volatile compound
  fluororganische ~ organic fluorine compound
  galvanische ~ electrical connection
  gekennzeichnete ~ s. markierte ~
  halogenierte ~ halogen[ated] compound
  heteropolare ~ ionic compound
  homologe ~ homolog[ue]
  infrarot-aktive ~ (opt mol) infrared-active compound
  intermediäre ~ intermediate [compound]
  kohlenstoffhaltige ~ carbon-containing (C-containing) compound
  leicht flüchtige ~ volatile compound
  makrocyclische ~ macrocyclic compound
  markierte ~ (rad anal) labelled (tagged) compound
  mehrfach halogenierte ~ polyhalogenated compound
  metallorganische ~ organometallic [compound], metallo-organic [compound]
  ~ **mit großem Ring** macrocyclic compound
  organische ~ organic [compound]
  organometallische ~ s. metallorganische ~
  phosphorhaltige ~ phosphorus-containing (P-containing) compound

Verbindung

phosphororganische ~ organophosphorus (organic phosphorus) compound
polare ~ polar compound
quecksilberorganische ~ organomercury (organic mercury) compound
ringförmige ~ cyclic (ring) compound
sauerstoffhaltige ~ oxygen-containing compound, oxygenated (O-containing) compound
schwefelhaltige ~ sulphur-containing (S-containing) compound
schwefelorganische ~ organosulphur (organic sulphur) compound
siliciumorganische ~ organosilicon (organic silicon) compound
stereoisomere ~ stereoisomer, steric (spatial) isomer
stickstoffhaltige ~ nitrogen-containing (N-containing) compound
zinnorganische ~ organotin compound
Verbindungen fpl/**flüchtige halogenorganische** purgeable organic halogens, POX
Verbindungselement n connection, connector, union, junction, joint, link, *(esp for pipes and hoses:)* fitting
Verbindungsklasse f class of compounds (substances)
Verbindungsstück n s. Verbindungselement
verblassen to fade *(of a colour)*
Verblassen n fading *(of a colour)*
verbrauchen to consume
verbreitern to broaden *(peaks, spectral lines)*
   sich ~ to broaden *(of peaks, spectral lines)*
verbreitert/inhomogen *(spec)* inhomogeneously broadened
Verbreiterung f broadening, spreading *(of peaks, spectral lines)*
Verbreiterungsmechanismus m *(spec)* broadening mechanism
verbrennbar combustible
Verbrennbarkeit f combustibility
verbrennen to burn, to combust
Verbrennung f combustion
   spontane ~ *(or anal)* flush combustion
   unvollständige ~ incomplete combustion
   vollständige ~ complete combustion
Verbrennungsanalyse f combustion analysis
Verbrennungsapparatur f *(or anal)* combustion train
Verbrennungsenthalpie f enthalpy of combustion
Verbrennungsgas n combustion gas
Verbrennungsgeschwindigkeit f combustion rate
Verbrennungsgleichung f combustion equation
Verbrennungskammer f combustion chamber
Verbrennungslöffel m combustion spoon
Verbrennungsluft f combustion air
Verbrennungsofen m combustion furnace
Verbrennungsprodukt n combustion product
Verbrennungsraum m combustion chamber
Verbrennungsreaktion f combustion reaction
Verbrennungsrohr n combustion tube
   ~ **aus Quarz** quartz combustion tube
Verbrennungsrückstand m combustion residue
Verbrennungsschale f/**rechteckige** combustion barge
Verbrennungswärme f heat of combustion
Verbrennungszone f combustion zone
verd. dilute
verdampfbar/leicht volati[li]zable
verdampfen to evaporate, to volatilize, to vaporize
Verdampfung f evaporation, vaporization, volatilization
   differentielle ~ differential volatilization
   elektrothermische ~ electrothermal evaporation, ETE
Verdampfungsenthalpie f enthalpy of vaporization
Verdampfungshilfe f volatilization aid
Verdampfungsinjektor m *(gas chr)* vaporizing injector
   temperaturprogrammierter ~ programmed-temperature vaporizer, PTV
Verdampfungsinterferenz f volatilization interference
Verdampfungsraum m *(gas chr)* vaporization chamber
Verdampfungsrückstand m residue on evaporation
Verdampfungsstörung f volatilization interference
verdichtbar compressible
verdichten to compress *(gases)*; to consolidate *(the column packing)*
Verdichtung f compression *(of gases)*; consolidation *(of the column packing)*
Verdrahtung f/**asymmetrische** single-ended wiring
   differentielle ~ differential wiring
verdrängen to displace
Verdrängerpumpe f positive displacement pump
Verdrängung f displacement
Verdrängungschromatographie f displacement chromatography
Verdrängungsentwicklung f *(chr)* displacement development
Verdrängungshemmung f *(catal)* competitive inhibition
Verdrängungspumpe f positive displacement pump
   gasbetriebene ~ *(liq chr)* gas-displacement pump
Verdrängungsreaktion f substitution (replacement, exchange) reaction
Verdrängungstechnik f *(chr)* displacement method
Verdrängungstitration f displacement (replacement) titration *(of anions of weak acids with strong acids)*
verdrillt intwined, interwound *(macromolecular chains)*
verdünnen to dilute

verdünnt dilute
  mäßig ~ moderately dilute
Verdünnung f dilution
  ~ **am Meniskus** *(sed)* meniscus depletion
  unendliche ~ infinite dilution
Verdünnungsanalyse f dilution analysis
Verdünnungseffekt m *(vol)* dilution effect
Verdünnungsenthalpie f enthalpy of dilution
Verdünnungsfaktor m dilution factor
Verdünnungsmethode f dilution method
Verdünnungswasser n dilution water
verdunsten to evaporate, to vaporize, to volat[il]ize *(below normal boiling point)*
Verdunstung f evaporation, vaporization, volatilization *(below normal boiling point)*
Verdunstungsverlust m evaporation loss
vereinigen/sich to associate; to coalesce *(of particles)*
Vereinigung f coalescence *(of particles)*
verestern to esterify
Veresterung f esterification
Verfahren n process, method; technique, procedure
  chromatographisches ~ chromatographic process
  densitometrisches ~ densitometric method
  elektrochemisches ~ electrochemical method
  graphisches ~ graphical method
  konduktometrisches ~ conductometric (conductance) method
  kontinuierliches coulometrisches ~ continuous coulometric method
  manometrisches ~ manometric method *(gas analysis)*
  naßchemisches ~ wet-chemical method
  potentiometrisches ~ potentiometric method
  potentiostatisches ~ potentiostatic method
  spektroskopisches ~ spectroscopic method
  standardisiertes ~ standard method
  statistisches ~ statistical method
  voltammetrisches ~ voltammetric method
  volumetrisches ~ volumetric method
Verfahrensautomatisierung f process automation
Verfahrensfehler m error of method
Verfahrensschritt m process[ing] step
Verfahrensstrom m process stream
Verfahrensstromanalyse f process stream analysis
Verfahrensstufe f process[ing] stage
verfestigen/sich to set, to solidify, to congeal
Verfestigung f setting, solidification, congelation
verflüchtigen to volat[il]ize
  sich ~ to volat[il]ize
verflüchtigen[d]/leicht zu volat[il]izable
Verflüchtigung f volatilization
Verfügbarkeitsdauer f up-time
  geforderte ~ required time
vergiften to poison, to toxify
Vergiftung f poisoning

Vergleich m comparison
  visueller ~ visual comparison
vergleichen to compare
Vergleichmäßigung f homogenization
Vergleichsanalyse f comparative analysis
Vergleichselektrode f comparison electrode
Vergleichsflüssigkeit f reference fluid
Vergleichsgas n reference gas
Vergleichsgenerator m reference oscillator
Vergleichsgröße f reference magnitude, comparative value
Vergleichshalbelement n *(pot)* reference half cell
Vergleichsheizdraht m *(gas chr)* reference filament
Vergleichsintensität f reference intensity
Vergleichsintervall n *(pol)* reference interval
Vergleichskammer f *(chr)* reference cell
Vergleichskonzentration f reference concentration
Vergleichsküvette f reference cuvette (cell), comparison cell
Vergleichslösung f reference (comparison, standard) solution
Vergleichsprobe f reference [sample], comparison (blank) sample
Vergleichsreihe f comparison series
Vergleichsspannung f *(el anal)* reference voltage
Vergleichsspektrum n reference (comparison, standard) spectrum
Vergleichsstandard m reference standard
Vergleichsstrahl m reference beam
Vergleichsstreubereich m *(stat)* reproducibility
Vergleichssubstanz f reference substance
Vergleichsverbindung f reference [compound], comparison compound
Vergleichsverfahren n comparison method
Vergleichswert m comparison value
Vergleichswiderstand m *(cond)* reference resistance
Vergleichszelle f *(chr)* reference cell
Verhalten n/**chromatographisches** chromatographic behaviour
  dynamisches ~ dynamic behaviour
  nicht-Nernstsches ~ *(pot)* non-Nernstian behaviour
Verhältnis n/**charakteristisches** characteristic ratio
  gyromagnetisches (magnetogyrisches) ~ magnetogyric (gyromagnetic) ratio
  ~ **von Masse zu Ladung** *(maspec)* mass/-charge ratio, mass-to-charge ratio, ratio of mass to charge, m/e value, m/z ratio
Verhältnisgleichung f ratio equation
verhältnisregistrierend *(spec)* ratio-recording
Verhältnisregistrierung f *(spec)* ratio recording
verjagen to drive off, to expel *(volatile components)*
verketten to link
Verkettung f linkage

Verkettung

durchschnittliche ~ average linkage *(data processing)*
vollständige ~ complete linkage *(data processing)*
Verknüpfung f linkage; *(nuc res)* connectivity
   glykosidische ~ glycosidic bond (linkage)
verkohlen to char
verlagern to displace; to shift *(an equilibrium)*
Verlagerung f displacement; shift[ing] *(of an equilibrium)*
verlangsamen to decelerate, to slow down; *(rad anal)* to moderate
   sich ~ to slow down
Verlangsamer m *(rad anal)* moderator
Verlangsamung f deceleration, slowing down; *(rad anal)* moderation
verlaufen to proceed *(as of reactions)*
verlegen to clog *(e.g. an orifice))*
verlieren to lose *(energy)*
Verlust m loss
Verlustfaktor m/**dielektrischer** loss factor (tangent)
Verlustfaktormessung f *(dielec)* loss-tangent test
Verlustleistungsfaktor m power-loss factor
Verlustziffer f/**dielektrische** loss factor (tangent)
vermahlen to grind, to mill
vermengen to mingle, to mix
vermessen to scan
vermindern to decrease, to reduce, to diminish *(e.g. activity)*
Verminderung f decrease, reduction
vermischen to mix
   sich ~ to [inter]mix
Vermischung f mixing, mixture, *(esp. flow)* merging
   asynchrone ~ *(flow)* asynchronous merging
   radiale ~ *(chr)* radial mixing
   synchrone ~ *(flow)* synchronous merging
   transversale ~ *(chr)* radial mixing
Vermischungspunkt m *(flow)* merging point
Vermischungsschleife f *(flow)* mixing coil
vernetzen to cross-link
Vernetzer m cross-linking agent
Vernetzung f cross-linkage, cross-linking
   ~ über Radikale free-radical cross-linking
Vernetzungsgrad m degree of cross-linking (cross-linkage) *(of polymers)*
Vernetzungsmittel n cross-linking agent
Vernetzungsreaktion f cross-linking reaction
Vernichtungsstrahlung f annihilation radiation
Veronal-Na-Puffer m sodium barbitone buffer
Verpackungseinheit f packing unit
Verpressen n briquetting
verrauscht noisy *(signal)*
verreiben to triturate
Verreiben n trituration
verringern s. vermindern
verschieben to shift, to displace
Verschiebung f shift[ing], displacement
   bathochrome ~ bathochromic (red) shift
   ^{13}C-chemische ~ *(nuc res)* ^{13}C chemical shift

chemische ~ *(nuc res)* chemical (resonance) shift, CS, NMR [chemical] shift
   ^{1}H-chemische ~ *(nuc res)* proton (^{1}H) chemical shift
   hypsochrome ~ hypsochromic shift
   induzierte ~ *(nuc res)* induced shift
   kurzwellige ~ s. hypsochrome ~
   langwellige ~ s. bathochrome ~
   lanthanoideninduzierte ~ *(nuc res)* lanthanide-induced shift, LIS
   paramagnetische ~ *(nuc res)* paramagnetic shift
   relative chemische ~ *(nuc res)* relative chemical shift
Verschiebungsdifferenz f *(nuc res)* [chemical] shift difference
Verschiebungsgesetz n/**Wiensches** *(spec)* Wien displacement law
Verschiebungskorrelation f/**heteronukleare** *(nuc res)* heteronuclear [chemical] shift correlation
   homonukleare ~ homonuclear shift correlation
Verschiebungspolarisation f induced polarization
Verschiebungsreagenz n *(nuc res)* [chemical] shift reagent
Verschleppung f carry-over *(of substances)*
verschließen/mit einem Stopfen to stopper
verschlossen/hermetisch hermetically sealed
verschmutzen to contaminate
Verschmutzung f contamination
verschwelen to char
versehen/mit genauer Einteilung to calibrate, to graduate
Verseuchung f/**radioaktive** radioactive contamination
Versorgungsgas n *(gas chr)* auxiliary gas
verspiegelt mirrored
verstärken to amplify, to increase, to enhance *(an effect)*
Verstärker m amplifier
   hochohmiger ~ high-impedance amplifier
Verstärkerausgang m amplifier output
Verstärkereingang m amplifier input
Verstärkerrauschen n *(meas)* amplifier noise
Verstärkung f enhancement, amplification *(of an effect)*; amplifier gain
   ~ der Fluoreszenz fluorescence enhancement
   ~ durch den Kern-Overhauser-Effekt *(nuc res)* nuclear Overhauser enhancement
   ~ durch Polarisierungstransfer/verzerrungsfreie *(mag res)* distortionless enhancement by polarization transfer, DEPT
Verstärkungsfaktor m *(spec)* enhancement factor; amplifier gain
Verstimmung f de-tuning *(impedimetric titration)*
Verstimmungsspannung f *(meas)* out-of-balance potential *(of a bridge circuit)*
verstopfen to clog, to block
   sich ~ to clog
verstöpseln to stopper

Versuch *m* test, trial • **einen ~ durchführen** to conduct a test
  faktorieller ~ *(stat)* factorial experiment
  kalorimetrischer ~ calorimetry experiment
Versuchsanordnung *f* experimental set-up, experimental (test) arrangement
Versuchsaufbau *m* s. Versuchsanordnung
Versuchsbedingungen *fpl* experimental (test) conditions
Versuchsdaten *pl* experiment[al] data
Versuchsdurchführung *f* experimental procedure, test practice
Versuchsergebnis *n* experimental result
Versuchsfehler *m* experimental error
Versuchsplan *m* experimental design
Versuchsreihe *f* test series, series of tests
Versuchsspezifikation *f* test specification
Versuchssubstanz *f* experimental substance, substance under investigation, test substance (compound)
Versuchswert *m* experimental value
verteilen/sich to partition, to distribute *(between two phases)*
Verteiler *m* dispenser
verteilt/fein finely divided
  statistisch (zufällig) ~ *(stat)* randomly distributed
Verteilung *f* distribution, partition *(between two phases)*; *(stat)* distribution • **in feiner ~** finely divided
  asymmetrische ~ *(stat)* unsymmetrical (skew) distribution
  Bernoullische ~ *(stat)* Bernoulli (binomial) distribution
  ~ der chemischen Zusammensetzung chemical composition distribution, CCD *(of polymers)*
  ~ der Grundgesamtheit *(stat)* population (universe) distribution, distribution of the universe
  ~ eindimensionale ~ *(stat)* univariate distribution
  Gaußsche ~ Gaussian (normal) distribution
  logarithmische ~ *(stat)* logarithmic distribution
  logarithmisch-normale ~ *(stat)* log-normal distribution
  mehrdimensionale ~ *(stat)* multivariate distribution
  Newtonsche ~ s. Bernoullische ~
  schiefe ~ s. asymmetrische ~
  schubweise multiplikative ~ discontinuous multiple partition
  spektrale ~ spectral distribution
  statistische ~ statistical (random) distribution
  Studentsche ~ *(stat)* t-distribution, Student['s] distribution
  unsymmetrische ~ s. asymmetrische ~
  zufällige ~ s. statistische ~
χ^2-**Verteilung** *f* chi-square[d] distribution
Verteilungsanalyse *f* distribution analysis
verteilungsanalytisch by distribution analysis

Verteilungsbatterie *f (extr)* distribution train
Verteilungschromatographie *f* partition chromatography
  ~ in Säulen partition column chromatography
verteilungsfrei distribution-free
Verteilungsfunktion *f* distribution function
  differentielle ~ differential distribution function
  diskontinuierliche (diskrete) ~ discrete distribution function
  Gaußsche ~ Gaussian function
  integrale ~ integral (cumulative) distribution function
  kontinuierliche ~ continuous distribution function
  kumulative ~ s. integrale ~
Verteilungs-Gaschromatographie *f* gas-liquid chromatography, GLC, gas-liquid partition chromatography
Verteilungsgesetz *n*/**Nernstsches** *s.* Verteilungssatz/Nernstscher
Verteilungsgleichgewicht *n* partition (distribution) equilibrium
Verteilungsisotherme *f* partition (distribution) isotherm
Verteilungskoeffizient *m* distribution (partition) coefficient, distribution constant; *(ion)* [weight] distribution coefficient
Verteilungskonstante *f* distribution (partition) coefficient, distribution constant; extraction constant *(equilibrium constant for the distribution reaction)*
  ~ bei unendlicher Verdünnung infinite dilution partition coefficient
  thermodynamische ~ infinite dilution partition coefficient
Verteilungskurve *f* distribution curve
  Gaußsche ~ Gauss error distribution curve, Gaussian curve
  spektrale ~ spectral distribution curve
Verteilungsmechanismus *m* partition[ing] mechanism
Verteilungssatz *m*/**Nernstscher** Nernst distribution (partition) law, Nernst's law of independent distribution
Verteilungsstörung *f* spatial-distribution interference
Verteilungssystem *n* partition system
Verteilungtitration *f* phase titration
Verteilungstrennsäule *f* partition column
Verteilungsverhältnis *n* [concentration] distribution ratio, extraction (distribution) coefficient; *(chr)* capacity factor (ratio), partition (mass distribution) ratio, solute capacity factor
Verteilungszahl *f* capacity factor *(thin-layer chromatography)*
Vertikalelektrophorese *f* vertical electrophoresis
verträglich compatible
Verträglichkeit *f* compatibility
  chemische ~ chemical compatibility

Vertrauen 408

Vertrauen *n (stat)* confidence
Vertrauensbereich *m* confidence interval
Vertrauensbereichsschätzung *f* confidence region estimate (estimation)
Vertrauensgrenze *f* confidence limit
Vertrauensintervall *n* confidence interval
Vertrauensniveau *n* confidence level
Vertrauenswert *m* confidence level
vertreiben to drive off, to expel *(volatile components)*
verunreinigen to contaminate
verunreinigt impure
Verunreinigung *f* 1. contamination; 2. contaminant, impurity, foreign matter *(in materials)*
~ **durch Spurenstoffe (Spuren von Fremdstoffen)** trace contamination
ionische ~ ionic contaminant
paramagnetische ~ paramagnetic impurity
radioaktive ~ radioactive contamination
verunreinigungsfrei contamination-free
Verunreinigungsniveau *n* contamination level
verwandeln to convert, to change, to transform
Verwandlung *f* conversion, change, transformation
Verweilzeit *f* residence (retention, dwell, hold-up) time
verwerfen to reject, to discard, to pass to waste
verwittern / unter Kristallwasserverlust to effloresce
Verwitterung *f* **unter Kristallwasserverlust** efflorescence
Verzeichnung *f* distortion
verzerren to distort *(e.g. an electron cloud)*
Verzerrung *f* distortion *(as of an electron cloud)*
verzerrungsfrei distortionless
verzögern to retard, to delay
Verzögerung *f* retardation, delay; *(spec)* [optical] retardation, optical path difference, OPD
Verzögerungsfeldanalysator *m (spec)* retarding field analyser, RFA
Verzögerungsphase *f (voltam)* lag phase (time)
Verzögerungszeit *f* delay time
Verzug *m* retardation, delay
verzweigt branched *(molecule)*
stark ~ highly branched
verzweigtkettig branched-chain *(molecule)*
Verzweigung *f (rad anal)* branching (branched) decay
Verzweigungsanteil *m (rad anal)* branching fraction
Verzweigungsgrad *m* degree of branching *(of compounds)*
Verzweigungsindex *m* branching index
Verzweigungsverhältnis *n (rad anal)* branching ratio
V/F-Konverter *m* V/F (voltage-to-frequency) converter
V-förmig V-shaped
vibrieren to oscillate, to vibrate
vielatomig polyatomic, multiatom *(molecule)*
Vielfachreflexion *f* multiple reflection

Vielfachstreuung *f* multiple scattering
vielfarbig polychromatic
Vielimpulsmethode *f (mag res)* multi-pulse method (technique)
Vielkanalanalysator *m (spec)* multichannel analyser
optischer ~ optical multichannel analyser, OMA
Vielkanal-Impulshöhenanalysator *m* multichannel pulse height analyser
vielzähnig polydentate, multidentate *(ligand)*
vierflächig tetrahedral
Vierspin-System *n (nuc res)* four-spin system
vierteln *(samp)* to quarter
Viertelswert *m (stat)* quartile
Viertelwellenlängenplättchen *n (opt anal)* quarter-wave plate
vierwertig tetravalent
vierzählig, vierzähnig tetradentate *(ligand)*
Vinylcyanid *n* acrylonitrile, propene nitrile, vinyl cyanide
Vinylmethylsilicon *n* vinyl methyl silicone
Virialkoeffizient *m* virial coefficient
viskos viscous
Viskosimeter *n* viscometer
Viskosimetrie *f* viscometry
Viskosität *f* viscosity • **mit niedriger** ~ low-viscosity
absolute ~ absolute (dynamic) viscosity, viscosity coefficient
dynamische ~ *s.* absolute ~
inhärente ~ inherent viscosity, logarithmic viscosity number
reduzierte ~ reduced viscosity, viscosity number
relative ~ relative viscosity, viscosity ratio
spezifische ~ *s.* Viskositätsinkrement / relatives
Viskositätsinkrement *n / relatives* relative viscosity increment, *(formerly)* specific viscosity
Viskositätskoeffizient *m*, **Viskositätskonstante** *f* *s.* Viskosität / absolute
Viskositätsmittel *n* **der Molmasse** viscosity-average molar mass
~ **des Molekulargewichts** viscosity-average relative molecular mass, viscosity-average molecular weight
Viskositätsmittelwert *m* **der Molmasse** *s.* Viskositätsmittel der Molmasse
Viskositätsverhältnis *n* relative viscosity, viscosity ratio
Viskositätszahl *f* reduced viscosity, viscosity number
logarithmische ~ inherent viscosity, logarithmic viscosity number
visualisieren to visualize
Visualisierung *f* visualization
Vol.-% percentage [by] volume, volume percent[age], percent by volume
Vollanalyse *f* complete analysis
Vollausschlag *m* full-scale deflection *(of a measurement instrument)*

Vollpipette f transfer (volumetric, bulb) pipette
vollständig full-scale
Voltameter n coulo[mb]meter
Voltamgramm n s. Voltammogramm
Voltammetrie f voltammetry
~ **an der Anode/inverse** anodic stripping voltammetry, ASV, anodic stripping [analysis]
hydrodynamische ~ hydrodynamic voltammetry
inverse ~ stripping voltammetry (analysis), hanging-drop (reverse-scan) voltammetry
~ **mit hängender Tropfelektrode** s. inverse ~
~ **mit stationärer Elektrode** stationary-electrode voltammetry
spannungsgeregelte ~ voltage-scan voltammetry
stromgeregelte ~ current-scan voltammetry
vergleichende ~ comparative voltammetry
zyklische ~ cyclic[al] voltammetry
Voltammetrie-Polarographie f voltammetry-polarography
voltammetrisch voltammetric
Voltammogramm n voltammogram
~ **der anodischen Inversvoltammetrie** anodic stripping voltammogram
Voltmeter n voltmeter
Volumen n bulk, volume • **mit konstantem** ~ constant-volume
ausgeschlossenes ~ excluded volume
äußeres ~ s. ~ zwischen den Gelpartikeln
~ **der fluiden Phase** (chr) [mobile phase] hold-up volume, [column] dead volume, [column] void volume, outer [bed] volume, interstitial volume, (gas chr also) gas hold-up [volume] (within the column)
~ **der stationären Phase** (chr) stationary-phase volume
~ **der Trennflüssigkeit** (gas chr) liquid-phase volume
hydrodynamisches ~ hydrodynamic volume
inneres ~ (liq chr) internal [pore] volume, [gel] inner volume
molares ~ molar volume
stoffmengenbezogenes ~ molar volume
streuendes ~ scattering volume
~ **zwischen den Gelpartikeln** interstitial (interparticle, void) volume, interstitial void (liquid, particle) volume, column void volume, outer [bed] volume (gel chromatography)
Volumenabnahme f volume decrease
Volumenänderung f volume change, change in volume
Volumenanteil m volume fraction
Volumenausdehnung f cubic expansion
volumenbeständig volume-stable
Volumenbeständigkeit f volume stability
Volumeneinheit f unit of volume
Volumenfluß m volume[tric] flow rate, volume velocity, flow rate
Volumengeschwindigkeit f s. Volumenfluß
Volumenkapazität f (ion) volume capacity

Volumenkonzentration f volume concentration
Volumenmeßgeräte npl **aus Glas** graduated (volumetric) glassware
Volumenmolarität f amount[-of-substance] concentration, substance (molar) concentration, molarity
Volumenprozent n percentage [by] volume, volume percent[age], percent by volume
Volumenschwindung f cubic shrinkage
Volumenverhältnis n proportion by volume, volume ratio
Volumenverminderung f volume decrease
Volumenverteilungskoeffizient m (liq chr) volume[tric] distribution coefficient
Volumenzunahme f volume increase
Volumetrie f titrimetric analysis, titrimetry, mensuration analysis (Zusammensetzungen s. unter Titrimetrie)
volumetrisch volumetric, titrimetric
voluminös bulky (substituent)
voranreichern to [pre]concentrate (components)
Voranreicherung f [pre]concentration (of components)
kathodische ~ (voltam) cathodic preconcentration
Vorauswahl f screening
vorbehandeln to pretreat, to prepare
Vorbehandlung f pretreatment, preparation, preparatory (preliminary, prior) treatment, prior processing
kathodische ~ (pol) precathodization
Vorbehandlungsreaktion f pretreatment reaction
vorbeiführen to bypass
vorbereiten to prepare
Vorbereitung f preparation
Vorbrandzeit f (opt at) prearc period
Vorderflanke f, **Vorderfront** f front, leading edge (of a signal)
Vorelektrolyse f (pol) pre-electrolysis, [pre-]electrolysis step
Vorelektrolysedauer f (voltam) pre-electrolysis time
Vorelektrolysepotential n deposition potential
vorerhitzen to preheat
Vorfilter n prefilter
Vorfiltration f prefiltration
Vorfraktionierung f (liq chr) preliminary fractionation
Vorfunkzeit f (opt at) prespark period
Vorgabe f **für Abnahmekriterien** acceptance specification
Vorgang m/**irreversibler (nicht umkehrbarer)** irreversible process
reversibler (umkehrbarer) ~ reversible process
Vorkammer f (opt at) nebulizer (premix, spray) chamber
vorkommen to occur, to appear
Vorkommen n occurrence, appearance
natürliches ~ natural abundance

vorkonzentrieren 410

vorkonzentrieren to [pre]concentrate *(components)*
Vorkonzentrierung f [pre]concentration *(of components)*
  anodische ~ *(voltam)* anodic preconcentration
Vorläuferion n *(maspec)* precursor (progenitor, parent) ion
vormischen to premix
Vor-Ort-Analyse f [on-]site analysis
Vorprobe f, **Vorprüfung** f preliminary inspection (test)
Vorpumpe f fore-pump, backing pump
Vorratsbehälter m storage tank
Vorratsbürette f dispensing buret[te]
Vorratsflasche f dispensing bottle
Vorreinigung f clean-up
Vorsättigung f *(nuc res)* presaturation
Vorsäule f *(chr)* pre-column, guard column, forecolumn
Vorsäulenderivatisierung f *(chr)* preliminary (precolumn) derivatization
Vorschaltwiderstand m *(pol)* series resistor
Vorschubgeschwindigkeit f **des Registrierpapiers** chart speed
Vorsichtsmaßregeln fpl safety precautions
Vorspannung f *(pol)* bias voltage
Vortitration f *(coul)* pretitration
vortitrieren *(coul)* to pretitrate
Voruntersuchung f preliminary examination (investigation)
Vorvakuumpumpe f fore-pump, backing pump
Vorverstärker m preamplifier
Vorverstärkung f preamplification
Vorversuch m preliminary inspection (test)
vorwärmen to preheat
Vorwärtsstreuung f forward scattering
  kohärente ~ coherent forward scattering, CFS
Vorwärtsstreuungs-Turbidimeter n forward-scattering turbidimeter
Vorwelle f *(el anal)* prior wave
Vorwiderstand m *(pol)* series resistor
Vorzeichen n sign
Vorzeichentest m sign test
  statistischer ~ statistical sign test
Vorzeichenumkehr f sign reversal
Vorzeichenwechsel m sign reversal
Vorzugs-AQL f *(proc)* preferred acceptable quality level
Vorzugsorientierung f preferential orientation
V-Scan m *(maspec)* accelerating voltage scan, high-voltage scan, V scan

W

Waage f balance
  analytische ~ analytical balance
  elektromechanische ~ electronic balance
  elektronische ~ electronic balance
  luftgedämpfte ~ air-damped balance
  mikrochemische ~ microchemical balance, microbalance *(weighing range 5 to 20 g)*
  ~ **mit Luftdämpfung** air-damped balance
  ~ **mit magnetischer Dämpfung** magnetically damped balance
wachsen to grow *(of crystals)*
Wachsen n, **Wachstum** n growth *(of crystals)*
Wachstumsgeschwindigkeit f growth rate, rate of growth
Wadsworth-Anordnung f, **Wadsworth-Aufstellung** f *(spec)* Wadsworth mounting
wägbar weighable
Wägebürette f weight (weighing) burette
Wägefehler m weighing error, error in weighing
Wägeform f *(grav)* weighed (weighing) form
Wägeglas n, **Wägegläschen** n weighing bottle
Wägegut n weighed object
wägen to weigh
  erneut (nochmals) ~ to reweigh
Wägepipette f weighing pipette
Wägeröhrchen n weighing piggy (tube)
Wägeschiffchen n weighing scoop
Wägeschweinchen n weighing piggy (tube)
Wägestück n weight
Wägetechnik f, **Wägeverfahren** n weighing procedure (method)
Wagging-Schwingung f *(opt mol)* wagging vibration
Wägung f weighing
  direkte (einfache) ~ direct weighing
Wägungs... s. **Wäge...**
wahrnehmbar/geruchlich detectable by odour
  geschmacklich ~ detectable by taste
wahrscheinlich *(stat)* probabilistic, probable
Wahrscheinlichkeit f *(stat)* probability
  ~ **des Fehlers erster Art** error first kind probability
Wahrscheinlichkeitsaussage f probability statement
Wahrscheinlichkeitscharakter/mit s. **wahrscheinlich**
Wahrscheinlichkeitsdichte f probability density
Wahrscheinlichkeitsdichtefunktion f probability density function
Wahrscheinlichkeitsdichteverteilung f probability density distribution
Wahrscheinlichkeitsfaktor m probability factor
Wahrscheinlichkeitsgesetz n probability law
Wahrscheinlichkeitsgrenze f probability limit
Wahrscheinlichkeitshäufigkeitsfunktion f probability frequency function
Wahrscheinlichkeitsintegral n probability integral
Wahrscheinlichkeitskurve f probability curve
Wahrscheinlichkeitspapier n probability paper
Wahrscheinlichkeitsrechnung f probability calculus
Wahrscheinlichkeitstabelle f table for probability
Wahrscheinlichkeitstheorie f probability theory
Wahrscheinlichkeitsverteilung f probability distribution
Wahrscheinlichkeitsverteilungsfunktion f probability distribution function

Walden-Reduktor *m (vol)* silver (Walden) reductor
Wand *f/* **halbdurchlässige** semi-permeable wall
Wanddicke *f* wall thickness
wandern to migrate, to travel *(of molecules, ions)*
Wanderung *f* migration, travel *(of molecules, ions)*
  elektrophoretische ~ electrophoretic migration, electromigration
Wanderungsgeschwindigkeit *f* migration rate (velocity), speed of migration
Wanderungsrichtung *f* direction of migration (travel)
Wanderungsstrecke *f (chr, elph)* migration (migrated) distance, distance travel
Wanderungsstrom *m (pol)* migration current
Wanderungsweite *f s.* Wanderungsstrecke
Wandler *m* transducer
Wandlerteil *m* transducer part
Ware *f* commodity
Wärme *f/* **Joulsche** Joule['s] heat
Wärmeabbau *m* thermal degradation
Wärmeabgabe *f* heat release
wärmeabgebend exothermic, exothermal
Wärmeaufnahme *f* heat absorption
wärmeaufnehmend endothermic, endothermal
Wärmeausdehnung *f* thermal expansion
Wärmeausdehnungskoeffizient *m/* **kubischer** thermal cubic expansion coefficient
Wärmeausdehnungsvermögen *n* thermal expansivity
Wärmeaustausch *m* thermal exchange
wärmebeständig refractory, heat-resistant, heat-stable, thermally stable
Wärmebeständigkeit *f* heat resistance (stability), thermal stability
Wärmebilanz *f* thermal balance
Wärmedämmstoff *m* thermal insulator
Wärmedurchgangswiderstand *m* thermal insulance (insulation resistance)
Wärmeenergie *f* thermal energy
Wärmeentwicklung *f* heat evolution (generation)
wärmeerzeugend heat-generating, calorific, calorigenic
wärmefest *s.* wärmebeständig
Wärmefunktion *f/* **Gibbssche** enthalpy
Wärmeinhalt *m* heat content; enthalpy
Wärmekapazität *f* heat (thermal) capacity
  ~ bei konstantem Volumen isochoric (constant volume) heat capacity
  molare ~ molar heat capacity
  spezifische ~ specific heat capacity
Wärmeleitdetektor *m s.* Wärmeleitfähigkeitsdetektor
Wärmeleiteigenschaft *f* thermal-conduction property
Wärmeleiter *m* conductor of heat
Wärmeleitfähigkeit *f* thermal conductivity, conductivity of heat
Wärmeleitfähigkeitsdetektor *m* thermal conductivity detector, TCD, thermal conductivity cell, katharometer [detector], katherometer, catharometer

Wasserabsorptionsröhrchen

Wärmeleitfähigkeits[meß]zelle *f s.* Wärmeleitfähigkeitsdetektor
Wärmeleitung *f* heat (thermal) conduction
Wärmeleitungsgasanalysator *m* thermal-conductivity gas analyzer
Wärmeleitungsvakuummeter *n* Pirani gauge
Wärmeleitvermögen *n/* **spezifisches** *s.* Wärmeleitzahl
Wärmeleitwiderstand *m* thermal resistance
Wärmeleitzahl *f* thermal conductivity, conductivity of heat
Wärmeleitzelle *f s.* Wärmeleitfähigkeitsdetektor
Wärmemenge *f* quantity (amount) of heat
wärmeoxidativ thermal-oxidative
Wärmerauschen *n (meas)* Johnson (thermal, resistance) noise
Wärmestrom *m* heat (thermal) flow
Wärmetransport *m s.* Wärmeübertragung
Wärmeübergang *m* heat (thermal) transfer
Wärmeübertragung *f* heat (thermal) transfer
Wärmeübertragungsvermögen *n* heat transfer capability
Wärmeverlust *m* loss of heat
Warmlaufzeit *f (meas)* warm[ing]-up time
Wartezeit *f* delay time
Wartungsaufwand *m* maintenance requirements
wartungsfrei maintenance-free
Wartungskosten *pl* maintenance cost[s], cost of maintenance (upkeep)
Wartungszeit *f* maintenance time
Wäsche *f s.* Waschen
waschen to wash
  durch Rückspülung ~ to backwash
Waschen *n* wash[ing]; *(extr)* scrubbing, backwashing *(for removing impurities)*
  ~ mit Alkali *(chr)* base washing
  ~ mit Säure *(chr)* acid washing, AW
Waschflasche *f* gas wash[ing] bottle, absorption bottle
Waschflüssigkeit *f* wash liquid, washing liquor, washings
Waschlösung *f* wash solution
Waschwasser *n* wash water, *(after the wash)* washings
Wasser *n/* **deionisiertes** de-ionized water
  destilliertes ~ distilled water
  freies ~ free water (moisture)
  hygroskopisches (hygroskopisch gebundenes) ~ hygroscopic moisture (water)
  konstitutiv gebundenes ~ water of constitution
  salzfreies ~ de-ionized water
  schweres ~ *(rad anal)* heavy water
  vollentsalztes ~ de-ionized water
wasserabsorbierend hygroscopic[al], water-attracting, water-absorbing
Wasserabsorption *f* water absorption (uptake)
Wasserabsorptionsrohr *n*, **Wasserabsorptionsröhrchen** *n* water (H_2O) absorption tube

wasserabstoßend

wasserabstoßend, wasserabweisend hydrophobic, water-repellent
Wasseranalyse f water[-quality] analysis
  biochemische ~ biochemical water analysis
  biologische ~ biological water analysis
  chemische ~ chemical water analysis
  physikalisch-chemische ~ physico-chemical water analysis
Wasseranlagerung f hydration
wasseranziehend s. wasserabsorbierend
Wasseraufnahme f 1. *(liq chr)* water regain *(by 1 g of gel)*; 2. s. Wasserabsorption
wasseraufnehmend s. wasserabsorbierend
Wasserbeschaffenheit f water quality
wasserbeständig water-resistant, water-stable
Wasserbestimmung f water determination
Wasserdampfdestillation f steam distillation
Wasserentzug m abstraction of water
wasserfest water-resistant, water-stable
wasserfrei anhydrous
Wassergehalt m water (H_2O) content
wassergekühlt water-cooled
wassergesättigt water-saturated
Wassergüte f water quality
Wassergüteanalysengerät n water-quality analyser
Wassergütemerkmale npl water[-quality] characteristics, water-quality parameters
Wassergüte-Prozeßanalysengerät n water-quality process analyser
Wassergüteüberwachung f water-quality monitoring
wasserhaltig hydrous
Wasserhärte f water hardness, hardness of (in) water
Wasserkalorimeter n water calorimeter
wasserlöslich water-soluble, soluble in water
Wasserlöslichkeit f water (aqueous) solubility
Wassernachweis m test for water
Wasserprobe f water sample
Wasserprobenentnahme f water sampling
Wasser-Prozeßanalyse f process analysis of water
Wasserqualität f water quality
Wasserschicht f water (aqueous) layer
Wasserschöpfer m water sampler
Wassersignal n *(nuc res)* water signal
Wasserstoff m H hydrogen • **über ~ verbunden** hydrogen-bonded
  aktiver ~ active hydrogen
  molekularer ~ molecular hydrogen
Wasserstoffabscheidung f hydrogen evolution
Wasserstoffabspaltung f dehydrogenation
wasserstoffähnlich hydrogen-like
Wasserstoffanalyse f hydrogen analysis
Wasserstoffatom n hydrogen atom
Wasserstoffbindung f hydrogen bond
Wasserstoffbrücke f hydrogen bond • **durch eine ~ verbunden** hydrogen-bonded
  intermolekulare ~ intermolecular hydrogen bond
  intramolekulare ~ intramolecular hydrogen bond
Wasserstoffbrückenbildung f s. Wasserstoffbrückenbindung
Wasserstoffbrückenbindung f hydrogen bond[ing], H-bonding
  intermolekulare ~ intermolecular hydrogen bonding
  intramolekulare ~ intramolecular hydrogen bonding
Wasserstoffbrückenwechselwirkung f hydrogen bond[ing] interaction
Wasserstoffdiffusionsflamme f *(gas chr)* hydrogen-[air] diffusion flame
Wasserstoffelektrode f hydrogen [gas] electrode *(a reference electrode)*
  ionenselektive ~ hydrogen ion-selective electrode *(rigid matrix electrode)*
Wasserstoffentwicklung f hydrogen evolution
Wasserstoffflamme f hydrogen flame
Wasserstoffion n hydrogen (H^+) ion
Wasserstoffionenaktivität f hydrogen-ion activity
Wasserstoffionenexponent m pH value (number), pH [level]
wasserstoffionensensitiv sensitive to hydrogen ions
Wasserstoffkern m proton, hydrogen (H) nucleus
Wasserstofflampe f hydrogen discharge lamp
Wasserstoffmolekül n hydrogen molecule
Wasserstoffnormalelektrode f *(el anal)* normal hydrogen electrode, NHE
Wasserstoffform f acid form, hydrogen[-ion] form, $H[^+]$-form *(of an ion exchanger)*
Wasserstoffperoxid n hydrogen peroxide
Wasserstoffradikal n hydrogen (H) radical
Wasserstoffsulfid n hydrogen sulphide
Wasserstoffüberspannung f *(pol)* hydrogen overvoltage
Wasserstrahlpumpe f water-pump, filter pump, water aspirator
wasserunlöslich water-insoluble
Wasserunlöslichkeit f water-insolubility
Wasseruntersuchung f water examination
Wasserverunreinigung f water pollutant
wäßrig aqueous
Watson-Biemann-Interface n s. Watson-Biemann-Separator
Watson-Biemann-Separator m *(maspec)* Watson-Biemann separator (interface)
Wechsel m change, alteration *(of colour, shape, charge)*
Wechselanteil m alternating component
Wechselbeziehung f correlation
Wechselfeld n / **magnetisches** alternating magnetic field
wechseln to change, to alter[nate] *(colour, shape, charge)*

Wechselspannung *f* alternating voltage
Wechselspannungschronopotentiometrie *f* alternating-voltage chronopotentiometry
wechselspannungspolarographisch by alternating-current polarography
Wechselstrom *m* alternating current, ac
  faradayscher ~ alternating faradaic current
Wechselstrombogen *m (opt at)* ac (alternating-current) arc
Wechselstrombogen-Anregungsquelle *f (opt at)* ac arc source
Wechselstromchronopotentiometrie *f* alternating-current chronopotentiometry
Wechselstrompolarographie *f* ac (alternating-current) polarography, ACP
  oszillographische ~ alternating-current oscillographic polarography
Wechselstromquelle *f* alternating-current [power] source, ac supply
Wechselstromverstärkung *f* ac amplification
wechselwirken to interact
Wechselwirkung *f* interaction • **in** ~ **stehen (treten)** to interact
  anisotrope ~ *(nuc res)* anisotropic interaction
  bindende ~ bonding interaction
  chemische ~ chemical interaction
  ~ **der gelösten Komponente mit dem Lösungsmittel** solute-solvent interaction
  dipolare ~ *(mag res)* spin[-spin] coupling, spin-spin interaction, spin dipolar coupling (interaction), dipolar [spin-spin] coupling, dipolar interaction, dipole-dipole interaction, DD
  dispersive ~ dispersion (dispersive) interaction
  elektrostatische ~ electrostatic interaction
  hydrophobe ~ hydrophobic interaction
  intermolekulare ~ intermolecular interaction (coupling)
  intramolekulare ~ intramolecular coupling
  ionische ~ ion[ic] interaction
  kurzreichende ~ short-range intramolecular interaction
  langreichende ~ long-range intramolecular interaction
  magnetische ~ magnetic interaction (coupling)
  polare ~ polar interaction
  ~ **Polymer/Lösungsmittel** polymer-solvent interaction
  skalare ~ *(nuc res)* scalar spin-spin coupling, scalar coupling, SC, J coupling
  solvophobe ~ solvophobic interaction
  spezifische ~ specific interaction
  unspezifische ~ non-specific interaction
  van-der-Waalssche ~ van der Waals interaction
  zwischenmolekulare ~ intermolecular interaction (coupling)
Wechselwirkungsenergie *f* interaction (interactive) energy, coupling energy
Wechselwirkungsparameter *m* **[/Hugginsscher]** *(liq chr)* χ parameter, Huggins constant

Wechselzahl *f (catal)* turnover number
Weg *m* **/optischer** optical path
Wegblasen *n* **des organischen Solvens im Gasstrom** *(extr)* gas blow-down method
Wegdifferenz *f* **/optische** *(spec)* [optical] retardation, optical path difference, OPD
6-Wege-Ventil *n (chr)* six-port [injection] valve
Weglänge *f* [cell] pathlength, length of path *(of a cuvette)*
  mittlere freie ~ mean free path
  optische ~ optical pathlength, light path
Wegunterschied *m* **/optischer** *s.* Wegdifferenz/optische
Wegwerffilter *n* disposable filter
Wegwerfgerät *n* disposable device
Wegwerfpatrone *f* throw-away cartridge *(of a filter)*
Weitbereichskopplung *f (nuc res)* long-range coupling (interaction)
weiterreagieren to react further
Weithalsgefäß *n* wide-mouthed container
weitporig large-pore[d], large-pore-size, coarse-porosity
Weitwegkopplung *f s.* Weitbereichskopplung
Welle *f* **/anodische** *(pol)* anodic wave
  elektromagnetische ~ electromagnetic wave
  katalytische ~ *(pol)* catalytic wave
  kathodische ~ *(pol)* cathodic wave
  kinetische ~ *(pol)* kinetic wave
  polarographische ~ polarographic wave
  sinusförmige ~ sinusoidal (sine) wave
  stehende ~ standing wave
Wellenfunktion *f* wave function
Wellengeschwindigkeit *f* phase (wave) velocity
Wellengleichung *f* **/Schrödingersche** *(spec)* Schrödinger [wave] equation
Wellenhöhe *f* wave height
Wellenlänge *f* wavelength
  ~ **im Vakuum** vacuum wavelength
wellenlängenabhängig wavelength-dependent
Wellenlängenabhängigkeit *f* wavelength dependence
Wellenlängenabstand *m* wavelength separation
Wellenlängenbereich *m* wavelength range (region)
  nutzbarer ~ *(spec)* usable wavelength range
  sichtbarer ~ visible [spectral] region, region of visible light, visible range
Wellenlängendifferenz *f* wavelength difference
wellenlängendispersiv *(spec)* wavelength-dispersive, WD
Wellenlängendurchstimmbarkeit *f* wavelength tunability
Wellenlängeneinstellung *f* wavelength setting
Wellenlängenkalibrierung *f* wavelength calibration
Wellenlängenmodulation *f (spec)* wavelength modulation
Wellenlängenselektion *f* wavelength selection
wellenlängenselektiv wavelength-selective

Wellenlängenskale 414

Wellenlängenskale *f* wavelength scale
Wellenlängenverschiebung *f* wavelength shift
Wellenleiter *m* waveguide
Wellenzahl *f* wavenumber, wave number
Wellenzahlbereich *n* wavenumber range
Wendelpotentiometer *n* helical potentiometer
Wendepunkt *m* point of inflection *(of a curve)*
Werkchemiker *m* industrial chemist
Werkstoffprüfung *f* materials testing, testing (inspection) of materials
Wert *m* 1. value; 2. indication, reading • **über dem theoretischen** ~ in slight excess of theory
   charakteristischer ~ characteristic value
   einzelner ~ single value
   experimenteller ~ experimental value
   konventionell richtiger ~ *(stat)* conventional true value
   kritischer ~ critical value
   richtiger ~ *(stat)* conventional true value
   stationärer ~ steady-state value
   wahrer ~ *(stat)* true value
δ-Wert *m (nuc res)* delta value
ν-Wert *m (spec)* Abbe number (value)
Wertebereich *m (stat)* range of values
Wertemenge *f (stat)* value set
Werteumfang *m (stat)* range of values
Wertevorrat *m (stat)* range of values
1-1-wertig uni-univalent
Wertigkeit *f* / **elektrochemische** oxidation number
   koordinative ~ coordination number
Weston-Element *n s.* Weston-Normalelement
Weston-Normalelement *n (el anal)* Weston [normal] cell, standard Weston [normal] cadmium cell, standard Weston cell
Wheatstone-Brücke[nschaltung] *f (meas)* Wheatstone bridge [circuit, network]
Wide-bore-Kapillare *f (gas chr)* large-bore open tube column, LBOT column, wide-bore column
widerlich objectionable *(odour)*
Widerstand *m* 1. resistance; 2. resistor
   elektrischer ~ electrical resistance
   elektrolytischer ~ electrolytic resistance
   kapazitiver ~ capacitance
   komplexer ~ impedance
   ohmscher ~ ohmic resistance
   spezifischer [elektrischer] ~ specific resistance (resistivity), electrical resistivity
   temperaturkompensierender ~ *(meas)* temperature-compensating resistor
   thermischer ~ thermal resistance
Widerstandsänderung *f* resistance change, change in resistance
Widerstandsblock *m* / **dekadisch einstellbarer** decade resistance unit
widerstandsfähig resistant, stable
   chemisch ~ chemically resistant (stable)
Widerstandsfähigkeit *f* resistance, stability
   chemische ~ chemical resistance (stability), resistance (stability) to chemical attack

Widerstandsgesetz *n* law of resistance
Widerstandskapazität *f* cell constant *(of a conductivity cell)*
Widerstandskomponente *f* resistance component
Widerstandsofen *m* resistance furnace
Widerstandsrauschen *n (meas)* Johnson (thermal) noise, resistance noise
Widerstands-Temperaturkoeffizient *m* temperature coefficient of resistance
wiederauflösen to re-dissolve, to oxidize (strip, electrolyze, reduce) back into solution
Wiederauflösung *f* stripping step, stripping [process], oxidation (reduction) back into solution
   kathodische ~ *(voltam)* cathodic stripping
wiederausstrahlen to re-emit
Wiederausstrahlung *f* re-emission, re-radiation
wiederbilden to re-form
Wiederfindungsrate *f (stat)* percentage recovery, recovery rate
Wiedergewinnung *f* recovery
wiederholbar *(stat)* repeatable
Wiederholbarkeit *f (stat)* repeatability
wiederholen to repeat
Wiederholpräzision *f (stat)* within-run precision
Wiederholstreubereich *m (stat)* repeatability
Wiederholung *f* replication *(of an experiment variant)*
Wiederholungsanalyse *f* replicate analysis (determination), repeat analysis
Wiederholungsprüfung *f* repeat test
Wiederhol[ungs]versuch *m* replicate, replication
wiederlösen *s.* wiederauflösen
Wiederoxidation *f* re-oxidation, re-oxidizing
wiederoxidieren to re-oxidize
wiedervereinigen to recombine
   sich ~ to recombine
wiegen to weigh
Wilke-Chang-Gleichung *f* Wilke-Chang equation *(for calculating diffusion coefficients)*
Winchester-Flasche *f (samp)* Winchester bottle
Winkel *m* angle
   magischer ~ *(nuc res)* magic angle *(54.7°)*
winkelabhängig angular-dependent
winkelaufgelöst *(spec)* angle-resolved, angle-dispersed, angular-resolved, angular-dependent
Winkeldispersion *f (spec)* [intrinsic] angular dispersion
Winkelgeschwindigkeit *f* angular frequency (velocity)
Winkelmesser *m* goniometer
Winkler-Titration *f* Winkler titration *(for determining dissolved oxygen in water)*
Wirbeldiffusion *f (chr)* [axial] eddy diffusion, multipath effect
Wirbelschichttrocknen *n* fluidized-bed drying
Wirbelschichttrockner *m* fluidized-bed dryer
wirken/einseitig to bias
wirkend/stark potent
Wirkleitwertmesser *m* impedimeter

wirksam active; potent; efficient
Wirksamkeit f activity *(of a catalyst)*;efficiency
  katalytische ~ catalytic activity
  relative biologische ~ *(rad anal)* relative biological effectiveness, RBE
Wirkung f action; effect
  katalysierende (katalytische) ~ catalytic action
  selektive ~ selectivity
Wirkungsfaktor m *(chr)* response (correction) factor
Wirkungsgrad m efficiency [factor], efficiency of action
Wirkungsquantum n **/ Plancksches** *(spec)* Planck [action] constant, [Planck] quantum of action, Planck's constant
Wirkungsquerschnitt m *(rad anal)* [microscopic] cross-section
  ~ **für die Reaktion mit Photonen** photon cross-section
  ~ **für die Spaltung** fission cross-section
  ~ **für die Streuung** scattering cross-section
  makroskopischer ~ macroscopic cross-section
  mikroskopischer ~ [microscopic] cross-section
Wirkungsspezifität f reaction specificity
Wirkungswert m s. Titer
Wirkwiderstand m effective resistance
Wismut n s. Bismut
wl. (wenig löslich) sparingly soluble
WLD (Wärmeleitfähigkeitsdetektor) thermal conductivity detector, TCD, thermal conductivity cell, katharometer [detector], katherometer, catharometer
wohldefiniert well-defined *(compound)*
Wohlgeschmack m **und Wohlgeruch** m flavour
Wolfram n W tungsten, wolfram
Wolframat n tungstate, wolframate
Wolframelektrode f tungsten electrode
Wolframglühlampe f tungsten [filament] lamp
Wolfram-Halogenlampe f tungsten halogen lamp
Wolframlampe f tungsten [filament] lamp
Wolfram-Molybdän-Elektrode f tungsten-molybdenum electrode
Wolfram-Silber-Elektrode f tungsten-silver electrode, silver-tungsten electrode
Wolfram-Silicium-Elektrode f tungsten-silicon electrode
Woodward-Regeln fpl *(spec)* Woodward rules *(for calculating the position of bands)*

X

x-Achse f X-axis
Xanthophyll n xanthophyll
X-Band n *(el res)* X-band
Xenobiotikum n xenobiotic *(foreign substance spread into the nature by men)*
Xenon n Xe xenon
Xenonlampe f xenon [arc] lamp
Xerogel n xerogel

Xerogel-Aerogel-Hybrid n xerogel-aerogel hybrid
X-Filter n *(nuc res)* X-filter
X-Halbfilter n *(nuc res)* X-half-filter
XPS (Röntgen-Photoelektronenspektroskopie) X-ray photoelectron (photoemission) spectroscopy, X-ray induced-photoelectron spectroscopy, XP[E]S, electron spectroscopy for chemical analysis, ESCA, photoelectron spectroscopy of the inner shell, PESIS, inner-shell photoelectron spectroscopy, ISPES
X-Strahl m X-ray
Xylenol n xylenol, dimethylphenol
Xylenolorange n xylenol orange
Xylenylphosphat n xylenyl phosphate
x,y-Magnetisierung f *(mag res)* transverse magnetization, transverse component of magnetization
xy-Registriergerät n X-Y recorder
xy-Schreiber m X-Y recorder

Y

y-Achse f Y axis
YAG-Laser m s. Yttriumaluminiumgranat-Laser
Ytterbium n Yb ytterbium
Yttrium n Y yttrium
Yttriumaluminiumgranat-Laser m yttrium-aluminium-garnet laser, YAG laser

Z

Z atomic (proton) number
ZAAS (Zeeman-Atomabsorptions-Spektrophotometrie) Zeeman atomic absorption spectrophotometry, ZAAS
Zacke f [spectral] peak
zähflüssig viscous
Zähflüssigkeit f viscosity
Zahl f**l Abbesche** *(spec)* Abbe number (value)
  ~ **der effektiven Böden (Trennstufen)** *(chr)* number of effective (real) plates, effective (real) plate number
  ~ **der Einzelmessungen** number of scans, NS
  ~ **der theoretischen Böden (Trennstufen)** *(chr)* number of theoretical plates, theoretical plate number
Zählanordnung f *(rad anal)* counting geometry
Zählausbeute f *(rad anal)* counting efficiency
zählen to count *(e.g. pulses)*
Zahlendreieck n **/ Pascalsches** Pascal triangle
Zahlenmittel n **der Molmasse** s. Zahlenmittelwert der Molmasse
Zahlenmittelwert m **der Molmasse** number-average molar mass
  ~ **des Molekulargewichts** number-average relative molecular mass, number-average molecular weight

Zahlenwert 416

Zahlenwert m *(stat)* numerical value
Zähler m / **elektronischer** electronic counter
Zähligkeit f coordination number
Zählrohr n *(rad anal)* counter tube
Zählung f counting *(as of pulses)*
Zeeman-Effekt m *(spec)* Zeeman effect
  anomaler ~ anomalous Zeeman effect
  inverser ~ inverse Zeeman effect
  normaler ~ normal Zeeman effect
Zeeman-Atomabsorptions-Spektrophotometrie f Zeeman atomic absorption spectrophotometry, ZAAS
Zeeman-Aufspaltung f *(spec)* Zeeman splitting
Zeeman-Energieniveau n *(mag res)* Zeeman [energy] level, Zeeman term
Zeeman-Frequenz f *(mag res)* Zeeman frequency
Zeeman-Korrektur f *(opt at)* Zeeman background correction
Zeeman-Niveau n, **Zeeman-Term** m s. Zeeman-Energieniveau
Zeeman-Untergrundkorrektur f *(opt at)* Zeeman background correction
Zeeman-Untergrundmessung f *(opt at)* Zeeman background measurement
Zeichen n / **alphanumerisches** alphanumeric character
Zeichenübertragungsrate f character transmission rate
zeichnen to plot *(a graph)*
Zeigergalvanometer n pointer-type galvanometer
Zeiß-Abbe-Refraktometer n Abbe refractometer
zeitabhängig time-dependent
Zeitabhängigkeit f time dependence
Zeitablenkgenerator m time-base generator
Zeitablenkgeschwindigkeit f *(mag res)* sweep rate
Zeitablenkung f [time-based] sweep *(of an oscillograph)*
  lineare ~ linear sweep
Zeitanzeiger m time marker *(data acquisition)*
zeitaufgelöst *(spec)* time-resolved
Zeitbereich m time domain, [spectroscopic] time scale
Zeitbereichssignal n *(spec)* time-domain signal
Zeitdauer f period of time
Zeitdomäne f s. Zeitbereich
Zeiteinheit f unit of time
Zeitfunktion f time function, function of time
Zeitgeber m constant time device
Zeitgesetz n *(catal)* rate equation (expression, law)
Zeitintervall n time interval
Zeitkonstante f *(meas)* time constant
Zeitmessung f time measurement
Zeitraffungsfaktor m acceleration factor
Zeitraum m period of time
Zeitreaktion f time reaction
Zeitskala f s. Zeitbereich
Zeitumkehr f time reversal
Zeitverzögerung f time delay

Zelle f / **coulometrische** coulometric cell
  elektrochemische ~ s. galvanische ~
  elektrolytische ~ electrolytic (electrolysis) cell
  ~ **für die Hochfrequenztitration** s. oszillometrische ~
  galvanische ~ galvanic (electrochemical) cell
  heiße ~ *(rad anal)* hot cell
  oszillometrische ~ impedimetric [titration] cell, impedimetry cell
  polarographische ~ polarographic cell, polarograph[y] cell
  potentiometrische ~ potentiometric cell
Zellengehäuse n cell housing
Zellenkonstruktion f cell design
Zellenpotential n cell potential
Zellenspannung f cell voltage
Zellenstrom m cell current
Zellenvolumen n [sample] cell volume
Zellenwand f cell wall
Zellkonstante f cell constant *(of a conductivity cell)*
Zellreaktion f cell reaction
  Faradaysche ~ faradaic cell reaction
Zellvolumen n [sample] cell volume
Zentigramm n centigram[me]
Zentralatom n central atom *(of a complex)*
Zentrallinie f *(nuc res)* centre line
Zentralmoment n *(stat)* central moment
zentralsymmetrisch centrosymmetric
Zentralwert m *(stat)* median [value] *(of measuring results)*
Zentrifugalbeschleunigung f / **relative** relative centrifugal force, RCF
Zentrifugalchromatographie f centrifugally accelerated chromatography
Zentrifugalkraft f centrifugal force
  relative ~ s. Zentrifugalbeschleunigung / relative
Zentrifugation f centrifugation
  ~ **im Sedimentationsgleichgewicht** *(sed)* equilibrium method
Zentrifugationsgeschwindigkeit f centrifuge speed
Zentrifuge f centrifuge
  analytische ~ analytical centrifuge
Zentrifugenglas n centrifuge tube
Zentrifugenmittel n **der Molmasse** z-average molar mass
  ~ **des Molekulargewichts** z-average relative molecular mass, z-average molecular weight
zentrifugieren to centrifuge
Zentripetalkraft f centripetal force
zentrosymmetrisch centrosymmetric
Zentrum n / **aktives** active site (centre)
  alkalisches (basisches) ~ basic site
  chirales ~ chiral centre
  Lewis-saures ~ Lewis acid site
  saures ~ acid site
Zeolit m zeolite
Zerfall m 1. decomposition; *(rad anal)* decay; 2. decay *(of a signal being measured)*
  dualer ~ *(rad anal)* branching (branched) decay

metastabiler ~ *(maspec)* metastable decomposition
radioaktiver ~ radioactive decay
stoßinduzierter ~ *(maspec)* collision-induced decomposition, CID
verzweigter ~ *s.* dualer ~
α-Zerfall *m (rad anal)* alpha decay
β-Zerfall *m (rad anal)* beta decay
zerfallen to decompose, to undergo decomposition; *(rad anal)* to decay
Zerfallskonstante *f (rad anal)* decay (disintegration) constant
  partielle ~ partial decay constant
Zerfallskurve *f (rad anal)* decay curve
Zerfallsreaktion *f* decomposition reaction
Zerfallsreihe *f* [*/radioaktive*] decay chain, radioactive chain (series)
Zerfallsschema *n (rad anal)* decay scheme
Zerfallsstufe *f (th anal)* decomposition stage
zerfließen to deliquesce
zerfließend, zerfließlich deliquescent
Zerfließlichkeit *f* deliquescence
Zerhacken *n* chopping *(of a beam of light)*
Zerhacker *m (spec)* chopper [device]
zerkleinern to grind, to mill
Zerkleinerung *f* crushing and grinding, size reduction of solids
Zerkleinerungsgrad *m* size-reduction ratio
zerlegbar demountable
zerlegen *s.* zersetzen
zermahlen to grind, to mill
zerpulvern to pulverize, to reduce to powder, to powder
zerreiben to triturate
Zerreiben *n* trituration
zersetzen to degrade, to decompose, to break down *(compounds)*
  elektrisch ~ to electrolyze
  photolytisch ~ to photolyze, to photolyse
  sich ~ to decompose, to undergo decomposition *(compounds)*
Zersetzung *f* degradation, decomposition, breakdown *(of compounds)*
  elektrolytische ~ electrolytic dissociation *(of molecules)*
  katalytische ~ catalytic decomposition
  photolytische ~ photolysis, photodecomposition
  thermische ~ thermal decomposition
Zersetzungsmethode *f* decomposition method
Zersetzungspotential *n* decomposition potential
Zersetzungsprodukt *n* degradation (decomposition, breakdown) product
Zersetzungsreaktion *f* decomposition reaction
Zersetzungsspannung *f* decomposition voltage
Zersetzungstemperatur *f* decomposition temperature
zerstäuben to nebulize
Zerstäuber *m* nebulizer
  pneumatischer ~ pneumatic nebulizer

Zerstäuber-Brenner-Kombination *f (opt at)* nebulizer burner, *(not recommended)* atomizer burner
Zerstäubergas *n* nebulizing (nebulizer) gas
Zerstäuberkammer *f (opt at)* nebulizer (spray) chamber
Zerstäubersystem *n* nebulizer system
Zerstäubung *f* nebulization
Zerstäubungshilfe *f* nebulization aid
zerstören to destroy *(a compound)*
Zerstörung *f* destruction *(of a compound)*
zerstörungsfrei non-destructive
zerstoßen to crush
Zerstrahlung *f (rad anal)* annihilation
Zertifizierungsorgan *n* certification body
Zertifizierungssystem *n* certification system
Zeta-Potential *n* electrokinetic (zeta) potential
Zeugmatographie *f (mag res)* spin mapping
Zimm-Diagramm *n* Zimm plot *(light scattering)*
Zimmertemperatur *f* room (ordinary, normal) temperature
Zincon *n* zincon *(reagent for copper and zinc)*
Zink *n* Zn zinc
  amalgamiertes ~ amalgamated zinc
  gekörntes ~ zinc shot, granulated zinc
  geraspeltes ~ zinc shavings
Zinkamalgam *n* zinc amalgam
Zinn *n* Sn tin
Zinn(II)-chlorid *n* tin(II) chloride
Zinnhülse *f*, **Zinnkapsel** *f (or anal)* tin capsule
Zinn(II)-salz *n* tin(II) salt
Zinn(II)-verbindung *f* tin(II) compound
Zirconium *n* Zr zirconium
Zirconiumphosphat *n* zirconium phosphate
Zirkularchromatographie *f* circular (radial, ring) chromatography
Zirkulardichroismus *m* circular dichroism, CD
Zirkularentwicklung *f (liq chr)* radial elution (development), circular elution (development)
Zirkularmethode *f (liq chr)* radial method
Zirkularpolarisation *f* circular polarization
Zirkulator *m (el res)* circulator
Zitterelektrode *f (pol)* vibrating electrode
z-Mittel *n* **der Molmasse** *s.* Zentrifugmittel der Molmasse
Zn-Amalgam *n s.* Zinkamalgam
12-Zoll-Desintegratormühle *f (samp)* 12 inch disintegrator
$^1/_4$-Zoll-Masche *f* $^1/_4$ inch mesh *(of a sieve)*
$^1/_2$-Zoll-Masche *f* $^1/_2$ inch mesh *(of a sieve)*
Zonal[zentrifugations]rotor *m (sed)* zonal rotor
Zone *f* band, zone, solute band, *(Chr auch)* chromatographic band *(in the chromatogram or electropherogram)*
  ~ der Ansprechunempfindlichkeit *(meas)* dead band
  ~ der reinen Komponente *(liq chr)* pure zone
  ~ der Unempfindlichkeit *(meas)* dead band
  ~ mit Schwanz (Schweif) *(chr)* tailing spot (band)
  verbotene ~ forbidden band (gap)

Zonenbildung

Zonenbildung *f* zone formation
Zonenbreite *f* zone width
Zonenelektrophorese *f* zone electrophoresis
zonenelektrophoretisch zone-electrophoretic
Zonenform *f* zone shape
Zonenlänge *f* zone length
Zonenschärfungseffekt *m (elph)* zone sharpening effect
Zonentechnik *f (elph)* zonal technique
Zonenverbreiterung *f* zone broadening, band spread[ing]; *(chr)* band (zone) broadening (spreading), peak broadening, axial (zone, lag phase) dispersion
z-Richtung *f* z-direction
ZT *s.* Zimmertemperatur
zubereiten to prepare
  frisch ~ to prepare freshly
Zubereitung *f* preparation
Zucker *m* sugar
zufällig *(stat)* random
Zufälligkeit *f (stat)* randomness
Zufallsabweichung *f* chance variation
Zufallsfehler *m* random (accidental, indeterminate) error
Zufallsknäuel *n* random coil
Zufallskomponente *f (stat)* random component
Zufallsprobe *f (stat)* random sample
Zufallsschwankung *f* chance variation
Zufallsstichprobe *f (stat)* random sample
Zufallsstichprobenprüfung *f (stat)* random sampling (sample test)
Zufallsursache *f* chance cause
Zufallsvariable *f (stat)* variate, random variable
Zufallsvariablenanzahl *f (stat)* number of variates
Zufallsvariablenmenge *f (stat)* number of variates
Zufallsveränderliche *f s.* Zufallsvariable
Zufallsverteilung *f* random (statistical) distribution
zufließen lassen to run in
zufügen to add, to admix
  tropfenweise ~ to add dropwise
  unter Rühren ~ to add while stirring
Zufügen *n*, **Zugabe** *f* addition
zugeben to add, to admix
Zulassungsbestätigung *f (proc)* qualification approval
Zulassungsprüfung *f (proc)* qualification test
Zulauf *m* influent
zulaufen lassen to run in
Zuleitungsdraht *m* lead wire
zumessen to meter
Zumeßpumpe *f (samp)* metering pump
Zumischgerät *n* admixing device
Zumischmethode *f* standard addition [method], method of standard addition
zünden to ignite
Zündspirale *f (gas chr)* ignitor coil
Zündung *f* ignition
zuordnen to assign
  zufällig ~ *(stat)* to randomize

Zuordnung *f* **von Signalen** signal assignment
  ~ von Spektren spectrum (spectral, spectroscopic) assignment
  zufällige ~ *(stat)* randomization
zurückhalten to retain
Zurückoxidation *f* re-oxidation, re-oxidizing
zurückoxidieren to re-oxidize
zurückreduzieren *(pol)* to re-reduce
zurückstrahlen to reflect [back]
zurücktitrieren to back-titrate
Zurücktitrieren *n* back-titration, back-titrating
zurückwerfen to reflect [back]
zusammenballen/sich to agglomerate; to flocculate, to coagulate *(colloids)*
zusammendrückbar compressible
zusammengesetzt/gleichartig homogeneous, uniform
  ungleichartig ~ heterogeneous
Zusammenlagerung *f* clustering
zusammenlaufen/zu Tröpfchen to bead up *(of a liquid film)*
Zusammenprall *m* collision, impact, impingement
Zusammensetzung *f* composition
  chemische ~ chemical composition
  mittlere ~ average analysis
  prozentuale ~ percentage composition
  wahre ~ *(stat)* true composition
Zusammensetzungsgrößen *fpl* quantities of compositions
Zusammensetzungsheterogenität *f* compositional (chemical) heterogeneity *(of polymers)*
Zusammenstoß *m* collision, impact, impingement
zusammenstoßen to collide
Zusatz *m* 1. addition; 2. additive, admixture
  chemischer ~ chemical additive
  pH-regelnder ~ pH regulator
Zusatzelektrolyt *m (pol, elph)* basic (supporting, indifferent) electrolyte, indifferent salt
Zusatzgas *n (gas chr)* auxiliary (scavenger, make-up) gas
Zusatzisotop *n (rad anal)* isotopic tracer
Zusatzmittel *n*, **Zusatzstoff** *m* additive
zusetzen 1. to clog; 2. *s.* zufügen
  sich ~ to clog
Zustand *m* state, condition • **in reinem ~** pure, in the pure state (form), in a pure condition
  angeregter ~ excited state
  angeregter elektronischer ~ *s.* elektronisch angeregter ~
  antisymmetrischer ~ *(spec)* antisymmetric state
  elektronisch angeregter ~ excited electronic state, electronic excited state
  flüssiger ~ liquid state
  flüssig-kristalliner ~ liquid-crystalline state
  gasförmiger ~ gaseous state
  glasartiger (glasiger) ~ glassy (glass-like) state
  ~ höherer Energie *(spec)* upper state
  isomerer ~ *(rad anal)* isomeric state *(of a nucleus)*
  mesomorpher ~ liquid-crystalline state

metastabiler ~ metastable state
pseudoidealer ~ theta (pseudo-ideal) state, Q state
quasistationärer ~ *(catal)* steady state
schwingungsangeregter ~ vibrationally excited state
stationärer ~ steady state
symmetrischer ~ symmetric state
ungesättigter ~ unsaturation
Zustandsänderung f change of state
Zustandsdichte f *(spec)* density of state
Zustandsenergie f potential energy
Zustandsgleichung f equation of state
~ **idealer Gase[/thermische]** equation for ideal gases, ideal gas equation (law), perfect gas law
Zustandsgröße f property of state
Zustandssumme f sum of states
zustöpseln to stopper
Zuverlässigkeit f *(stat)* reliability
Zuverlässigkeitsangaben fpl *(stat)* reliability data
zweiatomig diatomic *(molecule)*
Zweidimensional-Elektrophorese f 2D (two-dimensional) electrophoresis, 2-DE
Zweielektrodenanordnung f *(pol)* two-electrode configuration (arrangement)
Zweielektrodenkreis m *(pol)* two-electrode circuit
Zweielektrodenmeßgerät n *(pol)* two-electrode instrument
Zweielektrodenmeßzelle f *(pol)* two-electrode cell
Zweielektrodensystem n *(pol)* two-electrode system
Zweifachbindung f double bond
Zweig m/ **anodischer** anodic limb *(external generation)*
kathodischer ~ cathodic limb
Zweikammerzelle f *(dial)* two-compartment cell
Zweikomponentengemisch n binary mixture
Zweikomponentenlösung f two-component solution
Zweikomponentenstrom m two-component stream
Zweikomponentensystem n two-component system
Zweilinienmessung f *(opt at)* two-line measurement
Zweiniveausystem n *(spec)* two-level system
Zweiphasensystem n two-phase system
Zweiphasentitration f phase titration
Zweiphotonenabsorption f *(spec)* two-photon absorption, TPA
Zwei-Proben-Youden-Diagramm n *(stat)* Youden's two-sample diagram
Zweipuls-Echo n *(mag res)* two-pulse echo, 2-pulse echo
Zweipuls-Echosequenz f *(mag res)* two-pulse sequence

Zweiquanten-Übergang m *(el res)* two-quantum (double-quantum) transition, 2QT
Zweischalenfehler m *(spec)* astigmatism
Zweispinsystem n two-spin system
Zweistoffgemisch n binary mixture
Zweistrahl-Filterfluorimeter n ratiometric (double-beam) filter fluorometer
Zweistrahlgerät n *(spec)* double-beam instrument
Zweistrahlspektrometer n double-beam spectrometer
Zweistrahl-Spektrophotometer n double-beam spectrometer
zweiwertig divalent, bivalent
Zweiwertigkeit f divalence, divalency
zweizählig, zweizähnig bidentate *(ligand)*
Zwillingskalorimeter n differential (scanning) calorimeter
Zwischenabzweigstück n/ **T-förmiges** *(lab)* T-piece, tee [connector], T-shape connecting tube
Zwischenelektrodenkapazität f interelectrode capacitance
Zwischenkornporosität f *(chr)* interparticle porosity
Zwischenkornvolumen n interstitial (interparticle, void) volume, interstitial void (liquid, particle) volume, column void volume, outer [bed] volume *(gel chromatography)*
Zwischenlösung f intermediate solution *(of an ion-selective electrode)*
zwischenmolekular intermolecular
Zwischenpartikelvolumen n s. Zwischenkornvolumen
Zwischenprobe f reduced sample
Zwischenprodukt n intermediate product
Zwischenproduktanteil m intermediate level
Zwischenprodukte npl intermediates
Zwischenprüfung f in-process inspection
Zwischenreagenz n *(vol)* mediator
Zwischenschicht f *(coul)* underlayer
Zwischenstadium n intermediate stage
Zwischenstoff m intermediate product
Zwischenstufe f intermediate stage
Zwischensystemübergang m *(spec)* intersystem cross[ing], ISC
Zwischenverbindung f intermediate [compound]
Zwischenzustand m intermediate state
Zwitterion n zwitterion, dipolar (amphoteric) ion, amphion
Zyklotron n *(rad anal)* cyclotron
zylinderförmig cylindrical
Zylinderspiegelanalysator m *(spec)* cylindrical mirror analyser, CMA
zylindrisch cylindrical
Zymogramm n *(elph)* zymogram